최신 개정판 | PROFESSIONAL ENGINEER ARCHITECTURAL EXECUTION

포인트

건축시공기술사

김 진 하 | 건축시공기술사
건축품질시험기술사
공학박사

PROFESSIONAL
ENGINEER

본서의 특징

- 제1장 토공사 및 기초공사
- 제2장 철근 Con'c 공사
- 제3장 철골공사
- 제4장 초고층, PC, C/W
- 제5장 마감공사
- 제6장 총 론

예문사

Preface

책에 들어가며

現 / 이 땅에 사는 기술인으로서의 고단함과 곤욕스러움

꿈 & ...

우리 스스로 길이 되어

...Felicity

이 책이 빛을 보기까지 물심양면으로 도움을 주신 박재선 선생님, 예문사 정용수 사장님과 편집부 직원 여러분, 그리고 서초수도건축토목학원 박성규 원장님과 직원분들께 감사의 마음을 전하며 아울러, 도전의 길에 들어선 많은 분들께 도움이 되기를 진심으로 바랍니다.

김 진 하

기술사 시험준비 및 학습방법

1. 마음준비

(1) 자신감과 자기 관리

① 시작하면 반드시 합격할 수 있다는 자신감을 갖는 것이 가장 중요하다.

② 학습기간 동안에는 가급적 모임이나 회식 등을 줄이고 음주를 하지 않는다.

(2) 학습시간

① 매일 꾸준히 공부(2~3시간)하는 습관을 들인다.

② 토요일과 일요일, 휴일에는 공부시간을 평소보다 늘려 반복적으로 공부한다.

(3) 학습장소

퇴근 후에는 집보다는 독서실 등을 이용하여 단시간 집중한다.

2. 교재 선정 및 자료수집과 정리

(1) 교재 선정

교재는 필수교재를 중심으로 최소한으로 선택한다.

필수교재 : 서술형 문제풀이집, 용어형 문제설명집

(2) 자료수집 및 정리

① 신기술, 신공법이나 시사성 위주로 자료를 수집하고 수집한 자료는 공종별로 구분하여 파일로 철을 한다.

② 그림 자료는 현장감 있고 그리기 쉬운 것들을 선별하여 정리한다.

3. 학습 방법

(1) 서술형 교재와 용어형 교재를 처음부터 끝까지 반복하여 정독한다.

(2) 책은 합격할 때까지 빠지지 않고 꾸준히 읽어야 한다.

(3) 처음부터 암기에 목적을 두지 말고 각 문제의 개념과 정의를 중심으로 이해하도록 한다.

(4) 각 문제의 주요 핵심단어(Keyword)는 정리하여 두고 이 핵심단어를 중심으로 내용을 기술하여 답안을 작성한다.

(5) 그림이나 도표는 정확하게 문제의 내용과 합치되는 내용으로 선정하여 차별성이 있도록 그린다.

(6) 공부가 어느 수준에 도달하면 과년도 문제를 중심으로 중요도를 체크하여 앞으로의 출제 방향을 예측하고 예상되는 문제를 선정하여 중점적으로 공부한다.

4. 시험시간 및 출제 문제

(1) 1교시

① 문제 유형 : 용어 설명형

② 시험시간 : 100분

③ 출제문제 13문제 : 13문제 중 자신있는 10문제를 선택하여 기술

④ 배점 : 각 문제당 10점

(2) 2, 3, 4교시

① 문제 유형 : 서술형(논술형)

② 시험시간 : 각 교시당 100분(총 300분)

③ 출제문제 각 교시당 6문제 : 6문제 중 자신있는 4문제를 선택하여 기술

④ 배점 : 각 문제당 25 점

5. 답안 작성 방법

(1) 용어설명형 답안

① 문제의 예

- Metal Touch(77회 출제)
- 비용구배(77회 출제)

② 문제 선택

10문제를 잘 아는 순서대로 선택하여 작성하고 모르는 문제라도 최대한 아는 범위까지 서술한다.

③ 답안작성 분량

한 문제당 1페이지(답안의 1면)를 기본으로 하되, 1.5페이지를 넘기지 않도록 한다.(시간 부족)

④ 작성 내용

용어설명은 주어진 문제의 개념을 설명하는 것이 중요하므로 정의와 개념을 중심으로 기술하고 부가 설명도 개념 설명에 필요한 내용 위주로 작성한다.

(2) 서술형 답안

① 출제 유형

- A형

  ~에 대하여 기술하라.

- B형

  ~의 원인과 대책을 기술하라.

  ~의 문제점과 개선방안을 기술하라.

  ~의 요인을 열거하고 시공시 유의사항을 기술하라.

  ~의 필요성, 특성, 효과, 분야 등을 기술하라.

- C형

  ~와 ~을 비교 설명하라.

  ~을 OO의 관점에서 설명하라.

  ~을 OO(단계)별, OO(분야)별로(구분하여) 설명하라.

② 문제의 예

- A형

  건축시공에 있어 로봇화에 대하여 기술하시오.(77회 출제)

- B형

  매스콘크리트 시공시 균열 원인과 그 대책에 대하여 기술하시오.(77회 출제)

- C형

  흙막이공법 중 S/N 공법과 E/A 공법을 비교하여 설명하시오.(77회 출제)

③ 문제 선택

자신있는 문제부터 작성하고 가능하면 차별화가 가능한 문제를 선정한다.

④ 답안 작성 분량

한 문제당 2.5~3페이지(답안의 3면)를 기본으로 하되 총 11~12페이지 정도면 큰 문제는 없다.

⑤ 작성 내용

- 출제자의 의도를 파악하는 것이 중요하므로 문제 선정시에는 조건이 주어져 있는가를 반드시 확인한다.
- 답안에 기록할 항목(대제목)의 수를 파악하고 질문 내용이 누락되지 않도록 주의 한다.
- 의도에서 빗나가지 않도록 핵심단어와 그림 등을 종합하여 내용을 기술한다.

6. 답안작성의 예

(1) 용어형 답안 구성 예(Metal Touch, 77회)

1. 정의 2. 가공 목적/가공방법 그림 3. 주의사항/적용

(2) 서술형 답안의 예(건설 로봇화에 대해 기술, 77회)

1. 개요 2. 필요성 3. 효과	4. 건설 로봇화의 분야	5. 건설 로봇 확대 방안

기술사 면접준비 방법

1. 면접은

1차 필기시험이나 자격 서류만으로는 확인이 어려운 전문 기술자로서의 고도의 전문 지식과 실무 경험에 의한 계획, 연구, 설계, 분석, 시험, 시공, 평가, 감리 등 기술 업무를 수행할 수 있는가에 대한 평가를 함과 아울러 관리 및 경영자로서의 자세와 인품을 갖추고 있는가를 다각적으로 평가하기 위한 과정이다.

2. 평가 내용 및 배점

평가 사항	배 점	비 고
실무 경력	30	
전문 지식	20	
일반 지식	20	
기술사로서의 지도 감리 능력	20	
기술사로서의 자질 및 품위	10	
계	100	60점 이상시 합격

3. 면접 제출 서류 및 시기

(1) 1차 필기 시험 합격자 발표일로부터 4일간 면접 및 자격 관련 서류를 산업인력관리공단에 제출하여야 한다.

(2) 제출 서류

① 자격증 원본 및 사본
② 졸업증명서(학 · 경력자)
③ 경력 증명서류(건설기술인협회, 건설감리협회, 대한건축사협회 등에서 발행)
④ 수험자 카드(본인이 직접 경력 사항을 기재하여 제출)

(3) 면접시기

합격자 발표일로부터 1개월 이내에 실시하며 세부 일정은 추후 공단 홈페이지에 공고

4. 면접 시간 및 주요 질문 내용

(1) 면접 위원

면접위원은 통상 대학교수와 산업체 임원의 3인 1조로 3대 1 면접이며, 1차 합격자의 수와 면접일정에 따라 몇 개 조로 편성되어 시험이 실시된다.

(2) 면접 진행 시간

오전반과 오후반으로 나누어 실시되며, 개인별 면접시간은 30분 정도이다.

① 오전반
- 오전 8시 30분까지 입실(산업인력관리공단 본부 10층)
- 면접 진행 시간 : 9시~12시

② 오후반
- 12시 30분 까지 입실
- 면접 진행 시간 : 오후 1시~오후 5시

(3) 주요 질문 사항

① 개인적 신상에 관한 사항
- 개인의 경력, 근무처, 진행 중인 프로젝트
- 기술사를 공부하게 된 이유와 느낀 점 등

② 기술사로서의 전문 지식

5. 최종합격자 발표 및 자격 등록 서류

(1) 합격자 발표

최종 합격자는 면접이 끝나고 20여 일 후에 발표되며 ARS(700-2009)나 산업인력관리공단 홈페이지에 접속하여 명단을 확인하면 된다.

(2) 자격등록서류

① 수검표

② 증명사진 1매

③ 신분증을 지참하고 수검원서를 접수한 해당 지역본부 및 지역사무소에서 자격을 교부받으면 된다.

6. 면접 준비 사항

(1) 복 장

정장 차림에 넥타이를 착용한다.

(2) 면접시험

① 질문자의 대화요지를 먼저 파악하고 성의껏 대답한다.

② 못 알아듣거나 무엇을 질문하는지 파악이 안 되면 정중히 '다시 한 번 말씀해 주십시오.'라고 되묻는다.

(3) 대답하는 자세는

① 천천히 조리있게 말한다.

② 단답형으로 대답을 많이 하거나 너무 장황한 설명은 좋지 않으므로 질문 내용에 따라 답변 시간을 조절한다.

③ 잘 아는 내용이나 자신 있는 부분이 있으면 약간 길게 설명하고 질문자가 그 사항에 대해 추가 질문을 하도록 대화 분위기를 만들어간다.

④ 모르는 사항에 대해 질문을 하면 당황하지 말고 최대한 아는 범위 내에서 설명하고 앞으로 더 열심히 노력하겠다는 자세를 보이도록 한다.

⑤ 면접이 처음이 아닌 경우에는 면접에서 떨어진 이유를 분석하고 여기에 대한 답변을 준비해간다.

(4) 면접 태도

① 면접관에게는 최대한 예의를 갖추고 정중한 자세를 유지한다.

② 대답하기 곤란하거나 아예 모르는 사항에 대해서는 '잘 모르겠습니다.'라고 솔직히 인정하는 모습을 보이고 핀잔을 듣더라도 인상을 쓰거나 내색하지 말고 '좋은 지적 감사합니다.', ' 더 열심히 하겠습니다.' 등으로 마무리를 한다.

③ 면접이 끝나면 '도움 말씀 감사합니다.', ' 많이 배우고 갑니다.' 등으로 공손히 인사를 하고 퇴실한다.

7. 면접 실례

(1) 앉게(교수)

(2) 지금 근무하는 곳이 어디인가?(교수)

(3) 담당 업무는?(교수)

(4) 현장 규모는?(교수)

(5) 회사 공사 현장은 많은가?(교수)

(6) 현재 공정률은 어느 정도인가?(실무)

(7) 지붕 형태는?(실무)

(8) 공사금액은?(교수)

(9) 골조공사를 하면서 문제점은?(실무)

(10) 민원 발생은 없나?(교수)

(11) 기술사 취득하면 진급 같은 거 있나?(교수)

(12) 진급이 중요한 게 아니라 기술력이 중요하지. 많은 견학을 통해 배우도록 하게. 그만 됐네.(실무)

과년도 출제문제 분석(51~129회)

1. 토공사 및 기초공사

구분		유형	문제	출제 횟수
토공사	지반의 성질, 지반조사 및 지반보강 공법	용어형	• JSP	57, 75, 108
			• 샌드 벌킹	59, 111
			• 토질 주상도	58, 78, 82
			• 평판재하 시험(PBT)	60
			• 지반투수계수	63
			• 예민비	67
			• 토질별 측압 분포	68
			• Boiling 현상	68, 94
			• Vane Test	69
			• 압밀(consolidation)과 압밀침하	69, 87, 106
			• N치	70, 88, 116 122
			• 흙의 전단강도	71, 76, 96, 114
			• 액상화	71, 90, 110
			• 흙의 연경도	73, 115
			• Sand Drain	74
			• 압밀도 시험법	79
			• 지내력 시험의 종류와 방법	82
			• Heaving 현상	83
			• Boiling과 Heaving 현상	87
			• Piezo-cone 관입시험	93
			• CGS 공법	94
			• 지반 팽윤현상	97
			• LW	99
			• 토량환산계수에서 L값과 C값	100
			• 흙의 투수압(透水壓)	107
			• 동결심도 결정방법	107
			• 암질지수(Rock Quality Designation)	120
			• SDA(Separated Doughnut Auger) 공법	121
		서술형	• 주요 지반 개량 공법	55
			• JSP공법과 적용범위	65
			• 토질 주상도 용도 및 활용 방안	65, 76, 105
			• 연약지반 구체 공사시 검토 사항	69
			• 토질조사방법	79
			• CGS 공법의 특징 및 용도	82
			• 토질 지반조사의 지하탐사법 및 보링(Boring)	88, 105
			• 보링 테스트에서 간격 및 깊이	92
			• 지반조사의 목적, 방법, 지반조사 자료 서로 상이한 경우 대처방안	93
			• 지반조사의 목적과 조사단계별 내용 및 방법	128
			• SGR 적용범위와 유의사항	95
			• 연약지반 공사에서 주요 문제점(전단과 압밀구분) 및 개량공법의 목적	102
			• 지반조사에서 보링(Boring) 시 유의사항과 토질주상도 포함 사항	125
	토공사 계획 흙막이 공법, 흙막이 안정성	용어형	• S/N공법	58, 106
			• 개착(Open Cut)공법	62
			• 제거식 앵커	70, 83
			• Cap Beam	71
			• 벤토나이트	73
			• 일수현상	73, 85
			• 흙막이 공사의 IPS(Innovate Prestressed Support)	80
			• S/W의 안정액	81, 98, 128
			• Jacket Anchor 공법	86
			• Top Down 공법에서 철골기둥의 정렬(Alignment)	102
			• Top Down 공법에서 Skip시공	103

구 분		유 형	문 제	출제 횟수
토공사	토공사 계획 흙막이 공법, 흙막이 안정성	용어형	• Koden Test	105
			• 주동토압, 수동토압, 정지토압	106
			• 슬러리월(Slurry Wall)공법의 카운트월(Count Wall)	112
			• DBS(Double Beam System)	113
			• 흙막이 벽체의 Arching 현상	115
			• 정지토압이 주동토압보다 더 큰 이유	118
			• PPS(Pre-stressed Pipe Strut) 흙막이 지보공법 버팀방식	119
			• PRD(Percussion Rotary Drill)공법	123
			• IPS(Innovative Prestressed Support)공법	123
			• 타이로드(Tie rod) 공법	124
			• 가이드월(Guide Wall)	127
			• 어스앵커(Earth Anchor)의 홀(Hole) 방수	128
		서술형	• 흙막이 공사 계획시 조사, 검토사항과 이유	54
			• 도심 심층 흙막이 공법 선정시 고려사항	67
			• 흙막이 공사 기간의 이상 현상과 원인, 발견법, 대책	56
			• S/W 시공현장에서 확인할 품질관리사항	57
			• S/W CON'c 타설시 유의사항	61
			• S/W의 장비동원계획, 시공순서, 유의사항	72
			• S/N의 개요, 장단점 및 시공법	64
			• S/N과 E/A의 비교 설명	77
			• 엄지 말뚝 흙막이공사시 지반 침하요인과 대책	61
			• 역타공법의 선정 배경과 가설 및 장비 계획	63
			• 지하 합벽처리공사의 준공 후 하자 유형과 방지대책	64
			• 벽체 상부에 Dry Wall이 설치되는 S/W 공사의 CON'c 타설법	65
			• Rock Anchor공법 용도와 시공법	66, 92
			• 지하 토공사 안정액의 역할과 시공관리	70
			• 토압의 종류와 토압분포도, 지지 방법	71
			• S/W 사이드 월의 역할과 시공시 유의사항	73
			• SPS(영구 스트러트)공법	74, 83
			• 트레미관을 이용한 S/W CON'c 타설시 유의사항 기준	74
			• 지하 터파기 계획수립시 고려사항	75
			• T/D 공법의 시공순서와 주의사항	75
			• 주열식 흙막이 공법의 배치 방법과 특성	76
			• 보강토 옹벽의 개요, 특징, 구성재료와 시공시 주의사항	76
			• 흙막이벽 시공시 주위 지반 침하원인과 대책	77
			• S/W 공사의 안정액 관리방법	78, 109, 111
			• UP-UP 공법의 시공프로세스와 내용	79, 110
			• 주열식 흙막이(SCW, CIP, PIP) 비교 설명	80
			• 사면 안정성 검토	80
			• 지하연속벽 시공시 하자발생의 원인과 대책	85
			• 지하 흙막이 공사의 안전관리	85, 112
			• 도심지 대형건축물 지하흙막이의 붕괴 전 징후, 붕괴원인, 방지대책	87, 125
			• 널말뚝식 흙막이공사의 Heaving failure, Boiling failure 및 Piping 현상에 대한 방지대책	88, 107
			• 어스앵커(Earth Anchor) 공법의 정의, 분류, 시공순서 및 붕괴 방지대책	89, 98
			• H-Pile+LW 흙막이 하자 요인과 방지대책	90
			• 흙막이벽 하자유형 및 방지대책	91
			• SPS 개요와 특징, UP-UP 시공순서	91
			• CWS공법과 SPS 공법 비교	94
			• Strut 시공시 유의사항	94, 111
			• 흙막이 벽체와 콘크리트 합벽공사시 하자유형과 대책	95
			• 도심지 고심도 터파기 암파쇄공법	95
			• 토공사 시공계획시 사전조사사항과 장비선정시 고려사항	96

구 분		유 형	문 제	출제 횟수
토공사		서술형	• T/D일반사항과 공기단축, 공사비절감, 작업성 및 안전성 향상 응용사례	97
			• Top Down공법의 특징과 공법의 주요 요소	120
			• Island cut과 Trench cut의 특징과 유의점	98
			• Strut 흙막이 지보공과 지하 철골철근콘크리트공사의 공정마찰에 따른 시공성 개선방안	102
			• 흙막이 구조물의 설계도면 검토사항과 굴착 시 붕괴형태 및 대책	103
			• 어스앵커(Earth anchor) 내력시험의 필요성과 시공 단계별 확인시험	104
			• IPS 시스템의 공법순서 및 시공시 유의사항	108
			• Guide Wall의 시공방법 및 시공시 유의사항	108
			• 어스앵커(Earth Anchor)의 홀(Hole) 누수경로 및 경로별 방수처리	114
			• 흙막이공법을 지지방식으로 분류하고 Top-Down공법 시공계획 검토사항	116, 121
			• 도심지 공사에서 적용 가능한 흙막이 공법	117
			• 대규모 도심지공사에서 지반굴착공사 시 사전조사사항, 발생되는 문제점 및 현상	121
			• 대기환경보전법령에 의한 토사 수송 시 비산먼지 발생을 억제하기 위한 시설의 설치 및 조치사항	122
			• 역타공법 중 BRD(Bracketed Supported R/C Downward)와 SPS(STRUT as Permanent System) 공법	123
			• 흙막이 공법 중 CIP, SCW, Slurry Wall 공법의 장단점과 설계, 시공시 고려사항	123
			• 흙막이벽의 붕괴원인과 어스앵커(Earth anchor) 시공시 유의사항	126
	지하수 대책	용어형	• Drain mat 배수	76
			• Dam up 현상	77
			• 바닥 배수 트렌치	80
			• De-Watering 공법	88, 125
			• 부력과 양압력	97, 113
			• 피압수	100
			• PDD 공법	111
			• 지하수에 의한 부력(浮力) 대처 방안	126
		서술형	• 부력을 받는 지하구조물의 부상 방지대책	58, 80, 103, 116, 119, 124, 128
			• 부력으로 인한 건물 피해 해결 방법	72, 107
			• 지하수위가 높은 지반의 흙막이 시공시 문제점과 대책	60
			• 대형건축물 부상방지대책으로서 지하수위 저하 공법	60
			• 흙파기 공사 강제 배수시 문제점과 대책	61
			• 유공관을 이용한 영구배수공법(De-Watering)	68
			• 양압력을 줄이기 위한 영구배수공법	76
			• 지하수압으로 인한 지하구조물의 변위 방지를 위한 설계, 시공상 유의점	78
			• 도심지공사의 굴착공사 중에 발생하는 지하수처리 방안	85, 115
			• 굴착시 지하수 처리 방안	94
			• 도심지 굴착시 강제배수 문제점과 대책	96
			• 지하구조물 공사로 인한 싱크홀(Sink hole)의 원인, 유형, 지하수변화에 따른 싱크홀 방지 대책	119
			• 지하 터파기 시 지하수에 대한 검토사항과 차수공법 및 배수공법	129

구 분		유 형	문 제	출제 횟수
토공사	근접시공 및 침하 대책	용어형	• 언더피닝(Underpinning)	117, 129
		서술형	• 건축물의 부동침하 원인과 대책 • 부동침하시 기초 보강공법 • 흙막이 공사시 주변침하 원인과 방지 대책 • 언더피닝(Underpinning)공법에 대하여 종류별로 적용대상과 효과 설명 • 구조물의 부등침하 원인 및 방지대책을 나열하고, 언더피닝(Under Pinning)공법 설명	53, 79, 106, 109 62 84 86, 108, 115 118
	계측관리	용어형	• 간극수압계 • Tilt meter와 Inclinometer	69 99
		서술형	• 지하 흙막이 공사시 계측관리 • 계측 기기의 종류 및 용도 • 계측 항목 및 유의사항 • 측정 대상(토류벽, 스트러트, 주변지반, 인접 구조물)에 대한 계측 항목, 계측기기, 계측 목적	51, 90, 104 55, 83, 117, 128 66, 81, 124 68, 118
	토공 장비 및 기타	용어형	–	–
		서술형	• 토공사용 건설 장비의 선정시 고려사항 • 암반 파쇄 공사시 소음방지대책 및 시공시 유의사항	56 71
기초	기초 종류 및 기초 안정성	용어형	• 복합기초 • Caisson 기초 • Floating Foundation • Micro Pile • Mat 기초에서의 Dowel Bar 시공법 • 팽이말뚝기초(Top Base) 공법 • 기초공사에서의 PF(Point Foundation) 공법	69 73 74, 83 74, 98, 116, 129 81 102 114
		서술형	• 지정, 기초공사의 중요성과 지반조사 및 부지조사 • 기초 침하의 종류, 원인, 방지대책 • 기초 안정성 검토사항	52 71, 81 73
	기성 Pile	용어형	• 파일동재하시험 • 부마찰력 • Rebound Check • DRA(Double Rod Auger) 공법 • 파일의 시간경과 효과 • 시험말뚝박기 • PRD(Percussion Rotery Drill)공법 • 말뚝의 부마찰력(Negative Friction) • 기초에 사용되는 파일(Pile)의 재질상 종류 및 간격 • 복합파일(합성파일, Steel & PHC Composite Pile) • 헬리컬 파일(Helical Pile) • 기성콘크리트말뚝의 이음 종류	56, 69 65, 71, 77, 85, 91, 94 70, 83 88 96 100 105 106 108 109 113 118

구분		유형	문제	출제 횟수
	기성 Pile	서술형	• 동재하시험시 유의사항	65
			• PC 말뚝기초 침하에 의한 하자와 보수보강법	58, 74, 79
			• Pre-Boring 공사시 유의사항	63
			• 해안가 PC말뚝 시공 및 관리 방법	64
			• 기존 구조물과 근접하여 터파기, 파일 시공시 대책	68
			• 파일 항타시 두부 파손 원인과 대책	70, 82, 122
			• 도심지 기성 파일공사 공법과 준비사항	71
			• SIP 시공 순서와 유의사항	73, 77, 83, 100
			• PHC Pile 두부 정리시 유의사항	76, 98
			• 기성 Pile 시공상 고려사항 및 지지력 판정법	83, 93, 103, 111
			• 기성 콘크리트파일의 시공순서(Flow Chart) 및 두부정리시 유의점	87
			• 기성 콘크리트 말뚝공사 중 발생되는 문제점 및 대응방안	89
			• 강관말뚝공사시 말뚝의 파손원인과 방지대책	107, 123
			• PHC 말뚝박기 허용오차 초과 시 조치요령	114
			• 기성콘크리트 말뚝의 시공방법과 말뚝의 파손원인 및 대책	120, 128
			• 연약지반을 관통하는 말뚝 항타 시 지지력감소 원인과 대책	127
	현장 Pile	용어형	• SCW	56, 72, 60, 66
			• 양방향 말뚝 재하 시험	85, 101, 129
			• 현장 파일 공내 재하 시험	94
			• 파일의 Toe Grouting	94
			• 선단확장 말뚝(Pile)	96
			• 현장타설 말뚝의 건전도 시험	106
			• 현장타설말뚝공법의 공벽붕괴방지 방법	122
		서술형	• 현장파일의 슬라임처리방법과 말뚝머리 설정법	56
			• 현장 파일 시공시 유의사항	57
			• C.I.P(Cast in Place), M.I.P(Mixed in Place) 및 P.I.P(Packed in Place) 공법의 특징 및 시공시 유의사항	88
			• Pre packed pile 종류, 유의점	91
			• 중대구경현장파일 종류, 유의점	92
			• 대구경 현장 말뚝 하자 유형, 대책	96
			• 기초형식 선정시 고려사항과 품질관리	100
			• 말뚝지지력 감소원인과 대책	101
			• 현장타설말뚝 수직도 정밀도 확보 방안과 공벽붕괴 방지대책	111
			• RCD(Reverse Circulation Drill)의 품질관리 방법	115

2. 가설공사 및 철근콘크리트공사

구 분	유 형	문 제	출제 횟수
가설공사	용어형	• 고층 건축공사 낙하물 방지망 설치 방법	61, 101, 121
		• 건물 주위의 강관 비계설치시 비계면적 산출법	61
		• 기준점(B.M)	65, 93
		• GPS 측량기법	67, 96, 112
		• 곤돌라 운용시 유의 사항	95
		• 외부비계용 브래킷(Bracket)	96
		• 가설공사의 Jack Support	98
		• 성능 검정 가설 기자재	103
		• 가설계단의 구조	105
		• 외벽시공 곤도라 와이어의 안전 조건	105
		• 고층건축물 가설공사의 SCN(Self Climbing Net)	106
		• 가설용 사다리식 통로의 구조	107
		• 와이어로프 사용금지 기준	111
		• 컵록 서포트(Cuplock Support)	117
		• 건설작업용 리프트(Lift)	118
		• 현장 가설 출입문 설치 시 고려사항	121
		• 시스템비계	123
		• 추락 및 낙하물에 의한 위험방지 안전시설	125
	서술형	• 종합 가설 계획에서 고려사항	62, 81, 91, 98, 100, 106, 109
		• 가설공사 주요항목, 품질에 미치는 영향, 주의점	70, 95, 108
		• 외부 강관 비계의 조립 설치 기준 및 시공시 유의사항	81, 101, 117
		• 공동주택 가설공사의 특성 및 계획시 고려사항	83
		• 초고층 가설 계획 수립	75
		• 협소한 대지에서의 1층 바닥 작업장 구축방안	95
		• 가설통로의 종류 및 설치기준	104, 126
		• 건설용 리프트(Lift) 설치기준과 안전대책 및 장비 선정 시 유의사항	104
		• 공동주택 난간의 설치기준과 시공시 유의사항	106
		• 시스템동바리(System Support)의 적용범위, 특성 및 조립시 유의사항	110
		• 주상복합 현장 1층(층고 8m)에 시스템비계 적용 시 시공순서와 시공 시 유의사항	114
		• 세륜시설 및 가설울타리 설치기준	116
		• 잭서포트(Jack Support), 강관시스템서포트(System Support)의 특성과 설치 시 유의사항	118
		• 시스템비계의 재해유형, 조립기준, 점검·보수사항 및 조립·해체 시 안전 대책	124
		• 가설통로의 경사도에 따른 종류와 설치기준, 조립·해체시 주의 사항	126
		• 안전시설(추락방망, 안전난간, 안전대 부착설비, 낙하물 방지망, 낙하물 방호선반, 수직보호망 등)의 기준 및 설치방법	129
		• 공통가설공사 시설의 종류와 설치기준	129

구 분		유 형	문 제	출제 횟수
철근 CON'c 공사	거푸집 공사	용어형	• Gang Form	53
			• Climbing Form	56
			• 거푸집 고려 하중과 측압	60, 96, 103, 107
			• 와플 폼	65
			• 알루미늄 프레임 거푸집	68
			• 동바리 바꿔 세우기	71
			• Pecco Beam	76
			• metal lath form	80
			• ACS(자동상승용 거푸집)	83
			• Aluminum Form	85, 97, 115
			• Sliding Form	90
			• 시스템 동바리	91
			• 거푸집존치기간(건축공사시방서)	97, 108, 126
			• 비탈형 거푸집	99, 116
			• 터널폼의 모노쉘	100
			• Stay-in-Place Form	109
			• 잭서포트(Jack Support)	109
			• 알루미늄거푸집공사 중 Drop Down System	116
			• 거푸집의 수평 연결재와 가새 설치 방법	118
			• RCS(Rail Climbing System) Form	120
			• 철근콘크리트공사 시 캠버(Camber)	120
			• 건설기술진흥법상 가설구조물의 안전성 확인 대상	124
			• 콘크리트 거푸집의 해체시기(기준)	125
			• 데크플레이트(Deck Plate) 슬래브공법	128
			• 갱폼 인양용 안전고리	129
		서술형	• 비계 및 거푸집 공사 현황, 문제점 및 개선 방안	51
			• 거푸집 공법 선정시 고려사항	52, 121
			• 존치기간이 강도에 미치는 영향과 전용 계획	57
			• 거푸집 공사 점검항목과 처짐, 침하에 따른 조치사항	58
			• 대형 시스템 거푸집의 종류별 특성과 현장적용 조건	59, 84
			• 동바리 시공시 문제점과 기술상의 대책	62
			• 거푸집, 동바리 부위별 해체기준과 조기 탈형을 위한 강도확인 방법	63
			• 무비계 공법의 종류와 공법별 특징	63
			• 거푸집에 작용하는 하중에 의한 사고유형과 대책	65
			• 시스템 거푸집	65
			• 고층건축공사에서 옥상측벽용 노출콘크리트 대형 거푸집 고정 방법 및 유의사항	65
			• 동바리 시공관리상 타설 전, 타설 중, 해체시 유의사항	68
			• 거푸집공사 안전사고 예방을 위한 검토사항	69, 82
			• 거푸집공사 생산성 향상 방안	69
			• 거푸집 가공 제작과 조립 설치상태 검토시 유의사항	70
			• 층고가 높은 슬래브 타설 전 동바리 점검사항	74
			• 기둥 CON'c 타설시 측압 분포를 도시하여 설명	78
			• 거푸집공사로 인한 CON'c 하자	79
			• ACS(Auto Climbing System Form)과 Sliding Form 공법 비교	79
			• 층고 6M인 RC 건물의 동바리 바꿔세우기 시기와 유의점	81
			• AL Form System의 장단점, 시공순서, 유의 사항	81

구분		유 형	문 제	출제 횟수
철근 CON'c 공사	거푸집 공사	서술형	• 건축공사 현장에서 사용되는 동바리의 종류와 장·단점	84
			• 시스템 동바리와 강관동바리의 장단점을 비교하고, 동바리 조립 시 유의사항	125
			• 거푸집공사에서 발생할 수 있는 문제점과 그 방지 대책	85
			• 거푸집 동바리와 관련된 안전사고의 원인과 대책	87
			• 초고층 건물 코어월(Core Wall) 거푸집공법 계획 시 종류별장단점 비교	87
			• Gang Form, Auto Climbing System Form, Sliding Form의 특징과 장단점	88
			• 초고층 거푸집공법 선정 시 고려 사항	90
			• 거푸집이 구조체의 품질, 안전, 공기 및 원가에 미치는 영향과 역할	91
			• 거푸집, 지주의 존치기간 미준수가 경화콘크리트에 미치는 영향	91
			• 거푸집 시공계획 및 검사방법	93
			• 거푸집 측압증가요인 및 과다측압 대응법	94
			• 거푸집에 대한 고려하중과 측압 특성 및 측압 증가 요인	118, 129
			• 부위별 거푸집(동바리 포함)에 작용하는 하중과 거푸집 설치방법(동바리 포함) 및 콘크리트 타설방법	126
			• 거푸집 존치기간, 거푸집 해체 시 준수사항과 동바리 재설치 시 준수사항	128
			• 거푸집공사에서 발생되는 거푸집 붕괴의 원인과 대책	96, 107
			• 시스템 동바리 조립, 해체시 주의사항과 붕괴원인 및 방지대책	97
			• 고층건축물 외벽에 적용가능한 시스템 거푸집 종류와 시공 시 유의사항	98
			• 동바리 수평연결재 및 가새 설치	100
			• 합벽용 무폼타이 거푸집 특징과 유의사항	100
			• 거푸집 시공계획과 안전성 검토	101
			• 양생과정에서 처짐방지를 위한 동바리(支柱)바꾸어 세우기 방법(추가)	102
			• 갱폼(Gang Form)의 구성요소 및 제작 시 고려사항	114
			• 갱폼(Gang Form)의 제작 시 고려사항 및 케이지(Cage)구성요소	118
			• 갱폼(Gang form) 시공 시 위험요인과 외부 작업발판 설치기준, 설치 및 해체 시 주의사항	123, 126
			• 터널폼의 종류 및 특성	116
			• 알루미늄 거푸집을 이용한 아파트 구조체공사시 유의사항	117
			• 박리제의 종류와 시공 시 유의사항	119
			• 알루미늄 폼의 장단점을 유로 폼과 비교하고, 시공 시 유의사항	125
	철근 공사	용어형	• 피복두께	54, 79, 104
			• 최소피복두께	128
			• 가스압접	54, 80, 110
			• 슬리브 이음	61
			• 온도철근	65, 67, 91
			• 철근 정착 위치	70
			• 철근 부착강도 영향요인	72, 90, 118
			• Grip Joint	73
			• 고강도철근	76, 81

구분		유형	문제	출제 횟수
철근 CON'c 공사	철근 공사	용어형	• 균형철근비	80, 116, 121
			• 기둥 철근에서의 Tie Bar	82
			• 나사식 철근이음	85
			• 철근선조립공법	86
			• Sleeve Joint	86
			• 철근 피복두께의 목적	88, 96
			• 철근콘크리트 구조의 원리와 장단점	93
			• 철근의 Bending Margin	98
			• 배력철근	99
			• PAC(Pre Assembled Composite)	101
			• 철근부식 허용치	102, 122
			• 코일(Coil)형 철근	104
			• 배력철근과 온도철근	109
			• 나사형 철근	111
			• 하이브리드 FRP(Fiber Reinforced Polymer) 보강근	112
			• 철근 격자망	117
			• 철근콘크리트 기둥철근의 이음 위치	118
			• Dowel Bar	119
			• 철근 결속선의 결속기준	122
			• 내진 철근(Seismic Resistant Steel Deformed Bar)	125
			• 철근 피복두께 기준과 피복두께에 따른 구조체의 영향	125
		서술형	• 구조용 용접철망 사용목적과 사용시 유의사항	55, 126
			• RC조 초고층 아파트 철근시공 실태와 개선방안	58
			• 철근 Pre-fab	61, 77
			• 철근 용접부 비파괴 검사	62
			• 철근 부식원인과 방지대책	62
			• 콘크리트 품질 시험방법	62
			• SRC 건물의 부위별 철근 배근공사 유의사항	63, 79
			• 과다 피복시 문제점	69
			• 철근 피복두께의 필요성과 시방서상의 기준	66, 108
			• 철근 선조립공법과 타일 선부착공법 설명	67
			• 철근이음 방법의 종류와 시공시 유의사항	70, 98
			• 용접철망을 이용한 철근선조립 공법	80
			• 철근의 정착 및 이음	82
			• 철근 선조립 공법	83, 108
			• 철근의 Loss를 줄이기 위한 설계 및 시공방법	85, 99
			• 철근부식의 발생 Mechanism과 철근의 녹(Rust)이 공사품질에 미치는 영향 및 관리방안	86 124
			• 철근이음방법 중 기계식 이음방법의 특성 및 장단점	86
			• 철근의 기계식 이음의 종류별 장단점을 기술하고 품질관리시험 기준	124
			• 현장 철근공사의 문제점, 개선방안, 시공도면(Shop Drawing) 작성의 필요성	87
			• 철근의 강도별 종류, 용도, 표시방법, 관리방법	93
			• 철골철근콘크리트 보철근 접합방법	94
			• 철근 가스압접 시공 검사기준 및 시공시 유의사항	97
			• 기둥과 벽체의 철근피복두께가 설계기준과 다르게 시공되는 원인과 수직 철근 이음위치 이탈시 조치사항	102

구 분		유 형	문 제	출제 횟수
철근 CON'c 공사	철근 공사	서술형	• 철근배근 오류로 인하여 콘크리트의 피복두께 유지가 잘못된 경우, 구조물에 미치는 영향	118
			• 피복두께를 유지해야 하는 이유와 최소피복두께 기준	120
			• 철근이음의 종류 중 기계적 이음의 품질관리 방안	119
			• 철근콘크리트 구조물 내진설계에 따른 부재별 내진배근	123
	재료 및 현장 시공	용어형	• 부어넣기 유의사항	52
			• 이어치기 및 Cold Joint	52
			• 콜드 조인트(Cold Joint) 방지대책	126
			• Control Joint	62, 70, 89
			• 골재 함수량	53
			• 시공줄눈, 팽창줄눈, 조절줄눈 비교 설명	53, 88
			• 트레미 관	57, 89
			• 기둥 밑받이	58
			• 혼화재료	61, 124
			• 혼화재	128
			• 잔골재율	61, 93
			• 콘크리트 헤드	63
			• VH 분리타설공법	63
			• Delay joint	63, 67, 80 122
			• Slump Flow	64
			• 프리 쿨링	65
			• CPB(CON'c Placing Boom)	65, 84, 119
			• Curing Compound	66
			• Sliding Joint	66
			• 크리프 현상	68, 92, 106
			• 레미콘의 호칭강도	68, 81, 110 123
			• 압축강도 검사기준과 판정기준	68
			• 수화반응	68, 106
			• Flow Test	69
			• 강판보강방법	69
			• 블리딩	70, 124
			• 포졸란	71, 111
			• 반발경도법	73, 115
			• Water Gain 현상	73
			• 콘크리트 응결경화	74
			• 소성수축균열 발생시 현장관리방안	74, 88, 125
			• 공기량 규정 목적	75
			• 동해의 Pop Out 현상	75, 99
			• 스케일링(Scaling) 동해(凍害)	128
			• 시공이음	76, 108
			• 현장봉합 양생	77
			• 이어붓기면의 요구되는 성능과 위치	77
			• 지수판	78
			• CON'c 염분함량기준	78

구 분		유 형	문 제	출제 횟수
철근 CON'c 공사	재료 및 현장 시공	용어형	• Wall Girder	79
			• 중성화	79
			• CON'c 양생방법	79
			• 탄소섬유보강공법	80
			• 초기 침하균열 예방법과 현장조치방법	81
			• CON'c 타설시 진동다짐방법	81
			• CON'c kicker	82
			• Punching Shear Crack	82
			• 골재의 입도	83
			• 구조체 신축이음	83
			• 혼화재	84
			• 콘크리트 균열유발 줄눈의 유효 단면감소율	84
			• 콘크리트 표면에 발생하는 결함	85
			• 사인장 균열	86
			• 콘크리트 조인트(Joint) 종류	87
			• 실리카 흄(Silica Fume)	87
			• 콘크리트 타설시 굵은골재의 재료분리	88
			• 매립철물(Embed Plate)	88, 129
			• 석회석 미분말(Lime Stone Powder)	88
			• 레미콘의 호칭강도와 설계기준 강도의 차이점	89
			• 레이턴스(Laitance)	89
			• 구조체 관리용 공시체	89
			• MDF(Macro Defect Free) 시멘트	89
			• 강열감량(强熱減量)	89
			• 콘크리트 비파괴 검사	91
			• 콘크리트 자기수축	92, 113
			• 콘크리트용 유동화제	93
			• 레미콘 납품서(송장)	97
			• 콘크리트 blister	98, 116
			• 콘크리트 건조수축 균열	98
			• 콘크리트 슬래브 처짐(Camber)	98
			• 시방배합, 현장배합	99
			• 알카리골재반응	99
			• 콘크리트 모세관 공극	100
			• 콘크리트에서 초결시간과 종결시간	100
			• 시멘트 종류별 표준양생기간	101
			• 해사의 제염법	101
			• 콘크리트 내구성 시험	101
			• 폭렬현상 메커니즘	103
			• 굳지 않은 콘크리트의 공기량	105
			• 한중콘크리트 양생	108
			• 초속경 시멘트	109
			• CfFA(Carbon-free Fly Ash)	110
			• 내한촉진제	111, 123
			• 덧침 콘크리트(Topping Concrete)	113
			• 콘크리트 표면층 박리(Scaling)	114

구분		유형	문제	출제 횟수
철근 CON'c 공사	재료 및 현장 시공	용어형	• 철근콘크리트 할렬균열	115
			• 무근콘크리트 슬래브 컬링(Curling)	117
			• 초고층 건축물 시공 시 사용하는 철근의 기계적 정착(Mechanical Anchorage of Re-bar)	117
			• 콘크리트의 소성수축균열(Plastic Shrinkage Crack)과 자기수축균열(Autogenous Shrinkage Crack)	118
			• 콘크리트 침하균열	119, 126
			• 콘크리트의 시공연도(Workability)	121
			• 콘크리트 배합 시 응결경화 조절제	121
			• 표준사	121
			• 물-결합재비(Water-Binder Ratio)	122
			• 지하층공사 시 강재기둥과 철근콘크리트 보의 접합 방법	123
			• 콘크리트의 수분증발률	123
			• 표준 습윤양생 기간	127
			• 굳지 않은 콘크리트의 단위수량 시험방법	129
		서술형	• 시공줄눈의 구조 성능저하 및 방수 결함방지대책	51
			• 시공이음(Construction Joint) 시공 시 유의사항	120
			• 내구성 및 품질 저해 요인과 향상 방안	52
			• 강자갈, 강모래 부족현상과 폐기물처리 및 재활용	52
			• 철근콘크리트 내구성 향상 방안	54
			• 공사 현장에서 CON'c 품질확보를 위한 방법	53
			• 초고층 SRC의 철근 배근 및 CON'c 타설 방법	53
			• 철근콘크리트 보의 균열원인, 손상정도, 보수보강	57
			• 레미콘 공장 선정기준과 발주시 유의사항	57
			• 레미콘 적절한 수급과 품질을 확보하기 위해 공장방문 시 확인 사항	122
			• 구체 콘크리트 압축강도를 공시체로 측정하는 방법	59
			• 지하주차장 1층 상부 슬래브 균열 방지대책	60
			• 공동주택 측벽 균열 원인과 방지대책	60, 82
			• 콘크리트 구조물의 부위별 구조 보강공법	62, 108
			• VH 분리타설의 개요와 적용 목적	72
			• 콘크리트의 수직-수평 분리타설 방법과 시공시 유의사항	119
			• 아파트 발코니 균열원인과 방지대책	63
			• 데크 플레이트 상부 콘크리트 균열원인과 억제 대책	63, 92, 116 121, 126
			• 지하주차장 플랫슬래브 드롭패널 균열 원인과 주의점	63
			• 내구성 저하 요인과 방지대책	64, 90, 96 120, 127
			• 시공 요인에 의한 균열 원인과 저감대책	64
			• 레미콘 압축강도 시험시기, 횟수 시료 채취, 판정법	71, 74, 81
			• 재생골재의 특성과 사용상 문제점	64
			• Pump 압송성 향상을 위한 배합대책과 시공시 유의점	64
			• 건조수축 유발 요인과 저감대책	66, 78, 81
			• 옥상파라펫 타설시 바닥 CON'c와의 타설구획 방법과 시공시 유의 사항	66

구분		유형	문제	출제 횟수
철근 CON'c 공사	재료 및 현장 시공	서술형	• 지하층 벽체 균열 원인과 저감 대책	66
			• 측압의 특성 및 영향 요인	66
			• 수화열이 미치는 영향과 제어공법	67
			• 고층아파트 지하 주차장 팽창줄눈 시공시 유의사항	67
			• 소성수축균열과 건조수축균열-발생기구, 양상, 시기, 대책	68
			• 레미콘 운반시간 관리규준-KS 규정과 표준시방서기준	68
			• 미경화 콘크리트 침하균열의 발생시기, 요인, 대책	69
			• 세골재 입도가 시멘트 몰탈 시공에 미치는 영향	69
			• 이어치기 위치 및 시공방법 등 유의사항	69, 101
			• 콘크리트 보수보강공법	70, 71
			• 보통포틀랜드 시멘트의 응결개시 시간과 종결시간, 경화개시 시간	71
			• 콘크리트 고강도화 방법과 현장 적용을 위한 재료, 시공	72
			• 슬래브에서의 소성수축균열 발생시 현장조치 방안	72
			• 골재수급난에 따른 부순골재 사용 콘크리트 품질특성	74
			• 폭렬 현상과 그 방지대책	74, 112
			• 레미콘 회수수의 슬러지를 활용하는 방안	74
			• 콘크리트 기둥의 부등축소 현상을 발생 요인별로 설명	74
			• 초기(1일 이내)발생 균열의 종류와 원인 및 대책	75, 98
			• 콘크리트 표면 결함의 종류와 방지대책	75, 125
			• 혼화재료의 감수제의 적용방식, 특징, 용도	76
			• 재료분리 원인 및 영향요인과 방지대책	76, 107
			• 굳지 않은 콘크리트의 재료분리 발생 원인과 대책, 구조에 미치는 영향	125
			• 안전진단결과 구조성능이 필요한 경우 보강재료와 보강공법	76
			• 시공연도 영향요인과 측정방법	77, 98
			• CON'c 시방서와 KS기준에 의한 레미콘 운반시간 한도규정	78
			• 재생골재 사용범위와 시공시 조치사항	78
			• CON'c 구조물의 유지관리 방법	79
			• 현장타설 CON'c의 품질관리방법을 단계(타설 전, 타설 중, 타설 후)별로 설명	79, 123
			• 중성화 진행속도와 메커니즘	81, 95
			• 혼화재료의 종류와 특징	82, 115
			• 콘크리트 품질유지 활동을 준비, 진행, 완료 단계로 설명	83
			• 건축물의 기둥 콘크리트 타설시 다음 사항을 설명 1) 타설방법(콘크리트 시방서 기준) 2) 한 개의 기둥을 연속으로 타설하여 완료하는 것을 금지하는 이유	84
			• 레미콘 운반 시간의 한도 규정 준수에 대하여 다음을 설명 1) 일반 콘크리트의 경우(콘크리트 시방서 기준) 2) KS규정의 경우 3) 운반시간의 한도 규정을 초과하지 말아야 하는 이유	84
			• 콘크리트의 중성화에 대하여 다음을 기술 1) 개요 2) 중성화 진행속도 3) 중성화에 의한 구조물의 손상	84
			• 건축물 리모델링 공사시 보수 및 보강공사의 종류 설명	84

구 분		유 형	문 제	출제 횟수
철근 CON'c 공사	재료 및 현장 시공	서술형	• Bleeding 1) 개요 2) 블리딩 시 발생하는 균열 3) 균열발생 시 현장조치 방법 4) 블리딩시 수분 증발속도 영향요인	84, 105
			• 블리딩에 의해 발생하는 문제점과 저감대책	128
			• 건설현장에서 콘크리트의 운반 및 타설 방법에 대하여 설명	85
			• 콘크리트의 동결 융해 방지 대책	86
			• 콘크리트 균열의 종류별 발생원인과 보수보강공법	86, 114, 127
			• 대규모 공장건축물 바닥콘크리트 타설시 구조적 문제점 및 시공 유의사항	87
			• 콘크리트 타설시 거푸집 측압에 영향을 주는 요소 및 저감 대책	87, 117
			• 콘크리트의 현장 품질관리를 위한 시험에서 ① 타설 전 ② 타설 중 ③ 타설 후를 구분하여 기술	88
			• 콘크리트 응결 및 경화과정에서의 콘크리트의 표면결함의 종류, 원인, 대책	88
			• 레미콘 가수(加水)의 유형과 그 방지대책	89
			• 콘크리트 공사의 공기단축 관련 콘크리트 강도의 촉진 발현 대책	89
			• 내구성이 요구되는 콘크리트 구조물에 소성수축 균열 발생시 원인과 복구대책	89
			• 콘크리트 펌프 압송관 막힘 원인과 대책	90, 111
			• 생콘크리트 펌프압송 시 막힘현상의 원인 및 예방대책과 막힘 발생 시 조치사항	118
			• 콘크리트공사의 시공성 영향요인과 시공성 향상 방안	90
			• 복수의 공장에서 (레미콘) 공급받는 콘크리트 품질확보 방안	91
			• Expansion Joint와 Control Joint 시공방법	91
			• 철근콘크리트 균열 원인과 억제 대책	91, 97
			• 기둥과 슬래브의 압축강도가 다른 경우 콘크리트 품질관리 방안	92
			• 철근CON'c 화재발생시 구조안전에 미치는 영향과 피해 조사내용, 복구방법	93
			• 콘크리트 타설 전, 중 품질관리	94
			• 압축강도 미달 시 조치 사항	95
			• 콘크리트 펌프(Pump) 압송 타설시 품질저하의 원인과 대책	96, 112
			• 콘크리트의 펌프 압송시 유의사항	119
			• 콘크리트 균열방지를 위한 줄눈의 종류 및 시공시 유의 사항	96
			• 고로슬래그를 첨가한 콘크리트의 특징, 문제점, 대책	97
			• 콘크리트 구조물의 누수 발생 원인, 대책	98
			• 철근콘크리트 구조물해체 공법 종류, 사전조사내용, 주의사항	99
			• 혼화재 다량치환 콘크리트의 중성화 억제	100
			• 레미콘 잔량 콘크리트의 효과적 이용방법	100
			• 콘크리트 표면 벗겨짐 원인과 대책	100
			• 콘크리트 구조물표면의 손상 및 결함의 종류에 대한 원인과 방지대책	117
			• 고강도 골재 수급 방안	101
			• 미경화콘크리트와 경화콘크리트의 성질	101
			• 굳지 않은 콘크리트의 성질과 콘크리트의 시공성에 영향을 주는 요인	124
			• 지하주차장 배수를 위한 슬래브 구배시공	101
			• 도급수량 대비 철근과 콘크리트 수량 부족의 원인 및 대책	102

구 분		유 형	문 제	출제 횟수
철근 CON'c 공사	재료 및 현장 시공	서술형	• 옥상 누름콘크리트의 신축줄눈(Expansion Joint)과 조절줄눈(Control Joint)의 단면을 도시하고, 준공 후 예상되는 하자의 원인 및 대책	102
			• 공동주택 콘크리트 구조체 균열의 하자 판정 기준과 조사방법	103
			• 콘크리트 타설시 온도와 습도가 거푸집측압, 콘크리트공기량 및 크리프(Creep)에 미치는 영향	104
			• 철근 부식과정과 염분함유량 측정법	104
			• 고층 아파트 골조공사의 4-Cycle System	104, 110
			• 경화 전 콘크리트의 수축균열(Shrinkage Crack)의 종류 및 원인과 대책	108
			• 슬럼프(Slump) 저하 원인과 조치방안	109
			• 공동주택 지하주차장 Half PC(Precast Concrete) Slab 상부의 Topping Concrete에서 발생되는 균열의 원인과 원인별 저감방안	110
			• 굵은 순환골재의 품질기준과 적용시 유의사항	111
			• 중성화가 구조물에 미치는 영향과 예방대책 및 사후 조치방안	112
			• 철근콘크리트 공사의 공기단축을 위한 방안	113
			• 초고층 콘크리트공사에서 타설 전 관리사항과 압송장비 선정 방안	113
			• 초고층 콘크리트 타설 시 고려사항과 콘크리트 압송장비의 운용방법	121, 127
			• 초고층 콘크리트 타설 시 압송관 관리사항과 펌프 압송 시 막힘현상의 대책	125
			• 콘크리트 중성화의 영향 및 진행과정과 측정방법	116, 128
			• 콘크리트타설 계획의 수립내용	117
			• 콘크리트 타설 전에 현장에서 확인 및 조치할 사항	122
			• 현장 콘크리트 타설 전 시공확인 사항과 레미콘 반입 시 확인사항	125
			• 철근콘크리트 구조물의 표준양생 28일 강도를 설계기준강도로 정하는 이유와 압축강도 시험의 합격 판정 기준	118
			• 방수 바탕면으로서의 철근콘크리트 바닥(Slab) 시공 시 유의사항	120
			• 철근콘크리트 기초와 주각부에 접한 지중보 시공 시 유의사항	121
			• 콘크리트 타설 시, 선 부착 단열재 시공부위에 따른 공법의 종류별 특징과 단열재 형상에 따른 시공유의사항	121
			• 지붕층 콘크리트 타설 시 시공단계별 품질관리 방안	121
			• 콘크리트공사에서 수직도 유지를 위한 기준 먹매김 방법과 유의사항	122
			• RC조 건축물의 증축 및 리모델링공사에서 주요구조부 보수·보강공법 및 시공 시 품질확보 방안	123
			• 철근콘크리트 건축물에 화재발생 시 구조물의 피해조사방법과 복구방법	124
			• 탄소섬유 시트 보강공법의 특징 및 적용분야, 시공순서, 부위별 보강방법	126
			• 데크플레이트의 붕괴 원인과 시공 시 유의사항	127
			• 익스펜션 조인트(Expansion Joint)를 시공해야 할 주요부위와 설치위치, 형태	128

구분		유형	문제	출제 횟수
철근 CON'c 공사	특수 CON'c 및 구조 공법	용어형	• CFT(충진 강관 콘크리트)	52, 56, 64, 76, 94
			• 고성능 콘크리트(HPC)	52, 74, 84
			• 폴리머 콘크리트	54
			• 섬유보강 콘크리트/SFRC	55, 62, 64, 79
			• 진공 배수 콘크리트	59, 78, 80, 91, 116
			• 본드 빔	60
			• 기포콘크리트	61
			• 코어선행공법	61, 72
			• Post Tension	62
			• 온도균열 방지대책	64
			• 녹화(식생)콘크리트	64, 75, 86
			• 환경친화형 콘크리트	66, 97
			• 플랫 슬래브	68
			• 다공질(포러스) 콘크리트	69, 107
			• 매스콘크리트 온도구배	71
			• 팽창콘크리트	72, 85, 129
			• PS CON'c	72, 120
			• 적산온도	54, 84, 105
			• 서중콘크리트 적용범위	74, 91
			• 수밀콘크리트	77
			• 한중 CON'c 적용 범위	78, 90
			• Flat Slab와 Flat plate Slab의 차이	79
			• 단면 2차 모멘트	84
			• 시하구조물의 보조기둥	84
			• GFRC	84, 127
			• Flat Slab의 전단보강	86, 92
			• 온도균열지수	86, 113
			• 비(非)폭렬성 콘크리트	87
			• 경량콘크리트	93
			• 매스콘크리트 수화열 저감 방안	94
			• 지오폴리머 콘크리트	95
			• 균열 자기치유 콘크리트	95, 124
			• 고강도 콘크리트(High Strength Concrete)	96
			• 자기응력 콘크리트	97
			• 매스(Mass)콘크리트의 온도충격(Thermal Shock)	102
			• 루나 콘크리트(Lunar Concrete)	110
			• 노출 바닥콘크리트공법 중 초평탄콘크리트	112
			• PS(Pre-stressed) 강재의 Relaxation	112
			• 고유동 콘크리트의 자기충전(Self-Compacting)	114
			• MPS(Modularized Pre-stressed System) 보	119
			• 스마트 콘크리트	125
			• 저탄소 콘크리트	127
		서술형	• 고강도 콘크리트의 품질관리-배합, 비비기, 운반, 보양	51, 77
			• 한중 콘크리트 타설시 주의사항 및 양생공법	52, 111, 126, 129
			• 서중 콘크리트 시공 계획	54
			• 한중콘크리트 초기 양생시 주의사항과 관리 내용	58, 78, 92, 114

구 분		유 형	문 제	출제 횟수
철근 CON'c 공사	특수 CON'c 및 구조 공법	서술형	• 매스콘크리트 특성과 시공시 유의사항	59, 113
			• 제치장 콘크리트 시공시 고려사항/거푸집 설계	60, 71, 95, 103, 114
			• 서중콘크리트 문제점 및 시공시 고려사항	60, 73, 80, 98, 109, 113, 127
			• 진공배수 공법의 특징	81
			• 코어선행공법 시공시 유의사항	67
			• 고유동(초유동) 콘크리트 특성과 유동성 평가법	61, 104
			• 매스콘크리트 온도균열 방지를 위한 시공대책	61, 72, 77, 90, 101, 120
			• 매스 콘크리트의 수화열에 의한 균열의 발생원인과 구조체에 미치는 영향 및 대책	122, 123
			• 동절기 콘크리트공사 시공관리	62
			• 대규모 바닥 콘크리트 타설시 진공배수 공법	65
			• 노출 CON'c 품질관리-거푸집, 철근, 콘크리트	66, 82
			• 서중콘크리트 콜드조인트 방지대책	67
			• 수중콘크리트 재료와 배합, 타설방법	68
			• Precast CON'c의 부재 운반, 반입, 설치시 품질관리사항	68
			• 코어선행공법에서 Embed Plate 설치 방법	70
			• 고강도콘크리트 특성과 시공시 유의사항	70
			• 고유동 콘크리트를 기둥과 슬래브 타설시 일반 CON'c와 비교 설명	71, 109
			• 서중콘크리트 온도관리, 슬럼프저하방지, 콜드조인트 방지대책, 양생 유의사항 등을 설명	74
			• 한중, 매스 콘크리트를 기초매트에 시공시 시공계획	75
			• 플라이애시 콘크리트 사용시 현장에서 조치사항	77
			• Cycle Time의 정의 및 단축시 기대효과	79
			• CFT의 개요, 장단점, 시공프로세스 중 하부 압입공법 및 트레미공법 시공시 유의사항	79, 109, 115
			• CFT(콘크리트충전 강관기둥)공법의 장·단점과 콘크리트 충전방법 및 시공 시 유의사항	120
			• 고층건축물 철근콘크리트 공사의 공정 사이클과 공기 단축 방안	80
			• 고강도 CON'c 내화성 증진 방안	78, 82, 97
			• 20층 이상 공동주택 골조공기 단축방안	83
			• 고강도 CON'c 폭열현상 방지대책	83
			• 고강도콘크리트의 폭렬현상 발생원인과 방지대책 및 내화성능관리 기준	124
			• 노출 콘크리트에서 다음 항목의 각각 영향요인과 관리방법을 서술 1) 색채균일성 2) 균열방지 3) 충전성(재료분리저항) 4) 내구성	84
			• 굳지 않은 고성능콘크리트의 성능평가 방법	85
			• 서중(暑中)콘크리트의 배합설계시 유의사항, 운반 및 부어넣기 계획	86, 94
			• 서중콘크리트 재료의 사용 및 생산 시 주의사항	121
			• 초고강도 콘크리트, 초유동화 콘크리트의 제조원리 및 적용사례	86
			• 코어 선행공법에서 구조체(Core Wall)와 철골 접합부 시공상 유의사항	87, 109
			• 해변에 접하는 건축물의 콘크리트 요구성능, 시공유의사항, 염해방지대책	87

구 분		유 형	문 제	출제 횟수
철근 CON'c 공사	특수 CON'c 및 구조 공법	서술형	• 고강도 콘크리트의 제조방법 및 내화성을 증진시키기 위한 방안	88, 99
			• 고층건물 바닥시스템 중에서 보-슬래브 방식, 플랫슬래브 방식 및 메탈데크 위 콘크리트 슬래브 방식의 개요 및 장단점	88
			• 서중환경이 굳지 않은 콘크리트의 품질에 미치는 영향과 그 방지대책	89
			• 환경친화형 콘크리트(Eco-Concrete)의 정의, 분류, 특성 및 용도	89, 107
			• PS 콘크리트 공사방법과 적용시 장점	91
			• 초고층 RC 코어 선행 공사의 시공계획시 주요관리 항목	92
			• 콘크리트 구조물 공사에서 탄산가스 발생저감 방안	93
			• 고강도 콘크리트 자기수축 저감 방안	93
			• 고성능 콘크리트 시공시 유의 사항	94
			• CON'c의 하이브리드 섬유 사용목적	95
			• 수밀 콘크리트 품질관리를 위한 (1) 재료, (2) 배합, (3) 타설	96
			• SRC의 코어(Core) 벽체와 연결되는 바닥철근 연결방법	96
			• 한중콘크리트 배합, 운반, 타설시 유의사항	96
			• 강섬유콘크리트의 재료, 배합, 시공 관리	101
			• 숏크리트 건식과 습식공법, 탈락률 저감법	101
			• 고내구성 콘크리트의 적용대상, 피복두께 및 시공시 고려사항	110
			• 팽창콘크리트의 사용목적과 성능에 영향을 미치는 요인	110
			• 경량기포콘크리트의 특성 및 시공시 주의사항	111
			• 해양콘크리트의 요구 성능과 시공 시 유의사항	113
			• 경량기포 콘크리트의 종류 및 선정 시 고려사항	116
			• 경량 골재 콘크리트의 정의 및 종류, 배합, 시공	126
			• 시멘트 생산과 이산화탄소 발생의 상관관계와 친환경 콘크리트의 사용 전망	122
			• SRC구조의 강재기둥과 철근콘크리트 보의 접합 방법과장단점	127

3. 철골공사

구 분		유 형	문 제	출제 횟수
철골공사	시공계획	용어형	-	-
		서술형	• 철골조 공기 단축 방안 • 철골 시공도 작성 내용과 유의사항 • 단층인 철골 공사의 철골세우기 및 제작운반 검토사항 • 공작도 작성절차 및 승인 검토항목 • 시공 상세도면 주요검토 사항 및 시공 상세도면에 포함되어야 할 안전시설	55 58 86 95 121
	공장 제작 및 반입검사	용어형	• 밀 시트(Mill Sheet)	59, 129
		서술형	• 현장반입시 검사 항목 • 공장 제작시 검사계획(ITP, Inspection Test Plan) • 철골제작시 검사계획(ITP) 주요검사 및 시험 • 공장제작의 품질관리사항 • 철골제작도(Shop Drawing) 작성 시 시공과 안전을 위해 반영할 사항	62, 77, 128 80 97 119 129
	현장 세우기	용어형	• 기둥의 허용오차	51
		서술형	• 세우기 시공시 유의사항(일반사항, 기둥, 계측 수정) • 철골기초 앵커볼트 매입 및 주각부 시공사 고려사항 • 앵커볼트 위치와 베이스 플레이트 시공 • 철골공사 단계별 시공시 유의사항 • 주각부 시공계획, 품질관리 • 철골세우기 공사시 수직도 관리 방안 • 도심지현장 철골세우기공사 점검사항을 시공단계별 설명 • 철골 세우기 장비 선정 및 순서와 공정별 유의 사항, 세우기 정밀도	51 60, 110, 128 61, 94, 116 73 74, 82, 119 85, 129 96 126
	조립 공법	용어형	• 용접검사 방법 • 모살 용접 • TC 볼트 • Metal Touch • Scallop • Stud Bolt • Reaming • 초음파 탐상법 • Fish Eye • Blow Hole • Under Cut • Lamellar Tearing • TS Bolt • 고장력 볼트 인장체결시 1군(群)의 볼트 개수에 따른 토크검사기준 • 고력 Bolt 조임방법과 검사법	52 53, 120 54 57, 70, 77, 91, 119, 125 62, 69, 81, 111, 120, 127 62, 77 62, 67 63, 124 67 68 72 72, 80, 101, 125 73, 76, 119, 128 81 82, 96

구 분		유 형	문 제	출제 횟수
철골 공사	조립 공법	용어형	• 철골 용접의 비파괴 검사법	86
			• 스터드 용접	90
			• 철골 앵커볼트 매입 방법	90
			• 각장부족	92
			• End Tab	94
			• CO_2 아크 용접	95
			• Stud 품질검사	98
			• TS볼트의 축회전	100
			• 철골용접 결함 중 용입부족(Imcomplete Penetration)	102
			• Weaving	103
			• Torque Control법	104
			• 철골 예열온도(Preheat)	106, 108
			• 고력볼트 현장반입검사	106, 120
			• Box Column 현장용접순서	54, 106
			• 용접부 비파괴 검사 중 자분탐상법의 특징	107
			• 철골조립 작업시 계측방법	107
			• 일렉트로 슬래그(Electro Slag)용접	110
			• 용접 절차서(Welding Procedure Specification)	114
			• 철골공사의 트랩(Trap)	120
			• 철골부재 변형교정 시 강재의 표면온도	121
			• 용접사의 용접자세 및 기량시험	121
			• 철골기둥 하부의 기초상부 고름질(Padding)	122
			• 용접 결함의 종류 및 결함원인, 검사방법	126
			• 서브머지드 아크 용접(Submerged Arc Welding)	127
			• 철골세우기 자립도 및 검토대상 건축물	129
		서술형	• 고력볼트 조임방법과 검사	54, 77, 99, 117, 125, 128
			• 현장접합 시공시 부재 간 접합부위와 시공시 유의사항	56
			• 고장력 볼트 체결시 유의사항	61, 80, 108
			• H형강보를 고력볼트로 접합시 순서별 품질관리	64
			• 대규모 단층공장 철골세우기 및 제작 운반 검토사항	65
			• 용접 결함 종류와 방지대책	66, 90, 103, 112
			• 고장력볼트의 반입, 보관, 사용관리	70
			• 철골 마찰면처리방법 및 유의사항	70
			• 철골접합공법	75, 122
			• 철골접합종류 및 현장검사 방법	76
			• 용접부 비파괴검사 방법의 종류와 특성	77
			• 용접방법의 종류와 유의사항	78
			• 철골 현장 용접시 품질관리 요점	81
			• 고장력볼트 현장반입시 품질검사와 조임시공 유의사항	88
			• 철골공사 현장에서 시공정밀도의 관리허용차 및 한계허용차	105, 111
			• 철골공사에서 현장설치시 시공단계별 유의사항	106, 108, 118
			• 라멜라테어링(Lamella Tearing)현상의 원인과 방지대책	109
			• 철골 세우기 수정 작업순서와 수정시 유의사항	113

구분		유형	문제	출제 횟수
철골공사	조립공법	서술형	• 현장용접 검사방법	116
			• 철골용접 결함검사 중 염색침투 탐상검사의 용도 및 방법	117
			• 철골 세우기 공사 시 철골수직도 관리방안 및 수정 시 유의사항	120
			• 스터드(Stud)볼트 시공방법과 검사방법	122
			• 철골공사 시 현장조립 순서별로 품질관리방안	122
			• 철골세우기 수정용 와이어 로프의 배치계획 및 수정 시 유의사항	124
			• 용접작업에서 예열 시 주의사항과 용접검사 중 육안검사 방법	124
			• 현장용접시 고려사항과 검사방법(용접 전, 중, 후)	128
			• 용접결함의 원인과 대책, 비파괴 검사 방법, 용접결함 부위 보완방법	129
	내화피복	용어형	• 내화피복검사	58
			• 내화도료	59, 82
			• 건식내화피복공법	76
			• 내화피복공사의 현장 품질관리 항목	81
		서술형	• 내화피복공법과 품질향상 방안	52, 88, 92, 108
			• 내화피복공법의 종류	62, 82, 98
			• 내화피복의 요구성능 및 내화기준	68
			• 내화재료의 요구성능 및 종류와 내화피복공법	68
			• 습식내화피복공법	74
			• 내화도료 시공순서와 높이별 내화성능	101, 111
			• 습식뿜칠공사 시공 시 두께 측정방법 및 판정 기준	105
			• 도심지 철골조 건축물의 내화피복 뿜칠공사 시 유의사항 및 검사방법	120
			• 건축물 내화구조 성능기준과 철골구조의 내화성능 확보방안	123, 128
			• 철골조 창고의 주요구조부와 지붕에 대한 내화구조 성능기준, 내화페인트 성능확보 방안	125
			• 내화피복의 목적 및 공법의 종류, 시공시 주의사항, 검사 및 보수방법,현장 뒷정리 사항	126
			• 내화페인트의 특성, 시공순서별 품질관리 주요사항, 내화페인트 선정 시 고려사항, 시공시 유의사항	127
	기타	용어형	• 전기적 부식	59
			• 금속의 부식	129
			• 스티프너	59, 101, 122
			• TMCP 강재	63, 109, 123
			• Space Frame	66, 76
			• Shear Connector	67, 85, 126
			• HI-Beam	67, 113
			• Key Stone Plate	70
			• 합성데크	72
			• Ferro Deck	73
			• Taper Steel Frame	75
			• PEB	76, 85, 127
			• Hybrid Beam	77

구 분		유 형	문 제	출제 횟수
철골 공사	기타	용어형	• Pre Flex Beam	80
			• 포아송비	84
			• 철골 Smart Beam	86, 115
			• 강재의 취성파괴(Brittle Failure)	88
			• 좌굴(Buckling)현상	89, 117
			• Ferro Stair(시스템 철골계단)	91
			• Hyper Beam	97
			• 강재의 피로파괴(Fatigue Failure)	104, 121
			• Tapered Beam	110
			• 강재 부식방지 방법 중 희생양극법	113
			• 금속용사(金屬溶射, Metal Spraying) 공법	117
			• 데크플레이트(Deck Plate)의 종류 및 특징	118
			• 윈드컬럼(Wind Column)	122
			• 철골구조물 공사에서 방청도장을 하지 않는 부분	126
		서술형	• 대공간구조(체육관, 격납고) 지붕철골 세우기 공법과 유의사항	56
			• 철골공사 적산 항목과 부위별 수량 산출 방법	57
			• 철골조 외벽 ALC패널 설치공법과 고려사항	59
			• 고층건물 바닥판 공법 종류와 시공방법	61, 84
			• PEB System에 대해 설명	66, 108
			• 우기시 지하 철골공사의 시공관리	69
			• 철골제작시 부재 변형을 방지하기 위한 방안	69
			• 철골공사시 발생되는 변형의 원인, 종류, 대책	71
			• 철골조 슬래브의 Deck Plate 시공시 유의사항	76, 83, 104
			• 철골 수직도 관리 방안	86
			• 데크플레이트(Deck Plate)의 종류와 그 특성	89, 122
			• 철골 온도변화 대응 공법 및 검사	90
			• 용접 변형의 종류와 억제 대책	93, 115, 119
			• 철골 용접 기량검사	92
			• 이온화 부식 현상	95
			• 철골철근콘크리트 강재방식처리방법	97, 115
			• 강재구조물노후화 종류와 보수보강	101
			• Mill sheet상의 강재화학성분에 의한 탄소당량(炭素當量 Ceq : Carbon Equivalant)	102
			• 강재의 가공법과 부식 및 방지대책	111
			• 데크플레이트(Deck Plate) 바닥슬래브와 보의 접합방법 및 시공시 유의사항	114
			• 철강재의 부식 종류별 특성, 방식 방법	115
			• 용접 결함 및 변형을 방지하기 위한 품질관리 방안과 안전대책	123
			• 방청도장 공사 시 고려사항과 시공 시 유의사항	124

4. 초고층, PC, C/W 공사

구 분	유 형	문 제	출제 횟수
초고층 공사	용어형	• 기둥 부등축소	51, 69, 80, 96, 115
		• 초고층 건물	54
		• 케이블 돔	56
		• 공기막 구조	59, 70
		• 막구조	64
		• 연돌 효과	68, 99
		• Super Frame	70, 108
		• 횡력지지시스템(Outrigger)	72, 89
		• 전단벽	72
		• Telescoping	86, 110, 118
		• 고층건물의 지수층(Water Stop Floor)	87
		• 초고층 건물의 공진현상	98
		• T/C MAST지지방식	99
		• Double Deck Elevator	104
		• 동조질량감쇠기(TMD : Tuned Mass Damper)	109
		• 제진, 면진	110
		• TLD(Tuned Liquid Damper)	112
		• 건축구조물의 내진보강공법	118
		• 초고층 공사에서의 GPS(Global Positioning System)측량	121
		• T/C 설치 계획 시 고려사항	123
		• Belt Truss	124
	서술형	• 기둥부등축소 원인과 대책	56, 89, 108
		• 기둥부등축소의 탄성변형과 비탄성 변형	71
		• 철골철근콘크리트조 건축물공사에서 수직부재 부등축소현상의 문제점과 발생원인, 방지대책	120, 129
		• 초고층 공기 영향 요인과 공정계획 방법	51
		• 초고층 공기 단축방안(설계, 공법, 관리적 측면)	63
		• 공정운영방식 4가지 설명	69, 93
		• 양중방식과 양중계획	58, 112, 119
		• T/C 기종 선정시 고려사항과 운용시 유의사항	59, 64, 67, 91
		• 내진 대책과 내진 구조 부위의 시공시 유의사항	59, 79
		• 고정식 T/C 배치방법 및 기초 시공시 고려사항	60
		• 초고층 시공계획서 작성시 자재 양중 계획	60
		• 양중장비 계획시 고려사항	62, 97
		• T/C 설치, 해체시 유의사항	69
		• 시공계획서 작성시 주요 관리항목과 내용	68
		• 초고층 양중 효율화를 위한 양중자재별 대책	66
		• 초고층 유리의 열깨짐 현상 요인과 방지대책	69
		• T/C 재해 유형과 설치, 운영, 해체시 점검사항	71, 84, 119
		• 초고층 바닥판 시공법	75
		• 초고층 공사의 특수성과 양중계획시 고려사항	77, 82, 85
		• 초고층 공정 Risk 관리방안	78
		• T/C 설치 계획	80, 103, 127
		• 연돌효과 원인, 문제점, 대책	81, 115

구 분	유 형	문 제	출제 횟수
초고층 공사	서술형	• T/C(Tower Crane)에 대하여 다음을 설명 1) 양중계획 수립절차를 Flow Chart로 작성 2) 수립된 절차를 구체적으로 검토할 Check List를 작성	84
		• 지진발생에 의한 피해를 저감할 수 있는 재료, 시공 대책	85
		• 초고층 건축공사시 측량관리	86
		• 지진이 건축물에 미치는 영향과 내진, 제진 및 면진구조	86, 98
		• 타워크레인(Tower Crane)의 상승방식과 브레이싱(Bracing) 방식	89
		• 양중장비 선정과 배치, 설치, 해체	90, 94, 115
		• Lift up 공법 종류와 유의점	94
		• 내진 설계 규정	94
		• 초고층 건축물 진동 제어방법	96, 117
		• 초고층 건축물 공사시 고려할 요소기술을 주요공종별로 설명	97
		• 초고층 Belt Truss 시공을 위한 사전계획 및 시공시 고려사항	97
		• 초고층 리프트 카 운영관리	98
		• Fast Track 적용시 유의사항	99
		• T/C 단계별 검사 및 사고예방	100, 109, 114
		• 초고층 층간방화 구획방법	102
		• 초고층 건물의 내진성능 향상 방안	105
		• 초고층용 타워크레인과 일반용 타워크레인의 운용상 차이점	107
		• 타워크레인 위험요인과 사고예방 대책	112
		• 내진보강이 필요한 기존 건축물의 내진보강 방법과 지진안전성 표시제	113
		• 초고층건물 횡하중(바람, 지진) 저항을 위한 진동 저감방법 및 제어 방식	114
		• 호이스트를 이용한 양중계획 시 고려사항	121
		• 장경간 또는 중량구조물에서 사용하는 Lift up 공법	121
		• 초고층 건축물 피난안전구역의 설치대상 및 설치기준	122
PC	용어형	• 합성 슬래브	55, 60, 81
		• 접합부 방수	57
		• 습식접합(Wet Joint)공법	64
		• Lift Slab	73
		• PC 공사의 골조식 구조	76
		• 이방향 중공 슬래브(Slab) 공법	104
		• 합성슬래브(Half P.C Slab)의 전단철근 배근법	118
	서술형	• PC 활성화를 위한 기술적 방안	58
		• 외벽 ALC 패널 설치공법의 종류와 시공법	69
		• Open System과 Close System	70
		• Half Slab 의 슬래브, 보 접합부 도시화 및 유의사항	70
		• PC공사의 큐비클 유니트 공법	73
		• 리프트 공법 특성과 고려사항	91
		• PC 개요와 습식공법과 비교 설명	93
		• PC 접합공법의 종류와 방수처리 방안	99
		• 합성 슬래브(Half Slab)의 일체성 확보 방안과 공법 선정 시 유의사항	109
		• PC(Precast Concrete) 복합화 공법을 적용할 경우 시공 시 유의사항	116

구 분	유 형	문 제	출제 횟수
PC	서술형	• Half P.C(Precast Concrete) Slab의 유형 및 특징, 시공 시 유의사항 • PC접합부 요구성능과 부위별 방수 처리방법, 시공 시 주의사항	121 124
C/W	용어형	• 풍동시험 • Mock up Test • C/W • 이중외피 • 커튼월(Curtain Wall)의 등압이론 • 커튼월의 필드 테스트(Field Test) • 커튼월의 층간변위 • 금속C/W 발음현상 • Stick Wall 공법 • 회전방식 패스너(Locking Type Fastener) • 커튼월 공사에서 이종금속 접촉부식 • 커튼월 패스너 접합방식 • 창호의 지지개폐철물	66 72 79 84 86 87 96 98 100 105 107 115 116
C/W	서술형	• C/W 하자 원인과 대책 • C/W 공법 종류 및 시공시 고려사항 • Stick Wall System과 Unit Wall System(개요, 장단점, 시공순서) • 현장시험 실시 시기와 시험방법 • C/W 결로 발생 원인과 대책 • C/W 누수 발생 원인과 대책 • C/W Fastener 방식의 종류와 특징, 용도 • C/W 설치를 위한 먹매김 • 고층건물의 column shortening에 의한 부등(不等)축소량 발생시 커튼월 공사의 조인트 설계보정 계획과 현장설치시 보정계획 • 외부 커튼월의 우수유입 방지 대책 • 커튼월(Curtain wall) 부위의 층간방화구획 방법 • 커튼월공사의 재료별, 조립공법별 특성 • Mock up test 종류및 유의 사항 • AL C/W의 파스너와 앵커의 종류, 시공시 유의사항 • 금속 C/W 시공 단계별 유의 사항, 시공 허용오차 • 건축물 시공 후 외벽창호의 성능평가 방법 • S.S.G.S(Structural Sealant Glazing System)의 설계 및 시공관리방안 • 커튼월 성능시험(Mock-up) 항목 및 시험체 • AL C/W의 패스너(Fastener)의 요구성능, 긴결방식 및 시공 시 유의사항 • 외벽의 이중외피 시스템(Double Skin System)의 구성과 친환경 성능 • 커튼월 조인트의 유형과 누수원인 및 방지대책	53, 72, 86 60 64, 81 65, 104 67, 83, 92, 102, 115 69, 80, 98, 106, 114 73 76 84 84 85, 95, 106 87 94 96 97 102, 103 113 121 125 127 129

5. 마감공사

구 분		유 형	문 제	출제 횟수
마감공사	조적공사	용어형	• 테두리보와 인방보	53, 94
			• 내력벽	60
			• 부축벽	75
			• 미국식 쌓기	100
			• 점토벽돌의 품질기준	101
			• 콘크리트(시멘트) 벽돌 압축강도시험	109
			• ALC(Autoclaved Lightweight Concrete) 블록	110
		서술형	• 조적벽체 균열 원인과 대책	70, 93, 126
			• 철근 콘크리트 보강블럭 노출면 쌓기	71
			• 테두리보, 인방보의 상세도 도해 및 시공시 유의사항	76
			• 백화발생의 원리와 원인분석 및 공종별(타일, 벽돌, 미장, 석재, 콘크리트 등) 방지대책	85, 103
			• 조적 외부벽체에서 방습층의 설치목적과 구성공법	86
			• 조적조체의 백화현상 관련 특성요인도를 작성, 방지대책	89, 106
			• 조적조 벽체에서 신축줄눈(Expansion Joint)의 설치목적, 설치위치 및 시공시 유의사항	89
			• 점토벽돌 백화원인과 설계, 재료, 시공분야별 방지대책	99
			• ALC 블록 비내력벽 쌓기방법과 시공시 유의사항	107, 116
			• 점토벽돌 조적공사에서 수평방향 거동에 의한 균열의 방지 방법	122
			• 아파트세대 내부벽체 조적공사 시공순서와 품질관리 방안	123
	석공사	용어형	• GPC 공법	92
			• 석공사의 오픈조인트(Open Joint)	109, 126
			• 석재 혼드마감(Honded Surface)	110
			• Non-Grouting Double Fastener방식(석공사의 건식공법)	117
			• 사용부위를 고려한 바닥용 석재표면 마무리 종류 및 사용상 특성	121
		서술형	• 돌붙임공법의 종류	52
			• 건식공법의 장점과 시공시 유의사항	55
			• 외부 석재면의 변색 원인과 방지대책	56
			• Pin Hole(앵커긴결) 공법의 문제점과 품질 확보 방안	58, 70
			• 강재 트러스 공법	66
			• 석재가공시 석재의 결함 원인 및 대책	80, 111
			• 석공사의 오픈조인트(Open Joint) 공법의 장단점과 시공 유의사항	89
			• 석공사의 습식과 건식공법 비교	91
			• 석재 외장 건식공법의 종류 및 석재 오염 방지 대책	94
			• 석재 재료의 선정, 표면처리방법 및 시공시 유의사항	99
			• 바닥 석재공사 중 습식공법의 하자유형과 시공시 주의점	113
			• 외부 석재공사에서 화강석의 물성기준 및 화스너(Fastener)의 품질관리	118
			• 석재 표면 마무리 종류와 설치공법	123

구 분		유 형	문 제	출제 횟수
마감공사	미장공사	용어형	• 수지 미장/엷은 바름재	61, 63, 97
			• 단열 모르타르	61, 89, 113
			• 코너비드	70
			• Self Leveling	70, 89
			• 내식 모르타르	71
			• Gauge bead와 Joint bead	105
		서술형	• 옥상 누름콘크리트 균열 발생 및 들뜸 원인과 방지책	60
			• 모르타르 미장면의 균열방지대책	62
			• 모르타르 미장공사의 보양, 바탕처리, 한냉기 및 서중기 시공시 유의사항	70
			• 바닥 강화재의 종류 및 시공법	71, 83
			• 미장공사 하자 유형과 방지대책	79
			• 세골재 입도가 시멘트 모르타르 시공에 미치는 영향	69
			• 시멘트모르타르 공사의 기계화 시공의 체크 포인트	85
			• 공동주택 방바닥 미장공사의 균열 발생요인과 대책	87, 98
			• 콘크리트 벽체의 시멘트모르타르 바름공사 결함의 형태별 원인 및 방지 대책	96
			• 수지미장의 특징과 시공순서 및 시공 시 유의사항	112
	타일공사	용어형	• 전도성 타일	65, 104
			• Open Time	67, 74, 83, 126
			• 타일 분할도	69, 108
			• 타일접착 검사법	88, 111
			• 타일시트(Sheet)법	102
			• 접착(부착)강도시험 방법	122, 125
		서술형	• 외벽 타일의 박리, 탈락 원인과 대책(설계, 시공, 유지)	58
			• 타일붙임공법의 종류, 박리 탈락 방지대책과 고려사항	60
			• 타일 습식 붙임공법과 건식방법 비교 및 유의사항	59
			• 옥내 타일 박리 원인과 대책	75
			• 타일붙임공법의 종류별 특징과 공법선정절차, 품질기준	77, 90
			• 타일 접착공법과 부착강도 저해요인과 방지대책	80
			• 타일공사 주요 하자요인과 방지대책	82, 93, 124
			• 타일 거푸집 선부착공법 및 적용사례	86
			• 타일 붙임공법의 종류 및 시공시 유의사항	88
			• 내부바닥, 벽체의 타일 줄눈나누기방법, 박리, 박락원인과 대책	99
			• 타일시공시 내벽타일 품질기준	102
			• 타일 접착력 확인 방법과 접착강도 시험방법	104
			• 화장실 벽타일의 하자 발생 유형별 원인과 대책	113
	방수공사	용어형	• 시트방수	53
			• 도막방수	54, 83
			• 벤토나이트 방수	58
			• 방습층(Vapor Barrier)	62
			• 복합방수	77
			• 방수층 시공 후 누수시험	85
			• 아스팔트 재료의 침입도(Penetration Index)	89, 107

구분		유형	문제	출제 횟수
마감 공사	방수 공사	용어형	• 폴리머시멘트 모르타르 방수	92
			• 금속판 방수	93
			• 자착형(自着形) 시트 방수	102
			• 방수의 바탕처리 방법	108
			• 폴리우레아 방수	123
			• 지하구조물에 적용되는 외벽 방수재료(방수층)의 요구조건	124
			• 실링방수의 백업재 및 본드 브레이커	127
		서술형	• 방수 요구 성능과 방수공법 및 누수관리 방안	52
			• 시트방수에서의 하자 요인과 예방책	62
			• 옥상도막 방수공사에서의 하자 원인과 방지대책	63
			• 시멘트 액체 방수의 문제점을 LCC 관점에서 설명	58
			• 합성고분자계 시트 방수의 부풀음 방지대책	61
			• 지붕 방수층 누름 콘크리트 신축줄눈 목적과 시공법	64
			• CON'c재 산업폐수(오수)처리 구조물의 방수(골조, 방수)	66
			• 방수공법 선정시 검토사항	66, 96
			• 방수공법 종류 및 선정 시 고려사항, 지붕방수 하자원인	123
			• 단열층의 방수, 방습 방법의 종류와 장단점	67
			• 공동주택 부위별 방수공법 선정 및 유의사항(지붕, 욕실 및 화장실, 지하실)	68
			• 방수층의 요구 성능	69
			• 실링 공사의 부정형 실링재 요구성능과 시공시 유의점	70
			• 도막방수재료 및 시공법	73, 103
			• 콘크리트 슬래브 지붕방수 시공계획	74
			• 시하 방수 선정시 조사사항, 요구성능, 발전방향	76
			• 침투성 방수 메커니즘과 시공과정	76
			• 옥상녹화방수개념과 시공시 고려사항	78, 99, 111
			• 시트방수의 재료 특성과 시공과정 및 유의사항	79, 113
			• 공동주택에서 지하 저수조 방수 시공법과 유의 사항	80
			• 벽식 APT의 벽 및 옥상 파라펫 누수방지대책	81
			• Sealant의 요구성능과 선정시 고려사항	81
			• 방수공사 시 설계 및 시공상 품질관리요령	82
			• 지하실에서 외방수가 불가능할 경우 내방수 및 다른 방수 공법 설명	83
			• 개량 아스팔트 방수공법의 장단점과 시공방법 및 주의사항	86
			• 건축지하구조물의 방수공사시 재료 선정의 유의사항, 조사 대상항목, 기술개발방향	87
			• 복합방수의 재료별 종류 및 시공시 유의사항	88
			• 분말형 구체 방수 문제점 및 대책	92
			• 방수성능 형상을 위한 사전조치 사항	91
			• 실링 파괴 형태별 원인과 대책	95
			• A/S방수, 시트방수, 도막방수 장단점 비교, 시공시 유의사항	97
			• 실링재의 시공시 주의 사항 및 설계검토 사항	100, 111
			• 평지붕(Flat Roof)의 부위별 방수하자 원인 및 방지대책	102
			• 옥상누수, 지하누수로 구분하여 보수공사 공법에 대하여 설명	115
			• 지붕방수 작업 전 검토사항 및 지붕누수 원인과 방지대책	120, 126
			• 실링재의 종류 및 시공순서	125

<table>
<tr><th colspan="2">구 분</th><th>유 형</th><th>문 제</th><th>출제 횟수</th></tr>
<tr><td rowspan="6">마감
공사</td><td>방수
공사</td><td>서술형</td><td>• 방수공사에서 부위별 하자 발생원인 및 대책
• 공동주택의 외기에 면한 창호주위, 발코니, 화장실 누수의 원인 및 대책
• 실링방수에서 실링재의 종류, 백업재, 본드 브레이커,마스킹 테이프의 역할과 시공순서별 주의사항</td><td>128
128
129</td></tr>
<tr><td rowspan="2">목공사</td><td>용어형</td><td>• 목재 함수율
• 목재 품질 검사 항목
• 목재 방부처리
• 목재 건조목적과 방법
• 목재의 내화공법</td><td>55, 78, 82, 90, 103
56
66, 115
79
84</td></tr>
<tr><td>서술형</td><td>• 목구조 접합의 이음, 맞춤, 쪽매
• 목재 방부제 종류 및 방부처리법
• 목재 내구성 영향 요인과 내구성 증진방안</td><td>71
74, 106, 116
96</td></tr>
<tr><td rowspan="2">유리
공사</td><td>용어형</td><td>• 판유리 산출법
• SSG공법과 DPG공법
• 로이유리(Low-E 유리)
• 유리의 열파손 현상
• SPG공법
• 열선 반사유리(Solar Reflective Glass)
• 복층유리
• 유리의 자파 현상
• 접합유리
• 진공복층유리(Vacuum Pair Glass)
• 유리의 영상현상
• Sealing 작업 시 Bite
• 배강도유리
• 복층유리의 단열간봉(Spacer)
• 본드 브레이커(Bond Breaker)
• SSG(Structural Sealant Glazing)공법
• 저방사유리</td><td>61
77
78
82, 92, 113, 124
83
88
91
95
97
103
104
107
111, 125
114
115
118
129</td></tr>
<tr><td>서술형</td><td>• 유리공사의 종류별 특징 및 시공시 유의사항
• S.S.G.S의 설계 및 시공시 유의사항
• 복층유리 구성재료, 품질 기준, 가공 단계별 유의사항
• 로이유리의 코팅 방법별 특징과 적용성
• 외장유리의 열파손 원인과 방지대책
• 유리의 구성재료와 제조법
• 로이유리(LOW-Emissivity Glass)의 코팅방법별 특징 및 적용성</td><td>73
94
100
109
106
110
118</td></tr>
<tr><td>도장
공사</td><td>용어형</td><td>• 도장공사 요구 성능
• 기능성 도장
• 천연페인트
• 건축공사의 친환경 페인트(Paint)
• 도장공사의 전색제(Vehicle)
• 도장공사의 미스트 코트(Mist coat)
• 에폭시 도료</td><td>52
56
61
102
105
113
120</td></tr>
</table>

구 분		유 형	문 제	출제 횟수
마감공사	도장공사	서술형	• 도장공사에서 발생하는 결함(하자) 원인과 방지대책	66, 115, 122
			• 도장재료별 바탕처리와 균열, 박리 원인과 대책	73
			• 도료의 구성 요소와 도장시 발생하는 하자와 대책	80, 98, 104, 119
			• 도장공사 중 금속계 피도장재의 바탕처리방법	87
			• 모르타르 위 수성페인트 바탕처리 및 도장법과 유의사항	100, 111
			• 공동주택 지하주차장 바닥 에폭시 도장의 하자유형별 원인과 대책	113
			• 무늬도장 시공순서 및 유의사항	114
			• 지하주차장 천장 뿜칠재 시공 시 중점관리항목과 시공 시 유의사항, 도장공사 시 안전수칙	120
	수장공사	용어형	• Access Floor	60
			• 드라이월 칸막이(Dry Wall Partition)의 구성요소	87
			• 뜬바닥 구조	100
			• 시스템 천장(System Ceiling)	102
			• PB(Paricle Board)	111
		서술형	• 이중 천장시 고려사항	62
			• 천장재의 종류와 요구 성능	63
			• 사무실 천장공사 시공도면작성방법과 시공순서, 유의점	68
			• 온돌 마루판 공사의 시공순서 및 시공시 유의사항	89
			• 바닥, 벽, 천장재의 요구 성능	93
			• 공동주택 거실 온돌마루판의 하자유형을 발생 원인과 솟아오름(팽창 박리) 현상의 원인	102
			• 경량철골천장틀의 시공 순서와 방법, 개구부(등기구, 점검구, 환기구)보강 및 천장판 부착	102
			• 공동주택 도배공사에서 정배지 시공시 유의사항	107
			• 경량철골 바탕 칸막이 벽체(건식경량) 설치 공법의 특징과 시공 시 고려사항	109
			• 공동주택 주방기구 설치 공정과 설치 시 주의사항	114
	단열 및 결로 공사	용어형	• 표면결로	66
			• Heat Bridge	67, 117
			• 열관류율 및 열전도율	96, 116
			• 건축공사의 진공(Vacuum)단열재	102
			• 공동주택 결로 방지 성능 기준	103
			• 공동주택의 비난방 부위 결로방지 방안	127
		서술형	• 외벽 단열에 대한 시공방법과 효과	53
			• 에너지 절감을 위한 부위별 단열공법	54, 84
			• 단열공법의 유형과 시공방법	56
			• 공동주택 결로 원인과 방지대책	61, 63, 99, 106, 108
			• 지하층 외벽과 바닥 결로 방지 방법과 유의사항	65
			• 단열공법 적용시 고려사항과 부위별 시공법	72
			• 공동주택 지하주차장 하절기 결로원인과 대책	74
			• 건축물 결로원인과 대책	82
			• 건축물의 결로현상을 부위별, 계절적 요인으로 구분하여 원인과 해결방안 설명	86

구분		유형	문제	출제 횟수
마감공사	단열 및 결로 공사	서술형	• 지하 바닥 결로 원인 대책 • 단열재의 선정 및 시공시 유의사항 • 지하주차장 누수 및 결로수 처리 방안 • 반사형 단열재의 특성과 시공시 유의사항 • 단열재 시공부위에 따른 공법의 종류별 특징과 단열재 재질에 따른 시공 시 유의사항 • 공동주택공사에서 세대 내 부위별 결로 발생 원인과 대책 • 철근콘크리트 골조공사에서 결로방지재를 선매립하는 경우, 발생 가능한 하자 유형과 방지대책 • 외단열 공법에 따른 열교사례 및 이에 대한 방지대책 • 건축물 벽체에 발생하는 결로의 종류, 발생원인 및 방지대책 • 단열재 시공 시 주의사항과 시공부위에 따른 단열공법의 특징	95 100 101 113 116, 119 117 118 121 124 127
	소음 방지 공사	용어형	• 차음계수와 흡음률 • 층간소음 방지 • 층간소음 방지재 • 공동주택 세대욕실의 층상배관 • Bang Machine • 바닥충격음 차단 인정구조 • 경량충격음과 중량충격음	55 65 85 113 119 123 127
		서술형	• 공동주택 층간소음 방지를 위한 시공상 고려사항 • 공동주택 소음 종류와 저감 대책 • 차음재료의 시공법을 벽체, 바닥으로 구분하여 기술 • 공동주택 충격소음 원인과 대책 • 벽체의 차음공법 • 공동주택 바닥 차음을 위한 재반 기술 • 건축물의 흡음공사와 차음공사를 비교 설명 • 차음성능에 관한 이론으로 벽식아파트의 고체전파음 설명 • 공동주택 표준바닥구조에서 벽식구조 및 혼합구조, 라멘구조, 무량판구조의 단면상세 구성기준과 시공시 유의사항 • 모듈러(Modular) 건축의 부위별 소음저감방안 • 공동주택 세대 간 경계벽 시공기준, 층간 소음 발생 원인 및 대책 • 벽식구조 공동주택의 표준바닥구조(콘크리트) • 공동주택에서 세대내 소음의 종류와 저감 대책 • 공동주택 층간소음 저감을 위한 바닥충격음 차단구조의 시공 시 유의사항 • 층간소음 저감을 위한 시공관리방안을 골조, 완충재, 기포콘크리트, 방바닥미장 측면에서 설명, 중량과 경량충격움을 비교 설명	60 61, 90 73 75, 108 76 77, 83 84 86 99 102 110 115 117 118 119
	기타	용어형	• 창호 성능 평가 방법 • 프레싱(Flashing) • 방화재료 • 방화문구조 및 부착 창호철물 • 바닥온돌 경량기포 콘크리트의 멀티폼 콘크리트 • 거멀접기 • 주방가구 상부장 추락 안정성 시험 • 창호공사의 Hardware Schedule	56 65 71, 87 92 94 116 120 123

구 분		유 형	문 제	출제 횟수
마감 공사	기타	서술형	• 공동주택 온돌공사 시공순서, 유의사항, 하자, 개선책	56
			• 강재 창호 외주관리시 유의사항과 현장설치 공법	59
			• 공동주택 기준층 화장실 공사의 시공순서와 유의사항	65
			• 옥재 주차장 바닥 마감재 종류와 특징	61
			• 건축물의 층 간 방화구획 방법	71
			• 플라스틱 건설재료의 특징과 현장 적용시 고려사항	72
			• 강제 창호 현장설치 방법	74
			• 공동주택 발코니 확장에 따른 창호공사의 요구성능 및 유의사항	81
			• 옥상 및 주차장 상부조경에 따른 시공시 검토사항	85
			• 도심지 건축물에서 옥상녹화 시스템의 필요성 및 시공방안	88
			• 층간방화구획 구법 및 재료와 특징	92
			• 화재발생 시 확산을 방지하기 위한 방화구획에 대하여 설명	123
			• 공동주택 확장형 발코니 새시의 누수 원인 및 대책	95
			• 공동주택 발코니 확장에 따른 문제점 및 개선 방안	97
			• 공동주택 주방가구 설치공사 공종별 사전협의 사항과 시공 시 유의사항	99
			• 건축물의 층간 화재확산 방지방안	114
			• 마감재료의 난연성능 시험항목 및 기준	114
			• 철재 방화문 시공 시 주요 하자 원인과 대책	115
			• 수목(樹木) 자재검수 시 고려사항과 수목 종류에 따른 검수 요령	116
			• 옥상정원 방수·방근공법 적용 시 시공형태별 특징과 시공 환경에 따른 유의사항	116
			• 공사기간 부족에 따른 동절기 나삼공사(타일, 미장, 도장) 마감공사의 품질확보 고려 사항	118

6. 총 론

구 분		유 형	문 제	출제 횟수
총론	건설 환경 변화 및 기술력 향상	용어형	• 경영혁신으로써 벤치 마킹	52
			• 건설 로봇 시공	55
			• MCC	73
			• 복합화공법	82
			• MC	90
			• 건설자재 표준화 필요성	95
			• 건설공사 생산성 관리	97
			• Open System(공업화 건축)	110
			• 모듈러 시공방식 중 인필(Infill)공법	124
			• OSC(Off-Site Construction)공법	126
		서술형	• 건설표준화의 정의, 목적, 종류, 효과, 표준화방안	51
			• 표준화 설계가 시공에 미치는 영향	53, 64
			• 건설로봇의 활용 전망	62, 77
			• 공법 개선 대상으로 우선시 되는 공종의 특성	55
			• 복합화공법의 목적과 적용 사례	55
			• 생산성 향상을 위한 3가지 과제(설계합리화, 생산기술 공업화, 생산관리의 과학화) 설명	57
			• 복합화 공법의 하드 요소와 소프트 요소	57
			• 기술 경쟁력 강화를 위한 기술개발 전략의 방향	57, 79
			• 복합공법 적용 현장의 효율적인 공정관리 시스템	61
			• 신공법 적용시 사전검토사항	66
			• 복합화 공법의 시스템 선정방법	69
			• BR(경영혁신) 방안	69
			• 공업화 건축의 척도조정(MC화)	73
			• 건설업 환경변화에 따른 경쟁력 향상방안	73
			• 신기술 적용 및 절차, 문제점, 대책	75
			• 공업화건축 현황과 문제점 및 활성화방안	97
			• 건설근로자의 생산성 향상을 위한 동기부여이론	106
			• 모듈러 공법의 장단점과 종류별 특징	111, 120
			• 외국인 건설근로자 유입에 따른 문제점 및 건설생산성 향상 방안	113
			• 건설신기술지정제도에 대하여 설명	119
	계약 제도	용어형	• 실비비율 보수 가산식 도급	51
			• CM 계약 유형	52
			• CM의 주요 업무	60
			• T/K의 특성과 문제점 및 개선방안	52, 56
			• PM	55
			• 성능발주방식	55, 63
			• 파트너링 공사 수행방식	56, 66
			• 적격심사제도	57
			• 고속궤도 방식	59, 61
			• 부대입찰제	62, 79
			• 공동이행방식과 분담이행방식	64
			• Cost Plus Time 계약	67
			• 정액도급	69

구 분		유 형	문 제	출제 횟수
총론	계약 제도	용어형	• 전자입찰제	73
			• Project Financing	74
			• Lane Rental 계약방식	74
			• TES 제도	75
			• BTL	76
			• 최고가치 낙찰제도	78, 87, 96
			• 계약의향서(Letter of Intent)	80
			• 제한경쟁입찰	82
			• 주계약자형 공동도급	83, 95
			• 순수내역입찰제도	86, 92, 110
			• 단품(單品) 슬라이딩 제도	87
			• XCM	91
			• 직할 시공제	94
			• 물량내역수정입찰제도	94
			• 합성단가	95
			• 기술제안 입찰제도	98
			• LOI(Letter of Intend)	99
			• NSC(Nominated Sub-Contractor)	99
			• 제안요청서(RFP : Request for Proposal)	100
			• 종합심사제도	101
			• 통합발주방식(IPD : Integrated Project Delivery)	103
			• 총사업비관리제도	112
			• BTO-rs(Build Transfer Operate－risk sharing)	112
			• 추정가격과 예정가격	114
			• 건설사업에서의 RAM(Responsibility Assignment Matrix)	114
			• 프리콘(Pre Construction)서비스	115, 120
			• 물가변동(Escalation)	117, 122
			• 건설공사비지수(Construction Cost Index)	119
			• BOT(Build Operate Transfer)와 BTL(Build Transfer Lease)	119
			• CM at Risk에서의 GMP(Guaranteed Maximum Price)	121
			• 건축공사 설계의 안전성검토 수립대상	122
			• 공사계약기간 연장사유	123
			• 일식도급	127
		서술형	• CM의 필요성, 현황, 발전방안	54
			• CM과 책임감리 유사점과 차이점 및 개선방안	59
			• 공동도급의 방법, 장단점, 국내 실행 실태	58
			• 고속궤도 방식	65
			• 최저가 낙찰제도의 장단점과 발전방안	63
			• 물가변동에 의한 계약금 조정방법	64, 128
			• 공동이행방식에 의한 현장운영현황(목적, 장단점, 실태, 문제점, 개선방안	65
			• 건설프로젝트 단계별 CM의 업무	80
			• BTL과 BTO의 비교설명	82, 105
			• 물가변동에 따른 계약금액의 조정 절차 및 내용	85
			• 설계시공일괄발주방식(Design-Build or Turn Key)과 설계시공분리발주방식(Design -Bid-Build)의 특징, 장단점 비교	86

구분			유형	문제	출제 횟수
총론	계약제도		서술형	• 건설사업관리(CM)의 계약방식, 발전방향	87
				• 건설사업관리(CM) 계약의 유형과 주요업무	127
				• 시공책임형 건설사업관리(CM at Risk)의 정의, 한계점 및 개선방안, 적용확대방안	129
				• XCM 특징과 기대효과	90, 110
				• 공동도급 기본사항과 특징 및 Joint venture와 Consortium 비교	91, 125
				• PF 사업의 문제점과 대책	95
				• CM 운용시 공기지연 원인과 방지대책	95
				• 전문건설업체 적정수익률 확보와 기술력 발전을 위한 계약제도 종류와 특성	100
				• Project의 Partnering 계약방식의 문제점 및 활성화 방안	102
				• 공동도급공사에서 Paper Joint의 문제점 및 대책	110
				• 공동도급(Joint Venture)에 대하여 설명	119
				• 국내 건설 발주체계의 문제점 및 개선방안	117
				• 건축공사에서 설계변경 및 계약금액 조정의 업무흐름과 처리절차	120, 126
				• 공공사업에서의 건설공사 사후평가제도(건설기술진흥법 제52조)	121
				• 종합심사낙찰제에서 일반공사의 심사항목 및 배점기준	122
				• 발주자에게 제출하는 하도급계약 통보서의 첨부서류와 하도급계약 적정성 검토	123
				• 국토부 고시 입찰방법 심의기준에 의한 일괄·대안·기술제안 등 기술형입찰의 종류와 특성, 적용효과, 개선방향	124
	공사관리	공정	용어형	• 경제적 속도	51, 81
				• 공기단축과 공사비와의 관계	53
				• 인력부하도와 균배도	57
				• Lead Time	58
				• PDM	58, 123
				• 비용구배	58, 61, 77, 99
				• 진도관리 방법	60, 67
				• MCX 기법	62
				• 특급점	62
				• Mile Stone	65, 78, 95
				• 자원분배	65, 107
				• LOB	66, 78, 103, 104, 114
				• CP(주공정선)	68
				• Overlapping 기법	75
				• 절대공기	78
				• Tact 공정관리기법	76, 85, 92
				• 동시지연(Concurrent Delay)	87
				• 공정관리의 급속점(Crash Point)	88
				• 간섭여유	93
				• 공정갱신에서 Progress Override 기법	94
				• 보상가능지연	101
				• 공정관리의 Last Planner System	102

구분			유형	문제	출제 횟수
총론	공사관리	공정	서술형	• 공정관리를 계획, 실시, 통제 단계로 구분하여 설명	51
				• 네트워크 공정표와 바 차트 공정표를 예를 들어 설명	51
				• PDM과 ADM 비교 설명	61, 76
				• PERT-CPM 공정표 활용실태와 적용활성화 방안	58
				• 초고층 공정마찰이 공사에 미치는 영향과 해소기법	60, 126
				• 공기 지연 유발 원인과 클레임 제기시 사전 조치사항	63
				• 공동주택 한 개 층 1Cycle 공정순서와 중점 관리사항	64
				• 공정간섭 원인과 해소방안	64, 83, 116
				• 공기 지연 유형별 발생원인과 대책	67, 91
				• 공기 지연 유형을 발주, 설계, 시공별로 설명	71
				• 다음 공정표에서 자원배당에 의한 최소 공사기간 산정	72
				• 자원배당 시 고려사항과 자원배당 방법	125
				• PERT와 CPM 비교	75
				• TACT 공정관리(복합화공법)	76, 98
				• 공정, 원가, 품질, 안전관리의 상호 연관관계	77
				• 공정계획시 공사 가동률 산정방법	84
				• 공정관리기법이 전통적인 ADM 기법에서 Overlapping Relationships를 갖는 PDM 기법으로 변화하는 원인과 이에 대한 건설현장의 대책	87
				• MCX(Minimum Cost Expediting)나 SAM(Siemens Approximation Method)기법 등에 의한 공기단축에 앞서 실시하는 네트워크 조정기법에 대하여 설명	89
				• 공사 기간 한정 시, 자원량 한정 시 자원관리 방법	91
				• PDM공정관리기법의 중복관계와 중복관계 표현상 한계점	94
				• 공정관리절차서 작성의 필요성, 절차, 담당자별 주요 업무사항	105
				• 건축공사 예정공정표와 현장공정관리 활용도가 저하되는 이유와 개선방안	112
				• 공동주택 마감공사에서 작업 간 간섭발생 원인과 간섭저감 방안	120
				• 국토교통부 가이드라인에 의한 적정 공사기간 산정방법	129
		품질	용어형	• 품질 특성	51
				• TQM	54
				• 파레토도	62
				• 산포도	63
				• QA	65
				• 품질비용	72, 82
				• 6시그마	83
				• 히스토그램	84
				• 현장시험실 규모 및 품질관리자 배치기준	105
				• 발췌 검사(Sample Inspection)	125
				• 품질관리 7가지 도구	127
			서술형	• 현장에서 실시해야 할 품질시험 종류와 특성, 문제점 외	52
				• 품질관리가 건설공사비에 미치는 영향	56
				• QM의 3단계 활동	57
				• 현장에서 실시하는 품질시험과 시험관리 업무	59
				• 설계품질과 시공품질	65
				• QM	65

구 분			유 형	문 제	출제 횟수
총론	공사관리	품질	서술형	• 품질보증(QA)에 대해 도급계약서상 품질보증, TQC에 의한 품질보증, ISO 9000 규격에 의한 품질보증)	68
				• 품질관리가 생산성에 미치는 효과와 품질관리도구기술	71
				• 건기법에 따른 품질관리계획과 품질시험계획	97
				• 품질경영기법의 품질비용의 구성및 품질개선과 비용의 연계성	101
		원가	용어형	• VECP	63
				• EVMS	63, 109, 117
				• LCC	64
				• 간접공사비	75
				• FAST(Function Analysis System Technique)	79
				• EVM에서의 Cost Baseline	82
				• CPI(비용지수)	84
				• SPI(일정지수)	90
				• 브레인스토밍(Brain Storming)의 원칙	114
				• 건설원가 구성 체계	116
			서술형	• 현장공사 경비 절감 방안	53
				• VE 적용대상	54
				• VE 개념과 적용시기 및 효과	64
				• VE 적용상 문제점과 활성화 방안	60
				• EVMS	56
				• MBO 기법 적용상 유의사항	60, 107
				• 실행예산 작성시 검토사항	64
				• EVMS 저해 요인과 해결 방안	66, 101
				• 프로젝트 진행 단계별 LCC 분석방안	67
				• EVMS 개념과 적용절차	72
				• VE 필요성과 파급효과	73
				• MBO 기법	75
				• 공동주택 설계단계에서의 VE적용방법과 절차	78
				• 건설공사 통합관리를 위한 WBS와 CBS 연계방안	78
				• 원가관리의 필요성과 원가절감방안	79
				• 설계단계에서 적성공사비 예측 방법	80, 84
				• LCC 측면에서의 효과적인 VE 활동기법	81
				• 건설공사의 원가측정(Cost Measurement)방법	85
				• 건설공사에서 원가구성 요소와 원가관리의 문제점 및 대책	88, 96
				• 건축물 LCC(Life Cycle Cost)를 설명하고, LCC 분석 전(全) 단계의 VE(Value Engineering)효과	89
				• VE 법적 요건과 적용상 문제점 및 개선 방안	100
				• 실행예산 편성요령, 구성 및 특징	100
				• 건축물의 생애주기비용(LCC) 산정절차	106, 108
				• VE(Value Engineering)의 수행단계 및 수행방안	118
				• 설계VE(Value Engineering)의 실시대상공사, 실시시기 및 횟수, 업무절차	127
		안전	용어형	• Tool Box Meeting	63
				• 안전관리의 MSDS(Material Safety Data Sheet)	106
				• 지하 안전 영향 평가	114
				• 건설업 기초안전보건교육	116

구 분			유 형	문 제	출제 횟수
총론	공사관리	안전	용어형	• 안전관리의 물질안전보건자료(MSDS : Material Safety Data Sheet)	118
				• 밀폐공간보건작업 프로그램	124
				• DFS(Design for Safety)	127
				• 건설기술진흥법상 안전관리비	127
			서술형	• 유해위험방지계획서 작성요령	59, 63, 101
				• 안전관리비 구성항목과 사용 내역	63
				• 도심지 인접시설물 및 매설물 안전대책	63
				• 안전사고의 발생유형과 예방대책	68
				• 현장 안전관리비 사용계획서 작성, 집행에 따른 문제점과 대책	78, 113
				• 건축공사 표준안전관리비 적정 사용 방안	85
				• 건설기술진흥법시행령 제75조의 2(설계의 안전성 검토)에 따른 안전관리업무수행지침상 시공자의 안전관리업무	118
				• 안전보건교육 대상별 내용(근로자 및 관리감독자 정기교육, 채용시 교육, 작업변경 시 교육)	122
				• 안전관리계획서를 수립해야 하는 건설공사 및 구성항목	125
				• 건설현장 작업허가제의 대상과 절차 및 화재예방을 위한 화기작업 프로세스	126
				• 밀폐공간에서 도막방수 시공 시, 작업 전(前) 과정의 안전관리 절차	127
				• 중대재해처벌법 대해 '안전보건관리체계의 구축 및 이행조치'를 포함하여 설명	126
				• 중대산업재해의 정의와 사업주, 경영책임자 등의 안전보건확보의무 및 처벌사항	128
		환경	용어형	• 환경친화석 건축	64
				• Green Building	71
				• ISO 14000	62
				• 환경관리비	66, 119
				• 생태면적	73
				• 휘발성 유기화합물(VOC)	74, 98
				• 건설산업의 제로 에미션화	75
				• 새집증후군 해소를 위한 Bake Out	75, 104, 121
				• 환경영향평가제도	77
				• 친환경 건축물 인증대상과 평가항목	81
				• BIPV	90
				• Passive house	93
				• 청정건강주택 건설 기준	97
				• CO_2 발생량 분석기법(LCA)	98
				• 탄소 포인트제	100
				• 건축물 에너지 효율 등급인증제	101
				• 건축물 에너지관리시스템(BEMS)	103
				• 석면지도	104
				• 건강친화형 주택	109
				• 건축물 에너지성능지표(EPI : Energy Performance Index)	109
				• 대형챔버법(건강친화형주택 건설기준)	112
				• 석면건축물의 위해성 평가	114
				• 제로 에너지 빌딩(Zero Energy Building)	114
				• 공동주택 라돈 저감방안	120
				• 석면조사 대상 및 해체·제거 작업 시 준수사항	125

구분		유형		문제	출제 횟수
총론	공사관리	환경	서술형	• 재건축현장에서의 폐기물 처리 및 활용방안	53, 58, 82, 89, 112
				• 건축시공 현장의 환경관리	53, 79
				• 환경공해를 유발하는 주요 공종과 공해종류, 방지대책	55, 82
				• 환경친화적 건축물	61
				• 환경친화적 주거환경 조성을 위한 대책(5가지 이상)	66
				• 도심 공사시 유의할 환경공해	62
				• 건설 폐기물 저감 방안	62, 73, 98
				• 공동주택 실내 공기오염물질 및 그 대책	72, 86, 106
				• 건설사업 추진시 환경보존계획-계획설계시, 시공시	74
				• 공동주택 실내공기질 권고기준 및 유해물질 관리방안(시공시, 마감공사 후, 입주 전, 입주 후)	78, 81
				• 소음, 진동 저감방안을 사업추진단계별로 설명	83
				• 노후 공동주택 해체시 공해방지 대책과 친환경적 철거방안	87
				• 건축물 철거현장에서 발생하는 폐석면의 문제점 및 처리방안	88, 102
				• 친환경 건축물(Green Building)의 정의와 구성요소	89
				• 공동주택 친환경인증기준 범주와 등급	90, 94
				• 공동주택 신재생에너지 적용 방안	90
				• 폐기물 분별 해체	91
				• 저탄소녹색성장정책에 따른 친환경 건설 활성화 방안	92
				• 콘크리트구조물공사에서 CO_2 저감방안	93
				• 지속가능 건설	93
				• 지열시스템 적용 리모델링 시 검토 사항(건축, 기계설비, 지열시스템)	99
				• 리모델링(Remodeling) 시 부분해체공사 및 석면처리	102, 105
				• 제로에너지빌딩의 요소기술	108
				• 열섬(Heat Island)현상의 원인 및 완화대책	110
				• 건축물 신축공사 시 발생되는 미세먼지 저감방안	112
				• 건축물 준공 후 발생되는 건축공해의 유형과 사전방지대책	114
				• 건축물의 석면 조사 및 석면 제거 작업 시 유의사항	114
				• 석면해체·제거작업 작업절차(조사및 신고) 및감리인지정 기준	119
				• 녹색건축물 조성지원법상의 녹색건축인증 의무 대상 건축물 및 평가분야	117
				• 패시브하우스(Passive house)의 요소기술 및 활성화 방안	117
				• 온실가스 배출원과 건설시공과정에서의 저감 대책	117
				• 신재생에너지의 정의 및 특징, 종류, 장단점	127
				• 건축물 에너지효율등급 인증제도의 인증기준과 등급	127
				• 비산먼지 발생을 억제하기 위한 시설의 설치 및 필요한 조치에 관한 기준	127
				• 건설업 온실가스 저감방안을 ①자재생산 및 운송단계, ②현장시공단계, ③건물 운영단계 및 철거단계로 설명	129
		정보화	용어형	• 건설 CALS	51, 60
				• BOO, BTO	51
				• CIC	55
				• PMIS	64
				• CITIS	72
				• RFID 무선인식기술	75, 91, 104

구분			유형	문제	출제 횟수
총론	공사관리	정보화	용어형	• BIM	90, 117
				• 3D 프린팅 건축	107
				• 5D BIM 요소기술	108
				• 데이터 마이닝(Data Mining)	83
				• 개방형 BIM(Open BIM)과 IFC(Industry Foundation Class)	115
				• Smart Construction 요소기술	117
				• BIM LOD(Level of Development)	119
				• 지능형 건축물(IB : Intelligent Building)	119
				• BIM(Building Information Modeling)기술의 시공분야 활용에 대하여 4D, 5D를 중심으로 설명	121
				• 사물인터넷(IoT : Internet of Things)	122
			서술형	• 지식관리 시스템 추진 방안	67
				• 웹 기반 공사관리체계의 도입 필요성, 예상 문제점, 변화가 예상되는 공사관리의 범위와 대상, 현장준비사항	70
				• Web 기반 PMIS의 내용, 장점 및 문제점	82
				• 건축공사에서 BIM(Building Information Modeling)의 필요성, 활용방안	85, 93, 109
				• Smart Construction의 개념, 적용분야, 활성화 방안	120
				• BIM기술의 활용 중에서 드론과 VR(Virtual Reality) 및 AR(Augmented Reality)	124
				• 스마트 건설기술의 종류와 건설단계별 적용방안	128
	기타		용어형	• 시공실명제	53
				• UBC	54
				• 시공성	55, 64, 67
				• 적시생산시스템(Just in Time)	55
				• 시공도와 제작도의 차이	57
				• 개산견적	57
				• WBS	60, 107
				• PMDB	60
				• 실적공사비 적산	65
				• 작업표준	66
				• FM(시설물관리)	67
				• 건축자재의 연성	69
				• PL(제조물 책임법)	70
				• 관리적 감독과 감리적 감독	71
				• 시공능력 평가제도	71, 77, 89
				• 건설기계의 경제적 수명	72
				• 건설공사비 지수	74
				• 주택성능 표시제도	75, 78, 87
				• 공급망관리 SCM	76, 112, 129
				• 건축표준시방서상의 현장관리항목	79
				• 부실공사와 하자의 차이점	79, 95
				• 린건설	80, 120
				• 재개발과 재건축의 구분	86
				• 건설위험관리에서 위험약화전략(Risk Mitigation Strategy)	87, 113
				• 시방서의 종류와 포함 사항	93
				• 도심공사 착공전 사전조사 사항	95
				• 강도 단위로서 MPa	95

구분		유형	문제	출제 횟수
총론	기타	용어형	• 건설근로자 노무비 구분 관리 및 지급확인제도	97
			• 건축현장에서 Sample 시공	99
			• 건기법의 부실벌점 부과 항목	100
			• 건설 장비의 경제적 수명	101
			• 준공공(準公共) 임대주택	102
			• 건설공사대장 통보 제도	102
			• 건설공사 직접시공 의무제	103
			• 장수명 주택 인증 기준	105
			• 적산에서의 수량개산법	105
			• 건설기계의 작업효율과 작업능률계수	105
			• 표준시장단가제도	106, 111
			• 설계 안전성 검토(Design For Safety)	109
			• 건설기본법상 현장대리인 배치기준	114
			• 다중이용건축물	124
			• 건설공사의 직접시공계획서	126
			• 착공 시 시공계획의 사전조사 준비사항	126
			• 건설공사의 클레임(Claim)	126
			• 건축물관리법 상 해체계획서	128
			• 건설산업의 ESG(Environmental, Social, and Governance) 경영	128
			• 장애물 없는 생활환경 인증(Barrier Free)	128
			• 소방관 진입창	128
			• 건설소송에서 기성고 비율	129
		서술형	• 표준품셈과 실적공사비 적산제도 비교 설명	52
			• IMF 시대의 건설산업 위기 극복 대처 방안	54
			• 건축물 해체 공법의 종류와 내용	54, 75
			• 건축물 해체공법 및 안전관리	125
			• 건설 클레임 유형과 대책, 분쟁해결 방안	56, 64, 77, 97, 113, 117, 123
			• 아파트 현장 문제점 중 설계와 관련된 사항을 설명하고 설계 도서 검토시 유의사항	57
			• 시공계획서 작성 항목을 시공관리 측면에서 기술	58, 73
			• 시공계획서 작성 목적 및 고려사항	83, 87
			• 도심 고층 구조물 해체시 고려사항	60
			• 시방서 기재사항과 작성절차	60
			• 리모델링 개요와 향후 발전방안	61
			• 도심지고층 사무실 건물 리모델링시 검토사항, 유의점	67
			• 하도급업체 선정 및 관리 방법	62, 75, 107, 108
			• 해외건설공사 침체 원인과 활성화 방안	63
			• 건설리스크의 인자를 기획, 설계, 시공, 유지관리로 설명	65, 96
			• 건설리스크(기획, 설계, 시공) 요인별 대응방안	67, 71, 87, 116
			• 초등학교 신축공사 직종별 기능 투입인력계획, 문제점	65
			• 건설기능 인력난의 원인 및 대책	67
			• 해체공사 작업 계획	67, 76
			• 건축물 유지관리에 있어 사후 보전과 예방 보전	67
			• WBS의 목적, 방법 및 활용방안과 범위	67
			• 건설공해 예방을 위한 요소별 대책(소음, 진동, 대기오염, 수질오염, 폐기물)	68, 119

구분		유형	문제	출제 횟수
총론	기타	서술형	• 주변 민원으로 공정에 영향을 받는 작업 종류와 대책	68
			• 리모델링 시공 계획	68
			• 시설물을 발주자에게 인도시 준비사항과 구비사항	69
			• 실적공사비 적산제도-정의, 필요성, 산정방법, 문제점	70
			• 실적공사비 적산제도 문제점과 대책	72, 92, 105
			• 건설 클레임의 발생 유형과 사전대책	72, 88
			• 린건설(Lean Construction)개념, 목표, 적용, 활용방안	72, 93, 109
			• 도심지 공사에서 현장대리인이 착공 전 해야 할 인허가 업무(교통, 건축, 환경, 안전관리)	73, 94
			• 리모델링 공사의 성능개선종류와 파급 효과	73, 94
			• 주5일제에 따른 현장관리 문제점과 대책을 생산성, 공정관리로 구분하여 설명	74
			• 부실시공의 원인과 대책	75
			• 도심지 현장의 민원문제 대응 방안	75
			• 노후화된 건축물의 안전진단 필요성과 절차	75
			• 크린룸의 종류, 요구조건, 시공시 유의사항	77, 112
			• 공기지연 Claim 원인별 대응방안	78
			• 적시생산 System	79
			• 우기시 건설현장에서 점검할 사항	83, 95
			• 건물 시설물통합관리시스템(FMS : Facility Management System)의 1) 개요 및 목적 2) 구성요소	84
			• 유비쿼터스(Ubiquitous)에 대응하기 위한 건설업계의 전략	87
			• 주택 시설물의 노후부위에 따른 리모델링 공사범위를 유형별로 분류하고, 세부공사 대상항목 및 개선내용	88
			• 개산견적 방법과 목적	90
			• 개산견적 정의와 개산견적기법(① 비용지수법 ② 비용용량법 ③ 계수견적법④ 변수견적법 ⑤ 기본단가법)	126
			• 공동주택 하자 분쟁 감소 방안	91
			• 건축물 효과적 유지관리 방법을 생애주기별로 설명	92
			• 하도급업체 부도시 대처 방안	92
			• 현장 공무담당자의 역할과 업무	93
			• 내역서 작성시 반영항목과 제반비율 및 개선 방안	99
			• 건설경기 침체 원인과 영향 및 활성화 방안	99
			• 신축공사 측량관리 및 수직도관리 방법	99
			• 공동주택 수직 증축 리모델링 문제점 및 대책	100
			• 공사착수시점의 측량시 검토사항 및 유의 사항	100
			• 시공단계 리스크 인지, 분석, 대응 방법	101
			• 차량계 건설기계의 종류와 위험방지 대책	101
			• 전문업체(하도급업체) 육성방안	102
			• 계약부터 준공까지 단계별 현장 대리인의 대관 인허가 업무	104
			• 건설현장에서 발생하고 있는 화재원인 및 방지대책	104
			• 도심지에서 근접 시공 시 인접 구조물의 피해방지 대책	104
			• 건설기술진흥법령에 따라 시행한 건설공사의 사후평가	107
			• 안전점검 및 정밀안전진단	113
			• 도심지 15층 사무소 건축물 해체 공사 시 사전조사 및 조치사항, 안전대책	114
			• 장수명주택의 보급 저해요인 및 활성화 방안	114
			• 건축물 안전진단의 절차 및 보강공법	117

구 분		유 형	문 제	출제 횟수
총론	기타	서술형	• 건설 리스크관리(Risk Management)의 대응전략과 건설분쟁(클레임, Claim) 발생 시 해결방법	118
			• 건설공사 벌점관리기준에서 벌점의 정의와 산정방법, 건설사업관리기술인의 벌점부과기준	122
			• 건축법에서의 공사감리와 건설기술진흥법에서의 건설사업관리를 비교하여 설명	124
			• 건설 클레임 준비를 위한 통지의무와 자료유지 및 입증에 대하여 기술하고, 클레임청구 절차 항목	124
			• 지식경영 시스템의 정의와 목적을 기술하고, 지식경영의 장애요인 및 극복방안	124
			• 건축공사 표준시방서 상 건축공사의 현장관리 항목	127
			• ESG경영의 3가지 주요 구성별로 건설관리 측면에서의 적용방안	129
			• 재건축정비사업과 재개발정비사업의 특성 비교, 건설사업관리 측면에서의 문제점 및 대응방향	129
			• 장수명 주택 인증의 세부 평가항목 및 방법	129

Contents

Part 1 토공사 및 기초공사

Part 2 철근 CON'c 공사

Part 3 철골공사

Part 4 초고층, PC, C/W

Part 5 마감공사

Part 6 총론

PART 1

토공사/기초공사

Contents

Professional Engineer Architectural Execution

number 1 토질주상도의 작성 목적과 활용

※'01, '05, '06, '07, '21

1. 개 요

(1) 토질 주상도는 지반의 구성 상태를 분석하여 기록한 도표로서 토공사 전에 지층의 구성과 단면 상태, 지하수위 등을 파악하기 위해 작성한다.

(2) 토질 주상도를 얻기 위해서는 현장에서 보링 테스트나 표준관입시험을 이용하여 지반을 조사하는데 퇴적 상태와 지하수위, 지반의 구성에 따라 기초지내력을 파악하여 이에 알맞은 터파기 방법과 흙막이 공법을 선정하기 위한 기초 자료로 활용한다.

2. 주상도의 작성 목적과 내용

(1) 주상도의 작성 목적

1) 지반의 구성 및 상태 파악

① 터파기 계획을 위한 지층 구성 파악

② 지반의 형상 파악

③ 지하수의 위치와 지하수압 파악

2) 기초 지내력 파악

① 지반의 지내력 추정

② 기초의 형태와 종류 선정을 위한 기초 자료

③ 지반 개량 여부 판단 기준

3) 터파기 공사의 기초 자료

① 공법 및 장비의 선정

㉠ 토질에 적합한 터파기 및 흙막이 공법 선정

㉡ 굴착용 장비의 선정

② 지하수 대책 수립

지하수량과 지하수압을 고려한 차수, 배수 계획

③ 토공사 공사계획 수립

㉠ 터파기 공사 기간의 산정

㉡ 합리적 굴착공사 계획수립의 자료

(2) 주상도의 포함내용

1) 지반 조사 위치와 개소

2) 조사일자와 작성자

3) 지반 조사 방법

4) 지하수위

5) 심도에 따른 토질 및 색조

6) 지층 두께 및 구성 상태

7) 표준관입시험시 n치

8) 샘플링 방법

3. 주상도 작성을 위한 조사 방법 및 활용

(1) 시추 조사 방법

1) Auger Boring

① 지중에 오거를 박아 지반의 형태를 알아보는 방식

② 10m 내외의 시추에 적당하다.

③ 일반 토사의 시추에 사용힌다.

2) 수세식 보링

① 지중에 외관과 내관을 박고 물을 뿜어 침전통에 침전시켜보는 방식

② 30m 정도의 연질 지층에 사용한다.

3) 충격식 보링

① 보링대를 관 속에서 상하로 회전시켜 충격과 회전력으로 굴착하는 방식

② 비교적 굳은 지층까지 깊게 뚫어볼 수 있다.

4) 회전식 보링

① 코어 튜어를 회전하여 뚫어보는 방식

② 가장 정확한 시험법이다.

(2) 주상도의 활용

1) 표준관입시험시에는 n치로 지반 상태 판정

2) 지하 수위는 시추 완료 후 24시간 경과 한 다음 측정

3) 매립층

G.L~0.7m 지점까지 형성

4) 일반 토사층

0.7m~−3m 지점까지 형성

5) 실트층 및 점토층

① −3m~−4m까지 형성

② n치는 14 정도

6) 모래 섞인 자갈층

① −4m~−8m까지 형성

② 일부 지반에 전석 자갈층 분포

7) 풍화암층

① −8m~−11m 지점까지 형성

② n치는 40 정도

8) 지하수위

① 갈수기는 −8m 지점에 유지

② 융설기는 −3m 지점에 유지

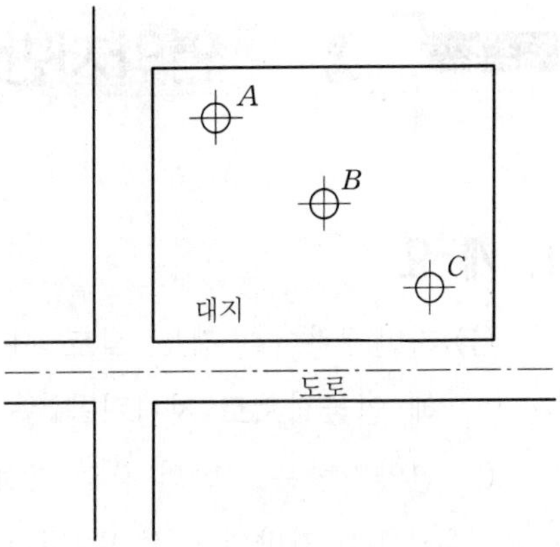

[Boring Test 위치]

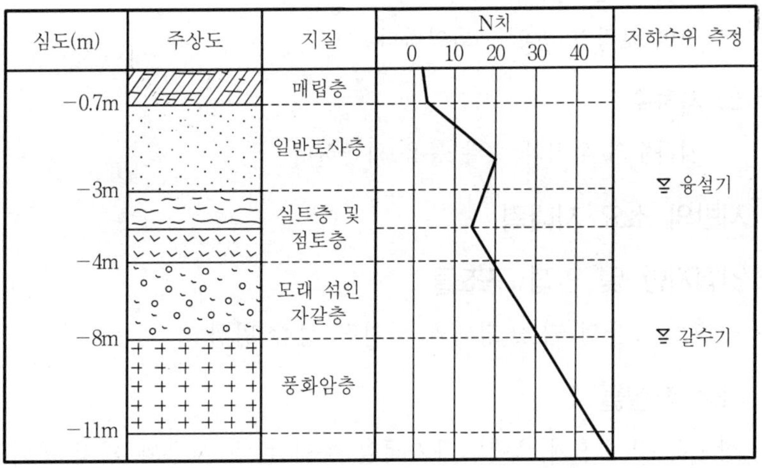

number 2 연약지반 개량공법의 종류와 주의사항

※'78, '81, '85, '95, '99

1. 개 요

(1) 지반개량이란 점토, 실트, 사질토 등 강도가 낮고 액상화되기 쉬운 연약지반에 대해 인공적으로 지지력을 증가시키는 것이다.

(2) 연약지반은 지반의 강도 저하로 인한 터파기 불안정, 기초 및 구조물 침하가 우려되므로 지반의 구성 및 지하수 상태 등을 파악하여 필요한 지내력이 확보되도록 보강하여야 한다.

(3) 지반개량시 점토질에는 재하, 탈수, 치환, 배수, 고결공법이 사용되며, 사질지반에는 진동다짐, 약액주입, 동압밀공법 등을 사용한다.

2. 지반개량시 고려사항

(1) 지반의 성상과 분포

1) 흙의 종류

지반의 종류에 따라 보강공법을 결정한다.

2) 지층의 분포범위

지반 보강의 범위를 파악한다.

3) 지하수

지하수의 위치와 수량 등을 파악한다.

(2) 지반의 소요 지내력

(3) 인접지반 및 인접 구조물

주변 구조물의 기초 형태와 지지력 영향 범위

(4) 지중 매설물

상·하수도, 전기, 통신, 가스시설 등의 존재 여부와 위치 파악

3. 연약지반 개량공법의 종류

(1) 점토지반 개량공법

1) 재하공법(압밀공법)

연약지반에 하중을 가하여 흙을 압밀시켜 지지력을 강화하는 방법이다.

① 선행재하방법(Pre-loading) : 공사 전 미리 성토를 해 일정기간 자연침하에 의해 지내력을 증가시키며, 압밀촉진을 위해 Sand Drain과 병행도 한다.

② Surcharge 공법(압성토 공법) : 계획높이보다 높게 성토하여 과재하에 의한 압밀을 촉진하면서 경사측면의 붕괴방지를 위해 소단을 설치하여 흙의 활동파괴를 막는 방법이다.

③ 사면선단 재하공법 : 성토한 비탈면을 계획선 이상 0.5m~1m 정도 더 돋음해 경사면의 전단강도가 증가되면 추가 성토 부분을 제거해 마무리하는 공법이다.

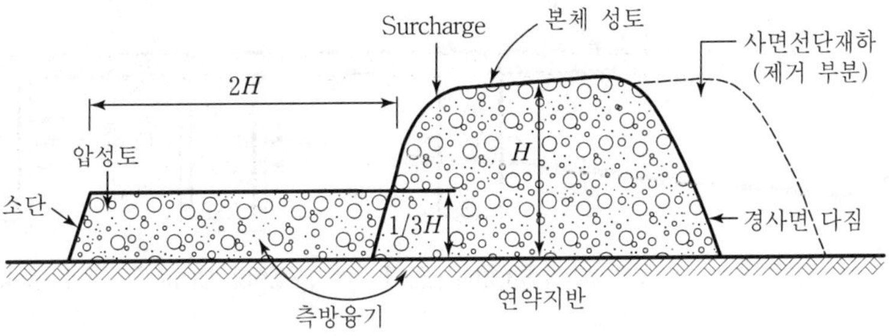

[Surcharge 공법]　　[사면선단 재하공법]

2) 치환공법

연약한 지반을 제거하고 양질의 흙으로 바꾸어 안정도를 향상시키는 방법이다.

① 굴착공법 : 연약층의 일부 또는 전부를 파내고 양질의 흙으로 교체한다.

② 미끄럼치환(활동치환) : 양질의 성토 자중으로 연약층의 전단면을 강제로 밀어내어 양질토로 교환하는 방식이다.

③ 폭파치환 : 지반에 폭약을 넣어 폭발시켜 연약토를 밀어내고 양질토로 치환한다.

3) 탈수공법(연직 드레인공법)

점토지반에 Drain을 설치하고 간극수를 배출시켜 지반 밀도를 증가시키는 방법이다.

① Sand Drain 공법 : 연약점토지반에 모래말뚝을 설치하고 지하수를 배출시켜 압밀을 촉진하는 방법이다.

② Paper Drain 공법 : Card Board지를 사용하여 모래말뚝의 붕괴를 막으며 간극수를 배출하는 방법이다.

③ Pack Drain 공법 : 모래말뚝이 무너지는 단점을 보완하여 포대(Pack)에 모래를 채워 탈수시키는 방식이다.

④ PBD(Plastic Board Drain) 공법 : 합성섬유재질의 배수재를 타입 시공

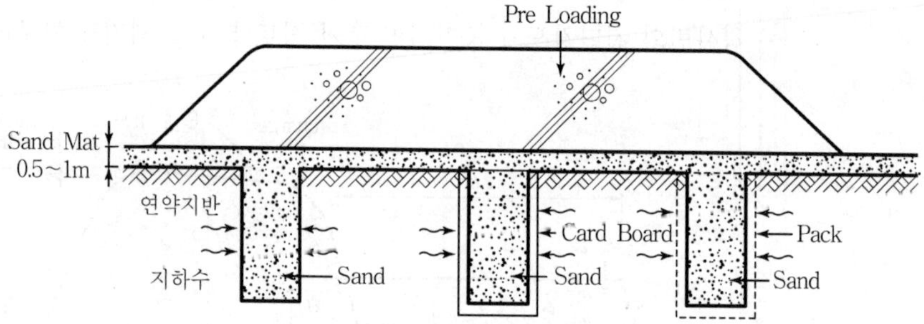

[Sand Drain] [Paper Drain] [Pack Drain]

4) 고결공법

① 생석회말뚝공법 : 지반에 생석회말뚝을 설치해 수분을 흡수하여 흙을 고결시키는 방법이다.

$$CaO + H_2O \rightarrow Ca(OH)_2 + \text{수화열}$$

② 동결공법 : 액체질소 등 저온 액화가스로 지반을 일시적으로 동결시키는 방법이다.

③ 소결공법 : 지반을 천공 후 내부를 가열하여 수분을 탈수시키는 방법이다.

5) 동치환공법

추를 낙하시켜 미리 깔아놓은 쇄석, 모래, 자갈을 지반 내로 관입시켜 지반 구성을 변화시키는 공법이다.

(2) 사질지반 개량공법

1) 진동다짐공법

① 수평방향으로 진동하는 진동기를 이용하여 물을 주입하는 동시에 진동을 일으켜 느슨한 모래지반을 개량한다.

② 진동과 물다짐이 병행되어 지반밀도가 커져 지지력이 증대된다.

2) Sand Pile 공법

지중에 Casing을 설치하고 모래를 투입하면서 상·하로 진동시키는 동시에 Casing을 끌어올리게 되면 지중에 Sand Pile이 형성된다.

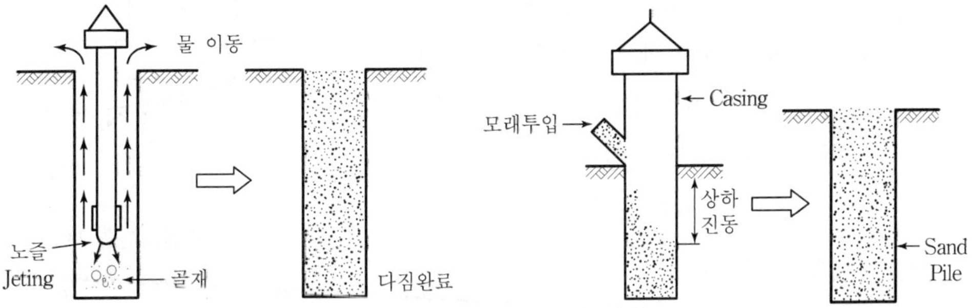

[진동다짐공법]　　　[Sand Pile공법]

3) 약액주입공법

지반 내에 시멘트나 화학약제를 주입하여 흙입자 간의 공극을 충진하여 지반을 강화시키는 방법이다.

① 현탁액형 화학약제 : 아스팔트, 벤토나이트, 시멘트 등을 사용

② 물유리계 화학약제 : LW, Water Glass를 시멘트와 혼합 사용

③ 고분자계 : 우레탄수지, 요소수지, 아크릴수지, 아미드수지 등을 사용

4) 동압밀공법(동다짐)

연약지반에 10~50t의 추를 10~40m 높이에서 낙하시켜 이때의 충격에너지로 지반을 다짐하는 공법

5) 전기충격다짐

지반 내에 +, −극을 설치하고 전류를 방전시켜 전기충격으로 다짐한다.

4. 시공시 유의사항

(1) 사전조사시

1) 인근 구조물의 지반 안정성과 지하매설물의 위치 및 수량 등의 파악
2) 지하수의 상태 점검 : 수위, 수량, 수압, 피압수의 존재 등
3) 지반의 구성과 지질상태 파악
4) 지반의 특성에 맞는 보강공법을 선정

(2) 점토질 개량시

1) 압밀침하 방지
2) 침하하중의 크기, 속도 등을 Check
3) 소정의 지내력 확보 : 재하시험 등의 실시
4) 압밀침하는 장기적으로 침하가 진행되므로 이에 대한 구조물 안정성 확보
5) Creep 침하대책 강구

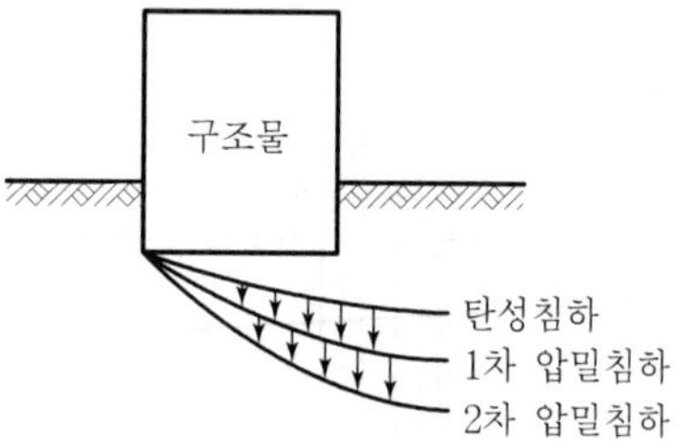

[장기 압밀침하 방지]

(3) 사질토 개량시

1) 액상화현상 방지
2) 계획시의 예측과 일치하는지를 확인하여 필요시 대책 강구
3) 지반 보강 범위를 선정하고 지내력 확보 여부를 반드시 확인

5. 맺음말

(1) 연약지반에서는 단기 침하가 끝난 후에도 장기적인 침하가 지속되는 경우가 많으므로 구조물 축조시 이에 대한 충분한 검토가 필요하며,

(2) 지반의 종류에 알맞은 개량공법을 선정하여 실시하고 개량 후 지내력 시험 등을 거쳐 안정성을 확보하는 것이 중요하다.

number 3 J.S.P(Jumbo Special Pile)공법

※'01, '05

1. 개 요

(1) JSP 공법은 연약지반을 개량하기 위해 초고압(20MPa)의 공기압을 이용하여 경화재를 분사시켜 지반의 내력을 증가시키는 지반 고결재 주입공법이다.

(2) Double Rod 선단에 Jetting 노즐을 정착하여 시멘트 주입재를 분사하면서 회전하게 하여 지반 내부의 미세 공극을 충진시킨다.

2. 특 징

(1) 장 점

1) 시공이 확실하여 신뢰도가 높다.
2) 소형으로 경제성이 우수하다.
3) 일반적인 지반에 적용이 가능하다.
4) 지반 강도와 지수성을 동시에 높이는 이중 효과가 있다.

(2) 단 점

1) 고압으로 인해 주위 지반이 교란된다.
2) Pile Joint 부분의 누수 발생이 우려된다.
3) 적용 지반에 제한이 있다.

3. 적용 범위

(1) 건물의 기초를 위한 지반 보강용으로 사용
(2) 지중의 누수 방지용 차수 공법으로 사용
(3) 토압경감, 토류벽이나 흙막이 연속벽체 보강용으로 사용
(4) 증축을 위한 추가 기초 보강용으로 사용
(5) 지하철 공사나 지하 저장 탱크 보강용으로 사용

분사 기구	노즐 운동	실용 공법면
경화재만을 분사하는 방식	복합(회전운동)	C.C.P 공법
경화재+공기분사를 병용하는 방식	단일(이동 또는 회전)	제트그라우트 공법
	복합(회전이동)	J.S.P 공법
경화재+공기분사+분사를 병용하는 방식	단일(이동)	패널제트 그라우트공법
	복합(회전이동)	컬럼제트 그라우트공법

4. 시공 방법

(1) 주입약제

1) 현탁액형 계열

① 물유리에 시멘트나 벤토나이트 현탁액을 사용하여 고결시킨다.

② 시멘트와 물유리액을 동시에 주입하는 공법으로 충진성이 양호하다.

③ 응결 시간이나 강도에 따라 재료의 양을 조절한다.

④ LW가 가장 많이 사용된다.

2) 용액형 계열

① 무기반응제

㉠ 산, 산성염, 중탄산염이 반응제로 사용된다.

㉡ 반응속도가 빠르다.

② 유기반응제

㉠ 물 유리 속에서 즉시 응결되지 않아 응결시간 조절이 필요하다.

㉡ 강도와 투수성에 따라 조절이 가능하다.

㉢ 시공이 용이하나 지하수 오염 발생의 위험이 있다.

(2) 시공방법

1) 지반의 조건에 따라 로드의 회전 속도를 조절하여 계획 심도까지 착공한다.

2) 착공이 완료되면 JSP 시공 상태로 로드의 회전을 바꾸어 맞춘다.

3) 초고압 에어 제트를 사용하여 시멘트 주입재를 분사한다.

4) 노즐을 인양하여 다음 장소로 이동하여 작업을 반복한다.

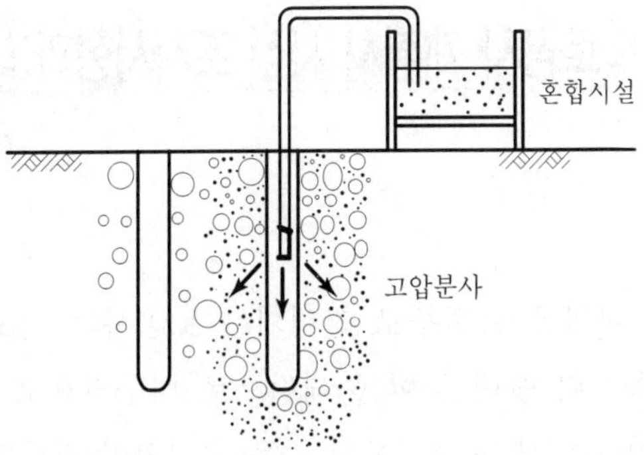

5. 시공시 주의사항

(1) 적용성 검토

JSP 공법은 고압 분사 방식으로 점토질이나 큰 자갈 층에서는 시공 효과가 낮으므로 지반 조사를 바탕으로 시공성에 대한 검토를 한다.

(2) 지하 매설물 확인

보강 부분에 대한 맨홀, 공동구, 전기 통신 시설, 가스관 등에 대한 확인 작업을 실시한다.

(3) 분사 압력 조절

초고압이므로 지반에 따라 분사 압력을 조절하여야 한다.

(4) 분사 방향 및 시공 속도 조절

로드의 회전 속도와 인양 속도를 조절하여 충분한 충전이 되도록 한다.

(5) 주입재의 혼합

혼합 탱크에서 규정된 배합대로 실시한다.

(6) 지반 교란 방지

분사 방향에 따라 지표의 교란이나 매설물 손상이 없도록 주의한다.

(7) 보강 범위 확인

① 토질에 따라 보강 범위가 다르므로 주입재의 분사 범위를 반드시 확인한다.

② 연속 시공시에는 Pile 지름(d)의 1/3(d) 간격으로 겹쳐 중복 시공한다.

number 4 토공사 계획시 사전 조사사항과 터파기 계획시 고려사항

※'84, '85, '95, '98, '05, '12, '20

1. 개 요

(1) 도심에서의 굴착공사 위주로 진행되는 토공사는 사고의 위험이 높을 뿐 아니라 공해발생, 공사비 증대 등이 문제점으로 대두되므로 사전에 설계도서, 입지조건, 지반 및 지하수 상태와 환경문제 등을 고려하여 적정한 공법과 공사기간을 선정하여야 한다.

(2) 실제 시공시 발생될 수 있는 지반붕괴와 인근 건물의 침하를 막기 위해서는 흙막이 안전성 확보와 Heaving, Boiling, Piping 현상의 방지, 지하수위 변화에 따른 수압대책 및 계측관리에 대한 충분한 검토가 있어야 한다.

2. 토공사 계획시 사전 조사사항

(1) 사전 검토사항

1) 설계도면 및 시방서, 구조계산서 검토, 도면과 현상과의 차이점

2) 계약조건, 관계법령과 규제사항

3) 입지조건 : 부지상황, 교통 및 도로여건, 지하매설물, 전주 등 장애물, 인접된 구조물 상태 등

(2) 지반조사

1) 지반의 구성 : 사질, 암반, 점토질, 매립토 등

2) 물리적, 역학적 성상 : 점착력, 투수성, 입도, 마찰각 등

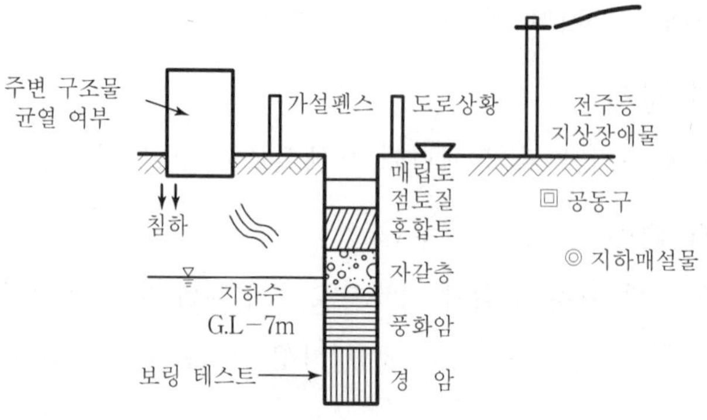

[사전조사 사항]

(3) 지하수 상태

1) 계절에 따른 수위, 수량의 변화

2) 수압검토

① 수압 $P_w = K_w \cdot \gamma_w \cdot h_2$ (ton)

② 부력 $V = \Sigma A \cdot PW$

여기서, K_w : 수압계수 γ_w : 물의 단위중량

h_2 : 수두차 A : 지하층 면적

(4) 인접대지 및 지반

1) 도로 상황

① 대형 차량의 접근로

② 차량의 이동 동선

③ 토사의 운반거리와 사토장 위치

2) 도심 근접 시공시 대책

① 인접 구조물 지하층의 깊이 및 기초의 시공 형태

② 인접 구조물과의 이동 거리

③ 소음, 분진, 진동 등에 의한 피해 여부

(5) 대지 여건

1) 대지의 조건 및 위치

2) 대형장비의 사용 가능성

3) 자재 야적 공간 확보 가능성

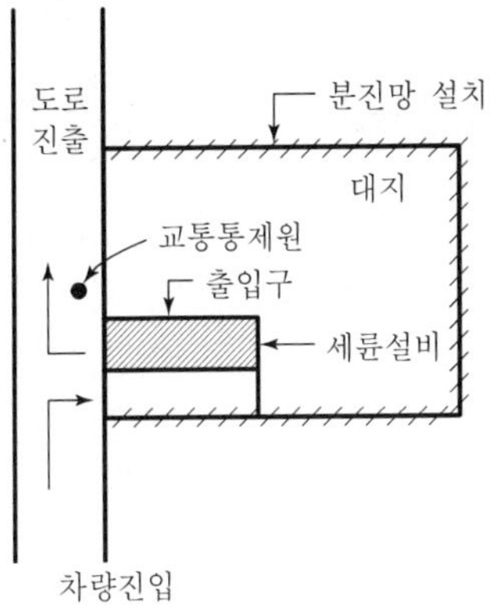

3. 터파기 계획시 고려사항

(1) 공법 선정

사전조사와 지질조사를 바탕으로 가장 경제적이고 안전한 공법을 선정한다.

1) 흙파기 공법

① 현장 여건과 지질에 따라 Open Cut, Island Cut, Trench Cut 공법 등을 선택한다.

② 굴착순서 결정 : 대지의 크기, 굴착의 난이도에 따라 결정한다.

③ 굴착장비 결정 : 장비의 효율성을 고려하여 적정 기종과 대수를 산정한다.

2) 흙막이 공법

① 굴착심도와 토질상태를 고려한다.

② 굴착깊이가 비교적 낮고, 토질이 양호한 경우에는 H-pile과 토류판 공법을 사용한다.

③ 심도가 깊거나 지하수 유출이 많으며, 토질이 연약할 경우에는 Sheet-pile, Slurry Wall, 또는 주열식 공법을 사용한다.

④ 대규모 도심공사시 Top-down을 많이 사용한다.

3) 배수 공법

시간당 지하수 유출량을 산정하고 굴착심도와 배출효율을 고려한다.

4) 차수 공법

지하수의 양에 따라 흙막이 차수와 화학적 차수를 병행하여 실시한다.

(2) 협력업체 선정

전문기술력과 시공 경험이 풍부한 업체를 선정한다.

(3) 침하 및 붕괴 방지대책

1) 흙막이 토압대책

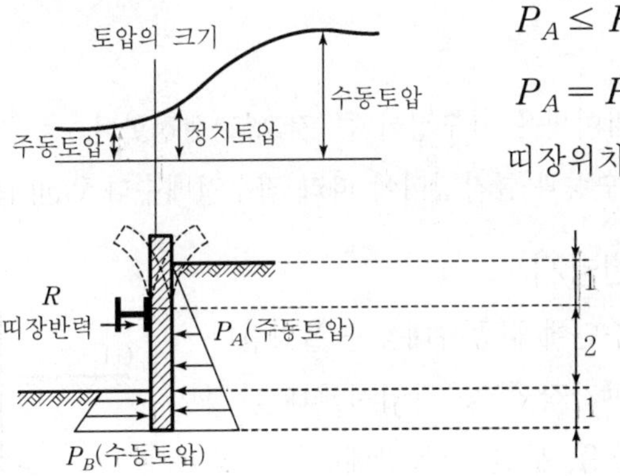

$P_A \leq P_B + R$: 안정상태

$P_A = P_B + R$: 정지토압

띠장위치 결정 1 : 2 : 1

[흙막이 힘의 균형 관계]

2) Heaving 방지대책

① 점토질 지반에서 발생하는 전면 파괴현상으로 가장 위험하다.

② 근입장을 충분히 확보한다.

③ 강성이 큰 흙막이를 사용한다.

④ 약액주입이나 고결공법을 동시 사용해 지반을 고결시킨다.

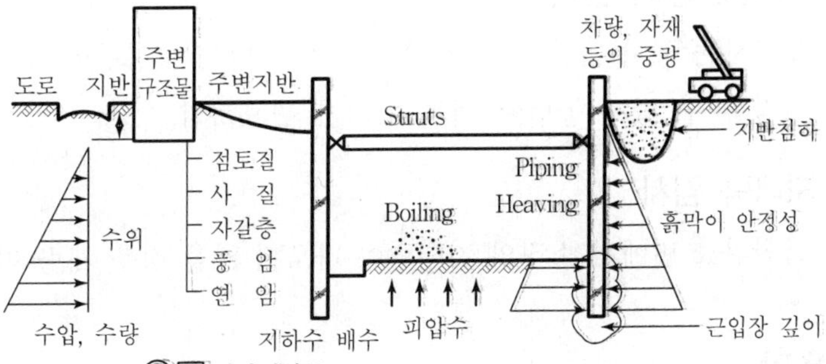

[흙막이 파괴 영향 요인]

3) Boiling 방지대책

① 사질토 시공시 지반의 지지력 감소를 방지해야 한다.

② Sheet Pile과 같이 수밀성 흙막이를 이용해 불투수층까지 시공한다.

③ 지수층을 형성하고 Well Point 등 강제 배수를 실시한다.

4) Piping 현상 방지대책

① 차수성이 높은 흙막이로 밀실하게 시공해야 한다.

② 지하수위를 낮춘다.

5) 지하수대책

① 차수 : 흙막이벽은 차수성이 큰 것으로 선정한다.

② 최대 지하수량과 굴착깊이에 따라 집수정배수나 Well Point 배수를 고려한다.

(4) 환경공해와 민원방지

1) 공사개시 전 주민에게 공사내용을 설명한다.

2) 주간작업과 야간작업 등 작업시간대를 적정배분하여 소음, 분진, 교통장애를 최소화한다.

3) 도로변 자재 적재행위 등을 금지한다.

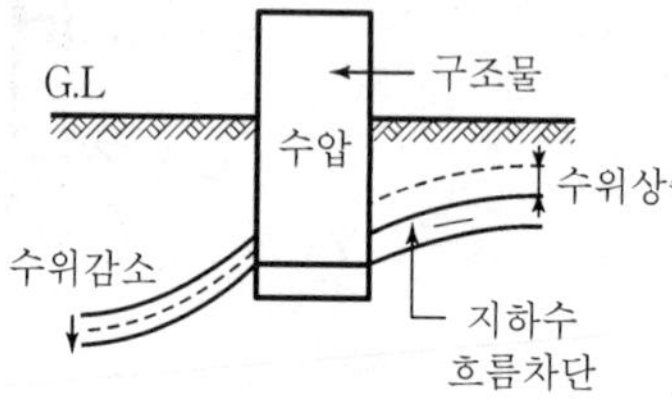

[Dam up 현상 고려]

(5) 정보화 시공

1) 안전하고 경제적이며, 현장 실정에 맞는 항목을 선택한다.

2) 주기적이고 정확한 측정으로 이상 발견시 즉각 조치한다.

3) Data화하여 기록을 보관하고 지속적으로 관리한다.

(6) 시공성, 공기 단축성

토공사는 공사 기간이 길어 전체 공기에 미치는 영향이 크므로 시공성과 공기를 절감할 수 있는 공법에 대한 고려가 필요하다.

(7) 지내력 검사

굴착완료 면에서 소정의 지내력이 나오지 않을 경우 개량 여부를 결정해야 한다.

4. 맺음말

(1) 도심 대형 구조물이 증가하면서 굴착심도가 커지고 대규모 굴착공사의 비중이 늘어나면서 토공사의 중요성이 날로 확대되고 있으며,

(2) 또한 토공사는 안전사고의 위험이 높아 사고발생시 인명피해, 재산피해가 커지고 공해의 발생으로 사회적 파급효과가 크므로 이에 대한 충분한 준비가 필요하다.

number 5 도심지 지하터파기 계획 수립시 고려사항

※'05

1. 개 요

도심에서의 지하 터파기 공사는 인접 대지와의 근접 시공에 의한 공해와 민원 발생의 우려가 높기 때문에 공사 전 부지에 대한 충분한 사전조사를 실시하고 철저한 시공계획을 수립하여 예상되는 문제점에 대응해야 한다.

2. 도심 공사의 특수성

(1) 근접 시공

1) 인접 대지나 건물과의 거리가 가까워 흙막이 시공 곤란

2) 대규모 장비의 진입 불가능

3) 터파기시 공법의 제한

(2) 공해, 피해 발생 우려

1) 인접 대지 및 건물의 침하

2) 도로 및 시설물의 파손

3) 소음, 분진 등에 의한 공사의 제한

4) 언더피닝에 대한 고려 필요

(3) 부지 여건, 작업 여건 제한

1) 도로의 협소, 교통 통제, 차량 정체 등으로 차량 출입 제한

2) 부지의 협소, 야적공간 확보 곤란 : 흙막이 설계시 반영 필요

3) 지하 잔존 구조물처리

3. 지하 터파기 계획시 고려사항

(1) 사전 조사

1) 부지에 대한 사전 조사

① 부지의 위치와 형태

② 지하 구조물의 잔존 여부

③ 접근 도로의 크기와 접근성, 교통량

④ 관련 지역의 관계 법령, 설계도서와 현장과의 합치성 검토

2) 인접 대지와 구조물 조사

① 인접 구조물의 기초 형태와 지하층의 깊이

② 도심 기반 시설의 종류와 위치

㉠ 상하수도 관로 위치, 각종 맨홀의 위치

㉡ 도시가스, 전기/통신 맨홀 및 케이블

3) 지반 조사

① 지반의 구성과 형태

② 지하수의 위치와 수량, 수압 등 변동 상황

(2) 공법의 선정

1) 토질의 종류, 지하수를 고려하여 토압과 수압에 대한 안정성 확보

2) 도심 특성을 고려한 굴착 순서와 방법을 결정

3) 작업 기간과 효율성 고려

4) 환경에 대한 고려

5) 가시설물의 설치와 해체가 적고 간편성 여부를 고려하여 선정

6) 굴착 심도에 따라 적합한 공법 결정

(3) 시공 계획서의 작성

1) 투입 장비와 인력의 배치

2) 가시설물 설치 계획

3) 자재의 야적, 반출 및 토사의 운반에 대한 충분한 검토

4) 작업 안전 대책

(4) 굴착 장비 검토

1) 굴착장비의 크기(소형 장비)와 작업성, 효율성을 감안

2) 저소음, 저진동 장비

3) 굴착장비, 양중장비, 반출장비와의 조합과 작업속도를 고려하여 장비의 종류와 적절한 수량을 결정하고 배치한다.

(5) 흙막이 안정성 확보 대책

1) 공법별 특성을 고려하여 굴착 속도, 순서, 방법을 조절

2) 적절한 보강 대책 마련

3) 계측관리에 의한 이상 유무 신속히 파악

(6) 인접대지와 건물에 대한 대책 마련

1) 구조물 및 지반의 침하 방지(언더피닝)

① 인접 건물(기초)과의 거리 파악

② 피해영향 범위 파악

③ 보강법 선정 및 시공계획 작성

2) 계측관리

① 계측 대상 선정

② 계측기의 설치 위치와 개소 검토

③ 계측 데이터 관리 및 이상 현상 파악

④ 이상시 조치 계획 강구

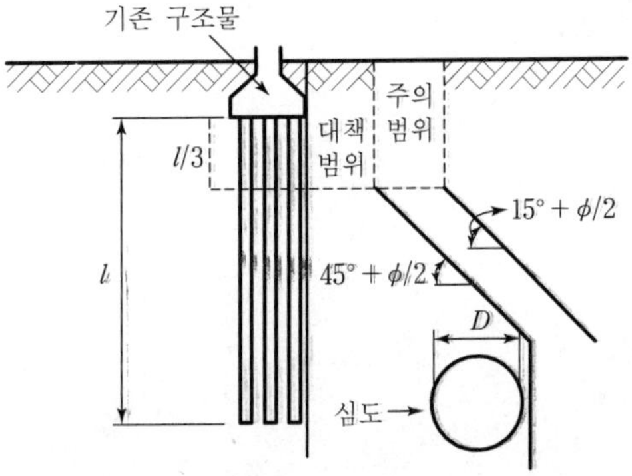

[근접시공 피해기준]

(7) 공해/민원 대책

1) 소음, 진동 대책

① 저소음, 저진동 장비 선정

② 방음벽, 차음벽 설치

③ 저진동 발파 등 공법적 고려, 특정공사 사전 신고

2) 분진 대책

① 비산먼지 대책 수립

② 살수 및 세륜 설비 조치

3) 교통 대책/통제 인원 배치

4) 사전 협의

① 주변 주민들과의 의사소통 통로 확보, 사전 협의

② 작업 시간 조정

(8) 현장 관리

1) 하도급 업체의 선정

① 전문성과 시공 능력을 갖춘 업체의 선정

② 하도급 업체와의 협력 체계 구축

2) 작업 공정 관리

① 공기 단축 기법의 적용

② 주기적 진도관리로 작업 지연 요소 제거

number 6 흙파기 공법의 종류별 특징과 시공시 유의사항

※'77, '81, '82, '90, '94, '95

1. 개 요

(1) 건축물의 기초와 지하 구조물을 축조하기 위해 지반을 굴착하는 작업이 흙파기이며, 흙파기 실시 전 지반의 형상, 주변 영향, 시공성, 경제성과 환경공해 등을 고려하여 적절한 공법을 선택한다.

(2) 또한 시공시 발생될 수 있는 주변부 피해와 공해 등 제반문제를 최소화하기 위해 정보화 시공의 중요성을 고려해야 한다.

2. 흙파기 공법 선정시 고려사항

(1) 토질성상과 굴착깊이 검토

(2) 대지의 조건

(3) 접근 도로, 자재의 반입 용이성

(4) 주변 구조물 상황과 각종 매실물의 위치 파악

(5) 지하수량과 피압수에 따른 차·배수방법 검토

(6) 시공의 용이성과 안전성 검토

(7) 경제적 시공성 검토

3. 흙파기 공법의 종류와 특징

(1) Open Cut

1) 흙막이 Open Cut

① 흙막이벽으로 지지하면서 터파기하는 공법으로서, 대지면적이 협소한 도심지 근접 굴착시공에 사용된다.

② 공법의 종류별 특징

㉠ 자립공법은 흙막이 자체의 근입장 깊이에 의해 자립으로 지지하고 굴착하는 공법으로서, 굴착깊이가 얕은 경미한 터파기에 사용된다.

㉡ 버팀대(Strut) 공법은 흙막이벽에 버팀대를 설치하고 굴착하는 공법으로서, 도심지에서 많이 사용한다.

ⓒ 어스앵커(Earth Anchor) 공법은 흙막이에 버팀대를 댈 수 없는 경우에 흙막이 배면에 Anchor를 설치하여 배면 토압을 지지하는 공법이다.

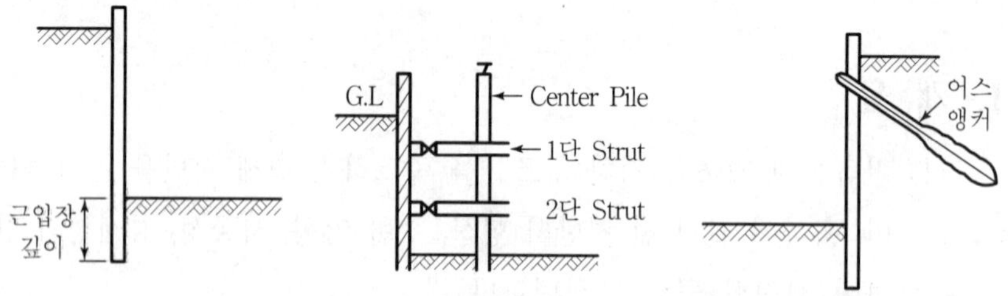

[자립 공법] [수평버팀대식 공법] [어스앵커 공법]

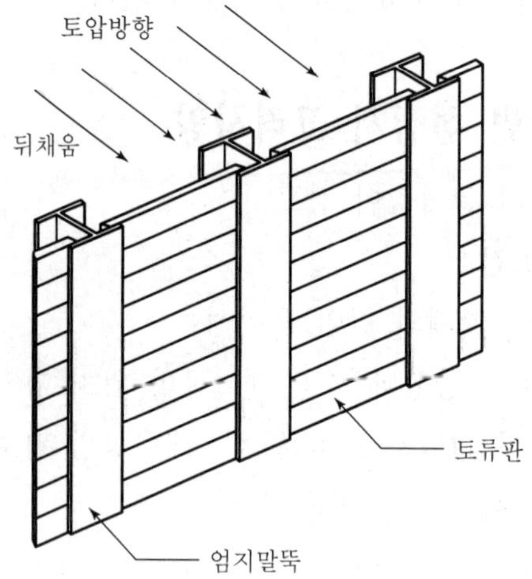

2) 경사 Open Cut

① 대지면적이 넓을 경우 토사의 안식각에 의해 경사면의 안전성을 확보하면서 터파기하는 공법을 말한다.

② 흙막이가 없어 굴착이 쉽고 경제적이다.

③ 흙파기 토량이 증가되어 잔토처리비가 많이 든다.

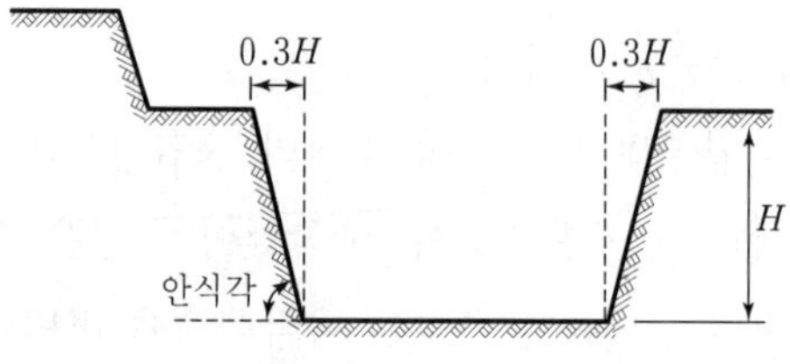

[경사 Open Cut 공법]

(2) Trench Cut

1) 대지의 외곽부를 먼저 굴착하여 구조물 축조 후 중앙부를 굴착하는 방식이다.
2) 지반이 연약하거나 지하구조체가 클 경우 사용한다.
3) 중앙부 공간활용이 가능하다.
4) 깊은 굴착에 부적합하다.
5) Island Cut 보다 공기가 길어지고 내측 흙막이벽의 2중 설치로 비경제적이다.

(3) Island Cut

1) 흙막이벽 중앙부를 먼저 굴착하여 구조물을 축조하고 이 구조물에 버팀대를 설치하여 지지한 후, 외곽부를 굴착 구조물을 완성시키는 방식이다.
2) 얕은 구조물로 지하 구조물 면적이 큰 경우에 적당하다.
3) 대지 전체에 구조물을 구축하므로 버팀대 절약이 가능하다.

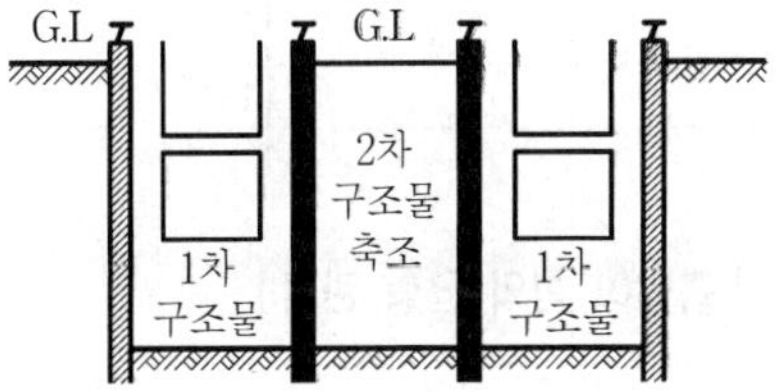

[Trench Cut]

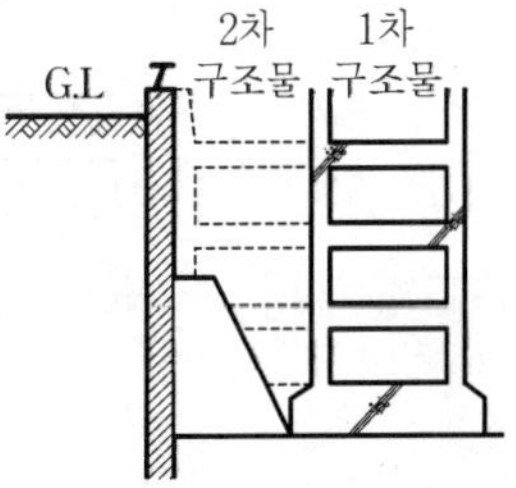

[Island Cut]

(4) 캔틸레버 컷(Cantilever Cut)

기존 Island Cut의 문제점인 작업기간 증가, 가설비 증가 등을 개선하여 부분적으로 역타방식(T/D)을 적용한 굴착공법이다.

4. 흙파기 시공시 유의사항

(1) 공법 선정

사전조사와 지질조사를 바탕으로 가장 경제적이고 안전한 공법을 선정한다.

(2) 차수와 배수방법

지하수 유출량을 산정하고 흙막이벽의 차수성과 배출효율을 고려한다.

(3) 침하 및 붕괴 방지대책 수립

1) Boiling 방지

① Sheet Pile과 같이 수밀성 흙막이를 이용해 불투수층까지 시공한다.

② 지수층을 형성하고 Well Point에 의한 강제배수를 실시한다.

③ 배면에 대한 화학처리를 통해 차수성을 높인다.

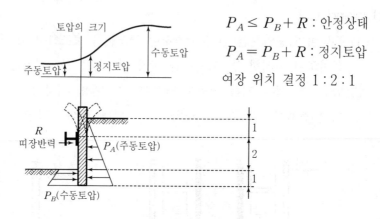

2) 흙막이 측압대책

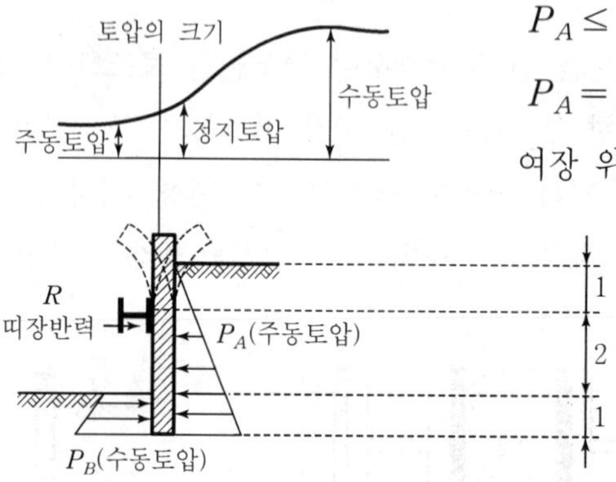

$P_A \le P_B + R$: 안정상태

$P_A = P_B + R$: 정지토압

여장 위치 결정 1 : 2 : 1

[흙막이 힘의 균형 관계]

3) Heaving 방지

① 근입장을 충분히 확보한다.

② 강성이 큰 흙막이를 사용한다.

4) Piping 현상 방지

차수성이 높은 흙막이로 밀실하게 시공한다.

5) 무리한 굴착 방지 및 소단 설치

① 한번에 과도한 굴착을 하지 말고 소단을 두어 여러 번에 걸쳐 굴착한다.

② 터파기가 이루어진 부분은 곧바로 버팀대를 설치하여 토압에 의한 변형을 막는다.

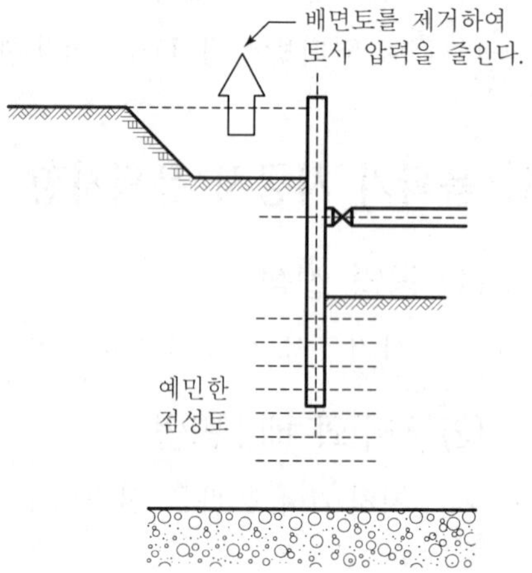

(4) 정보화 시공

1) 안전하고 경제적이며, 현장 실정에 맞는 항목을 선택한다.
2) 주기적이고 정확한 측정으로 이상 발견시 즉각 조치한다.
3) 기록관리를 통한 사전예측이 가능하게 한다.

(5) 주변 지반 및 구조물 침하

1) 지하수 흐름과 유량변동에 따른 침하를 방지한다.
2) Under Pinning 필요시 충분한 보강을 한다.
3) 지표면의 과다적재를 금해야 한다.

(6) 잔토처리

1) 토사를 장외로 반출시 사토장을 선정한다.
2) 반출계획서 작성 후 작업 실시한다.
3) 차량이동로, 비산먼지 대책을 세운다.
4) 세륜 세차시설을 확보한다.

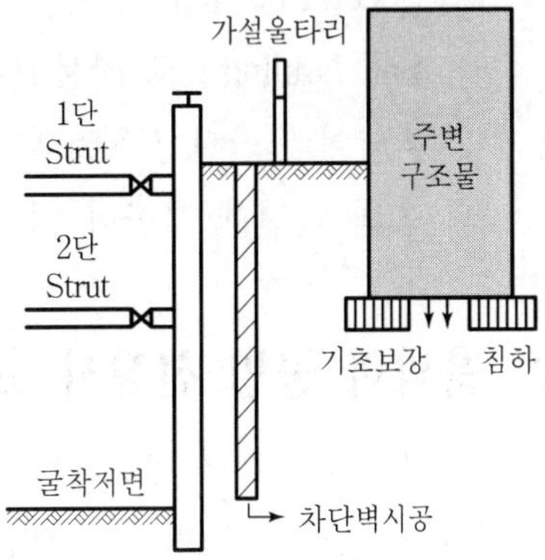

[Under Pinning]

5. 맺음말

(1) 토공사로 인한 붕괴 및 침하는 인명뿐 아니라 주변 건축물에도 커다란 피해를 주는 대형 사고로 이어지기 쉬우므로 안전을 최우선으로 하는 의식이 가장 필요하다.
(2) 공사 착수 전 설계시부터 철저한 사전조사와 이를 바탕으로 한 적합한 공법을 채택하고, 공사 중 위험 징후가 발견되면 지체 없이 대책을 강구해야 한다.
(3) 공사로 인해 발생되는 환경과 공해 문제에 대해서도 관심을 가짐으로써 보다 환경친화적인 시공이 되도록 적극적으로 노력하는 태도 변화가 요구된다.

number 7 흙막이 공법의 종류와 시공시 유의사항

※'77, '84, '85, '88, '90, '92, '94, '97, '98, '99, '00

1. 개 요

(1) 흙막이공법에는 H-pile과 토류벽공법, 주열식 흙막이공법, Slurry Wall, Top Down, Sheet Pile 공법 등이 있으며 지지방식에 따라서 자립식, Strut식, Earth Anchor, Soil Nailing으로 구분된다.

(2) 흙막이의 안전성 확보와 주변 피해방지를 위해 적정한 공법 선정과 정보화 시공을 통해 안전한 시공이 되도록 하여야 한다.

2. 흙막이 공법 선정시 고려사항

(1) 지반조건과 성상 및 굴착심도

(2) 주변 구조물 현황과 각종 매설물의 위치 파악

(3) 지하수량과 피압수에 따른 차배수 방법

(4) 공사기간과 경제성

(5) 대지의 여건에 따른 장비의 종류와 조합

(6) 흙막이의 강성과 차수성능

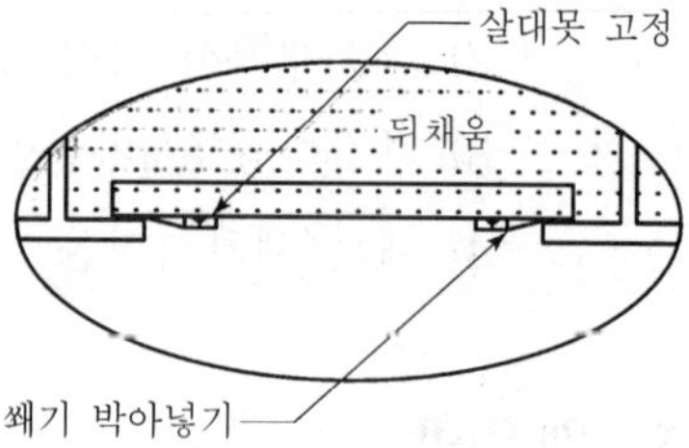

[어미말뚝 가로널 공법]

3. 흙막이 공법의 종류와 특징

(1) 구조방식에 따른 구분

1) H-pile+토류벽 공법

① 개 요

일정간격(1.5~2m)으로 H-pile을 박고 Pile 사이에 토류판을 끼우며 굴착하는 공법이다.

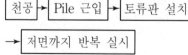

② 시공순서

천공 → Pile 근입 → 토류판 설치 → 저면까지 반복 실시

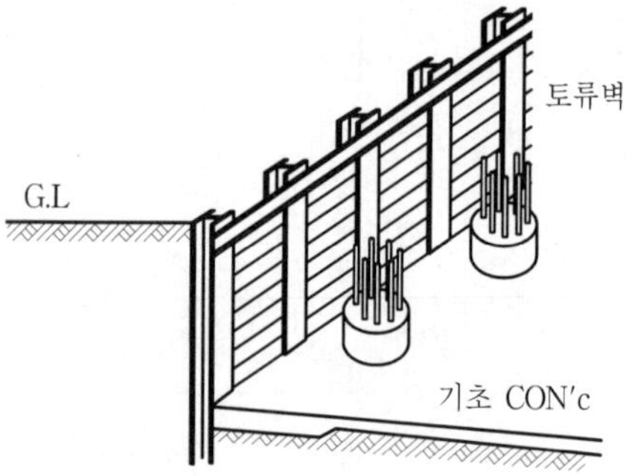

③ 특 징

㉠ 시공이 쉽고 간단하여 많이 사용한다.

㉡ 공사기간이 짧고 엄지말뚝 회수가 가능하다.

㉢ 차수가 불량하여 수량이 많으면 그라우팅 등 대책이 필요하다.

㉣ Heaving 우려가 크고, 깊은 심도에는 부적합하다.

㉤ 양호한 토질에 적합하다.

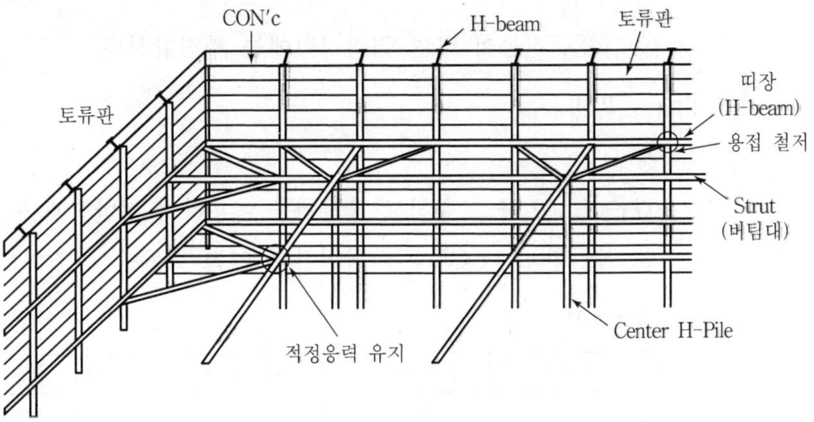

[H-Pile 및 토류판 흙막이 공법]

2) 주열식 흙막이

① 개 요

현장 타설말뚝을 연속적으로 지중에 설치하여 흙막이 벽을 형성하는 공법이다.

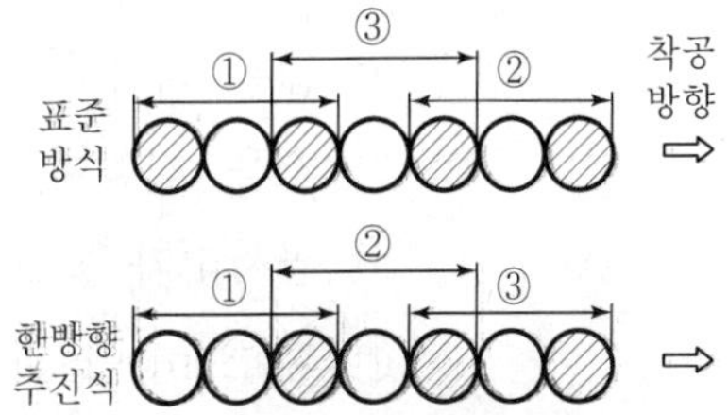

[3축 오거 시공순서]

② 시공순서

천공 → 철근망 삽입 → CON'c 타설 → 양생 → 굴착

③ 특 징

㉠ 차수성이 우수하다.

㉡ 벽체 강성이 크다.

㉢ 소음, 진동이 적다.

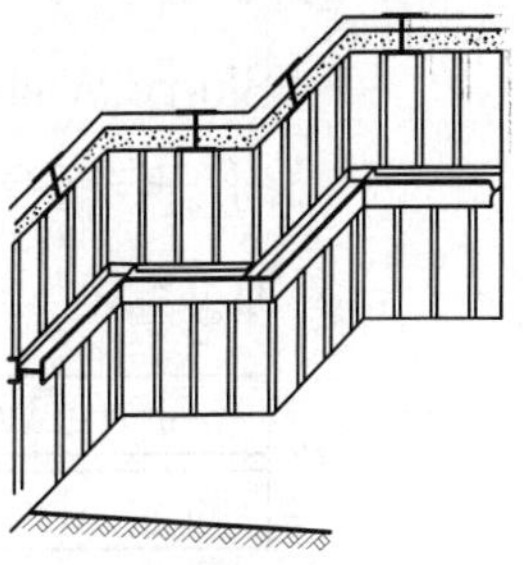

[주열식 흙막이]

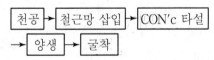

㉣ 도심지 좁은 공사가 가능하다.

㉤ 공사비와 공기가 길어진다.

3) Sheet Pile 공법

① 개 요 : 강재 널말뚝을 일렬로 박아 흙막이벽을 형성하는 공법이다.

② 특 징

㉠ 차수성이 좋아 지하수 유입이 많은 곳, 점토질과 같은 연약지반에 적합하다.

㉡ 소음, 진동이 크며 경질지반에는 부적합하다.

4) Slurry Wall

① 개 요

깊은 트렌치를 굴착하고 안정액을 이용하여 지반붕괴를 막으면서 철근망을 삽입한 후, CON'c를 타설하여 연속 벽체를 축조하는 공법이다.

② 시공순서

굴착 및 슬라임 처리 → 철근 → CON'c 타설 → 양생 → Pipe 인발

③ 특 징

㉠ 차수성이 좋다.

㉡ 벽체 강성이 커서 본구조체로 이용할 수 있다.

㉢ 넓은 대지와 대형 기계가 필요하다.

㉣ 소음, 진동이 적다.

㉤ 공사비가 높고 공사기간이 길다.

㉥ 폐 Slime에 의한 환경공해가 발생한다.

5) Top-down 공법

① 개 요

Slurry Wall을 먼저 설치한 후 기둥과 기초를 시공하고, 지하 구조물과 지상 구조물을 동시에 축조해 나가는 방식이다.

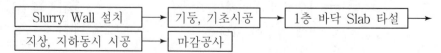

② 시공순서

Slurry Wall 설치 → 기둥, 기초시공 → 1층 바닥 Slab 타설 → 지상, 지하동시 시공 → 마감공사

③ 특 징

㉠ 공기단축에 유리하다.

㉡ 도심공사에 적합하다.

㉢ 1층 바닥 작업공간 확보가 가능하다.

㉣ 공사비 증대와 설계변경이 어렵다.

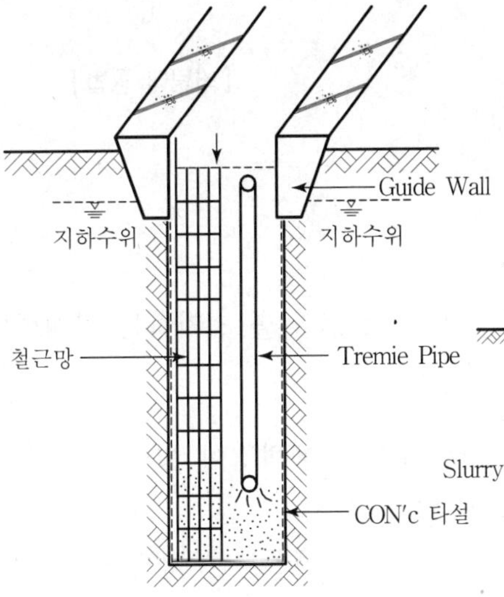

[Slurry Wall 공법]

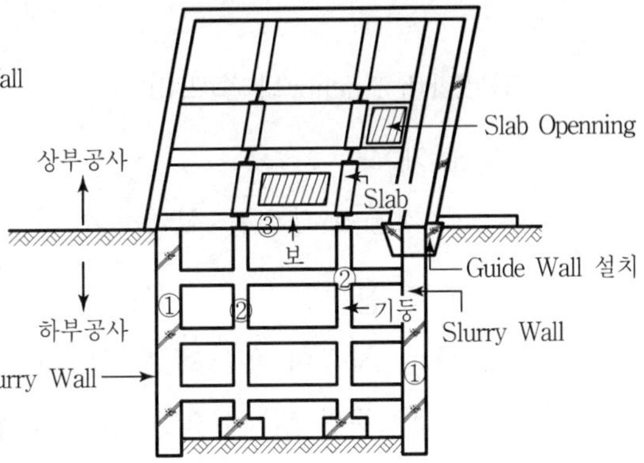

[Top-Down 공법]

(2) 지지방식에 따른 구분

1) 자립식 흙막이

① 개 요

널말뚝 및 어미말뚝을 지중에 박아 토압을 지지하는 방식이다.

② 특 징

소규모 공사에 이용되며 공사기간이 짧고 시공이 간단하다.

2) 버팀대식 흙막이

① 개 요

흙막이벽 안쪽에 띠장, 버팀대 및 지지말뚝을 설치하여 지지하는 방식이다.

② 특 징

㉠ 대지 전체에 건물축조가 가능하다.

㉡ 가설작업이 소요되며 공사기간이 길어진다.

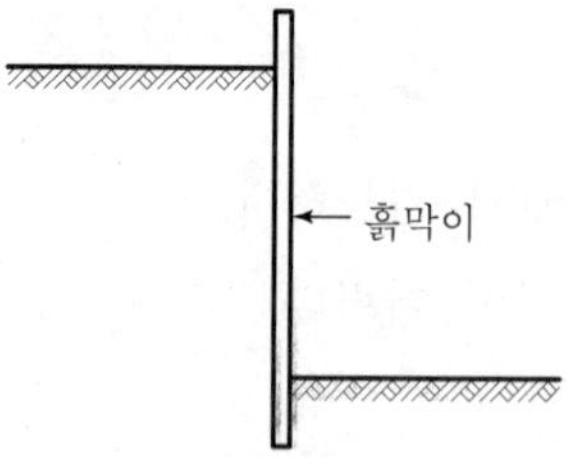

[자립 공법]

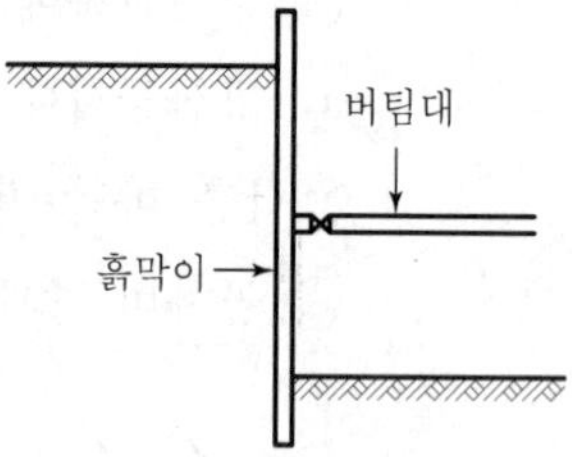

[버팀대 공법]

3) Earth Anchor식 흙막이

① 개 요

지중에 앵커를 설치하여 인장내력으로 토압을 지지하는 방식이다.

② 특 징

㉠ 시공이 용이하고 작업이 간단하며, 설계변경이 쉽다.

㉡ 주위 토지와의 사전 협의가 필요하다.

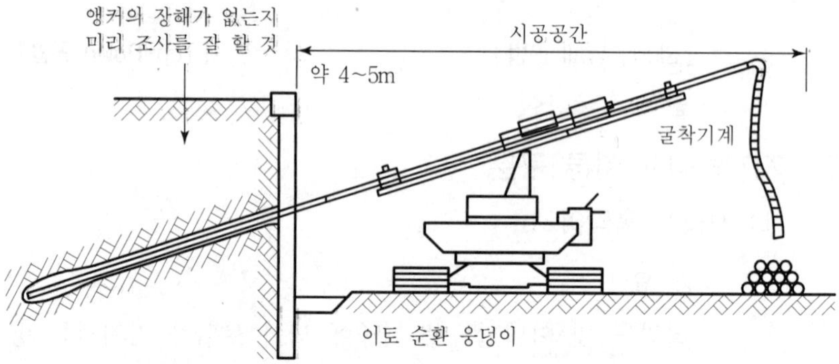

[Earth Anchor 식]

4) Soil Nailing

① 개 요

지중에 Nail을 삽입하여 Nail과 흙 사이의 마찰력을 증대시켜 토압을 지지하는 방식이다.

② 특 징

㉠ 시공이 간편하며 공사기간 단축 효과가 높다.

㉡ 흙막이의 별도 시공이 필요 없으며 공사비가 적고 가설공사가 없다.

㉢ 적용지반에 제약이 있으며 강성이 E/A보다 낮다.

4. 흙막이 시공시 유의사항

(1) 공법 선정

사전조사와 지질조사를 바탕으로 가장 경제적이고 안전한 공법을 선정한다.

(2) 차수와 배수방법

지하수 유출량을 산정하고 흙막이벽의 수밀성과 배출효율을 고려한다.

(3) 침하 및 붕괴방지

1) 흙막이 과다 측압 방지

① Strut의 변형방지

㉠ Strut의 단면적을 충분히 할 것

㉡ Strut의 중앙부를 약간 처지게 시공할 것

㉢ 재료의 변형, 좌굴, 뒤틀림방지 조치를 할 것

② 뒤채움 불량방지

㉠ 뒤채움시 다짐공정이 없이 작업한 경우에 침하가 발생한다.

㉡ 뒤채움은 30cm마다 기계다짐을 할 것

③ 지표면 과다하중

㉠ 흙막이 상부에 과다한 하중 적재

㉡ 흙막이벽 주변 중량차량 이동

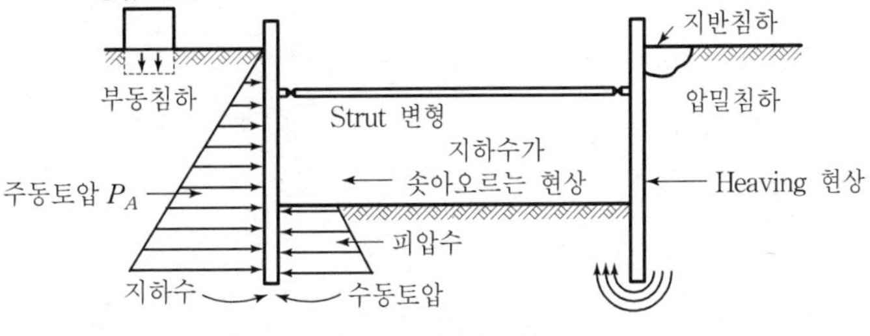

[흙막이 시공시 유의사항]

2) Boiling, Piping 방지

① Sheet Pile과 같이 수밀성 흙막이를 이용하여 불투수층까지 시공한다.

② 지수층을 형성하고 Well Point 등 강제배수를 실시한다.

3) Heaving 방지

① 근입장을 충분히 확보한다.

② 강성이 큰 흙막이를 사용한다.

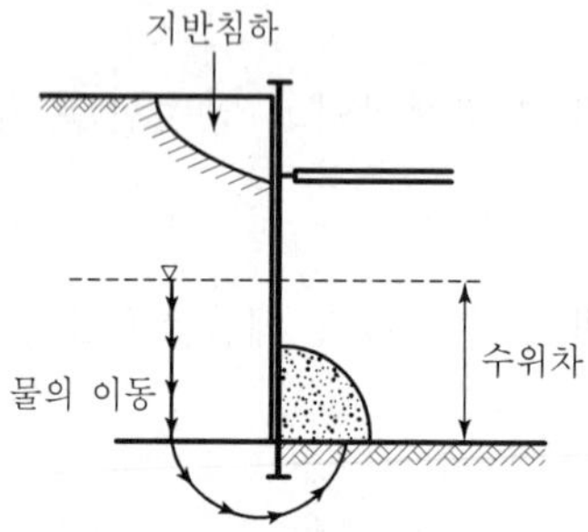

[Boiling 현상]

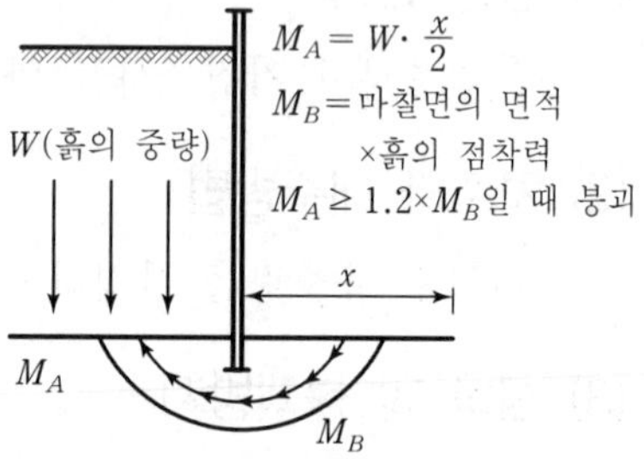

[Heaving 현상]

(4) 정보화 시공

1) 안전하고 경제적이며, 현장 실정에 맞는 항목을 선택한다.

2) 주기적이며 정확한 측정으로 이상 발견시 즉각 조치한다.

(5) 환경 및 공해대책

1) Under Pinning 필요시 충분히 보강한다.

2) 소음, 진동, 분진, 교통장애에 대한 대책을 강구한다.

number 8 흙막이 벽체에 작용하는 토압

※'90, '03

1. 개 요

(1) 흙막이벽은 중량물의 적재, 중량차량의 왕래 작업, 토압증가 등에 의해 과대측압의 발생 우려가 있으므로 토압에 대한 충분한 힘의 균형관계 해석이 필요하다.

(2) 흙막이벽은 흙막이 밖의 주동토압(P_A)에 대해 수동토압(P_B)+띠장반력(R)이 같을 때의 힘의 균형이 이루어져 흙막이 벽이 안정하게 된다.

2. 토압의 종류 유

(1) 주동토압

배면 토압이 흙막이벽에 작용하는 토압으로 벽체가 전면으로 변위를 일으킨다.

(2) 정지토압

벽체변위가 없는 상태의 토압으로 주동토압=수동토압+반력의 상태이다.

(3) 수동토압

벽체가 배면으로 변위발생시의 토압으로 수동토압이 과다하게 커지면 흙막이 파괴가 크게 발생한다.

(4) 토압관계

수동토압 > 정지토압 > 주동토압

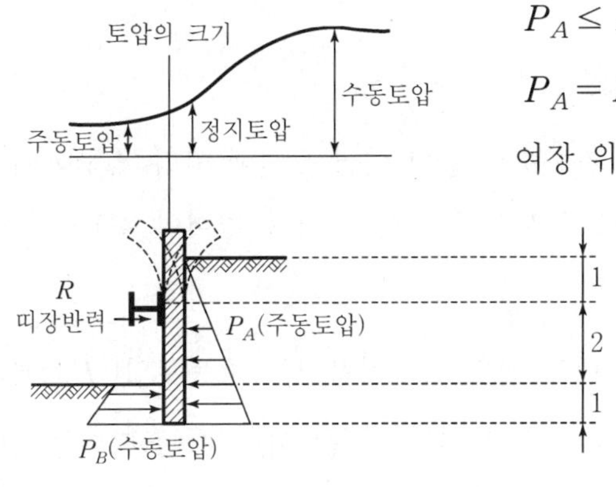

$P_A \leq P_B + R$: 안정상태

$P_A = P_B + R$: 정지토압

여장 위치 결정 1 : 2 : 1

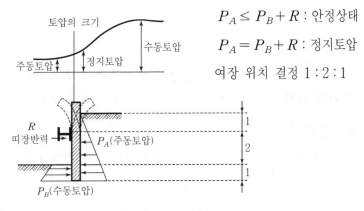

[흙막이벽 힘의 균형 관계]

3. 흙막이에 작용하는 토압분포 상태

$$P = K \cdot g_t \cdot H$$

여기서, P : 토압　　　　　　　　　　K : 토압계수(주동 토압계수)
　　　g_t : 흙의 단위체적중량(t/m^3)　H : 길이(m)

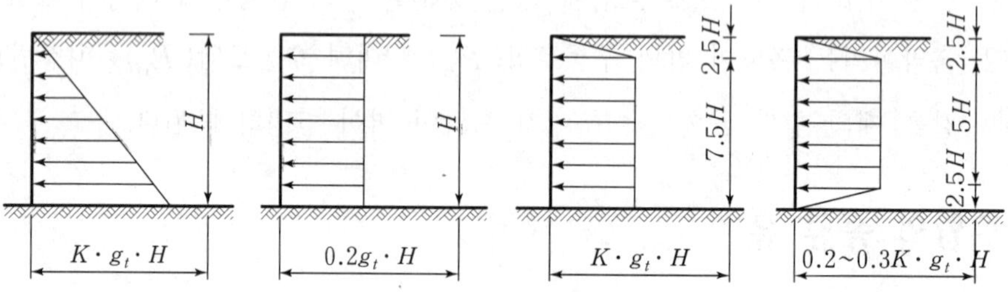

[일반적인 토사]　[모래지반]　[연약 점토지반]　[굳은 점토지반]

4. 힘의 균형관계도

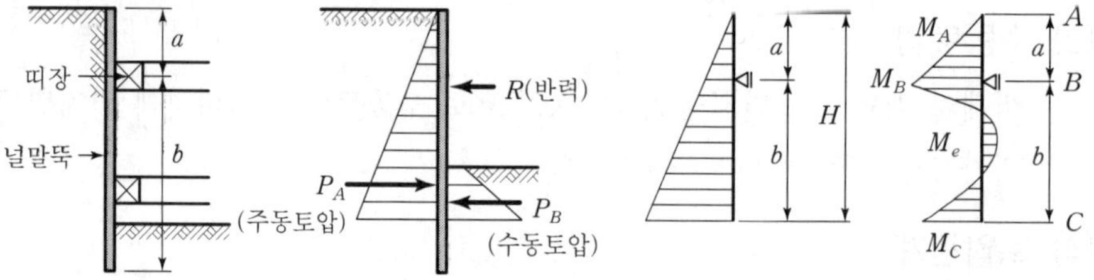

[구조도]　[토압분포도]　[하중도]　[휨모멘트도]

(1) 구조도

토질, Pile의 강성, 지하수위 등의 여러 요인에 따라 흙막이 구조도와 밑둥 넣기의 깊이가 달라지므로 설계시 충분한 고려가 있어야 한다.(안정한 설계)

(2) 토압분포도

1) 흙막이 벽체에 대해 전면으로 작용하는 주동토압(P_A)과 배면으로 작용하는 수동토압(P_B)+반력(R)이 균형을 이룰 때 흙막이는 안정하게 된다.

2) $P_A = P_B + R$ (안정)

(3) 하중도

1) 휨모멘트(BMD)를 그려 띠장의 위치를 결정하기 위하여 ABC 구간의 주동토압을 하중으로 하는 등분포하중도 작성

2) A점은 자유단, B점은 이동지점, C는 고정단

(4) 휨모멘트도(Bending Moment Diagram)

하중도에 따라 하중상태는 일단고정, 일단이동지점으로 하는 일차 부정정보이다.

1) B, C 구간에 휨모멘트 부호가 바뀌는 점, 즉 반곡점(反曲點)이 2개 생기며, 반곡점 사이는 휨모멘트 M_e라 한다.

2) 띠장반력 R의 위치인 B점의 위치에 따라 M_B, M_C, M_e의 크기가 달라지지만 M_B가 최대이다.

3) $a : b = 2 : 1$일 때 M_e가 최소가 된다.

4) M_e에 따라 단면이 결정되므로 B점의 위치가 중요하며, $H/3$이 가장 합리적이다.

number 9 흙막이벽 시공시 하자와 방지 대책

※'99, '01, '10, '11

1. 개 요

(1) 지하 흙막이벽의 하자발생 유형에는 인접지반과 구조물의 침하, Heaving 현상, Boiling 현상, Piping 현상, Strut의 변형 등을 들 수 있다.

(2) 지하흙막이 공사시 주변 지반과 주변 구조물의 침하는 시공자에게 많은 피해를 줄 뿐 아니라 사회문제화 되어 사회 전체에 불안감을 조성하게 된다.

(3) 그러므로 흙막이벽체의 하자 방지를 위해서는 지반의 성상과 지하수, 주변지반 등을 사전에 충분히 검토하여 흙막이공법을 선정해야 한다.

2. 흙막이벽의 하자 유형

(1) 흙막이 붕괴 및 누수

1) 흙막이 안정성 미흡

① 흙막이 과다 측압 발생

② 흙막이 근입장 깊이 부족에 따른 하자

$$P_B + R \geq P_A$$

$$F_S = \frac{P_B}{R} \geq 1.5 : \text{안정}$$

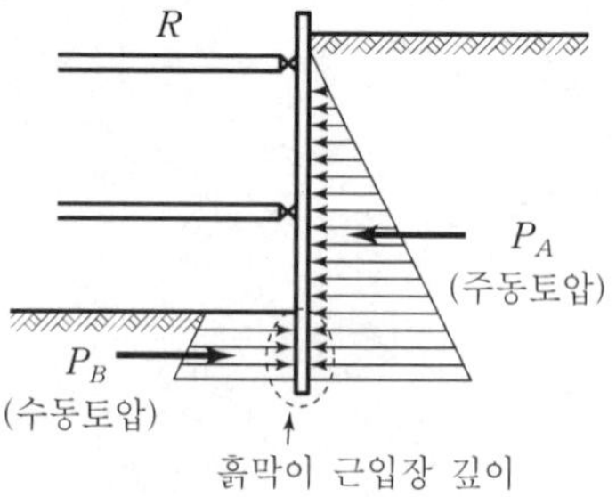

[흙막이 토압분포도]

2) Heaving 현상

① 발생원인

배면토의 압력이 증가하여 굴착면과의 중량 차이로 인해 전면적으로 파괴가 일어나는 현상

② 방지대책

㉠ 강성이 큰 흙막이벽체 설치(Slurry Wall 등)

㉡ 흙막이 근입장 깊이의 충분한 확보

㉢ 지반개량으로 지반강도 증가

㉣ 소단 시공

3) Boiling 현상

① 발생원인

흙막이 바깥의 지하수위가 흙막이 내부 저면바닥 지하수위보다 높아 수위차에 따라 흙막이 내부 저면바닥으로 토사가 유출되어 흙막이가 붕괴되는 현상

② 방지대책

㉠ 흙막이벽을 불투수층까지 시공

㉡ 차수성이 큰 흙막이공법 선정

㉢ Well Point에 의한 배수공법을 채용하여 지하수위차를 저하시킨다.

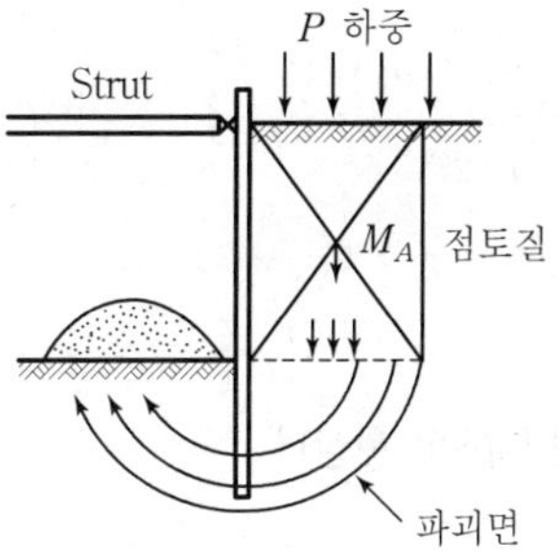

[Heaving 현상]

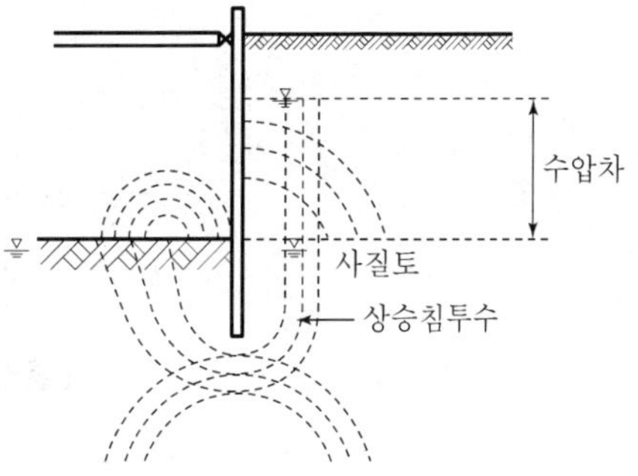

[Boiling 현상]

4) Piping 현상

① 발생원인

사질지반의 흙막이 배면토의 흙이 누수로 함몰하여 흙막이벽체 사이로 토사가 유실되어 흙막이에 붕괴가 일어나는 현상

② 방지대책

㉠ 차수성이 높은 흙막이 선정

㉡ 흙막이 근입장을 깊게 시공

㉢ 토류벽의 밀실성, 안전성

5) Strut의 변형

① 띠장 및 버팀대의 부실에 의한 흙막이 분리

② 띠장은 버팀대 작용을 하므로 휨응력과 압축응력을 받는 부재로 설계

③ 띠장의 휨 현상

④ 버팀대의 좌굴 현상

6) 흙막이벽 배면 뒤채움 불량

(2) 수직도 불량

1) 수직변위

2) 수평변위

• 벽체, 기둥 및 실내단면 부족

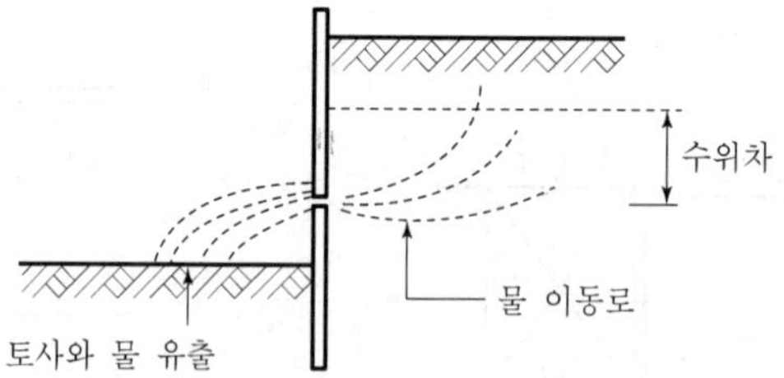

[흙막이벽체 부실(Piping 현상)]

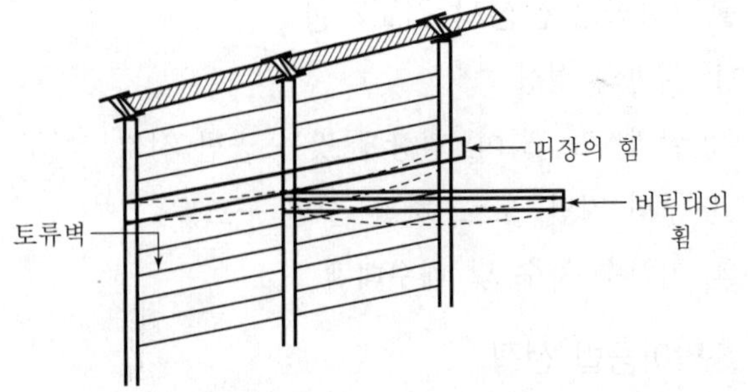

[흙막이벽체의 띠장 및 버팀대 하자]

3. 흙막이벽 하자 방지를 위한 사전대책

(1) 사전조사 철저

1) 설계도서 : 굴착깊이, 흙막이공법 등
2) 주변지반 및 주변구조물 상태조사
3) 지하매설물, 지상장애물

(2) 지반조사 철저

1) 주상도의 작성과 분석
2) 지반의 성상 분석 : 점토질, 사질토, 매립토(성토), 암반질 등

(3) 지하수에 대한 조사

1) 지하수위, 수량
2) 지하수압 및 부력검토

P_w(수압) $= K_w \cdot \gamma_w \cdot h_2$

V(부력) $= \Sigma A \cdot P_w$

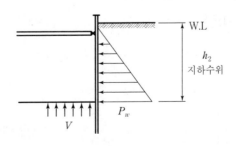

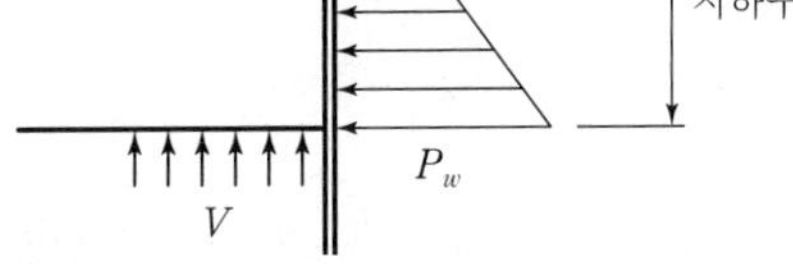

(4) 지반에 맞는 흙막이공법 선정

1) 흙막이공법 선정시 검토사항

① 지반의 성상

② 굴착심도, 넓이, 형상에 맞는 공법 선정

③ 주변 지반, 도로, 하천, 주변 구조물

④ 지하수 차수 및 배수대책

2) 흙막이공법 선정

① 일반 토사의 경우 : Slurry Wall, 주열식, 흙막이, H-pile 및 토류판 공법 선정

② 연약, 매립지반일 경우 : Sheet Pile 공법 선정

(5) 계측관리 실시

4. 흙막이벽 하자 방지를 위한 사후대책

(1) 이상 징후 파악

(2) 상황보고 및 긴급 조치

1) 관련 책임자, 관리자에게 신속히 보고

2) 관련 전문가 소집

3) 대응책 마련

4) 통행제한 및 인원 대피

(3) 보강 조치

1) 흙막이벽, 토류벽 등에 대한 보강법 결정

2) Strut 보강, 토사굴착중단

(4) 지속적 계측관리

(5) 복구대책 마련

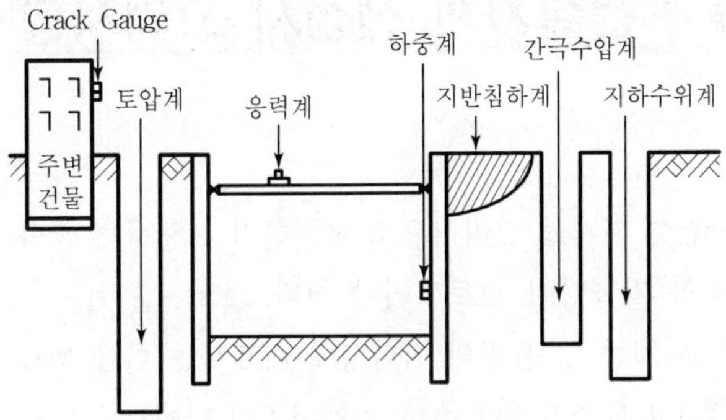

[정보화 시공(계측관리)]

5. 맺음말

(1) 지하 흙막이 공사시 하자요인을 제거하기 위해서는 위험요소를 사전에 과학적으로 파악해 관리하고, 설계시 가정치와 시공 실적치를 비교하여 적절한 조치를 취해야 한다.

(2) 흙막이 시공시에는 자동화 계측 등 과학적 관리기법을 도입해, 주변 민원의 사전방지와 안전하고 경제적인 시공이 될 수 있도록 한다.

number 10 건설기계 선정시 고려사항 및 선정방법

1. 개 요

(1) 토공사용 건설 기계를 합리적으로 선정하기 위해서는 공사 조건과 기종 및 용량의 적정한 조합 가능성이 검토되어야 한다.

(2) 공사 조건과 기종 및 용량의 적합성에 대해서는 취급 재료와 종류 단위중량, 형상 등이 검토되고 토공기계의 종류, 기계시공의 난이도에 따른 토사 및 암괴의 분류가 필요하다.

2. 선정시 고려사항

(1) 시공성	(2) 경제성	(3) 안정성
(4) 무공해성	(5) 기계용량	(6) 공사규모
(7) 장비 효율	(8) 기계화 비율	

3. 선정방법

(1) 공사 종류

도로공사, 댐공사, 기초공사, 터널공사 등 공사의 종류 및 굴착, 적재, 운반, 정지, 다짐 등의 작업종별을 고려하여 기계를 선정하여야 한다.

(2) 공사규모

대규모 공사에서는 대용량의 표준기계, 소규모 공사에서는 임대장비나 수동 장비를 사용하는 것이 경제적이다.

(3) 토 질

토공기계 선정에 있어서 토질 조건에 대해서는 충분히 주의하여야 하며 특히 Trifficability, Ripperability, 암괴의 상태, 다짐 기계의 적응성 등이 고려되어야 한다.

(4) 운반거리

운반기계 선정시에는 공사 현장의 지형, 토공량, 토질 등을 감안하여 기계의 기종에 따른 경제적 운반거리를 고려하여야 한다.

(5) 표준기계

표준기계는 구입과 임대차의 용이, 목표가동률 확보로 경제적 사용, 정비비의 저렴, 타공사에의 전용 및 전매가 쉬운 이점이 있다.

(6) 특수기계

특수기계는 구입과 임대차가 어려워 적기 사용이 곤란하며 가동률이 저조하여 감가상각 문제가 있으며 고장시 정비지연, 처분상 어려움 등이 있다.

(7) 기계용량

기계의 용량이 커지면 시공능력이 증대되고 공사 단가가 싸지는 반면 기계경비가 커지므로 기계용량과 기계경비의 관계를 검토하면 경제적 선정이 가능하다.

(8) 기계경비

공종별로 기계의 시공량과 기계정비를 비교한 공사 단가에 의해 기계를 선정하면 가장 현장 여건에 적합한 경제적 시공이 가능하다.

(9) Trafficability

흙의 종류, 함수비에 따라 달라지는 장비의 주행 성능으로서 Cone 지수로 나타내며 Cone Penetrometer로 측정한다.

(10) 범용성

보급도가 높고, 사용 범위가 넓은 장비를 선정하여야 하며 특수기계를 사용할 때에는 작업현장의 지형, 조합기계의 조건, 타공사에의 전용성을 고려해야 한다.

(11) 시공성

현장의 토질, 지형에 적합하고 작업량 처리에 충분한 용량을 갖추고 작업효율이 좋은 기계를 선정하여야 한다.

(12) 경제성

시공량에 비해 공사 단가가 적게 들며, 유지보수가 쉽고 전매와 타공사의 전용이 용이해야 한다.

(13) 안전성

결함이 적고 성능이 안정되며 충분히 정비가 이루어진 기계를 사용해서 일상의 보수·점검을 확실히 실시해야 한다.

(14) 무공해성

기계의 소음과 진동의 주변 환경, 작업능률, 안전시공에 크게 영향을 주므로 저소음, 저진동형 기계를 선정하여 피해를 최소화해야 한다.

4. 맺음말

(1) 기계의 경제적인 선정을 위해서는 취득가격, 기계경비, 시공량 등 공사단가에 영향을 미치는 제반 사항을 검토하여야 한다.

(2) 공사의 토질 조건과 작업 조건에 대한 적합성을 검토하여 수종의 기계에 대한 경제성과 조합시의 합리성을 비교하여 선정한다.

number 11 S/W(Slurry Wall) 공법

※'87, '94, '99, '00, '01, '03, '04, '08

1. 개 요

(1) Slurry Wall 공법은 지하로 트렌치를 굴착한 후 Guide Wall을 설치하고 안정액으로 공벽의 붕괴를 막으며, 연속적으로 CON'c 벽체를 축조해나가는 공법이다.

(2) 대규모 연약지반 굴착에 적합한 저소음, 저진동공법으로 차수성 및 벽체의 강성이 커서 본 구조체로도 활용이 가능하다.

(3) 시공이 다소 까다롭고 절차가 복잡하며, 대규모 장비의 투입으로 공사비가 높다.

2. Slurry Wall 공법의 종류

(1) 벽(Palnel)식

Panel 형태의 연속된 벽체를 구축하는 방식이다.

(2) 주열식

현장타설 CON'c Pile을 연속 시공하여 주열 흙막이벽을 형성하는 공법이다.

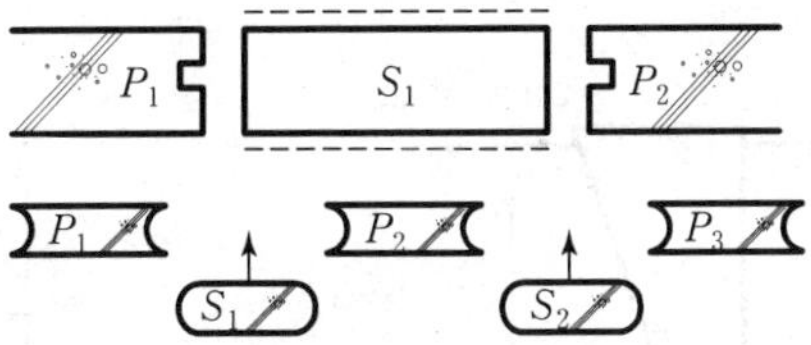

[벽식]

3. Slurry Wall 공법의 특징

(1) 장 점

1) 소음과 진동이 적어 도심공사에 적합하다.

2) 벽체의 강성이 커서 본구조체로 이용이 가능하다,

3) 차수성이 높아 연약지반에 사용한다.

4) 주변 지반에 미치는 영향이 적다.

(2) 단 점

1) 공사비가 고가이며, 대형 장비가 필요하다.

2) 시공경험과 축적된 기술력이 요구된다.

3) 슬라임에 의한 공해물질의 처리문제가 발생된다.

4) 공사관리가 복잡하며 경질지반에는 사용이 어렵다.

4. Slurry Wall 시공순서

(1) Guide Wall 설치

1) 장비 충격을 이길 수 있도록 견고하게 한다.

2) 수직도를 유지하고 수평면을 G.L보다 10cm 정도 높게 시공한다.

(2) 굴착과 안정액 투입

1) 안정액의 투입은 지하수위보다 1.5m 높게 한다.

2) 벽두께는 장비의 폭보다 30cm 정도 크게 유지한다.

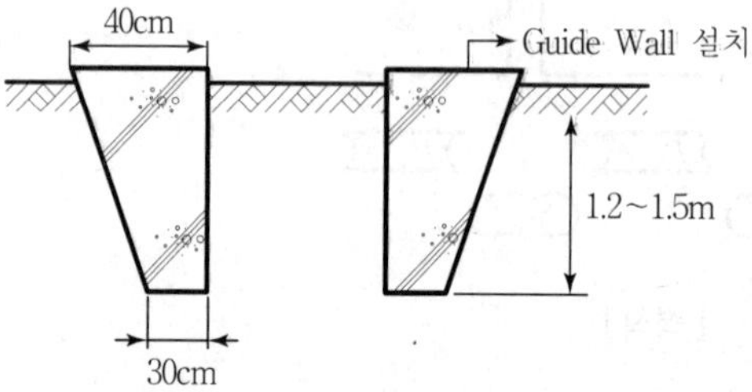

[Guide Wall 설치]

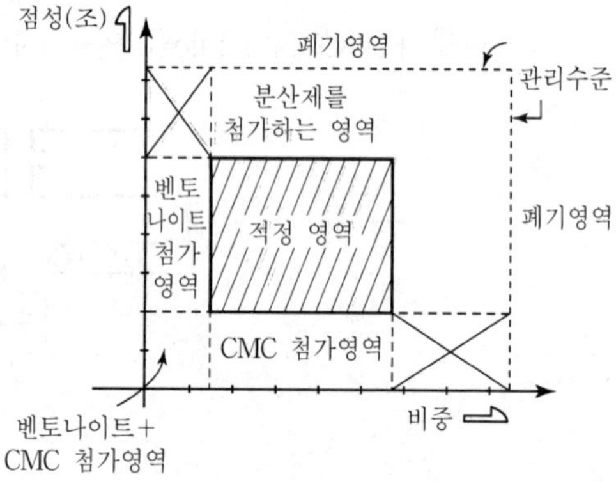

[안정액 만드는 기술]

(3) Slime 처리

1) 굴착완료 후 3시간 경과 후 실시한다.

2) 모래함유율 3% 미만까지 Desanding한다.

(4) Interlocking Pipe 삽입

Panel을 분할시키는 역할을 하며 가능한 Joint가 적게 생기도록 한다.

(5) 철근망 삽입

1) 현장에서 패널의 두께 및 굴착 깊이에 맞도록 사전에 제작해 놓는다.

2) 크레인 등으로 정위치하도록 삽입한다.

(6) Tremie Pipe 설치

1) 트레미관은 굴착 저면에서 15cm 정도 높게 설치한다.

2) 상승시 철근에 충격을 적게 주도록 설치한다.

(7) CON'c 타설

1) 중단없이 한번에 끝까지 타설한다.

2) 트레미관은 항상 CON'c 속에 1m 정도 묻혀서 상승시킨다.

3) 슬라임 제거 후 3시간 이내에 타설한다.

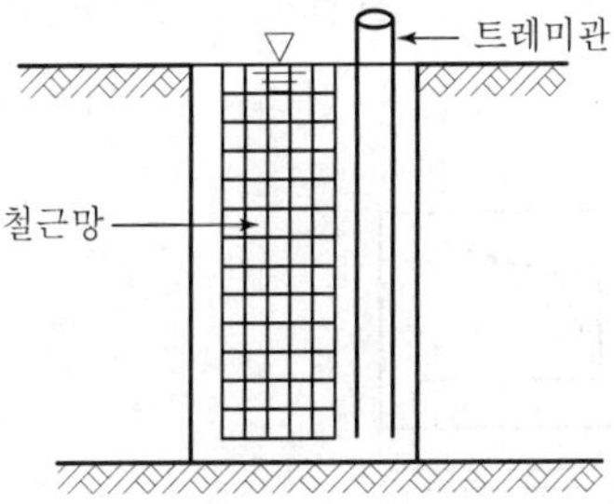

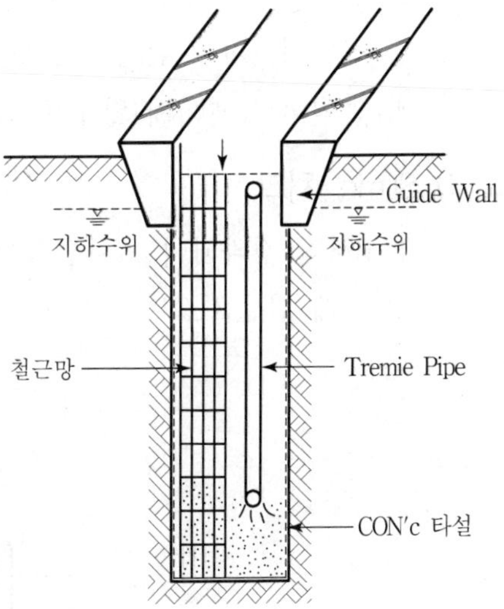

(8) Interlocking Pipe 인발

1) 타설 2시간 정도 후 약간씩 움직여 놓는다.

2) 초기 경화 후 인발을 시작하여 4~5시간 만에 인발을 완료한다.

3) CON'c에 무리한 충격을 주지 않도록 주의한다.

5. 시공시 주의사항

(1) 사전 조사사항

1) 지반조건과 성상 및 굴착심도, 지하수의 위치와 수량, 수압
2) 지하매설물 확인
3) 장비 설치조건 및 위치

(2) Guide Wall 설치시

1) 수직도를 정확히 유지하도록 한다.
2) 소요폭보다 5~6cm 정도 넓게 한다.
3) 토압 및 장비충격에 견디도록 한다.
4) G.L보다 10cm 이상 높여 우수 등이 침투되지 않도록 보호한다.

(3) 굴착과 안정액 투입시

1) 수직도 유지 및 지하연속벽의 길이는 보통 5~6m로 한다.
2) 안정액의 투입은 지하수위보다 1.5m 높게 유지한다.
3) 선단지반이 교란되지 않도록 시공속도를 조정한다.
4) 공벽이 붕괴되지 않도록 안정액 농도의 비중을 혼합한다.

(4) Slime 처리

1) 3시간 경과되어 치환능력이 떨어진 안정액을 신선한 안정액으로 교환한다.
2) 모래 함유율 3% 미만시까지 Desanding 작업을 한다.

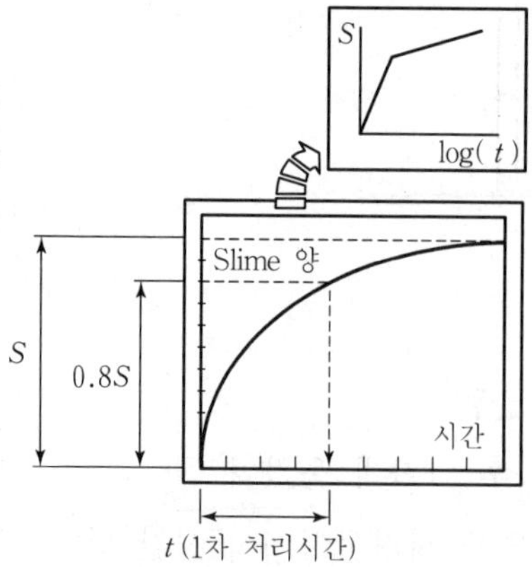

[Slime 처리]

(5) Tremie Pipe 설치 및 CON'c 타설시

1) 트레미관은 굴착저면에서 15cm 정도 높게 설치한다.
2) 중단없이 한번에 끝까지 타설한다.
3) 트레미관은 항상 CON'c 속에 1m 정도 묻혀서 상승시킨다.
4) CON'c의 품질확보와 과소단면이 되지 않도록 규격을 확보하고 철근을 7cm 이상 피복두께를 유지한다.

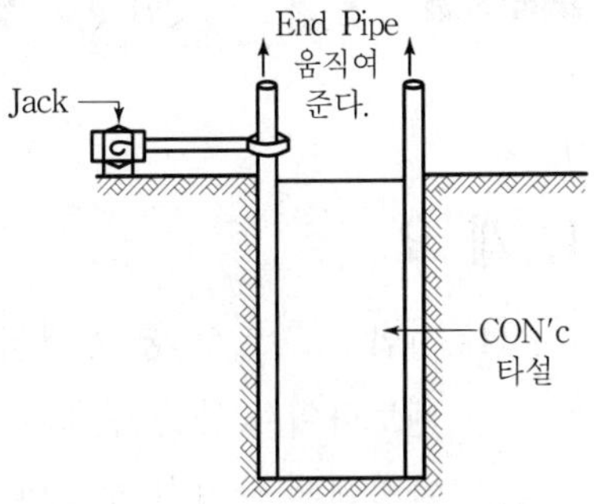

[End Pipe 인발]

(6) Interlocking Pipe 인발

CON'c와 함께 경화되지 않도록 굳기 전에 움직여 두고 시간 경과 후 인발한다.

(7) 환경공해 방지

Slime은 공해 물질로 토양과 수질오염의 원인이 되므로 별도의 침전조를 설치하여 관리하고, 산업 폐기물로 처리한다.

6. 맺음말

(1) Slurry Wall 공법은 도심지에서 Top Down과 병행하여 많이 활용되고 있으며, 타 공법에 비해 공해문제가 적은 이점이 있다.

(2) 그러나 복잡한 시공단계와 연속부분의 이음처리 취약, 슬라임 처리 등을 해결하기 위해서는 신형장비 개발과 기술 축적이 지속적으로 이루어져야 한다.

number 12 S/W 공사의 안정액 관리방법

※'03, '06

1. 개 요

(1) 지반 굴착공사 중 공벽의 붕괴를 방지하고 지반을 안정화시키기 위해 인위적으로 벤토나이트 등을 주체로 하여 높은 비중을 갖도록 제조한 액체를 안정액이라 한다.

(2) 안정액은 굴착시 토사와 혼합되어 원래의 기능이 저하되므로 신선한 안정액과 지속적으로 치환, 관리하는 것이 중요하다

2. 안정액의 기능(요구성능)

(1) 굴착시 공벽 보호

(2) 공벽 표면에 머드 필름(보호막)을 형성

(3) 굴착면에 불침투막 형성으로 지하수의 침투 방지

(4) 슬라임의 침강 방지

(5) 굴착안전을 위한 충분한 밀도와 장시간 굴착면 유지 능력

(6) 현장 콘크리트를 중력 치환할 수 있는 낮은 점성

(7) Screen화하여 굴착된 토사를 분리할 수 있는 점성

(8) 흙의 공극을 Gel화하여 흙입자를 지탱하는 역할

3. 안정액의 종류와 재료 구성

(1) 안정액의 종류

1) 벤토나이트를 주체로 한 안정액

2) CMC를 주체로 한 안정액

(2) 안정액의 재료

1) 물

2) 벤토나이트

물에 녹아 팽윤하고 끈적한 점성을 가진 액체로서 Gel 화되어 보호막을 유지하는 기능

3) 증점제

안정액의 점성을 유지시키기 위한 성분으로 CMC(Carboxyl Methyl Cellulose)가 가장 많이 사용된다.

4) 바라이트

안정액의 비중을 높이기 위해 첨가되는 광물질

5) 일수방지제

안정액이 지층에 흡수되어 유실되는 것을 막는 기능

6) 분산제(니트로푸민산 소다 등)

4. 안정액의 관리

(1) 안정액의 제조와 성능(품질) 시험

안정액은 공벽 붕괴를 방지할 수 있는 범위가 될만큼 엷고 좋은 품질의 안정액을 제조하여야 한다.

1) 안정액의 점성

① 안정액을 깔대기형 점도계를 이용하여 흘러내리는 시간을 측정한다.

[붕괴 방지에 필요한 토질별 안정액의 점성]

토질	필요 점성(초)
모래 섞인 실트	20~23
모래 n치 10 미만	45 이상
모래 n치 10~19	25~45
모래 n치 20 이상	23~25
점토 섞인 자갈	25~35
자갈층	45 이상

② 점성을 높이기 위해서는 증가시키는 벤토나이트 양은 8%이하로 하고 그 이상은 증점제로 한다

③ 증점제는 물에 잘 녹지 않으므로 미리 용해하여 둔다

2) 안정액의 비중

① 비중은 매드 밸런스로 측정한다.

② 비중은 물(1)보다 높은 1.05 정도가 적당하다.

3) PH도

안정액의 PH도는 알칼리도(콘크리트의 영향)를 알고 열화 정도를 측정하기 위해 확인한다.

(2) 안정액의 농도(품질) 유지

안정액의 농도가 너무 높으면 아래와 같은 문제점이 발생하므로 적정한 농도를 유지한다.

1) 주위 면 마찰력 감소
2) 굴착 능력 저하
3) 철근과의 부착력 감소
4) 콘크리트 타설 어려움
5) 2차 처리가 어려운 유해한 찌꺼기의 슬라임 침강 속도 저하

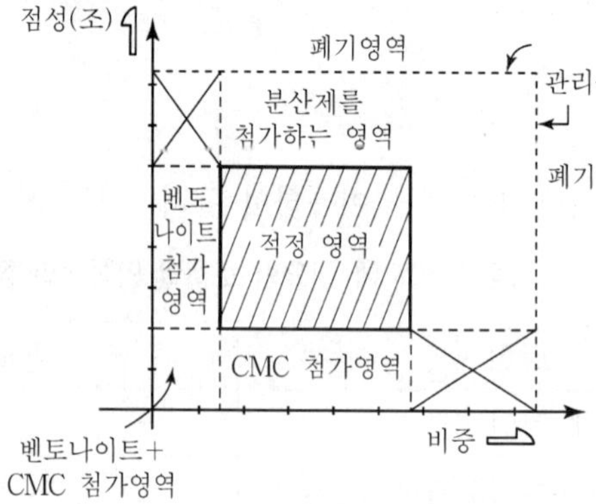

[안정액의 제조]

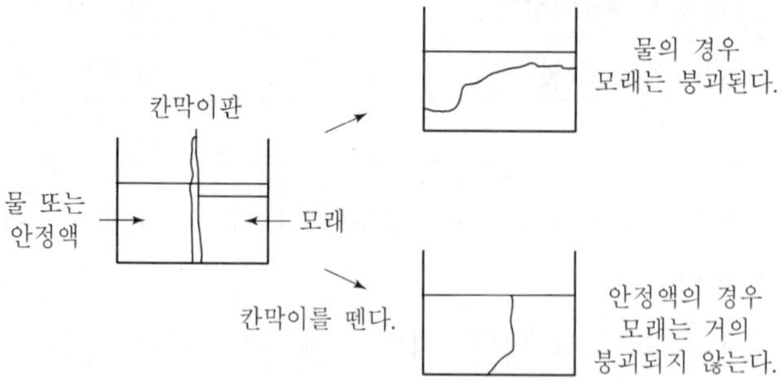

[안정액을 이용한 붕괴방지 실험]

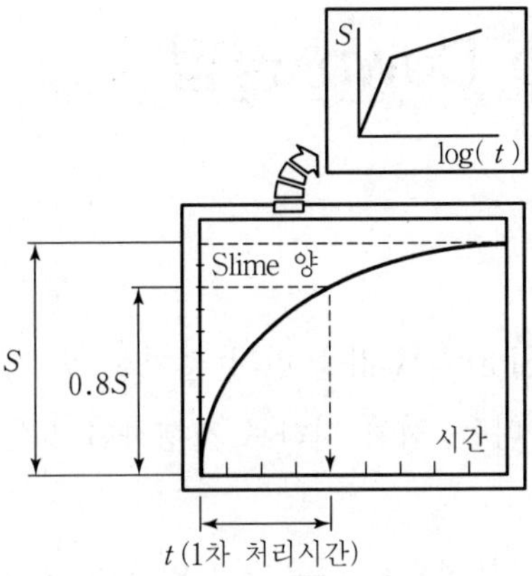

[Slime 처리]

(3) 안정액의 치환

1) 탱크 환원액의 점성, 비중, 모래분, PH를 측정하고 순환시킨다.

2) De-Sanding 방식 결정

① Suction Pump : 심도가 낮을 경우 효과적

② Air Lift : 안정액이 많거나 심도가 큰 경우 사용

③ Sand Pump : 굴착 심도가 낮은 경우 사용

3) De-sanding

모래 함유량이 3% 이하로 유지되도록 지속적으로 제거한다.

(4) 슬라임 처리

1) 1차 슬라임 처리

① 1차 슬라임 처리시간 : 전체 슬라임 양의 80%에 도달한 시간에 실시한다.

② 슬라임 버킷 등으로 공벽에 영향이 없도록 제거한다.

2) 2차 슬라임 처리

1차 슬라임 처리 후 철근망, 트레미관 등을 설치한 후 침강한 2차 슬라임을 에어리프트 등으로 제거한다.

(5) 폐안정액 처리와 공해 방지

사용이 끝난 안정액과 처리된 슬라임은 특정 폐기물로 분류하여 지정 업체에게 위탁 처리한다.

number 13 Top Down 공법

※'95, '96, '01, '05, '12, '20

1. 개 요

(1) Top-down 공법은 Slurry Wall을 먼저 설치한 후 기둥과 기초를 시공하여 1층 바닥 슬래브를 타설한 다음, 점차 지하로 진행하면서 동시에 지상공사를 병행해 나가는 공법이다.

(2) 도심에서 공기단축을 목적으로 사용되고 있으며, 기둥 및 기초는 E/D이나 Barrette 공법을 채택한다.

(3) 공법이 다소 복잡하기 때문에 설계시부터 철저한 준비와 계획이 필요하다.

2. Top-down 공법의 종류

(1) 완전 역타 공법(Full Top Down Method)

지하 바닥슬래브 전체를 완전하게 설치하여 역타 시공하는 방법을 말한다.

(2) 부분 역타 공법(Partial Top Down Method)

지하 바닥슬래브를 부분적으로 설치하여 역타 시공하는 방법을 말한다.

[완전 역타 공법]

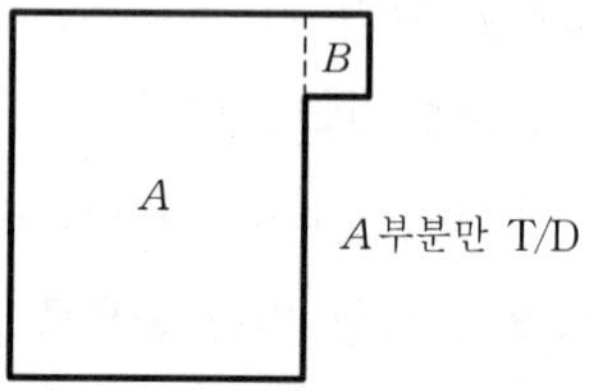

[부분 역타 공법]

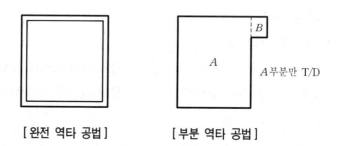

(3) Beam & Girder 역타

지하 구조체의 빔과 거더만을 역타 시공하여 굴착한 후 슬래브를 나중에 시공하는 공법이다.

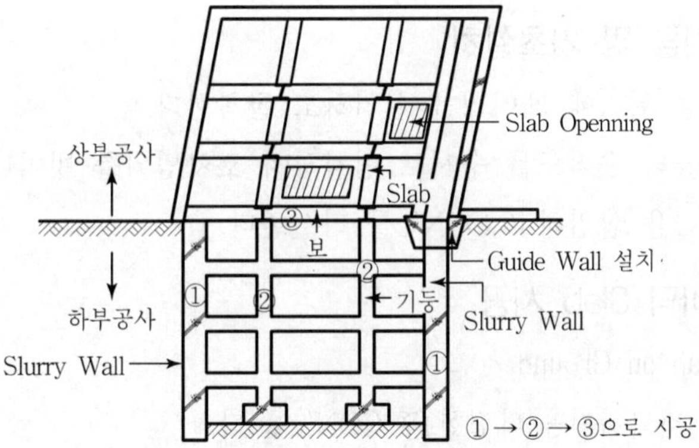

[Top-down 공법]

3. 공법의 특징

(1) 장 점

1) 지하터파기와 지상공사의 병행으로 공기단축이 가능하다.
2) 대도시 근접 시공이 가능하고 소음과 진동이 적어 민원이 적다.
3) 1층 바닥 Slab를 작업장으로 활용하여 공간확보에 유리하다.
4) 가설재의 절감이 가능하다.

(2) 단 점

1) 기둥, 벽 등 수직부재에 역 Joint 발생으로 안전성이 저하된다.
2) 지하에 별도의 환기시설이 필요하다.
3) 토공계획 수립이 복잡하고 설계변경이 어렵다.
4) 공사관리가 복잡하며 대형 장비의 투입이 필요하다.

4. Top Down 시공순서

(1) Slurry Wall 시공

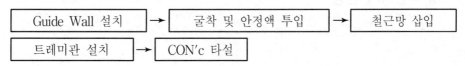

Guide Wall 설치 → 굴착 및 안정액 투입 → 철근망 삽입
트레미관 설치 → CON'c 타설

(2) 철골기둥 및 기초설치

1) 기둥 위치에 케이싱을 설치하고 굴착한다.

2) 기둥의 수직도를 수시로 점검하여 오차범위를 벗어나지 않도록 조치한다.

3) 철근을 삽입하고 CON'c를 타설한다.

(3) 1층 바닥 Slab 시공

1) Slab on Ground

① 바닥지면을 다짐한 후 CON'c를 타설한다.

② 거더와 빔의 하중을 슬래브가 부담한다.

③ 슬래브 두께가 커지는 단점이 있다.

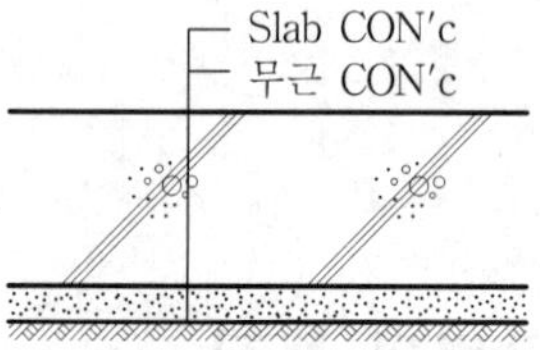

[Slab on Ground]

2) Beam on Ground

① Beam의 밑면이 지면에 닿고 슬래브는 Support를 이용하여 지지한다.

② 시공이 어렵고 해체 문제가 발생된다.

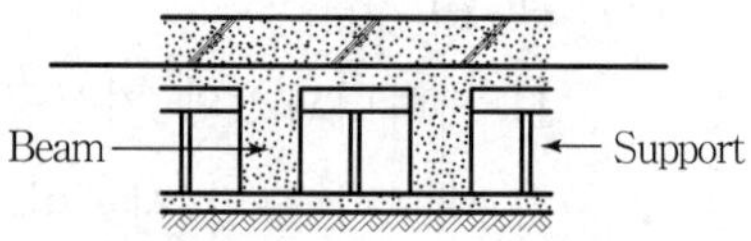

[Beam on Ground]

3) Slab on Form Work Support

① 굴삭장비의 작업공간 깊이까지 굴착하여 Support로 지지한다.

② 시공이 용이하여 가장 많이 사용한다.

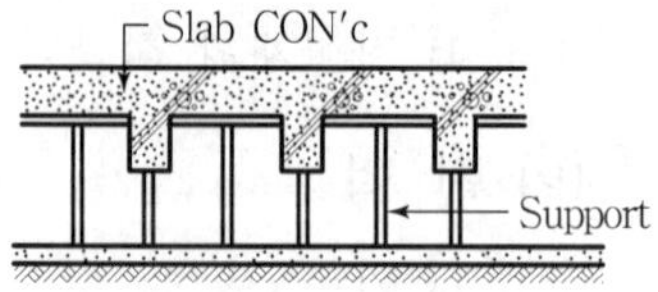

[Slab on Form Work Support]

(4) 굴 착

1층 Slab 타설 후 토사반출용 개구부를 통해 굴착토사를 반출한다.

(5) 지상, 지하공사 동시 진행

1) 지하 2층과 지상 1층을 동시에 진행시킨다.

2) 지상 1층 바닥은 작업공간으로 활용한다.

(6) 마감공사 진행

5. 시공시 유의점

(1) 사전 조사사항

1) 시공성, 경제성 및 공법 선정의 적합성 여부 검토

2) 지반조건과 성상 및 굴착심도, 지하수의 위치와 수량, 수압

3) 장비 설치조건 및 위치, 공정계획

(2) 시공계획수립

1) 굴착순서 및 CON'c 타설(Zoning계획) : 굴착진행 → CON'c 타설

2) Skip 시공 검토 : 역타와 순타방식의 교차시공

3) NSTD 적용 검토 : 현수방식, BRD, NRD공법

4) 환기방식결정

5) 조명계획수립

(3) Slurry Wall 시공시

1) 안정액의 투입은 지하수위보다 1.5m 높게 유지한다.

2) CON'c의 품질확보와 과소단면이 되지 않도록 규격을 확보한다.

3) 지하연속벽의 수직도 유지

4) Slime 처리로 인한 오염

(4) 철골기둥 및 기초설치시

기둥의 수직도는 오차범위를 벗어나지 않도록 한다.

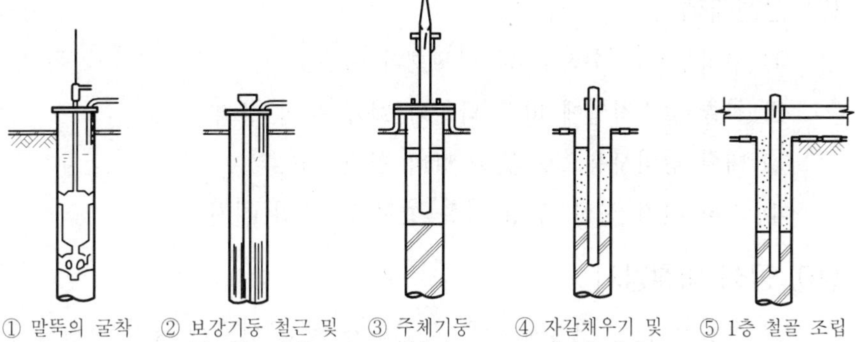

[Top Dow 철골 시공도]

(5) 1층 바닥 Slab 시공

1) Slab Opening 위치 및 토사배출 방법 검토

2) 환기시설 설치 검토

3) Slab의 하중부담 능력 검토

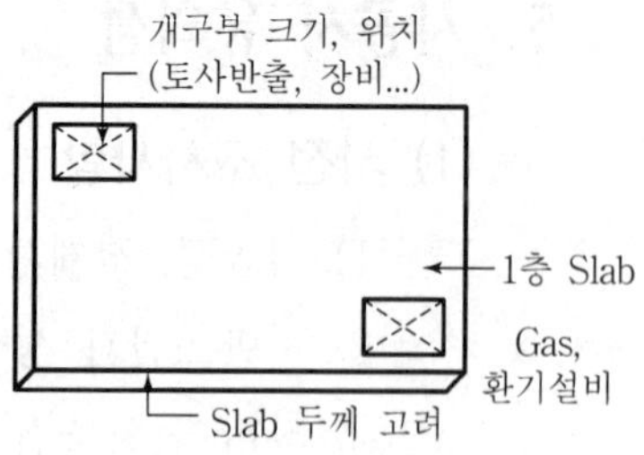

[Opening 및 환기 시설]

(6) 굴 착

규정 깊이 이상을 초과하지 않도록 굴착한다.

(7) 철골작업시

1) 수직부재의 수직도 및 허용오차 확인

2) 용접부위 결함검사

(8) CON'c 타설시

1) 이음부의 응력전달

2) 기둥과 Slab의 Top CON'c 타설방법 결정

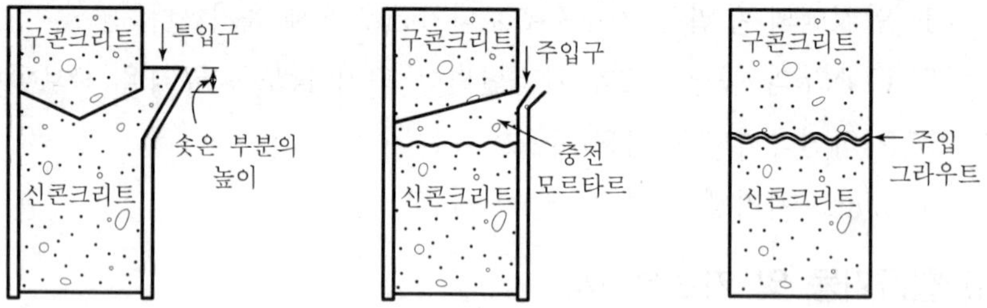

[타설법] [충전법] [주입법]

(9) 안전대책

1) 수직부재의 수직도 및 허용오차 확인

2) 철골 고소작업에 따른 낙하와 화재 등의 방지

3) 대형 장비사용으로 인한 장비 안전사고

4) 지하 환기 시설, 조명 시설 설치 및 관리 철저

(10) 공정 마찰방지

1) 작업의 동시 진행에 따른 복잡화와 작업 상호간 공정 마찰방지

2) 토공계획에 대한 철저한 준비

6. 맺음말

도심지에서 활용하고 있는 Top Down 공법은 지하공사의 안전성이 높고 공기단축에 유리하지만 CON'c 품질저하 및 구조적 취약부분 발생 등이 없도록 주의하여야 하고 복잡한 공사관리를 단순화시키기 위한 노력이 지속적으로 이루어져야 한다.

number 14 SPS(Strut as Permanant System) 공법

※'04, '06, '07, '10, '11

1. 개 요

(1) 지하층의 본 구조물에 해당하는 빔과 거더를 스트러트로 활용하여 굴착공사시에는 흙막이 지지체 역할을 하고 구조체 공사시에는 해체 없이 본 구조 부재로 사용하도록 하는 영구 스트러트 공법이다.

(2) 가시설물과 구조체와의 상호 간섭에 의한 시공의 어려움이 적고 자재 손실을 줄이고 해체하는 과정에서의 작업 위험 감소와 해체 공사 기간 단축을 통해 시간적·경제적 이점이 있는 공법이다.

2. 공법의 특징

(1) 구조적 안정성

1) 해체시 응력 불균형에 의한 흙막이 벽체의 급격한 변위 방지

2) 지반의 이완 현상 감소

3) RC조 띠장 및 주변 슬래브 선타설로 균열 감소

(2) 시공성 향상

1) 철골 부재 간의 층고와 간격이 커져 스트러트 단수 감소 가능

2) 여유 공간이 많아 작업 능률 향상

3) 구조물과의 상호 간섭 감소

(3) 공사비 절감

1) 가시설 설치 해체 비용의 절감

2) 본구조물 설치 비용 감소

3) 가시설 자재 손실량 감소

4) RC 슬래브 부분 설치로 복공판 시공 불필요

(4) 공사기간 단축

1) 해체 기간(양생 기간, 해체 기간)

2) 본구조 추가 작업 기간 단축

3) 지상과 지하 공사 동시 진행

(5) 환경친화적 시공

1) 지반에 대한 영향 감소
2) 인접 지반에 대한 피해 감소

(6) 작업 위험성 감소

3. 시공순서 및 방법(Double Up 방식의 경우)

(1) 파일 천공 및 삽입

1) 천공기를 이용하여 수직으로 사이드 파일(흙막이 시공) 및 센터 파일을 천공한다.
2) 기둥의 수직도는 1/300 이내로 한다.

(2) 터파기 및 1층 구조물(보)을 설치

1) 굴토작업이 진행되어 빔과 거더 설치가 가능한 시점에 되면 1층 바닥 레벨에 맞추어 본구조물(보)을 설치한다.
2) 설치된 빔과 거더는 흙막이벽을 지지하는 지지체 역할을 한다.
3) 흙막이 벽과 거더 빔의 연결은 CON'c 띠장을 사용한다.(기존 스트러트 공법에서의 철골 띠장–wale 역할)

(3) 터파기 및 다음 층 구조물 설치

위와 같은 방식으로 굴토 및 한 층의 철골 지지체 공사가 완료되면 기초 면까지 반복 시공한다.

(4) 기초 시공

(5) 상부 작업 동시 진행

1) 기초공사가 완료되면 지하층에서는 지하구조물의 벽체와 슬래브를 시공하여 진행한다.
2) 동시에 1층에서는 지상층으로 본 구조물을 시공해 나간다.(UP-UP 공법)

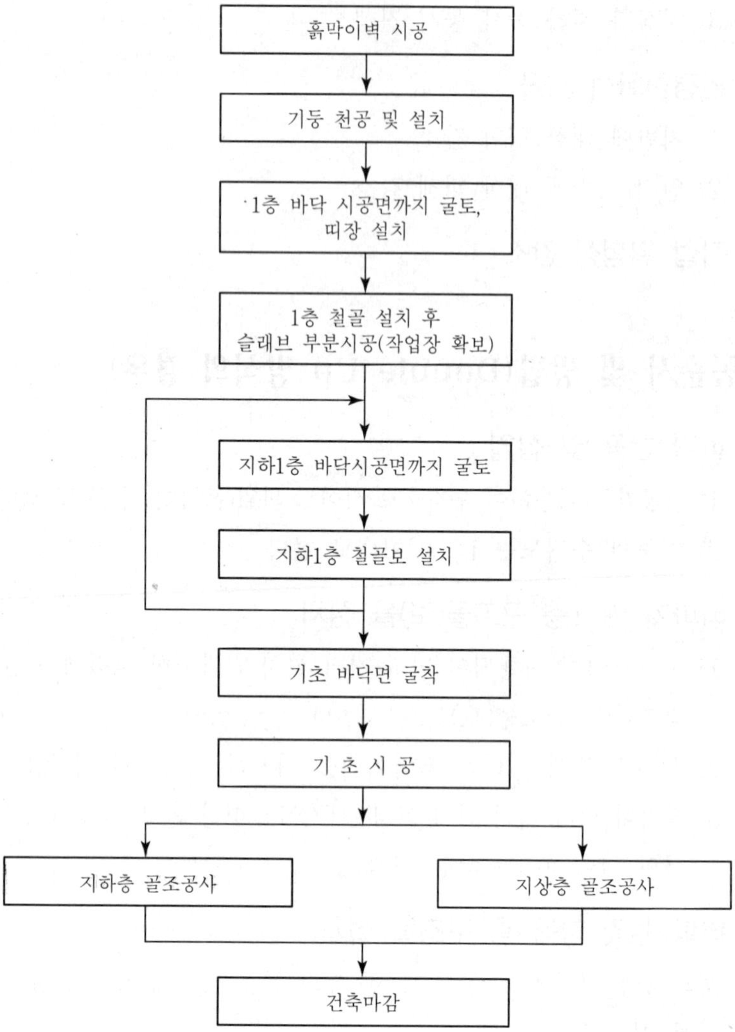

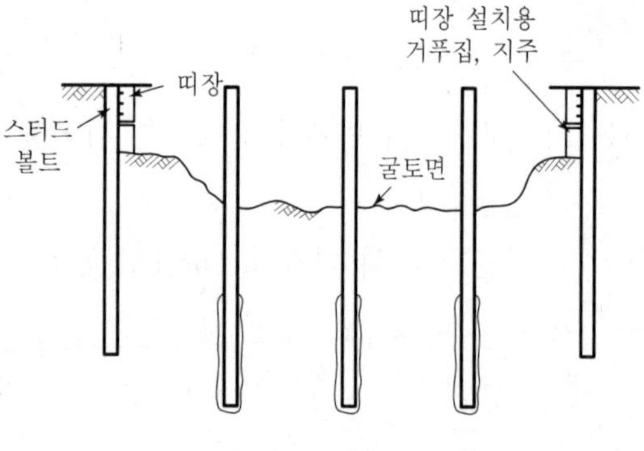

[굴토 및 띠장 설치]

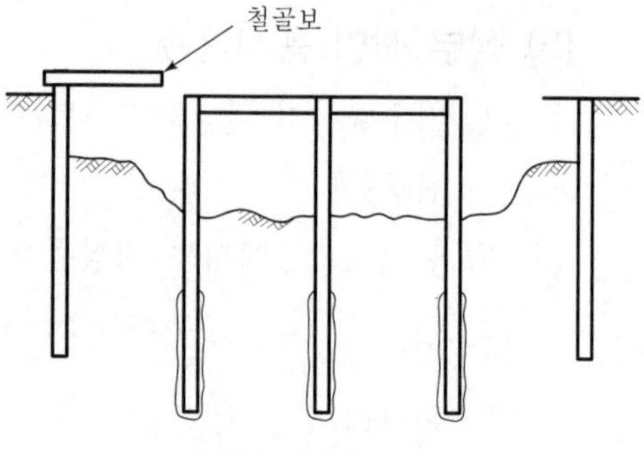

[지상1층 철골설치]

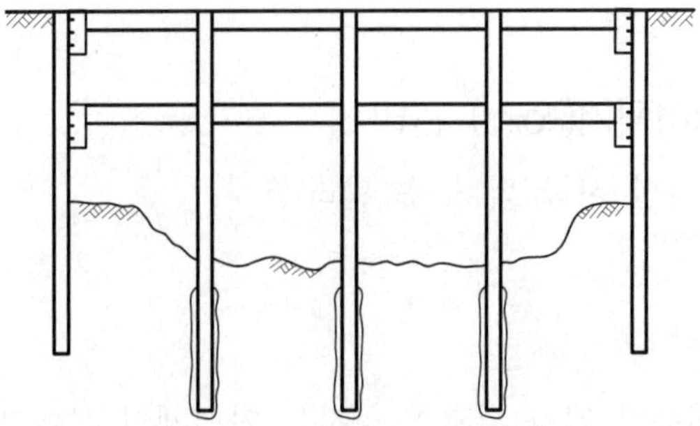

[지하1층 및 하부층 반복 시공]

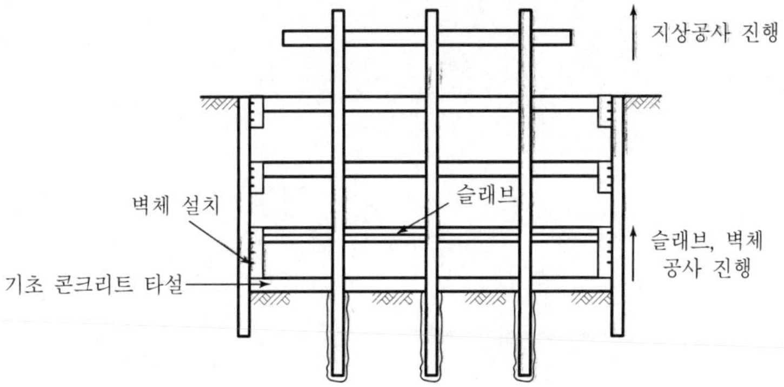

[벽체, 슬래브, 기둥, 옹벽 순타 시공]

4. 시공시 주의 사항

(1) 수직도 유지

1) 흙막이 벽체 수직도 1/300 이내 유지

2) 2중 케이싱 사용하여 기둥의 수직도 확보

(2) 케이싱 인발

인발시 기둥에 충격 금지

(3) 접합부 시공

1) 벽체 철근의 이음 길이 확보

2) 매입 철물의 철저한 시공

3) 콘크리트 타설

① 슬리브(Sleeve)방식 또는 헌치 시공방식

② 콘크리트 충전 관리

(4) 콘크리트 이어치기(Joint) 관리

이어치기면 밀실 시공 및 누수 관리

5. 맺음말

가설용 Strut를 이용한 지하 터파기 공사는 가설재의 설치와 해체 비용이 높고 작업 위험성도 높으며 시공기간 증가의 주된 요인이 되므로 이러한 문제점을 개선한 SPS 공법은 그 효용성을 인정받아 앞으로도 사용 확대가 지속적으로 이루어질 것이다.

number 15 어스 앵커(Earth Anchor) 공법

※'09, '12, '22

1. 개 요

(1) 어스앵커는 지중에 천공 후 PS 강선을 삽입하고 그라우팅을 하여 토압에 대응하는 지지력을 확보하여 외력에 저항하는 공법이다.

(2) 암반에 정착되는 Rock Anchor에 대응하여 사질 또는 점토층 등을 정착 대상으로 하는 앵커를 주로 지칭하지만 Ground Anchor에 상당하는 총칭적인 의미로 사용하기도 한다.

(3) 지중에 매설한 인장재 선단부에 앵커체를 만들어 인장재에 인장력을 도입하여 주변 지반의 안정을 유지하므로 버팀대 방식에 비해 작업성 및 공간 활용이 뛰어난 장점이 있다.

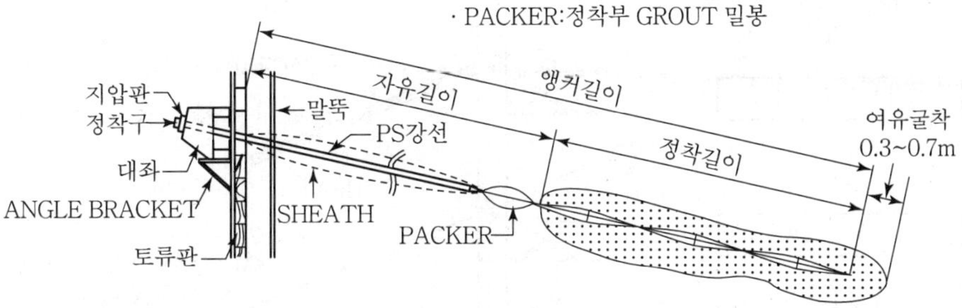

구분	앵커의 자유길이	앵커체 정착길이
앵커	4.0m 이상 Anchor체의 위치가 활동면보다 깊게 확보	3.0 ~ 10m

2. 분류

(1) 지지 방식에 의한 분류

1) 주변 마찰형 지지 방식

앵커 주변의 마찰력에 의해 인장력을 지지하는 방식

2) 지압형 지지 방식

전면에 작용하는 수동토압에 의해 인발력에 저항시키는 방식

3) 복합형 지지 방식

주변 마찰저항과 확대부 전면의 지압 저항을 함께 기대하는 방식

(2) 용도에 의한 분류

1) 임시 가설용 앵커

2) 영구용 앵커

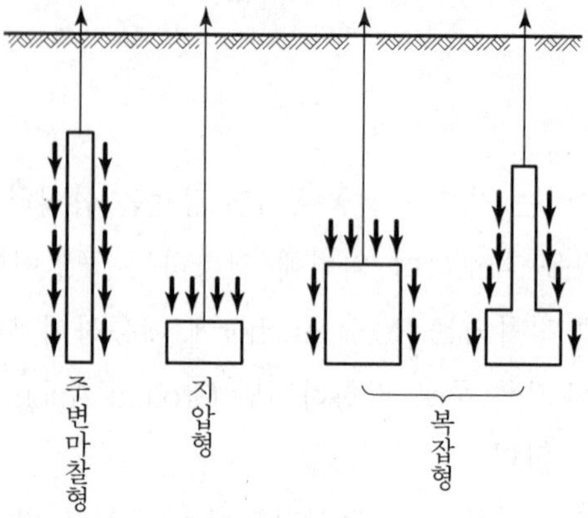

3. 시공순서

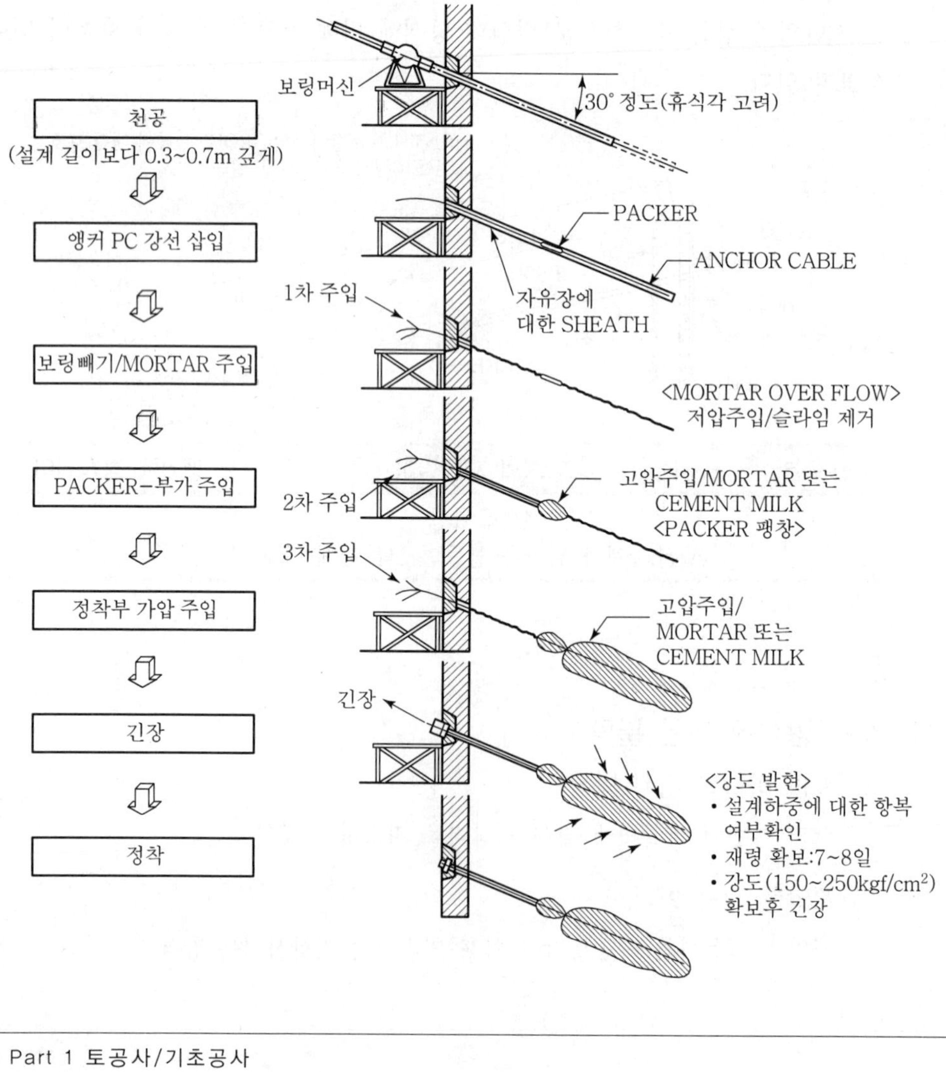

4. 붕괴 방지 대책

(1) 어스 앵커 흙막이 붕괴 유형

1) 흙막이 지지력 부족
2) 굴착 저면의 불안정
3) 내적 불안정
4) 외적 불안정

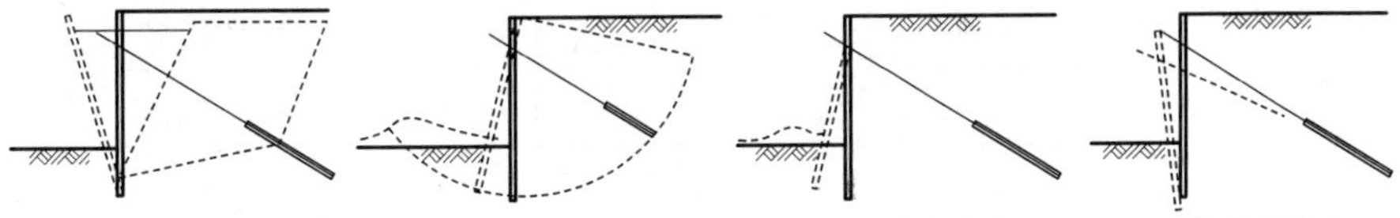

내적 불안정 외적 불안정 굴착저면의 불안정 흙막이벽의 지지력 부족

(2) 붕괴 방지 대책

1) 사전 조사 철저

2) 흙막이 벽체의 시공
① 근입장 충분히 확보
② 흙막이 강성 확보

3) 천공 전 확인
지중 장애물, 지하수위, 투수성 확인

4) 지하수 대책 수립
① 지하수위가 높거나 수압이 큰 경우 그라우팅 작업 곤란
② 파이핑 현상 등이 발생되지 않도록 사전 준비

5) 앵커 지지력 검토
앵커의 간격, 정착장 길이, 소요 인장력 등을 검토

6) 천공
① 천공 지름은 규정 치수 이하가 되지 않도록 관리
② 천공 여유 길이는 0.3~0.7m
③ 천공 위치의 한계 오차는 10cm
④ 천공 중 휘어짐, 단면 변화가 생기지 않도록 주의

⑤ 설계축과 시공축의 허용오차는 ±2.5mm

7) 강선의 긴장

긴장력 부여 시기는 콘크리트 강도 발현 후 긴장(약 7~8일 후)

8) 모르타르 배합 및 주입

① 표준 배합

구분	시멘트	물	모래
시멘트 페이스트	1.0	0.55±0.03	
모르타르	1.0	0.55±0.03	0.5~1.0

② 주입재 강도

주입은 천공 후 방치하지 말고 연속적으로 신속하게 한다.

구분	가설 앵커	영구 앵커
주입재 강도	$15N/mm^2$	$25N/mm^2$
안전율	2년 이하 1.5~2	2년 이상 2~3

8) 인장시험

계획 최대 시험하중은 인장재 항복하중의 0.9배를 초과하지 않도록 한다.

<table>
<tr><th colspan="2">구분</th><th>계획 최대 시험하중</th></tr>
<tr><td colspan="2">가설 앵커</td><td>설계 인장력의 1.1배 이상</td></tr>
<tr><td rowspan="2">영구 앵커</td><td>상시</td><td>설계 인장력의 1.2배 이상</td></tr>
<tr><td>지진시</td><td>설계 인장력의 1.5배 이상</td></tr>
</table>

9) 앵커 hole 누수 차단

지수제를 사용하여 누수 차단

number 16 Soil Nailing 공법

※'01, '05

1. 개 요

(1) Soil Nailing 공법은 비탈면의 붕괴를 막기 위해 흙과 보강재 사이의 마찰력, 인장응력에 대한 보강을 하려는 목적으로 지중에 Nail을 삽입한 후 그라우팅을 실시하여 지지벽을 형성하면서, 순차적 굴착에 따라 역타 방식의 중력식 옹벽을 만들며 반복 굴착해 나가는 방식이다.

(2) 공법의 원리는 보강토 공법이나 Ground Anchor 공법과 유사하지만 보강토공법이 성토면에 사용되는 데 반해 Soil Nailing 공법은 절토면에 사용되며, Earth Anchor 공법에 비해 시공이 간단하면서 경제적이다.

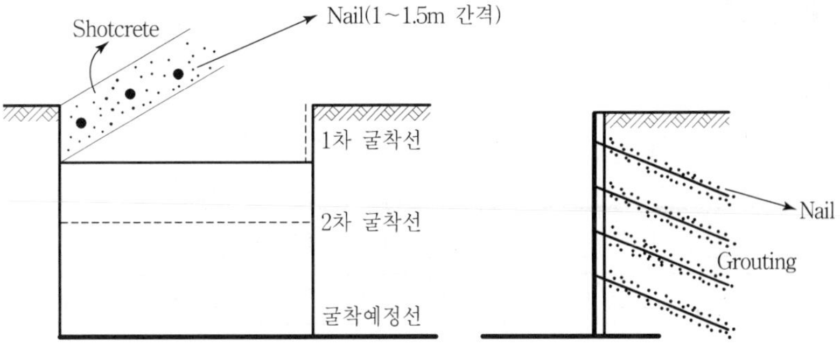

2. 공법의 특징

(1) 장 점

1) 경제적인 시공이 가능하다.
2) 시공이 쉬우며 간단하다.
3) 흙막이벽체 시공 없이 굴착이 진행된다.
4) 작업에 비해 비교적 큰 지지력을 얻을 수 있다.

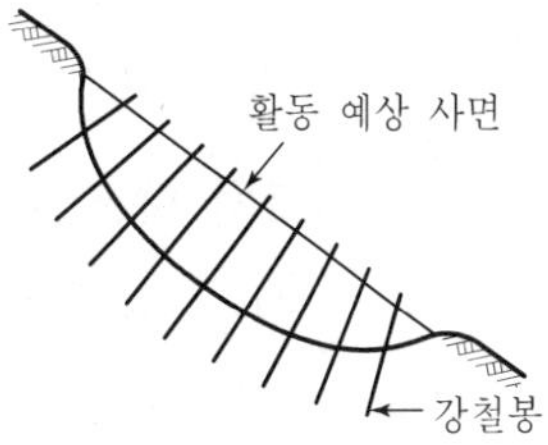

[비탈면에 적용]

(2) 단 점

1) 사질 지반에는 시공이 곤란하다.
2) 큰 지지내력이 요구되는 경우는 적용이 어렵다.
3) 1회 굴착 한도가 적다.

4) 지하수 이하에서는 시공이 어렵다.

5) 토압이 클 경우 전면 파괴가 발생될 수 있다.

구 분	기존 방법	소일네일링 공법
단면	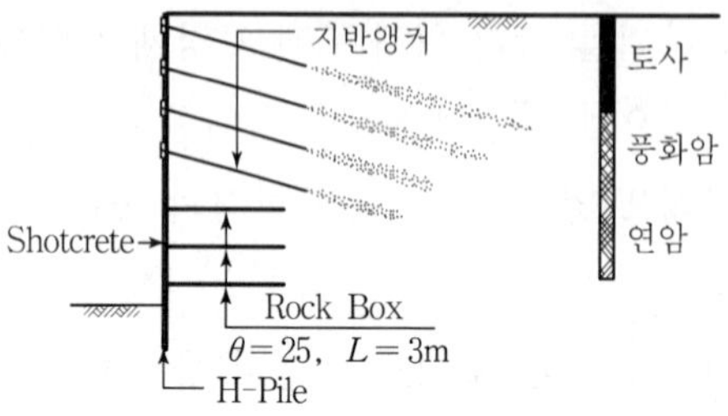	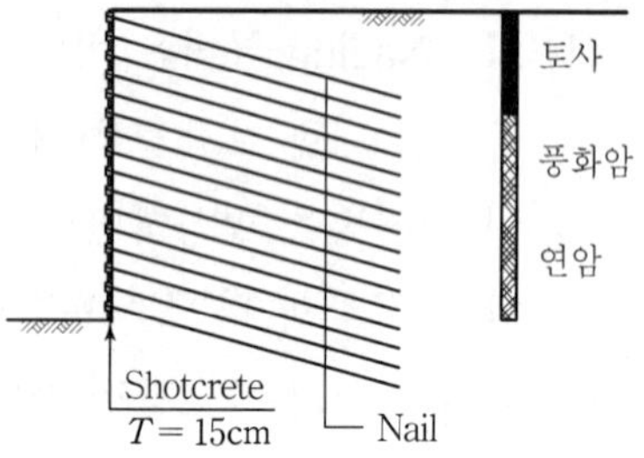

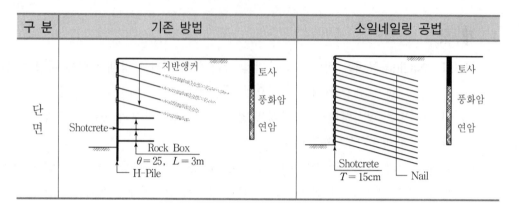

3. 시공방법

(1) 시공순서

1단 굴착 → 1차 Shotcrete → 천공 → Nail 삽입 →

Grouting → 양생 후 인장시험 → Wiremesh 설치 →

2차 Shotcrete 타설 → 2단 굴착 → 반복하여 진행 →

(2) 단계별 시공 방법

1) 1단 굴착

① 토질에 따라 굴착 한계를 지켜 굴착

② 굴착하는 경사각에 따라 굴착 깊이를 조정한다.

2) 1차 Shotcrete 타설

① 굴착면의 붕괴나 토사의 흘러내림을 방지

② 5~10cm 두께로 타설한다.

③ 배합비 1 : 2 : 4, 압축강도 18MPa 이상

3) 천 공

① 천공 전 지하 매설물 등에 대한 조사를 실시한다.

② Shotcrete를 24시간 이상 양생 후 천공한다.

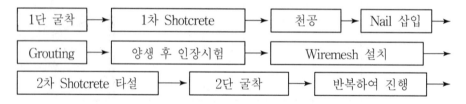

③ 천공하는 지름은 15~45mm 정도로 한다.

④ 천공 간격은 1~1.5m로 한다.

4) Nail 삽입

① 삽입시에는 천공한 구멍이 붕괴되지 않도록 주의한다.

② 지반이 연약하여 구멍 붕괴의 우려가 있을 경우 Casing을 설치한다.

5) Grouting

① 상부에서 하부로 압력 없이 주입한다.

② 물이 있을 경우에는 천공 하부 끝에서 위쪽으로 주입하다.

6) 양생 및 인장 시험

① 1주일 정도 충격 없이 충분한 양생을 한다.

② 인장 시험은 전체 천공수의 2% 정도 실시한다.

③ 지압판을 설치하고 너트를 조여 정착한다.

7) Wire Mesh 설치

① Shotcrete 상부에 Wire Mesh를 부착한다.

② Wire Mesh 위로 지압판 연결 철근을 설치한다.

③ 지압판을 설치하고 너트를 조여 정착한다.

8) 2차 Shotcrete 타설

9) 2단 굴착 후 반복 진행

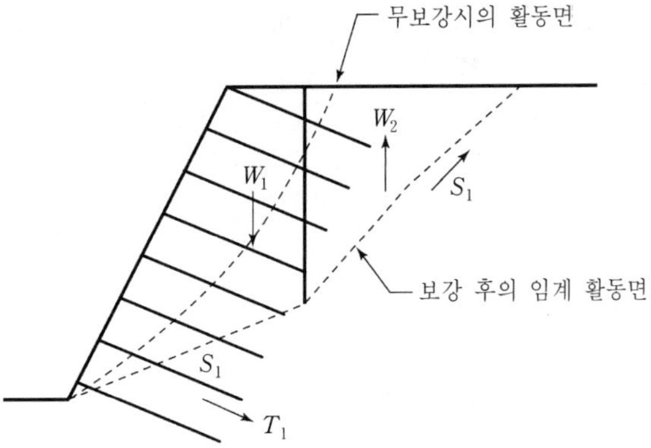

[소일 네일링 보강의 임계활동면의 변화]

4. 시공시 주의할 점

(1) 한도 이상을 굴착하지 말고 굴착 후 법면을 보호한다.
(2) 지하 매설물과 피압수에 대한 조사를 하여 작업에 지장이 없게 한다.
(3) 피압수나 지하수면 아래에 시공할 경우는 보강 대책을 강구한다.
(4) Shotcrete 두께는 여유 있게 확보하고 충분히 양생한다.
(5) Shotcrete는 규정된 강도 이상이 되도록 한다.
(6) 천공 간격을 너무 멀리 하지 않도록 한다.
(7) Nail이 부식되지 않도록 그라우팅 채움을 철저히 한다.
(8) 인장 시험은 7일 이상 경과 후에 한다.
(9) 시공량의 2% 정도에 대해 인장 시험과 정착 시험을 한다.
(10) 시공 전에는 반드시 적용 지반에 대한 검토를 한다.
(11) 전면 토압에 대한 검토를 하여 Nail 간격, Nail 길이 등을 검토한다.

number 17 보강토 공법

※'05

1. 개 요

(1) 보강토공법은 흙과의 마찰력을 높일 수 있는 보강재를 지중에 삽입하여 흙의 유동을 줄이고 안정화시켜 토압에 대응하는 공법이다.

(2) 높은 옹벽의 축조가 가능하고 공사비절감, 공기 단축 등의 효과와 함께 외관도 우수하여 콘크리트 옹벽을 대체한 시공이 증가되고 있다

2. 공법의 특징

(1) 콘크리트 옹벽에 비해 높은 옹벽 축조 가능(30M 정도)

(2) 구성 재료가 단순하고 시공이 간단

(3) 공장 제작 제품을 사용하므로 시공 기간 단축

(4) 옹벽 구조물 보다 불량한 지반 조건에서도 시공 가능

(5) 형상, 색상, 무늬 등의 선택과 조합 가능

(6) 외관 우수

(7) 시공 높이가 높을수록 경제적이다.

[시공 높이와 보강토 옹벽의 경제성]

높이	경제성
3M	콘크리트 옹벽이 유리
3~9M	대지 조건이나 지반에 따라 다름
9M 이상	보강토 옹벽이 유리

3. 보강토와 Soil Nailing 공법의 비교

구 분		Soil Nailing	보강토 공법
차이점	시공 순서	T/D 방식	Bottom Up 방식
	지지력	지반과 그라우팅재에 의한 보강재의 마찰력 형성	Strip과 지반 사이의 마찰력

구 분		Soil Nailing	보강토 공법
차이점	변 위	벽체 전면에 걸친 최대 수평, 수직 변위	벽체 하부에서 최대 변형
	지반작용력	벽체 하중에 의한 벽체 하부 지반 침하 및 재압축	흙의 자중에 의한 하부층 압축
	시공 지반	원 지반 시공	배면토 채움 시공
유사점	보강력은 보강재와 지반의 마찰력		
	보강 전면층이 얇게 형성		
	프리스트레스 없음		

4. 보강토 옹벽의 구성

(1) 전면판(Skin Plate, 벽면판)

외부에 노출되는 면으로 콘크리트 판넬, 블록, 토목 섬유, 금속판 등이 사용된다.

(2) 보강재

1) 토압에 저항하기 위해 지중에 매설되는 재료로 철판, 콘크리트 판, 토목 섬유, 그리드(Grid) 등이 사용된다.

2) 보강재는 부식에 안전해야 하며, 충분한 길이와 간격이 확보되어야 한다.

(3) 성토재(뒤채움재)

1) 전면판 뒤에 채워지는 뒤채움재

2) 보강재와의 마찰력이 크고 배수성이 양호하며, 체적 변화가 적은 사질토가 유리하다.

5. 시공 순서 및 방법

(1) 기초 시공

1) 기초 지반

① 지반 폭은 보강재의 길이 이상

② 침하가 없도록 충분한 다짐 실시

2) 전면판 기초

① 전면판의 하중을 감안하여 깊이와 폭을 정한다.

② 하부는 충분히 다짐하고 콘크리트를 타설한다.

(2) 전면판 시공

1) 기초 위 정확한 위치에 1단을 설치

2) 수직도가 유지되도록 확인하여 간격이 전면판과의 틈이 없도록 설치

(3) 뒤채움재 포설 및 다짐

1) 뒤채움은 전면판과 수평으로 실시하고 다짐은 30cm 정도로 한다.

2) 전면판 바로 뒤에는 투수성이 큰 자갈, 쇄석을 포설한다.

3) 충분한 다짐을 하되 전면판이 밀리지 않도록 한다.

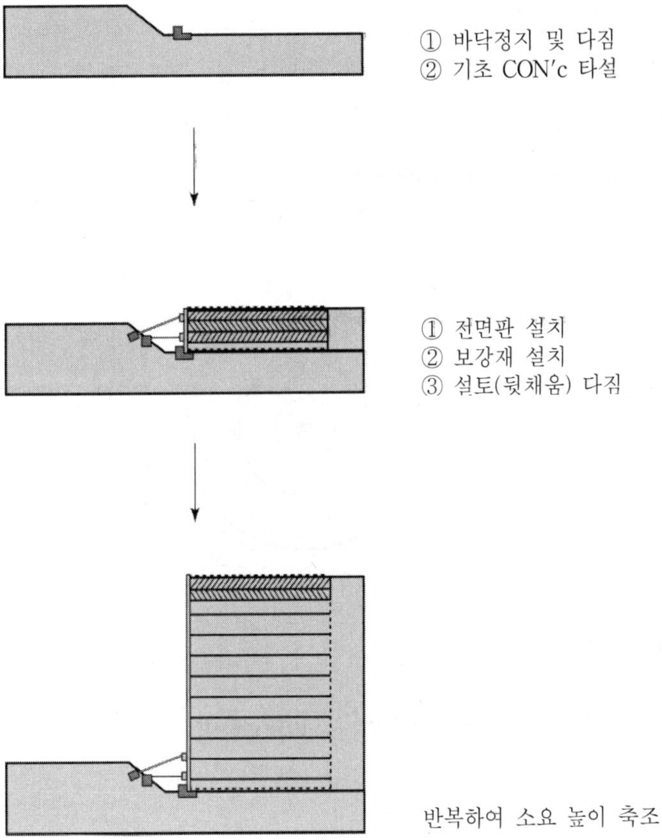

number 18 암 발파 공사

※ '03

1. 개 요

(1) 발파진동이란 폭원으로부터 3차원으로 전파되어온 충격파가 거리에 따라 현저히 감쇄되어 발파에너지의 0.5~20%가 탄성파의 형태로 암반 중으로 전파되어 가면서 지반에 진동을 발생시키는 것을 말한다.

(2) 이러한 발파진동은 소음, 분진 등을 동반하며 인근 구조물에는 균열과 같은 파손을 야기시키고 사람에게는 심리적 불안감을 초래하기도 한다.

2. 파괴영역

(1) 폭굉 : 폭발과 함께 초고압의 충격하중 발생

(2) 용융권 : 암석이 고온, 고압상태가 되어 용융되는 범위

(3) 분쇄권 : 급격한 온도저하로 암석을 미세입자로 분쇄

(4) 소성영역 : 암반 중에 균열발생

(5) 탄성영역 : 암반에 대한 파괴작용이 없는 탄성파가 되어 전파되어가는 영역

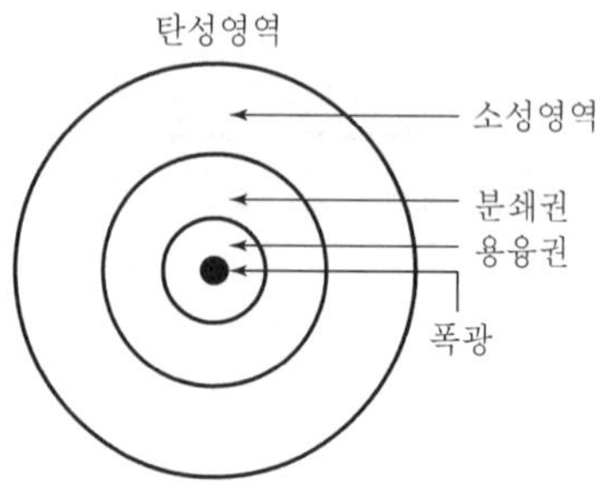

3. 탄성파의 종류

(1) 실체파(Body Wave) : 지구의 내부 통과

1) P파

① 종파이며 진폭이 작다.

② 입자운동방향과 파의 진행방향이 평행하다.

2) S파

① 횡파이며 P파보다 진폭이 크다.

② 입자운동방향과 파의 진행방향이 수직이다.

(2) 표면파(Surface Wave) : 지구 표면을 따라 이동

1) Love파(L파)

① 입자운동방향과 수평 횡방향

② S파보다 진폭이 크다.

2) Rayleigh파(M파)

① 수직평면에 다원운동

② 진폭이 가장 크다.

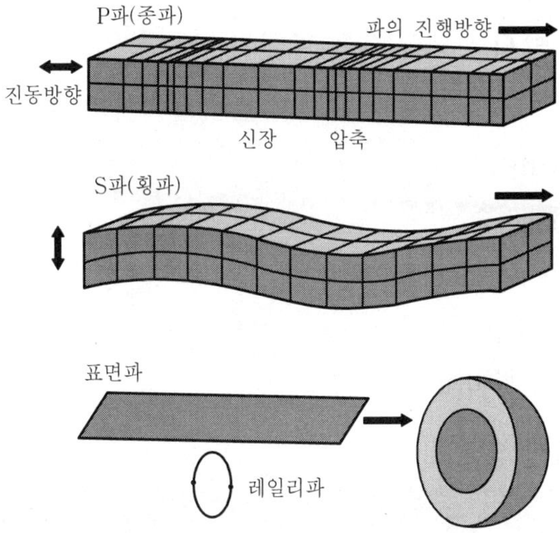

4. 발파진동에 영향을 미치는 요소

(1) 화약의 종류 및 특징

(2) 기폭방법 및 장약량

(3) 폭원까지 거리

(4) 전색상태, 천공경, 장약 밀도

(5) 전파경로의 지반상태

(6) 자유면수

5. 발파진동 저감대책

(1) 약종에 의한 방법

1) 저폭속의 폭약 사용

2) 특수화약류 사용 : Calm-mite, S-mite

(2) 다단발파

1) 점화시차 조정

2) 극히 짧은 시간차를 중복시켜 진동파의 상호 간섭

3) 무한단수 분할발파

(3) 약량의 제한

기성제품을 절단하여 사용(폭원과 구조물이 극히 가까운 경우)

(4) 진동전파 방지

폭원과 방호 대상 구조물 간의 공간을 형성시켜 발파진동의 직접 전파 방지

(5) 진동제어발파

1) Line Drilling

2) Cushion Blasting

3) Pre-splitting

4) Smooth Blasting

(6) 허용 진동기준

구 분	건물기초에서의 허용 진동치(cm/sec)
문화재	0.2
주택, 아파트	0.5
상가	1.0
철근콘크리트 빌딩 및 상가	1.0~4.0

number 19 터파기시 지하수압에 대한 고려사항과 지하수 대책

※'90, '94, '00, '02, '05, '08, '11, '12

1. 개 요

(1) 지하수에 대한 고려사항으로는 지하수 위치와 지하수량, 피압수에 의한 부력문제, 지하수위 변화에 따른 지반침하, 지하수 오염, Boiling 등이 있으며, 흙막이 안전성을 고려하는 충분한 사전검토가 필요하다.

(2) 지하수에 대한 차수대책으로 주열식 흙막이, Slurry Wall, Sheet Pile과 같은 차수성이 우수한 흙막이공법을 선정하고 보조적으로 LW Grouting을 실시하며, 집수정 배수나 Well Point 등 배수공법을 병행한다.

2. 지하수에 대한 고려사항

(1) 지하수 상태 사전조사

1) 설계도면 및 부력 구조계산서 검토, 도면과 현장과의 차이점 분석

2) 지하수량, 지하수위 및 흐름 조사

3) 피압수 존재 여부 조사

4) 계절에 따른 수위, 수량변화 조사

(2) 지하수압 검토

수압 $P_w = K_w \cdot \gamma_w \cdot h_2$ (ton)

여기서, K_w : 수압계수

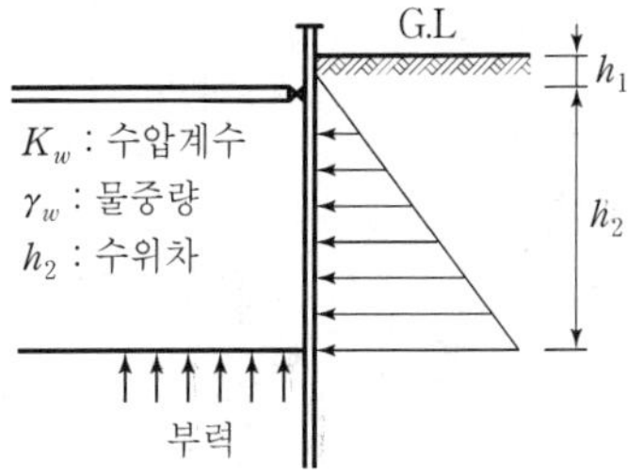

[지하수압 계산]

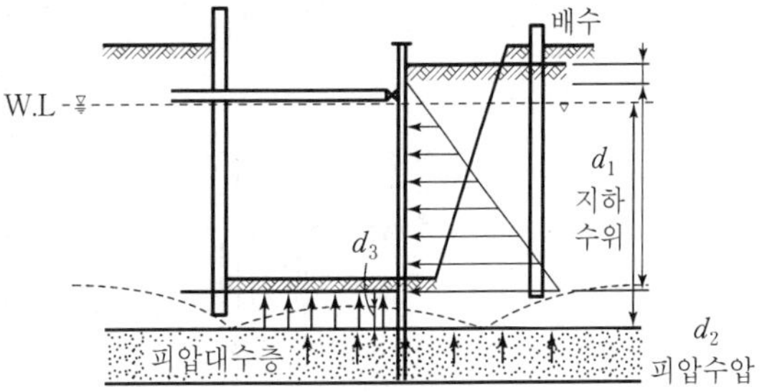

[피압수압]

(3) 부력 검토

부력 $V = P_w \cdot \Sigma A$

WD(건물 자중) $\geq 1.25V$ 일 때 안전

여기서, γ_w : 물의 단위중량 　　h_2 : 수두차 　　A : 지하층 면적

(4) 구조물에 대한 부상방지책 수립

1) 고정하중 증가
2) De-watering 방법
3) Rock Anchor 설치 등 고려

(5) 흙막이 안전성

1) Boiling, Piping 대책
2) 지반침하

(6) 지하수 고갈 및 오염

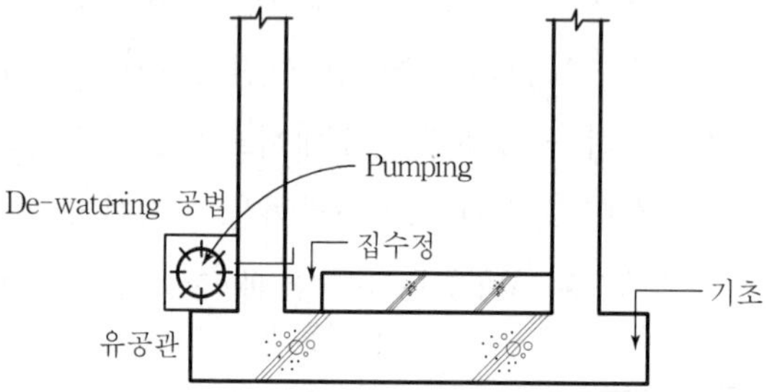

[De-watering 공법]

3. 지하수 차수 및 배수대책

(1) 차수공법

1) 흙막이 차수공법

① Slurry Wall

㉠ 벤토나이트 안정액을 사용하여 지반붕괴를 막으며, 굴착하여 지중에 CON'c 연속벽을 설치해서 물리적으로 지하수를 차단하는 방법

㉡ 차수효과가 가장 우수하며 지반에 미치는 영향이 적다.

㉢ 차수벽 자체를 본 구조물로 사용할 수도 있다.

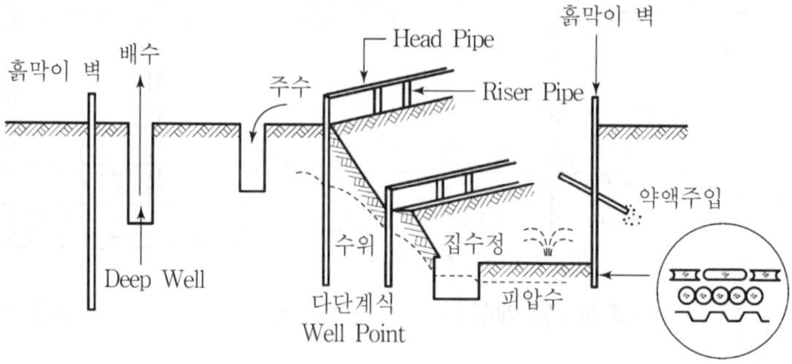

② 주열식 흙막이 차수

㉠ 현장에서 CON'c Pile을 연속적으로 타설하여 주열식 CON'c 벽체를 형성시키는 공법이다.

㉡ 차수효과가 우수하며 시공이 쉽고 공사비가 적다.

③ Sheet Pile

㉠ Sheet Pile을 지중에 박아 차수성능을 확보하는 공법

㉡ 연약지반에서 사용되며 Pile 이음부 누수가 없도록 주의해야 한다.

2) 약액주입공법

① 시멘트 주입공법

㉠ 사질 연약지반에 시멘트 Paste를 주입하여 지반을 강화시키는 공법

㉡ 배합비는 시멘트 1 : 물 8~10

② LW 공법

㉠ 시멘트액과 물유리용액을 지중에 주입시켜 연약한 지반을 강화하는 공법

㉡ 주입효과가 우수하다.

③ 고결, 소결공법

㉠ 생석회 말뚝공법 : 지반에 생석회를 주입말뚝을 설치하고 수분을 흡수하여 고결시키는 공법

㉡ 소결공법 : 지반을 천공 후 가열하여 수분을 탈수시키는 공법을 말한다.

(2) 배수공법

1) 중력배수공법

① 집수정공법

㉠ 터파기 구석에 집수통을 설치하고 지하수가 고이면 펌프로 배출시키는 방법이다.

㉡ 투수성이 좋은 모래, 자갈지반에 적합하며 효과가 우수하다.

② Deep Well 공법

㉠ 터파기 내에 깊은 우물을 파고 필터를 부착한 케이싱을 삽입하여 펌프로 배출시키는 방법을 말한다.

㉡ 사질지반에 사용하며 깊은 층의 양수가 가능하다.

㉢ 투수성이 좋은 모래, 자갈지반에 적합하다.

2) 강제배수공법(Well Point 공법)

① 지중에 1~2m 간격으로 집수관을 박고 진공펌프로 강제배수시키는 방법이다.

② 투수성이 나쁜 점토질에서는 효과가 떨어진다.

③ Dry Work 시공이 가능하다.

④ 압밀침하의 위험이 있다.

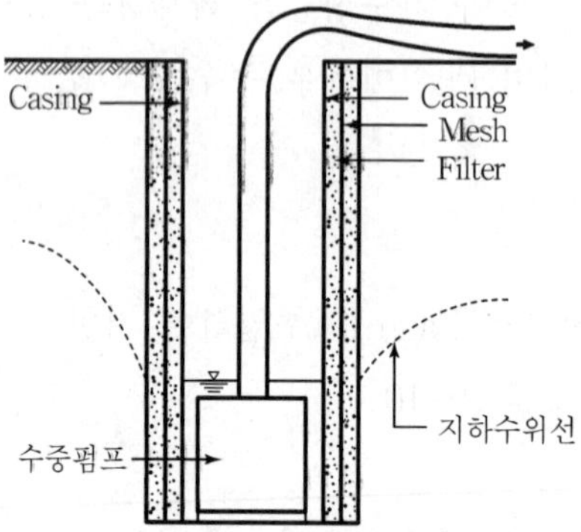

[Deep Wall 공법]

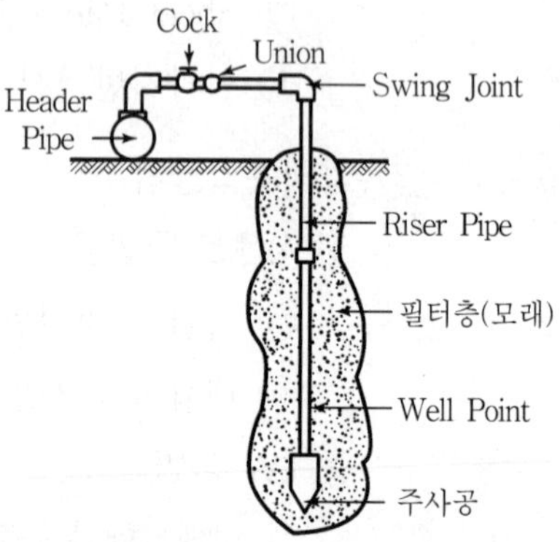

[Well Point 공법]

(3) 복수공법(주수 및 담수공법)

1) 주수공법

① 터파기 공사로 강제배수한 물을 다시 주입하는 공법

② 지하수위 변화로 인한 지반 침하 방지 효과가 있다.(언더피닝용)

2) 담수공법

자연적으로 저하된 수위를 유지하기 위해 물을 다시 주입시키는 공법

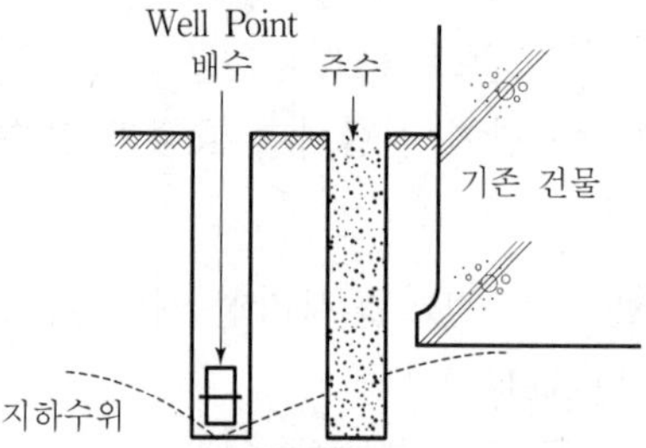

[주수공법]

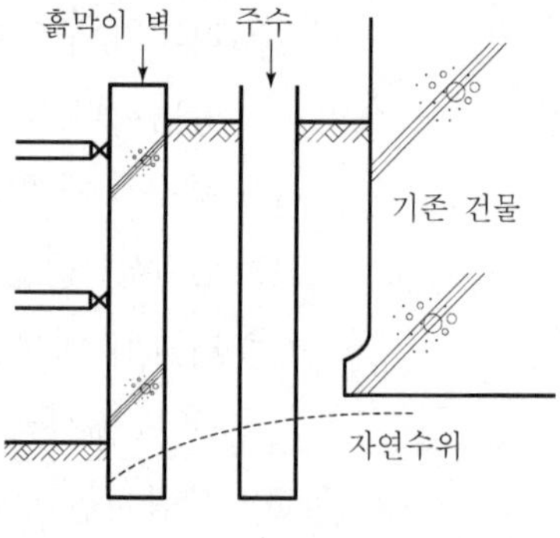

[담수공법]

4. 맺음말

(1) 실제 터파기공사에서 지하수는 공사기간과 공법선정에 결정적 영향을 주는 요인이며, 적절한 계획과 대책수립 여부에 따라 공사의 안정성도 좌우된다.

(2) 지하수에 대한 지반침하 및 흙막이붕괴를 막기 위해서는 정보화 시공에 따른 지속적 관리와 함께 지하수의 고갈이나 오염 등에 대해서도 관심을 가져야 할 것이다.

number 20 부력을 받는 지하구조물의 부상 원인과 대책 방안

※'89, '91, '97, '99, '00, '04, '06, '12, '19, '21, '22

1. 개 요

(1) 건물의 자중이 부력보다 적게 되면 건물이 부상하게 되는데 그 원인으로는 피압수, 지반의 형태나 계절에 따른 수위상승, 배수문제의 발생 등이 있다.

(2) 구조물 부상으로 인한 균열, 누수 등을 방지하기 위한 대책으로는 설계시부터 부력을 계산하고, 시공시에도 Rock Anchor 시공이나 자중증가, 배수문제 해결 등을 검토해야 한다.

2. 지하수에 대한 사전 검토사항

(1) 설계도면 및 부력 구조계산서 검토

(2) 지하수량, 지하수위 및 흐름

(3) 구릉지나 계곡 등 지반 여건

(4) 피압수 존재 여부

(5) 계절에 따른 수위, 수량변화

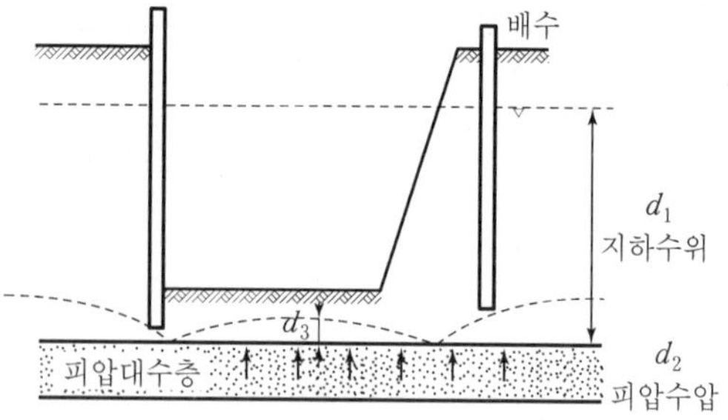

[피압수압]

3. 부상 원인

(1) 지하피압수

1) 상·하의 불투수층 사이에 존재하는 높은 압력의 지하수로 용출되면서 건축물을 부상시키는 원인이다.

2) 압력 수두차로 건물이 뜨는 현상이 생긴다.

(2) 지하수위 변화

1) 계곡지대, 매립으로 인한 수위 변동

2) 장마철로 인한 수위의 급상승

3) 인접 건물 축조로 인한 지하수 흐름 변동

(3) 건물 자중 부족

건물 자중 < 부력

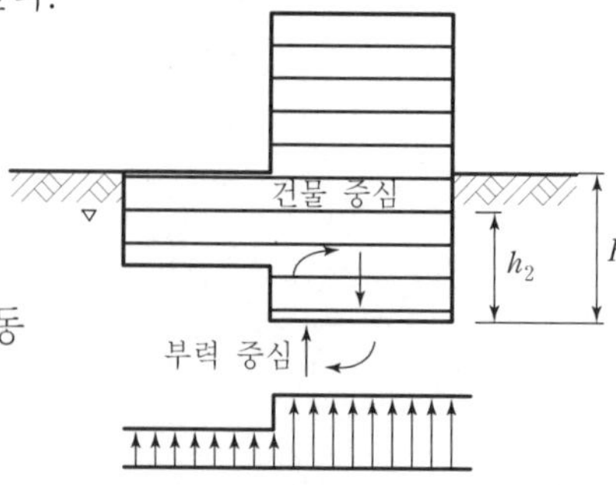

[부력 중심]

(4) 배수불량

(5) 건물형태

1) 하중 불균형 건물

2) Set Back 건물

4. 부상 방지대책

(1) 설계시 검토사항

1) 지하수압 검토

수압 $P_w = K_w \cdot \gamma_w \cdot h_2$ (ton)

여기서, K_w : 수압계수

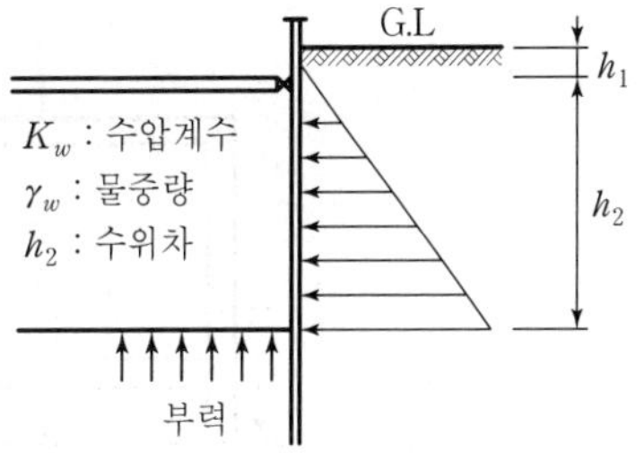

[지하수압]

2) 부력 검토

부력 $V = \Sigma A \cdot P_w$

WD(건물 자중) $\geq 1.25V$ 일 때 안전

여기서, γ_w : 물의 단위중량

h_2 : 수두차

A : 지하층 면적

3) 건물 중심과 부력 중심의 일치

4) 건물의 형태(평면)와 자중검토

(2) 시공적 대책

1) Rock Anchor 또는 Rock Bolt

① 연약지반에서 암반을 천공하여 암반에 건물 기초를 정착한다.

② 지하수량이 많고 부력이 큰 경우

③ 건물과 부력 중심이 일치하지 않을 때

④ 대규모 고층 건물에 주로 사용하며 효과가 매우 우수하다.

⑤ 기초 Sliding 방지용으로 사용이 가능하다.

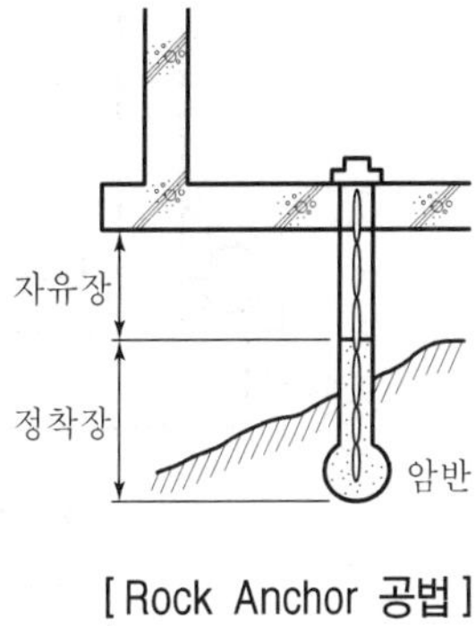

[Rock Anchor 공법]

2) 인접 건물에 긴결

자중이 큰 인접 건물에 기초를 긴결한다.

3) 마찰말뚝 이용

부력에 대한 하중을 말뚝의 수를 늘려 마찰력으로 저항하는 방법이다.

4) 하중증가 방법

① 부력과 자중과의 차이가 비교적 적을 때 사용하는 공법이다.

② 하중증가 방식에는 이중 Slab 방식과 지하수 채움방식이 있다.

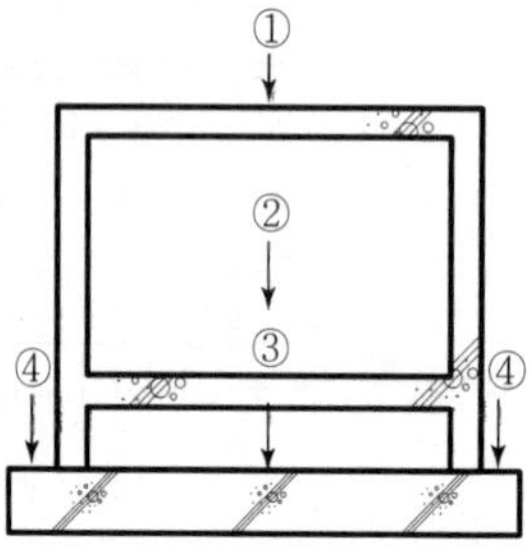

[이중 Slab]

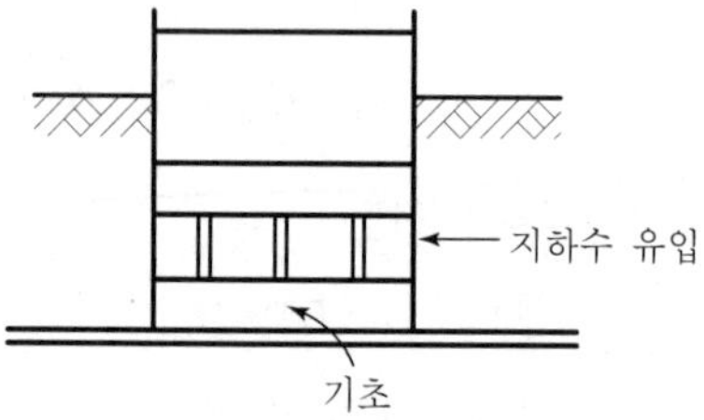

[지하수 채움방식]

5) 강제배수방식(De-watering)

① 집수정을 설치하고 지하수를 펌프로 통해 지상으로 강제 배출하는 방식

② 간단하고 경제적이나 지속적 관리가 필요하다.

③ 부력과 자중과의 차이가 비교적 적을 때 사용한다.

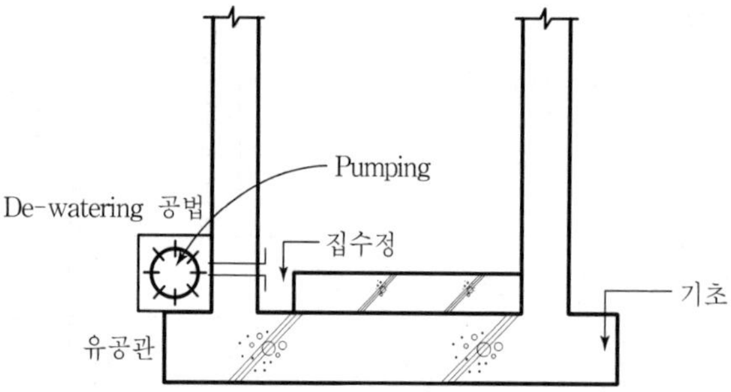

[De-watering 공법]

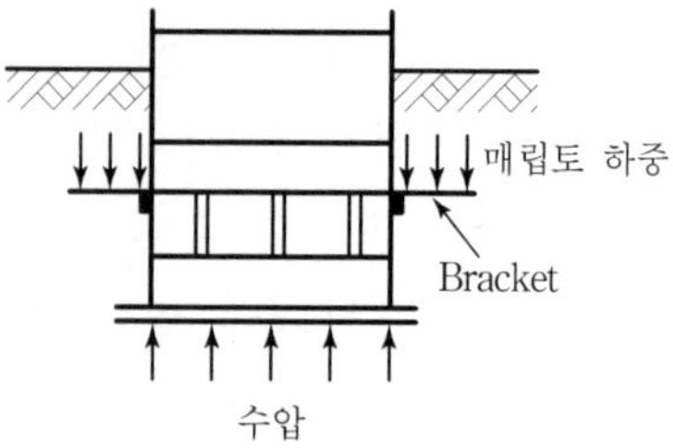

[Bracket 설치]

6) Bracket 설치

① 건물이 작고 부력이 약한 경우에 사용한다.

② 건물 외부에 Bracket를 설치하고 여기에 작용하는 토압으로 저항하는 방법

7) 구조물 변경

지하면적을 축소하고 건물 Level을 G.L보다 높게 올려 부력을 감소시키는 방법

5. 맺음말

(1) 지하 굴착깊이가 깊어질수록 부력이 커지게 되며, 이로 인한 구조물 부상으로 누수와 균열이 생기기 쉽다.

(2) 이러한 피해를 막기 위해서는 설계 당시부터 철저한 구조검토와 지하수압을 예측한 계획을 세워야 하고, 시공시에는 Rock Anchor나 구조물 변경, 자중 증대 등의 방법으로 부력에 의한 피해를 감소시켜야 한다.

number 21 도심 지하 터파기시 주변 침하 원인과 대책

※'76, '93, '00, '01, '05, '08

1. 개 요

(1) 건축물 축조시 발생하는 침하는 흙막이벽의 강성 부족과 흙막이 배면의 지하수로 인한 토사가 이동하여 일어나게 된다.

(2) 침하의 형태는 Heaving, Boiling, Piping 현상, Strut 변형, 지표침하 등이며, 공사의 안전이나 주변 구조물의 안전에 막대한 영향을 주므로 세심한 주의가 필요하다.

(3) 피해방지를 위한 대책으로는 철저한 사전조사에 의한 설계와 공법선정, 지하수 대책수립, 계측관리를 통한 침하현상 사전예측 등이 요구된다.

2. 침하의 형태

(1) 탄성침하

1) 재하와 동시에 발생하는 침하

2) 하중제거시 원상태로 회복

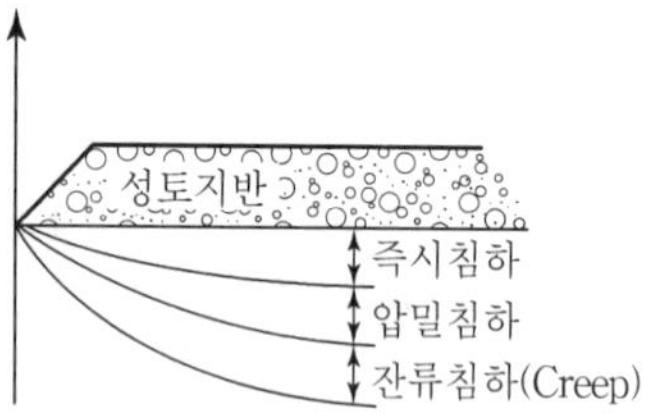

[침하의 형태]

(2) 압밀침하

1) 점성토에 발생

2) 탄성침하 후 장기적으로 서서히 침하

3) 하중을 제거해도 원상회복되지 않음

(3) Creep 침하(2차 압밀침하)

압밀침하 후 발생하는 2차 침하

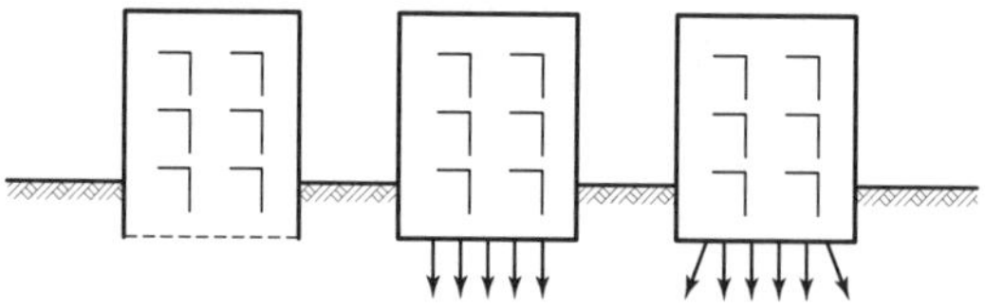

[탄성침하]　[압밀침하]　[잔류침하]

3. 주변 침하 및 구조물 침하원인

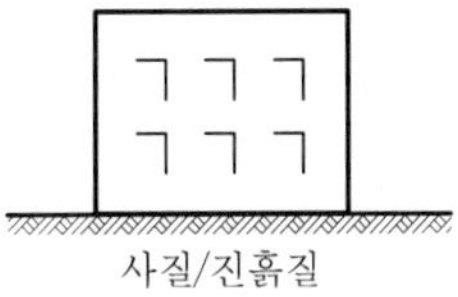

[이질지반]

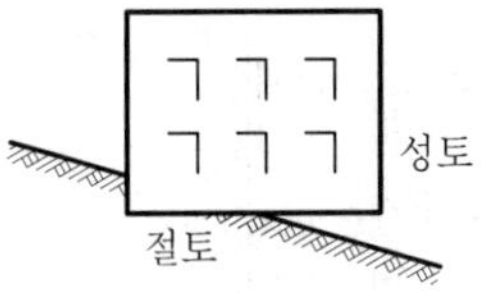

[경사지반]

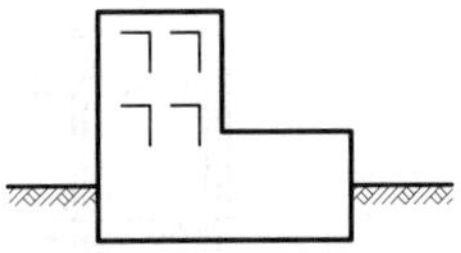

[Set Back]

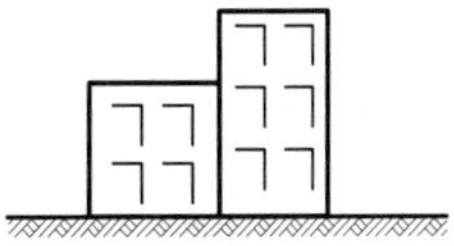

[증축]

(1) 지반조사 부족

1) 지질조사 및 지반성상에 대한 파악 부족
2) 지하수의 수위와 피압수 위치
3) 토압에 대한 계산 미흡

(2) 흙막이 설계

1) 흙막이벽 강성 부족
2) 띠장과 Strut의 수량과의 부적절한 배치
3) 흙막이 저면 타입 깊이 부족(근입장 부족)
4) Anchor 정착길이 부족

(3) 지하수위 감소

1) 지하수 과다배출로 인한 지하수위 하강에 따라 지반 지지력 감소
2) 지하수 부력 감소
3) 간극수의 배출로 인한 간극수압 감소

(4) 토압으로 인한 버팀대 변형

1) 버팀대의 규격이 설계시 규격보다 작게 시공되었을 때 변형, 비틀림현상 발생
2) 버팀대 길이가 너무 길어 좌굴변형
3) 흙막이 측압이 과중할 때

(5) Heaving에 의한 침하

1) 점토질 지반에서 발생하는 저면 파괴현상으로 가장 위험하다.
2) 흙막이 내부 저면 바닥으로 부풀어 올라 주변 지반이 침하

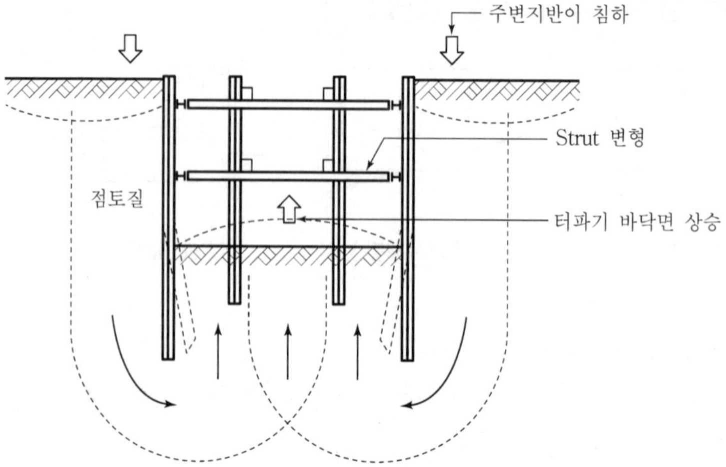

(6) Boiling에 의한 침하

1) 사질토 시공시 지반 지지력 감소

2) 지하수 위치에 의해 지하수가 솟아올라 주변 침하

(7) 흙막이 배면 뒷채움 불량

1) 흙맑이 토류판의 시공 후 배면 뒷채움 부실

2) 뒷채움재는 너무 큰 입도를 가지지 않는 것으로 한다.

4. 침하방지 대책

(1) 충분한 사전조사

사전조사를 철저히 하고 계획을 수립한다.

(2) 지반에 맞는 공법 선정

1) 지반의 성상, 지하수, 측압 등을 종합적으로 고려한 설계

2) 경제성, 시공성, 안전성을 동시에 추구

(3) 측압검토

$P_A \leq P_B + R$: 안정상태

$P_A = P_B + R$: 정지토압

여장 위치 결정 1 : 2 : 1

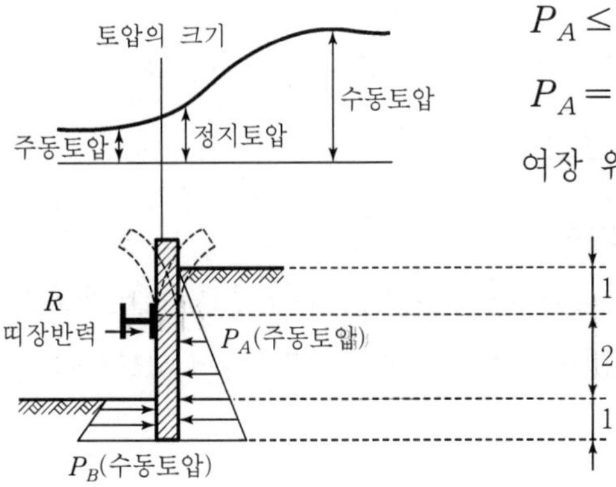

[흙막이 측압]

(4) Heaving 방지

1) 근입장을 충분히 확보한다.
2) 강성이 큰 흙막이 사용
3) 약액주입이나 고결공법을 사용해 지반을 고결시킨다.

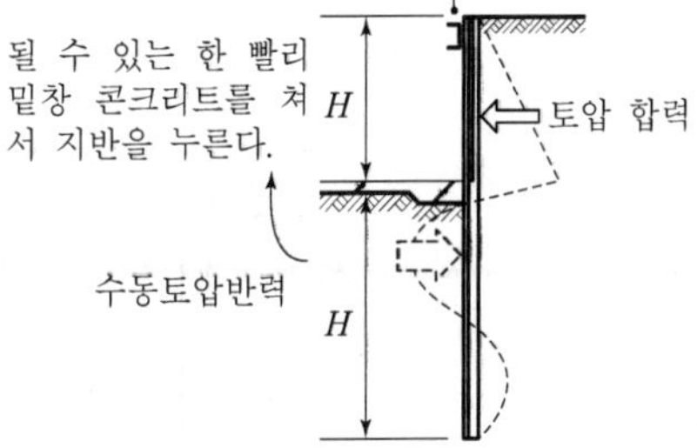

(5) Boiling 방지

1) Sheet Pile과 같이 수밀성 흙막이를 이용해 불투수층까지 시공한다.
2) 지수층을 형성하고 Deep Well이나 Well Point 등 강제배수 실시

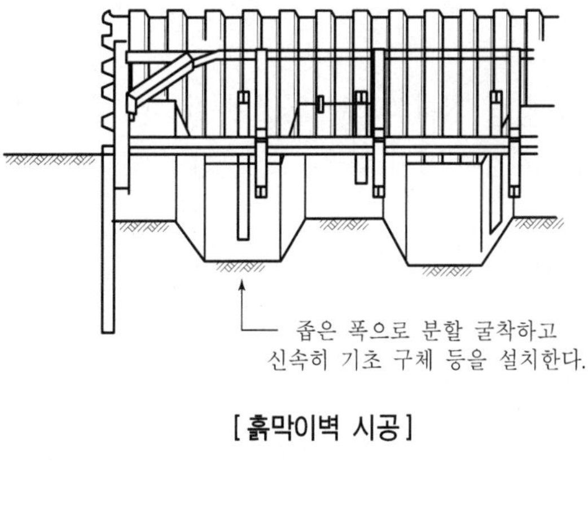

[흙막이벽 시공]

(6) 뒷채움재 시공 철저

1) 입도가 적은 토사를 사용한다.

2) 물다짐이나 진동기를 사용한 다짐을 실시한다.

(7) 지표 과다 재하 금지

(8) Under Pinning 실시

1) 주변 구조물 침하에 대비해 미리 기초부분을 보강한다.

2) 차단벽, 이중널말뚝, 현장 CON'c Pile 타설, 그라우팅 등을 실시

(9) 계측관리

1) 안전하고 경제적이며 현장실정에 맞는 항목을 선택

2) 주기적이며 정확한 측정으로 이상 발견시 즉각 조치

3) 기록관리를 통한 사전 예측

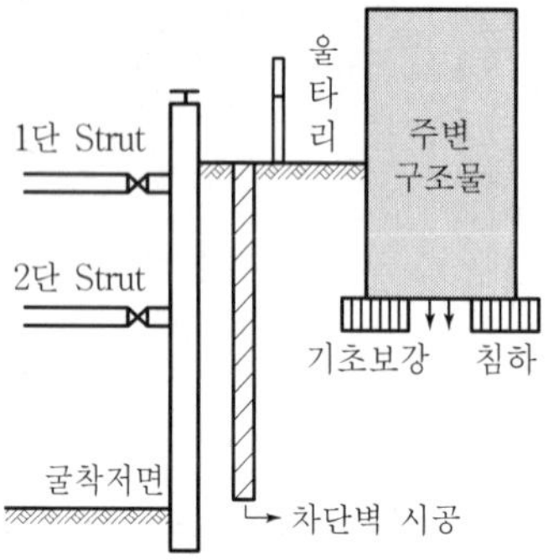

[Under Pinning]

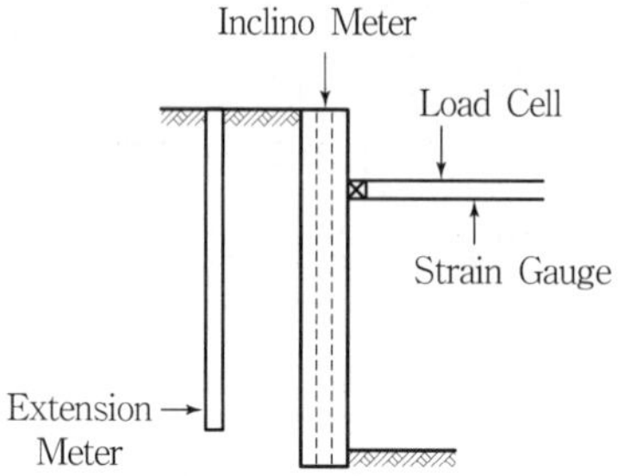

[계측관리]

5. 맺음말

(1) 토공사로 인한 붕괴 및 침하사고는 인명뿐 아니라 주변 건축물에도 커다란 피해를 주는 대형 사고로 이어지기 쉬우므로 안전을 최우선으로 하는 의식이 가장 필요하다.

(2) 공사착수 전 설계시부터 철저한 사전조사와 이를 바탕으로 한 적합한 공법을 채택하고 공사 중 위험징후가 발견되면 지체없이 대책을 강구해야 한다.

(3) 공사로 인해 발생되는 환경과 공해문제에 대해서도 관심을 가짐으로써 보다 환경친화적인 시공이 되도록 적극적으로 노력하는 태도변화가 요구된다.

number 22 Under Pinning 공법

※'84, '96, '08, '19

1. 개 요

(1) Under Pinning은 근접 시공시 기존 건물의 기초를 보강하거나 새로운 기초를 설치하여 기존 구조물을 보호하는 작업으로 터파기시 인접 구조물의 침하를 막기 위해서 Under Pinning을 실시하기도 한다.

(2) 침하를 막기 위해서는 이중널말뚝이나 현장타설 CON'c Pile을 설치하거나 약액주입을 통한 그라우팅 작업 또는 차단벽을 시공한다.

2. 공법 적용범위

(1) 기존 건축물의 지지력을 보강할 경우

(2) 토공사 등으로 기존 건축물의 침하가 예상될 경우

(3) Quick Sand 현상으로 건축물이 수평을 잃고 기울게 되는 경우

(4) 현 구조물 밑에 지중구조물을 추가로 설치하는 경우

(5) 건축물의 이동 발생시

3. 공법 종류와 특징

(1) 약액주입 공법

1) 보강하고자 하는 위치에 주입관을 설치하고 약액을 주입하여 고결시키는 방법이다.

2) LW, 시멘트 등의 약재를 사용한다.

3) 시공이 간단하고 효과가 우수하다.

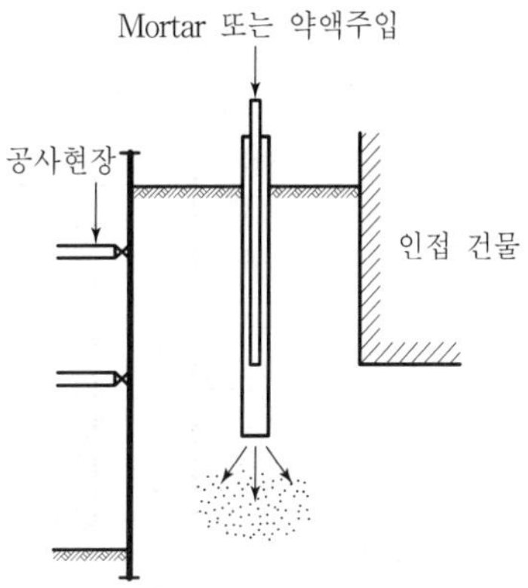

[약액주입 공법]

(2) 현장타설말뚝 공법

1) 기존 건축물의 기초 밑을 굴착하여 현장 CON'c Pile을 시공한다.

2) 기초 하부시공이 어려운 경우 기초판을 확대하여 보강한다.

3) 시공이 어렵고 복잡하다.

(3) 차단벽 설치 공법

1) 인접 건물과의 거리가 있는 경우에 시공한다.

2) 인접 건물과 흙막이벽 사이에 설치하여 토사의 이동을 막는다.

(4) 이중널말뚝 공법

1) 흙막이벽과 인접 구조물 사이에 2중으로 널말뚝을 박아 토사의 이동을 방지하는 방법이다.
2) 연약지반에 많이 시공한다.
3) 지하수위가 안정하게 유지되는 장점이 있다.
4) 인접 건물과의 여유가 있는 경우에 적당하다.

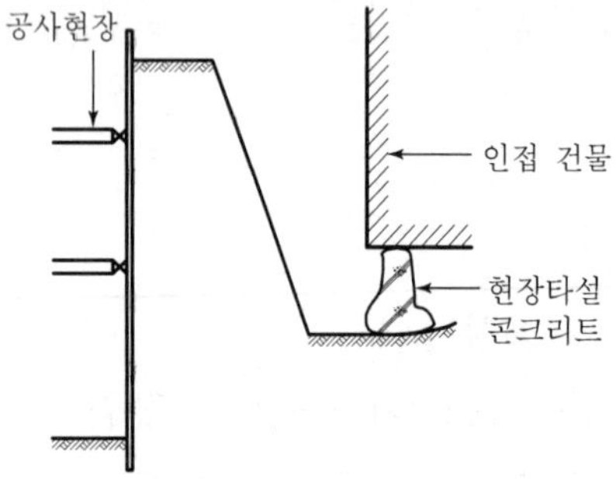

[현장 CON'c Pile 공법]

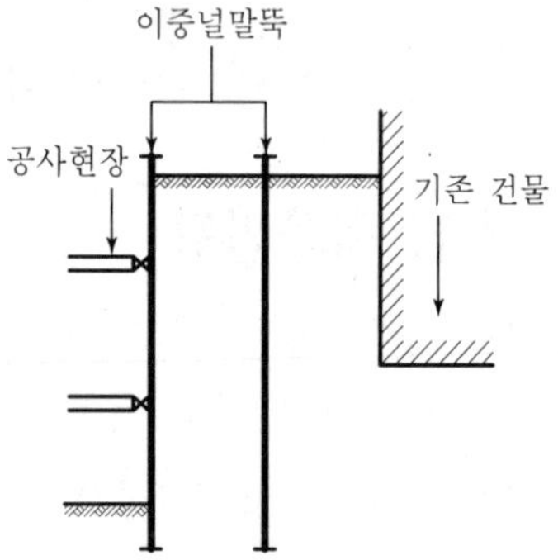

[이중널말뚝 공법]

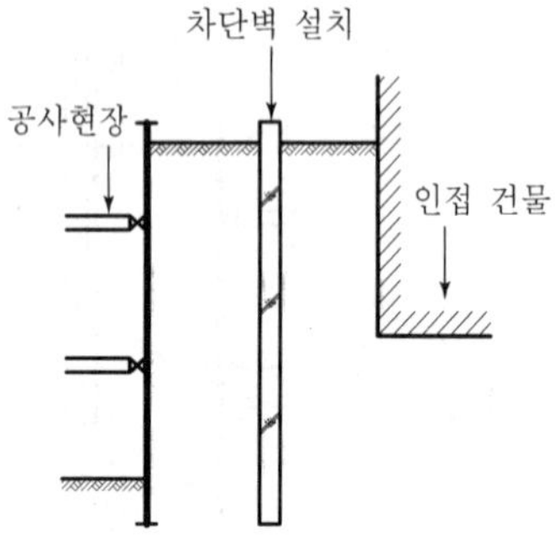

[차단벽 설치 공법]

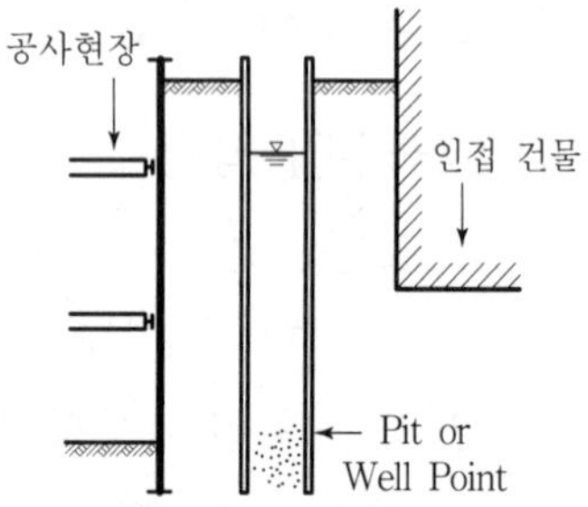

[Pit 또는 Well Point 공법]

(5) Well Point 공법

인근 구조물 주위에 Well Point를 설치하여 지하수위를 동시에 낮추는 방법

(6) Pit 공법

1) 건축물이 소규모일 경우에 사용한다.
2) 인근 구조물 사이에 Pit를 설치

(7) 강재 Pile 공법

인근 구조물 사이에 강재 Pile을 박아 토사의 이동을 단절시키는 방법이다.

4. 시공순서

사전조사 → 준비공사 → 가받이 공사 → 본받이 공사 → 철거 및 복구

(1) 사전조사

1) 인접 구조물의 기초 종류 및 형식
2) 지하 매설물과 지하수 상태
3) 대상 건축물의 현재 사용현황 여부
4) 주변 교통상황과 배수시설 상태

(2) 준비작업

1) 지하 매설물 이설, 급·배수시설 이설작업
2) 지하굴착시 흙막이 설치

(3) 가받이 공사

1) 지주에 의한 보강
① 경미한 구조물의 사용
② 경사지주, 연직지주, 트러스 지주법

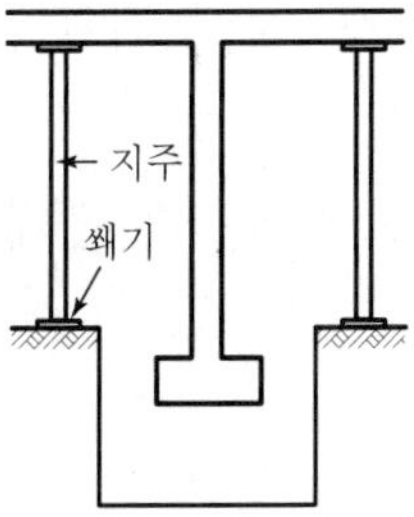

[연직지주법]

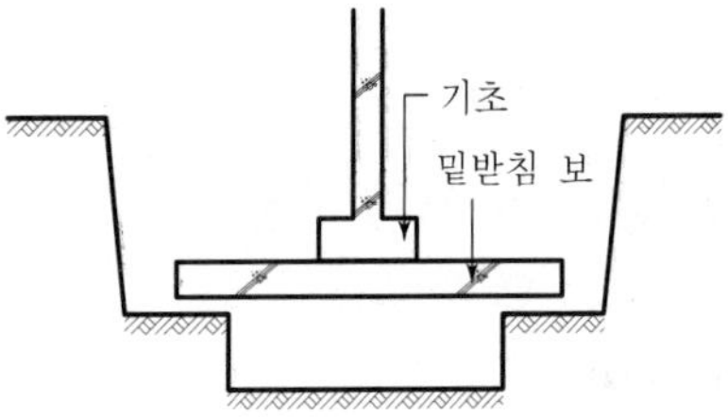

[밑받이 보 방법]

2) 보에 의한 보강
① 밑받이보 : 기초의 하부를 지지하는 방식
② 덧받이보 : 기초의 주각 부분을 지지하는 방식

3) 신설기초에 의한 보강

① 새로운 기초를 순차적으로 만들어나가며, 먼저 축조된 신설기초에 지지

② 반복적으로 신설기초를 시공하여 구조물 전체에 기초를 신설

(4) 본받이 공사

바로받이, 보받이, 바닥판받이 방식이 있다.

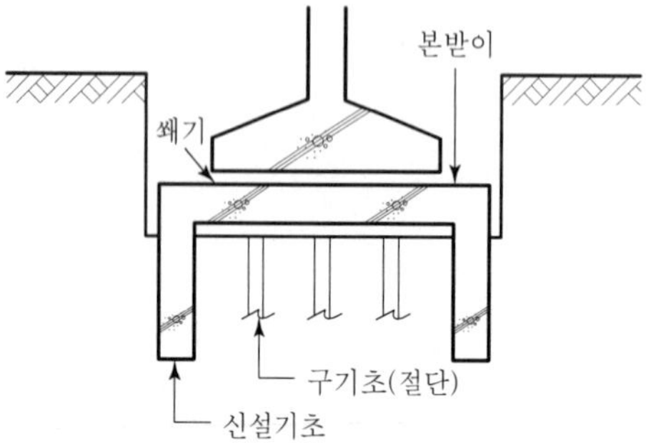

[하받이 방식]

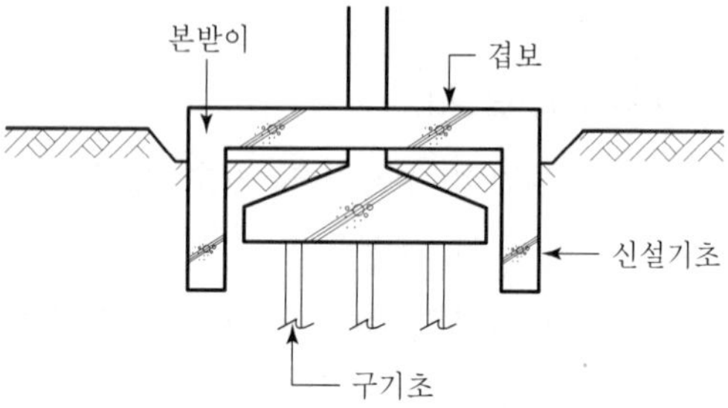

[첨보받이 방식]

5. 시공시 유의점

(1) 굴착공사 전 매설물 위치 등 사전조사를 철저히 한다.

(2) 매설물은 손상되지 않도록 이설한다.

(3) 기초보강시에는 기존의 기초형식과 동일한 것으로 시공한다.

(4) 시공 도중에 발생할 수 있는 침하에 대비해 계측을 실시한다.

(5) 신설기초는 충분한 내력을 고려하여 시공한다.

(6) 보강공사 완료 후에는 이설된 매설물 중 필요한 것들은 원래대로 위치시킨다.

6. 맺음말

(1) 도심 근접 시공이 많아지면서 Under Pinning에 대한 관심과 중요성이 높아지고 있지만, 이에 대한 의식과 기술력은 아직 부족한 현실이다.

(2) 근접 시공에 대한 불안요소는 공사실시 전 충분한 조사와 대책을 통해 해결하고 도심공사로 인해 발생되는 환경화 공해문제에 대해서도 적극적인 해결 자세를 보인다면 근접 시공으로 인한 문제점은 최소화될 것이다.

number 23 계측기의 종류, 특징과 계측 관리 방법

※'93, '95, '97, '98, '02, '07, '10

1. 개 요

(1) 계측이란 터파기현장의 토압과 흙막이벽의 변형, 주변 구조물과 지반의 변형과 균열, 침하를 미리 발견하고 이에 대응하기 위하여 계측장비를 활용한 정보화 시공을 말한다.

(2) 설계시와 시공시의 불일치와 위험발생 가능성이 있는 지점을 미리 예측하기 위해 주변지반에 Inclino Meter, Extension Meter를 설치하고, 구조물에는 Tilt Meter, Crack Gauge, 흙막이벽에는 하중계와 변형계를 설치한다.

(3) 계측관리 순서

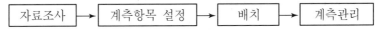

자료조사 → 계측항목 설정 → 배치 → 계측관리

2. 계측시 고려사항

(1) 계측항목 선정

1) 흙막이벽 부재의 응력

2) 지중의 수평, 수직변위

3) 인접 건물의 기울기와 균열

4) 지표면 침하

5) 지하수위와 간극수압

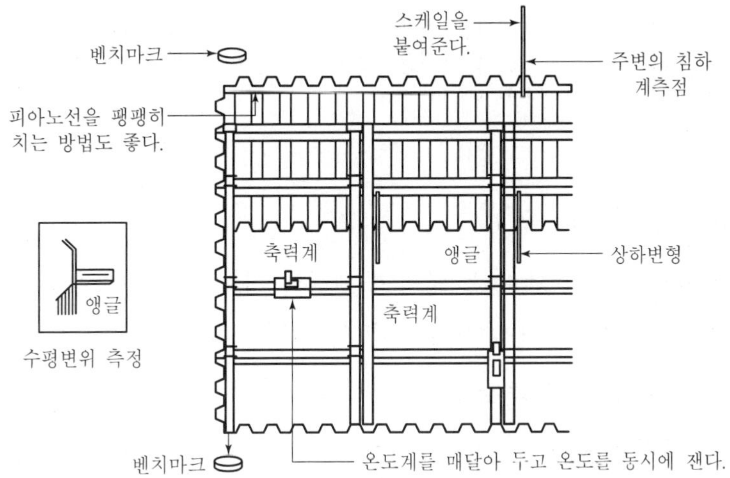

[계측기 설치]

(2) 계측기 설치지점

1) 지반조건이 충분히 파악되고 있는 곳
2) 대상 구조물의 대표 장소
3) 중요 구조물 및 주요 지하매설물 등에 인접한 장소
4) 우선적으로 공사가 진행되는 곳
5) 교통량이 많은 곳
6) 하천 주변이나 중 지하수의 상승이나 하강이 예상되는 지점

3. 계측기의 종류 및 용도

(1) 흙막이벽 변위 측정

1) **흙막이 부재응력** : 하중계(Load Cell)를 설치하여 배면토압이나 Earth Anchor의 인장력을 측정
2) **Strut 변형 측정** : 변형계(Strain Gauge)로 버팀대의 변형 측정

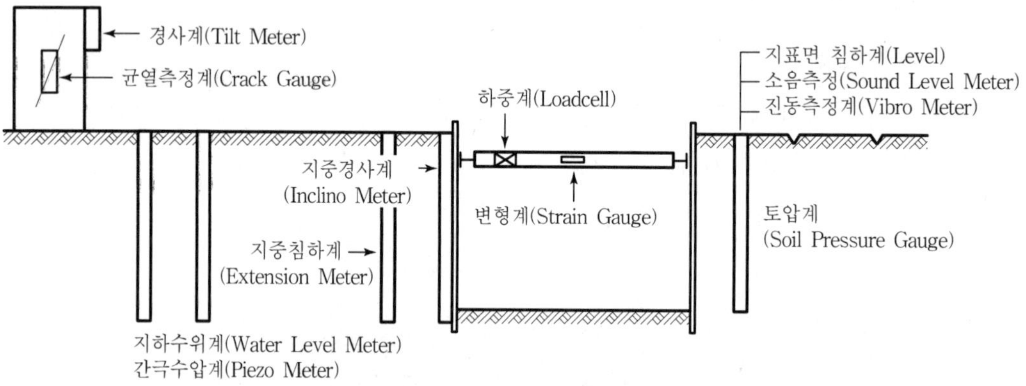

(2) 지반 변위 측정

1) **경사계(Inclino Meter)** : 흙막이 배면의 기울어짐을 측정한다.
2) **침하계(Extension Meter)** : 흙막이 배면의 토사가 침하된 정도를 측정한다.

(3) 인접 건물의 변위 측정

1) **경사계(Tilt Meter)** : 인근 구조물의 벽체에 설치하여 기울어짐을 측정한다.
2) **균열 측정(Crack Gauge)** : 인근 구조물의 균열발생과 진행 정도를 측정한다.

(4) 토압 측정

토압계(Soil Pressure Gauge) : 흙막이 배면의 토사압력을 측정한다.

(5) 지하수위와 간극수압 측정

1) 수위계(Water Level Meter) : 굴착 진행에 따른 수위변화를 측정한다.

2) 간극수압계(Piezo Meter) : 토사입자 간의 간극수압을 측정한다.

(6) 소음 및 진동 측정

1) 소음계(Sound Level Meter) : 현장 주변의 소음 정도를 측정한다.

2) 진동계(Vibro Meter) : 굴착이나 천공, 발파 및 암파쇄시 진동을 측정한다.

4. 계측 측정 시기 및 측정 빈도

계측항목	측정 시기	측정 빈도	비고
지하수위계	설치후 터파기 진행 중 터파기 완료 후	1회/일(1일간) 2회/주 2회/주	초기치 설정 강우 1일후 3일간 연속 측정
하중계	설치후 터파기 진행 중 터파기 완료 후	3회/일(2일간) 2회/주 2회/주	초기치 설정 다음단 설치시 추가 측정 다음단 해체시 추가 측정
변위계	설치후 터파기 진행 중 터파기 완료 후	3회/일 2회/주 2회/주	초기치 설정 다음단 설치시 추가 측정 다음단 해체시 추가 측정
지중경사계	설치후 터파기 진행 중 터파기 완료 후	1회/일(3일간) 2회/주 2회/주	초기치 설정
건물경사계	설치후 터파기 진행 중 터파기 완료 후	1회/일(3일간) 2회/주 2회/주	초기치 설정
지표침하계	설치후 터파기 진행 중 터파기 완료 후	1회/일(3일간) 2회/주 2회/주	초기치 설정

5. 계측관리시 유의점 및 개선책

(1) 유의사항

1) 계측계획수립은 경험이 풍부한 전문가가 수립한다.

2) 기기설치 위치 및 항목 선정시 관리의 용이성 및 경제성을 고려한다.

3) 위험성이 큰 항목이나 부분은 집중 배치한다.

4) 이상 발견시 즉각 대응할 수 있도록 한다.

(2) 개선책

1) 신뢰성 있는 기기 도입

2) 전문 Enginner 육성

3) 계측관리의 기술 축적

4) 자동화 계측 시스템 적용

5) D/B의 관리

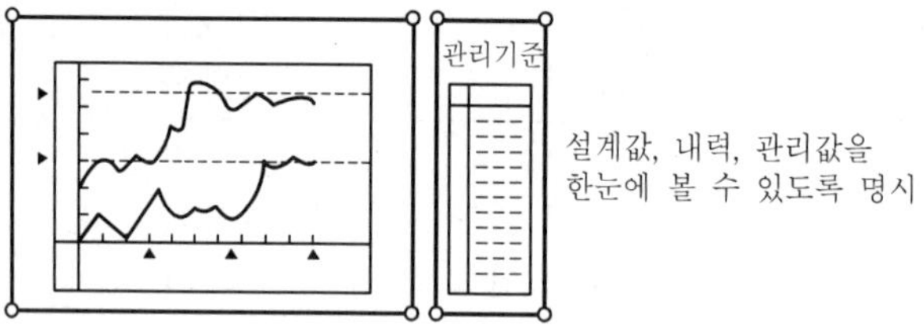

[계측 Data 관리]

6. 맺음말

(1) 도심 근접 시공이 늘어나면서 정보화 시공의 중요성이 날로 커지고 있는 현실이지만 아직 전문인력과 기술이 부족한 현실이다.

(2) 시공자의 계측의 중요성에 대한 인식전환과 더불어 새롭고 간편한 장비의 개발을 위해 더 많은 투자가 요구된다.

number 24 건축물의 부동침하 원인과 방지 대책

※'98, '99, '00, '05

1. 개 요

(1) 건축물의 부동침하는 상부구조물의 균열발생과 구조물의 붕괴 등의 심각한 피해를 초래할 수 있으며, 침하는 탄성침하(사질), 압밀침하(점토질), Creep 침하(불포화 점토지반) 나타난다.

(2) 부동침하 원인으로는 연약지반, 이질지반, 성토지반, 매립지반, 기초구조의 부적합, 상부구조 평면의 불균형(Set Back), 근접 터파기, 지하수 배수, 증축 등을 들 수 있다.

(3) 부동침하 방지를 위해서는 연약지반 개량, 기초구조 검토, 상부구조 평면형태, 경량화, 중량 배분, Under Pinning 공법 등을 실시해야 한다.

2. 기초침하의 형태

(1) 탄성침하(Elastic Settlement)

1) 재하와 동시에 일어나는 침하 형태이다.

2) 주로 사질지반에서 발생되며 하중을 제거하면 즉시 원상태로 회복된다.

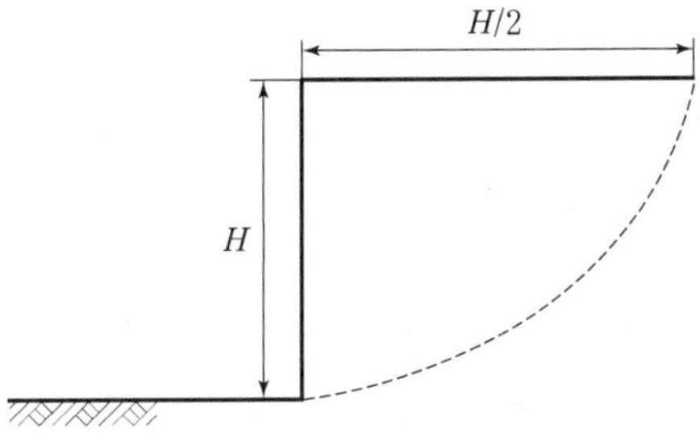

[일반적인 허용침하량]

(2) 압밀침하(Consolidation Settlement)

1) 재하 후 장기간에 걸쳐서 일어나는 침하로 주로 포화 연약점토 지반에서 발생한다.

2) 하중을 제거하여도 침하는 발생한다.

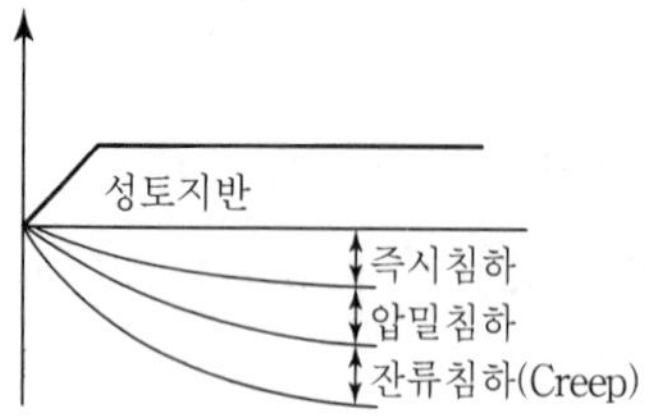

[침하형태]

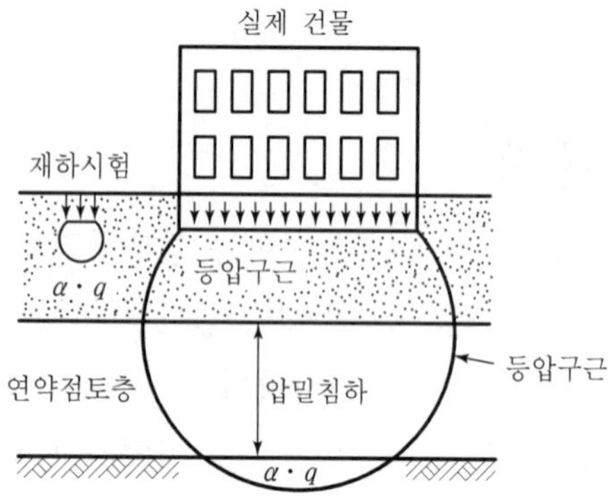

[응력범위 크기의 차]

(3) Creep 침하

불포화 점성토 지반의 Creep 현상에 의해 진행되는 침하

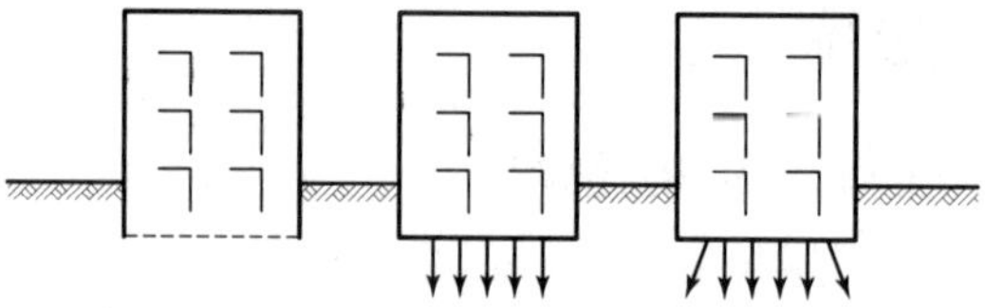

[탄성침하] [압밀침하] [잔류침하]

3. 부동침하 원인

(1) 연약지반에 기초 축조시

1) 이질지반, 성토, 경사지반

① 모래지반과 진흙질 지반 혼용시

② 지반 내에 경사지가 있을 때

2) 지반 내 구멍이 있을 때

3) 지하수위 저하

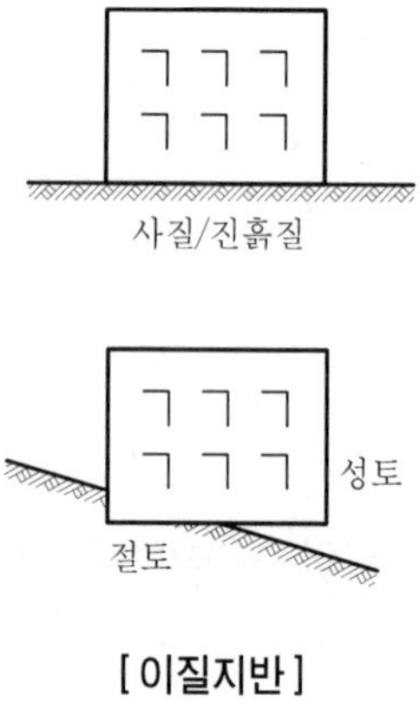

[이질지반]

(2) 이질기초, 이질 지정시

1) 일반 지정과 말뚝지정 혼용시

2) 지지말뚝과 마찰말뚝 혼용시

3) 기초 지정공법의 상이

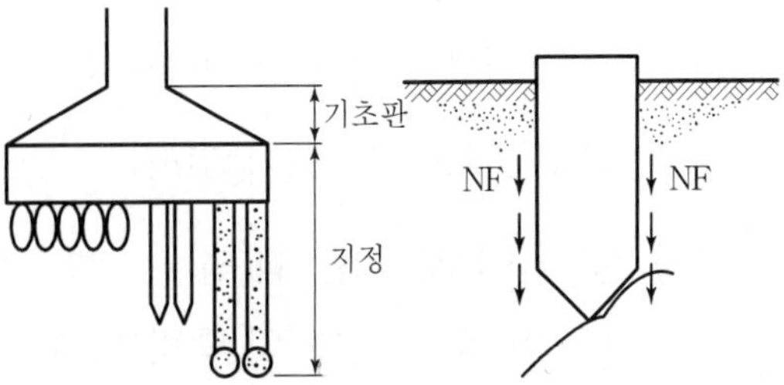

[이질기초]

(3) 지하수위 저하시

1) 터파기시 지나친 배수

2) 주변 구조물

(4) 건축물의 증축시

(5) 건축물의 길이가 길 경우

(6) Set Back 건물 형태시

1) 중량 배분 불균형

2) 평면 형태의 문제

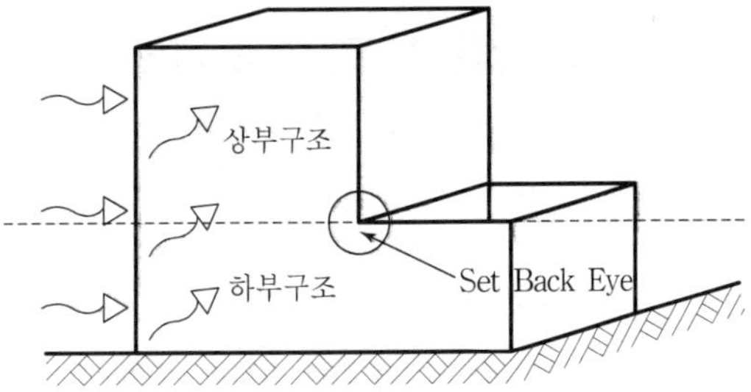

[Set Back]

4. 부동침하 방지대책

(1) 연약지반 보강

1) 사질 지반의 경우

① 다짐공법

② 약액주입공법

2) 점토질 지반의 경우

① 탈수공법

② 치환공법

③ 다짐공법

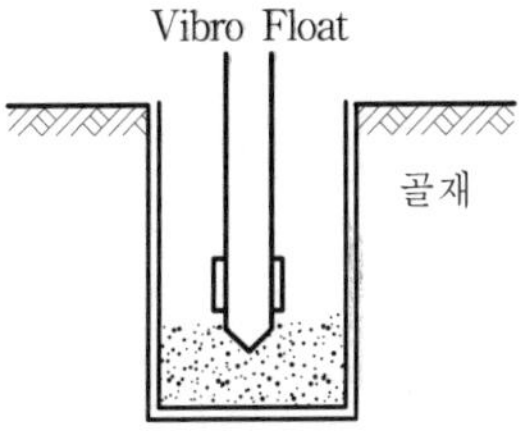

[진동다짐공법]

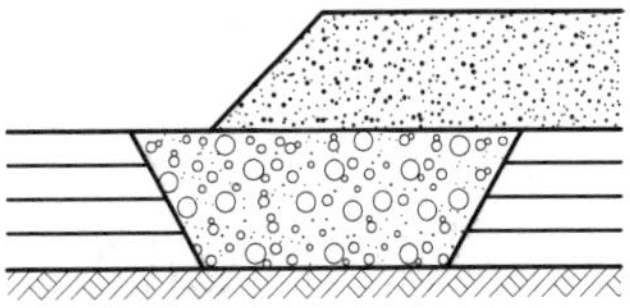

[치환공법]

(2) 기초에 대한 대책

1) 경질 지반에까지 지지

말뚝선단이 경질 지반에 도달 여부 확인

2) 마찰말뚝 사용

말뚝간격을 조밀하게 하여 마찰저항에 의한 지지법

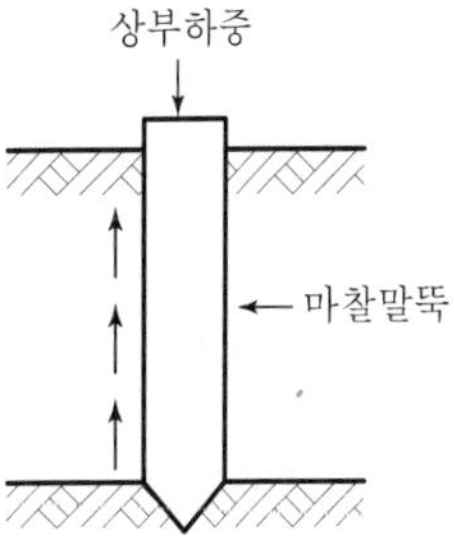

[말뚝지지력]

3) Floating Foundation

굴착한 흙의 중량 이하로 건물의 하중을 유지하는 기초형식

4) 기초형식 및 크기 고려

(3) 상부구조에 의한 대책

1) 평면의 단순화 및 중량 배분

① 건물의 길이 축소

② 건물의 중량 배분

③ Set Back 형태 자제

2) 건축물의 고정하중 계산

① 물탱크, 공기냉각기

② 옥상 정원 등

3) Expansion Joint 설치

① 60m 이상시 Joint 설계

② 중량배분이 다를 시

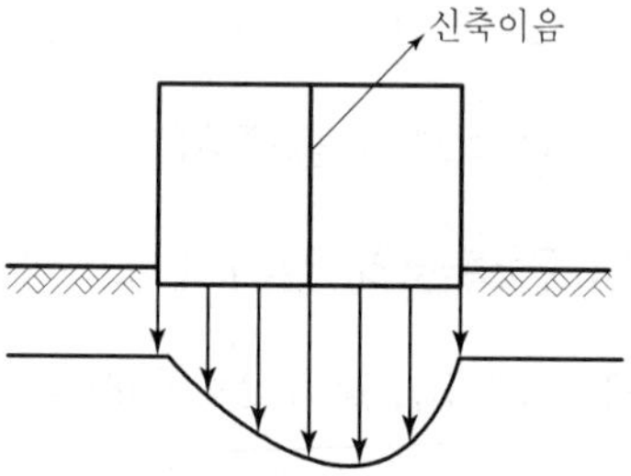

[신축이음]

(4) 기타 시공상의 대책

1) Under Pinning

① 주변 구조물의 부동침하 방지

② 차단벽, 고결안정, 현장타설 말뚝공법 등

2) 지하수위 저하

저하수위를 저하시켜 지반내력 증가

3) 계측관리

① 주변 지반침하

② 주변 구조물침하

③ 지하수위 변동

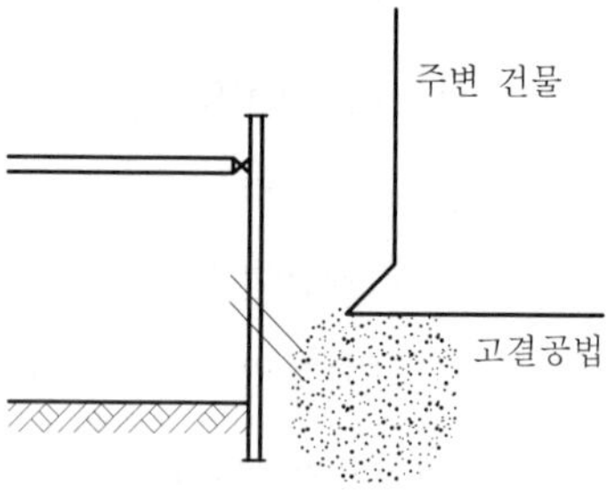

[고결공법]

5. 맺음말

건축물의 부동침하는 철저한 사전 지반조사와 계획시 적정한 하중의 배분이 이루어진다면 충분히 정보화 시공을 통해 피해를 최소화할 수 있다.

number 25 기초 공법 선정시 고려사항(선정 요인)과 시공시 문제점 및 대책

1. 개 요

건축물의 기초를 결정할 때는 구조물의 특성과 함께 환경요인, 지반요인 등 외부적 요인은 물론, 구조물의 존치년한에 따른 장기적 요인도 반드시 고려하여 침하에 의한 피해가 없도록 철저히 계획하여야 한다.

2. 기초 공법 선정시 고려 사항

(1) 외부적 요인

1) 현장 여건

① 장비 반입 조건

② 시공 점용 조건

③ 시공 공간적 제약 여부

2) 타 구조물

① 인접 건물의 기초

② 지하철, 공동구 등 지하 구조물

3) 환경 조건

① 소음, 진동

② 지반 침하

③ 배수, 차수 조건

(2) 내부적 요인

1) 설계 조건

① 상부 구조 형식과 규모, 길이

② 기초가 받는 외력, 하중

③ 지지력 특성

④ 수평 변위 조건

2) 지반 조건

① 지반의 구성과 지내력

② 지하수위와 지하 수량

3) 시공 조건

① 시공 정밀도 및 신뢰성

② 시공 난이도

4) 공사비와 시공 속도

5) 구조물의 존치년한

3. 기초 시공시 문제점과 대책

(1) 기초 침하

1) 상부의 과하중이나 기초 형식의 불합리, 지반이나 지하수의 변동에 따라 기초가 침하되는 현상이 발생

2) 대책

① 구조물의 경량화

② 기초 형식 변경

③ 균등한 구조물 중량 배분

④ 구조물 간의 거리 증대나 보강

⑤ 지반 개량

⑥ 지하수위 변동 방지

(2) 동결

1) 실트층 지반이 영하의 기온에 장시간 노출되어 체적이 팽창되고 해빙기의 연화에 의해 피해가 발생되는 현상

2) 대책

① 동결 심도 이하의 기초 시공

② 지하수위 저하

③ 동상층을 비동상층으로 치환

④ 화학 약액 주입 및 단열 처리

(3) 팽창성 지반(Expansion Soil)

1) 활성도(함수비가 증가하면 팽창, 감소하면 수축)가 큰 점토 지반에 기초 시공 시 팽창압력에 의해 기초 융기, 균열, 파손이 되는 현상

2) 대책

① 팽창성에 대한 흙분류, 팽창압과 팽창률 시험

② 배수층을 두어 수위상승 및 함수비 억제

③ 팽창을 허용하는 기초 선정(Waffle Slab)

④ 구조물을 팽창압보다 크게 시공

⑤ 말뚝 기초로 변경

(4) 붕괴성 지반(Collapsible Soil)

1) 풍적토나 화산재 퇴적층의 0.05mm 이하 입경의 실트질은 간극비가 크고 단위하중이 적어 침수시 점성 저하로 쉽게 붕괴됨

2) 대책

① 얕은 지반-규산나트륨, 염화칼슘 등으로 화학처리하거나 지반 치환

② 중간 지반-동다짐 실시

③ 깊은 지반-말뚝 기초 시공

(5) 세굴(Scouring)

1) 흐르는 물속에 기초 시공시 세굴 발생

2) 대책

① 세굴심도 이하로 기초 깊이 증대

② Sheet Pile 등으로 보호

(6) 지하수위

1) 대책

① 지하수위 저하를 위한 배수 및 차수

② 하중 증가

(7) 인근 구조물

1) 대책

① 사전 조사 철저

② 인접 대지 및 구조물에 대한 보강–언더피닝

③ 인접 대지의 경계 확인

4. 맺음말

기초는 구조물의 상부 하중을 지반으로 전달하는 역할로서 구조물의 안정성에 있어서 가장 중요한 부분이다. 따라서 구조물의 계획시부터 충분한 지반 조사를 바탕으로 구조물의 특성과 규모, 용도와 함께 존속 기간 동안의 장기간 변화 요인을 고려하여 충분한 안정성을 갖도록 기초의 형식과 규모를 결정하고 시공하는 것이 중요하다.

number 26 기초의 안정성 검토시 고려할 사항

※'04

1. 개 요

기초는 구조물 상부 하중을 지반에 전달하는 역할을 하는 주요 구조부로 지반의 전단 강도 부족에 의한 지반 파괴, 지반의 침하 등에 의해 상부 구조체에 영향을 주게 되므로 구조물 시공시에는 철저한 검토를 통해 안정성을 확보해야 한다.

2. 기초의 요구 조건

(1) 충분한 근입 깊이

1) 동결과 융해가 발생하는 토층보다 깊을 것

2) 도심지 내에서 인접구조물 기초에 영향이 없을 것

(2) 안전한 하중 지지

(3) 부동침하가 발생되지 않을 것

(4) 허용침하량을 초과하지 않을 것

(5) 마찰력이 균일할 것

(6) 경제적이며 시공이 간편할 것

3. 안정성 검토시 고려사항

(1) 지반의 구조와 종류

1) 지반의 종류와 지반의 구성 상태, 이질 지반의 여부

① 입자의 크기

② 점착력의 유무

③ 토사 내 응력 상태와 크기

④ 상대 밀도, 소성 정도

⑤ 압축성과 침하

⑥ 흙의 전단 강도

2) 경질 지반의 깊이

3) 지내력 크기

4) 지반의 파괴

지내력 파괴, 펀칭 전단 파괴, 국부적 전단 파괴

(2) 기초 형식과 종류

1) 얕은 기초

2) 깊은 기초

(3) 기초의 작용 하중

1) 지지 하중의 크기

설계 하중에 대하여 기초에 작용될 하중의 크기

2) 기초 작용 하중의 종류와 방향

수직하중, 수평하중, 모멘트

3) 하중에 의한 평형 상태

기초 구조물은 작용하는 모든 하중에 대해 평형상태에 있어야 한다.

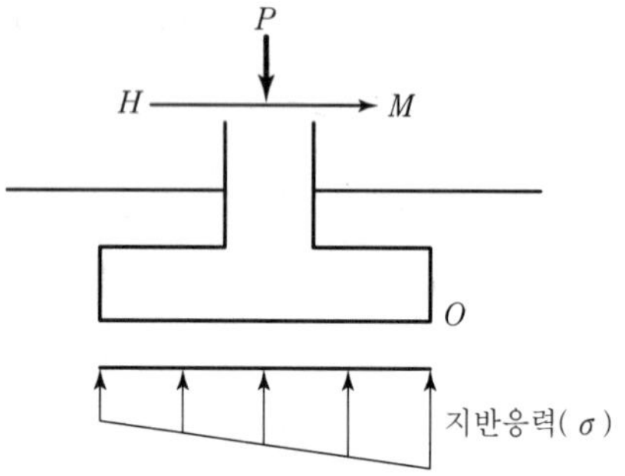

[확대 기초에서의 작용 하중]

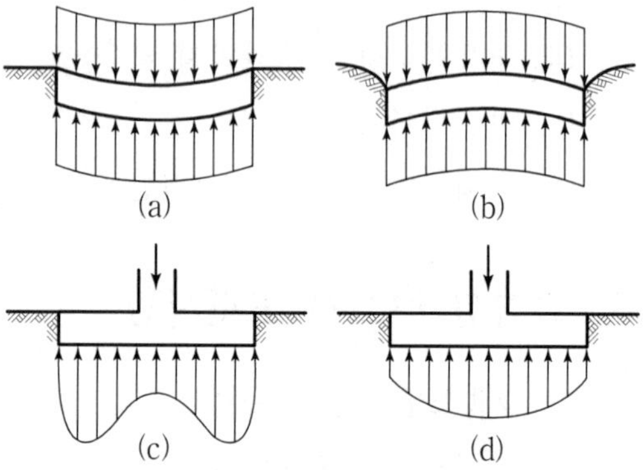

[확대 기초에서의 지반 응력]

(4) 기초의 침하량과 침하 형태(부동침하)

1) 기초의 침하 형태 파악

2) 침하량의 크기와 허용 침하량

3) 단순한 침하보다는 구조물에 주는 영향이 크므로 반드시 고려하여 응력 재분배에 의한 설계 실시

(5) 기초 심도(동해에 의한 융기(Frost Heave))

1) 확대 기초의 경우 동결 심도 이내에 위치하면 겨울과 여름에 기초의 융기와 침하가 반복된다.

2) 모든 기초는 최대 동결 심도(Depth of Frost Penetration) 이하에 위치하여야 한다.

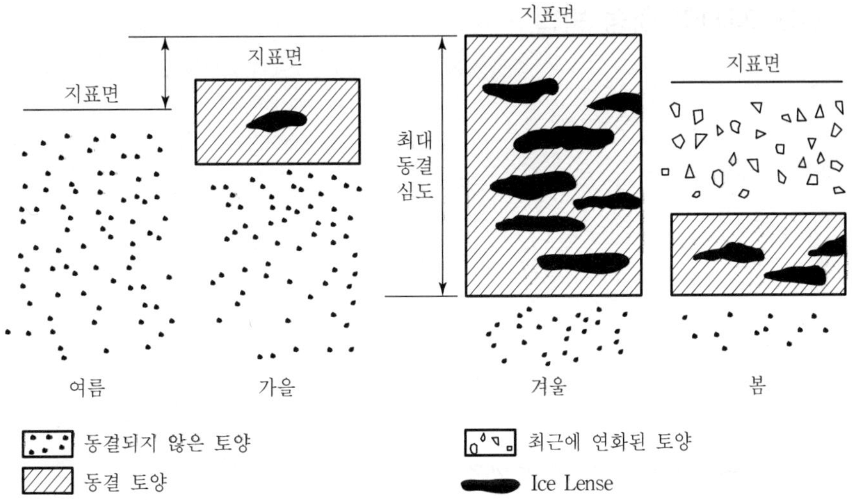

(6) 스쿠어링(Scouring) 현상

교각과 같이 수중에 시공되는 기초에서 물의 흐름에 따라 하상 흙이 유실되는 현상

(7) 기초의 부식

1) 강재 말뚝

육상 환경보다는 수중 환경(특히 해양)에서 부식의 진행이 심하다.

2) CON'c 기초

① 흙 속에 묻힌 CON'c는 부식에 매우 강하나 황화합물(SO_4)의 농도가 높은 흙이나 지하수에서는 부식이 심하게 발생한다.

② 황화합물은 시멘트와 반응해 황화알루미늄칼슘을 만들고 체적을 팽창시켜 균열을 유발한다.

(8) 지하수 상태

1) 지하수위와 지하수압의 크기

2) 지하수에 따른 함수비

(9) 인접구조물 및 지반

인접 지반의 성상과 기초의 상태 고려

(10) 지지력 측정 방법

number 27 기초침하의 원인과 대책

※'03, '07

1. 개 요

기초는 건물의 상부 하중을 지정을 통해 지반에 전달하는 주요 구조로 기초가 침하하게 되면 구조물 전체의 침하로 이어지고 안전상의 문제를 초래하게 된다. 따라서 침하 원인을 규명하여 적절한 조치를 취하고 침하 예방책을 마련하는 것이 필요하다.

2. 기초침하의 종류

(1) 탄성침하(즉시침하)

하중을 재하하는 동시에 침하되며 하중 제거시 원상 복귀한다.

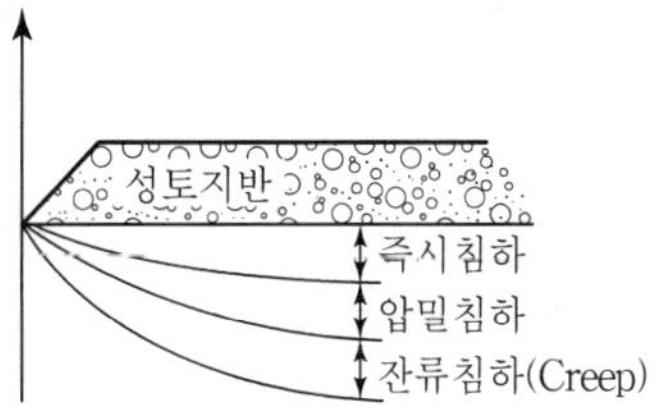

(2) 압밀침하

1) 재하 후 장기적으로 발생되는 침하로 연약지반(점토질)에서 발생된다.

2) 기초뿐 아니라 구조물 전체에 영향을 미치게 된다.

(3) 크리프 침하(잔류침하)

압밀침하 후 지반의 Creep 현상에 의해 잔류침하가 일어나는 현상으로 점성토에서 발생한다.

(4) 부등침하

압밀침하와 크리프 침하는 대체로 부분적으로 상이하게 침하되는 부등침하 형태로 나타난다.

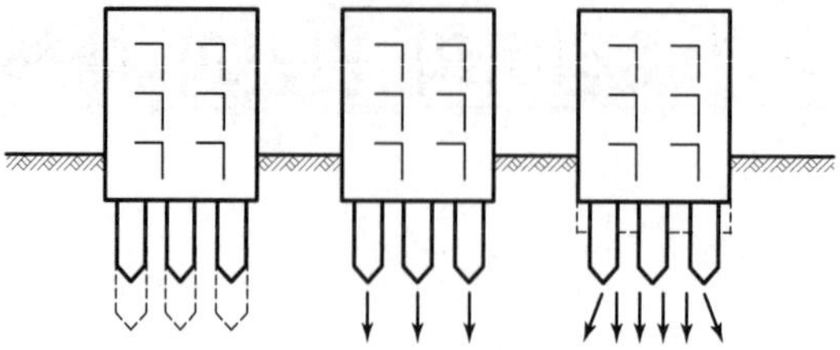

[즉시침하] [압밀침하] [크리프 침하]

3. 침하 원인

(1) 지반적 요인

1) 연약지반 : 성토, 매립토, 점토질

2) 함수비 과다 지반, 이질지반

(2) 지하수 변동

1) 지하수위 저감 : 유효응력 상실

2) 지하수압 발생

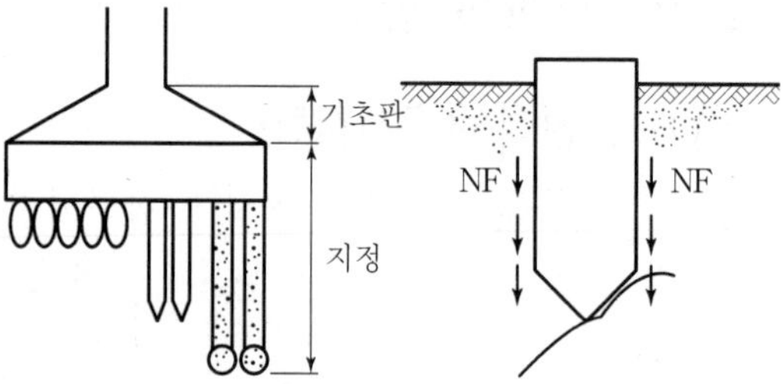

[이질기초] [부마찰력]

(3) 기초적 요인

이질기초, 이질 지정, 기초 형태 상이, 부마찰력 발생

(4) 인접 지반 터파기

(5) 상부 하중 증가

증축으로 인한 하중 증가

(6) 건물 형태와 길이

Set Back 구조와 장스팬 구조물

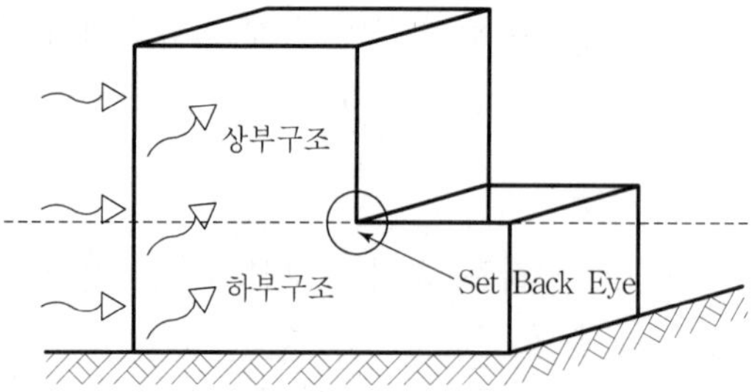

[Set Back]

4. 방지대책

(1) 계획시 대책

1) 사전조사 : 지반형태, 지하수, 지질조사

2) 구조계산 : 건축물 자중, 기초 지지력, 지반의 지내력

(2) 설계시 대책

1) 평면구조 : 균등하중을 위해 평면을 단순화한다.

2) 중량분배 : Set Back 지양

3) Expansion Jont 설계

4) 기초설계

(3) 시공시 대책

1) 지반보강 : Under Pinning 실시

① 약액주입, JSP 공법 등

② 압밀촉진 : 다짐과 탈수 실시

2) 기초보강

① 부마찰력 감소를 위한 탈수, 압밀공법 병행 실시

② 경질지반까지 지지(깊은 기초)

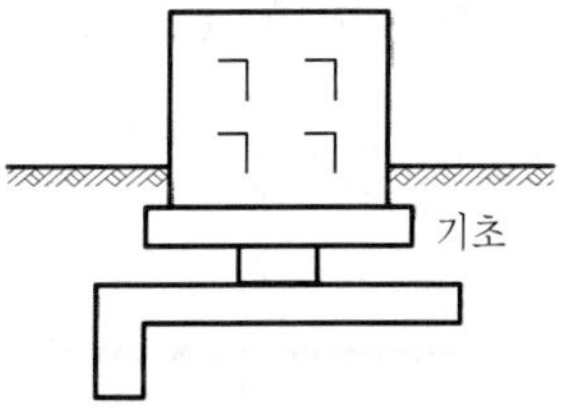

[Under Pinning]

3) 지하수 대책

주수공법, 담수공법으로 지하수 변동 최소화

4) 계측 관리

① 주변 침하

② 지하수 변동

③ 구조물 침하 사항에 대한 예측과 지속적인 관리

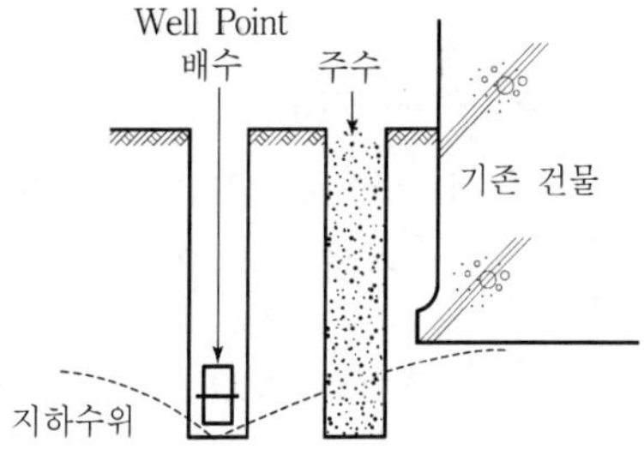

[주수공법]

number 28 기성 CON'c Pile 시공

※'81, '92, '95, '97, '01, '02, '03, '05, '07, '09, '11, '12

1. 개 요

(1) 기성 CON'c Pile은 선단지지력이 우수하여 큰 내력이 요구되는 공사에 많이 사용되며, 박기공법으로는 타격법, 진동법, 압입법, Pre-boring이 쓰인다.

(2) 경질지반에 도달하지 못하는 경우 이어박기를 하는데 말뚝과 말뚝을 이음하는 공법엔 장부식, 충전식, 볼트식, 용접이음이 있다.

(3) 기성 Pile에 대한 지지력 판정방법은 정역학적 방법, 동역학적 방법, 재하 방법 등이 있다.

2. 기성 CON'c Pile의 박기공법

(1) 타격공법

1) 항타기로 말뚝을 타격하여 박는 방법이다.

2) 시공이 용이하며 속도가 빠르다.

3) 소음과 진동이 크고, 두부손상의 우려가 있으나 많이 사용되는 공법이다.

(2) 진동공법

1) 연약지반에서 진동기를 사용하여 시공한다.

2) 진동과 소음이 적으나 경질지반 사용이 어렵다.

(3) 압입공법

1) 유압을 이용한 압입장치의 반발력으로 말뚝을 지중에 압입시킨다.

2) 진동과 소음이 적고 두부파손이 없다.

(4) Pre－boring

1) 지반을 오거로 천공한 후 말뚝을 근입시키는 방식이다.

2) 말뚝파손이 적으며, 타입이 어려운 지층도 시공 용이하다.

3) Pre-boring시 주면마찰력 감소를 극복하기 위해서 SIP 공법을 사용하기도 한다.

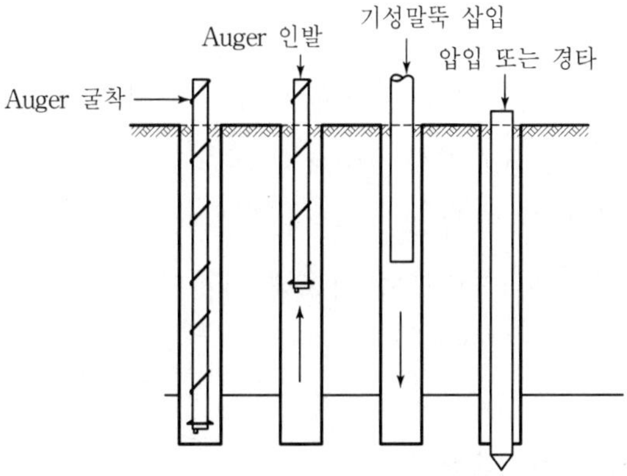

[Pre-boring 공법]

(5) 중공굴착방법

1) 대구경 말뚝시공에 적합한 방법으로 중공부에 오거를 삽입하여 굴착
2) 말뚝선단 지지력을 높이기 위해 타격하거나 밀크액을 주입한다.

(6) 수사식공법

Pile 선단에서 물을 분사(Water Jet)하여 지반을 연약화시키며 굴착하는 공법

3. 기성 CON'c Pile의 시항타와 본항타

(1) 사전조사 사항

1) 경계선, 지반의 고저, 구조물 상황
2) 대지 주변 매설물
3) 토질분포, 암반위치, 지하수 상황, 경사지반의 유무와 위치 파악
4) 소음, 진동으로 인한 민원발생 여부

(2) Pile 시항타

1) 현장의 대표장소와 개소 선정
2) 동일 재료로 된 말뚝 사용
3) 실제보다 긴 말뚝 사용
4) 눈금표시 : 50cm마다 표시, 3m 남은 후부터는 10cm마다 표시
5) 기초면적 : 1,500m^{2}까지는 2개소
   기초면적 : 3,000m^{2}까지는 3개소

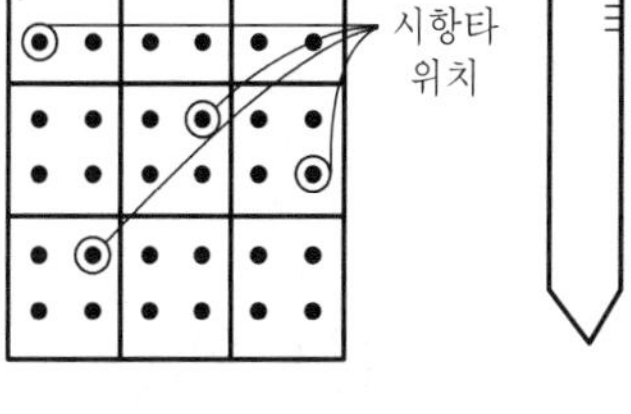

[Pile 위치도]

(3) 본항타

1) 시공도에 따라 항타위치를 확인하고 박기 순서를 정한다.

2) 박기간격 유지 : $2.5d$ 이상, 75cm

3) 규준대를 설치하고 수직으로 세운다.

4) 박기순서 : 중앙에서 주변부로 시공해 나간다.

5) 최종관입량 확인

4. 기성 CON'c Pile의 이음

(1) 용접 이음

1) 말뚝의 철근을 용접한 다음 외부에 철판을 대고 마무리 용접하는 방식이다.

2) 이음부의 내력이 크다.

3) 시공성이 뛰어나다.

4) 설계와 시공이 간단하다.

5) 용접부의 부식으로 인한 문제점이 있다.

(2) 장부식 이음

1) 이음부를 장부맞춤하고 그 위에 Band를 채워서 잇는 방법이다.

2) 구조가 간단하고 시공도 용이하다.

3) 인장내력이 약하여 항타시 파손우려가 크다.

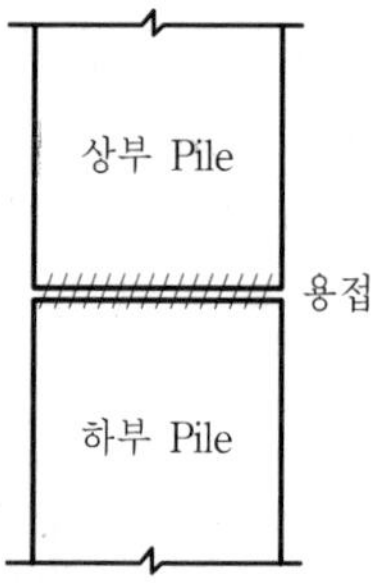

[용접식]

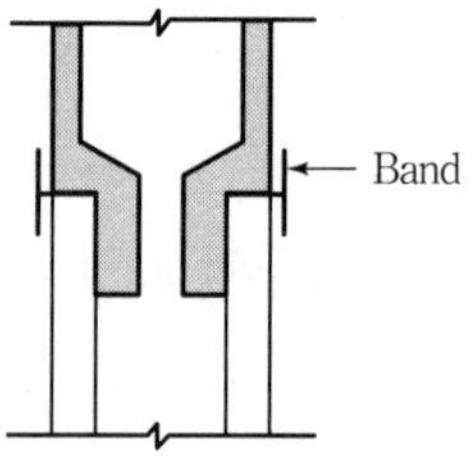

[장부식]

(3) 충전식 이음

1) 이음부의 철근을 용접한 후 철제 Sleeve를 채우고 CON'c로 충진한다.

2) 압축과 인장에 대한 저항력이 좋고 부식에도 강하다.

3) 시공기간이 길다.

(4) 볼트식 이음

1) 이음부를 볼트로 조여 시공하는 방식이다.

2) 시공이 용이하며 속도가 빠르다.

3) 내력이 우수하나 가격이 비싸다.

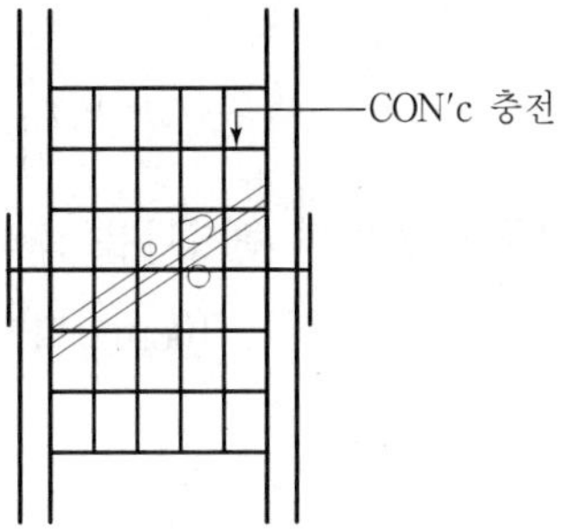

[충전식]

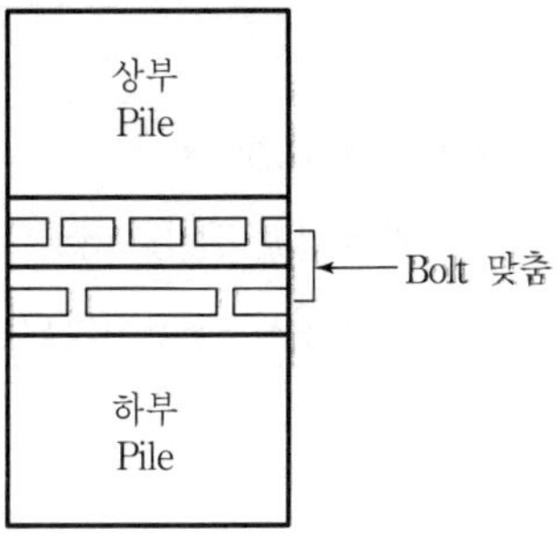

[볼트식]

5. 기성 CON'c Pile의 지지력 판정법

(1) 정역학적 방식

1) 토질시험에 의한 방식

Terzaghi 공식 : $R_u = R_p + R_f$

여기서, R_u : 극한지지력
R_p : 선단 극한지지력
R_f : 주면 극한마찰력

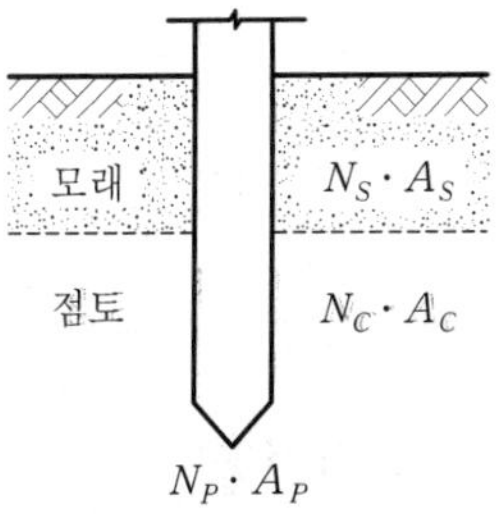

[표준관입시험에 의한 방법]

2) 표준관입시험

관입량을 측정하여 Meyerhof 공식을 이용한다.

(2) 동역학적 방법

1) 말뚝박기시험

① 말뚝 Hammer의 타격에너지와 최종 관입량을 기준으로 추정

㉠ 장기 : $R = \dfrac{F}{5S+0.1}$

㉡ 단기 : $R' = 2R$

여기서, S : 최종관입량
F : Hammer 타격에너지

② Hiley 공식

$$R_u = \frac{e_f F}{S + \dfrac{C_1 + C_2 + C_3}{2}} \cdot \frac{W_h + e^2 W_p}{W_p + W_H}$$

2) Rebound Check

① 관입량과 Rebound Check로 말뚝과 지반의 변형량을 측정

② 눈금표시 : 50cm마다 표시, 3m 남은 후부터는 10cm마다 표시

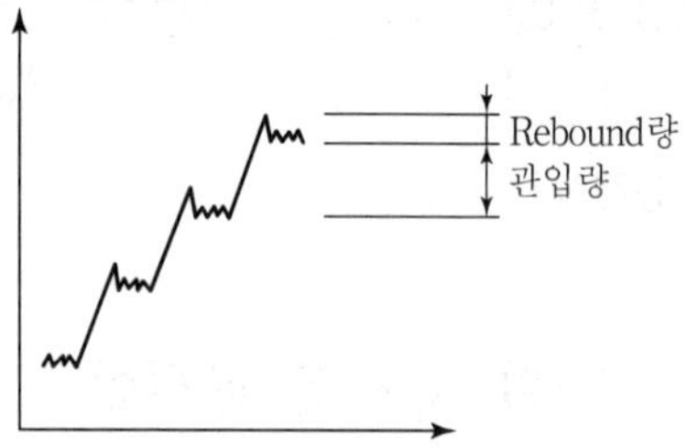

[관입량 및 Rebound량]

(3) 허용지지력

1) 허용지지력 $= \dfrac{\text{극한지지력 } R_u}{\text{안전율 } F_s}$

2) 안전율

① 정역학 방식=3

② Sander 방식=8

③ Hiley 방식=3

(4) 말뚝재하시험

1) 정재하시험

말뚝에 직접 하중을 재하하여 침하량을 측정

2) Pile 동재하시험

말뚝에 가속도계와 변형률계를 설치하고 응력과 속도를 분석하여 지지력을 산정하는 방법

$$F = \frac{VEA}{C}$$

여기서, V : 입자속도 E : 탄성계수
C : 전파속도 A : 말뚝 단면적
F : 타격에너지

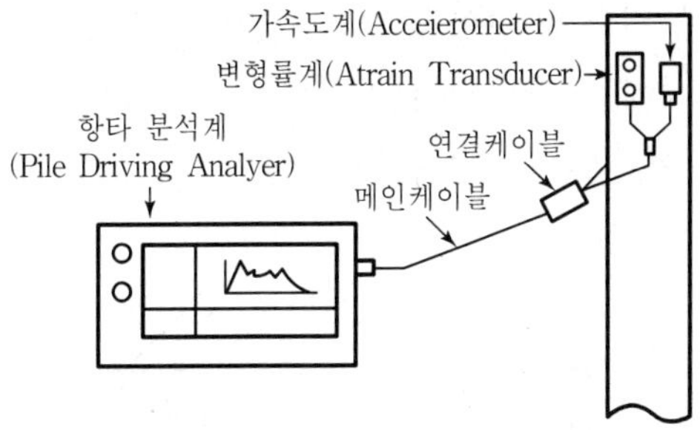

[Pile 동재하시험]

(5) 정 · 동재하시험

(6) 반력재하시험

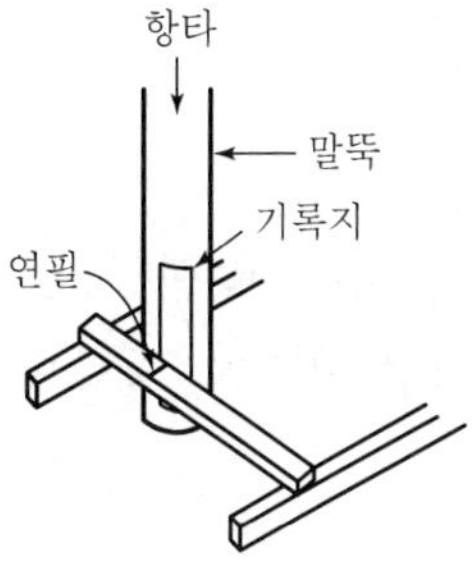

[말뚝박기 시험]

6. 기성 CON'c Pile 시공시 유의점

(1) 시항타를 분석하고, 그 결과에 따라 본항타를 실시한다.

(2) Pile은 중단없이 박는다.

(3) 예정위치 전 박기 중단의 경우는 길이를 변경한다.

(4) 최종관입량을 확인한다.

(5) 말뚝 두부손상 방지를 위해 Cushion재를 조정한다.

(6) 박기순서는 중앙에서 단부로 한다.

(7) 이음부 파손이나 축선 불일치가 되지 않도록 주의한다.

(8) 예정위치에 도달하여도 최종관입량 이상일 때는 이어박기를 한다.

(9) 소음과 진동으로 인한 민원이 없도록 한다.

(10) 말뚝두부 손상시에는 반드시 보강한다.(두부정리)

(11) Pile Sliding이 없도록 수직으로 박는다.

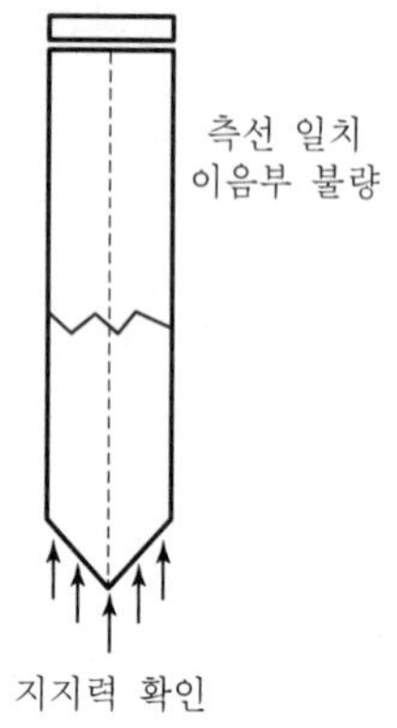

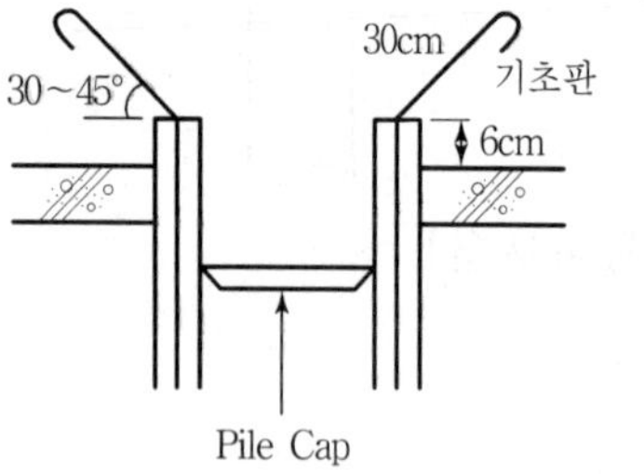

[말뚝두부가 길 때]

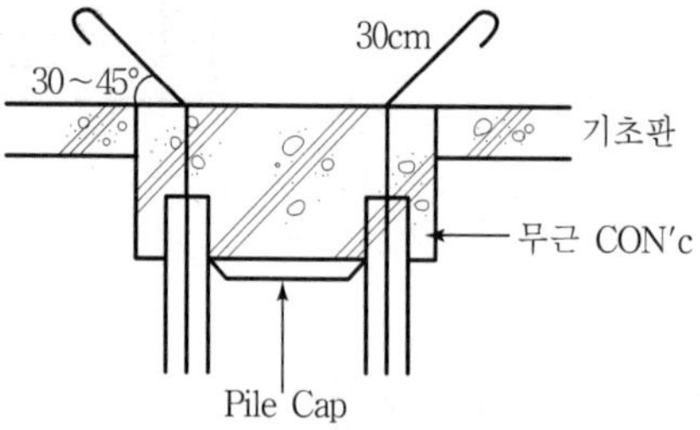

[말뚝두부가 짧을 때]

7. 맺음말

기성 CON'c Pile은 재료구입이 쉽고 시공이 용이하나, 재료의 운반과 시공시 파손, 공해문제 등이 발생하는 문제점 있으며, 말뚝의 지지력 확보가 무엇보다 중요하므로 철저한 점검이 요구된다.

number 29 기성 콘크리트 말뚝 시공의 문제점 및 대책

※ '09, '20, '22

1. 개 요

(1) 기성 콘크리트 파일에서 발생되는 이상 현상은 시공과정이나 시공 후에 주로 발생하지만 그 원인은 설계 단계에서의 불충분한 조사와 검토, 공법 선정의 오류에 의해서도 흔히 찾을 수 있다.

(2) 따라서 설계단계와 시공 전 과정에서 충분한 검토와 주의가 필요한 바 여기서는 시공과정 중심으로 문제점을 파악하고 그에 대한 대응책을 살펴보고자 한다.

2. 기성 콘크리트 말뚝 설계상의 문제점

(1) 지반조사의 불충분

1) 말뚝 지지층 선정의 부적합

2) 지중 장애물 파악 불충분

3) N치에 과잉 의존

(2) 말뚝 지지 기능의 불충분한 검토

(3) 시공 공법 선정 오류

3. 기성 콘크리트 말뚝 시공의 문제점과 대책

(1) 말뚝 타입 곤란(관입 불능)

1) 원인

① 전석층이나 지중 장애물이 있을 경우

② 항타에너지 손실

③ 해머의 선정 부적합이나 해머 용량 부족

④ 매입 말뚝 시 공벽의 붕괴

2) 대응 방안

① 지반조사 철저

② 지반에 맞는 공법 선정

타격공법, 압입공법, 매입말뚝공법

③ 시항타에 의한 해머의 크기와 용량 선정
④ 지하수에 대한 조치, 굴착 충격 최소화로 공벽 붕괴 방지
⑤ 굴착 후 공벽을 방치하지 말고 신속하게 말뚝 매입(매입 말뚝)

(2) 말뚝의 하자와 결함

1) 지지력 부족 및 말뚝의 침하

원인	대응책
부마찰력 교란효과 수직도 불량에 의한 지지력 감소 말뚝의 Sliding 근입 깊이 부족 편심	지반 보강실시 SL Pile 사용 매입 말뚝의 굴착 속도 유지 말뚝의 수직도는 1/100 이하로 유지 경질 지반까지 말뚝 근입 지지력 시험 후 부족 시 보강 실시

2) 파일의 손상, 파손 및 균열

손상 및 균열 형태	원인	대응책
압축파괴 전단파괴 횡방향 균열 종방향 균열 말뚝 선단 분할	과다 항타, 편타 타격 에너지(F)의 과다 말뚝의 강도 부족	말뚝 강도 증대, 고강도 말뚝 사용 항타기와 말뚝 간 경사 수정 해머의 용량 및 낙하고 조정 쿠션재 보강 말뚝 선단부의 Shoe 보강

3) 파일 두부 불량

유형	원인	대응책
두부 균열 두부 파손 말뚝 머리 부족 두부 정리 부실	해머의 용량 과다 타격 에너지 과다 무리한 항타 및 편타 말뚝 품질의 결함 쿠션재의 부적합	타격 에너지의 적정 유지 (해머 용량, 낙하고, 타격 속도) 편타 방지 철판 캡을 이용하여 말뚝 머리 보강 쿠션재 보강 말뚝 길이 여유 확보 말뚝 머리 철근 시공 후 보강

4) 이음부/중간부 파손 및 불량

유형	원인	대응책
이음부 부식 축선 불일치 이음부 취약 중간부 균열	이음방식 부적합 이음부 철물의 부식 경질지반 매립층 하부 연약지반	이음부 철물 방청 처리 내식성 철물 사용 타격 에너지 조절 쿠션재 중첩 사용 말뚝 재원 조절

5) 선단부 파손

원인	대응책
말뚝 Shoe의 파손 과잉 타격 지지층의 경사로 인한 선단부 활동	말뚝 선단부의 Shoe 보강 항타에너지 조절 슬라이딩 방지

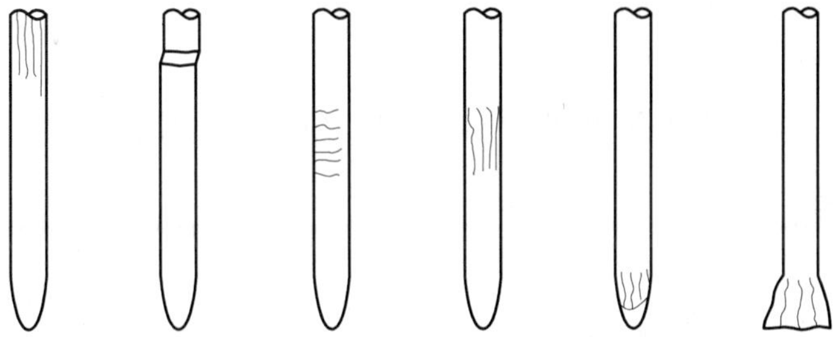

① 압축파손 ② 전단파손 ③ 횡균열 ④ 종균열 ⑤ 폐단말뚝 선단파손 ⑥ 개단말뚝 선단파손

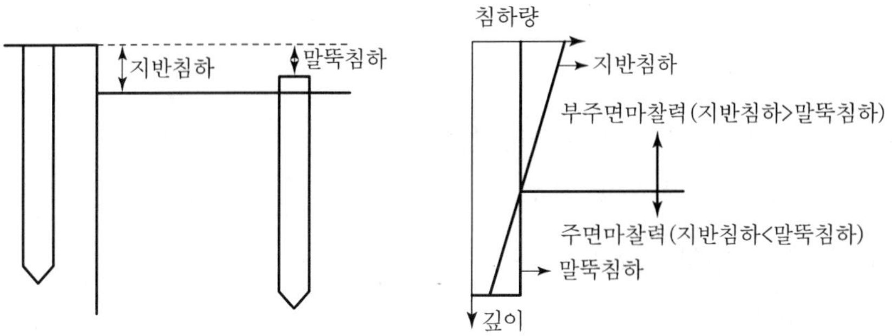

6) 파일의 휨, 좌굴현상

① 원인

㉠ 길이 과다

㉡ 토압의 작용

② 대응책

파일 단면 규격 증대

(3) 공해 발생

1) 소음

① 원인

㉠ 항타 작업 소음

㉡ 장비의 이동에 의한 소음

② 대응책

㉠ 저소음 공법 채택

㉡ 타격 공법보다 매입 말뚝 시공

㉢ 저소음 장비 사용

㉣ 방음 커버, 방음 울타리 시공

㉤ 타격 높이 최소화

㉥ 작업 시간 조절 : 아침, 저녁, 야간에는 작업 중단

2) 진동

① 대응책

㉠ 저진동 공법 사용

㉡ 타격 높이 최소화

3) 분진

① 대응책

㉠ 방진막, 방진 울타리 설치

㉡ 살수 및 도로 청소

4) 지반 및 인접 구조물 피해

① 유형

㉠ 지반의 침하, 도로의 침하, 인접 구조물의 침하

㉡ 구조물의 균열

② 대응책

㉠ 지반 보강 실시

㉡ 기초 보강 실시(언더피닝)

(4) 지중 매설물의 파손

1) 유형

상수도, 하수관로, 통신관로 등의 침하 또는 누출

2) 대응책

사전 조사 후 매설물의 이설, 보강 조치 후 작업

(5) 안전사고 발생

1) 유형

① 장비의 전도

② 고압선 접촉 사고

2) 대응책

① 연약지반 작업시 장비의 보강판 설치

② 장비 균형 유지

③ 고압선로 방호판 설치 및 접촉 주의

number 30 Pre-boring(SIP) 공법

※'01, '03, '04, '05, '07, '13

1. 개 요

(1) 선행 굴착 공법은 Auger로 미리 굴착을 하여 천공이 완료되면 CON'c 기성 말뚝을 삽입하여 타격이나 압입에 의해 말뚝을 설치하는 공법이다.

(2) 소음과 진동이 적어 항타 작업을 할 수 없는 도심지 공사에서 기성 말뚝에 의한 기초 시공시 유리하며 SIP공법에서 Mortar 주입 공법과 조합하여 사용한다.

2. 특 징

(1) 저소음, 저진동으로 도심 공사에 적합하다.

(2) 역회전이 가능하여 굴진과 교반 작업의 구분 시공이 가능하다.

(3) 여러 종류의 지층에 적용이 가능하다.

(4) 말뚝 머리의 파손이 적으며 말뚝 손상이 적다.

(5) 단축 오거를 사용하면 풍화암 정도의 단단한 지반도 굴착이 가능하다.

(6) 공정이 단순하여 공기가 절감된다.

3. Pre-boring과 SIP 공법

(1) 일반 Pre-boring 공법

1) 오거로 작업시 모르타르 주입 없이 천공한다.

2) 천공 완료 후 오거를 인발하고 기성 말뚝을 삽입한다.

3) 말뚝 삽입 후 압입이나 타격에 의해 말뚝 설치를 완료한다.

4) 공벽 붕괴를 위해 안정액을 사용하기도 한다.

5) 일반적으로 많이 사용되지 않는다.

(2) SIP(Soil Cement Pile, Soil Cement Injected Precast Pile) 공법

1) Pre-boring과 모르타르 주입 공법을 조합하여 사용한다.

2) 오거로 굴착시 Cement Paste를 주입하면서 천공한다.

3) 천공 완료 후 오거를 역회전시키며 인발한다.

4) 기성 Pile 삽입 설치

5) 단순 Pre-boring보다 시공력이 우수하여 많이 사용하고 있다.

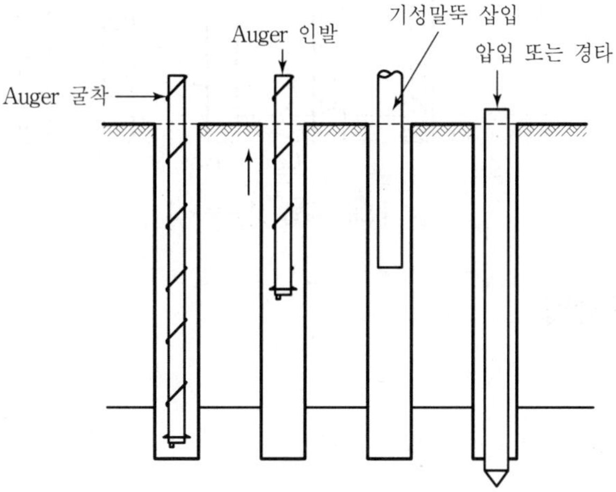

[Pre-boring 공법]

4. 시공순서

(1) 천 공

1) 천공 위치를 표시한다.

2) Cement Paste를 주입하면서 굴착한다.

3) 단단한 지반이 아닐 때에는 3축 오거를 사용하여 천공 시간을 줄인다.

4) 설계심도까지 굴착한다.

5) 천공시 수직도를 수시로 확인한다.

(2) 오거 인발

1) 오거를 역회전시키면서 Cement Paste를 구멍 내부에 주입한다.

2) 규정 속도로 수직으로 세워서 인발한다.

(3) Pile 삽입과 설치

1) 기성 Pile을 말뚝 자중에 의해 삽입한다.

2) 압입(바이브레이터)이나 타격(해머)에 의해 제자리에 위치시킨다.

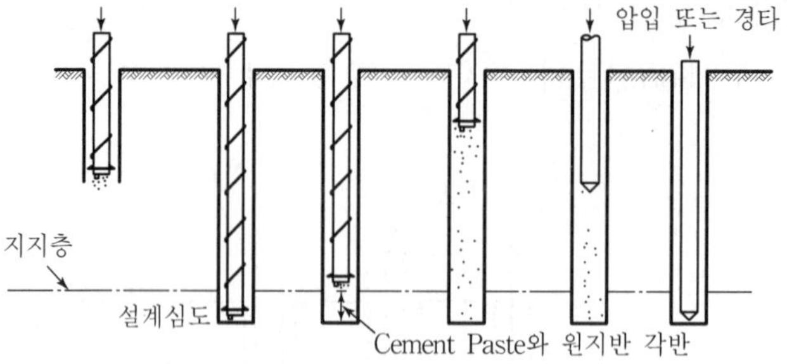

[SIP 공법 시공순서]

5. 시공시 유의사항

(1) 천공시

1) 천공 위치를 미리 정확히 표시하여 놓는다.
2) 천공은 말뚝 지름보다 10cm 정도 크게 한다.
3) 수직도 유지
   ① 굴착속도가 빠르면 수직도 유지가 어렵다.
   ② 굴착 도중 수시로 점검하고 조정하여야 한다.
4) 설계심도까지 굴착하고 미달하면 재굴착한다.
5) 주입용 Paste의 점도가 너무 낮거나 높지 않도록 한다.

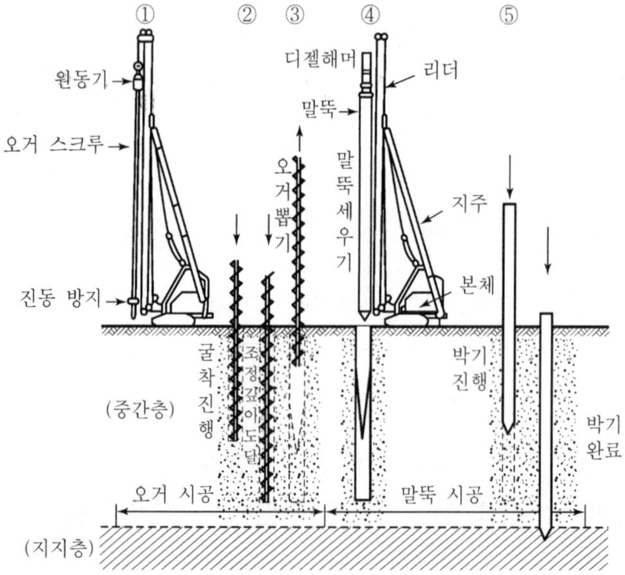

[프리보링 타격 공법의 시공순서]

(2) 오거 인발시

1) 인발 속도가 너무 빠르지 않도록 한다.

2) 인발시에도 수직도를 유지하여 벽면 손상이 없도록 한다.

3) Pre-boring시 지반이 연약하면 안정액을 사용한다.

(3) Pile 삽입과 설치시

1) 기성 Pile 삽입시에는 무리한 타격이나 압입을 하지 않는다.

2) 삽입이 완료되면 압입이나 타격을 한다.

3) 선단 지지력이 확보되어야 한다.

4) 타격시에는 말뚝 손상 방지 조치를 한다.

5) 설치 완료 후 말뚝에 진동과 충격을 금지한다.

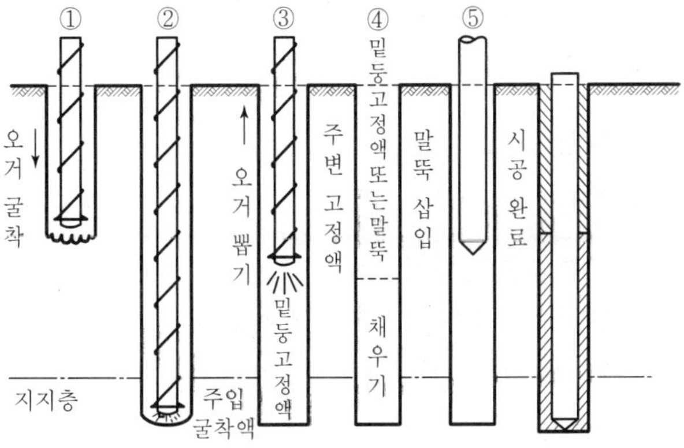

[시멘트 밀크 공법의 공정]

(4) 말뚝 파손 방지 및 두부정리

1) 말뚝머리 절단을 커터기나 충격을 주지 않는 기구를 사용하여 절단한다.

2) 정리 완료된 말뚝은 이음부 오염이 없도록 주의한다.

number 31 현장 타설 CON'c Pile

※'78, '87, '94, '98, '99, '09, '10, '12, '13

1. 개 요

(1) 현장 CON'c 말뚝은 현장에서 말뚝위치에 천공을 하고 CON'c를 채워넣어서 말뚝을 설치하는 공법이다.

(2) 소음과 진동이 적고 말뚝길이를 자유롭게 조정할 수 있으며, 재료의 운반과 수송에 제약이 없으나 시공속도가 늦고 균일한 품질확보가 어렵다.

(3) 현장 CON'c Pile의 종류에는 관입공법, 굴착공법, Pre-packed Pile이 있다.

2. 현장 CON'c Pile의 종류와 특징

(1) 굴착공법

1) Earth Drill 공법

① Drilling Bucket을 이용하여 굴착하고 CON'c 타설하는 공법

② 소음과 진동이 적다.

③ 기계가 소형이며 굴착속도가 빠르다.

④ 지하수가 없는 점토질에 적당하다.

⑤ 붕괴가 쉬운 사질이나 자갈층에는 부적당하다.

⑥ 벤토나이트 안정액에 의한 슬라임 처리가 불확실하여 초기 침하에 주의해야 한다.

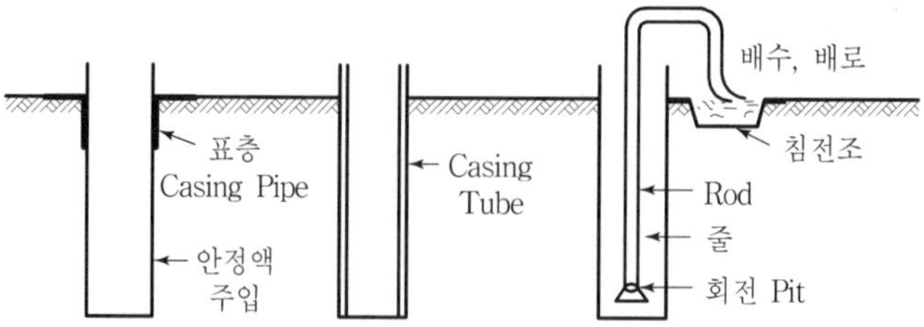

[Earth Drill] [Benoto] [RCD]

2) RCD 공법

① 드릴 선단에서 물을 분사하는 동시에 굴착을 하고 토사와 물을 배출시켜 천공하는 방법

② 수상작업에 유리하다.

③ 공벽붕괴 우려가 크고, 자갈이나 암석층은 굴착이 곤란하다.

④ 시공속도는 빠르나 정수압 관리가 어렵다.

3) Benoto 공법(All Casing 공법)

① Casing을 지중에 관입하여 굴착하고 철근을 삽입한 후 CON'c를 타설한다.

② 붕괴위험이 큰 자갈층에 적당하다.

③ 굴착깊이가 큰 곳에 사용가능하고, 지층 확인이 쉽다.

④ 기계가 대형이고 굴착속도가 느리며 고가이다.

공 법	굴착기계	공벽 보호	적용 지반
Earth Drill 공법	Driling Bucket	Bentonite	점토
Benoto 공법	Hammer Grab	Casing	자갈
RCD 공법	특수 Bit+Suction Pump	정수압(0.2kg/cm^2)	사질, 암

(2) Pre-packed CON'c Pile

1) CIP

① Auger로 천공하고 자갈을 충진한 후 모르타르를 주입하여 말뚝을 형성하는 공법

② 지하수가 없는 경질지반에 적합하다.

③ 지름이 크고 길이가 적은 말뚝에 사용한다.

④ 도심 좁은 장소에도 장비투입에 유리하다.

2) MIP

① 선단에서 시멘트 페이스트를 분출하면서 굴착한 Soil CON'c Pile 형성 공법

② 주열식 흙막이 연속벽(SCW)으로 시공이 가능하다.

3) PIP

Screw Auger로 흙과 Auger를 끌어올리며 굴착하여 토사를 제거하며 Auger 선단에서 모르타르를 주입하여 말뚝을 형성하는 공법

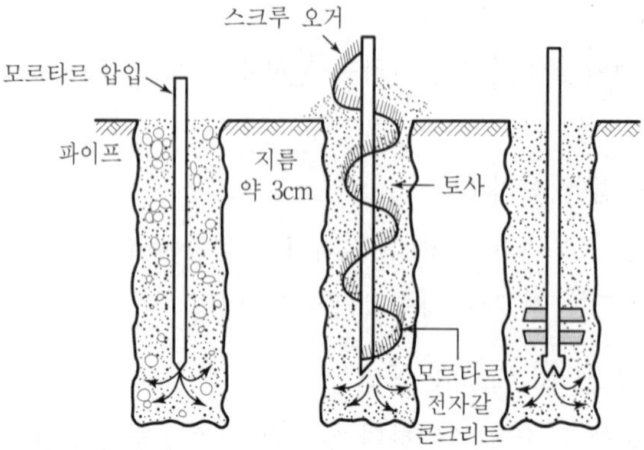

[CIP 말뚝] [PIP 말뚝] [MIP 말뚝]

(3) 관입공법

Pedestal Pile, Simplex Pile, Franky Pile, Compressol Pile 등이 있으나 많이 사용되지는 않는다.

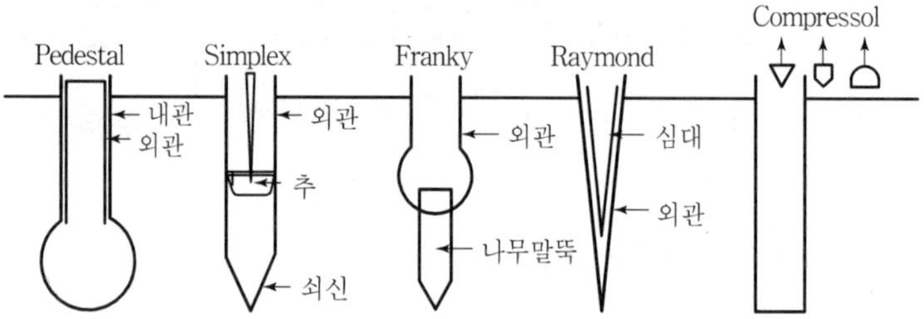

3. 현장 CON'c Pile 품질관리 사항

(1) 선단지반 연약화 방지

1) 굴착시 발생하는 진동과 충격으로 지반의 지지력이 감소한다.
2) 공벽 내부의 수위를 지하수 수위보다 높게 유지한다.
3) 저진동 공법의 채택, 굴착속도를 너무 빠르지 않게 한다.

[오거를 이용한 굴착속도]

지 질	굴착 속도(m/min)
실트, 점토	5 이하
단단한 점토, 조밀한 모래	4 이하
자갈	3 이하

(2) 공벽 붕괴방지

1) Earth Drill시 벤토나이트 안정액 수위 유지

2) RCD 사용시 정수압 0.2kg/cm² 유지

3) 표층부는 Casing 사용

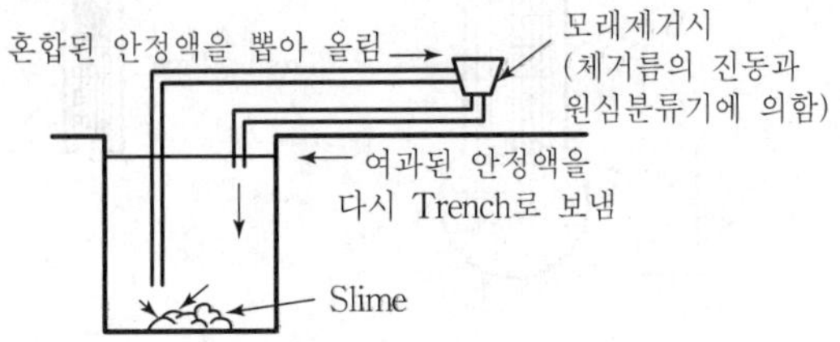

[Desanding]

(3) 수직도 관리

굴착공사시 CON'c Pile이 건축 예정선 내부로 들어오지 않도록 경사계를 부착하여 지속적으로 관리한다.

(4) CON'c 품질 유지

1) 타설시 발생되는 재료분리는 벽체 약화와 누수의 원인이 된다.

2) 슬럼프치를 18cm 정도로 유지한다.

3) 철근망 삽입 후 타설시 유동이 없도록 고정한다.

4) CIP나 PIP는 토사제거를 확실히 한다.

(5) Pile 단면과 규격 확보

1) 말뚝의 소요직경과 길이를 충분히 확보하도록 한다.

2) 지지층에 1m 이상 정착되어 지지력을 확보하도록 한다.

3) 말뚝선단 확대 각도는 30° 이내로 유지

(6) 공해 관리

1) 소음과 진동을 최소화한다.

2) 지반 연약화로 인한 인근 지반 및 도로 등의 침하방지

3) 폐안정액은 산업폐기물로 처리한다.

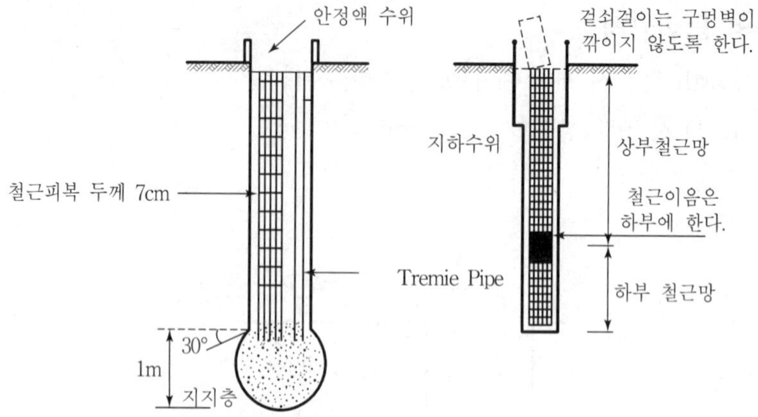

[품질관리사항]

4. 맺음말

소음과 진동에 민감한 도심공사에서는 현장 CON'c Pile이 기성 Pile에 비해 더 유용하며, CON'c 품질을 유지하기 위해서는 굴착시 공벽 붕괴방지와 수직도 유지, Pile의 지지력 확보가 필요하며, 각 공법에 알맞은 시공관리를 하여야 한다.

number 32 현장 타설 콘크리트말뚝 하자 유형과 대책

※'12, '20

1. 개요

현장 타설 콘크리트 말뚝은 지반 여건, 지하수 상태, 시공 방법 등에 따라 품질적 차이가 크고 하자가 발생하기 쉽기 때문에 시공과정뿐만 아니라 설계 단계에서 충분한 조사와 검토, 공법 선정 등을 통해서 하자를 방지하여야 한다.

2. 현장 말뚝 하자 유형과 대책

(1) 말뚝 형상 불량 및 콘크리트 불량

유형	원인	대책
배부름 현상	연약지반	지반 조사 철저, 지반 보강
병목 현상	슬라임 혼입	슬라임 제거
시멘트풀 유출	피압수	지하수에 대한 조치
재료 분리	트레미 연속타설 불량	트레미관을 이용한 연속 타설저
콘크리트 유동성 부족	작업 지연	레미콘 공급이나 작업 지연방지
굴착토 슬라임	슬라임 제거 불량, 공벽 붕괴	슬라임 제거, 굴착충격 최소화
공동(측면, 하부)	콘크리트 타설 불량	콘크리트 충전확보
균열	강도 부족, 침하	슬라임 방지
이음, 파쇄	연속타설 불량, 강도 부족	연속타설, 슬라임, 지하수 혼입 방지

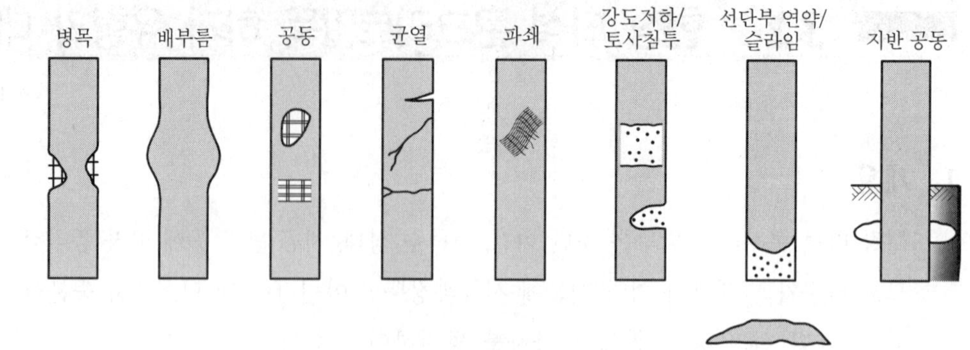

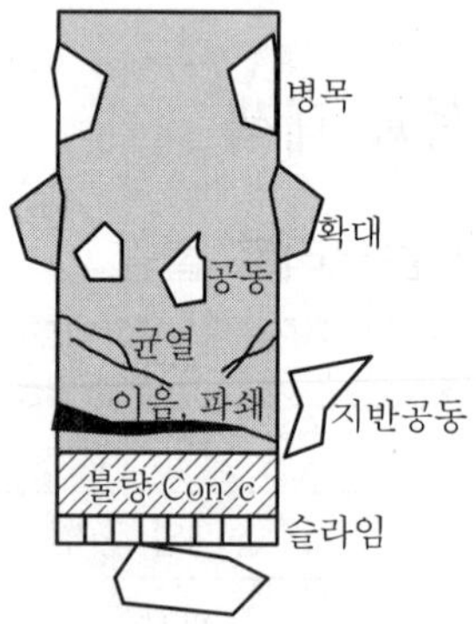

(2) 공벽 붕괴

원인	대응책
공내압 부족 공내 수위 유지 실패 장기 방치 빠른 굴착속도 과도한 공내 수압	적정 공내 압력 유지 굴착 후 신속한 후속 콘크리트 타설 피압수 유입 방지 케이싱 등 공벽 유지 대책 사용 지반별 적정 굴착 속도 유

(3) 굴착 불가능

원인	대응책
지반 내 호박돌 존재 경사 지반 세사층, 전석층에서의 케이싱 시공 능률 저하	지반에 맞는 공법 및 장비 사용

(4) 기구 매설

유형	원인	대응책
케이싱 인발 불가능	lock pin의 마모 절단	lock pin 점검 및 교체
Caliber 파단	파단	Caliber 점검
버켓 인발 불가능	공벽 붕괴로 매설	공벽붕괴 방지
Hammer grab 낙하	와이어 절단	와이어 점검 교체

(5) 철근망 부상

원인	대응책
콘크리트 타설 속도가 빠른 경우 말뚝의 휨 슬라임 보일링 현상	적정 타설 속도 유지 보일링 방지 슬라임 제거 철근망 고정

3. 결함 보강 대책

(1) 말뚝 건전도 확인

비파괴 검사 ⇒ Core boring ⇒ 재하 시험

(2) Grouting

다단식 그라우팅으로 하고 Micro cement를 사용하여 미세 균열에 주입을 확실히 한다.

(3) 고압 분사

슬라임 또는 결함부가 심한 경우 결함부가 완전 치환되도록 고압분사 적용

(4) Micro pile

결함 정도가 큰 경우 Micro pile과 철근 보강 후 그라우팅 실시

PART 2

철근콘크리트공사

Contents

Professional Engineer Architectural Execution

number 1 가설공사 항목과 종합가설 계획

※'81, '82, '94, '97, '00, '03, '07, '10, '11, '12, '13, '23

1. 개 요

(1) 가설공사는 본공사를 위하여 일시적으로 설치되며 공사가 완료되면 해체, 철거, 정리되는 임시적 설비를 말한다.

(2) 가설공사는 공통 가설공사와 직접 가설공사로 분류되며, 일반적으로 설계도서에 표기되지 않으므로 사전에 현장여건, 공사규모, 공사기간 등을 검토하여 계획해야 한다.

(3) 가설공사 계획시에는 본공사 공정에 맞춰 설치시기를 조정해야 하며 설치규모, 반복사용에 의한 전용성, 시공성, 안전성, 공해성 등을 고려하여 설치해야 한다.

2. 가설공사의 문제점

(1) 도면에 명시 없음

도면이나 시방서에 특별한 명시가 없으므로 시공자가 계획하여 시공한다.

(2) 원가비율이 높음

전체 공사비의 10% 정도로 원가 비율이 높으므로 가설계획 수립시 충분한 사전 검토를 통해 공사비 절감의 방법으로 활용한다.

(3) 낮은 전용성

부재의 파손을 줄이고 전용률을 높이기 위해 Unit한 부재를 사용하여 조립해체를 용이하게 한다.

(4) 구조적 안정성 부족

1) 연결부위가 취약한 구조
2) 부재결합이 많아 불안한 구조
3) 정밀도가 낮은 구조
4) 부재가 과소단면 결함이 있는 구조

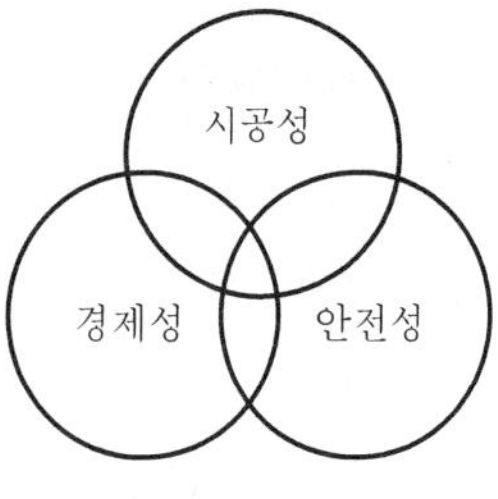

[가설공사의 요구조건]

3. 가설공사 항목

(1) 공통 가설공사(간접 가설공사)

공사 전반에 걸쳐 공통으로 사용되는 공사용 기계설비 및 공사관리에 필요한 시설을 말한다.

1) 대지조사

① 부지측량-경계측량, 현황측량, 벤치 마크(Bench Mark)

② 지반조사-지질조사, 지하수조사, 지하 매설물조사

2) 가설도로

① 현장 진입로, 현장 내 가설도로

② 가설교량

3) 가설울타리

시방서에 정하는 바가 없을 때에는 지반에서 1.8m 이상으로 설치한다.

4) 가설건물

① 가설사무실, 숙소, 식당, 세면장, 화장실, 경비실 등

② 본공사 건물의 위치를 확인한 후 가설물의 규모, 위치 등을 결정한다.

5) 가설창고

① 시멘트 창고, 위험물 저장탱크, 자재창고

② 가설사무실과 가까운 곳에 설치하여 관리한다.

6) 공사용 동력(가설전기)

① 전력 인입시 가설전선을 보호하기 위해 튜브 또는 케이블을 사용하여 먼저 시설을 설치하고, 책임자를 두어 관리한다.

② 작업 및 안전사고 예방, 방범 등에 지장이 없도록 가설조명장치를 꼭 설치한다.

7) 가설용수

① 공사용, 식수용, 방화용, 위생설비, 청소용

② 수도 인입 또는 지하수 개발을 통해 확보한다.

8) 시험실

① 가설사무소와 근접한 위치에 설치한다.

② 본 공사용 투입자재, 모래, 자갈, 벽돌, 레미콘 등에 대한 각종 시험을 실시한다.

9) 공사용 장비

① 굴삭기, 덤프, 콤프레샤, 타워크레인, 호이스트

② 공사용 장비는 적재하중의 초과 및 과속 등을 피하고 안전운행을 하며, 수시로 점검하고, 운전자에 대한 안전교육을 하여 안전관리에 만전을 기한다.

10) 운 반

재료, 기계, 장비의 현장 내 소운반 및 반입, 반출계획을 세운다.

11) 인접 건물의 보호

① 인접 건축물의 보호

② 지하매설물 복구

③ 인접 건축물 및 지하매설물 보호

12) 양수 및 배수설비

① 고소작업시 공사용수는 고압펌프로 양수한다.

② 현장 내 오수·배수는 여과시킨 후 배수한다.

13) 위험방지시설

① 공사 중 위험한 장소에는 울타리, 난간을 설치한다.

② 경시줄을 쳐서 위험표시를 하며, 야간에는 빨간색 전구를 써서 표시하고, 특히 주의해야 할 곳은 감시원을 배치한다.

14) 폐기물 처리 및 현장 정리

① 공사용 잔재, 콘크리트 찌꺼기, 벽돌 파손재, 합성수지재 등의 불용 잔재처리

② 쓰레기·오물류의 폐기물처리가 있다.

15) 기 타(통신설비, 냉·난방설치, 환기설비)

① 가설전화, 작업용 무전기, 공중전화 등의 통신설비를 설치한다.

② 냉·난방설비는 가설사무소 및 작업장의 안전한 곳에 설치한다.

③ 지하실, Pit, 작업장 등에는 환기 및 비산먼지를 방지하기 위한 설비를 설치한다.

(2) 직접 가설공사

1) 규준틀설치

① 수평규준틀, 귀규준틀, 세로규준틀

② 규준틀을 건축물의 모서리 및 기타 요소에 설치한다.

2) 비계공사

① 외부비계 : 건물 외부에 설치하되 본공사에 지장이 없도록 설치한다.

② 내부비계 : 건물 내부 천장 등의 내부공사에 필요하다.

③ 수평비계

④ 작업발판

㉠ 작업발판의 폭은 0.4m이상

㉡ 겹침길이 20cm이상

㉢ 발판사이 틈은 3cm이내

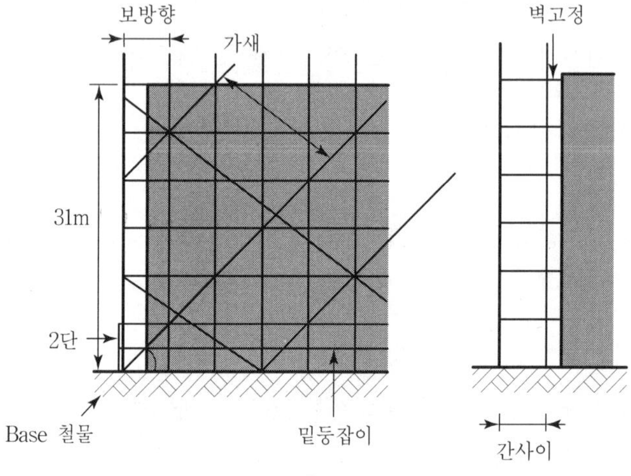

[강관비계 조립도]

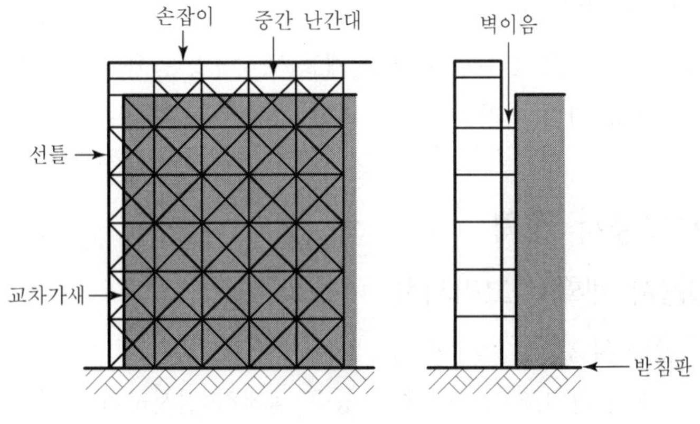

[틀비계 조립도]

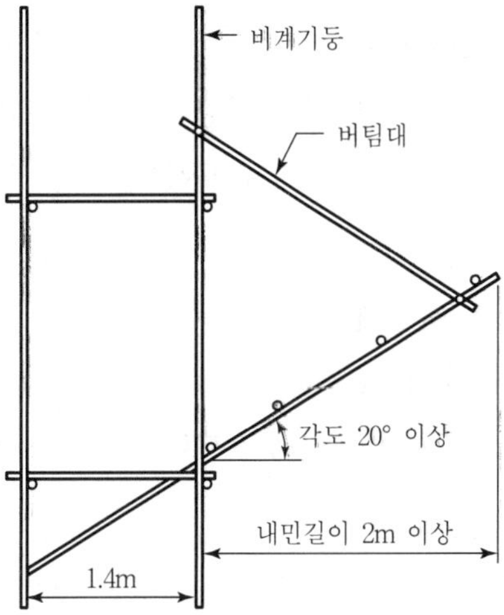

[낙하물 방지망의 조립]

3) 안전시설

① 안전난간대, 안전선반, 낙하물방지망, 위험표지

② 추락의 위험이 있는 곳이나 낙하물의 위험이 있는 곳에 안전시설물을 설치한다.

4) 건축물 보양

① 콘크리트보양, 타일보양, 석재보양, 창호재보양, 수장재보양

② 공사 중 또는 작업 후 재료의 강도 및 구조물을 보호하기 위해 보양을 철저히 한다.

5) 건축물 현장정리

① 공사 중 또는 끝난 후에는 재료운반 작업 등에 의한 오염 및 손상을 방지한다.

② 현장 내의 여러 자재 및 작업 잔재물 등을 정리 청소한다.

4. 종합 가설공사 계획

(1) 가설공사 계획시 고려사항

1) 사전조사 철저

① 주변 환경조사, 지반조사 등을 철저히 실시하여 조사 분석한다.

② 시공계획을 철저히 수립하여 사전조사 부족에 따른 공법변경이나 공법수정 등의 공기지연 발생요인을 방지한다.

2) 가설공사 설치시기

① 가설공사 항목에 따라 본공사 진행속도에 맞추어 설치한다.

② 본공사에 영향을 주지 않도록 면밀한 시공계획을 수립한다.

3) 설치위치

① 설치위치 선정에 따라 공기에 영향을 미치기 때문에 본공사의 진행상 지장이 없는 곳이 좋다.

② 이용에 적절한 곳을 설정한다.

4) 설치규모 및 성능

① 본공사의 구조, 규모에 따라 필요한 가설공사 항목을 결정하고, 가설규모를 결정한다.

② 가설장비, 설비, 성능 등은 본공사에 지장이 없는 범위 내에서 선정한다.

5) 공사 공정관리 측면

① 가설구조물, 시공장비, 시공설비의 효율성과 적용성에 따라 본공사의 공정관리에 지장을 초래할 수 있다.

② 공사의 입지조건에 따라 적재적소에 적량의 가설물을 설치 또는 배치한다.

6) 공사 품질관리 측면

① 재료의 운반 및 재료 적치장, 각종 조사

② 각종 시험, 시공장비 선택 및 시공시설 등의 부적합시 품질 면에 영향을 미친다.

7) 공사 원가관리 측면

① 가설공사의 특성상 현장관리자의 경험과 능력에 따라 원가절감이 가능하기 때문에 면밀하게 계획한다.

② 가설재의 개발로 노무비 절감을 통한 원가관리를 할 수 있다.

8) 공사 안전관리 측면

① 가설공사는 다른 공정에 비해 사고발생률이 높으므로 안전성 확보에 유의해야 한다.

② 타공정과의 연계성을 고려하여 재해 예상 부분에 대한 사전예방과 재해발생시 즉각 조치할 수 있어야 한다.

9) 동력, 용수설비의 적합성 검토

① 동력설비 및 용수설비의 적정용량을 산출한다.

② 동력용량의 부족으로 인한 장비사용의 불가능이나 공사용수 부족으로 인한 공기지연과 공사비 증대를 방지한다.

10) 기계장비의 적합성 및 반·출입 검토

① 시공 기계장비의 수량, 규격, 성능 등을 사전에 조사한다.

② 공사진행에 따라 적정한 시기에 반·출입할 수 있도록 검토한다.

11) 화재예방 및 방화설비

① 현장의 안전한 곳에 위험물을 저장한다.

② 화재예방 및 방화설비를 철저히 준비하여 불의의 사고로 인한 공사중단이 없도록 준비한다.

12) 환경보전설비

① 공해에 따른 민원발생과 그로 인한 공사 중단이나 공기지연을 초래하여 공사비가 상승하는 요소를 미연에 방지한다.

② 공사계획시 현장 주위에 대한 사전조사를 철저히 하며, 예상되는 공해요소에 대한 방지설비 및 방지책을 마련한다.

13) 양중설비 고려

T/C, Lift 등 양중 설비에 대한 설치와 해체 시기, 방법 등을 고려한다.

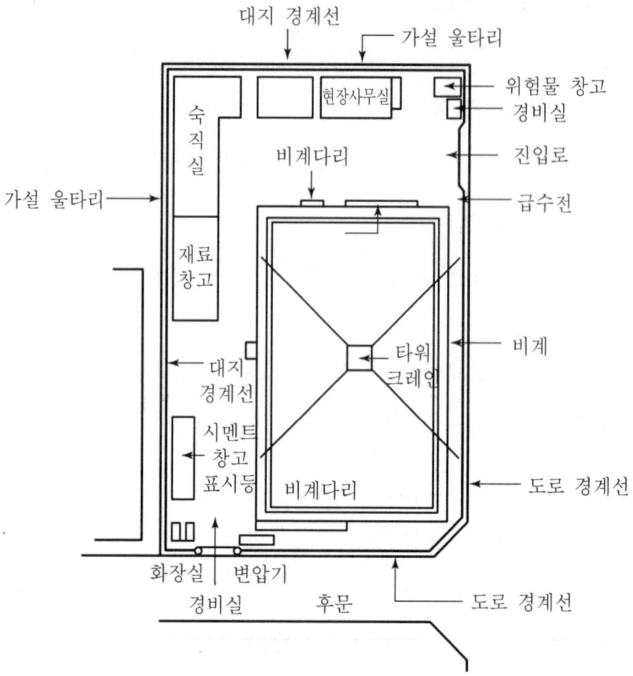

[종합 가설공사 계획도]

(2) 가설공사비 구성 검토

1) 가설공사비는 일반적으로 전체 공사비의 10% 정도 차지

2) 가설공사비 구성

① 가설재료비 : 3%　　② 가설노무비 : 2%

③ 전력용수비 : 3%　　④ 기계기구비 : 2%

3) 가설공사비 분류

① 공통 가설공사비

② 직접 가설비

5. 가설재의 개발방향

(1) 강재화

1) 강도상 안정하고 내구성이 우수해야 한다.

2) 접합부 안정성이 확보되어야 한다.

(2) 경량화

1) 취급 및 운반이 용이해야 한다.

2) 가설부재의 부피가 축소되어야 한다.

(3) 표준화

1) Unit한 부재의 사용으로 조립 및 해체가 반복적으로 가능해야 한다.

2) 대량 생산에 의한 비용 절감이 가능하도록 해야 한다.

3) 부재의 전용성이 높아지도록 개발되어야 한다.

(4) 단순화

1) 조립 · 해체가 용이해야 한다.

2) 단순구조여야 한다.

(5) 전문화

각 부분별로 전문화가 되어야 한다.

(6) 고강도화

1) 가설재의 고강도화로 전용횟수를 증가해야 한다.

2) 구조상 안전하며 강성이 커서 단면 감소가 가능하도록 한다.

(7) 재활용 가능

폐기물이 감소되고 파손시 재활용이 될 수 있어야 한다.

6. 맺음말

가설공사는 계획 수립의 적합성에 따라 전체 공기와 공사비에 미치는 영향이 매우 크므로 이러한 특성을 잘 파악하여 현장 여건에 맞는 최적의 계획 수립과 이를 적용하려는 노력이 필요하다.

number 2 가설공사의 영향과 가설 계획시 주의사항

※'00, '03, '07

1. 개 요

(1) 가설공사(Temporary Work)는 본공사의 원활한 진행을 위하여 임시로 설치되는 제반 시설 및 수단의 총칭으로 공사 완료 후 해체하게 된다.

(2) 가설공사의 적절한 계획·시공에 따라 본공사가 경제적이며 안전하게 이루어질 수 있으므로 초기에 적합한 계획을 수립하여 시공하는 것이 필요하다.

2. 공통가설과 직접가설 항목

구 분	직접가설	공통가설
역할	특정 공종, 공정을 지원(직접역할)	공사전반에 간접적 역할
항목	규준틀	가설 울타리
	외부비계, 내부비계	가설 건물(사무소, 숙소, 식당 등)
	동바리, 낙하물 방지망	가설 운반로, 도로
	보양(CON'c, 타일, 석재 등)	동력설비(전기)
	먹매김	용수설비(급, 배수)
	안전시설(방호 선반)	운반설비(T/C, Lift 등)
	현장 정리	시공장비(양중, 하역 등)

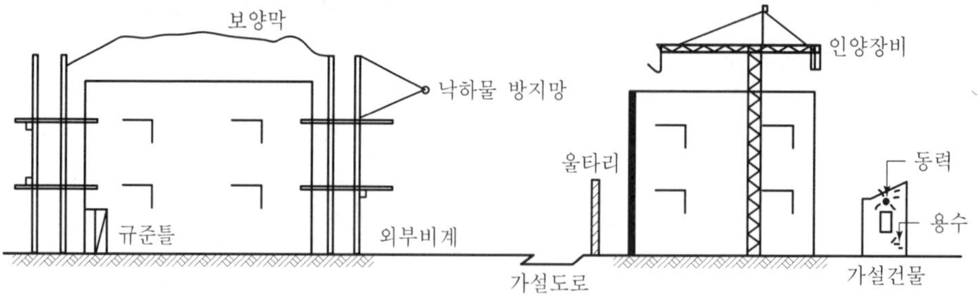

[직접가설]

3. 공사, 품질에 미치는 영향

(1) 공사비의 영향

1) 가설공사비 규모

총공사비 대비 가설공사비는 10% 정도를 차지한다.

2) 가설공사비 증대 요인

① 초고층 구조물로 가설재의 증가와 특히 양중 부담으로 인한 증가

② 설치·해체 반복

㉠ 안전시설물의 조립, 설치, 해체 반복

㉡ 울타리, 사무소의 해체, 이전

③ 전용성 제한시/무계획적 시공

현장 완성 후 폐기 처분

④ 노무 비용 증대

⑤ 고정비용 : 영수, 전력, 사무비 등

(2) 안전의 영향

1) 안전사고 비율

가설공사에서 총 안전사고의 70% 발생 : 추락, 낙하, 비산 등

2) 안전 위험 요인

① 불완전 시설물로 설치되는 특징

② 완전한 상태(안전상태) 유지 곤란 : 비계 등은 항상 위험 요소 산재

(3) 공기 영향 요소로 작용

1) 본공사의 진행에 지장을 줄 수 있다.(특히 공정 간섭)

2) 효율적 관리가 어렵다.

(4) 품질 저하 요인

1) 양중 시설 : CON'c 타설, 운반 등의 과정에서 CON'c 품질에 영향을 준다.

2) 동력, 용수 공급 : 원활한 공급이 되지 않으면 공기 지연 및 품질 저하 요인

3) 보양 설비 : CON'c, 타일, 석재 면에서 동해, 균열, 변색 요인

4. 가설계획시 유의 사항

(1) 사전계획 수립

(2) 설치시기 및 설치 위치에 대한 검토

(3) 가설재의 선정 : 강제화, 표준화, 전용성 고려

(4) 공사비 관리 : 현장 관리자의 시공노하우에 따라 원가절감 가능

(5) 기계, 장비 : 적합성, 효율, 반출입 시기 고려

(6) 작업 안전 : 낙하물 방지망, 추락방지망, 난간 등에 대한 지속적 관리가 가능하도록 계획, 화재, 감전 조치

(7) 해체 작업 고려 : 해체가 간단하고 비용이 적도록 계획

(8) 반입, 반출 고려 : 자재, 장비의 반입, 반출이 용이하도록 계획

(9) 공해, 민원 발생이 없도록 고려 : 소음, 분진, 교통장해가 감소되는 계획

number 3 외부 강관 비계 설치 공사

※'07, '13

1. 개 요

건축물 고소 작업을 위해 설치되는 외부 비계는 전도, 붕괴, 추락 및 낙하 등의 위험이 상존하고 있으므로, 규정된 설치 기준을 준수하여 조립하고 공사 과정에서 변형과 훼손이 없도록 지속적으로 유지 관리되어야 한다.

2. 강관 비계의 구조와 설치 기준(산업안전보건기준에 관한 규칙)

(1) 비계 기둥 간격

띠장 방향 1.85m이하, 장선 방향 1.5m 이하

(2) 띠장 간격

2m 이하로 설치

(3) 비계 기둥의 보강

비계 기둥의 최고부로부터 31m 되는 지점 밑부분의 비계 기둥은 2본의 강관으로 묶어 세울 것(브라켓 등으로 보강하여 그 이상의 강도가 유지되는 경우는 그러하지 아니한다)

(4) 비계 기둥 간 적재 하중

비계 기둥 간 적재 하중은 400kg을 초과하지 아니할 것

항 목	설치 기준
작업발판	폭 40cm 이상, 틈새 3cm 이하로 전면에 밀실하게 설치
비계 기둥 지반	되메움 흙은 다짐을 실시하고 깔판, 깔목을 설치하거나 콘크리트타설로 지반을 보강하여 침하 방지
가새	10m마다 수평면에 대해 40°~60° 방향으로 교차 가새로 설치 (가새는 클램프로 견고히 고정)
Toe Board	Toe Board 설치 (10cm 정도, 작업 발판 설치 후 자재의 낙하, 비산 등 방지)
벽 고정	수직 5m, 수평 5m 이내마다 견고히 고정
안전난간	상부 난간(90~120cm) 및 중간대를 견고히 설치
표지판	비계의 최대 적재 하중 및 추락, 낙하물 등 위험 표지판 부착
안전대 착용	2m 이상 고소 작업시 안전대 착용

3. 강관비계 설치 시 안전 준수 사항(산업안전보건기준에 관한 규칙)

(1) 미끄러짐이나 침하 방지

밑받침철물, 깔판, 깔목 사용, 밑둥잡이 설치

(2) 접속부 고정

강관의 접속부 또는 교차부는 적합한 부속 철물을 사용하여 접속하거나 단단히 묶을 것

(3) 가새

교차 가새로 보강할 것

(4) 벽이음 및 버팀 설치

1) 강관, 통나무 등의 재료를 사용하여 견고한 것으로 할 것
2) 인장재와 압축재로 구성된 때에는 인장재와 압축재의 간격을 1m 이내로 할 것

(5) 가공전로와 접촉 방지 조치

가공전로 이설, 가공전로에 절연용 방호구 장착

(6) 비계용 강관 및 부속철물은 안전인증을 받은 제품 사용

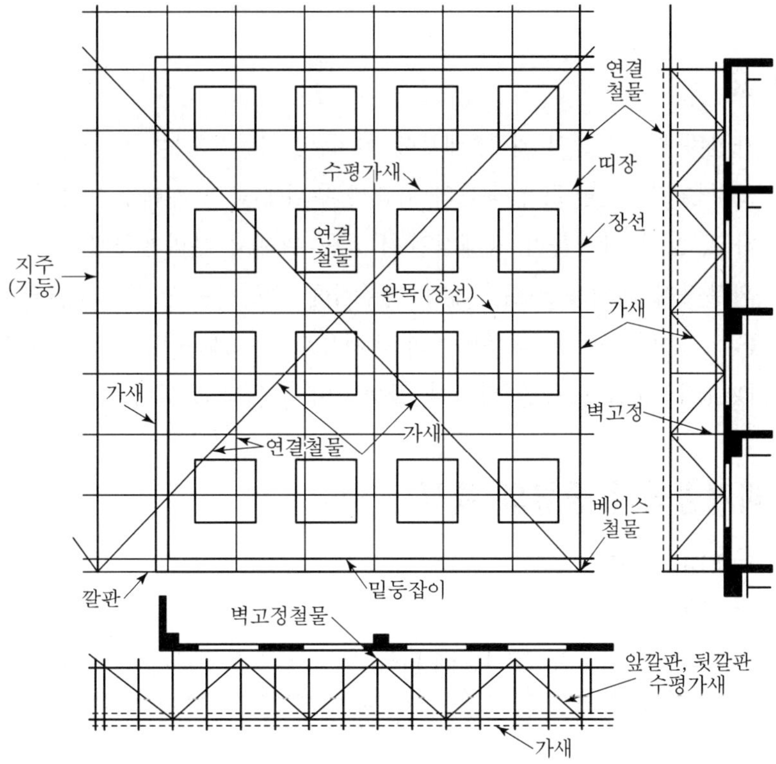

[강관비계 설치도]

4. 맺음말

외부 비계는 안전사고의 발생 비중이 높고, 대형 재해로 이어지기 쉬우므로 철저한 안전대책 수립 및 관리가 요구된다. 또한 설치 높이 한계를 극복하면서 가설 공사 감소를 통한 경제적 시공을 위해서는 내구성과 전용성, 조립성이 뛰어나며 안전성이 확보된 방식으로의 개선과 무비계 공법의 확대가 필요하다.

number 4 무지주, 무비계 공법 종류와 특징

※'01

1. 개 요

(1) 가설비계는 건물의 외부, 내부에 설치 및 이동을 하여 본공사의 원활한 진행을 보조하는 가시설물로, 건축물의 고층화 추세에 따라 재래식 비계의 높이 한계를 극복하고, 보다 안전하며 경제적인 시공을 위해서 무비계공법의 적용이 필요하다.

(2) 외부비계 대체용으로는 대형 거푸집에 작업대를 설치한 Gang Form, Climbing Form 등이 쓰이고, 내부비계의 대체용으로는 Bow Beam, Pecco Beam 등과 함께 Deck Plate를 이용한 다양한 공법들이 사용되고 있다.

2. 무비계공법의 종류와 특징

(1) Gang Form

1) 개 요

벽전용 거푸집으로 Panel Form과 비계를 일체화시켜 외부비계의 설치없이 외부마감을 동시에 할 수 있도록 한 공법

2) 특 성

① 외부마감 동시 가능
② 연속작업으로 공기단축
③ 시공정밀도 향상
④ 거푸집 전용횟수 증가
⑤ 성력화 가능
⑥ 거푸집 설치, 해체 감소
⑦ 대형 양중장비 필요

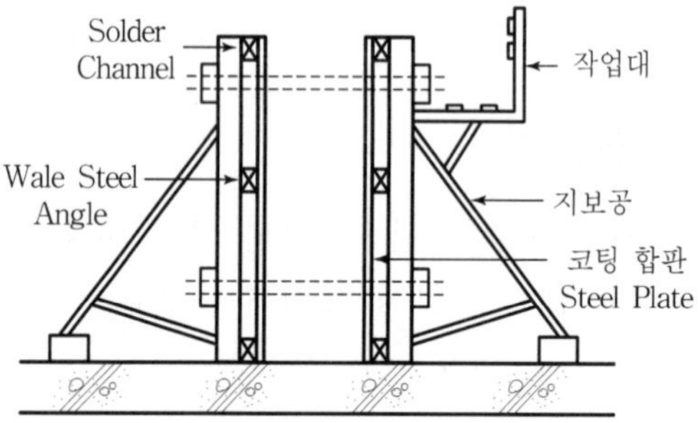

[Gang Form]

(2) Climbing Form(Sliding Form, Slip Form)

1) 개 요

거푸집을 수직으로 상승시키면서 CON'c를 연속타설해 나가는 거푸집으로 마감용 발판을 설치해 외부마감을 동시에 할 수 있도록 한 공법

2) 특 성

① 외부마감 동시 가능 ② 연속작업으로 공기단축

③ 균질의 CON'c ④ 거푸집 전용횟수 증가

⑤ 거푸집 설치, 해체 감소

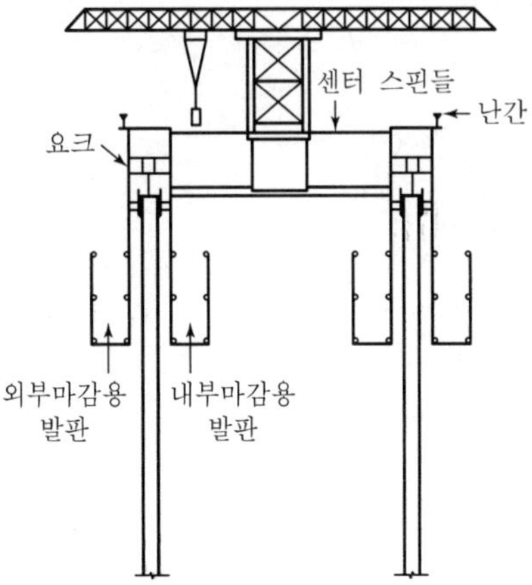

[Sliding Form]

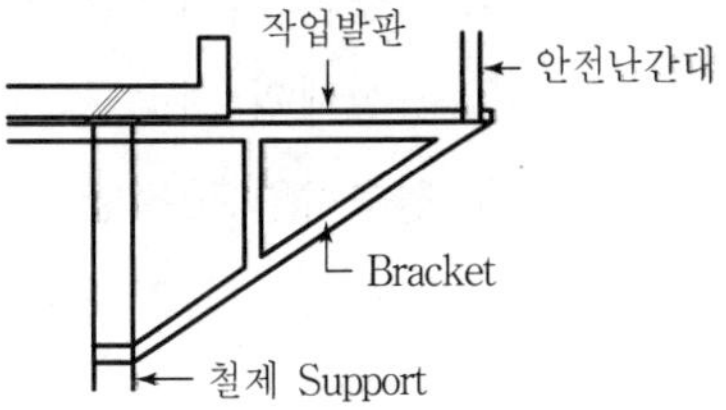

[Support 형태]

3. 무지주 공법의 종류와 특징

(1) Working Deck

1) 개 요

외부비계를 설치하지 않고 구조물에 지지하여 발판을 설치하는 방법으로 Parapet형과 Support형이 있다.

2) 특 성

① 작업의 안전성 확보

② 가설재의 절감

③ 1층 대지공간 활용 가능

④ 구조물에 설치작업시 안전대책 필요

⑤ 낙하물 방지시설과 중복시 설치 곤란

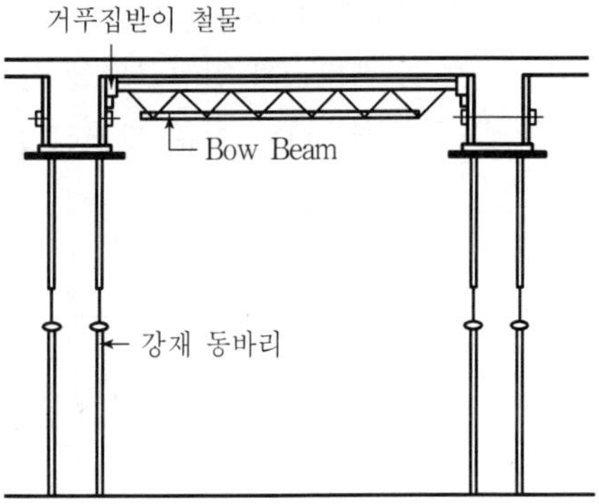

[Bow Beam]

(2) Bow Beam, Pecco Beam

1) 개 요

건물의 층고가 높은 경우 B/T 비계를 설치하고 Support를 이용하지만 Bow Beam이나 Pecco Beam을 사용하면 무지주로 거푸집을 지지할 수 있으며, Pecco Beam은 간사이에 따라 조절도 가능하다.

2) 특 성

① 하층의 작업공간 확보

② 가설재의 절감

③ 연속작업으로 공기 단축

④ 소수의 기능인력으로 비용 절감

(3) 호리 빔(Hory Beam)

1) 개 요

건물의 층고가 높은 경우 보와 보 사이에 빔을 걸쳐대고 Side Beam과 고정용 쐐기로 고정하여 Support 없이 시공하는 방법

2) 특 성

① 길이 조정이 가능하고 해체작업이 간단하다.

② 별도의 브래킷이 불필요하다.

③ 목재 패널은 빔 상부에 고정하므로 작업품이 절약된다.

(4) 합성 Deck Plate

1) 개 요

공장에서 도면에 맞게 아연도강판 위에 철근배근까지 완료된 슬래브판을 현장에서 배력근과 연결근만을 시공하여 설치함으로써 철근배근과 거푸집 공사를 동시에 하는 Pre-Fab 공법이다.

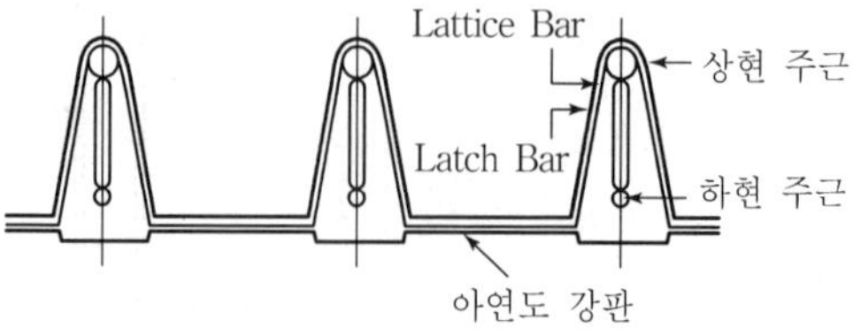

2) 특 성

① 철근조립 공정이 감소하고 거푸집 해체 불필요

② 하부에 비계나 동바리를 설치할 필요가 없다.

③ 시공품질 우수

④ 공기단축과 공사비 절감

⑤ 작업안전성 향상

(5) Half Slab 및 기타 Deck 공법

1) 하부에 비계나 동바리를 설치할 필요가 없다.

2) 성력화 가능

3) 가설재의 절감

4) 거푸집 설치, 해체 감소

5) 공기단축과 공사비 절감

6) 작업안전성 향상

4. 맺음말

(1) 초고층 구조물에서는 외부 비계 설치 높이에 한계점이 있고 층당 Cycle 유시를 위해 공사기간을 단축시킬 필요가 있으므로 가능한 가설작업을 줄이는 것이 중요하다.

(2) 무지주, 무비계 공법은 이런 측면에서 지속적으로 개발이 되고 적용도 확대될 것이다.

number 5 대형 System 거푸집

※'82, '87,'92, '94, '95, '99, '01, '08, '09, '10, '12

1. 개 요

(1) 대형 System 거푸집이란 거푸집 Panel과 비계지보공을 일체화시켜 제작한 System 거푸집을 말한다.

(2) 각 층의 바닥과 벽면의 반복성이 요구되는 구조물에 있어서 거푸집의 전용성을 높이고 거푸집공사를 합리화(기계화, 성력화, System화)하기 위해 사용한다.

2. 대형 System 거푸집의 종류와 특성

(1) Gang Form

1) Gang Form은 Steel 거푸집 Panel에 장선, 멍에를 일체화시켜 조립, 해체를 하지 않고 시스템화한 벽체 전용 수직거푸집을 말한다.

2) 공법의 특성

① 거푸집의 조립 및 분해가 생략되어 성력화 가능

② 기능공의 영향을 적게 받음

③ 연속 반복작업으로 전용성 향상, 공기단축 가능

④ 대형 양중장비 사용

⑤ Auto Climbing 가능

3) 현장 적용조건

① 경제적인 전용횟수 30~40회

② 현장 및 공장제작 가능

③ 대형 양중장비 사용

④ 고층 벽식 APT, 병원, 사무소 등

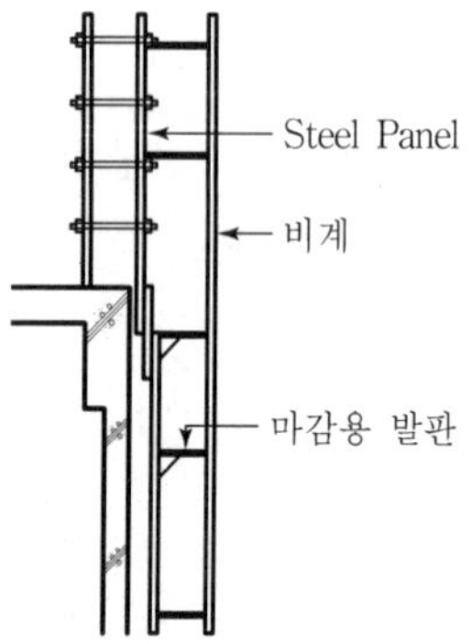

[Gang Form]

(2) Climbing Form

1) 수직적으로 반복된 구조물을 시공이음 없이 연속적으로 이동시키면서 콘크리트를 타설할 수 있게 한 거푸집을 말한다.

2) 분 류

① Sliding Form : 단면의 변화가 없는 수직 · 수평거푸집(사일로 등)

② Slip Form : 단면의 변화가 있는 수직 · 수평거푸집(굴뚝 등)

3) 공법의 특성

① 외부비계 생략 가능

② 시공이음이 없으므로 일체성 확보

③ 시공속도가 빨라 공기단축 가능

④ 유압상승 잭이 필요(Auto Climbing)

⑤ 1회 타설 거푸집 높이 1~1.2m 정도

4) 현장 적용 조건

① 단면의 변화가 적고, 반복 가능한 구조물

② 콘크리트의 일체성을 요구하는 구조물

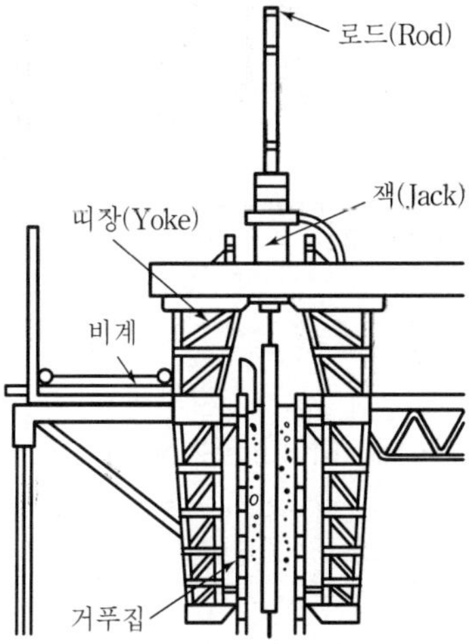

(3) Tunnel Form

1) 벽체와 바닥 거푸집을 일체화시켜 한꺼번에 타설 할 수 있도록 한 연속 거푸집을 말한다.

2) 공법의 분류

① Mono Shell Form : 건물의 Unit에 맞춰 1개의 Form으로 제작

② Twin Shell Form : ㄱ형의 2개의 Form으로 제작

3) 공법의 특성

① 보가 없는 연속벽식 구조에 적당하다.

② 시공성 용이로 공기단축, 원가 절감

③ 중량으로 양중과 운반이 곤란하다.

④ 거푸집 전용횟수가 적은 곳은 곤란하다.

4) 현장 적용조건

① Tunnel과 같은 연속 구조

② 보가 없는 연속벽식 구조

③ 맨홀 등

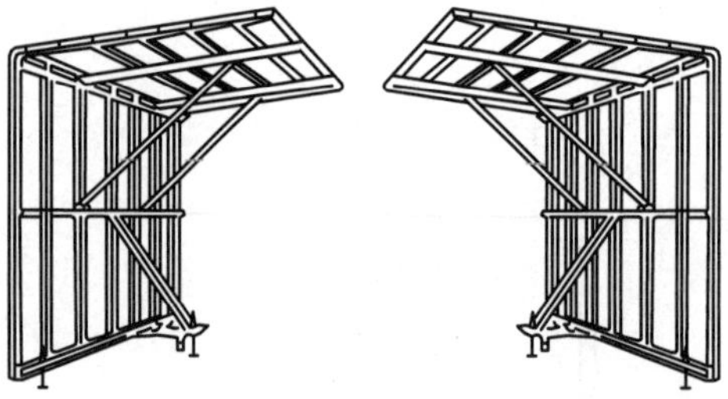

[Mono Shell Form]

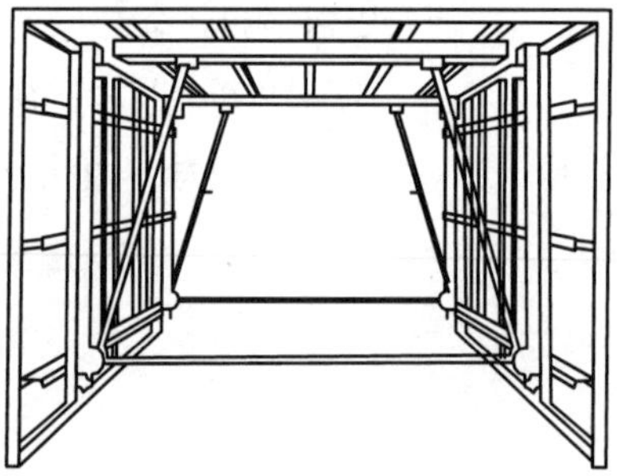

[Twin Shell Form]

(4) 기 타

수평, 수직 이동이 가능한 Flying Shore Form 및 수평 연속 타설용 Traveling Form 등이 있다.

3. 맺음말

(1) 대형 System화 거푸집은 작업의 안전성 확보와 공기절감, 가설비용의 절감 등에 유리하고, 대형 구조물의 건축이 늘어나면서 앞으로 더욱 발전되리라 보며,

(2) 확대 적용을 위해서는 설계의 표준화와 규격화가 선행되어서 현장사용이 용이하도록 개선시키는 작업이 필요하다.

number 6 거푸집 고려하중과 측압

※'00, '02, '06, '11, '19, '23

1. 개 요

거푸집에 작용하는 하중에는 수직하중과 수평하중이 있으며, 거푸집 설치시에는 이들 하중값을 고려하여 거푸집 재료, 지주간격 및 설치방법, 보강방법 등을 강구해야 한다.

2. 거푸집 고려하중

(1) 수직하중

1) 고정하중

생 CON'c 중량 : 2.3t/m^3+거푸집 중량

2) 활하중(충격+작업하중)

충격하중+작업하중 값은 구조물의 수평 투명면적당 최소 2.5kN/m^2 이상 고려

3) 고정하중+활하중을 합한 수직하중(W)은 Slab 두께와 관계없이 최소 5.0kN/m^2 이상 고려

(2) 수평하중

1) 풍하중 $P = CqA$

여기서, C : 풍력계수　　q : 속도압　　A : 면적

2) 측 압

3. 거푸집의 측압

(1) 측 압

1) 굳지 않아 유동성을 가진 CON'c가 거푸집의 수직부재에 수평방향으로 가하는 압력을 측압이라 한다.

2) 측압의 단위는 t/m^{2}이며 CON'c 윗면으로부터의 거리와 단위용적 중량(t/m^3)의 곱으로 나타낸다.

(2) CON'c Head

1) CON'c 타설 윗면에서 최대 측압지점까지의 거리를 CON'c Head라 한다.

2) CON'c Head치는 타설속도와 타설높이, Slump치 등에 따라 달라진다.

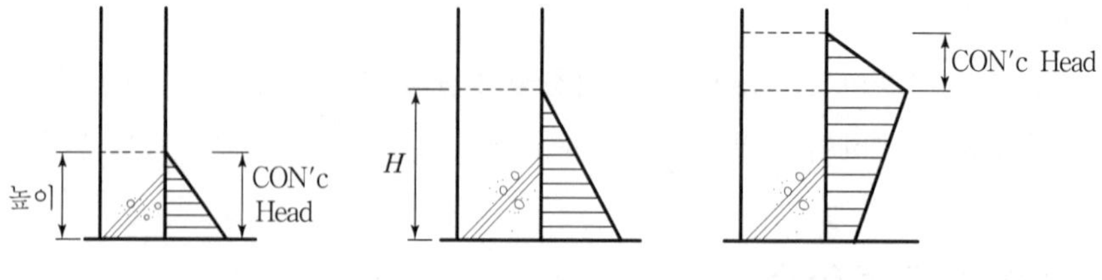

[타설초기] [타설중기] [타설후기]

(3) 최대 측압

1) CON'c Head의 최대 지점

① 벽 : 0.5m 지점

② 기둥 : 1.0m 지점

2) 측압의 최대치

① 벽 : 0.5×2.3t/m³≒1.0t/m²

② 기둥 : 1.0m×2.3t/m³≒2.5t/m²

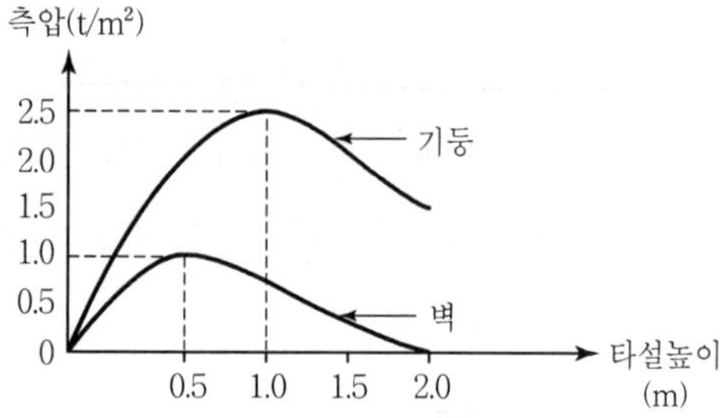

[최대 측압의 크기]

(4) 측압증가 요인

1) 벽두께가 두꺼울수록 증가

2) Slump가 클수록 증가

3) 타설높이가 크고, 속도가 빠를수록 증가

4) 다짐이 충분할수록 증가

5) 온도가 낮고 습도가 높을수록 증가

6) CON'c 시공연도가 좋을수록 증가

7) 거푸집의 수밀성이 클수록 증가

8) 철근량이 적을수록 증가

(5) 설계용 측압 표준치와 측정방법

1) 측압 표준치

부 위	내부진동기 사용	외부진동기 사용
기둥	$3t/m^2$	$4t/m^2$
벽	$2t/m^2$	$3t/m^2$

2) 측정방법

① 수압판에 의한 방법

수압판을 거푸집면 아래에 대고 탄성변형 정도를 측정

② 측압계 사용

수압판에 Strain Gauge를 설치하고 탄성변형 정도를 측정

③ 간접 측정법

조임철물에 Strain Gauge를 달아 응력변형 측정

④ OK식 측압계

조임철물에 센터 홀의 유압잭을 부착하고 인장변화를 측정

(6) 과다 측압시 대응방법

1) 지주 및 멍에, 장선을 보강한다.

2) 조임철물의 시공간격을 줄인다.

3) 가능한 범위 내에서 Slump치를 낮춘다.

4) 타설속도를 느리게 하고, 타설높이를 낮게 여러 번 타설한다.

5) 진동기에 의한 과다 다짐을 방지한다.

6) CON'c의 지나친 부배합을 피한다.

4. 맺음말

(1) 거푸집 설치시에는 상부의 수직하중과 함께 CON'c 타설시 수직면에 작용하는 측압에 대한 고려를 하여야 한다.

(2) CON'c 측압은 현장여건이나 시공조건에 따라 달라지게 되므로 현장시공시 주의를 필요로 하며, 이에 대한 대책을 수립하는 것이 중요하다.

number 7 거푸집 시공(가공, 조립, 설치) 점검사항

※'99, '03, '04, '11, '13

1. 개 요

(1) 거푸집이란 거푸집널과 동바리를 포함한 지지틀을 총칭하는 것으로 굳지 않은 CON'c가 경화하여 강도를 발현, 자립할 때까지 CON'c를 지지하는 가설 구조물을 말한다.

(2) 거푸집 시공이 잘못되면 안전사고뿐 아니라 CON'c의 품질 확보에도 영향을 끼치게 되므로 이에 대한 점검과 확인이 중요하다.

2. 거푸집의 역할과 시공시 유의점

(1) 거푸집의 역할

1) CON'c의 단면 형상 유지

2) CON'c의 초기 보양

3) 철근에 대한 피복, CON'c의 두께 유지

4) CON'c 표면 마감 상태 결정

(2) 시공시 유의점

1) CON'c 마감이 평활하고 외력에 견딜 수 있는 강성을 확보할 것

2) 조립, 해체시 손상되지 않을 것

3) 시멘트 Paste 누출이 없을 것

4) 하중으로 인한 파괴, 변형이 없을 것

5) 자재가 절감되고 반복 사용이 가능할 것

6) 설치와 해체가 용이한 구조로 시공할 것

3. 점검사항

(1) 가공·제작시

1) 현장 제작 거푸집(합판거푸집)

① 재질 확인 : 침엽수 거푸집은 강도가 작고 당분이 배어나와 CON'c의 불경화(표면)를 초래한다.

② 규격 확인 : 합판널의 두께와 규격이 적합한가 확인

③ 표면 상태 확인 : 표면의 평활도, 코팅합판의 경우 코팅 상태, CON'c의 평활도에 따라 합판널의 종류 결정

④ 가공상태 : 합판널이 클 경우, 모서리에는 귀잡이를 설치하여 보강하고 보강 철물을 대는 것이 좋다.

2) 기성제품 사용시

① Euro Form은 전용 횟수가 많으므로 표면의 상태 확인

② Gang Form과 같은 System Form 사용시는 Form의 크기, 창틀 및 개구부의 위치를 반드시 확인→Shop DWG 작성 후 승인/제작

(2) 조립 · 설치시

1) 박리제 도포 상태

① 박리제의 종류

② 박리제의 도포 상태 : 너무 적으면 탈형이 어렵고 너무 많으면 Con'c 면의 상태가 지나치게 매끄러워진다.

2) 철물 점검

① Form Tie 간격

② Spacer와 Separator의 설치 상태

3) 동바리 설치

① 동바리의 규격과 재질

② 설치 간격, 지지하중

③ 수평 버팀대의 설치 여부

4) 멍에/장선 상태

① 멍에와 장선의 위치의 적합성 여부

② 멍에, 장선의 규격과 크기

5) 하중 검토

① 측압에 대한 보강 여부

② 작업시, 충격시 하중에 대한 충분한 강성의 확보 여부

6) 조립 정밀도

① 수직, 수평 정밀도 확인

② 시멘트 Paste 누출 방지 조치

③ Joint 부분의 수밀 조치 상태, 청소구 설치

7) 해체 고려

① 해체가 쉽고 간단한 방법으로 조립되었는지의 여부

② 전용성과 해체 순서를 고려하여 조립되었는지의 여부

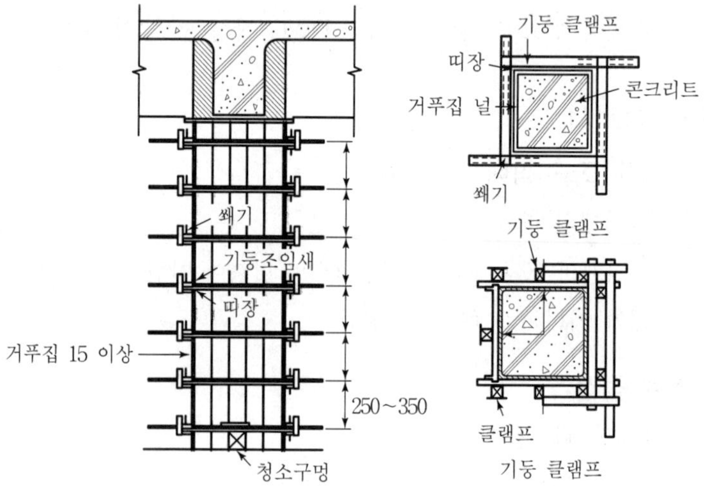

number 8 거푸집 및 지주의 존치 기간과 조기 해체시의 문제

※'77, '91, '96, '99, '10, '22

1. 개 요

(1) 거푸집과 지주의 존치기간은 CON'c의 초기강도 확보에 절대적 영향을 미치므로 변형의 우려가 없고 충분한 강도가 될 때까지 보양해야 한다.

(2) 거푸집 존치기간은 시멘트의 종류, 기상조건, 하중, 보양상태에 따라 다르므로 시방서에 지정된 날짜를 준수해야 한다.

(3) 거푸집이나 지주를 조기해체하게 되면 건조수축 균열, 온도균열, 처짐에 따른 변형, 장기강도 저하, 부착강도 저하, 부재 단면파손 등이 발생한다.

2. 존치기간 결정 요인

(1) 시멘트의 종류

(2) 기상조건 · 온도 및 습도

(3) 하중 상태 및 재하조건

(4) 보양방법(양생법, 양생조건)

(5) 부재의 크기 및 위치

(6) 강도 발현 정도

(7) 혼화재료의 종류 및 혼합비

3. 거푸집과 동바리의 존치기간

(1) 기간 환산 원칙

1) 최저 기온이 5℃ 이하 : 1일을 1/2일로 환산

2) 최저 기온이 0℃ 이하 : 존치기간에서 제외

(2) 거푸집 및 동바리 해체 시간(콘크리트 시방서)

1) 강도 기준(압축 강도 시험 시)

① 수직재(벽, 기둥) : 5MPa 이상시까지 존치

② 수평재(보 밑, Slab) : 설계 기준강도의 2/3 이상 발현시(단, 14MPa 이상시)까지 존치(단층구조)

③ 설계기준 압축강도 이상(다층구조)

2) 압축강도 시험하지 않을 경우(평균기온으로 산정시)

온도 조건	조강시멘트	보통시멘트	특수시멘트
20℃ 이상	2일	4일	5일
10℃ 이상	3일	6일	8일

4. 조기해체에 따른 영향

(1) 처짐에 의한 변형

1) 지주 해체시 CON'c 자중에 의한 처짐
2) 철근의 내려앉기
3) 부재단면의 균열 발생
4) 내구성 감소

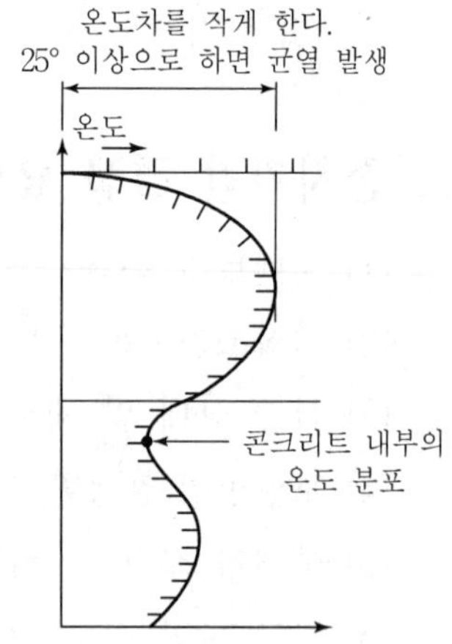

[온도균열]

(2) 온도균열 심화

1) 대형 부재에서 거푸집 해체는 내·외부 온도차를 심화시켜 균열 확대
2) 표면 수화열 균열 발생

(3) 동해 저항성 감소

겨울철 거푸집은 보온재 역할을 하며 거푸집 해체시 동해 심화

(4) 부재 단면 손상

1) 휨모멘트 균열
2) 슬래브, 보의 중앙부 처짐

(5) 건조수축 균열 증가

1) 거푸집 해체로 인한 표면노출
2) 수분증발 촉진
3) 표면 급격 수축에 의한 균열

(6) 장기 강도 저하

1) 균열로 인한 내구성 감소
2) CON'c 강도 부족 현상
3) 균열부위 수분침투로 중성화 촉진

(7) 부착 강도 저하

1) 철근과 CON'c와의 사이에 공극 발생
2) 내구성 저하의 원인

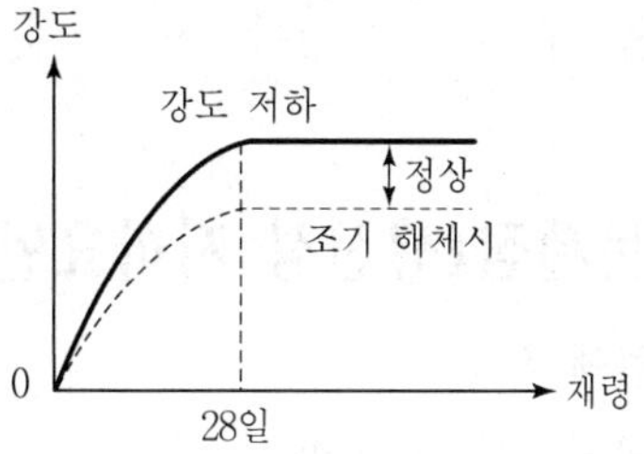

[CON'c 재령과 강도]

5. 맺음말

(1) 공사기간의 단축을 위하여 거푸집과 지주의 존치기간을 준수하지 않고 조기 해체하게 되면 구조물의 안전에 치명적인 문제점을 야기시키게 되므로 충분한 강도가 확보되는 시점까지 보양하는 것이 중요하다.

(2) 특히, 동절기 공사에서는 여유를 갖고 해체하되 거푸집과 지주의 여유분을 확보하여 전체 공사진행에 차질을 빚지 않도록 하여야 한다.

number 9 거푸집 공사의 합리화 방안(문제점과 개선방안)

※'97, '03

1. 개 요

(1) 공사규모가 대형화되고 구조물이 고층화되면서 기존의 반복해체와 조립을 통해 시공하던 거푸집 공사도 시공성을 높이는 방향으로 변화되고 있다.

(2) 그러나 아직까지도 많은 부분이 습식 방식에 의존하고 있으며 기계화와 표준화가 부족하여 생산성이 저하되는 요인이 되고 있으므로 이에 대한 지속적 투자와 개발이 이루어져야 할 것이다.

2. 거푸집 공사의 문제점(생산성 저하요인)

(1) 인력에 의한 작업에 의존

① 인력 가공, 조립, 설치, 운반

② 숙련공의 부족, 고령화 → 기계화 미흡

(2) 소형 Panel 위주로 거푸집 제작

(3) 비효율적 단면 부재를 사용

(4) 부재의 무게가 중량물로 취급, 운반에 어려움

(5) 강도, 내구성이 낮아 전용횟수가 적음

(6) 조립, 해체의 반복으로 공사비용 증대

(7) 표준화, 규격화가 미흡하여 대량생산이 어려움

(8) 폐자재의 발생

(9) 초기 투자 비용이 높음

3. 거푸집 공사의 합리화 방안

(1) 재료적 측면

1) 재료의 고강도화, 강재화 → 단면 감소, 안전성 증대, 전용성 증가

2) 경량화 : AL Fram Form, Plastic Form의 사용 확대

3) 친환경 소재 개발

4) PC 거푸집

(2) 설계적 측면

1) 표준화 설계

① MC화(Modular Coordination)

② 3S화(표준화, 전문화, 단순화)

③ 규격화, Unit화

2) 부품의 조립화

(3) 공법의 System화

1) System Form의 확대

2) 거푸집의 대형화, 전용 거푸집 활성화

3) 조립, 해체가 적으며 용이한 공법 개발

4) 공장 제작 및 생산을 통한 System화 추구

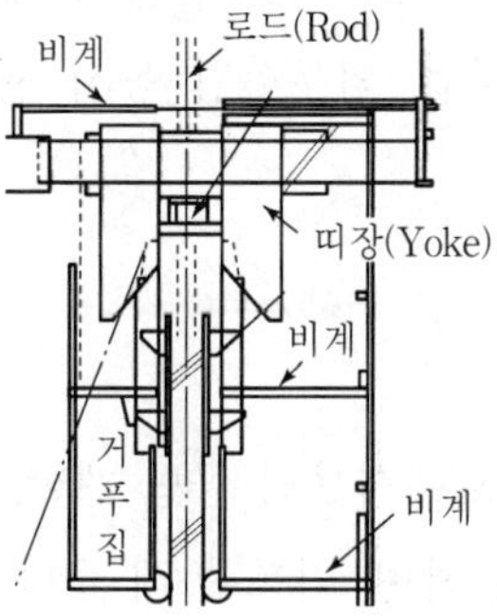

[Slip From]

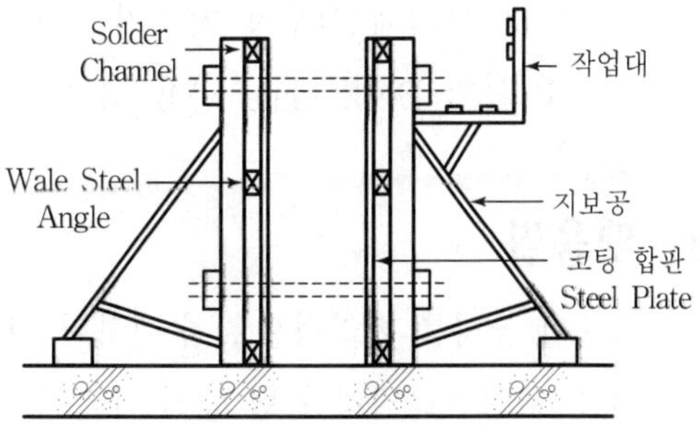

[Gang Form]

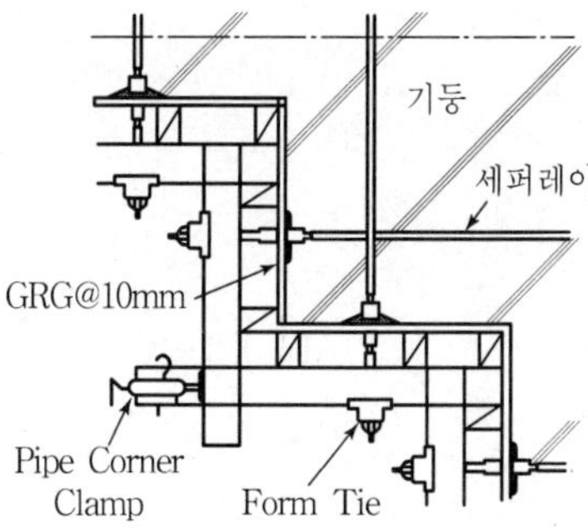

[기둥에 사용된 GRC 거푸집]

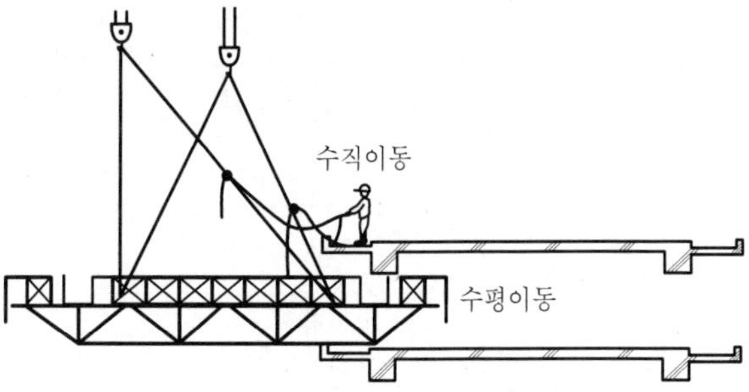

[보-슬래브 일체식 거푸집]

(4) 시공기술 개발

1) 무지주공법 사용 확대
2) 건식공법화
   ① Deck Plate
   ② Half Slab화, PC화
3) 공업화 시공
4) 조기 탈형 가능한 System 개발 → 전용성 증대, 해체기간 단축

(5) 기계화 시공(Auto Climbing화)

대형 양중장치 없이 자체적으로 양중이 가능한 자동 상승 거푸집의 개발, 사용 확대

(6) 복합화 시공

1) 거푸집 공사의 공사기간과 시공비용을 감소시키고 시공 효율 증대 가능
2) 마무리재 선부착 거푸집 : TPC 공법, GPC 공법, 외부마감 동시 해결
3) 복합 Deck Plate 사용 확대

4. 맺음말

거푸집 공사를 합리적으로 수행하기 위해서는 사용재료에서부터 공법 개발, 시공기술 개발, 운영관리체계 확립 등이 다각적으로 이루어져야 하며, 이를 통해 보다 효율적인 현장 시공이 가능해질 것이다.

number 10 거푸집 붕괴(안전사고)요인과 방지 대책(안정성 확보방안)

※'01, '03, '07, '09, '12, '13

1. 개 요

거푸집의 붕괴사고는 대형 재해로 연결되어 막대한 인적, 물적 손실을 가져올 뿐 아니라 사회적으로 미치는 파장도 크므로 계획단계에서부터 철저한 준비를 하고 시공 관계자들 모두 이에 대한 인식 제고 및 실천이 필요하다.

2. 거푸집 안전사고의 원인

(1) 과다 하중 적재

1) CON'c의 측압 과다
2) 상부 하중(작업하중, 충격하중)의 과다
3) 기둥, 벽체의 배부름 현상

(2) 거푸집의 강성 부족

1) 거푸집 판재와 보강부재의 규격 미달
2) 설치시 이음부 등에 대한 보강 미흡

(3) 받침 기둥(동바리) 부적합

1) 동바리의 규격, 설치 간격, 설치 방법의 오류
2) 동바리의 좌굴

(4) 이음부 조임철물 파단

1) 거푸집의 터짐
2) Paste 등의 누출
3) 멍에/장선의 파손

(5) 이음부 수밀성 부족

(6) 거푸집 및 지주의 침하

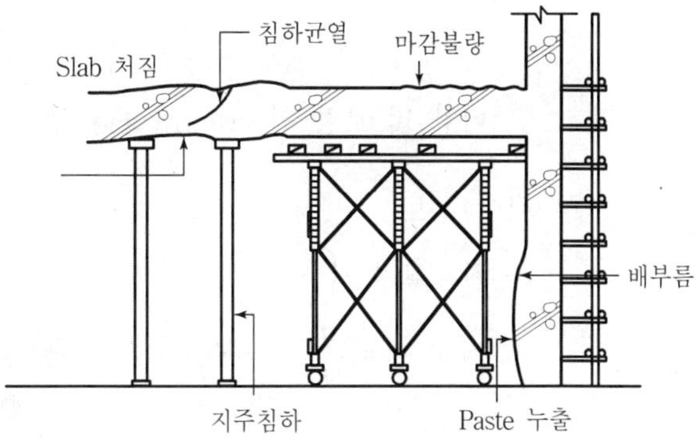

[거푸집 발생 하자]

(7) 시공계획 수립 미흡

(8) 시공(타설) 방법의 오류

1) CON'c의 집중타설, 고속타설

2) 진동기의 과다 사용

3) 타설 높이 과다

3. 거푸집 붕괴 방지대책

(1) 설계 계획시

1) 거푸집 검토

① 거푸집의 재질, 멍에 및 장선 등에 대한 충분한 강성 확보

㉠ 휨강도 : 목재는 100kgf/cm², 강재는 1,400kgf/cm² 이상

최대 휨모멘트 $M_{\max} = \dfrac{wl^2}{8}$

㉡ 전단강도 : 목재는 10~20kgf/cm², 강재는 800kgf/cm² 이상

최대 전단모멘트 $Q_{\max} = \dfrac{wl}{2}$

㉢ 처짐량 검토 : 최대 처짐 $\delta_{\max} = \dfrac{5wl^4}{384EI} \leq$ 허용처짐량

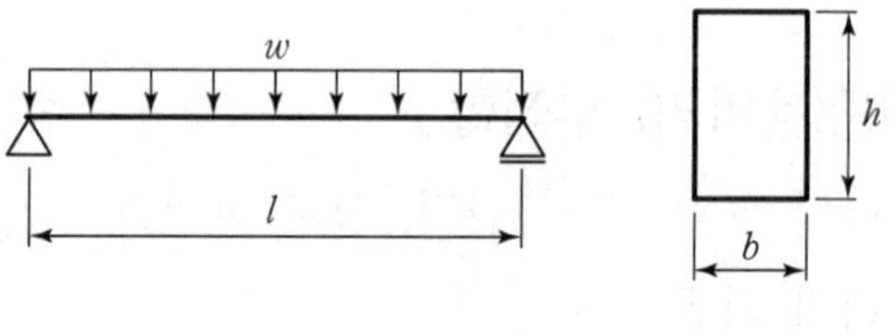

[단면도]

② 띠장 및 보강 철물(Form Tie) 간격 검토

2) 지주 검토

① 좌굴길이 검토

좌굴 $\lambda = \dfrac{l}{r} = \dfrac{l}{\sqrt{\dfrac{I}{A}}}$ (I가 크도록)

② 타설높이가 높은 경우

System 동바리 설치

3) 하중검토

① 상부하중

㉠ 작업하중, 충격하중 검토(최소 $2_{10}5$ kN/m² 이상 적용)

㉡ 고정하중(CON'c 중량+거푸집중량)

- 보통 CON'c 2.4 kN/m³
- 제1종 경량 골재 CON'c 20 kN/m³
- 제2종 경량 골재 CON'c 17 kN/m³
- 거푸집 하중은 최소 0.4 kN/m² 이상

㉢ 연직하중은 최소 5.0 kN/m² 이상

② 수평하중

㉠ 측압에 대한 고려

㉡ 풍하중에 대한 고려

㉢ 벽체 거푸집 측면 0.5 kN/m² 이상

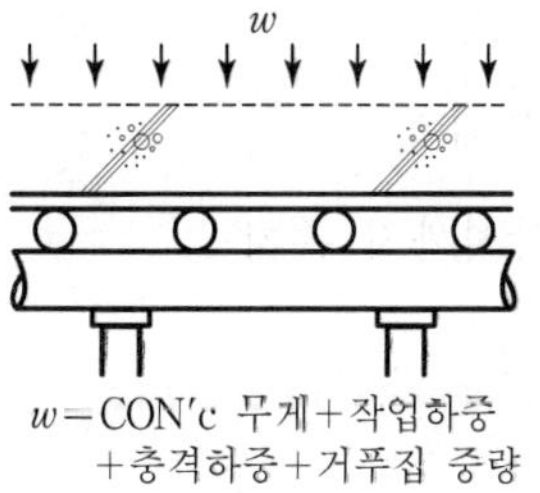

[수직하중]

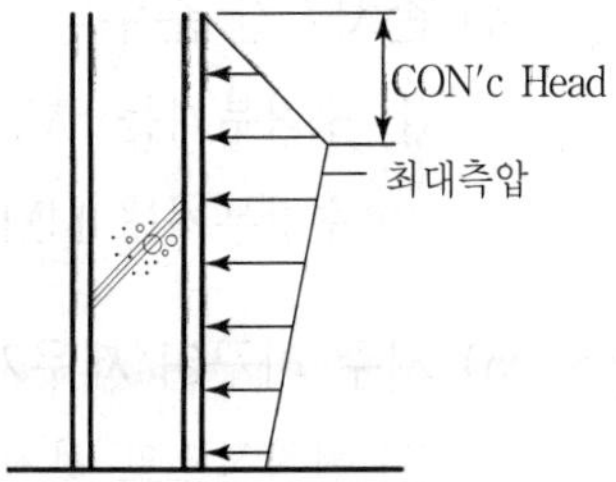

③ 동바리 작용 수평하중(고정하중의 2% 이상)

(2) 시공시

1) CON'c 타설(부어넣기) 계획 수립

① 부어넣기 순서(먼 곳→가까운 곳)와 방법 결정

② 이어치기 및 다짐 방법 결정

2) 거푸집 및 지주 검사

① 거푸집의 조립 상태, 보강 상태 점검

② 지주의 설치 상태 확인

㉠ 지주의 설치 간격 유지

동바리간 균등 하중이 분포되도록 배치

ⓛ 수평버팀대 설치

- 3.6m 미만은 1단, 3.6m 이상은 2단 설치
- 버팀대는 직교 설치하고 반드시 전용 Clamp 사용

ⓒ 침하방지

지반에 위치시 충분히 다짐을 하고 받침판 설치

ⓡ 뒤집어 세우기 방지

3) CON'c 타설

① 편심하중이 없도록 집중타설 방지

② 측압 과다요인 제거

㉠ 과도한 다짐 금지

㉡ 타설속도, 타설높이를 너무 크게 하지 않는다.

4) 존치기간 준수

① 수직부재를 5MPa 이상시까지 존치

② 수평부재는 14MPa, 2/3 f_{ck} 이상시까지 존치

5) 지주 바꾸어 세우기

① 원칙적으로 하지 않는다.

② 순서는 큰 보→작은 보→Slab 순으로 한다.

6) 작업자에 대한 안전교육 실시

4. 맺음말

(1) 거푸집과 동바리가 상부의 하중을 지탱하지 못할 경우 거푸집의 붕괴나 전도 같은 대형사고가 발생할 수 있으며, CON'c의 수축이나 배부름, 처짐 등에 의해 구조물의 품질을 저하시키게 된다.

(2) 따라서 거푸집에 작용하는 하중과 측압을 구조적으로 안전하게 예상하고, 이에 대한 안정성을 확보하는 것이 무엇보다 중요하다.

number 11 철근공사의 이음, 정착, 피복

※'77, '79, '81, '84, '89, '91, '95, '97, '98, '00, '02, '03, '06, '07, '08, '12, '19, '20

1. 개 요

(1) 철근 이음공법에는 다양한 종류가 있으며 기본적으로 이음위치는 응력이 적은 곳에 편중되지 않도록 실시한다.

(2) 철근의 정착길이 확보는 철근을 CON'c로부터 분리되지 않기 위해 필수적이며, 정착위치는 기둥은 기초에, 보는 기둥에, 슬래브 철근은 벽이나 보에 정착시킨다.

(3) 피복이란 구조체에서 철근을 부식과 화재로부터 보호하기 위해 CON'c로 감싸는 것이며, 두께는 부위에 따라 각각 다르게 정해져 있다.

2. 철근의 이음

(1) 철근의 가공

1) 절단가공

① Cutter기 사용 : 시공이 간단하고 응력 변화가 없다.

② 가스절단 : 절단부위의 열에 의한 내구성 저하가 있다.

2) 구부리기

① Bending Machine 사용

② 구부림 각도 : 180°, 135°, 90° 가공

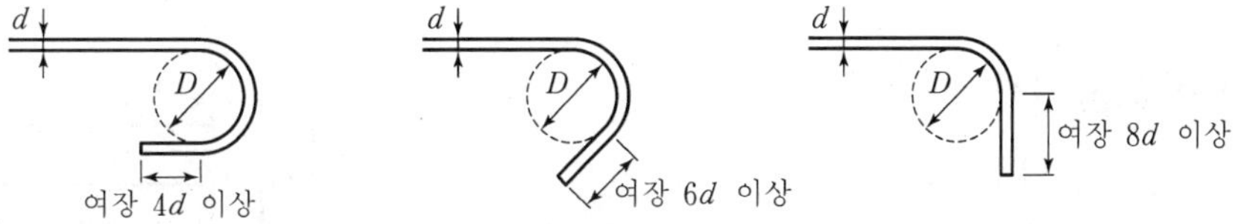

[철근 구부리기]

(2) 이음길이

1) 겹침이음

① 압축 25d(경량 30d)

② 인장 40d(경량 50d)

③ 극한강 설계에서는 A급, B급 이음으로 한다.

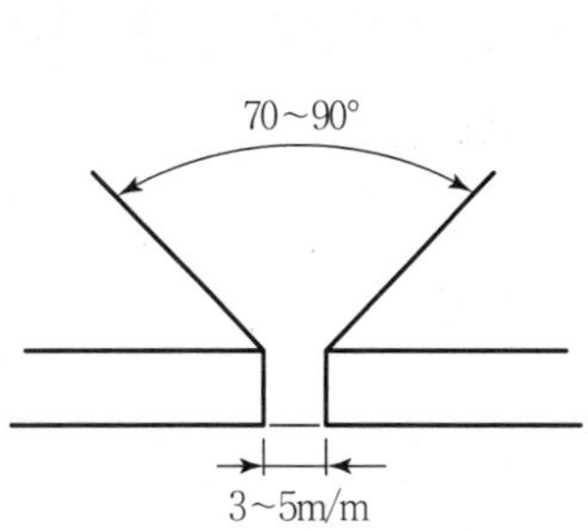

[용접이음]

2) 용접이음

5D 이상

(3) 이음공법

1) 겹침이음

① 철근을 겹쳐서 결속선으로 결속하는 방식

② 가장 일반적이나 하자발생이 많다.

2) 용접이음

특수한 경우에 사용

3) 압접이음

① D29 mm 이상 사용

② 응력전달이 확실하나 고가이다.

③ 시험이 필요하고 작업이 복잡하다.

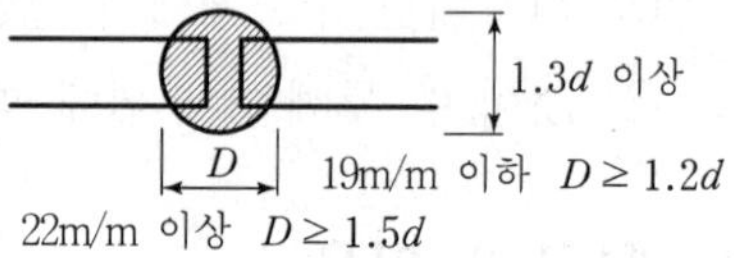

[가스압접]

4) Sleeve 이음

① 품질이 균일하다.

② 슬리브 압착과 충진공법이 있다.

③ 기계화, 성력화가 가능하다.

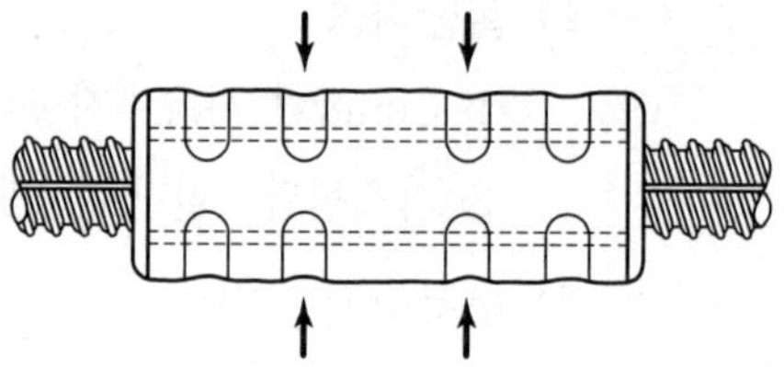

[Sleeve Joint]

5) Cad Welding

D28 이상에 사용하며 검사가 어렵다.

(4) 이음위치

1) 응력이 적은 곳

2) 기둥은 $H/4$, 하부에서 50cm 이상 높이

3) 보 : 상부근은 중앙, 하부근은 단부

4) Slab : $L/4$

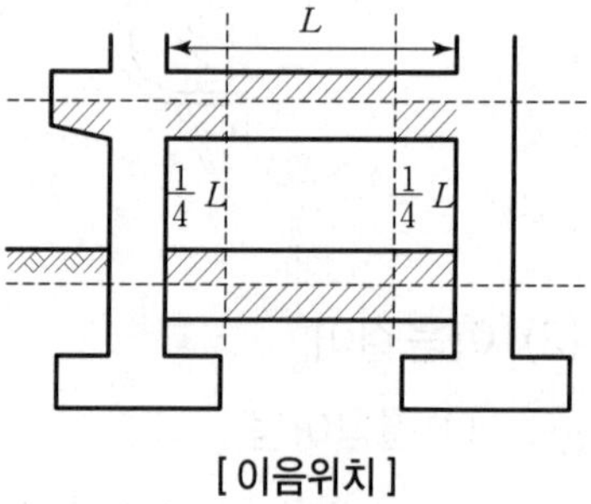

[이음위치]

3. 철근의 정착

(1) 정착길이

1) 압축 25d(경량 30d)

2) 인장 40d(경량 50d)

3) 극한강 설계에서는 CON'c 종류, CON'c 강도, 철근규격, 배근위치, 철근 종류 등에 따라 다르게 정한다.

(2) 정착위치

1) 지중보 : 기초에 정착

2) 기둥주근 : 기초에 정착

3) 보 : 기둥에 정착

4) 작은보 : 큰보에 정착

5) Slab : 보나 벽체에 정착

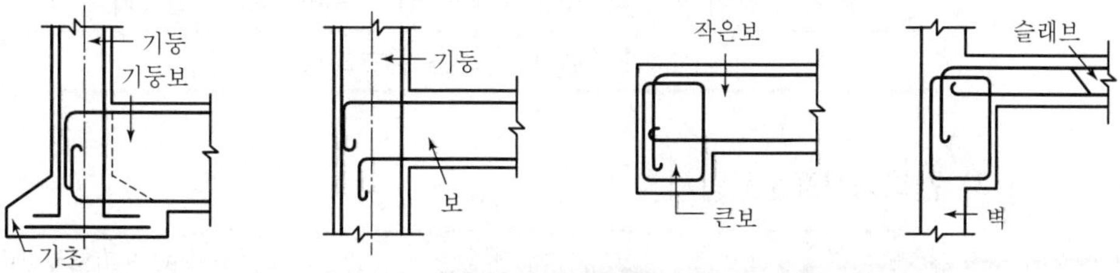

[철근의 정착위치]

(3) 정착기준

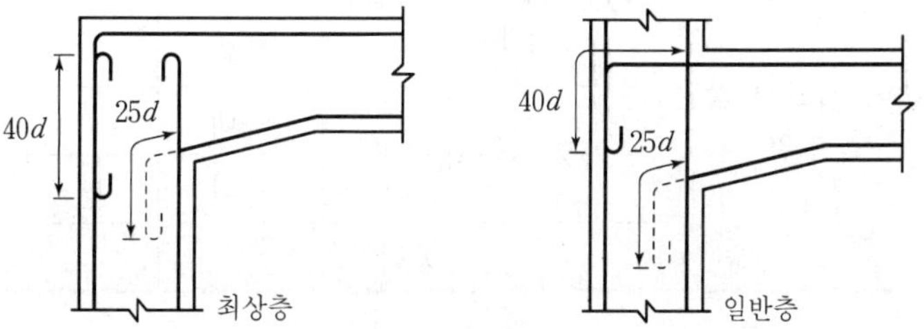

4. 철근의 피복

(1) 피복의 목적

1) 내화성 확보

2) 부식에 대한 방청성 확보

3) 부착성 확보

4) 내구성 확보

(2) 최소 피복두께

1) 콘크리트구조설계기준 및 콘크리트표준시방서(현장치기 콘크리트)

환경조건과 부재의 종류			최소덮개(mm)
옥외의 공기나 흙에 직접 접하지 않는 콘크리트	슬래브, 벽체, 장선	D35를 초과하는 철근	40
		D35 이하인 철근	20
	보, 기둥(f_{ck}가 40MPa 이상이면 1cm 저감)		40
	쉘, 절판부재		20
흙에 접하거나 옥외의 공기에 직접 노출되는 콘크리트		D16 이하 철근, 철선	40
		D25 이하 철근	50
		D29 이상 철근	60
흙에 접하여 영구히 흙에 묻혀있거나 수중에 있는 콘크리트			80
수중에 타설하는 콘크리트			100

2) 건축공사표준시방서

부위			최소피복두께(mm)
흙에 접한 부위	기둥, 보, 바닥Slab, 내력벽		40
	기초, 옹벽		60
흙에 접하지 않는 부위	지붕Slab, 바닥Slab, 비내력벽	옥내	20
		옥외	30
	기둥, 보, 내력벽	옥내	30
		옥외	40
	옹벽		40

(3) 피복두께 유지방법

1) 기둥 : Spacer, Separator 설치

2) 바닥, 보 : Spacer

3) 기초 : 철근제작 설치

5. 맺음말

(1) 철근 가공시에는 미리 가공도와 조립도를 작성하고, 작업을 실시하는 것이 재료의 낭비를 막고 구조적으로 안정한 구조물을 완성할 수 있는 방법이다.

(2) 압축근과 인장근은 그 특성에 따라 정착과 이음길이를 준수하고, 정착되는 위치의 선정과 이음위치에도 응력이 균등 분포되도록 고려해야 한다.

number 12 철근 Pre-fab(선조립, 후조립)공법

※'93, '97, '00, '02, '05, '07

1. 개 요

(1) 철근조립화 공법은 기둥, 보, 슬래브, 벽체 철근을 부위별로 공장에서 먼저 제작하여 현장에서는 설치만 할 수 있게 기계화, 성력화한 공법을 말한다.

(2) 철근 조립화 공법의 종류에는 선조립 공법과 후조립 공법, 벽체와 바닥 철근의 용접철망 공법을 들 수 있다.

(3) 조립화 공법의 특징으로는 굵은 철근 사용 가능, 정확한 피복두께 유지, 시공정밀도 향상, 공사기간의 단축, 재료손실이 적고 숙련공이 불필요한 장점이 있다.

2. 공법의 종류

(1) 기둥, 보, 벽 철근의 Pre-fab

1) 철근 선조립 공법

① 개 요

㉠ 거푸집을 설치하기 전에 철근을 먼저 배근하는 방식

㉡ 정밀도 확보와 공정 면에서 유리

㉢ 넓은 건물에 사용

② 시공순서

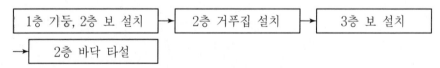

1층 기둥, 2층 보 설치 → 2층 거푸집 설치 → 3층 보 설치 → 2층 바닥 타설

2) 철근 후조립 공법

① 개 요

㉠ 거푸집을 설치한 후에 철근을 배근하는 방식

㉡ 정밀도 확보와 공정 면에서 불리

㉢ 대규모 공사에 적용

② 시 공

기둥 세우기 → 거푸집 설치 → 보 설치 → 바닥 타설

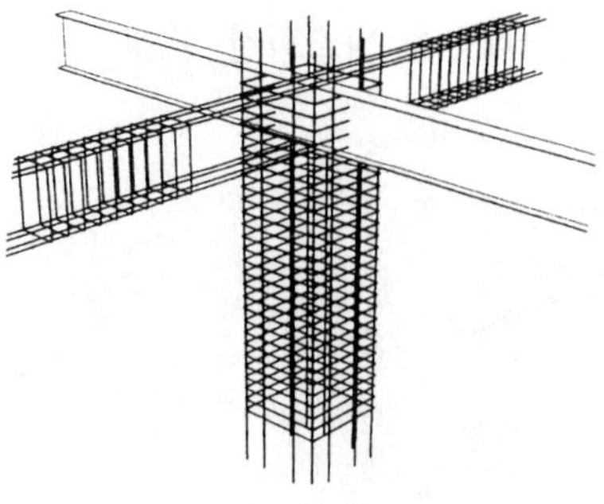

[기둥철근 선조립]

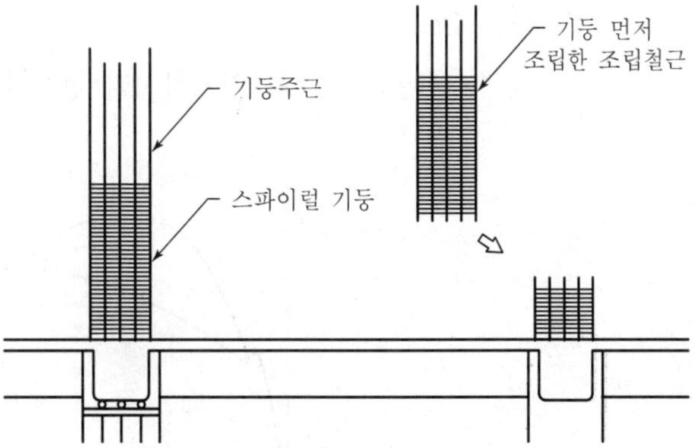

[기둥조립철근 설치 시공도]

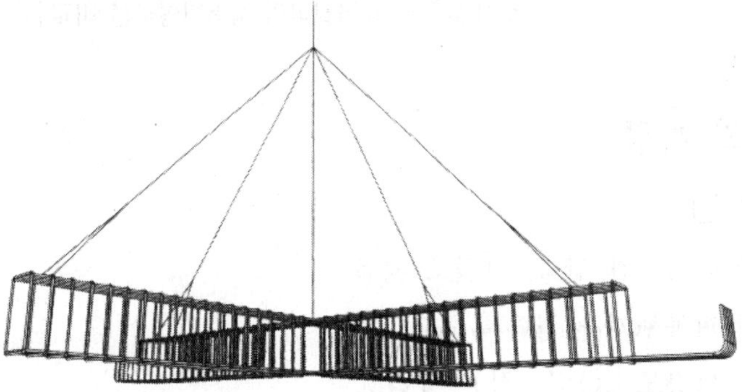

[보철근 선조립 부재양중]

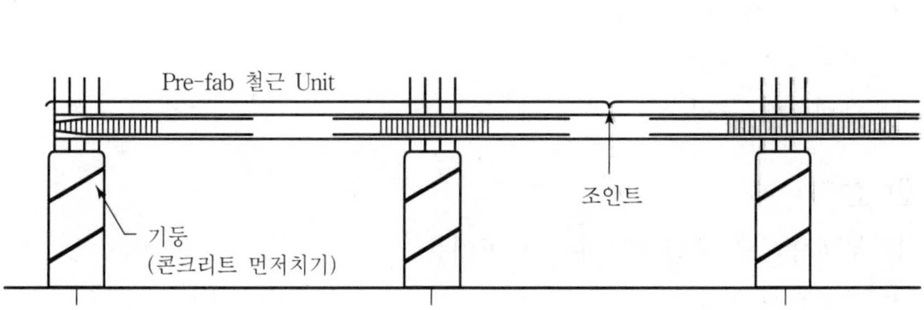

(2) 바닥철근의 Pre-fab

1) 용접철망 사용

① 규격은 1m×1m, 2m×4m 겹침길이 20cm

② 고강도 철근조립은 결속선으로 한다.

2) 합성 Deck Plate 구조

철근과 Deck Plate를 일체화시켜 현장에서 철근배근을 최소화한 공법

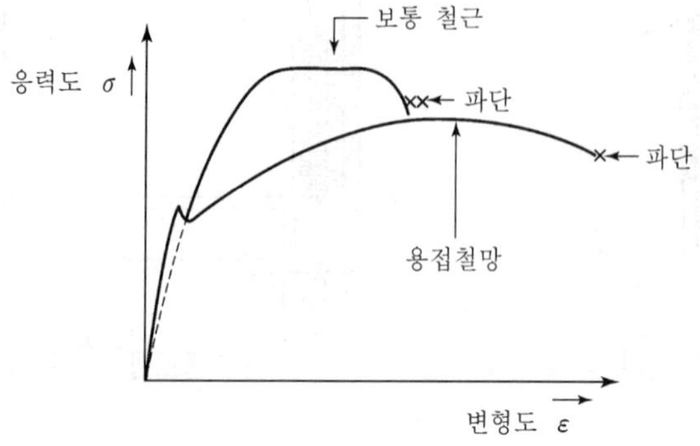

[철근과 용접철망의 응력변형곡선 비교]

3. 공법의 특징

(1) 장 점

1) 공사기간 단축, 정밀도 높음
2) 피복두께가 정확히 유지
3) 고강도 CON'c 적용 유리
4) 작업이 지속적으로 이루어져 CON'c의 연속 타설이 가능
5) 현장 작업 감소
6) 노무비용 감소
7) 기계화에 유리

(2) 단 점

1) 부피증대로 운반 및 양중이 어려움
2) 시공순서의 혼란

(3) 재래식 공법과의 비교

항 목	재래식 공법	용 접 철 망
적용 부위	철근공사의 모든 부위	슬래브와 벽체
기능 정도	숙련공, 비숙련공 필요	비숙련공 위주

항 목	재래식 공법	용 접 철 망
시공 품질	균일한 품질확보가 어려움	품질확보 용이
소요 인력	많은 소요인력	인력 절감
장비 사용	불 필 요	양중기 등 필요

4. 시공시 고려사항

(1) 설계적 사항

1) 평면의 단순화, 규격화 유도
2) 접합부 구조 검토

(2) 시공시

1) 이음접합 최소화
2) 양중장비 및 운반설비 검토
3) 취약 접합부 보강
4) 자재 반입순서 관리로 공정 혼란 방지

5. 맺음말

현장 가공 조립을 최소화하면서 공장 제작을 통한 기계화 조립이 가능한 특성을 갖는 Pre-fab 공법은 현장 기능공 부족 문제 해결과 고층공사에서의 철근 작업속도 향상, 품질 향상 등 여러 측면에서 이점이 많으므로 앞으로도 지속적으로 개발, 적용될 것이다.

number 13 철근공사의 합리화 방안(문제점과 개선방안)

※'92, '99, '09

1. 개 요

(1) 현행 국내 철근공사는 대부분 노동집약적인 현장공법으로 이루어짐으로써 생산성 저하와 품질저하를 야기시키며, 부실원인으로 지적되고 있다.

(2) 따라서, 현장제작에 따른 숙련공 부족, 인건비 상승 등에 대처하기 위해 철근 Pre-fab 공법 등이 증가되고 있는 추세이다.

2. 현행 철근공사의 문제점

(1) 노동력 부족

1) 현장작업 중 숙련을 요하는 작업이 많기 때문에 노동인력 부족

2) 건설 인건비 상승

3) 품질저하 현상 초래

(2) 작업능률 저하

1) 현장 철근조립 작업 종류가 많다.

2) 제각기 규격에 맞게 제작되어야 하므로 작업 능률이 저하

3) 공사기간 증가

(3) 품질 저하

1) 철근의 보관관리 어려움 발생

2) 콘크리트 부착력 감소 현상 초래

3) 이음, 피복, 정착길이 부족

4) 과밀 배근에 따른 철근 순간격 확보가 부족하고 부착강도 감소

(4) 콘크리트 타설 작업 난이

1) 철근 재래식 겹침이음시 거푸집 내 철근 복잡 현상

2) 콘크리트 타설시 밀실 충전 곤란

3) 피복두께 유지를 위해 부재단면이 커지는 경향

(5) 이음길이 증가로 재료 낭비

1) D16mm 이상의 굵은 철근 이음시 재료 낭비

2) 부재 단면 증가로 비경제적 시공

(6) 시공성 저하

1) 중량물이며, 운반, 보관 등에 제약

2) 시공이 복잡하여 작업능률 저하

(7) 기후 영향

1) 우천, 눈, 바람시에는 작업 곤란

2) 기온변화에 따라 작업량 차이 발생

3. 개선방안

(1) 설계상 대책

1) 철근배근 평면의 단순화, System화

2) 철근배근 부재의 표준화, 규격화, 접합부의 단순화

(2) 재료상 대책

1) 용접철망 철근 사용

2) 철근 생산 규격 다양화

3) 철근 Loss 최소화를 위한 공장 주문 생산

4) 고강도화를 통한 작업량 감소

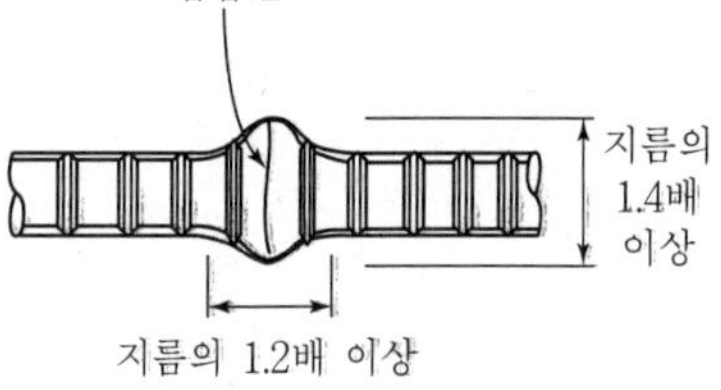

[압접한 이음부]

(3) 시공상 대책

1) 철근이음, 조립, 설치방법의 표준화

2) 철근 거푸집을 동시에 Pre-fab화

3) 기계화, 자동화, System화 시공

4) Shop-DWG(가공, 조립 상세도) 작성에 의한 계획수립

(4) 기계화 생산(Pre-fab화)

1) 생산의 자동화와 기계화

2) 기술개발 투자확대

3) 시방의 합리화

(5) 공법의 개선

1) 현장 배근작업 감소를 위한 공장 제작 PC화

2) 복합화공법을 통한 효율성 제고

3) Pre-fab화 및 이음공법 개선

4. 맺음말

(1) 최근 건축물이 초고층화, 대형화됨에 따라 현행 재래식 철근 배근공법으로는 많은 문제점이 야기되고 있어 합리적 공법 적용이 필요하다.

(2) 따라서, 향후 철근공사는 설계의 표준화, 규격화를 통한 시공의 기계화, 자동화, Pre-fab화로 개선시켜 나가는 것이 무엇보다 중요하다.

number 14 현장 콘크리트 타설공사의 시공계획

※'82, '86

1. 개 요

(1) 현장 콘크리트 타설공사의 시공계획은 콘크리트 타설에 앞서 거푸집과 철근배근 상태를 충분히 점검하고 현장 내의 운반계획과 콘크리트 타설순서 및 방법, 펌프의 위치 및 수직·수평배관, 다짐 등의 계획을 세워야 한다.

(2) 또한 재료분리 방지, Joint 접합부의 이어치기, 밀실한 다짐, 콘크리트 표면마무리 등에 유의하여 시공한다.

2. 현장 콘크리트 타설계획

(1) Remicon의 선정

1) 운반시간, 운반거리, 교통상황

2) 생산, 공급 능력

3) 품질관리(KS) 여부 등을 고려하여 선정

(2) 현장 내의 운반계획

콘크리트 작업현장 내의 운반계획시에는 운반기계의 용량, 운반거리, 운반방법, 운반속도 등을 고려해야 한다.

1) 재료가 분리되지 않고 슬럼프, 공기량 등의 품질이 변화되지 않을 것

2) 수분이 급격히 증발하거나 다량으로 유출되거나 굵은 골재나 모르타르가 유출되지 않을 것

3) 타설속도에 따른 운반량과 운반시간을 확보할 것을 염두에 두고 계획을 세운다.

(3) 타설준비

1) 거푸집의 위치, 치수 및 타설 중에 큰 변형이나 파손을 유발시킬 염려가 있는 부위의 검사

① 거푸집 검사

㉠ 거푸집 변형 ㉡ Joint 부위 수밀성 ㉢ 거푸집 측압

㉣ 박리제 도포 ㉤ 지주침하 여부

② 철근배근 검사

㉠ 철근 흐트러짐

㉡ 철근간격, 정착

㉢ 철근 피복두께

2) 거푸집 내면의 박리제의 도포와 부착물의 제거

3) 진동기 등의 기계, 기구류의 점검과 정비 및 불시의 고장에 대비하여 예비기기의 준비

4) 운반장치 내부에 고착되어 있는 콘크리트나 기타 이물질의 제거

5) 거푸집 내의 목편, 기타 이물질 및 청소나 바닥에 고인 수분의 제거

6) 콘크리트가 동결할 염려가 없는 경우의 거푸집 내부 살수(습윤)

7) 지하공사에 콘크리트를 타설하는 경우에는 지하수 유입방지 대책 등

(4) 레미콘 운반계획

1) 레미콘 운반시 Slump치 저하방지

2) 레미콘 공장 출발시간과 현장 도착시간 확인

외기온도	운반시간
25℃ 미만	2시간 이내
25℃ 이상	1.5시간 이내

(5) 현장 콘크리트 타설장비 및 인원 배치

1) 타설장비의 수와 인원 배치

① 압송조건, 콘크리트 배합, 슬럼프 등을 작업자에게 설명하고, 시공의 요점을 충분히 협의, 검토한다.

② 타설높이와 거리 등을 고려하여 타설장비, 인원수급계획을 수립

③ 타설공, 보조공, 안전관리자 배치 계획 수립

2) 펌프의 설치 위치

① 펌프카의 설치장소는 타설장소에 가깝고, 레미콘차의 출입이 편리한 장소를 선정한다.

② 콘크리트를 연속 압송하기 위해서는 항상 2대의 레미콘차로부터 받을 수 있도록 조치를 해둔다.

③ 현장조건으로 인해 1대의 레미콘차밖에 접속할 수 없는 경우에는 레미콘차의 교체시간이 짧아질 수 있도록 진입로, 레미콘차의 교체장소 등을 고려하여 가능한 한 연속압송이 되도록 한다.

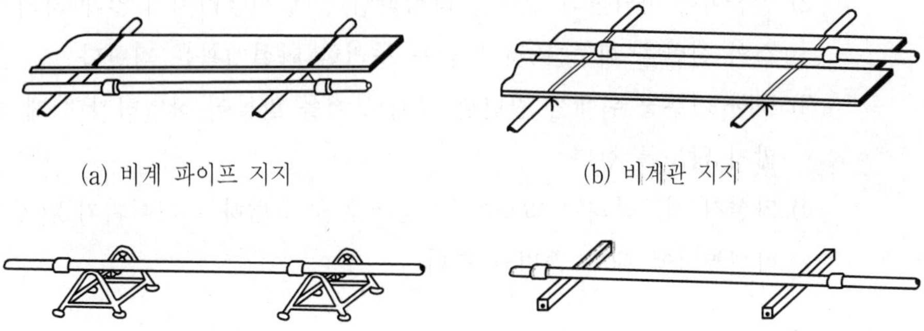

(a) 비계 파이프 지지　　(b) 비계관 지지

(c) 철제가대 지지　　(d) 각목 지지

[수평배관의 지지방법의 예]

3) 펌프배관 계획

① 펌프배관은 압송시에 10cm 이상의 진동을 반복하므로 조립된 철근이나 거푸집 위에 직접 배치하지 않고 위의 그림과 같이 지지대, 받침대 등의 위에 배관한다.

② 불가피하게 비계에 고정하게 되는 경우에는 배관 및 비계가 가능한 한 움직이지 않도록 고정하고 필요에 따라 보강한다.

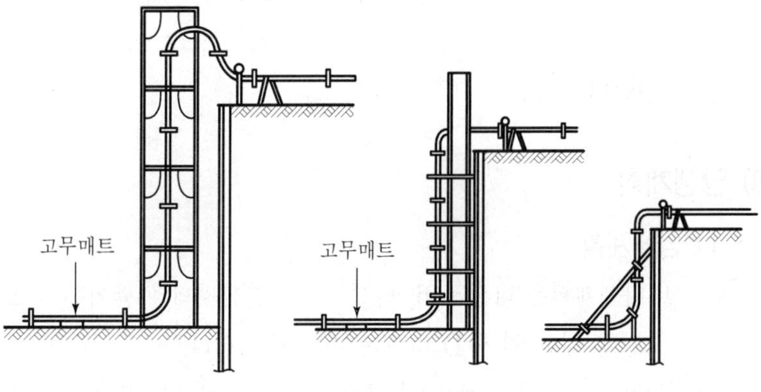

(a) 강제 프레임　　(b) 철골기둥　　(c) 부분보강

[수직관의 진동방지 방법의 예]

(6) 타설 방법 및 순서(부어넣기 및 이어치기)

1) 콘크리트의 타설은 아래 그림과 같이 펌프카로부터 가장 먼 곳으로부터 시작할 수 있도록 배관계획을 세운다.
2) 상판이나 바닥판의 철근을 타석작업 중에 비틀려지지 않게 하기 위해서는 호스의 선단을 휘두른 것과 같은 무리한 타설계획은 피한다.
3) 또한 거푸집 위에는 간단한 판재로 길을 만들어 작업하기 쉽게 하고, 철근을 밟지 않도록 한다.
4) 타설시 재료분리가 없도록 다짐 계획을 수립하고 이어치기 위치와 타설속도, 타설높이에 대한 준비를 한다.

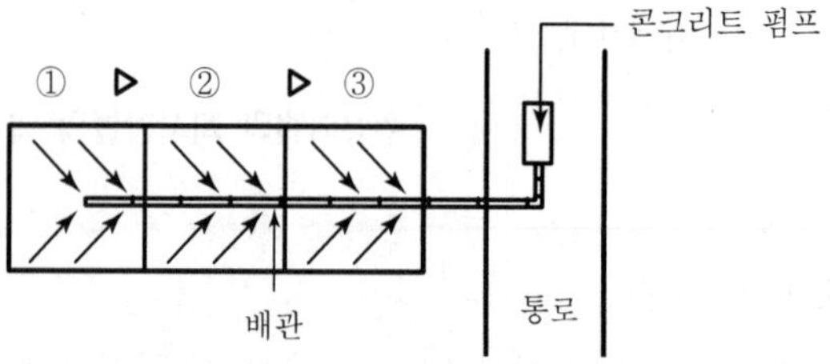

[타설순서]

(7) 품질시험 계획

1) 타설 전 실시한 시험의 종류와 방법에 대한 검토를 하여 작업 준비를 한다.
2) 시험 Data를 관리하고 문제발생시 조치할 수 있는 장비와 인원 배치 계획을 수립한다.

(8) 양생계획

1) 양생계획

① 양생계획은 타설시 및 타설 후 4주간까지의 평균기온, 온도, 바람 등의 기상조건에 대한 각종 Data를 근거로 수립한다.

② 이들 조건이 변하는 데 따른 처리를 고려함은 물론 양생작업에 필요한 인원과 비용을 확보하는 것이 중요하다.

2) 양생관리

① 양생의 작업기록을 작성하여 작업의 경과를 추후에 확실하게 알 수 있도록 한다.

② 한중이나 서중의 공사일 경우 콘크리트 온도를 측정한다.

3) 한중의 양생

① 급열양생의 경우는 콘크리트 표면이 건조되거나 국부적으로 뜨거워지지 않도록 주의한다.

② 강제거푸집이나 알루미늄합금 거푸집 등을 이용하는 경우에는 보통 표면 부근이 동해를 일으키기 쉬우므로 특히 보온이 필요하다.

number 15 레미콘의 선정과 현장에서의 준비사항

※'94, '21

1. 개 요

(1) 레미콘이란 CON'c 제조설비를 갖춘 공장에서 현장으로 공급하는 아직 굳지 않은 생 CON'c를 말하며, CON'c 구조물의 품질과 직결되기 때문에 철저한 품질검사와 협의가 뒷받침되어야 한다.

(2) 공급업체와의 협의사항으로는 납품에 관한 사항, 품질에 관한 사항으로 구분할 수 있으며, 현장에서는 운반계획, 타설계획, 양생계획, 시험에 대한 사전준비를 하여야 한다.

2. 레미콘 공급업체 선정시 고려사항

(1) 운반거리와 시간

1) 운반에서 타설까지의 최대 시간치

① 외부온도 25℃ 미만 : 120분

② 외부온도 25℃ 이상 : 90분

2) 교통혼잡지역 및 혼잡시간대를 고려한 거리

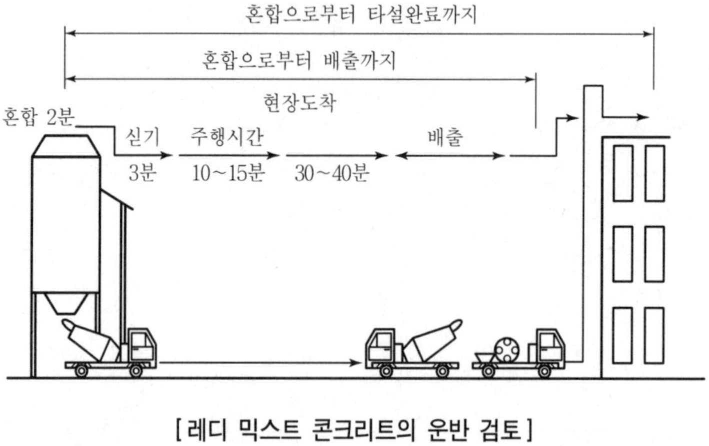

[레디 믹스트 콘크리트의 운반 검토]

(2) 레미콘 생산능력과 공급량

1) Batcher Plant의 시간당 생산량
2) 운반차량 보유 대수
3) 제조 생산시설

(3) 품질사항

1) KS 선정 여부
2) 시험실 및 시험기사 보유사항
3) 품질 관리 사항

(4) 공급 가격

3. 레미콘 공장과의 협의사항

(1) 납품 관련 사항

1) 납품일자와 납품장소
2) 총 납품량
3) 납품속도(배차간격) : 타설속도에 따라
4) Remicon의 종류와 Slump치

(2) 품질 관련 사항

1) 레미콘 규격
2) 슬럼프와 호칭강도
3) 공기량
4) 굵은골재 최대치수
5) 염화물의 함유량
6) 혼화재료의 혼합량과 종류
7) 공장관리용 공시체 제작과 품질관리

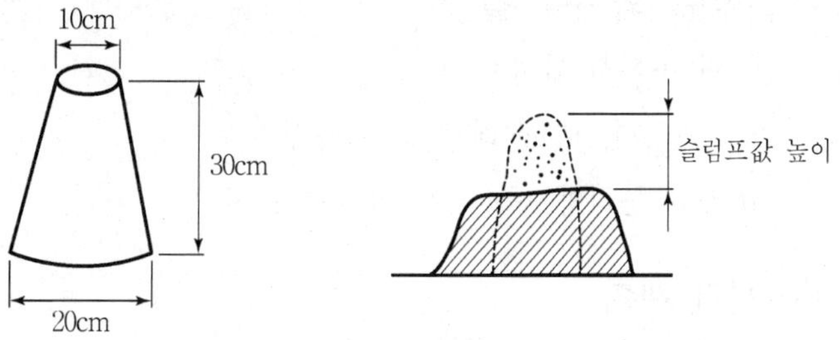

[Slump Test 방법]

4. 현장에서의 준비사항

(1) 운반계획

1) 운반로와 주변 교통
2) 레미콘 운반차량 진입, 출입계획
3) 펌프카 진입 위치

(2) 가설계획

1) 가설전등 설치
2) 진동기용 전력공급 및 전선상태
3) 급수시설 점검

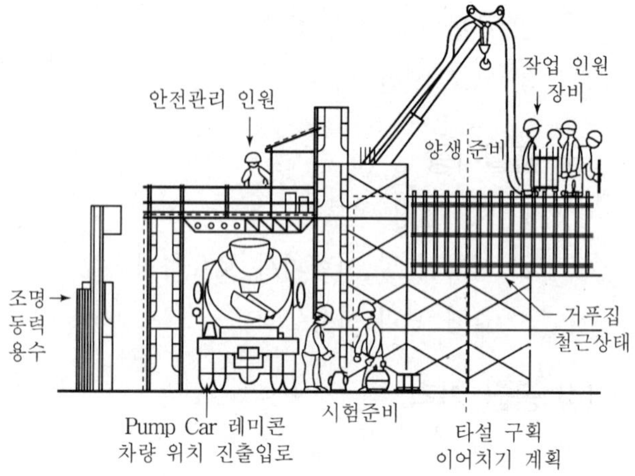

[현장 준비사항]

(3) 타설 준비

1) 철근배근과 피복 상태
2) 거푸집과 지주 설치 상태 검사
   ① 철근과 거푸집 변형 여부
   ② 거푸집 이음부 청소 상태
   ③ 동바리의 긴결 상태와 버팀대 설치 상태
3) 장비와 인원 배치
   ① 타설공, 전기공, 설비공의 구획별 대기
   ② 진동기의 준비와 예비진동기 여부
   ③ 타설장비의 점검
4) 타설순서와 구획 결정
   ① 먼 곳에서 가까운 곳으로
   ② 기둥, 벽, 보, 슬래브 순서 유지
   ③ 재료 분리방지를 위한 타설높이 선정

(4) 이어치기 계획

1) Cold Joint 방지대책
2) 이어치기 위치표시

(5) 양생계획

1) 여름철 : 급격 건조에 대비한 습윤양생 대책
2) 겨울철 : 동해방지와 보온대책
3) 거푸집 등의 존치기간
4) 대형 부재 : Pipe Cooling 방법

(6) 시험계획

1) 공시체 제작 개수와 양생수조 점검
2) 슬럼프와 염화물 시험준비
3) 공기량 등 시험기기 점검

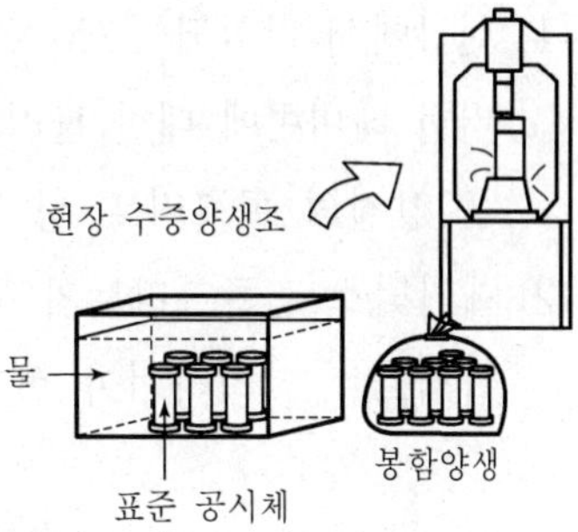

[시험관리]

(7) 안전대책

1) 집중타설이 되지 않도록 점검
2) 측압에 대한 대책 : 기능공 대기와 순찰
3) 동바리와 버팀대 점검
4) 안전관리자 배치

(8) 공해 및 민원 방지 대책

5. 맺음말

(1) CON'c 구조체의 품질은 레미콘의 품질과 함께 현장에서의 작업상태, 양생조건 등에 의해 결정되므로 Remicon 업체의 선정시에는 반드시 KS 기준에 적합한가를 확인하고 현장과의 연계성에 중점을 두어야 한다.

(2) 또한 현장에서는 운반계획과 타설계획, 양생계획을 세우고 작업이 원활히 진행되도록 철저히 준비하여야 한다.

number 16 레디믹스트 콘크리트의 제조 및 운반시 유의사항

※'08

1. 개 요

(1) 현장에서 타설되는 CON'c의 대부분이 공장에서 제조되어 사용되고 있으므로 이러한 레미콘에 대한 관리가 전체적인 CON'c 품질관리의 근본이므로 시공성에 맞는 양질의 콘크리트 생산은 매우 중요하다.

(2) 레디믹스트 콘크리트의 운반은 운반장비, 운반경로, 운반시간, 기온, 환경 등을 종합적으로 고려하여야 한다.

2. 콘크리트 제조시의 품질관리

(1) 사용재료의 선정과 관리

1) 시멘트

장기간 저장된 시멘트는 시험실시 후 사용

① 빈도 : 제조일로부터 3개월 경과되어 품질 변화가 있다고 인정되는 때 300t 마다

② 시험항목 : 비중, 응결시간, 안정도, 모르타르 압축강도

2) 골 재

유기물 함량, 편석량, 마무감량, 입도, 함수량 등을 시험을 실시하여 배합 수정

3) 물

수질, 수량 등을 감안하여 선정하고 수질시험을 실시하여 탁도, 색도, pH, 알칼리도, 질소함량을 파악한다.

4) 혼화재료

사용목적에 부합되는지 입하된 재료의 변질 유무 확인

(2) 콘크리트 생산

1) 첫 혼합의 시험작동

기계장치와 적정 작동상태 파악, 시험작동을 위해 모르타르나 콘크리트를 혼합하여 실제생산에 대비

2) 투입재료에 대한 배합 수정

골재의 입도와 함수량을 1일 중 생산개시 전에 실시하여 배합에 반영

3) 투입순서와 혼합시간

① 순서 : 골재 – 시멘트 – 물, 혼화제

② 시간 : 투입완료 후 경과시간으로 1분~1분 30초

4) 생산 후 관리

① 생산된 콘크리트의 슬럼프와 공기함유량 시험

② 정해진 빈도(150m^3 마다 1회)에 따라 공시체를 제작하여 7일 및 28일 강도시험

5) 관리도 작성

생산되는 콘크리트 종류별로 슬럼프, 공기량, 압축강도에 대한 시험결과를 X–R 관리도를 작성하여 품질의 안정상태 점검

3. 운반시 유의사항

(1) 한중 콘크리트

1) 운반시간을 최대한으로 짧게 한다.

2) 운반 도중 동해를 입지 않도록 한다.

(2) 서중 콘크리트

1) 운반 도중, 가열, 건조되는 일이 없도록 한다.

2) 덤프트럭을 사용하는 경우 콘크리트 표면이 직사광선이나 바람에 보호되도록 한다.

3) 펌프로 수송하는 경우 수송관을 젖은 천으로 덮는다.

4) 에지테이터를 장시간 직사광선에 노출시키지 않도록 사전에 배차계획을 수립 한다.

(3) 포장 콘크리트

1) 기계포설인 경우 슬럼프가 2.5cm 정도로서 덤프를 이용하여 운반한다.

2) 운반시간은 1시간 이내로 한다.

3) 운반로는 노면이 좋은 곳으로 한다.

4) 이미 친 콘크리트에 영향을 주지 않도록 한다.

5) 운반 중 건조하지 않도록 콘크리트 표면을 보호한다.

(4) 댐 콘크리트

1) 가장 좋은 운반 방법은 버킷을 이용하는 방법이다.

2) 굵은 골재 최대치수가 크고 단위시멘트량이 적고 슬럼프가 적으므로 재료분리를 최대한으로 억제한다.

4. 운반시간 및 배차간격

(1) 비비기에서 치기까지의 시간

1) 25℃ 이상인 경우 : 1.5시간 이내

2) 25℃ 미만인 경우 : 2시간 이내

3) 양질의 지연제를 사용하는 경우 책임기술자의 승인을 얻어 변경 가능하다.

(2) 대기시간 최소화

타설 지연 및 대기시간이 최소가 되도록 배차간격을 결정한다.

number 17 콘크리트 공사의 단계별 품질관리 방법
[1] 준비, 계획 [2] 운반(수송) [3] 시험 [4] 타설 [5] 양생

※'81, '88, '89, '91, '92, '96, '98, '06, '07, '08, '09, '10, '11

1. 개 요

(1) 콘크리트 공사의 품질관리는 레미콘 공장에서 재료품질, 배합 품질관리를 하고 현장에서는 타설준비, 수송, 타설, 시험, 양생 등의 품질관리를 해야 한다.

(2) 단계적 품질관리 사항으로는 레미콘의 품질, 운반, 현장타설 전 시험, Slump Test, 염화물시험, 공기량시험, 타설시의 재료분리, 이어치기면 품질, 타설 후의 양생품질 등을 들 수 있다.

2. 콘크리트의 단계별 품질관리 Flow

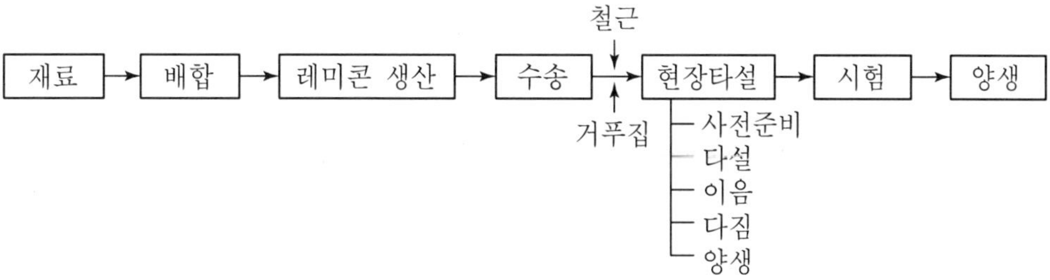

3. 단계별 품질관리 방법

(1) 타설준비

1) 설계도 및 시방서 검토

소요강도 확인

2) 레미콘 공장 선정

① 수송거리, 품질관리 능력

② 레미콘 공장과의 협의사항

타설일시, 타설하는 콘크리트의 종류, 1일 타설량과 타설속도, 운반차의 배차계획, 운반차의 현장 진입경로, 입하장소 및 방법, 펌프 압송용 모르타르, 반입검사 장소, 레미콘 공장과의 연락방법 등을 협의해야 한다.

③ 타설 전 준비

㉠ 콘크리트 타설 전날 타설작업에 대한 협의

㉡ 타설 및 다짐에 필요한 기구의 준비 및 점검

㉢ 철근, 거푸집 설비 배관류의 검사

㉣ 콘크리트 타설 전에 전기청소기 및 물씻기 등으로 타설장소의 청소

㉤ 양생방법 및 장비의 준비

(2) 타설계획

1) 타설계획시 고려사항

① 기상여건, 주변 교통

② 공사규모, 특성, 난이도 고려

③ 펌프 장비 위치, 설치

④ 양생검토 : 서중 CON'c, 한중 CON'c 타설시

2) 타설계획

① 레미콘의 반입

레미콘차의 동선, 콘크리트 펌프 등의 운반기구 배치, 품질시험의 실시장소를 결정

② 타설공법

VH 분리타설과 VH 동시타설을 결정

③ 이어치기의 위치

콘크리트의 이어치기 부분을 완전히 일체화시키기 어려우므로 이어치는 형태, 위치 등을 사전에 검토

④ 타설량, 타설속도 및 타설구획

⑤ 콘크리트의 Slump

타설 대상 부위의 시공난이도에 따라 설정하고, 가능한 한 Slump가 낮은 콘크리트를 타설

⑥ 작업자의 배치

콘크리트 펌프를 이용하여 타설할 경우 펌프호스의 끝 1개소당 표준 작업인원을 산정

⑦ 타설 장비

타설높이가 높을 경우(초고층) CPB나 분배기를 고려한다.

(3) 레미콘 운반(공장 → 현장)

1) 현장과의 수송거리

① 최적거리 : 1시간 이내

② 시방 운반거리 ┬ 온도 25℃ 이상 : 1.5시간 이내
　　　　　　　　 └ 온도 25℃ 미만 : 2시간 이내

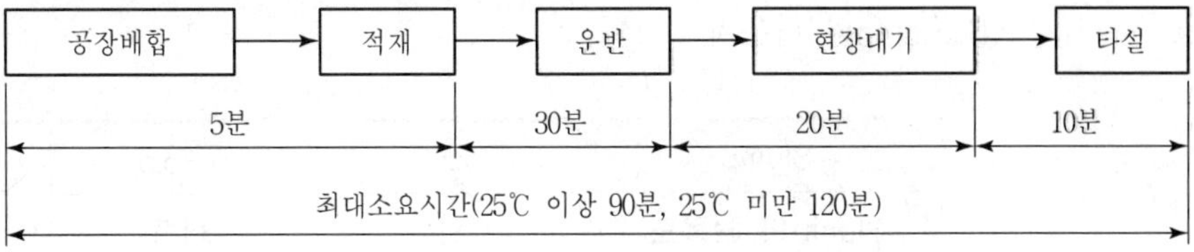

[레미콘 운반시간]

③ 레미콘 공장 출발시간과 현장 도착시간 확인

2) 운반시 콘크리트의 품질변화

① Slump치 저하방지

압송 직후의 Slump 변화는 보통 콘크리트는 0.5cm, 경량 콘크리트는 1cm 정도 저하

② 공기량 저하방지

압송 전후의 공기량 변화는 보통 콘크리트는 0.2%, 경량 콘크리트는 0.5% 정도 저하

(4) 타설 전 품질 시험

1) Slump Test

물/결합재 비 확인과 소요 시공연도 확인

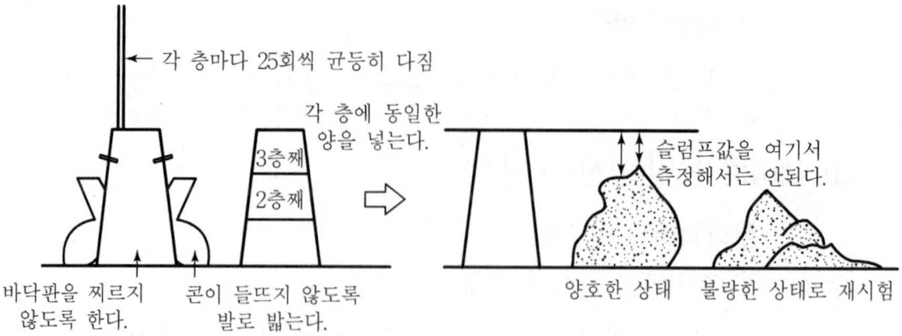

[Slump Test]

① Slump의 허용치

(단위 : cm)

Slump	2.5	5~6.5	8 이상
Slump의 허용도	±1	±1.5	±2.5

② 콘크리트의 온도는 서중 콘크리트와 매스 콘크리트는 입하시 35℃를 초과하는 것은 원칙적으로 반입하지 않는다. 또한, 동절기의 타설 콘크리트 온도는 10℃ 이상이 필요하다.

2) 공기량 시험

① AE제 등에 의해 콘크리트에 연행된 일정량의 공기는 동결융해 작용, 중성화, Workability에 유효하다.

② 공기량의 규정치(콘크리트 표준시방서)

G-max	공기량(%)	
	심한 노출	일반 노출
10	7.5	6
15	7	5.5
20	6	5
25	6	4.5
40	5.5	4.5

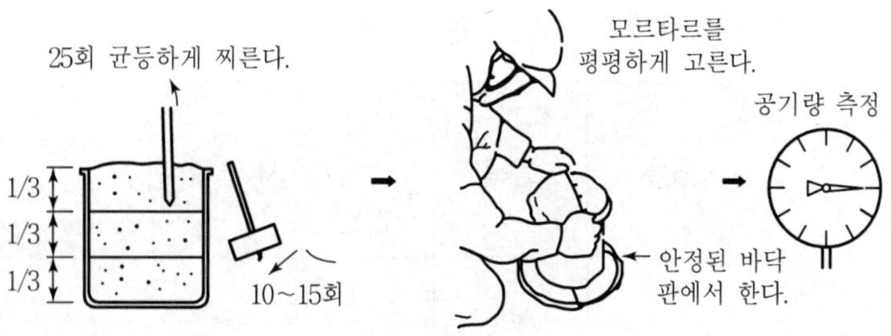

[공기량 시험]

3) 염화물량의 시험

① 철근 콘크리트의 염화물량의 시험은 현장에서 굳지 않은 콘크리트에서 직접적인 염화물의 총량(염소이온의 중량)을 측정한다.

② 시험순서는 각 시료를 용기에 넣는다. → 염소 이온농도 측정 → 측정값 계산 → 실험결과의 검토

③ 0.3kg/m^3를 초과하는 경우에는 콘크리트를 폐기 또는 반품한다.

4) 공시체 제작시험(압축강도의 검사)(KS 기준)

① 콘크리트의 압축강도 검사를 위한 공시체 제작은 150m^3당 3개 이상을 제작하여, 1회에 3차례의 시험결과로 판정한다.

② 압축강도시험의 순서는 공시체의 제작 → 공시체 양생 → 압축강도시험 → 시험결과판정

③ 공시체의 양생은 20±3℃로 양생하며 7일, 28일 압축강도시험을 한다.

④ 품질 검사(콘크리트 표준시방서)

종류	항목	시험·검사 방법	시기 및 횟수[1]	판정기준	
				$f_{cn} \le 35$ MPa	$f_{cn} > 35$ MPa
호칭강도로부터 배합을 정한 경우	압축강도 (재령 28일의 표준양생 공시체)	KS F 2405의 방법[1]	1회/일, 구조물의 중요도와 공사의 규모에 따라 120㎥마다 1회, 또는 배합이 변경될 때마다	① 연속 3회 시험값의 평균이 호칭강도 이상 ② 1회 시험값이 (호칭강도 −3.5 MPa) 이상	① 연속3회 시험값의 평균이 호칭강도 이상 ② 1회 시험값이 호칭강도의 90 % 이상
				압축강도의 평균값이 품질기준강도2) 이상일 것	
그 밖의 경우					

주 1) 1회의 시험값은 공시체 3개의 압축강도 시험값의 평균값임

2) 현장 배치플랜트를 구비하여 생산·시공하는 경우에는 설계기준압축강도와 내구성 설계에 따른 내구성기준압축강도 중에서 큰 값으로 결정된 품질기준강도를 기준으로 검사

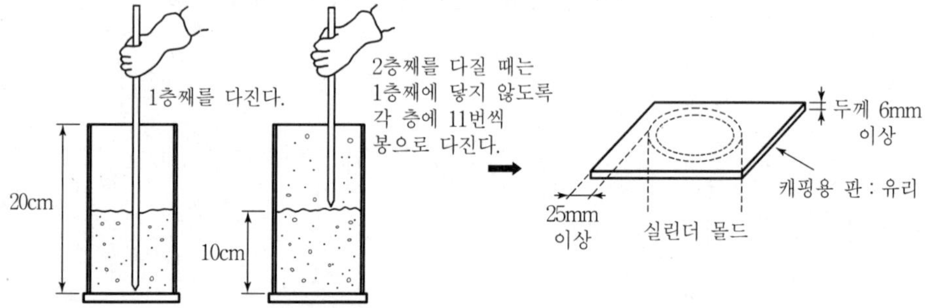

[공시체의 제작]

(5) 타설시공(품질관리)

1) 타설 전 준비

① 타설용, 기계・기구 점검

② 타설펌프의 위치점검 및 확인

③ 거푸집 및 철근배근 검사

㉠ 거푸집의 Joint 수밀성, 수직도, 수평도 확보

㉡ 철근배근 간격, 이음, 피복두께 검사

㉢ 콘크리트 측압검토

㉣ 지주검토

2) 콘크리트 타설방법

① 펌프카 타설

㉠ 펌프카 위치, 고정 확인

㉡ 포터블 펌프카시 수직배관 고정 확인

㉢ 수평 펌프배관시 철근 흐트러짐 방지

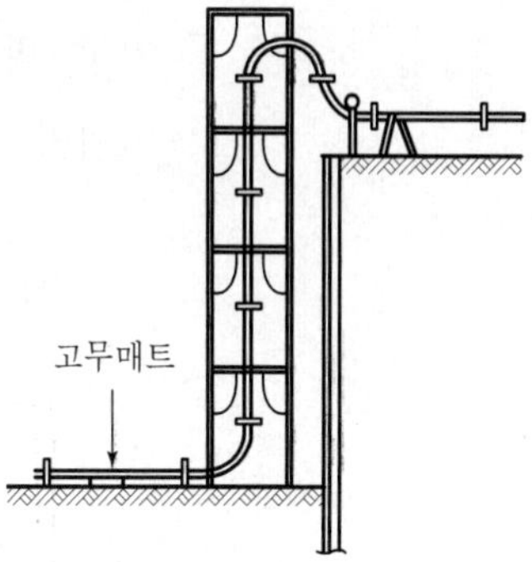

[펌프배관 고정]

② VH분리타설, Tremie타설 등에 대한 검토

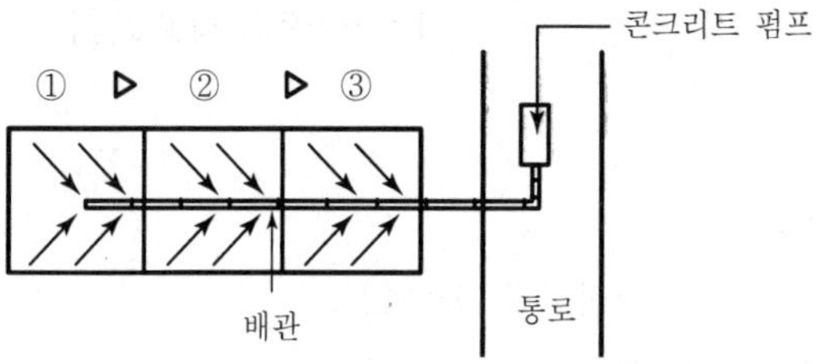

[타설순서]

3) 부어넣기시(타설)

① 먼 곳에서부터 가까운 곳으로 수평으로 연속타설

② 기초→기둥→보→Slab 순서 타설

③ 재료분리 방지

㉠ 굵은골재 분리방지

㉡ 타설높이 최대 1.5m 이내

㉢ Bleeding 현상방지

4) 이어치기면

① Cold Joint면 품질관리

㉠ 레미콘 지연이나 서중 CON'c 타설시는 Cold Joint 한계시간 준수

㉡ 온도 25℃ 이상 2.5시간 이내, 온도 25℃ 미만시 2시간 이내

② 이어치기 위치

㉠ 보, Slab는 중앙에서 수직으로

㉡ 기둥, 벽체는 기초 또는 Slab 상단은 수평으로

㉢ 이어치기면은 깨끗이 청소하고 친다.

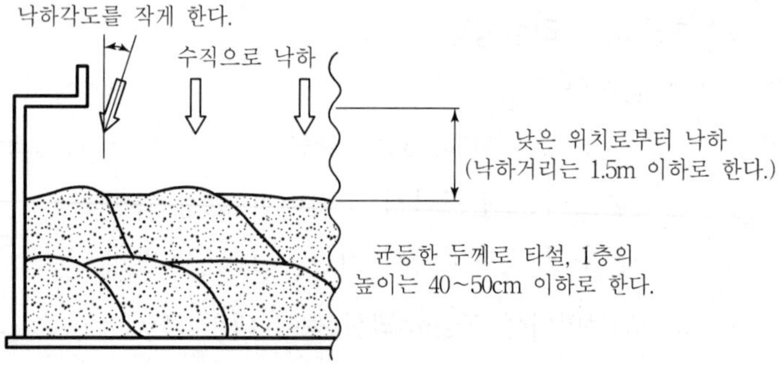

[콘크리트의 타설요령]

5) 다짐시

① 진동기 사용시간은 30~40초

② 진동간격 60cm

③ 철근이나 거푸집을 직접 진동시키지 않는다.

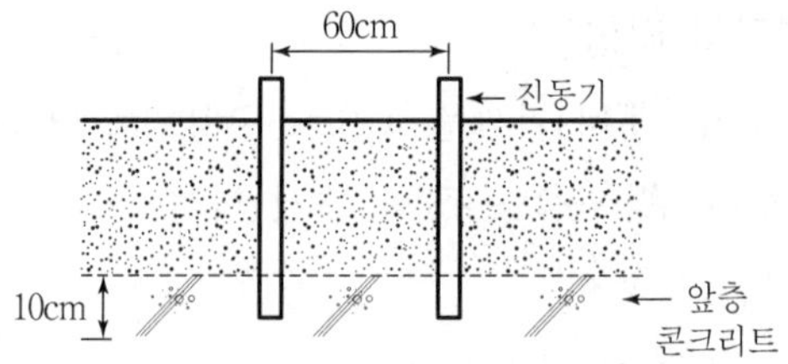

[진동기 다짐방법]

6) 양생시 품질관리

① 습윤양생

㉠ 서중 콘크리트는 반드시 습윤양생

㉡ 초기 건조수축 방지

② 양생시 유의사항

㉠ 타설 후 습윤양생

㉡ 타설 후 3일간 진동 충격금지

㉢ 한중 CON'c 타설시 단열, 보온양생

4. 맺음말

(1) CON'c 품질관리를 위해서는 공장배합과 운반, 타설작업의 전 과정에서 종합적인 관리가 이루어져야 하며

(2) 현장 CON'c 타설시 사전에 품질시험을 실시하고, 타설 중에도 작업기준을 준수하여야 한다.

number 18 재활용(순환) 골재의 특성과 품질 개선책

※'01

1. 개 요

(1) 자연 골재의 과다한 채취에 따른 환경 파괴와 자연 훼손의 문제로 재생골재와 부순 골재의 사용이 널리 보편화되어가고 있지만 재생 골재를 사용한 콘크리트의 품질에 대한 연구는 많이 부족한 현실이다.

(2) 골재의 부족 현상을 해결하고 안정적으로 수급할 방안으로는 부순 골재와 함께 폐콘크리트를 적절히 활용하고 골재 사용 절감 공법의 개발 등이 절실하게 필요한 실정이다.

2. 골재 수급 부족원인과 현황

(1) 골재 수급의 불균형

1) 시기별 골재 수급의 불균형
2) 지역별 골재 수급의 불균형
3) 적기 공급의 불균형

(2) 골재 품질의 저하

1) 양질의 골재가 고갈되어 바다 골재와 산림 골재의 비중이 증가
2) 수요가 집중되는 성수기에는 불량 골재 사용률이 높다.
3) 바다 골재의 경우 골재 채취와 하역, 보관 시설이 부족

(3) 관련 법규 및 정책적 지원 부족

1) 골재 채취 관련 법규의 경직성
2) 폐석 이용의 정책적 지원 부족
3) 정부의 예산 부족에 따른 골재 부존량 파악 미흡
4) 골재 운반시의 교통 대책 마련 필요

3. 순환 골재의 특징

(1) 슬럼프치가 감소된다.

(2) 공기량이 현저하게 증가한다.

(3) 흡수율이 증대된다.

(4) 불순물의 함유량이 높아진다.

(5) 건조 수축 현상이 크게 나타난다.

(6) 압축강도가 30~40% 가량 감소된다.

(7) 비중은 20~30% 낮아진다.

(8) 골재의 탄력성이 없다.

(9) 블리딩량은 적어진다.

4. 문제점

(1) CON'c 품질저하

1) 건조수축이 크고 압축강도가 저하된다.

2) 불순물을 많이 함유하고 있어 철저한 세척이 요구된다.

3) 혼화 재료의 사용비중이 높아진다.

4) 100% 재생 골재를 사용할 경우 품질 저하 우려

(2) 순환 골재의 수급 부족

1) 콘크리트의 수요가 집중되는 시기에 적기 공급이 어렵다.

2) 전체 골재에서 차지하는 비율이 낮다.

(3) 낮은 재활용 비율

1) 폐콘크리트의 재활용 비율이 낮고 대부분 폐기물로 매립된다.

2) 골재를 선별하는 비용이 높다.

(4) 제도적 지원 미비

1) 자원 재활용에 대한 정부의 세제 지원 필요

2) 자원 재활용법을 현실에 맞게 제정하는 것이 필요

5. 순환 골재의 품질 개선 대책

(1) 입형, 시공성 향상을 위해 AE제, 감수제 사용

(2) 미립 불순물 제거－완전 세척

(3) 살수하여 표면 건조 내부 포화 상태로 사용

(4) 자연 골재와 혼합 사용

(5) 등급별로 분류하여 사용 용도 제한

(6) 제도 개선

1) 순환 골재 채취에 대한 제도적 지원과 뒷받침 필요

2) 별도 골재 Silo를 설치하지 않고 기존 저장소 이용 방법 연구

3) 재생 가공 비용을 정부에서 보조 받아 원가 절감

4) 재생(순환) 골재 품질 인증제도 실시

number 19 순환골재 용도와 품질기준

※'06

1. 개 요

(1) 「순환골재」라 함은 "건설폐기물의 재활용 촉진에 관한 법률" 제2조제7호의 규정(건설폐기물을 물리적 또는 화학적 처리과정 등을 거쳐 같은 법 제35조의 규정에 의한 품질기준에 적합하게 한 것)에 적합한 골재를 말한다.

(2) 폐콘크리트 또는 폐아스팔트 콘크리트 등으로부터 얻어지는 순환골재(재생골재)를 사용하여 설계·시공하는 경우에는 안전성과 환경관련 규정의 적합여부 등에 대한 확인을 실시하고 순환골재의 특성, 시공방법을 파악한 후 시행하여야 한다.

2. 순환(재생)골재의 특성

(1) 콘크리트 강도 저하, 건조수축 및 크리프 증가

(2) 흡수율 증대

(3) 미세 불순물 함량 증가

(4) 슬럼프값 저하, 블리딩 감소

(5) 단위 용적 중량

(6) 비중 감소(15~20%)

3. 순환골재의 용도

(1) 도로 기층용

입도 조정 기층 빈배합 콘크리트 기층

(2) 도로 보조기층용

(3) 콘크리트용

(4) 콘크리트 제품 제조용

(5) 하수관로 설치용 모래 대체 잔골재

(6) 아스팔트 콘크리트용

(7) 동상방지층 및 차단층용

(8) 노상용

(9) 노체용

(10) 되메우기 및 뒷채움용

(11) 성토용

(12) 복토용

(13) 매립시설의 복토용

4. 콘크리트용 순환골재의 품질 기준

순환골재의 생산을 위하여 투입되는 폐콘크리트는 환경에 유해한 화학물질이나 악취를 발생시키는 물질, 콘크리트 품질에 나쁜 영향을 미치는 물질을 포함하지 않아야 하며 규정에서 정한 입도를 충족하여야 한다.

콘크리트용 순환골재의 품질

구분		순환 굵은골재	순환 잔골재
절대 건조 밀도(g/㎤)		2.5 이상	2.3 이상
흡수율(%)		3.0 이하	4.0 이하
마모감량(%)		40 이하	-
입자모양판정실적률(%)		55 이상	53 이상
0.08㎜체 통과량 시험에서 손실될 양(%)		1.0 이하	7.0 이하
알칼리 골재 반응		무해할 것	
점토덩어리량(%)		0.2 이하	1.0 이하
안정성(%)		12 이하	10 이하
이물질 함유량(%)	유기이물질	1.0 이하 (용적기준)	
	무기이물질	1.0 이하 (질량기준)	

콘크리트용 순환골재의 입도

체의 호칭			체를 통과하는 것의 질량 백분율 (%)										
			40㎜	25㎜	20㎜	13㎜	10㎜	5㎜	2.5㎜	1.2㎜	0.6㎜	0.3㎜	0.15㎜
순환 굵은 골재	최대 치수 (㎜)	25	100	95~100		25~80		0~10	0~5				
		20		100	90~100		20~55	0~10	0~5				
순환 잔골재							100	90~100	80~100	50~90	25~65	10~35	2~15

콘크리트용 순환 굵은골재의 품질관리

항목		시험 및 검사방법	시기 및 횟수
입도		KS F 2502	공사 시작 전, 공사 중 1회/월 이상 및 산진(순환골재 제조전의 폐콘크리트)가 바뀐 경우
절대 건조 밀도(g/cm^2)		KS F 2503	
흡수율(%)			
마모감량(%)		KS F 2508	
입자모양판정실적률(%)		KS F 2527	
0.08mm체 통과량 시험에서 손실될 양(%)		KS F 2511	
정토덩어리량(%)		KS F 2512	
알칼릴 골재 반응		KS F 2545	공사 시작 전, 공사 중 1회/6개월 이상 및 산지가 바뀐 경우
안정성(%)		KS F 2507	
이물질 함유량(%)	유기이물질	KS F 2576	공사 시작 전, 공사 중 1회/월 이상 및 산지가 바뀐 경우
	무기이물질		

콘크리트용 순환 잔골재의 품질관리

항목		시험 및 검사방법	시기 및 횟수
입도		KS F 2502	공사 시작 전, 공사 중 1회/월 이상 및 산진(순환골재 제조전의 폐콘크리트)가 바뀐 경우
절대 건조 밀도(g/cm^2)		KS F 2504	
흡수율(%)			
입자모양판정실적률(%)		KS F 2527	
0.08mm체 통과량 시험에서 손실될 양(%)		KS F 2511	
정토덩어리량(%)		KS F 2512	
알칼릴 골재 반응		KS F 2545	공사 시작 전, 공사 중 1회/6개월 이상 및 산지가 바뀐 경우
이물질 함유량(%)	유기이물질	KS F 2576	공사 시작 전, 공사 중 1회/월 이상 및 산지가 바뀐 경우
	무기이물질		

5. 순환골재의 적용

(1) 원칙적으로 천연골재와 혼합하여 사용

(2) 1회 계량 분량에 대한 계량오차는 ±4% 이내

(3) 목표슬럼프를 ±20mm 이내에서 관리

(4) 특수콘크리트 사용 제한

(5) 최대 강도 27MPa 이하만 적용

설계기준강도(MPa)	사용골재	
	굵은골재	잔골재
27 이하	굵은골재 용적의 60% 이하	잔골재 용적의 30% 이하
	혼합사용시 총 골재용적의 30% 이하	

(6) 순환 굵은골재 최대치수는 20mm이하

(7) 공기량 5.0±1.5% 충족

6. 순환골재의 품질 확보 방안

(1) 골재 종류별로 구분, 입경에 따라 운반 저장

(2) 프리웨팅(pre-wetting)용 살수설비 구비

(3) 별도 계량 및 관리 방안 마련

(4) 골재의 균일 공급이 가능한 운반설비 구비

(5) 품질관리자 지정하여 품질관리 실시

(6) 아스팔트 콘크리트용

(7) 사용 전 품질검사 실시

number 20 부순자갈, 부순모래를 사용한 콘크리트의 특성 및 사용시 고려사항

※'04

1. 개 요

(1) 부순자갈, 부순모래는 내구적인 현무암 · 안산암 · 경질화강암 · 경질사암 · 경질석회암 또는 이에 준하는 암석을 원석으로 하여 생산하면 별문제가 없다.

(2) 부순돌은 환경규제 등으로 인하여 습윤상태로 생산되기 때문에 다량의 돌가루가 골재 표면에 부착되므로 이를 별도로 깨끗이 씻은 후에 사용해야 한다.

2. 콘크리트의 특성

(1) 단위수량 증가

1) 쇄석의 모난 형상 및 거친 표면조직 때문에 같은 워커빌리티의 자갈 콘크리트보다 단위수량이 10% 정도 증대된다.

2) 시멘트 페이스트와의 부착이 좋으므로 자갈 콘크리트와 동등 이상의 강도를 발현한다.

(2) 수밀성 · 내동해성

쇄석 콘크리트의 수밀성 · 내동해성은 자갈 콘크리트보다 떨어진다.

(3) 강 도

1) 골재 표면은 매끄러운 것보다 거친 표면적이 많아야 시멘트풀의 부착력을 크게 하여 콘크리트의 강도를 높여 준다.

2) 부순돌 사용 콘크리트가 천연골재보다 일반적으로 강도가 높다.

(4) 내마모성

1) 휨강도도 크고 마모저항이 큰 부순돌을 많이 사용한다.

2) 주로 포장 콘크리트, 된비빔 콘크리트에 휨강도와 마모저항이 큰 골재가 필요하므로 부순돌을 사용한다.

(5) 혼화제 사용

1) 부순돌 사용시 수밀성을 위해 AE제, 시멘트 분산제를 사용한다.
2) 혼화제 사용시 작업성이 현저하게 개선되므로 단위수량을 8% 이상 감할 수 있어 강도 증진 · 경제성 · 수밀성도 개선된다.

(6) 알칼리 골재 반응

쇄석을 사용할 때는 석영, 운모, 규산석 등에서 반응성 물질을 포함하는 경우가 있으므로 쇄석을 사용시 알칼리 골재 반응에 유의해야 한다.

(7) 재료분리 감소효과

1) 부순모래는 콘크리트의 단위수량을 증가시키는 요인은 있지만 재료분리를 감소시키는 효과도 갖고 있다.
2) 부순모래의 경우에는 오히려 3~5%의 석분이 혼입되어 있는 편이 좋다.

(8) 잔골재율

1) 미세한 분말량이 많아지면 Slump가 저하하기 때문에 잔골재율을 낮춰 준다.
2) Slump 저하 방지를 위해 잔골재율을 낮춰 준다.

(9) 공기량

1) 미세한 분말량이 많아지면 공기량이 줄어들기 때문에 필요시 공기량을 증가시킨다.
2) 미세한 분말의 영향은 모암의 종류에 의해 달라지기 때문에 각각에 대해 검토할 필요가 있다.

3. 배합 설계시 고려사항

(1) 배합강도

1) 설계 기준 강도를 얻기 위하여 현장에서의 시멘트, 부순자갈의 불균성, 각 재료 계량오차, 시험오차 등을 고려하여 배합강도를 결정한다.
2) 각 재료의 불균일성에 대해 보정해서 구한다.

(2) 물·결합재비

1) 동일 물·시멘트의 경우 자갈표면이 거칠어 부착력이 좋다.
2) 콘크리트의 수밀성, 내동해성은 물시멘트 비에 의해 지배된다.

(3) Slump Test

1) 시공연도의 양부를 측정한다.
2) 미세한 분말량이 많아지면 슬럼프가 저하된다.

(4) 굵은 골재 최대치수

1) 최대치수 20mm의 콘크리트용 부순돌에 대해서는 실적률을 55% 이상으로 규정한다.
2) 최대치수 40mm의 부순돌의 경우 실적률 시험에 쓰이는 입도의 표준은 40~30mm가 25%, 30~20mm가 25%, 20~10mm가 30%, 10~5mm가 20%로 한다.

(5) 잔골재율

1) 미세한 분말량이 많아지면 Slump가 저하하기 때문에 잔골재율을 낮춘다.
2) 깬자갈은 하천골재에 비해 실적률이 3~5% 적기 때문에 실적률 1% 증감에 대한 잔골재율의 증감은 1%로 하고 있다.

(6) 단위수량

1) 하천골재로 만든 콘크리트와 동일한 슬럼프를 얻기 위해서는 단위수량을 10~20kg/m^3 증가시킨다.
2) 깬자갈은 하천골재에 비해 실적률이 3~5% 적기 때문에 실적률이 1% 저하할 때마다 단위수량은 4% 증가된다.

(7) 시방배합

1) 계량은 1회 계량분의 0.5% 정밀도를 유지한다.
2) 투입시 동일한 조합 콘크리트는 소량 Mixing하고, 믹서 내면에 시멘트풀을 발라둔다.
3) 비빔시간은 일반적으로 3분으로 하고, 10분 이상부터는 강도의 변화가 없다.
4) Slump의 조정은 19cm 이하에서 약 1.2%, 18cm 이상에서 약 1.5%로 한다.
5) 골재 분리와 유동성을 조정한다.

6) 공기량 조정은 공기량 1% 증가시 강도는 3~5% 정도 감소, Slump는 약 2cm 증가

(8) 현장배합

시방배합을 현장배합으로 고칠 경우 고려사항

1) 잔골재의 표면수로 인한 Bulking 현상
2) 현장의 골재계량방법과 KS F 2505 규정에 의한 방법과의 용적의 차
3) 골재의 함수상태
4) 5mm 눈금체를 통과한 굵은 골재의 양과 혼화재에 섞인 물의 양 고려

number 21 회수수 처리와 재활용 방안

※'04

1. 개 요

(1) 회수수란 레미콘 차량, 플랜트의 믹서, 콘크리트 배출 호퍼 등을 세정한 배수와 되반입되는 콘크리트를 세정할 때 나오는 물을 총칭한다.

(2) 회수수는 PH가 높아(강알칼리성) 정화 과정 없이 배출하게 되면 하천, 토양 등 환경 오염의 원인이 되며, 배출물에는 자갈, 모래 등의 자원이 포함되어 있어 재이용하는 것이 바람직하다.

2. 회수수의 분류와 처리(활용) 방법

(1) 회수수의 분류

1) 회수수

레미콘 생산, 이용 관련 시설을 세척하고 난 배출물로서 슬러지(Sludge)수와 상징수로 구분된다.

2) 슬러지수

씻고 난 배수 및 기타 배수에 골재를 분리 수거한 나머지 물

3) 상수(상징수)

슬러지수에서 슬러지 고형분을 침강이나 기타 방법으로 제거한 맑은 상태의 물

(2) 회수수 처리(활용) 방법

1) 중화처리

① pH가 높은 물을 산성과 혼합하여 중화 처리한 후 방류함으로써 환경 오염 방지

② 침강 잔재는 건조하여 폐기물로 매립 처리

2) 재사용(E－CO CON'c 제조)

① 상징수

㉠ 레미콘 운반 차량의 세정시 사용

㉡ 골재 회수 장치, 시설물의 세정시 사용

㉢ 슬러지수 농도 조절용으로 사용 가능

㉣ 콘크리트 배합 비빔용으로 재사용(콘크리트의 품질에 영향이 있으므로 고강도 콘크리트에는 사용을 금지하고, 사용량을 적정 범위 내에서 조절하여야 한다.)

② 슬러지수

㉠ 침강, 침전 등을 통해 미세한 분말, 골재 분말을 분리시켜 건조, 분쇄한다.

㉡ 분쇄된 미세 분말을 시멘트 원료로 재활용(재활용 시멘트 제조)

㉢ 폐기물 처리 공간의 해결, 석회석 자원의 보존, CO_2 배출량 감소 등의 효과를 얻게 된다.

③ 골 재

㉠ 세척 중 회수되는 자갈이나 모래 입자는 재활용 골재화

㉡ 골재의 부족 문제 해결 및 자원 재활용 효과

3. 재활용시 CON'c 품질 확보

(1) 회수수의 수질

1) 시멘트의 응결 시간과 압축 강도에 영향을 주지 않아야 한다.

2) 수질 기준(일본 JIS)

시멘트 응결 시간의 차이는 일반 물을 사용할 때와 비교하여

① 응결 시작시간 차이 : 30분 이내일 것

② 종결시간 차이 : 60분 이내일 것

(2) 슬러지 고형분의 품질

고형분은 부용 잔분(Insol), 또는 모래분 함유량으로 25% 이하일 것

(3) 회수수의 제한 농도

회수수의 비율이 시멘트 중량의 3% 이하가 되도록 유지할 것

(4) 회수수의 검사

1) 일상 농도 검사 실시

2) 고형분 3% 이하로 유지

number 22 CON'c용 혼화재료의 종류와 특징 및 용도

* '07

1. 개 요

콘크리트용 혼화재료는 크게 혼화재와 혼화제로 구분되며 콘크리트의 종류, 용도, 시공상의 필요성 등을 고려하여 필요한 혼화재료를 적절히 사용하면, 효과적인 콘크리트의 성능 보완과 개선 및 향상을 기대할 수 있다.

2. 혼화재료의 구분

구 분	혼 화 재	혼 화 제
사 용 량	시멘트 중량의 5% 이상	시멘트 중량의 5% 이하
배합설계	배합시 고려	배합시 고려하지 않음
주 목 적	굳은 콘크리트 성질 개선	굳지 않은 콘크리트 성질 개선
형태	고체, 분말	주로 액체

3. 혼화재의 종류별 특징과 용도

(1) 고로슬래그

1) 용광로에서 나온 암석 성분의 부산물을 냉각시켜 미세 분말화한 것

2) 특징

① 시공연도 향상

② 조기강도는 낮으나 장기강도 증가

③ 반응시간 지연(잠재수경성 물질)에 따른 수화 발열량 감소

④ 알칼리 골재 반응 억제

⑤ 건조수축 현상 증가

(2) 플라이 애쉬

1) 화력 발전소에서 소각 후 발생한 미세 분진을 집진한 것

2) 특징

① 시공연도 향상 (Ball Bearing 효과로 유동성 개선)

② 조기강도는 낮으나 장기강도 증가
③ 반응시간 지연과 수화발열량 감소
④ 대표적 포졸란 반응 물질
⑤ 내구성 및 수밀성 증대
⑥ 황산염에 대한 저항성 증대

(3) 실리카 흄

1) 규소를 산화시켜 만든 규소산화물(SiO_2)로 구성된 미세 분말

2) 특징

① 시공연도 향상(블리딩 및 재료분리 저감)
② 반응시간 촉진과 높은 수화발열량
③ 콘크리트 강도 및 내구성 증가
④ 수밀성, 화학적 저항성 향상
⑤ 미세 공극 충전 효과(Micro Filler)

(4) 팽창재(무수축재)

1) 경화 중 기포 발생 또는 콘크리트 체적 팽창을 일으키는 혼화재

2) 특징

① 건조수축, 경화수축 감소(균열 감소)
② 철분계, 석고계, CSA계 팽창재

(5) 착색재

콘크리트에 색깔을 내기 위해 사용하는 혼화재

4. 혼화제의 종류별 특징과 용도

(1) 시공연도 향상, 내구성 향상 용도

1) AE제

콘크리트 속에 미세 연행 공기를 주입하여 볼베어링 역할에 의한 시공 연도 향상을 위해 사용되는 혼화제

① 단위수량감소, 동결융해에 대한 저항성 증가
② 표면활성 작용(기포 작용), 슬럼프치 증가

③ 과다 사용시 강도 저하

2) AE 감수제

시멘트 입자를 분산시켜 물의 양을 줄이며 시공연도 향상이 가능한 혼화제

① AE제의 공기연행효과와 감수제의 분산효과를 겸비

② 시공연도 향상, 수밀성 및 내구성 향상

③ 단위시멘트량 감소, 수화발열량 감소

④ 응결시간 조절(표준형, 지연형, 촉진형)

3) 감수제

표면활성작용에 의해 물의 양을 줄이며 시공연도 확보와 응결시간을 조절할 수 있는 혼화제

① 단위수량 감소, 표면활성 작용(분산작용)

② 응결시간 조절(표준형, 지연형, 촉진형)

4) 고성능 감수제

콘크리트 강도와 내구성을 증가시키면서 작업성을 확보하기 위해 물 대신 다양한 화합물을 사용해 작업성을 높인 혼화제

① 단위수량감소로 고강도 콘크리트 제조

② 슬럼프 손실이 적고 시공성 향상

5) 수축저감제

콘크리트 건조수축을 감소시키기 위한 혼화제

6) 유동화제

일시적으로 콘크리트의 유동성 증가를 통해 슬럼프치를 높여 시공을 원활하게 하기 위한 혼화제

① 1시간 이내 유동성 증가, 시공연도 향상

② 수화반응에 영향 없음

7) 분리저항제(수중불분리성 혼화제)

수중콘크리트와 같이 흐르는 물 속에서 타설시 점성을 높여 시멘트 입자와 골재가 분리되는 것을 막기 위한 혼화제

① 수중에서 분리저감효과

② 블리딩 억제, 셀프 레벨링 효과

(2) 응결, 경화 시간 조절용

1) 지연제

시멘트 중의 석고량을 증가시키면 응결시간을 늦추는 효과가 있어 서중콘크리트, 매스콘크리트 용으로 사용

2) 촉진제

시멘트 중에 염화칼슘을 1~2% 첨가하여 응결시간을 단축시킨 혼화제

① 알칼리 골재반응 촉진

② 수축과 팽창 증가, 슬럼프 감소

(3) 충전성 향상 및 중량 조절용

① 알루미늄이나 아연분말을 혼합하여 시멘트 중의 알칼리 성분과 반응하여 수소가스를 발생시키는 혼화제

② 내부에 기포가 형성되어 경량기포콘크리트용으로 사용

(4) 수밀성 향상 용도(방수제)

① 콘크리트 내부공극을 충전시켜 물의 침투 성능을 감소시킨 혼화제

② 비누, 수지, 명반 등을 사용하거나 수산화칼슘의 유출을 막기 위해 염화칼슘, 규산소다 등을 사용

(5) 부식방지용

방청제-콘크리트 내의 염분에 의해 철근이 부식하는 것을 막기 위한 혼화제

(6) 동해저항용

방동제-염화칼슘을 혼입하여 동해에 대한 저항성을 높인 혼화제

(7) 기타

살균혼화제, 살충혼화제, AAR 억제제, 중성화 방지제, 방쇄제 등

5. 맺음말

콘크리트의 고기능화, 고성능화, 고내구성화를 추구하면서 다양한 종류의 혼화재료들이 개발되어 사용되고 있으며, 이러한 기능과 더불어 환경친화적 기능을 갖춘 혼화재료의 개발과 적용도 활발히 이루어지고 있으므로 적절한 혼화재료의 선정과 사용은 우수한 콘크리트 제품을 만드는 하나의 방안이 될 수 있다.

number 23 CON'c의 시공연도(Workability) 영향요인과 측정방법

※'05, '10, '12, '21

1. 개 요

(1) CON'c의 시공연도는 묽기 정도, 재료분리 저항 정도 등의 복합적 의미에서 작업의 난이 정도를 표시한 것으로 작업성이라 한다.

(2) Consistency(반죽질기)는 단위 수량에 의해 변화하는 CON'c의 묽기 정도로서 단위 수량이 과도하게 증가하면 재료분리에 의해 Workability가 나빠진다.

2. 시공연도 영향요인

(1) 단위 수량

1) 물의 양이 증가하면 시공연도는 증가

2) 재료분리가 생기지 않는 범위 내에서 증가

(2) 단위시멘트량

1) 시멘트량 증가로 시공연도도 증가

2) 단위시멘트량이 적으면 재료분리 발생

(3) 시멘트의 성질

1) 분말도가 높을수록 증가

2) 풍화정도, 시멘트의 종류, 구상화 정도

(4) 골재

1) 연속 입도 분포를 가지며 둥근 골재가 시공연도 우수

2) $\frac{S}{A}$ 가(일정범위 내에서) 증가하면 시공연도 증가

(5) 공기량

공기량이 많을수록(Ball Bearing현상) 증가

(6) 혼화재

AE제, Fly Ash, Pozzolan 등 사용시 시공연도 향상

(7) 비빔시간

과도한 비빔이 아닌 범위 내에서 비빔이 충분할수록 시공연도 증가

(8) 온 도

온도가 높을수록 시공연도 저하(Slump치 감소로)

(9) 배 합

물－결합재비, G－max, $\frac{S}{A}$의 구성비율

3. 시공연도 측정방법

(1) Slump Test

(2) Flow Test(흐름시험)

(3) 구관입(케리볼) 시험

1) 13.6kg 무게의 반구를 CON'c 표면에 놓고 자중에 의해 CON'c 내로 관입되는 깊이로 반죽질기를 알아보는 시험

2) 관입값의 1.5~2배가 Slump치이다.

3) CON'c 두께가 골재 최대치수의 3배 이상, 또는 20cm 이상일 때 사용

4) 포장 CON'c나 Slab처럼 수평타설된 곳에 유리

(4) 비비시험(Vee-Bee Test)

(5) 리몰딩시험(Remolding Test)

4. 시공연도 향상방법

(1) 단위시멘트량의 적절한 유지

(2) 시멘트의 성질이 양호한 것 사용

(3) 반죽질기가 좋아야 한다.

(4) 골재의 입도/입형 고려

(5) 양호한 배합

1) G－max가 너무 크지 않도록

2) $\frac{S}{A}$가 적절한 범위(재료분리 없을 정도)

(6) 혼합재료의 시공연도 향상

(7) 적절한 온도 유지

number 24 CON'c 이어치기 원칙과 위치 및 방법

※'03, '13

1. 개 요

CON'c 구조물을 1일 작업량의 한계, 타설 높이 한계, 거푸집의 전용 등의 이유로 이어치기를 실시하게 되는데 이어치기면은 이음부가 일체화되지 않으면 전단력의 전달이 불충분하고 균열이 발생하여 내구성이 저하되므로 특별한 품질관리가 요구된다.

2. 이어치기의 문제점

(1) 수평이음

1) CON'c 면에 Laitance가 쌓이고 이음부 일체화가 어렵다.

2) 이음되는 CON'c 높이가 높으면 재료분리가 발생한다.

3) 전단력의 전달에 문제가 발생한다.

(2) 수직이음

1) CON'c 면에 Bleeding이 생겨 일체화되지 않는다.

2) 찌꺼기가 남아있어 접합부 강도가 저하된다.

3) 이음부에 균열이 발생하고 내구성 저하 및 누수의 원인이 된다.

3. 이어치기 위치

(1) 이어치기 구획 원칙

1) 구조물의 강도상 응력이 적은 곳에서 실시한다.

2) 이음 길이는 가능한 적게 한다.

3) 부재의 단면이 작은 곳에서 이어진다.

4) 응력에 직각 방향으로 수직, 수평으로 둔다.

5) 시공순서에 무리가 없는 곳에 둔다.

(2) 이어치기 시간

1) 25℃ 미만 조건 : 120분 이내

2) 25℃ 이상 조건 : 90분 이내

(3) 이어치기 위치

보, 바닥판	Span의 중앙에서 수직으로
작은보가 있는 Slab	작은 보 너비의 2배 떨어진 위치에서 수직으로
기둥	Slab 또는 기초 위에서 수평으로
벽	개구부(문꼴) 주위에서 수직, 수평으로
아치	아치축에 직각으로
캔틸레버	이어붓지 않는다.

4. 이어치기 주의사항

(1) 수평 이음부

1) 수평 이음부는 약간의 경사를 두어 Bleeding이 없도록 한다.
2) 이음 부위의 표면수를 제거한 후 접착한다.
3) 이음부 Laitance를 제거하고 청소한다.
4) CON'c 이음부는 충분하게 흡수시킨다.

(2) 수직 이음부

1) 이음부의 접착을 증가시키기 위해서는 요철을 둔다.
2) 지수판 설치시 지수판의 위치를 고려한다.
3) 이음면의 이물질을 제거하고 시멘트 Paste를 도포한다.

(3) Cold Joint 방지

1) 이어치기 시간 준수
2) 충분한 흡수 및 다짐 실시로 일체화한다.

(4) Laitance 제거

(5) 전단 보강

(6) 균열 발생 방지

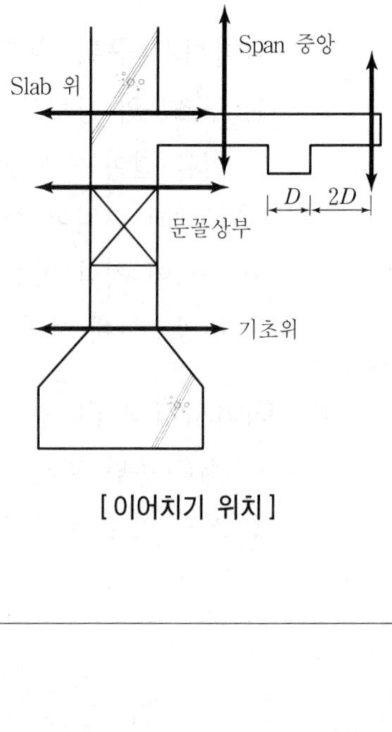

[이어치기 위치]

number 25 부어넣기 및 표면 마무리

1. 개 요

CON'c의 부어넣기 작업시에는 작업순서를 정하고 부어넣기 속도와 부어넣기 높이가 과도하지 않도록 주의하면서 특히 수직부재 타설시에는 재료분리가 발생하지 않도록 충분히 다짐을 실시하여야 한다.

2. 부어넣기시 유의사항

(1) 부어넣기 순서

1) 먼 곳에서 가까운 곳으로 타설
2) 낮은 곳에서 높은 곳으로 타설
3) 기초 – 기둥 – 벽 – 계단 – 보 – Slab – 파라펫 순서
4) 한 구획 내의 CON'c는 연속타설

(2) 부어넣기 방법

1) CON'c를 2층 이상 나눠 칠 경우 하층 CON'c가 굳기 전에 상층부 타설
2) 부어넣기 높이 : 최대 1.5m 이하
3) 흘려보내지 말고 낙하시킬 것(재료분리 방지)

(3) 부위별 부어넣기

1) 기둥 : 재료분리 발생이 없도록 나누어서 타설
2) 벽 : 타설높이 수평으로 타설면 유지, 개구부 – 상, 하 분리
3) 보 : 수평으로 타설하고 한번에 부어넣는다.
4) Slab : 철근 흐트러짐, Joint가 없도록 타설 구획 수립, 피복 확인

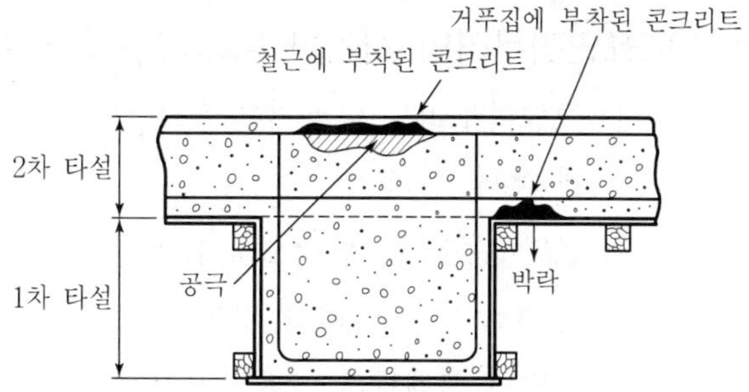

[거푸집, 철근에 부착한 콘크리트의 트러블]

3. 재료분리를 일으키지 않기 위한 방법

(1) 타설높이를 낮게 한다.

(2) 타설속도 준수

(3) 가수금지

(4) Slump치

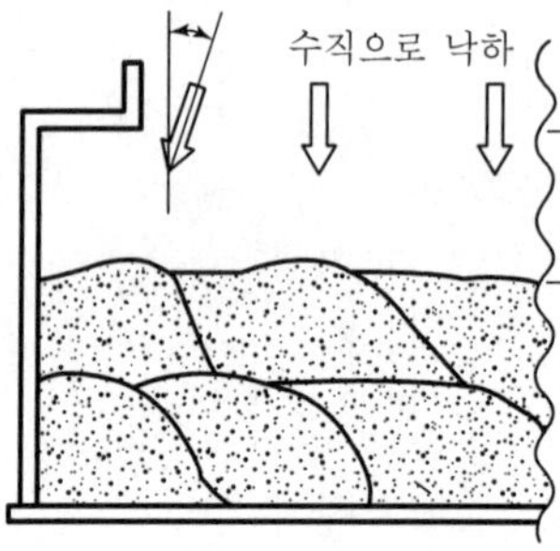

[콘크리트 타설 요령]

4. 콘크리트 표면마무리 방법

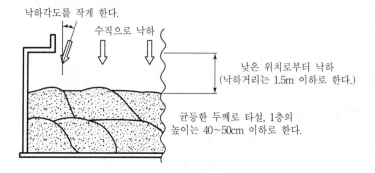

(1) 콘크리트 표면고르기를 하는 방법

1) 타설된 콘크리트의 상부가 마무리면보다 높은 부위는 템퍼 등으로 다져서 낮게 하거나 흙손 등으로 걷어낸다.
2) 낮은 부분은 모르타르분이 많은 콘크리트로 채운다.
3) 콘크리트 표면을 필요 이상으로 다지면 모르타르나 블리딩수가 표면으로 떠올라 마무리를 하기 어렵게 된다.
4) 콘크리트 강도가 저하되므로 주의한다.

(2) 표면마무리의 시기와 블리딩수의 처리

1) 표면마무리는 고르기를 한 면에 뜬 블리딩수가 제거된 후나 블리딩수를 처리한 후에 한다.
2) 표면마무리 후에 발생한 블리딩수는 양생수의 일부로 소요되므로 자연히 증발하는 것을 기다리는 것이 좋다.
3) 표면의 시멘트분을 흘려버리게 할 정도로 많은 경우는 표면에 레이턴스나 가는 균열이 생기므로 스펀지나 흡수지 등을 사용하여 흡수시킨다.

number 26 콘크리트 표면 결함의 종류와 방지대책

※'09, '19

1. 개 요

콘크리트 표면에 발생하는 결함에는 표면먼지(dusting), 기포(Air pocket), 곰보(Honey comb), 백태(Efflorescence), 얼룩 등이 있으며, 이러한 결함은 구조물의 미관을 해치고 내구성을 저하시키는 요인이 되기도 한다.

2. 표면 결함의 종류와 방지대책

(1) 표면먼지(Dusting)

블리딩에 의하여 물, 시멘트, 가는 모래 등 혼합물이 콘크리트 표면에 떠오르는 것으로 표면이 먼지와 같이 부서지고 먼지의 흔적이 남아있는 현상

1) 원인

① 실트질을 함유하고 있는 골재사용 시

② 거푸집의 청소 불량

③ 과도한 표면 마무리에 의한 레이턴스 형성

④ 단위수량이 지나치게 커서 블리딩 유발 시

2) 대책

① 적정한 단위수량 유지

② 골재의 세척을 철저히 실시하고 유기물, 실트질 함유 골재 선별

③ 타설 전 거푸집 청소, 박리제 시공

④ 낮은 슬럼프 콘크리트 사용

⑤ 진동다짐 실시

⑥ 표면은 물기가 없어진 후 흙손으로 마무리

(2) 기포발생(Air pocket)

수직이나 경사면에 10mm 이하의 구멍이 발생하는 현상

1) 원인

① 잔골재율이 높아 기포 누출 방해

② 거푸집 표면에 박리제 과다 사용 - 공기 누출 방해

③ 수직, 경사 거푸집면의 진동 부족

2) 대책

① 잔골재율을 낮출 것

② 흡수성 거푸집 사용

③ 과도한 박리제 도포 금지

④ 수직경사면은 내부 진동기를 사용

⑤ 경사면 거푸집은 opening을 이용하여 기포 발생 방지

⑥ 외부 진동방법 사용

(3) 모래 줄무늬(sand streaking)

블리딩 현상으로 시멘트 입자가 물과 함께 표면으로 부상하여 모래만 남아 있어 모래줄무늬가 나타난 것

1) 원인

① 높은 물-결합재비로 인한 배합수 과다

② 모래입도 불량

③ 과도한 혼화재료 사용

2) 대책

① 단위수량을 적게 유지하여 블리딩 현상 감소

② 잔골재의 입도 개선

(4) 곰보(honey comb)

표면에 굵은 골재가 모르타르와 결합 없이 노출되어 있는 상태

1) 원인

① 시공연도 불량

② 진동다짐 부족 및 진동기 사용 미흡

③ 거푸집면의 시공 불량으로 모르타르 누출

2) 대책

① 시공연도 향상

② 재료분리가 없도록 적절한 다짐 시공

③ 콘크리트 타설시 거푸집 이음면 검사

(5) 백태(Efflorescence)

콘크리트 표면에 흰색의 가루가 생기는 현상

1) 원인

① 골재가 염분을 함유하고 있을 때

② 풍화된 시멘트 사용시

③ 습기 노출

④ 중성화 발생

2) 대책

① 깨끗한 물과 골재의 사용

② 중성화 현상 방지

③ 표면마감

(6) 얼룩

1) 원인

① 거푸집 제거시 폼타이나 세퍼레이터 노출에 의한 녹물

② 블리딩에 의한 레이턴스

③ 박리제의 표면 잔류

④ 배합이 다른 콘크리트를 이어치기할 때

⑤ 콜드 조인트 부위 오염

2) 대책

① 매설물 제거

㉠ 폼타이, 세퍼레이터, 철선 등을 제거

㉡ 홈 부분은 무수축 그라우팅 실시

② 블리딩 제한

㉠ 분말도를 높인 시멘트 사용

㉡ 잔골재율과 굵은골재 최대치수를 증가

㉢ 단위수량 제한

number 27 콘크리트 압송타설시 문제점과 시공시 유의사항

※'79, '83, '86, '97, '01, '10, '11, '19, '21

1. 개 요

(1) 펌프 타설공법은 타설속도가 빠르며, 효율적이어서 기능인력의 부족과 기계화 문제를 해결할 수 있기 때문에 가장 유용한 타설방법 중 하나이다.

(2) 그러나 현장 펌프타설시 수직과 수평압송거리, 압송량, 수직압송관의 고정, 펌프위치 불량, 압송관의 막힘현상, 슬럼프치의 변화, 현장에서의 가수, 슬래브 배근의 변형 등의 문제점이 있다.

(3) 따라서, 펌프카의 위치와 능력, 대수를 고려하고 타설 중 막힘현상 방지, 혼화제의 사용으로 슬럼프 변화방지, 타설시간 준수 등에 유의해야 한다.

2. 타설 전 점검사항

(1) 타설 준비상태

1) 철근배근과 피복상태

2) 거푸집과 지주 설치상태 검사

① 철근과 거푸집 변형여부

② 거푸집 이음부 청소상태

③ 동바리의 긴결상태와 버팀대 설치상태

3) 타설순서와 구획결정

① 기둥, 벽, 보, 슬래브 순서 유지

② 재료 분리방지를 위한 타설높이 선정

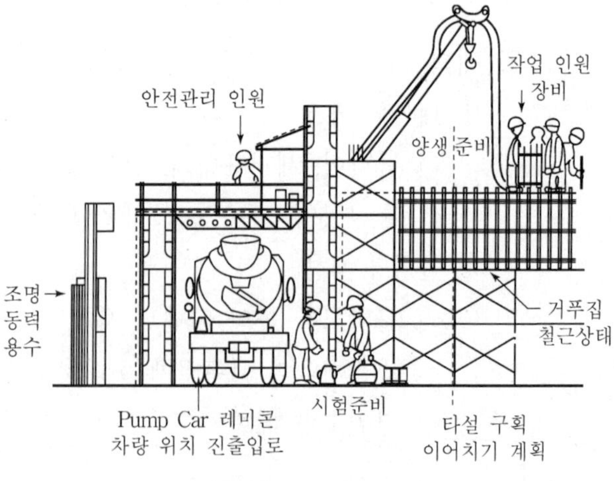

[현장 준비사항]

(2) 인원배치와 교통상황

1) 타설공, 전기공, 설비공의 구획별 대기

2) 레미콘 차량의 진출・입로, 교통통제대책

3) 작업 안전 담당자의 배치

(3) 타설장비

1) 진동기의 준비와 예비 진동기 여부

2) 펌프카의 종류와 성능 확인

3) 펌프카의 설치 위치

4) 배관의 연결과 설치상태

3. 압송타설시 문제점

(1) 레미콘 품질 저하

1) 압송관의 폐색사고

① 압송관 내에서 레미콘이 막혀 타설이 불가능한 현상

② Cold Joint 발생의 원인

㉠ 25° 이상 온도 : 2시간 이상 경과시

㉡ 25° 이하 온도 : 2.5시간 이상 경과시

2) 슬럼프치 감소

3) 타설시간 지연시 강도 저하

4) 건조수축 현상 가속화

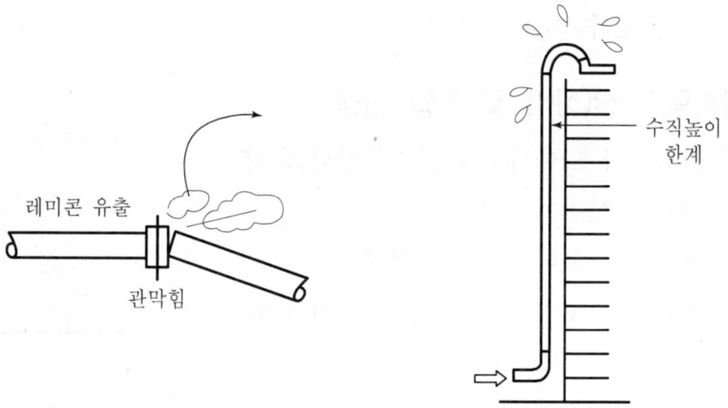

[폐색사고와 압송거리 한계]

(2) 압송한계

1) 압송거리와 압송높이의 한계
   ① 수직거리 : 40~60m
   ② 수평거리 : 200~300m
2) 배관의 상·하부 배관이 복잡한 경우
3) 슬럼프치가 8cm 이하인 경우
4) 40mm 이상의 골재 사용시
5) 단위시멘트량이 300kg/m³ 이하시 압송력 저하

(3) 철근 및 형틀 변형

1) 타설관의 이동에 의한 철근의 피복간격 변형
2) 타설압력에 의한 재료분리 현상
3) 측압에 의한 형틀 변형

(4) 소음 및 진동 공해

도심에서 공해 발생 및 교통량 증가 유발

4. 시공시 유의사항

(1) 현장타설 준비

1) 교통계획과 차량 진출입로 확보
2) 대기차량 장소 확보
3) 조명, 용수 설비 확인

(2) 압송력 계산(장비 및 공법 선정)

1) 압송력과 수송거리 고려 : 충분한 용량
2) 차량 타설위치 선정
3) 배관의 지름이 큰 기종 선택
4) 초고층 타설시 충분한 Pump 압력과 여유치를 고려

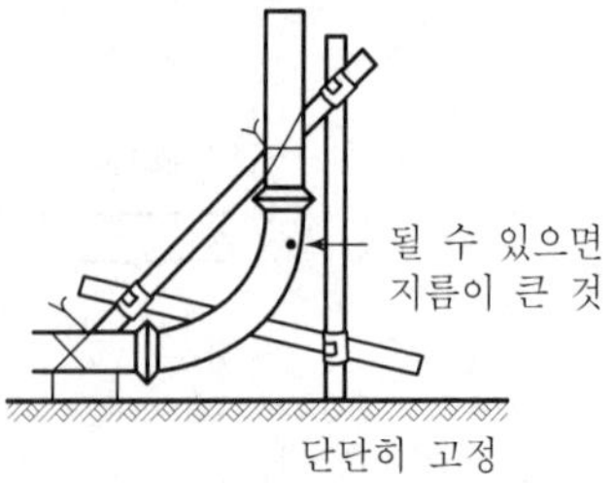

[수직압송관의 코너 배관]

(3) 배관설치시

1) 압송한계 이상의 경우는 중계펌프 사용
2) 수직배관의 견고한 설치
3) 여유 슈트 준비
4) 꺾임이 적도록 배관하고 이음개소를 줄인다.
5) 압송압력에 대비한 배관의 두께 고려

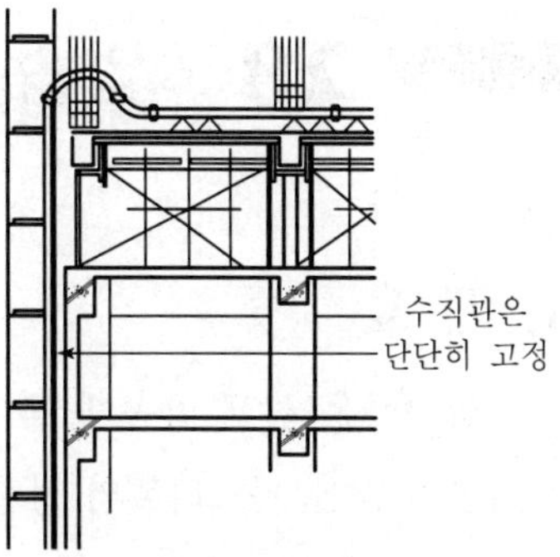

[압송관의 배관고정]

(4) 폐색사고 예방

1) 골재지름이 작은 세골재 사용
2) 압송관 내에서 경화되지 않도록 연속 타설
3) 관경이 큰 압송관 사용

(5) CON'c 품질 확보

1) Cold Joint 예방
2) 슬럼프치 조정 : 유동화제 사용
3) 현장 가수금지
4) 타설시간 준수
5) 타설 전 시험실시

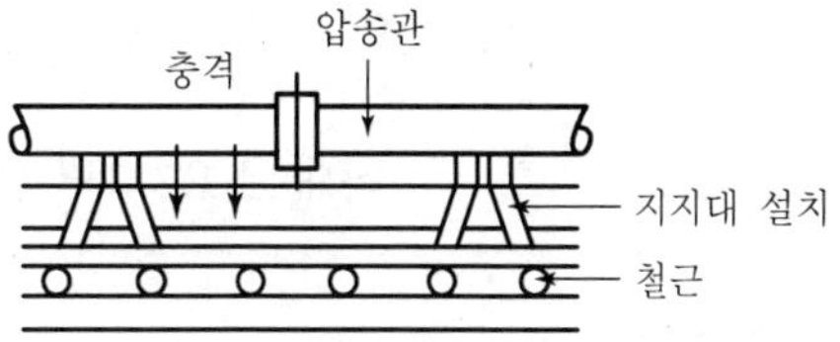

[철근 변형 방지]

5. 맺음말

(1) CON'c 타설 중 발생할 수 있는 폐색사고의 예방과 타설시간의 준수, 재료 분리방지 등에 대한 사전대책을 충분히 고려하여 계획을 수립한다면 고품질 CON'c 구조물을 완성할 수 있을 것이다.

(2) 아울러 기존 타설장비의 문제점을 개선한 새로운 장비에 대한 지속적인 개발노력이 병행되어야 할 것이다.

number 28 압송관 막힘 현상의 원인과 대책

※'10

1. 개 요

압송성은 펌프 압송에 필요한 유동성, 반죽질기 정도, 변형성, 분리저항성을 나타내는 굳지 않은 콘크리트의 성질로 일반적인 경우 압송성은 수평관 1m당 관 내의 압력 손실로 정하여도 좋다.

2. Pumpability의 최대 소요 압력 산정

(1) 유사한 현장 실적 또는 펌핑 시험을 통해 결정

1) 최대 소요 압력 P_{max}=수평관 1m당 관내 손실압력×수평환산 거리

2) 최대 소요 압력은 펌프의 최대 이론 토출 압력의 80% 이하가 되도록 한다.

최대 소요 압력 P_{max} ≤ 펌프 최대 토출 압력×0.8

(2) 수평관 1m당 관내 압력 손실 영향 요인

1) 슬럼프치가 작을수록 압력손실 증가

2) 수송관의 관경이 작을수록 압력손실 증가

3) 토출량이 많을수록 압력손실 증가

3. 펌프 압송관 막힘(폐색, Plug) 현상의 원인

(1) 레미콘의 운반과 타설 시간 지연

1) 운반시간의 초과에 따른 슬럼프 감소

2) 경화의 진행

(2) 레미콘 유동성 저하

1) 슬럼프값 부족

경량 콘크리트 20cm 이하, 보통 콘크리트 10cm 이하

2) 단위 시멘트량 부족

단위 시멘트량이 300kg/m³ 미만인 경우

3) 골재

① 골재의 최대 치수가 지나치게 큰 경우

② 인공 경량골재 사용시 Pre-Wetting이 부족한 경우

4) 잔골재율이 낮은 경우

5) 응결 촉진제 등의 사용

(3) 배관 불량

1) 배관 관경이 과소한 경우

2) 배관의 이음과 굴곡이 많은 경우

3) 하향배관 또는 내리막 경사 앞에 수평배관을 한 경우

(4) 타설 조건

1) 압송 거리

① 수평거리 300m 초과시

② 수직거리 경량 콘크리트 60m, 보통 콘크리트 70m 초과시

2) 타설 온도

고온 조건에서의 장시간 타설(서중기)

(5) 장시간 타설 중단

1) 레미콘의 반입 지연

2) 장비의 고장

3) 거푸집의 변형 및 레미콘 누출

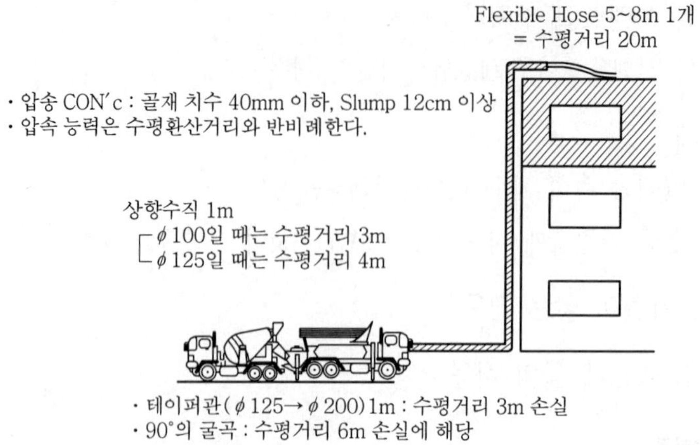
Flexible Hose 5~8m 1개
= 수평거리 20m
· 압송 CON'c : 골재 치수 40mm 이하, Slump 12cm 이상
· 압속 능력은 수평환산거리와 반비례한다.
상향수직 1m
φ100일 때는 수평거리 3m
φ125일 때는 수평거리 4m
· 테이퍼관(φ125→φ200) 1m : 수평거리 3m 손실
· 90°의 굴곡 : 수평거리 6m 손실에 해당

4. 방지 대책

(1) 장비 선정과 준비

1) 타설 높이와 거리에 따른 압송력을 산정하고 여유치를 반영한다.
2) 적정한 펌프의 성능과 기종을 선택한다.
3) 장비(배관 자재, 호퍼) 등은 여유분을 준비한다.

(2) 재료와 배합

1) 혼화재료(유동화제, 감수제 등)를 사용하여 충분한 유동성을 확보하고 단위 수량 증가는 억제한다.
2) 굵은 골재 최대치수는 40mm 이하로 한다.
3) 슬럼프치는 10~18cm 범위를 유지한다.

(3) 압송관 설치

1) 압송관경은 가능한 크게 한다.
2) 직선 배관을 하고 엘보나 이음을 가능한 줄이도록 한다.

(4) 레미콘의 조달

레미콘 도착 지연이 발생되지 않도록 사전 조달 계획을 충분히 세운다.

(5) 거푸집, 지주 사전 검토

거푸집의 변형이나 벌어짐 등으로 타설 작업이 지연되지 않도록 충분히 보강한다.

(6) 타설(특히 서중기)

1) 콘크리트 압송 전 모르타르를 압송하여 부하를 감소시킨다.
2) 시간이 지연되지 않도록 신속히 타설한다.
3) 막힘 현상 발생시 신속히 배관을 해체하여 콘크리트 제거 후 재조립한 뒤 타설한다.

number 29 VH 분리타설 콘크리트의 품질관리

※'10

1. 개 요

(1) 수직부재와 수평부재의 콘크리트 강도가 다른 경우에는 강도 차이의 정도를 확인하고 접합부 품질 확보가 이루어질 수 있도록 이에 맞는 시공 계획과 방법에 따라 작업하여야 한다.

(2) 강도 차이가 현저할 경우에는 품질 확보를 위해 일체식 타설보다는 수직, 수평분할 타설을 고려하는 것이 좋다.

2. V.H 분리타설과 V.H 동시타설 비교

V.H 분리타설(분할 타설)	V.H 동시타설(일체식 타설)
–콘크리트 품질 향상 : 다짐 및 충전 용이 –안정성 : 거푸집 측압 감소 –전용성 : 거푸집 및 지주의 전용 유리 –이어치기면 Cold Joint 발생 우려 –공정 증가 : 타설 횟수 증가	–작업 공정 감소 –타설 비용 감소 : 펌프카, 인력 등 타설 작업 유리 –거푸집 변형 및 안정성 저하 : 측압 증가, 거푸집 보강 필요 –품질 관리 어려움 : 충전 불량, 다짐 곤란 –거푸집 및 지주 전용성 저하

3. V.H 분리타설의 목적

(1) 비용 절감

1) 한 개 층의 하중을 지지하는 슬래브, 보가 일반 콘크리트로 시공 가능한 경우 고강도 콘크리트와 분리하여 콘크리트 비용 절감

2) 거푸집, 지주 전용성 향상으로 비용 절감

(2) 접합면 품질 확보(강도 차이가 있는 경우)

1) 재료분리 방지

2) 확실한 충전 확보

3) 접합부 침하 방지(수직부재의 침하 유발 후 타설)

(3) 공기 절감

대형 거푸집 사용

(4) 노무량 감소

4. 품질관리 방안

(1) 타설 계획 수립

강도 차이가 큰 경우와 작은 경우로 구분하여 분리 타설 구간과 방법에 대한 검토

(2) 레미콘 조달 계획 수립

(3) 거푸집 관리

기둥 또는 벽 거푸집 수직도 유지

(4) 정착 길이 확보

수직부재와 수평부재의 접합부 일체성 확보를 위한 정착 길이

(5) 타설 방법에 따른 이어치기 구간 관리

1) 강도 차이가 작은 경우

$$\frac{\text{수직부재의 콘크리트강도}}{\text{수평부재의 콘크리트강도}} \leq 1.4 \text{인 경우}$$

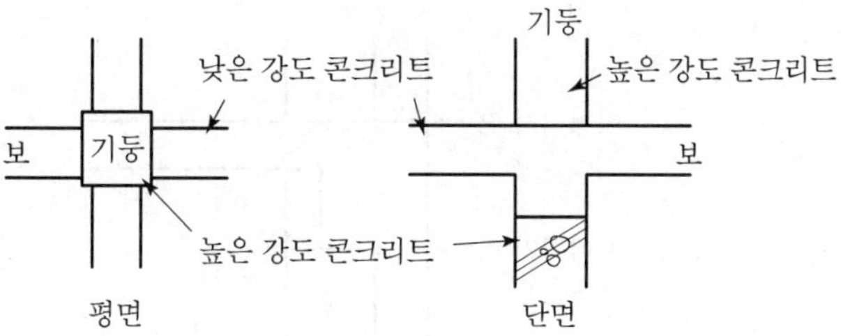

[강도 차이가 작은 경우]

2) 강도 차이가 큰 경우

$$\frac{\text{수직부재의 콘크리트강도}}{\text{수평부재의 콘크리트강도}} \geq 1.4\text{인 경우}$$

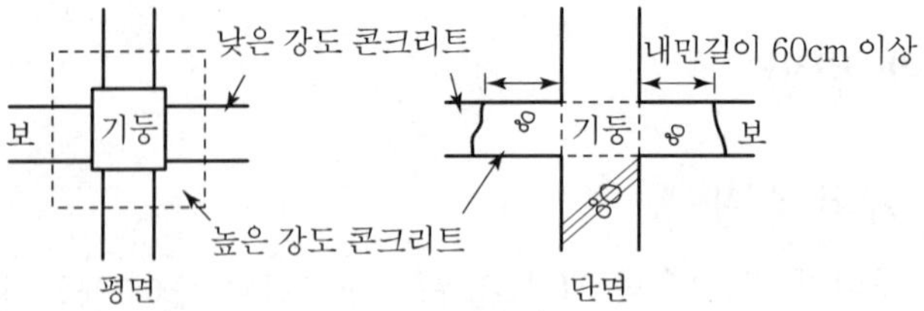

[강도 차이가 큰 경우]

① 높은 강도의 콘크리트를 먼저 타설하고 소성성질이 유지되는 동안에 낮은 강도의 콘크리트를 타설하여 진동 다짐으로 일체화한다.

② 기둥으로부터 슬래브 내민 길이 60cm 이상 높은 강도콘크리트로 타설한다.

(6) 수직부재 콘크리트 타설높이

레벨목을 설치하고 타설 높이 확인

(7) 접합부 시공 품질 확보

1) 시공 이음부관리

① 레이턴스 제거

② 거친 면처리 후 물축임(습윤 상태)

③ 시멘트 페이스트, 모르타르, 습윤면용 에폭시 수지 도포

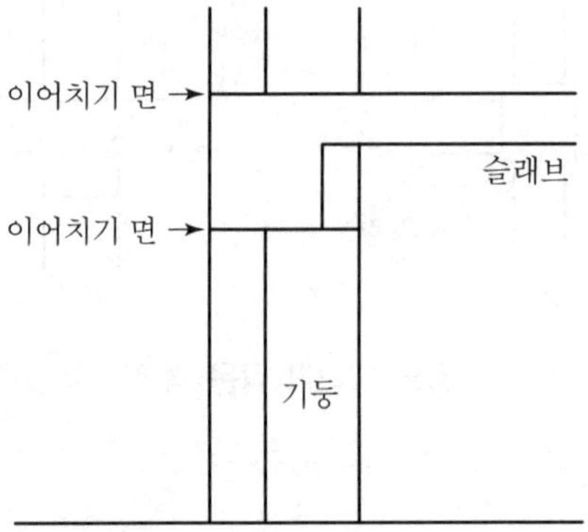

2) Cold joint 방지

3) 침하 유발 및 침하 균열 방지

① 벽체, 기둥의 콘크리트를 타설한 후 충분히 침하한 것을 확인하고 슬래브와 보 콘크리트를 타설

② 재료분리와 블리딩에 의한 침하균열 방지

number 30 콘크리트 충진강관(CFT)의 특성 및 콘크리트 타설 시 유의사항

※'20

1. 개 요

콘크리트 충진강관(CFT)은 강관으로 제작된 기둥 거푸집에 콘크리트를 타설하여 기둥 부재를 만드는 방법이다. 거푸집 해체가 필요 없고 강성 및 내진성, 내화성 등이 증가되는 우수한 성질이 있으나, 콘크리트가 밀실하게 충전되도록 작업 시 주의를 기울여야 한다.

2. 특 성

(1) 우수한 강성

휨, 전단, 압축에 대한 저항성 및 인성 우수

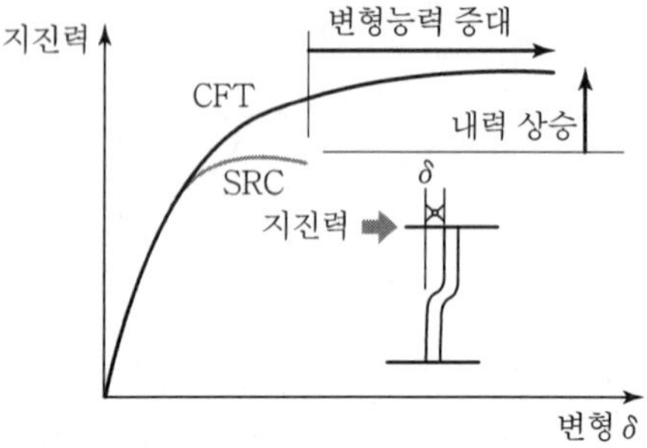

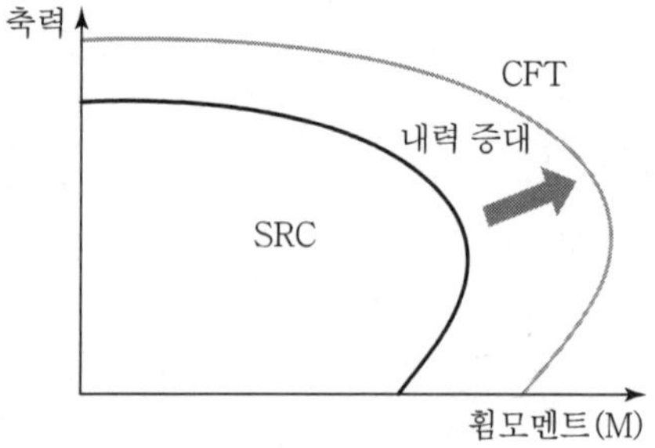

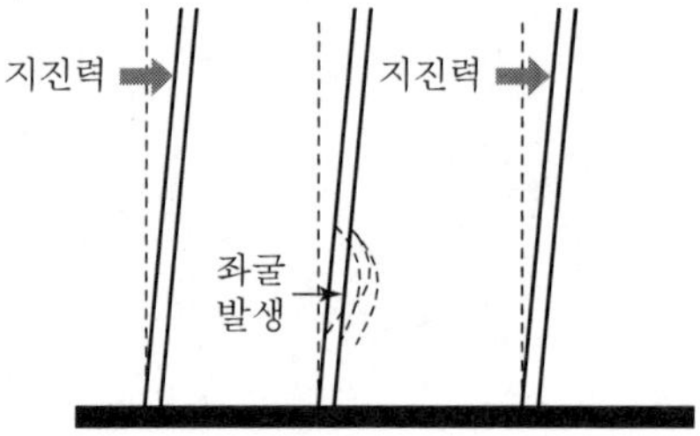

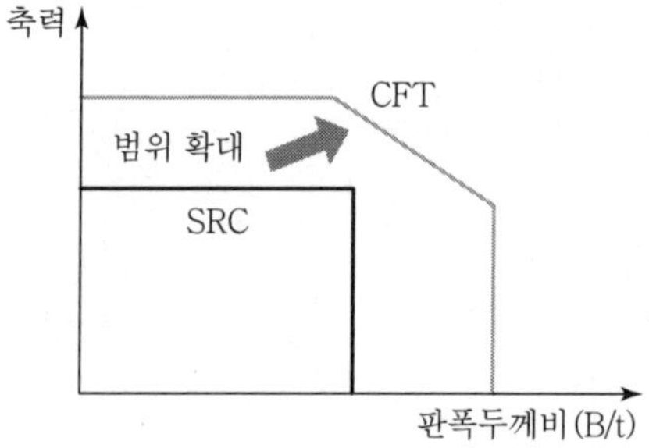

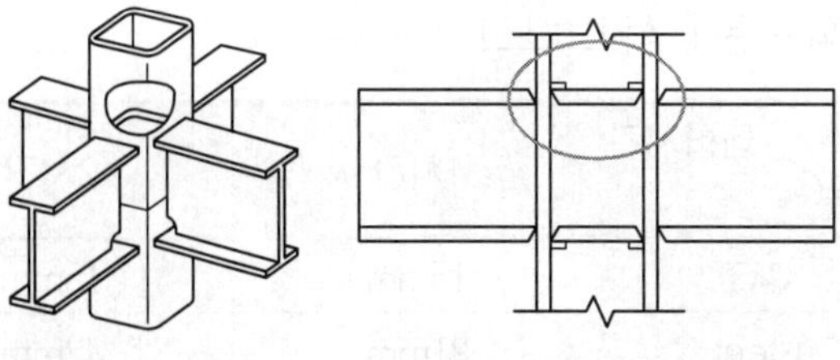

기둥 플랜지 t > 보 플랜지 t 압입공법(60m 이하)

[내측 다이어프램]

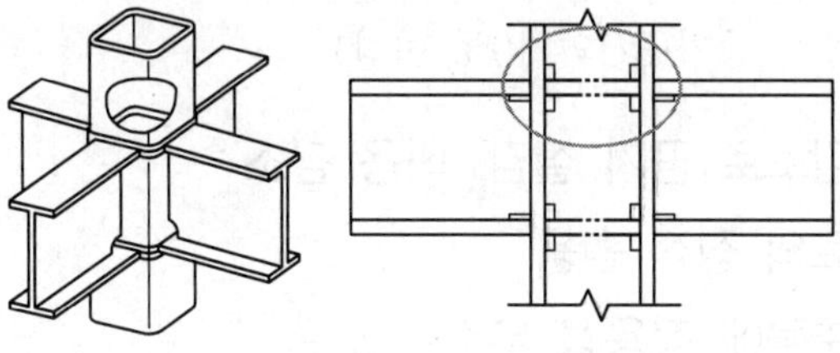

기둥 플랜지 t < 보 플랜지 t 압입공법(60m 이하)

[관통형 다이어프램]

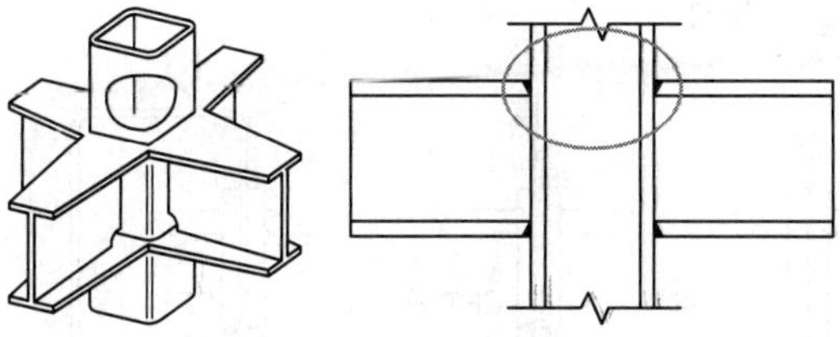

철골가공 단가 절감 상부타설 공법(12m 이하)

[외측 다이어프램]

(2) 내화성 우수

1) 내화피복두께(내화뿜칠)

구 분 \ 내화시간	1시간	2시간	3시간
CFT	10mm	15mm	25mm
Steel	30mm	40mm	50mm

2) 내화피복두께(석고보드)

구 분 \ 내화시간	1시간	2시간	3시간
CFT	15mm	15mm	21mm
Steel	21mm	42mm	63mm

(3) 공간의 자유도 증가

1) 기둥 단면 축소(RC의 50~60%)

2) 유효공간 증가(RC의 10% 이상)

(4) 거푸집 감소로 공기 절감, 비용 감소

(5) 이종 재료의 장점 활용

(6) 고층 건축물에 적용성 우수

3. 콘크리트 타설 시 유의사항

(1) 충전방법 선정

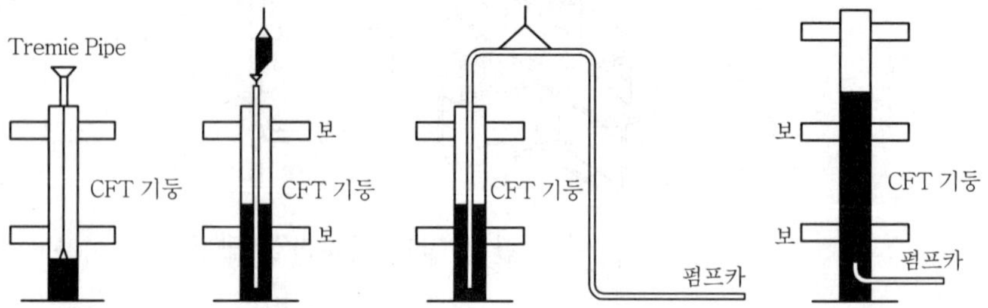

[트레미관 공법] [서니호스] [상부 압입] [하부 압입]

타설방법		서니호스	트레미관공법		압입공법
운반기기		크레인+버킷	크레인+버킷	펌프	펌프
검토 항목	품질	×	○	○	●
	시공성	△	×	△	●
	안전성	△	×	△	●
	경제성	●	○	○	△
	공정	○	△	△	●
	순위	4	3	2	1

※ × : 나쁨, △ : 보통, ● : 좋음, ○ : 아주 좋음

(2) 압입 타설 시 유의사항

1) 타설 전

① 슬라이드 판을 슬라이딩시킨다.

② 압입구와 슬라이드 판 위 개구부을 일치시킨다.

③ 압입구에 파이프 또는 호스를 연결한다.

2) 타설 중

① 슬럼프 플로는 60±5cm 유지

② 압입속도는 1.5m/분 이하

③ 원칙적으로 연속 타설

3) 타설 후

① 슬라이드 판을 슬라이딩시킨다.

② 압입구를 슬라이드 판 위로 차단한다.

4) 배관 이동

① 파이프, 호스를 해체한다.

② 압입장치를 기둥에서 해체하고 이물질을 제거한다.

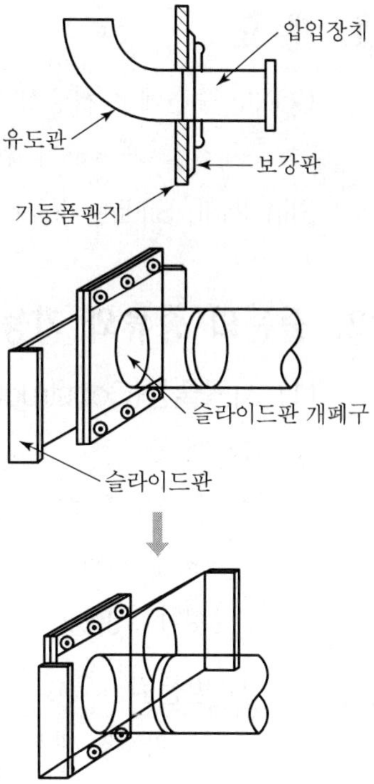

(3) 상부 타설 시 유의사항

1) 트레미관을 기둥 내에 설치

2) 트레미관을 상승시키면서 타설(진동기 사용)

3) 트레미관의 선단은 콘크리트 내에 위치

4) 1회째 콘크리트 타설 완료 후 트레미관 상승

5) 2회째 콘크리트 타설

(타설 중의 이음 위치는 기둥보의 접합부를 피한다.)

6) 타설 완료 후 면 마감(30cm 이상 이격)

number 31 콘크리트 구조물에서 줄눈의 종류와 기능

※'90, '98, '10, '12

1. 개 요

CON'c 줄눈에는 시공상 발생하는 Cold Joint, Construction Joint와 CON'c에서 발생되는 문제점을 제어하기 위해 설치되는 기능줄눈으로 Expansion Joint, Control Joint, Slip Joint, Sliding Joint, Shringkage Joint가 있다.

2. 줄눈의 종류와 기능

(1) 시공줄눈(Construction Joint)

1) 개 요

구조물 전체를 한번에 일체가 되도록 타설할 수 없을 때 인위적인 이어치기 부위에서 발생하는 Joint

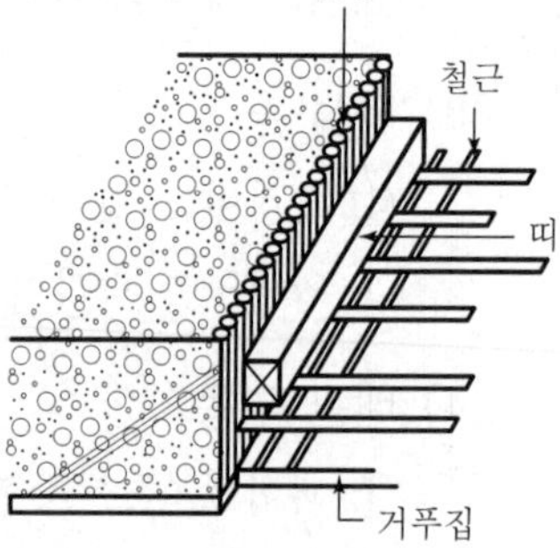

[시공줄눈]

2) 발생원인

① 거푸집 반복 사용

② 대형 부재의 온도균열방지를 위한 이어치기

③ 1일 작업량의 한계 : 야간작업 등 무리한 작업방지

3) 설치위치

① 구조물 강도상 영향이 적은 곳

② 이음길이와 면적이 최소화되는 곳

③ 기둥과 벽 : 수평으로 둔다.

④ 캔틸레버 : 이음을 두지 않는다.

⑤ Slab와 보 : 중앙부

4) 시공시 주의사항

① 이음은 전단력이 적은 곳에 둔다.

② 누수와 균열이 발생하지 않도록 시공한다.

③ 압축력을 받는 방향과 직각으로 설치한다.

④ 수직이음은 가급적 피한다.

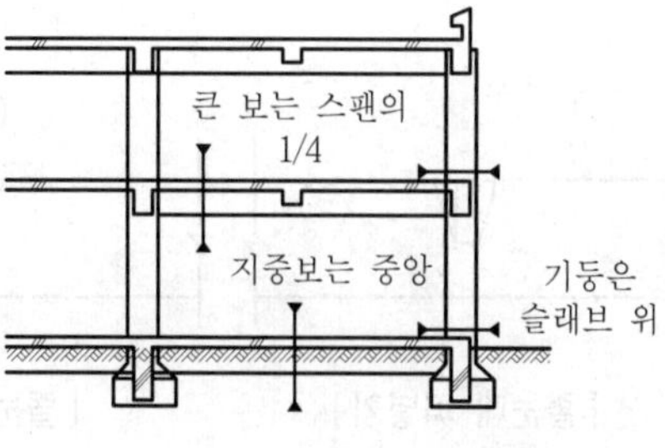

[설치 위치]

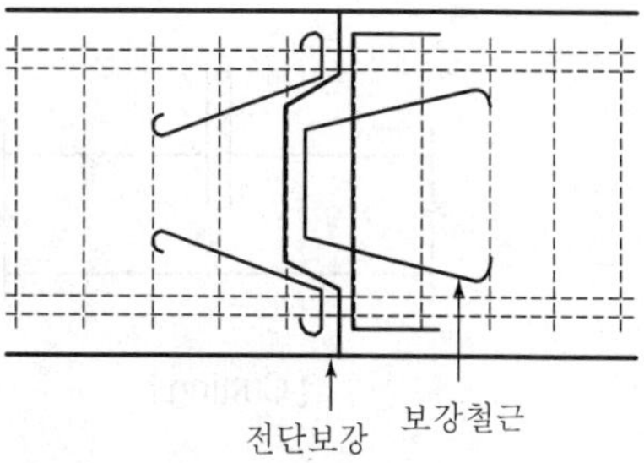

[전단보강]

(2) Cold Joint

1) 개 요

CON'c 타설 중 작업지연이나 타설중단으로 인해 먼저 타설한 CON'c 면과 나중에 타설한 CON'c 면 사이에 생기는 Joint를 말한다.

2) 발생원인과 조건

① 타설 중 장비고장 등에 의한 작업중단

② 레미콘 반입 중단

㉠ 25℃ 이상 온도 : 2시간 이상 경과시

㉡ 25℃ 미만 온도 : 2.5시간 이상 경과시

③ 거푸집 붕괴 등의 작업 중지

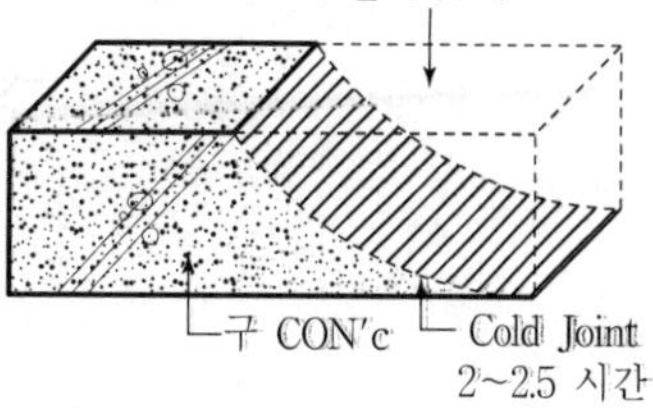

3) 방지대책

① 응결지연제 등 혼화제 사용

② 타설면 Chipping 후 물로 흡수하여 CON'c 타설

③ 배차시간 준수 및 장비의 철저한 점검

(3) Control Joint(조절, 균열 유발 줄눈)

1) 개 요

CON'c 건조수축으로 인해 발생하는 균열을 일정한 위치에서 발생되도록 유도하기 위해 설치하는 줄눈이다.

2) 종 류

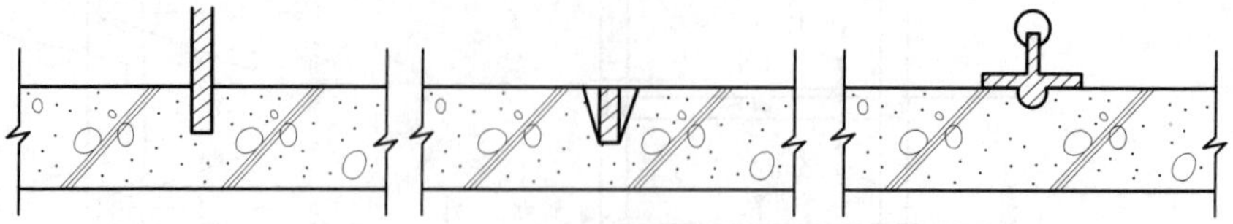

[Cutting]　[줄눈대 파넣기]　[줄눈긋기]

3) 시공시 주의사항

① CON'c 경화 후 Cutting

② 필요시 지수판과 줄눈재를 설치

③ Cutting 깊이가 너무 깊거나 얕지 않도록 조절

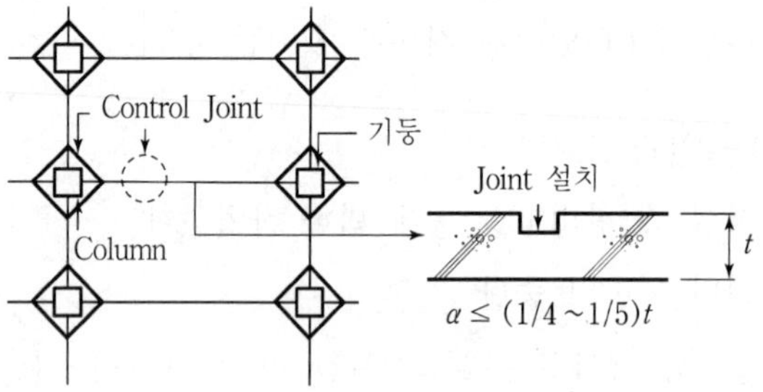

[주차장 바닥의 Control Joint]

(4) Expansion Joint(팽창줄눈)

1) 개 요

구조물의 신축, 팽창에 의한 균열과 침하로부터 보호하기 위해 콘크리트 구조물을 완전히 끊어 설치하는 줄눈을 말한다.

2) 종 류

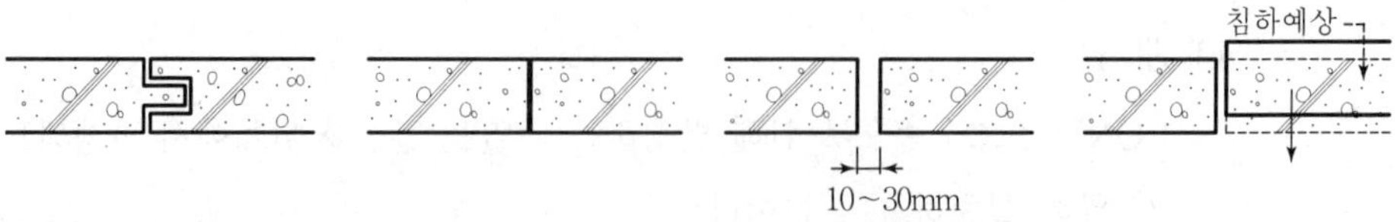

[Closed Joint]　[Butt Joint]　[Clearance Joint]　[Settlement Joint]

3) 설치위치

① 건물길이가 60m 이상인 긴 구조물

② 건물의 증축 부위

③ 이질지정의 구조물

④ 옥상, 지붕 Slab

4) 시공시 주의사항

① 이음부는 CON'c 경화 후 Cutting

② 필요시 지수판과 줄눈재를 설치

③ Cutting 깊이가 너무 깊거나 얕지 않도록 조절

(5) Shrinkage Joint(Delay Joint, 수축줄눈, 지연줄눈)

1) 개 요

미경화 콘크리트의 건조수축에 의한 균열을 줄이기 위해 CON'c 타설면의 일정부분을 남겨놓고 타설 후 초기 건조수축이 완료되면 나머지 부분을 타설하기 위해 설치되는 임시 Joint를 말한다.

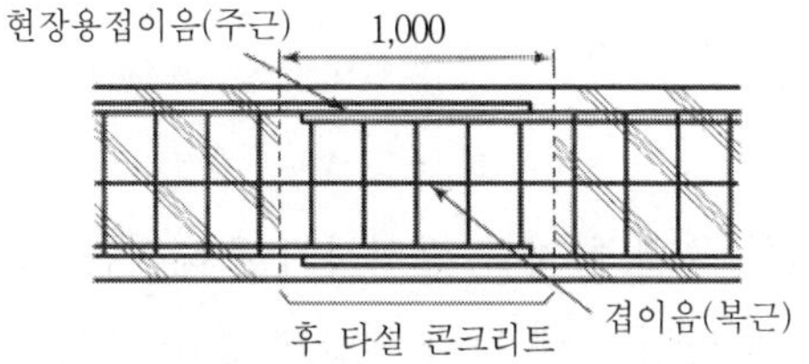

[Slab 시공]

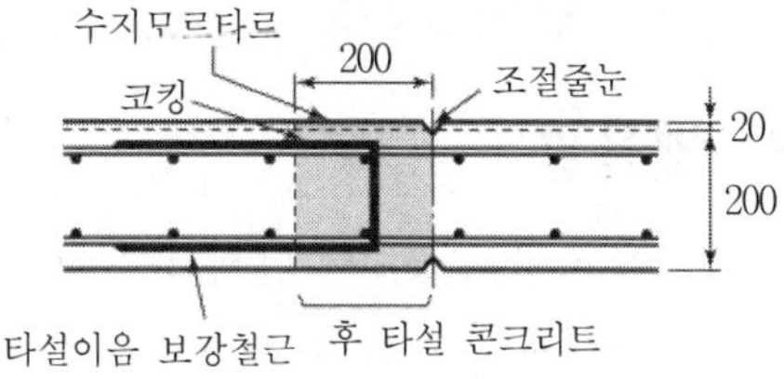

[벽 및 보 시공]

2) 설치위치

① 100m 이상 장스팬 구조물

② 부재가 두꺼운 구조물

3) 시공방법

① Delay Joint 설치 폭을 바닥 0.5~1m, 벽과 보 20cm 정도로 한다.

② 콘크리트 타설은 건조수축 방지를 위해 신축공간의 두고 Block 타설한다.

③ 건조수축이 충분히 진행된 후에 타설한다.

(6) Sliding Joint

1) 슬래브나 보가 단순지지일 때 미끄러지도록 한 줄눈
2) 활동면 이음이라 한다.

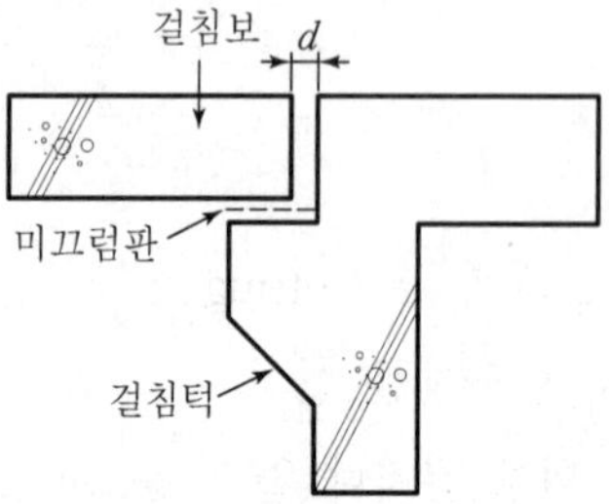

[Sliding Joint]

(7) Slip Joint

1) CON'c와 조적부위와 같이 이질 재료의 접합부에 설치하는 줄눈
2) 온도변화에 따른 신축 대응
3) 부재의 뒤틀림에 의한 균열방지

3. 맺음말

CON'c 구조물에서 발생되는 균열, 침하 등의 하자를 방지하기 위해서는 CON'c 재료의 특성과 유지관리 환경, 작업조건, 작업방법 등에 따라 필요한 줄눈 계획을 수립하고 설치하도록 하여야 한다.

number 32 Cold Joint 원인과 방지 대책

※'00, '02, '03

1. 개 요

(1) 일일 평균기온이 25℃ 이상이거나 최고온도 30℃이상인 조건에서 CON'c를 타설하게 되면 급격건조에 의한 균열 발생, Slump치 저하, 장기강도 저하 등의 문제가 발생하게 된다.

(2) 특히, 타설작업이 지연될 경우 이어치기 면에서 급격 건조에 의한 신·구 CON'c의 분리현상에 의한 Joint가 발생하게 되는데 CON'c의 균열과 내구적 성능 저하에 커다란 영향을 미치게 된다.

2. Cold Joint 발생

(1) Cold Joint

CON'c 타설 시간 경과나 작업지연 등에 의한 신 CON'c와 구 CON'c 사이에 발생되는 Joint

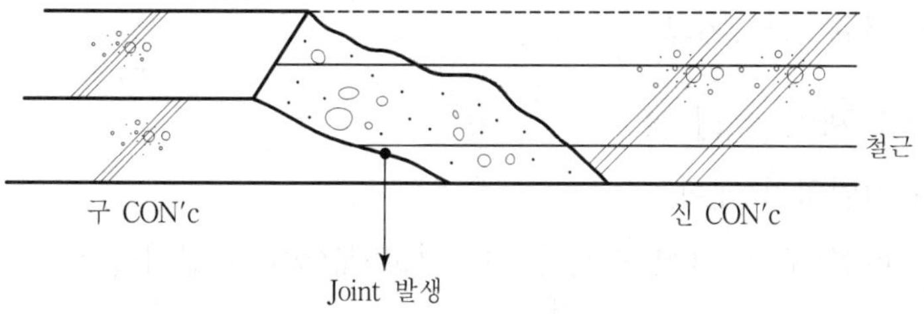

(2) 발생조건

1) 타설시간 지연

25℃ 이상	2시간 경과시
25℃ 미만	2.5시간 이상 경과시

2) 타설용 Pump의 고장이나 문제 발생

3) 폐색 사고로 인한 타설 지연

4) Remicon 공급 중단
① 교통체증으로 인한 지연
② 배차 간격 불규칙
③ 공장에서의 생산 능력 부족

5) 현장 타설 작업 중단 : 거푸집의 붕괴나 침하로 인한 지연

6) 급격 건조

(3) Cold Joint 영향

1) CON'c 강도저하

2) CON'c 면의 균열 발생

3) 누수 및 부식 현상 초래에 의한 내구 수명 저하

3. Cold Joint 방지 대책

(1) 타설 전 점검

1) 장비 점검, 진동기, 타설 인력 확인

2) Remicon 차량의 반입로, 교통흐름 파악

3) Pump Car 고장시 조치 방안 강구

4) 여유 장비 확보

(2) 타설 계획 수립

1) 이어치기 계획

2) 타설 부위, 타설 순서를 결정하고 부어넣기 원칙을 준수하여 작업

(3) 폐색 사고 방지

1) Pump Car 타설시 규정 속도 준수

2) Slump 치를 높게 한다.

(4) 타설시간 준수

가능한 배합 후 2시간 이내 CON'c 타설 완료

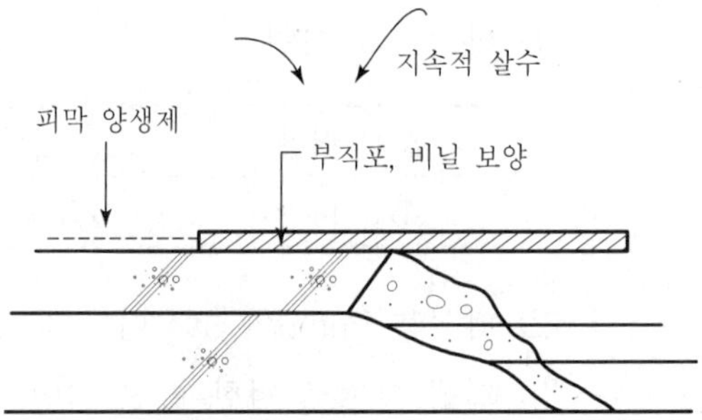

(5) 혼화제 사용

1) 응결 지연제 사용

2) AE 감수제 활용

(6) 타설 지연시 보양 조치

1) 타설 전에는 수분을 충분히 뿌려준다.

2) 타설이 지연되기 시작하면 CON'c 표면에 비닐, 부직포 등을 덮어 주거나 피막 양생제를 도포하여 수분 증발을 막는다.

3) 지속적으로 수분을 살수하여 표면을 습윤 상태로 유지한다.

(7) 작업재개시 조치

1) 물을 충분히 살수 후 Chipping한다.

2) 진동기를 사용해 신·구 CON'c 접합면을 일체화시킨다.

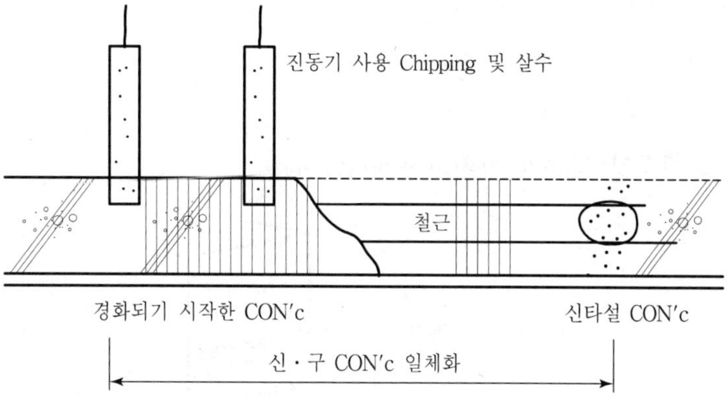

4. 맺음말

Cold Joint는 CON'c의 성능저하 및 내구성에 커다란 영향을 주게 되므로 타설 전에 충분한 사전계획을 수립하여 타설 지연 요소를 제거하여 작업을 실시하고, Joint가 발생될 우려가 있을 때는 타설 면에 대한 보양조치를 취하여 문제 발생을 최소화하여야 한다.

number 33 지하주차장 상부 Expansion Joint 시공방법

※'02

1. 개 요

(1) Expansion Joint는 콘크리트 구조물의 온도 변화에 따른 신축팽창 균열을 방지하기 위하여 구조물을 미리 분리시키는 Joint를 말한다.

(2) 고층 APT 지하 주차장의 Expansion Joint 설치는 지상APT 부분과 지하 주차장 Slab 부분의 온도차에 따른 신축을 흡수해주기 위해서 설치하는 것이다.

(3) 설치위치는 APT와 지하주차장 Slab 사이, Span이 긴 경우 지하주차장 Slab 중간 기타 지하주차장과 인접 건물 이음 부위 등에 설치한다.

2. Expansion Joint 설치위치

(1) 지붕 Slab 또는 노출 Slab

(2) APT와 지하 주차장 사이

(3) 이질 지정 기초시

(4) 지하주차장 Slab가 고저차가 있을 시

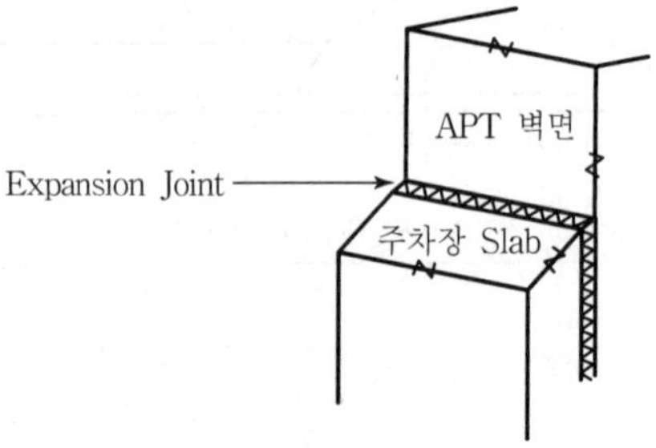

[Expansion Joint]

3. Expansion Joint 시공방법

(1) 시공 순서

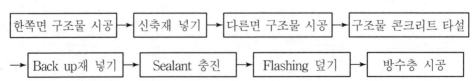

한쪽면 구조물 시공 → 신축재 넣기 → 다른면 구조물 시공 → 구조물 콘크리트 타설 → Back up재 넣기 → Sealant 충진 → Flashing 덮기 → 방수층 시공

(2) 설치 부위별 시공방법

1) APT와 지하주차장 Slab

APT와 주차장 Slab 사이에 신축재를 넣고 지하주차장 Slab 콘크리트를 타설한 후 상부는 Sealant와 Flashing으로 마감하고 하부는 Back up재와 Sealant로 마감한다.

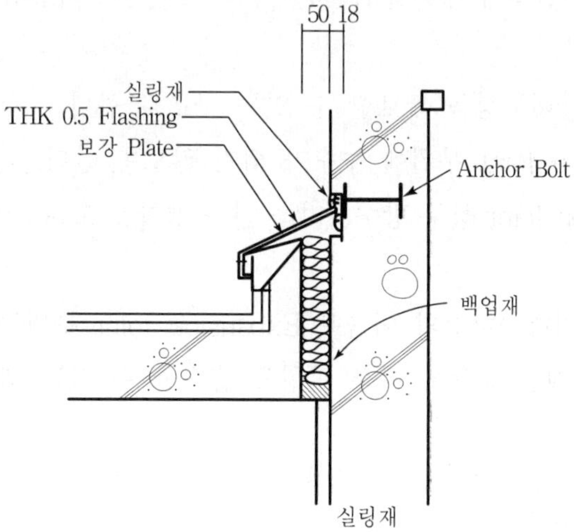

2) 지하주차장 Slab 중간

Slab 중간에 신축재를 넣고 거푸집을 설치하여 콘크리트를 타설하고 Back up재와 Sealant를 처리 후 Flashing으로 마감한다.

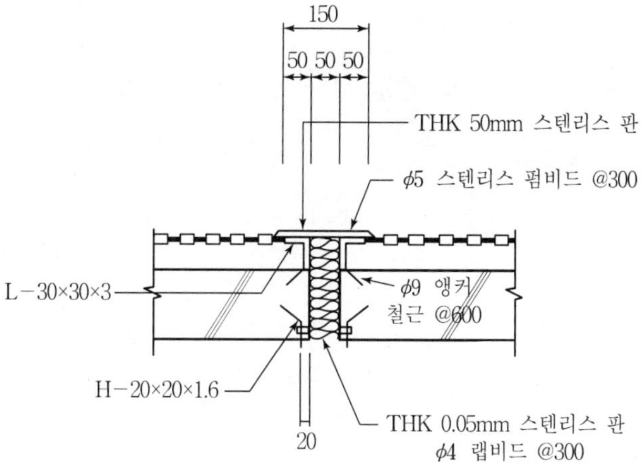

3) Set Back 형태의 지하주차장

층이 진 Set Back 부위는 상기와 같은 방법으로 설치

4. Expansion Joint 시공시 유의사항

(1) 구조물의 열팽창 계수를 고려하여 간격을 산정한다.

(2) 구조물의 신축에 대응할 수 있게 1면 고정, 1면 자유단의 Expansion Joint를 설치한다.

(3) 건축물의 내구성을 확보할 수 있는 구조로 한다.

(4) Expansion Joint 부위에 누수가 되지 않도록 한다.

(5) Expansion Joint 상부 방수처리는 신축 팽창을 고려하여 누수가 되지 않도록 시공한다.

(6) APT와 지하주차장의 이음부 Expansion Joint 부위는 Flashing으로 처리한다.

(7) 신축이음재는 신축에 따른 변형을 흡수할 수 있는 재료를 사용한다.

number 34 CON'c 강도 저하 원인과 대책(품질관리사항)

※'76, '79, '84, '94, '11

1. 개 요

(1) CON'c의 강도는 재료의 불량, 시공과 양생과정에서의 부주의 등 여러 원인에 의해 저하되는데 특히, 물－결합재비와 양생불량이 가장 큰 원인으로 손꼽힌다.

(2) 소요의 CON'c 강도를 확보하기 위해서는 재료 선택시에 입도와 입형이 우수한 골재를 선택해 물－결합재비를 되도록 적게 배합하고 시공시에는 레미콘 타설 한계시간을 지켜 타설속도와 높이를 고려해가며 충분한 다짐을 실시하고, 수분을 공급해 주어 습윤양생이 되도록 한다.

2. 강도 저하 요인

(1) 재료적 요인

1) 시멘트

① 분말도가 낮은 시멘트 사용　② 풍화된 시멘트 사용

③ 시멘트 강도 부족

2) 골 재

① 경량 다공질 골재 사용　② 입도 불량

③ 유기 불순물 함유

3) 혼화재료

① AE제 과다 사용　② 부적절한 혼화제 사용

(2) 배합시 요인

1) 물－결합재비

① 물－결합재비는 CON'c 강도에 가장 큰 영향을 주며 물－결합재비가 높을수록 강도는 저하된다.

② CON'c 종류별 규정된 물－결합재비 기준 미준수

③ 지나치게 과도한 물－결합재비

2) Slump치

① 일반범위 : 10~18cm

② Slump가 적정치 않을 경우 재료분리 등 강도 저하

3) 잔골재율

잔골재율이 클수록 강도 저하

4) 공기량

공기량이 과도하게 되면 강도가 낮아지는데 공기량 1% 증가시 강도는 3~5%씩 저하된다.

(3) 타설시 요인

1) 타설시간 지연에 따른 Cold Joint 발생

2) 현장에서의 가수

3) 부어넣기, 이어치기 방법 불량

4) 다짐불량에 의한 재료분리

5) 타설속도와 높이 미준수

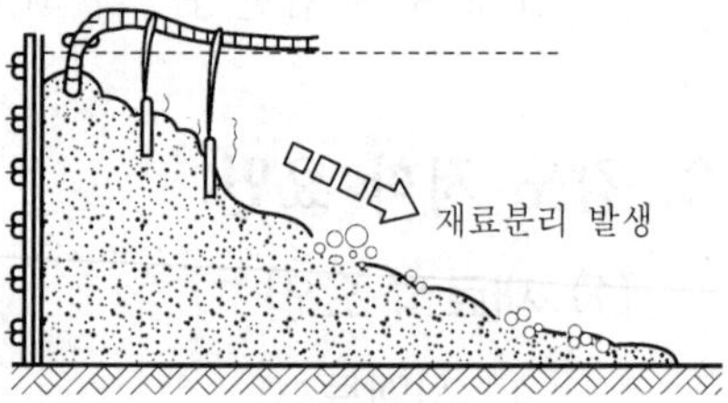

[불합리한 타설]

(4) 양생 요인

1) 급격 건조

2) 온도균열, 수화열 균열 발생

3) 지주 및 거푸집 진동, 충격

4) 존치기간 미준수 및 조기 해체

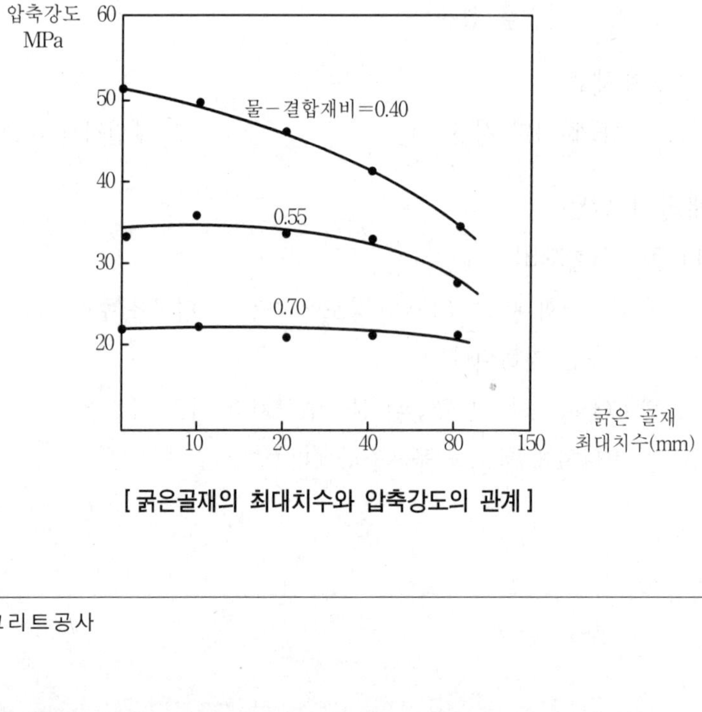

[굵은골재의 최대치수와 압축강도의 관계]

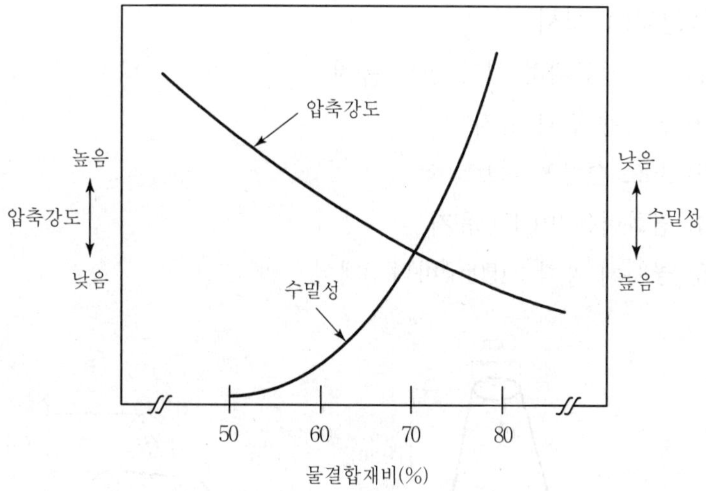

[물결합재비와 강도·수밀성]

3. 강도저하대책(유의사항)

(1) 재료적 대책

1) 시멘트

고강도 시멘트 사용, 분말도 증대, 구상화 시멘트 사용, 저발열 시멘트 사용

2) 골 재

중량골재 사용, 골재의 입도 조정

3) 혼화재료

고성능 감수제, 실리카퓸을 사용한다.

(2) 배합적 대책

1) 물-결합재비, 단위 수량을 감소시킨다.

2) 단위시멘트량, G-max(일반 CON'c)를 증대시킨다.

3) $\frac{S}{A}$을 낮춘다.

(3) 배합 검사

1) 레미콘의 규격 확인

2) 사용 혼화재료의 종류와 적정 사용량 준수

(4) 품질시험 실시

1) 물－결합재비 적정 범위 유지

2) 공기량 범위 유지

3) 소요 슬럼프 확보

4) 염화이온량(Cl^-) 유지

5) 공시체 제작 : 150m³마다 3개씩

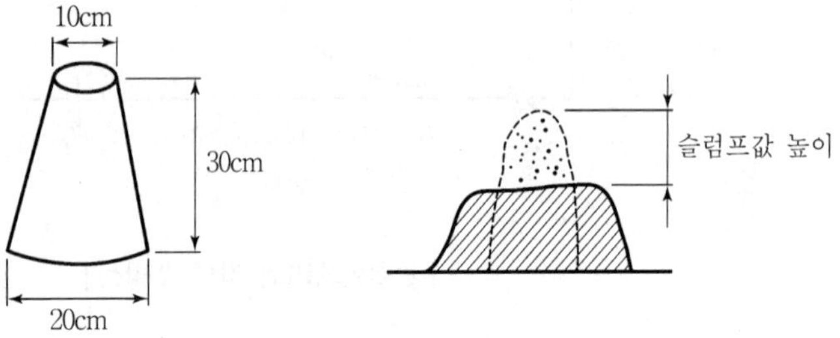

[Slump Test 방법]

(5) 타설시의 대책

1) 타설시간 준수

① 외부온도 25℃ 미만 : 120분 이내 타설

② 외부온도 25℃ 이상 : 90분 이내 타설

2) 가수금지 : 혼화제 사용

3) 부어넣기, 이어치기 방법

① 먼 곳에서 가까운 곳으로

② 기둥, 벽, 보, 슬래브의 순서 유지

③ 재료 분리방지를 위한 타설높이 선정

④ Cold Joint 방지

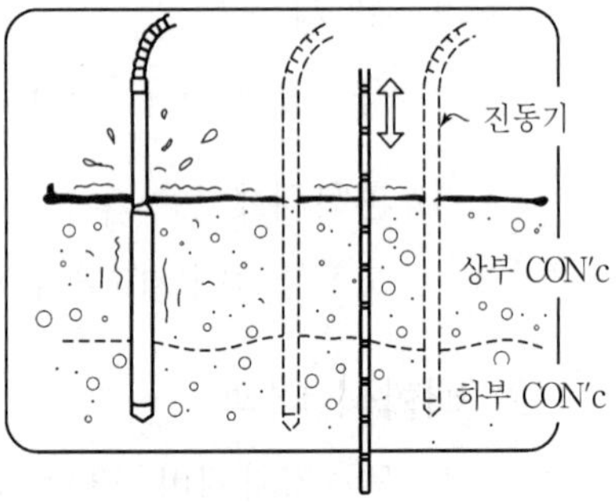

[진동기 사용다짐]

4) 진동기 사용다짐

장 소	진동다짐	비진동다짐
기초, 바닥, 보	5～10cm	15～19cm
기둥, 벽	10～15cm	19～22cm

(슬럼프치)

(6) 양생시의 대책

1) 급격 건조에 대비한 습윤양생 대책
2) 동해방지와 보온대책 수립 실시
3) 대형부재 : Pipe Cooling 방법 사용
4) 지주 및 거푸집에 대한 진동, 충격을 금지
5) 존치기간 준수

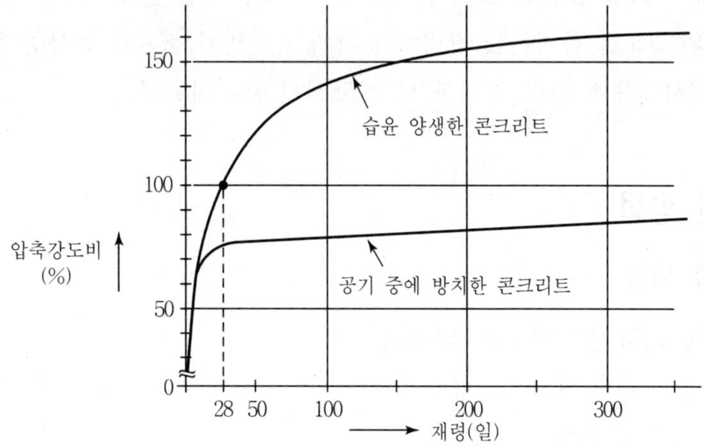

[양생 조건과 압축강도의 관계]

4. 맺음말

CON'c 강도를 위해서는 설계, 시공, 재료의 전 과정에서 철저한 품질관리가 필요하며 물·시멘트비를 줄일 수 있는 고강도 시멘트와 혼화제의 개발과 함께 시공 후에도 지속적인 양생관리가 있어야 한다.

number 35 CON'c 조기 강도 확인/추정 방법

※'01

1. 개 요

(1) 거푸집과 지주의 존치기간은 CON'c의 초기강도에 절대적 영향을 미치므로 변형의 우려가 없고 충분한 강도가 될 때까지 보양해야 한다.

(2) CON'c의 강도를 측정하는 방법에는 파괴 검사법과 비파괴 검사법이 있으며 검사시기, 검사내용에 따라 적절한 방법을 선택하여 사용한다.

2. 강도확인 방법

(1) 비파괴 시험

1) 슈밋 해머(반발경도법, 타격법)

① 슈밋 해머 내부 스프링의 반발력을 이용하여 CON'c 강도를 추정하는 방법

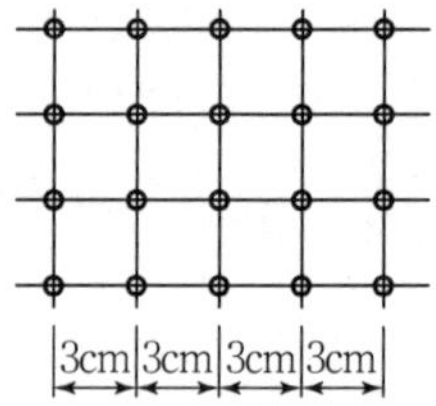

② 측정위치 : 벽, 기둥, 보의 측면 등

③ 측정지점 : 3cm 간격으로 가로 5개, 세로 4개, 총 20개 교차점

④ 두께 10cm 이하와 한 변이 15cm 이하인 단면은 피한다.

⑤ 표면의 이물질을 제거하고 되도록 건조한 면을 선택한다.

⑥ 젖은 면은 보정값으로 조정한다.

⑦ 검사가 간단하나 신뢰도가 낮다.

2) 초음파법(음속법)

① 10~20kHz의 초음파를 CON'c에 투사하여 전파의 전달 정도를 측정하여 강도를 추정하는 방법

② 용도 : 강도 추정, 형틀 제거시기 결정, 프리캐스트 제품 제조

③ 부재의 형상, 치수에 의한 적용상 제약이 적다.

④ CON'c마다 배합과 양생조건이 다르므로 신뢰도가 다소 낮다.

3) 숙성도법

① CON'c의 경화시간과 온도의 경과에 따라 숙성결과에 의해 강도를 추정하는 방법

② 용도 : 거푸집 제거시기 결정, 동해방지를 위한 양생기간 결정

③ CON'c 온도와 기저온도의 차를 합산하여 산정

4) 인발법

인발장치를 CON'c 내에 미리 묻어 부착강도를 측정하는 방법

5) 방사선법

CON'c에 X선을 투사하여 내부의 조직상태와 배근상태를 확인하는 방법

(2) Core 채취법

1) CON'c 구조물을 천공하여 Core를 채취하고 강도를 시험하는 방법

2) 채취방법

① 응력의 집중이 없는 곳을 선택

② 철근 탐사기로 철근이 없는 곳을 선택

③ 한 부위에서 3개를 수직으로 채취

④ 채취된 Core는 필요시 양생

(3) 공시체 제작시험

1) CON'c 타설시 몰드를 제작하여 양생하고 이를 통해 구조체의 강도를 추정하는 방법

2) 150m³당 3개의 공시체를 제작한다.

3) 실제 구조물의 강도와 차이가 발생

4) 시험강도의 85%가 실제 강도로 사용

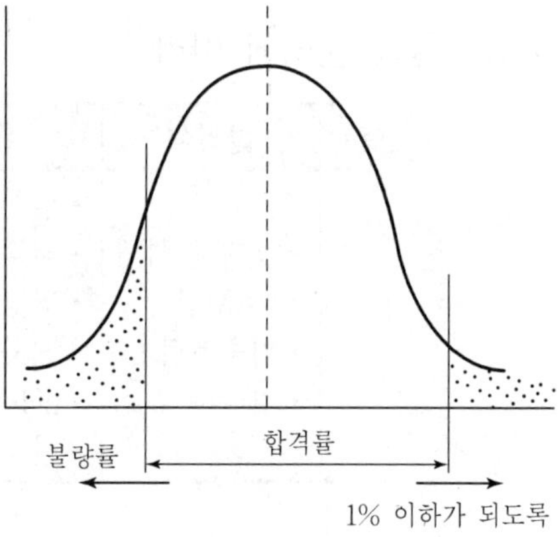

(4) 각 시험법의 특성 비교

시험법	비용	시험속도	피해정도	대표성	신뢰성
극한재하시험	D	C	F	A	A
재하시험	D	C	D	A	A
코어시험	D	C	C	B	B
관입시험	C	A	D	C	B
인발시험	C	A	B	C	B
초음파시험	B	A	A	A	B
슈밋 해머 시험	A	A	A	C	C

※ A : 아주 우수, B : 우수, C : 보통, D : 나쁨, F : 아주 나쁨

3. 조기 강도 추정법

(1) 실험 대상에 따라

1) 굳지 않은 CON'c의 W/C비를 측정하는 방법
2) 공시체를 촉진 양생하여 압축강도를 시험하고 이를 바탕으로 표준양생강도를 추정하는 방법
3) Mortar를 CON'c에서 분리하여 급결제를 가하여 촉진 양생시키고 이 강도에서 CON'c 표준양생강도를 추정하는 방법

(2) 실험 원리에 따라

구분	물리적	화학적	역학적	전기 · 음파 · 기타
종류	• 씻기 분석법 • RAM법 • 비중계법 • 기타	• 염산용해열법 • 역적정법 • 염광 분석법 • 색차법 • pH-meter법 • 산중화법	• 온수법 • 자비법 • 자열 양생법 • 압력과 열법 • 급격 촉진 양생법 • 조기재령강도 시험법	• 전기저항법 • 초음파 속도법 • 중성자 활성화 분석법 • 복합법 • 기타

(3) 적산온도에 의한 방법

프로우만 공식에 의해 강도를 추정하는 방법

number 36 콘크리트 압축강도시험

※'99, '03, '04, '07

1. 개 요

레미콘의 압축강도는 구조물의 안정성과 CON'c의 역학적 성질, 내구성과 관련되어 매우 중요한 관리대상임에도 불구하고 실제 현장에서의 압축강도 시험과 품질관리는 검사에 관련한 로트 및 시험 횟수 등이 불분명한 경우가 있어 논란이 되므로 명확한 개념정리가 필요하다.

2. 시험 목적

(1) 압축강도는 콘크리트의 성질을 좌우하는 가장 중요한 품질특성이면서도 공장에서 제조되어 성능이 완성되지 않고 현장으로 운반, 타설 양생 과정을 거치면서 성능이 발현되기 때문에 품질 저하 요인이 많으므로 원하는 품질의 구조물을 생산하기 위해서는 최종 단계에서 품질의 정도를 정확히 측정할 필요가 있다.

(2) 즉, 압축강도시험의 목적은 CON'c의 최종 단계에서 설계도서에서 규정한 소요 강도가 확보되었는가 확인하기 위하여 실시한다.

3. 시험 기준(KS기준)

(1) 시험 횟수 원칙

1) 150m³당 1회의 비율로 결정하나

2) 인수, 인도 당사자의 협정에 따라 검사 로트의 크기를 조정할 수 있다.

(2) 1회 시험

1) 150m³의 레미콘 중 임의로 1대의 차에서 공시체를 채취하여 3개의 공시체(28일 강도)를 제작한다.

2) 필요에 따라 3일, 7일 강도용 공시체를 제작할 수 있다.

(3) 검사로트의 크기

1) 3회 시험평균값을 적용하기 때문에 1회 검사 로트의 크기는 450m³가 되며

2) 검사로트의 크기는 450m³의 배수로 결정한다.

4. 시료 채취 방법

(1) 시료의 양

1) 강도 시험용 시료

12리터 이상 채취한다.

2) 공기량, 슬럼프 시험용 시료

필요한 양보다 5리터 이상 많게 채취한다.

(2) 회전하는 드럼 트럭믹서 또는 애지테이터로부터 채취하는 경우

1) 시료를 전 배처의 배출을 통하여 3회 또는 그 이상의 규칙적인 간격으로 채취한다.
2) 배출이 시작될 때나 끝날 때는 채취하지 않는다.
3) 시료 채취는 전 유출을 통하여 반복적으로 용기를 갖다 대어 채취하거나 또는 용기 안으로 유입되도록 유출을 전환시켜 채취한다.
4) 배처의 유출은 드럼의 회전속도를 조절해야 하며 방출구의 크기로 조절해서는 안 된다.

(3) 타설한 콘크리트에서 채취하는 경우

1) 시료는 콘크리트를 거푸집 속에 부어넣은 직후 다지기 전에 콘크리트의 수개소에서 삽을 사용하여 채취한다.
2) 최종 위치에서의 콘크리트를 실험할 목적으로 시료를 채취하는 경우는 이 방법에 따른다.

5. 공시체의 제작

(1) 공시체의 형태

1) 원주형 공시체

한국, 일본, 미국 등에서 사용하며, 우리나라는 $\phi 15 \times 30$을 표준공시체로 사용한다.

2) 입방공시체

독일, 영국 등 서구에서 사용

(2) 몰드 제작

1) 몰드 내에서 굵은 골재의 재료분리가 적게 일어나고 콘크리트가 좌우 대칭으로 균일하게 채워지도록 몰드의 윗면을 따라 삽으로 옮겨가면서 콘크리트를 몰드에 미끄러트리며 채워 넣는다.

2) 다지기 전에 다짐대를 원형으로 돌리면서 콘크리트를 고르게 분포시켜야 하며 마지막 층을 다진 후 몰드에 콘크리트를 채운다.

공시체 높이(cm)	다짐 형식	층의 수	층의 깊이(mm)
30cm까지	다짐대 사용	3	10 정도
30cm 이상	다짐대 사용	필요에 따름	10 정도
30~46cm	진동기 사용	2	10 정도
46cm 이상	진동기 사용	3 또는 2 이상	20 정도

공시체 지름(cm)	다짐대 지름(mm)	다짐 횟수/ 층
5~15cm	10	25
15cm 이상	16	25
20cm	16	50
25cm	16	75

6. 합격 판정 기준

(1) 1회 시험값

1) 콘크리트의 실제 강도는 공시체 강도의 85%로 추정한다.

2) 3개의 공시체 평균값이 σ_{28}의 85% 이상일 것

$$\frac{(\sigma_1+\sigma_2+\sigma_3)}{3} \geq \sigma_{28} \times 85\%$$ ········ 1 (1회 시험값)

여기서, σ_1 : 1번 공시체 강도
σ_2 : 2번 공시체 강도
σ_3 : 3번 공시체 강도

(2) 1회 검사 로트값

3회 시험 평균값이 σ_{28} 이상일 것

$$\frac{(❶+❷+❸)}{3} \geq \sigma_{28}$$

여기서, ❶ : 1회 시험 평균값
❷ : 2회 시험 평균값
❸ : 3회 시험 평균값

7. 압축강도에 미치는 요인(공시체 및 시험 방법 면에서)

(1) 공시체의 크기와 모양

1) 원주형 공시체보다 입방체 공시체일 때 압축 강도가 더 크다.
2) 공시체가 작을수록 강도는 크게 나타난다.
3) 공시체 길이/공시체 직경 비가 클수록 강도는 작아진다.
4) 지름과 높이의 비가 2일지라도 치수가 클수록 압축강도는 작아진다.

(2) 공시체의 표면 상태(캐핑)

1) 공시체 가압면은 평평하고 매끈하여야 한다.
2) 공시체 가압면이 고르지 않으면 하중이 편심 작용하여 낮은 응력에서 파괴된다.(캐핑 면의 중앙부가 불룩한 경우 심하면 강도가 30%까지 감소할 수 있다.)
3) 시멘트 페이스트를 이용한 캐핑의 경우 두께는 2~3mm가 적당하다.
4) 캐핑 두께가 6mm일 경우 강도는 약 40% 감소한다.
5) 공시체는 습윤 상태로 시험하는 것이 원칙이며 건조시켜 시험할 경우 일시적으로 강도가 증가한다.

(3) 재하방법 및 재하속도

1) 재하 속도가 빠를수록 강도가 높게 나타난다.
2) 하중의 재하속도는 0.15~0.3MPa/min가 표준이다.
3) 공시체가 파괴되는 강도의 1/2까지는 빠르게 하여도 좋으나 그 이후는 표준속도를 유지하여야 한다.

number 37 규정 강도에 미달된 콘크리트에 대한 조치

※'11, '17

1. 개 요

현장 타설 콘크리트에 대해서는 시방서 등에서 규정된 압축강도가 발현되었는지 시험을 통해 결과를 확인하고, 기준에 미달되는 경우에는 구조물의 안정성 영향 여부를 확인하여 적절한 조치를 취하여야 한다.

2. 콘크리트의 압축강도 결과 판정

(1) 표준양생공시체(KS 기준)

각 공시체의 압축강도는 설계기준강도(Fck)보다 3.5N/mm² 이상 작지 않아야 한다.

1) 1회 시험값

① 콘크리트의 실제 강도는 공시체 강도의 85%로 추정한다.

② 3개의 공시체 평균값이 $\sigma28$의 85% 이상일 것

$\sigma1+\sigma2+\sigma3/3 \geq \sigma28 \times 85\%$ ……… ❶(1회 시험 평균값)

여기서, $\sigma1$: 1번 공시체 강도

$\sigma2$: 2번 공시체 강도

$\sigma3$: 3번 공시체 강도

2) 1회 검사 로트값

3회 시험 평균값이 $\sigma28$ 이상일 것

❶+❷+❸/3 $\geq \sigma28$

여기서, ❶ : 1회 시험 평균값

❷ : 2회 시험 평균값

❸ : 3회 시험 평균값

(2) 코어 공시체

1) 시험체의 상태

① 구조체가 건조한 상태

시험 전 7일 동안 15~30℃, 상대습도 60% 이하로 건조

② 구조체가 습윤한 상태

40시간 이상 수중 양생하여 습윤 상태로 유지

2) 판정

각 시험 공시체는 0.75 f_{ck} 이상, 평균값은 0.85 f_{ck} 이상일 것

3. 압축강도 시험 결과 불합격 시 조치(콘크리트 시방서)

(1) 공시체의 이상 유무 확인

1) 공시체의 파손 여부 확인

2) 편심 공시체 확인

(2) Capping 상태 확인

Capping 상태에 따라 강도의 편차가 최대 30%까지 발생할 수 있으므로 Capping의 이상 유무 확인

(3) 재시험

공시체와 캐핑의 상태를 확인하고 재시험 실시 → 재차 불합격 시

(4) 구조체 관리용 공시체 확인

봉함양생 공시체로 시험하여 0.85 f_{ck} 이상인지 확인 → 불합격 시

(5) 코어 채취

각 시험 공시체는 0.75 f_{ck} 이상, 평균값은 0.85 f_{ck} 이상인지 확인 → 불합격 시

(6) 90일 강도 연장 시험

90일까지 양생하여 90일 강도와 구조체 관리용 공시체의 강도 확인 → 불합격 시

(7) 비파괴 검사 실시

초음파법, 복합법 등으로 비파괴 검사를 실시하여 구조체의 실질 강도를 확인

1) 부분적인 강도 부족(부분 결함) 시

해당 부분에 대하여 보수, 보강 또는 재시공

2) 전체적인 강도 부족(전체 결함) 시

① 측정된 현재 강도로 구조체에 대한 구조 재해석→불합격 시

② 구조물에 대한 보수, 보강 등으로 성능 향상→성능회복 불가능 시

③ 구조물 철거, 재시공

number 38 CON'c 내구성 저하(열화) 원인과 내구성 향상 방안

※'88, '90, '93, '95, '97. '98, '01, '07, '10, '12

1. 개 요

(1) CON'c 내구성은 구조물의 성능저하와 외력에 대하여 저항하며, 역학적, 기능적 성능을 보유하는 콘크리트 구조체의 수명이다.

(2) 내구성을 저하시키는 원인에는 물리적 요인과 화학적 요인이 있으며 중성화나 건조수축, 염해 등에 의한 피해가 크게 나타난다.

2. CON'c 내구성 저하 원인

(1) CON'c 중성화

1) 개 요

공기 중의 이산화탄소와 산성비로 CON'c의 수산화칼슘이 탄산칼슘으로 변화되면서 알칼리성을 잃어버리고 중성 성질로 바뀌는 현상

2) 원 리

$$Ca(OH)_2 + CO_2 \rightarrow CaCO_3 + H_2O$$

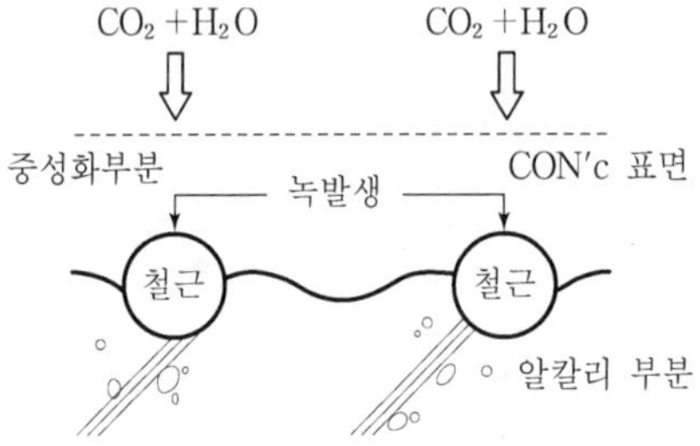

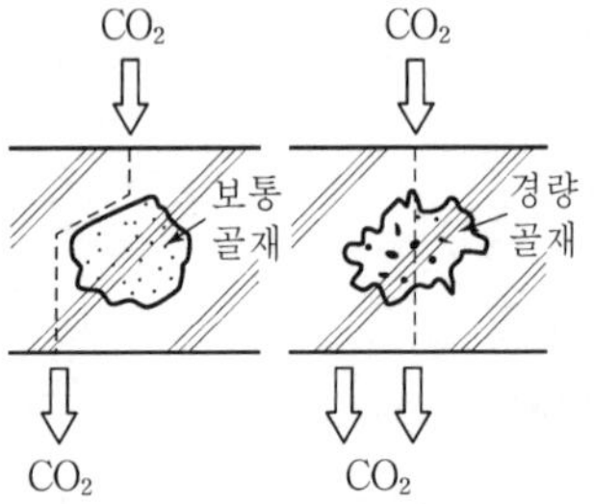

3) 중성화 원인

CO_2 농도, 산성비, 경량골재, 온도 등

4) 시험방법

페놀프탈렌 용액 : 무색－중성화, 적색－양호

(2) 염 해

1) 개 요

CON'c 중의 염화물이 철근을 부식시킴으로써 구조물이 손상되는 것

2) 원 리

① $Fe + H_2O + \frac{1}{2}O_2 \rightarrow Fe(OH)_2$: 흑청

② $Fe(OH)_2 + \frac{1}{2}H_2O + \frac{1}{4}O_2 \rightarrow Fe(OH)_3$: 적청

3) 염해 규준치

① 해사 사용시 0.3kg/m³ 이하

② 염소이온(Cl^-)으로서 0.02% 이하

4) 측정법

이온전극법, 질산은 측정법, 시험지법

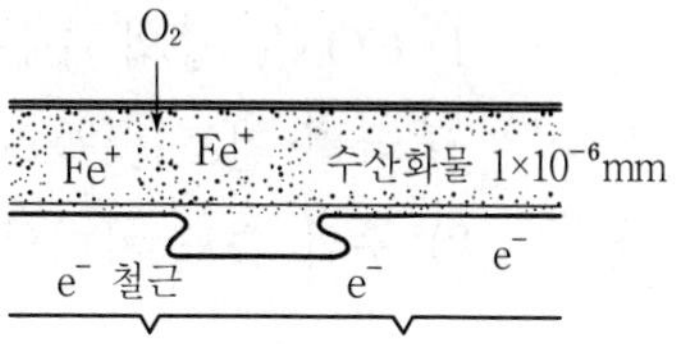

[염해]

(3) 알칼리 골재반응(AAR)

1) 개 요

시멘트 중의 알칼리 성분과 반응성 골재가 결합하여 부피가 팽창되어 균열을 유발하는 현상

2) 요 인

시멘트 중의 알칼리 성분 경량골재, 다공질 골재, 수분의 복합 작용

3) 반응 종류

① 실리카 반응 : 석영

② 탄산염 반응 : 백운석

③ 실리게이트 반응 : 규산염

(4) 동결융해

1) CON'c 중에 포함된 수분이 동결하여 체적이 팽창(9%)되어 균열 발생

2) 압축강도 5MPa 이상이 되면 동해를 받지 않는다.

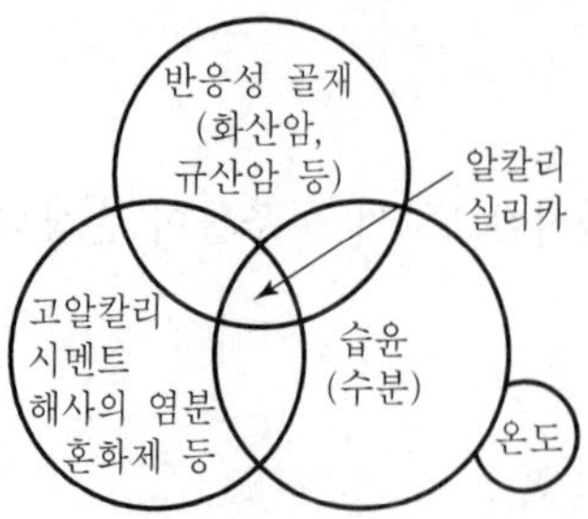

[알칼리 골재반응]

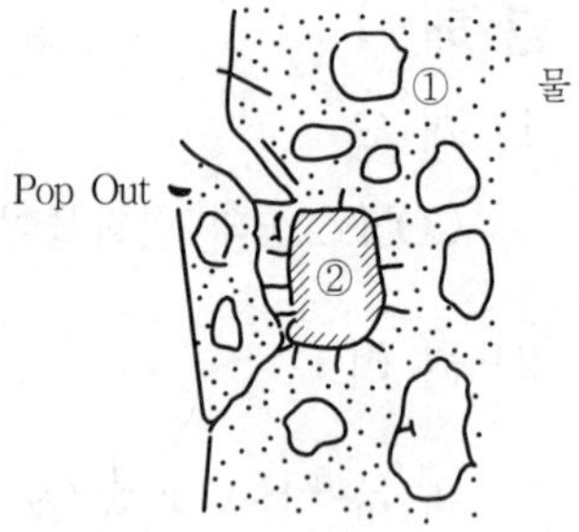

[동해]

(5) 건조수축

1) CON'c 중의 수분이 증발하면서 체적이 감소하여 균열을 유발하는 현상

2) 급격 건조는 블리딩 현상 유발로 내구성 저하

3) 주위 습도 차이와 물-결합재비 등이 원인

(6) 화해(폭열현상)

1) CON'c가 고온에 장시간 노출되어 박락, 좌굴에 이르는 현상

2) CON'c 내부의 수증기압 과다로 발생되며 중성화 촉진 등이 생긴다.

(7) 기계적 작용

1) 진동, 충격에 의한 강도 저하

2) 과하중의 장기 적재

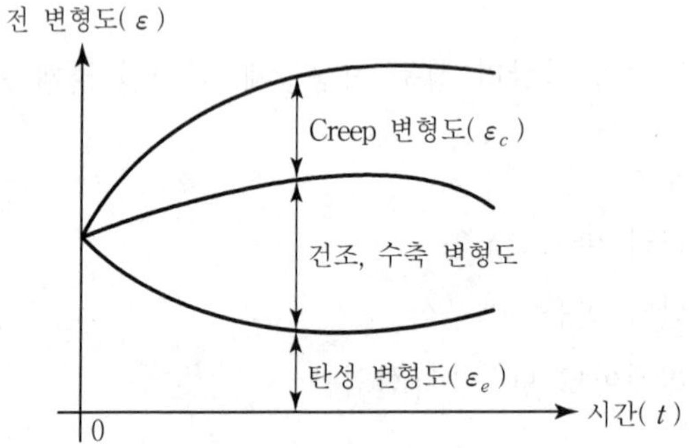

[건조 수축]

3. 내구성 향상방안

(1) 재료적 대책

1) 골재 : 입도가 고른 중량 골재를 사용한다.

2) 시멘트 : 분말도가 높은 시멘트를 사용하여 고강도화 한다.

3) 해사는 기준치 이하로 세척하여 사용한다.

(2) 배합시 대책

1) 물-결합재비는 가능한 낮게 한다.

2) 슬럼프치 : 용도에 맞도록 조정한다.

(3) 화학적 작용 방지(유지관리)

1) 중성화 방지

① 중성화 방지제 사용

② CON'c 노출 면에 Mortar 바름 등으로 CO_2와의 접촉을 차단한다.

③ 도장처리, 석재 등의 표면시공도 효과적이다.

④ 피복두께 증가

2) 염해방지

① 염해 기준치 이하로 억제

② 철근의 피복, 도금으로 부식 방지

3) 알칼리 골재반응 억제

① 단위시멘트량을 낮추어 배합설계

② 저알칼리 시멘트를 사용한다.

③ 반응성 골재 사용 제한

4) 건조수축

① 팽창 시멘트 사용

② 급격한 온도 변화 제어

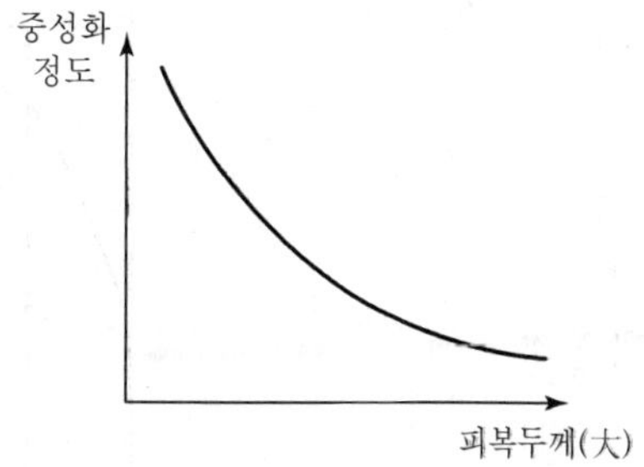

[피복두께와 중성화 관계]

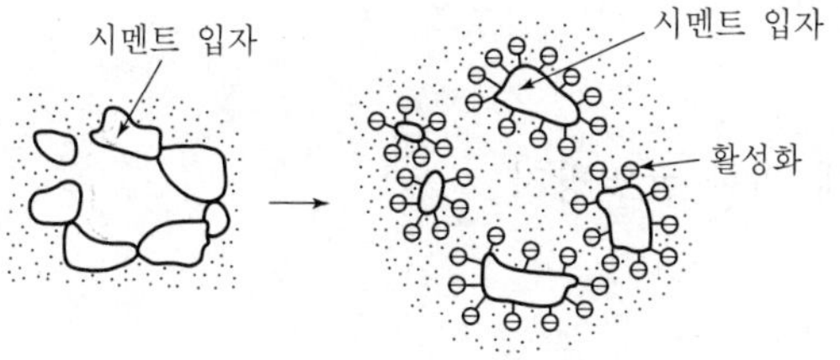

[대입자 시멘트 → 구상화, 세립자 시멘트]

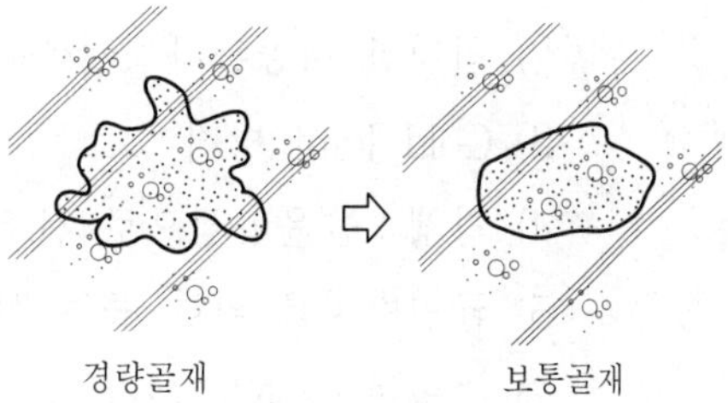

[경량골재 → 보통골재]

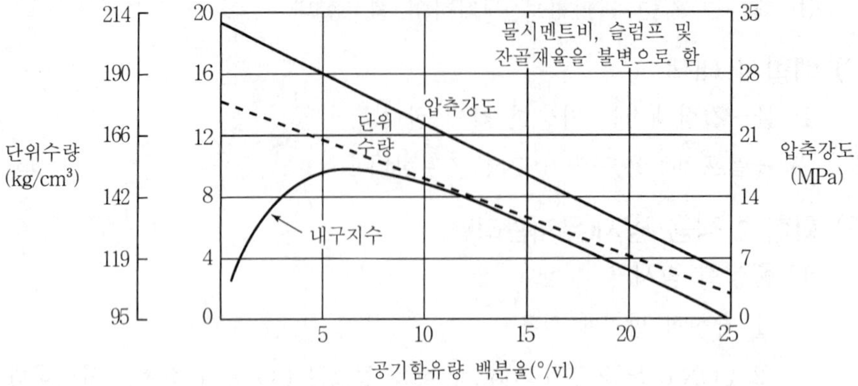

[콘크리트의 내구성, 압축강도 및 단위수량에 미치는 공기량의 영향]

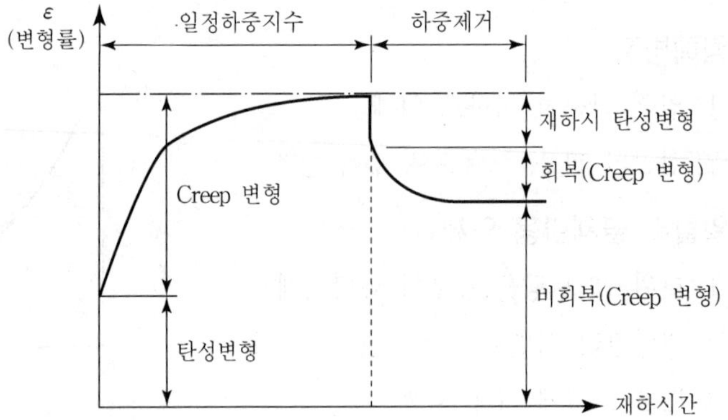

[Creep 변형]

(4) 시공시 대책

1) 현장에서의 가수 금지

2) 철저한 시공관리 : 재료분리 방지

3) Cold Joint 방지

4) 양생 : 습윤양생으로 건조수축에 의한 균열방지

5) 균열방지를 위한 줄눈 설치

6) 수밀한 CON'c 완성

(5) CON'c 강도 증진 대책(고내구성 CON'c 제조)

1) 고강도 CON'c

① 고강도 CON'c를 사용하면 성능저하 시간이 지연된다.

② 내구성과 수밀성이 증대된다.

③ Creep 현상 감소

2) 고유동화 CON'c

① 시공성이 우수하고 건조수축, 균열방지 효과가 우수하다.

② 수밀성이 크고 침하균열이 적게 발생한다.

3) 고성능 CON'c

① 건조수축과 수화열 균열에 대한 저항이 크다.

② 고강도 고내구성, 고품질 CON'c 기능 확보가 가능하다.

③ 재료분리에 대한 저항이 크다.

4. 맺음말

(1) CON'c 구조물에 있어 내구성 저하는 구조상 중요한 문제가 되므로 설계, 재료, 시공의 전 과정에서 철저한 품질관리가 이루어져야 하며,

(2) 내구성 저하의 주요인인 중성화, 동해, 염해에 대한 방지대책을 수립하고, 합리적인 유지보수와 안전진단 방법을 개발하는 동시에 체계적인 관리검사 시스템 개발이 필요하다.

number 39 CON'c 중성화 현상 원인과 대책

※'06,'07

1. 개 요

(1) 콘크리트는 고알칼리성(pH 12~13)으로 철근 주위의 부동태막을 형성하여 철근을 부식환경으로부터 보호하고 있으나 이산화탄소, 산성비, 산성토양에 노출되거나 화재에 의해 알칼리도가 낮아지는데, 저알칼리화(pH 8.5~10) 되는 현상을 중성화라 한다.

(2) 중성화가 진행되면 부동태 피막이 파손되어 철근이 부식되기 쉬운 환경에 노출되고 부식된 철근은 콘크리트의 균열, 박락을 일으켜 수명저하를 가져오게 된다.

2. 중성화의 개념과 원리

(1) 탄산화

시멘트 수화반응에 의해 생성된 화합물이 CO_2와 반응하여 탄산화합물로 분해되는 현상으로 콘크리트 물성에 영향을 준다.

(2) 중성화

시멘트 경화체의 알칼리성이 낮아지는 현상

1) $Ca(OH)_2 + CO_2 \longrightarrow CaCO_3 + H_2O$: 일반적 의미

2) $3CaO \cdot 2SiO_2 \cdot 3H_2O + 3H_2CO_3 \longrightarrow 3CaCO_3 + 2SiO_2 + 6H_2O$

3) $3CaO \cdot Al_2O_3 \cdot 3CaSO_4 \cdot 32H_2O + 3H_2CO_3 \longrightarrow$
$3CaCO_3 + 2Al(OH)_3 + 32H_2O$ 등 : 포괄적 의미

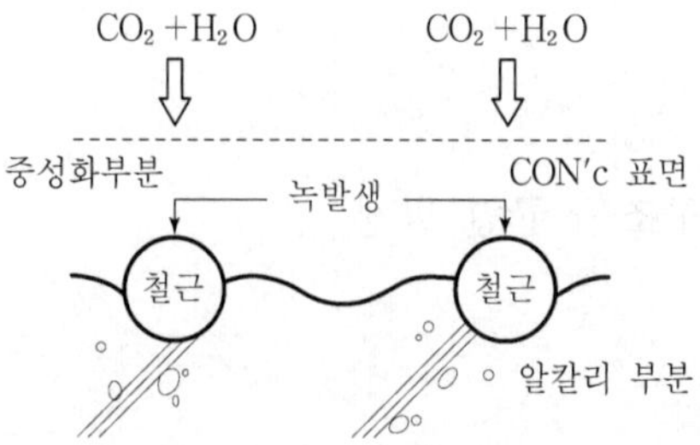

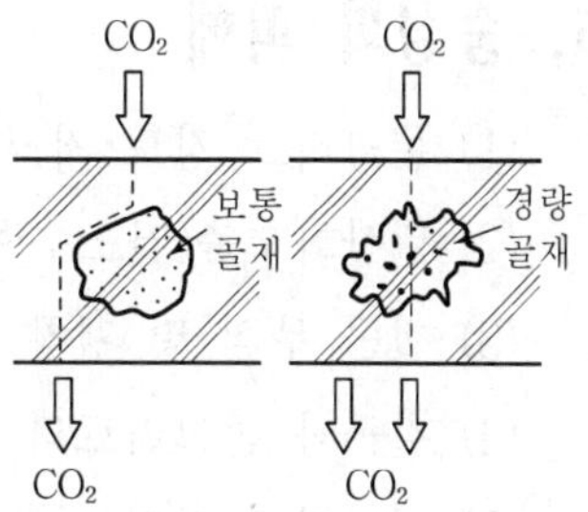

3. 중성화 원인

(1) 탄산가스에 의한 탄산화 현상
(2) 산성비
(3) 산성토양
(4) 화재

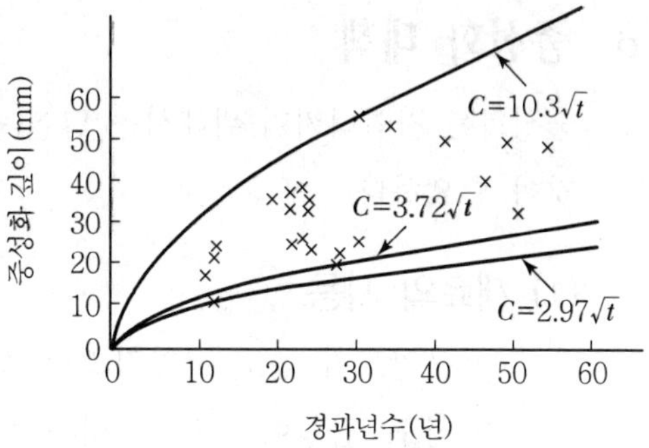

[실내의 중성화 속도]

4. 중성화 속도 촉진 요인

(1) 시멘트

중용열, 저알칼리성 시멘트 사용 시

(2) 골재

① 경량골재 사용 시
② 강자갈보다 쇄석골재 사용 시

(3) 혼화재료

고로 슬래그 사용 시

(4) 물-결합재비

물-결합재비가 높을수록

(5) 환경적 조건

① 습기가 낮을수록, 온도가 높을수록
② 실외보다 실내구조물, 도시 구조물일수록
③ 탄산가스 농도가 높을수록

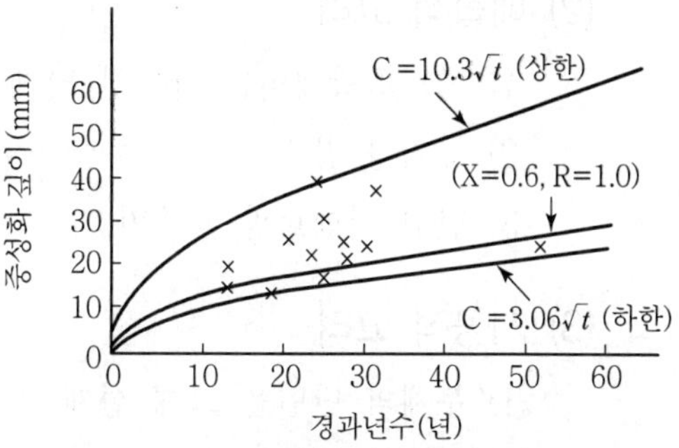

[실외의 중성화 속도]

5. 중성화 피해

(1) 콘크리트 강도 저하

(2) 탄산화수축(건조수축의 1/2)과 구조물 균열 발생

(3) 철근 부식 및 팽창

(4) 철근과 콘크리트의 부착력 약화

(5) 콘크리트 수명 단축

6. 중성화 대책

중성화를 지연시키기 위해서는 밀실(수밀)한 콘크리트를 제조하여 기공을 감소시키는 것이 중요하다.

(1) 재료의 사용

1) 분말도가 높고 고알칼리성 시멘트 사용

2) 입도, 입형이 고르며, 비중이 큰 양질의 골재 사용

3) 감수제, 유동화제, 중성화지연제 등 혼화재료의 적절한 사용

(2) 배합적 고려

1) 물-결합재비를 가능한 낮게 유지

2) 공기량 감소

3) 단위 시멘트량을 증가

(3) 시공적 고려

1) 부재의 단면을 크게 설계

2) 충분한 피복 두께 확보

3) 밀실한 콘크리트의 타설

① 재료분리, 조인트(시공이음, 콜트조인트 등) 발생 억제

② 충분한 다짐으로 공극 제거

4) 표면 피복 등 마감

① 모르타르 미장, 도장 등 시공

② 타일, 석재 등으로 마감재 시공으로 노출 억제

(4) 유지관리

1) 발생된 균열 신속 보수

2) 유해 환경에 노출되지 않도록 관리

7. 맺음말

콘크리트의 내구성을 저하시키는 가장 큰 요인이 중성화이며, 이를 완전히 방지하기에는 어려운 점이 많으므로, 피해를 유발할 수 있는 도심구조물, 노출 구조물에서는 충분한 검토를 통해 중성화 지연에 대한 고려를 하고 대책을 마련하여야 한다.

number 40 콘크리트 중성화 속도와 구조물 손상 및 방지

※'08, '11

1. 개 요

콘크리트는 고알칼리성(pH 12~13)으로 철근 주위의 부동태막을 형성하여 철근을 부식환경으로부터 보호하고 있으나 이산화탄소, 산성비, 산성토양에 노출되거나 화재에 의해 알칼리도가 낮아지며 저알칼리화(pH 8.5~10) 되는 현상을 중성화라 한다.

2. 중성화의 형태

(1) 중성화

시멘트 경화체의 알칼리성이 낮아지는 현상

1) $Ca(OHO)_2+CO_2 \rightarrow CaCO_3+H_2O$: 일반적 의미(탄산화)

2) $3CaO \cdot 2SiO_2 \cdot 3H_2O+3H_2CO_3 \rightarrow 3CaCO_3+2SiO_2+6H_2O$

3) $3CaO \cdot Al_2O_3 \cdot 3CaSO_4 \cdot 32H_2O+3H_2CO_3 \rightarrow 3CaCO_3+2Al(OH)_3+32H_2O$

(2) 탄산화

시멘트 수화반응에 의해 생성된 화합물이 CO_2와 반응하여 탄산화합물로 분해되는 현상으로 콘크리트 물성에 영향을 준다.

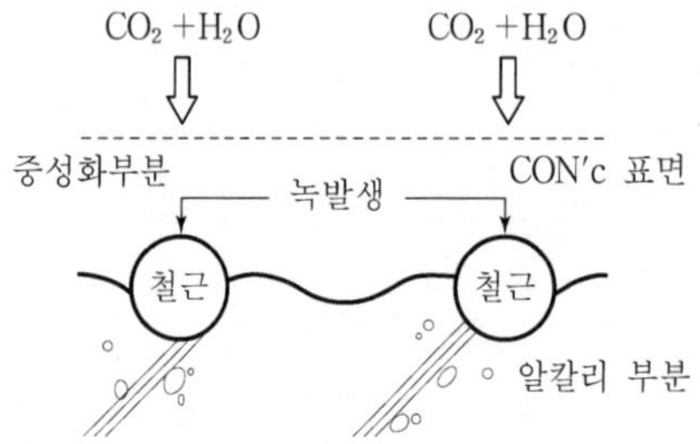

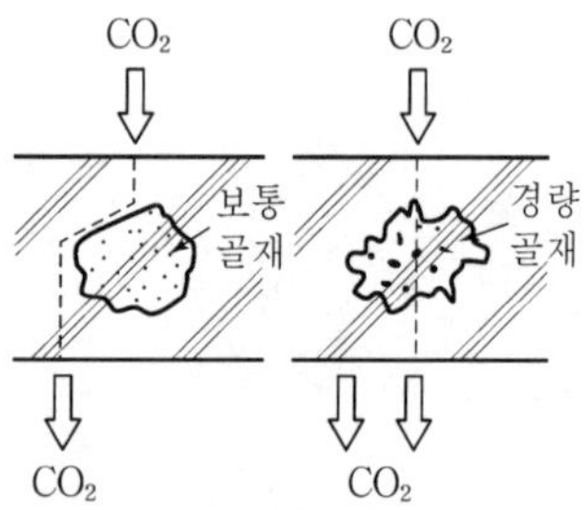

3. 중성화 진행 속도

(1) 중성화 촉진 요인

1) 시멘트

중용열, 저알칼리성 시멘트 사용시

2) 골재

① 경량골재 사용시

② 강자갈보다 쇄석골재 사용시

3) 혼화재료

고로 슬래그 사용시

4) 물－결합재비≥

물－결합재비가 높을수록

5) 환경적 조건

① 습기가 낮을수록, 온도가 높을수록

② 실외보다 실내구조물, 도시 구조물일수록

③ 탄산가스 농도가 높을수록

(2) 중성화 진행 속도

1) 중성화 속도 계수 A

$A = C/\sqrt{t_1}\ (A \geq 0.373)$　　　C : 중성화 깊이

2) 내용연수 t

$t = (d/A)^2$　　　d : 피복두께

3) 잔존수명 t_2

$t_2 = t - t_1$　　　t_1 : 경과연수

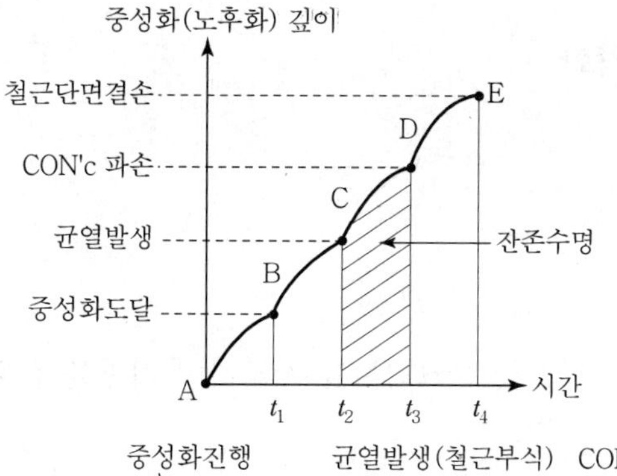

- t_1:비경제적인 잔존수명
- t_2:적정한 잔존수명
- t_3:위험한 잔존수명
- t_4:노후화 심각(사용금지, 교체)
- ∴잔존수명$=t_3-t_2$
- A, B, C, D, E:상태등급 5단계
- t_1:철근의 중성화 도달지점
- t_2:철근부식 · 균열발생
- t_3:부재내하력 상실(CON'c 파손)
- t_4:철근단면결손 · 내력부족

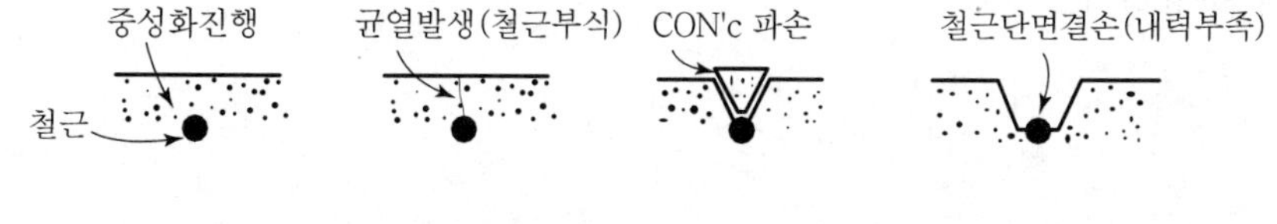

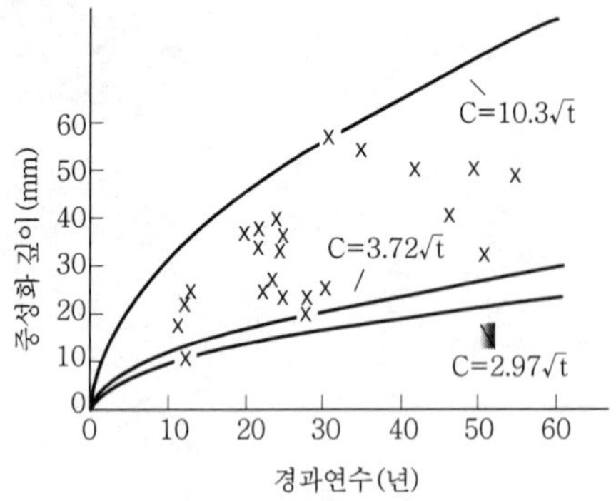

[실내의 중성화 속도]

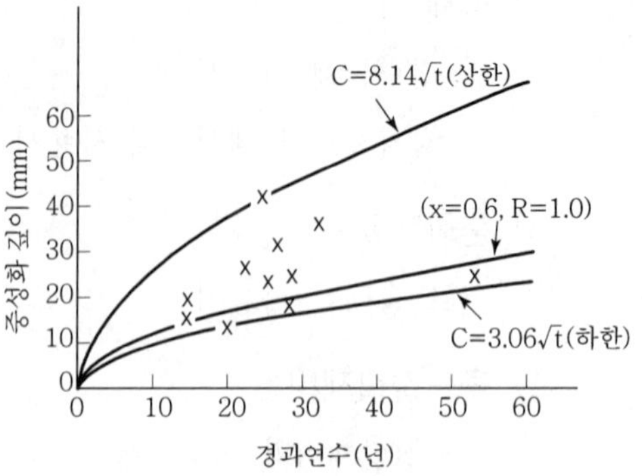

[실외의 중성화 속도]

4. 중성화에 의한 구조물의 손상

(1) 콘크리트 강도 저하

1) 촉진탄산화에서는 증대하나 건습의 반복하는 혹독한 환경에서는 저하
2) 강도에 미치는 영향은 무시할 정도로 적다.

(2) 탄산화수축

1) 상대습도 50%에서 가장 활발히 진행
2) 건조수축의 1/2 정도
3) 구조물 균열 발생

(3) 철근 부식 및 팽창

철근부동태막 파괴 → 철근 부식 → 체적 팽창 → 균열 유발

(4) 철근과 콘크리트의 부착력 약화

(5) 콘크리트 수명 단축

5. 중성화 대책

중성화를 지연시키기 위해서는 밀실(수밀)한 콘크리트를 제조하여 기공을 감소시키는 것이 중요하다.

(1) 재료의 사용

1) 분말도가 높고 고알칼리성 시멘트 사용

2) 입도, 입형이 고르며, 비중이 큰 양질의 골재 사용

3) 감수제, 유동화제, 중성화지연제 등 혼화재료의 적절한 사용

(2) 배합적 고려

1) 물-결합재비를 가능한 낮게 유지

2) 공기량 감소

3) 단위 시멘트량을 증가

(3) 시공적 고려

1) 부재의 단면을 크게 설계

2) 충분한 피복 두께 확보

3) 밀실한 콘크리트의 타설

① 재료분리, 조인트(시공이음, 콜트조인트 등) 발생 억제

② 충분한 다짐으로 공극 제거

4) 표면 피복 등 마감

① 모르타르 미장, 도장 등 시공

② 타일, 석재 등으로 마감재 시공으로 노출 억제

(4) 유지관리

1) 발생된 균열 신속 보수

2) 유해 환경에 노출되지 않도록 관리

6. 맺음말

콘크리트의 내구성을 저하시키는 가장 큰 요인이 중성화이며, 이를 완전히 방지하기에는 어려운 점이 많으므로, 피해를 유발할 수 있는 도심구조물, 노출구조물에서는 충분한 검토를 통해 중성화 지연에 대한 고려를 하고 대책을 마련하여야 한다.

number 41 CON'c 알칼리 골재 반응 원인과 대책

※'13

1. 개 요

(1) 시멘트 중의 알칼리 성분이 반응성 골재와 결합하여 골재의 체적이 팽창되어 균열을 유발시키는 현상을 알칼리 골재 반응이라 한다.

(2) 즉, 골재에 포함된 반응성 물질과 알칼리 성분, 수분이 반응하여 팽창성 겔(Gel)의 불용성 화합물을 만들고 부피가 팽창하여 균열이 유발되는 일련의 과정이다.

2. 발생 조건

(1) 반응성 골재 사용시

화산암, 규산암, 석영, 백운석 등을 포함한 골재시

(2) 시멘트의 수산화 알칼리성분 존재

(3) 습기가 많은 상태 유지

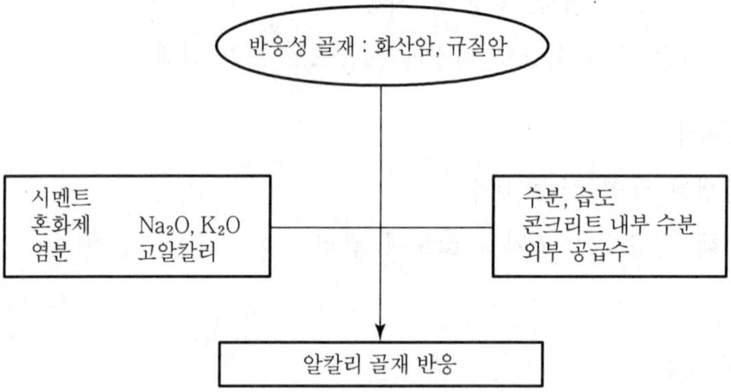

3. 반응의 종류

(1) 실리카 반응

석영, 유리 성분에 의한 반응

(2) 실리게이트 반응

규산염에 의한 반응

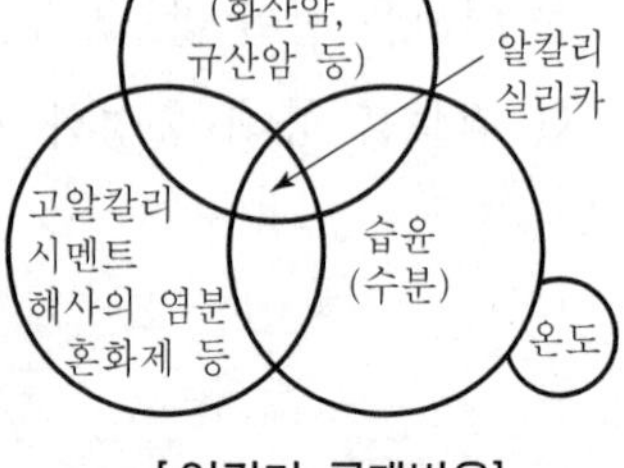

[알칼리 골재반응]

(3) 탄산염 반응

백운석에 의한 반응

4. 콘크리트에 미치는 영향(문제점)

(1) 콘크리트 강도 저하

(2) 콘크리트 팽창 균열 발생

(3) 지도(Map)상 균열 발생

(4) 내구성 저하에 따른 수명 저하

5. 방지대책

(1) 골재의 사용

1) 반응성 골재 사용 제한

① 중량골재 사용

② 재활용 골재 사용 제한

2) 양질의 골재 사용

① 강도가 크고 양호한 골재 사용

② 반응성 골재 사용시 전알칼리성을 0.6% 이하로 규제

(2) 시멘트

저알칼리성 시멘트 사용

(3) 혼화재료

고로 슬래그 적정 사용

(4) 배합시 고려사항

1) 수밀한 콘크리트의 제조

2) 콘크리트 $1m^3$당 알칼리 총량은 Na_2O 당량으로 3kg 이하로 규제

(5) 시공시 고려사항

1) 밀실한 콘크리트의 타설

① 재료분리, 조인트(시공이음, 콜트조인트 등) 발생 억제

② 충분한 다짐으로 공극 제거

2) 고강도 콘크리트의 제조

(6) 유지 환경 관리

1) 발생된 균열 신속 보수

2) 균열은 주입 및 코팅 등으로 방수 처리

3) 콘크리트 표면은 방수성 마감재로 피복

6. 맺음말

(1) 자연골재의 고갈로 양질의 골재가 부족해지고 순환골재 및 쇄석 골재의 사용이 늘어나면서 알칼리 골재 반응에 의한 피해도 증가하고 있다.

(2) 알칼리골재 반응은 사용 재료에 따라 피해를 줄일 수 있으므로 양질의 골재를 선별 사용하는 데 주의를 기울여야 한다.

number 42 건조수축의 원인과 대책

※'02, '06, '07

1. 개 요

(1) 건조수축이란 CON'c 타설 후 경화과정에서 수분과 공기가 외부로 유출되어 내부 공극 감소에 의한 체적 변화에 따라 CON'c가 수축되는 현상으로 CON'c의 균열을 발생시켜 수명을 저하시키는 요인으로 작용한다.

(2) 건조수축 현상은 사용하는 시멘트와 골재 및 양생의 전과정에서 발생하게 되므로 재료와 배합, 양생의 모든 부분에 대한 주의가 필요하다.

2. 건조수축의 형태

(1) 건조수축

수분 증발로 인한 체적 감소 현상

(2) 경화수축

수분 공급이 없는 상태의 수축

(3) 탄산화수축

수산화물의 분해에 의한 수축

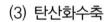

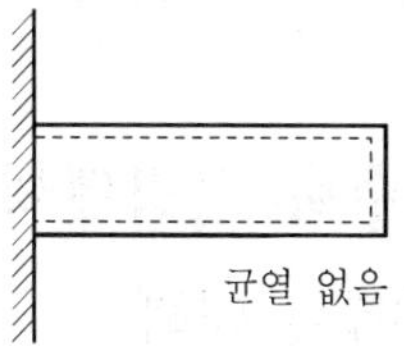

[구속되지 않음]

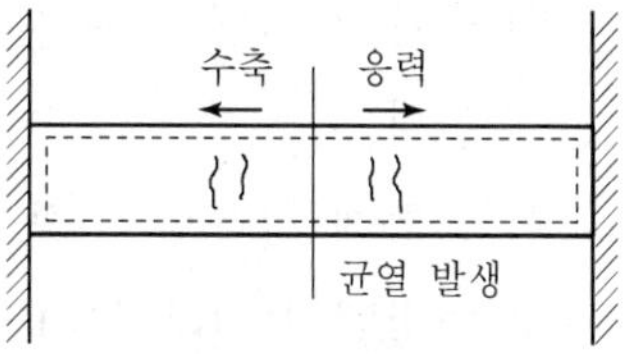

[구속된 경우]

3. 건조수축 유발요인

(1) 시멘트

고분말 시멘트 사용시 건조수축 현상이 증가한다.

(2) 골 재

1) 골재의 크기가 작은 골재로 세골재의 양이 과다한 경우

2) 입도가 불량한 골재

(3) 단위수량

단위수량의 양이 많을수록 수축량이 증가하게 된다.

(4) 물－결합재비

물－결합재비가 높을수록 체적 변화가 커진다.

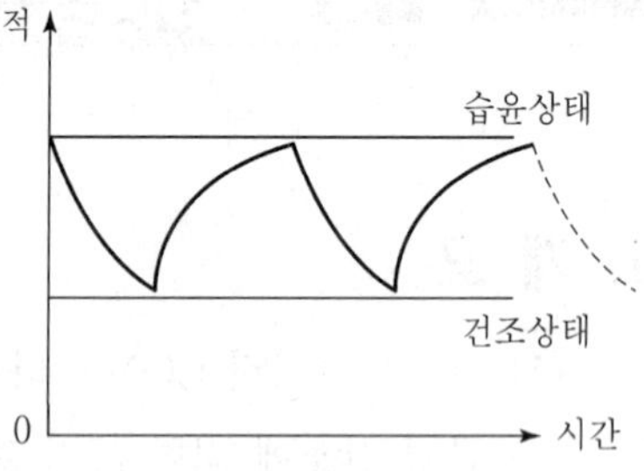

[건조 수축 반복]

(5) 혼화재료

1) Silica Fume 사용시 건조수축 현상 증대
2) 고로 Slag의 과다 사용
3) AE제 양 증가시, 경화 촉진제 사용시

(6) 부재의 크기

부재의 크기가 크거나 타설 두께가 두꺼울수록 증가한다.

(7) 구속된 경우

부재가 구속되면 수축량이 CON'c의 인장응력보다 큰 경우에 균열이 발생

4. 건조수축 저감대책

(1) 재료상 대책

1) 시멘트 분말도가 너무 높지 않도록 한다.
2) 골재의 입도, 입형을 적당히 유지한다.
3) 중용열 시멘트, 팽창 시멘트 사용하여 체적 팽창현상에 의해 체적감소를 줄인다.
4) 혼화제 사용량 조절, 골재 흡수율을 낮게 유지한다.
5) 저발열계(벨라이트) 시멘트 사용을 확대한다.

(2) 설계상 대책

1) Control Joint 설치
2) 부재 크기 고려

(3) 배합상 대책

1) 단위수량을 저감시킨다.
2) 굵은 골재 최대치수를 크게 한다.
3) 물－결합재비, Slump치 감소

(4) 시공상 대책

1) 철근의 보강
2) 증기 양생, 습윤 양생 실시
3) 타설시 다짐을 충분히 실시한다.
4) 거푸집 조기 해체 금지
5) Delay Joint의 시공

(5) 비구속 상태 유지

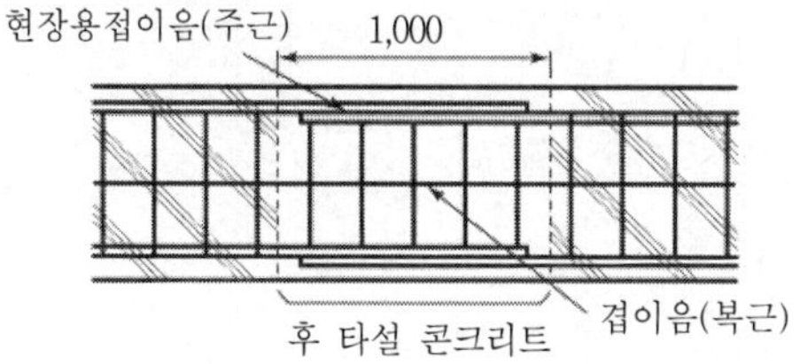

[Slab 시공]

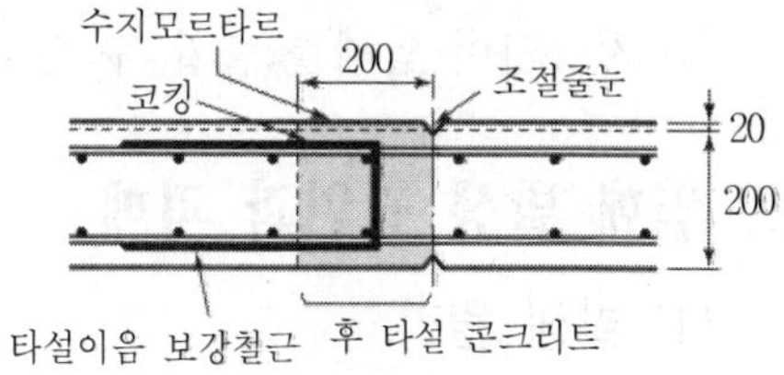

[벽 및 보 시공]

5. 맺음말

구조물 부재의 단면이 증대되고 고강도 CON'c의 사용이 확대되면서 건조수축 현상을 제어할 필요가 더욱 커지고 있으며 혼화재료와 시멘트뿐 아니라 시공상 줄눈 계획 등을 통해 건조수축에 의한 피해를 감소시키도록 노력해야 한다.

number 43 콘크리트 염해원인(철근부식)과 방지 대책

※'89, '91, '96, '00, '08

1. 개 요

(1) CON'c 염해는 염화물이 철근과 반응하여 철근의 체적을 팽창시켜 균열이 발생되고 구조물이 손상되는 현상이다.

(2) 염해는 해사를 사용하거나, 바닷가에서의 구조물 축조시 발생하며, 피복두께 확보와 CON'c 밀실성 증가, 표면도장과 노출방지, 철근 부식방지 및 염화물 제거법을 사용하여 염해를 줄일 수 있다.

2. 염해 발생 원인과 피해

(1) 발생 원리

1) $Fe+H_2O+\frac{1}{2}O_2 \rightarrow Fe(OH)_2$: 흑청

2) $Fe(OH)_2+\frac{1}{2}H_2O+\frac{1}{4}O_2 \rightarrow Fe(OH)_3$: 적청

3) 음극 : $O_2+2H_2O+4e^- \rightarrow 4(OH)^-$

4) 양극 : $Fe \rightarrow Fe^{++}+2e^-$

(2) 발생 원인

1) 해사 사용시
2) 해안가 구조물 축조시
3) CON'c 피복불량으로 염화물 침투

(3) 피 해

1) 염화물 침투로 철근부식과 팽창
2) CON'c 균열, 중성화 반응 촉진
3) CON'c의 열화 촉진

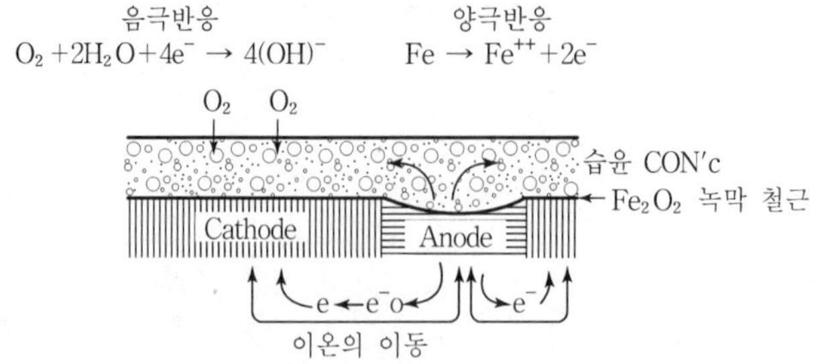

[철근의 부식]

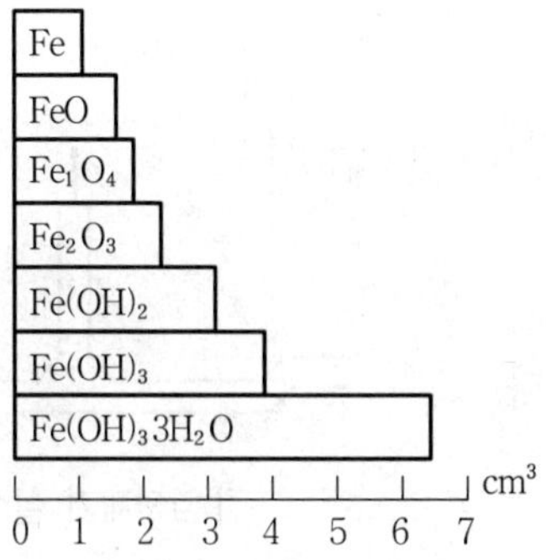

[체적팽창]

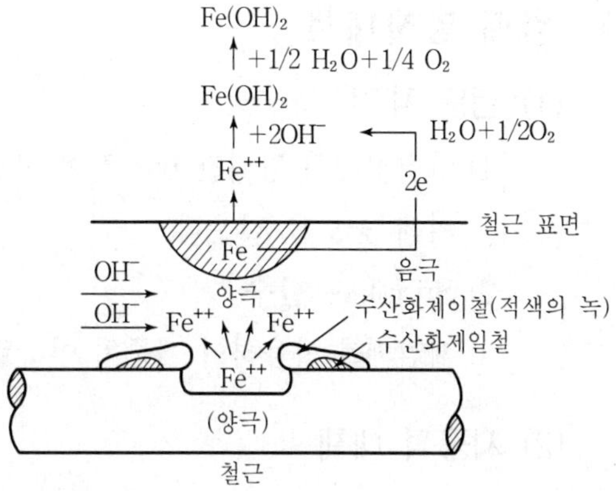

[철근의 녹발생]

3. 염해 규제치와 측정방법

(1) 염해 규준치

1) 해사 사용시 $0.3kg/m^3$ 이하

2) 염소이온 Cl^-로서 0.02% 이하

(2) 측정방법

1) 이온전극법

① 염화물 측정기를 사용하여 간편하고 빠르게 측정

② 표준액과 정제수로 염정 조정을 실시한 후 본시험 실시

③ CON'c에 전극을 꽂아 Cl^-의 양을 측정한다.

2) 질산은 측정법

① KS 기준에 의한 시험법으로 시험실에서 실시

② Bleeding수를 채취하여 정제 후 측정약품과의 반응을 관찰하는 방법

3) 시험지법

① 지시약이 묻은 시험지를 사용하여 측정하는 간단한 방법이다.

② Bleeding수에 담가 산화물이 생성되어 변색된 길이를 측정한다.

4. 염해 방지대책

(1) 염분 제거

1) 야적장에서 장기간 방지하여 자연 강우에 의해 농도를 낮춘다.

2) Sprinkler 살수

3) 제염제를 사용하여 기준치 이하로 낮춘다.

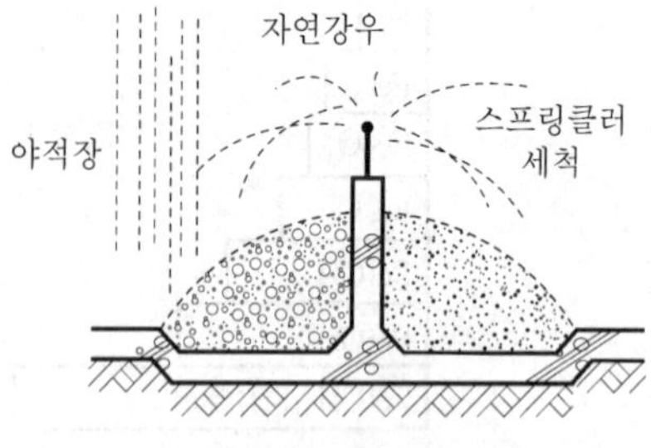

[염분제거 살수법]

(2) 시공적 대책

1) 피복두께 확보

해수작용	방청철근	보통철근
A	RC값+2cm	9cm
B	RC값+1cm	8cm
C	RC값 적용	7cm

2) CON'c 수밀성 확보

① 재료 분리방지

② 물-결합재비를 낮게 산정 : 55% 이하

③ 수밀 CON'c, 고성능 CON'c 타설

④ 초기 양생에 주의하여 균열을 막는다.

⑤ 이어치기 면과 Joint 방수처리

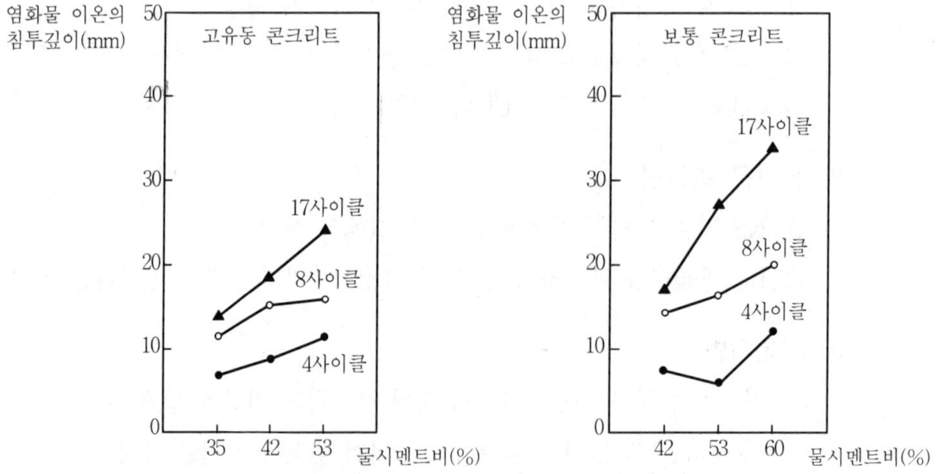

[물시멘트비와 염화물이온 침투깊이의 관계]

(3) 철근 부식방지

1) 아연도금

염화물과의 반응을 차단하는 효과가 우수하다.

2) 방청제 사용

3) 에폭시 도장철근

철근에 에폭시 도막(150~300 μm)을 하여 염분침투를 막는 방법이다.

4) 철근 부동태막 형성

pH 12 이상의 강알칼리성 보호막이 형성되어 철근의 부식을 막아준다.

5) 희생전극 설치

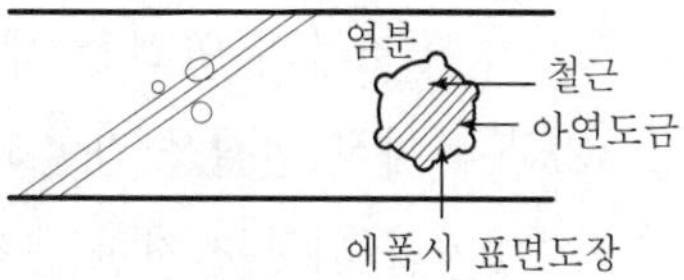

[도장철근 사용]

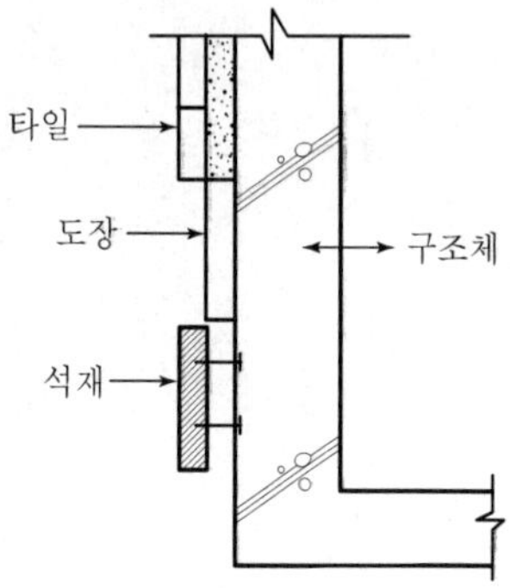

[노출억제법]

(4) 구조물 방식

1) CON'c 표면의 노출 차단(도료 시공 등)

2) 발수제, 방수제 도포

3) 외부마감 시공 : 노장, 타일 등의 시공

(5) 재료, 배합

1) 해수에 강한 중용열, 알루미나 시멘트를 사용한다.

2) 중량골재를 사용한다.

3) 방청제와 제염제 등 혼화제를 사용한다.

4) 분말도가 높은 시멘트를 사용한다.

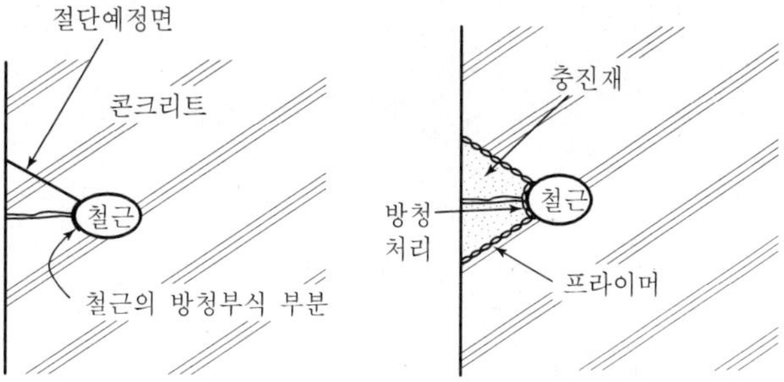

[철근이 부식된 경우의 충진공법]

5. 맺음말

(1) 자연골재의 부족으로 해사의 사용과 쇄석골재의 사용이 늘어나면서 염해발생 문제가 구조물의 안전을 해치는 요인의 하나로 등장하고 있다.

(2) 부득이한 현실을 감안하여 구조물의 설계시부터 충분한 고려를 하고, 시공시 염해방지를 위한 철저한 품질시험 실시와 아울러 지속적 유지관리를 한다면 피해를 최소한으로 줄일 수 있을 것이다.

number 44 콘크리트 화해(폭열현상) 대책(비폭열성 CON'c)

※'04, '06, '07, '21

1. 개 요

콘크리트의 폭열현상(Spalling Failure)이란 화재시 단시간 안에 높은 온도의 화열이 콘크리트에 접하게 되면 표면 온도가 상승하여 부재 표면이 폭발적인 파열음과 함께 탈락, 박리되는 현상이다.

2. 폭열 현상의 원인

(1) 콘크리트의 내부 수증기압

1) 콘크리트 내부에 존재하는 수분이 열에 의해 수증기로 변화하여 체적이 팽창한다.(1,700배)
2) 수증기가 배출되지 못하고 내부에 갇혀 콘크리트의 인장 강도보다 커질 때 부재의 파손이 발생한다.

(2) 콘크리트 부착력 저하

부재의 균열과 탈락은 내부 철근의 팽창을 일으키고 열팽창률이 큰 철근과 콘크리트가 분리되어 부착력이 저하된다.

(3) 인장강도 저하

화재시 내외부의 심한 온도 차이로 인한 비정상적인 열응력에 의해 발생한다.

(4) 골재의 종류

1) 흡수율이 크거나 내화성이 약한 골재 사용시
2) 석회암 : 약 600~800℃에서 CO_2 방출
3) 석　영 : 약 570℃에서 결정수의 증기압으로 파열

(5) 함수율이 높은 콘크리트

완전 경화되지 않은 콘크리트나 습윤상태의 콘크리트는 화재시 증기압 발생이 커진다.

3. 구조물에 주는 영향

(1) 온도에 따른 영향

1) 300℃까지는 일반적으로 손상이 없다
2) 시멘트 모르타르는 400℃가 되면 생석회로 변해 콘크리트를 분해한다.
3) 온도 경사가 21℃~800℃ : 불균일한 체적 변화를 일으키고 뒤틀림, 좌굴, 균열이 발생한다.

(2) 피해의 정도

1) 화염에 의해 부재 표면은 초기에 팽창되어 균열이 발생한다.
2) 화재에 지속적으로 노출되면 표면의 박락, 탈락이 진행되어 철근 노출 현상을 일으킨다.
3) 철근은 온도 상승과 함께 내력이 저하되며 부착력이 저하된다.
4) 노출된 철근은 열에 의해 팽창되어 급격한 내력 저하로 신장좌굴을 일으킨다.

화재 지속 시간	파손 깊이(mm)
80분 후(800℃)	0~5
90분 후(1,000℃)	15~25
180분 후(1,100℃)	30~50

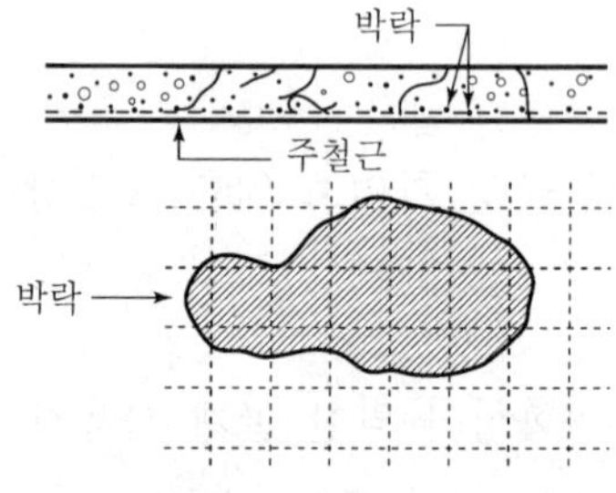

[슬래브의 중앙부 파괴(박락)]

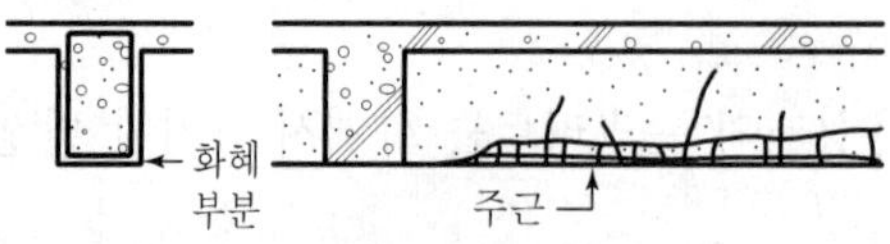

[보 단부의 파손]

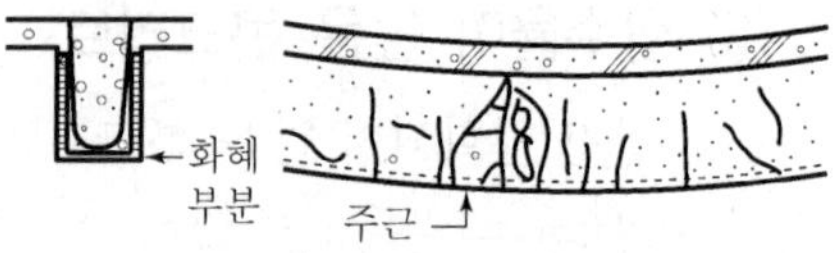

[보 중앙부의 파괴(폭열)]

4. 방지 대책

(1) 재료의 선정

1) 시멘트

내화성이 큰 고로 슬래그 분말 시멘트를 사용한다.

2) 골 재

① 내화성이 큰 골재를 사용하며 석영보다는 석회암이 열응력 발생이 작아서 유리하다.

② 경량 골재보다는 중량 골재가 함수율이 낮아 유리하다.

3) 내화 철근

내화강재로 제조된 철근을 사용하면 높은 온도에서도 응력저하가 적다.

(2) 배합 방법

1) 유리 섬유 배합 : 콘크리트 내에 내화성이 있는 유리섬유를 소량 혼입하면 내화성이 증대된다.

2) 굵은 골재 최대치수 조정 : 굵은 골재 최대 치수를 크게 적용하는 것이 유리하다.

3) 물－결합재비 조정

4) P.P섬유 혼합 : 1～2% 사용

(3) 시공적 대책

1) 피복두께 증대

2) 보강재 시공 : 미장시 메탈라스, 철망 등 삽입하여 박락 현상을 감소시킨다.

3) 내화 피복 시공 : 내화 바름재(회반죽, 모르타르 등)나 내화 피복재 시공

4) 내화 도료, 방화 도료 시공

5) 시공전 Mock up Test 실시

(4) 설계 및 유지관리

1) 부재의 크기 증대

2) 내화벽체 설계

3) 방화 설비 : 방화구획 고려, 방화셔터, 방화문 등

4) 소화설비 활용 : 스프링클러 설비, 소화전 설비

5) 콘크리트의 건조상태 유지

number 45 콘크리트의 동해와 방지 대책

※ '08

1. 개 요

(1) 습윤상태의 콘크리트가 저온에 노출되어 얼었다, 녹았다 하는 작용을 반복하면(동결융해 작용) 그 성능이 저하되는데 이 같은 현상을 동해라고 한다.

(2) 동해에는 콘크리트를 부어넣은 후 응결이 시작되기 전 혹은 경화의 초기단계에서 동결 또는 수화의 동결융해작용에 따라 강도저하, 파손, 균열을 일으키는 피해인 초기동해와 수년 또는 수십 년 된 경화콘크리트 중에 수분의 동결융해작용 반복에 따라 균열, 박리 등 열화(성능저하) 현상을 일으키는 동해현상으로 구분된다.

2. 동해의 종류

(1) 팽창성 동해

1) 콘크리트 구조물에서 가장 많이 나타나는 현상이다.

2) 콘크리트 중의 수분이 동결하여 팽창된 체적(9%)이 CON'c의 균열을 유발한다.

3) 팽창성 동해에 의한 콘크리트의 피해

① D-균열(D-lines Cracking)

㉠ 구조물의 끝부분 및 조인트 등에서 발생하는 것으로 균열이 부재에 평행한, 그리고 좁은 구간에서 나타나는 미세한 균열로서 연속적으로 발생한다.

㉡ 균열은 가장자리에서 내부측으로 진행된다.

② 문양(지도상) 균열(Pattern(Map) Cracking)

도자기에서 볼 수 있는 미세한 균열과 같은 현상으로 표면의 문양이 지도 형태와 같이 세분화되어 나타난다.

③ 세로방향의 균열(Longitudinal Cracking)

콘크리트 구조물 혹은 부재의 중심선에 일반적으로 평행하게 나타나는 곧은 균열이다.

④ 비스듬한 균열(Diagonal Cracking)

구조물 혹은 부재의 중심선에 일정한 각도로서 경사를 가진 평행한 균열이다.

(2) 팝 아웃(Pop Out)

1) 콘크리트가 다공질의 흡수율이 높은 골재를 함유하고 있을 경우 골재 중의 수분이 동결함에 따라 팽창하여 표면층이 박리되는 현상
2) 콘크리트 표면 근처의 골재에 균열이 형성되면 표면을 따라 수평하게 균열이 진행되어 원추형의 조각형태로 콘크리트 표면이 떨어져 나가게 된다.
3) 팝 아웃의 종류
   ① 일반적인 동해 환경하에서 흡수율이 큰 골재 사용시 발생하는 보통의 팝 아웃－다공질의 굵은 골재로 흡수율이 극히 높고 굵은 골재 자체도 동해에 손상을 받는다.
   ② 염분 환경하에서 동결융해작용과 염분의 복합적인 작용에 의하여 발생하는 팝 아웃－견고한 굵은 골재의 표면층이 박리하고 굵은골재는 건전한 채로 남아있다.

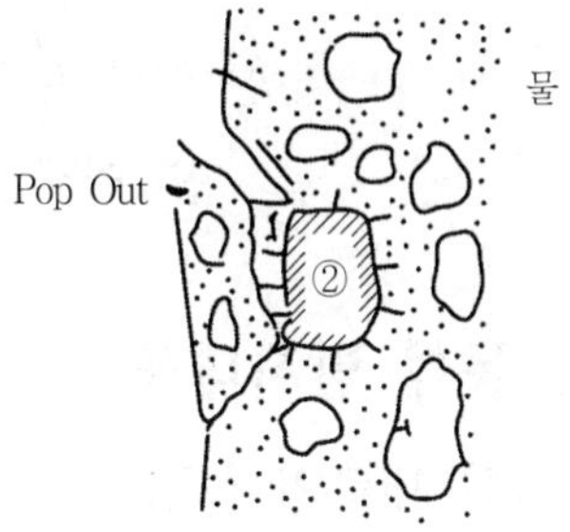

[동해]

(3) 표면층 박리(Scaling)

1) 스케일링은 수 mm 정도의 두께로 콘크리트, 시멘트 모르타르나 페이스트가 작은 조각으로 떨어져나가는 현상이다.
2) 스케일링의 원인
   ① 물시멘트비가 큰 콘크리트가 동결융해작용을 받음으로써 발생하는 일반적인 스케일링－초기단계에서는 잔골재가 씻겨나가는 상태이나 이것이 부분적으로 깊게 진행될 경우에는 미관상 및 용도상의 문제를 유발
   ② 해수 등에 포함된 염류와 동결융해작용의 복합으로 발생하는 스케일링－동결융해 작용에 해수가 첨가되어 작용한 것으로 이와 유사한 피해가 제설을 위해 염화칼슘 등 염류가 뿌려지는 포장콘크리트 등에 유발
   ③ 블리딩수가 치밀한 마감 표면층 밑에 모여짐으로써 이 부분에서 박리하는 시공부실에 의한 스케일링
      ㉠ 타설 직후의 콘크리트에 있어서 골재나 시멘트 입자가 침하하고 블리딩수가 떠오르는 단계가 있다.

㉡ 이 단계에서 콘크리트 표면이 급속히 건조하게 되면 표면의 골재 사이에 물의 미니스커스가 형성되어 모세관압에 의하여 콘크리트의 표면부분에 치밀한 층이 형성된다.

㉢ 하지만 이 단계에 있어서도 블리딩수를 콘크리트의 하부로부터 상승하여 이 치밀한 표면층 바로 밑에 취약한 조직을 가진 층이 형성된다.

㉣ 이 때문에 동결융해작용을 받는 상황에서는 이 취약층이 손상을 받아 상부의 치밀한 층을 박리시킨다.

㉤ 이와 같은 현상은 블리딩이 종료되기 이전에 무리한 흙손마감에 의하여 콘크리트의 표면을 과도하게 치밀화 시킴으로써 나타난다.

3. 동해 방지대책

(1) 재료의 선정

1) 경량골재를 피하고 중량골재를 사용한다.
2) 다공질 골재, 흡수율이 높은 골재는 피한다.
3) 초기 동해의 경우 조강 시멘트, 분말도가 큰 시멘트 등을 사용한다.
4) AE제를 사용하여 동해 저항성을 높인다. 공기량이 3%~4%일 때가 가장 저항성이 크게 나타난다.

(2) 배합 설계

1) 물-결합재비를 낮추는 배합 방법을 택한다.
2) 단위수량을 줄이고 단위시멘트량을 증가시킨다.
3) Pre-heating에 의한 배합을 한다.

(3) 시공 및 양생

1) 초기 동해 발생 방지(양생)
   ① 양생 조치 : 보온양생, 가열양생
   ② 거푸집의 존치기간 연장

2) CON'c의 밀실한 타설

3) Bleeding 수의 신속한 제거
   Textile Form(투수 거푸집) 사용

4) 진공매트 CON'c 시공

바닥의 경우는 다짐과 탈수를 동시에 진행한다.

5) Bleeding 완료 후 표면 마감 실시

(4) 유지관리

1) CON'c의 균열 발생 억제, 누수방지

2) CON'c 표면의 보수

3) 균열의 신속한 보수

(5) CON'c 성능 향상(고내구성화)

number 46 CON'c 구조물의 균열발생원인과 방지대책, 보수보강공법

※'79, '91, '94, '96, '98, '99, '00, '01, '02, '03, '04, '05, '08, '10, '12

1. 개 요

(1) 콘크리트 균열에는 미경화 콘크리트에서 발생되는 소성수축 균열, 침하균열, 양생불량에 의한 균열 등이 있으며, 경화 후 균열에는 건조수축, 온도변화, 중성화, 염해(철근부식), 동해 등에 의한 균열이 있다.

(2) 균열 방지대책으로는 설계시의 신축이음 계획, 재료 배합시 물-결합재비를 적게, 시공시의 철근 배근 상태, Cold Joint 방지, 이어치기면 양생, 중성화 방지, 염해방지 등을 들 수 있다.

(3) 시공 후 보수보강공법으로는 표면처리, 충진, 주입, 강재 Anchor, 강판부착, 탄소섬유 시트공법, Pre-stress 공법 등을 들 수 있다.

2. 균열발생 원인(종류)

(1) 미경화 콘크리트 균열

1) 소성수축 균열발생

① 콘크리트 표면의 급격한 수분 증발시 발생

② 수분증발 속도가 블리딩 속도보다 빠를 때 발생

2) 초기 침하 균열발생

① 지주 및 거푸집 침하로 인한 균열 발생

② 콘크리트 물-결합재비 과다로 철근하단에 물방울로 인한 공극 발생으로 침하균열 발생

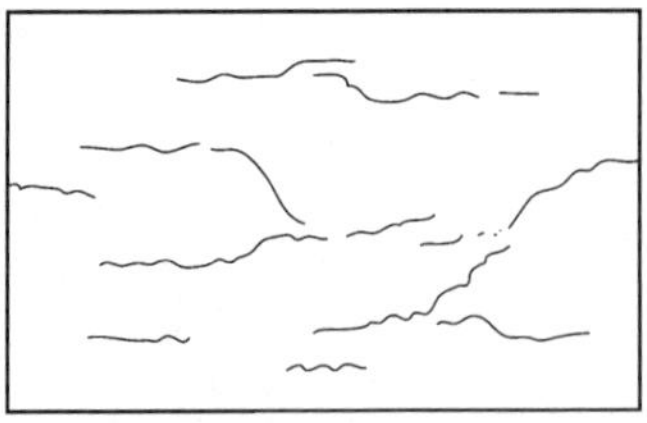

[소성수축 균열]

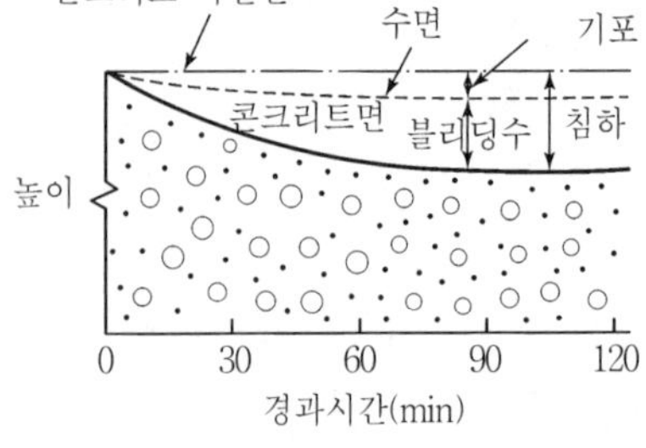

[콘크리트 침하의 개념]

3) 양생불량으로 인한 균열발생

① 조기 습윤양생 불량

타설시 온도 35℃ 이상에서의 서중 CON'c 환경

② 초기 동해로 인한 균열

저온 환경에 노출되어 초기 동해가 발생되어 균열 유발

4) 타설 후 진동, 충격, 시공하중으로 인한 균열발생

타설 후 양생 완료 전 과다 하중적재나 진동·충격에 의한 균열

5) Cold Joint에 의한 균열발생(이어치기)

① 레미콘 지연 등으로 인한 이어치기 한계시간 초과로 균열발생

② Cold Joint 한계시간
- 온도 25℃ 이상 : 2시간 이내
- 온도 25℃ 미만 : 2.5시간 이내

(초과시)

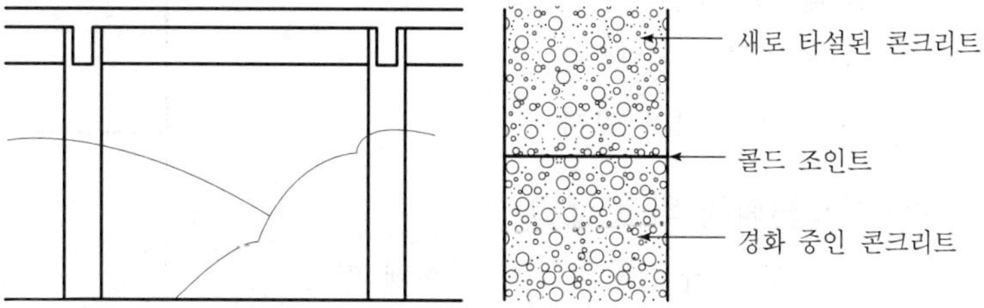

[콜드 조인트(부적당한 이어치기)로 인해 발생한 균열]

6) 거푸집 및 지주 존치기간 미준수로 인한 균열발생

① 거푸집을 일찍 제거시 온도차에 의한 표면균열 발생

② 압축부재 거푸집 존치기간은 압축강도 5MPa 이상일 때로 한다.

7) 수화열에 의한 균열

8) 온도균열

9) 불경화에 의한 균열

(2) 경화 후 콘크리트 균열

1) 건조수축 균열

① 콘크리트가 양생이 되면서 부재가 체적이 감소되어 발생되는 균열

② 건조수축에는 경화수축, 건조수축, 탄산화수축 등이 있다.

③ 물-결합재비, 시멘트, 부재크기, 골재함수율, 양생 등이 영향을 준다.

2) 철근부식에 의한 균열

① 철근이 부식되면 2.5배~7배 팽창하면서 균열이 발생된다.

② 그때의 팽창압은 240kg/cm² 정도이다.

③ 규정치 이상의 염분 사용시

3) 휨모멘트 균열

① 과대하중으로 인한 인장균열

② 인장철근 부족시 발생

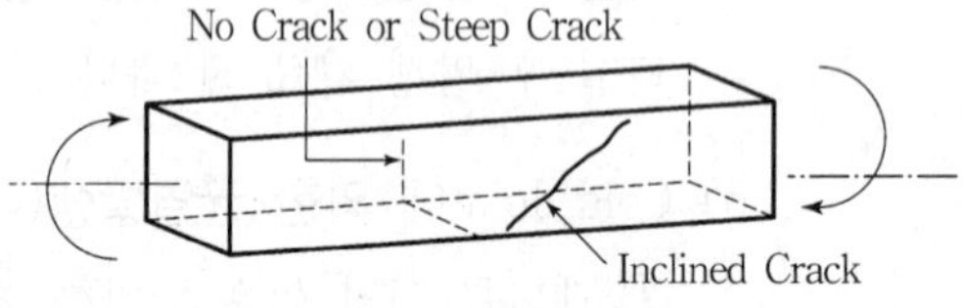

[휨모멘트와 전단균열]

4) 전단균열

① 전단응력부에 구조적으로 발생

② 전단근 부족시 발생

5) 충격, 마모에 의한 균열

① 구조물의 충돌 파손

② 화재에 의한 열화

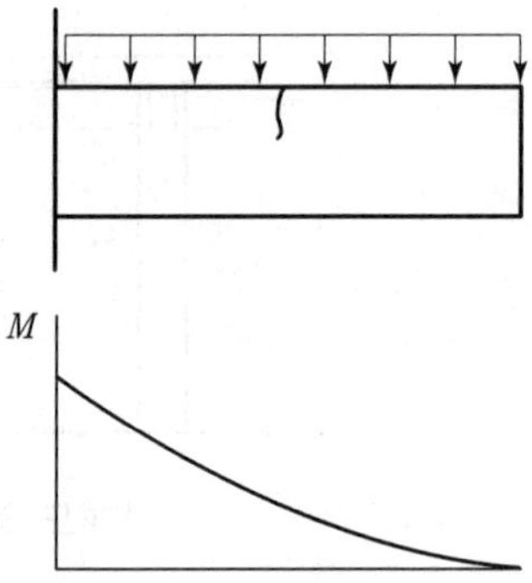

[등분포하중의 캔틸레버 모멘트]

6) 온도변화에 의한 균열

① CON'c 구조물의 온도 변화에 따른 신축, 팽창력에 의한 균열

② 옥상, 주차장 상부, 공동주택 측벽 등에서 발생

7) 화학적 작용에 의한 균열

① 중성화

② AAR

③ Creep 등에 의한 균열

④ 화해에 의한 균열

8) 부동침하 균열

3. 균열 방지대책

(1) 설계시 대책

1) 과대하중 산정방지 : 소요단면, 철근량 확보

2) 신축이음 설계

(2) 재료, 배합시 대책

1) 풍화된 시멘트 사용금지, 단위수량 적게

2) 물-결합재비를 적게 하고, 적정 혼화제 투입

3) 반응성 골재 사용금지

4) 해사 사용금지, 적정 공기량 투입

(3) 시공시 대책

1) 철근배근 및 거푸집 검사

① 철근배근량, 간격, 이음 확보

② 철근 피복두께 확보

③ 거푸집의 Joint 수밀성 확보

④ 지주침하 방지

2) 레미콘 운반시 Slump치 저하방지

① 레미콘 운반은 60분 이내 현장타설

② 레미콘 운반시 Slump치 저하방지

③ 레미콘 출발 시간과 도착 시간 확인

3) 현장타설시 재료 분리방지

① 적정 Slump치 유지

② Bleeding 현상 방지

③ 굵은 골재 분리 방지

④ 타설높이는 1~1.5m 이하

4) 이어치기시 Joint 품질

① Cold Joint 한계시간 준수

② 보, Slab는 중앙에서 수직으로

③ 작은 보는 큰 보 폭의 2배 지점에서 수직으로

5) 진동 다짐

① 진동시간 30~40초, 간격 60m 이내

② 철근에 닿지 않도록 진동

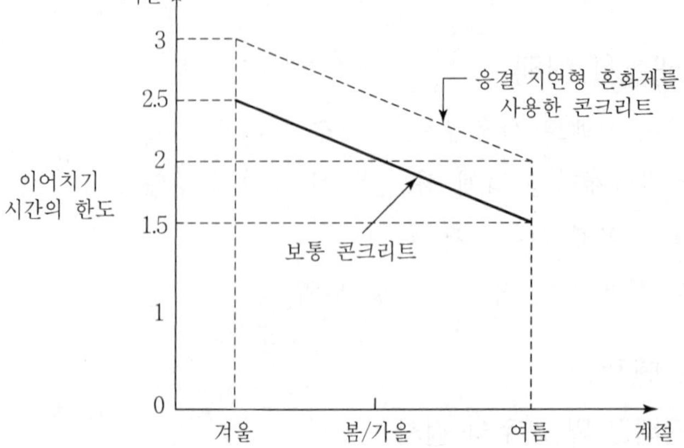

[콜드 조인트를 발생시키지 않을 이어치기 시간의 한도]

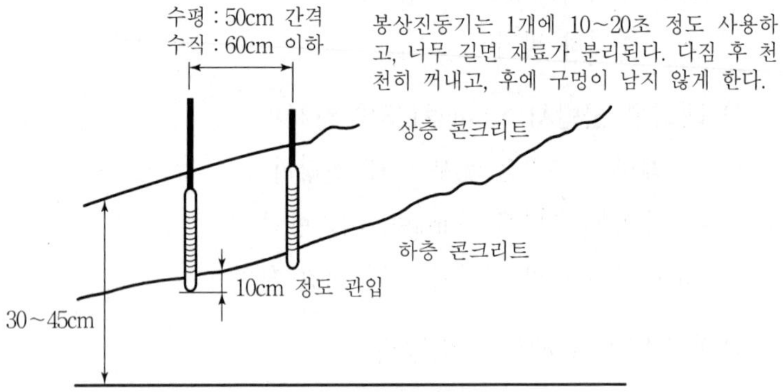

[봉상진동기의 올바른 사용법]

6) 양생 보양시 대책
① 초기 습윤 유지
② 초기 동해 방지
③ 지주 및 거푸집 존치기간 준수

(4) 물리 화학적 대책

1) 중성화 대책
① AE 감수제 사용
② CON'c 노출면의 피복
③ 도장처리, 석재 등의 표면시공
④ 피복두께 유지

2) 염해대책

① 기준치 이하로 염분 억제(0.3kg/m^3)

② 해사 사용 억제, 충분한 세척

③ 철근의 피복, 코팅 및 도금처리

3) 동해대책

① 수밀 CON'c 사용

② 초기 보양온도 유지

4) 건조수축 대책 마련

4. 균열의 측정

(1) 균열의 손상 측정방법

1) 균열의 발생위치, 형상, 분포의 측정

① 균열위치 : 보의 중앙부, 단부, 보의 상부, 하부 등

② 균열위치 및 형상을 따라 매직 등으로 선을 긋고, 균열위치를 표시하여 손상 정도를 측정한다.

③ 미세한 균열이 많고 특수한 형태의 균열에 대해서는 사진을 찍어 측정한다.

2) 균열길이 측정

균열의 단부에는 반드시 길이를 표시해 두고 그 후의 균열진행 상황을 관찰한다.

3) 균열폭의 측정

① 균열폭은 균열방향에 대하여 직각방향을 측정한다.

② 수평방향 또는 수직방향의 균열폭을 필요시에는 균열방향의 각도로 보정한다.

③ 측정 개소는 최대 균열폭 외에 2~3개소를 측정한다.

④ 측정 개소는 표시를 해두고 이후 균열의 진행상태를 측정한다.

⑤ 측정기구 : 루페, Crack Meter

(2) 균열의 최대허용 균열폭

1) 휨균열에 의한 보의 허용 균열폭

① 철근콘크리트 보에 있어서 철근의 인장응력도와 균열폭의 관계는 다음과 같다.

② 표와 같이 응력에 따른 균열은 일반적으로 0.3mm를 초과시는 이상상태로 판단한다.

철근의 인장응력도(kg/m³)	균열폭(mm)
1,000	0.05~0.1
2,000	0.1~0.2
3,000	0.2~0.3

2) 내구성(방청상)을 고려한 최대허용 균열폭

조 건	최대허용 균열폭(mm)
건조공기 중 또는 보양층 있는 경우	0.40
습한 공기 중, 토양 중	0.30
동결방지제에 접한 경우	0.175
해수, 해풍의 반복 건습의 경우	0.15
수밀구조 부재	0.10

5. 균열의 보수보강 대책

(1) 표면처리 공법

경미한 균열 부위에 Cement Paste 등으로 도막 형성

(2) 충진공법(V-cut법)

0.3mm 이하의 주입이 어려운 균열에 깊이 10mm 정도로 V-Cut하고, 모르타르 또는 Epoxy 수지로 충진한다.

(3) 주입공법

주입용 Pipe를 10~30cm 간격으로 설치하고 저점성의 Epoxy 수지를 주입한다.

(4) 강재 Anchor 공법

꺾쇠형 Anchor체로 균열이 더 이상 진행되지 않도록 하는 공법

(5) 강판 부착 공법

균열부위에 강판을 대고 Anchor로 고정한 후 접착부위를 Epoxy 수지로 채우는 공법

(6) Prestress 공법

구조체 내부에 PS 강선을 사용하여 지지한다.

(7) 섬유 보강공법

균열부에 고탄력의 탄소섬유 또는 아라미드 섬유를 부착하여 응력을 증가시키는 방법

(8) 기 타

치환공법, BIGS(Ballon Injection Grouting System) 공법

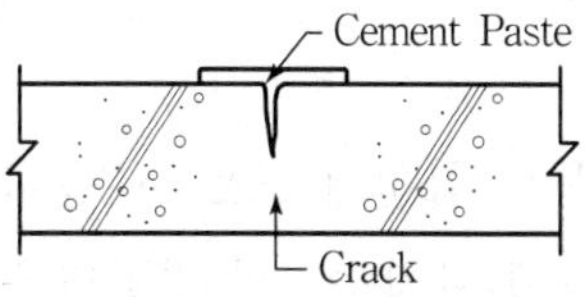

[표면처리공법]

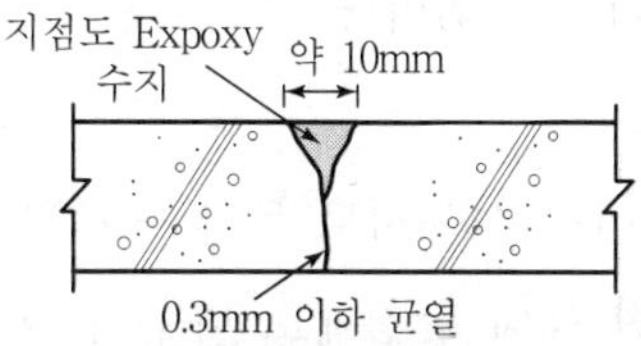

[충진공법(V-cut법)]

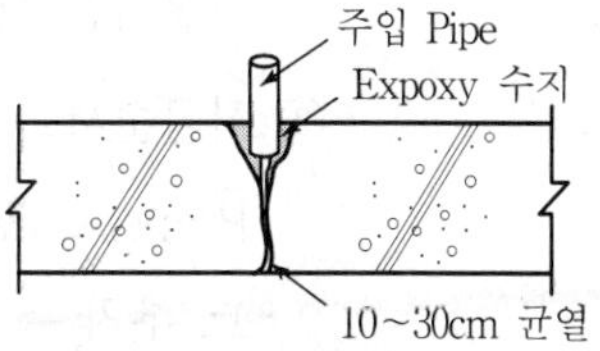

[주입공법]

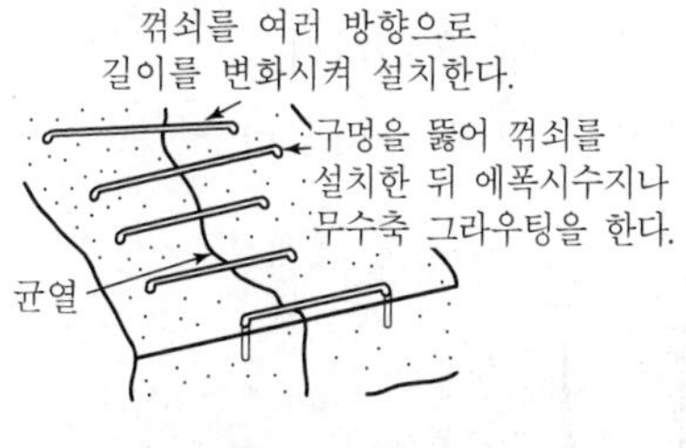

[강재 Anchor 공법]

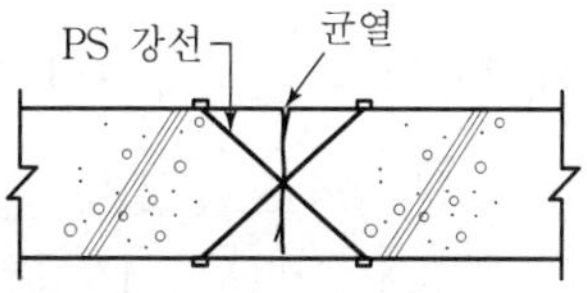

[Prestress 공법]

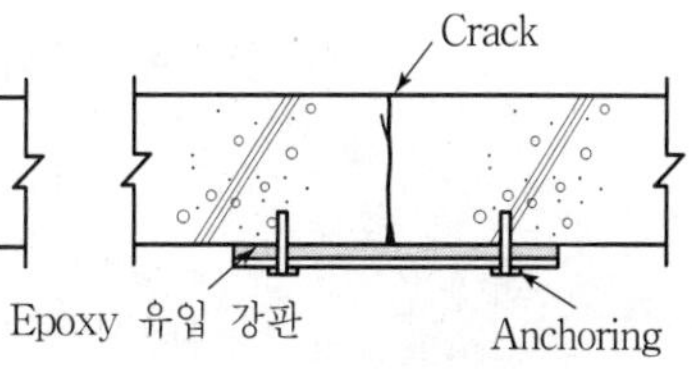

[강판부착공법]

6. 맺음말

(1) 철근 콘크리트 구조에서 균열은 구조물의 안전에 큰 영향을 미치므로 균열발생시에는 그 원인을 정확히 분석하여 보수해야 한다.

(2) 균열발생을 방지하기 위해서는 설계시, 재료시, 시공시, 유지관리시 전 작업과정에서 품질관리가 필요하다.

number 47 콘크리트 구조물의 부위별 보강법

※'00, '08

1. 개 요

콘크리트 구조물의 부위별 구조보강에는 탄소섬유 Sheet 보강공법, 강판접착보강공법, 증설보 접착보강공법 등을 사용해 기둥 보강, 보 보강, 바닥판 보강을 실시한다.

2. 부위별 구조보강공법

(1) 보 구조보강공법

1) 섬유 Sheet 보강공법

① 보나 거더의 인장측 부위에 탄소섬유 또는 아라미드 섬유 Sheet를 접착하여 인장력을 보강하는 공법이다.

② 시공순서

Primer 도포 → 1층 섬유시트 부착 → 레진 등의 함침재 도포 → 2층 섬유시트 부착 → 레진 등의 함침재로 마무리 → 양생(함침수지의 경화반응이 진행될 때까지 양생)

③ 보강 효과

㉠ 인장강도가 철근의 10배로 보강효과가 매우 우수하다.

㉡ 수지와 강화섬유만으로 구성되어 부식에 대해 안전하다.

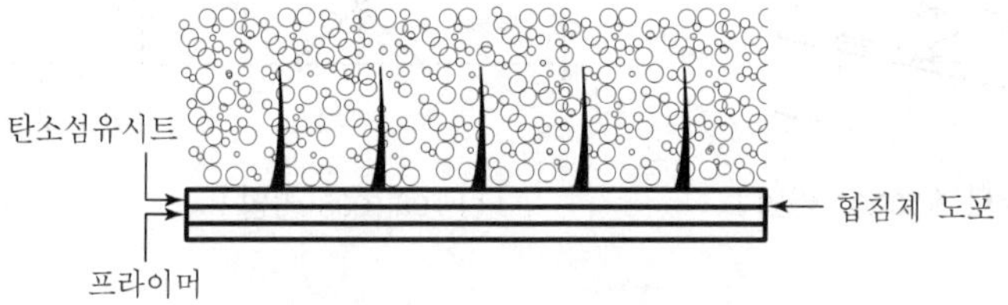

[탄소섬유 Sheet 보강]

2) 강판접착공법

① 콘크리트 부재의 인장측 외면에 강판을 접착시켜 보강하는 공법으로 보와 Slab, 기둥 등의 보강공법에 쓰인다.

② 시공순서

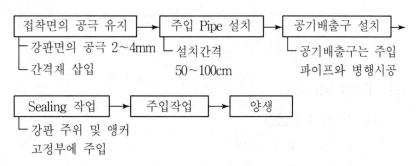

접착면의 공극 유지 → 주입 Pipe 설치 → 공기배출구 설치 →
- 접착면의 공극 유지: 강판면의 공극 2~4mm, 간격재 삽입
- 주입 Pipe 설치: 설치간격 50~100cm
- 공기배출구 설치: 공기배출구는 주입 파이프와 병행시공

Sealing 작업 → 주입작업 → 양생
- Sealing 작업: 강판 주위 및 앵커 고정부에 주입

③ 시공시 유의사항

㉠ 철근위치 조사 : 강판고정용 앵커위치 천공부가 철근을 손상시키지 않도록 하기 위해 철근 탐사기로 확인 후 시공한다.

㉡ 강판의 표면처리 : 강판의 접착표면은 숏브라스트 처리로 거칠게 한다.

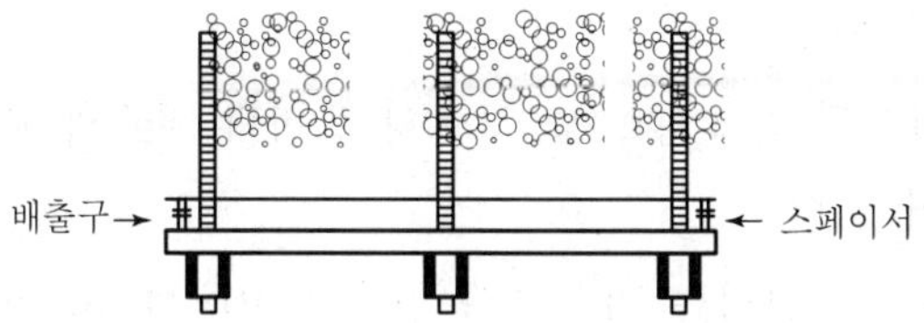

[주입공법에 의한 강판접착공법]

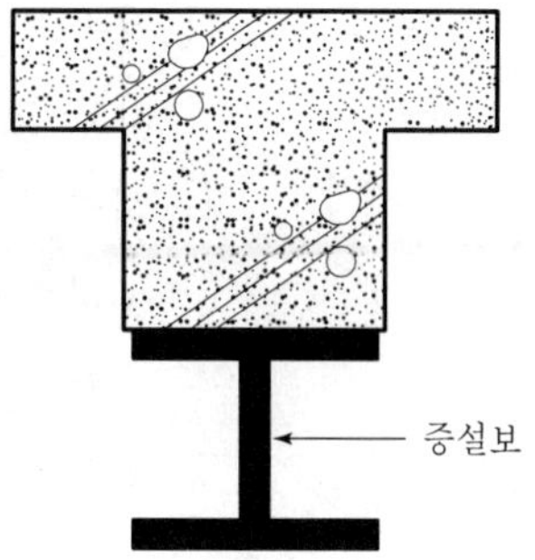

[증설보 접착공법]

3) 증설보 접착공법

① 콘크리트 구조물에 철골보를 증설하여 슬래브에 작용하는 힘을 분산시켜 강성을 증대시키고 변형 및 균열을 방지하는 공법

② 시공순서

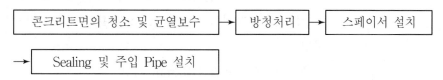

콘크리트면의 청소 및 균열보수 → 방청처리 → 스페이서 설치 → Sealing 및 주입 Pipe 설치

③ 특 징

증설보 접착공법은 하중을 많이 받는 위험부재에 대해서 하중을 분산시키기 위해 사용한다.

(2) 기둥의 보강공법

1) 기둥의 보강공법

① 기둥의 인성 향상법

② 같은 층의 기둥의 강성을 평균화하는 방법

③ 기둥의 휨내력 증대 방법

④ 균열 보수 방법

2) 기둥 구조물의 보강공법

① 용접철망 감싸기 보강공법

㉠ 기존 기둥 구조물에 용접철망을 두르고 그 위에 두께 5cm 이상의 콘크리트 또는 모르타르를 타설하여 보강하는 공법

㉡ 시공시 유의사항

- 나중에 타설된 콘크리트 및 모르타르 바닥 Slab와 보가 일체화되면서 강성이 증대
- 용접철망 이음길이는 가로 철근간격에 10~20cm 이상으로 본다.

② 용접폐쇄 후프 감싸기 보강공법

㉠ 기존 기둥에 폐쇄형 후프를 현장에서 용접하여 두르고 그 위에 두께 5cm 이상의 콘크리트 또는 모르타르를 타설하여 기둥의 인성을 향상시키는 공법

㉡ 후프근의 용접길이는 양면용접인 경우는 $5d$ 이상으로 한다.

③ 철판 감싸기 보강공법

㉠ 기존 기둥의 마감재를 제거하고 4면을 각형 또는 원형의 철판으로 감싸고 기존 기둥과 철판 사이에 모르타르를 채워 넣는 방식으로 보강하는 공법

㉡ 철판의 두께는 용접상 3.2mm 이상

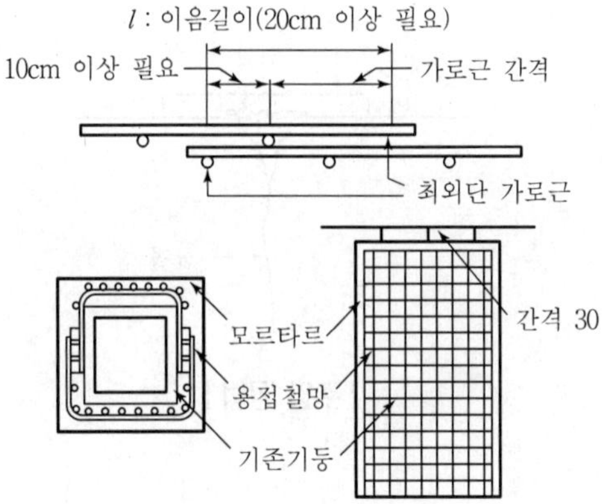

[용접철망 감싸기 공법]

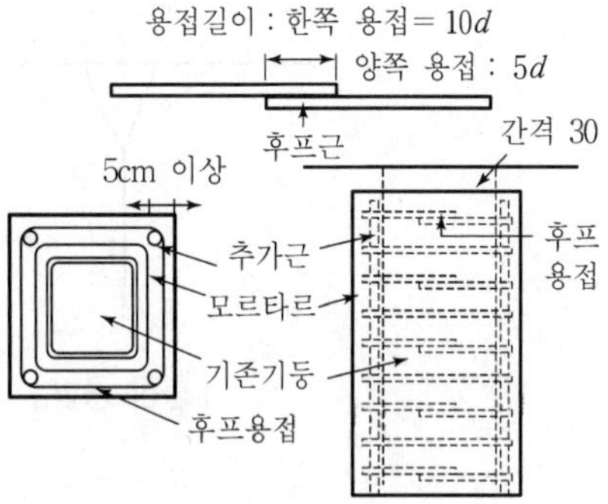

[용접 폐쇄 후프근 감싸기 공법]

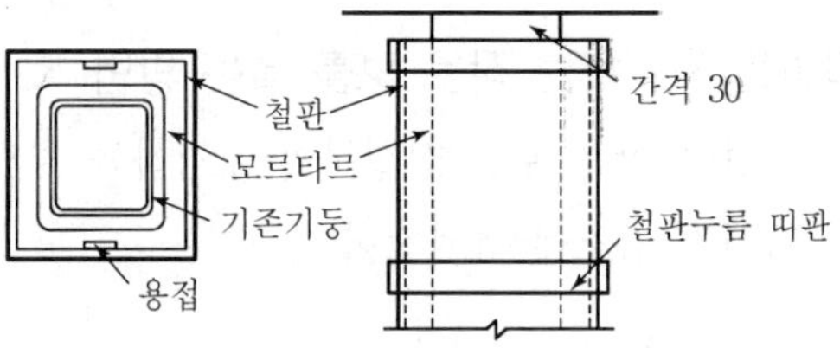

[철판 감싸기(각형 철판)공법]

④ 띠판 감싸기 공법

⑤ FRP 감싸기 공법

⑥ 기둥단면 증대 공법

⑦ 균열부위의 에폭시수지 주입공법 등이 있다.

(3) 바닥판 보강공법

1) 바닥판의 균열부에 접착제를 주입하는 공법

① 바닥판의 균열부위에 접착제를 주입하여 균열의 진행을 방지하는 공법

② 바닥판 균열보수시에는 접착제 주입과 동시에 바닥판의 하중을 제거하고 시공해야 한다.

③ 보수 공법에는 표면처리, 주입, 충진 공법이 있다.

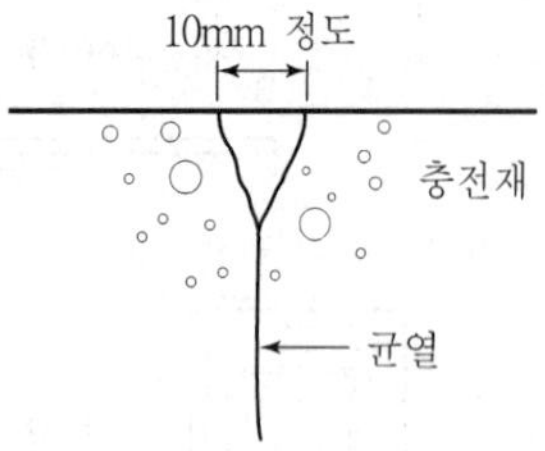

[충진 공법]

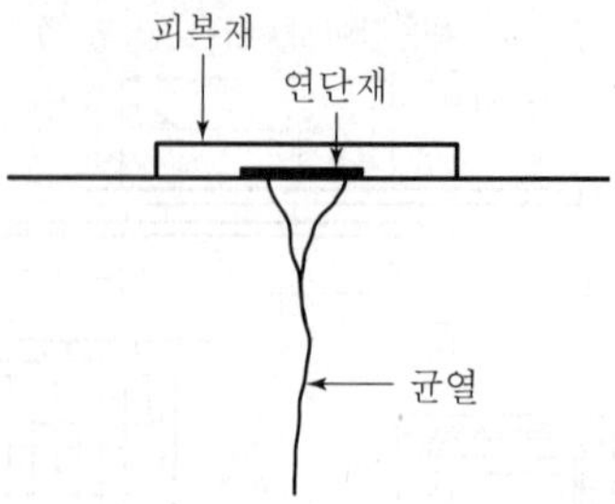

[주입 공법]

2) 바닥판에 철근이나 철판을 붙여 보강하는 공법

바닥판의 균열부에 철근이나 철판 등을 접착제로 붙여 균열이 진전되는 것을 억제하는 공법

3) 바닥판을 지지하는 작은 보를 넣는 방법

① 바닥판에 작은 보를 신설하여 보강하는 공법

② 바닥처짐 감소에 효과적이다.

4) 섬유시트 보강법

number 48 소성수축균열과 건조수축균열

※'02, '03, '04, '05

1. 개 요

소성수축균열(플라스틱 균열)과 초기침하균열은 미경화 콘크리트가 경화되는 과정에서 발생되는 대표적 균열이며, 콘크리트의 경화가 진행될수록 건조수축량도 증가되어 건조수축에 의한 균열을 유발하게 된다.

2. 소성수축균열(초기건조수축균열)

(1) 개념

1) 콘크리트가 경화 과정의 초기에 물의 증발 속도가 Bleeding 속도보다 커서 표면이 건조해지면서 발생하는 균열을 소성수축균열이라 한다.

2) 급속한 수분 증발이 일어나는 서중환경과 수분증발이 큰 넓은 바닥면에서 흔히 발생하게 된다.

(2) 발생 원인

1) 빠른 수분의 증발

① 표면수의 급속한 증발 환경 제어

② 뜨거운 직사광선 노출

③ 강한 바람에 의한 수분 증발

④ 낮은 습도와 높은 온도

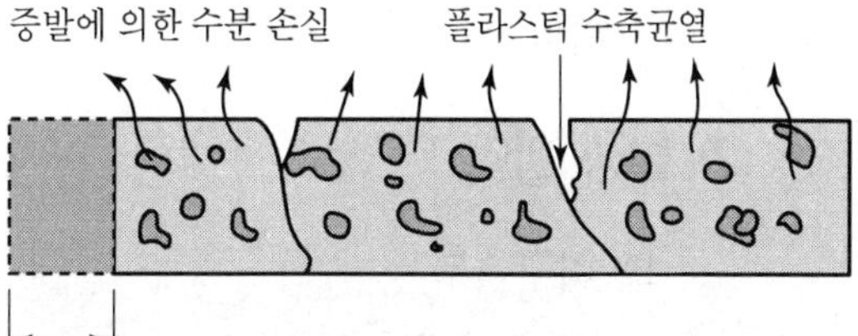

급격한 수분 증발은 콘크리트의 Volume을 작게 만든다.
콘크리트가 구속되어 있다면 인장력이 발생되어 균열이 발생하

2) 낮은 블리딩 속도

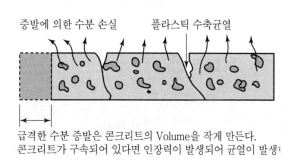

3) 높은 수화열에 의한 수분증발

(3) 방지 대책

1) 수화열 억제

① 단위시멘트량 저감

② Pre cooling 실시

2) 수분 증발 억제

① 직사공선 노출 억제(그늘막 설치)

② 바람막이 설치

3) 양생

① 습윤 양생과 살수 양생

② 막양생, 피막양생

3. 건조수축균열

(1) 개념

1) 콘크리트가 경화과정을 거치면서 내부의 수분과 공기가 증발하면서 체적이 감소되는 현상을 건조수축 현상이라 한다.

2) 수축응력이 작용하는 구속부의 부재에서 건조수축 현상으로 인해 균열이 발생된다.

(2) 발생 원인

1) 비구속부

균열 발생이 없음

2) 구속부의 구속 응력

① 슬래브 등 넓은 구조체

- 표면 균열 발생

② 벽체

- 관통 균열 발생

(3) 방지 대책

1) 구조물의 설계
   ① 부재의 크기 감소
   ② Joint 설계, 철근량 증가

2) 재료
   ① 팽창성 시멘트
   ② 플라이 애쉬, 감수제 사용
   ③ 중량 골재 사용

3) 배합
   ① 단위수량, 물시멘트비 저감
   ② 잔골재율 감소

4) 시공
   ① 충분한 습윤 양생
   ② 노출면적 감소
   ③ 지연 줄눈 시공

number 49 초기 침하 균열 원인과 대책

※'02, '03, '04, '05

1. 개 요

(1) 경화되지 않은 콘크리트에서의 침하 균열이란 CON'c 타설 후 재료의 비중 차이에 의한 Bleeding 현상으로 무거운 재료가 침하하면서 CON'c의 표면에 균열이 발생하는 것이다.

(2) 콘크리트가 철근, Sleeve, 매설물 등으로 침하에 방해를 받으면 철근 등의 밑부분에 공극이 생기며 발생하게 된다.

2. 침하 균열의 발생 시기와 요인

(1) 발생 시기

1) CON'c의 타설 후 경화되기 전에 발생한다.

2) 보통 타설 완료 후 1~2시간 내에 발생하게 된다.

(2) 발생 요인

1) 재료적 요인

① CON'c의 G-max가 너무 큰 경우

② 쇄석골재의 사용시

③ 시멘트의 분말도가 높은 경우

④ 골재의 입도, 입형이 나쁜 경우

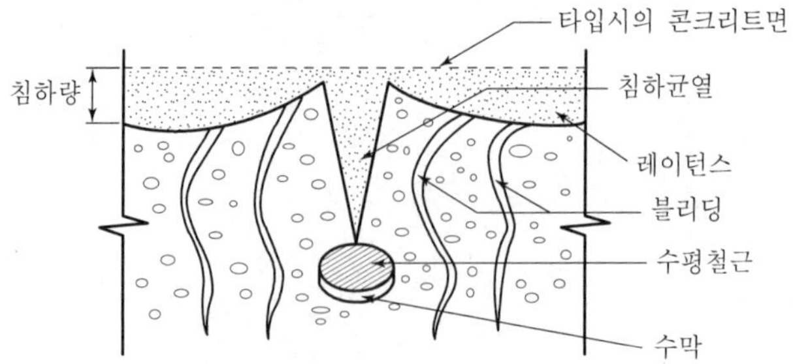

2) 배합적 요인

① 잔골재율$\left(\frac{S}{A}\right)$이 지나치게 적을 경우

② 물－결합재비가 높을 경우

③ Slump치가 높을 경우

④ 단위수량이 높거나 무배합으로 한 경우

⑤ 혼화제 사용이 적절치 못한 경우

3) 시공적 요인

① 다짐이 불충분한 경우

② 타설 면에 철근, 매설물 등이 침하를 방해할 경우

③ 어느 정도 응결된 CON′c 뒤에 CON′c를 다시 타설한 경우

④ CON′c 표면까지의 타설 두께가 너무 얇을 경우

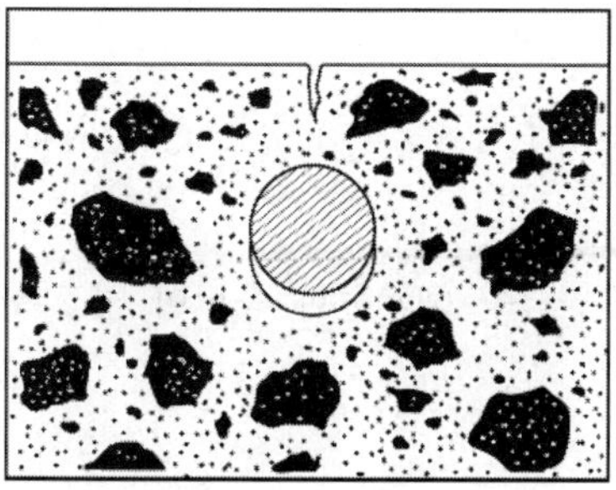

[침하방해에 의해 생성된 균열]

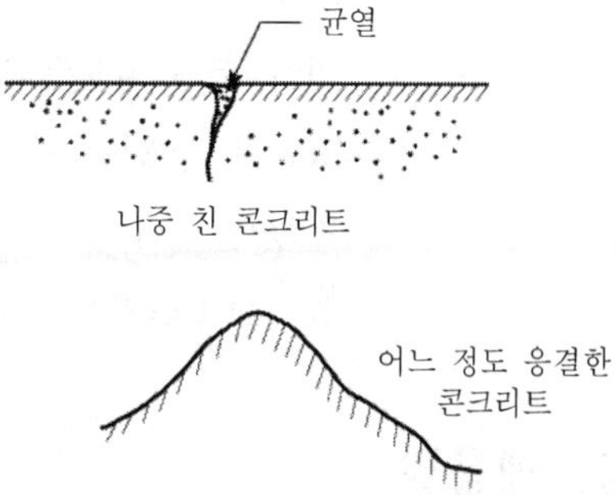

[어느 정도 응결된 콘크리트 위에 콘크리트를 타설한 경우]

3. 침하 균열 방지대책

(1) 재료적 대책

1) 시멘트의 분말도를 증대시킨다.

2) 입형이 바른 골재를 사용하고 입도를 조정한다.

(2) 배합적 대책

1) 물－결합재비가 너무 높지 않도록 한다.

2) 시공연도 확보를 위해서는 유동화제를 사용하는 것이 좋다.

3) Slump치와 단위수량이 너무 높지 않도록 한다.

(3) 시공적 대책

1) Bleeding 현상 억제

① CON'c의 1회 타설 높이를 너무 크지 않도록 나누어서 조절한다.

② 타설 속도를 늦게 한다.

2) 다짐 철저

① 진동기를 사용하여 다짐을 실시한다.

② 다짐 시간을 충분히(30초) 하고 다짐을 간격 너무 크지 않도록(60cm 정도) 유지한다.

③ 철근 하부, 매설물(소화전, 분전함 등), Sleeve 주변은 충분히 다짐을 하여 내부 공극이 없도록 유지한다.

3) 피복두께 유지

① CON'c의 표면 피복이 부족하면 응력 차이에 의해 표면에 균열이 발생되므로 피복 두께 확보를 철저히 한다.

② Slab의 Level이 낮아지는 곳(화장실 등)은 특히 철근 상부의 피복이 부족하지 않도록 한다.

③ 응결된 CON'c 위에 재타설하는 경우 불균등한 응력이 없도록 한다.

4. 맺음말

초기 침하 균열은 표면에 발생하는 균열로서 구조적 문제점은 비교적 적으나 미관성의 문제와 표면 성능 저하에 따른 CON'c의 수명 저하를 촉진시키므로 작업시 철저한 준비를 통해 예방해야 한다.

number 50 지하주차장 상부 Slab 균열 원인과 대책

※'00

1. 개 요

(1) 지하주차장 1층 상부 Slab 균열은 설계시의 하중 산정 부족, 철근배근량 부족, Expansion Joint 설치 미흡, 콘크리트 배합불량, 조기 건조수축 균열, 침하 균열, 양생불량, 거푸집 및 지주 존치기간 부족 등에 의해 발생한다.

(2) 균열방지대책으로는 설계시의 시공하중 산정 검토, Slab 철근 배근 간격 및 정착길이 확보, 콘크리트 타설시 Cold Joint 방지, 양생시 조기 건조수축 방지와 과다 하중 방지 등을 들 수 있다.

2. 균열 원인

(1) 주차장 Slab의 균열 발생 형태

1) 건조수축에 의한 균열

2) 휨모멘트에 의한 균열

3) 보 방향이 긴 Slab에서는 보방향으로 균열 발생

4) 보 방향이 일정할 때에는 Slab의 구석에서 경사지게 균열 발생

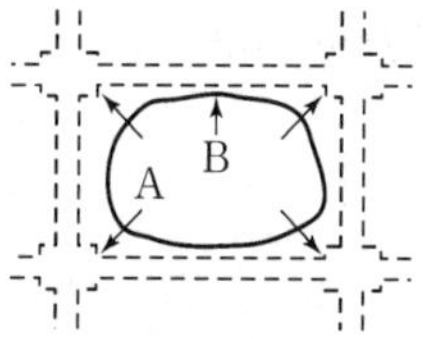

[Slab 상단]

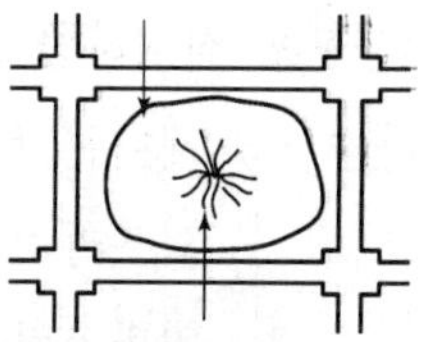

[Slab 하단]

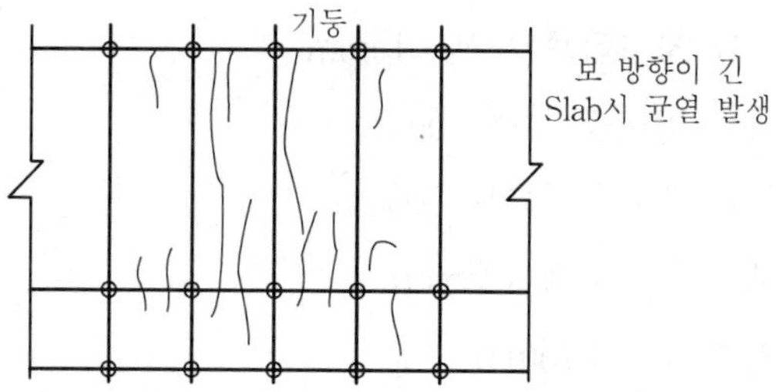

(2) 시공하중 산정 미흡

1) 시공과정 중 하중 : 레미콘 트럭, 자재차량, 크레인

2) 시공완료 후 하중 : 승용차, 일반차량, 중차량

(3) Expansion Joint 설치 미흡

1) 건물길이가 길 때

2) 건물 고저차가 있을 때

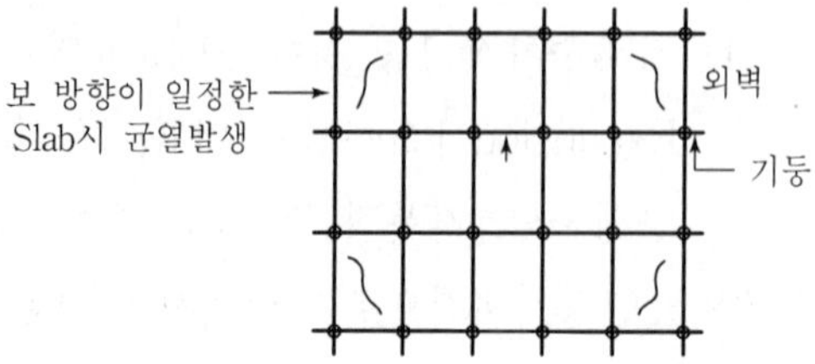

(4) 콘크리트 시공 불량

1) 레미콘의 배합비 불량

2) 콘크리트 양생 미흡(초기 건조수축)

3) 거푸집 및 지주 존치기간 미흡

4) 시공 작업차량 진입

5) Cold Joint 발생

6) 이어치기 위치 및 방법 불량

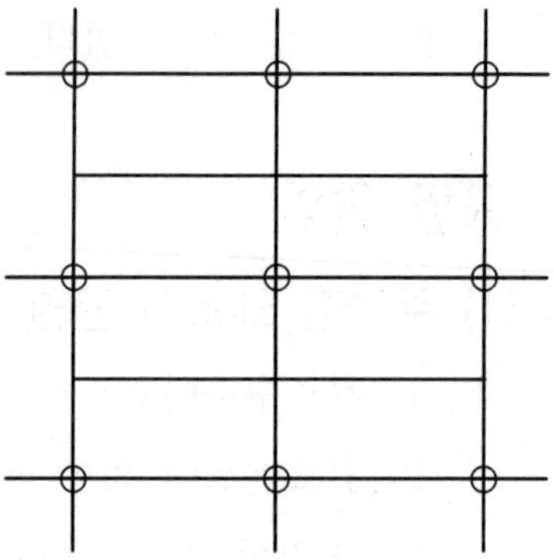

[현재 Slab System]

3. 균열 방지 대책

(1) 설계하중 산정

1) 고정하중 외 시공하중 산정

① Slab 등분포 적재하중(고정하중) : 500kg/cm²

② 시공하중 ┬ 레미콘 트럭 : 28t
├ 펌프카 : 31t
└ 일반차량 : 2t

2) 설계하중 산정(일반주차장 Slab 설계하중 산정 기준)

① CON'c Slab 두께 : 250mm

② 고름 모르타르 두께 : 15mm

③ 시트 방수층 두께 : 5mm

④ 무근 CON'c 두께 : 100mm

⑤ 보조기층 두께 : 355mm

⑥ 기층 두께 : 75mm

⑦ 아스팔트 포장 두께 : 50mm

(2) Slab 배근 방법

1) 기둥과 기둥을 연결하는 Two-way System으로 한다.

2) 현재는 가운데 Beam을 설치하고 Slab를 배근하고 있으나 그리 효과적이지 못하다.

3) 철근 규격 ┬ D13 이상 사용
└ D10 사용시에는 시공시 처지는 경우가 발생할 수도 있다.

4) 철근 간격 ┬ top bar ≥ @150
└ bot bar ≥ @200

5) Slab 최소두께 : 150mm 이상(보통 250mm)

6) 콘크리트 강도 : $F_{ck} \geq 24$MPa 이상

(3) Expansion Joint 설치

1) APT와 지하주차장이 연결되어 있을 경우는 Expansion Joint 설치

2) 주차장의 Span이 길 때 설치

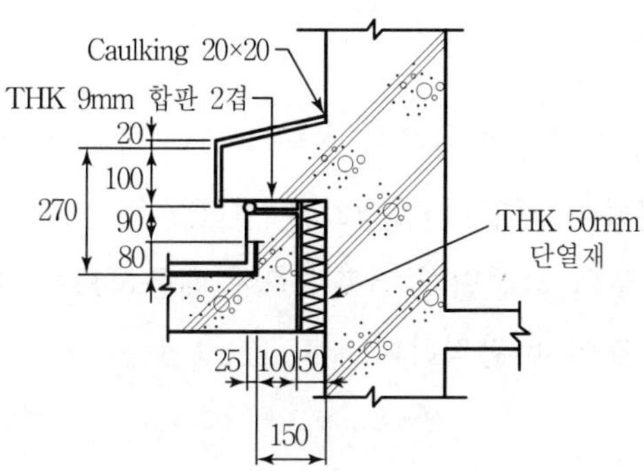

[Expansion Joint 설치]

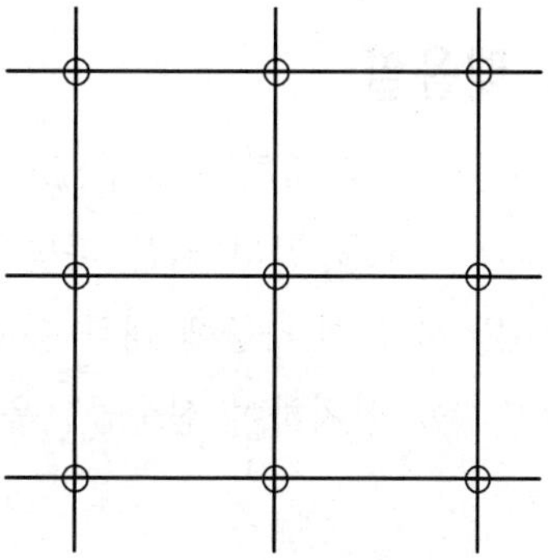

[개선 Slab 배근 System]

(4) 콘크리트 타설시 Delay Joint 설치

1) 시공 중 Cold Joint가 생기지 않도록 주의

2) 양생시 조기 건조수축 방지

(5) 지주 존치기간 준수

1) 일반적인 경우 최소 2주 이상

2) 필요시 4주 이상 존치하고 하부에는 Jack Support 설치

(6) 콘크리트 배합 및 시공연도 준수, 양생

1) 시공 중 Cold Joint가 생기지 않도록 한다.

2) Slab는 습윤양생 실시

(7) 시공장비 과다하중 방지

1) 1층 표토 및 Asphalt 시공을 위한 포장장비

2) Pump Car, Dump Truck

3) Remicon Truck

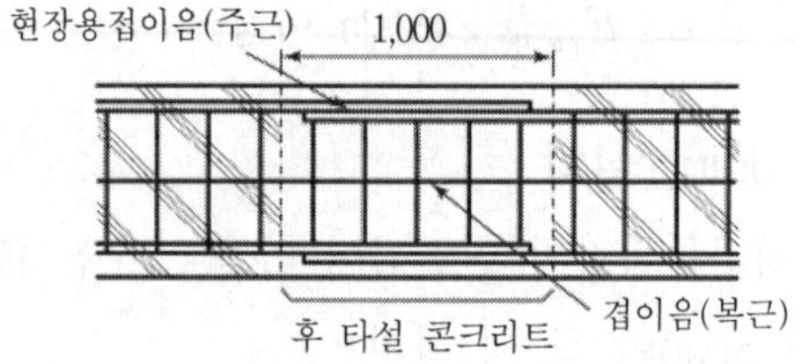

4. 맺음말

(1) 지상층 주차장 바닥 Slab는 장비의 이동과 차량의 소통에 의한 하중의 크기가 크고 구조물 간의 넓은 바닥으로 인하여 균열이 발생하기 쉽다.

(2) 시공 전 하중에 대한 충분한 검토와 타설면이 건조수축에 대응하도록 Delay Joint를 설치하여 신축공간을 두는 것이 바람직하다.

number 51 내력벽식 구조 공동주택에서의 균열종류와 방지대책

※'07

1. 개 요

(1) 공동주택의 외벽은 특별한 마감 없이 외부 환경에 직접 노출되므로, 벽체에 발생되는 균열은 구조적 안정성뿐만 아니라 콘크리트 수명을 단축시키는 가장 큰 요 인이다.

(2) 따라서 유해한 균열을 사전에 예방하기 위한 계획을 수립하고 시공상의 조치들을 통해 균열 발생을 억제하고 발생된 균열은 신속한 보수조치를 취해야 한다.

2. 공동주택 벽체균열의 종류와 방지대책

(1) 역팔자(逆八字)형 균열

1) 형태

① 건물 외벽에서 가장 많이 발생하는 균열로 역팔자(逆八字) 형태

② 균열폭은 아래층, 양단부로 갈수록 커짐

2) 원인

① 시공 후 6개월 이상 지나면 상층과 하층의 건조수축의 차이

② 상부측이 상대적으로 수축이 크고 하부 측이 적어 발생

③ 하절기 시공한 건물에서 많이 발생

3) 방지대책

① 건조수축을 감소하기 위한 재료와 시공

② 줄눈 설계와 시공

(2) 팔자(八字)형과 역팔자(逆八字)형 균열

1) 형태

건물 상층에는 팔자형 균열이 하층부에는 역팔자형 균열 형태

2) 원인

① 계절적 온도 변화(특히 겨울과 여름의 온도 차이)에 따른 수축, 팽창량의 차이

② 여름철-상부 측은 많이 팽창하고 하부 측은 적게 팽창
겨울철-상부 측은 많이 수축하고 하부 측은 적게 수축

3) 방지대책

① 외단열 등 온도 차이 저감대책 마련

② 줄눈 설계와 시공

(3) 종방향 균열

1) 형태

벽체의 중앙이나 기둥면을 따라 종방향으로 발생

2) 원인

보와 같이 구속이 큰 벽체에서의 건조수축 현상

3) 방지대책

① 건조수축을 감소하기 위한 재료와 시공

② 줄눈 설계와 시공

(4) 불규칙한 사인장 균열

1) 형태

벽체의 경사면을 따라 발생

2) 원인

인장력이 작용하는 부분에서 철근량 부족, 인장근 부족

3) 방지대책

인장력 발생 부분에 인장근 배근 보강

(5) 부분적 팔자형 균열

1) 형태

벽체에 부분적으로 나타나는 팔자 형태 균열

2) 원인

건물의 중앙부가 부등침하하여 발생

3) 방지대책

① 지반 보강, 기초 보강 등을 통한 부등침하 방지

② 팽창줄눈 설계와 시공

(6) 부분적 사인장 균열

1) 형태

벽체에 부분적으로 나타나는 경사 균열

2) 원인

건물 단부의 침하나 단부의 융기 현상

3) 방지 대책

① 부등침하 방지

② 줄눈 설계와 시공

(7) 전면 사인장 균열

1) 형태

건물 벽체 전체에 걸쳐 나타나는 사방향 균열로 보통 X자 형태가 많다.

2) 원인

지진과 같은 수평력 발생

3) 방지대책

내진설계와 내신보강

(8) 콜드조인트, 이어치기에 의한 균열

이어치기 면이나 콜드조인트 부위에서 발생되어 진행되는 균열

팔자형 및 역팔자균열	역팔자형균열	부분적 팔자형균열	종방향균열
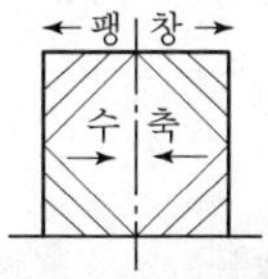	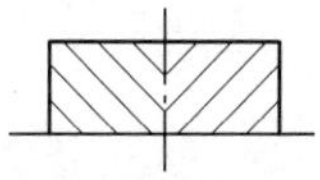	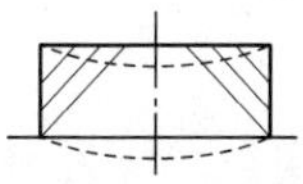	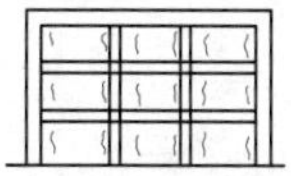
불규칙 사방향균열	**전면 사방향균열**	**부분 사방향균열**	**연직방향할렬**
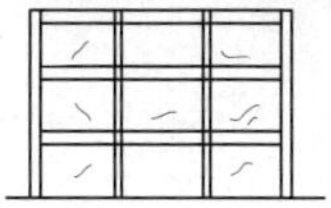	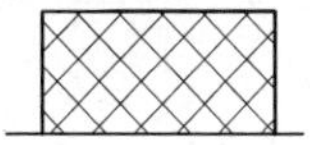	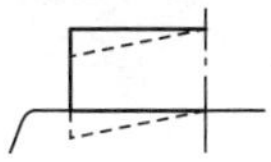	

3. 맺음말

공동주택과 같은 넓은 벽체면은 열변화와 건조수축에 의한 신축팽창이 크고, 건조수축력이 작용하여 발생되는 균열이 많으며, 이러한 균열을 방지하기 위해서는 구조적 검토를 통한 보강 및 줄눈 등에 의한 대응력을 높이는 동시에 강성이 큰 구조물을 만드는 것이 좋다.

number 52 시공원인에 의한 균열대책

※'01

1. 개 요

(1) 콘크리트의 시공시에 재료 및 배합 불량과 콘크리트 운반, 타설(방법/이음), 다짐, 양생, 철근피복, 거푸집 변형 및 존치기간, 초과하중, 진동, 충격 등이 불합리하게 이루어지면 균열이 발생된다.

(2) 콘크리트 시공시 발생하는 균열 저감을 위해서는 배합비 준수, 운반시간 준수, 타설시 이어치기, 재료분리방지, 적절한 양생, 거푸집 및 지주 존치기간 준수, 철근의 피복두께 확보, 시공시 초과하중 방지 등을 들 수 있다.

2. 균열발생 원인

(1) 배합시 요인

1) 배합비 불량
2) 배합수 추가 사용
3) 배합설계 미비

(2) 부적절한 운반 및 다짐

1) 운반시간의 지연
2) 슬럼프치 저하
3) 재료의 온도상승
4) 다짐불량

(3) 양생 부주의

1) 양생 불량
2) 급속한 건조수축
3) 저온조건에 의한 CON'c 불경화

(4) 철근피복두께 부족

(5) 시공이음과 Cold Joint

(6) 거푸집 및 지주의 조기해체

1) 거푸집 변형
2) 동바리 침하시 균열
3) 거푸집 조기 해체

(7) 시공시 초과하중과 진동, 충격

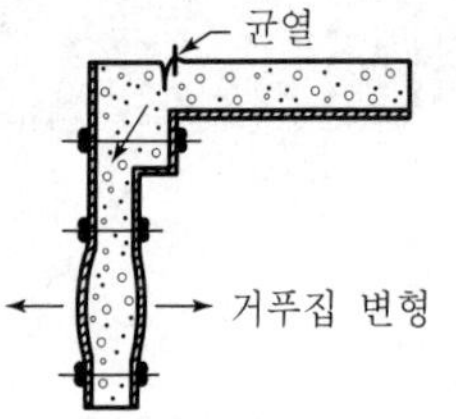

[거푸집의 부풀음으로 인한 균열]

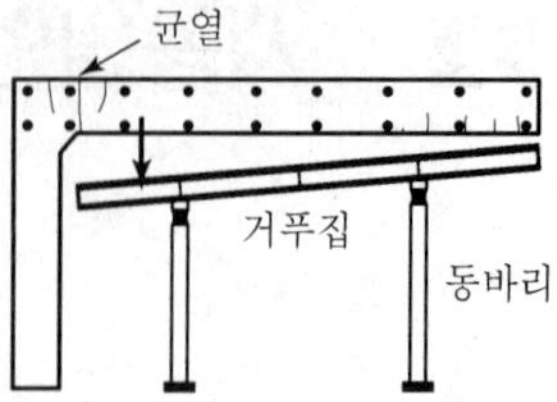

[거푸집 및 동바리의 조기제거로 인해 발생한 균열]

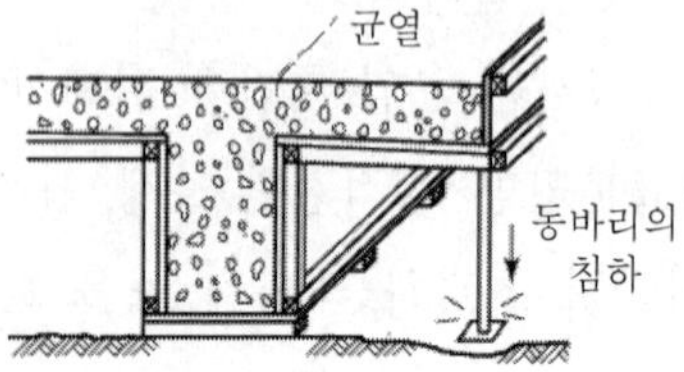

[동바리의 침하로 인한 균열]

3. 시공시 균열 저감 대책

(1) 배합 대책

1) 슬럼프치를 적게 하고(12~15cm 정도) 단위수량을(170kg/m^3) 줄인다.
2) 물-결합재비는 60% 이하로 한다.(동결융해시는 50% 이하)
3) 염화물 함량은 0.3kg/m^3 이하로 한다.

(2) 운반 대책

1) 운반시 슬럼프 저하를 방지하기 위해 90분 이내의 운반시간 준수(1~2cm 슬럼프 저하)
2) 재료의 온도상승방지

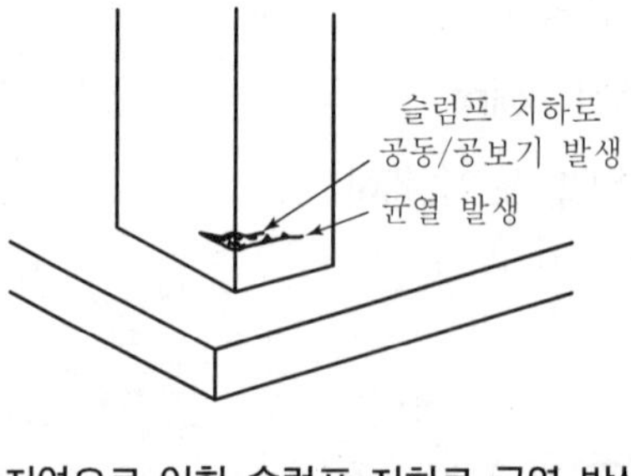

[운반시간 지연으로 인한 슬럼프 저하로 균열 발생]

(3) 양생 불량 방지

1) 소성수축균열 방지

① 콘크리트 타설 후 표면의 급격한 수분이 증발되지 않도록 노출면을 보호해야 한다.

② 수분증발 속도가 Bleeding 속도보다 빠르지 않도록 적절한 보양을 해야 한다.

③ 경화 중 적절한 온도와 충분한 습윤 상태를 유지한다.

2) 서중 콘크리트 타설시 양생

① 급속한 조기 건조수축 방지를 위한 습윤 양생과 보양

② 온도가 35℃ 이상일 때는 타설 금지

3) 한중 콘크리트 타설시 초기 동해 방지

① 타설시 온도는 4℃ 이상 유지한다.

② 적절한 단열, 보온양생을 한다.

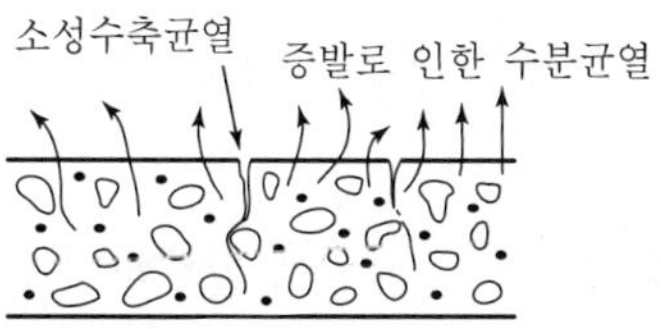

[급속한 건조 발생]

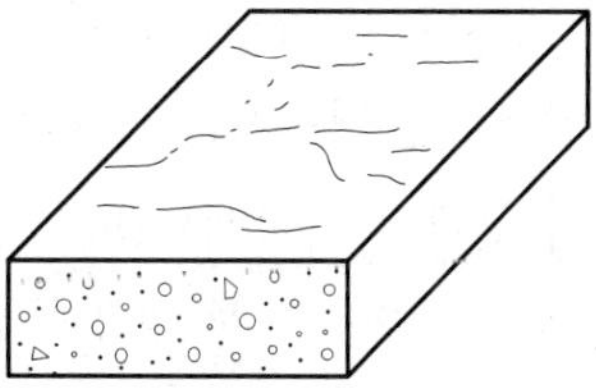

[소성 수축 균열]

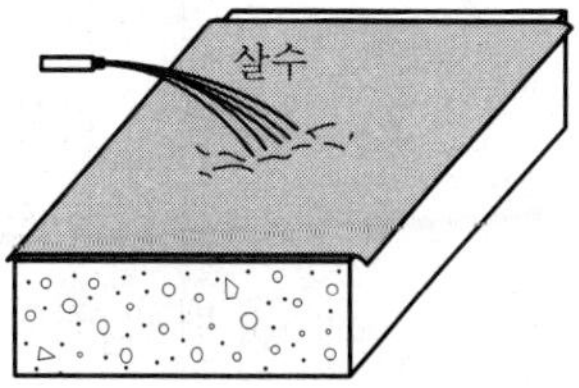

[적절한 습윤 유지 방법]

(4) 철근, 거푸집, 동바리 대책

1) 거푸집 및 동바리 침하로 인한 균열방지

① 지주 침하로 인한 균열을 방지하기 위해서는 동바리 기초용 버팀 콘크리트를 타설해야 한다.

② 거푸집이 침하되어 블리딩에 의한 철근 하부에 공극발생 방지

2) 거푸집 및 지주 존치기간 준수

① 기초, 보 옆, 기둥 및 벽 등의 수직부재는 압축강도 5MPa 이상 확인 후 해체

② 슬래브 및 보 밑 등의 수평부재는 설계기준 강도의 2/3 이상 확인 후 해체

3) 초과 하중 및 진동, 충격으로 인한 균열 저감 대책

① 과다한 시공작업 차량 진입 방지

② 타설 후 3일간은 진동 충격금지

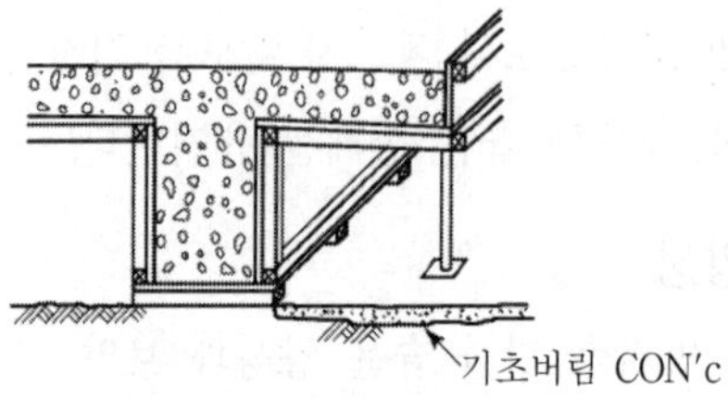

[동바리 기초부의 침하방지]

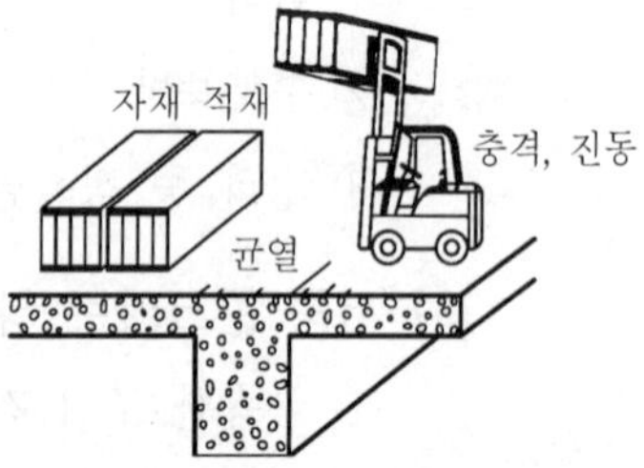

[양생 중 과하중 및 진동, 충격]

4) 철근 피복두께 확보 및 보강

① 철근 피복두께가 부족하지 않도록 스페이서를 설치해야 하며 피복두께가 부족할 경우에는 철근의 응력집중, 유해물질의 침투 등으로 균열이 발생한다.

② 철근 피복두께가 과다할 경우에는 콘크리트 수축의 구속력 약화, 부재의 내력 감소, 균열분산의 효과가 약하게 된다.

③ 배관, 전선 Box 배관 등으로 인한 피복 두께 부족으로 균열이 발생하지 않도록 한다.

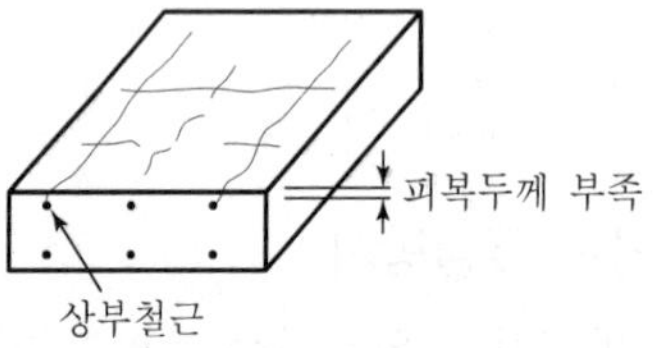

[상부철근의 피복 부족으로 인한 균열]

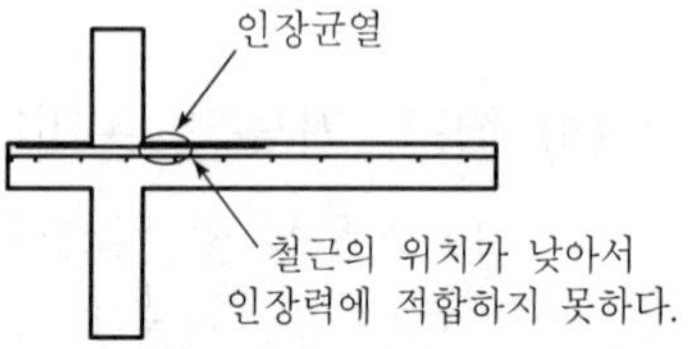

[철근의 피복두께 과다로 인한 균열]

(5) 타설 대책

1) 이어치기시 Cold Joint 방지

① 레미콘 운반시간 지연 방지(공장 출발시간 확인)

② Cold Joint 한계시간 준수

㉠ 온도 25℃ 이상 : 2시간 이내

㉡ 온도 25℃ 미만 : 2.5시간 이내

③ 이어치기 구획, 순서, 위치 선정

④ 이어치기면 청소 철저

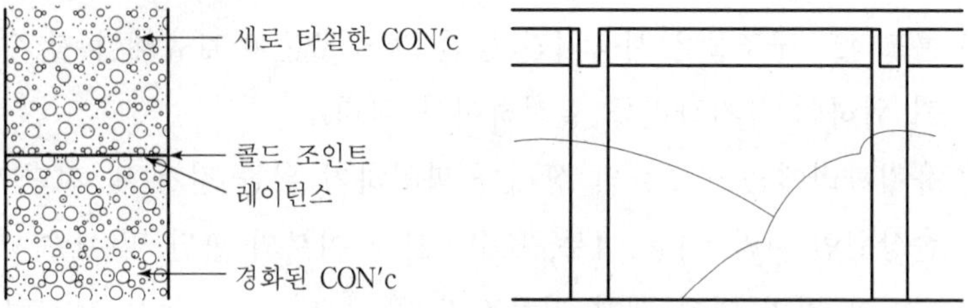

[벽체의 Cold Joint 발생 방지]

2) 거푸집 측압 증가로 인한 균열 방지

① 콘크리트의 급속한 타설 방지

② 집중해서 콘크리트를 타설하지 말아야 한다.

3) 다짐 철저

① 재료분리가 일어나지 않도록 충분한 다짐

② 내부 공극이 없도록 배관주변, 하부 다짐 철저

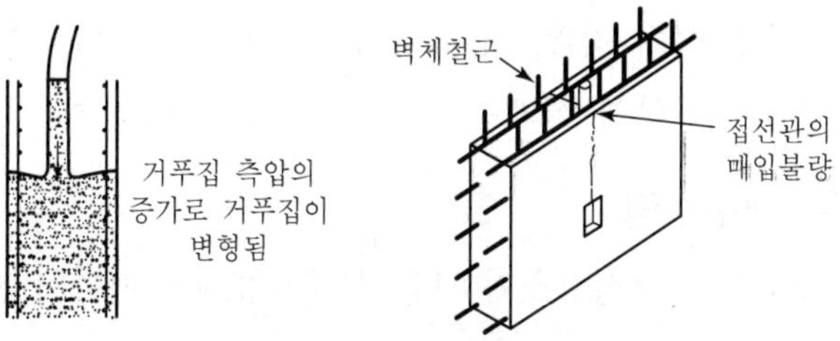

[전선관의 피복두께 부족 방지]

number 53 콘크리트 구조물의 내구수명과 점검방법

1. 개 요

(1) 콘크리트 구조물은 사용기간 동안 그 구조물이 보유해야 할 수준의 기능을 유지하기 위하여 유지관리를 실시하여야 한다.

(2) 유지관리에는 구조물의 상태를 파악하기 위한 점검 및 진단과 그 결과에 기초한 손상원인 파악, 사용 여부, 보수·보강 여부의 판단 및 보수·보강작업 등이 포함되어야 하며 이에 대한 자료정리 및 축적, 기록 등을 보관하여야 한다.

2. 사용 수명(Service Life)

구조물에 정기적으로 유지 보수를 하는 상태에서 역학적, 구조적 특성 등 모든 기본 특성이 최저 허용치 이상으로 유지되는 기간

(1) 목표 내구수명

설계자, 사용자 등이 구조물의 용도나 기능 등을 고려하여 요구하는 수명으로 이에 따라 계획시 정해지는 내구수명을 '계획내구수명'이라 한다.

(2) 설계 내구수명

구조물의 설치 지역, 위치, 환경, 주요 사용부위, 시공관리, 유지관리 등 전반적 요인을 고려하여 설계시 산출되는 내구수명

(3) 잔존 내구수명

구조물 또는 구성요소가 사용이 불가능해질 때까지 잔존 연수를 현상태에서 예측한 내구수명

3. 콘크리트 성능 저하 진행

성능 저하 과정	개 념	기간 결정 주요인
잠복기	염화물 이온농도가 부식 발생 한계농도에 도달하는 시간	염화물 이온 확산, 초기 함유 염화물 이온 농도
건전기	강의 부식 개시에서 부식 균열까지의 기간	강재 부식 속도

성능 저하 과정	개 념	기간 결정 주요인
가속기	부식균열 발생에 의해 부식 속도가 증대하는 기간	균열을 갖은 경우의 강재 부식 속도
성능 저하기	부식량 증가에 의해 내하력 저하가 현저한 기간	균열을 갖은 경우의 강재 부식 속도

4. 점검의 종류

(1) 초기점검

1) 구조물이 적절히 시공 혹은 보수·보강되어 있는지의 여부를 조사함
2) 중요한 구조물은 준공검사 후 90일 이내에 초기점검 실시

(2) 일상점검

1) 일상의 순회로서 육안관찰을 통하여 열화의 발생부위 및 상황파악
2) 점검의 항목, 부위 및 빈도는 기존의 내구성 평가자료를 기초로 하여 결정

(3) 정기점검

1) 일상점검에서 파악하기 어려운 구조물의 세부에 대하여 정기적으로 섬검 실시
2) 전문지식이 있는 자 혹은 유지관리직원이 점검 매뉴얼을 바탕으로 실시

(4) 긴급점검

1) 지진, 풍수해와 같은 천재, 화재, 구조물의 침하 등 긴급사태에 대한 점검
2) 점검항목 및 부위는 구조물의 중요도, 긴급사태의 상황 등에 따라 정한다.

5. 점검에 따른 대책

(1) 보수 · 보강

내구성이 좋고, 저하된 내력을 회복할 수 있는 공법을 채택해야 함

(2) 사용제한

하중규제, 속도제한, 통행금지 등

(3) 해 체

환경조건, 안정성, 해체 후 처리, 공사기간 등을 고려하여 해체공법 선정

number 54 한중 CON'c의 시공과 양생

※'78, '82, '88, '93, '96, '97, '99, '00, '05, '06 , '07, '10, '12

1. 개 요

(1) 한중 콘크리트란 일일 평균기온이 4℃ 이하 또는 타설완료 후 24시간 동안 일최저 기온 0℃ 이하가 예상되는 조건이거나 그 이후라도 초기위험이 있는 경우 타설되는 콘크리트이다.(CON'c 시방서)

(2) 한중 콘크리트 타설시 양생 초기에 주의해야 할 관리내용으로는 양생시 온도저하 방지, 경화시간 지연방지, 물－결합재비 적게, 동결융해 방지가 필요하며, 가열·단열보온양생이 필요하다.

(3) 한중 콘크리트 양생방법으로는 단열보온양생, 가열보온양생과 같은 특별 보온양생 계획을 수립하여 초기 동해를 입지 않도록 해야 한다.

2. 한중 콘크리트의 특성(문제점)

(1) 초기 동해

1) 콘크리트 경화 초기 단계에서 동해발생 가능성
2) 콘크리트 초기 강도가 5MPa까지는 동해를 입지 않도록 해야 한다.
3) 초기 양생온도 저하방지

(2) 응결시간 및 강도발현 지연

1) 양생시 온도가 낮아지면 응결시간이 지연
2) 콘크리트 내의 Bleeding 수가 증대되어 강도발현이 지연되므로 거푸집 존치기간 연장 필요

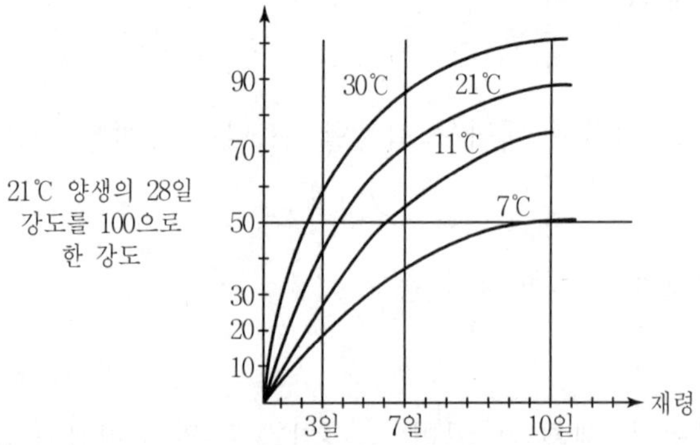

[양생온도가 압축강도에 미치는 영향]

(3) 동결융해 반복

1) 콘크리트가 동결되면 9%의 체적팽창이 발생한다.
2) 초기 동해 방지

온도	콘크리트 다져넣기
4℃ 이상	통상과 같은 방법으로 콘크리트를 치면 된다.
4℃ ~ 0℃	간단한 주의와 경미한 보온이 필요하다.
0℃ ~ −3℃	견실한 보온과 콘크리트 재료의 가열이 필요하다.
−3℃ 이하	가열양생 등 본격적인 한중 시방으로 한다.

(4) 온도차에 따른 온도균열

1) 콘크리트 또는 양생 후 콘크리트 표면온도와 내부온도 차이에서 오는 온도차로 인한 균열 발생
2) 거푸집은 조기해체를 하지 않는다.

(5) 작업난이도 증가

물－결합재비를 낮추게 되면 CON'c의 시공성이 저하

3. 한중 CON'c의 양생법

(1) 초기 양생계획 수립

1) 단열 및 가열보온양생 계획 수립
2) 양생온도와 기간, 양생방법 결정

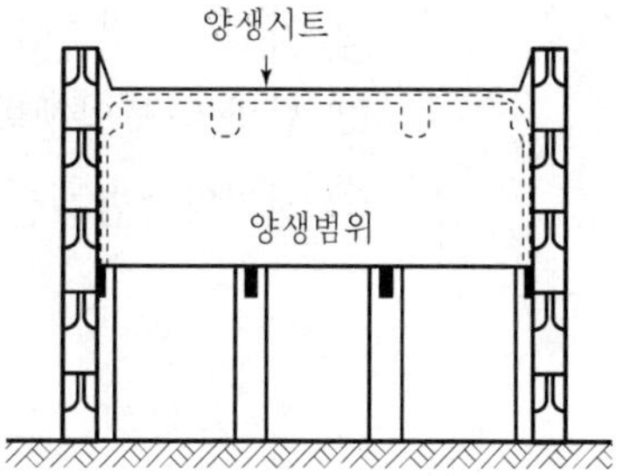

[지상층의 양생]

(2) 초기 양생시 유의사항

1) 콘크리트 양생시 외기온도는 4℃ 이상 유지
2) 압축강도 5MPa이 될 때까지는 최소한 0℃ 이상 유지
3) Mass CON'c의 초기 양생은 콘크리트 중심 온도가 과도하게 높지 않게 할 것

4) 단열 또는 가열, 보온양생 실시

5) 급격한 건조 및 냉각방지

① 가열 및 보온양생 후 급격한 건조 및 냉각 방지

② 콘크리트 표면은 시트 등으로 보온 조치

6) 양생 종료 때의 소요압축강도 표준(MPa)

단면(㎜)구조물의 노출	300이하	300초과~800이하	800초과
① 계속해서 또는 자주 물로 포화되는 부분	15	12	10
② 보통의 노출 상태에 있고 ①에 속하지 않는 부분	5	5	5

(3) 초기 양생방법

1) 단열보온양생

① 콘크리트 부위를 시트, 매트 및 단열 거푸집 등에 의해 보온양생

② 콘크리트가 국부적으로 냉각되지 않게 한다.

2) 가열보온양생

① 콘크리트 부위를 히터 등의 가열설비에 의하여 가열하는 양생법

② 가열설비의 배치는 균등 온도 분포가 되도록 가열

③ 가열온도가 국부적으로 높게 되지 않도록 한다.

3) 가열보온양생 방법

① 증기양생법 : 콘크리트 부위를 보온시트로 감싸고 고온증기를 불어넣는 양생법

② 가열공기법 : 온풍기 등의 더운 공기로 양생

③ 난방기구 양생법 : 화목, 연탄, 석유난로 등으로 양생

④ 전기양생법 : 전기저항열로 양생하는 방법

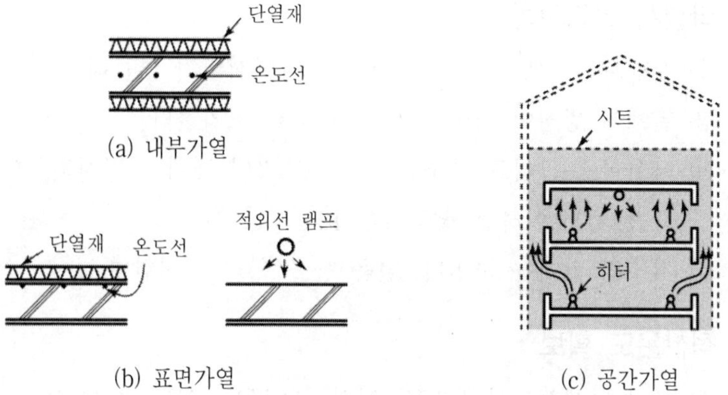

[가열방법의 종류]

4. 한중 콘크리트 시공시 유의사항

(1) 사용재료의 보온 조치 기준

기상 조건	보온조치
4℃ 이상	상온 시공
0~4℃	골재를 덮어 보관, 보온 시공
0~−3℃	물, 모래 가열
−3℃ 이하	물, 모래, 자갈 가열

(2) 재료배합시

1) 골 재

① 눈, 얼음이 섞이지 않게 가열

② 골재는 균일하게 가열

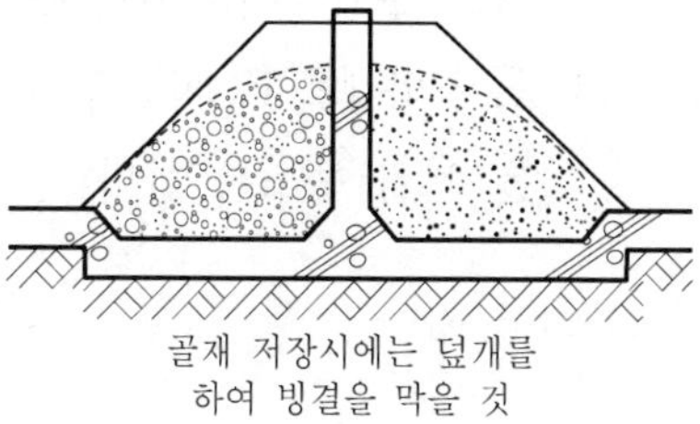

[골재의 보관]

2) 혼화제 사용

AE제를 3~5% 범위에서 혼입한다.

3) 배합시

① 물−결합재비는 60% 이하로 하고 단위수량은 적게 한다.

② 가능하면 단위시멘트량을 증가한다.

(3) 타설시 유의사항

1) 시멘트는 지나치게 냉각되거나 가열시키지 않는다.

2) 골재에 빙설이 섞이지 않도록 보호 조치한다.

3) 타설시 콘크리트 온도는 5~20℃ 범위 내에서 정하되, 가혹한 기상조건이나 단면 300㎜이하인 경우에는 10℃이상 확보.

4) 거푸집 면에는 눈이나, 얼음 등을 미리 제거한다.

(4) 적산온도 확보

1) 초기 양생시까지 온도 누계의 합$(M)=\Sigma(\theta+A)\Delta t$

2) θ : Δt 시간 동안의 CON'c 온도

A : 10℃

(5) 진공 배수 CON'c (바닥 Slab 등)

1) 조기 강도 증진을 위해 필요 부분에는 진공 배수와 더불어 다짐을 실시한다.

2) 잉여수 조기 제거

5. 맺음말

(1) 한중 CON'c에서는 AE CON'c를 사용하고, 단위수량은 초기 동해방지를 할 수 있을 만큼 적게 하여 물-결합재비를 60% 이하로 한다.

(2) 단열보온양생과 가열보온양생을 기온, 배합조건에 따라 적절히 구분하고 CON'c의 어느 부위에서도 0℃ 이하가 되지 않도록 해야 한다.

(3) 초기 양생을 CON'c 압축강도가 5MPa가 되기까지 하고, 그 후에도 2일 정도 시트를 씌워 두도록 한다.

number 55 서중 콘크리트의 시공과 양생

※'78, '80, '94, '96, '98, '00, '02, '04, '08, '09, '11, '12, '20

1. 개 요

(1) 서중 콘크리트는 일일 평균기온이 25℃ 이상일 때, 시공되는 콘크리트를 말한다. (콘크리트표준시방서)

(2) 서중 콘크리트 타설시 유의사항으로는 비빔시 Slump치의 저하, 급격한 수분증발, 응결시간 단축, 공기량 감소, 콘크리트 내부온도 증가, Cold Joint 발생, 조기 건조수축 균열발생, 장기강도 저하 등이다.

(3) 서중 콘크리트 양생방법에는 습윤양생, 막양생, Pre-cooling, Pipe Cooling 등을 들 수 있으며, 양생시 관리사항으로는 타설 후 급격한 수분증발 방지와 습윤상태 유지가 중요하다.

2. 서중 콘크리트 특성(문제점)

(1) Slump치 저하

1) 비빔시 온도가 10℃ 높아짐에 따라 동일 Slump치를 얻기 위해서는 5~7kg/m^3 수량이 필요

2) 단위수량 증가로 건조수축량과 Bleeding 현상이 증가

(2) 초기 수분증발(급격 건조)

기온이 높으면 콘크리트 표면으로 올라오는 Bleeding 상승속도보다 표면수분 증발이 빨라 초기 건조수축 균열 발생

(3) 응결시간 단축

1) 고온시에는 시멘트 수화반응 촉진으로 인한 응결시간 단축

$CaO + H_2O \rightarrow Ca(OH)_2$

2) 급격한 수화반응 현상

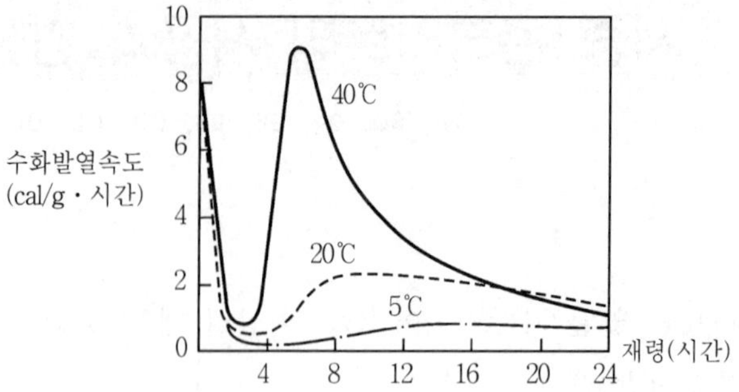

[온도에 따른 보통 포틀랜드시멘트의 수화반응]

(4) 콘크리트 내부온도 증가

1) 온도가 높아지면 수화열에 의한 콘크리트 내부온도 증가

2) 온도상승 후 하강시에는 수축균열 발생

(5) 공기량 감소

1) 온도가 높으면 공기연행량 감소(10℃ 상승시 연행량 20% 감소)

2) 공기량 감소로 Slump치 변동

(6) 장기 강도저하

콘크리트 강도는 기온이 높게 되면 단기 재령은 크나 장기 재령에서는 낮아진다.

(7) Cold Joint 발생

1) 온도상승으로 인한 이어치기 시간 감소에 의한 Joint 증가

2) Cold Joint가 생기지 않도록 연속시공이 필요하다.

(8) 지속적 습윤양생 필요

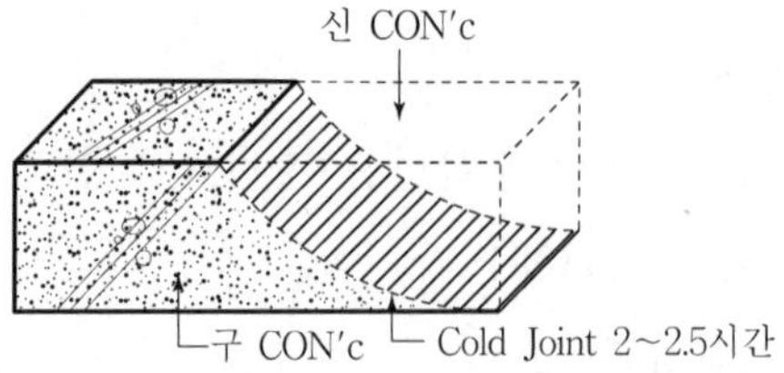

[Cold Joint 방지 한계]

3. 서중 콘크리트 시공시 유의사항

(1) 재료 선정시

1) 저발열시멘트 사용(중용열, 고로, Fly Ash 시멘트)

2) 냉각수 사용

3) 굵은 골재는 살수하거나 온도를 낮게 보관

(2) 배합시

1) 급격한 Slump치 저하를 줄이기 위해 유동화제나 AE 감수제, 지연제 등을 사용

2) 단위시멘트량을 가능한 낮추고 G-max를 높인다.

3) 콘크리트 비빔시 온도 1℃를 내리려면 시멘트는 8℃, 물은 4℃, 골재는 2℃를 내려야 한다.

4) 입하시의 CON'c 온도는 35℃ 이하로 유지한다.

(3) 운반시

1) 운반시간 단축

① 온도 25℃ 이상시는 120분 이내에 CON'c 타설을 완료한다.

② 교통량, 교통로를 검토하고 대기시간을 최소화한다.

2) 운반시 Slump치 저하방지

① 현장 도착시 Slump Test를 실시하여 적정 여부를 확인한다.

② Slump치 저하시에는 유동화제를 첨가하여 시공연도를 확보하도록 한다.

(4) 타설시

1) 타설시 기온

콘크리트 온도는 35℃ 이하로 유지

2) 쉬지 않고 연속타설

① 레미콘 공장과 유기적 협조　② 폐색사고(Plug) 현상 방지

③ 콘크리트는 비빈 후 즉시 타설　④ 지연형 감수제 사용하더라도 1.5시간이내 타설

3) 펌프압송시 온도상승 및 Slump치 저하 방지

압송관 직사일광 방지

4) 철근, 거푸집의 온도상승 방지

거푸집 및 철근은 직사일광을 받지 않도록 덮개를 덮거나 살수 보양한다.

5) Cold Joint 방지

① 이어치기 한도시간을 25℃ 이상시 120분 이내로 유지

② 타설구획, 타설순서, 타설속도 등에 대한 상세한 계획 수립

6) 과도한 높이타설 방지

① 1회에 너무 높게 타설하지 말 것

② 타설속도를 천천히 유지하고 가능한 야간작업을 통해 온도 상승을 막는다.

7) 타설 시간 조절

온도가 높은 낮에는 타설을 줄이고 저녁(야간) 시간대에 CON'c를 타설한다.

4. 양생시 유의사항 및 양생방법

(1) 양생시 유의사항

1) 초기 습윤상태 유지

① 타설 後 24시간까지는 충분한 습윤상태를 유지한다.

② Spary로 살수하거나 천막을 사용한다.

③ 수분증발량이 1 l/m^2 이상일 때 특별조치를 취한다.

2) 초기의 습윤보양기간(콘크리트표준시방서)

일평균기온	보통포틀랜드시멘트	고로슬래그시멘트 플라이애시 시멘트 B종	조강포틀랜드시멘트
15℃ 이상	5일	7일	3일
10℃ 이상	7일	9일	4일
5℃ 이상	9일	12일	5일

3) 타설 후 진동이나 충격방지

철근, 거푸집 진동금지

(2) 양생방법

1) 습윤 양생

① 타설 후 초기 건조수축을 막기 위해 살수, 습윤상태를 유지한다.

② 타설 후 5~9일 간은 습윤양생을 한다.

③ 살수시 양생수와 CON'c 온도와의 온도차이는 11℃ 이내이어야 한다.

2) 막양생

① CON'c 표면 수분증발 방지를 위해 비닐, 부직포 등으로 덮어 양생

② 비닐, 부직포 등을 덮기 어려운 곳은 피막 양생제를 도포하여 수분증발을 막는다.

3) Pre-cooling 양생

① 모래, 자갈을 냉각시켜 배합한다.

② 시멘트는 급냉시키지 않는다.

③ 얼음의 양은 전체 배합수 양의 30% 이내로 한다.

4) Pipe cooling 양생

① 냉각수 순환 Pipe는 1.5m 간격으로 한다.

② 유속은 15l/분 정도로 한다.

③ 장외 배관에는 단열처리를 한다.

④ 냉각수 순환구멍은 그라우팅 처리한다.

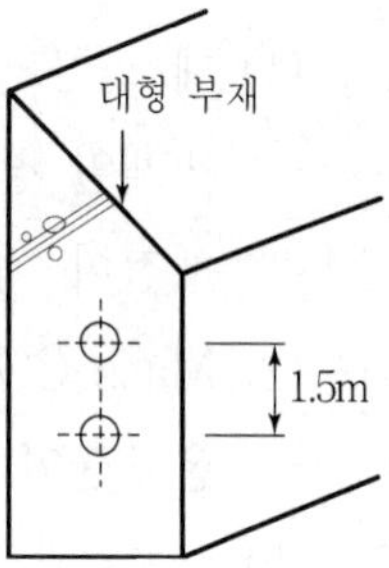

[Pipe Cooling]

5. 맺음말

항목	시험·검사방법	시간·횟수	판단기준
외기 온도	온도 측정	공사시작전 및 공사중	
재료 온도		계획 온도 범위 내	일평균기존이 25℃를 초과하는 경우
비빔 온도			
타설 온도		공사중	35℃이하 및 계획온도 범위 내
운반 시간	시간 확인	공사시작전 및 공사중	비비기로부터 타설 종료까지의 시간은 1.5시만 및 계획시간 이내

6. 맺음말

(1) 서중 CON'c 타설시에는 급격 건조방지와 초기 양생시 습윤상태 유지가 중요하므로 재료는 Pre-cooling을 실시하고, 살수시설을 갖춰야 한다.

(2) Cold Joint 방지를 위해 타설순서, 구획, Pump Car 대수 선정, 다짐방법 등 대책과 함께 철저한 품질관리가 필요하다.

number 56 Mass CON'c의 시공과 양생

※'93, '94, '97, '99, '00, '04, '05, '10, '13, '20, '21

1. 개 요

(1) 매스 콘크리트는 넓이가 넓은 평판구조의 경우 두께가 80cm 이상(하단이 구속된 벽체일 경우 50cm 이상)이고 콘크리트 내·외부 온도차가 높아 수화열에 의한 문제점이 예상되는 콘크리트를 말한다.

(2) Mass CON'c는 수화반응시 과도한 수화열이 발생하여 수화열의 온도차에 의한 온도균열이 생기므로 주의해야 한다.

(3) 그러므로 콘크리트 내부온도를 저하시키기 위해서는 재료선택에서부터 배합, 시공, 양생 등 시공의 전 작업과정에서 검토가 필요하다.

2. 특 징

(1) 온도균열 발생

1) 온도균열 발생원인

콘크리트 수화열에 의한 콘크리트 내·외부 응력이 콘크리트가 가지고 있는 인장응력보다 커지면 온도차에 의한 인장응력이 발생한다.

2) 온도균열 발생 영향요소

① 콘크리트 인장강도 < 수화열에 의한 인장강도

② 콘크리트 내·외부 온도차가 클 때

③ 단면치수, 형상, 배근상태, 구속조건 등의 복합요소가 작용

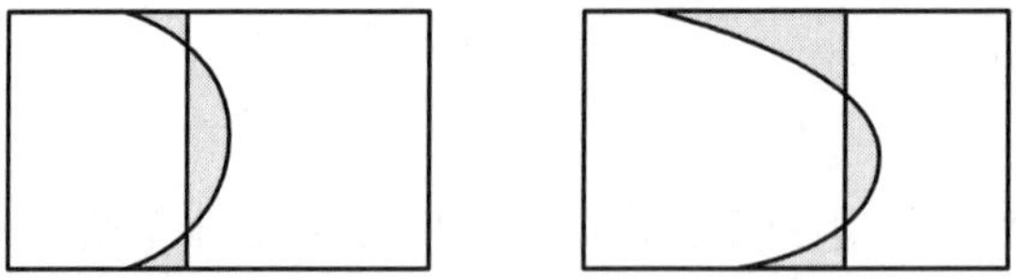

(a) 대칭분포의 경우　　(b) 비대칭분포의 경우

[콘크리트 내부 구속응력]

3) 온도균열지수

① 온도균열지수

$$(I_c) = \frac{f_t}{q_t} = \frac{\text{콘크리트 인장강도}}{\text{수화열에 의한 인장응력}}$$

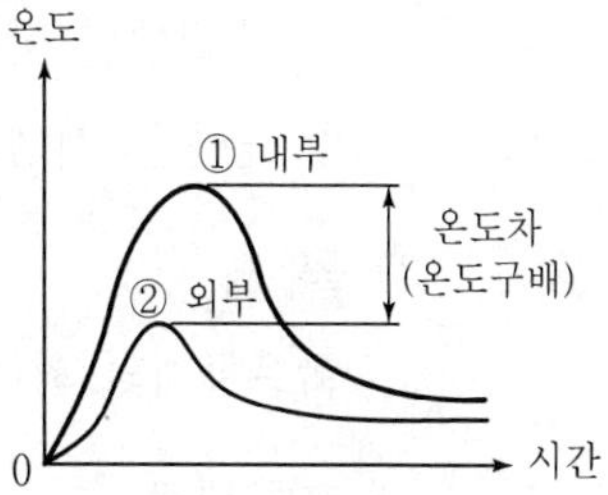

② $I_c < 1$: 균열발생이 쉽다.

③ $I_c > 1$: 균열발생이 어렵다.

④ $I_c > 1.5$: 균열발생이 없는 경우

⑤ $I_c > 1.2 \sim 1.5$: 유해한 균열 발생을 제한 할 경우

⑥ $I_c > 0.7 \sim 1.2$: 균열발생이 가능한 경우

(2) 온도구배

1) 콘크리트 내부온도와 외부온도의 차이를 말한다.

2) 단위시멘트량이 많을수록 온도구배는 크다.

3) 타설부재가 두꺼울수록 온도구배는 크다.

(3) 과다 수화열 발생

1) Mass CON'c는 부재가 두꺼워 시멘트량에 의한 수화열이 많이 발생한다.

2) 수화열을 저하시키기 위해서는 중용열시멘트 사용이나 Pre-cooling과 같은 냉각방법을 사용한다.

3. 시공시 유의사항

(1) 수화열 시험

큐빅 시험체를 제작하고 수화열을 측정하여 온도균열지수값을 정한다.

(2) 재료 사용

1) 물

① 물은 냉각수를 사용한다.

② 얼음물 사용시에는 반드시 녹은 것을 확인한 후 사용한다.

2) 시멘트

① 수화열이 낮은 저발열시멘트를 사용한다.(벨라이트계)

② 중용열 시멘트, Fly Ash 시멘트, 고로 Slag 시멘트를 사용한다.

3) 골 재

굵은골재의 최대치수를 크게 한다.

4) 혼화재료

① 지연형 AE제 또는 감수제 사용 : 단위시멘트량의 감소로 온도상승 저하

② 고로 Slag, Fly Ash 사용

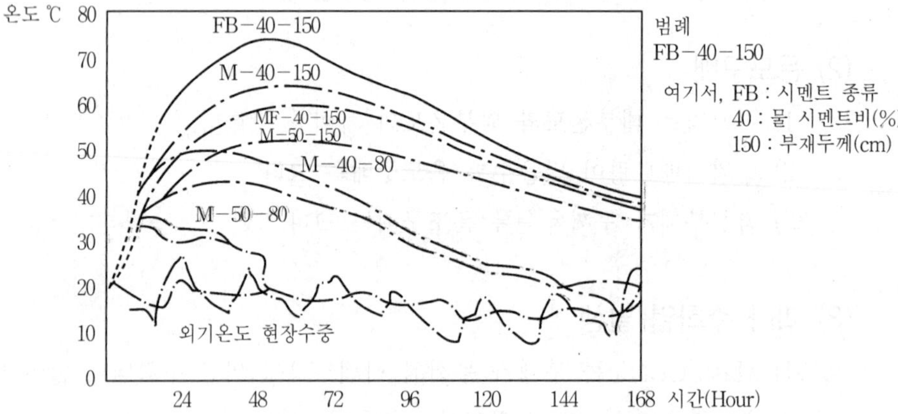

[매스 콘크리트의 부재 내부온도 실측 예]

(3) 배합시

1) 단위시멘트량을 감소시킨다.

2) Slump치는 15cm 이하의 콘크리트를 사용한다.

3) 물-결합재비

고유동화제 또는 고성능 감수제를 사용하여 물 시멘트 비를 최소화하도록 한다.

(4) 현장타설시

1) 타설구획

① 1일 최대 타설량과 균열발생을 고려하여 타설구획 결정

② 신·구 CON'c 타설시간 조정

2) 거푸집과 온도 철근

① 거푸집은 초기에 제거하지 않으며 제거시에는 시트 등으로 표면의 냉각을 막는다.

② 가는 철근을 많이 넣는 것이 균열예방에 효과적이다.

③ 특별히 필요할 경우에는 온도 철근을 배근한다.

3) 타설시 온도 및 운반거리

① 타설시 콘크리트의 온도는 가능한 낮게 유지

② 타설시 이어치기 최대간격

㉠ 외기온도가 25℃ 미만인 경우 120분 이내

㉡ 외기온도가 25℃ 이상인 경우 90분 이내

③ 콘크리트는 연속타설하여 Cold Joint를 방지해야 한다.

④ 타설높이는 낮게, 타설속도는 천천히 유지한다.

4) 이음 및 다짐

① Control Joint(균열유발 줄눈)를 설치한다.

② 저발열 시멘트를 사용하여 침강에 의한 균열발생이 생기기 쉬우므로 다짐은 밀실하게 해야 한다.

③ 수축이음 단면 감소율은 35% 이상으로 한다.

(5) 블록분할타설

온도응력에 의한 콘크리트 균열방지를 위해서는 Block 분할타설이 효과적이다.

1) 콘크리트 1회 타설높이는 1m 이하로 한다.

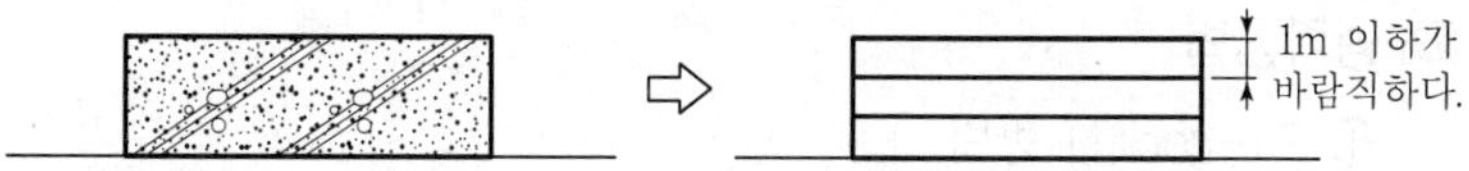

2) 외부구속이 큰 경우는 L/H를 적게 구획하여 타설한다.

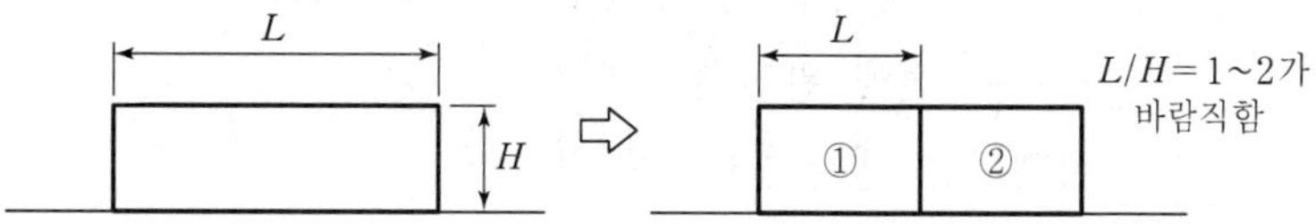

3) 타설은 측면에서 구속을 적게 해 나가면서 우측으로 향하도록 한다.

4) 타설면은 충진 Joint가 있으면 유리하다.

(6) 양생방법

Mass CON'c 양생방법에는 콘크리트 표면온도 급냉 방지방법과 내·외부 온도차를 줄이는 방법, 콘크리트를 냉각시키는 양생방법 등이 있다.

1) 콘크리트 표면온도의 급냉방지

콘크리트 내부온도가 상승하는 시기에는 수화열이 급속하게 빠져나가지 않게 함으로써 표면온도가 급속히 저하되지 않도록 해야 한다.

2) 표면살수 습윤양생

거적, 보양 Sheet, Sprinkler를 사용하여 7일간 습윤양생 유지

3) 콘크리트 중심부와 표면부의 온도차

콘크리트 내부 최고온도와 표면부 온도의 강하속도를 적게 한다.

4) 거푸집 조기해체 금지

거푸집 해체는 콘크리는 내부와 외부온도의 차이가 가장 적을 때 해체해야 한다.

5) 냉각공법

① Pre-cooling 방법

재료의 일부 또는 전부를 냉각시키는 양생방법

㉠ 굵은골재 냉각 : 균일하게 냉각하고 그늘에 저장한다.

㉡ 물냉각 : 냉각수 사용, 얼음은 물량의 30% 이하를 혼입하되 비비기가 끝나기 전에 완전히 녹인다.

㉢ 시멘트는 냉각하지 않는다.

② Pipe Cooling 방법

㉠ 콘크리트 내부에 Pipe를 설치하여 냉각수 또는 찬공기를 넣어 양생하는 공법

㉡ Pipe 배치간격 1.5m, 통수량은 15l/min

㉢ Cooling 완료 후에는 Pipe 속을 무수축 Grouting한다.

4. 매스 콘크리트의 온도관리 및 검사

<table>
<tr><th>항목</th><th>시험·검사방법</th><th>시간·횟수</th><th>판정기준</th></tr>
<tr><td>콘크리트 타설온도</td><td rowspan="2">실시간 온도측정
및
분석</td><td rowspan="3">시공 중의 적절한
측정 및 검사주기는
협의하여 정함</td><td rowspan="2">계획된
온도관리기준에
부합할 것</td></tr>
<tr><td>양생 중의 콘크리트 온도
혹은 보온 양생되는
공간의 온도</td></tr>
<tr><td>균열</td><td>외관 관찰</td><td>예상된 온도균열
수준일 것</td></tr>
</table>

5. 맺음말

(1) CON'c 대형 부재의 경우 수화열에 의한 온도균열이 구조물 내구성에 영향을 주므로 수화열에 의한 균열과 온도제어가 필요하다.

(2) Mass CON'c에서는 구조물에 필요한 기능 및 품질을 손상시키지 않고, 온도균열을 제어하기 위해 적절한 CON'c의 품질 및 시공방법의 선정, 균열 제어, 철근의 배치 등에 대한 조치를 강구해야 한다.

number 57 고강도 CON'c의 배합과 시공

※'91, '97, '03, '05, '06, '11, '12

1. 개 요

(1) 고강도 CON'c란 보통 또는 중량골재 콘크리트에서 압축강도 40MPa 이상, 경량골재 콘크리트에서 27MPa 이상의 강도를 가진 CON'c를 말한다.

(2) 구조물의 대형화와 초고층화에 따라 부재의 단면 감소로 경제적 설계와 시공이 가능하기 때문에 점차 사용이 확대되고 있는 추세에 있다.

2. 고강도 CON'c의 특성

(1) 강도 증가

1) 고강도 CON'c : 40MPa

2) 초고강도 CON'c : 70MPa 이상

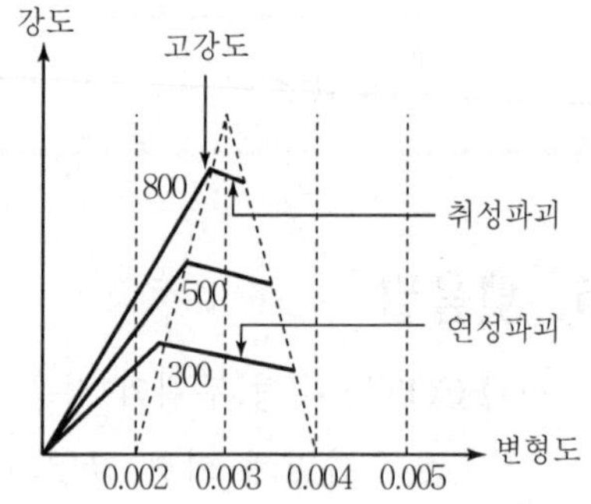

[고강도 콘크리트 응력변형도]

(2) 내구성, 수밀성 증대

(3) 부재단면 감소

1) 부재의 소요단면적 감소

2) 초고층 건물에서 기둥면적 축소

3) 유효면적 증대, 구조물 자중 감소

(4) 시공능률 향상

1) 인력절감

2) 공정감소, 작업량 감소

3) 공기단축 효과

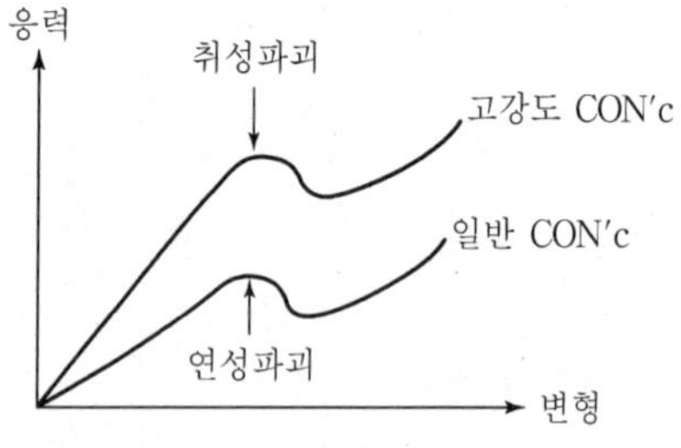

[고강도 CON'c의 특성]

(5) 취성파괴 발생

1) 철근의 항복강도보다 CON'c의 항복강도가 커짐

2) 구조물 안전대책 필요

3) Creep 현상 감소

3. 고강도 CON'c의 제조 및 배합

(1) 재료 선정

1) 시멘트

① 구상화 시멘트, 폴리머 시멘트 등의 고강도 사용

② 분말도를 높인 MDF Cement

2) 고성능 감수제

① 물-결합재비 감소를 위한 혼화제 사용

② 음이온계 화합물을 이용한 감수 성능

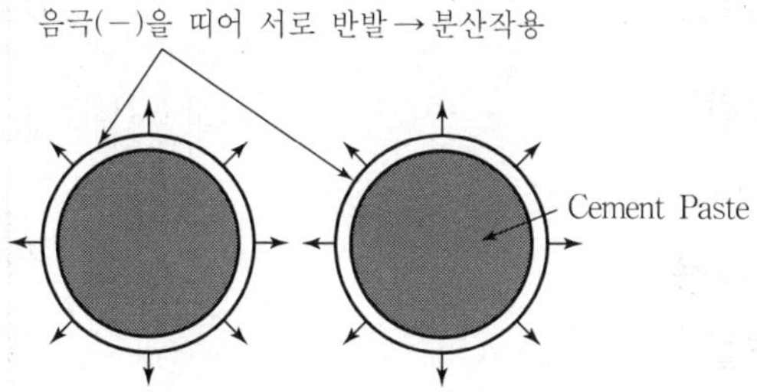

[고성능 감수제]

3) 골 재

① 입도와 입형이 적당한 고강도 중량 골재

② 쇄석골재는 석분을 충분히 세척한다.

③ 해사는 충분히 세척하여 염해 발생이 없도록 한다.

4) 혼화재료

① Silica Fume, 고로 Slag, Fly Ash 등의 사용

② 배합강도에 따라 시험배합 후 적당량 산정

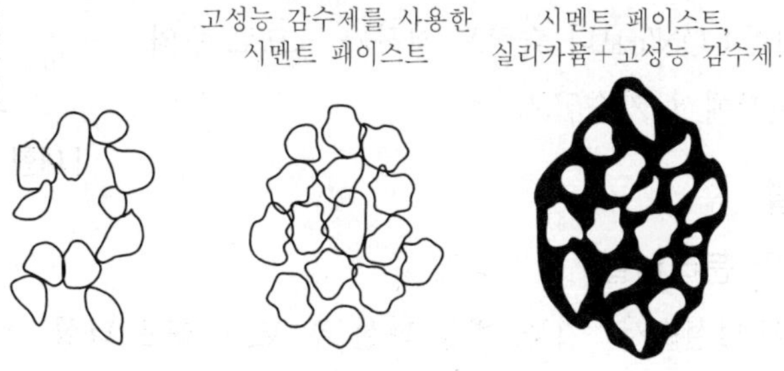

[실리카퓸의 효과]

(2) 배 합

1) 물-결합재비

① W/C비는 50% 이하가 되도록 유지한다.

② 고성능 감수제의 혼용

2) 슬럼프치

① Slump치는 15cm 이하

② 유동화 CON'c의 경우는 18cm 이하

3) 단위시멘트량

270~400kg/m³

4) 단위수량

185kg/m³

5) AE제 사용

6) 잔골재율

가능한 범위 내에서 줄인다.

7) 시험비빔 실시 후 본비빔

8) 비빔순서와 비빔시간 준수

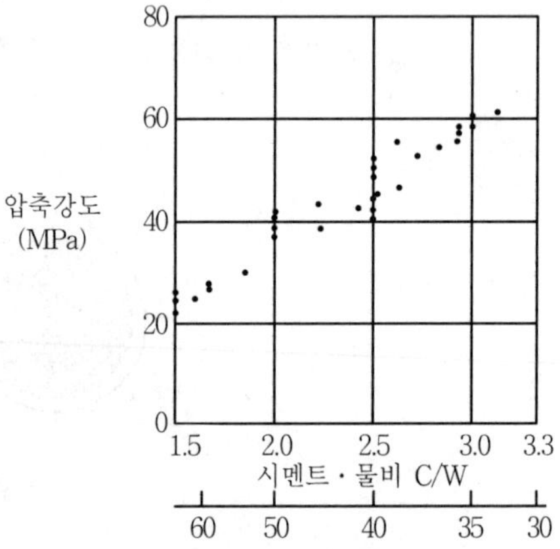

[시멘트·물비와 압축강도의 관계]

4. 고강도 CON'c 시공시 품질확보 방안

(1) 운 반

1) 운반시간은 60분 이내

2) 하절기에는 지연형 감수제를 사용하거나 건식 레미콘 사용

3) 일반 CON'c보다 슬럼프 저하가 크므로 주의

4) 현장에서 가수금지

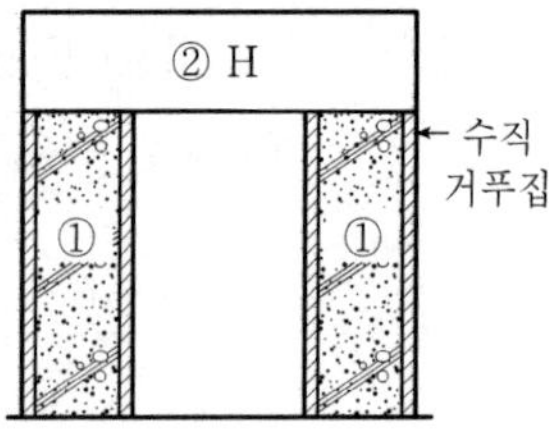

[대형 거푸집 공법 VH 분리타설]

(2) 타 설

1) VH 분리타설

① 타설순서 : 기둥, 벽을 타설 후 보, 슬래브 타설

② 타설높이는 1m 이하가 되도록 한다.

③ 타설관은 CON'c 속에 묻어서 타설한다.

④ 한층 타설 두께는 60cm 내외로 한다.

⑤ 수직·수평접합면의 강도 확보

2) 다 짐

① 충분한 다짐으로 공극이 발생되지 않도록 한다.

② 이어치기면은 일체화 처리한다.

③ 진동기는 수직으로 세워서 사용한다.

3) 양 생

① 급격 건조에 의한 균열발생 방지

② 타설 7일간 습윤상태 유지

③ 대규모 부재 온도균열 방지

④ 초기 양생시 지주와 거푸집 충격 금지

4) 시험실시

① 압축강도시험 $100m^3$마다 실시

② 설계기준강도의 1.1배 이상시 합격

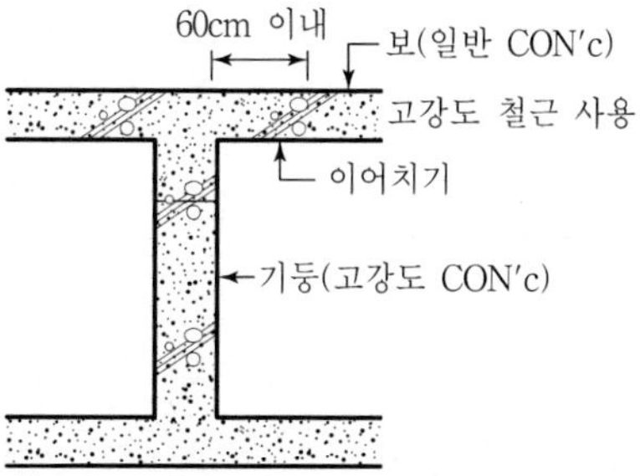

[고강도 CON'c VH 분리타설]

5. 품질검사

종류	항목	시험 및 검사방법	시기 및 횟수	
배합	압축강도	KS F 2405		KCS142010
유동성	슬럼프 또는 슬럼프 플로	KS F 2402 KS F 2594 또는 KC-CT 103	• 받아들이기 시점 • 1회/일 또는 구조물의 종류와 규모에 따라 120m³/1회	• 슬럼프 설정값 ±25㎜(180㎜이하) 설정값 ±15㎜(180㎜초과) • 슬럼프 플로 설정값 ±50㎜

6. 맺음말

(1) CON'c 구조에 대한 기술력이 발전되고, 구조물 자체도 대형화되면서 고강도 CON'c의 활용이 확대되고 있는 추세에 있다.

(2) 인력부족 문제와 시공능률 향상, 여유공간의 확보 등에 많은 이점을 가지고 있으므로 앞으로도 적극적인 개발이 더욱 필요하다.

number 58 고강도 콘크리트의 제조방법 및 내화성 증진 방안

※'07, '09, '13

1. 개 요

고강도 콘크리트란 설계기준강도 40MPa(경량콘크리트는 27MPa) 이상인 콘크리트를 말한다(콘크리트 표준시방서, 건축공사 표준시방서)

2. 고강도 콘크리트의 성질

(1) 강도

1) 압축강도는 40~70MPa

2) 인장강도는 압축강도의 1/14~1/17

3) 휨강도는 압축강도의 1/10

(2) 반죽질기

1) 물－결합재비 50% 이하

2) 슬럼프값 15cm 이하(유동화 콘크리트는 21cm 이하)

(3) 내구성

1) 내화학성 우수

2) 내화성 취약

(4) 건조수축과 크리프 현상

건조수축과 크리프 감소

장점	단점
• 부재 단면 감소(유효 면적 증대, 층고 감소) • 시공능률 향상(타설 용이, 작업량 및 공기 감소) • 부재의 경량화	• 취성 파괴 우려 • 내화성 취약

3. 고강도 콘크리트의 제조방법

(1) 물시멘트비(물결합재비) 감소방법

1) 단위수량을 낮추어 강도를 증진시키는 방법

2) 슬럼프값 확보를 위해 고성능 감수제 사용

(2) 공극감소방법

1) 원심력 다짐이나 가압 다짐 사용

2) 잉여수를 제거하여 공극을 감소시켜 강도를 향상

(3) 골재의 부착강도 증대(활성골재)

1) 시멘트 Matrix의 부착이 우수한 표면 조직의 골재 사용

2) 시멘트 클링커 골재 사용(재령 90일 강도 120N/mm^2)

(4) 고압증기 양생법

1) 시멘트의 수화반응, 결합반응을 크게 촉진하는 방법

2) 실리카 분말 사용시 효과가 큼

(5) 보강재 사용

섬유 보강재 사용

(6) 시멘트 외의 결합재 사용

폴리머계 재료에 의한 강도 증진

(7) 기타

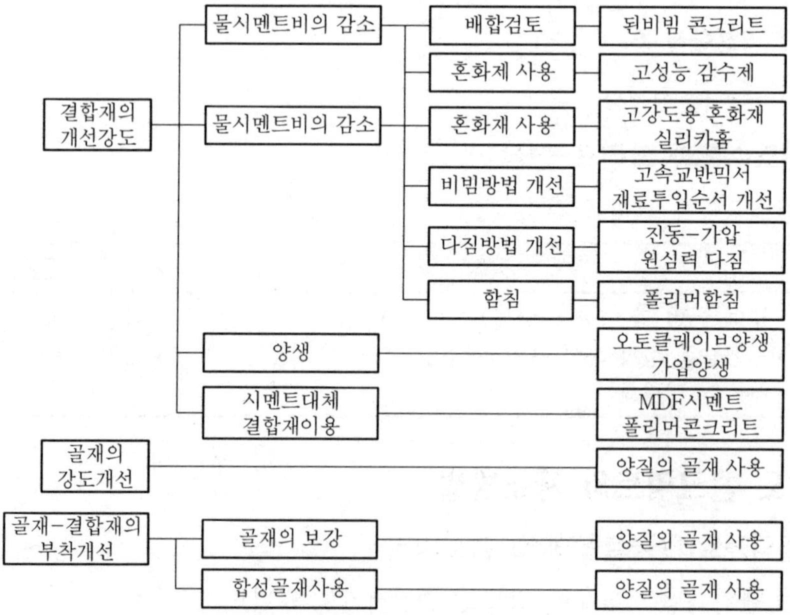

[콘크리트의 고강도화 공법]

	고성능 감수제	가압 다짐	섬유 보강재	활성 골재	Auto clave 양생	결합재 사용	
						혼화제	폴리머계
물시멘트비(물결합재비) 감소	○	○					
공극 감소		○				○	○
골재의 부착강도 증대 (활성골재)				○			○
고압증기 양생					○		
보강재 사용			○				
시멘트 외의 결합재 사용							○

4. 내화성 증진 방안

(1) 설계시 고려사항

1) 구조물의 단면 증가

2) 이중 띠근, Spiral 배근 등으로 구조물 보강

(2) 공법의 선정

내화성이 우수한 CFT 적용

(3) 적정 배합 결정

사전 공시체 제작에 의한 폭렬 시험을 통해 적정 배합 결정

(4) Mock Up Test

철근이 배근된 기둥 시험편 제작 시험

(5) 골재

1) 내화성 골재 사용

2) 함수율이 낮은 골재 사용(3.5% 이하)

(6) 폭렬 방지용 섬유재 첨가

1) 고온에서 녹아 수증기의 배출 통로가 됨

2) 시멘트량의 1~2% 첨가

구분	시간	온도 ℃					
		200	300	400	500	600	700
일반 CON'c	1시간	–	–	박리현상	심한 박리	구조물 파괴	–
섬유혼입 CON'c(0.5%)		–	–	–	–	–	박리

(7) 물-결합재비 감소

콘크리트 내의 수분을 낮추어 수증기 발생을 감소

(8) 열전도 지연방법 사용

1) 피복 두께 증가

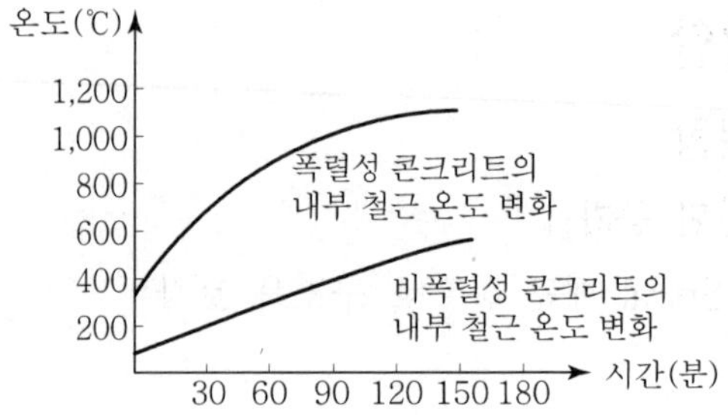

2) 내화도료 시공

3) 내화피복 시공(내화보드, 강판 부착)

4) 메탈라스 위 내화모르타르 시공

(9) 소방 설비 강화

스프링클러 등의 적용 강화

number 59 유동화 콘크리트의 특성과 품질관리

※'92, '94

1. 개 요

(1) 유동화 CON'c는 Base CON'c에 유동화제를 첨가하여 된비빔된 CON'c의 품질을 유지하면서 일시적으로 유동성을 증가시킨 CON'c를 말한다.

(2) 유동화 CON'c는 단위시멘트량과 단위수량을 감소시키면서 시공성을 확보하고 고품질 CON'c를 얻을 목적으로 많이 사용한다.

2. 유동화제의 종류와 특성

(1) 유동화제의 용도

1) Base CON'c의 품질변화 없이 Workability 개선

2) CON'c의 충전성 개선

3) CON'c의 고강도화

(2) 종 류

1) 고강도 CON'c용 유동화제 : 고강도용

2) 유동화 CON'c용 유동화제 : 작업성 개선용

(3) 유동화제 성분

1) 나프탈렌 설폰산 화합물

2) 멜라민 설폰산계 화합물

3) 시멘트 입자에 대한 분산성이 높고, 비정상적인 응결지연이나 공기 연행이 없어야 한다.

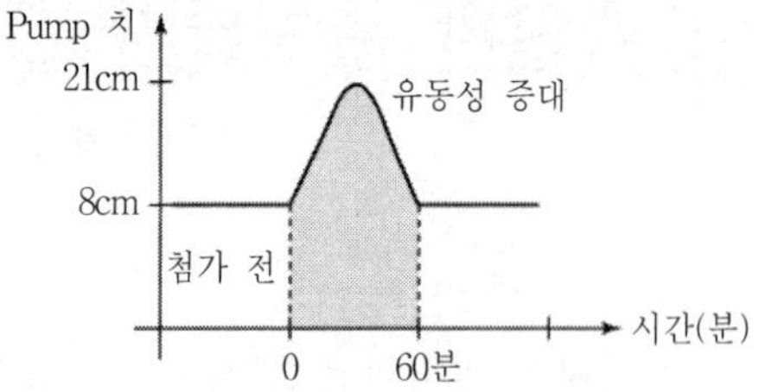

[유동화제 첨가 후 Slump 변화]

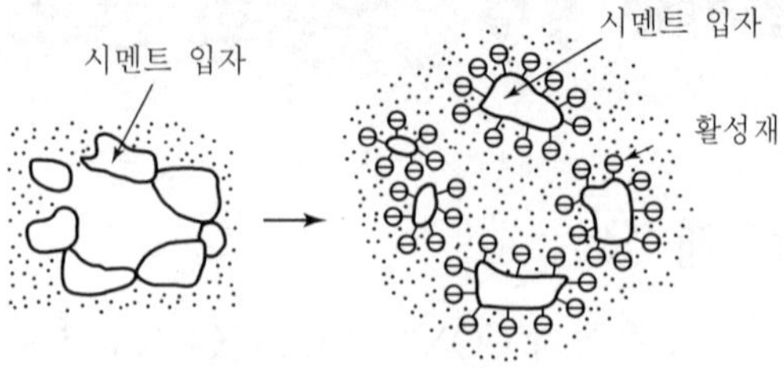

[시멘트의 분산성]

(4) 유동화제

1) 고강도 CON′c에서 일시적으로 유동성을 증대시킬 목적으로 사용한다.

2) 1시간 이내 슬럼프가 21cm까지 증대된다.

(5) AE제

1) Entrapped Air의 시멘트 입자 분산효과

2) Ball Bearing 현상으로 유동성 증대

3) 시멘트 입자의 Block 구조의 해방

(6) 유동화 CON′c의 특성

1) 장 점

① 시공성이 우수하여 타설이 용이하다.(분산성)

② 건조수축 변화가 거의 없다.

③ 수밀성이 향상되고 마무리 시간이 짧아진다.

④ 침하균열이 적고 철근 부착력이 증대된다.

⑤ 응결지연, 촉진에는 영향이 없다.

2) 단 점

① 철저한 시공관리(시간관리, 혼합배율 관리)의 유지가 필요하다.

② 유동화제의 투입공정이 늘어난다.

3. 유동화 CON'c의 제조

(1) 공장첨가 유동화

1) 레미콘 공장에서 유동화제를 첨가, 교반하여 현장으로 운반하는 방법
2) 현장과의 거리가 가까울 때 사용한다.
3) 품질이 균일하고 시공이 간편하다.

(2) 공장첨가 현장유동화

1) 레미콘 공장에서 유동화제를 첨가하여 현장에서 교반하는 방법
2) 현장과의 거리가 너무 멀지 않을 때 사용한다.

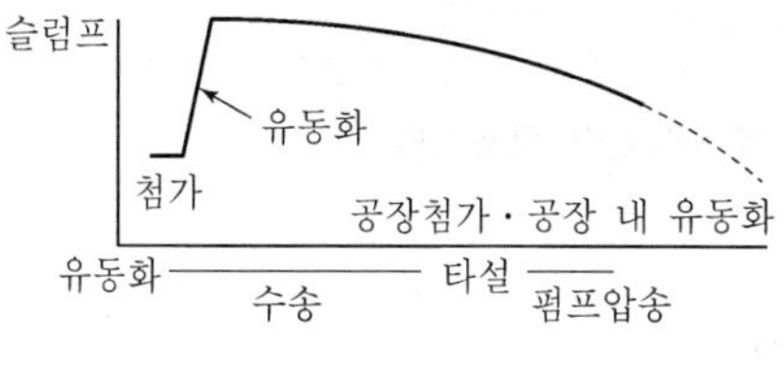

[공장첨가 유동화]

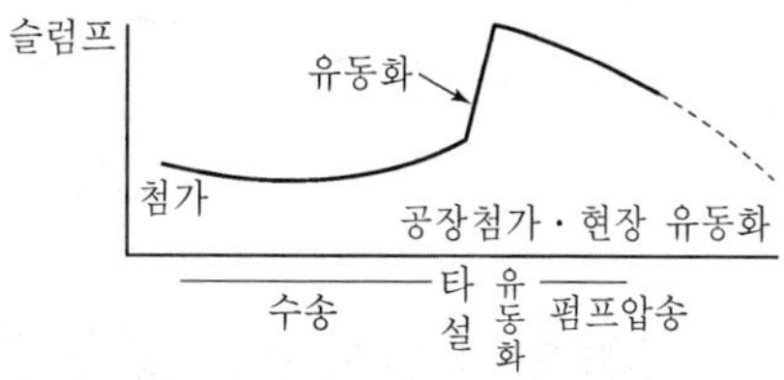

[공장첨가 현장유동화]

(3) 현장첨가 유동화

1) 베이스 CON'c를 현장으로 운반한 후 현장에서 유동화제를 첨가, 교반하는 방법
2) 현장과의 거리가 먼 경우 사용

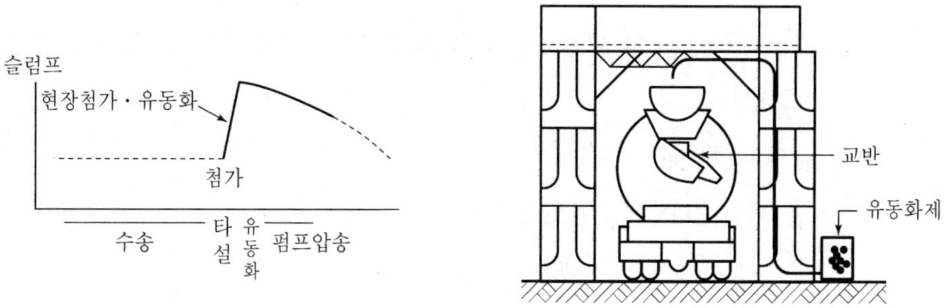

[현장첨가 유동화]

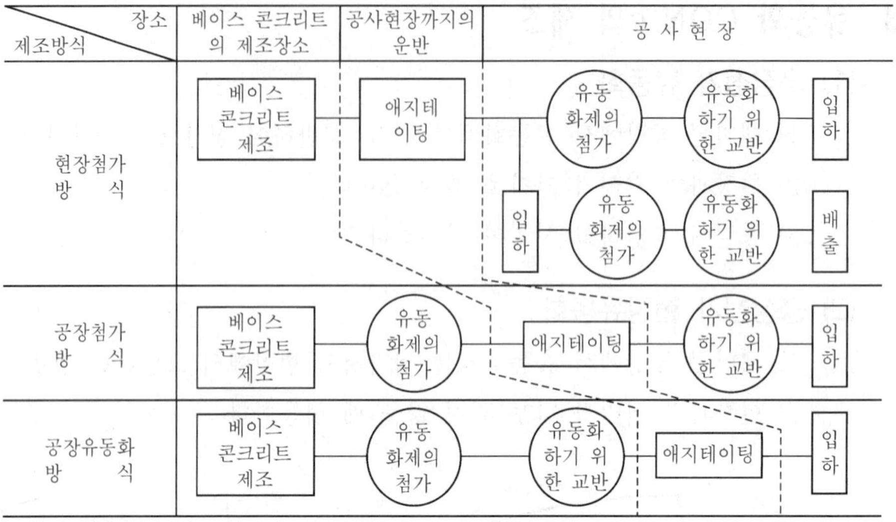

[유동화 콘크리트의 제조방법]

4. 유동화 CON'c의 품질관리사항

(1) 재료의 선정

1) Base 혼화제 및 유동화제는 유동화 후의 Workability 및 공기량의 안정성을 고려한다.
2) Cold Joint 방지 등을 위해 응결지연이 필요한 경우에는 응결지연제를 사용한다.
3) CON'c 강도저하나 내구성에 영향이 없는지를 반드시 시험하여 선정한다.

(2) 배 합

1) 유동화 CON'c의 슬럼프는 CON'c의 품질 외에 운반에 의한 슬럼프 저하 등을 고려한다.
2) 단위시멘트량
   ① 보통 CON'c : 270kg/m^3 이상
   ② 경량 CON'c : 300kg/m^3 이상
3) 단위수량 : 180kg/m^3 이하로 한다.
4) Base CON'c는 AE CON'c를 기준으로 한다.
5) 물－결합재비 : 55% 이하로 한다.

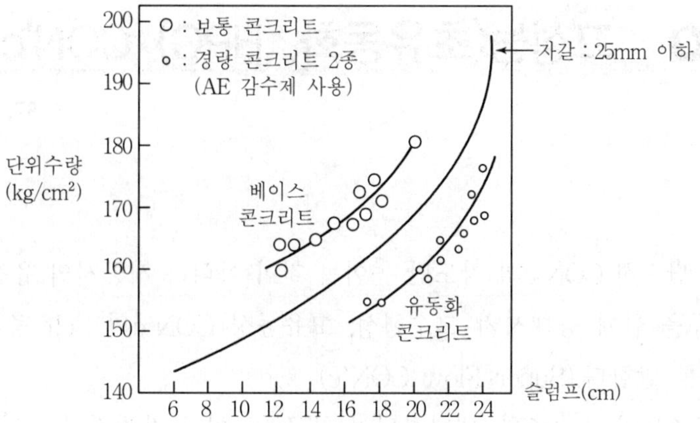

[유동화 콘크리트의 단위수량]

6) 유동화 CON'c의 슬럼프치

CON'c 종류	Base CON'c	유동화 CON'c
보통 CON'c	15cm 이하	21cm 이하
경량골재 CON'c	18cm 이하	21cm 이하

(3) 타설시 유의사항

1) 타설시간 준수
2) 유동화제 첨가로 Slump치 증가는 10cm 이하를 원칙으로 하고 보통 5~8cm 정도를 기준한다.
3) 다짐깊이는 작게, 다짐폭은 넓게 한다.
4) 콘크리트의 탈수현상에 의한 펌프의 막힘 방지가 필요하다.
5) CON'c 바닥 마무리에는 마무리 작업인원을 배치하고 타설속도를 조정한다.
6) 레미콘 공장과의 사전협의 및 배합관리 실시
7) 시험배합 실시(2% 이상시 과잉배합에 의한 재료분리)
8) 펌프의 압송속도, 타설속도, 대기시간 등을 산정하여 배합 결정
9) 유동화제 제조사의 시방과 혼합방법을 확인한 후 타설한다.
10) 현장첨가의 경우 충분한 교반실시 및 재유동화 금지
11) 유동화제 배합비를 기록하고, 품질기록표를 작성한다.
12) CON'c 타설 후 공시체를 제작하여 품질을 확인한다.

number 60 고성능(초유동화, HPC) CON'c

※'97, '00, '03, '08, '11

1. 개 요

(1) HPC란 단순히 CON'c의 강도만 높이는 것이 아니라 시공시의 유동성(작업성), 내구성 등을 함께 증대시켜 고수행성, 고유동성 CON'c의 Self 충전 기능을 갖춘 CON'c를 말한다.(Super Flow CON'c)

(2) 최근 건축물이 초고층화, 대형화되어 철근배근이 복잡해짐에 따라 작업자의 숙련도와 공법 등에 좌우되지 않고 고품질의 CON'c를 타설하기 위한 것이다.

2. 적용기준

(1) 물·결합재의 중량비는 35%이하

(2) 내구성 지수 최소 20% 이상(동결융해 300 cycle 후 80% 이상 성능유지)

(3) 압축강도

1) 타설 직후 4시간 이내 20MPa(Very Early Strength)

2) 타설 직후 24시간 이내 35MPa(High Strength)

3) 재령 28일까지 70MPa(Very High Strength)

(4) Self 충전기능

다짐없이 스스로 충전되는 Self Compacted CON'c

3. 특 성

(1) 고유동성으로 다짐이 필요 없으며 재료분리가 방지된다.

(2) 건조수축, 수화열 등에 따른 균열저항성이 크다.

(3) 시공의 편차가 없는 신뢰성 있는 구조물 축조가 가능하다.

(4) CON'c 공사의 합리화, System화가 가능하다.

(5) 고강도, 고유동성, 고내구성의 고품질 CON'c 제조가 가능하다.

4. 제 조

(1) 제조방법

1) 혼화제 첨가방법 : 고성능 감수제, 증점제를 적정량 혼합하여 제조
2) 미분말 혼화재료 사용방법 : 고로 Slag, Fly Ash 등 광물질의 미분말을 혼합하여 제조
3) 고강도 Cement 사용방법 : 고 벨라이트(Belite) 시멘트, 구상화 시멘트, 중용열 시멘트 사용 제조

(2) 배합설계 순서

설계, 시공조건 → 요구 성능 → 배합 → 유동성, 충전성, 분리저항성 → 요구 성능

- 설계, 시공조건
  - 철근배근 상태
  - 시공방법
- 요구 성능
  - 유동성
  - 충전성
  - 분리저항성
- 배합
  - 단위결합재량 설정(시멘트, 분체량 : 500kg/cm^3)
  - 단위수량 결정(170~185kg/cm^3)
  - 증점제, 고성능 감수제량 결정
  - 골재의 공극률 : 세골재율 설정(표준치 45%)

(3) 배합재료

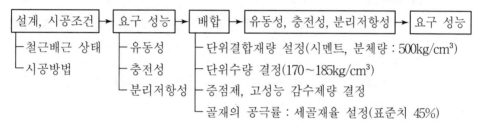

1) 결합재
   ① 3성분제 혼합 : 시멘트+Slag, Fly Ash(Slag 분말도, 6,000cm^2/g)
   ② 2성분제 혼합 : 저발열 시멘트+고벨라이트 시멘트, 구상화 시멘트

2) 고성능 감수제(AE제)
   ① 나프탈렌계의 저감형 고성능 AE 감수제를 주로 사용
   ② 시멘트나 결합재와의 상호 적합성 검토

3) 증점제(분리저감제)
   셀룰로즈계, 아크릴계, 수중 CON'c계, 고성능 CON'c 증감제로 사용

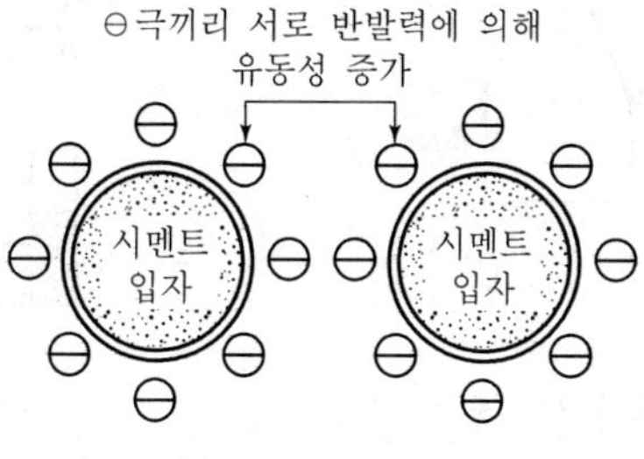

[고성능 감수제]

5. 고성능 CON'c의 성능시험 방법

(1) 고성능 CON'c의 반죽질기(Consistency, Rheological, Properties)는 유동성, 부착성, 분리저항성, 간극통과성, 충전성으로 평가(미경화 CON'c는 재료의 성질과 관찰성상 등으로 평가)한다.

(2) 성능시험 방법

1) 부착성

굵은골재, 철근, Mold에 부착하는 성질, 주로 Paste의 항복치로 평가

2) 유동성

고성능 CON'c의 변형성상의 총칭으로 항복치와 유동속도로 점도 평가

3) 충전성

① CON'c가 철근 주변부, 거푸집 주변까지 도달하는 성상으로 평가

② 유동성, 분리저항성, 간극통과성에 지배된다.

4) 분리저항성

구성재료의 비중차에 의해 저항하는 재료의 성질로 부착성과 유동성에 의해 지배된다.

5) 간극통과성

① CON'c가 철근사이, 거푸집 사이 등의 간극을 통과하기 용이한 정도

② 부착성, 유동성, 분리저항성, 철근배근 조건, 거푸집 조건 등에 지배된다.

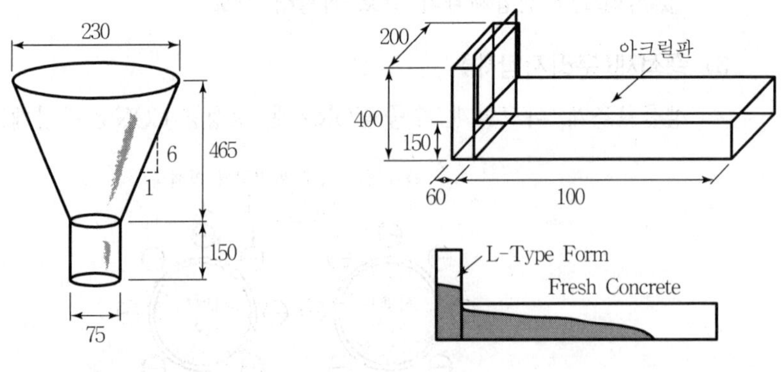

(a) O형 깔때기 시험장치 (b) L형 플로우 시험장치

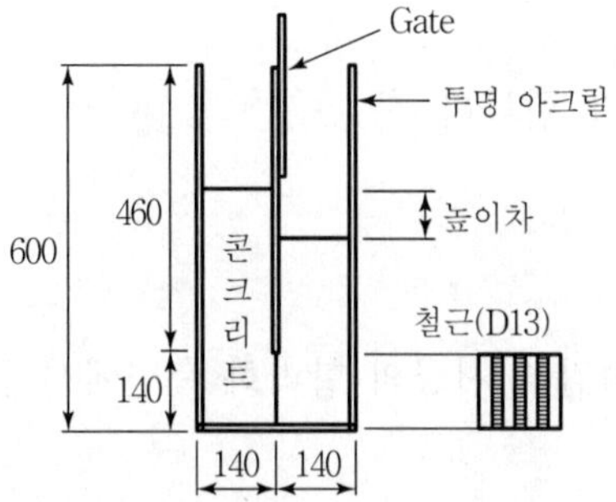

(c) Box형 간극통과성 시험장치

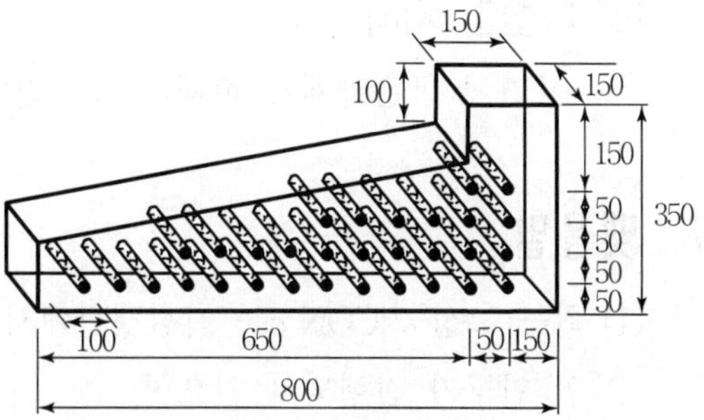

(d) 과밀배근 충전성 시험장치

[유동성 시험]

6. 제조 및 시공시 유의사항

(1) 제조, 배합

1) 특수 혼화제 사용에 따른 표면수 변동, 온도, 사용재료, 성분변화에 주의

2) 특수재료 사용시 Silo 및 계량시설 추가

3) 결합재량 증가에 따른 긴 믹싱시간 및 세척시간 필요

(2) 거푸집 설계

1) 거푸집의 강성을 보강하기 보다는 CON'c의 자중이 액체와 압력으로 작용토록 설계한다.

2) 거푸집 설계의 안전율을 재래식보다 크게 한다.

(3) 충전성 검사

타설 전 철근배근의 통과시험, 거푸집 전체의 충전성 검토

(4) Pump 압송

1) Pump 압송시 축방향의 압력이 전달되어 마찰저항이 커진다.

2) Pump관 내의 압력손실이 커서 Slump값의 저하에 주의한다.

(5) 타설높이

1) 타설높이는 크게 할 수 있으나 거푸집의 측압이 증대되므로 주의한다.

2) 타설높이는 최대 5m 이내(3m가 적당 : 재료분리 가능성 고려)

(6) 타설면 처리

표면에 굵은골재가 존재하여 표면마무리가 힘들다.

7. 맺음말

(1) 최근 고성능 CON'c는 건설생산에서 인력절감과 시공의 합리화 측면에서 급속적인 연구가 진행되고 있으며,

(2) CON'c 시공에서도 자동화가 요구됨은 물론 내구성 저하에 따른 문제점 때문에 고유동화, 고강도, 고내구성, 저발열을 동시에 만족하는 고품질의 CON'c 사용이 증대되리라 본다.

number 61 고유동(초유동) 콘크리트의 유동성 평가

※'00, '08

1. 개 요

(1) 고유동화 콘크리트는 고강도성, 고유동성, 고내구성을 갖춘 콘크리트로서 초유동성으로 인한 현장다짐이 필요 없는 콘크리트를 말한다.(Self Compacted CON'c)

(2) 고유동 콘크리트의 재료적 특성으로는 28일 강도가 70MPa 이상이고 W/C 비가 35% 이하로 유동성이 우수하며, 내구성 향상을 위해 고강도 시멘트와 실리카퓸 등을 사용하는 것이 특징이다.

(3) 고유동 콘크리트 유동성 평가방법으로는 유동성 시험, 충전성 시험(간극통과성), 분리저항성 시험 등을 들 수 있다.

2. 고유동(초유동) 콘크리트의 제조배합 및 특성

(1) 제조방법의 특성

1) 분체(혼화제)를 사용하는 방법

고성능 AE 감수제 및 특수시멘트, 플라이 애시, 고로 Slag 분말 사용

2) 분리저감제(증점제)를 사용하는 방법

고성능 AE 감수제 및 분리 저감제 사용

3) 분체와 분리저감제를 사용하는 방법

고성능 AE 감수제 및 분체와 분리저감제 사용

(2) 초유동 콘크리트 배합재료의 특성

1) 초유동 콘크리트 시멘트

① 보통 포틀랜드 시멘트(1종)+플라이 애시 또는 고로 슬래그 사용

② 분말도가 높고 구형일수록 충전율 증대

③ 고(高) 벨라이트 시멘트 사용

④ 혼합시멘트－플라이애시 시멘트 및 고로 슬래그 시멘트 사용

2) 혼화재료의 특성

① 시멘트의 입도분포, 입경, 초기 수화특성 등이 시공연도와 강도에 영향

② 플라이애시, 고로 Slag 분말, 실리카퓸 사용

3) 잔골재의 특성

① 입자 크기는 분체와 굵은골재의 중간 크기

② 미립잔골재는 0.06mm 미만인 입자로 물의 이동을 구속하는 효과가 크다.

4) 굵은골재의 특성

① 배합시 골재의 실적률 반영

② 입형과 입도분포가 콘크리트 충전성에 영향

5) 고성능 감수제의 특성

① 결합재의 분산으로 유동성을 향상시키는 화학 혼화제

② 모르타르 페이스트의 유동성은 온도의 영향을 많이 받음

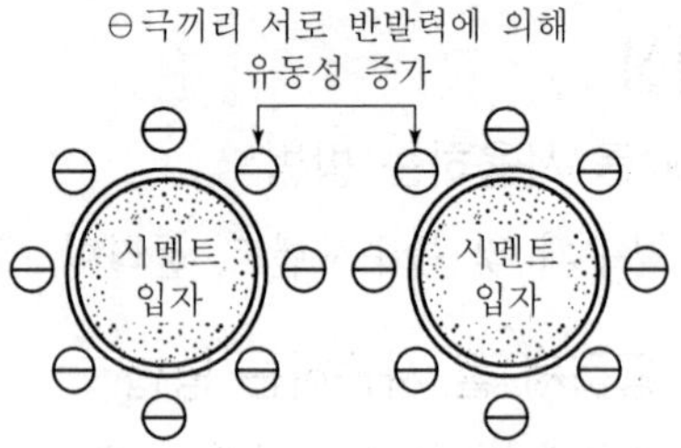

[고성능 감수제의 분산작용]

6) 분리저감제의 특성

① 모르타르와 페이스트의 점성 증대 : 분리저항성 증대

② 초유동 콘크리트의 유동성, 간극통과성, 충전성 증대

7) 레오로지 성능

① 물에 녹아서 점성 증대

② 셀룰로즈계, 아크릴계 등이 사용

3. 고유동 콘크리트의 유동성 평가방법

(1) 유동성

재료의 변형특성을 나타내는 변형저항성을 말하며, 콘크리트를 균질한 소성점도로 만드는 항복값을 말한다.

(2) 유동성 측정방법

1) 슬럼프 및 슬럼프 플로우로 측정 : 항복값(연도)의 영향평가
2) L형 플로우(속도계측)로 측정 : 항복값 및 소정점도의 영향평가
3) 깔때기 유하시험으로 측정 : ○형 및 □형으로 구분

① 깔때기 유하시험

㉠ 유동성 측정관리 ┬ 위치에너지 ⇒ 마찰에너지 + 변형에너지로 소비
　　　　　　　　└ 운동에너지 ⇒ 유하속도로 나타남

㉡ 모르타르의 점성에 다른 유동특성과 간극통과성 평가

㉢ 유하시험 측정기기 : ○형 및 □형으로 구분

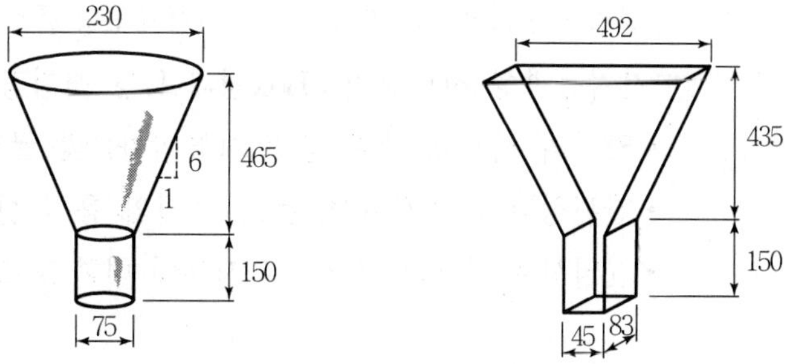

(a) ○형 깔때기 시험장치　　(b) □형 깔때기 시험장치

[깔때기 유하시간 시험장치]

② L형 플로우 시험

㉠ 유동성 측정원리 ┬ 수평이동거리(L_f) 및 수평이동시간(t) 측정
　　　　　　　　└ 수평 플로우 속도 $= L_f/t$ 측정

㉡ Bingham 유체이론

$A = B \times C$ 도입(A : 전단응력, B : 점성계수, C : 변형속도)

㉢ 점성 측정 : 전단응력이 일정하다는 조건에서 점성을 대표하는 것으로 유동성을 가장 신속히 측정하는 방법

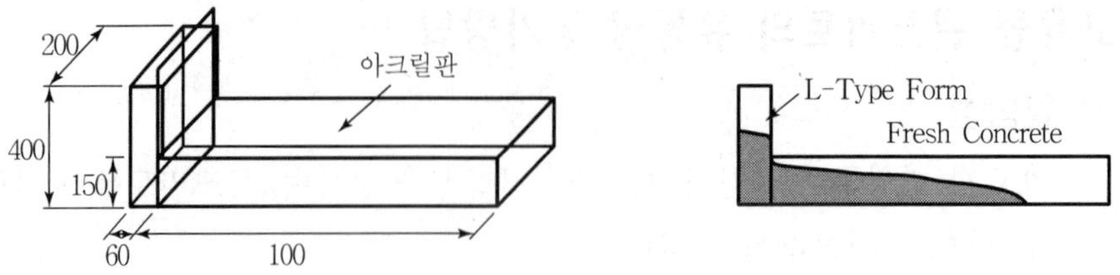

[L형 플로우 시험장치]

4. 고유동 콘크리트의 충전성 평가방법

(1) 충전성

다짐없이 자중으로 충전될 수 있는 성능을 말하며 즉, 재료분리 저항성을 저해하지 않는 성능을 말한다.

(2) 충전성 측정방법

간극통과성 시험

① 충전성 및 간극통과성 평가시험

② 측정방법에는 U형 box 간극통과성 시험과 L형 플로우 배근통과성 시험이 있다.

㉠ 간극통과성 시험장치 : Box형과 U형 시험장치

- 양단의 시료에 대한 충전성(높이차) 및 균일성 평가
- 간편성과 반복재현성, 굵은 골재의 용적 산정에 유리
- 균일성은 양단의 콘크리트 시료에 대한 모르타르, 골재 체적비를 측정

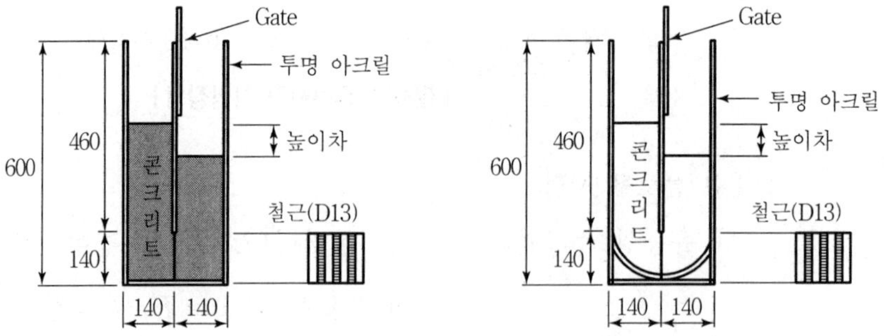

(a) Box형 간극통과성 시험장치　　(b) U형 간극통과성 시험장치

[간극통과성 시험장치]

㉡ 과밀배근 충전성 시험

- 철근 주변부와 거푸집 모서리에 콘크리트가 충전되는 상황을 관찰하여 측정
- 유동화 상황과 충전상태의 정량화가 곤란한 점이 있다.
- 슬럼프 플로우 시험과 깔때기 시험결과와 종합적으로 평가

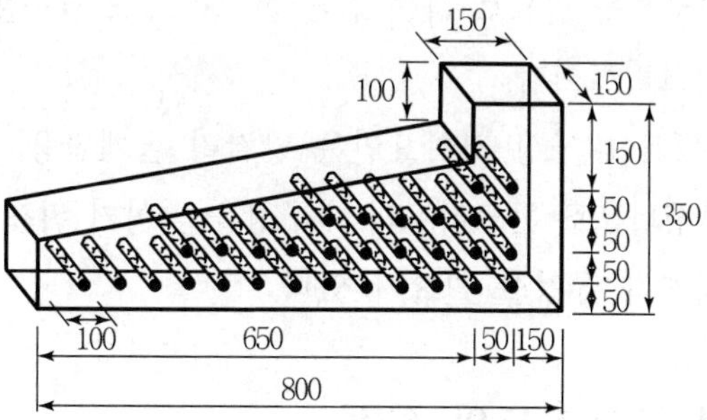

[과밀배근 충전성 시험장치]

5. 분리저항성 평가방법

(1) 재료분리의 개념

1) 배합수와 페이스트의 분리
2) 페이스트와 잔골재의 분리
3) 모르타르와 굵은골재의 분리(모르타르 매트릭스 점성 평가)

(2) 분리저항성 측정방법

1) 골재 체가름시험(슬럼프 플로우 및 간극통과성 시험 후)
2) 분리지표(SI) : 5mm 체에 5분간 정치 후 체를 통과한 모르타르 중량으로 시험 측정

6. 맺음말

(1) 고성능 CON'c는 건설생산에서 인력절감과 시공의 합리화 측면에서 연구가 지속적으로 진행되고 있으며,

(2) CON'c 시공에서도 자동화화 내구성 향상의 방안으로 고내구성과 고강도, 고유동화를 동시에 만족하는 HPC의 사용이 확대되리라 본다.

number 62 고내구성 콘크리트의 특성과 유의사항

1. 개 요

(1) 고내구성 콘크리트는 재료, 콘크리트의 품질, 시공, 피복두께 등이 규정을 강화하여 높은 내구성을 필요로 하는 철근 콘크리트조 건축물의 철근 콘크리트 공사에 적용하는 콘크리트이다.

(2) 콘크리트의 내구성 저하요인은 알칼리 골재반응, 콘크리트의 중성화, 염해 등에 의해 발생되므로 콘크리트의 내구성을 높이기 위해서는 재료선정, 배합, 시공 등에 대해 엄격히 규정할 필요가 있다.

2. 고내구성 콘크리트의 특성

(1) 고내구성 확보를 위해 재료, 배합, 타설시공 기술과 연관된 설비와 마감공사도 포함

(2) 공기와 기포 등 공극이 적어 조직이 치밀하다.

(3) 건조수축이 보통 콘크리트보다 1/2로 저하된다.

(4) Bleeding이 적어 공극발생이 감소되므로 철근의 부착력이 증대된다.

(5) 동결융해 저항성이 우수하다.

(6) 보통 콘크리트보다 수명이 길다.

[고내구성 콘크리트 품질의 목표]

항 목	품질의 목표
압축강도(표준양생)	F_c를 밑돌 확률 4% 이하, 최저강도 $0.8F_c$ 이상
건조수축률	6×10^{-4} 이하
Bleeding량	$0.3cm^3/cm^2$
내구성 지수	70 이상(300 사이클)

3. 재 료

(1) 시멘트

1) 포틀랜드 시멘트, 고로 Slag 시멘트, Fly Ash 시멘트 등을 사용

2) 시멘트의 종류는 사용, 장소별로 시방에 따른다.

(2) 골 재

1) 골재는 유해량의 먼지, 흙, 유기불순물 등을 포함하지 않고 소요의 내화성 및 내구성을 가진 것
2) 굵은골재의 종류는 자갈, 부순돌 또는 인공 경량골재를 사용
3) 잔골재의 종류는 모래, 부순 모래 또는 인공 경량골재를 사용
4) 인공 경량골재의 최대치수는 15mm, 또는 20mm로 하고, 배합 전에 충분히 흡수시켜, 표면건조 내부 포수상태에 가깝게 사용
5) 잔골재의 염분함유량(Cl^-)은 0.02% 이하로 규정

(3) 물

물은 수질검사에 의하고 회수수는 사용할 수 없다.

(4) 혼화재료

1) 감수제, AE 감수제 선택시 염화물을 함유하지 않은 것을 확인한 뒤 사용
2) 방청재, 팽창제 Fly Ash 등의 혼화재료를 사용할 때 염화물을 함유하지 않은 것을 확인하여 사용

4. 품질 및 배합

(1) 설계기준강도

1) 보통 콘크리트에서는 21MPa 이상, 40MPa 이하
2) 경량 콘크리트에서는 21MPa 이상, 27MPa 이하

(2) Slump치

1) Slump치는 12cm 이하로 하고 공사시방에 따른다.
2) 유동화 콘크리트를 사용하는 경우에는 베이스 콘크리트의 Slump치는 12cm 이하, 유동화 콘크리트의 Slump치는 21cm 이하로 한다.

(3) 단위수량 및 단위시멘트의 최소값

1) 단위수량은 175kg/m^3 이하로 한다.
2) 단위시멘트의 최소값은 보통 콘크리트에서는 300kg/m^3, 경량 콘크리트에서는 330kg/m^3로 한다.

(4) 물－결합재비

1) 일반 콘크리트 : 55~60%

2) 경량 콘크리트 : 55%

(5) 염화물량

콘크리트에 함유된 염화물량은 염소이온량으로 0.2kg/m³ 이하

(6) 콘크리트의 온도

굳지 않은 콘크리트의 온도는 타설시 3℃ 이상 30℃ 이하

(7) 시험비빔

재료, 배합, 공사의 제반조건을 고려하여 시험비빔 방법과 항목은 특기시방에 따른다.

5. 시 공

(1) 운 반

1) 콘크리트의 운반시간

콘크리트 비빔에서 부어넣기까지의 한도는 외기 25℃ 미만일 때는 120분, 25℃ 이상일 때는 90분

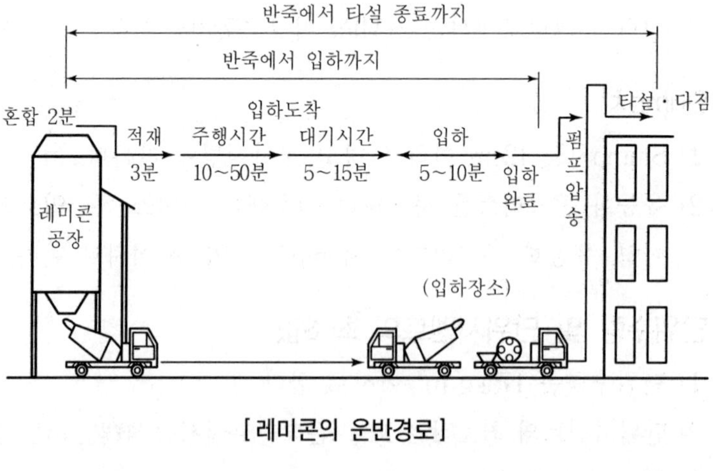

[레미콘의 운반경로]

2) 타 설

① 타설 전 준비

㉠ 콘크리트를 이어치는 경우는 이음면의 Laitance 및 취약한 콘크리트를 제거하고, 건전한 콘크리트면을 노출시킨 후 물로 충분히 습윤시킨다.

㉡ 철근, 철골 및 금속제 거푸집의 온도가 50℃를 넘는 경우, 콘크리트 타설 직전에 살수하여 냉각시킨다.

㉢ 거푸집, 철근, 이어붓기 부분의 콘크리트에 살수한 물은 콘크리트 타설 직전에 고압공기로 제거한다.

② 타 설

㉠ 한 층의 부어넣기 두께는 60cm 내외로 하고, 각 층을 충분히 다짐할 수 있는 범위의 타설속도로 한다.

㉡ 벽부분의 콘크리트는 각 부분이 항상 거의 동일한 높이가 되도록 한다.

㉢ 콘크리트의 자유낙하 높이는 재료분리가 생기지 않는 범위로 한다.

㉣ Cold Joint가 생기지 않게 연속해서 타설

㉤ 기둥, 벽 또는 보, 슬래브 콘크리트를 일체화하기 위해 기둥 및 벽의 콘크리트가 침하 종료 후에 보, 슬래브 콘크리트 타설

③ 이어붓기

㉠ 다지기는 콘크리트 봉형 진동기 및 거푸집 진동기를 주로 하고, 필요시 다른 보조기구를 사용한다.

㉡ 콘크리트 봉형 진동기는 타설장소의 단면 및 배근상태에 따라 가능한 한 직경과 성능이 큰 것을 사용한다.

㉢ 삽입간격은 60cm 이하로 하고, 재료분리가 생기지 않는 범위 내에서 충분히 다짐한다.

(2) 양 생

1) 양생방법

① 콘크리트 타설 후 직사광선과 급격한 건조를 방지하기 위해 3~7일 이상 거적 또는 포장을 덮어 수분을 보존

② 한기에 대해 적당한 양생을 하여 콘크리트의 온도를 5℃ 이상 유지

2) 양생온도

타설 후 시멘트 수화열에 의해 부재의 중심 온도가 외기온도보다 25℃ 이상 넘지 않도록 한다.

3) 진동 또는 외력으로부터 보호

콘크리트 타설 후 3일간 보행금지 및 경화 중인 콘크리트에 충격방지

6. 고내구성 콘크리트의 시공정밀도

(1) 부재의 위치 및 단면치수의 허용차

(단위 : mm)

항 목	허용차
설계도에 표시된 위치에 각 부분의 허용차	±20
기둥, 보, 벽의 단면치수의 허용차	−5, ±15
바닥슬래브, 지붕슬래브의 두께의 허용차	−0, ±15
기초 단면치수의 허용차	−5, +규정없음

(2) 철근 가공치수의 허용차

(단위 : mm)

<table>
<tr><th colspan="3">항 목</th><th>허용차</th></tr>
<tr><td rowspan="3">각 가공의 치수</td><td colspan="2">늑근, 대근, Spiral 근</td><td>±5</td></tr>
<tr><td rowspan="2">상기 이외의 철근</td><td>환강 : 표준지름 28mm 이하
이형철근 : D25 이하</td><td>±10</td></tr>
<tr><td>환강 : 표준지름 32mm 이하
이형철근 : D29 이상, D38 이하</td><td>±15</td></tr>
<tr><td colspan="3">철근가공 후 전체 길이</td><td>±20</td></tr>
</table>

(3) 피복두께

(단위 : mm)

구조 부분의 종별			피복두께
흙에 접하지 않는 부분	지붕 슬래브 바닥 슬래브 비 내력벽	실내	40mm
		실외	50mm
	기둥 보 내력벽	실내	50mm
		실외	60mm
	옹벽		60mm
흙에 접하는 부분	기둥 : 보 : 내력벽		50mm
	기초 · 옹벽		70mm

7. 맺음말

(1) 내구성 콘크리트는 고도의 내구성을 필요로 철근 콘크리트조 건축물에 이용되며, 일반 철근 콘크리트조보다 한 단계 높은 내구성을 기대할 수 있는 고성능 콘크리트이다.

(2) 이러한 고내구성 콘크리트를 얻기 위한 조건은 다음과 같다.

1) 양질의 재료를 사용
2) W/C비를 적게 하여 단위수량을 감소시킴
3) 타설시 충분한 다짐
4) 타설 후 충분한 습윤양생시킴

number 63 해양 콘크리트

※'09

1. 개 요

해양콘크리트는 항만, 해안 또는 해양에 위치하여 해수 또는 바닷바람의 작용을 받는 콘크리트로 염해를 받기 쉬운 환경이므로 콘크리트의 열화 및 강재부식에 의한 기능손상을 방지해야 한다.

2. 해양 CON'c의 문제점

(1) 물리적 침식

1) 해풍에 의한 건습의 반복

2) 파도의 충격에 의한 마모

3) 동결 융해 반복

(2) 화학적 침식

해수 중의 황산 마그네슘이 시멘트의 수화생성물과 반응하여 석고, Mg(OH)를 생성하고 체적 팽창에 의한 균열 유발

3. 해양 콘크리트 재료 선정시 고려사항

(1) 시멘트

1) 고로 Slag Cement, Flyash Cement 등의 혼합시멘트계가 좋다.

2) 내황산염 시멘트(5종)

3) 침식이 심한 경우에는 폴리머시멘트 콘크리트, 폴리머 콘크리트, 폴리머함침 콘크리트 사용

(2) Resin Concrete, Polymer 함침 Concrete

침식이 심한 위치에 적용하며 경제성에 대한 검토가 필요하다.

(3) 골 재

1) 흡수량과 팽윤성이 적을 것

2) 알칼리 골재 반응이 없을 것

(4) 강 재

1) 내염성 철근의 사용 검토 : 에폭시 도장근, 아연 도장근
2) PS 강재의 응력부식 균열에 대한 검토
3) 부식 피로 검토

(5) 혼화재료

1) 양질의 AE제, 감수제, AE감수제, 고성능감수제 등의 사용
2) 내구성과 수밀성이 크고, 균등질의 콘크리트가 얻어지도록 할 것

4. 배 합

(1) 물－결합재비

1) 내구성을 갖기 위하여 일반콘크리트보다 적은 값의 물 시멘트비를 낮춘다.
2) 내구성으로 정해지는 최소 단위결합재량(kg/m³)

환경 \ G-max	20	25	40
(a) 물보라지역, 간만대 및 해양 대기중	340	330	330
(b) 해중	310	300	280

(2) AE 콘크리트의 공기량

G-max	공기량(%)	
	심한 노출	일반 노출
10	1.5	6
15	7	5.5
20	6	5
25	6	4.5
40	5.5	4.5

5. 시공시 유의사항

(1) 철근 피복 두께

1) 보통 CON'c보다 피복증가

(2) 타설

1) Joint 계획(이어치기)

최고조위로부터 위로 60cm, 최저위로부터 아래로 60cm 사이의 간조 부분에는 시공이음이 없도록 계획한다.

2) Cold Joint 방지

3) 재료분리 방지

(3) CON'c 균열제어

(4) CON'c 표면 보호

1) 마모, 충격부분 : 완충재, 강판 보호, 고무 방충재 설치

2) 부식 방지제(방식제) 표면도포

3) 표면마감

(5) 프리캐스트콘크리트 부재 설치시 유의사항

1) 운반 : 기상조건, 해상조건 및 해상교통 상황의 충분한 사전조사가 선행되어야 한다.

2) 설치장소 : 지반의 내하력과 평탄성을 확보해야 한다.

3) 연결

① 해상에서 연결작업을 줄일 수 있는 구조물 형식 선택

② 충분한 내수성, 내염성을 가진 접합방법 사용

5. 맺음말

(1) 해양 콘크리트 구조물 시공시에는 구조물의 사용기간, 기능, 파괴손상이 기능에 미치는 영향, 보수・보강의 난이도, 자연조건, 환경조건 등을 충분히 고려하여야 한다.

(2) 시공조건이 좋지 않은 해상현장에서는 콘크리트 치기는 최대한 피하고, 프리캐스트 부재의 사용을 검토하는 것이 바람직하다.

number 64 해양 환경 콘크리트의 시공과 염해 대책

1. 개 요

해수, 해풍의 영향을 받는 해양 환경에 위치한 콘크리트 구조물은 철근 부식에 의한 내구성능 저하가 빠른 속도로 진행되므로 이에 대한 충분한 고려가 선행되어야 한다.

2. 해양 환경 콘크리트의 특성

(1) 화학적 침식 작용 발생

1) 콘크리트와 강재의 침식

$MgSo_4$, $MgCl_2$이 시멘트의 수화물과 반응

2) 해수의 화학 작용

① $Ca(OH)_2$의 용출에 의한 조직 해이

② $MgSo_4$의 침투에 의한 팽창, 균열

③ $MgCl_2$에 의한 다공질화

(2) 물리적 침식 작용 발생

1) 해풍의 건습 반복

2) 파도의 충격에 의한 마모 작용

3) 동결 융해 작용

3. 해양 환경 콘크리트의 요구 성능

(1) 소요 강도 확보

(2) 시공연도(Workability)

밀실한 콘크리트를 타설하기 위한 작업성 확보

(3) 수밀성 확보

해수와 해풍의 내부 침투 저하 및 수화열 저감에 따른 수밀성 확보

(4) 염화물 침투 저항성

(5) 동결 융해 저항성

4. 시공 상의 유의 사항

(1) 콘크리트 이음 위치 선정

만조 시 최고조위로부터 위로 60cm, 간조 시 최저위로부터 아래로 60cm 구간에는 이음을 두지 않는다.

(2) 철근 피복 두께 확보

1) 일반 콘크리트보다 피복두께 크게 유지

2) 현장 치기 콘크리트

벽체	그 외 모든 부재	
해양 대기 중	노출등급 E_{S1}, E_{S2}	60mm
해 중	노출등급 E_{S3}	70mm
물보라 지역	노출등급 E_{S4}	80mm

E_{S1} : 보통정도의 습도에서 대기 중에 염화물에 노출되지만 해수 또는 염화물에 직접 노출되지 않는 콘크리트

E_{S2} : 습윤하고 드물게, 건조되며 염화물에 노출되는 콘크리트

E_{S3} : 항상 해수에 침지되는 콘크리트

E_{S4} : 건습이 반복되며 해수 또는 염화물에 노출되는 콘크리트

(3) 타설

1) 시공이음

① 가능한 시공이음이 없도록 타설

② 초지연제 사용 연속 타설

③ 신구 콘크리트 접합면에 접착제 사용

④ 연직 시공이음부에는 지수판 설치

2) 콜트 조인트 방지

3) 재료 분리 방지

4) 균질성, 밀실성 확보

시공연도 확보와 충분한 다짐으로 공극 없이 밀실화

(4) 초기 보양

시멘트 페이스트나 모르타르가 해수에 유실되지 않도록 5일간 보양 조치

(5) 균열 제어 및 방지

1) 초기 균열이 발생하지 않도록 고려

2) 피복, 철근비 등을 고려

(6) 콘크리트 표면 처리

부식을 유발하는 결속선, 철선, 타이 등 금속류가 표면에 노출되지 않도록 조치

(7) 콘크리트 표면 보호

1) 마모나 충격을 받는 곳

완충재, 고무 방충재, 석재나 고분자계로 보호대 설치

2) 부식 방지제(방식제) 표면 도포

5. 염해 방지 대책

(1) 염해에 대한 내구성 검토와 설계

1) 염해에 대한 내구성 검토 사항

① 환경부하 : 콘크리트 표면 염화물 농도

② 콘크리트 밀실도 : 염화물 확산 계수

2) 염해에 대한 내구성 설계

$$\text{환경하중 } \gamma_{P}A_{P} \leq \text{내구성능 } \phi_{K}A_{K}$$

여기서, γ_P : 콘크리트 구조물의 환경계수

A_P : 콘크리트 구조물의 내구성능 예측값

ϕ_K : 콘크리트 구조물의 내구성 감소 계수

A_K : 콘크리트 구조물의 내구성능 특성값

(2) 재료의 선정

1) 시멘트

고로슬래그, 플라이 애시, 중용열 시멘트 사용

2) 수지계 콘크리트

심한 침식 환경에는 폴리머 시멘트 콘크리트, 폴리머 함침 콘크리트, 수지(Resin) 콘크리트 사용

3) 골재

흡수량이 낮은 중량골재로서 알칼리 골재 반응이 없는 구형 골재

4) 혼화재료

AE제 및 AE감수제, 고성능 감수제 사용

5) 철근

특수 철근 사용(방청근, 에폭시 도장근, 비철금속 철근 등)

6) 방청제 혼입

(3) 배합

1) 물-결합재비

환경 \ G-max	20	25	40
(a) 물보라지역, 간만대 및 해양 대기중	340	330	330
(b) 해중	310	300	280

2) 공기량(%)

G-max	공기량(%)	
	심한 노출	일반 노출
10	1.5	6
15	7	5.5
20	6	5
25	6	4.5
40	5.5	4.5

(4) 기타

1) 희생전극 설치

콘크리트 내부에 희생 전극을 설치하여 철근 부식을 방지

2) 콘크리트 표면 마감

① 콘크리트 표면에 방수재 등을 코팅

② 석재, 모르타르, 도장 등을 마감하여 염화물 침투 억제

number 65 AE CON'c

1. 개 요

CON'c 배합시 공기연행제(Air Entrained Agent)를 혼합하여 미세 기포의 연행작용으로 단위수량을 줄이면서 시공연도를 향상시킨 CON'c를 AE CON'c라 한다.

2. AE제의 성질

(1) 시멘트의 분말도와 단위시멘트량이 증가하면 공기량은 감소한다.

(2) 온도가 낮을수록 공기량은 증가한다.

(3) 기계비빔이 손비빔보다 증가하고 비빔시간 2~3분까지만 증가한 후 감소한다.

(4) Slump치 17~18cm까지는 공기량이 증가한다.

(5) 진동이 많을수록 공기량은 감소한다.

(6) 모래 비율$\left(\frac{S}{A}\right)$이 클수록 공기량이 증가한다.

3. AE CON'c의 특성

(1) 단위 수량이 감소하여 용적 침하가 적다.

(2) 압축강도, 철근 부착강도는 다소 감소한다.

(3) Workability가 좋아지고 재료분리 및 블리딩이 감소한다.

(4) 내동해성, 내구성(장기강도)이 증대된다.

(5) 알칼리 골재 반응이 억제된다.

(6) 수밀성이 향상된다.

(7) 수화시 발열량이 적어진다.

[공기량의 표준값, CON'c 시방서]

G-max	공기량(%)	
	심한 노출	보통 노출
10	7.5	6.0
15	7	5.5

G-max	공기량(%)	
	심한 노출	보통 노출
20	6	5
25	6	4.5
40	5.5	4.5

4. CON'c 품질에 미치는 영향

(1) 굳지 않은 CON'c

1) Workability 개선
2) 단위 수량 감소
3) 재료 분리 감소
4) Bleeding 감소

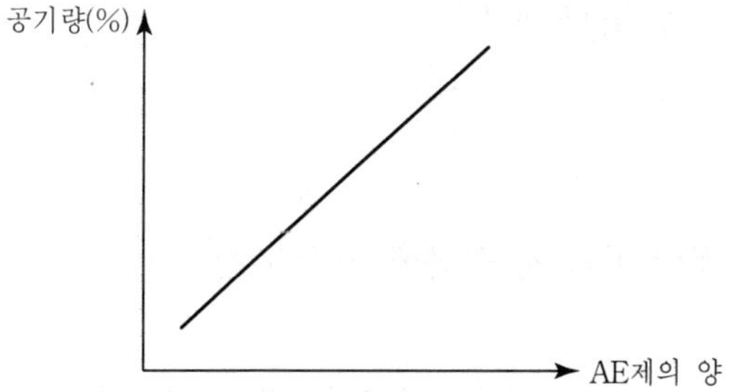

[AE제-공기량]

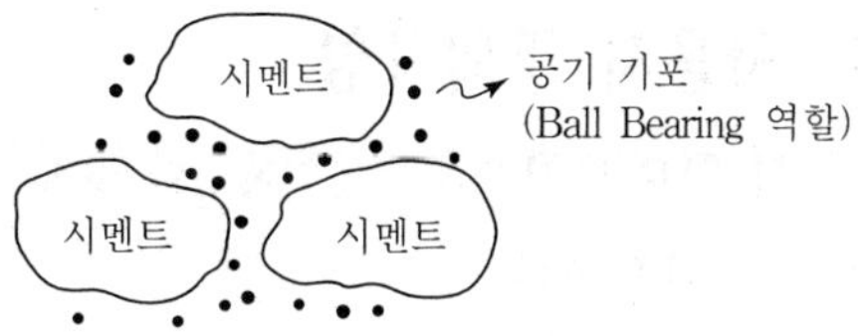

(2) 경화된 CON'c

1) 압축강도 저하
   ① 공기량 1% 증가시 압축강도는 3~4% 감소
   ② 장기 강도는 증대된다.
   ③ 강도 저하를 고려하여 AE제는 6~7% 이하를 사용한다.
2) 동해 저항성 증대
3) 내구성 향상

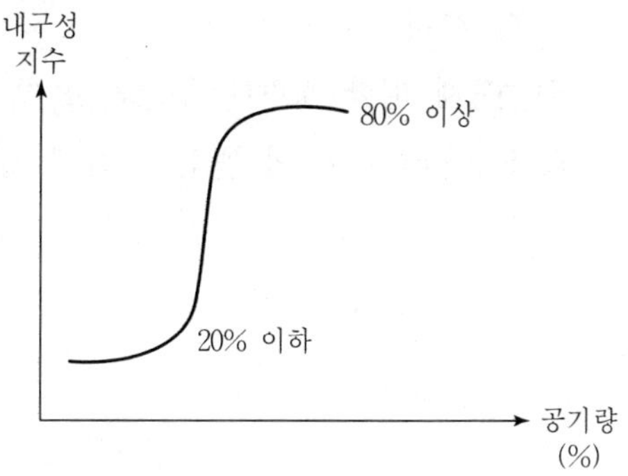

4) CON'c의 수밀성 향상

5) 중성화 반응 지연

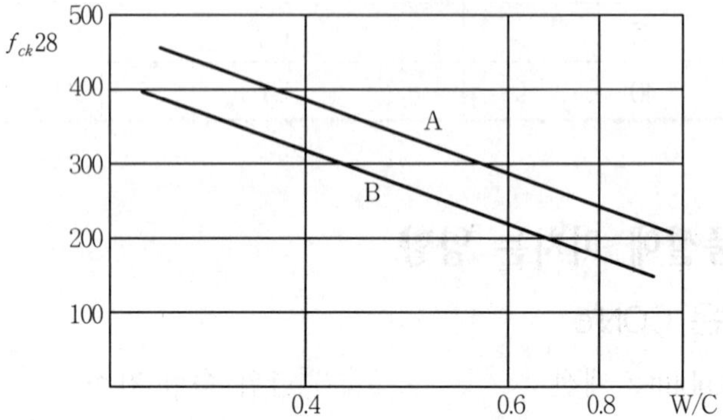

※ A : AE제 사용하지 않을 때, B : 4% 공기량

[공기량과 압축강도 관계]

5. 사용시 주의사항

(1) AE제 사용시는 CON'c의 용도와 특성에 따라 각 항목에 적합한 성능을 갖춘 것을 사용한다.

(2) 동해 저항성 증대 목적으로 사용하는 AE제는 CON'c의 운반, 붓기 도중에 기포의 안정성이 우수한 것이어야 한다.

(3) CON'c의 응결, 경화 속도에 미치는 효과에 따라 표준형, 지연형, 촉진형을 적합하게 선택한다.

(4) AE제가 CON'c의 타성질을 저하시키지 않도록 해야 하며 이에 대한 확인을 하여야 한다.

(5) AE제 배합 계량에 주의하고 계량 오차를 3% 이내로 유지한다.

(6) Entrained Air의 변화를 작게 하기 위해 잔골재의 입도를 균일하게 유지한다.

number 66 환경친화형 콘크리트(E-Co CON'c)의 종류와 특성

※'01, '02, '03, '04, '09

1. 개 요

(1) E-Co CON'c(Environmentally Friendly CON'c)는 지구 환경 부하를 감소시키며, 생태계와의 공생 및 조화를 통해 쾌적한 환경을 만드는 데 도움이 되는 CON'c를 말한다.

(2) 환경 부하를 저감시키는 것과 생물의 식생이 가능하도록 하는 생물 대응형이 있다.

2. 분류 및 용도

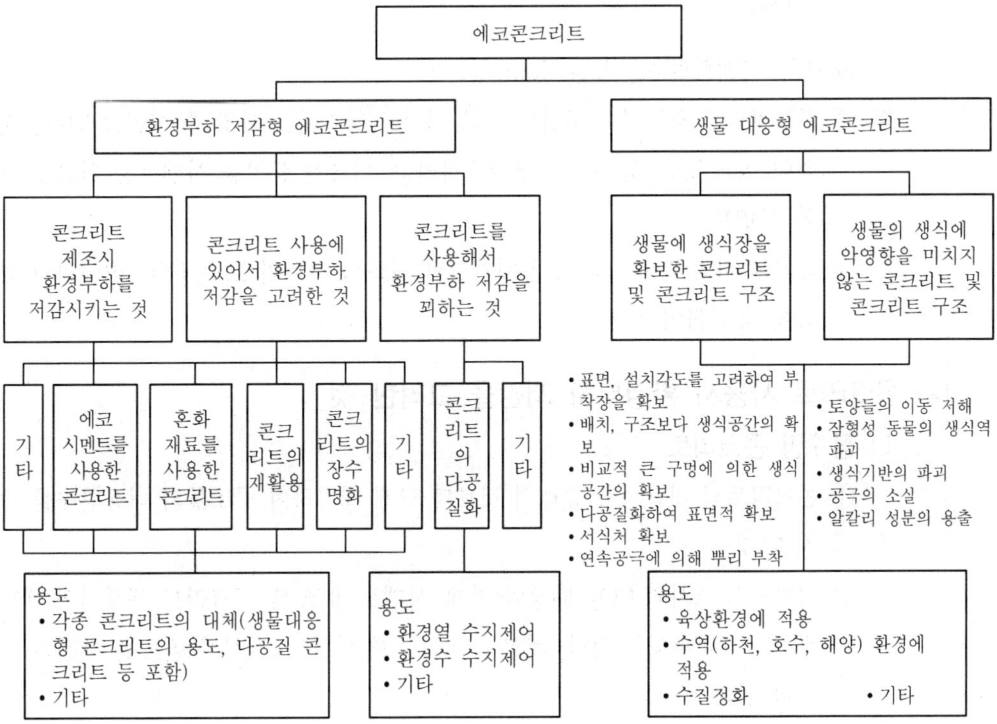

[에코 콘크리트의 분류 및 용도]

3. 환경부하 저감형

(1) 콘크리트 제조시 환경부하 감소

1) 에코 시멘트를 이용한 콘크리트

① 에코 시멘트는 도시의 각종 쓰레기 소각물, 하수오물, 산업폐기물 등을 원료로 해서 제조한 시멘트이다.

② 폐기물 처리공간의 감소, 석회석 자원보전에 기여 및 에너지의 효과적 이용 등에 유용하다.

2) 혼화재를 이용한 콘크리트

① 화력발전소나 제철공장 등지에서 발생하는 플라이애시, 고로슬래그와 같은 산업부산물을 혼화재로 이용한 콘크리트

② 시멘트 제조용 원재료의 절약, 산업부산물 혹은 폐기물의 처리공간이 축소되고, 시멘트 소성에 필요한 연료절약 및 종합적인 CO_2 배출량의 억제 등에 유효하다.

3) 재활용 시멘트(Recycling Cement)

① 콘크리트 구조물이 노후화 및 기능저하로 철거되는 과정 중 폐콘크리트를 분쇄하여 비교적 큰 입자는 재생골재화하고, 미세한 분말을 시멘트용 원료로 제조한 시멘트

② 폐기물 처리공간의 해결, 골재자원과 석회석 자원의 보존, CO_2 배출량의 감소 등에 효과적이다.

(2) 콘크리트 사용시 환경부하 저감을 고려한 것

1) 장수명 콘크리트

① 콘크리트의 내구성을 종래의 것보다 크게 개량하여 구조물의 내용연수를 증가시킨 것

② 시멘트 제조시의 CO_2 발생량 억제, 시멘트 제조 및 콘크리트 해체시의 에너지량 감소, 골재자원 절약, 폐기물 처리문제 해결, 재건설에 필요한 자원의 감소 등이 된다.

2) 재활용 콘크리트

폐콘크리트 및 골재를 재활용한 CON'c

(3) 콘크리트를 사용해서 환경부하 저감(포러스 콘크리트)

1) 다공질의 내부를 가진 CON′c로 물, 공기가 자유롭게 이동한다.
2) 투수성, 흡음성, 수질정화기능이 있고 식물을 생육시킬 수도 있다.
3) 열특성이 일반 콘크리트보다 우수함에 따라 환경부하 저감을 위해 다양하게 활용될 수 있다.

4. 생물 대응형 에코 콘크리트

(1) 녹화(식생) CON′c

콘크리트 자체나 콘크리트 구조물이 생물에게 생식장을 확보하는 기능을 갖는 CON′c

1) 암초 부착생물(해초, 전복 등)
   콘크리트 표면, 설치각도 등의 고안에 의해 부착생물의 부착면을 확보하도록 한다.

2) 암초성 생물(왕새우 등)
   콘크리트 부재의 배치, 구조 등의 고안에 의해 생물의 생식 공간을 확보해 준다.

3) 극간 생식 생물(뱀 등)
   부재 배치, 구조 등을 고안하여 생식의 공간을 확보해 준다.

4) 생태적 약자(어린 물고기 등)
   부재 배치, 구조 등을 고안하여 외부의 적으로부터 몸을 보호하도록 한다.

5) 기 타

(2) 생물 생식에 미칠 악영향을 줄인 CON′c

1) 투수성 콘크리트를 이용하여 토양수의 자유로운 이동으로 식물생육을 원활히 하는 방법
2) 작은 동물이 기어오르는 발판이 되도록 콘크리트 표면형상을 고안하는 방법
3) 알칼리의 용출로 인한 생물이 생식저하를 회복하기 위해 알칼리의 용출량을 감소시키는 방법

(3) 수질 정화 CON'c

CON'c 내부에 미생물이나 정화 식물이 부착할 수 있는 공간을 두어 오염된 하수를 정화하도록 한 CON'c

5. 맺음말

환경에 대한 관심이 높아지고 친환경 소재의 개발과 사용이 증가하면서 CON'c도 생태계에 미치는 영향을 최소화하고 환경과 인간이 공생할 수 있는 방향으로 연구와 개발이 지속적으로 이루어지고 사용도 확대될 것이다.

number 67 섬유보강 CON'c

※'93, '00, '01, '13

1. 개 요

(1) 섬유보강 콘크리트는 보강용 섬유를 혼입하여 인성, 균열 억제, 내충격성 및 내마모성을 높인 콘크리트이다.

(2) CON'c의 사용목적에 따라 여러 가지 종류의 섬유를 첨가하며, 이에 따라 역학적 특성이 달라지게 되므로 제조와 사용시 주의가 필요하다.

2. 섬유보강 CON'c의 종류와 특징

(1) 유리섬유보강 CON'c(Glass Fiber Reinforced CON'c, GRC, GFRC)

1) 정 의

고온의 용융유리에서 만든 섬유를 CON'c 내에 혼입한 CON'c

2) 특 징

① 초기강도, 인장강도, 내화성 향상

② 성형성이 우수하여 디자인이 자유롭다.

③ 가격이 고가이다.

3) 적용 대상

① 방음벽이나 차단벽용 Panel과 복합판

② 커튼 월 외벽 Panel, 영구적 형틀

③ Mini House, 내·외장재

(2) 강섬유보강 CON'c(Steel Fiber Reinforced CON'c, SRC, SFRC)

1) 정 의

잘게 절단된 강섬유를 CON'c 내에 혼입한 CON'c

2) 특 징

① 전단강도, 인장강도, 내구성, 휨강도, 동해저항성 향상

② 수축에 대한 저항력과 취성파괴에 강하다.

③ 내산성, 내알칼리성 녹방지

④ 섬유길이가 길고, 혼입량이 많을수록 충격강도 증가

⑤ 초고성능 섬유보강 콘크리트용 강섬유 인장가도는 2,000MPa 이상

3) 적용 대상

① CON'c 제품－흄관

② 도로포장용, 활주로, 터널용

③ 내화재료 및 마무리용 모르타르

(3) 탄소섬유보강 CON'c(Carbon Fiber Reinforced CON'c, CFRC)

1) 정 의

석탄 Pitch계 섬유와 Poly Acrylonitile계 섬유를 혼입한 CON'c

2) 특 징

① 내화학성, 내알칼리성, 내수성 증대

② GRC보다 충격강도가 크고 동해에도 강하다.

③ 가격이 저렴한 편이다.

3) 적용 대상

① 고성능 비구조재, 외벽용 커튼 월

② 고강도의 흄관과 쉘(Shell) 구조재

③ 항만시설 등 해양 구조물

(4) 비닐론 섬유보강 CON'c(Vinylon Fiber Reinforced CON'c, VFRC)

1) 정 의

합성섬유 Vinylon을 혼입한 CON'c

2) 특 징

① 고탄성, 내알칼리, 내산성, 강도 증가

② 접착력과 친수성 우수

③ CON'c의 연성을 증가시키고 응력을 분산시킴

3) 적용 대상

① 균열방지용 모르타르, 영구용 형틀

② 토목용 경사법면 보강재, 측도 블록

3. 섬유보강 CON'c 시공

(1) 재료와 배합

1) 유리섬유보강 CON'c

① 유리섬유의 길이는 25~40mm

② 혼입비율은 5% 이상이 되면 인장강도 저하

③ Spray법과 Pre-mix법으로 제조

2) 강섬유보강 CON'c

① 20~30mm 길이의 섬유를 1~2% 혼입

② 세골재는 50~70%, 조골재 치수는 15mm 이하

③ 단위시멘트량은 400kg/m³

④ 강섬유 혼입률

항목	시험·검사 방법	시기·횟수	판정 기준
강섬유 혼입률	KCl-SF102	품질변화가 보였을때	허용오차(%) ±0.5
강섬유 혼입률 (숏크리트)	KCl-SF103	〃	허용오차(%) ±0.5

3) 탄소섬유보강 CON'c

① Silica Fume을 충진재로 사용하면 효과 증대

② 8호 규사 이하의 미세립 골재 사용

③ 특수 Mixer를 사용하여 균일 배합

4) 비닐론 섬유보강 CON'c

① 섬유가 균일 분산되지 않으면 보강효과 감소

② Fiber Ball(섬유의 뭉침현상)이 생기면 강도 저하

③ 섬유는 반드시 일축방향으로 배치한다.

(2) 시공시 유의할 점

1) 유리섬유보강 CON'c

① 타설, 다짐, 양생방법에 따라 성질이 많이 달라지므로 주의

② 과다 혼입으로 인장강도와 휨강도가 저하되므로 혼입비 준수

2) 강섬유보강 CON'c

① 믹서투입 후 5분 이내에 혼합하여야 한다.

② 혼입으로 인해 반죽질기(Consistency)가 저하되므로 유의

③ 강섬유가 표면에 노출되면 부식되므로 방청처리를 한다.

④ 일반 CON'c보다 열전도율이 높으므로 유의

3) 탄소섬유보강 CON'c

탄소섬유 함유량이 높을 경우

① 압축강도와 CON'c 중량이 감소되므로 주의

② Slump치가 감소하므로 타설시 주의

4) 비닐론 섬유보강 CON'c

① Fiber Ball이 만들어지지 않도록 균일하게 분산시킬 것

② 섬유의 분산상태가 타설과 다짐시에도 유지되어야 한다.

number 68 노출(제치장) CON'c 시공 및 주의사항

※'00, '02, '03, '07, '08, '11

1. 정 의

(1) 노출 콘크리트란 콘크리트 표면에 마감재료를 따로 시공하지 않고 콘크리트 자체의 표면질감으로 마감하는 콘크리트를 말한다.

(2) 노출 콘크리트의 품질 관리를 위해서는 거푸집 재료 선정, 폼타이, 콘, 줄눈 재료배합비, 타설, 다짐 등 전 작업과정에서 품질관리가 필요하다.

2. 노출 콘크리트 설계시 검토사항

(1) 품질 조건 및 공사비를 먼저 결정

(2) 콘크리트 면의 질감을 결정

(3) 콘크리트 면의 분할을 결정

(4) 노출 콘크리트면의 균열 저감 대책 및 코팅 방법 결정

3. 노출 콘크리트 품질 확보 방안

(1) 색채의 균일성 확보

1) 콘크리트 사용 재료
2) 배합설계 및 제조방법
3) 거푸집 및 박리제
4) 타설방법
5) 경화 콘크리트 상태

(2) 표면 균열 발생 억제

1) 양질의 골재 사용
2) 슬럼프치를 낮추어 단위수량 저감
3) AE감수제나 고성능 AE감수제 사용으로 단위수량 저감
4) 팽창제나 수축저감제를 사용하여 콘크리트 건조수축 저감

(3) 콘크리트 충진성 및 재료 분리 방지

1) 현장도착 콘크리트 슬럼프 준수
2) 지연제 또는 고성능 AE 감수제 사용에 의한 슬럼프 준수

3) 골재는 가능한 작은 치수를 사용하여 골재 폐색 방지
4) 레이턴스 및 블리딩이 작게 발생하는 배합설계
5) 모르타르 충진성 향상 및 골재 분리 방지를 위한 잔골재율 증가

(4) 내구성능 향상

1) 가능한 물-결합재비를 낮추어 고강도 밀실 콘크리트 제조
2) 규정 공기량 확보로 동결융해 저항성 향상
3) 경화 전 콘크리트 내 염소이온 총량 규제 준수로 철근부식 발생 억제
4) 피복두께 통상기준보다 10mm 정도 증가시킨다.

4. 노출 콘크리트 시공 계획

(1) 재료 배합

1) 슬럼프치는 18cm 정도가 적당하다.
2) 단위수량을 줄여 건조수축 방지가 되도록 설계한다.
3) 부재단면, 피복두께, 철근간격 등을 고려하여 배합설계를 한다.
4) 슬럼프나 공기량의 변화가 최소화되도록 배합한다.
5) 고성능 AE 감수제를 사용한다.
6) 시멘트는 동일회사, 동일제품으로 사용한다.

(2) 거푸집 재료 및 제작 시공

1) 코팅 합판 18mm 사용

2) 폼타이, 콘 사용시 누수 녹 발생 방지

① 관통형 폼타이 : 누수 대책
② 매립형 폼타이 : 녹발생 대책

3) 줄눈 크기와 나누기

줄눈 재료의 재질, 크기, 나누기의 섬세한 검토

4) 거푸집 분할

거푸집은 가능한 횡이든 종이든 한방향으로 절단없이 전체를 사용하는 것이 바람직하다.

(3) 철근배근 및 피복두께

1) 노출 콘크리트의 피복두께는 일반시보다 10mm 크게 하고 줄눈이 있을 경우는 줄눈두께를 더한 것으로 한다.
2) 노출면에는 가능한 스페이서를 끼우지 말고 비노출면에 스페이서를 끼운다.

(4) 콘크리트 타설 시공

1) 기둥이나 벽체는 트레미관이나 트레미 호스를 이용하여 타설하고 Cold Joint가 생기지 않도록 한다.
2) 진동 다짐은 처음은 50~60cm 간격으로 이동하면서 삽입하고 한 장소에서 10~15초 동안 사용한다.
3) 거푸집은 두들기지 말고 목재부분을 두들긴다.
4) 운반시간 지연이나 타설시 Cold Joint나 굵은 골재의 재료 분리가 발생하지 않도록 한다.

5. 노출 콘크리트 시공시 품질 관리사항

(1) 부재 모서리의 직선 정도

노출면의 소재감을 살리기 위해서는 모서리의 직선 정도가 중요하다.

(2) 콘크리트 면의 평활도

노출 콘크리트 면은 배부름이나 변형이 없이 평활해야 한다.

(3) 거푸집 분할

거푸집 분할은 규칙적인 규격과 방향이 중요하다.

(4) 콘크리트 질감

콘크리트 면은 곰보 등이 없어야 하고 표면 색깔 또한 균일해야 한다.

(5) 균열 발생

콘크리트 표면에 건조수축 균열이 발생해서는 안 된다.

(6) 표면상태

피복 두께, Cold Joint, 허니컴, 재료분리 등이 없도록 표면 처리가 되어야 한다.

number 69 PSC(Prestress CON'c) 특성과 제작방법(Pre-tension, Post-tension)

※'00, '02, '04

1. 개 요

PSC란 PC 단면에 미리 고장력 강선으로 인장력을 가하여 만든 CON'c로 경량 PC 부재, 교량 등에 사용되며, PC형 공법에 의한 고강도 PC 제품생산에도 사용이 확대되고 있다.

2. PSC의 장단점

(1) 장 점

1) 부재의 강도가 크고 경량이며, 탄력성과 복원성이 크다.
2) 균열발생이 적고 거푸집공사, 가설공사가 축소된다.
3) 장 Span 구조물이 가능하다.
4) 공장생산에 의한 공업화가 가능하다.

(2) 단 점

1) 내화성이 부족하다.
2) 생산설비비가 높다.
3) 규격화에 따른 현장 적용성이 낮다.

3. PSC 공법의 제작법

(1) Pre-tension 공법

1) 개 념

PC 강현재에 미리 인장력을 주어 긴장시키고, CON'c 타설 후 경화가 되면 긴장을 풀어 압축력이 생기게 한 공법으로 설계기준강도 35MPa이다.

2) 공법의 종류

① Long Line 공법

PSC 강재를 긴장시켜 배치한 후 그 사이에 여러 개의 거푸집을 설치하여 동시에 여러 개의 부재를 생산한다.

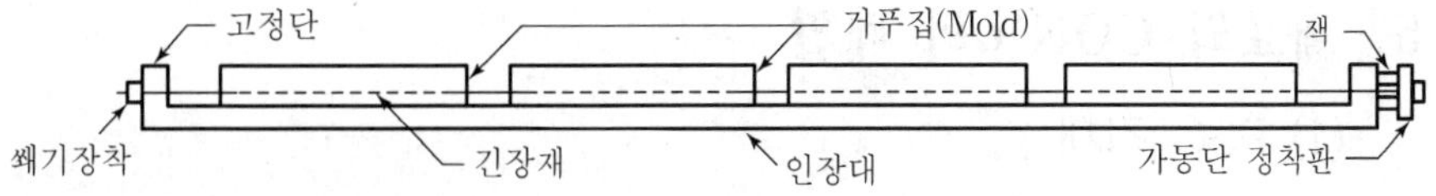

② 단일 거푸집 공법(Individual Mold)

Long Line 공법과 달리 1회에 1개의 부재를 생산하는 방식

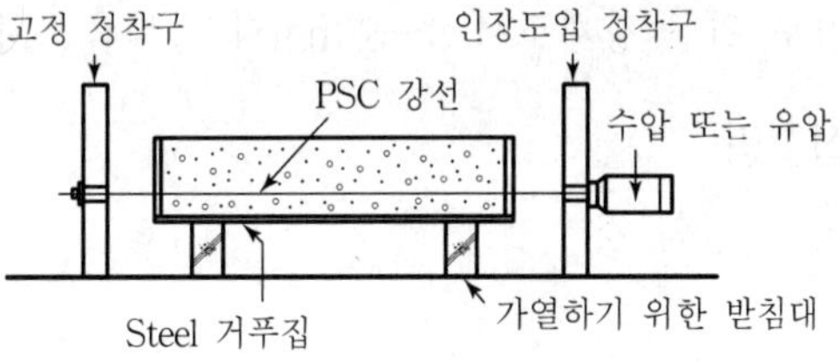

③ 앵커드 Pre-tension 공법

④ Pre-post 병용방식

3) 적 용

소규모 벽판, PC 조립 부재, T형 Slab 등

(2) Post-tension 공법

PC 단면 내부에 Sheath관을 설치하고 CON'c를 타설하여 경화한 후 Sheath관 내에 강선을 넣고 긴장시킨 다음 Grouting을 실시하여 2차 경화시키는 방식

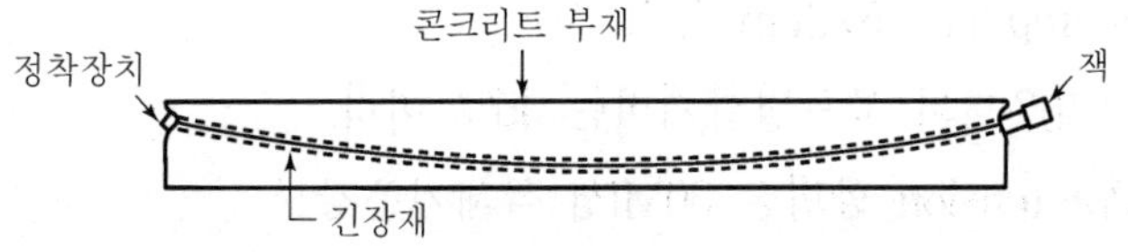

4. PS 강현재의 정착방법

(1) 강봉일 경우

나사 정착방법을 적용

(2) 강선일 경우

1) 프레시네(Freyssinet) 공법　　2) MDC 공법

5. 재료와 CON'c의 배합

(1) PSC 강재

1) PS 강선

Piano선으로 2~8mm 단강선과 2.9mm 두 가닥을 꼬아 만든 선이 있다.

2) PS 강봉

고강도 원형 강재로서 8~32mm의 강봉을 사용한다.

3) 용접철망

4mm 이상의 것

(2) 시멘트

1) 압축강도가 크고 건조수축이 작은 것
2) 보통 포틀랜드, Fly Ash 시멘트 사용

(3) 골 재

1) PS 강선 사이를 통과할 수 있는 크기
2) 잔골재의 염화물을 0.02~0.04% 이하
3) 조골재는 25mm 이하, 세골재는 12mm 이하

(4) 배 합

1) Slump치는 5±2cm 유지
2) 그라우트의 물－결합재비는 45% 이하
3) Pre-tension 공법은 30MPa 설계기준강도

6. 맺음말

(1) PSC는 Creep 변형이 적고, 복원력이 뛰어나 대규모 장 Span의 건물에 유용하게 적용될 수 있으며,

(2) 기존 CON'c의 습식공법 한계를 벗어나 기계화되고, 고강도 성능을 가진 구조물을 완성하는 데 이점이 있으므로 PSC의 제작방법에 대한 지속적인 연구와 개발이 뒤따라야 할 것이다.

number 70 진공 배수 콘크리트 시공방법과 시공시 고려사항

※'78, '81, '91, '99, '01

1. 개 요

(1) 진공 배수 CON'c 공법은 콘크리트를 타설하고 굳기 전에 진공매트와 진공펌프를 이용하여 경화에 필요한 수분 외의 잉여 수분을 제거하면서 다짐을 하여 콘크리트의 공극을 줄이고 강도를 증대시키는 방법이다.

(2) 진공 CON'c는 초기강도뿐 아니라 장기강도, 마모저항, 동해저항 등이 증가하여 경화 수축량이 감소한다.

2. 진공 CON'c의 특징

(1) 초기, 장기강도의 증대

진공 시공에 의해 잉여수가 감소되어 다지기 작용이 시작되면 콘크리트의 초기강도는 2배 정도, 장기강도는 1.2배가 증가된다.

(2) 경화 수축량의 감소

1) 진공 처리한 후 CON'c의 수축량은 경화 초기뿐 아니라 경화 후에도 감소한다.
2) 재령 28일에서의 경화 수축량의 감소는 20% 정도이다.

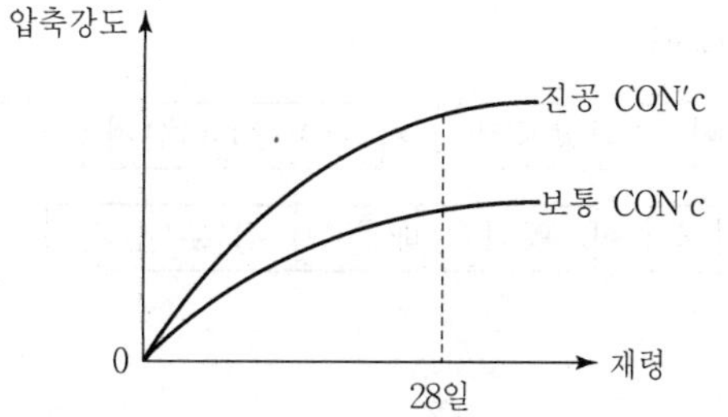

[압축강도와 재령과의 관계]

(3) 표면경도의 증대

바닥슬래브의 강도 증대 : 재령 3일째 Schumidt Hammer에 의해 경도 반발시험을 한 결과 진공 시공 CON'c의 표면경도가 증가함을 알 수 있다.

항 목	진공시공	보통시공
	타설 물－결합재비=50%	타설 물－결합재비=50%
반발도	24	14

(4) 마모저항의 증대

1) 진공시공에 의해 표면강도가 증가하면 마모저항이 증대한다.

2) 댐 CON'c의 표층 콘크리트에 진공 시공은 마모저항성 때문이다.

(5) 동해에 대한 저항의 증대

콘크리트 내에 함유되어 있는 수분을 대기압을 통해 빨아올려 밀실한 다짐을 하므로 동해에 대한 저항이 증대된다.

3. 진공 콘크리트의 용도

(1) 포장 콘크리트

(2) 댐 콘크리트

(3) 건축물 콘크리트 슬래브 타설용

(4) 콘크리트 PC 제품

4. 진공 콘크리트의 시공

(1) 시공 Flow Chart

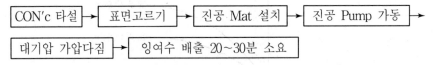

CON'c 타설 → 표면고르기 → 진공 Mat 설치 → 진공 Pump 가동 →

대기압 가압다짐 → 잉여수 배출 20~30분 소요

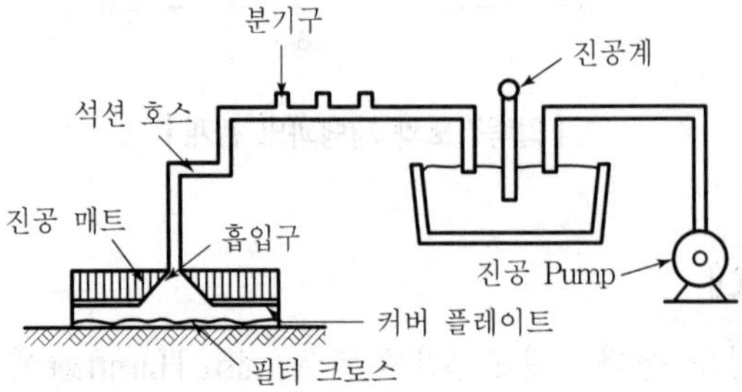

[Vacuum CON'c]

(2) 시공방법

1) 콘크리트 타설 및 표면 고르기

① 표면진동기는 수평이동 가능한 장치로서 전기배관, 철근에 지장이 없도록 사전 점검한다.

② 끌기 속도는 분당 1~1.5m

③ 15cm 이상의 두께일 때 보조적으로 Packet Vibrator 사용

2) 진공 Mat 설치

콘크리트면에 진공 Mat를 씌워 이를 물 분리조를 통해 펌프에 접속

3) 진동 Pump의 가동

진동 Mat의 Filter Cloth와 비닐판의 공간은 점차 감압되어 공간의 감압도와 대기압의 차이에 상당하는 대기압의 진공 Mat에 작용하여 콘크리트를 내리눌러 다진다.

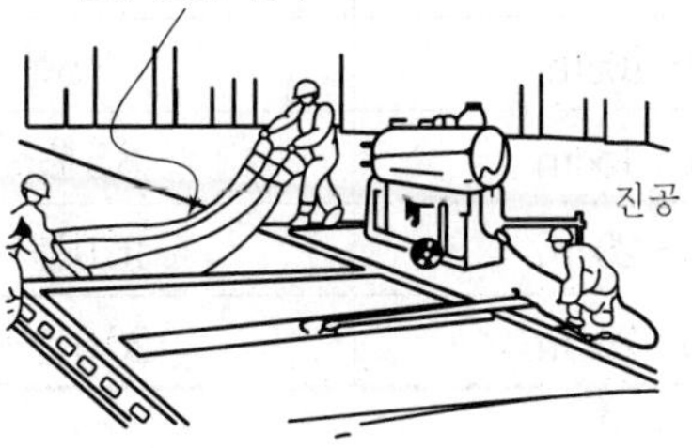

[진공배수]

4) 수분흡인 제거

① Slab 두께 1cm당 약 2분 정도 탈수

② Filter Cloth → 진공 Mat의 공간 → 비닐판의 표면 → Suction Hose → 물분리조 안에 흡인

5) 대기압의 가압다짐

진공 Mat를 통해 콘크리트면에 고루 작용하여 콘크리트를 가압 다짐하는데, 대기압은 6~8ton/m^{2}이다.

5. 진공 CON'c의 시공시 유의사항

(1) 콘크리트면과 진공 Mat의 밀착

진공 Mat의 필터크로스와 비닐판의 공간이 점차 감압되어 공간의 감압도와 대기 압차에 의한 공간 Mat가 작용할 수 있게 CON'c면과 밀착시킨다.

(2) 진공 Mat의 가압시

진공 Mat를 통해 CON'c 면에 골고루 작용하여 CON'c를 가압시킨다.

(3) 진공 시공 시간

1) 콘크리트 타설 직후부터 시작하여 콘크리트 경화 직전에 마치도록 한다.
2) 두께 20cm 포장 CON'c일 경우 20~25분, 겨울 40분 정도 소요

콘크리트 두께	진공 작업시간
5cm 이내	0.75분×두께
6~10cm	3.5분~1분×(두께와 5cm의 차)
11~15cm	8.5분~1.5분×(두께와 10cm의 차)
16~20cm	16.0분~2.0분×(두께와 15cm의 차)
20~25cm	26.0분~2.5분×(두께와 20cm의 차)

number 71 수밀 콘크리트

※'12

1. 개 요

(1) 수밀콘크리트는 물이 콘크리트 내부로 침투하기 어렵도록 밀실하게 만들어 수밀성을 증대시킨 콘크리트이다.

(2) 수밀성은 콘크리트 내의 공극률과 깊은 관계가 있고, 콘크리트 공극률의 크기가 수화율과 같으면 주로 물시멘트비의 크기로 정해지기 때문에 물시멘트비를 55% 이하로 유지한다.

(3) 충전 물질을 사용하여 물, 공기가 차지하는 공극을 가능한 적게 하거나, 방수성 물질을 사용하여 표면에 방수 도막층을 형성시켜 방수성을 높이기도 한다.

2. 콘크리트의 수밀성 지표와 수밀콘크리트의 특성

(1) 수밀성 지표

1) 흡수율
2) 투수계수
3) 물의 확산계수

(2) 특 성

1) 내수성 증대
2) 내화학성 증대
3) 투수 저항성 증대
4) 부식 저항성 증대

3. 품질관리 사항

(1) 재 료

1) 분말도가 큰 시멘트 사용
2) 시멘트는 풍화되지 않은 양질 제품을 사용

3) 유해물 함유가 없고 입도가 양호한 골재 사용

4) 유해 불순물, 기름, 산 등이 포함되지 않은 순수한 물 사용

5) 혼화재료는 AE제, AE 감수제, 고성능 감수제 사용

(2) 배 합

1) 물-결합재비

① 물-결합재비는 55% 이하로 유지
55%를 초과하면 급격하게 투수성이 커짐

② 단위수량을 가능한 적게 유지

2) 슬럼프값

18cm 이하로 하고 타설이 용이할 경우에는 12cm 이하로 한다.

3) 공기량

공기량은 4% 이하로 한다.

4) 단위 시멘트량과 굵은 골재 치수

가능한 배합량을 늘리고 굵은 골재 치수도 증대시킨다.

[수밀콘크리트의 미세 조직]

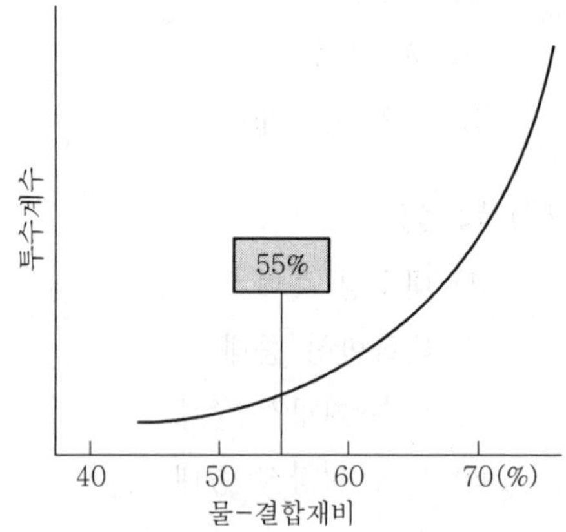

[물시멘트비와 투수계수의 관계]

(3) 타설

1) 시공이음

① 시공이음을 두지 않는 것이 원칙이나 부득이한 경우 계획하에 둔다.

② 시공이음부에는 지수 처리(지수판 설치 등)를 한다.

2) 콜드조인트 방지

콜드조인트가 발생하지 않도록 연속 타설한다.

3) 재료분리 방지

재료분리가 없도록 다짐을 철저히 한다.

4) 방수재 사용

① 방수제 사용시에는 사전에 시험을 실시하여 효과를 확인한다.

② 방수제로는 소석회, 석분 등을 첨가하고 표면 방수시에는 실베스터 방수를 한다.

5) 블리딩 감소 조치

거푸집 조임재 하부에 블리딩 수가 고이지 않도록 한다.

6) 양생 및 균열 방지

① 균열이 발생되지 않도록 건조수축 제어

② 신동, 충격으로부터 보호 조치

③ 급격한 건조로부터 보호하고 충분한 습윤 양생

④ 수화열 제어

⑤ 적정 양생 온도 유지

number 72 수중 CON'c 시공과 주의사항

※'02

1. 개 요

(1) 수중에서 CON'c의 작업이 이루어지게 되면 작업의 난이도도 높고 CON'c의 품질을 유지하기도 어려워진다.

(2) 따라서 소요 규격의 품질을 유지하기 위해서는 CON'c의 재료와 배합이 일반 CON'c와 다르고 타설시에도 특별한 주의가 요구된다.

2. 수중 CON'c의 문제점

(1) 재료 분리 발생

1) 일반적으로 타설 높이가 높다.

2) 부력에 의한 골재와 시멘트 Paste의 분리가 심하다.

3) 유속이 빠를수록 분리 현상이 커지게 된다.

(2) CON'c 품질 저하

1) CON'c의 소요 감소 저하

2) 물과 혼합되어지면서 Slump치가 높아진다.

3) Cement Paste의 누출

4) 품질 확인 곤란

(3) 부착력 저하

(4) 해수 중에서 염해 발생

(5) 작업 조건 난이

3. 수중 CON'c의 대책

(1) 재료 선정

1) 시멘트

① 분말도가 높은 시멘트 사용

② 해수 중 타설시에는 내황산염 시멘트 사용

2) 골 재

비중이 큰 골재 사용

3) 혼화재료

① Fly Ash나 고로 Slag 사용

② 감수제 사용 필수 : AE제 AE 감수제

③ 수중 불분리성 혼화제(분리저감제) 사용

(2) 배 합

1) Slump치 21cm 이하로 유지

2) 물－결합재비 : 55% 이하(일반수중 콘크리트)

3) 단위수량 : 최대 200kg/m^3, 단위결합재량 : 370kg/m^3 이상(일반수중 콘크리트)

4) 굵은 골재 최대치수는 20mm 또는 25mm가 표준

(3) 타 설

1) 철근과 거푸집

① 철근

해수일 경우 방청도장, 에폭시 도장, 아연도장 근을 사용해 염해 저항성을 증대시키는 것을 고려

② 거푸집

수압과 유속에 견딜 수 있을 정도로 견고히 부착하고 Mortar 누출 방지용 시설을 한다.

2) 타설방법

① Tremie 타설

㉠ 관의 선단은 항상 CON'c 속에 매입되어(30cm) 타설

㉡ 타설 속도를 적당하게 유지

② Pre-pact 타설

㉠ 시공의 확실성과 품질 확보에 유리하다.

㉡ 주입관은 항상 Mortar 내에 있도록 한다.

3) 타설시 주의점

① 수중에 직접 CON'c가 낙하되지 않도록 한다.

② 철근 최소 피복은 10cm 정도를 유지한다.

③ Paste 누출 방지

거푸집 외부에 모래 자루, 점토 등으로 밀실하게 막아 둔다.

④ CON'c 타설 도중에 Form 내부에 물의 유속 변화가 없도록 한다.(정수 중 타설 5cm/sec 이하)

⑤ 타설된 CON'c는 24시간 정지 상태로 유지하여 초기 응결시킨다.

⑥ Tremie관을 항상 CON'c 내부에 위치

⑦ 타설 높이는 설계 높이보다 여유 있게 한다.

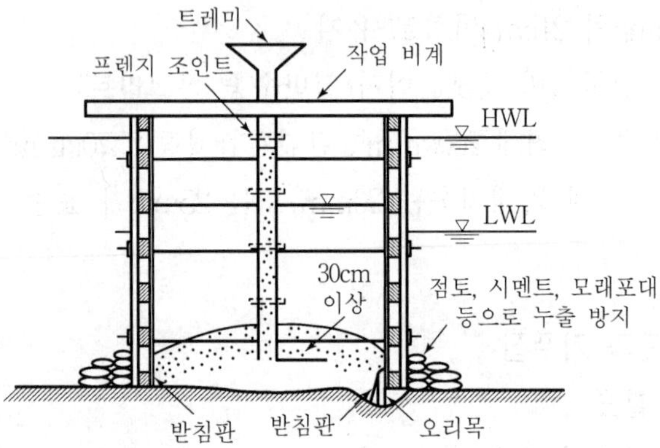

[트레미에 의한 수중 콘크리트]

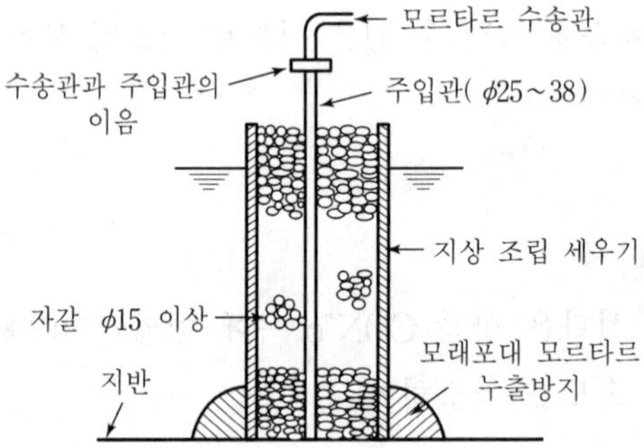

[프리팩트 콘크리트]

number 73 숏크리트(Shotcrete)

※'13

1. 개 요

숏크리트(Shotcrete)는 콘크리트나 모르타르를 공기압을 이용하여 압송하고 뿜어 붙이는 시공방법으로 콘크리트를 타설하기 어려운 장소에 사용한다.

2. 숏크리트(Shotcrete)의 효과와 용도

(1) 효과

1) 암반과의 부착력을 높여 균열에 대한 저항
2) 압축, 휨, 축력에 대한 저항
3) 연약층 보강
4) 지반 응력의 배분
5) 지반 피복
6) 지반 보호 및 우수 침투 방지

(2) 용도

1) 모르타르 뿜어 붙이기
   비탈면 보호, 터널 및 기타 구조물의 라이닝
2) 콘크리트 뿜어 붙이기
   비탈면 보호, 터파기(흙막이)면 보호, 터널의 1차 복공

3. 건식공법과 습식공법

(1) 건식공법

1) 물을 혼합하지 않은 건비빔된 재료를 노즐에서 물과 함께 압축공기로 분사하여 뿜어 붙이는 공법
2) 500m 정도 장거리 압송이 가능하나 반발률이 30~35%로 높다.

(2) 습식공법

1) 믹서로 재료와 물을 함께 혼합하고 압축공기로 분사하여 뿜어 붙이는 공법
2) 시공능률이 좋으나 장거리 압송이 어렵다.

[숏크리트 건식공법과 습식공법 비교]

구분	건식공법	습식공법
콘크리트 품질관리	어려움	쉬움
운반시간 제약	없음	있음
분진 발생	많음	적음
리바운드량	많음	적음
압송거리	장거리	단거리
청소, 유지보수	쉬움	어려움

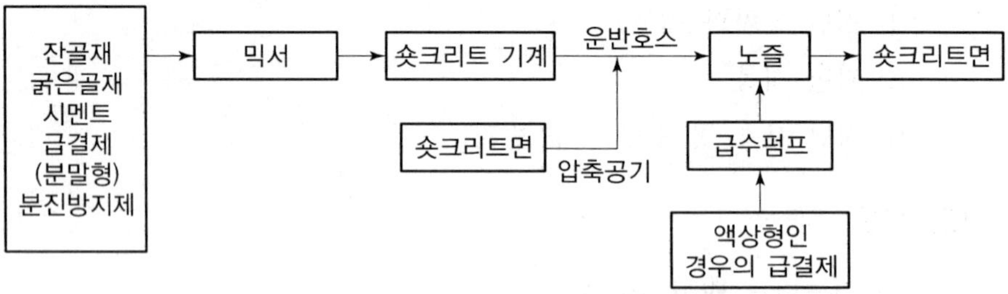

[건식공법]

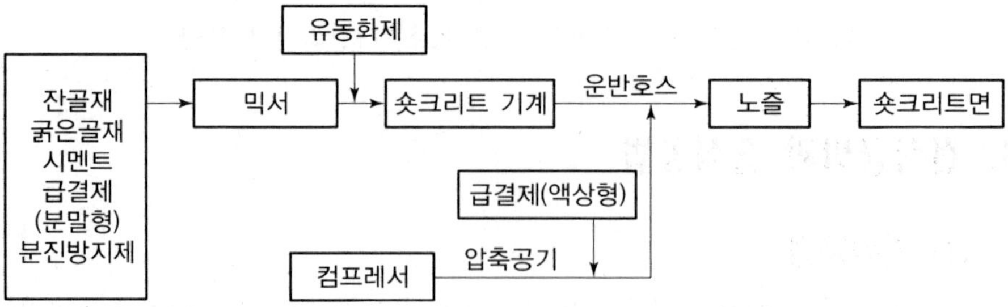

[습식공법]

4. 재료 및 시공

(1) 재료

현장에서 0.2m² 정도 뿜어 반발량을 계량 · 산출한다.

(2) 배합

Slump는 12Cm 이상

(3) 시공

① 1회 타설두께는 100mm이내(아치 및 측벽부)

② 뿜어 붙이는 거리와 압력 유지

(4) 초기강도 표준값

재령	초기강도(MPa)
24시간	5~10
3시간	1~3

5. 리바운드(Rebound) 저감방법

(1) Rebound률 측정

현장에서 0.2m² 정도 뿜어 반발량을 계량 · 산출한다.

탈락(Rebound)률=(반발재 전 중량)/(타설재료 전 중량)×100%

(2) Rebound 저감법

1) 벽면과 직각으로 분사
2) 일정한 분사압력 유지
3) 부착면을 거칠게 처리
4) 13mm 이하 골재를 사용
5) 단위시멘트량을 높이고 접착제 사용
6) 0℃ 이하, 지나치게 건조할 때 작업 중지

number 74 골재 부족 원인과 대책

1. 개 요

(1) 환경에 대한 관심이 높아지면서 건설 현장에 필요한 골재의 무분별한 채취가 제한되고 외국으로부터의 수입 여건도 악화되면서 양질의 골재를 공급하기가 어려워지고 있다.

(2) 이러한 골재 수급 불안정을 해소하고 양질의 골재를 생산하기 위해서는 골재 수요에 대한 정확한 예측과 제도적 대책을 마련하고 재활용 확대 등에 대한 지원을 강화해야 한다.

2. 골재 수급 부족의 원인

(1) 환경 규제에 따른 채취 제한

1) 해사 채취 제한

① 서해안 등에서 바다 모래의 채취가 무분별하게 이루어지면서 바다 환경 파괴 유발

② 과다한 채취에 의한 자원 고갈

③ 정부의 채취량 제한과 자원 보존 강화 정책

2) 산림골재 생산 제한

① 산림 골재를 통한 쇄석 골재 생산도 산림의 파괴와 맞물려 채취량에 제한

② 채취지의 복구 미흡으로 인한 생태계 환경 교란

(2) 수입의 어려움

1) 대량 공급 제한

중국산 골재의 경우 중국내 건설 물량 폭주로 수입 제한

2) 비용 증대

① 골재의 특성상 중량물로서 대량 수송에 어려움이 크다.

② 중동지역 생산 모래는 운반 비용이 높다.

(3) 자연골재 고갈

양질의 자연산 하천 골재는 공급량이 미미한 수준으로 고갈 상태에 이름

(4) 재활용 미흡

1) 재생골재 품질 저하로 인한 기피
2) 재활용 시설 및 업체의 영세성
3) 재생골재 판매 부진
4) 재생골재 품질 규정 미흡

(5) 제도적 지원 미비

1) 골재 채취 관련 법령의 경직성

골재 채취와 물권(광업권, 어업권)과의 마찰로 골재 채취 제한

2) 폐석 골재 지원 미흡

폐석을 이용한 재활용 확대 정책 미흡

3) 정부의 골재 부존량 파악 미흡

3. 골재 수급 대책

(1) 골재수급 장기기본계획 수립 및 적용

1) 전국 골재 장기기본계획 수립 및 적용
2) 용도별 부존량 조사
3) 연도별 골재 수급안정과 장기적 생산계획 마련

(2) 제도적 개선과 지원 확대

1) 골재 생산을 위한 유관 부서 간의 의견 차이 해소(건교부, 환경부, 산자부, 농림부, 수산부 등)
2) 골재 채취와 관련된 관계 법령 정비(어업권, 광업권, 하천관리법, 산림보호법 등)
3) 재활용 골재 지원책 마련
4) 골재 공영 개발 제도

(3) 재활용 활성화

1) 골재의 품질 기준 수립

재생골재의 사용 기준과 품질 기준 마련

2) 재활용 의무화 비율

일정 규모 이상에서는 재활용을 의무화하는 비율 제정

3) 재생 시설에 대한 지원 확대

① 영세한 재생 관련 업체에게 시설 투자와 세제 지원

② 각 지역별로 재생 시설 설치 지원

③ 재생 골재 품질 향상에 대한 투자

4) 정부 공사 의무 사용

일정 규모 이상의 정부발주공사로부터 적용 확대

(4) 친환경 골재 생산 유도

1) 사전 환경 영향 평가

① 골재 채취시 환경에 대한 피해 정도를 사전에 평가하고 대책 수립

② 정부와 전문가, 시민단체 등이 참여한 심의협의체 구성

2) 채취 시설에 대한 지도 감독

환경 파괴 사례에 대한 지속적 감시와 기술 지도

3) 개발 복구 계획 수립

산림 복구 비용 예치 및 제도 마련

4) 채취 허가량의 규제

4. 맺음말

건설 분야의 골재 수급 문제는 앞으로도 지속적으로 대두될 것이며, 이에 따라 정부에서도 골재 공영 개발제도를 도입하는 등 환경 파괴를 최소화하면서 필요한 골재를 공급하기 위해 노력하고 있으며, 재생골재의 사용 확대 등에도 관심을 기울여야할 것이다.

number 75 폐콘크리트 재활용 방안

1. 개 요

(1) 최근 대형 콘크리트 구조물의 철거와 함께 폐콘크리트의 효율적인 재활용 기술이 더욱 요구되는 실정이다.

(2) 현재 폐콘크리트의 재활용에는 이동식 크러셔를 이용하는 방법과 고정식 재생 플랜트를 이용하는 방법 등이 있다.

2. 폐콘크리트를 이용한 생산 시스템

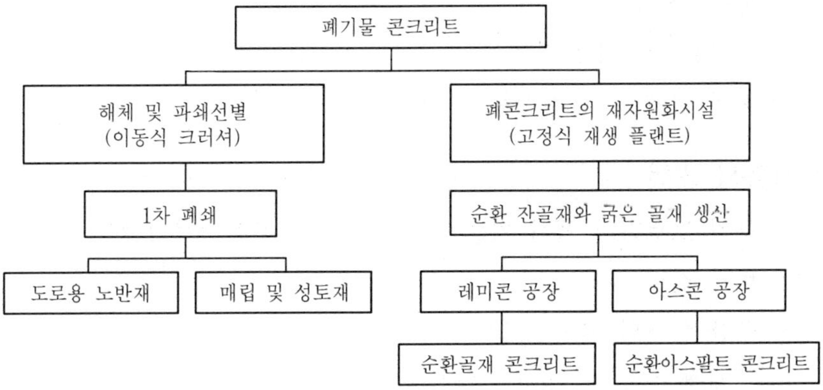

3. 폐콘크리트의 재활용

(1) 순환 굵은 골재의 재활용

1) 콘크리트 2차 제품
2) 다공질 콘크리트
3) 프리팩트 콘크리트
4) 보조기층용 골재
5) 아스팔트 안정처리 혼합물
6) 기층 및 표층용 가열아스팔트 혼합물

(2) 순환 잔골재와 미분말의 재활용

1) 인터로킹 블록 생산
2) 콘크리트용 Workability 개선재
3) 노상 안정처리재
4) 아스팔트 혼합물의 채움재
5) 지반 개량재

4. 폐콘크리트 재활용 촉진 대책

(1) 정책적 대책

1) 법적 의무화
2) KS 규정화
3) 재활용 기술개발의 유도
4) 순환 골재 품질 인증제도

(2) 기술적 대책

1) 부착 모르타르 제거 기술
2) 비중 선별 장치
3) 순환 골재의 고도처리장치
4) 골재에 부착된 시멘트 풀의 측정법
5) 천연골재와 재생골재의 혼합 사용

5. 맺음말

(1) 폐콘크리트의 재활용은 경제적인 측면과 친환경적인 측면에서 지속적인 개발이 요구된다.

(2) 폐콘크리트의 재활용은 정책적인 법적 의무화, KS 규정화와 공급물량의 확보, 수요처 확보, 용도의 확대 등이 필요하다.

number 76 철근콘크리트 구체공사의 합리화를 위한 복합화 공법의 하드 요소기술과 소프트 요소기술

※'99

1. 개 요

(1) 복합공법에서의 요소기술이란 성력화와 시공의 합리화를 위한 개별적 기술 혹은 공법을 말한다.

(2) 이는 Half Slab 공법, Half PC 보, 벽·기둥 공법, 대형거푸집 공법 등과 같이 부재생산을 직접으로 개선한 하드요소와 이러한 하드 요소 기술을 각 현장에 맞는 합리적인 운영계획으로 조합시키기 위한 소프트 요소 기술로 나누어진다.

2. 하드 요소 기술

(1) Half PC 공법

1) Half Slab

① All Slab의 장점과 현장타설 장점을 절충한 공법

② 공기단축, 시공성 향상을 목적으로 개발

③ 마감 겸용 거푸집으로 사용

④ 단면형상에 따른 분류

㉠ 평판형 : 카이저 옴니아, 절곡 와이어 메시

㉡ 리브형 : TC판, FC판, FIT판, FB판, PS판

㉢ 중공형 : 스판크리스 다이나스, 카이저 옴니아

⑤ 적용 Span은 3~6m 정도

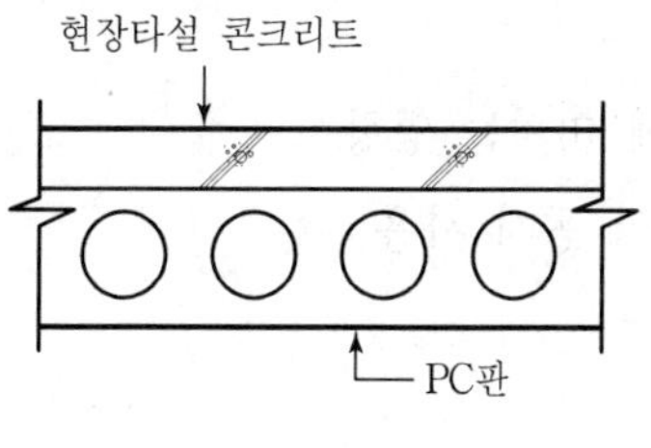

[Void형]

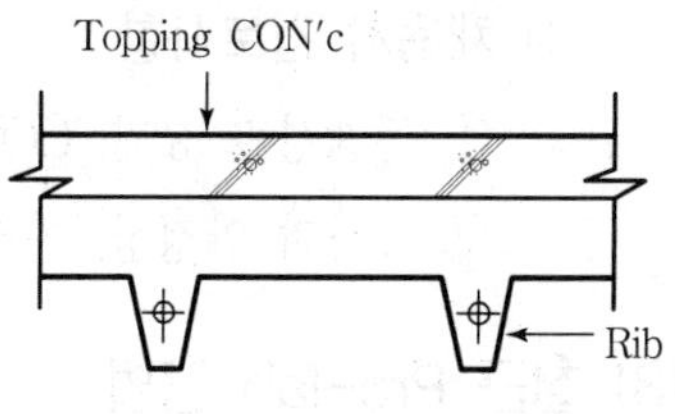

[Rib형]

2) Half PC 빔

① Slab와 연결되는 보 부재를 PC화

② Slab 부분 합리화를 위한 Half Slab 공법 효율 증대

③ Half PC 빔을 거푸집으로 가정할 경우

㉠ 부재 내부에 하단근, 스트럽을 포함하지 않은 U자형

㉡ 주재 경량화 : GFR 등의 CON'c 재료 기술

④ 구조체 일부로 평가할 경우

㉠ 부재 내부에 보 하단근이나 스트럽이 배근

㉡ 형상 : 장방형 U자, L자

㉢ 전단력 전달을 위한 요철, 전단 철물 배치

㉣ 후타설 CON'c의 일체화, 대형 Crane 필요

3) Half PC 기둥

① Half PC 기둥을 거푸집으로 가정할 경우

제작 용이, 경량, 보의 지지강도 요구

② 구조체 일부로 평가할 경우

㉠ 접합면 일체화 확보 및 기둥철근 이음방법

㉡ 주근이음은 Splice-Sleeve 접합

㉢ 후타설시 이음 : 인클로즈드, 겹침, 압접

(2) System 거푸집

1) System 거푸집 종류

① 철재거푸집, Lath를 이용한 것

② 마감재 선부착 거푸집, 대형 거푸집

2) 채용시 검토사항

① 경제성과 공기, CON'c 품질에 미치는 영향

② 공사의 안정성, 여러 System의 동시 사용

(3) 철근 Pre-fab 공법

1) 특 징

① 철근피복이 정확하여 시공 정도가 높다.

② 대구경 철근 사용 가능－자재 손실이 적다.

③ 거푸집 전용횟수 증가, 연속적인 CON'c 동시 사용

2) 철근 배근의 조립화

① 배근의 표준화, 부재의 표준화 필요

② 해석→설계→도면작성→견적을 일괄 처리

3) 자동화 가능

배근위치 조정, 수정, 물량산출

3. 소프트 요소 기술

(1) MAC(Multi Activity Chart)

1) 복수의 작업팀이 다(多) 공구에 걸쳐 동시에 각기 다른 작업 반복

① 일정 패턴에 따라 공사가 이루어지는 경우

② 1 cycle에 반복작업을 세분화 분석

③ 각 작업팀이 어떤 시간에 어떤 공구에서 작업할 것인가를 분단위까지 나타낸 시간표

2) MAC는 공정표의 일종

① 사람의 흐름에 중점을 둔 방식

② 각 작업원이 어떤 공구에서 어떤 시간순서로 진행

3) Network는 개략적, MAC는 부분적, 세부적 공정 파악

(2) 4D－Cycle 공법

1) 중·고층 집합주택을 대상으로 공기단축, 원가절감 목표

① 1개 층당 4개 공구로 분할

② 1개 공구 시공 Cycle 일수를 4일로 한다.

일	1	2	3	4
1공구	PC	거푸집	철근	CON'c
2공구	CON'c	PC	거푸집	철근
3공구	철근	CON'c	PC	거푸집
4공구	거푸집	철근	CON'c	PC

2) Crane 작업이 전체 공사에 영향을 주므로 합리적인 양중계획이 필요

(3) DOC(One Day-One Cycle)

1) 하루에 하나의 Cycle을 완성하는 System 공법

① 구체시공에 요하는 각 작업의 항목수와 공구수를 동일하게 분할

② 각 공구의 해당작업을 1일에 완료 : 작업 인원수

③ 작업팀은 매일 1개 공구씩 이동 : 동일 작업 계속

2) DOC 시공법의 장점

① 현장 노무인력의 평준화

② 각 작업의 대기 시간 최소화

③ 동일 작업의 반복에 의해 숙련 효과

3) 6일 Cycle DOC 공법의 예

일	1일	2일	3일	4일	5일	6일
1공구	①	②	③	④	⑤	⑥
2공구	⑥	①	②	③	④	⑤
3공구	⑤	⑥	①	②	③	④
4공구	④	⑤	⑥	①	②	③
5공구	③	④	⑤	⑥	①	②
6공구	②	③	④	⑤	⑥	①

4. 맺음말

구체공사의 합리화를 위한 하드웨어적 요소로는 배근의 표준화와 Pre-fab화 Half Slab의 적용 확대, 고강도 CON'c의 적용 등이 필요하고, Soft Ware적 요소로는 MAC 나 DOC 같은 노무, 공정에 관한 관리기법을 적용하는 것이 적합하다.

number 77 철골철근콘크리트조(SRC)

※'98, '06, '12

1. 개 요

(1) SRC조는 철근배근 시공이 RC조와 거의 같으나 철골기둥 보에 철골 및 철근을 배근하기 때문에 철근의 정확한 현장조립에 어려움이 있다.

(2) 또한, CON'c 타설은 철골과 철근배근이 복잡하여 CON'c 충진성 확보에 유의하여야 하며, CON'c 압송타설 방법에 철저한 시공계획을 세워야 한다.

2. 초고층 공사의 특성

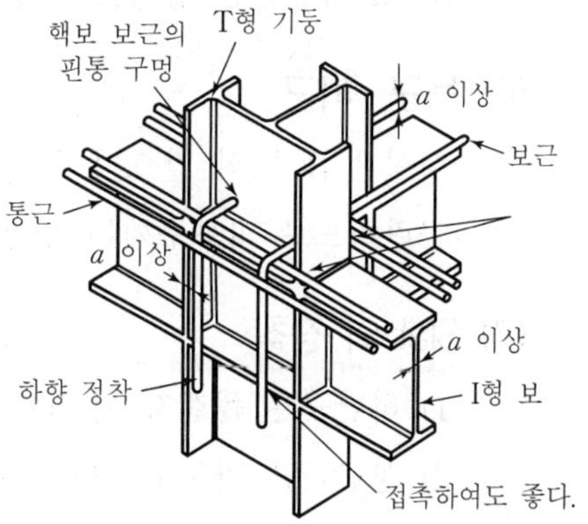

(1) 공사의 대형화, 초고층화, 복잡화 경향

(2) 도심지 근접 시공으로 주변 영향 증대

(3) 도심지 교통규제의 영향

(4) 기후변화에 따른 기상조건의 영향

(5) 주변 건설공해의 영향

3. 철골, 철근공사의 배근법

(1) 시공순서

착공 → 기초 → 철골건립 → 철근배근 → 거푸집 설치 → CON'c

(2) 기둥배근

1) 철골단면을 적게, 주근개수를 적게 한다.

2) 플랜지 위치를 피한다.

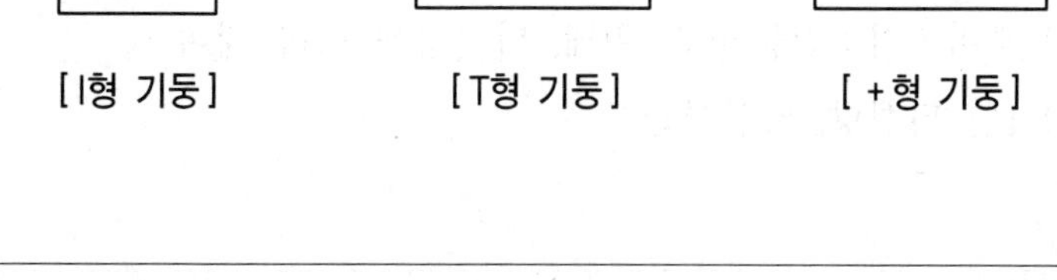

[I형 기둥] [T형 기둥] [+형 기둥]

(3) 보의 배근

1) 철골보 위, 아래로 배치하지 않는다.

2) 주근은 보의 구석부에 각각 단근으로 배근한다.

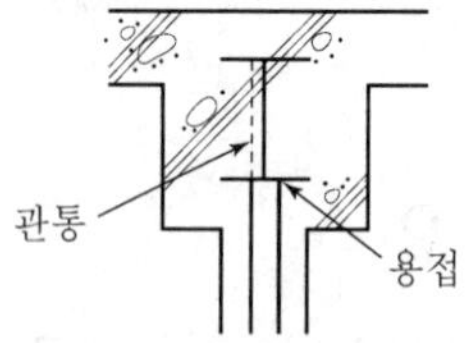

(4) 벽근의 정착

벽, 철근정착은 보철근 하부에 용접, 관통한다.

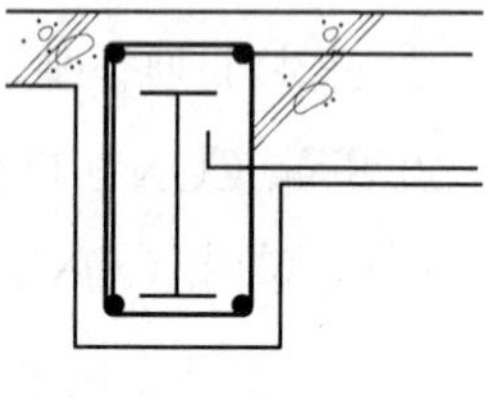

(5) 보근의 정착

1) 보근은 기둥철골 웨브를 관통 또는 하향 정착

2) 보 하단근은 철골 웨브 바로 앞에서 정착

3) 보 하단근은 상향으로 정착

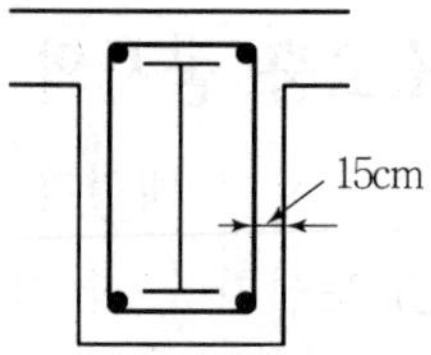

(6) 늑근, 띠근

형상은 RC조와 같으나 철골과의 관계에서 조립이 곤란하므로 피복두께는 15cm가 필요하다.

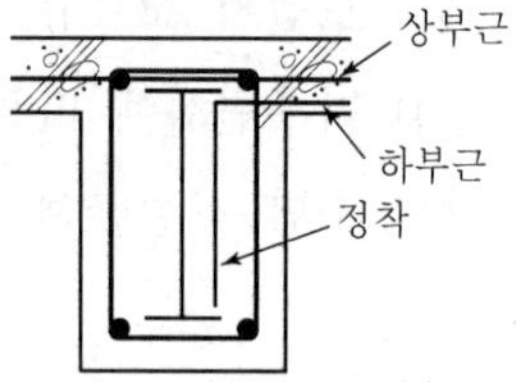

(7) Slab의 정착

1) 하단근은 플랜지 윗면에 정착하지 않는다.

2) 상단근은 관통구멍을 두어 배근정착한다.

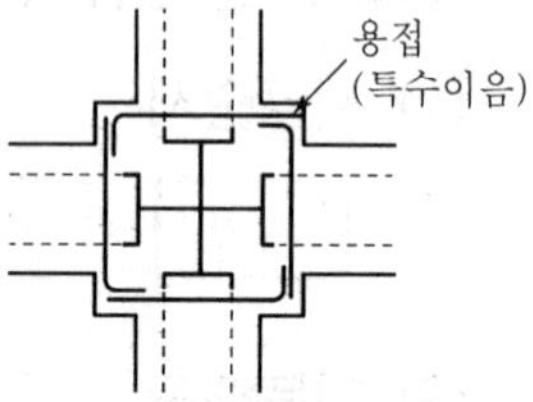

4. 철근배근시 유의사항

(1) 철근 피복두께는 15cm 정도로 유지한다.

(2) 철근은 원칙적으로 철골과 접촉하지 않는다.

(3) 철골과 철근의 간격은 2.5cm 이상 유지한다.

(4) 기둥철근은 철골보에 닿지 않아야 한다.

(5) 보의 플랜지를 관통하거나 용접하지 않도록 한다.

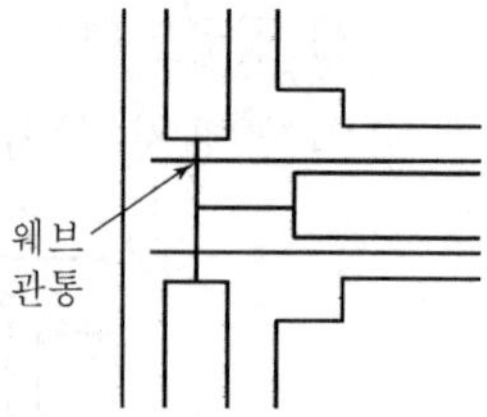

5. CON'c 타설방법

(1) CON'c 타설계획

1) 부어넣기 : 건물규모, 형태, 타설량에 따라 계획

2) 1일 타설량, 타설시간

3) 타설방법 및 순서결정

4) 레미콘 운반 및 수송계획

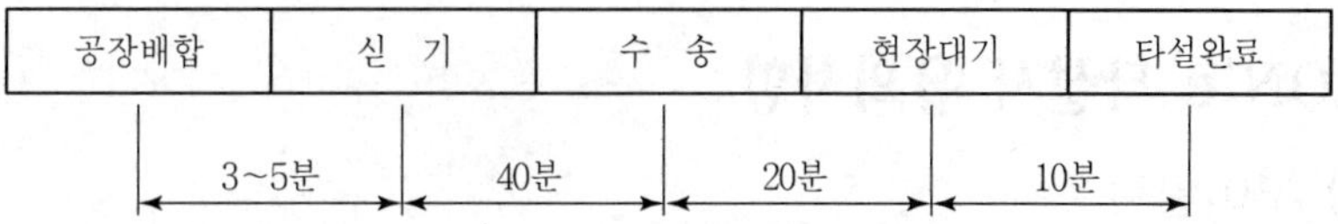

[레미콘 최대 소요시간 ≤ 90분]

(2) CON'c 타설방법

1) Bucket 공법

타워 크레인 및 하이드로 크레인을 이용하여 Bucket에 담아 CON'c를 직접 타설하는 방법

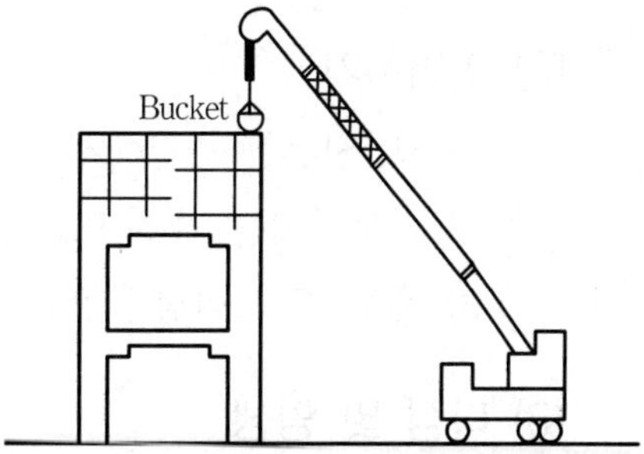

[Bucket 타설]

2) CON'c 타워

① 타워 속을 Bucket이 운행하여 CON'c를 운반

② 유압제어방식

3) Pump 압송+CPB

① 4~5인치 Pipe에 의해 수직, 수평운반 가능

② 수평 200~300m, 수직 40~60m, 압송량 30~50m^3/hr

4) 요오 호이스트

① 하부 고정 스테이지, 상부 승강 스테이지 마련

② 중간의 와이어 가드 이용, Bucket을 상하 이동

(3) 부위별 타설방법

1) 기둥, 벽체

① Pocket 타설 : 기둥높이가 클 때 측면을 뚫어 사용

② Tremie Pipe 타설 : 재료분리 방지를 위해 Pipe 설치 후 타설

③ 각형 강관 충전 CON'c 타설

2) 보 슬래브

VH 분리타설

6. CON'c 타설시 유의사항

(1) 부어넣기

1) 타설높이 1~1.5m로 재료분리 방지

2) 측압에 유의하고 단면이 클 때 나누어 타설

3) 보는 양단에서 중앙으로

4) Slab는 먼 곳에서 가까운 곳으로

(2) 이어치기

1) 보, Slab는 중앙에서 수직으로 한다.

2) 기둥벽체는 기초 또는 Slab 상단에서 한다.

3) 온도 25℃ 이상은 2시간, 25℃ 미만은 2.5시간 이내

(3) 다짐 및 양생

1) 밀실한 CON'c 타설 → 진동기 사용

2) 30~40초간 실시

3) 4℃ 이상 온도유지, 7일간 습윤양생

4) 타설 후 3일간, 진동, 충격금지

7. 맺음말

(1) 초고층 공사는 주로 도심지에서 행하여지므로 사전조사 및 시공계획이 매우 중요하다.

(2) 철근공사 및 CON'c 공사에 대한 시공방법 및 품질관리에 대한 관계기관, 산업체, 학회 등의 연구개발이 요구된다.

number 78 코어 선행 공법

※'02, '03, '09, '10

1. 개 요

(1) 기존의 철골 고층 구조물은 철골 작업이 완료된 후에 코어 부분과 Slab CON'c를 타설하게 되어 철골부분 공정은 빠르나 전체적인 공기 단축 효과는 적어지는 단점이 있다.

(2) 코어 선행 공법은 코어 부분의 CON'c를 먼저 시공하고 뒤를 이어 철골공사가 진행되도록 함으로써 공기와 작업의 난이도가 좋아지고 철골 CON'c 공사와 같이 층당 Cycle 개념이 가능하도록 한 공법이다.

2. 코어 선행 공법의 특징

구 분	코어 후속 방식	코어 선행 방식
작업 순서	철골공사 → 코어 공사 → Slab 공사 → 마감	Core 공사 → 철골 공사 → Slab 공사 → 마감
가설재 양중	철골 완료 후 가설재 인양으로 복잡	거푸집 양중 및 조립, 설치 간편
작업 난이도	Core 작업 복잡	작업 수월
거푸집	System화 한계	System화 가능
철근	선조립 어려움	선조립 공법 적용
공기	초기공기는 빠르나 코어 부분 공기 지연	전체 공기 단축

3. 코어 선행 공법의 주요사항

(1) 거푸집의 선정 및 시공

1) 선정시 고려사항

① Core 선행용 거푸집은 해체 없이 반복시공이 가능해야 한다.

② 인양장비(T/C 설치 유무), 인양 방식을 고려한다.

③ 층당 시공속도(5~6일 Cycle)를 감안해야 한다.

④ 인력 및 자재 반입 문제에 지장이 없어야 한다.

2) Sliding Form(연속 상승용 거푸집)

① 코어 거푸집 전체를 1개의 Unit로 묶어 유압잭으로 동시 상승

② 연속적인 CON'c 타설로 일체화된 구조물 가능

③ 양중 장비(T/C) 별도 설치 불필요

④ 가설재 절감, 작업자 안전

⑤ 24시간 작업으로 인한 현장 적용 제한

3) Auto Climbing Form(자동 상승 거푸집)

① 거푸집을 4~6m 단위로 하는 일종의 Gang Form

② 유압 Jack에 의한 자체 상승(T/C 불필요)

③ 수직정밀도가 높고 시공속도가 1층당 3~4일로 빠르다.

④ Core 내부에 작은 벽체가 많은 경우에는 주코어 옹벽만 선행작업을 하고 작은 벽체는 후속 작업으로 설치해야 하므로 공기 지연 발생

4) Gang Form(수동 상승 거푸집)

① 자동상승 거푸집과 조립, 해체는 같으나 외부장비(T/C)에 의해 인양

② 1개층 소요 기일 5~6일 정도

③ 내부 칸막이 벽, 계단 등을 동시에 조립하여 추가 공정 불필요

④ 양중 장비 부담

⑤ 초고층시 바람에 의해 조립/해체 어려움이 있다.

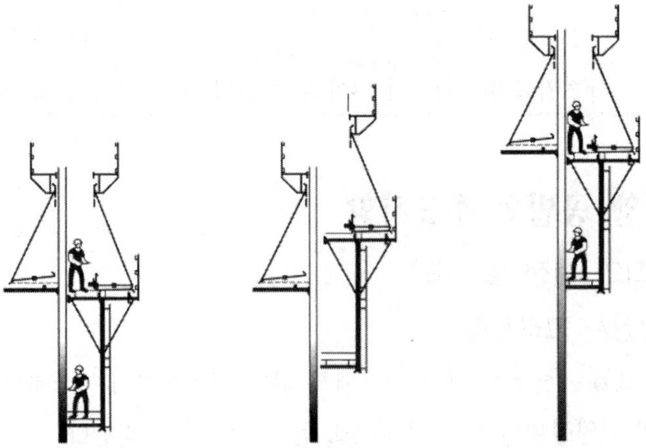

① 콘크리트를 타설한 후 거푸집을 해체한다.　② 타워크레인으로 거푸집을 끌어 올린다.　③ 콘크리트를 타설할 층에 거푸집을 설치한다.

[수동상승 거푸집 상승과정]

(2) Slab 접합

1) 철근 연결

① 기 시공된 Core 벽체에 철근을 미리 시공하여 Slab와 연결한다.

② Slab 높이와 연결 철물 높이 일치가 중요

③ 벽체 거푸집 설치/해체시 장해가 없어야 한다.

④ 철근 부위 손상이 없어야 한다.

2) 철근 연결 방식

① 기계 이음 방식(나사식이음)

㉠ 커플러를 매입해 두고 나중에 철근을 연결하는 방식

㉡ 커플러 앞에 CON'c가 들어가기 쉬우며 전단력에 취약

② 키커를 두는 방식

㉠ 벽체 CON'c를 돌출시킨 방식

㉡ 철근 굽힘 작업 생략 가능

㉢ 거푸집 해체/인양시 철근이 장해가 된다.

③ 매립 박스 방식

㉠ 벽체에 Box를 묻고 연결 철근을 묻어두는 방식

㉡ 가장 많이 사용되며 거푸집 인양시 문제가 없다.

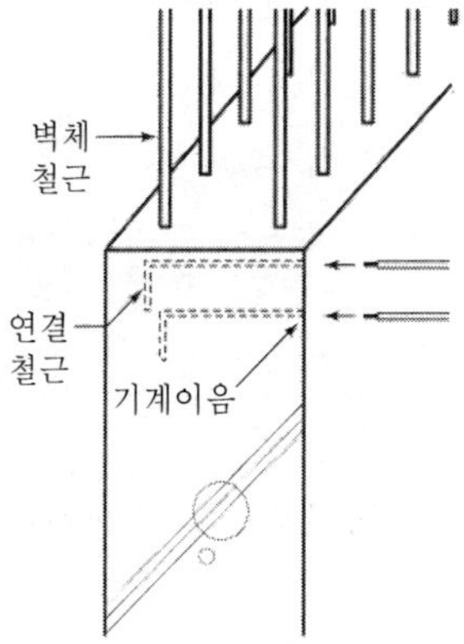

[기계 이음방식]

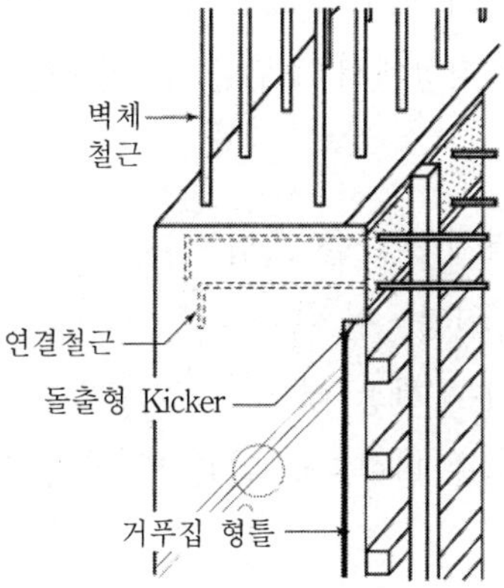

[돌출 키커 방식]

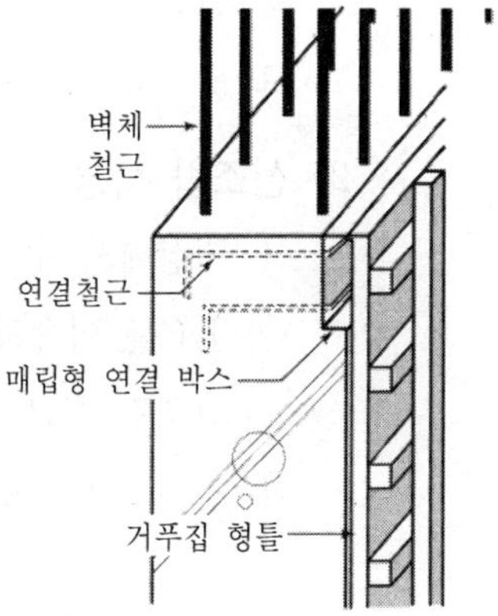

[매립형 Box설치 방식]

3) 철골보 설치(Embed Plate)

① 각 층의 철골보로 코어 옹벽에 연결하기 위해 CON'c 타설시 벽체에 철판을 매입

② 매입 철판 크기는 10cm 이상 크게 제작

③ 각 층 마감선과 그리드 라인에 맞추어 위치 확인

④ CON'c 타설시 유동이 없도록 Form에 고정

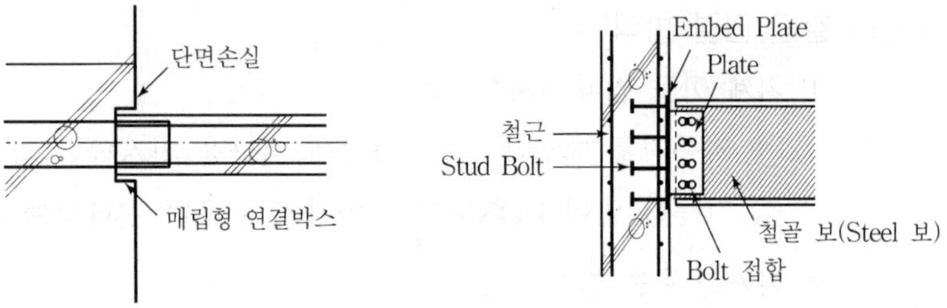

[코어 벽체와 철골보 접합]

(3) 철근조립

1) 선조립의 필요성

① 코어 선행공법은 층당 5~6일 Cycle로 시공

② Core 부분(특히 저층부)은 철근량이 많아 작업속도가 늦어진다.

③ Core 부분은 장소가 협소해 많은 인원의 동시 투입이 곤란하다.

④ 공정유지를 위해 지상에서 조립한 후 설치한다.

2) 선조립 시공

① 지상에서 수직 벽체 철근을 조립

② T/C를 이용하여 인양·설치

③ 선조립 철근 사이는 현장 배근

④ 특히 인양·설치 중 변형으로 피복 및 간격 유지가 어려우므로 주의한다.

number 79 사이클 타임(CT)의 단축 효과와 단축 방안

※'06

1. 개 요

초고층 건물과 같이 반복 작업이 이루어지는 공사에서는 사이클 타임 운영과 유지 여부에 따라 공사기간 단축 및 공사 비용 절감에 미치는 영향이 지대하기 때문에 효율적인 사이클 타임 관리는 매우 중요한 사안이다

2. Cycle Time의 정의와 단축 기대 효과(구조물 전체의 Cycle time을 대상으로)

(1) Cycle Time의 정의

1) Cycle Time은 총 공사 기간을 구조물의 층수로 나눈 것(소요일/층)을 말한다.
2) 골조공사에서의 Cycle Time은 하부층 슬래브 콘크리트 타설에서 다음 상부층 슬래브 콘크리트 타설까지의 소요시간을 말한다.

(2) 국내외 건축물의 Cycle Time 현황

구분	빌딩	연면적 m^2	층수		구조	총공기 (개월)	토목 (월)	골조 (월)	마감	사이클
			지하	지상						
미국	Allied Bank	193,696	4	71	SRC	30	9	16	6	12
	Texas Commerce Tower	188,958	4	75	복합	21	11	18	3	12.2
	Cadil / Fair	126,158	6	62	RC	27	5	19	3	11.9
일본	Landmark Tower	392,380	4	70	SRC	37	11	20	6	15
	Tokyo City Hall	380,998	3	48	SRC	36	9	18	10	21.2
한국	선화빌딩	37,709	6	19	SRC	29	7	7	5	35
	큰길타워	36,506	7	21	SRC	29	7	12	11	문제.

주 : 우리나라의 층당 사이클은 미국에 비해 약 3배, 일본에 배해 약 2배 정도 길다.

(3) 국내 고층 아파트의 비교

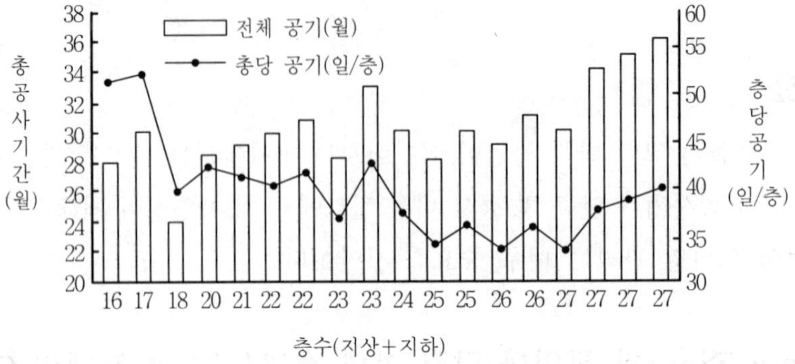

[고층 아파트 공사기간 비교]

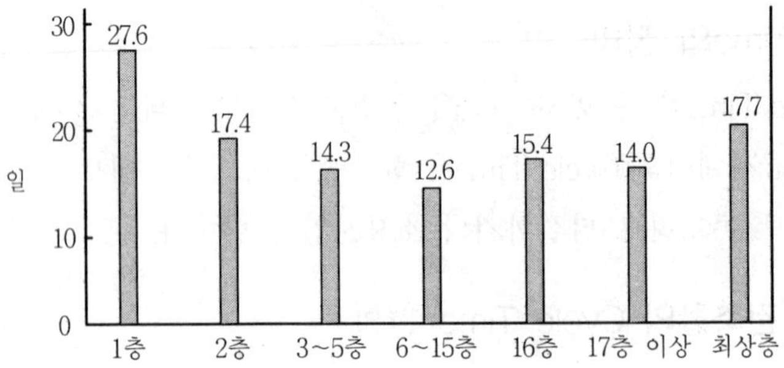

[골조공사 평균 사이클 타임]

(4) Cycle Time 단축 기대 효과

1) 총 공사기간 단축

2) 건설 비용의 절감

① 공사 기간과 공사비의 관계에서 공기가 일정 수준 이상으로 단축되면 간접비의 감소보다 직접비의 상승이 커져 총공사비용이 증가할 수도 있다.

② 공기 단축시 간접비 및 금융 비용이 감소되나 고성능 자재, 장비 증가로 인한 비용 상승 등 공사관리비 상승이 가능하므로 최적 공기를 유지하는 것이 바람직하다.

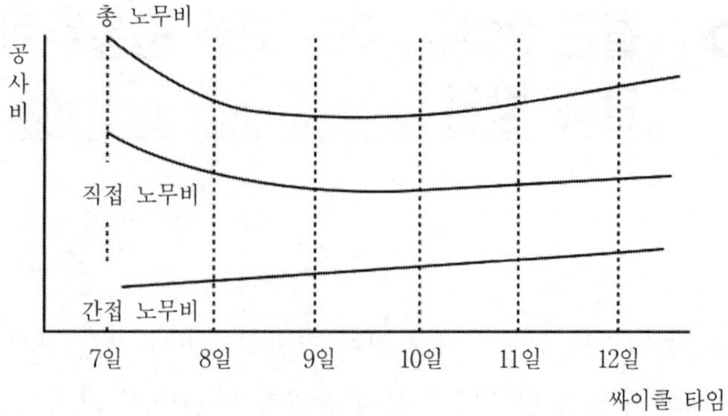

[공기와 공사비 관계의 예]

3) 건설 생산성 향상

4) 건설 산업 합리화와 부가가치 향상

3. 사이클 타임 단축 방안

(1) 착공 시기 조정

(2) 신기술, 공법 개발 적용

1) 복합화 공법의 지속적 개발 적용

2) 자재, 공법의 건식화

(3) 표준화

건설 관련 기술, 관리 기법, 자재 등에 대한 표준화

(4) 공정운영의 합리화

1) 합리적 공구 분할과 운영

2) 공정 관리 기법 개선

3) 공정관리 담당자 확보

(5) 현장 생산 능률 향상

(6) 기계화 시공 확대

number 80 철근 CON'c 구조 고층 공동주택 골조 공기 단축 방안

※'07

1. 개 요

1) 초고층 철근콘크리트 공동주택 건설이 일반화되면서 전체 공사기간을 절감하기 위해서는 형태와 구조가 반복되며 전체 공기의 약 50%를 차지하는 골조 공기를 단축시키는 것이 중요한 사안이다.

2) 철골구조에 비해 공사기간이 긴 단점을 극복하기 위해서는 고강도·고내구성 구조재의 개발과 새로운 접합 기술 적용, 컴퓨터에 의한 구조설계와 시공 등을 통해 고층 콘크리트 공사를 합리적으로 수행해나가야 한다.

2. 고층 아파트 공사기간

(1) 전체 공기

1) 내공사 표준공사기간 산정기준

구분		공사기간
일반건축공사	6층 이하 건축물	167일+30일+20일×2층 이상 층수 (단, 2층 이하 건축물 전체 기간은 230일)
	7층 이상 건축물	165일+30일+16일×2층 이상 층수
PC 구조 건축공사	6층 이하 건축물	162일+30일+19일×2층 이상 층수 (단, 2층 이하 건축물 전체 기간은 220일)
	7 이상 건축물	162일+30일+15일×2층 이상 층수 +16층 이상 층수×2
설계 시공 일괄 입찰방식		일반 건축공사 기간+55일

2) 고층 아파트 공사기간 비교

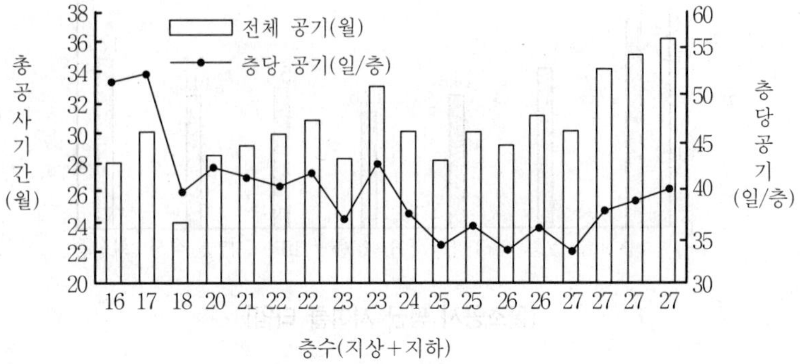

[고층 아파트 공사기간 비교]

아파트 공사기간은

① 20층 이하 아파트 평균 공기 : 28개월

② 25층 이하 아파트 평균 공기 : 30개월

③ 30층 이하 아파트 평균 공기 : 32개월

정도로 층수 증가에 약간의 영향을 받고 있음

(2) 골조 공사 기간

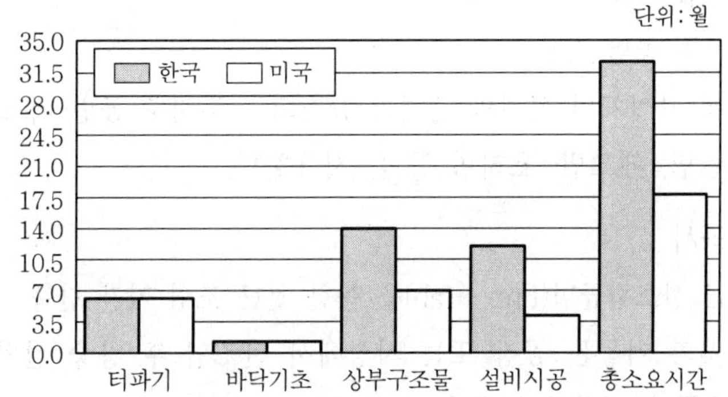

[한국과 미국의 40층 건물의 골조 공기 비교]

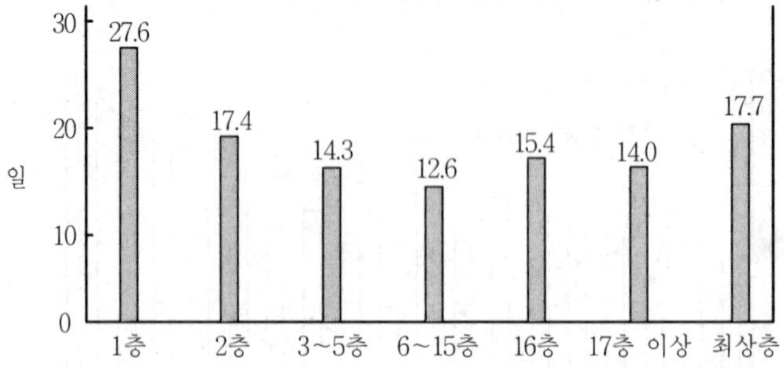

[골조공사 평균 사이클 타임]

3. 공기 단축 방안

(1) 시공, 공법적 측면

1) 거푸집 공사

① 대형 시스템 거푸집을 통한 조립, 해체 작업 단순화와 시간 절약

현장 조건을 고려하여 자동상승용 거푸집(ACS), 수동상승용 거푸집(Gang Form) 등을 적용한다.

② 동일 부위의 거푸집을 반복 사용토록 번호 기입 등으로 일괄 관리

③ 거푸집 전용 계획 고려

④ 무지주 공법 적용

하부 가설재의 설치와 해체가 감소되는 무지주 공법(데크 플레이트, 경량 철골빔, 페코빔, 호리빔 등)을 사용한다.

2) 철근 공사

① 철근 선조립공법(Pre - fab)을 통한 철근 조립 기간 단축

벽체와 기둥은 공장 또는 지상에서 선조립 후 양중 설치

② 이음공법, 정착공법 개선

㉠ 복잡한 부위는 사전에 시공도를 작성하고 가공한다.

㉡ 공정단축이 가능한 슬리브 이음, 나사식 이음을 고려한다.

3) 콘크리트 공사

① 고강도 · 고성능 콘크리트 사용

㉠ 조기강도 발현에 의한 거푸집 해체시기 단축

㉡ 타설량의 감소에 의한 시간 절약

② 타설장비
CPB나 분배기 등을 사용하여 배관시간과 타설시간을 줄이고 노무량을 감소시킨다.

③ 타설공법
VH 분리타설공법을 통한 구획별 타설로 구조물 완성시간 절감

4) 공법 적용과 개선

① 코어 선행 공법
철골조와 병행 시공되는 경우에 적용 가능하다.

② PC화, 내부 벽체 건식화
현장 작업 감소와 공정 단순화 가능

③ 복합화 공법 적용
부분 PC 공법, 철골과 콘크리트 접합부 개선

④ 지하주차장 구조체의 단순화

(2) 관리적 측면

1) 공기 단축 기법(MCX) 적용과 CPM에 의한 공정관리

① 공정마찰대책 수립

② 진도관리와 공정 만회(복구) 대책 수립

③ 공정관리기법 개선

2) 복합화기술을 통한 Cycle Time 관리와 유지

① 2D, 4D Cycle
1개 층당 공구를 2개 또는 4개로 분할하여 시공

② DOC(One Day One Cycle)
하루에 하나의 사이클을 완성하는 시스템

③ MAC(Multi Activity Chart)
작업량, 작업자, 작업구간별로 분단위 시간까지 상세히 표현하여 관리

3) 공정운영의 합리화(공구 분할)

① 합리적 공구 분할과 운영

㉠ 거푸집공사에서 작업 공백이 없도록 분할

㉡ 층수, 세대수, 세대 면적, 층당 세대수 등 물리적 조건이 같은 작업끼리 양중을 고려하여 연계

② 공정관리 담당자 확보

4) 시공계획서 작성과 적용

① 철근 가공 조립 계획

② 거푸집 조립, 해체, 전용 계획

③ 콘크리트 운반, 타설, 양생 계획

④ 착공 시기 조정

작업 불능 조건(우기, 동절기 등)은 대략 30~55% 정도로 우기, 동절기의 반복 횟수를 고려한 공사 개시 시점 선정

5) 자재의 반입과 적시 생산 시스템

① 레미콘 자동 공급 시스템 구축

② 철근 등의 자재가 적기에 공급될 수 있도록 공장과 현장과의 연계 구축

6) 자재양중 시스템 구축과 운영

① T/C, 리프트의 선정 및 배치 합리화

② 양중 사이클 조정 및 양중 부하 분산

7) 철저한 현장 관리에 의한 작업 생산율 제고

① 거푸집, 철근, 콘크리트, 가설, 전기, 설비 등 연계 공종에 대한 관리

② 하도급 업체와의 협의 강화

③ 비생산적 작업 요소 제거(부재 : 7.7%, 작업대기 : 6.1%, 배회 0.8%)

8) 표준화

건설 관련 기술, 관리 기법, 자재 등에 대한 표준화 촉진

9) 기계화 시공 확대

10) 신기술, 공법 개발 적용

① 복합화 공법의 지속적 개발 적용

② 자재, 공법의 건식화 촉진

4. 맺음말

미국이나 일본에 비해 상대적으로 긴 우리나라의 골조공사기간 단축을 위해서는 설계 과정에서의 표준화, 시공관리의 효율화, 신기술과 공법적 개선 확대 등을 적극적으로 추진하고 D/B 구축을 통한 정보의 활용도 활성화시켜야 한다.

PART 3

철골공사

Contents

Professional Engineer Architectural Execution

number 1 철골공사의 시공(공정)계획

※'76, '79, '82, '88, '91, '94, '98

1. 개 요

(1) 철골 시공계획은 현장 입지조건, 공사규모, 운반, 안전 사항 등의 사전 조사가 필요하며, 공정은 공장 제작공정과 현장 세우기 공정으로 구분되는데, 현장에서의 가공이 최소화되도록 공장 제작 비중을 높여야 품질확보 및 공기절감에 유리하다.

(2) 철골 공장제작시에는 공작도 및 시공도에 따라 부재의 길이, 휨 접합부 용접관리가 중요하다.

(3) 현장세우기 공정에서는 현장 사전조사와 함께 기둥주각부 Anchor Bolt 매입, 기준층 공정, 조립시 품질관리, 안전관리 등을 계획해야 한다.

2. 철골 시공계획의 Flow

(1) 시공계획순서

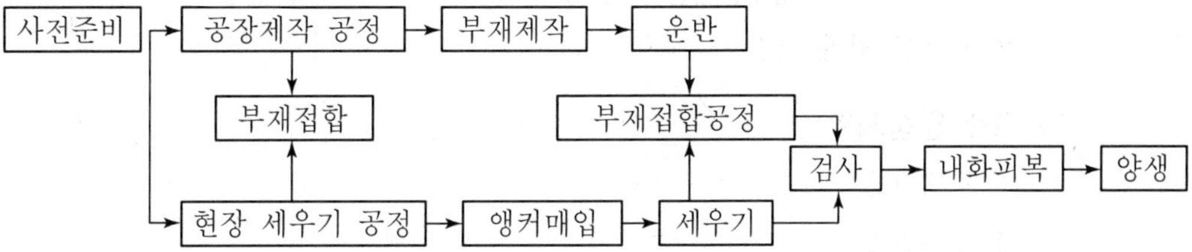

(2) 사전조사사항

1) 도면과 시방서 등 설계도서의 검토
2) 자재반입 및 적치장소, 교통상황 등 현장 여건
3) 자재의 양중장비 선정과 배치
4) 재해방지와 공해대책
5) 전체 공사내용 파악

3. 철골공사 시공계획

(1) 공장제작 공정계획

1) 공장제작 발주계획

① Shop-DWG 작성

② 부재치수 제작

③ 부재접합(기둥, 보 등)

④ 현장세우기 공정에 맞춰 제작

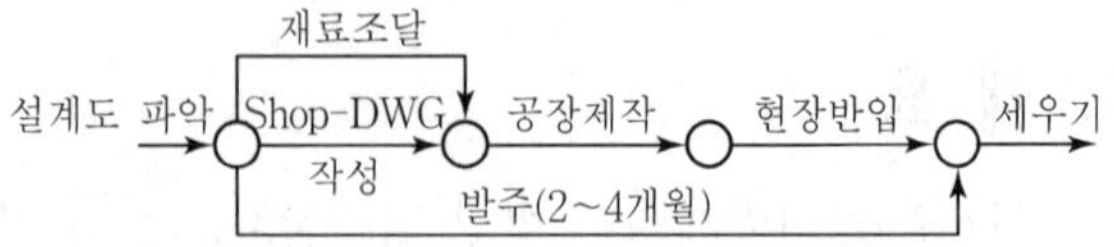

[공장제작 발주공정]

2) 공장제작순서

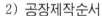

원척도 → 본뜨기 → 변형 바로잡기 → 금긋기 → 절단 → 구멍뚫기 → 가조립 → 본조립 → 검사 → 녹막이

(2) 현장세우기(공정) 계획

1) 기초 Anchor Bolt 매입

2) 조립기계의 선정 및 배치

① 건물의 규모, 형상, 철골 총중량 등을 고려하여 최적 선정

② 크레인 위치 선정

3) 고소 양중계획

① 수직양중

② 수평양중

4) 안전관리계획

① 철골 운반시 안전대책

② 기둥, 보, 건립시 안전대책

③ 추락, 낙하, 비래 대비

4. 단계별 현장세우기 공정계획

(1) 세우기 순서

사전준비 → 앵커볼트 매입 → 주각부 모르타르 시공 → 세우기 → 본조립 → 검사 → 도장

(2) 기초주각부 고정

1) Anchor Bolt 매입

① Anchor Bolt의 위치, 고정 확인

② Anchor Bolt는 CON'c 타설시 이동이 되지 않도록 고정한다.

③ 앵커 볼트 매입방식에는 고정매입, 가동매입, 나중매입 공법이 있다.

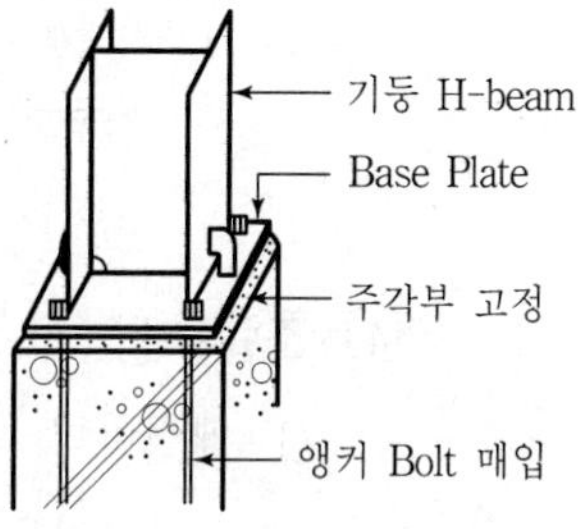

[기 초]

2) 주각 모르타르 바름

① 주각 모르타르 Level 및 수평도 확인

② 주각 모르타르 바름 방식에는 전면 모르타르 바름, 나중부분 채워 넣기, 나중 전체 채워 넣기 바름이 있다.

(3) 현장 세우기(조립) 공정

1) 기준층 공정의 Flow

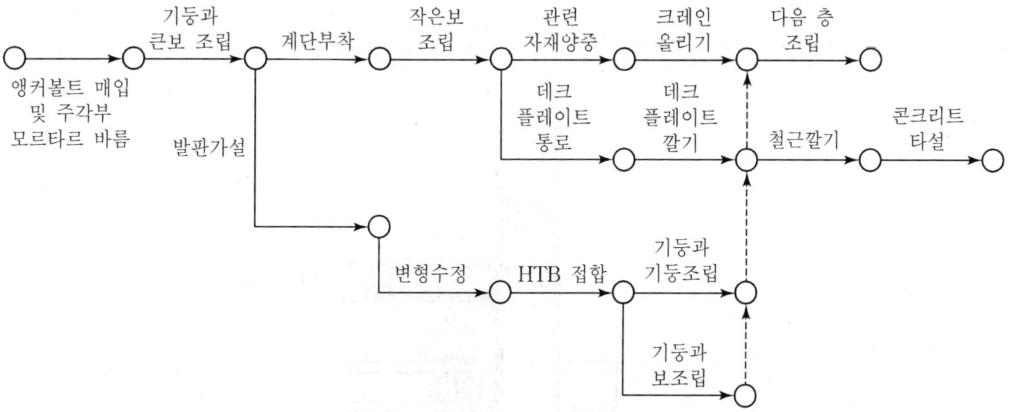

2) 기둥, 보 세우기

① 기둥을 세우면 보를 바로 걸친다.

② 기둥의 수직오차는 H/1,000이다.

3) 가조립

① 본조립 볼트수의 1/2~1/3, 또는 2개 이상으로 한다.

② 외력에 저항하도록 양생

③ 운반시 충돌과 변형방지

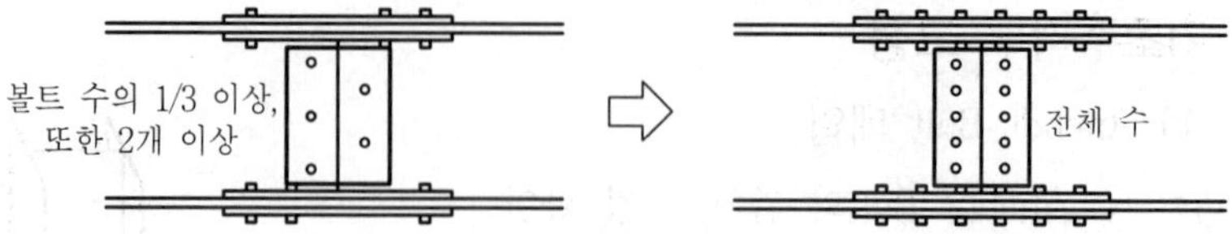

4) 조립수정

① 매절마다 수정작업을 실시한다.

② 수직교정은 다림추나 트랜싯으로 하고 수평고정은 와이어로프, 턴버클로 한다.

③ 본조립시까지 풀지 않는다.

5) 본조립

① 기둥과 기둥의 접합

㉠ Splice Plate 이음 ㉡ 용접이음

② 기둥과 보의 접합

㉠ Gusset Plate Type ㉡ Bracket Type

③ 보와 보의 접합

Splice Plate를 덧붙여 고력볼트로 접합한다.

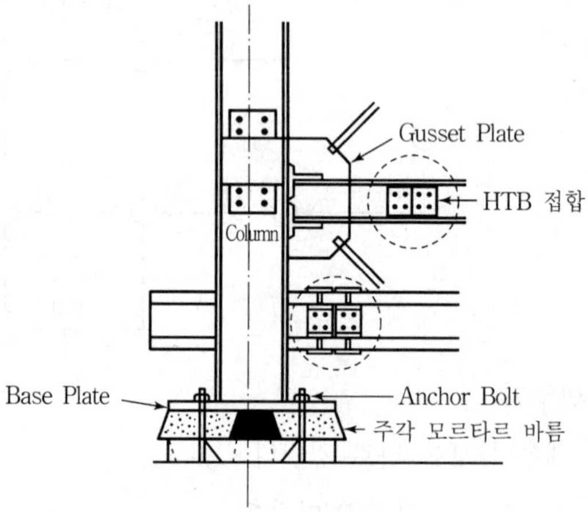

6) 도장 및 내화피복

① 미장, 뿜칠의 경우는 두께가 부족하지 않도록 주의해야 한다.

② 박락 등이 생기지 않도록 접착력을 충분히 확보한다.

③ 내화기준에 맞는 공법을 선정해야 한다.

7) 안전대책

① 고소작업에 따른 안전대책

② 추락 및 낙하방지망 설치

③ 자재양중에 따른 장비 안전대책

④ 용접 등으로 인한 감전 및 화재방지

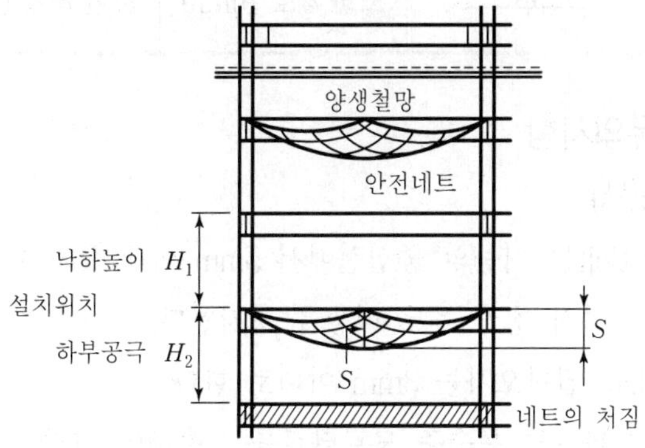

[철골 안전대책]

5. 조립시공시 품질관리(정밀도) 사항

(1) 품질관리 기준

명 칭	그 림	관리허용치	한계허용치	측정기기
건물의 기울기 e	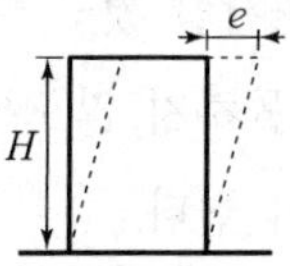	$e \le \frac{L}{4,000} + 7\text{mm}$ 또한 $e \le 30\text{mm}$	$e \le \frac{L}{2,500} + 10\text{mm}$ 또한 $e \le 50\text{mm}$	광학 수직측정기 3차원 측정기
건물의 굴곡 e	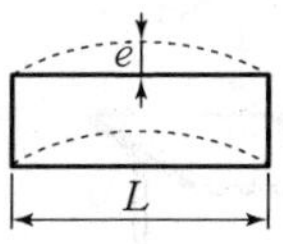	$e \le \frac{H}{4,000}$ 또한 $e \le 20\text{mm}$	$e \le \frac{H}{2,500}$ 또한 $e \le 25\text{mm}$	피아노선 또는 강제줄자
현장 이음층의 층높이 ΔH	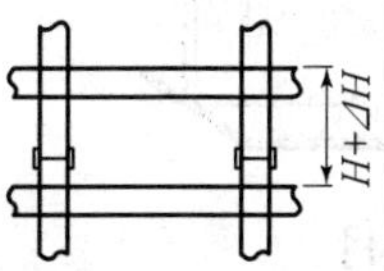	$-5\text{mm} \le H \le +5\text{mm}$	$-8\text{mm} \le H \le +8\text{mm}$	레벨 강제줄자

명 칭	그 림	관리허용치	한계허용치	측정기기
보의 수평도 ΔH	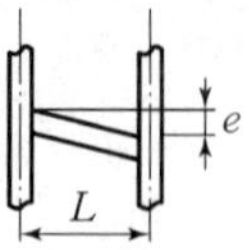	$e \leq \frac{H}{1,000} + 3\text{mm}$ 또한 $e \leq 10\text{mm}$	$e \leq \frac{H}{700} + 5\text{mm}$ 또한 $e \leq 15\text{mm}$	레벨 강제줄자 스태프
기둥의 수직도 e	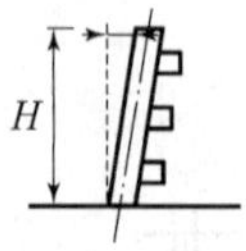	$e \leq \frac{L}{1,000}$ 또한 $e \leq 10\text{mm}$	$e \leq \frac{L}{700}$ 또한 $e \leq 15\text{mm}$	연직트렌싯 타켓 광학 연직기

(2) 조립시공시 유의사항

1) 주각부 시공시

① Anchor Bolt는 기둥의 중심선에서 5mm 이내 오차로 한다.

② CON'c 타설시 앵커 볼트 이동을 방지한다.

③ Base Plate 밀착오차는 3mm 이내로 한다.

④ 주각 모르타르는 무수축 모르타르를 사용해야 한다.

2) 가조립 및 조립수정

① 가조립 볼트 수는 2개 이상으로 체결한다.

② 기둥을 설치하면 곧바로 보를 걸쳐 변형을 방지한다.

③ 본조립시까지 가조립 볼트를 풀지 않는다.

3) 세우기 작업시

① 기둥의 중심선과 Level을 정확히 일치시킬 것

② 양중작업시 기둥이나 보에 자재가 충돌하지 않도록 주의할 것

③ 철골보양으로 부재의 변형을 방지해야 한다.

④ 용접이나 볼트 접합부 내력을 확보해야 한다.

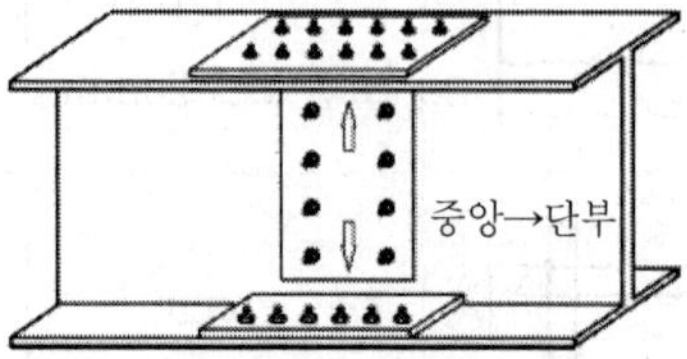

[볼트 조임검사]

4) 접합시

① 마찰면의 이물질이나 녹을 충분히 제거

② 볼트체결은 중앙에서 단부로 하고 양중 작업시 기둥이나 보에 자재가 충돌하지 않도록 주의한다.

③ 트랜싯으로 수직과 수평을 수시점검한다.

④ 볼트 체결시 혼동되지 않도록 표시한다.

⑤ 용접 전 충분한 예열을 실시한다.

5) 도장 및 내화피복

① 세우기 작업완료 후 장기방치시 녹막이를 시공한다.

② 균일한 피복두께와 접착력을 확보한다.

③ 1,500m^{2}마다 비중과 두께검사를 실시한다.

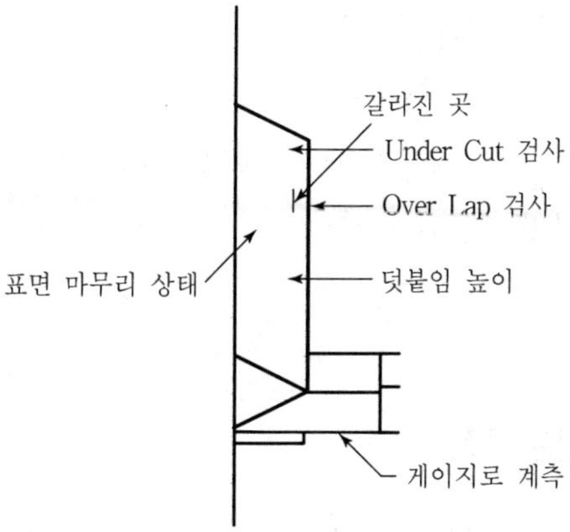

6. 맺음말

(1) 철골공사는 대규모, 고층으로 공정이 전체 공사에 미치는 영향이 매우 크므로 시공 전에 면밀한 계획수립이 필요하다.

(2) 또한 철골은 중량물이므로 세우기용 장비의 적합한 선정과 배치, 운영이 공기단축에 중요한 요소가 되므로 사전에 충분한 검토와 계획을 수립하고 시행하여야 한다.

number 2 철골 부재의 공장 제작순서와 제작과정별 품질관리

※'92, '96

1. 개 요

(1) 철골 시공계획의 공장 제작공정과 현장 세우기 공정으로 구분되며, 현장에서의 가공이 최소화되도록 공장 제작비용을 높여야 품질확보 및 공기절감에 유리하다.

(2) 공장 제작시 품질관리사항으로는 Mill Sheet 검사, 기둥 길이와 부재의 휨, 고력볼트 접합, 용접결함 여부 등이다.

2. 공장 제작시 사전 검토사항

(1) 도면과 시방서 등 설계도서의 검토

(2) 제작 제품의 운반 방법과 수송로

(3) 자재의 양중장비 종류와 양중방식

(4) 자재반입 및 적치장소, 교통상황 등 현장 여건

(5) 전체 공사내용 파악

3. 공장 제작 공정

(1) 공장 제작시 발주공정

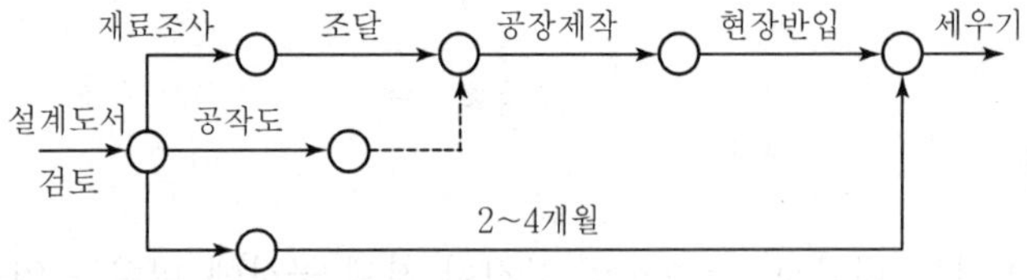

(2) 제작 원칙

1) 현장작업이 최소화되도록 하여 공기단축과 작업성을 높인다.

2) 현장세우기 순서에 맞도록 순서대로 제작

3) 운반이 용이하도록 단위별로 구분하여 제작

4) 반입시 현장여건 고려

5) 균일 품질 확보

4. 공장 제작 순서

원척도 → 본뜨기 → 변형 바로잡기 → 금긋기 → 절단 →
구멍뚫기 → 가조립 → 본조립 → 검사 → 녹막이

(1) 원척도 작성

1) 설계도서와 시방서를 기준으로 작성한다.
2) 기둥높이와 보 길이 표시
3) 기둥 중심 간 거리표시
4) 피치간격, 개수, 허용오차

(2) 본뜨기

1) Gusset Plate, Base Plate 등에 대한 본뜨기
2) 구멍뚫기 위치, 부재의 두께, 부호표시

(3) 변형 바로잡기

1) 강판변형시 : Plate Straining Roll 사용
2) 형강변형시 : Straining Machine 사용

(4) 금긋기

리벳구멍 위치표시, 절단개소와 게이지 라인 표기

(5) 절 단

절단, 톱 절단, 가스절단이 있으며, 개선 가공과 절단은 동시에 작업한다.

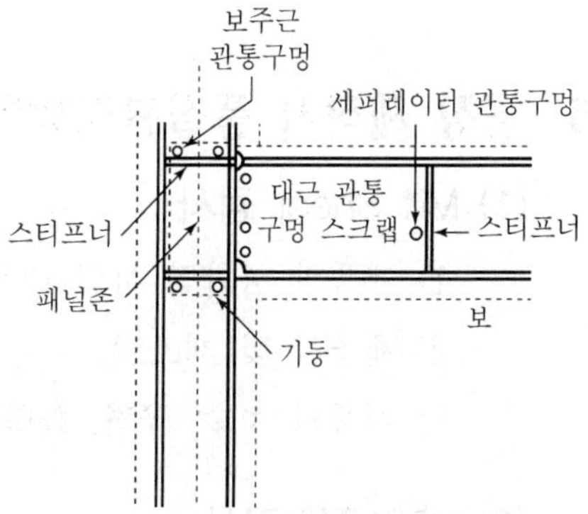

[철골 철근 콘크리트조 기둥, 보의 맞춤과 철근 관통구멍]

(6) 구멍뚫기

1) Punching 작업 : 두께 12mm 이하
2) Drilling 작업 : 두께 13mm 이상
3) Reaming 작업 : 오차 구멍 수정작업으로 최대 편심거리는 1.5mm 이하

(7) 가조립

본조립 볼트 수의 1/2~1/3, 볼트 2개 이상

(8) 본조립

1) HTB 접합

① TC Bolt, PI형 너트, Grip Bolt 사용

② 접합방식 : 마찰, 인장, 지압식

③ Torque 검사 $T = k \cdot d \cdot n$

2) 용접검사

① 시공이 간단하고 응력저항이 크다.

② 용접불량에 대한 검사 실시

③ 맞댐용접과 모살용접 사용

(9) 검 사

부재치수, 각도, 용접결함과 제품의 치수

(10) 도 장

운반 전 녹막이칠

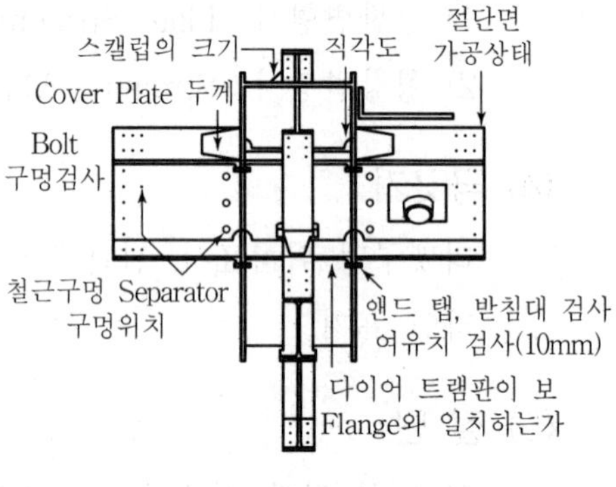

[공장 제작 제품검사]

5. 공장 제작시 품질관리방안

(1) Mill Sheet 검사

1) 제품의 역학적 시험 내용

2) 제조사 및 제조일

3) 제품의 치수, 규격, 화학성분 등

(2) HTB 접합검사

1) 볼트조임 검사

2) 볼트의 위치와 규격 확인

(3) 용접부 검사

1) 용접부 내력시험

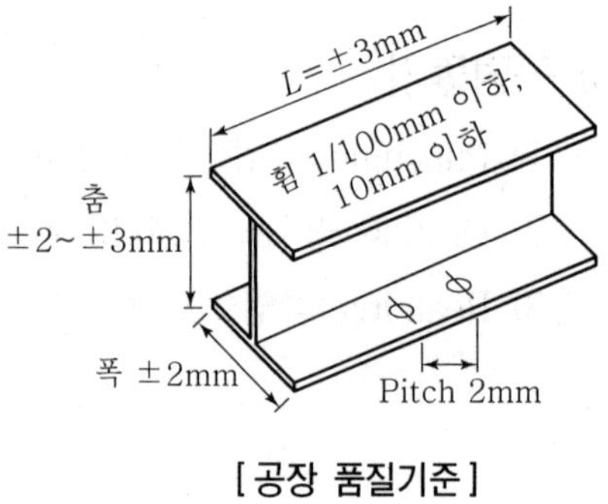

[공장 품질기준]

2) 용접결함 검사

3) 용접 부위 외관검사, 비파괴검사, 절단검사 실시

6. 부재 제작시 정밀도 검사

명 칭	그 림	관리허용치	한계허용치	측정기기
보의 길이 ΔL	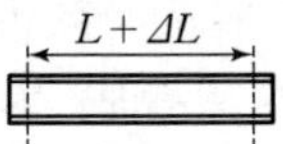	$-3mm \le \Delta L \le +3mm$	$-5mm \le \Delta L \le +5mm$	KS 1급 강제줄자 금속제 직각자 직각자 구멍중심 간 측정지그
기둥의 길이 ΔL	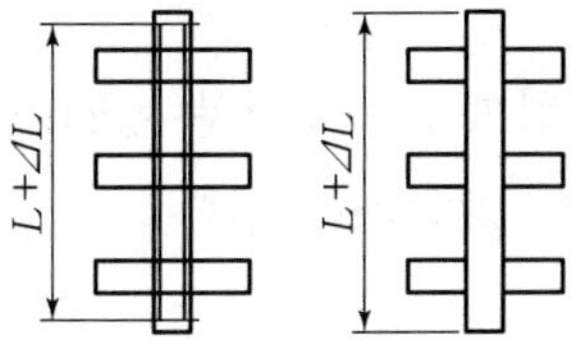	$L<10m$ $-3mm \le \Delta L \le +3mm$ $L \ge 10m$ $-4mm \le \Delta L \le +4mm$	$L<10m$ $-5mm \le \Delta L \le +5mm$ $L \ge 10m$ $-6mm \le \Delta L \le +6mm$	KS 1급 강제 줄자 금속제 직각자 직각자 구멍중심 간 측정지그
층높이 ΔL	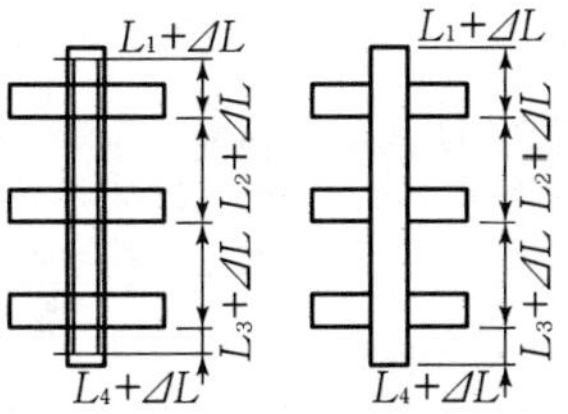	$-3mm \le \Delta L \le +3mm$	$-5mm \le \Delta L \le +5mm$	KS 1급 강제 줄자 금속제 직각자 직각자 구멍중심 간 측정지그
보의 휨 e	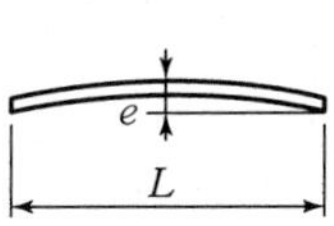	$e \le \frac{L}{1,000}$ 또한 $e \le 10mm$	$e \le \frac{1.5L}{1,000}$ 또한 $e \le 15mm$	피아노선 또는 실 레벨 콘벡스롤 금속제 곧은 자
기둥의 휨 e	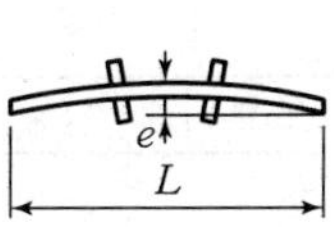	$e \le \frac{L}{1,500}$ 또한 $e \le 5mm$	$e \le \frac{L}{1,000}$ 또한 $e \le 8mm$	피아노선 또는 실 레벨 콘벡스롤 금속제 곧은 자

7. 맺음말

(1) 철골의 공장제작은 최대한 완성품에 가깝도록 하여야 하며, 제작 전 관계자가 모여 충분한 협의와 검토를 거쳐 제작 요령서를 작성한 후 작업을 실시한다.

(2) 공장제작품은 용접부와 볼트 체결부를 검사하고, 부재의 정밀도 등에 대한 검사를 거쳐 이상이 없을 때 현장에 반입한다.

number 3 철골공사의 현장세우기 공정과 조립 설치시 품질관리

※'81, '90, '92, '93, 97, 20, 22, 23

1. 개 요

(1) 철골 시공계획은 공장 제작공정과 현장세우기 공정으로 구분되며, 현장에서의 가공이 최소화되도록 공장 제작비중을 높여야 품질확보, 및 공기절감에 유리하다.

(2) 현장세우기 공정계획은 사전준비, 주각부 앵커매입, 세우기, 접합, 정밀도 검사, 도장 및 내회피복 순서로 진행된다.

(3) 현장세우기 공정에서는 현장 사전조사와 함께 기둥주각부 Anchor Bolt 매입, 기준층 공정, 조립시 품질관리, 안전관리 등을 계획해야 한다.

2. 현장조립 전 준비사항

(1) 자재반입 및 적치장소, 교통상황 등 현장여건

(2) 자재의 양중장비 선정과 배치

(3) 재해방지와 공해대책

(4) 전체 공사내용 파악

3. 현장 세우기 공정

(1) 세우기 순서

사전준비 → 앵커볼트 매입 → 주각부 모르타르 시공 → 세우기 →

본조립 → 검사 → 도장

(2) 기초 주각부 고정

1) Anchor Blot 매입

① 고정매입법 : 기초배근시 앵커볼트를 설치하고 CON'c를 타설하는 방법으로 구조적으로 안정하여 대형 건물에 사용한다.

② 가동매입법 : 고정매입과 설치는 동일하나 앵커 상부의 일부를 조정할 수 있다.

③ 나중매입법 : 소규모 공사에 사용

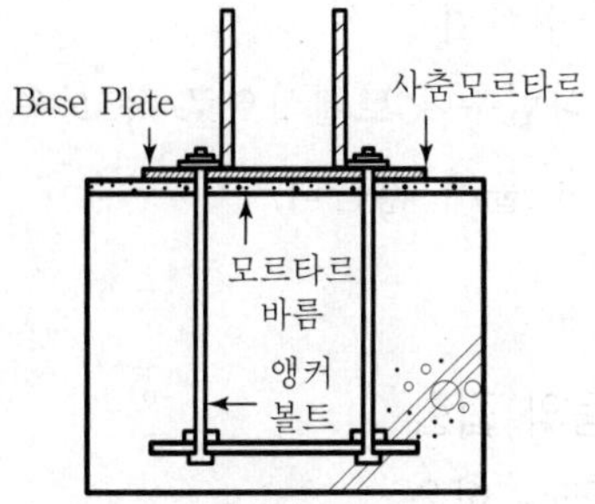

[앵커볼트 매입(고정매입)]

2) 주각부 모르타르 시공

전면 바름법과 나중 바름법이 있으며 공사규모와 현장 여건에 따라 적합한 방식을 선정하여 시공한다.

(3) 기준층 공정계획

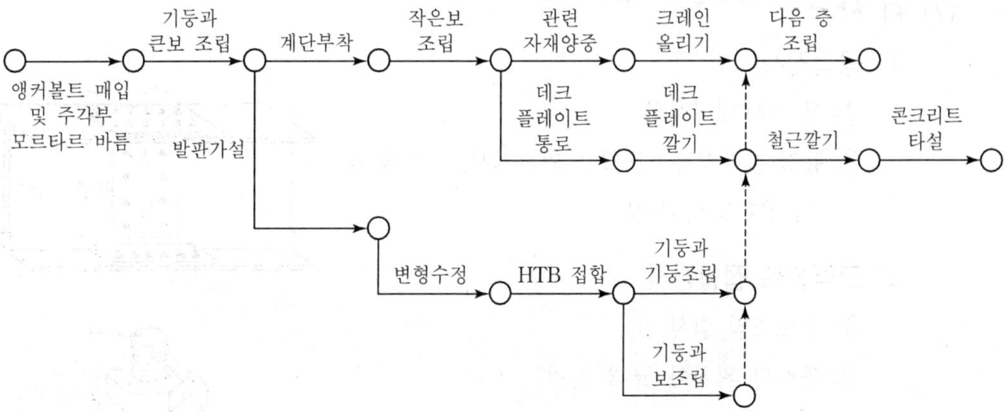

(4) 가조립

1) 본조립 볼트수의 1/2~1/3
2) 외력에 저항하도록 양생
3) 운반시 충돌과 변형 방지

(5) 조립수정

1) 매절마다 수정작업 실시
2) 수직교정은 다림추나 트랜싯으로 하고 수평고정은 와이어 로프, 턴버클로 한다.
3) 본조립시까지 풀지 않는다.

(6) 본조립

1) 기둥과 기둥의 접합
   ① Splice Plate 이음
   ② 용접이음
2) 기둥과 보의 접합
   ① Gusset Plate Type
   ② Bracket Type
3) 보와 보의 접합
   Splice Plate를 덧붙여 고력볼트로 결합

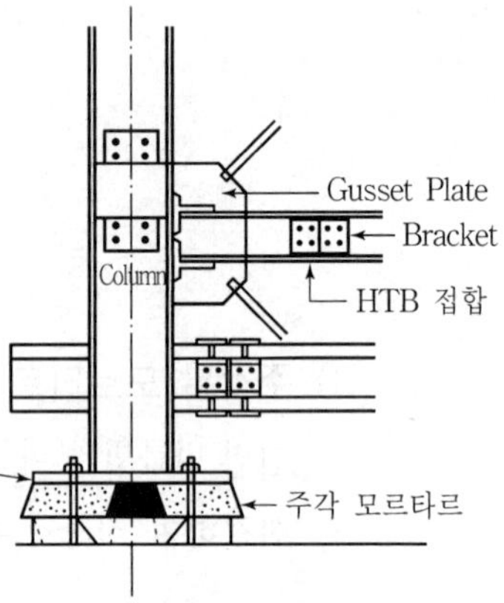

[철골 조립도]

(7) 검 사

1) 용접검사
   ① 용접부 내력시험
   ② 용접 결합검사 : 용접부 외관검사, 비파괴검사, 전단검사 실시
2) 고력볼트 접합검사
   ① 볼트조임 검사
   ② 볼트의 위치와 규격 확인
   ③ Torque 검사 $T = k \cdot d \cdot n$
   ④ 각 볼트 군의 10%의 볼트 개수를 표준

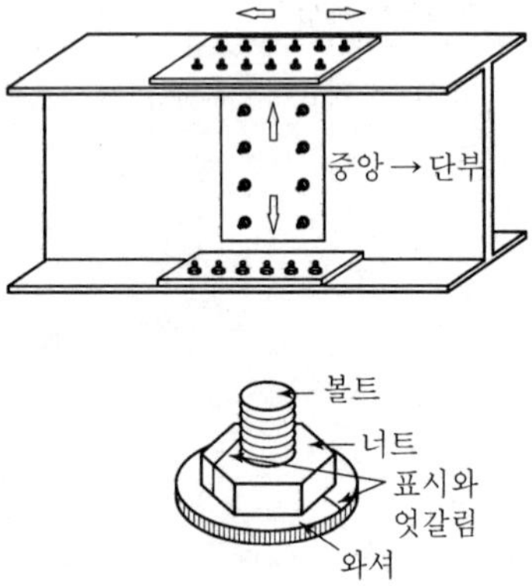

[고력볼트 접합검사]

(8) 도장 및 내화피복

1) 미장, 뿜칠의 경우는 두께가 부족하지 않도록 주의
2) 박락 등이 생기지 않도록 접착력을 충분히 확보

(9) 양 생

조립 중에 변형이 되지 않도록 가새 등으로 보강한다.

4. 시공시 품질확보방안

(1) 품질관리기준

항 목	도 해	관리허용오차
건물 기울기	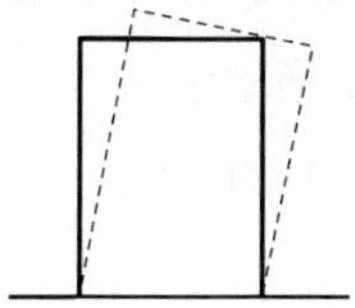	H/4,000±7, 30mm
건물 휨	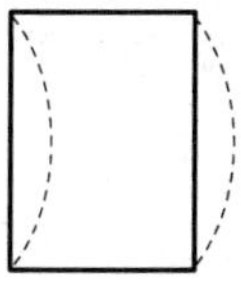	L/4,000, 20mm
보 처짐	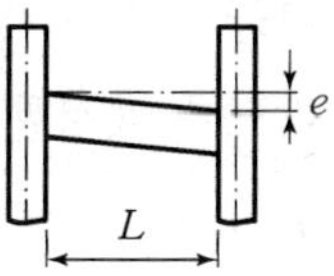	L/1,000±3, 10mm
기둥 기울기	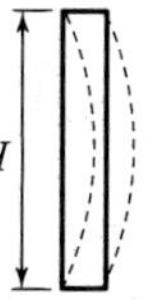	H/1,000, 30mm
층고	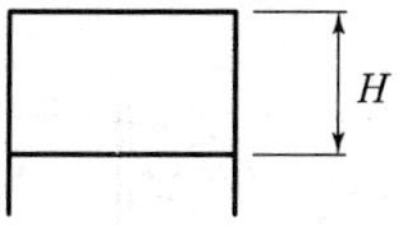	±5mm

(2) 현장조리 시공시 유의사항

1) 주각부 시공시

① Anchor Bolt는 기둥의 중심선에서 5mm 이내 유지

② CON'c 타설시 볼트 이동방지

③ Base Plate 밀착오차는 3mm 이내

④ 무수축 모르타르를 사용하여 그라우팅한다.

2) 가조립 및 고립수정

① 가조립 볼트 수는 2개 이상으로 체결한다.

② 기둥을 설치하면 곧바로 보를 걸쳐 변형을 방지한다.

③ 본조립시까지 가조립 볼트를 풀지 않는다.

3) 세우기 작업시

① 기둥의 중심선과 Level을 정확히 일치시킬 것

② 양중작업시 기둥이나 보에 자재가 충돌하지 않도록 주의한다.

③ 철골보양에 의한 부재 변형방지

④ 용접이나 볼트 접합부 내력 확보

4) 접합시

① 마찰면의 이물질이나 녹을 충분히 제거한다.

② 볼트체결은 중앙에서 단부로 하고 양중작업시 기둥이나 보에 자재가 충돌하지 않도록 주의한다.

③ 트랜싯으로 수직과 수평을 수시로 점검한다.

④ 볼트체결시 혼동되지 않도록 표시한다.

⑤ 용접 전 충분한 예열 실시

5) 도장 및 내화피복

① 세우기 작업완료 후 장기 방치시 녹막이 시공

② 균일한 피복두께와 접착력 확보

③ 1,500m^{2}마다 비중과 두께검사 실시

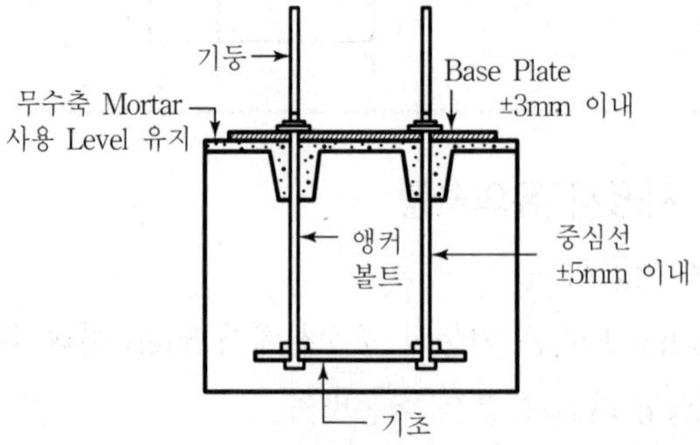

[주각부 시공]

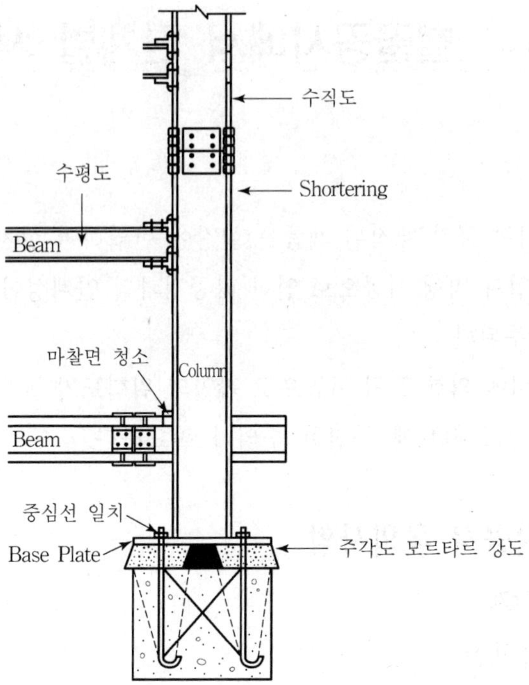

[접합시 점검사항]

5. 맺음말

(1) 철골 현장세우기 작업은 고층화에 따른 작업능률 저하와 고소 안전대책이 선행되어야 한다.

(2) 접합부와 정밀도 확보에 따른 품질관리와 함께 도심 근접 시공에 의한 환경공해, 소음, 진동, 분진 등에 대한 대책도 고려하여야 할 것이다.

number 4 철골공사에서 단계별 시공시 유의 사항

※'04, '12

1. 개 요

(1) 철골공사는 공장 제작된 제품을 현장에 반입하여 설치하는 동시에 현장에서 진행되는 작업과 병행 시공으로 인한 타공정과의 연계성이 높아 현장 운영관리가 중요하게 대두된다.

(2) 또한 장비에 의한 조립 시공으로 작업의 위험도가 높으며, 고층구조물 적용에 따른 시공 정밀도 확보에 특별한 주의가 필요하다.

2. 단계별 시공시 유의사항

(1) 설계 단계

1) 구조계산

① 부재의 결정

수평력과 횡력에 의한 좌굴(파괴) 검토 후 안정적인 부재 크기 결정

② 집중 하중에 대한 검토

2) 접합 방식

① 강접합 : 보에 일어나는 휨 모멘트와 전단력을 기둥에 전달하도록 고려

② 핀접합 : 보에 일어나는 전단력을 기둥에 전달하도록 고려

(2) 발주 단계

시공도(Shop. DWG)의 작성 : 현장 여건과 반입을 고려하여 작성하고 제작기준을 마련한다.

① 철골 수량과 위치 및 형상을 반영하여 작성한다.

② 마감, 설비용 접합부, 관통부에 대한 보강 방법을 고려하여 작성한다.

③ 설치 철물과 건립 공법을 고려하여 작성한다.

(3) 공장 제작 단계

1) 제작 순서

세우기 반입 순서에 맞도록 가공 제작한다.

2) 원척도 작성

공장과 현장의 오차를 파악하여 작성한다.

3) 접 합

① 구멍 위치를 정확히 유지하고 주위의 변형 비틀림은 충분히 제거한다.

② 구멍 오차는 리머에 의한 수정 작업을 한다.

4) 운 반

교통 통제, 중량, 높이 제한 등을 감안해 현장으로 운반한다.

(4) 반입 검사

1) 밀시트(Mill Sheet) 검사

제품의 규격과 성능에 대한 자료 검사를 실시한다.

2) 제품 정도 검사

① 외관상태(녹, 먼지, 용접 손상) 등 검사

② 제작정밀도 검사(규격, 크기, 길이, 휨, 처짐 등)

③ 집합부 검사(볼트 체결부, 용접부 검사)

(5) 현장 세우기 단계

1) 세우기 작업 전 확인사항

① 건립 순서 및 건립 방법에 대한 검토를 한다.

② 양중 장비와 양중 안전에 대한 준비를 한다.

③ 반입 및 자재 적치 계획을 수입한다.

④ 조립 안전에 대한 대책을 마련한다.

2) 주각부 시공

① 기초 앵커 볼트 매입

㉠ 앵커볼트의 규격이 적합한지 확인한다.

㉡ 시공 위치의 정밀도 확보가 되었는지 확인한다.

㉢ 앵커 볼트는 충분한 강성을 확보하도록 한다.

② 주각부 모르타르 바름

㉠ 무수축 모르타르로서 강도는 구조체 강도 이상이어야 한다.

㉡ 충분한 양생을 실시한 후 본조립을 한다.

㉢ 베이스 플레이트의 높이가 적절하고 레벨이 수평인지 확인한다.

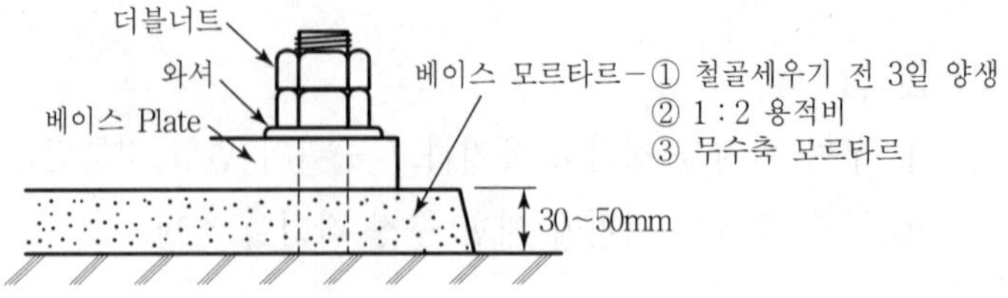

[주각시공]

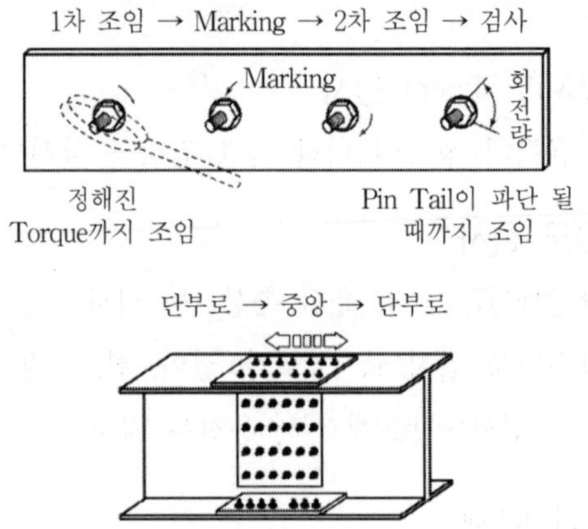

[볼트 조임]

3) 세우기

① 기둥의 조립

기둥은 수직도가 유지되도록 수시로 확인하며 조립한다.

② 기둥과 큰 보의 조립

㉠ 기둥과 보의 접합부 강성이 부족할 경우 덧판으로 보강을 한다.

㉡ 기둥 조립 후 곧바로 보를 걸쳐서 기둥을 독립 상태로 오래 두지 않는다.

③ 큰 보와 작은 보 조립

4) 조립 및 조립 수정

① 가조립

가조립은 본조립 볼트의 1/2~1/3 이상으로 적어도 2개 이상 한다.

② 본조립

가조립 후 본조립은 조속히 실시한다.

③ 조립 수정

세우기 정밀도 이내에 들 때까지 수직도 및 수평도를 확인한다.

5) 접합검사

① 볼트 체결부

㉠ 볼트의 규격과 종류에 대한 규격 검사를 실시하여 적합한 재료를 사용한다.

㉡ 마찰면 검사(마찰력의 크기 검사)

㉢ 볼트 조임 검사

토크치($T=K\cdot d\cdot n$)를 확인하여 규정 토크치가 확보되었는지 검사를 실시한다.

② 용접부

용접부 결함 발생 여부를 검사하고 이상이 없도록 조치한다.

6) 세우기 검사

① 수직도 검사

기둥의 휨, 건물의 휨, 건물 기울기 등을 검사한다.

② 수평 검사

보의 처짐 상태, 층고 높이 등을 검사한다.

7) 세우기 안전

① 세우기 장비 안전

② 조립 인원에 대한 고소 안전(추락, 낙하) 대책 강구

③ 용접으로 인한 화재 및 감전사고 방지대책 마련

(6) 녹막이 칠

1) 작업 중 도장 손상이 있는 부분은 보수 작업을 실시한다.

2) 도장 금지 부위(매입부, 용접부, 볼트체결부 등)는 도장을 실시하지 않는다.

(7) 내화피복

1) 위치별, 부위별 내화 피복 두께와 내화 요구 성능을 확인하고 소요 성능을 확보하도록 한다.
2) 뿜칠의 경우 박락이 없도록 주의한다.
3) 내화피복 공사 후 피복 부위에 대한 검사를 실시한다.

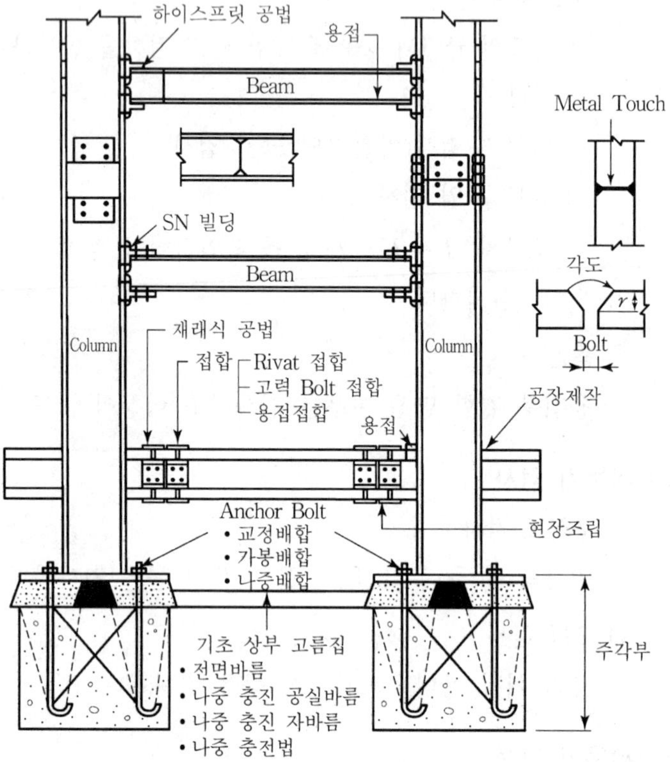

[철골부재 접합부]

number 5 철골 주각부 시공 및 품질관리(Anchor Bolt, Mortar 바름)

※'78, '91, '94, '96, '97, '00, '04, '07, '11, '18, '19, '22

1. 개 요

(1) 철골기둥의 주각부 고정은 Anchor Bolt 매입과 Base Plate 설치를 위한 주각부 모르타르바름으로 나눌 수 있다.

(2) 기초주각부 Anchor 매입방식에는 고정매입, 나중매입, 가동매입이 있고, 주각부 모르타르 바르기 방법에는 전면바름법, 나중채워넣기법, 나중채워넣기 +자 바름법, 나중채워넣기 중심바름법이 있다.

(3) 주각 Anchor Bolt 매입과 모르타르 바름시 품질확보를 위해서는 Anchor Bolt 중심도, 설치 및 고정오차, Base Plate 높이오차, 모르타르두께, 수평도 등에 대한 관리가 필요하다.

2. 주각부 Anchor Bolt 시공방법과 유의사항

(1) 사전준비

1) 주각부 중심 먹매김

2) 각 주열과 행을 정확히 맞춰 놓는다.

(2) 주각부 Anchor Bolt 매입

1) 고정매입방식

① 개 요

기초 철근배근과 동시에 Anchor Bolt를 설치하고, CON'c를 타설하는 방식

② 특 징

㉠ 수정이 어렵다. ㉡ 대규모 공사에 적합하다.

㉢ 구조 안정도가 우수하다.

③ 시공시 유의점

㉠ 철근배근시 앵커볼트 위치를 미리 확보하여 둔다.

㉡ CON'c 타설시 움직이지 않도록 수시로 확인한다.

㉢ 앵커볼트를 철근에 매지 말 것

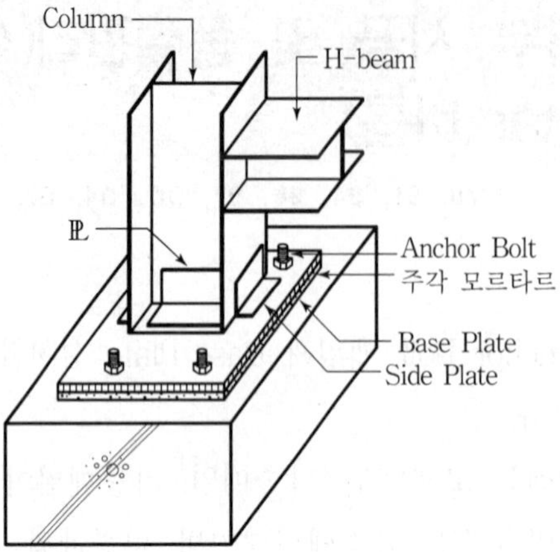

[기초와 기둥주각부 고정]

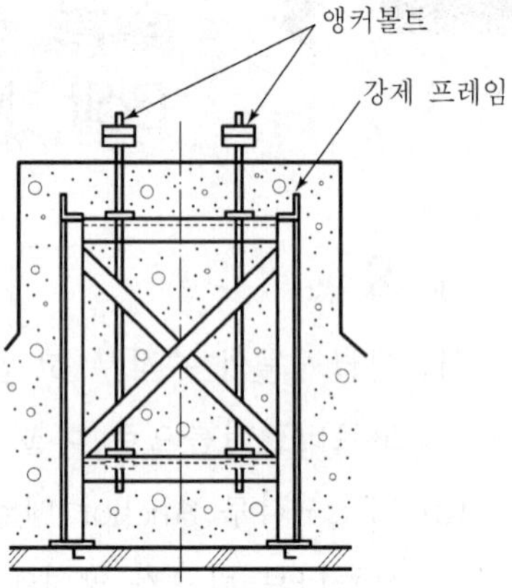

[강제 프레임에 고정]

2) 가동 매입방식

① 개 요

앵커 볼트 상부를 조절할 수 있도록 CON'c 타설시 깔때기를 매입하여 공간을 확보하는 방식

② 특 징

㉠ 수정이 용이하다.

㉡ 중규모 공사에 적합하다.

㉢ 부착강도가 저하되는 문제점이 있다.

③ 시공시 유의점

㉠ 깔때기가 이동하지 않도록 고정한다.

㉡ 앵커볼트는 25mm 이하로 한다.

㉢ 무수축 그라우팅 충전시 CON'c 부착강도 확보

3) 나중 매입방식

① 개 요

앵커볼트 자리에 CON'c 타설을 하지 않거나 타설 후 천공하는 방법

② 특 징

㉠ 시공이 간단하고 수정이 용이하다.

㉡ 소규모 공사에 적합하다.

㉢ 볼트깊이에 제한을 받는다.

③ 시공시 유의점

㉠ 천공된 구멍 속의 찌꺼기를 제거하여 부착력을 확보한다.

㉡ 무수축 모르타르를 사용하여 수축현상이 일어나지 않도록 한다.

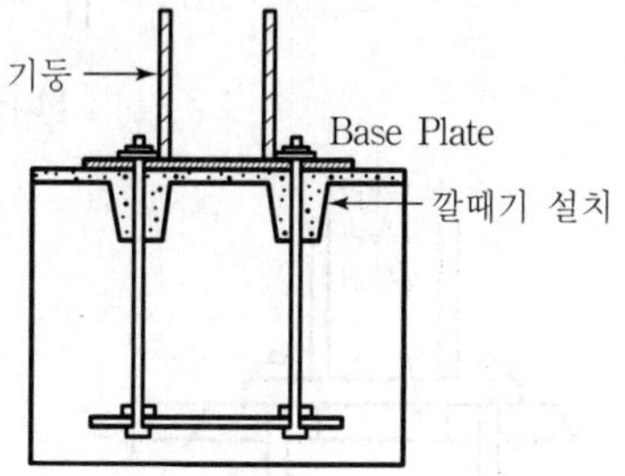

[가동매입]

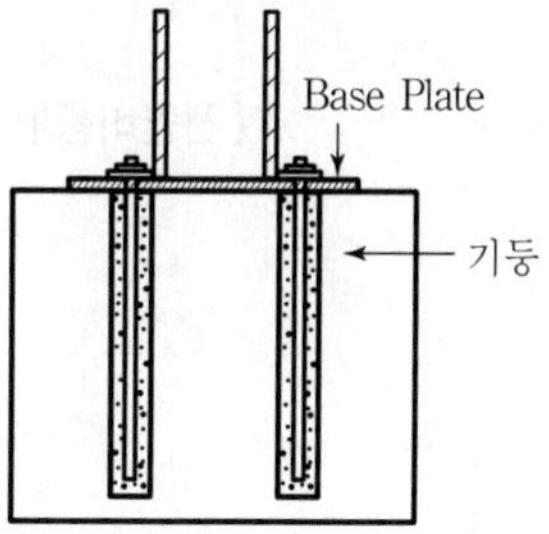

[나중매입]

3. 주각부 모르타르 바름방법과 유의사항

(1) 전면바름법

1) 기초 주각부 전면을 모르타르로 마무리하는 방법

2) 시공은 간단하나 높은 정밀도가 필요하다.

3) 소규모 건축물에 주로 사용된다.

(2) 나중 채워넣기 +자 바름법

1) 주각부 상부면을 +자 형태로 모르타르 바름 마무리하는 방법

2) 고층 구조물에 사용되고 Base Plate 하부에 공극이 생기기 쉽다.

(3) 나중 채워넣기 중심바름법

1) 주각부 상부면 중심에만 모르타르바름 마무리하는 방법

2) 수정작업이 쉽고 Level 조절이 용이하다.

(4) 나중 채워넣기 전면 바름법

1) 주각을 레벨 너트로 조절하고 나중에 모르타르바름으로 마무리하는 방법

2) 시공이 간단하고 Level 조절이 용이하다.

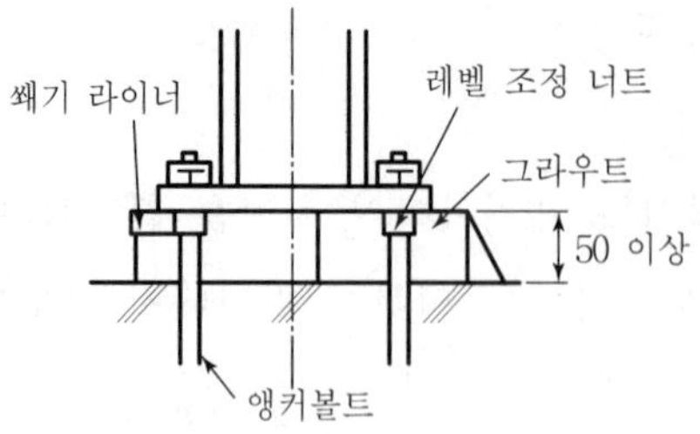

[전면바름]

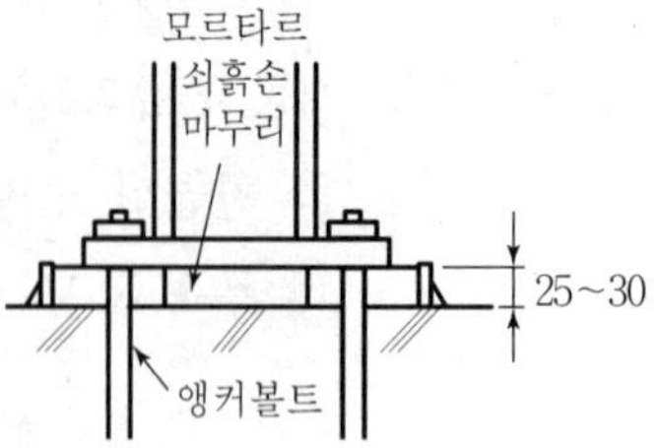

[나중바름]

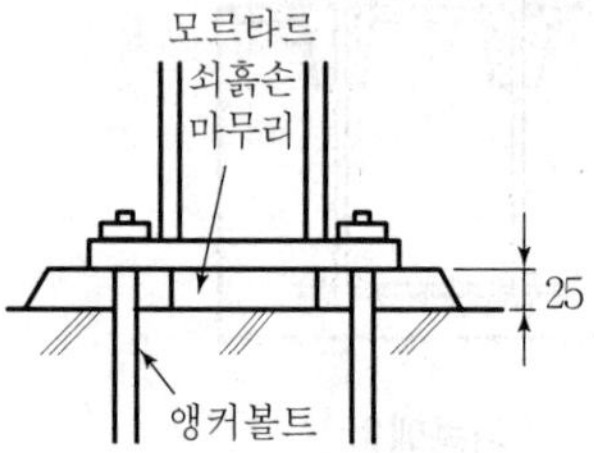

[나중전면바름]

4. 품질확보방안

(1) 주각부 Anchor Bolt 매입시

1) Anchor Bolt는 콘크리트 타설 전, 타설 중, 타설 후 정확한 위치가 유지되는지 확인한다.
2) Anchor Bolt는 철근에 고정시키지 않는다.
3) 콘크리트 타설시 이동이 없도록 고정한다.
4) 앵커용 거푸집은 철근에 고정시키지 않는다.
5) Anchor Bolt는 기둥 중심선에서 ±5mm 이내로 한다.
6) 기둥과 기둥 중심 간격은 ±3mm 이내로 한다.

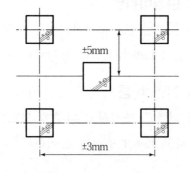

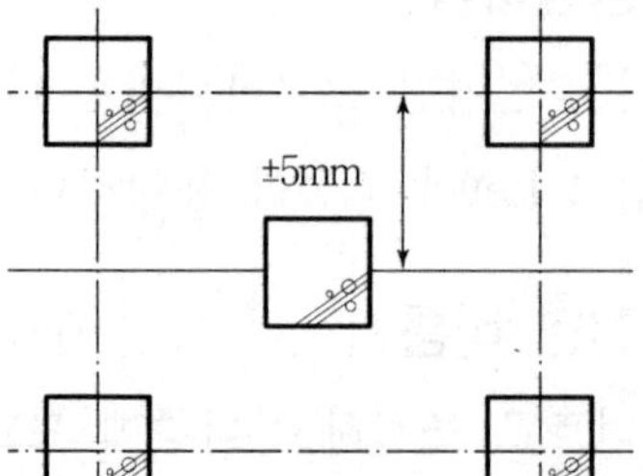

[앵커 매입시 오차 범위]

(2) 주각 모르타르바름시

1) Base Plate 밀착오차는 3mm 이내로 한다.

2) 모르타르 배합비는 1 : 2로 한다.

3) 무수축 모르타르를 사용하여 건조수축을 방지한다.

4) 양생은 3일 이상을 유지한다.

5) Pading Size는 20cm 이상, 두께는 30~50mm로 한다.

6) 수평면 Level 정밀시공

5. 맺음말

(1) Anchor Bolt는 철골조의 외력을 기초에 직접 전달하는 구조부를 지지하는 역할을 하므로 구조물의 규모에 맞는 형식을 선택하고

(2) 주각부는 철골기둥의 자중을 Base Plate를 통해 전달하므로 충분한 강성유지와 밀실시공으로 구조적 안정성을 확보해야 한다.

number 6 철골공사의 현장 접합시공에서 부재 간의 접합공법과 조립시공시 유의사항

※'81, '99, '05

1. 개 요

(1) 철골부재의 접합공법의 종류에는 고장력 볼트, 리벳, Bolt와 용접접합방법이 있으나 현장에서 주로 HTB(고장력 볼트)와 용접이 사용되고 있다.

(2) 고장력 볼트 접합시는 마찰면 처리와 조임방식, 조이기 검사, 용접접합은 용접부의 결함과 용접변형에 주의하여야 한다.

(3) 접합조립시 유의사항은 기초와 기둥, 기둥과 기둥, 기둥과 보 등의 접합부위에 대한 품질관리에 유의한다.

2. 부재 간의 부위별 접합부

(1) 기초와 기둥 부위 접합

(2) 기둥과 기둥 접합

(3) 보와 보 접합

(4) 기둥과 보 접합

(5) 큰 보와 작은 보 접합

3. 부위별 접합공법의 종류

(1) 고장력 볼트접합(High Tension Bolt)

1) 고탄소강 또는 합금강을 열처리한 항복강도 7t 이상, 인장강도 9t 이상의 고력 Bolt를 조여서 부재 간의 마찰력에 의해 응력을 전달하는 접합방식

2) 종 류

① TS(Torque Shear) ② TC(Torque Control) Bolt

③ Grip Bolt ④ PI형 Nut

3) Bolt 체결은 Impact Wrench와 Torque Wrench가 사용되며, 측정에는 Torque Control법과 Nut 회전법이 있다.

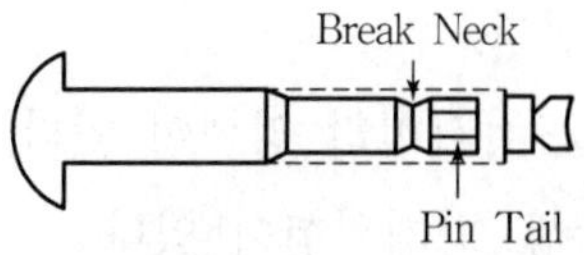

[지압형 Bolt]

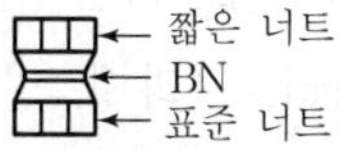

[PI Bolt]

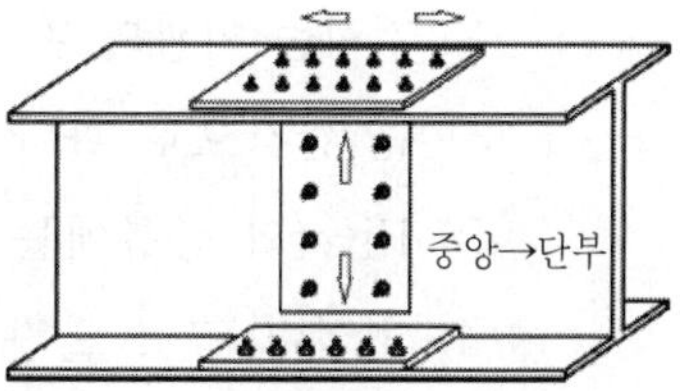

[조임순서]

(2) 용접접합(Welding)

1) 모재의 용접봉을 전기저항에 의한 Arc 발생으로 열로 녹여 원자 간의 결합에 의한 접합방식

2) 종 류

① 피복 Arc 용접

② CO_2 용접

③ Submerged 용접

3) 용접시 유의사항

① 사전 예열, 용접 재료관리 및 건조상태

② 개선부 정밀 여부 및 청소상태

③ 전류응력, 기온, 온도, 기후의 영향

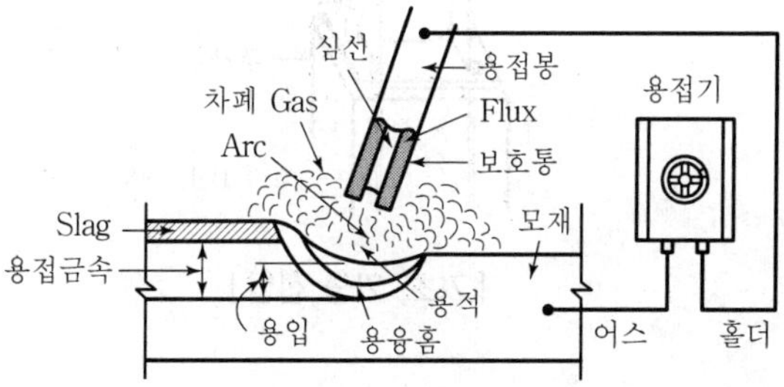

[Arc 용접]

(3) Rivet 접합

1) 미리 강재에 구멍을 뚫고 800~1,100℃ 정도 가열된 Rivet을 Joe Rivecter나 Pnematic Rivecter로 충격을 주어 접합하는 방법

2) 검사는 외관의 관찰 또는 검사망치로 Rivet 머리를 가볍게 두드려 손끝에 느끼는 감각으로 판단하며, 불량 Rivet은 전량 교체한다.

3) Rivet의 종류에는 둥근머리, 평리벳, 민리벳, 둥근접시머리 리벳이 있다.

4) 인성이 크고 불량 리벳검사가 용이하며, 소음발생, 화재위험이 있다.

(4) Bolt 접합

1) 강재에 구멍을 뚫고 Bolt로 접합하여 Bolt의 전단력으로 응력을 전달하는 방법으로 주요구조부에는 사용되지 않고 가설건물이나 지붕의 처마, 중도리의 접합에 사용한다.

2) 진동시 Nut가 풀리기 쉽고 균등한 조임이 어렵다.

4. 부재 간의 부위별 조립시 유의사항

(1) 기초와 기둥의 접합

1) Anchor Bolt는 충분한 강성을 갖도록 한다.

2) 바름모르타르는 강도 및 양생에 유의한다.

3) 기초 콘크리트 윗면과 Base Plate 밑면 사이는 약 30~50mm 조정간격을 둔다.

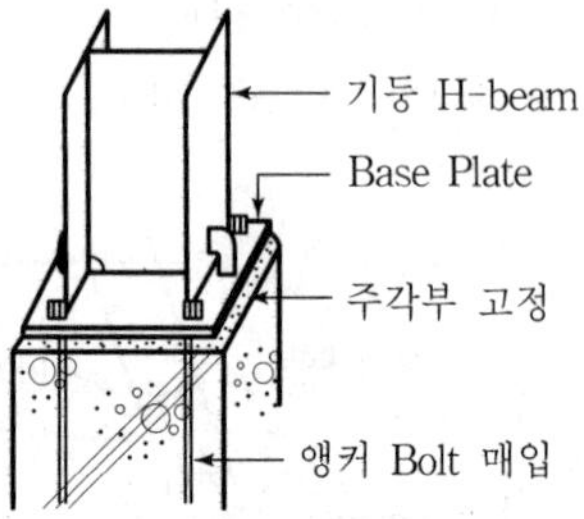

[기초, 기둥 접합]

(2) 기둥과 기둥 접합

1) 상부기둥에서 내려오는 하중을 충분히 전달하도록 접합부 강성을 확보한다.

2) H형강 단일재를 사용하는 경우에는 각 층 바닥에서 1.0~1.5mm를 유지한다.

3) 상·하 기둥의 마구리는 기계가공 후 완전 밀착시공한다.

4) 윗기둥과 아랫기둥의 크기가 서로 다른 경우 끼움판(Filler Plate)을 설치한다.

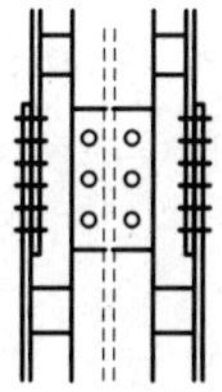

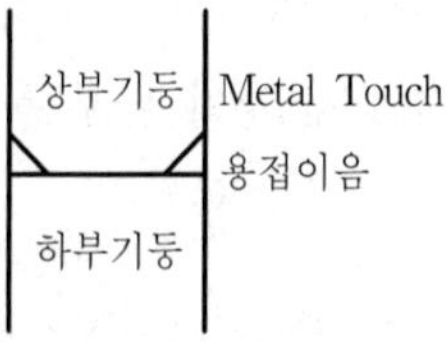

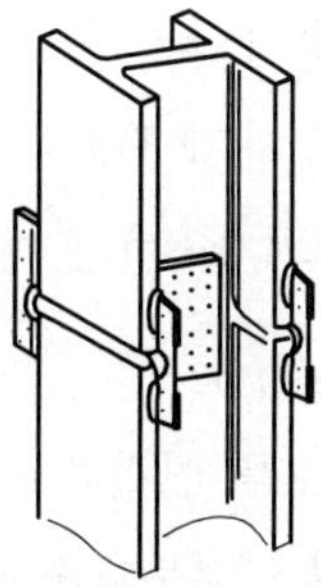

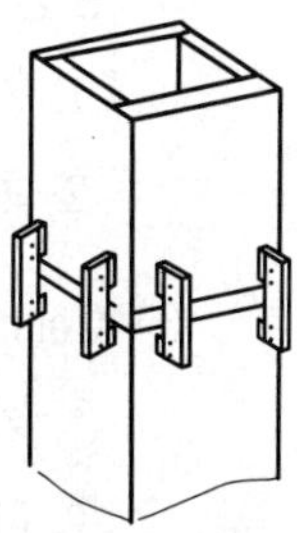

[Splice 이음] [Metal Touch 이음] [용접 H형 기둥] [Welding Type의 예]

(3) 보와 보의 접합

1) 동일 치수일 때 접합

① 이음부분이 단순지지인 경우 웨브(Web)를 덧판이음한다.

② 덧판과 모재 사이는 1mm 이상의 간격이 없도록 밀착시킨다.

③ 두 모재는 조립을 용이하게 하기 위해 5~10mm 간격을 유지한다.

2) 큰 보와 작은 보 접합

① 접합부는 클립앵글 등을 사용하여 웨브를 상호 접합시킨다.

② 작은 보를 연속보로 하고자 할 때 플랜지에는 덧판을 대고 웨브는 밀착시킨다.

(4) 기둥과 보 접합

1) Bracket Type

① 기둥에서 보의 일부가 돌출되어 있다.

② 접합부는 첨판(Splice Plate)을 이용하여 고장력 볼트로 결합된다.

③ 가장 일반적인 형식이다.

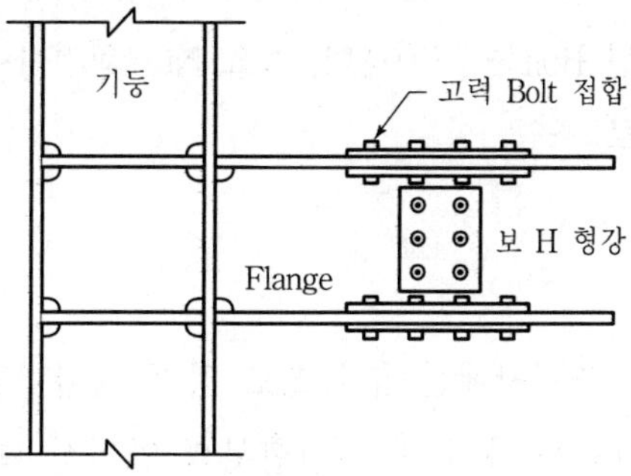

[Bracket Type의 예]

2) 현장 용접용 Type

① 기둥에 날개가 1개 돌출되어 있어 현장조립시 이것에 Beam을 설치한다.

② 최종적으로 Beam의 상·하 Flange의 단부를 기둥에 용접하여 접합한다.

3) Connection Type

① 기둥과 보를 연결하는 부재를 사용하는 형식이다.

② Flange의 연결부재는 기둥에 먼저 붙이고, 그 외의 연결부재는 보에 붙여두는 것이 편리하다.

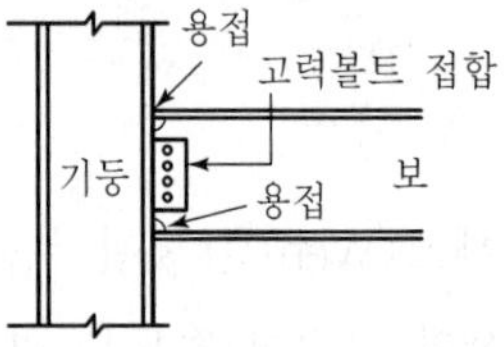

[현장 용접용 Type]

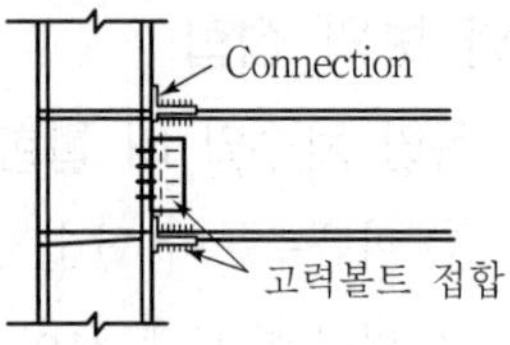

[Connection Type]

(5) HTB 접합 조임 검사시 유의사항

1) Torque Control법

① Nut을 조여 완료한 후 Torque Wrench를 사용하여 Torque치 측정

② 각 볼트군의 10% 볼트 수를 표준으로 한다.

2) Nut 회전법

① 본조임 완료 후 1차 조임추에 표시한 금매김에 의해 Nut의 회전량을 육안으로 검사

② Nut의 회전량이 120°±30°의 범위에 있는 것은 합격

③ 초과된 Bolt는 교체하며, 소요 Nut 회전량이 부족하면 추가로 조임

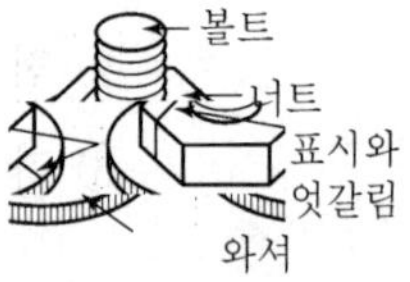

[금매김]

5. 맺음말

철골공사의 현장 조립시에는 부위별로 적정 적합방법을 선정하고 고력 Bolt나 용접 등으로 철저한 이음을 하여 철골 접합부의 안전성 확보와 품질확보에 중점을 두어야 한다.

number 7 철골공사시 고력볼트(HTB) 접합공법

※'78, '81, '82, '88, '90, '98, '99, '00, '01, '03, '05, '06, '09, '13

1. 개 요

(1) 철골부재 접합공법의 종류에는 Bolt, Rivet, HTB, 용접 접합공법이 있으나 주로 HTB와 용접 접합공법이 사용된다.

(2) HTB 접합은 마찰력에 의한 접합으로 TS Bolt, PI Bolt, Grip Bolt를 사용하여 마찰접합, 인장접합, 지압접합 방식으로 접합한다.

2. 공법의 특징

(1) 접합부의 변형이 적고 소요강도가 크다.

(2) 소음이 적고 화재위험이 없다.

(3) 공기를 절약할 수 있으며, 불량개소에 대한 수정조치가 용이하다.

(4) 고소작업으로 위험성이 있다.

(5) 검사가 정확하지 않으면 품질저하의 우려가 있다.

(6) TS Bolt를 사용하면 조임검사가 간단하다.

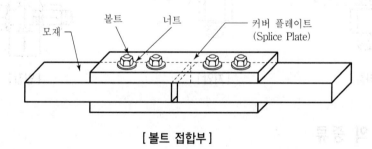

[볼트 접합부]

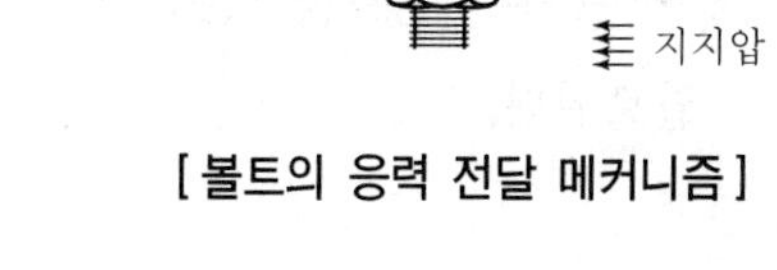

[볼트의 응력 전달 메커니즘]

3. 접합방식의 종류와 특징

(1) 마찰접합

1) 볼트를 조여 접합면의 마찰력을 이용하는 접합 방식
2) 힘의 전달은 볼트축과 직각으로 전달된다.
3) 마찰력이 파괴되면 전단력에 의해 힘을 전달한다.
4) 내력전달이 우수하다.

(2) 지압접합

1) 부재 사이의 마찰력과 볼트의 지압력으로 힘을 전달한다.
2) 볼트와 직각으로 응력이 전달된다.

(3) 인장접합

1) 볼트의 축방향으로 힘을 전달한다.
2) 볼트의 인장력을 이용한다.

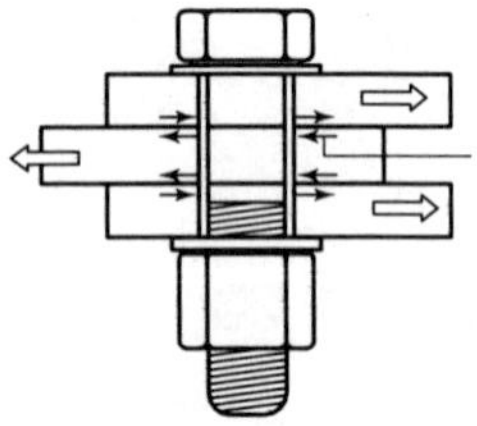

[마찰]

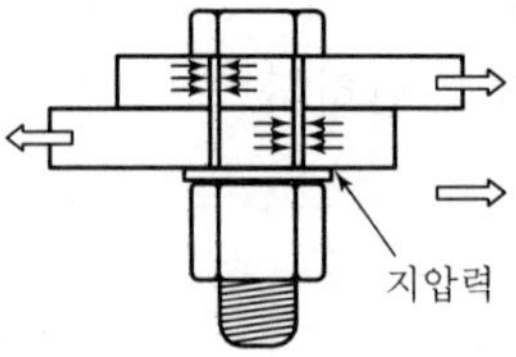

[지압]

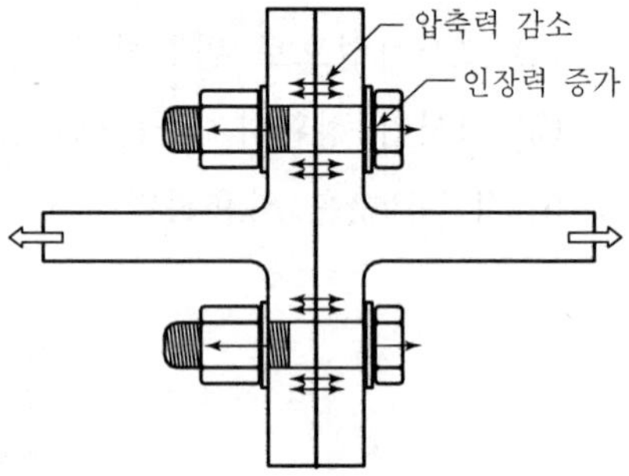

[인장]

4. Bolt의 종류

(1) TC Bolt/TS Bolt

1) 육각형 머리에 육각 너트로 구성되며, 두 개의 Washer를 포함하여 1set로 됨
2) Spanner로 육각머리를 고정하고 너트를 회전시켜 체결한다.
3) 너트 회전반력이 소정에 달하면, Break Neck 부분의 Pintail이 파단되어 조임이 완료된다.

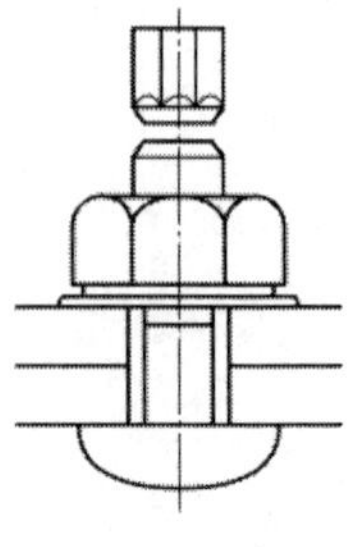

[TS Bolt]

(2) PI Bolt(TS형 너트)

1) 표준너트와 짧은 너트가 Break Neck을 사이에 두고 결합한다.

2) 짧은 너트 쪽에 토크를 가하면 Break Neck이 파단되어 체결된다.

(3) Grip Bolt

1) 커다란 인장홈과 Pintail을 가진 Break Neck으로 구성된다.

2) 조임이 확실하며, 검사가 용이하다.

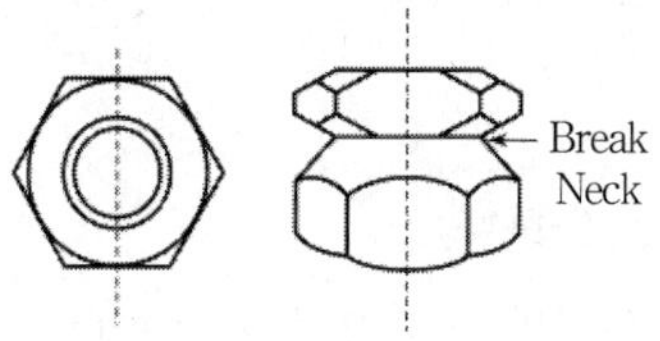

[PI Bolt]

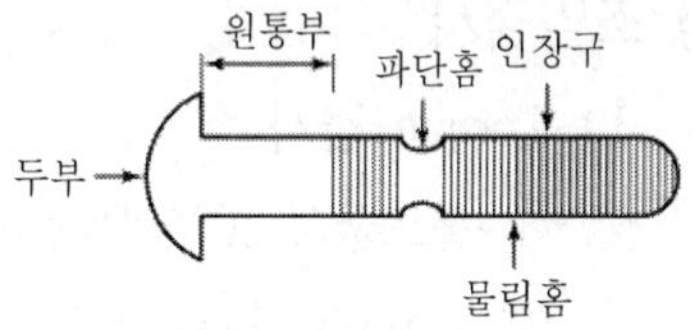

[Pintail 파단형, Grip Bolt]

5. 조이기 검사방법

(1) 마찰면 처리

1) 마찰면의 기름, 녹 등을 제거한다.

2) 와셔지름의 2배까지 갈아낸다.

3) 볼트 1개의 허용마찰력

$$R = \frac{n \cdot N \cdot \mu}{V}$$

여기서, N : 볼트의 장력(t)　　μ : 미끄럼계수 0.45
V : 안전율(1.5)　　n : 마찰면의 수

(2) 조임방식

1) Torque Wrench

① 시공 전 Torque Moment를 측정

② 일정한 토크 모멘트로 너트를 조인다.

③ Torque 검사

$$T = k \cdot d \cdot N$$

여기서, k : 토크계수　　d : 볼트지름
N : 볼트의 장력(t)　　T : 토크치(t · m)

2) Impact Wrench

① 중앙에서 단부로 체결한다.

② 1차 70%는 손조임으로 하고 2차 30%는 Impact Wrench로 조임한다.

3) 너트회전법 검사

① Spanner로 1차 조임을 실시한다.

② 2차 조임은 120° 회전시킨다.

(3) 조임검사

1) Torque 검사

① 볼트군의 10%의 개수를 표준으로 한다.

② Torque Moment가 90~110% 사이면 합격으로 판정한다.

③ 볼트의 위치와 규격 확인

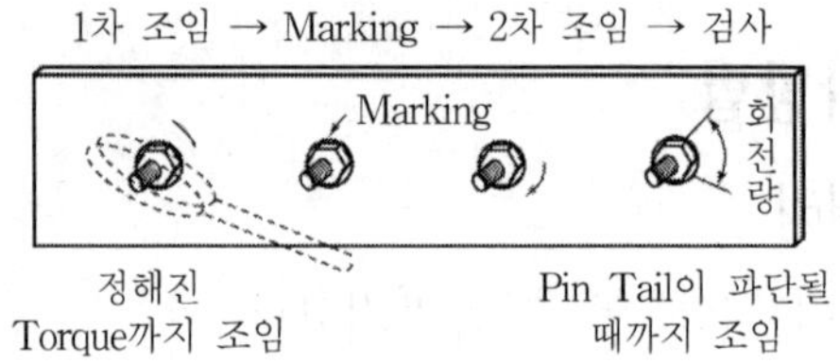

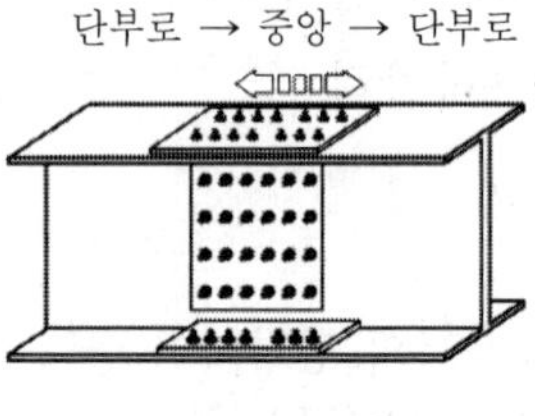

[Torque 검사]

2) 너트회전법 검사

① 1차 조임 후 금매김을 실시한다.

② 2차 조임이 120°±30°시는 합격으로 한다.

③ Torque 검사는 최종 체결 다음날까지 완료한다.

④ 볼트의 여장은 너트면에서 돌출된 나사산이 1~6개의 범위를 합격으로 한다.

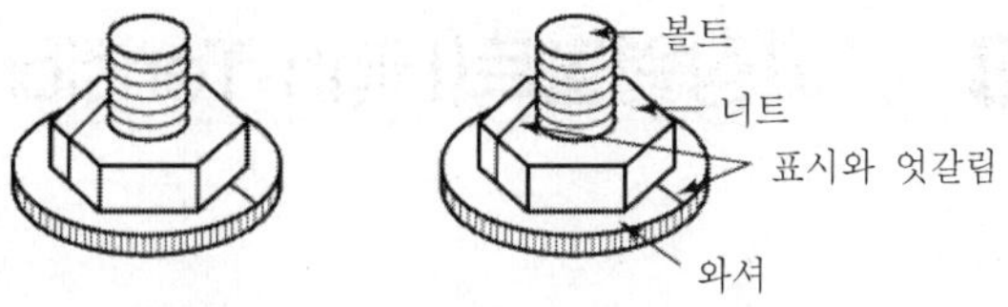

[1차 체결]　　　[2차 체결]

6. 유의사항

(1) 조임검사는 최종체결 다음날까지 완료한다.
(2) 볼트의 위치와 규격을 확인한다.
(3) 마찰면의 이물질이나 녹을 충분히 제거한다.
(4) 가조립은 본조립 볼트 수의 1/2~1/3, 볼트 2개 이상 실시한다.
(5) 볼트체결시 혼동되지 않도록 표시해 둔다.
(6) 볼트체결은 중앙에서 단부로 한다.
(7) Reaming 작업 : 오차구멍 수정작업으로 최대 편심거리는 1.5mm 이하로 유지
(8) 트랜싯으로 수직과 수평을 수시 점검
(9) 과조임 Bolt는 제거 후 재시공하고 과소조임 Bolt는 추가 조임한다.

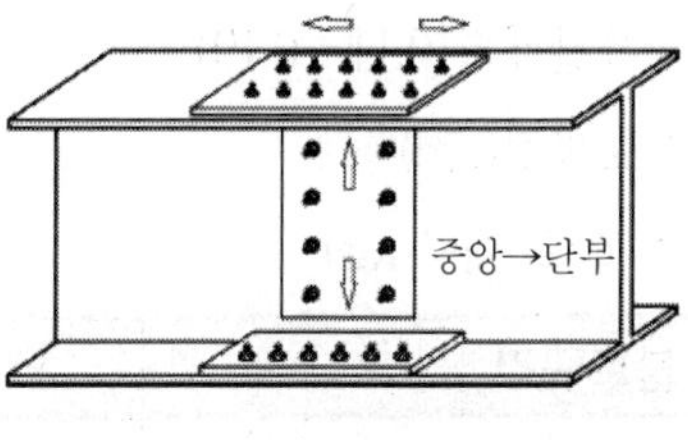

[조임순서]

7. 맺음말

(1) 도심 공사의 소음공해를 예방하고 소요강도를 확보하기 위한 측면에서 고력 Bolt의 사용이 유리하다.
(2) 접합부의 강도를 확보하기 위해서는 적정한 수의 Bolt를 산정하고 체결순서에 따라 시공을 하며, 접합부위별로 필요한 Torque치를 유지하도록 검사를 하여야 한다.

number 8 고장력볼트(High Tension Bolt)의 조임 방법

※'05, '06, '13

1. 개 요

적정한 체결력을 얻기 위한 고력볼트조임 방법에는 '토크조임법'과 '너트회전법(조임각도법)'이 있다.

2. 볼트 조임 방식

(1) 토크 조임법(Torque Control Tightening Method)

① 토크조임법은 조임 토크값의 최대, 최소값을 결정하여 토크 렌치(Torquewrench)로 조이는 방식이다.

② 최대 조임 토크값은 머리 형상, 표면처리사양, 오일의 도포 유무 등에 따라 달라지므로 정확한 설정을 위해서는 사전에 사양별로 확인한다.

토크값 $T = k \times d \times NT$: 조임 토크(kg · cm)

여기서, k : 마찰계수(0.11~0.19)

d : 호칭경(cm)

N : 볼트 축력(kg)

볼트규격	1차 체결 토크치
M16	약 1,000kg · cm
M20, M22	약 1,500kg · cm
M24	약 2,000kg · cm

1) 1차 조임

1차 조임 토크 추천치(착좌 토크)

2) 2차 조임 토크의 설정

① 축력측정기로 정확한 토크값과 축력을 측정하여 마찰계수를 구한다.

② 목표 체결력(축력)을 설정하고, 설정한 축력값을 위의 조임 토크 계산식에 의해 구한다.

(2) 너트 회전법(각도 조임법, Angular Tightening Method)

착좌점까지는 토크값으로 조인 후 각도로 재조임하는 2단계 조임방법을 사용하여 균일한 조임력을 얻을 수 있는 방법이다.

1) 조임 순서

1차 조임 → 마킹(볼트, 너트, 와셔, 결합부재) → 120도 회전(볼트기이가 지름의 5배 이하일 때)

2) 1차 조임

볼트 간 균일한 체결력을 얻는 최소 조임 토크까지 조임

3) 마킹

① 조임 후 볼트와 너트가 같이 회전하지 않았는지 확인하기 위해 실시

② 1차 조임 후 볼트와 너트, 와셔, 부재에까지 표시하고 너트를 회전시켜 조임을 완료한 후 표시된 부분의 어긋남을 보고 적정 조임 여부를 확인

③ 6각 너트 사용 시에는 2개 모서리만큼 회전시키면 120°가 되므로 쉽게 확인

4) 너트 회전

표시한 너트를 120°를 회전하여 회전량이 120±30°의 범위에 있는지 확인

3. TS형 고력볼트의 조임

(1) T/S 볼트는 몸체와 Pin Tail 사이의 파단홈(Notch)이 비틀림 파단될 때까지 조이면 소정의 체결축력을 얻을 수 있는 마찰접합용으로 볼트이다.

(2) 일반 고장력볼트보다 편리하고 정확한 시공이 가능하며 검사도 용이하다.

(3) 조임 순서

1차 조임 → 마킹(볼트, 너트, 와셔, 결합부재) → 전용공구로 체결

1) 1차 조임

볼트 간 균일한 체결력을 얻는 최소 조임 토크까지 조임

2) 마킹 실시

3) 전용공구로 체결

Pin Tail 파단 여부를 확인하고 파단이 되었더라도 마킹면을 보고 정확한 작업이

되었는지 확인

[체결]

[조임검사]

4. 조임 시 주의점

(1) 볼트, 너트, 와셔가 함께 공회전이 하는 경우 새 볼트로 교체한다.

(2) 한 번 사용했던 볼트는 재사용하지 않는다.

(3) 볼트머리 밑과 너트 밑에 와셔를 1개씩 사용하는 것이 기준으로 내력 설계가 되어 있으므로 임으로 와셔를 증감하지 않는다.

(4) 조임 순서

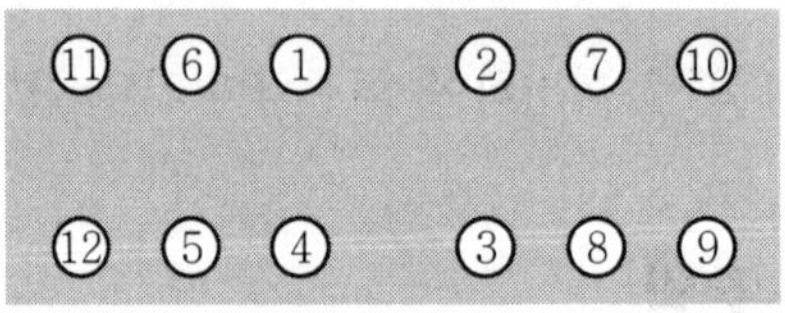

[볼트의 조임 순서의 예 (중앙 ⇒ 단부)]

5. 조임법 비교

토크 조임법	너트 회전법	TS 볼트 조임
−볼트 체결력의 차이가 큼 −적정 토크 확보가 어려움 −파손에 대한 여유율이 커서비 효율적(실제 이용 축력은 볼트강도의 50~70% 정도) −체결 절차 복잡	−실제 축력의 차이가 적음 −균일한 조임력 확보 유리 −볼트의 최대 강도까지 사용할 수 있어 효율적 −조임공구에 각도기가 부착되어 조임 작업 불편 −체결 절차 복잡	−전용 조임공구로 적정체결력 확보 가능 −체결 절차 단순 −검사 용이

number 9 고력 Bolt 접합 시 마찰면 처리

※'03

1. 개 요

(1) 철골 구조물 접합은 고장력 Bolt 접합과 용접접합으로 구분되며 철골량의 증감, 소음, 작업성, 힘의 분산 등을 고려하여 접합방식을 결정한다.

(2) 고력 Bolt에 의한 접합은 이음부에 체결되는 부재 간의 마찰력에 의해 응력을 전달하게 되므로 소정의 마찰면을 확보하는 것이 매우 중요하다.

2. 고장력 Bolt의 응력전달

(1) 마찰접합에 의한 응력전달

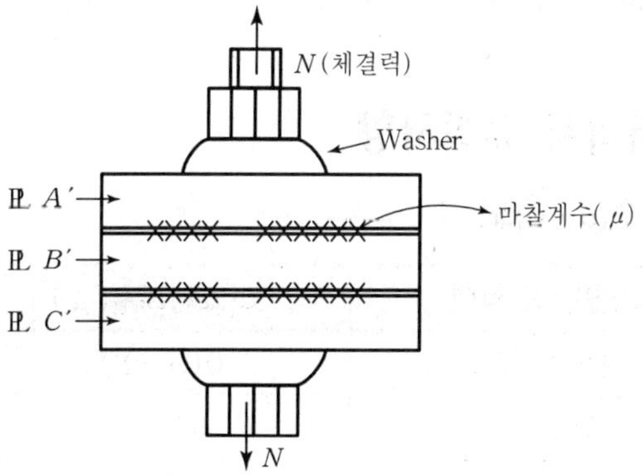

(2) 요구 조건

1) 충분한 강도가 있을 것

2) 시공이 확실하고 관리가 쉬울 것

3) 시공이 간단하고 안전할 것

4) 소음 공해가 적을 것

5) 경제적일 것

(3) 접합시 고려사항

1) 설계시 이음을 가능한 줄일 것

2) 응력이 집중되는 곳은 이음을 피할 것

3) 시공이 쉽고 지장이 적은 곳에 접합부를 둘 것

3. 마찰면 처리방법

(1) 마찰면의 상태와 마찰(미끄럼)계수

1) 부식우려가 없고 마찰면에 페인트를 칠하지 않은 경우 $\mu=0.5$ 이상 확보
2) 마찰면 부식우려도 도장을 전제로 한 경우 무기질 아연말 프라이머 도장하여 $\mu=0.4$ 이상 확보

(2) 처리 방법

1) 강재 접합부 표면의 기름, 먼지 등을 완전히 제거한다.
2) 마찰면을 Washer 지름(D)의 2배까지 갈기 작업을 한다.
3) 검정 녹(흑청)은 그라인더로 갈아낸다.
4) 마찰계수가 확보되도록 마찰면을 충분히 거칠게 한다.
5) 바탕면은 습기, 물기가 없도록 건조시킨다.

4. 마찰면 처리시 유의사항

(1) 마찰계수(μ) 확보

마찰면의 상태	미끄럼계수(μ)
광명단 도장	0.05~0.25
아연 도금	0.1~0.3
흑피 상태	0.2~0.4
산화염 뿜칠	0.25~0.6
들뜬 녹 제거면	0.45~0.7

(2) 접합 내력 확보

1) 미끄럼 내력(접합 내력)

$$R=\frac{n \cdot N \cdot \mu}{V}$$

여기서, n : 마찰면의 수 　　N : 볼트 축력
μ : 미끄럼계수 　　V : 안전율(1.5)

2) 총 접합 내력 = $R \times m$

m : 볼트 본수

(3) 마찰면의 상태 유지/보강(오차)

1) 부재 접합면은 완전 밀착되는 것을 전제 조건으로 한다.

2) 현장 부재 조립시, 공장 제작 오차로 인한 접합부 틈 보강

① 접합부 틈 1mm 이내 : 미끄럼 내력, 강성 이상 없음

② 1mm 이상 이격시 : 채움재(Filler) 삽입

3) 접합시 접합면에 물기, 눈, 습기가 있으면 마찰력이 감소되므로 건조상태에서 시공하도록 한다.

number 10 철골현장용접 품질관리사항

* '07

1. 개 요

현장에서의 용접은 공장 용접과 달리 균일한 품질관리가 어려운 점이 있으므로 작업 여건과 환경적 요인, 기능 인력 등에 대한 충분한 검토와 계획을 수립하고 시공을 하여야 한다.

2. 용접작업시 사전계획

(1) 용접시험

1) 용접법, 기술, 재료, 기기 조합의 적정성 확인
2) 용접공의 자격, 경력 숙련도 확인
3) 개선 치수, 이음 형상 검토

(2) 개선부 관리

1) 루트 간격, 턱짐 오차
2) 개선부 오염, 정리 기준 제시
3) 엔드 탭 설치 상세, 규격 설정

(3) 용접 재료 보관

건조 온도, 시간, 보관 장소 관리

(4) 예열 관리 기준

1) 강재의 종류, 두께별 예열온도 관리기준(SS41)

$25 < t$: 저수조계 용접봉일 경우 예열 없음

$25 \le t < 38$m/m : 예열 온도 T=60℃ ± 10℃

$38 \le t < 50$m/m : 예열 온도 T=60℃ ± 10℃

2) 예열 범위

용접선 중심 한쪽 10cm 범위

3) 예열온도 측정

초크를 사용하여 용접선에서 5cm 떨어진 위치

(5) 환경

1) 강우, 강설시 금지
2) 0℃ 이하 금지(단, 예열시 가능)
3) 습도 90% 이상시 금지
4) 풍속 10m/s(수동 용접) 초과시 작업금지

3. 현장용접시 품질관리사항

(1) 개선

1) 루트 간격 및 홈각 확인
2) 개선면 처리상태 확인
3) 뒷댐재와 루트의 밀착
4) 개선면의 불순물 및 이물질 제거상태, 습기상태 확인하여 건조하게 유지

(2) 충분한 예열

냉각시 온도차 방지, 냉각 터짐 방지

(3) 용접조건에 따른 기준치 확인

1) 전류와 전압 상태
2) shield gas 용량
3) 용접속도(용착속도=용접봉 속도)

(4) 용접봉 건조

Flux 내의 수분 흡수

(5) 용접 순서 및 자세 준수

1) 중앙부에서 가장자리로 용접(잔류 응력, 변형 최소화)
2) 대칭 용접
3) 플랜지 용접 후 웨브 용접
4) 기둥+기둥 용접 후 기둥+보 용접

(6) 공기 차단

모재와 결합재의 연결 조직내 결함 방지와 강도 확보

(7) 뒷댐재 시공

루트의 용입 불량, 터짐 방지

(8) Scallop 처리

용접선 교차부에는 스캘럽 가공

(9) 엔트 탭 사용

용접부 시작과 종점부의 결함 방지

(10) 아크 스트라이크 방지

국부적으로 모재에 손상을 주게 되므로 결함 발생 요인이 된다.

(11) 과다 보강살 금지

과다한 덧쌓기는 열영향과 응력의 집중 원인이 된다.

(12) 상향 용접 금지

(13) 수축 변형 보상

(14) 용접 검사

1) 외관 검사

용접 표면부의 결함(균열, 피트, 블로우 홀 등) 검사

비드 형상 및 길이 검사

2) 비파괴 검사

용접 후 24시간 경과시 방사선, 초음파, 자기 분말, 침투 탐사 등으로 내부결함검사

(15) 용접 결함 보수

1) 결함부 제거(그라인딩 처리)

2) 변형 고정

4. 맺음말

(1) 부재와 부재를 접합하고 응력을 전달하는 용접부에 대한 사후 검사는 현실적으로 제한이 있을 수밖에 없다.

(2) 따라서 용접 품질에 가장 영향을 많이 미치는 기능정도를 확보하고 작업 과정마다 확인과 검사를 거친 후 작업을 진행하는 시공의 정밀성에 주안점을 두고 관리가 이루어져야 한다.

number 11 현장 철골 용접 기량검사 및 용접 합격 기준

※'10

1. 개 요

용접의 품질에 가장 큰 영향을 미치는 요인 중 하나가 용접공들의 기능 수준이며 시공자는 공사를 수행할 용접사의 기량을 평가하여 용접절차서와 함께 승인을 받아야 한다.

2. 철골 용접 방법

(1) 철골 용접 방법의 종류

1) 피복 아크용접
2) 탄산가스(CO_2) 아크용접
3) Non gas 아크용접
4) 서브머지드 아크용접
5) 스터드 용접
6) 일렉트로 슬래그 용접

(2) 용접방법의 선정

1) 건축철골공사는 (1)~(5)의 용접방법 중 현장의 특성을 고려하여 적합한 방법을 선정
2) 일렉트로 슬래그 용접은 특별한 구조 부위의 용접에 사용
3) 용접재료는 모재의 재질, 연결형식, 개선형상 및 용접방법에 적합해야 한다.

3. 기량 검사

(1) 용접사 자격

1) 현장 철골 용접에 사용하는 수동용접, 반자동 용접공사에 종사하는 용접사는 적용하는 용접방법 및 재료에 대하여 각각 그 기량자격을 가진 자여야 한다.
2) 가용접사는 본 용접에 종사하는 용접사와 동등한 기량을 가져야 한다.
3) 자격 유지 조건 : 용접사가 해당 직종에서 6개월 이상 종사하지 아니하면 기량자격이 상실된다.

(2) 기량 검사의 실시

1) 시공자는 현장 용접 전에 용접사의 기량을 확인하기 위한 기량검사를 실시한다.
2) 용접사 기량 Test시 입회 후 제품 Test(외관, RT or Bending Test)를 거쳐 합 · 부를 판정하며, 합격된 용접사에 대하여 I.D를 발급, 작업시 패용토록 한다.

(3) 기량검사 방법

1) 기량 검사 내용

① 용접자세

② 용접이음부의 형상,

③ 용접봉의 종류, 등급 및 용접봉의 굵기

④ 용접기법

⑤ 모재의 종류, 두께 및 특수용접기술

종별	판의 시험재 두께 t(mm)	굽힘시험편의 수			실제 용접시공에 적용이 인정되는 판의 두께(mm)
		앞면	뒷면	측면	
1종	t<9.5	1	1		3 ~19
2종	9.5 ≤t<25			2	3 ~2 t
3종	t≥25			2	3 이상

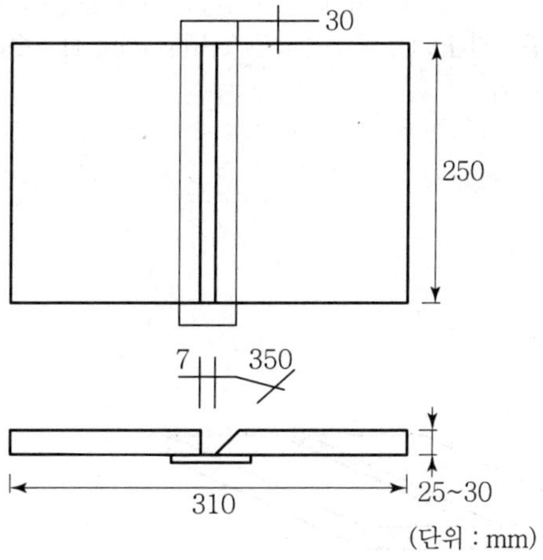

[기량검사 시험재의 예(CO_2 반자동 용접)]

2) 시험재(판)의 기량 시험의 종별, 두께, 시험항목

① 용접시편의 압연 방향이 용접축과 직각이 되어야 한다.

② 시험재는 모든 용접의 전후를 통하여 열처리(Peening) 하여서는 안 된다.

③ 시험편은 용접을 시작하여 완료할 때까지 상하좌우의 방향을 바꾸어서는 안 된다.

④ 용접은 한쪽에서 하고 뒷면 용접을 하여서는 안 된다.

⑤ 시험재에 사용하는 뒷댐판으로는 강판, 동판, 세라믹 또는 충분한 용입을 얻을 수 있는 유사한 재료를 사용할 수 있다.

⑥ 판의 시험재는 원칙적으로 역변형(Strain)이나 구속 등의 방법으로 용접 후의 각변형이 5°를 넘지 않아야 한다.

3) 용접 기량 자격의 자세

종별	시험자세	실제 용접시공에 인정되는 용접자세
		판의 용접
각 종별 판의 용접	하향용접(1G)	F
	수평용접(2G)	F, H
	수직용접(3G)	F, V
	상향용접(4G)	F, OH
		전자세

* 상위 종별의 각 시험자세별 자격자는 하위종별의 같은 시험자세를 가진 것으로 본다.
* F=하향용접(Flat), V=수직용접(Vertical), H=수평용접(Horizontal), OH=상향용접(Overhead)

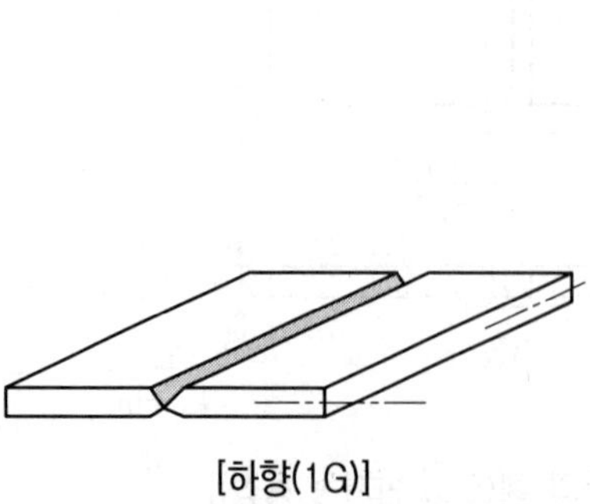

[하향(1G)]

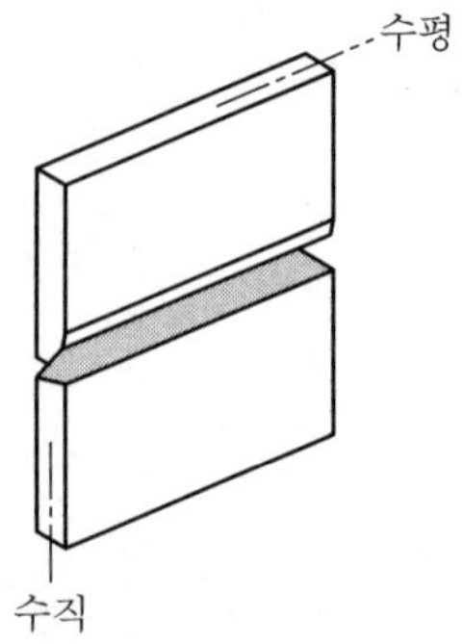

[수평방향(2G)]

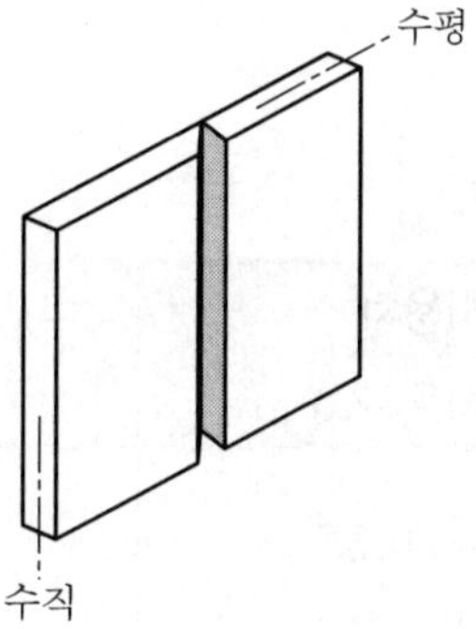

[수직방향(3G)]

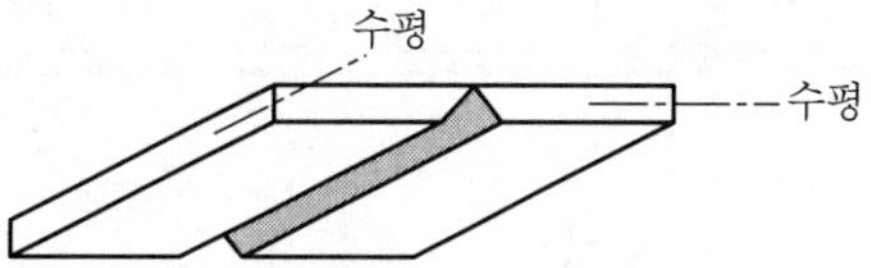

[상향(4G)]

4) 용접 결과 검사

① 외관 검사 : 용접이 완료된 시편은 외관 검사를 실시

② 비파괴 검사 또는 굽힘시험 : 용접의 외관검사를 마친 후 굽힘시험 또는 비파괴 검사를 실시

[용접 시편 검사]

[용접 시편 외관검사]

[용접 시편 비파괴검사]

4. 합격 기준

(1) 용접검사기준(건축학회기술자료집)

<table>
<tr><th rowspan="2">명칭</th><th rowspan="2">도해</th><th>관리 허용차</th><th rowspan="2">측정방법</th></tr>
<tr><th>한계 허용차</th></tr>
<tr><td rowspan="2">모살 용접의 사이즈 ΔS</td><td rowspan="2">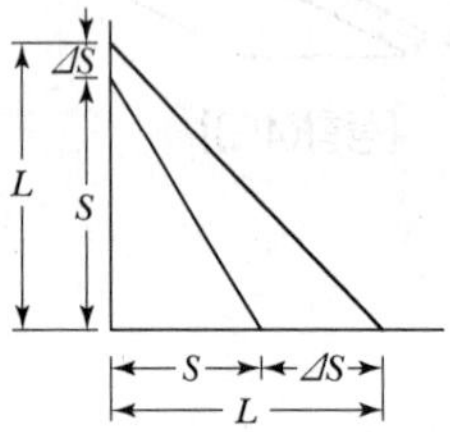
</td><td>$0 \le \Delta S \le 0.5S$
또한
$\Delta S \le 5mm$</td><td>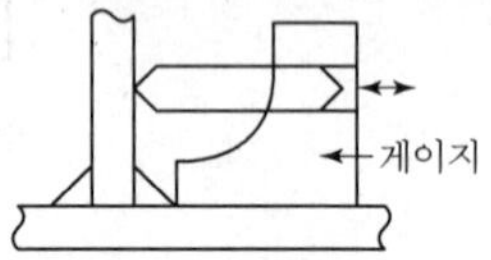

측정기기 : 용접용 게이지
한계 게이지</td></tr>
<tr><td>$0 \le \Delta S \le 0.8S$
또한
$\Delta S \le 8mm$</td><td>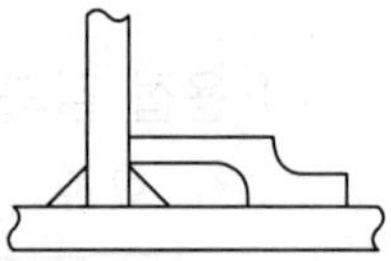</td></tr>
<tr><td rowspan="2">모살 용접의 용접 덧살 높이 Δa</td><td>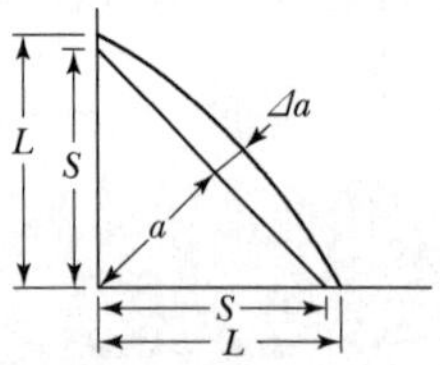
</td><td>$0 \le \Delta a \le 0.4S$
또한
$\Delta a \le 4mm$</td><td rowspan="2">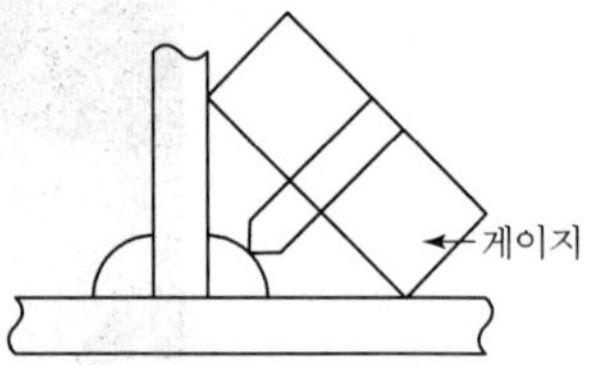

측정기기 : 용접용 게이지</td></tr>
<tr><td>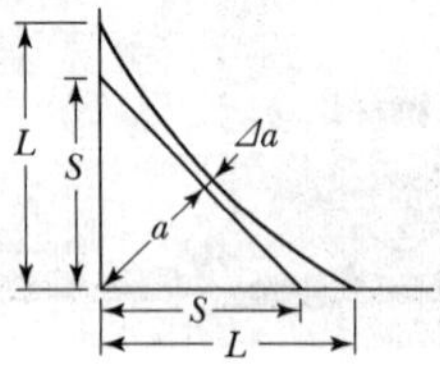
</td><td>$0 \le \Delta a \le 0.6S$
또한
$\Delta a \le 6mm$</td></tr>
<tr><td rowspan="2">맞댄 용접의 용접 덧살 높이 h</td><td>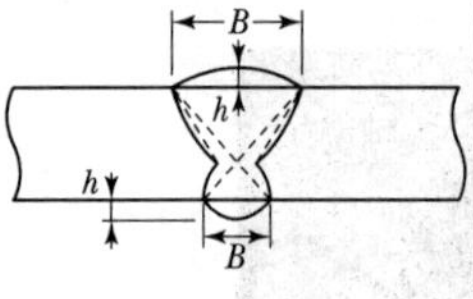
</td><td>$B < 15mm$
$0mm \le h \le 3mm$
$15mm \le B < 25mm$
$0mm \le h \le 4mm$
$25mm \le B$
$0mm \le h \le (4/25)\ B mm$</td><td rowspan="2">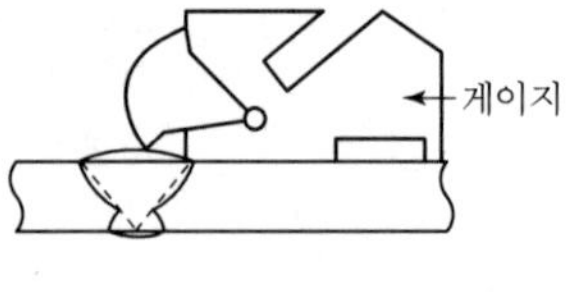

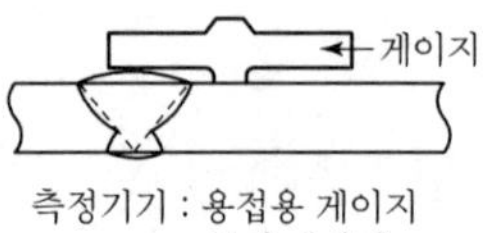

측정기기 : 용접용 게이지
한계 게이지</td></tr>
<tr><td>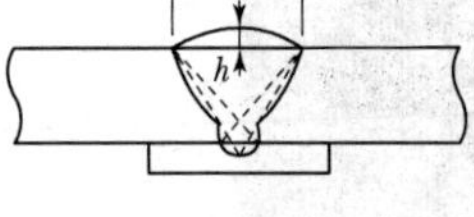
</td><td>$B < 15mm$
$0mm \le h \le 5mm$
$15mm \le B < 25mm$
$0mm \le h \le 6mm$
$25mm \le B$
$0mm \le h \le (6/25)\ B mm$</td></tr>
</table>

<table>
<tr>
<td rowspan="2">완전
용입
용접
T
이음의
보강
모살
사이즈
Δh</td>
<td>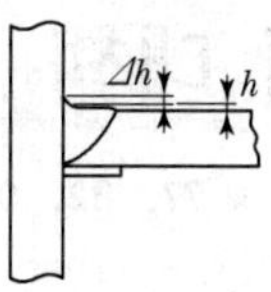
</td>
<td>$t \leq 40$mm($h = t/4$)
0mm $\leq \Delta h \leq$ 7mm
$t > 40$mm($h = 10$)
0mm $\leq \Delta h \leq$ (t/4−3)mm</td>
<td rowspan="2">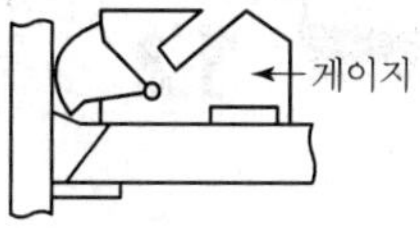

측정기기 : 용접용 게이지
한계 게이지
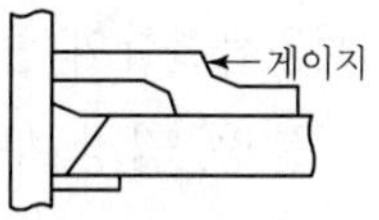
</td>
</tr>
<tr>
<td>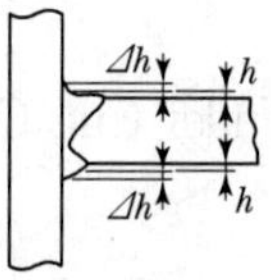
</td>
<td>$t \leq 40$mm($h = t/4$)
0mm $\leq \Delta h \leq$ 10mm
$t > 40$mm($h = 10$)
0mm $\leq \Delta h \leq$ (t/4)mm</td>
</tr>
</table>

※ 기량검사는 용접된 시편의 형상(철판, 파이프) 및 용접종류(개선용접, 필렛용접)으로 구분하고 있다. 철판용접으로 자격이 승인된 용접사는 철판용접과 직경이 24인치(610mm) 이상의 파이프 용접에 자격이 주어진다. 그리고 파이프 용접으로 승인된 용접사는 철판용접도 가능하다. 철판용접 3G와 4G 자세에서 승인을 받은 용접사는 모든 용접자세의 철판용접이 승인된다. 파이프용접은 6G 또는 2G와 5G에 합격된 용접사는 모든 파이프용접자세에도 승인된다. 여기서는 관(파이프)과 알루미늄합금제에 대한 용접 기준을 제외하고 건축현장 철골구조에서 많이 사용되는 판재 [EX, KS D 3503 (SS 400)]일반구조용 압연강재)만을 중심으로 설명하였음.

number 12 철골 용접부 결함과 방지 대책

※'77, '82, '02, '06, '10, '23

1. 개 요

(1) 용접결함의 종류에는 균열, Blow Hole, Slag 감싸들기, Under Cut, Over Lap, 용입 불량, 각장 부족 등이 있다.

(2) 용접결함의 원인으로는 용접재료의 불량, 용접속도와 방법, 용접자세, 전류, 개선면 불량, 용접기능공의 숙련도 등을 들 수 있다.

(3) 용접결함을 막기 위해서는 용접 재료관리, 모재의 청소, 개선면 정밀도, 예열, 용입 불량 제거, 잔류 응력방지, 돌림용접, 기온 기상 등 영향요소에 대한 주의가 필요하다.

2. 용접결함의 원인

(1) 용접전류가 고르지 못하고 변화가 심할 때

(2) 용접 개선면의 정밀도 부족과 청소상태 불량

(3) 용접봉의 미건조 등 용접재료의 불량

(4) 용접공의 기능 부족

(5) 용접방법과 순서가 부적절한 경우

(6) 용접속도가 너무 빠르거나 느린 경우

(7) 예열 부족

(8) 용접 후 급냉

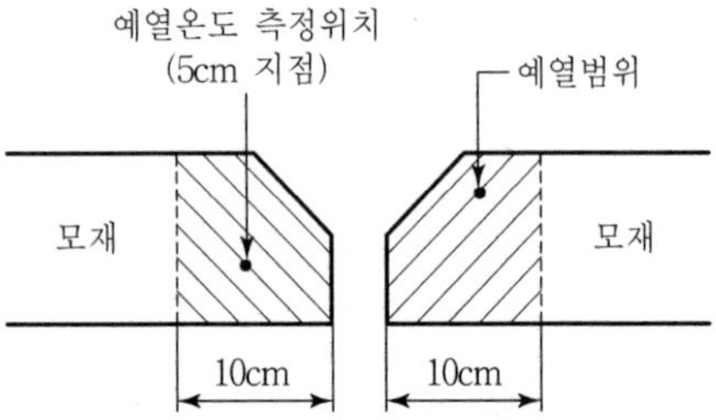

[예열]

3. 용접결함의 종류

(1) Under Cut

1) 개 요

모재표면과 용접표면의 교차 부분에 모재가 녹아 용착금속이 채워지지 않고 홈으로 남아 있는 현상

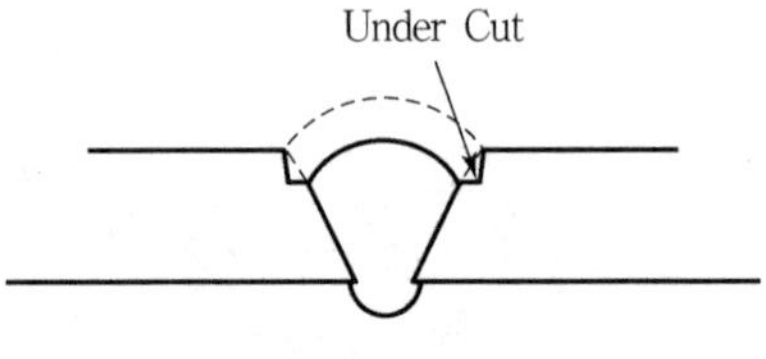

[Under Cut]

2) 원 인

① 과대전류

② 용접봉 지지각도와 운봉속도 부적당

③ 부적당한 자세와 용접봉 사용 불량

3) 방지대책

① 용접전류를 적정수준으로 일정하게 유지

② 용접봉 지지각도와 운봉속도를 조절

③ 숙련공과 적정용접봉 사용

(2) Slag 감싸들기

1) 개 요

용접봉의 피복재 심선과 모재가 변하여 찌꺼기가 용착금속 내부에 혼입된 현상

2) 원 인

① 개선면 처리, 청소 불량

② 상향용접으로 인한 자세 불량

③ 용접봉의 불량

3) 대 책

① 용접부의 충분한 예열

② Slag 제거 후 재용접

③ 청소 철저

(3) 균 열(Crack)

1) 개 요

모재와 용융금속에 생기는 균열현상을 말한다.

2) 원 인

① 용접 후 급속냉각

② 비드길이 부족 현상

3) 대 책

① 저수소계 용접봉 사용

② 냉각속도 조절

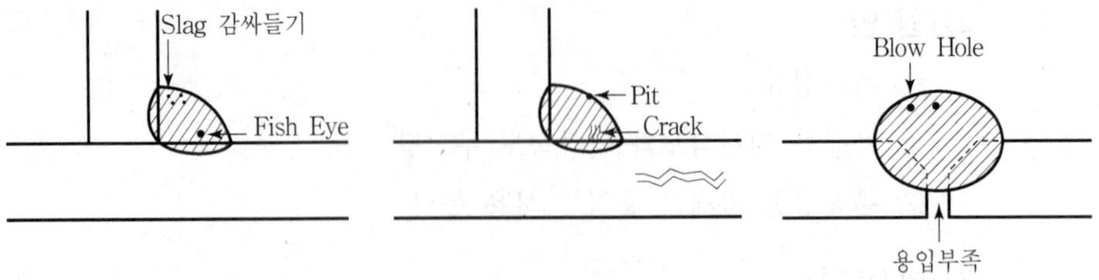

[Slag 감싸들기]　　[균열]　　[Blow Hole]

(4) Blow Hole

1) 개 요

용융금속 내부에 가스가 기포상태로 남아있는 현상을 말한다.

2) 대 책

① Weeping 폭 유지

② 저수소계 용접봉 사용

(5) 각장 부족

1) 개 요

용착면의 다리길이가 부족한 결함현상을 말한다.

2) 원 인

① 과소전류와 나쁜 자세

② 용접속도가 너무 빠를 때

3) 대 책

① 저수소계 용접봉 사용

② 용접전류와 자세 적정 유지

③ 적정 용접속도 유지

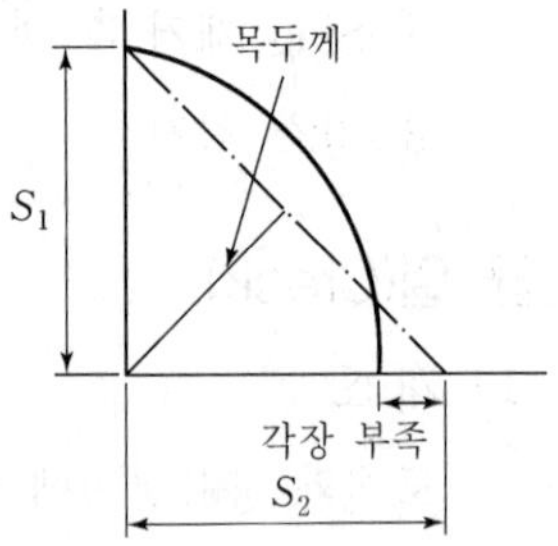

[각장 부족]

(6) Over Lap

1) 개 요

용접금속과 모재가 용융되지 않고 겹쳐진 불량 상태를 말한다.

2) 대 책

적정전류와 용접속도를 유지해야 한다.

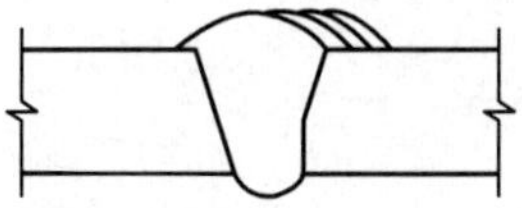

[Over Lap]

(7) 용입 불량

1) 개 요

개선면에 용융금속이 채워지지 않은 결함을 말한다.

2) 대 책

적정전류와 용접속도 유지, Root면 가공을 정밀하게 한다.

4. 결함부 보완법

(1) 균열부위는 용착금속 전체를 제거 후 재용접한다.

(2) 용접 목두께 부족시 용접을 첨가하여 확보한다.

(3) 모재균열시 교체한다.

(4) 보완용접시 용접봉은 원래 용접봉보다 지름이 작은 것을 사용한다.

(5) 수정시 모재가열은 650℃ 이하로 한다.

5. 맺음말

용접접합은 재료상태, 전류, 용접방법 및 순서, 용접기능공의 숙련도 등 여러 요인에 의해 결함이 발생되므로 용접 전, 용접 후 철저한 검사를 통해 균일한 품질을 확보할 수 있다.

number 13 철골 용접부 검사방법

※'82, '83, '87, '95, '96, '97, '00, '01, '05, '08, '22

1. 개 요

(1) 용접부 불량 여부에 대한 검사는 용접 전, 용접 중, 용접 후 검사로 나눌 수 있으며 용접착수 전의 검사는 용접부재의 접합성을 확인하고 용접 중에는 사용재료와 용접기기 등이 적절한지를 실시한다.

(2) 용접 후의 검사방법에는 육안검사에 의한 표면결함검사와 내부는 절단검사 또는 비파괴검사로 하며, 비파괴검사의 종류에는 방사선 투과, 초음파, 자기분말탐상, 침투탐상법 등이 있다.

2. 검사방법 결정시 고려사항

(1) 실시목적과 각 검사방법별 특징

(2) 실시 시기

(3) 검사대상물의 재질, 특성, 크기, 형상, 용도

(4) 예상되는 결함의 종류와 특성

(5) 참고 규격, 판정기준 및 검사결과의 신뢰성

3. 용접 검사방법

(1) 검사시기에 따른 검사방법

1) 용접착수 전

① 용접 시공계획의 심사, 시험용접, 용접공의 기능도, 용접재료의 설비 기기의 점검, 청소상태의 검사

② 용접 재료, 용접봉의 상태

③ 개선면의 상태

④ 예열 상태

2) 용접작업 중

① 용접 접합방법에 따른 용접봉의 사용 구분

② 전류, 전압의 적부, 아크의 길이, 용입량

③ 운봉법, 운봉속도

3) 용접 완료 후

① 용접 Bead의 외관검사 및 정밀도 검사

② 구조적으로 중요 부위이면서 절단검사가 어려운 경우는 비파괴검사

③ 내부 결함에 대한 비파괴검사

(2) 용접부의 검사방법

1) 표면결함 및 정밀도 검사

① 전용접 부위에 대해 무작위로 추출하여 10% 이상은 육안검사 실시

② 육안검사시 기준에서 벗어난 것으로 판단되는 경우는 적정한 기구로 측정

③ 불합격된 개소는 적정한 방법으로 수정 또는 보강

2) 내부 결함의 검사

① 검사방법은 비파괴검사로 실시

② 주로 사용되는 비파괴검사는 초음파탐상검사, 방사선투과법이다.

4. 비파괴검사(Non Destructive Test)

(1) 방사선투과법(Radiographic Test)

1) 개 념

X, γ선에 의해 용접부를 투과하고, 그 상태를 필름에 감광시켜 Crack, Blow Hole, Slag 감싸들기, 용입불량 등의 내부 결함을 검출하는 방법을 말한다.

2) 특 징

① 필름을 사용하므로 검사장소가 제한된다.

② 판독에 많은 경험이 필요하고 판정결과가 정확하다.

③ 촬영장소를 한눈에 볼 수 있고, 기록으로 남길 수 있다.

④ 두께 100mm 이상도 검사가 가능

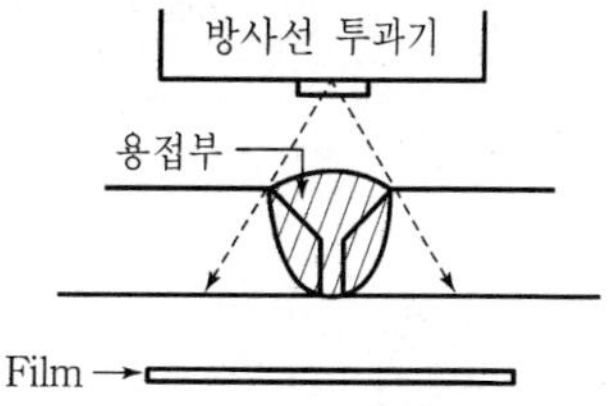

[방사선 투과법]

(2) 초음파탐상법(Ultrasonic Test)

1) 개 념

0.4~10kHz 주파수의 음파를 용접부에 투입하여 브라운관에 나타나는 결함의 종류, 위치, 크기 등을 검출하는 방법을 말한다.

2) 특 징

① 검사속도가 빠르고 경제적이다.

② T형 접합 등 X선으로 불가능한 부분의 검사까지 가능하다.

③ 개인에 따라 판독 결과의 차이가 발생하며 전문기술이 필요하다.

④ 50mm 이상의 판두께는 검사가 불가능하다.

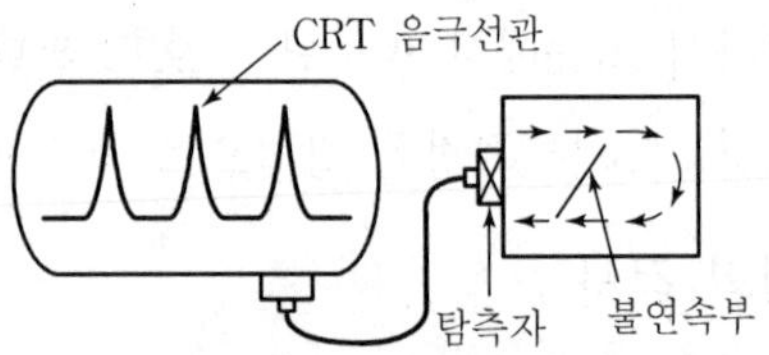

[초음파탐상법]

(3) 자기분말탐상법(Magnetic Particle Test)

1) 개 념

강자성체에 자력선을 투과시켜 용접부의 결함부에 자력이 누설되어 휘어지거나 덩어리가 되는 것을 이용하여 용접부의 표면, 표면 주변, 표면직하의 결함을 검출하는 방법을 말한다.

2) 특 징

① 표면에는 5~15mm 정도의 내부결함 검출

② 육안으로 나타나지 않은 Crack, 흠집의 검출이 가능

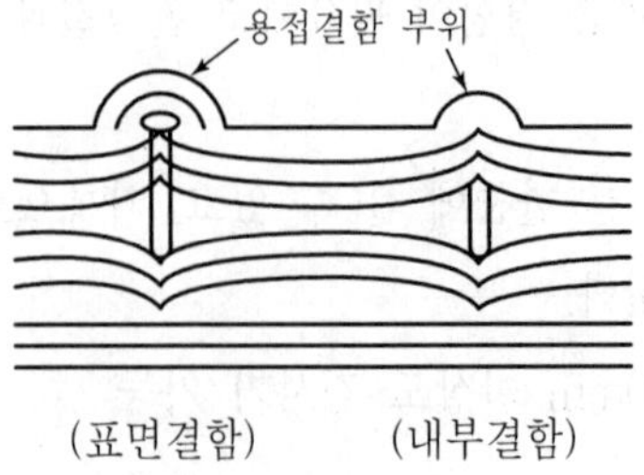

[자기분말탐상법]

(4) 침투탐상법(Penetration Test)

1) 개 념

액체의 모세관현상을 이용하여 침투액을 결함 내에 침투시켜서 표면에 나타나는 결함부를 검출하는 방법을 말한다.

2) 시험순서

세정액 침투→침투액 침투→형광액을 침투하여 결과 판정

3) 특 징

① 검사가 간단하고, 1회의 탐상으로 넓은 범위를 검사할 수 있음

② 일반적으로 용제제거성 염색 침투탐상검사를 가장 많이 사용

③ 표면에 개구한 결함만 검출 가능

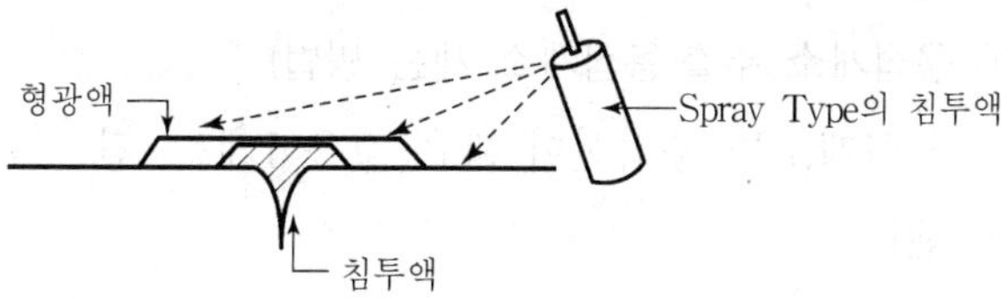

[침투탐상법]

5. 용접부 결함의 보수

(1) Under Cut, 용접덧살이 부족한 개소

필요에 따라 수정한 후 짧은 Bead가 되지 않도록 보수용접

(2) Over Lap, 과대한 용접덧살

지나치게 깎아내지 않도록 주의하면서 그라인더로 마감

(3) Pit

Arc Air Gouging, 그라인더에 의해 제거한 후 보수용접

(4) 표면균열

양끝 50mm 이상의 범위를 오목하게 정리한 후에 보수용접

(5) 내부 결함

1) Slag 혼입, 용입불량, 융합불량, Blow Hole, 내부균열 등의 내부결함은 비파괴 검사의 기록에 따라 결함의 위치를 표시한 후,

2) Arc Air Gouging에 의해 실제의 위치를 확인하고 양끝에서부터 20mm 정도 제거하여 오목한 형상으로 마감한 후 재용접한다.

6. 용접검사 대상기준 및 판정

(1) 표면 결함의 검사 및 정밀도 검사

1) 검사대상

① 용접부 전체를 대상으로 한다.

② 육안 검사로 기준에 벗어났다고 판단되는 곳에 대해서만 적정한 기구로 측정을 한다.

2) 육안검사

① 용접개소 추출(용접개소 세는 방법)

용접개소는 용접선이 짧은 것은 1개소, 긴 것은 적당한 길이로 구분하여 센다.

② 검사로트의 구성

용접부위와 종류마다 절로 구분하여 적당한 크기로 로트를 구성한다.

③ 표본추출 : 각 로트로부터 부재수 10%를 검사대상으로 추출한다.

④ 검사로트의 합격 · 불합격 판정

㉠ 각 검사항목에 대해 검사대상 전 용접선 중 불합격되는 용접선이 10% 미만인 경우 로트를 합격으로 한다.

㉡ 전 용접선 중 10% 이상이 불합격되는 경우 이 검사 항목에 대해서 다시 10%에 상당하는 부재수를 추출검사한다.

㉢ 총 20%에 상당하는 부재 전용접선 중 10% 이상 불합격되는 경우, 이 검사 항목에 대해 로트를 불합격으로 한다.

⑤ 검사로트의 처치

불합격 로트의 나머지는 모두 검사한다. 불합격 용접부에 대해서는 모두 보수해서 재검사한다.

(2) 완전 용입용접부의 내부결함검사

1) 검사대상

① 모든 완전 용입용접부를 대상으로 한다.

② 완전 용입용접부의 내부결함의 검사방법은 초음파 탐상검사 등의 비파괴검사에 따른다.

2) 초음파 탐상검사의 추출검사

① 용접개소 추출(용접개소 세는 방법)

② 검사로트의 구성

㉠ 1개 검사 로트는 용접개소 300개 이하로 한다.

㉡ 검사로트는 용접부위마다 구성한다.

㉢ 기둥-보 접합부, 기둥-기둥 접합부, 스티프너와 다이어프램(Diaphragm)의 용접부, 모서리 이음의 용접부 등은 별도 검사로트로 한다.

㉣ 용접개소의 수가 100개 이하의 부위에 대해서는 용접방법, 용접자세, 개선표준 등이 유사한 다른 부위와 같이 검사로트를 구성할 수 있다.

㉤ 검사로트는 절마다 구성하거나, 1개 검사로트의 용접개소가 300개소를 넘으면 층마다 혹은 공구마다 나눈다.

㉥ 현장 용접을 대상으로 하는 경우, 절마다 구분하여 검사로트를 구성하면 한 검사로트가 불합격하면 전체 검사에 의해서 공정 지연이 우려되므로 층마다 또는 공구마다 검사로트를 구성한다.

③ 표본 추출

각 검사로트마다 30개의 표본을 추출한다.

④ 검사로트의 합격, 불합격 판정

㉠ 30개의 추출된 표본 중의 불합격 개소가 1개소 이하일 때는 합격으로 하고, 4개소 이상일 때는 그 검사로트를 불합격으로 한다.

㉡ 불합격 개소가 2~3개일 때는 동일 검사로트에서 30개소의 표본을 다시 뽑아서 재검사한다.

㉢ 총 60개소의 표본에 대하여 불합격 수 4개소 이하일 때는 합격, 5개소 이상일 때는 불합격으로 한다.

⑤ 검사로트의 처치

불합격 검사로트는 나머지 전체를 검사한다. 불합격의 용접부는 모두 수정하여 재검사한다.

number 14 강재 비파괴 검사방법

※'05, '08

1. 개 요

비파괴검사(Non-Destructive Test)는 제품의 재질, 형상, 기능, 치수에 변화를 주지 않고 제품의 상태, 내부 구조를 조사하는 방법(NDT, NDI, NDE)이다.

2. 비파괴검사의 종류 및 적용

1) 육안검사(VT ; Visual Test)
2) 방사선투과검사(RT ; KS B 0845)
3) 초음파탐상검사(UT ; KS B 0896)
4) 자기탐상검사(MT ; KS D 0213)
5) 침투탐상검사(PT ; KS B 0816)
6) 누설검사(LT ; Leak Testing)
7) 와전류탐상검사(ECT ; Eddy Current Testing, KS D 0232/ KS D 0251)
8) 음향방출시험(AET ; Acoustic Emission Test)
9) 중성자투과검사(NRT ; Neutron Radio graphic Test)

3. 시험 방법과 장단점

(1) 육안검사(VT ; Visual Testing)

육안으로 시험체를 직접 또는 간접(보조기구나 광학기구 등)적으로 관찰하여 시험체 결함 유무를 확인하는 방법

1) 장단점
① 검사가 빠르며 간단하다.
② 경제적이나 내부 결함 파악이 곤란하다.

2) 확인 가능 항목
언더컷, 용접더돋기, 용접부 개선각도, 미스 매치, 오버랩, 용접 비드 모양 등

(2) 방사선투과검사(RT ; Radiographic Testing)

X-선 또는 감마선의 방사선을 시험체에 투과하여 필름에 감광시켜 시험체 내부의결함을 검출하며 내부결함을 검출하는 비파괴검사 방법 중 가장 많이 사용

1) 장단점

장점	단점
① 내부결함 검출 용이(체적형 결함의 검출능력 우수) ② 기록의 보존성이 우수 ③ 결함의 형상, 종류, 크기 분포 상태의 식별 용이 ④ 거의 모든 종류의 재료에 적용 가능	① 결함깊이 측정은 다소 곤란 조사방향과 평행해야 함 ② 방사선 안전관리 요구(인체위험) ③ 후판탐상은 UT보다 불리함 ④ 피사체 양면 접근성 확보 필요 ⑤ 비교적 비싸고 현상시간이 필요

2) 방사선투과 검사의 기본원리

① 시험체 밀도와 두께에 따라 방사선의 투과량이 달라지며, 투과된 방사선은 필름을 감광

② 내부 결함부와 정상 부위의 투과된 방사선량의 차이로 필름의 감광 정도가 다르게 됨

③ 필름에 나타난 밝고 어두운 정도(흑화도)를 비교

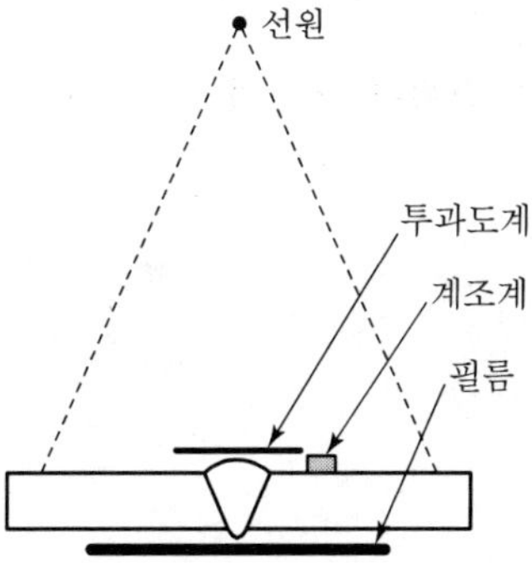

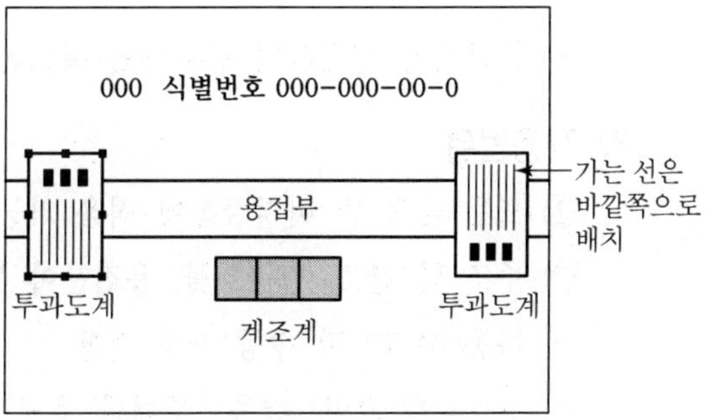

(3) 초음파탐상검사(UT ; Ultrasonic Testing)

탐촉자로부터 1~10MHz의 초음파펄스를 시험체에 입사시켜 반사되어 돌아오는 초음파(에코)를 수신하여 내부결함 유무를 검출

1) 구분

① 초음파탐상방법 : 투과법, 펄스(Pulse)반사법, 공진법(연속파법)

② 초음파의 입사각도 : 수직탐상법(강판 및 단조강), 사각탐상법(용접부)

2) 수직탐상법과 사각탐상법의 장단점

① 감도가 높아 미세한 결함을 검출 가능

② 방사선투과 검사가 불가능한 두꺼운 시험체 검사 가능

③ 불연속의 크기와 위치파악 가능, 다양한 재질에 적용 가능

④ 피검체 한면에서도 가능하며 검사결과를 즉시 알 수 있음

⑤ 시험체 크기(박판탐상불리), 곡면, 표면 거칠기, 복잡한 형상, 결함의 방향, 시험체 내부구조 등이 탐상이나 검사감도에 영향을 줄 수 있음

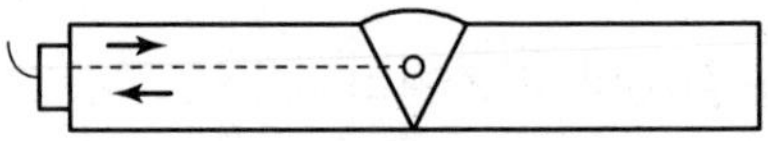

[수직탐상법]

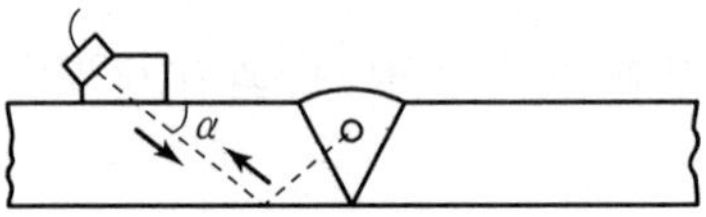

[사각탐상법]

⑥ 불감대가 존재하며 검사자의 폭넓은 지식과 경험이 요구됨

3) 적용범위

① 모든 금속 및 비철금속에 적용 가능

② 주조 및 단조, 철구조물, 용접분야 등

③ 자동(AUT) 및 수동 검사 적용

④ 면상결함(균열) 검출 · 부재의 두께 측정

⑤ 탄성계수 등 물성치 측정 · 재료열화 및 잔류응력 측정

(4) 자분탐상검사(MT ; Magnetic Particle Testing)

시험체에 자장을 걸어 자화시킨 후 누설자장으로 형성된 자분지시를 관찰하여 불연속의 크기, 위치 및 형상을 검사하는 방법

1) 장단점

① 표면 및 표면 직하깊이 2~3mm까지의 결함 검출

② 강자성체만 가능

③ 결함모양을 눈으로 확인 가능하고 비용이 저렴

④ 내부결함 검출 곤란

2) 자분탐상검사방법

① 전처리(탐상면의 기름, 도료 등 이물질 제거)

② 자화

③ 관찰, 판정 및 기록

④ 탈자 및 후처리

(5) 액체침투탐상검사(PT ; Liquid Penetrant Testing)

형광물질 또는 가시염료가 포함된 침투액을 침투시켜 불연속의 위치, 크기 및 지시모양을 검출하는 방법

1) 장단점

① 표면에 열려 있는 불연속만 검출 가능

② 다공성 재료를 제외한 거의 모든 재료의 탐상 가능

③ 시험장치가 비교적 간단하나 결함 내부의 형상 및 크기를 알 수 없다.

④ 표면거칠기에 영향을 받음

⑤ 시험결과가 기술력에 좌우(전처리, 세정처리 등)될 수 있음

2) 적용범위

① 금속 및 비금속의 모든 재료, 부품

② Crack, Pin hole, 용접불량, 기계 가공 균열

③ 각종 Tank, 고압용기, 배관 등의 용접부, 접합부에 의한 누설검사

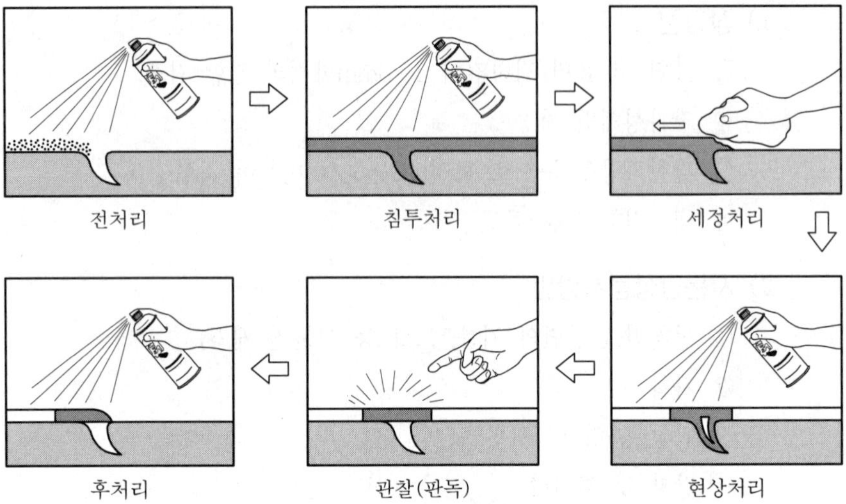

4. 적용 시 주의 사항

(1) 육안검사로 합격한 부위에 한해 실시

(2) 연강의 비파괴검사는 대기온도로 냉각된 후 가능하나 고장력강은 지연성 균열 (DelayedCrack) 등의 문제로 24~48시간 이후 실시

number 15 철골공사에서 Shear Connector(Stud Bolt)의 종류와 역할

※'91, '05

1. 개 요

(1) 철골공사에서의 Shear Connector는 철골보, 기둥과 CON'c를 일체화시키기 위해 사용하는 철물이다.

(2) 전단응력을 전달하기 위해 여러 가지 형태의 철물을 철골조에 부착하여 CON'c 중에 매입시켜 사용한다.

2. Shear Connector의 역할

(1) 철골보와 CON'c 바닥판의 일체화

1) Deck Plate+CON'c+철골보를 밀착

2) 바닥의 진동이 철골보로 전달되도록 일체화

(2) 철골보의 좌굴방지

1) 철골보의 수평 휨 방지

2) 기둥과 기둥 간 변이방지

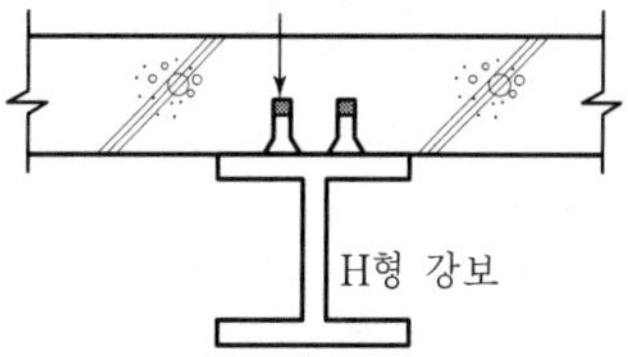

(3) 전단응력 전달

(4) 철골구조와 CON'c의 접합면 보강

1) CON'c와 철골의 부착력 증대

2) 전단응력 증가

3. 철골조 Shear Connector의 종류

(1) Stud Bolt

1) 一자형 막대형태

2) 시공이 간단하고 많이 쓰이고 있다.

3) 연결효과가 다소 낮다.

(2) 하트형

1) 하트형 고정철물을 철골보에 용접한 형태

2) 성능이 우수하다.

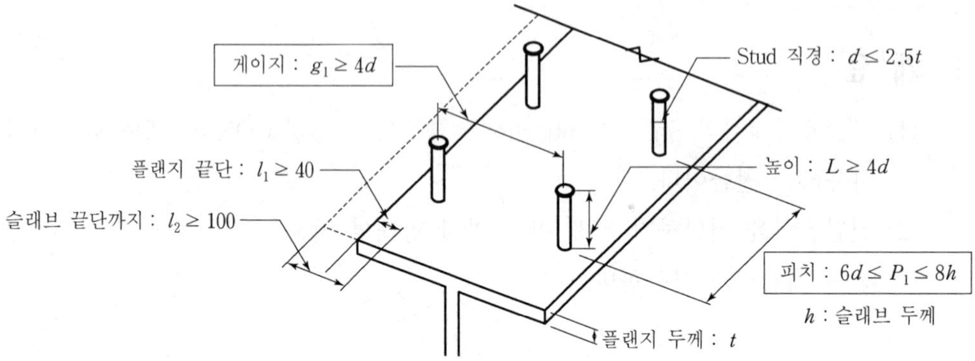

[Stud Connector 시공]

(3) 이형철근 구부리기

1) 철근을 구부려서 매입되도록 고정

2) 직경 13mm 이상을 사용한다.

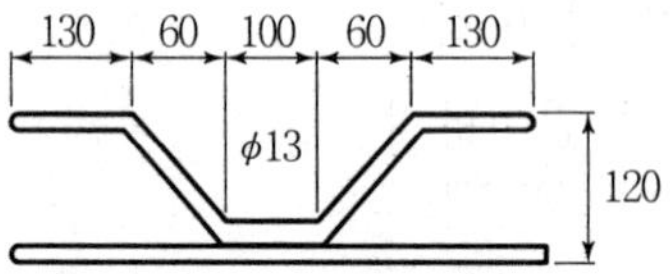

[이형철근 굽히기]

4. Shear Connector 시공시 주의점

(1) 용접시 용접조건의 적정값을 미리 정한다.

(2) 전단철물의 개수를 산정하고 설치간격을 준수한다.

(3) Deck Plate를 관통하여 용접할 때는 16mm 이상의 Stud Bolt를 사용해야 한다.

(4) 전단철물은 반드시 지정된 길이와 직경 이상의 제품을 사용한다.

(5) Deck Plate는 철골보와 완전히 밀착 시공한다.

(6) 판두께가 두꺼워 충분한 용접이 안 될 경우는 미리 Deck Plate에 천공을 하고 직접 용접한다.

(7) 용접부에 충분한 강도가 확보되었는지 반드시 검사를 실시한다.

5. 기타 Shear Connector

(1) Half Slab의 Shear Connector

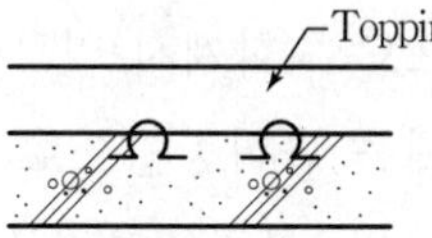

[Dubel Bar]

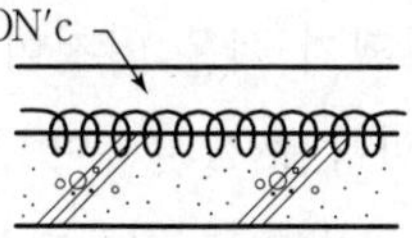

[Spiral Bar]

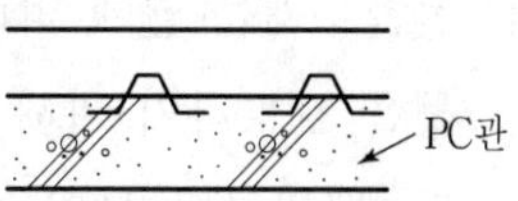

[Truss Bar]

(2) GPC의 Shear Connector

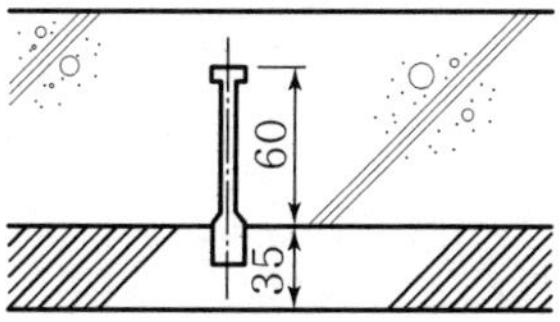

[매입 앵커형]

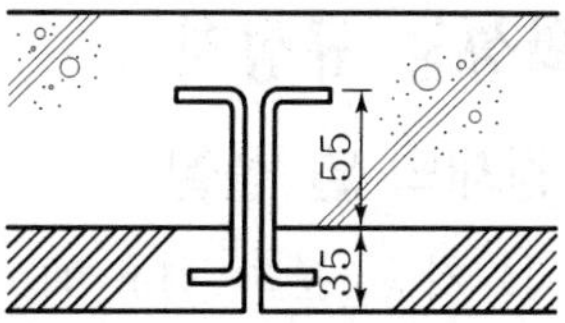

[꺾쇠형]

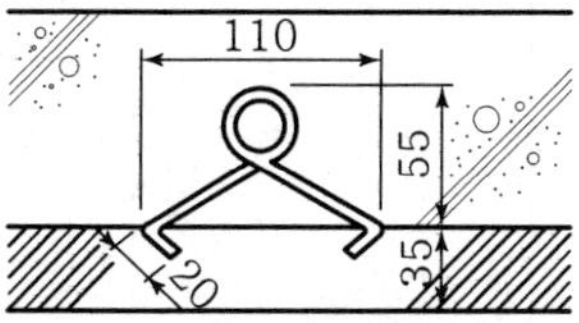

[집게형]

(3) S/W공사, Core 선행공법

number 16 철골 내화피복공법

※'85, '89, '91, '94, '97, '99, '00, '02, '04, '07, '09, '10, '12, '20, '21, '22

1. 개 요

(1) 철골부재는 열에 의해 변형되기 쉬운 약점이 있으므로 화재시 열로부터 철골구조물을 보호하기 위해 내화 피복을 실시하며 종류에는 습식공법으로 타설, 미장, 조적, 뿜칠공법이 있고, 건식공법으로 성형판붙임공법, 복합내화피복공법이 있다.

(2) 품질검사 방법으로는 두께, 균열, 재료의 비중과 이음부 처리상태, 부착력 검사 등이 실시된다.

2. 내화성능 규정치

(1) 강재의 열 성질

1) 기둥, 보의 허용 내화온도 400~500℃

2) 바닥, 지붕, 벽의 내화온도 400~500℃

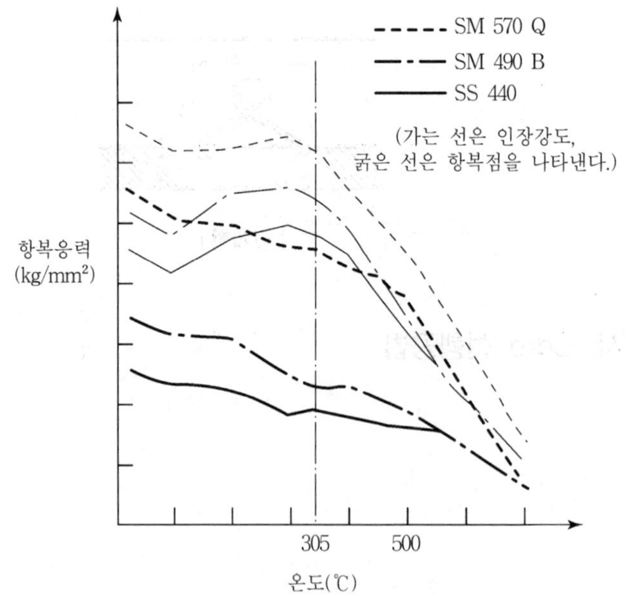

[강의 고온 인장 특성]

(2) 내화성능 기준(일반시설)

위 치	건물 높이	내화 시간
1~4층	20m 이하	부위별로 0.5~1시간
5~12층	20m 초과~50m 이하	부위별로 0.5~2시간
12층 이상	50m 초과	부위별로 0.5~3시간

3. 내화피복의 종류

(1) 뿜칠공법

1) 개 요

강재에 접착제를 도포 후 석면, 질석 등 내화재를 뿌려 시공하는 방법

2) 특 징

① 단면모양에 제약이 없고 시공이 간편하다.

② 복잡한 모양도 시공이 가능하다.

③ 재료가 경량으로 하중경감 효과

④ 내열성 및 단열 흡음효과가 있으나 재료손실이 많다.

⑤ 균일두께 확보와 비중관리가 어렵다.

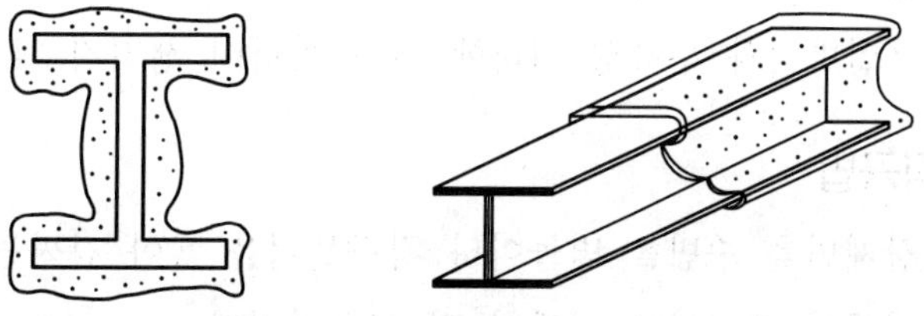

[뿜칠공법]

3) 공법 구분

① 습식 뿜칠 : 재료와 물을 미리 혼합하고 압송하여 노즐로 분사한다.

② 건식 뿜칠 : 재료와 물을 노즐에서 동시에 분출하여 접착한다. 분진이 많이 발생하는 단점이 있다.

4) 시공순서

강재면 청소→초벌접착제 시공→뿜칠시공→피복두께 검사→양생

5) 시공시 유의사항

① 분진에 대한 방지대책을 마련한다.

② 미관상 마감용으로는 곤란하기 때문에 마감을 고려한다.

③ 재료의 낭비가 적도록 사전에 계획한다.

④ 박락이 일어나지 않도록 충분한 접착력을 확보한다.

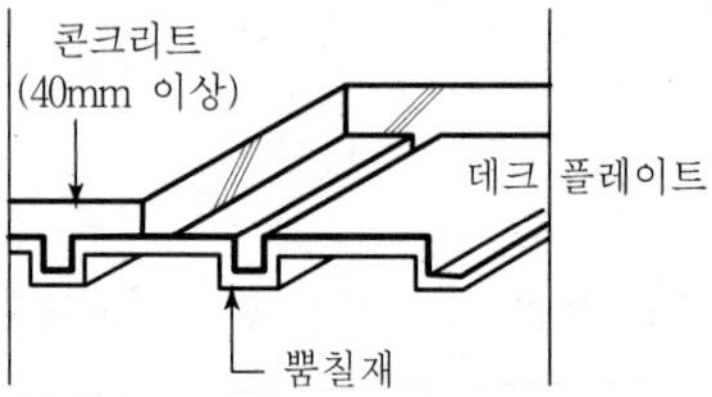

(2) 타설방법

1) 철골재에 CON'c를 타설하여 피복하는 방식으로 기둥에 많이 적용된다.

2) 마감이 용이하나 중량이 크고 공기가 길다.

(3) 미장공법

1) 강재면을 모르타르로 미장하는 공법

2) 균열방지와 부착성 저하에 의한 박락이 생기지 않도록 주의한다.

(4) 조적공법

1) 강재면을 주변을 벽돌이나 경량블럭을 쌓아 감싸는 방식

2) 시공이 간단하나 기간이 길고 중량이다.

(5) 건식공법

1) 개 요

내화성이 있는 성형판을 접착제나 연결철물을 이용하여 강재면에 부착

2) 특 징

① 재료와 품질관리, 작업 여건이 우수하다.

② 충격에 약하고 이음부 단열성능이 저하된다.

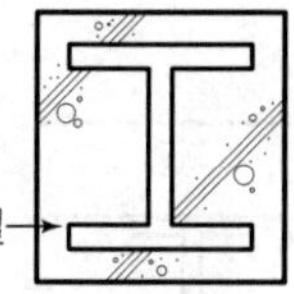

[타설공법]

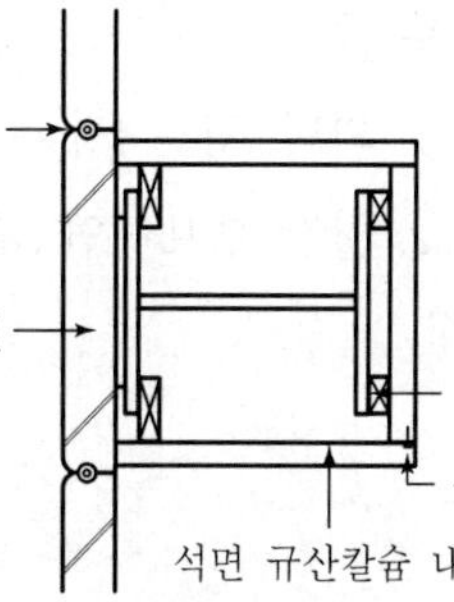

[건식공법]

(6) 합성공법

1) 개 요

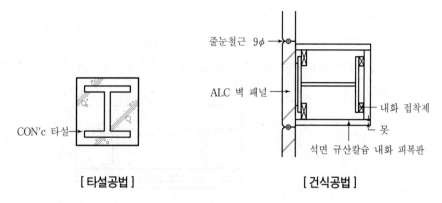

서로 다른 재료를 적층하거나 접합하여 내화성능을 확보하는 공법

2) 공법 구분

① 이종재료 적층공법 : 바탕에는 석면 성형판을 부착하고 상부에는 질석 플라스터로 마무리하는 방법

② 이질재료 접합공법 : 주로 외벽부분에 사용하며, 외부는 CON'c 타설, 내부는 석면판 등을 부착하는 방법

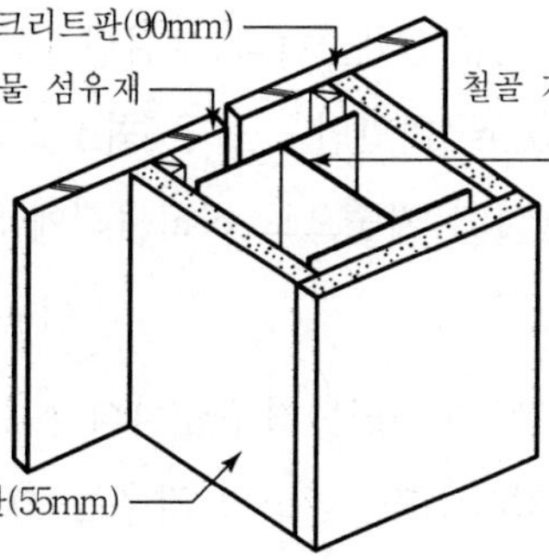

[이질재료 접합공법]

(7) 복합공법

1) 개 요

한 가지 시공을 통해 두 가지 이상의 기능을 하도록 한 방법

2) 특 징

① 외벽 ALC Panel : 외벽마감과 내화피복을 동시에 실시

② 천장 멤브레인 공법 : 내화기능과 흡음, 마감재 기능을 동시에 갖는다.

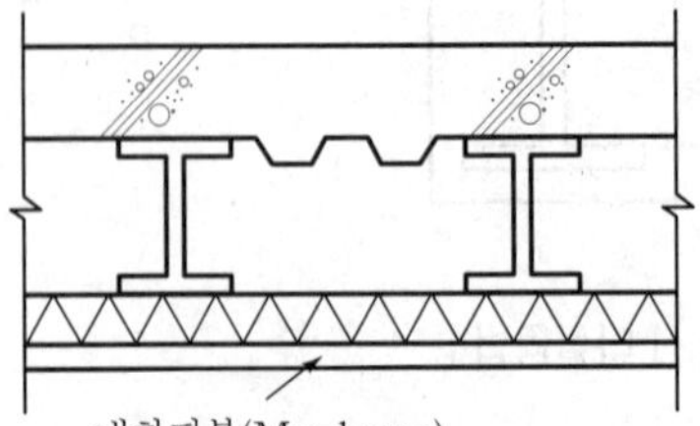

[복합공법]

4. 품질 검사방법

(1) 미장, 뿜칠공법

1) 검사항목

① 내화재의 두께와 비중

② 접착력

2) 검사기준(뿜칠공법)

① 각 층별마다 실시

② 바닥면적 기준 500m²마다 부위별 1회

③ 연면적 500m² 미만인 건물은 최소 2회

④ 각 부위별 1회 기준으로 하고 1회에 5개소 검사

3) 검사방법

① 시공 중 검사 : 시공면적 5m²마다 1개소 단위로 핀으로 두께 확인(미장공법)

② 시공 후 검사 : 뿜칠공법의 경우는 코어 채취

(2) 조적공법, 붙임공법, 멤브레인 공법

1) 검사항목

① 내화재의 두께와 비중

② 접착력

2) 검사기준

① 각 층별마다 실시

② 바닥면적 기준 500m²마다 부위별 1회

③ 연면적 500m² 미만인 건물은 최소 2회

④ 각 부위별 1회 기준으로 하고 1회에 3개소 검사

3) 검사 방법

① 시공 중 검사 : 시공 전 재료의 두께와 비중 확인

② 시공 후 검사 : 붙임상태, 이음부 처리상태, 코어 채취

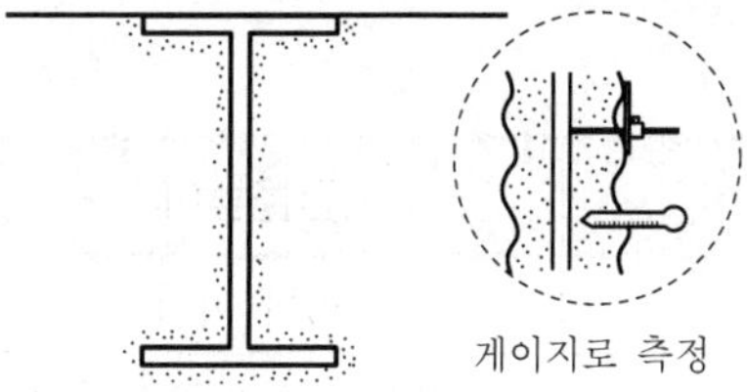

[두께검사]

(3) 불합격시 조치

1) 뿜칠공법의 경우 두께확보시까지 덧시공

2) 이음부 불량의 경우 보강

3) 박락이나 파손 부위는 제거 후 재시공

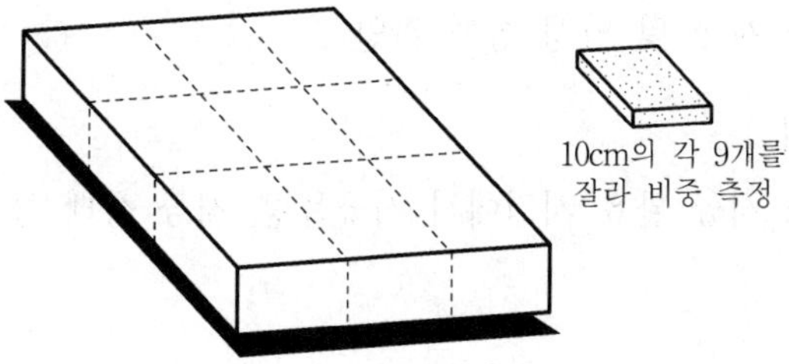

[밀도검사]

5. 맺음말

철골구조의 내화피복은 외부 온도변화의 영향으로부터 구조체를 보호하는 역할을 하므로 시공시 규정 이상의 성능 확보가 필수적이다.

number 17 철골내화피복 품질 확인 및 검사

※'07, '09

1. 개 요

강재는 고온에 취약한 특성을 보이므로 철골 부재가 충분한 내화성능을 갖도록 품질관리가 철저히 이루어져야 한다.

2. 현장 품질 확인의 시기 및 내화시간 기준

(1) 내화시간 기준

층수기준	건물높이	내화시간
1~4층	20M 이하	부위별로 0.5~1시간
5~12층	20M 초과~50M 이하	부위별로 0.5~2시간
12층 초과	50M 초과	부위별로 0.5~3시간

(2) 내화 피복 검사 시기

1) 초기검사

내화구조 공사 착공 전 준비(사용재료 및 장비 등 확인, 인정내용 숙지 및 검토 등)

2) 중간검사

내화구조 시공 및 양생 상태 확인

3) 완료검사

내화구조 시공 완료 시점에서 시공물량, 시공 상태 등 확인

4) 재검사

재시공 및 보완작업 후 적정 여부 확인

3. 검사항목 및 검사방법

(1) 품질확인 항목

검 사 항 목	검 사 시 기	검 사 장 소
외 관	초기, 중간, 완료	시공부위
두 께	완료	시공부위
밀 도	완료	시공부위 및 시험실
부착강도	완료	시공부위 및 시험실
배 합 비	시멘트 및 물 배합시	시멘트 및 물 배합시

(2) 내화공법 및 내화재의 선정

내화시간과 내화재의 성능, 시공성 등을 고려하여 적합한 내화공법과 내화재를 선정

(3) 품질확인 내용

1) 외관

육안으로 색깔, 표면상태, 균열, 박리 등을 검사

2) 두께

부위·성능별로 측정 개소는 매 층마다 좌우 5m 간격으로 하여 10개소 이상을 측정

3) 밀도

부위·성능별로 측정개소는 매 층마다 1개소 이상을 측정

4) 부착강도

부위·성능별로 측정개소는 매 층마다 1개소 이상에 중간검사시에 일정
부위에 시험편을 부착하여 완료검사 시에 검사

5) 배합비는 원재료, 시멘트 및 물 배합시 층마다 1회 이상을 확인

(4) 품질확인방법

1) 외관 확인

① 지정표시 확인, 포장상태, 재질, 평활도, 균열 및 탈락의 유무를 육안검사

② 재질은 인정내화구조 재료 견본과 비교하여 이상 여부를 검사

2) 두께 확인

① 구조체 전체의 평균두께를 확보할 수 있는 대표적인 부위를 설정

② 두께측정기를 피복재에 수직으로 하여 ㎜단위로 두께를 측정

③ 기둥·보의 설정된 두께측정 1개소에서 한 변의 길이가 500mm가 되도록 구역을 설정하고, 이 구역에서 무작위(균등하게)로 10군데(플랜지 5군데, 웨이브5군데)의 두께를 측정하여 그 중 최소값을 그 부분의 두께로 한다.

3) 밀도 확인

① 두께측정 부위 중 정상 두께에 가까운 부분을 절취하여 보· 기둥의 경우 1군데를 임의 선정

② 밀도측정용 절취기로 채취 후 시험실 건조기에서 상대습도 50% 이하, 온도 0℃로 함량이 될 때까지 건조하여 중량 측정

③ 밀도 계산

$$D = \frac{W}{K \times T}$$

여기서 D=밀도(g/cm^3)

K=시료의 면적(cm^2)

T=시료의 두께(cm)

W=건조후의 무게(g)

4) 부착 강도 확인

① 피복재와 구조체의 피복면과 부착력, 혹은 내화 뿜칠재 자체의 부착력을 측정

② 검사에 필요한 자재

금속 접시(직경 83mm, 깊이 12mm, 면적 $5.41 \times 10^{-3} m^2$와 에폭시수지(2액형)

③ 현장에서의 부착강도 검사

부착강도 검사용 금속접시를 중간 검사시 일정부위에 부착하고, 정해진 검사일자에 측정

④ 시험실적 측정

아연도금 철판(30mm×300mm)에 내화 피복재를 시공하여 실내온도(20±2℃)와 대기조건에서 28일 동안 양생한 후 측정

⑤ 시공현장 측정

㉠ 빔(Beam)이나 만곡 데크판(Fluted deck) 부위에 길이 300cm, 폭은 빔 혹은 만곡 데크판의 폭을 시험면적으로 하여 대기조건에서 완전 건조하여 양생

㉡ 금속접시에 2액형 에폭시수지를 $25cm^3$ 가량 섞어서 즉시 내화 뿜칠재의 표면에 부착

㉢ 금속접시를 시료표면에 밀착시켜 수지가 완전히 경화될 때까지(24시간 이상) 금속접시를 고정

⑥ 시험실 측정

㉠ 최소한 25mm 이상의 경간을 갖게 지지하고 내화 피복 시공 면을 밑으로 하여 시료를 설치

㉡ 용수철 저울을 후크(hook)에 걸어 분당 약 5kgf의 힘을 균일하게 혹은 단계적으로 힘을 주어(시료의 수직으로) 시료가 탈락할 때의 수치를 읽는다.

⑦ 부착강도 계산

$$C = \frac{F}{A}$$

4. 맺음말

내화재는 종류별, 공법별로 품질정도(내화시간)가 다르므로 반드시 적합한 내화재를 선정하여 요구되는 두께의 균일한 시공, 밀도와 부착력 여부 등을 중심으로 문제가 없도록 세세히 검사하여야 한다.

number 18 철골 내화도료의 특징과 내화방식

※'00, '13, '22

1. 개 요

(1) 내화도료는 화재의 발생시 강재의 온도가 300℃ 이상 상승하게 되면 표면의 피복층이 팽창하면서 단열층을 형성하여 단열성능을 발휘하는 내화피복제이다.

(2) 내화온도가 비교적 낮기 때문에 내화시간이 적게 요구되는 내화재료나 옥내·외 노출부위 시공에 적합하다.

2. 내화성능 규정치

(1) 강재의 열 성질

1) 기둥, 보의 허용 내화온도 400~500℃

2) 바닥, 지붕, 벽의 내화온도 350~450℃

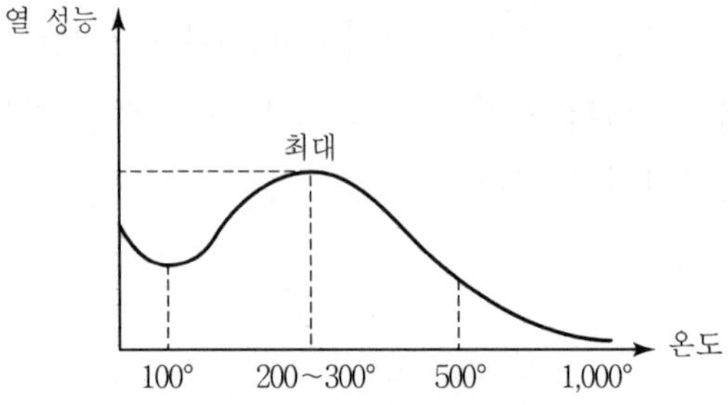

[온도와 강재의 상호관계]

(2) 내화성능 기준

위 치	건물 높이	내화시간
1~4층	20m 이하	1시간
5~12층	20m 초과~50m 이하	2시간
12층 이상	50m 초과	3시간

3. 내화도료의 특징과 적용 부위

(1) 특 징

1) 일반 도료처럼 시공이 간단하고 내구성이 뛰어나다.
2) 마감재로 직접 사용이 가능하며, 미관이 우수(다양한 색상)하다.
3) 내화와 마감병행의 복합시공이 가능하며 초경량이다.
4) 복잡한 형상부에 대한 시공성이 뛰어나다.
5) 공간확보와 공기단축면에서 유리하다.
6) 높은 내화온도가 요구되는 곳은 사용이 곤란하다.
7) 균일 두께확보가 필요하며 비교적 고가이다.

(2) 적용가능 부위

1) 요구 내화시간이 30~90분인 내화구조
2) 옥내·외의 노출 기둥, 보 등
3) 온도가 350℃를 초과하지 않을 것으로 예상되는 장소

4. 내화도료의 구성과 내화방식

(1) 내화도료의 구성

1) 녹막이층, 베이스 코트, 톱실의 3개 층으로 구성
2) 베이스 코트 두께에 따라 내화성능 결정
3) 발포 전 시공두께는 1~2mm

(2) 내화방식

1) 녹막이층
철골의 방식 기능

2) 베이스 코트
① 화재시 표면온도 300℃에 이르면 발포 개시
② 가열되면 열분해 및 탄화

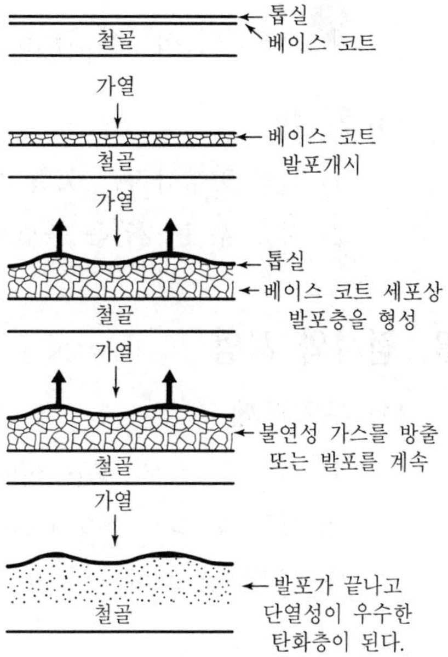

[내화도료의 발포 메커니즘]

③ 불연성 암모니아와 탄산가스를 발생하고

④ 상온시의 20~50배로 팽창한다.

⑤ 단열층 형성

3) 톱 실

① 베이스 코트 팽창 후 보호막 형성

② 내화성능 저하방지 기능

5. 시공방법과 순서

(1) 재료 및 장비의 준비

(2) 바탕처리

1) 바탕면의 먼지, 기름, 녹 등의 이물질 제거

2) 방청처리 손상부나 미비한 부분에 대한 보수

(3) 도 장

1) 방청처리를 위한 광명단 등 시공

2) 내화도료 시공은 2회 정도 뿜칠 또는 붓칠 시공

3) 내화도료 도장 후 24시간 경과 후 톱실 시공

4) 스프레이 시공시 30cm 정도 거리를 유지하여 수직으로 도포

(4) 양 생

1) 완전 양생까지는 60일 정도의 긴 시간이 필요

2) 시공 후 1~2일은 특별보호조치

6. 검사와 시험

(1) 도막두께

1) 시공 중 검사 : Wet Film Gauge를 사용하여 조절

2) 시공 후 검사 : Elcometer를 사용하여 건조 도막두께 측정

3) 내화기준에 따른 두께 부족시 소지처리 후 재도장 실시

(2) 외관검사

육안으로 기포 등 이상이 없음을 확인한다.

(3) 제품검사

제조사, 제조일, 관련서류 등을 확인

(4) 부착성능시험

필요시 부착성능을 실시한다.

7. 맺음말

(1) 내화도료에 의한 내화성능 확보는 시공방법이 간단하고 경제적이며, 동시에 미관을 고려할 수 있으므로 외부의 노출부위, 홀이나 강당 같은 대규모 공간의 내화재로서 그 사용이 확대될 것이다.

(2) 내화온도가 낮은 단점을 보완하여 내화성능을 높이는 기술적 개발이 필요하다.

number 19 철골 세우기 수직도 관리

※'08, '23

1. 개 요

철골 세우기 작업은 절 단위의 부재를 연속적으로 조립하기 때문에 수직, 수평오차가 발생하게 되는데, 철골구조의 안정성과 커튼월이나 마감공사의 원활한 마무리를 위해서는 철골 수직도가 정확히 유지되어야 한다.

2. 수직 정밀도 기준

(1) 1절당 한계 허용값(건축공사 표준 시방서)

$$e \leq H/700, \ e \leq 15\text{mm}$$

여기서, H : 1절 높이

(2) 건물 기울기 관리 허용값(건축공사 표준 시방서)

$$e \leq H/4{,}000 + 7\text{mm}, \ e \leq 30\text{mm}$$

여기서, H : 건물 높이

3. 수직도 관리

(1) 측정 기준 기둥의 선정

1) 외부 기둥

건물의 모서리부 기둥과 요소가 되는 기둥을 선정

2) 내부 기둥

건물에서 코어부와 같이 수직 정밀도가 필요한 기둥으로 선정

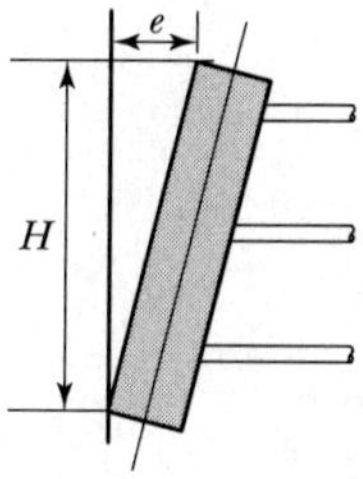

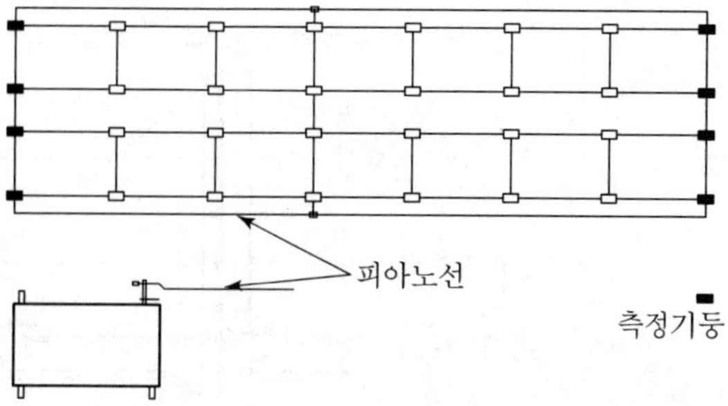

(2) 측정방법

1) 레이저 측량기 이용

① 토탈스테이션(광파기)

수직, 수평, 거리, 각도, 고저, 좌표 측정 및 데이터 분석 가능

② 작업방법

㉠ 측정 기둥으로부터 연직 포인트 설정(500×500 정도)

㉡ 기둥 상부에 목표점(Target) 부착

㉢ 하부 포인트에서 검측하고 상부 포인트의 오차 수정

2) 트랜싯 이용

① 수직도, 수평도, 각도 측정 가능

② 작업방법

트랜싯의 수평을 맞추어 설치 후 수직 눈금을 보며 측정 기둥의 수직도를 확인

③ 일반적으로 트랜싯 방법은 정확도가 낮으므로 측정 기준 기둥은 레이저 측량기로 확인하고, 이 기둥들을 기준으로 하여 나머지 기둥들은 트랜싯으로 확인하는 것이 좋다.

3) 다림추 이용

① 다림추를 내려 수직도를 확인

② 고층에서는 바람의 영향으로 정확도가 낮다.

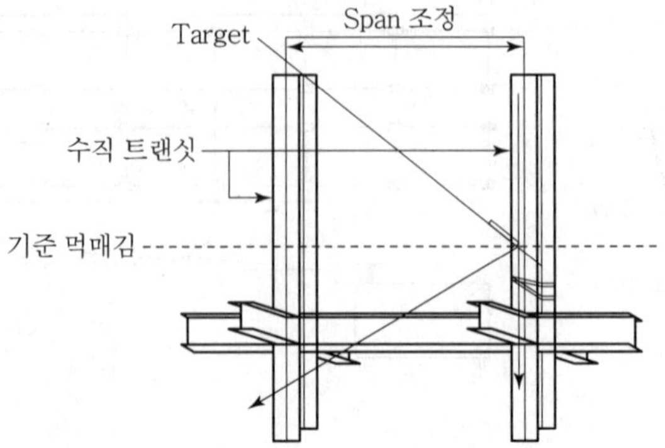

[트랜싯법]

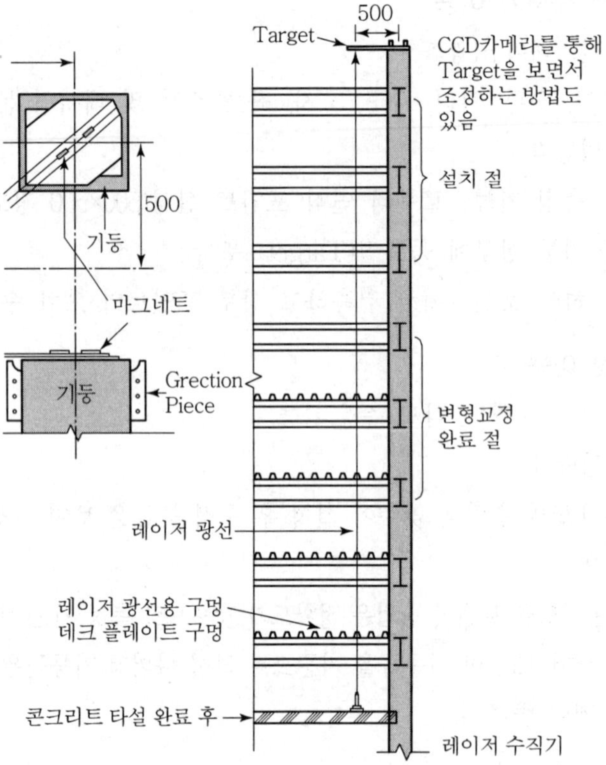

[레이저 측량기법]

4. 세우기 수정

(1) 세우기 수정 순서

오차 계측 → 계측값 입력 → 와이어 긴장 → 수정 후 확인

(2) 수정용 와이어의 배치

1) 와이어 로프 설치

세우기 전에 와이어로프(직경 12.5mm 이상)를 기둥에 설치

2) 와이어로프 긴장

X자형으로 와이어로프를 긴장

3) 턴버클 고정

(3) 수정작업

1) 와이어로프를 당기면서 수직도 조정

2) 수정은 절, 블록의 수정 후 다시 전반적으로 정밀도를 수정하여 조정

3) 넓은 면적은 각 유효한 블록마다 수정

(4) 수정시 주의사항

1) 온도 영향이 적은 오전에 실시

2) 무리한 수정 금지(2차 응력 발생)

number 20 철골 정밀도 검사

※'82

1. 개 요

(1) 철골공사는 공장에서 제작된 부재를 현장에서 조립하기 때문에 요구 수준에 맞는 정밀도의 확보 여부를 현장반입 전 검사해야 한다.

(2) 현장에서 조립시에는 용접부와 볼트체결부의 검사를 실시하고, 절단위의 정밀도를 확인하여 시공오차 범위 내에서 유지하여야 한다.

2. 제품의 정도 검사

(1) Mill Sheet 검사

1) 제품의 역학적 시험내용
2) 제조사 및 제조일
3) 제품의 치수, 규격, 화학성분

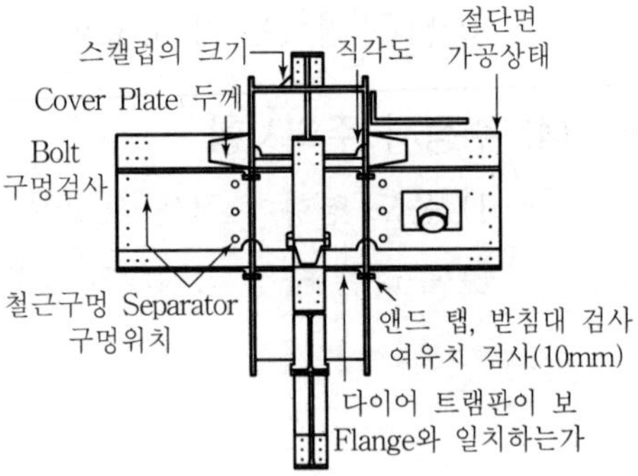

[공장 제작 제품검사]

(2) HTB 접합 검사

1) 볼트 조임상태 검사
2) 볼트의 위치와 규격 확인

(3) 용접부 검사

1) 절단면 가공 상태와 각종 여유치
2) 용접부위 외관검사
3) 용접부 내력시험 여부 확인

(4) 제품의 정도 검사 기준(관리 허용치)

항 목	허용치
부재의 길이	±3mm
부재의 춤	±2~3mm
부재의 폭	±2mm
휨 상태	L/1,000 또는 10mm 이하
맞춤부 각도	L/300 또는 ±3mm

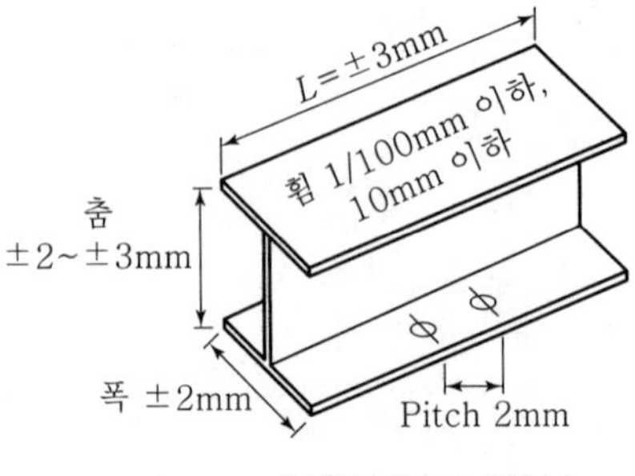

[제품정밀도 기준]

3. 용접부 검사

(1) 용접검사 항목

1) 용접 전 검사 : 구속법, 개선상태, 모아대기법 검사, 예열상태
2) 용접 중 검사 : 용접봉, 운봉, 전류상태
3) 용접 후 검사 : 용접부 외관검사, 비파괴검사, 절단검사 실시

(2) 외관검사

1) 용접부위의 균열이나 기포발생 여부
2) 용접부 소요두께, 용접부 함몰 등 검사
3) 비틀림 같은 변형 여부 검사
4) 의심스러운 부위는 비파괴검사 실시

(3) 절단검사

1) 시험절편 활용(End－Tab)
2) 용접 이상이 의심되는 부위는 구조상 이상이 없는 부분을 절취하여 검사

(4) 비파괴검사

1) 방사선투과법

① 용접부위 뒷면에 필름을 설치하고 X선이나 γ선을 투과시켜 내부 결함을 판단하는 방법
② 두꺼운 부재도 검사가 용이하고 간편하다.
③ 검사상태를 기록으로 보존이 가능하다.
④ 검사자에 따라 판정 차이가 크다.
⑤ 방사선 노출과 위치에 제약이 많다.

2) 자기분말탐상법

① 용접부에 자력선을 투과시켜 형성된 자장으로 결함을 찾아내는 방법
② 표면결함과 미세부분 검사 기능
③ 검사결과를 판단자에게 의존하며 부정확하다.

3) 초음파탐상법

① 초음파를 투과시켜 모니터에 나타나는 용접현상을 보고 이상 유무를 판정하는

방법

② 넓은 면을 빠른 속도로 검사할 수 있다.

③ 위치에 제약을 받지 않고, 검사결과를 그 자리에서 알 수 있다.

④ 두꺼운 부재는 판독이 어려우며 기록성이 없다.

4) 침투탐상법

① 용접부에 침투액을 바르고 현상제를 도포하면 균열부위가 적색으로 나타나게 되어 결함을 찾아내는 방법

② 표면검사에 적합하고 넓은 표면검사시 편리하다.

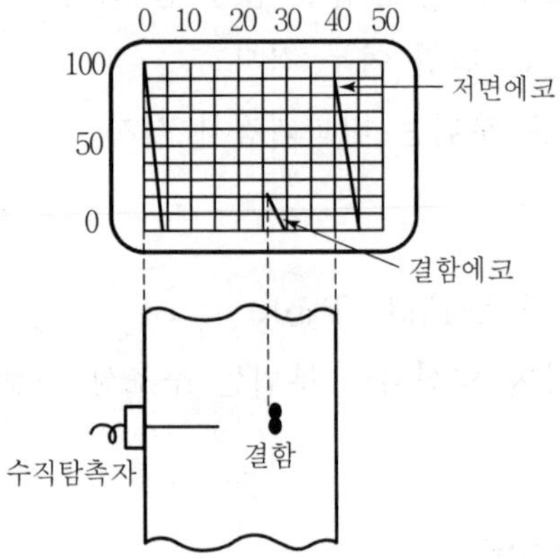

[수직탐상]

4. 조립시공 정밀도

(1) 시공정밀도 검사

1) 매절마다 수정작업 실시

2) 수직고정은 다림추나 트랜싯으로 하고, 수평고정은 와이어 로프, 턴버클로 한다.

(2) 시공정밀도 검사기준

항 목	도 해	관리허용오차
건물 기울기	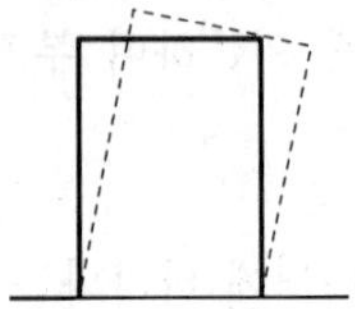	*H*/4,000±7, 30mm

항 목	도 해	관리허용오차
건물 휨	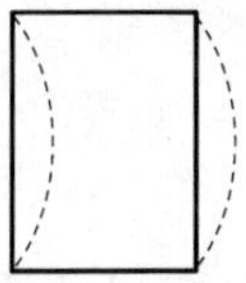	L/4,000, 20mm
보 처짐	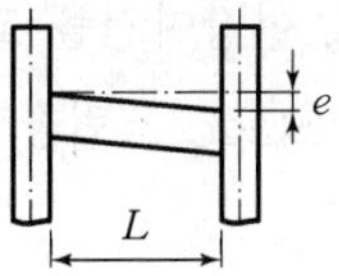	L/1,000±3, 10mm
기둥 기울기	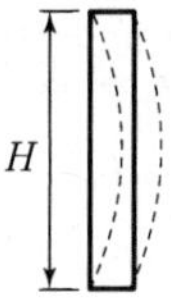	H/1,000, 30mm
층고	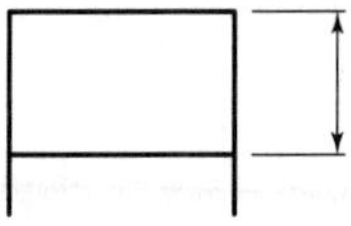	±5mm

5. 맺음말

철골의 중요 부재의 제작 및 조립의 허용치수는 기준을 지켜야 하며 특히, 시공정밀도와 함께 용접부, 볼트 체결부의 구조적 강도 확보에 유의하여야 한다.

number 21 철골공사의 현장 건립공법(공업화)

1. 개 요

(1) 철골 현장설치는 양중장비, 후속 공정과의 연계, 안전문제, 경제성 등에 큰 영향을 끼치므로 공사의 특성과 규모, 현장여건을 고려한 적정공법 선정이 아주 중요하다.

(2) Lift Up 공법, 현장조립공법, Stage 조립공법, 병립공법, 겹쌓기공법 및 지주공법 등이 있다.

2. 공법 선정시 고려사항

(1) 현장 여건과 공사의 종류와 규모

(2) 양중장비의 종류와 능력

(3) 건립부재의 중량과 규격, 형상

(4) 운반로와 야적시설

(5) 안전성 및 공해 가능성

3. 건립공법의 종류와 특성

(1) Lift Up 공법

1) 개 요

지붕과 바닥판을 지상에서 조립하여 유압 Jack으로 들어올려 시공하는 방법

2) 특 징

① 시공오차가 적고 오차의 수정이 용이하다.

② 고소작업이 줄어 재해예방 효과가 크다.

③ 양중기 선정의 자유도 증가

④ 숙련된 작업자가 요구된다.

⑤ Lift 부재의 인성 필요

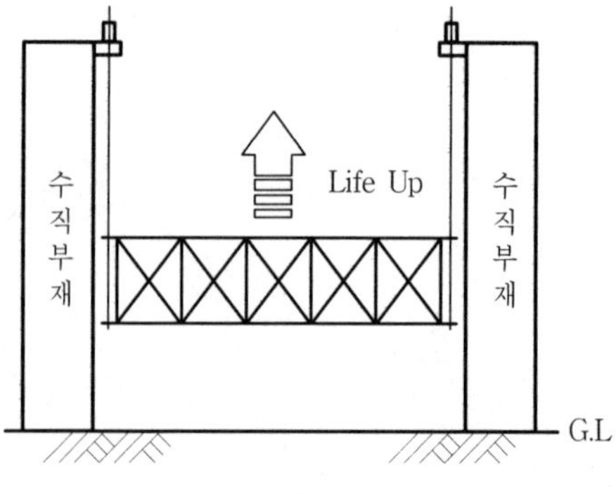

[Lift Up 공법]

(2) 겹쌓기 공법

1) 개 요

하부에서 1개층씩 조립완료 후 상부로 순차적으로 건립하는 방법

2) 특 징

① 제작과 조립순서가 동일하여 공정관리가 쉽다.

② 중량물 건립으로 양중기 본체에 대한 보강이 필요하다.

③ 양중기 해체가 어렵다.

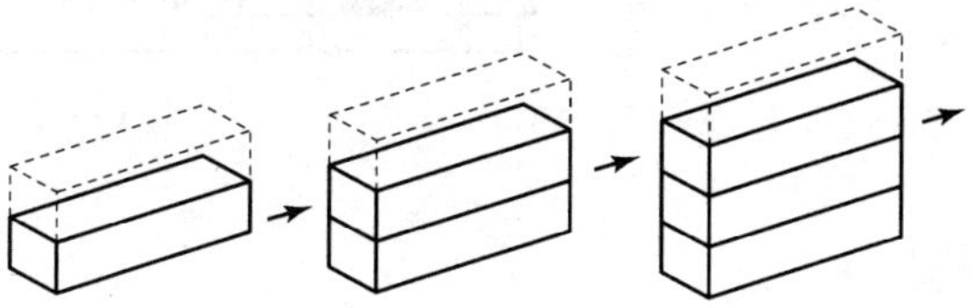

[겹쌓기 공법(수평 쌓아 올리기 공법)]

(3) 현장 조립공법

1) 개 요

부재의 길이와 중량 등의 제한으로 부재별로 운반한 후 현장에서 양중, 조립하는 방식으로 가장 많이 사용하고 있다.

2) 특 징

① 운반이 용이하며, 길고 무거운 부재 양중이 가능하다.

② 협소한 현장구조물 시공에 유리하다.

③ 현장 조립 공간이 필요하다.

④ 공기지연 및 조립시 품질저하가 우려된다.

3) 조립방법

① 기둥과 기둥의 결합

㉠ Splice Plate 이음　　㉡ 용접이음

② 기둥과 보의 접합

㉠ Gusset Plate Type　　㉡ Bracket Type

③ 보와 보의 접합

Splice Plate를 덧붙여 고력볼트로 접합

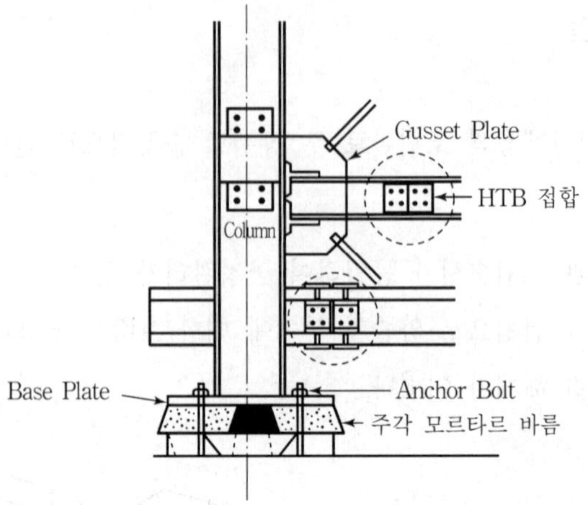

(4) 병립공법

1) 개 요

한쪽 편에서 일부분씩 최상층까지 완료하고 순차적으로 완성하는 방식

2) 특 징

① 한편에서 전층을 마무리해가므로 조립능률이 좋다.

② 공업화 공법으로 건물이 크고 긴 경우에 적합하다.

③ 능률향상, 공기단축 효과가 크다.

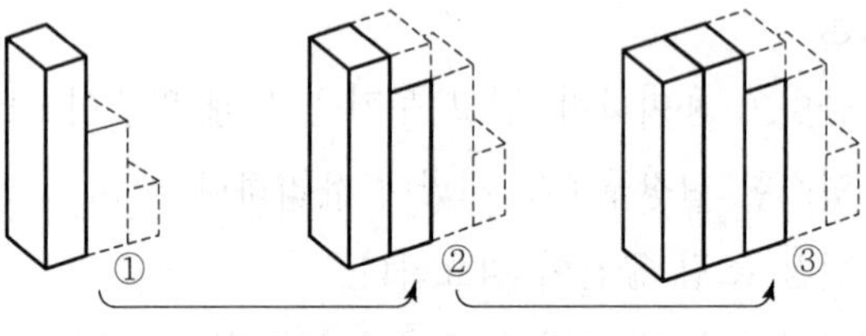

[병풍형 수직·조립공법]

(5) Stage 조립공법

1) 개 요

전체 양중이 불가능할 때 가설구조체를 조립하여 Stage를 만들고, 구조체를 지지하는 방식

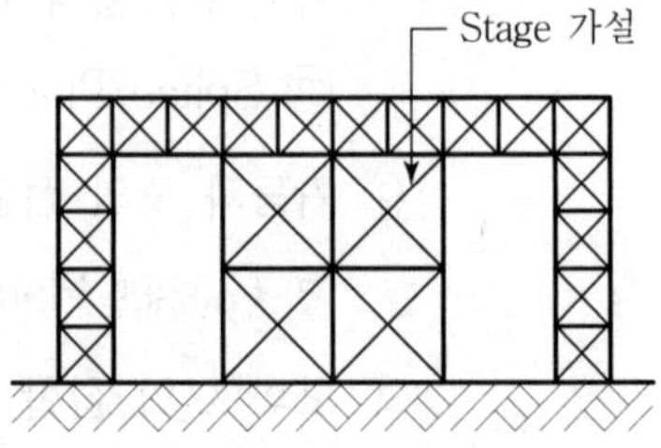

[Stage 조립방식]

2) 특 징

① Stage를 작업발판으로 사용한다.

② 가설비가 증가되고 Stage 해체가 어렵다.

(6) 지주공법

1) 개 요

전체 양중이 불가능할 때 접합부에 지주를 세워 지주 위에서 접합하는 방법

2) 특 징

① 운반이 용이하고 소형 양중기 사용이 가능하다.

② 지주 추가 설치와 공기가 지연될 수 있다.

4. 시공시 유의사항

(1) 양중기 선정은 공법에 맞고 충분한 여유 용량을 가진 것으로 선정한다.

(2) 조립시 하부발판이나 지주의 지지력을 고려한다.

(3) 공정순서에 의한 양중 계획을 수립한다.

(4) 우천이나 강풍시에는 작업을 중단한다.

(5) 부재조립시 수직, 수평 정밀도를 확보한다.

(6) 대형 부재는 여러 번으로 나누어서 양중한다.

(7) 접합시 용접결함이나 볼트조임을 확실히 하여 내력을 확보한다.

(8) 상부작업시 낙하물로 인한 안전사고에 유의한다.

(9) 순차적 조립으로 공정마찰 방지

(10) 고소작업으로 인한 안전사고 방지

5. 맺음말

(1) 철골공사의 건립공법은 후속 공사와의 연관성, 건축물의 규모에 따라 선정되어야 하며, 그에 따른 양중장비 계획도 중요하다.

(2) 현장 건립공법은 공업화의 일환으로 발전이 요구되며, 현장작업을 최소화할 수 있는 공법으로의 개선이 필요하다.

number 22 철골구조바닥 Deck Plate의 시공

* '05, '07

1. 개 요

철골 구조물에서의 데크 플레이트는 바닥을 시공하기 위한 단순한 형태의 거푸집 전용 용도에서 점차 구조적 기능을 갖춘 구조용(합성) 데크 플레이트 형태로 개발되어 사용이 확대되고 있으며, 다양한 기능을 갖춘 복합형 데크의 적용도 증가되고 있다.

2. 데크 플레이트 시공

(1) 시공 순서

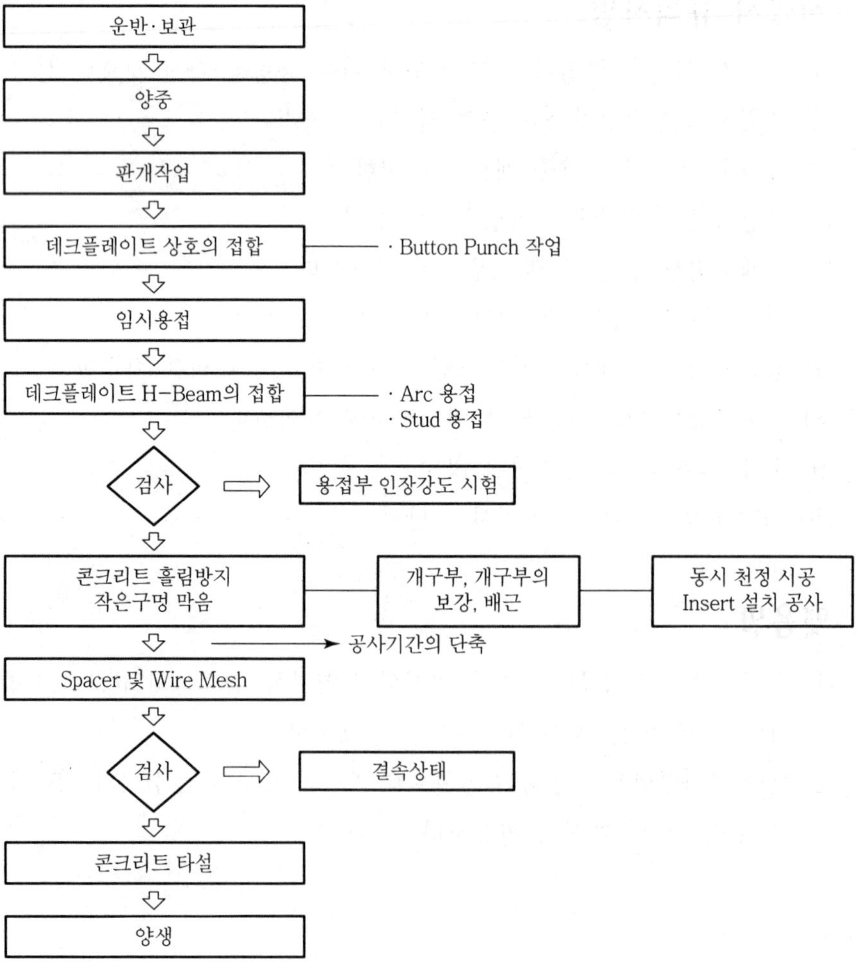

(2) 시공계획

(3) 시공방법(관리) 주의사항

1) SHOP DWG 작성

2) 자재 선별

시공 위치별, 부위별 자재를 선별하여 양중 순서를 결정한다.

3) 양중 작업

① 양중시 안전 사항 준수

② 양중된 자재는 보위에 안전하게 적재

4) 플레이트 펼치기(판개)

데크 플레이트 고정 작업에 연결 key가 나오도록 펼친다.

5) 고정 작업

① 골방향으로 펼치는 경우 5cm 이상, 폭방향으로는 3cm 이상 보에 걸친다.

② 분할선을 긋고 이에 맞추어 데크 플레이트를 설치하고 가용접한다.

③ 가용접은 데크 플레이트 5~10장 간격으로 실시한다.

④ 작업 하중은 $15KN/m^2$ 이하로 유지한다.

⑤ 고정 완료 후 용접부 및 도금 손상 부위는 녹이나 이물질을 제거한다.

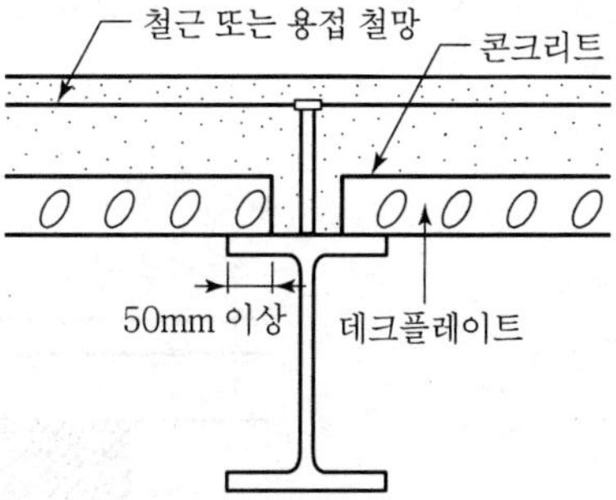

[데크플레이트 골방향과 보의 연결]

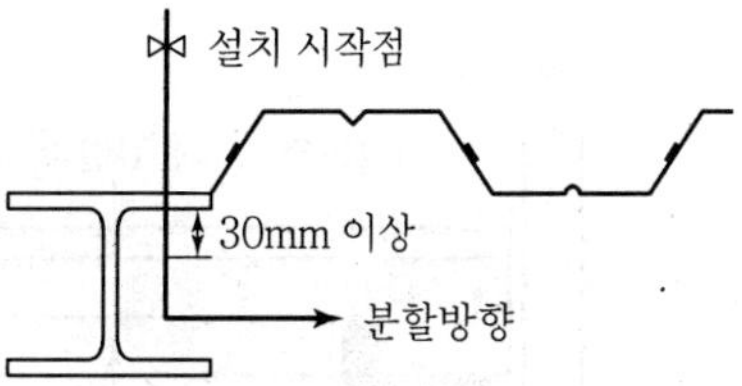

[폭방향 설치 시작점]

6) 마구리 막기(CON'c stopper)

① 기준점에서 수직선을 내리고 일정하게 고정한다.

② 마감선과 일치되도록 설치한다.

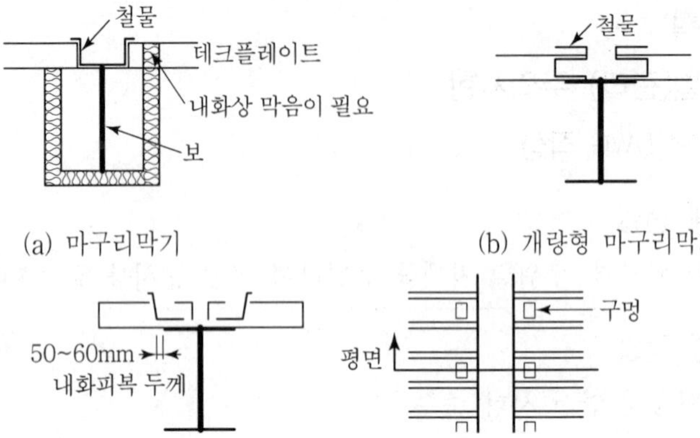

(a) 마구리막기 (b) 개량형 마구리막기

(c) 특수 마구리막기

[마구리 막기]

7) 스터드 볼트 시공

① Beam 부 마킹한다.

② 가로, 세로 선이 맞도록 비뚤지 않게 용접하여 붙여 댄다.

8) 개구부 보강

① ϕ10cm 이하－보강 불필요

② ϕ10~30cm－형강을 이용하여 보강

③ ϕ30cm 이상－작은 보를 이용하여 구조용 보에 연결한다.

9) Deck Plate와 각부재 마감

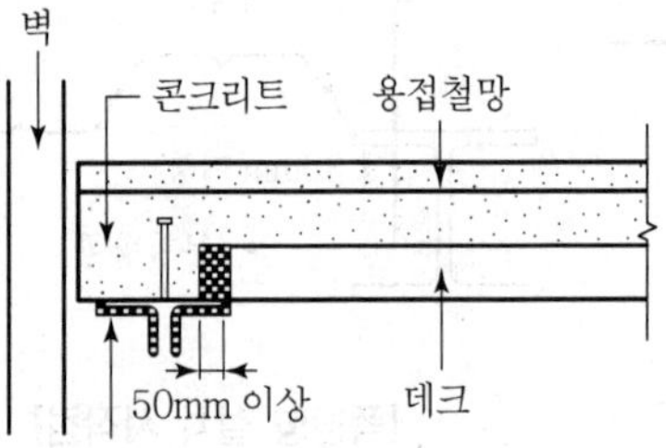

(a) 보와 벽 사이에 간격이 있는 경우

[데크플레이트 스팬방향의 마감(벽 주변부)]

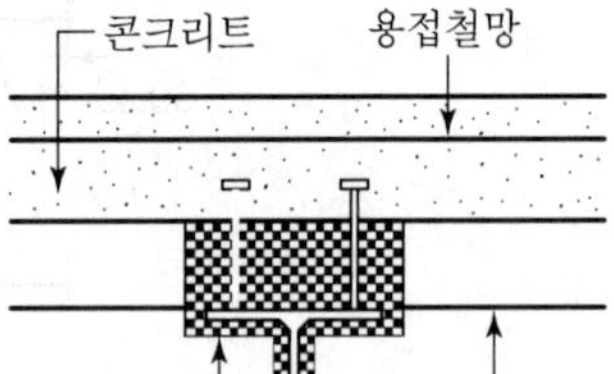

(b) 데크를 맞댄 경우

[데크플레이트 스팬방향의 마감(건물, 내부의 큰보, 작은보 위)]

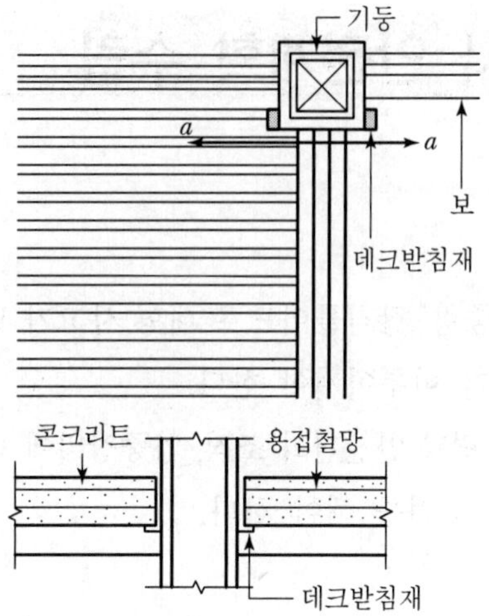

[기둥 주위의 마감]

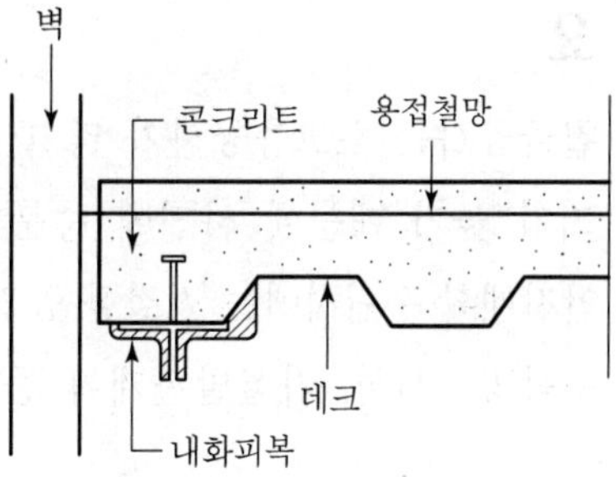

[보와 벽 사이에 간격이 있는 경우]

3. 맺음말

Deck Plate 시공은 작업의 난이도는 높지 않으나 바닥판을 만드는 주요작업이므로 철골보와 기둥의 접합부, 모서리부, Deck의 처짐, CON'c와의 접합 등에 주의하면서 시공하여야 한다.

number 23 도심지 철골공사 안전계획 수립

※'91, '96

1. 개 요

(1) 철골공사는 초고층공사가 많고 부재가 중량, 장척물이므로 대형 사고가 발생할 우려가 높기 때문에 사전에 충분한 검토가 이루어져야 한다.

(2) 안전계획 수립시에는 적절한 공정계획 수립과 안전관리 조직, 양중장비에 대한 계획, 추락방지시설, 가설발판계획 등에 대한 고려를 해야 한다.

2. 작업 전 검토사항

(1) 설계도서 및 공작도 검토, 부재형상, 치수, 접합부위, 건물높이, 최대중량

(2) 시공 협력업체와 사전 협의 안전체계 수립

(3) 강풍 등의 외압에 대한 구조안전 점검 : 높이 20m 이상

(4) 작업주변 여건, 환경조사 : 반입로, 적하장소

(5) 철골재 반입시기와 반입 총물량 확인 : 1일 건립 시공량, 건립기간

(6) 기둥의 Base Plate 고정 확인

(7) 양중을 위한 연결용 로프와 보호망

3. 안전계획 수립

(1) 세우기 계획

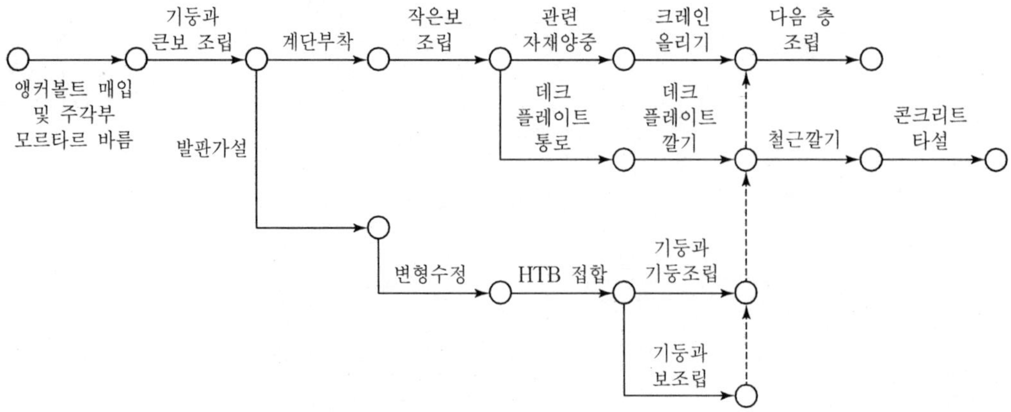

(2) 공정계획

1) 상 · 하층 작업 간의 영향이 최소화되도록 작업 배치
2) 고소작업이 최소화되도록 계획
3) 작업 상호간 공정마찰 억제

(3) 안전관리조직

1) 전임 안전관리자 배치
2) 하도업체 안전담당자 선정
3) 양중기 전임 안전담당자 선임
4) 안전담당자에 대한 지속적 교육

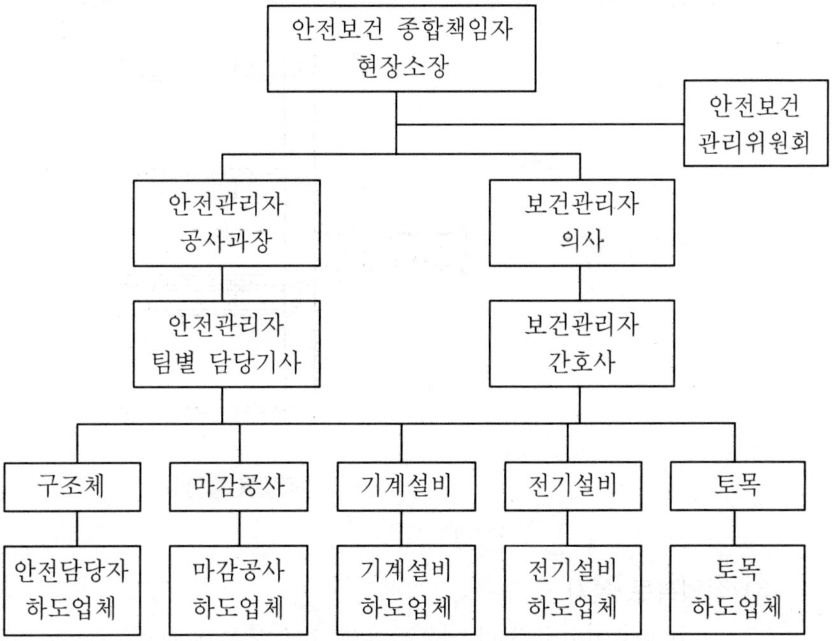

(4) 유해 위험방지계획서 작성

사전에 계획을 수립하여 노동부의 심사를 받는다.

(5) 안전관리 계획서 수립

공종별로 위험요소를 파악하여 안전작업 지침을 마련해 놓는다.

4. 장비안전 및 안전시설물

(1) 가시설물 안전

1) 가설비계

① 가능한 무비계 공법을 적용하고 강구조 가설재를 사용한다.

② 작업통로용 비계

㉠ 수직이동 : 트랩, 사다리, 철골계단 사용

㉡ 수평이동 : 철골보에 잔교 설치

2) 작업용 발판

① 용접접합부, 볼트접합을 위한 달비계 사용

② 안전발판이나 작업발판은 내구성이 있는 강재로 한다.

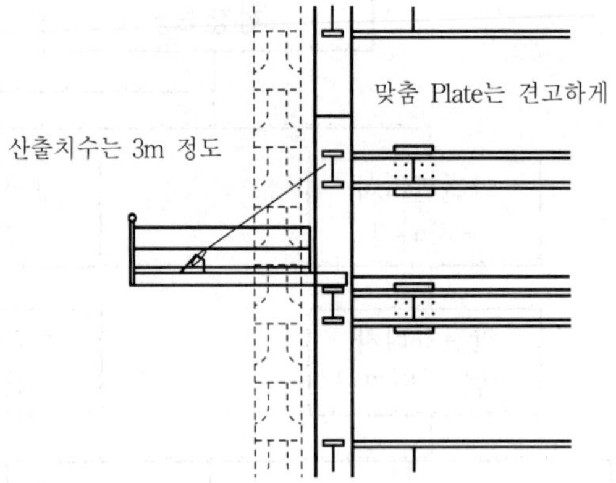

[작업용 발판]

3) 작업통로 설치

① 자재를 가지고 운반 가능하도록 충분한 공간 확보

② 통로엔 난간지주를 0.9m(1.2m) 높이 이상 설치

(2) 굴착 안전

1) 토질, 지하수위, 지하수량 조사

2) Boiling, Heaving 안전대책 수립

3) 흙막이의 구조적 안정성 검토

4) 인접 지반 침하대책 수립

(3) 추락 및 비래 안전

1) 추락 방지망

① 매단마다 설치하는 것이 원칙이다.

② 충분한 강도가 확보되도록 설치한다.

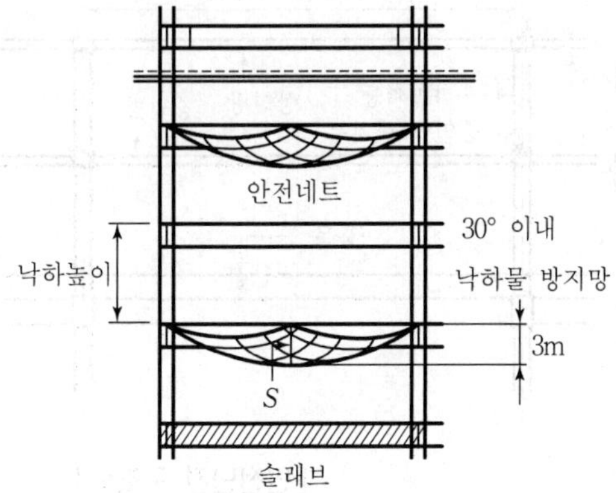

[낙하물 추락방지망]

2) 낙하물 방지망

① 10m 이내 마다 설치, 2m 이상 내민 길이 확보

② 낙하물에 견딜 수 있도록 강도 확보(30° 이내)

3) 안전난간

난간지주 높이는 0.9m 이상, 1.2m가 적당하다.

4) E/V Pit 개구부 특별관리

① 매층마다 추락방지망 설치

② 난간지주 높이는 0.9m 이상, 1.2m가 적당하다.

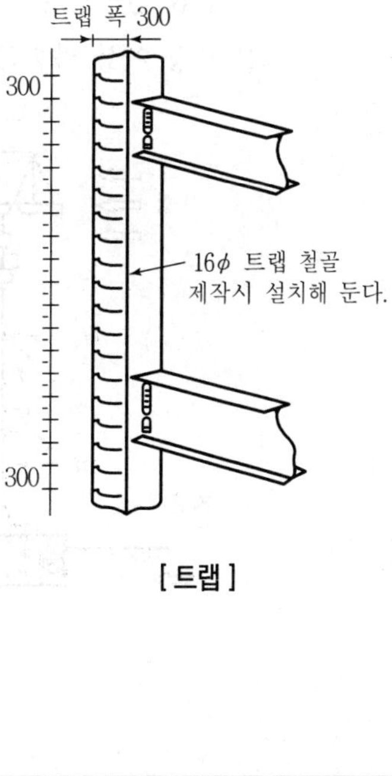

[트랩]

5) 안전보호구

① 안전모와 안전벨트 착용

② 안전표시물 및 위험표시 테이프 등의 활용

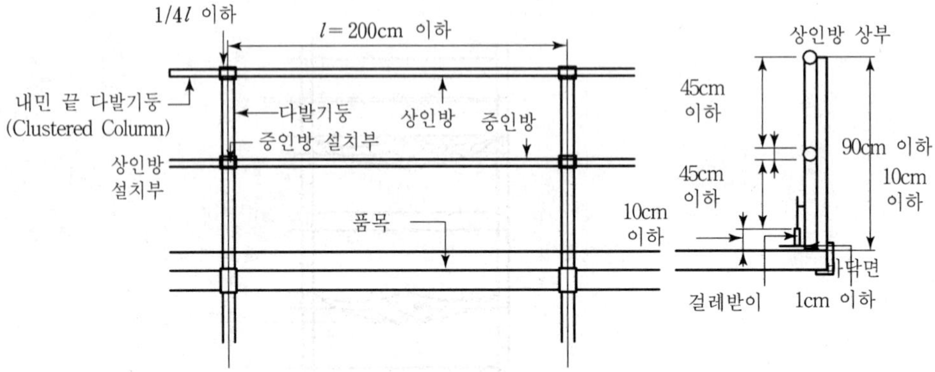

[안전난간 구조도]

(4) 양중장비 안전

1) T/C

① 구조검토 후 기초를 시공하여 안전성을 확보한다.

② 매월 안전점검 실시

③ 전담 안전담당자 배치

④ 규정 이상 양중하지 않도록 한다.

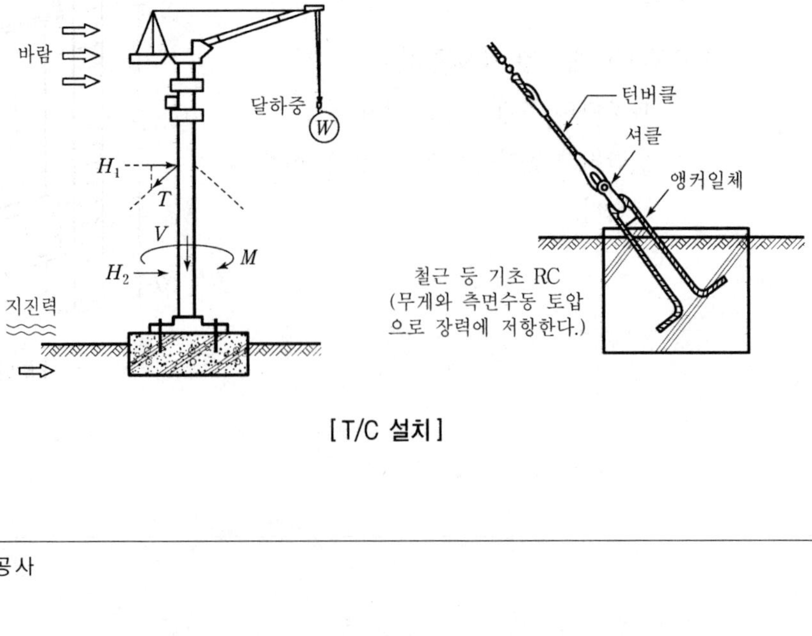

[T/C 설치]

2) Lift

① 리프트 과부하 방지장치를 부착한다.

② 화물용에는 사람이 탑승하지 않도록 한다.

③ 전담 안전담당자를 배치하고 관리한다.

(5) 전기 및 화재 안전

1) 과부하 방지 : 충분한 전력용량 확보

2) 누전차단기 : 감전사고 예방

3) 용접 : 불똥으로 인한 화재 방지

4) Gas 탐지기 및 환기설비 설치

5) 유류, 가스저장고 : 출입제한 및 잠금장치 설치

5. 안전교육 및 표준안전관리비

(1) 안전교육

1) Tool Box Meeting

① 작업시간 전, 후 5분간

② 각 작업분임조 별도 실시

2) 정기교육 특별교육, 수시교육

① 작업변경이나 인원변경시 충분한 사전교육 실시

② 장비 사용 교육, 현장 및 작업특성 교육

(2) 안전보건관리비 사용

1) 산정기준(일반건설공사 갑)

① 5억 미만 대상 공사액의 2.93%

② 5억~50억 미만 : 1.86%+5,349,000원

③ 50억 이상 : 1.97%

2) 사용항목

안전시설비 등 9개 항목

6. 맺음말

(1) 철골공사는 고소작업과 근접 시공이 많으므로 근접 시공에 따른 인접 구조물의 안전대책과 함께 고소작업에 따른 안전대책을 수립해야 한다.

(2) 또한, 양중기에 의한 재해의 발생에 대비한 계획을 수립하고 작업자에 대한 안전의식을 고취하는 안전교육을 병행해야 한다.

PART 4

초고층, PC, C/W

Contents

Professional Engineer Architectural Execution

number 1 초고층 공사의 시공(공정)계획

※'80, '82, '91, '98, '02

1. 개 요

(1) 초고층 건축물의 시공계획은 근접 시공시의 충분한 사전조사, 지하공사와 지상공사 계획, 주변 공해대책으로 나눌 수 있으며,

(2) 시공계획 내용으로는 지하 굴착공사 계획시 주변 지반 및 구조물 피해방지를 위한 흙막이 안전성 검토계획, 지상 공사계획에서는 사전준비와 가설계획, 공정계획에서는 공기영향요인, 기간대상 공정, 기준층 공정, 공기단축 방안이 있고 양중계획에는 장비설치 및 양중내용 파악, 부하산정 그리고 고소작업에 따른 안전계획과 공해대책이 있다.

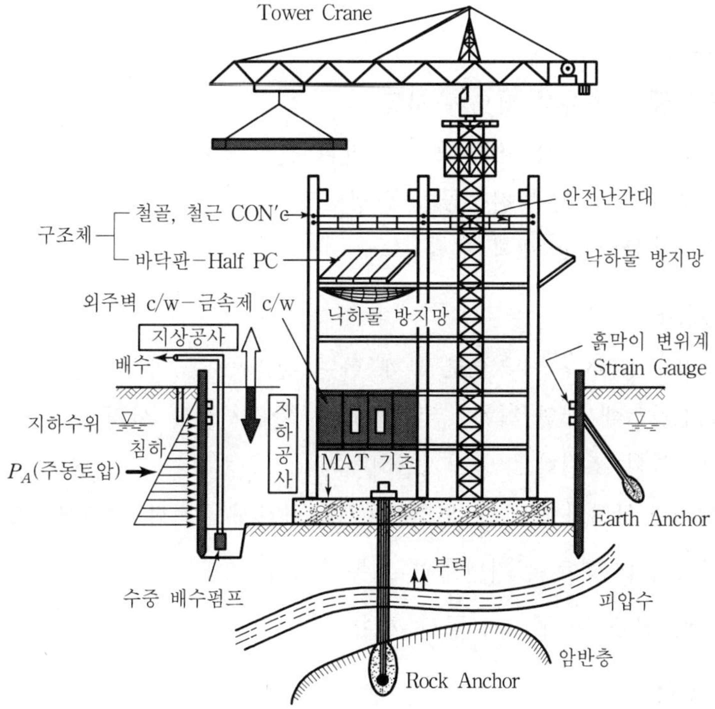

[초고층 시공 내용]

2. 시공계획시 사전조사사항

(1) 도면과 시방서 등 설계도서의 검토

(2) 자재반입 및 적치장소, 교통상황 등 현장 여건

(3) 자재의 양중장비 선정과 배치

(4) 재해방지와 공해대책

(5) 전체 공사내용 파악

3. 초고층 시공계획

(1) 가설공사

1) 무비계공법 고려

2) 양중장비 및 양중형식 선정

3) 임시 전력용량 확보 및 급수시설

4) 자재 적치장 및 작업장 확보

(2) 지하공사

1) 지하굴착 공사시 정보화 시공

2) 도심 근접시공에 따른 주변 지반과 건물 침하방지

3) 기초의 무소음, 무진동공법 선정

4) Under Pinning 계획 수립

(3) 지상공사

1) 고강도 CON'c 사용으로 부재 단면 축소

2) 고소작업에 대한 낙하, 추락 대비용 안전시설물 설치

3) 경량화와 조립화로 공사기간 단축

바닥판 H/S, Prefab화, 외벽의 C/W, 마감재 규격화, 복합화공법

4) 골조의 PC화로 공기단축과 노동력 절감

5) Core 선행 등 구조체 공사 계획

(4) 공정계획

1) 공기영향 요인

① 고소작업과 근접 시공

② 기후영향, 교통영향

③ 양중작업과 민원발생, 설계변경 요인

2) 기간 대상 공정 결정

토공사, 기초공사, 구조체공사, 마감공사

3) 기준층 공정의 Flow

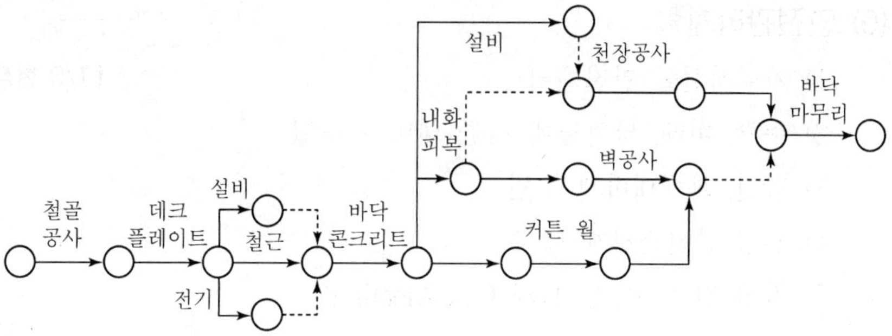

4) 공정운영방식 결정

① 연속반복방식

② 병행시공방식

③ 단별시공방식

④ Fast Track 방식 중 현장에 맞는 방식을 결정한다.

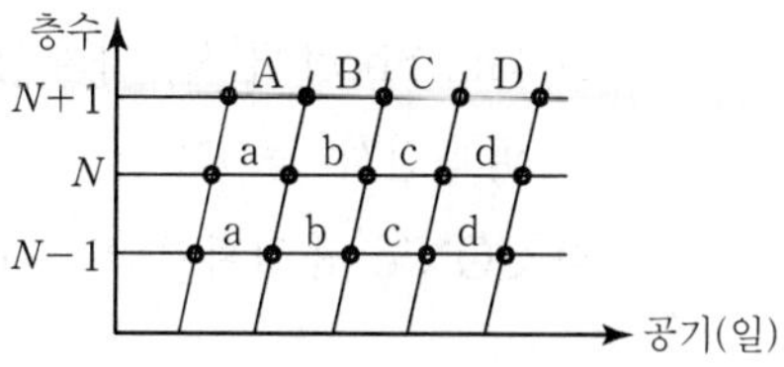

[연속반복방식]

5) 지수층 선정

① 건물 중간에 두는 방식

② 마감공사를 Block화하는 방식

6) 공기단축기법 사용

① MCX에 의한 공기단축

② 지정 공기에 의한 공기단축

③ 바나나곡선에 의한 진도관리

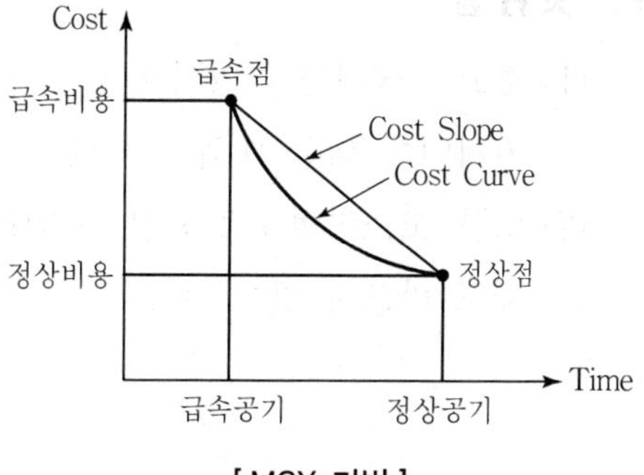

[MCX 기법]

(5) 양중계획

1) 양중자재의 중량과 형상을 고려하여 계획
2) 수직양중 : T/C, E/V, Lift
3) 양중부하 : 산적도 작성
4) 양중 Cycle : 양중기 대수 산정

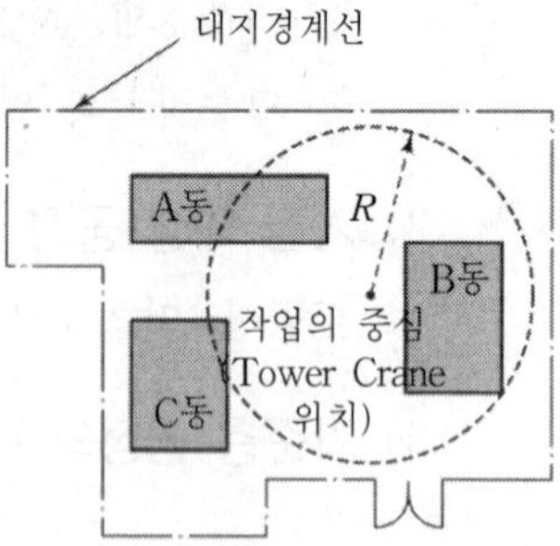

[T/C 현장배치도]

(6) 안전관리계획

1) 가설시설물 안전계획
2) 추락, 비래, 낙하물에 대한 대비책 수립
3) 감전, 화재대비책 수립
4) 전임 안전관리자 배치
5) 작업 전후 5분간 Tool Box Meeting

(7) 품질계획

1) 품질관리 7가지 도구 이용
2) Mill Sheet 검사, 자재검사, 용접부 검사, 내화 피복검사 등
3) CON'c 품질확보 및 시험

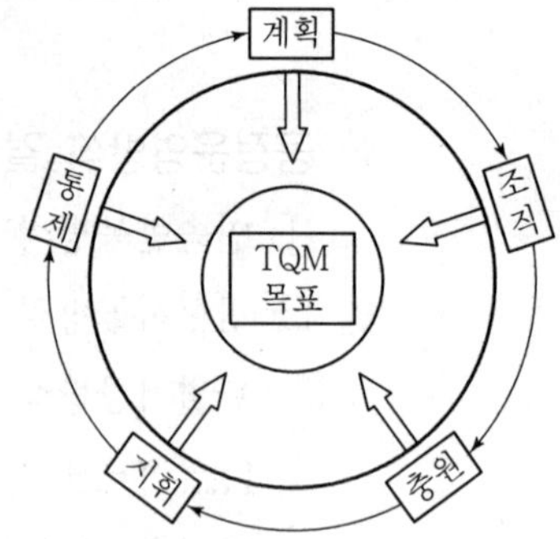

[TQM 품질관리]

(8) 환경공해대책

1) 폐기물 처리 및 재활용 방법 강구
2) 소음, 분진, 교통에 대한 대책
3) 지반과 인접 건물 침하 : Underpinning

4. 맺음말

(1) 초고층 공사는 작업의 난이도가 높고 복잡하여 시공능률이 저하되기 쉬우므로 공기지연에 대한 대책과 함께 적절한 공법선정과 양중계획의 수립이 필요하다.

(2) 또한, 고소작업으로 인한 안전대책을 고려하여야 하고 기계와 장비의 안전계획 수립도 반드시 필요하다.

number 2 초고층 공사의 가설계획

※'05, '07

1. 개 요

(1) 초고층 건축물은 공사의 복잡화와 다양화, 고층화에 따라 위험성 증대, 시공효율저하, 양중부담 증가, 공기지연 등 다양한 문제점을 내포하고 있다.

(2) 초고층 공사의 시공계획은 공사기간을 단축시켜 원가 증가 요인을 줄이고 작업안전을 확보하여, 양중작업을 효율적으로 지원하도록 계획되어야 한다.

2. 가설계획 항목

(1) 공통 가설

1) 가설건물, 가설울타리, 가설도로, Stock Yard

2) 임시용수, 임시동력, 양중설비 등

(2) 직접 가설

1) 규준틀, 동바리, 비계, 가설통로

2) 낙하물 보호망, 방호선반, 안전망 등

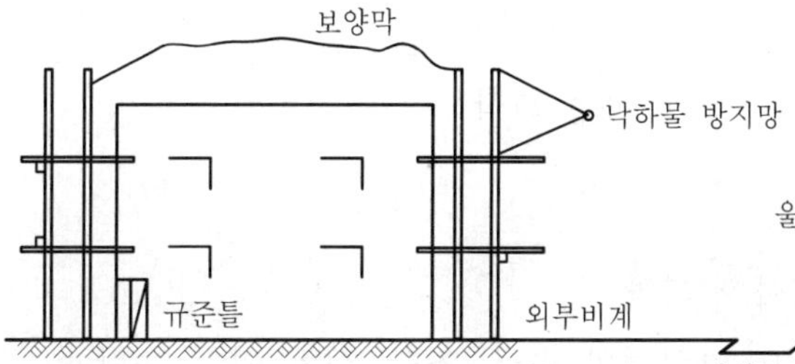

[직접 가설]

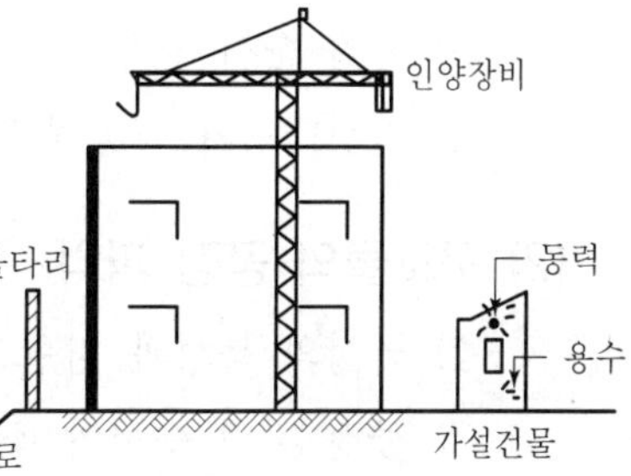

[공통 가설]

3. 가설계획의 고려사항(문제점)

(1) 가설공사의 중요성 증대

고소작업을 안전하며 효율적으로 지원할 필요성 증대

(2) 가설비용 증대

(3) 새로운 가설공법 및 자재 요구

기존 저층 구조물에서 사용되는 자재와 공법의 설치 한계

(4) 안전의 중요성

고소작업의 위험성 및 작업량 증가

(5) 자재의 양중조달 지원 강화

CON'c를 비롯한 자재를 신속히 지원

(6) 조립 및 해체빈도 증가

반복 작업량 증가로 설치와 해체가 지속적으로 반복되는 특징

(7) 고강도와 경량화 요구

저층부 부담하중의 증가와 고층부 바람의 영향력에 대한 대응

4. 초고층 가설계획

(1) 사전조사와 검토

1) 부지의 특성조사
2) 작업동선 파악 및 동선계획(인력, 자재, 차량의 이동) 수립
3) 작업 순서 결정
4) 인접대지와 교통량에 따른 특이성 파악

(2) 구조물의 공정 파악

1) 공정의 특성과 지원 사항 파악
2) 공정 진행 순서와 소요 가설재의 수급, 조달, 설치 일정 수립

(3) 양중 지원

수직 양중기 설치 : T/C, Life, 화물용 EV의 설치 위치, 설치대수를 파악하고 효율적이며 안정성 있게 지원할 수 있도록 고려한다.

(4) 공정(층당 Cycle)지원

층당 Cycle 운영에 적합한 가설지원 검토

(5) 안정성 고려

1) 고소 작업

초고층은 철골구조로 작업의 위험도가 높고 대형재해의 비율이 높은 특성을 보이므로 이에 대한 충분한 고려를 한다.

2) 충분한 강성 확보

고층부에서의 바람과 저층부에서의 수직 하중에 대해 안전할 것

3) 설치·해체시 안전 고려

(6) 작업성 고려

1) 취급, 운반이 용이한 자재의 선정

2) 조립, 해체가 간단한 자재 선정(표준화)

3) 유니트화, 시스템화

(7) 주요 직접 가설

1) 가설 거푸집

① 가설 거푸집은 시스템화되어 반복 사용되고 양중이 쉽도록 계획한다.

② 갱폼은 바람 하중에 안전하도록 설치

2) CON'c 압송 고려

① 콘크리트 타설을 지원할 수 있도록 압송관 설치

② 압송압력과 압송높이에 대한 검토

③ CPB 등의 사용성 검토

(8) 공통 가설

1) 가설 비계의 설치

① 초고층에 따른 기존 비계공법의 설치한계

② 외부비계의 설치가 필요 없는 무비계 공법 계획

③ 곤돌라 설치 검토

2) T/C 설치

① 작업 반경과 인접대지 상황을 고려하여 적절한 위치를 선정

② 양중 산적도를 작성하여 효과적으로 지원되도록 양중기 선정

③ 해체시 문제가 없는지 설치시에 검토

④ 양중높이와 구조적 안정성을 검토하여 장비 기종방식 결정

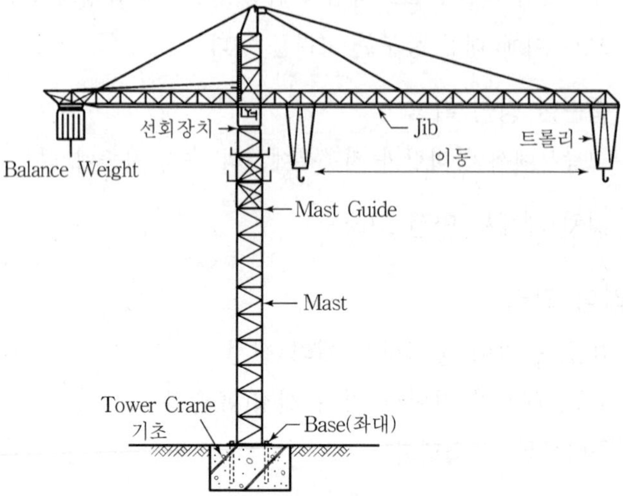

[Tower Crane]

3) Lift 설치

① 화물용과 사람용을 구분하여 설치

② T/C 등과 조합하여 위치와 설치시기를 고려한다.

4) 자재적치장 및 작업장

자재의 반출입에 지장이 없도록 확보하고 부족할 경우 자재조달에 대한 합리적 계획을 수립하여 운영토록 한다.

5) 안전 가시설물

① 안전 난간

② 트랩 설치

③ 추락, 낙하물 방지시설을 기준에 적합하게 설치

6) 기타 공통가설

① 사무실이나 숙소 등은 본공사에 지장이 없는 위치를 선정

② 가설울타리는 소음, 분진 등을 충분히 차단할 수 있는 구조로 하고 설치와 해체가 반복되지 않도록 충분히 고려

③ 공사용수와 전력을 충분히 확보

7) 공해방지 시설계획

① 분진망, 방음벽 등은 충분히 차단효과가 있도록 설치

② 현장의 출입문에는 세륜 설비 계획

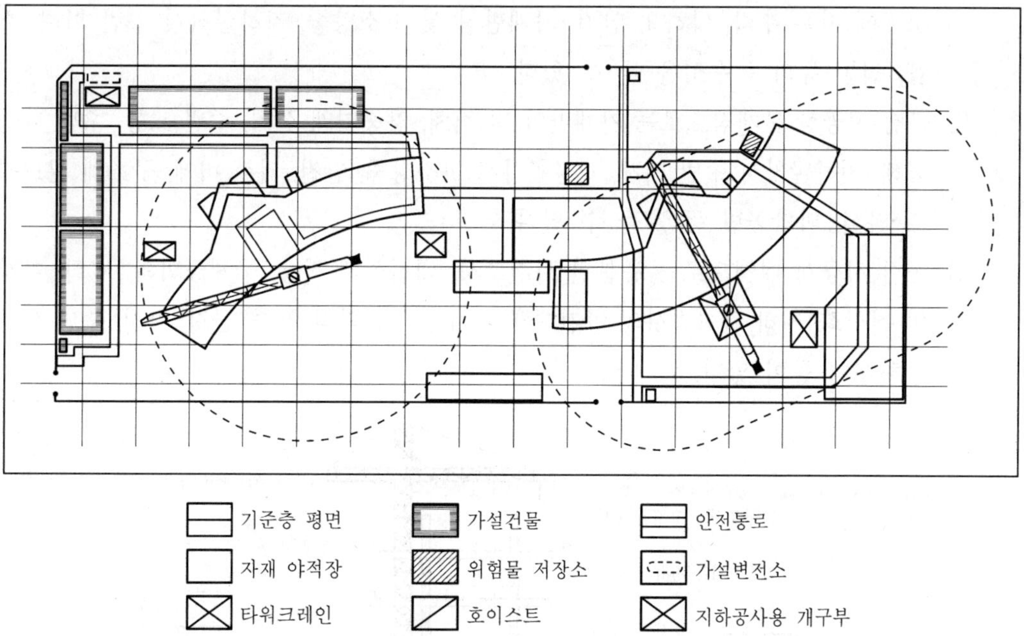

[종합가설물 배치 계획도]

5. 맺음말

(1) 초고층 건축공사 가설계획은 도심지 대지의 협소, 지하구조물 굴착심도 증가, 대량 물량, 조립정밀 요구증대, 고소작업, 복합동선 관리 등에 따른 문제점을 해결할 수 있도록 검토가 선행되어야 한다.

(2) 따라서 공사규모와 내용에 따라 정확한 소요량을 판단하고 집중 관리함으로써 고소작업의 안전성 확보와 생산성과 작업효율이 증대될 수 있도록 계획되어야 한다.

number 3 도심지 초고층 건축물 시공시 문제점과 대책

※'98

1. 개 요

(1) 초고층 건축공사의 근접 시공시 제약조건으로는 도심 교통장애, 비산, 분진공해, 고소에 따른 추락, 낙하의 안전, 자재반입 및 고소양중, 지하굴착시 주변 피해, 소음, 진동 등의 특수성을 들 수 있다.

(2) 근접 시공상 문제점으로는 자재반입 및 적치, 양중기계 설치, 주변 교통, 주변 환경 공해, 지하굴착시 주변 피해, 지상공사시 고소양중, 안전, 외부 비계, 구조체 콘크리트 타설, 바닥공법 등을 들 수 있다.

(3) 근접 시공시 대책으로는 충분한 사전조사, 내진설계 적용, 구체공법의 PC화, 마감의 건식화, 지하 굴착공사의 안전대책과 지상공사 외의 양중, 공정, 안전, 주변 환경 공해대책 등이 있다.

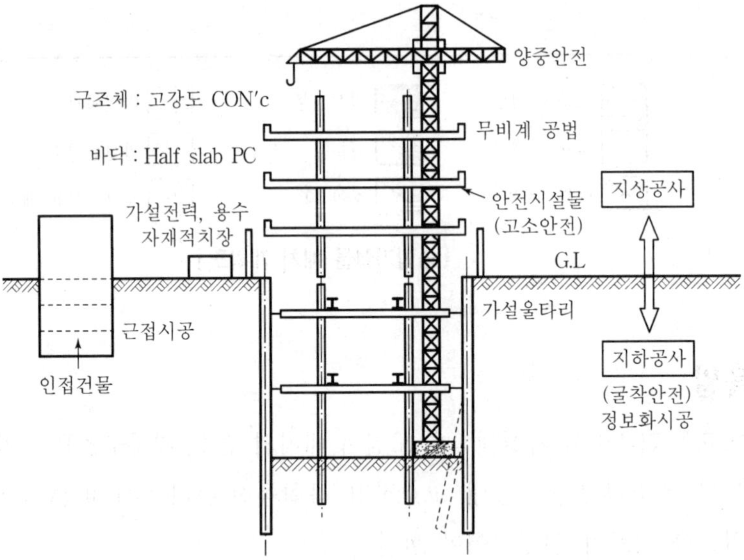

[초고층 시공계획]

2. 초고층 근접 시공시 제약조건(특수성)

(1) 도심 교통장애

(2) 주변 피해영향(지반, 구조물 피해)

(3) 고소안전 : 추락, 낙하, 비래 사고

(4) 주변 환경공해 : 소음, 진동, 비산 · 분진 발생

(5) 지하굴착 심도 증대 : 터파기 시공의 난점

(6) 기후 영향

(7) 양중기계 설치 : 고층화에 따른 양중 부담의 증가

3. 초고층 시공시 문제점

(1) 주변 교통장애 유발

1) 도심 대형 차량 진입통제, 자재반입으로 인한 교통흐름 차단

2) 레미콘 차량 진 · 출입시 주변 교통방해

(2) 자재의 반입 및 고소양중 문제

1) 자재의 반입, 적치장소 부족

2) 현장 반입 즉시 고소양중 문제

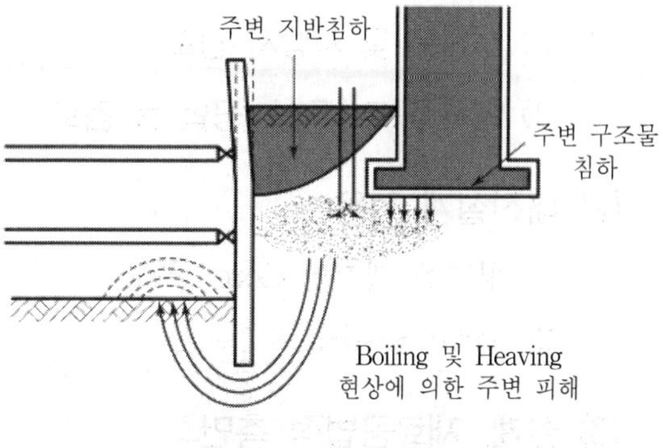

[주변 지반 및 구조물 피해]

(3) 양중기계 설치문제

1) 양중기 배치 및 작업 반경

2) 양중기 해체 및 운반

(4) 주변환경 공해 발생

1) 소음, 진동

2) 비산, 분진, 비래, 낙하

(5) 지하 굴착공사시 주변 피해

1) 굴착심도 증대로 인한 주변 안전대책 요구

2) 주변 지반침하에 따른 구조물 피해 증가

3) 흙막이 공법의 안전대책 수립 필요성 증가

(6) 지상 구조체 공사시

1) 고소작업으로 인한 추락위험 증가

2) 장비사고로 인한 피해 발생

3) 재래식, 습식공법에 의한 가설공법 문제
4) 철골공사시 안전
5) 외벽 C/W 공사시 문제

(7) 공사관리상 문제

1) 공사기간 증대(공기 지연)
2) 공사비 증대 문제
3) 작업능률 저하 문제

4. 초고층 시공시 대책

(1) 충분한 사전조사

1) 지하굴착시 주변 여건조사
   ① 주변 지반 및 구조물 피해 조사 및 대책수립
   ② 주변 환경공해 문제
2) 설계도 및 시방서 검토
3) 공사 규모, 특성, 공법 등 검토

(2) 내진설계 적용

1) 평면은 대칭형 Core 구조
2) Tube System

(3) 설계, 재료공법적 측면

1) 철골, 철근콘크리트 구조체 공법
2) Box Column, 고강도 콘크리트 구조
3) 바닥공법의 PC화
4) 외주벽공법 C/W화
   ① 외부 비계작업 생략
   ② 금속제 C/W, 석재 C/W
5) 마감재료의 건식화
   ① 내부 칸막이 경량화 ② 천장공법의 Unit화

(4) 시공상 대책

1) 외부 가설공사

① 무비계 공법 적용 : PC화, C/W화

② 비계의 강구조화, 조립화, 기계화

2) 지하 굴착공사시

① 안전한 흙막이공법 선정 : Slurry Wall 공법, Top Down 공법

② 무진동, 무소음공법

③ 붕괴예방을 위한 계측관리

3) 지상 공사시

① 구조체 공사

㉠ 철골 철근 콘크리트 공사

㉡ Box Column

㉢ 고강도 콘크리트 타설

② 외주벽 공사

㉠ C/W 공사 : Fastener방식 결성, 수밀성 확보

㉡ 금속제 C/W, PC C/W

③ 바닥판공법

㉠ Deck Plate

㉡ 합성 Slab 공법

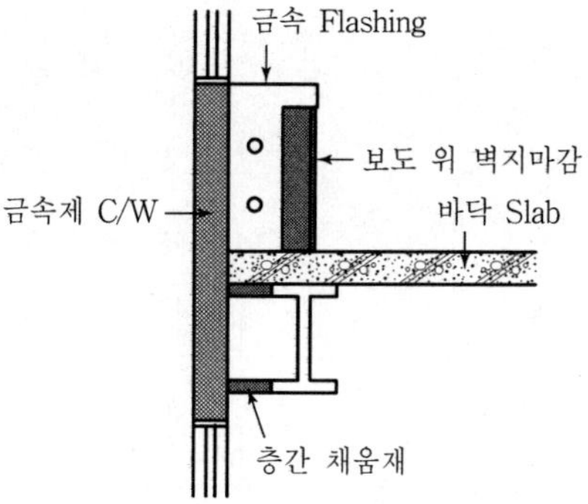

[외주벽 C/W 공사]

4) 공사관리시 대책

① 공기단축

㉠ 기간 대상 공정

㉡ Fast Track Method

[공기단축 방식]

② 양중관리 : 양중기 설치 및 운반대책

③ 안전관리 : 추락, 비산, 분진대책

④ 품질관리 : TQC기법 활용

5. 맺음말

(1) 도심지에서 근접 시공되는 초고층 공사는 토공사시 인접 구조물에 대한 안전대책부터 시작하여 소음과 분진, 진동 등 공해대책을 반드시 수립하여야 원만히 진행될 수 있다.

(2) 공사계획시부터 인접 주민과 함께 환경문제에 대한 충분한 고려를 하여야 하고, 시공시에도 기계화, 공업화 건축이 될 수 있도록 과학적이고 체계적인 준비가 요구된다.

number 4 초고층 공정관리 계획

※'82, '90, '97, '01, '03, '11

1. 개 요

(1) 초고층 건축물은 고소화, 대형화, 전문화되어 도심에 근접 시공되므로 공사가 복잡하고, 고소작업으로 인한 작업 지연, 깊은 굴착으로 인한 주변 피해, 도심지 교통혼잡과 규제, 기후의 영향과 안전사고 등 공정에 영향을 주는 요인이 많다.

(2) 원활한 공정계획과 관리를 위해서는 철저한 사전조사와 기간 대상공정 선정, 기준층 공정 Flow, 공기단축 방식, 진도관리, 효율적 자원배당을 적절히 고려하여야 한다.

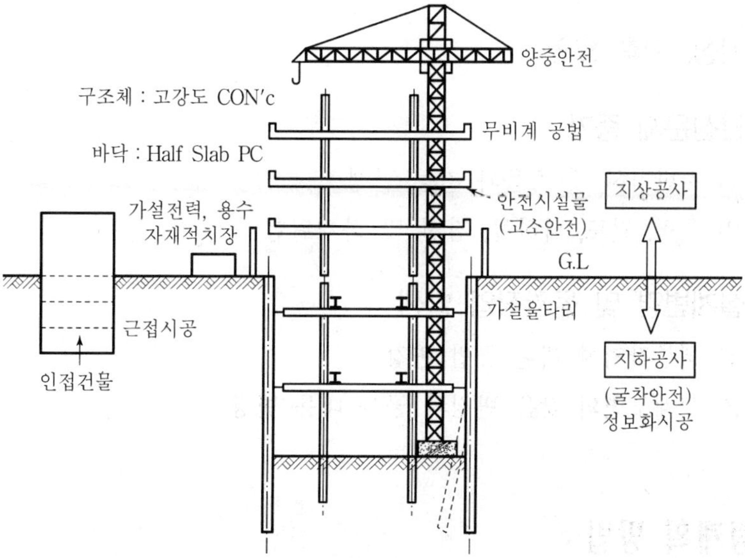

[초고층 시공계획]

2. 초고층 공기 영향요인

(1) 도심 근접 시공

1) 굴착심도 증가

2) 복잡한 도심 교통과 화물차량 규제

3) 주변 민원발생

(2) 고소작업

1) 추락, 낙하, 비래 등의 위험요인 증가
2) 양중 부담 증가
3) 작업능률 저하

(3) 양중 부담

1) 수직 운반자재 증가
2) 양중기의 대형화와 설치 부담

(4) 작업의 난이도

1) 신공법, 신기술, 신자재 사용으로 인한 작업 속도 저하
2) 시공관리 복잡

(5) 기상, 기후 요인

(6) 안전문제 증가

1) 지반침하 및 소음과 진동 발생
2) 추락, 전도, 낙하물, 감전 및 화재위험

(7) 설계변경 및 돌관작업 발생

1) 세부작업에 대한 공법 변경
2) 설계도면의 잦은 변경과 공사 내용 변경

3. 공정계획 방법

(1) 사전조사

1) 도면과 시방서 등 설계도서의 검토
2) 자재반입 및 적치장소, 교통상황 등 현장 여건
3) 자재의 양중장비 선정과 배치
4) 재해방지와 공해대책
5) 전체 공사내용 파악

(2) 기간대상 공정 선정

토공사, 기초공사, 구조체공사, 마감공사를 대상으로 선정

(3) 기준층 공정의 Flow

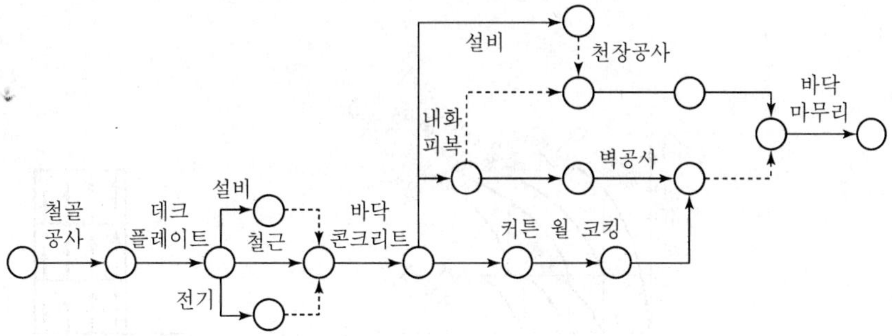

(4) 공정운영방식 결정

1) 연속반복방식

① 기본 공정을 편성하여 연속 반복하는 방식

② 공법의 단순화 가능

③ 재료의 부품화와 기계화

④ 양중, 시공계획의 합리화 필요

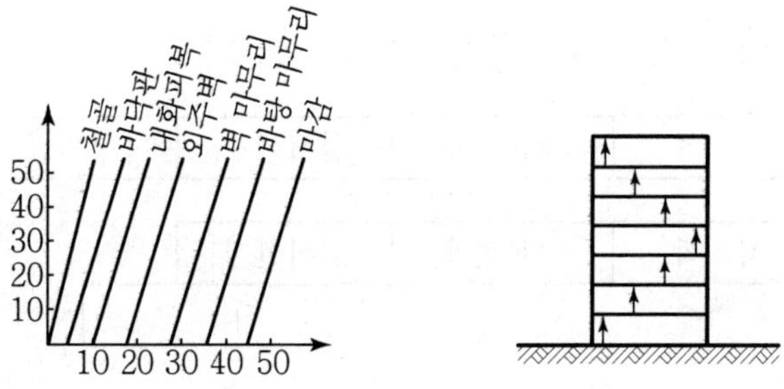

[연속시공방식]

2) 병행시공방식

① 후속작업이 가능한 시점에서 하층작업을 개시하고 상층을 시공해 나가는 방식이다.

② 작업위험도 증가, 양중설비 증대, 시공속도의 조정이 어렵다.

3) 단별시공방식

① 철골공사 완료 후 후속공사를 최하층과 중간층에서 몇 구간으로 나누어 동시에 진행시키는 방식이다.

② 작업이 복잡하고 양중설비가 증대되어 관리가 어렵다.

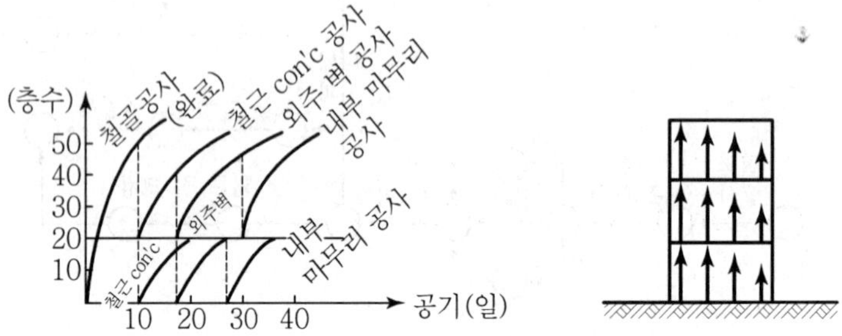

[단별시공방식]

4) Fast Track 방식

① 공기단축을 위해 전체 설계도가 완성되지 않은 상태에서 실시 설계와 시공을 동시에 진행하는 방식이다.

② 공기단축 및 시간이 절약된다.

③ 공사관리의 노하우가 요구된다.

④ 계약조건에 대한 문제발생 우려가 있다.

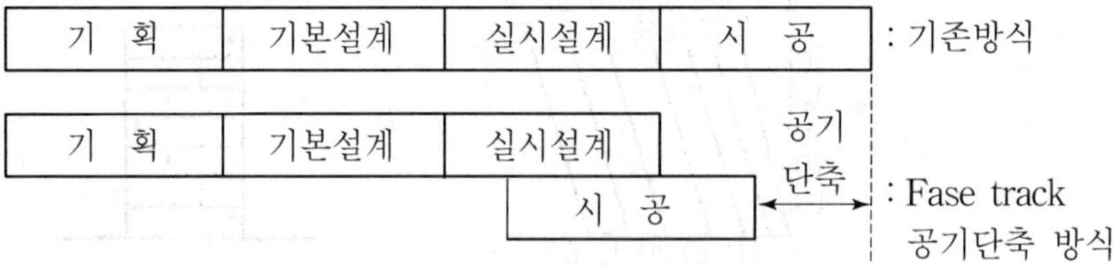

(5) 지수층 선정

1) 일반층의 지수층

2) 골조 관련 지수층

3) 마감 및 E/V, 계단실 지수층

(6) 공기단축기법 활용

1) MCX에 의한 공기단축

2) 지정공기에 의한 공기단축

3) 바나나 곡선에 의한 진도관리

① 1~4주 주기로 진도 체크

② 진도 지연시 원인 분석 및 공기 회복방안 강구

4) 균배도에 의한 자원 배당

① 장비, 인력, 자재 배당을 효율적으로 운영한다.

② 노동 효율을 최대화한다.

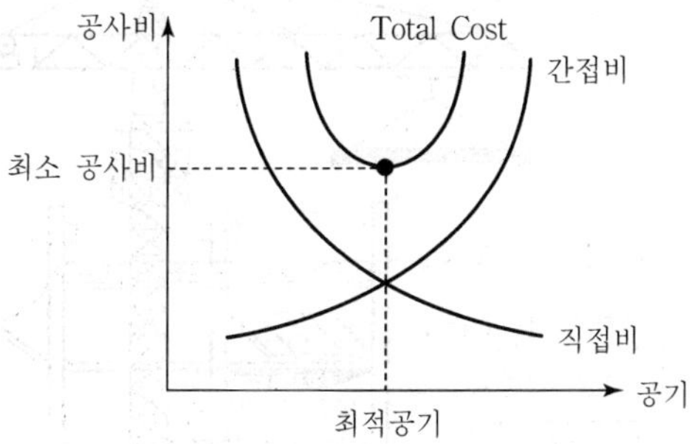

(7) 공정 마찰 방지

4. 맺음말

(1) 초고층공사는 공기가 길고, 기후조건에 따른 영향이 크므로 현장시공시 습식공법을 줄이고 건식공법을 채택하여 기계화가 가능하도록 계획하여야 한다.

(2) 또한, 양중계획의 시스템화가 필요하고 기준층 공정의 연속 반복작업을 합리적으로 수립하여야 한다.

number 5 초고층 건물의 공기단축 방안

※'01

1. 개 요

(1) 초고층 구조물은 고소화로 인해 작업능률 저하, 양중부하의 증가, 기상조건의 영향, 안전대책 등 여러 요인들을 다각도로 검토하여 공정계획을 수립하여야 한다.

(2) 원활한 공정계획과 관리를 위해서는 철저한 사전조사와 신공법 채택, 기간대상 공정 선정, 기준층 공정 Flow, 공기단축 방식, 진도관리, 효율적 자원배당을 적절히 고려하여야 한다.

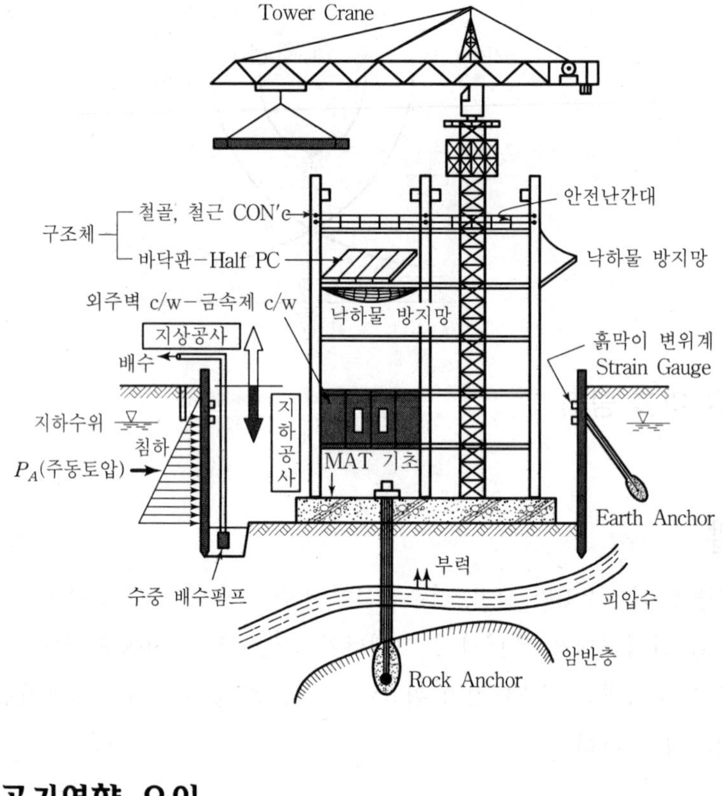

2. 초고층 공기영향 요인

(1) 도심 근접 시공

1) 굴착심도 증가

2) 복잡한 도심교통과 화물차량 규제

3) 주변 민원발생

(2) 고소작업

1) 추락, 낙하, 비래 등의 위험요인 증가
2) 양중부담 증가
3) 능률저하

(3) 양중부담

1) 수직운반 자재증가
2) 양중기의 대형화와 설치 부담

(4) 작업의 난이도

1) 신공법, 신기술, 신자재 사용으로 인한 작업 속도 저하
2) 시공관리 복잡

(5) 기상, 기후 요인

(6) 안전문제 증가

1) 지반침하 및 소음과 진동 발생
2) 추락, 전도, 낙하물, 감전 및 화재위험

(7) 설계변경 및 돌발작업 발생

1) 세부작업에 대한공법 변경
2) 설계 도면의 잦은 변경과 공사 내용 변경

3. 공기단축 방안

(1) 설계적 측면

1) Fast Track System

① 공기단축을 위해 전체 설계도가 완성되지 않은 상태에서 시공을 진행하는 방법
② 공기단축 및 시간절약
③ 정상적인 진행순서 : 기본설계 → 본설계 → 시공
④ Fast Track 방식 : 기본설계 → 본설계/시공

2) 건식화 설계

① MC화 : 모듈 시스템에 의한 설계

② 철근배근의 Pre-fab화

③ Unit화, 규격화 생산품 사용

3) CAD의 적용

① 설계시간의 단축

② 도면의 수정과 개선이 용이하고 시간 절약

(2) 공법적 측면

1) 굴착공사

① 지하굴착과 동시에 지상층 시공 진행하는 T/D 공사

② NSTD(Non Supporting Top Down)은 공기단축에 더 유리하다.

③ Non Strut 방식과 Up-up 방식 적용

④ 토공장비의 효율적 배치와 선정

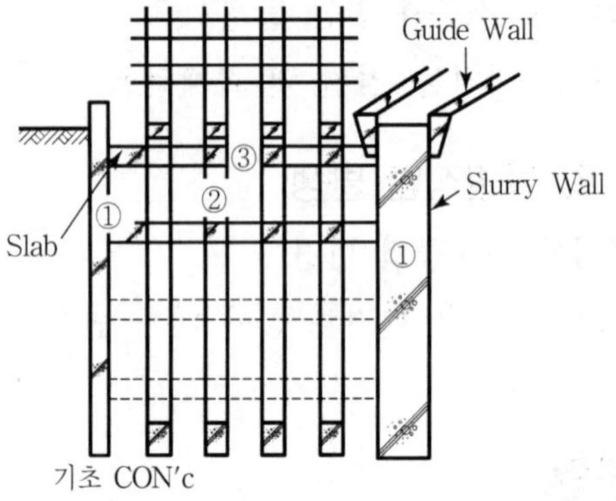

[Top Down 시공도]

2) 철근 Pre-fab 공법

① 기둥과 바닥, 보, 철근의 선조립으로 작업시간 단축에 유리하다.

② 시공 정밀도가 높아 품질이 우수하다.

③ 대구경 철근 사용으로 자재 절감

3) System 거푸집(무비계 공법)

① 건물의 형태와 경제성을 고려하여 선택한다.

② 거푸집 설치와 외부마감을 동시에 진행한다.

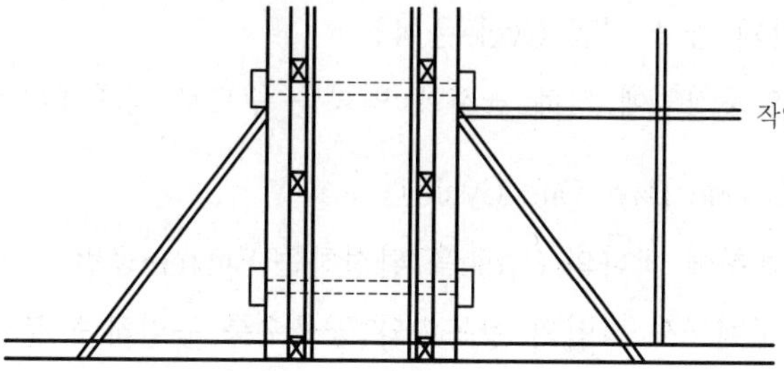

[System 거푸집]

4) 바닥판 공사

① Half Slab 공법

② 복합 Deck, 합성 Deck Plate 활용

5) 외주벽 공사

① C/W의 Unit Wall System

② Panel System 적용

6) Box Column 사용

① 시공성이 우수하며, 공기절감에 유리하다.

② 철골 중량 감소와 일체성 확보가 가능하다.

7) 복합화, 기계화공법 채택

① GPC, TPC 공법개선 적용

② 외벽 ALC 패널로 마감과 피복을 동시에 시공

③ 철골구조의 천장 단열과 내화피복 동시 시공

(3) 관리적 측면

1) MAC(Multi Activity Chart)

① 복수작업팀이 여러 공구에서 동시에 각기 다른 작업을 반복하는 방식

② 1Cycle에 반복작업을 세분화하여 분석

③ 사람의 흐름을 중점적으로 분석

④ Network에 비해 부분적이고 세부적인 공정 파악

2) 4D Cycle

① 1개 층당 4개 공구로 분할

② 1개 공구 시공 Cycle은 4일

③ 양중작업에 의해 공사에 영향을 주므로 양중계획이 중요하다.

3) DOC(One Day-One Cycle)

① 하루에 하나의 Cycle을 완성하는 System공법

② 구체공사 작업의 항목수와 공구수를 동일하게 분할

③ 각 공구의 해당 작업을 1일에 완료

④ 각 작업의 대기시간을 최소화한다.

4) TACT 공정기법 적용

5) 단별 시공방식(공정운영)

① 철골공사 완료 후 후속 공사를 최하층과 중간층에서 몇 구간으로 나누어 동시에 진행시키는 방식이다.

② 작업이 복잡하고, 양중설비가 증대되어 관리가 어렵다.

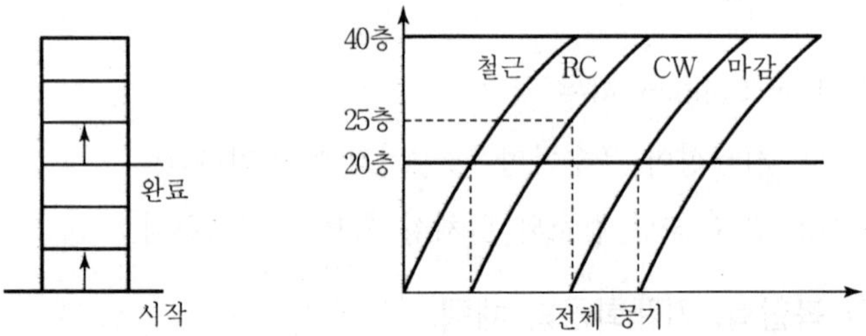

[단별 시공방식]

6) 기간대상 공정 및 지수층 선정

7) CPM에 의한 공정관리

① MDX에 의한 공기단축

② 바나나 곡선에 의한 진도관리, 균배도에 의한 자원배당

8) Just in Time System

① 자원 투입시기에 맞춰 최적기에 자원반입

② 현장관리가 용이하고, 시간이 단축된다.

9) Simulation

① 예상되는 문제점을 사전에 예측하고 대응책 마련

② 전문가를 활용한 공정 예측 프로그램을 작성해 정보화 활용

10) 양중기의 효율적 선정 · 관리

① 최적 양중 System 구축

② 양중기의 효율적 관리

number 6 초고층 공사의 공정마찰 원인과 대책

1. 개 요

(1) 공정마찰은 공정계획 수립의 착오, 자재수급 미숙, 설계도서 미비, 잦은 설계변경, 기후영향, 무리한 공기단축 등으로 예기치 않은 상황에서 발생한다.

(2) 공정마찰이 발생하면 공사지연은 물론, 공사비 증대, 품질저하 등 여러 가지 문제점이 나타나는 바, 사전에 공사계획과 공사일정이 효과적으로 수행되도록 한다.

2. 발생원인

(1) 공정계획 수립의 착오

1) 계획공정과 실제공정 간의 차이

2) 전체 공사 기간에 대한 일정계산의 착오

(2) 자재수급 미숙

1) 자재구매의 지연으로 인한 후속공정과의 마찰 발생

2) 공정 마찰로 인한 계획공정 차질

(3) 설계도서 미비

1) 설계도서 미비로 인한 공기지연 발생

2) 주공정의 정밀시공 미비로 인한 재시공시 전체공기에 영향 초래

(4) 잦은 설계변경

1) 설계변경이 자주 발생할 시는 공종 간의 혼란이 발생

2) 주공정은 여유가 없으므로 잦은 설계변경시 타공종과의 상호마찰 발생

(5) 기후 영향

1) 강풍, 강우 발생시 공정계획에 차질 발생

2) 토사유실 및 붕괴시에는 전체 공기에 영향을 준다.

3. 공정 마찰이 공사에 미치는 영향

(1) 공기 지연

1) 공정 마찰로 인한 각 공종 간 조정작업으로 공기 지연

2) 공정 간의 작업혼선으로 인한 능률 저하

(2) 품질 저하

1) 공정 마찰로 인한 계획된 시공 불가
2) 야간공사 등 돌관작업으로 품질저하 우려

(3) 원가 상승

1) 작업 혼선에 따른 직접 공사비가 상대적으로 상승
2) 자재 수급 혼선으로 잉여자재 및 적기투입 곤란으로 비용 발생

(4) 안전사고 발생

1) 공정 혼선으로 인한 안전사고 증대
2) 돌관작업, 야간작업, 무리한 공기단축 등으로 사고위험 산재

(5) 자재 낭비

1) 계획된 공정이 정상적인 진행 불가로 자재 적치
2) 설계 변경 자동발생으로 시공 혼란 초래

(6) 관리의 미비

1) 공정마찰로서 공사관리에 혼선 초래
2) 공사관리 미비로 부실시공, 품질저하 우려

4. 대 책

(1) 공정계획 수립

1) 공사 전체 내용을 파악하여 공사계획 수립
2) 공사를 요소작업으로 분해하고 예상 공기 수립
3) 돌발공사 예상대책 마련
4) 공기 예측 Program 작성, 운영

(2) 공사진행 상태의 평가와 검토순서 명확화

1) 제반 순서 사전 결정
2) 계획 변경에 대한 공정계획 재수립

(3) 공정운영방식 결정 및 운영 합리화

(4) 책임과 권한의 명확화

1) 통일적으로 관리할 수 있는 조직의 명확화
2) 공정 중복으로 인한 공정마찰시 책임 문책

(5) 조달품 발주시기 명확화

1) 납기 및 사용시기 명확화
2) 발주시기에 대하여는 공정계획 수립시 명시

(6) 진도관리

1) 공사 진척에 대한 정확한 정보 수집
2) 계획공정과 실제공정 간의 차이를 파악
3) 공사규모 특성, 난이도, 지역 차이에 따라 적정한 진도관리

(7) 여유시간(Float) 배분 범위 명확화

1) TF, FF, DF, 배분을 정확히 한다.
2) 주공정선 수립시 여유시간에 대한 사전고찰

(8) 중간관리일(Mile Stone)

1) 공사 전체에 영향을 미치는 작업 관리
2) 직종 간의 교차 부분 또는 후속작업의 착수에 영향을 미치는 완료 및 재개시 시점 파악

(9) 하도급 계열화/정보화 촉진

1) 기술능력 및 시공능력 우수업체 선정
2) 하도급자의 우위적 지위 보완

5. 맺음말

(1) 공정관리는 공정마찰을 해소할 수 있는 방안으로 계획단계부터 적절히 수립해야 한다.
(2) 현상파악의 시점 결정, 잔여공기 확인, 공정회의 개최, 공정관리 System 확립 등 각 공종별로 지속적인 교육과 정보전산화 구축 등으로 해소하여야 할 것이다.

number 7 초고층 건축물의 양중계획

※'73, '94, '99, '00, '02, '05, '07, '08

1. 개 요

(1) 초고층 건축의 시공계획시 양중계획은 도심지 근접 시공으로 인해 주변 여건과 교통사정, 인접 건물, 신축 건축물의 구조 등을 충분히 고려하여 계획해야 한다.

(2) 초고층 건축의 자재 양중계획은 주변 여건과 양중기계의 선정 및 배치, 양중 내의 파악(부피, 중량), 양중부하도 작성, 양중시 안전계획 등을 충분히 검토하여 계획해야 한다.

(3) 고층 건축의 양중계획시 고려사항으로 자재의 반입로, 양중기기의 설치(기초), Stock Yard 확보, 수직 양중기계와 수평 양중기계 사용, 양중부하의 경감화 등이 필요하다.

2. 초고층 양중계획

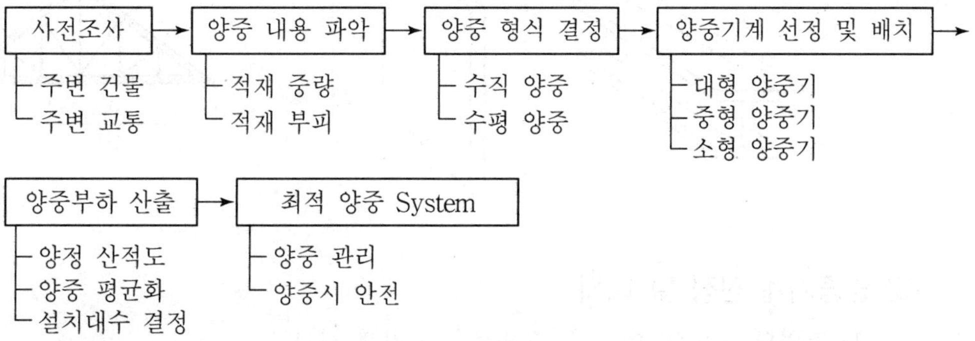

3. 양중계획시 사전 고려사항

(1) 주변 여건과 교통사정을 고려한다.

(2) 자재 및 장비 반입도로를 점검한다.

(3) 양중 내용에 맞는 양중기계를 선정하고, 양중 System을 계획한다.

(4) 수직 양중 및 수평 양중 검토

(5) Stock Yard 확보

(6) 양중시 안전관리대책을 수립한다.

4. 자재 양중계획 방법

(1) 설계도서 검토

1) 설계도면을 검토하여 양중계획을 고려한 시공계획을 세운다.

2) 전체 공정표를 작성한다.

(2) 양중내용 파악 및 형식 결정

1) 자재의 중량 검토

① 2ton 이상 자재 : 철골, 철근, PC, C/W 자재

② 2ton 미만 자재 : 창호, 유리, 석재, 공구, 작업인원, 마감재

2) 자재 부피(크기)에 의한 검토

① 대형재 : 4m(길이), 1.8m(폭) 이상 자재

② 중형재 : 1.8~4m(길이), 1.8m(폭) 미만 자재

③ 소형재 : 1.8mm(길이), 1.8m(폭) 미만 자재

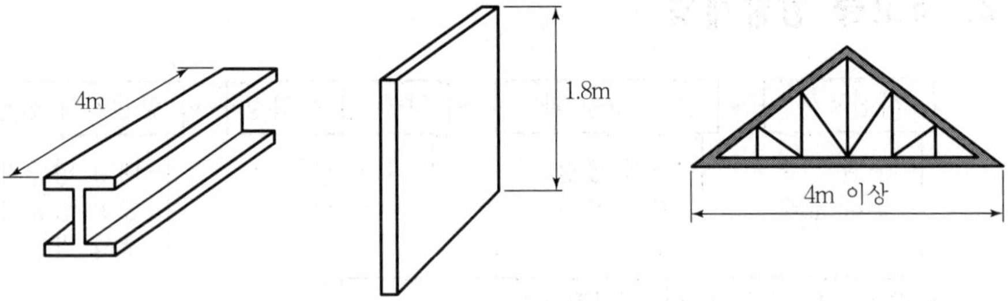

(3) 양중기계 선정 및 배치

1) 작업의 능률성, 안전성, 경제성을 고려해 선정

2) Pick시 양중부하 계산

3) 조립, 해체가 용이한 기계 선정

4) 양중기 배치 및 해체시 유의사항

① 자재반입이 쉬운 곳에 배치한다.

② 작업동선의 중앙에 위치하도록 계획한다.

③ 자재 적치장소가 동선의 중심부가 되도록 한다.

④ 해체가 용이하도록 배치한다.

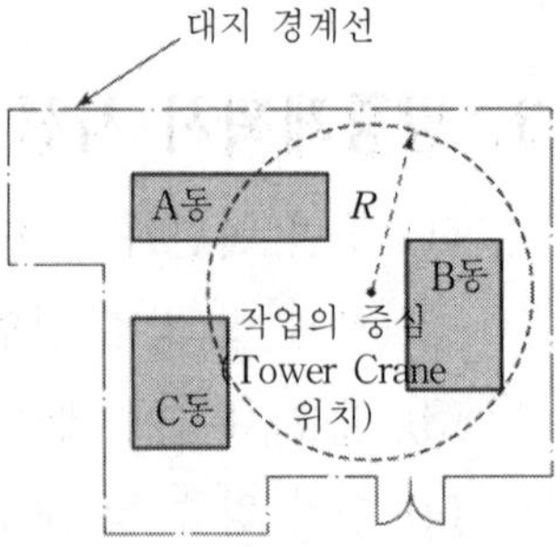

[Tower Crane 현장배치도]

(4) 양중 Cycle 및 횟수 산정

1) 산정된 양중기의 기본 주기를 기준으로 대형, 중형, 소형, 양중형식별 양중 산적도를 작성한다.

2) 최대양중 횟수 계산(1일)

3) 양중 Cycle Time 계산

① 양중기 성능, 횟수

② 1일 양중 가능 횟수

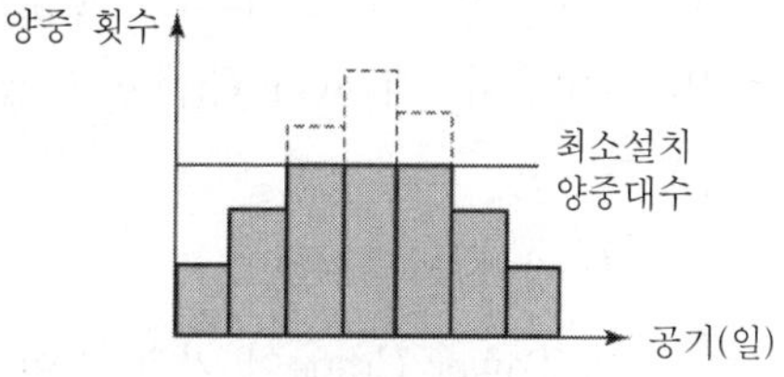

[양중산적도]

(5) 양중기 설치대수 산정

최대양중 횟수와 1일 양중 가능 횟수로부터 양중 Cycle Time에서 구한 1일 양중 가능 횟수를 고려하여 설치대수 산정

(6) 양중부하 평균화와 경감화

1) 자원배당 기법을 적용, 양중부하 평균화

2) 양중부하 경감화

① 반입자재의 Unit화, Pre-fab화

② 현장접합을 줄이고 사전에 지상에서 조립하여 양중한다.

③ ELEV 등 본공사용 설비를 조기에 이용한다.

(7) 양중관리 및 안전대책

1) 양중관리

① 중앙집중 관리방식 운영

② 담당자는 양중량, 소요일수, 작업종별 등의 종합관리

③ 책임전담자를 선정하여 운영

2) 안전대책

① 무리한 작업계획을 지양한다.

② 작업자 외 중기 접근을 금지시킨다.

③ 전문 장비 숙련공 고용

④ 타목적 중기 사용 금지

⑤ 정기적 안전교육

⑥ 정기적 장비점검

5. 수직양중기의 종류

(1) 대형 양중기

1) 철골세우기를 중심으로 선정한다.

2) 장비종류 : Tower Crane, Guy Derrick, Truck Crane

3) 특 징

① 정치식과 주행식

② Tower Crane이 가장 많이 사용됨

③ 철골재, RC재, 철근재 운반

(2) 중형 양중기

1) 자재운반이 주된 설치 목적이다.

2) 화물용 Lift가 많이 사용된다.

3) 장비 종류

① 1각식 Lift

② 2각식 Lift

(3) 소형 양중기

1) 소형 자재, 작업원의 수송 목적

2) 장비 종류

① Lift Car

② 화물용 Elevator

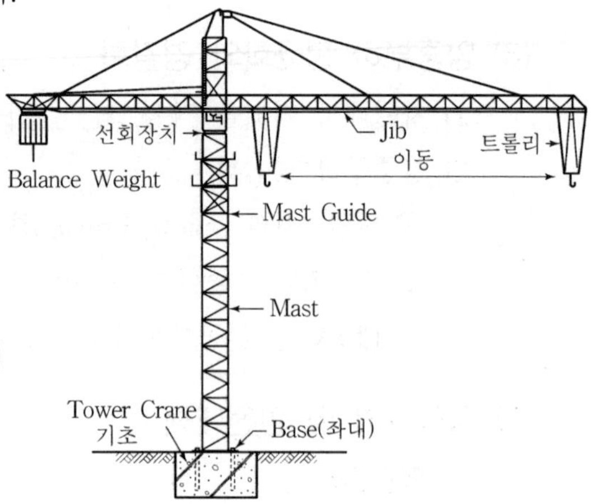

[Tower Crane]

6. 맺음말

(1) 초고층 양중은 공사 특성에 맞는 양중방식을 결정하고, 양중부하와 작업능률을 고려하여 전체 공사가 원만히 진행되도록 계획한다.

(2) 조립식 건축의 증가로 양중수요의 증가가 예상되므로 양중장비의 적극적인 개발에도 힘써야 할 것이다.

number 8 초고층 양중장비 계획

※'00,'10, '11

1. 개 요

(1) 양중장비 계획은 현장주변 여건과 양중할 내용을 정확히 파악하고, 양중할 내용에 맞는 양중기계를 선정해야 하며, 양중장비는 작업반경의 중심이 되는 곳에 조립과 해체가 가능하도록 배치해야 한다.

(2) 양중장비 계획시 고려사항으로는 먼저 주변 건물과 반입로를 검토하고 양중방식에 있어서는 수직양중과 수평양중 방식을 결정하는 동시에 양중기계의 특성에 따른 양중부하를 산정하여 무리한 작업으로 인한 재해에 대한 방지대책이 필요하다.

2. 양중장비 계획의 순서

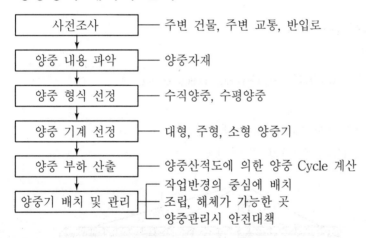

사전조사	주변 건물, 주변 교통, 반입로
↓ 양중 내용 파악	양중자재
↓ 양중 형식 선정	수직양중, 수평양중
↓ 양중 기계 선정	대형, 주형, 소형 양중기
↓ 양중 부하 산출	양중산적도에 의한 양중 Cycle 계산
↓ 양중기 배치 및 관리	작업반경의 중심에 배치 조립, 해체가 가능한 곳 양중관리시 안전대책

3. 양중장비 계획시 고려사항

(1) 현장(주변) 입지조건 검토시 고려사항

1) 주변의 건물높이 및 상태

2) 장비진입로 및 설치 가능 여부 검토

(2) 양중 자재 검토시 고려사항

1) 자재의 중량 검토

① 2t 이상 자재 : 철골, 철근, PC재, C/W 등

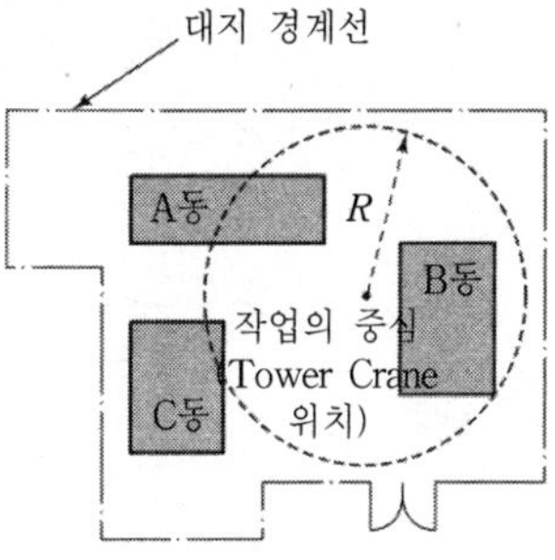

[T/C 현장배치도]

② 2t 미만 자재 : 창호, 유리, 석재, 공구 등

2) 자재의 부피(크기) 검토

① 4m 이상 자재 : 철골트러스, 철골 Beam

② 1.8m 미만 자재

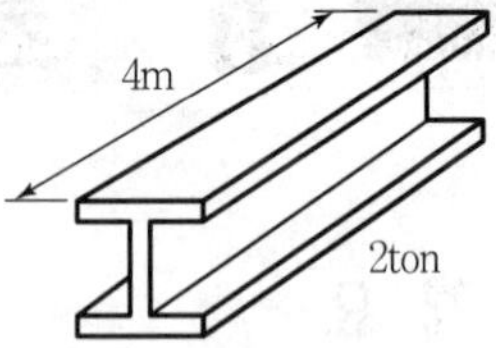

[철골재]

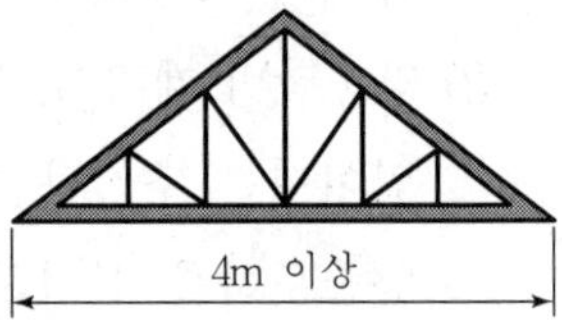

[트러스]

(3) 양중형식 검토시 고려사항

1) 수직양중 검토

① 구조체 자재 : 철골, PC, Gang Form 등

② 외주벽 C/W 자재

2) 수평양중

① Slab용 Form

② 내부 마감자재 등

(4) 양중장비 선정시 검토사항

1) 대형 양중기

① 장비 종류 : Tower Crane, Derrick, Truck Crane 등

② 용 도

㉠ 철골세우기용, Gang Form 운반용

㉡ Tower Crane을 가장 많이 사용

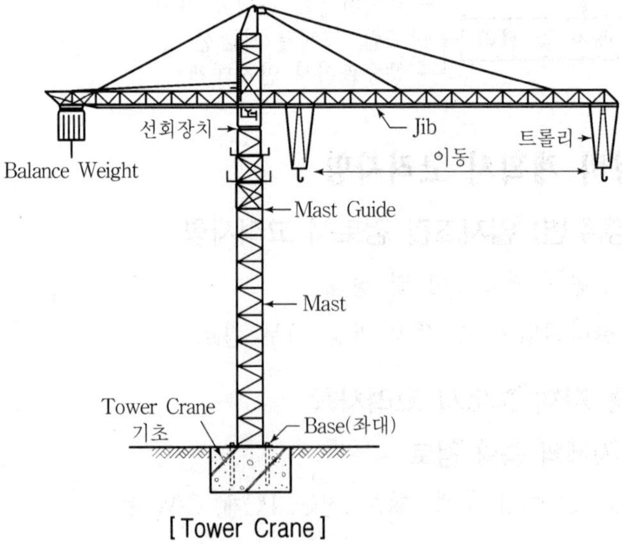

[Tower Crane]

2) 중형 양중기

① 장비 종류 : Jib Crane, 화물용 Lift

② 용도 : 주자재 화물운반용

3) 소형 양중기

① 장비 종류 : Lift Car, 화물용 EV

② 용도 : 소형자재 및 작업원 수송용

(5) 양중부하 산출시 고려사항

1) 양중 Cycle Time 계산

2) 1일 최대양중 가능횟수 산정

3) 양중부하 평균화와 경감화

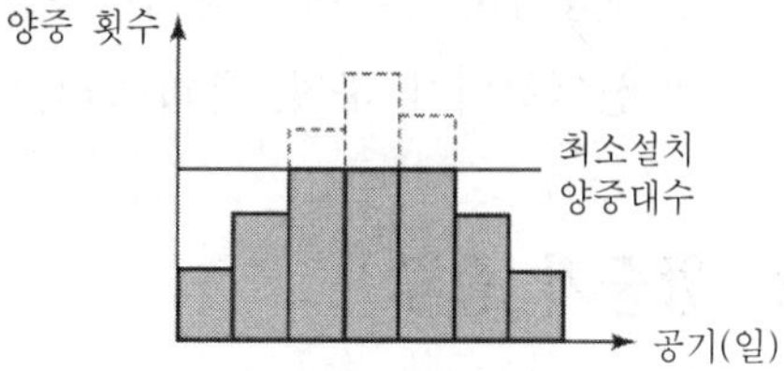

[양중산적도]

(6) 양중장비 설치시 고려사항

1) 양중장비 배치

① 작업동선의 중앙에 위치시킨다.

② 자재반입이 쉬운 곳에 설치한다.

③ 장비조립과 해체가 용이하도록 한다.

2) 양중장비 기초 고정시 고려사항

① 기초 Anchor 및 철근배근

② 기초판과 폭의 결정

(7) 양중관리 및 안전대책

1) 중앙집중 관리운영

2) 무리한 작업방지

3) 정기적 안전교육

4) 상부 상하에 대한 안전, 상하 신호체계 유지

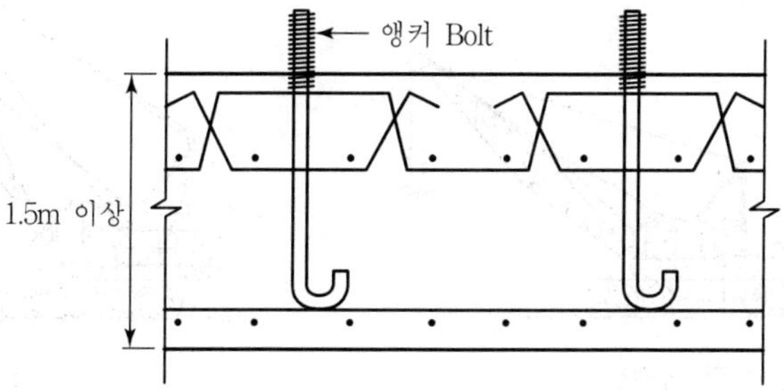

[Tower Crane 기초 철근배근도]

number 9 초고층 공사의 양중기 종류와 선정시 고려사항

※'99, '01, '02, '09

1. 개 요

(1) 빌딩 건축의 고층화, Pre-fab화는 필연적으로 양중기계의 진보를 초래하고 양중장비가 대형화된 동시에 고능률, 안전성이 우수한 기계를 요구한다.

(2) 양중장비 계획시는 공기단축을 위하여 조립해체가 쉽고 시간이 절약되는 양중기를 선택하여야 하며, 특히 해체시 안전사고가 발생되지 않도록 유의해야 한다.

2. 양중기 종류

(1) 대형 양중기

1) 장비 종류 : Tower Crane, Guy Derrick, Truck Crane 등

2) 용 도

① 철골세우기용, Gang Form 운반용

② Tower Crane을 가장 많이 사용

(2) 중형 양중기

1) 장비 종류 : Jib Crane, 화물용 Lift

2) 용도 : 소형자재 및 작업원 수송용

(3) 소형 양중기

1) 장비 종류 : Lift Car, 화물용 Elevator

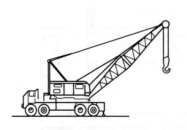

2) 용도 : 소형자재 및 작업원 수송용

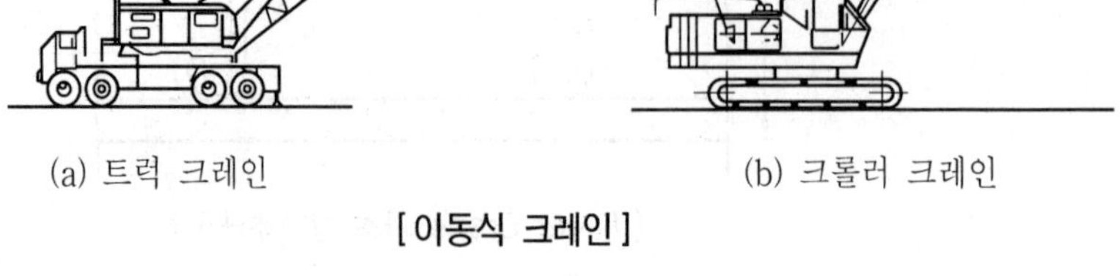

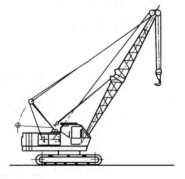

(a) 트럭 크레인 (b) 크롤러 크레인

[이동식 크레인]

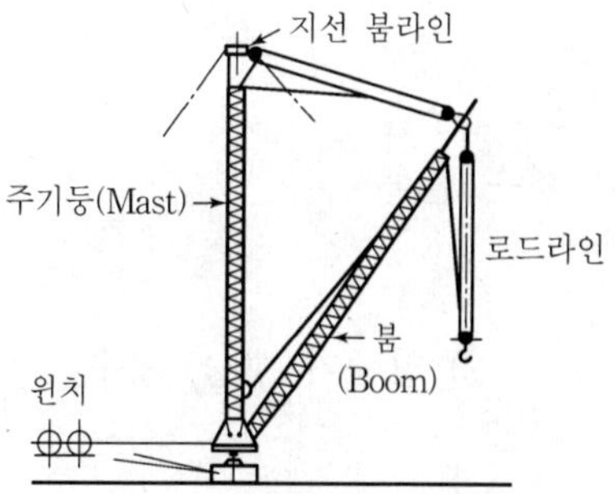

[Guy Derrick]

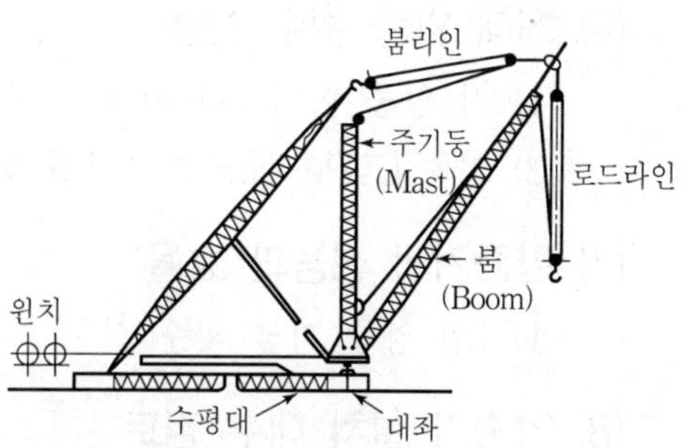

[Stiff Leg Derrick]

3. 선정시 고려사항

(1) 시공성

1) 용량 및 효율이 양호할 것
2) 자동화에 적합할 것
3) 설치 해체의 용이성

(2) 신뢰성 및 구조적 안정성

1) 요구하는 품질을 얻을 수 있을 것
2) 고장이나 유지관리에 어려움이 없을 것

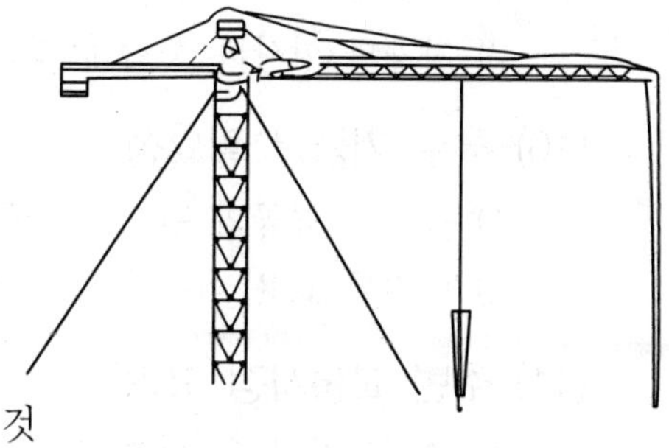

[정치식 크레인]

(3) 경제성

1) 운전경비가 저렴할 것
2) 조달 및 전용이 용이하고 운전경비가 최소가 되도록 한다.

(4) 배치계획 및 Master 인양 방식

1) 주변 교통 사정 파악
2) 진입로와 Stock Yard의 위치 및 내부동선 고려
3) 최소 자립고(Free Standing)
4) C/W 등 마감 공사 영향여부
5) 구조체와의 간섭여부

(5) 양중자재 구분 및 내용 파악

1) 대형재, 중형재, 소형재, 특수자재 분류
2) 부분별로 기중량 산출
3) 작업원에 대한 상세 파악
4) 최대 양중 높이
5) 최대 양중거리 및 Boom의 작업 면적

(6) 최대 양중 횟수 산출

1) 각 양중 형식마다 자재의 산적도 작성
2) 양중 Cycle Time으로 1일 양중가능 횟수 산출

(7) 양중기의 성능과 효율

1) 1일 양중 가능 횟수 산출　　2) 양중기 성능, 횟수

(8) 양중기 설치 대수 검토

1) 건물 및 형상, 용도 고려
2) 양중량 및 1일 평균 양중량 고려

(9) 충분한 Stock Yard 확보

1) 수평운반으로 계획
2) 자재의 형상과 중량에 맞는 야적장 확보

(10) 특수 기능공 필요성

1) 특수 기능공의 필요성 유무
2) 숙련된 교육 이수자의 확보 가능성 여부

(11) 주변 교통사정 고려

1) 출퇴근시 통행 여부 확인 및 계획
2) 전체 교통방해 유무

(12) 설치와 해체 방법 및 안전

1) 안전관리와 병행한 양중관리 시행
2) 전담취급자 반드시 선정
3) 설치 · 해체 장비 여부와 안전성

4. 맺음말

(1) 양중기계를 합리적이고 경제적으로 선정하기 위해서는 공사조건과 기계의 종류, 형식, 용량의 적합성, 기계의 합리적인 조합, 기계 사용에 따른 경제성이 적극 검토되어야 한다.

(2) 양중장비 계획시는 동선계획 등을 고려하면서 제반사항을 충분히 고려하여 안전성에 바탕을 두는 장비계획이 되어야 한다.

number 10 초고층 타워크레인 설치계획과 운영관리

※'01, '03, '08, '10, '12, '13, '22

1. 개 요

(1) 고층 공동주택뿐 아니라 초고층 건축물 등장으로 이에 대응할 수 있는 성능을 보유하면서 안정성을 갖춘 양중기계의 선정이 가장 중요한 문제의 하나로 대두되고 있으며, 양중 장비의 설치와 안전한 운영 및 관리시스템, 관리 인력에 대한 중요성도 더불어 증대되고 있다.

(2) 시공계획 단계에서부터 양중에 대한 철저한 준비와 계획을 수립하여 현장 여건과 특성에 맞는 양중 장비를 선정하여 운영하는 것이 원활한 공사 진행을 위해서 바람직하다.

2. 타워크레인 설치계획

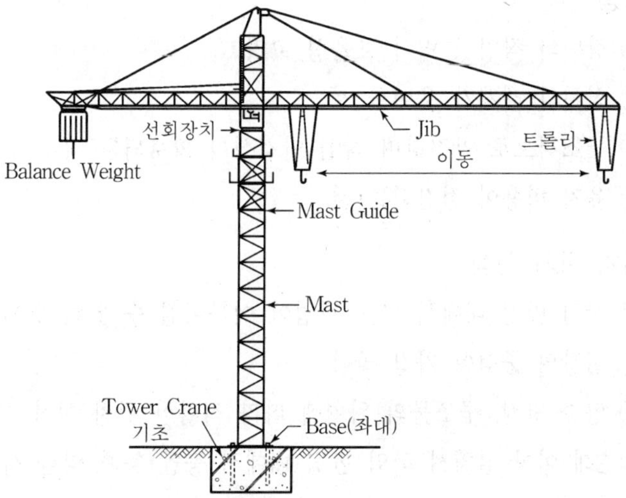

[Tower Crane]

(1) 계획시 고려사항

1) 현장 여건

① 현장의 지리적 특성 및 환경

② 주변 건물과 고압선, 가로수 등

③ 장비의 진입 도로, 교통 상황

2) 장비 설치 조건

① 현장 내 설치 위치 및 최대 설치 높이

② 작업 반경, 작업 반경 내 최대 양중 중량

③ 장비의 안정성

④ 양중기 인양 방식, 설치 및 해체에 대한 고려

⑤ 양중 관리 인원 배치 사항

3) 양중 부하 검토

① 최대 양중 부하

② 양중 횟수와 양중 Cycle

③ 양중 방식, 장비의 효율

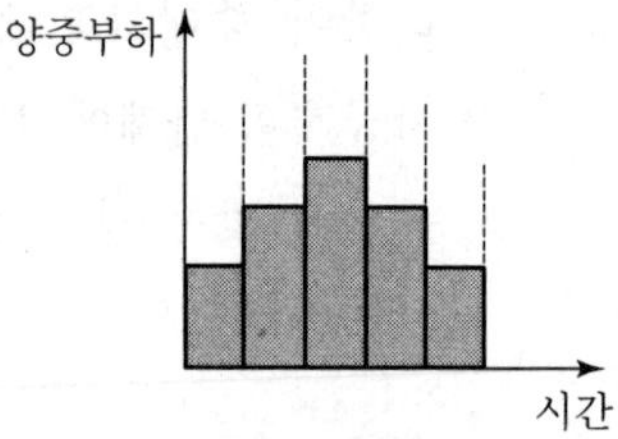

[양중 산적도]

(2) 설치 계획

1) 기종 선정

① 장비의 작업 능력과 효율성 고려

② 설치와 해체가 용이한 것

③ 구조적으로 안전하며 작업 안정성이 확보되는 것

④ 유지 비용이 절감되는 것

2) 설치 위치 선정

① 작업 반경 내에서 모든 작업이 이루어질 수 있는 위치

② 현장의 중심이 가장 좋다.

③ 양중 방식, 구조물의 위치에 따라 적합한 위치 선정

④ 2대 이상 설치시 작업 반경 내에서 충돌 등에 의한 사고가 없는 위치

3) 기초 설치

① 지반 검토

㉠ 현장 여건에 따라 무게 방식이나 영구 구조체 이용방식 선택

㉡ 기종에 따라 충분한 구조 검토를 한 후 시공

㉢ 기초 두께는 1.5m 이상으로 하고 연약지반은 보강

② 지진력에 대한 고려

③ 풍하중, 달하중에 대한 휨모멘트 검토

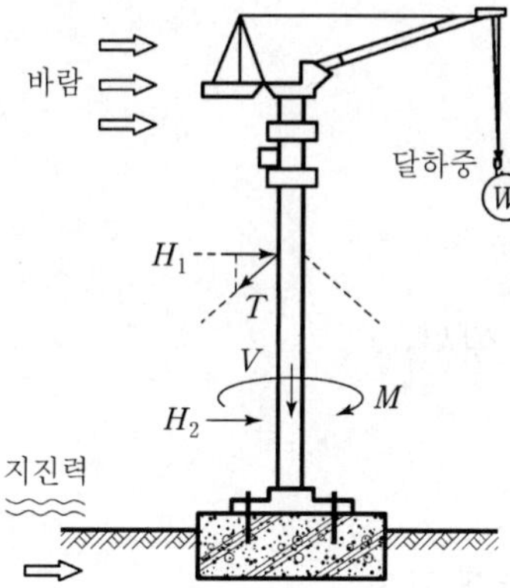

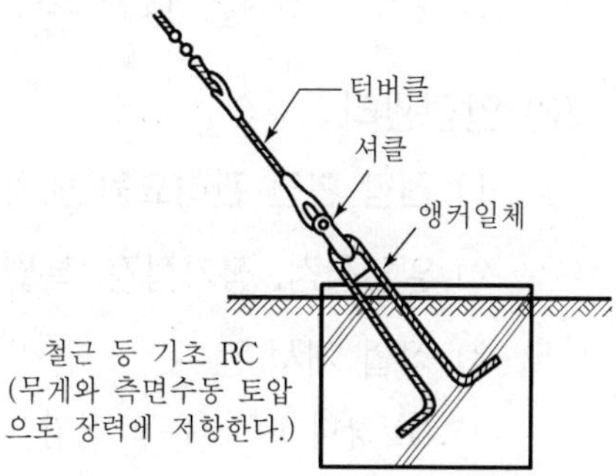

④ 철근 배근

㉠ T/C 능력=작업반경×인양 중량

㉡ 기초에 충분히 정착하고 Anchor는 4개소 이상

3. 타워크레인 운영관리

(1) 양중시스템 구축

1) 장비의 작업 능력과 효율성 고려

2) 설치의 해체가 용이할 것

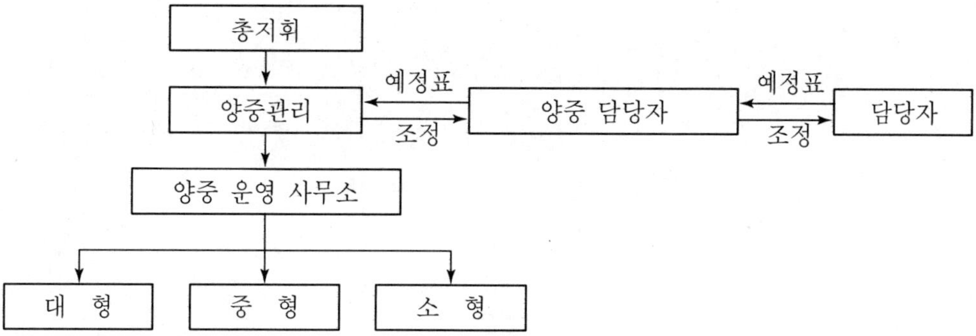

[양중 조직도]

(2) 양중 담당자

1) 양중 전담자 지정

2) 양중 운전자에 대한 교육

(3) 안전관리

1) 전담 안전 관리요원 배치

2) 일일점검, 정기점검, 특별점검 실시

3) 작업 개시 전

① 장비 이상 유무 점검

② 타워 기사, 작업자에 대한 안전 교육

4) 작업중

① 허용하중 초과 인양 금지

② 강우, 강설시, 16m/s 이상시 작업 중단

③ 작업신호 인원배치

5) 작업 종료 후

① 전원 차단 확인

② 잠금장치 확인

number 11 초고층 공사의 안전관리

※'79, '96, '00

1. 개 요

(1) 초고층 건축물은 고소화, 대형화, 전문화되어 주로 도심에 근접 시공되므로 공사가 복잡하고, 고소작업으로 낙하, 추락, 비래사고, 깊은 굴착으로 흙막이 붕괴, TC와 같은 양중장비 안전에 유의해야 한다.

(2) 안전계획 수립시 고려사항은 적절한 공정계획의 수립과 안전관리조직 양중장비에 대한 계획, 추락방지 시설, 가설발판 계획 등이다.

(3) 안전사고는 불안전 행동과 불안전 상태가 원인이 되어 발생하는데, 이러한 안전사고를 방지하기 위해서는 3E 대책과 함께 적정 안전시설물이 요구된다.

2. 재해의 유형과 원인

(1) 재해 유형

1) 추락
2) 낙하, 비래, 비산
3) 붕괴
4) 감전, 화재
5) 전도, 협착
6) 충 돌

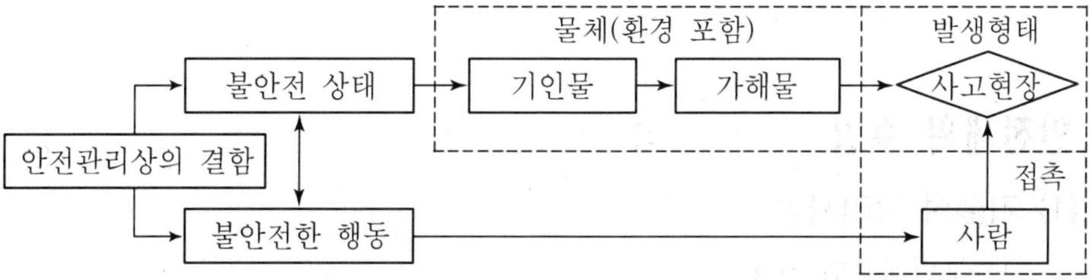

[재해 원인 메커니즘]

(2) 직접 요인

1) 불안전 상태(물적 원인)-10%

① 작업환경 불량

② 안전시설물 결함

③ 작업 자체의 위험성

④ 개인 보호장구류의 불량

2) 불안전 행동(인적 원인) : 88%

① 안전보호구 미착용

② 미숙련 기계조작과 작업

③ 교육 불충분과 관리감독 부족

3) 불가항력(기상, 기후의 영향) : 2%

폭우, 폭설, 강풍 등의 악천후

(3) 간접 요인

1) 기술적 요인(10%)

① 구조물, 장비설계의 불량

② 점검 및 보존의 불량

2) 교육적 요인(70%)

① 안전지식 및 교육의 부족

② 유해 · 위험작업시설 교육 부족

3) 관리적 요인(20%)

① 작업 사전 준비 부족

② 안전관리 조직 미흡

3. 안전계획 수립

(1) 기술적 고려사항

1) 무비계공법 사용

2) 가설재의 강구조화, Prefab화

3) 기계화 시공 유도-현장작업의 최소화

(2) 관리계획

1) 상 · 하층 작업 간의 영향이 최소화되도록 작업배치

2) 고소작업이 최소화되도록 작업계획

3) 작업 상호간 공정마찰 억제

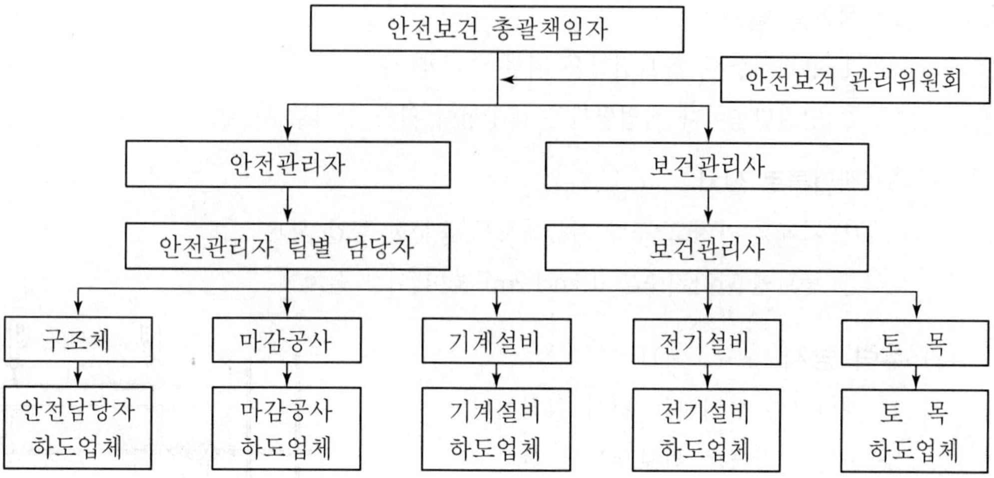

[안전관리 조직도]

(3) 안전관리 조직

1) 전임 안전관리자 배치 : Line형, Staff형 조직

2) 하도업체 안전담당자 선정

3) 양중기 전임 안전담당자 선임

4) 안전담당자에 대한 지속적인 교육 체계

(4) 유해 · 위험방지 계획서 작성

1) 수직높이 31m 이상 구조물

2) 10m 이상 굴착시

3) 사전에 작성하여 제출 후 심사

4. 안전시설물 계획

(1) 가시설물 안전

1) 가설비계

① 수직이동 : 트랩, 사다리, 철골계단 사용

② 수평이동 : 철골보에 잔교 설치

③ 가능한 무비계공법을 적용하고, 강구조 가설재를 사용한다.

2) 작업용 발판

① 용접접합부, 볼트접합을 위한 달비계 사용

② 안전발판이나 작업발판은 내구성이 있는 강재로 한다.

3) 작업통로 설치

① 자재를 가지고 운반 가능하도록 충분한 공간 확보

② 통로엔 난간지주를 0.9m(1.2m) 높이 이상 설치

(2) 추락 방지

1) 매단마다 설치하는 것이 원칙이다.

2) 충분한 강도가 확보되도록 한다.

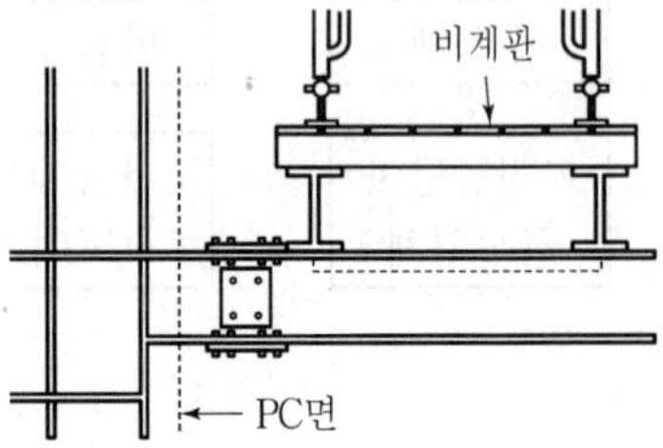

[작업발판 설치도]

(3) 낙하물 방지망

1) 10m 이내마다 설치하는 것이 원칙이다.

2) 낙하물에 견딜 수 있도록 강도가 확보되어야 한다.

(4) 안전난간

난간지주는 0.9m(1.2m) 이상으로 한다.

(5) E/V Pit 개구부 특별관리

1) 매층마다 추락 방지망 설치

2) 난간지주는 0.9m(1.2m) 이상으로 한다.

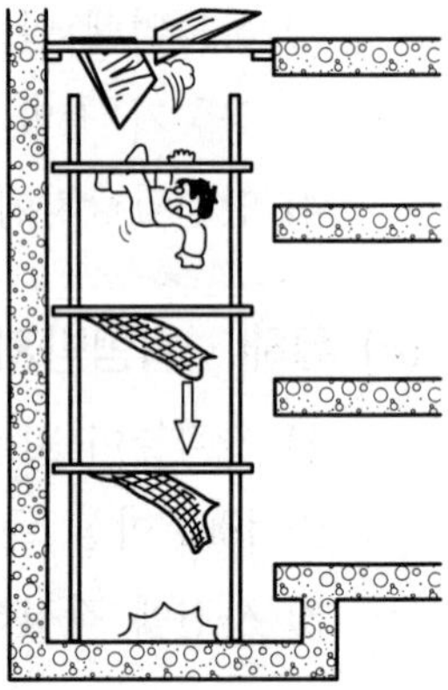
[EV 추락]

(6) 안전보호구

1) 안전모와 안전벨트 착용

2) 안전표시물 및 위험표시 테이프 등의 활용

5. 추락, 비래, 붕괴 안전대책

(1) 설계적 대책

1) 설계단계부터 안전전문가의 참여

2) 안전을 고려한 재료 및 공법

(2) 기술적 대책

1) 안전한 공법의 선택

2) 가설재의 강구조화, System화

3) Pre-fab공법의 적용 확대

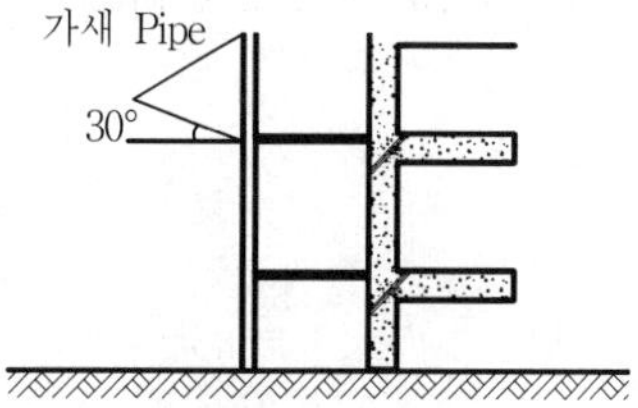

[비래, 낙하방지]

(3) 시공, 관리적 대책

1) 사전준비의 철저

2) 무리없는 공정계획 및 관리

3) 안전조직의 확립

(4) 현장작업시 안전시설대책

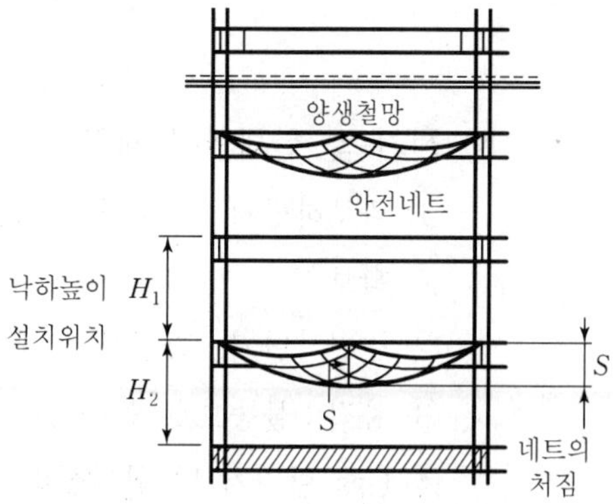

[철골공사 낙하물 방지망]

1) 추락방지 대책

① 개구부 덮개 설치

② 안전난간대 및 철골 안전망

2) 비래, 낙하 방지대책

① 낙하물 방지망 및 수직 보호망

② 공구 및 자재의 비래방지

3) 철골작업시

① 철골안전망 설치 : 각 절마다

② 잔교설치(수평이동) 및 Trap(수직이동) 설치

4) 지하굴착시 붕괴대책

① 주변 지반 및 구조물 침하보강

㉠ 지하수 차수보강 및 흙막이 안전대책

㉡ Underpinning 보강공사

② 지하 터파기시 토사 붕괴대책

흙파기 경사도 및 흙막이 안전시설

5) 콘크리트 타설시 Slab 붕괴사고 대책

① Support 수직도 및 수평가새 고정

② 거푸집 및 지주의 침하방지

③ 콘크리트 타설시 집중하중 방지

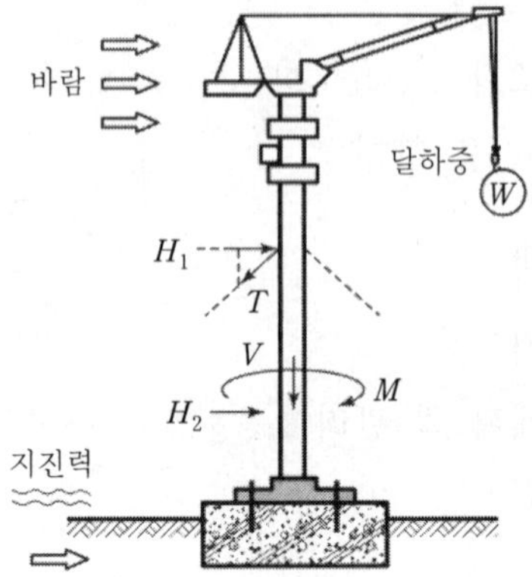

[T/C의 안전]

6) 전기 및 화재안전 계획

① 과부하방지 : 충분한 전력용량 확보

② 누전차단기 : 감전사고 예방

③ 용접 : 불똥으로 인한 화재방지

④ Gas 탐지기 및 환기설비 설치

⑤ 유류, 가스저장고 : 출입제한 및 잠금장치

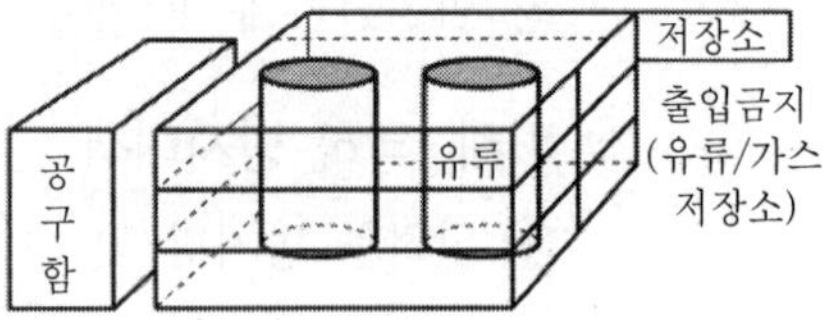

[가스, 유류, 감전관리]

(5) 양중장비 안전대책

1) T/C

① 기초시공은 구조검토 후에 실시

② 매월 안전점검을 실시하고, 강풍이나 우천시 작업금지

③ 전담 안전담당자를 배치하고, 규정 이상 양중하지 않도록 한다.

2) Lift

① 리프트 과부하 방지장치 부착

② 화물용에는 사람이 탑승하지 않도록 한다.

6. 안전교육 및 표준 안전관리비 대책

(1) 안전교육

1) Tool Box Meeting

① 작업시작 전후 5분간

② 각 작업분임조 별도 실시

2) 정기교육, 특별교육, 수시교육

① 작업변경이나 인원변경시 충분한 사전교육 실시

② 장비 사용 교육, 현장 및 작업 특성 교육

(2) 안전보건관리비 사용

공정율	50%~70% 미만	70%~90% 미만	90% 이상
사용기준	50% 이상	70% 이상	90% 이상

7. 맺음말

초고층 공사의 안전대책은 공법 및 제도의 개선, 사용재료의 개선, 안전관리기법의 개선에 연구방향을 두고 안전관리기준을 검토해야 건설 재해예방에 실효를 거둘 수 있다.

number 12 초고층 건축물에서 바닥판 공법

※'95, '00, '05, '08

1. 개 요

초고층 건축에 있어서 바닥판을 고려하는 경우 본래의 바닥으로서 구조성능을 만족시킬 뿐 아니라 타공사와의 관련성도 고려하여 안전성에 입각한 시공성, 작업성 및 경제성을 종합적으로 검토할 필요가 있다.

2. 바닥판 공법의 분류

- 바닥공법
  - 현장타설 콘크리트 공법
    - 일반 거푸집 공법
      - Waffle Form 공법
      - 보통 거푸집 공법
    - Deck Plate 공법
      - 밀창 거푸집 공법
      - 구조체 공법
        - 내화피복 합성바닥공법
        - Membrane 바닥공법
  - PC 공법
  - 대형 바닥판 공법

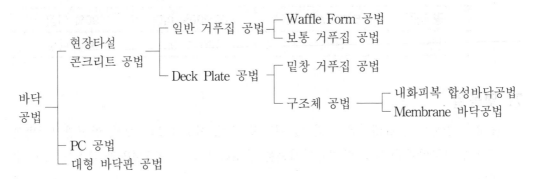

3. 공법 종류별 특징 및 시공방법

(1) 일반 거푸집 공법

1) 합판, 철제 등 일반 거푸집을 사용하는 공법

2) 문제점

① 지보공이 필요하다.

② 하층의 콘크리트 타설 후에 상층부 바닥판, 거푸집 작업을 시작할 수 있다.

③ 콘크리트 타설공사의 거푸집 공사가 각기 단속된다.

④ 작업자의 연속 채용이 방해되어 노무계획상 불리하다.

⑤ 가설재가 많으므로 반복 사용에 의해 양중량이 증대된다.

⑥ 고소작업에 의한 거푸집 낙하, 비산 등 안전에 불리하다.

(2) Deck Plate 밑창거푸집 공법

1) Deck Plate에 콘크리트를 타설해서 바닥판을 형성하는 공법

2) 특 징

① 시공속도가 빠르고 작업이 용이하다.

② 콘크리트 타설 후에도 해체할 필요가 없다.

③ 마구리를 막을 필요가 없다.

④ 플로어 덕트를 수납하기 쉽다.

3) 문제점

① 조립된 철근의 안정이 나쁘고, 콘크리트 타설까지 복잡하다.

② 철근이 내화시에 홈형의 3면에서 가열되었기 때문에 내화적으로 불리하다.

4) 대 책

① 배근의 합리화, 단순화 도모

② Deck 골을 이용한 1방향 배근, 특수 Spacer 지지

③ 내화피복이 불필요한 U형 Deck Plate 사용

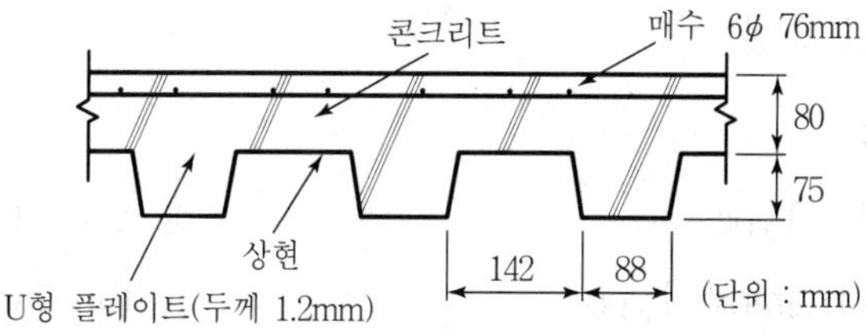

[Deck Plate 밑창거푸집]

(3) Deck Plate 구조체 공법

1) Deck Plate를 구조체 일부로 보고 그 위에 타설하는 콘크리트와 일체가 되도록 하는 공법

2) 특 징

① 콘크리트 타설 후에도 해체가 필요가 없다.

② 대형 플로어 덕트를 수납할 수 있다.

3) 문제점

① 내화 피복 시공 필요

② 건물구조에 따라서 그 사용에 제한이 있다.

4) 대 책

① 내화피복 뿜칠공법

② Membrane 공법 : 천장에 불연재를 사용하여 바닥과 천장이 쌍방 내화성능을 가짐

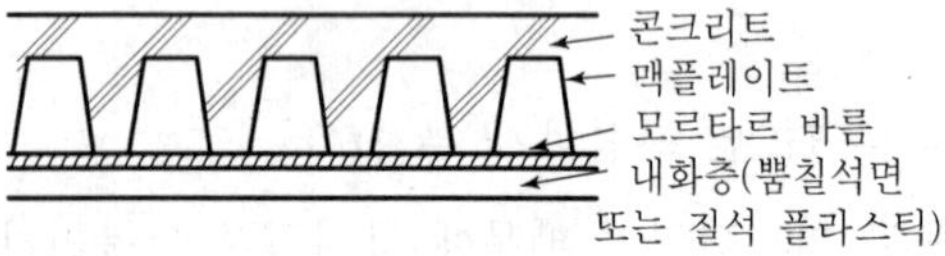

[내화피복 뿜칠공법]

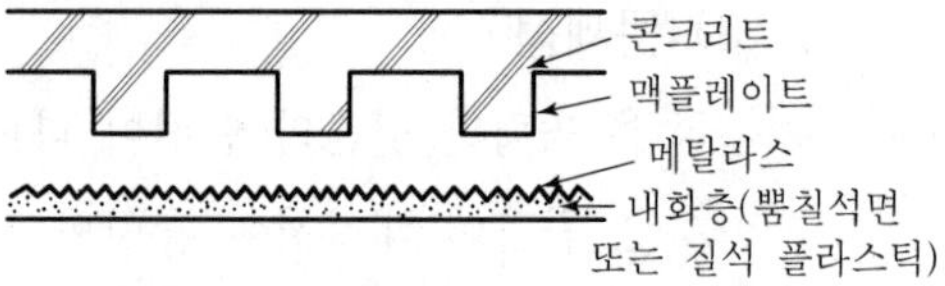

[Membrane 공법]

(4) Half Slab 공법

1) 얇은 프리캐스트 콘크리트판을 슬래브 거푸집으로 사용하고, 그 위에 상부콘크리트를 타설하여 경화 후에는 콘크리트 합성슬래브 구조요소로 활용하는 합리적인 공법

2) 분 류

① Flat Type ② Void Type

③ Corrugated Type ④ Rib Type

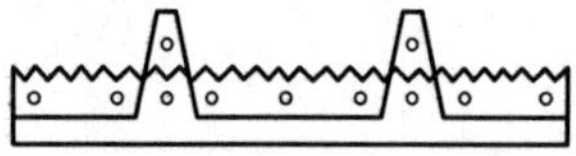

[트러스 철근 평판형]

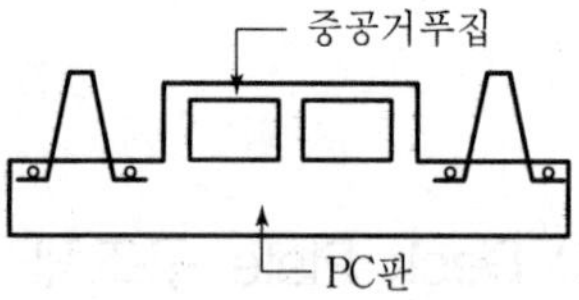

[트러스 철근 중공형]

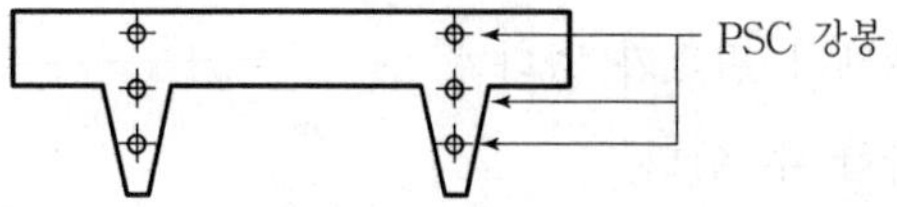

[T형 Rib]

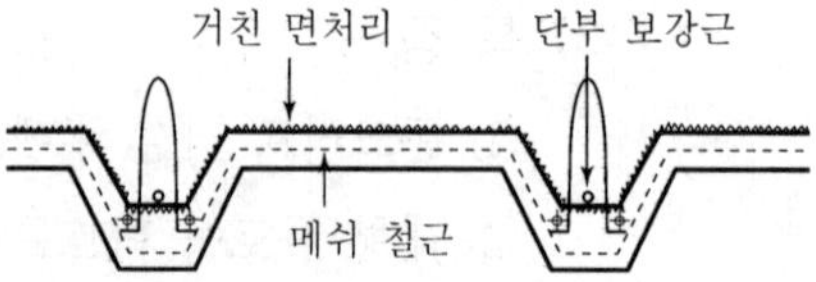

[골판형]

3) 특 징

① 보 없는 장스팬 슬래브 시공 가능

② 가설재 절약

③ 시공의 합리화, 성력화로 공기단축

④ 작업바닥 안정성 확보

⑤ 생산성, 품질의 향상

(5) 대형 바닥판 공법

1) 바닥판을 일정 크기의 블록으로 조립하고, 철골조립과 동시에 안전한 바닥의 조기확보와 양중횟수의 감소를 가능하게 하는 공법

2) 특 징

① 안전한 작업바닥 조기확보, 품질 양호, 제작 용이

② 자재중량 감소, 양중횟수 감소

(6) Flat Plate Slab

1) 층고 절감에 유리

2) 펀칭 파괴에 대한 전단 보강 필요

(7) Deck Plate 바닥판 공법시 연결철물 시공방법

1) Shear Connector 시공방법

① Deck Plate를 사용한 현장치기 콘크리트의 바닥판과 보를 고정하기 위한 Shear Connector에 의한 접합공법

② 종 류

㉠ Stud Bolt

- 카트리지를 개입시켜 용접층을 사용하여 시공하는 공법
- 시공이 용이하며, 강도의 신뢰성이 있다.
- 시공능률도 양호하다.

㉡ Heart 원형철근

- 공장에서 미리 설치
- 조립시에 보 위로의 보행이 불편하다.
- 작업성이 나쁘다.

㉢ 이형철근 구부리기

- 철근을 공장에서 미리 보 위에 평탄하게 부착
- 보행성이 나쁘다.
- 구부리기 형상은 동일하게 가능하다.

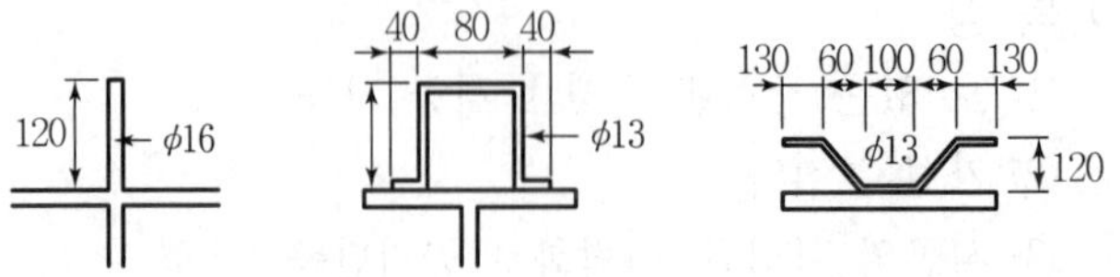

[Stud Bolt] [Heart 원형철근] [이형철근 구부리기]
(φ16, h=120) (φ13, h=120, l=80) (φ13, h=120, l=480)

2) Deck Plate 마구리 막는 방법

① Deck Plate와 보와의 상대에서 Deck Plate의 山부와 플랜지 간의 개구부에는 콘크리트의 흐름막이로서 마구리막이가 필요하다.

② 방 법

㉠ 막는 철물에 의한 방식

- 마구리막이 철물방식

  Deck Plate의 마구리 내화상 막이 필요

- 개량형 막는 철물방식

  내화상의 막이는 불필요, 콘크리트 채움이 불충분할 우려가 있다.

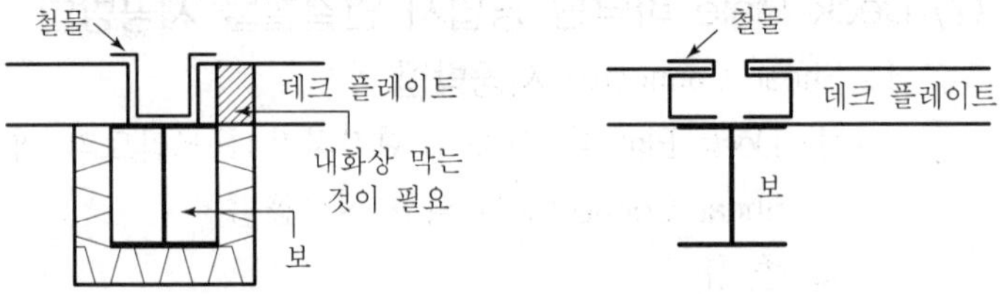

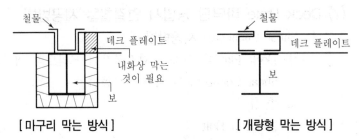

[마구리 막는 방식] [개량형 막는 방식]

㉡ End Closure 방식

Deck Plate 공장에서 사용치수로 절단한 부재의 양끝 부분을 프러스로 특별히 가공하여, 현장에서 마구리막이를 불필요하게 한 것이다.

4. 맺음말

(1) 바닥판공법 선택시는 설계단계에서부터 공장제작과 현장조립의 2차원적 공정관리와 제품의 운반과 설치를 위한 양중 System을 구축한다.

(2) 고소작업에 대한 안전성과 공기절감의 효과를 가져올 수 있도록 공업화, 기계화된 공법의 개발이 요구된다.

number 13 초고층 바닥 데크 플레이트(Deck Plate)의 종류와 특성

※'09

1. 개 요

초고층 바닥판 시공시 데크플레이트 공법이 일반화되었으며 단순한 거푸집의 기능에서 벗어나 구조적 측면과 기능이 향상된 형태로 다양한 개발이 이루어지고 있다.

2. DECK PLATE 공법의 종류

(1) 데크플레이트 밑창거푸집 공법

데크플레이트를 거푸집 용도로 사용하고 하중은 상부의 콘크리트와 철근이 부담하게 하는 공법

(2) 데크플레이트 구조체 공법

데크 플레이트가 구조체의 일부로, 타설하는 콘크리트와 일체가 되어 하중을 부담하는 공법

(3) SHEAR PLATE 공법

데크플레이트 콘크리트와 철골보와의 고정을 하기 위한 공법

3. DECK PLATE의 기본 규격

기본적인 데크플레이트의 재료, 형상, 치수 등이 현재 KS D 3602에 규정

종류의 기호	재료
1종(SDP1)	SHP1(KS D 3501 열연강판 1종) SCP1(KS D 3512 냉연강판 1종) 항복강도 206N/mm^2, 인장강도 294 N/mm^2 이상
2종(SDP2)	SS41 (KS D 3503 일반구조용 압연강재)
3종(SDP3)	KS D 3542 고내후성 압연강재
표면처리 : Z12(120g/m^2), Z27(275g/m^2) 아연도금, 아크릴계, 폴리에스터계, PVC계 페인트	

4. DECK PLATE의 종류

(1) 형상에 따른 분류

1) 일반(골형) 데크 플레이트

일반적으로 많이 사용하고 있으며 골 형태로 제작되어 거푸집 역할을 위주로 하나 일부는 구조용으로 사용되기도 한다.

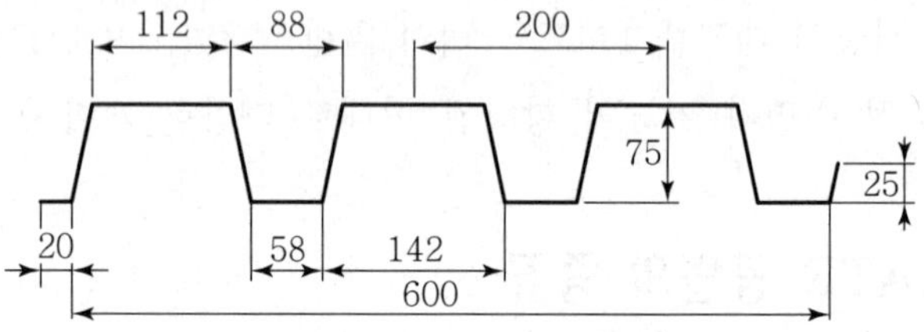

[골형 데크플레이트의 단면]

2) 평형(Flat Deck Plate)

데크 바닥판 윗면 또는 아랫면이 평평한 데크플레이트

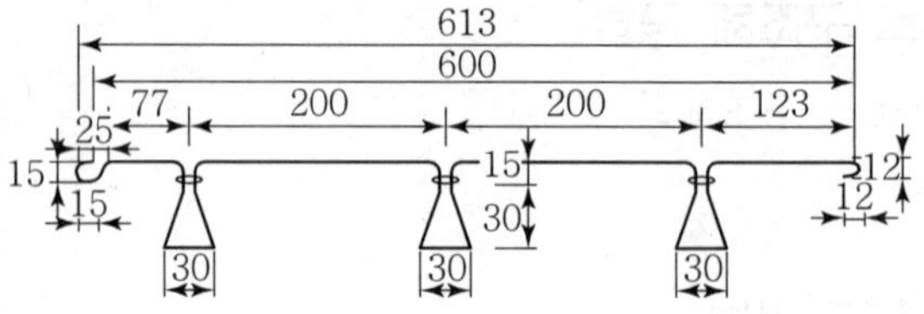

N Deck Plate

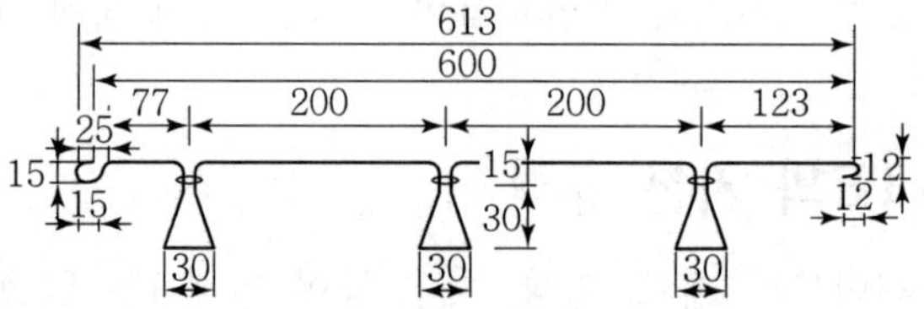

HI Deck Plate

(2) 용도에 따른 분류

1) 거푸집전용 데크플레이트

① 순수하게 거푸집으로서의 역할을 하도록 제작된 데크플레이트

② 콘크리트 경화 전 콘크리트 자중 및 시공시 하중을 견디는 역할을 하며 콘크리트 경화 후의 바닥하중은 콘크리트 바닥이 지지

2) 구조용 데크플레이트

콘크리트 경화 후에도 데크플레이트 자중과 바닥전체에 가해지는 전체하중을 데크플레이트가 지지

(3) 기능에 따른 분류(성능개선형)

1) 철근복합 데크플레이트(철근 트러스 데크 플레이트)

① 데크플레이트 시공과 철근배근을 동시에 할 수 있도록 아연도 절곡강판, 철선과 이형철근을 입체형 트러스로 제작한 데크플레이트

② 철근트러스에 의해 가설하중을 받을 수 있도록 하여 데크플레이트의 두께를 줄이고 플랫형태로 제작하여 바닥판의 구조체 두께 절감

③ S조, RC조, SRC조, PC조, 이중슬래브 등에 폭넓게 활용

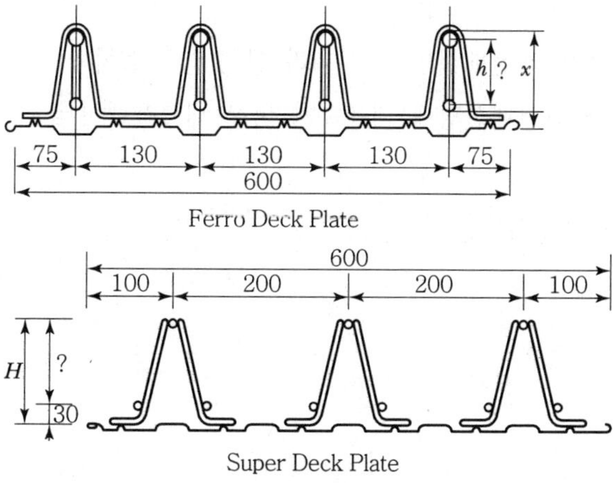

[철근 트러스 데크]

2) 합성구조 데크플레이트

① 철근콘크리트 구조체와 데크플레이트를 일체화시켜 데크플레이트가 구조부재로서 역할을 수행

② 데크플레이트와 철근콘크리트의 접촉면을 넓게 하고 구속효과를 높이기 위해 도브 테일(Dove Tail), 엠보싱(Embossing) 등을 가공하여 제작

③ 내화피복이 필요하다.

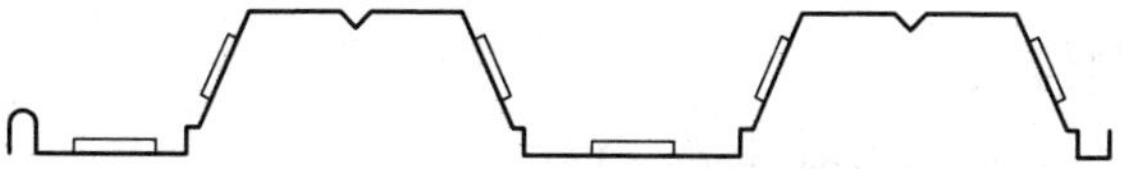

[일반 합성 데크플레이트 단면]

3) 내화구조용 합성 데크플레이트

① Wire Mesh 설치로 별도의 철근 배근 불필요

② 내화피복 불필요(두께 12~16cm 콘크리트 타설 시 2시간 내화인증)

(a) 골형 데크플레이트

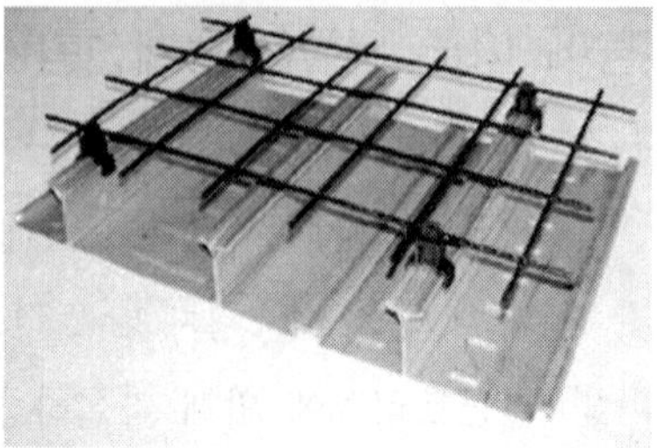

(b) 평 데크플레이트

[내화구조용 합성 데크플레이트]

4) 셀룰러 데크플레이트

형성된 셀을 통해 대용량의 전선배선망 뿐 아니라 셀 윗면에 설치되는 플로어 덕트와 헤더박스를 이용한 전선배선망에 대응하기 위한 데크플레이트

5. 데크플레이트의 특성

(1) 작업량의 감소

1) 지보공 불필요

2) 가공 및 설치가 간단

3) 거푸집 해체 불필요

(2) 공기 절감

1) 동바리 설치가 필요 없어 거푸집 설치시간이 단축

2) 전기, 통신, 배관, 공기조화 덕트 시공 공정과의 조화가 쉽다.

3) 연속적인 콘크리트 타설이 가능하고 철근배근이 간단하다.

(3) 시공 용이

경량이므로 다루기 쉽고 설치가 용이

(4) 작업의 안전성

1) 거푸집의 붕괴 사고에 보다 안전

2) 설계와 가공에 있어 강재특성을 살린 중량대비 고강도 실현이 가능

(5) 비용 절감

노동력 소요가 줄어 노무비 절감

(6) 균일한 품질관리

공장제작에 따라 설계기준에 맞는 균질의 품질관리가 가능

(7) 친환경 시공

폐기물 발생이 적고 재활용 가능

number 14 초고층 건축물의 구조방식

1. 개 요

(1) 건축물을 더욱 고층화하기 위해서는 현재 시공되고 있는 구조방식의 경제성, 구조적 합리성 등에 대한 전반적인 검토가 필요하다.

(2) 고정하중, 풍하중, 지진하중은 효과적으로 지지할 수 있는 구조방식의 선택이 필수적이며 건물의 형태와 공간구성에 맞게 횡력지지 구조체를 적절히 배치함으로써 구조체의 강성(Stiffness)을 증가시켜야 한다.

2. 구조계획시 고려사항

(1) 지반조건

1) 고층건물의 설계시 주변의 지반조건을 고려

2) 설계초기단계에 지질조건이 만족되는지 검토

(2) 건물 폭에 대한 높이의 비

1) 건물 폭에 대한 높이의 비는 보통 5~7 정도가 적절

2) 초고층화 되어 10 이상 적용시 횡변위 진동 등에 대비할 수 있는 구조방식 적용 필요

(3) 시공적 측면의 검토

1) 시공성, 시공방법 및 조립 등에 대해서 검토

2) 철근콘크리트 고층 건물의 경우 콘크리트 타설, 양생방법 등을 검토

(4) 설비층의 구조적 검토

1) 건물이 고층화되면 중간층 부분에 설비층이 필요

2) 설비층에 벨트트러스 등을 적절히 배치하여 설비시스템을 원활하게 한다.

(5) 경제성의 검토

1) 구조형식에 따른 구조체의 물량, 공사비, 공사기간 등을 산정

2) 산정결과를 고려하여 구조형식 선택의 기준으로 이용

(6) 방화시설의 검토

1) 방화계획에 따른 전단벽을 적절히 배치
2) 구조적인 계획으로 안전성을 확보

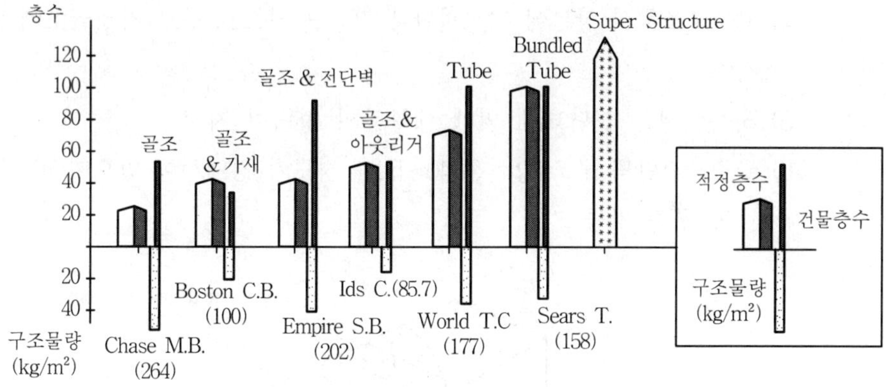

[층수에 따른 구조시스템]

3. 초고층 건물의 구조 방식

(1) 강성골조 구조(Rigid Frame System)

1) 보와 기둥을 강접합으로 연결하는 방식
2) 보와 기둥이 연직력과 횡력을 동시에 지지
3) Span이 적고 춤이 클수록 횡력에 대한 효율이 증가
4) 강성골조 방식은 횡력에 대해 강성이 적으므로 횡변위 검토에 유의
5) 30층 이하의 건축물에서 사용

(2) 골조가새 구조(Braced Frame System)

1) 골조+가새로 구성된 System
2) 과대한 변위를 유발하는 바람의 하중에 저항
3) 수직 전단 트러스를 건물의 외부 양면과 코어에 설치
4) 대각선으로 설치된 가새로 인하여 비효율적인 공간 발생
5) 강성골조보다는 우수한 구조성능이며 40층 이하의 시공가능

(3) 골조－전단벽 구조(Framed Shear Wall System)

1) 횡력을 전단벽과 골조가 동시에 저항하는 방식
2) 전단벽과 골조는 휨변형 모드와 전단변형 모드가 주로 발생
3) 저층건물에서 고층건물까지 가장 널리 사용되는 구조 방식
4) 고층구조물의 상부에서는 전단보 거동을 하므로 주로 강성골조에 의해 횡력을 지지
5) 하부에서는 전단벽에 의해 대부분의 횡력이 지지
6) 골조－전단벽 구조 방식은 40~50층 정도가 경제성이 있으며 70~80층 정도까지도 구축 가능

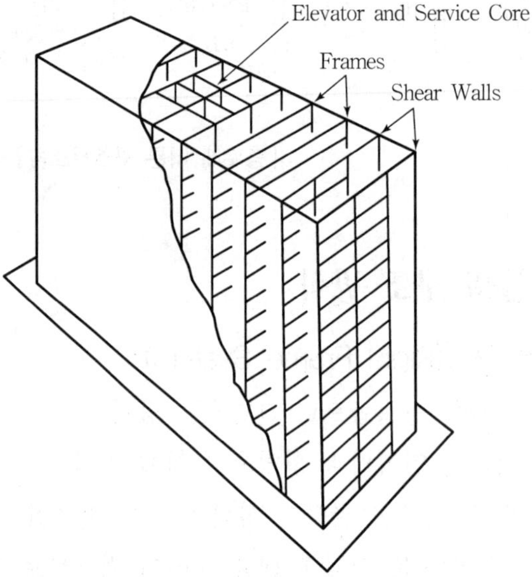

[골조 & 전단벽 구조시스템]

(4) 아웃리거 구조(Outrigger Wall and Beam System)

1) 코어를 외주기둥에 보로 연결시키고 외주부를 벽으로 연결함으로써 모든 기둥들을 일체로 거동하게 하여 횡강성을 증가시킨 System
2) 코어는 수평전단력을 지지하는 데 사용하고 Outrigger는 수직전단력을 코어로부터 외 주부의 기둥에 전달시킴
3) Outrigger와 외주부 기둥의 접합부는 힌지로 처리하여 기둥모멘트의 유발을 방지

4) Outrigger는 주로 기계실 층에 위치하여 사용상의 문제점 최소화

5) 보통 60층 정도까지 이용

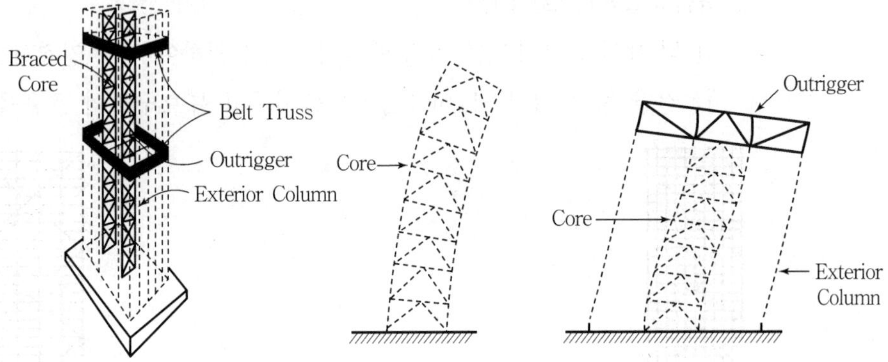

[골조 & 아웃리거 구조시스템]

(5) 튜브구조(Tubular Structure)

1) 외주부에 있는 기둥의 간격을 좁게 하고 이들 기둥들을 춤이 깊은 외곽보(Spandrel Beam)로 접합하는 방식

2) 건물의 외주부가 마치 벽체와 같이 거동하도록 하는 구조시스템

3) 종 류

① 골조튜브(Framed Tube)

㉠ 외부에 기둥을 1.2m~3.0m로 촘촘히 배치하고 기둥과 기둥 사이를 60~120cm의 큰 보를 강접합으로 연결하는 형태

㉡ 외부기둥이 수평하중과 수직하중을 동시에 지지

② 가새튜브(Braced Tube)

㉠ 강성을 증진시키기 위하여 외부에 가새를 넣어 횡력을 부담하도록 하는 방식

㉡ 장스팬이 가능하고 초고층에서 매우 효율적인 구조

㉢ 이 구조방식은 철골구조의 경우 100층 정도까지 구축 가능

③ 이중튜브(Tube in Tube)

㉠ 골조튜브의 강성을 증가시키기 위해 내부코어를 가새된 철골구조나 콘크리트 전단벽으로 배치하는 방식

ⓛ 외부 골조 튜브의 전단변형을 감소시키고 외부튜브와 상호작용으로 회전저항능력을 향상시킴

④ 묶음튜브(Bundled Tube)

㉠ 몇 개의 골조튜브를 일정한 간격으로 설치하여 서로 연결하는 구조형식

ⓛ 전단 지연 현상(Shear Lag)을 줄여주고 튜브구조의 효율을 높여준다.

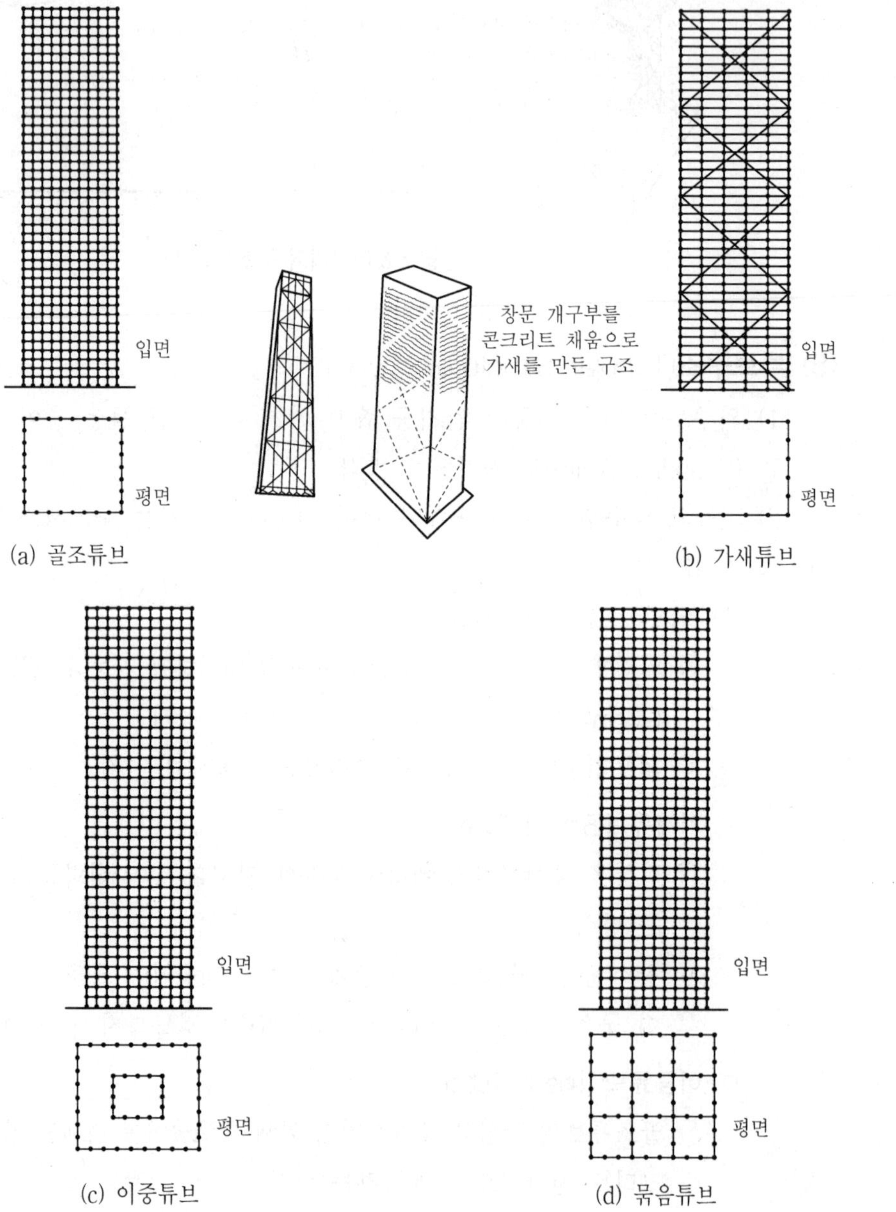

[튜브구조]

(6) Mega Structure(Space Structure)

1) 1960년대 이후 컴퓨터와 소프트웨어의 급격한 발달로 거의 모든 구조물의 해석이 가능해짐
2) 구조적으로 효율성이 큰 특이한 형태의 고층건물 등장 : 응력이 큰 곳에 구조체를 집중적으로 배치
3) 경제성 · 안전성 확보
4) Mega Structure의 일반적인 형태

횡하중과 중력하중을 부담하는 구조체(Super Columm)

+

Super Column을 연결하고 외부의 전단력에 저항하는 구조체 (Virendeel Frame, Diagonal Bracing Truss)

4. 맺음말

(1) 컴퓨터의 발달과 구조재료 등에 대한 연구로 초고층 건축물은 구조재료의 복합적 사용, 합성화, 하이브리드화로 나가는 추세이며 구조해석 및 설계방법이 발전되어 부재 단위의 경제성 및 안전성은 쉽게 확보할 수 있다.

(2) 하지만 설계기술이 앞서간다 하더라도 시공능력이 없으면 건물이 세워질 수 없고 초고층 건축물은 필히 시공기술의 개선을 요구하고 있으므로 각 시공기술은 공업화 · 기계화 · 자동화의 개념을 도입하여 계속 발전되어야 한다.

number 15 초고층 건축물 기둥의 부등축소(Column Shortening) 원인과 대책

※'98, '02, '03, '04, '09, '20, '23

1. 개 요

(1) 최근 건축물이 초고층화, 대규모화됨에 따라 철골의 수직높이가 응력 차이로 인해 수축이 발생하는데, 이러한 현상을 기둥의 부등축소현상이라고 한다.

(2) 초고층 건축물에서는 내・외부 기둥구조가 다를 경우, 기둥과 기둥의 상대변위차, 재질 및 응력 차이로 인한 신축량의 발생 등이 나타나므로 부등축소의 변위량을 조절하기 위해서는 전체 층을 몇 구간으로 나누어 변위량을 최소화할 수 있도록 설계시부터 Column Shortening에 대한 사전검토가 필요하다고 본다.

2. 기둥의 부등축소 원인

(1) 기둥구조가 다를 경우

1) 초고층 구조물에서 내・외부 기둥구조가 다를 경우 변위차로 인해 발생

2) 기둥 부분과 Core 부분의 Level 차이로 인해 발생

(2) 재질이 상이할 때

1) 기둥의 재질이 서로 다를 경우

2) 상・하층 기둥의 재질이 다를 경우

(3) 압축응력의 변위차

각 기둥부재의 상부압력의 응력차로 인해 변위가 다를 경우

(4) 온도차

1) 건축물의 내・외부 온도차에 의한 변위가 다를 경우

2) 온도차로 인한 시공변위차

3) 철골의 신축량은 100m당 4~6mm 정도 변위 발생

(5) 신축량 차이

부재 간의 신축량의 차이에 따른 변위 발생

(6) 기초주각부 상부 모르타르 고름질 불량

1) 기초주각 상부 모르타르 두께(30mm) 불균일

2) 모르타르 양생 부족

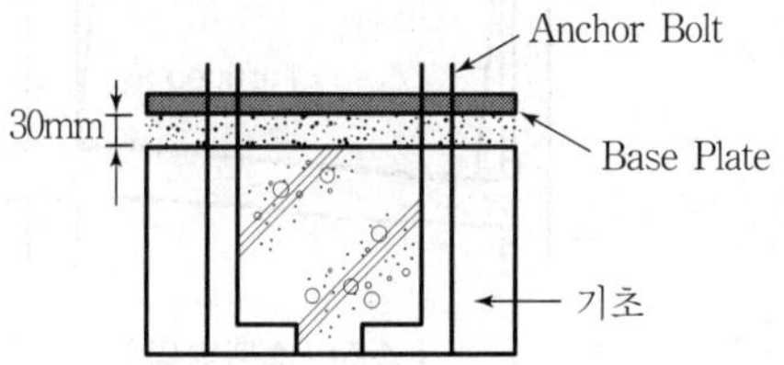

3. 기둥의 부등축소(Column Shortening) 현상

(1) 탄성 Shortening – 철골구조

초고층 철골구조물의 상부하중에 의해 발생

1) 기둥 상부하중에 의해 신축 발생

2) 기둥 상호간의 서로 다른 응력 차이에 의해 신축변형 발생

(2) 비탄성 Shortening – CON'c 구조물

구조물의 응력이나 하중의 차이에 의해 신축변형 발생

1) 건조추축에 의한 현상

2) Creep Shortening 현상

① CON'c의 장기하중에 따른 응력 차이

② CON'c 단면적과 철근비의 차이

③ 주변 대기환경

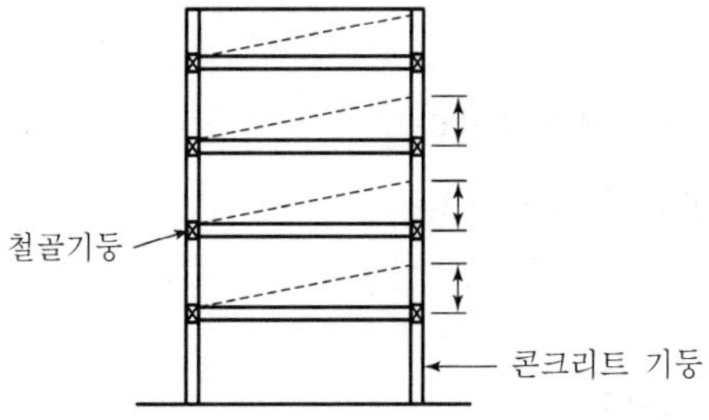

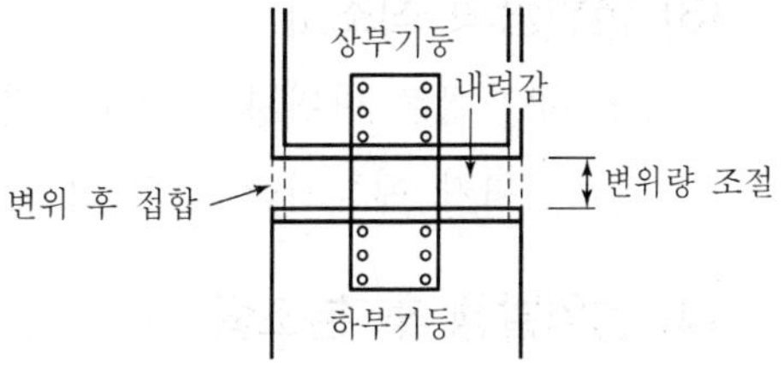

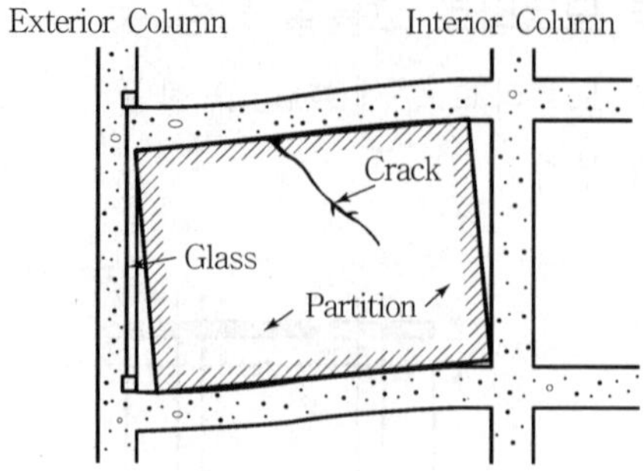

[수직, 수평변위]

4. 기둥의 부등축소 대책

(1) 구간별 조절방법

전체 층의 변위량을 조절하기 위해 몇 개의 구간으로 구분하여 변위량을 최소화

(2) Column Shortening 접합방법

1) 기둥변위량 흡수방법
2) Column Shortening 접합방법

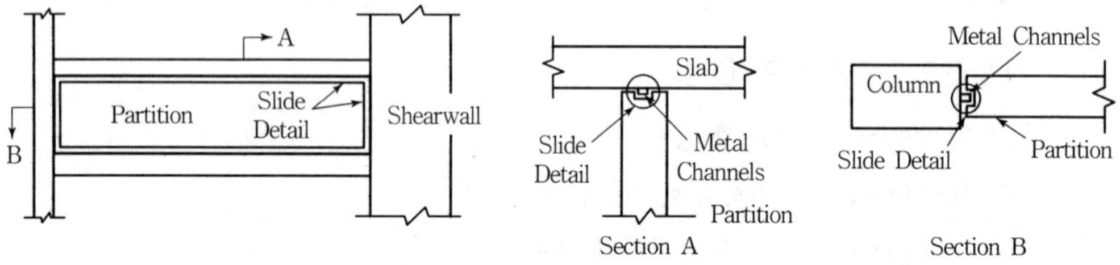

[Column Shortening 접합방법]

(3) 변위량의 최소화

1) 구간별로 변위량을 등분조절하여 최소화한다.
2) 변위가 예측되는 곳은 미리 변위를 조절한다.

(4) 변위발생 후 본조립

1) 변위가 발생된 후에 본조립을 한다.
2) Shortening 접합방법 사용

(5) 계측의 정확한 계산

1) 시공시 Column의 변위량을 정확히 계측하고 이를 설계와 시공에 반영한다.

2) 계측기기를 통한 측정

(6) 기초 주각부 Level 관리

1) 주각부 모르타르의 수평도

2) 무수축 모르타르 사용

(7) 내 · 외부 온도 차이 최소화

기둥 단열 보강 실시

(8) 설계시

1) 변위량을 고려하여 미리 설계에 반영

2) 각 기둥 간의 응력변위에 대한 하중검토

5. 맺음말

(1) 초고층 건축물에 있어서 기둥의 부등축소 현상은 구조물 자체의 안전은 물론 구조물 전체에 문제가 발생된다.

(2) 설계시에 미리 변위량을 측정하여 정확한 Data를 분석하고, 대책을 수립하여 정밀 시공하여야 한다.

number 16 초고층 건축물의 내진성 향상 방안

※'06, '08

1. 개 요

(1) 건축물의 규모가 3층 이상, 연면적 1,000m^2 이상인 건축물은 내진 설계를 해야 하며, 내진 설계시에는 구조물 강성이 지진 에너지를 흡수할 수 있는 구조로 설계해야 한다.

(2) 지진 피해원인은 지반구조, 건물형태, 건물의 내진구조 배치의 미흡을 들 수 있다.

(3) 건축물의 내진성 향상을 위해서는 CON'c 구조 배치형태, 기둥의 강성, 철근보강, CON'c 강도, 개구부 보강, Bracing 보강 등을 사용한다.

2. 지진의 크기

(1) 지진 규모

1) 개 념

발생한 지진 에너지의 크기를 나타내는 척도로서 지진계에 기록된 진폭에 대해 진원의 깊이와 진앙까지의 거리를 고려해서 지표로 나타낸 것이며, 장소에 관계없이 절대적 개념의 크기로 소수 첫째 자리로 표기한다.

2) 표기법

① 리히터 지역 규모 : ML
② 표면파 규모 : Ms
③ 실체파 규모 : Mb
④ 모멘트 규모 : Mw

(2) 진 도(Intensity, I)

1) 개 념

지진의 크기를 나타내는 가장 오래된 척도로서 지반 진동의 크기에 대해 사람이 느끼는 감각, 주위의 물체, 구조물 및 자연계에 대한 영향을 등급별로 분류시킨 상대적 개념의 크기

2) 표기법

① RF 진도 : Ⅰ~Ⅹ(10등급)
② MM 진도 : Ⅰ~Ⅻ(12등급)
③ MKS 진도 : 중동, 유럽
④ JMA : 일본

3. 지진에 의한 피해

(1) 지반구조에 의한 피해

1) 기초의 부동침하
2) 지반의 액상화
3) Sliding에 의한 이동 및 전도

(2) 건물형태에 의한 피해

1) 건물높이와 폭의 비가 지나치게 클 때
2) 건물길이가 긴 경우
3) 복잡한 평면형태인 경우
4) Set Back 구조 형태

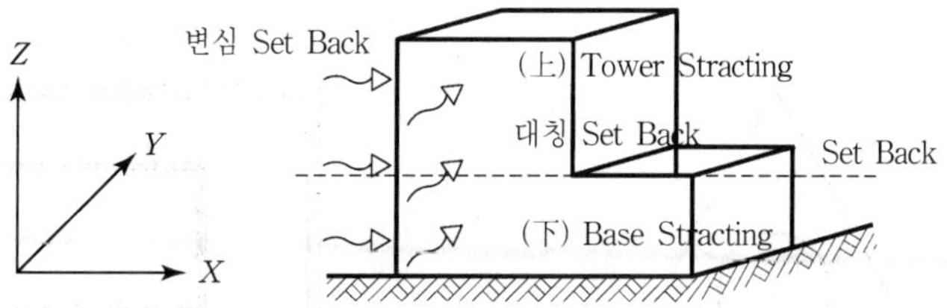

[Set Back 구조물]

(3) 건물의 내진 요소 배치에 의한 피해

1) 불연속 전단벽을 가진 건물이나 비대칭 코어의 건물
2) 구조물의 상층부에 비해 하부층에 강성을 급격히 감소시킨 건물
3) 약한 기둥과 강한 보의 접합

4. 초고층 건축물의 내진설계시 고려사항

(1) 내진설계 방법

1) 강도 지향성 설계

구조물의 강도를 증가시켜 지진에 대응하는 설계

2) 연성 지향성 설계

구조물의 강성은 크지 않으나, 큰 변형능력을 갖도록 설계

3) 지진설계법

① 정적해석

지진응력을 횡력으로 평가

② 동적해석법

건물의 동적특성 및 형태에 알맞은 설계

(2) 내진 구조계획 방법

1) 대칭형 평면구조

Tube System : 구조의 단순화, 정사각형 구조가 유리

2) DIB System

지진이 작용하는 반대방향으로 구조물이 움직이게 하는 구조 System

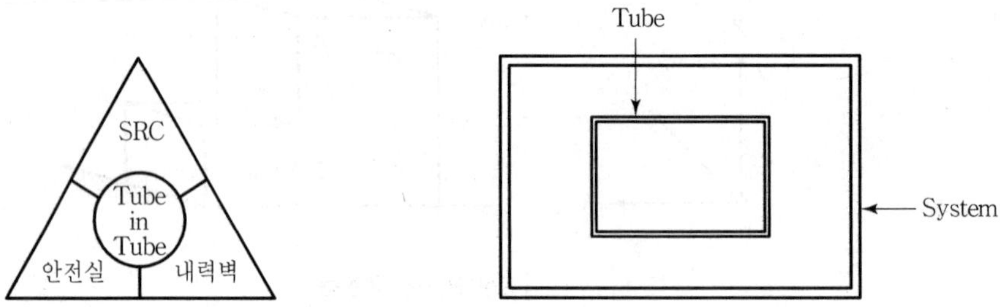

[Tube System]

5. 초고층 건축물의 내진성 향상을 위한 대책

(1) 강도 향상성 대책

구조물의 강도와 강성을 증대시키는 방법

1) RC조 및 SRC조

① 내력벽 보강

㉠ 현장타설 CON'c

㉡ PC판, 강판에 의한 벽 보강

② 기둥보강 측벽

보 내력의 전달 향상

③ Bracing 보강

㉠ X형, K형

㉡ 접합부 부위 보강

④ 날개벽 보강

㉠ 현장타설 CON'c

㉡ PC판 설치

[내진벽 증설]

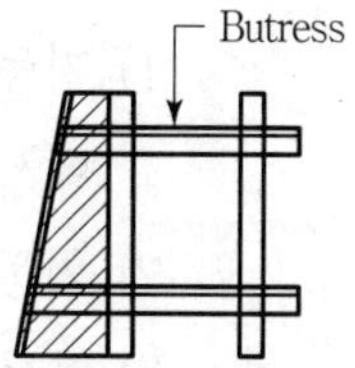

[Butress 신설]

2) 철골구조

① Box Column 사용

② X-bracing 사용

③ 접합부 보강 : Shear Connector 설치

④ 고력 Bolt 접합, 용접접합 사용

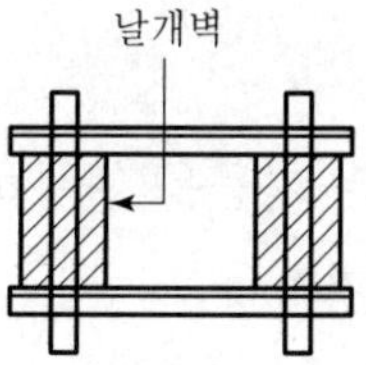

[날개벽 증선]

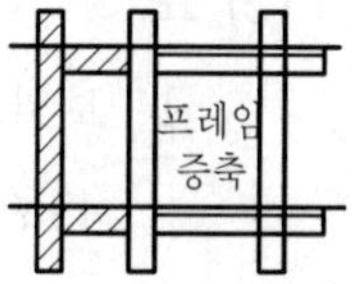

[강도상승]

(2) 연성 향상성 대책

붕괴 Mechanism을 전단파괴에서 휨 파괴로 변환

1) RC조 및 SRC조

① 내진벽, 내력벽 제거, 기둥에 Slit 시공

② 기둥보강 : 강판과 모르타르, Angle과 평강, 용접철망과 모르타르

③ 기둥보강 측벽 : 기둥 휨강도 향상과 보 전단파괴 유도

④ 벽두께 증대 : 전단강도 향상

2) 철골조

① 접합부 보강 : CON'c Plate 사용 ② 지주단부의 보강

③ 보의 횡좌굴방지 : Stiffner 사용 ④ 이음부 보강

6. RC조의 부위별 내진 보강

(1) 기 초

1) 지반보강 : 액상화방지(부력방지)

2) 기초판의 주각고정도 확보

3) 기초판은 지중보와 일체 시공

(2) 기 둥

1) 기둥주근의 이음은 기둥높이에서 $H/3$ 에서 한다.
2) 기둥주근의 이음길이는 16d 이상
3) 나선근은 D10 이상이며, 간격은 3cm 이상 8cm 이하

(3) 보

1) 보의 주근은 기둥을 관통하거나 속에 45d 이상 정착
2) 보의 전단철근은 15d 이상 여장을 둔다.
3) Bent Bar의 사용을 피한다.

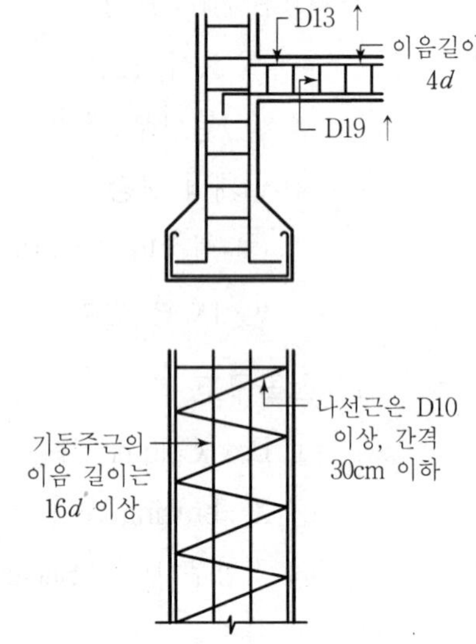

[기둥 철근배근도]

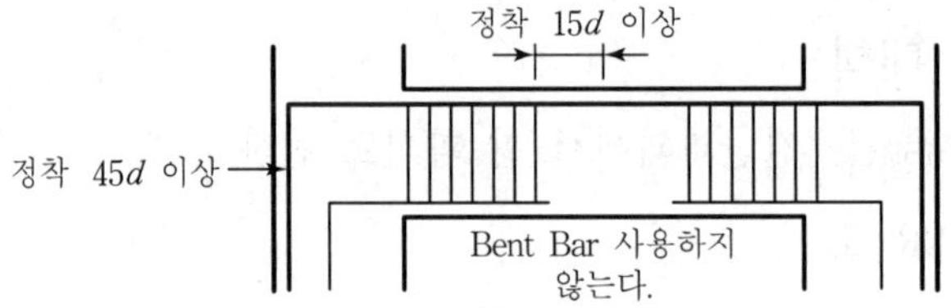

[보 배근도]

(4) 벽 체

1) 벽체의 모든 수직근은 상·하부 지지부까지 연결
2) 전단벽체 개구부 모서리는 D13으로 보강
3) SRC조의 경우 Brace로 보강

7. 맺음말

(1) 건축물이 고층화, 대형화되고 세계적으로 지진의 피해가 확대되면서 내진설계에 대한 기준이 강화되고 있는 현실이지만 우리나라는 아직 이에 대한 인식이 부족한 실정이다.

(2) 우리나라의 실정에 맞는 내진설계 기준 및 시공규정을 정립하고, 이의 확대 적용이 필요하다.

number 17 지진의 영향과 내진, 제진, 면진구조

※'08, '12

1. 개 요

(1) 최근 세계 곳곳에서 일정 규모 이상의 강진이 빈번히 발생되어 인명과 재산상의 피해를 유발하고 있다.

(2) 한반도 또한 지진으로부터 안전한 지역이라고 확신할 수 없는 만큼 지진발생에 대비한 구조물의 설계와 시공이 이루어져야 한다.

2. 지진이 건축물에 미치는 영향

(1) 지반 피해

1) 지반의 액상화 현상 발생

2) 지반의 강도 저하

3) 지반 침하 및 변형 유발(광범위한 Sliding 현상)

(2) 기초 피해

1) 기초의 불안정화　　2) 기초의 부동침하

(3) 상부 구조물 피해

1) 건축물의 부동침하　　2) 구조물의 균열과 붕괴 유발

(4) 진도에 따른 피해 정도

진도	영향 정도
1	거의 느끼지 못함
2	고층 건물의 소수 사람만 느낌. 매달린 물건이 흔들림
3	대부분 느끼지 못함. 약간 흔들림
4	실내는 느끼나 실외는 느끼지 못함. 미장 균열, 창문이 흔들림
5	거의 모두 느낌. 유리창 파손
6	모든 사람이 놀라서 뛰쳐 나옴. 굴뚝 붕괴
7	부실 건물 상당수 피해

8	많은 구조물 피해
9	특별히 설계된 건물도 피해가 큼. 땅이 갈라지고 매설물 파손
10	산이 붕괴. 지하수 유출

3. 내진, 제진 및 면진구조

(1) 내진(耐震)

1) 내진의 의미

① 내진이란 구조물을 구성하는 부재의 강도 및 인성 등 부재력을 지진력의 강성 이상으로 높여 지진력이 작용해도 피해를 방지하고 구조물을 보호하는 넓은 개념이며, 면진과 제진과 구분되는 독립적인 의미도 가지고 있다.

② 즉, 내진은 면진과 제진의 개념을 포함하고 있다고도 볼 수 있다.

㉠ 구체적 의미로의 내진은 지진력을 구조물의 내력으로 감당해내는 의미

㉡ 면진은 지진력의 전달을 줄이는 수동적 의미

㉢ 제진은 지진력에 맞대응을 하는 능동적 의미

(2) 면진(免震)

1) 면진의 의미

① 면진(免震)은 지진에 대항하지 않고 지진을 피하고자 하는 수동적이지만 상당히 경제적이며 내진 여유도를 가지는 개념이며, 지반에서 발생하는 지진력이 구조물로 제대로 전달되지 않도록 구조적으로 격리시키는 것이다.

② 지진격리 또는 지반분리, 기초분리 등으로 지진력이 구조물에 상대적으로 약하게 전달되도록 한다.

2) 면진장치의 종류

① 납고무베어링형 면진장치

㉠ 납(코어), 보강재(고무 및 강판)로 구성

㉡ 납 : 구조물의 주기 증가, 면진장치의 변형 감소 역할

㉢ 고무 : 납의 수평방향 복원력 제공

㉣ 강판 : 납과 고무의 팽출현상방지 및 수직 강성 제공

② 마찰진자형 면진장치

㉠ 항복 후 마찰면의 곡률반경에 의한 복원력 작용

㉡ 곡률반경 조정에 의한 전체구조물의 고유진동수 조절

㉢ 미끄러짐 발생시 이력거동을 통한 에너지 소산 능력 내재

(3) 제진(制震)

1) 제진의 의미

① 구조물의 내부나 외부에서 구조물의 진동에 대응한 제어력을 가하여 구조물의 진동을 저감시키거나, 구조물의 강성이나 감쇠 등을 입력진동의 특성에 따라 순간적으로 변화시켜 구조물을 제어하는 것이다.

② 제진(制震)은 효율적으로 지진에 대항하여 지진에 의한 피해를 극복하고자 하는 능동적인 개념이다.

2) 제진장치의 종류

① 능동형 제진장치

전기 및 기계적 장치로 인위적인 힘을 발생

② 수동형 제진장치

㉠ 동조질량형 감쇠기(TMD-Tuned Mass Damper, TLD-Tuned Liquid Damper)

㉡ 점성 감쇠기(Viscous Damper)

㉢ 점탄성 감쇠기(Viscoelastic Damper)

㉣ 금속항복형 감쇠기(Metalic Yield Damper) 등

내진(耐震)설계 (Seismic Resistance)	제진(制震)설계 (Seismic Control)	면진(免震)설계 (Seismic Isolation)
지진동에 저항하도록 구조물을 충분히 강하게 설계하는 방법	지진동을 제어할 수 있는 장치(Damper)를 구조물에 설치하여 지진에 견디게 설계하는 방법	지반에 건물기초 분리장치(Base Isolator)를 설치하여 지진동이 구조물에 영향이 없도록 설계하는 방법
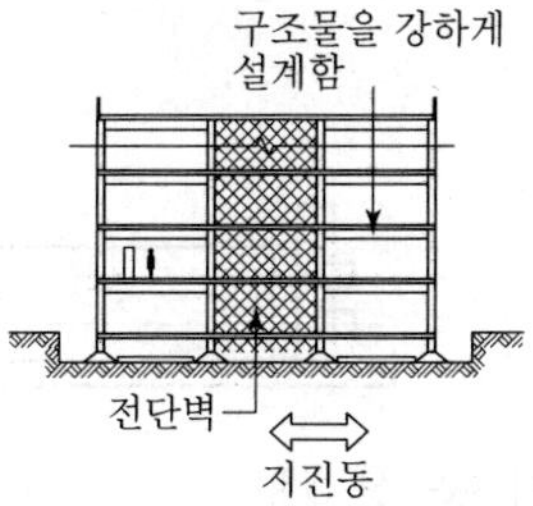	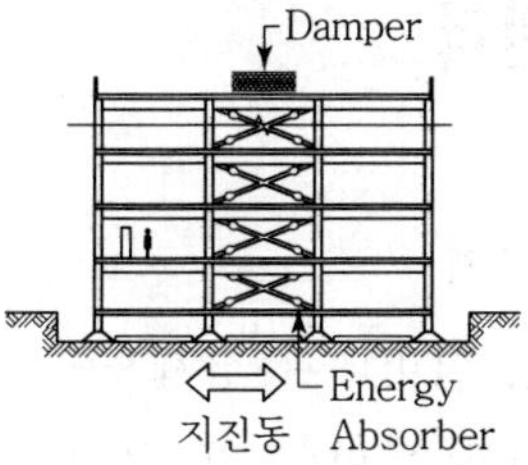	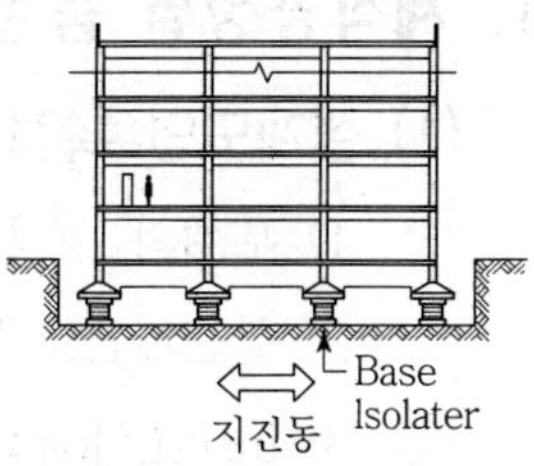

number 18 PC 부재의 공장제작시 품질관리방안

1. 개 요

(1) PC공사의 시공계획은 PC부재의 공장제작 공정과 현장조립 및 접합하는 설치공정으로 나눌 수 있으며, 공장과 현장 간의 상호작업 관련성을 검토하여 공정 전체에서 품질관리가 이루어져야 한다.

(2) PC공장 제작시는 정확한 Mold 제작에 의한 품질정밀도와 콘크리트 타설 및 양생 등의 공정 전체에서 품질관리를 하여 변형 및 파손, 치수불량 등의 결함을 방지하여야 한다.

2. PC 부재의 공장제작 Flow

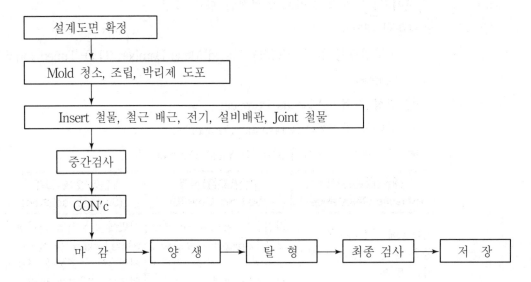

설계도면 확정
↓
Mold 청소, 조립, 박리제 도포
↓
Insert 철물, 철근 배근, 전기, 설비배관, Joint 철물
↓
중간검사
↓
CON'c
↓
마 감 → 양 생 → 탈 형 → 최종 검사 → 저 장

3. 제작공정별 품질관리

(1) 설계도면 확정

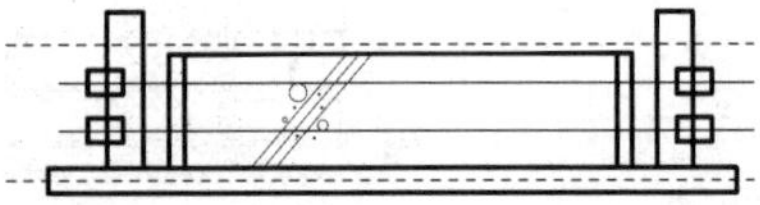

1) 부재의 형상, 크기

2) 철근배근, 전기, 설비배관 상세도

3) Insert, Joint 철물 등의 수량, 종류, 간격 등 상세도

(2) 강재 거푸집(Mold) 제작 조립

1) Mold 내 CON'c 찌꺼기 등은 깨끗이 청소
2) 철재 Mold의 녹물로 인한 변색, 오염 방지
3) Mold의 휨, 뒤틀림, 치수오차를 확인하고 모서리 부위는 직각 정밀도 유지
4) 시멘트 풀이나 수분이 누출되지 않도록 기밀성 유지
5) 조립 및 해체가 용이하게 제작
6) 박리제의 품질 확보 및 Mold 전체에 균일 도포

(3) 철근배근, 전기 설비 배관, Insert 철물 등 매립

1) 구조 철근은 겹침 이음을 하지 않는 것이 원칙
2) 철근은 사전 제작하여 정위치에 설치하고 피복두께 확보
3) 철근 고임재는 내식성 있는 재료를 사용
4) Insert 철물, 전기설비배관, Box류 등은 CON'c 타설시 이동되지 않도록 견고하게 설치

(4) 중간 검사

1) CON'c 타설 전에 철근, Insert 철물, 전기 설비 배관 등 고정상태 확인 검사
2) 검사 결과 불량 부분이 있을시 수정하거나 교체 및 재시공
3) 외부에서 용접한 매립부품은 사전에 용접검사 실시

(5) CON'c 타설

1) CON'c Slump는 18cm 이하(보통 5~8cm 정도)로 밀실한 CON'c 타설
2) 타설시 콘크리트 온도는 10~30℃(적정 온도 20℃)
3) 거푸집 내부의 온도는 22~26℃ 정도
4) 진동기는 거푸집과 철근에 접촉되지 않게 균일하게 다짐
5) 배합 후 2시간 이상 경과된 콘크리트의 사용 금지
6) 바탕 CON'c 초기응결이 시작되기 전에 표면 마무리 실시

(6) 양 생

1) 초기 양생과 2차 양생으로 나누어 실시
2) 양생기간 동안에 Mold의 온도가 10℃ 이하로 내려가서는 안 된다.

3) 촉진 양생법에는 고압증기 양생, 전기 양생, 가열습윤 양생 등이 있다.

4) 양생 종료 후 보온 상태에서 서서히 식혀 양생조 내외의 급격한 온도차에 의한 수축, 균열 방지

(7) 탈 형

1) 탈형 후 급격한 온도저하를 방지하고 설계기준강도 이상이 될 때까지 4℃ 이상 유지

2) 탈형강도 $100kg/cm^2$ 이상

3) 부재의 출하 강도는 설계 기준 강도 이상

(8) 최종 검사 및 보수

1) 완성된 PC 부재는 구조적 성능 여부 확인 후 보수 여부 결정

2) 보수 부분의 습윤 양생은 3일 이상 하며 설계강도 이상 양생 실시

3) 경미한 파손 부분은 접착제를 바르고 Paste를 직접 도포하여 마감

4) 부재의 제작 정밀도를 확인하고 합격된 것은 저장 장소로 운반

(9) 저장 및 운반

1) 제조 번호, 기호 등을 표시하여 종류 및 규격 별로 분류하여 저장

2) 저장 기간이 길 때는 접합용 철물 등의 방청 처리

3) 부재 저장시 파손, 변형이 생기지 않게 하고 지면에 닿는 부분은 오염, 변색에 주의

4) 운반시 가능한 한 수직으로 세워서 운반한다.

5) 부재 운반 중 부재 사이에 쿠션재 등을 끼워 보호조치

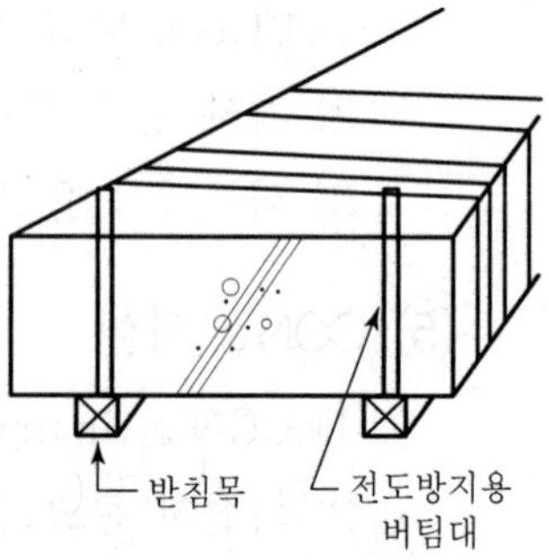

4. 맺음말

(1) PC부재의 공장제작 공정에서의 단계별 품질관리 정도에 따라 PC공사의 전체 품질에 크게 영향을 미치고 있으므로

(2) 설계도면 작성부터 재료의 발주, 부재제작 공정별 품질정밀도 기준에 따른 품질검사를 수시로 하여 PC 생산제품의 현장 설치시 구조적 안전성 및 기밀성을 확보하여야 한다.

number 19 국내 PC 공업화 건축의 문제점과 활성화방안

※'82, '84, '85, '91, '92, '94, '99

1. 개 요

(1) PC 공업화란 공장에서 대량 제작된 콘크리트 제품을 현장에서 조립만 하여 설치하는 공법으로 재료의 건식화에 의한 기계화 시공이 가능하다.

(2) PC 공업화공법이 활성화하지 못하는 요인으로는 설계의 표준화 미흡, 정부의 지원부족, 초기 설비투자 과대, 장기수요의 불확실성, 기술적으로는 접합부의 강도, 누수문제, 관리적으로 조립장비 및 전문기술자 부족, 입주자 선호부족 등을 들 수 있다.

(3) PC 공업화 활성화 방안에는 제도적으로는 장기적 수요, 정부 세제지원, 설계적으로는 MC화, 표준화, 디자인 다양성, 공업화 System 개발, 기술적 방안으로 부재의 강도화, 접합부 방수성 확보, 시공, 관리적 측면으로는 조립장비 개발과 전문기술자 양성 등을 들 수 있다.

2. PC 공업화의 전제 조건

(1) MC화

(2) 3S System-표준화, 규격화, 전문화

(3) 장기적 수요 확보

(4) 생산공장과 현장과의 운반거리(100km 이내)

(5) 구조적 취약점 극복을 위한 기술 개발

3. PC 공업화의 필요성(장점)

(1) 건축수요의 증대에 따른 대량생산 필요

1) 건축수요의 양적 증대

2) 대량생산 필요

(2) 노동력 부족 해소

1) 3D 현상으로 노동력 부족

2) 기능공의 고령화

3) 기능도 저하

(3) 건설공해 예방

(4) 기상영향 배제

(5) 현장관리 용이

(6) 공기단축

(7) 원가절감

(8) 품질향상

(9) 안전재해 예방

(10) 기계화 시공 가능

4. PC 공업화가 활성화되지 못하는 원인(문제점)

(1) 설계 표준화 미흡

1) MC화의 미정립

2) 부품의 표준화, 단순화, 전문화 미정립

(2) 정부지원 부족

1) 세제, 금융지원 미흡

2) 성능인정제도 미흡

(3) 초기 투자비 과대로 인한 경영상의 문제

1) 초기투자비 과대에 따른 경영상의 어려움이 있다.

2) 장비 개발, 전문가 육성비

3) 수요가 적을 시 잉여 인원 배치전환이 곤란하다.

(4) 장기적 수요, 공급의 불안정

1) 장기수요 확보의 어려움

2) 경제상황에 따른 수요예측 어려움

3) 입주자 선호도 부족

(5) 시공관리의 어려움

1) PC 공장과 현장의 수송거리는 100km 이내가 경제적이다.

2) 수송용 대형 양중장비 필요

3) 부재현장 접합 정밀도 관리의 어려움

4) 부재 운반시 파손 우려

5) 전문기술자 부족

(6) 기술상의 어려움(품질 및 안정성 저하)

1) 접합부의 구조적 안정성, 기밀성 유지 문제

2) 접합부의 방수성, 수밀성, 단열성 유지 문제

3) 내진, 결로, 바닥 충격음 문제

4) 전문기능공, 기술자 부족

(7) 기타(사회적) 문제

1) 입주자의 선호도 부족

2) 새로운 공법에 대한 성능 불신

5. 개선방안

(1) 설계적 측면

1) Modular Coordination화

재료의 치수, 설계, 시공의 기준치수 사용

2) 건축부품의 3S화

① 부재의 표준화, 단순화, 전문화

② Pre-fab화에 의한 공장생산

③ 현장에서는 단순조립에 의한 시공 단순화

3) 공업화 설계

① Open System

② Closed System

(2) 기술적 측면

1) 부재의 고강도화, 경량화

① 내력부재의 고강도화

② 비내력부재의 경량화

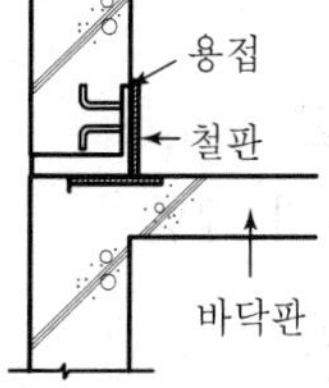

[직접 지지접합]

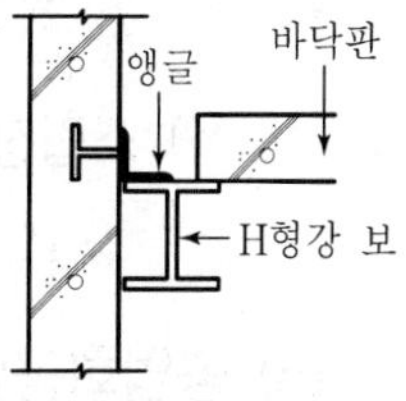

[앵글 지지접합]

2) 접합부의 안전화, 기밀화

① 접합부의 구조적 안전

② 접합부의 기밀성, 방수성

③ 접합부의 차음성, 단열성 검토

㉠ 수직접합부, 수평접합부 ㉡ 벽과 Slab, 지붕 Parapet 방수

3) 기술개발

① 자동화 기술, 기계 개발 ② 전문기술자 양성

③ 기술개발시 Incentive 제공 ④ PC 성능 인증제도 활성화(소비자 보호)

(3) 사회, 제도적 측면

1) 공공 공사의 PC 발주 확대

① 공공 공사 입찰시 PC 기술 업체 우선권 부여

② 장기적 수요 제공

2) 세제 혜택

① PC공법 채택시 자재, 장비, 공장설비 부문

② PC 전문기술자 양성 교육시

③ 자동화 설비 System 구축시 자금 지원

(4) 시공관리적 측면

1) 현장 조립기술의 단순화 : 호환성 있는 부품을 사용, 작업의 단순화

2) 접합부의 안전, 방수성 개발

① 전문기술자에 의한 접합부 시공관리

② 접합부의 방수성 극복

3) 조립과 동시에 마감공사 가능 기술

① 조립과 동시에 마감공사가 가능하도록 설계

② 적층공법 실시

4) 조립장비 개발

① PC 조립장비 개발 ② 시공 효율성 증대

(5) 공업화공법 촉진

1) Open System 개발 2) Closed System 개발

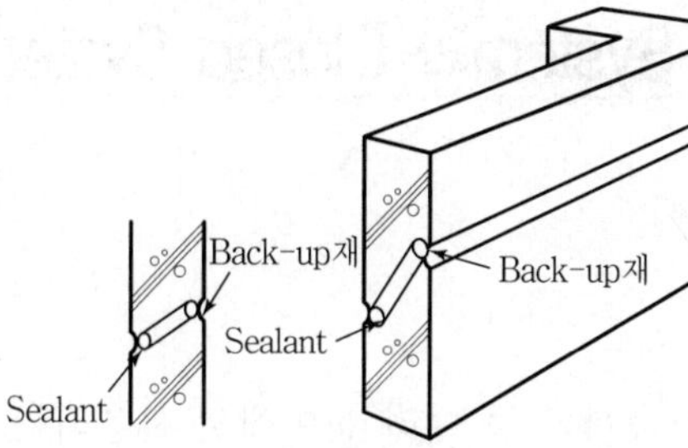

[수평접합]

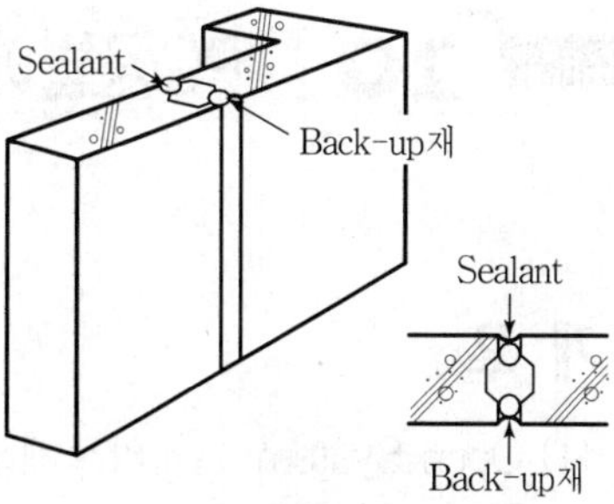

[수직접합]

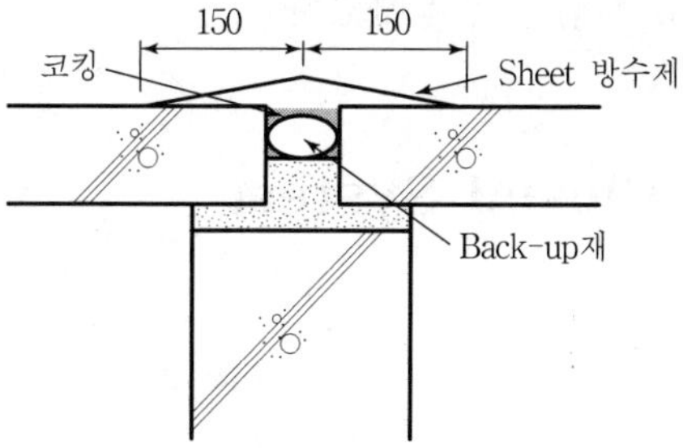

[지붕 Slab 접합]

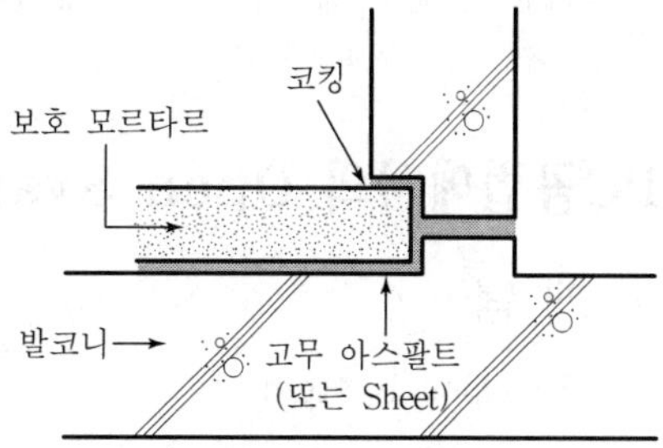

[Slab + Wall]

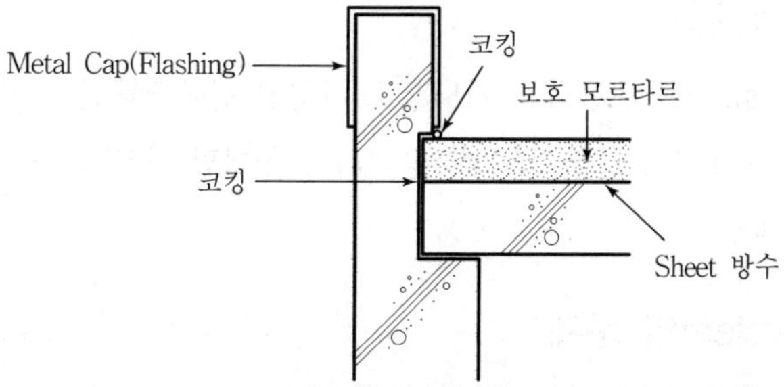

[지붕 Parapet 접합]

6. 맺음말

(1) 재래식 습식공법을 지양하고 기계화된 건식 시공법에 대한 필요성이 대두되면서 PC 구조는 관심을 끌었으나, 국내에서는 기술적 문제점으로 인해 활성화되지 못하고 있는 실정이다.

(2) PC 구조물의 구조적 안정성 확보와 지속적 기술개발로 수요를 창출한다면 PC공법이 확대될 수 있을 것이다.

number 20 PC공법에서 Open System과 Closed System

※'03

1. 개 요

(1) Open System이란 의료제도, 정보산업, 건축계획 등 여러 분야에서 사용되는 용어로 Pre-fab 주택분야에만 국한된 건축생산, 합리화를 위한 의미만은 아니다.

(2) 이러한 Open System의 개념을 PC공사(Pre-fab화)에 적용시켜 PC의 Open System이라 하고 이에 대응하는 Closed System 개념을 설정하였다.

2. PC공법에서의 Open System과 Closed System

(1) 개 념

1) Open System

주택 생산을 합리화(Pre-fab)하기 위해 MC화된 생산방식에 따라 다양한 결합이 가능한 PC System을 말한다.

2) Closed System

Open System에 대응하는 개념으로 완성된 건물형태를 사전에 계획하여 이를 구성하는 부재, 부품들을 특정한 형태의 건물에만 사용할 수 있도록 생산하는 방식을 말한다.

(2) Closed System의 문제

1) 단일 부재의 단일 기능, 단일 부품
2) 주문생산으로 호환성 결여
3) 부재공급 중단시 대처 곤란
4) 생산단가의 상승
5) 공장제품화 한계 : 표준화 한계, 기계화 한계 요인
6) 국가 표준화, 세계 표준화의 제한 요소로 작용
7) 건설업의 합리화, 경쟁력 제고 지연

(3) Open System의 구축

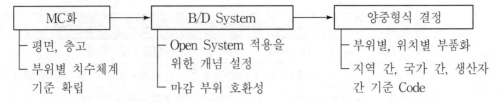

MC화 → B/D System → 양중형식 결정

- MC화
  - 평면, 층고
  - 부위별 치수체계 기준 확립
- B/D System
  - Open System 적용을 위한 개념 설정
  - 마감 부위 호환성
- 양중형식 결정
  - 부위별, 위치별 부품화
  - 지역 간, 국가 간, 생산자 간 기준 Code

1) MC(Modular Coordination) 구축

① M(10cm 기준)의 배수체계로 표준화

② 복합 모듈개발로 다양한 적용 Pattern, 기능 개발

2) 계열부품의 생산체계 확립

① 호환성, 가변성으로 변형 수용

② 부품 전문 생산체계의 Code 공유

③ 각 계열 부품의 다양한 대체 생산 유포

(4) Open System 적용

1) 건축 System(Building System)으로서 체계 구축

① Plug-In System=설계적 측면

② Catalogue Construction

③ 부품 조립형 공법

④ Cubicle Unit(Capsule) 공법

2) 건축 부품으로서의 호환(Building Sub-System)

① 자동 칸막이 System

② C/W System → Unit Wall식 PC 부재 C/W

③ System 천장재

④ Unit Bath System → UBR

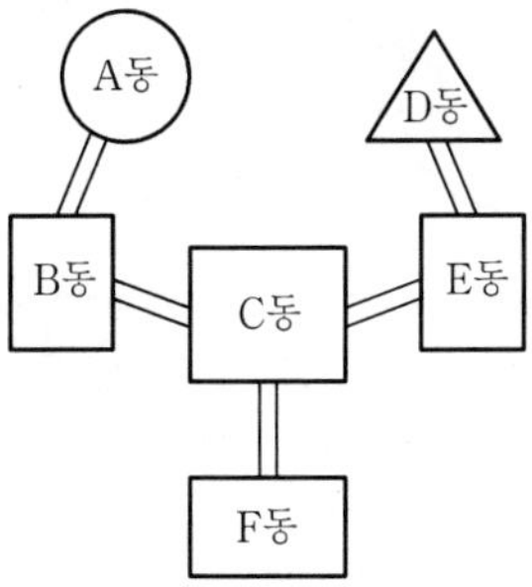

[Plug-In System]

3. 각 System의 특징 비교

구 분	Open System	Closed
건물 형태	평면구성의 자유	단조로운 형태
호환성	부재·부품의 호환성이 높음	부재·부품의 호환성이 없음
공급방식	시장공급방식	주문생산 공급방식
적용 대상	여러 형태의 건물	특정한 형태의 건물
문제점 대처	대처하기 쉽다.	부재공급 중단시 대처 곤란
경제성	대량 공급으로 가격이 싸다.	가격이 비싸다.

4. 맺음말

(1) 현대건축물은 기능의 다양화, 고급화, 복잡화 그리고 생산방식이 양산화되고 사용자 또한 문화수준 향상에 따라 고품질을 요구하고 있다.

(2) 건설시장 다변화 및 사용자 요구를 만족시켜 주기 위해서는 PC부재의 품질확보와 원가 절감, 여러 형태의 건물에 대처하기 쉬운 시장공급방식인 Open System화 개발로 기술 경쟁력의 지속적인 향상이 필요하다.

number 21 PC 공사의 현장시공과 유의사항

※'81, '82, '84, '86, '92, '99, '11, '13, '21

1. 개 요

(1) 대표적 공업화 건축으로 PC 공사를 들 수 있는데 이는 공장에서 부재를 생산하고 현장으로 운반하여 조립하는 시스템이다.

(2) PC 공사의 시공계획은 공장제작 공정과 현장의 조립공정으로 구분되는데 현장에서의 조립에는 현장여건 조사, 공사 규모, 부재운반 및 반입, 조립기계의 선정과 설치, 접합부 안정성을 염두에 두어야 한다.

(3) 현장조립시의 유의사항으로는 기초공사의 확인, Level Marking, 접합부의 기밀성, 방수성, 단열성, 결로방지, Panel 파손 보수 등이다.

2. 시공계획시 사전조사사항

(1) 도면과 시방서 등 설계도서의 검토

(2) 자재반입 및 적치장소, 교통상황 등 현장 여건

(3) 자재의 양중장비 선정과 배치

(4) 재해방지와 공해대책

(5) 전체 공사내용 파악

3. PC 공사 시공계획

(1) 공장 제작계획

1) 도면과 시방서에 의한 Mold 제작

2) 정밀도 확보

① 휨 $e < l_x / 180$

② 굽음 $e < l / 360$ 또는 20mm 미만

(2) 운송계획

1) 운반방법 및 운반로 결정

2) 파손방지와 하차방법

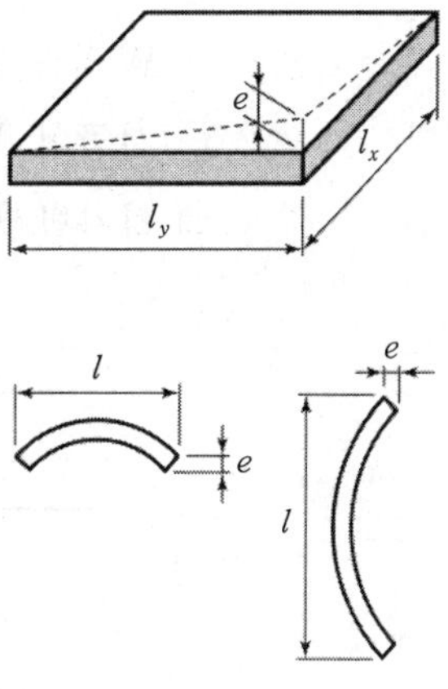

[공작제작 기준]

(3) 가설계획

1) 적재장소 결정
2) 전력 및 용수 확보
3) 조립용 양중장비의 진입로 확보

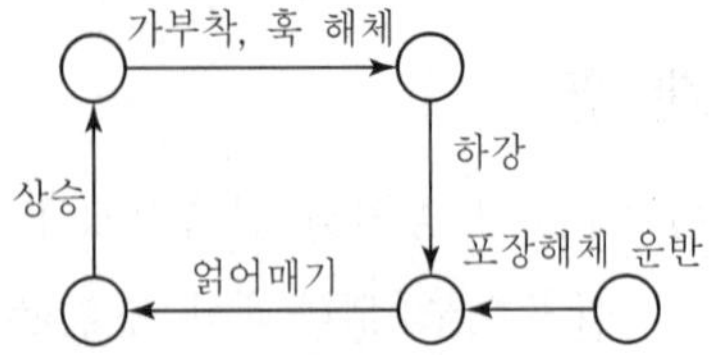

[동시 부착방식]

(4) 자재 양중계획

1) 양중부하 : 양중산적도 작성
2) 수직양중 : T/C, E/V, Lift
3) 양중 Cycle : 양중기 대수 산정
4) 양중자재의 중량과 형상 고려

4. 조립과 접합

(1) 기초작업

1) 기초는 양중작업시 하중에 견딜 수 있도록 내력을 확보한다.
2) 기초 Anchor 매입 확인

(2) 접합방식

1) 습식 접합

① 개 요

이음부에 CON'c나 모르타르를 충전하여 접합하는 방식이다.

② 특 징

㉠ Wall과 Wall의 이음에 많이 사용한다.
㉡ 시공이 복잡하나 오차수정이 쉽다.
㉢ 하자발생이 많으며, 구조적으로 불안정하다.

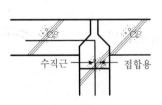

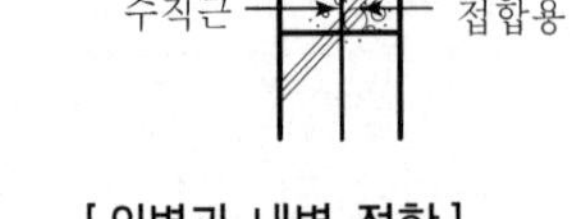

[외벽과 내벽 접합]

[모서리 접합]

2) 건식 접합

① 개 요

용접, 볼트, Insert 등으로 접합하는 방식이다.

② 특 징

㉠ Slab과 Wall의 이음에 많이 사용한다.

㉡ 시공이 간단하나 오차수정이 어렵다.

③ 지지방식

코벨 지지, 직접 지지, 앵글 지지, 현장매입 지지

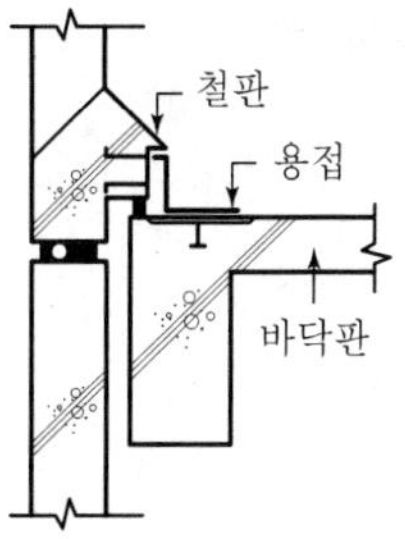

[코벨 지지 접합]

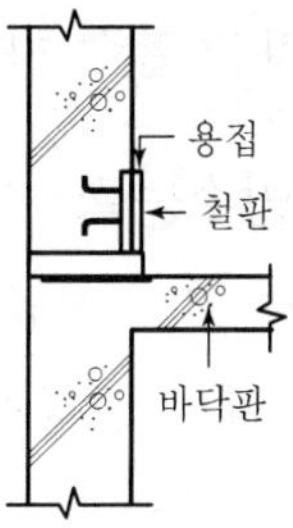

[직접 지지 접합]

(3) 접합 부위 방수

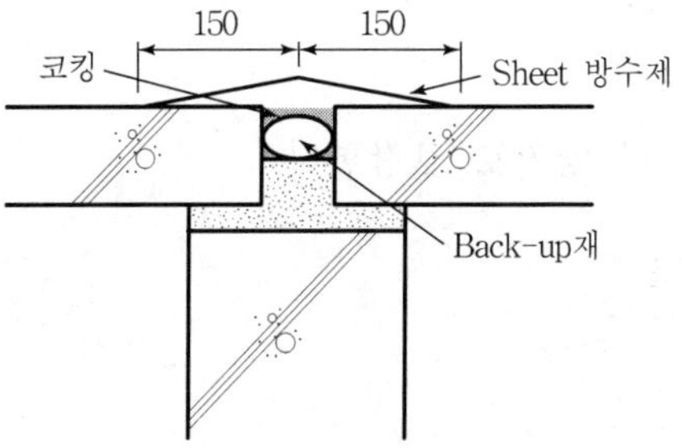

[지붕 Slab 접합]

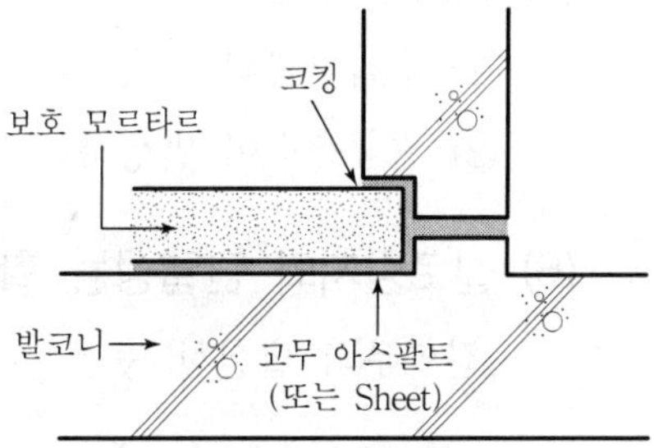

[Slab + Wall 접합]

(4) 마무리 작업

1) PC 표면의 균열 및 박리상태 확인

2) PC 접합부의 기밀성, 방수상태 확인

3) 접합부 조인트의 Sealing 상태 확인

4) 전체적 외부마감상태 검사

5. 현장시공시 유의사항

(1) 기초공사의 확인

상부하중을 지탱할 수 있는 구조일 것

(2) 구조 안전성

1) 상·하 간의 내력이 충분히 전달될 수 있을 것
2) 온도에 의한 수축팽창에 대해 적응력이 있을 것
3) 시공오차를 흡수 가능하도록 접합할 것

(3) 접합부의 방수능력

1) 모르타르 밀실 시공
2) Sealing 재의 선정과 시공 철저

(4) Level Marking

1) 각 층 평면상 정확한 Level이 유지되도록 표시한다.
2) 습식시 모르타르를 사용하여 조정한다.

(5) 접합부와 모서리 보강

1) 수직철근의 용접, 보강철근 시공
2) 집중응력이 발생하는 곳은 볼트나 앵커로 보강한다.

(6) 결로방지와 단열성능 확보

접합부의 밀실한 충전

6. 맺음말

(1) PC 공사는 공장에서 부재의 적기 공급과 현장조립 설치시 접합부의 구조적 안정성, 기밀성, 방수성 확보가 무엇보다 중요하고
(2) PC 제품의 공법개발, 접합부 공법개발, 제품의 신재료 개발을 통한 경량화와 함께 전문기술자 육성 및 시공관리 System 개발이 필요하다.

number 22 합성 Slab(Half Slab)공법

※'93, '96, '98, '00, '05

1. 개 요

(1) 합성슬래브공법은 슬래브의 반인 하부는 PC판을 사용하고 상부는 현장타설 CON'c로 합성시공하여 PC와 현장타설의 장점을 살린 공법이다.

(2) 슬래브의 강성이 크고, 처짐이 감소하며, 거푸집과 지주가 불필요하여 시공이 합리화되고 省力化, 기계화가 가능하다.

(3) 공법 종류에는 Flat, Vold, Rib, 골판형 슬래브가 있으며, 공장제작과 양생, 운반, PC판 전단면처리, Slab 배근, 현장타설 등에 주의해야 한다.

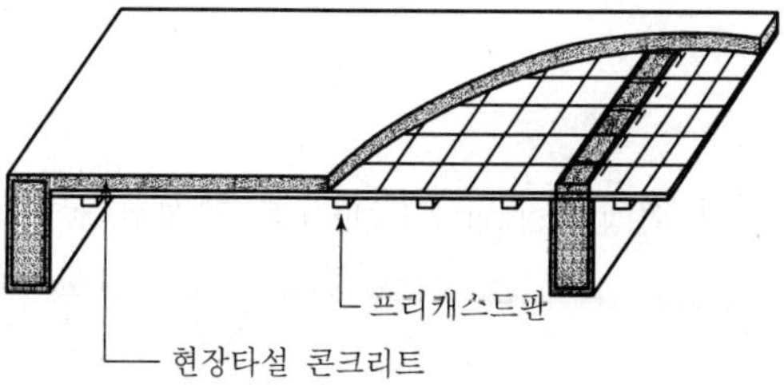

[합성슬래브 개념도]

2. 합성 Slab의 종류

(1) Flat Slab(평판형)

1) 개 요

트러스 철근의 PC판과 현장 Topping CON'c를 합성한 공법을 말한다.

2) 종 류

① 트러스 철근형 ② 전단 코어형

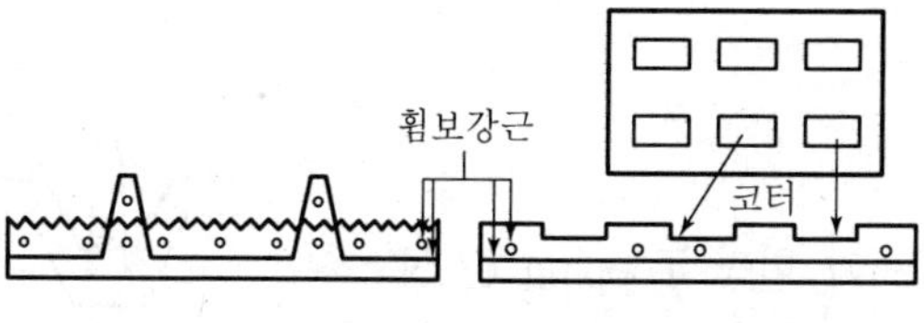

[트러스 철근 평판형] [전단 코어 평판형]

(2) VOID(중공형)

1) 개 요

중공 PC판과 현장 Topping CON'c를 합성한 공법을 말한다.

2) 종 류

① 트러스 철근형 ② 전단 코어형

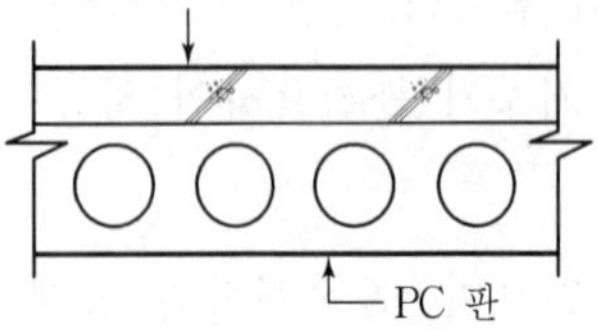

[Void형]

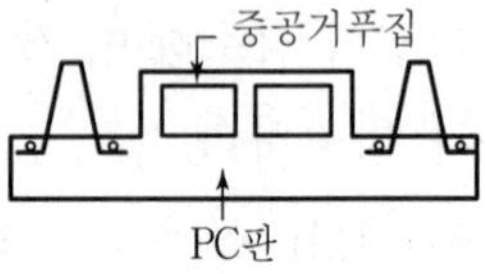

[트러스 철근 중공형]

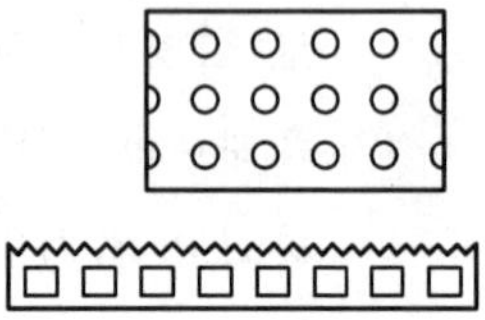

[전단 코어 중공형]

(3) RIB형

1) 개 요

Rib형 PC판과 현장 Topping CON'c를 합성한 공법을 말한다.

2) 종 류

① T형 ② 역T형

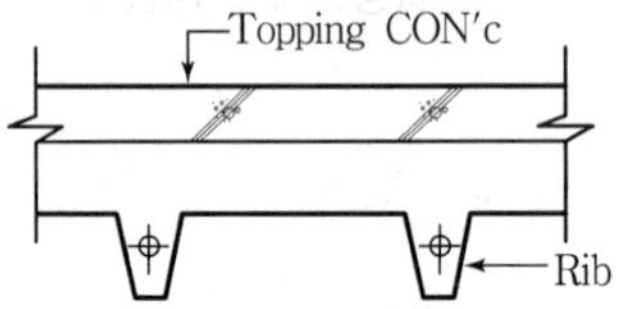

[Rib형]

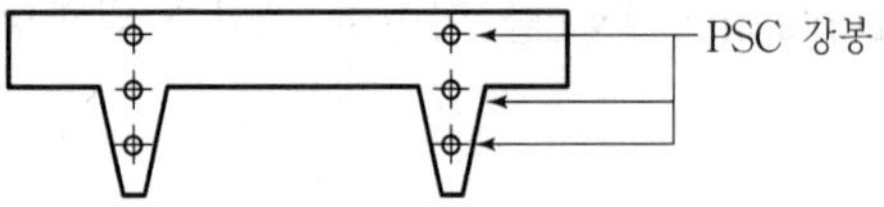

[역T형 Rib]

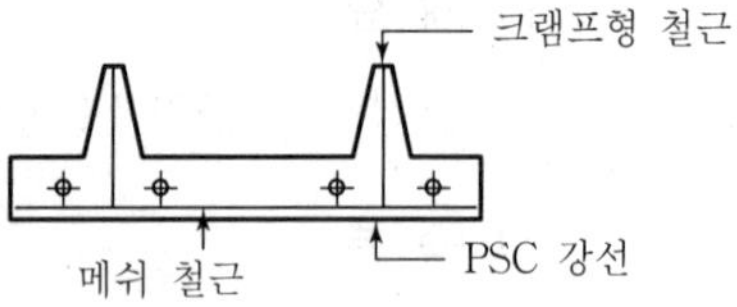

[T형 Rib]

(4) 골판형

1) 개 요

골판형 PC판과 현장 Topping CON'c를 합성한 공법을 말한다.

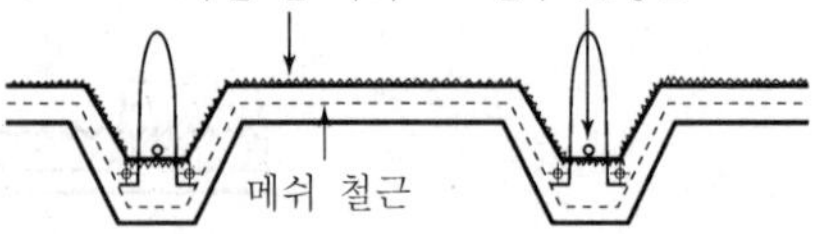

[골판형]

2) 종 류

① 트러스 철근형 ② PSC 강선형

(5) 콘크리트 이음면 전단철근 배근법

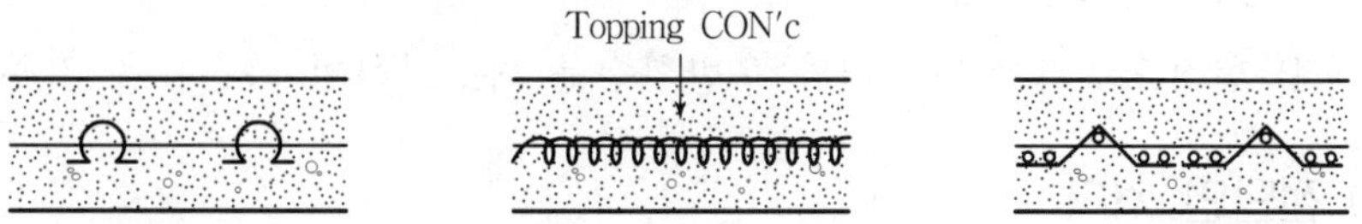

[Dubel 철근] [Spiral 철근(나선철근)] [Truss 철근]

3. 합성 Slab 공법의 특징

(1) 계획적 측면

1) 보 없는 슬래브가 가능하다.

2) 평면배치가 자유롭고 바닥의 차음성능이 좋다.

(2) 구조적 측면

1) 장스팬 슬래브 가능

2) 장기처짐과 균열감소

3) 슬래브 강성이 크다.

(3) 시공적 측면

1) 거푸집과 동바리 불필요

2) 공기단축 및 시공 합리화 유리

3) 재해와 공해 감소

4) 품질향상과 노동력 부족현상 해소

5) VH 분리타설시 작업공정 증가

6) 타설접합면의 일체성 부족

4. 합성 Slab 시공시 고려사항

(1) 준비사항

1) Shop Drawing 준비

2) 제조방법과 현장설비 점검

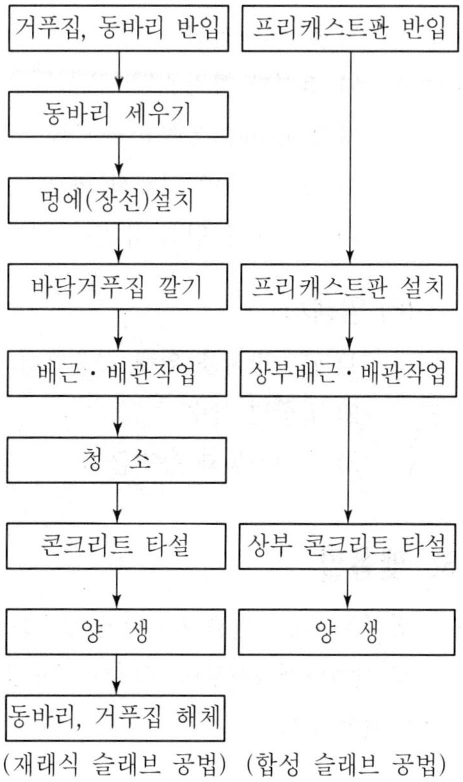

[시공순서]

(2) 공장제작 점검

1) 제작, 양생기간 등을 고려
2) 탈형, 운반, 양중시 진동, 충격 금지
3) PC CON'c 소요강도 확보
4) 현장으로의 운반거리와 운반횟수를 최소화하여 파손율을 저하시킨다.

(3) 전단면 처리

1) 면처리를 거칠게 제작
2) 전단보강 철물의 변형이나 부식 방지

(4) 배근시

1) 배근 전 접합면 청소
2) 철근 배근간격 준수

(5) 타설시

1) 동바리 점검
2) 접합면 청소
3) Topping CON'c 규격과 두께 확보
4) 타설접합면 일체성 확보
5) 허용오차 범위 유지

(6) 양생시

1) 균열방지를 위해 습윤양생
2) 접합면 살수
3) 초기진동과 충격금지

5. 맺음말

합성슬래브 공법은 기계화와 성력화를 통해 균일한 품질과 공기단축을 이룰 수 있으므로 설계단계에서부터 공법의 적용성 파악, 양중계획, 공정관리 등 종합적 검토가 이루어져야 한다.

number 23 ALC Block의 시공

※'81, '92, '99

1. 개 요

(1) ALC란 석회질이나 규산질 원료와 발포제를 넣고 180°의 고온과 10기압으로 15시간 이상 증기양생한 다공질의 경량 CON'c이다.

(2) ALC는 경량성, 단열성, 시공성, 내화성이 뛰어나지만 약한 강도와 흡수성이 커 내력벽으로 시공이 곤란한 단점이 있다.

(3) 시공시 유의사항으로는 재료의 보관, 쌓기모르타르, 줄눈처리, 쌓기높이, 모서리와 개구부의 정착보강에 주의해야 한다.

(4) ALC 제조

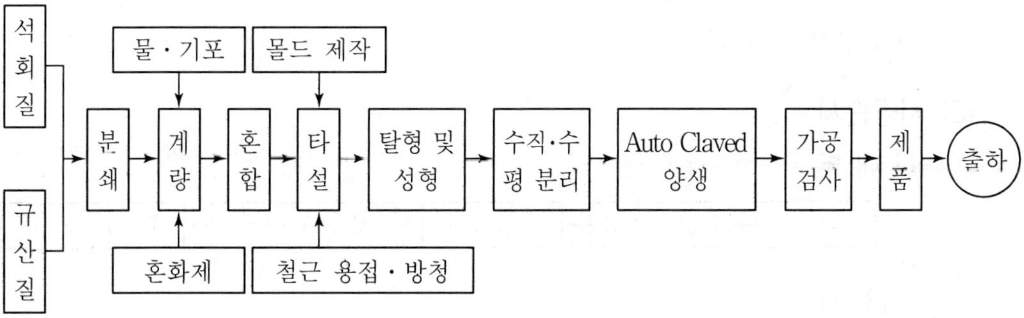

2. ALC의 특징

(1) 시공성

1) 공장제품으로 규격화되어 시공이 용이하다.

2) 강도가 낮아 톱으로 절단이 가능하다.

3) 가공이 용이하여 작업성이 향상된다.

4) 경량으로 운반이 용이하다.

(2) 단열 및 내화성

1) 다공질로 열차단 성능이 우수하다.

2) 열저항이 강하다.

3) 내화벽으로 이용가능하다.

(3) 저강도

1) 강도가 약해 가공은 용이하나 내력벽체로 사용이 곤란하다.

2) 충격에 약하고 모서리 파손 우려가 높다.

(4) 흡수성

1) 흡수성과 투수성이 좋다.

2) 화장실 벽체로 사용시 방수처리가 필요

3) 습기에 노출되면 강도 저하, 단열성능 저하

3. 내·외부벽의 시공방법

(1) 재료의 보관 및 운반

1) 습기가 없는 건조한 장소에 보관한다.

2) 운반시 모서리의 파손주의

(2) 시공순서

1) 내 벽

먹매김 → Panel 조립 → 문틀설치 → Mortar 충전 → Primer 도전

2) 외 벽

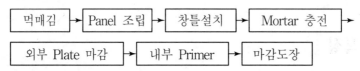

먹매김 → Panel 조립 → 창틀설치 → Mortar 충전 →

외부 Plate 마감 → 내부 Primer → 마감도장

(3) 시공방법

1) Shop Drawing

① 기준층 시공도면 작성

② 창틀, 개구부 상세도 작성

2) Panel 나누기

① 규격폭 300×600mm

② 층고높이, 길이

3) 쌓기방법

① 상단부 쌓기

㉠ Sealing재 사용

㉡ 우레탄 발포제 등으로 충진

㉢ 철물을 사용하고 고정

② 하단부 쌓기

㉠ 타일면 Sealing재 사용

㉡ 방수턱 시공, 방수제 사용

㉢ Level Mortar로 수평유지

③ 모서리 쌓기

㉠ Sealing재 사용

㉡ 우레탄 발포제 등으로 충진

㉢ 철물을 사용하고 고정

④ 개구부 쌓기

㉠ 인방실치로 하중 분산

㉡ 우레탄 발포제 등으로 충진

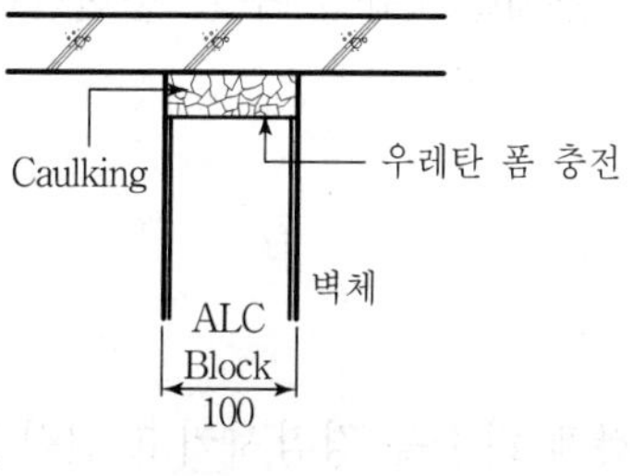

[상단부 쌓기]

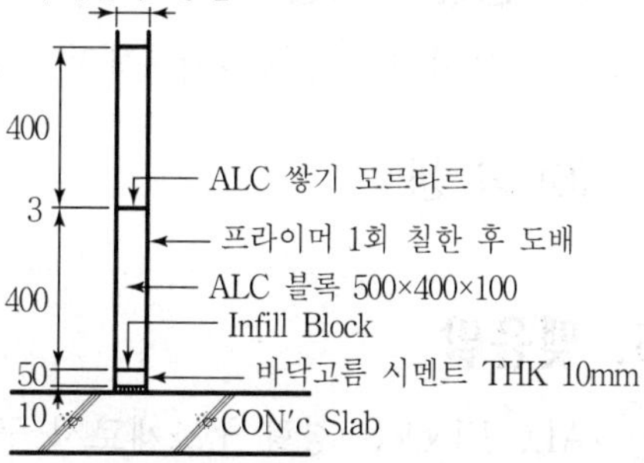

[하단부 쌓기]

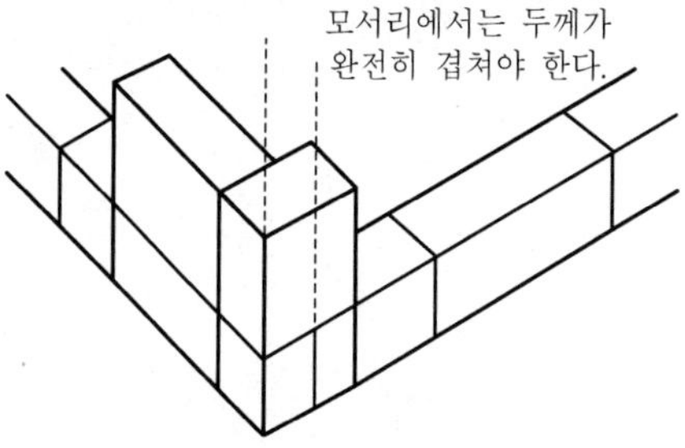

[모서리 쌓기]

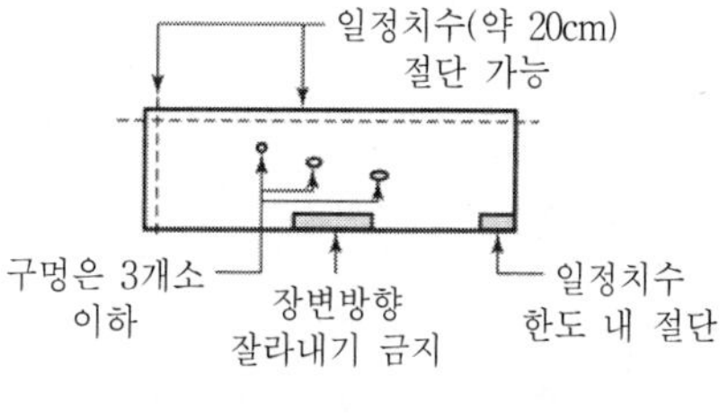

[절단 홈파기]

4. 시공시 유의사항

(1) 재료보관과 먹매김

1) 습기 없는 건조한 장소에 보관한다.

2) 기준 먹매김을 각 층마다 실시한다.

(2) 모르타르 및 줄눈

1) 비빔 1시간 이내에 사용한다.

2) 줄눈은 밀실하게 1~3mm 이내로 한다.

(3) 절단, 홈파기

1) 관통부위 홈파기가 30mm 이상일 시 보강한다.

2) 파이프 매설 등의 경우 밀실하게 한다.

(4) 공간쌓기

1) 공간은 50~90mm

2) 연결철물을 사용하여 강도 증진

(5) 충전과 보강

모서리부 철물보강, 처짐 부위는 10~20mm 여유를 두고 충진한다.

(6) 양 생

5. 맺음말

ALC Block은 경량 구조체로서 구조물의 전체 하중을 경감시키고 건식공법으로 공기 단축과 시공성 향상에 유리한 공법으로 저강도, 고흡수성의 약점을 개선하여 기술적 보완을 하면 앞으로도 사용이 더욱 확대될 것이다.

number 24 ALC Panel의 시공

※'03

1. 개 요

(1) ALC(Autoclaved Light Weight Concrete)란 석회질과 규산질을 원료로 고온, 고압으로 양생된 경량 기포콘크리트를 말한다.

(2) ALC는 철골조와 병행하여 공업화공법에 많이 쓰이며, 설치공법에는 외벽 설치공법과 내벽 설치공법이 있다.

(3) ALC의 외벽 설치공법의 종류로는 수직벽에 수직철근 삽입공법과 Slide 공법이 있으며, 수평벽에 Bolt 조임공법과 Cover Plate 공법이 있다.

2. ALC의 특징

(1) 장 점

1) 경량이고 단열성, 흡음성, 내화성이 크다.

2) 가공이 쉽고 취급이 용이하다.

3) 치수의 정밀도가 높다.

4) 시공성이 뛰어나 공사기간 및 인력이 절감된다.

5) 철근구조의 강성과 ALC의 경량성으로 내진성이 크다.

(2) 단 점

1) 흡수성이 커서 방수에 대한 신뢰도가 떨어진다.

2) 강도가 약해 파손이 쉽다.

3) 내력벽체 사용이 어렵다.

4) 부재 보관시 습기를 피해야 한다.

3. ALC의 재료 및 제조

(1) ALC의 구성재료

1) 석회질 원료

① 석회(CaO)

② 포틀랜드 시멘트, 고로 슬래그 시멘트, 플라이애시 시멘트

2) 규산질 원료

규석, SiO_2, 고로 슬래그, 플라이애시

3) 발포제

Aluminum 분말, 표면활성제

4) 혼화재료

기포의 안정 및 경화시간 조정으로 ALC 품질에 영향을 미치지 않을 것

5) 철 근

일반구조용 봉강, 철근 콘크리트용 철근 및 철선

6) 방청제

수지, 역청, 시멘트를 주원료로 할 것

(2) 제조공정의 Flow

석회질 규산질 (+ 알루미늄 분말) → 혼 합 → 철근배근 → 타설, 절단 → 양 생 → 검 사

4. ALC Panel 설치공법

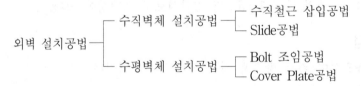

외벽 설치공법
- 수직벽체 설치공법
  - 수직철근 삽입공법
  - Slide공법
- 수평벽체 설치공법
  - Bolt 조임공법
  - Cover Plate공법

(1) 수직철근 삽입공법

1) ALC Panel 양측에 마련된 둥근 홈에 수직벽 보강 Plate를 넣고 철근을 삽입한 후 모르타르를 충진시켜 구조체에 긴결시키는 공법

2) 가장 많이 사용되고 있으며 경제적이다.

(2) 수직 Slide공법

ALC Panel 양측에 마련된 둥근 홈부에 Panel 하부는 보강근을, 상부는 보에 취부된 앵글 Plate와 Bolt로 고정하여 그 홈에 Mortar를 충진하고, 하부는 고정, 상부는 Slide되도록 구조체에 긴결시키는 공법

(3) 수평 Bolt 조임공법

ALC 양단부에 구멍을 뚫고 Hook Bolt를 이용하여 구조체 또는 앵글에 긴결시키는 공법을 말한다.

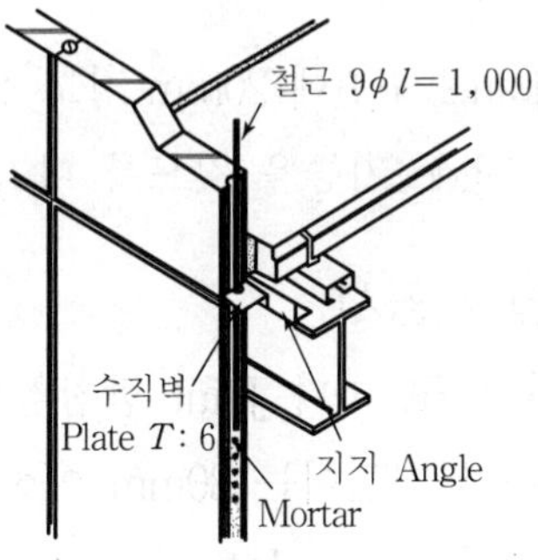

[수직철근 삽입법]

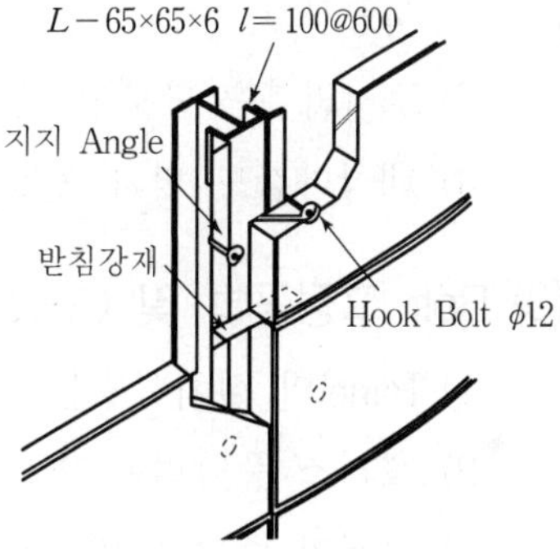

[수평 Bolt 조임법]

5. ALC 시공시 유의사항

(1) 수직철근 공법시

1) 기초부

① Leveling Mortar는 설치 전에 시공한다.

② Anchor 철근은 600mm 간격으로 수평철근에 확실히 고정한다.

2) 일반부

① 보강 Angle은 기둥이나 Gusset 부분에서 잘리게 되므로 시공시 유의한다.

② 일반적으로 18m를 초과하는 경우에는 Bolt 조임 겸용으로 한다.

3) Parapet부

Parapet의 높이는 Panel 두께의 6배 이내로 한다.

4) 외부 모서리부

패널이 교차하는 Joint에는 10~20mm의 신축줄눈을 준다.

5) Panel의 설치는 수직, 수평이 되도록 확인한다.

6) Panel의 파손부위 및 외부 구멍은 전용 보수재로 보수한다.

(2) 수직벽 Slide 공법시

1) Panel 상부는 변형에 대하여 Slide가 되도록 가고정 못은 반드시 제거한다.
2) Parapet 상부는 방수재를 직접 시공하면 Slide가 되지 않으므로 2중 처리 방수 시공한다.
3) 모서리부는 단부의 기둥에 고정한 Panel 주변에 20mm 정도 신축줄눈을 둔다.
4) 내장마감도 벽과 천장의 Joint부는 Slide 기능을 갖도록 마감한다.

(3) Bolt 고정공법 및 Cover Plate 공법 시공시

1) Panel의 설치단수는 5단 이하로 하고, 5단마다 Joint 받침철물을 설치한다.
2) 플러스 풍압력을 받는 부위의 Panel 지지길이는 30mm 이상으로 한다.
3) 모서리 주변은 10~20mm 정도의 신축줄눈을 둔다.

number 25 C/W의 공장 제작 및 품질관리

1. 개 요

C/W의 요구 성능을 만족시키고 현장시공 및 사용시 결함이 발생되지 않게 하기 위해서는 설계 도면과 시방을 기준으로 제작치수가 정확히 유지되고 소정의 설계강도 이상이 확보되어 외력에 대한 뒤틀림, 변형, 파손이 없도록 제작공정별로 품질관리가 정밀히 이루어져야 한다.

2. C/W의 품질 기준(설계 기준)

(1) 수축 팽창

외부기온의 연중변화온도(최고 45℃, 최저 −25℃)에 수축, 팽창여유를 갖도록 설계

(2) 설계풍압

1) 수직 방향에 대한 휨은 L/175, 또는 19mm 이하 중 작은 값을 적용
2) 유리 자중에 의한 처짐은 3.2mm 이하

(3) 기밀성

1) 기밀성능은 압력차 1kgf/m^2에 대한 단위벽면적, 단위시간당의 통기량에 의해 표시하고 단위는 $m^3/m^2 \cdot min$으로 한다.
2) 실을 밀폐 후 7.8kgf/m^2의 압력을 가했을 때 분당 0.0183m^3/m^2 이하로 누출될 것

(4) 수밀성

1) 수밀성능은 실내 측에 누수가 생기지 않는 한계의 압력차로 표시하고 단위는 kgf/m^2로 한다.
2) 설계 풍압력의 20% 압력 아래에서 4l/min · m^2의 유량을 15분 동안 살수하여 누수발생이 없을 것

(5) 차음 및 단열성

1) 차음성능은 음의 평균투과 손실률이 40dB 이하
2) 실제 사용 환경과 같은 온도, 습도를 조정하여 C/W에 발생하는 결로현상 확인하여 단열 조치

(6) 소음, 마찰음 방지

풍압력, 구체의 변형, 외기온도의 변화 등에 의해 생기는 변형에 의한 소음, 금속 마찰음 등의 발생을 최소한 억제할 것

(7) 열 안정성

예상되는 온도변화에 의한 부재의 변형이 각부의 파손 혹은 성능 저하를 가져오지 않고 미관상으로도 지장이 없도록 설계

(8) 내화 성능

화재 시 탈락이 없어야 하며 부착용 철물도 동등한 내화성능을 유지할 것

(9) 내구성

외부 환경조건에 충분한 내구성이 있도록 표면 마감을 한다.

3. 금속 C/W의 공장제작 및 품질관리

(1) 제작도 작성

설계도면과 시방을 기준으로 제작, 설치를 위한 세부제작, 시공 상세도를 작성한다.

1) 각층 평면도 및 주단면도
2) 방위별 입면도
3) 부위별 단위 평면도, 입면도, 단위상세도
4) 수직, 수평부재 및 부재 간의 접합부 상세도
5) 익스팬션 조인트 단면상세도
6) 보강 부분의 보강 상세도
7) Weather Stripping 재료 및 방법
8) 결로수 배수처리방법 및 상세도

9) 유리 끼우기 및 고정방법
10) 단열재의 설치 및 고정방법
11) 타 공종과의 연관 부분에 대한 상세도
12) 고정에 따른 시험계획서 및 작업계획서
13) 긴결철물 상세 및 위치도
14) 시공, 설치 순서도

(2) 부재의 접합

1) 부재접합부의 가공은 시각적, 구조적으로 결함이 없을 것
2) 누수가 되지 않는 구조로서 정확한 치수와 강도를 유지

(3) 공장조립

1) C/W 각 부재와 부속철물은 공장조립 중 철저한 사내검사와 담당원의 검사를 받을 것
2) 현장조립에서 발생할 수 있는 오류나 실수를 최소화

(4) 이종금속 접촉부에 대한 보호대책

1) 이종금속의 상호 접촉에 따른 부식방지
2) 표면에 피막제를 도포하거나 시일재, 비닐시트 등 적절한 재료로 보호조치

(5) 용 접

1) 일체의 용접은 공사시방의 규정에 따라 실시
2) 용접종류, 형태, 간격 등은 상세도면에 표시
3) 용접에 의한 부재표면의 뒤틀림이나 퇴색현상이 없도록 주의
4) 용접부위가 표면에 나타나는 곳은 디스케일링(Descalling)이나 연마(Griding) 하여 터치업(Touch Up) 마감을 한다.

(6) 절단면 접합부의 누수방지

1) 모든 절단면 접합부위에는 조립시 내부에서 시일재를 시공
2) 스크루(Screw) 조립작업 후에는 그 위에 반드시 시일재를 도포

(7) 가스킷 및 부속재 부착작업

1) 가스킷은 가스킷 홀(Hole)에 접착제를 주입하여 부착
2) 이음부위는 강력접착제로 완전히 고정시킨다.

(8) 유닛(Unit)별 조립작업

1) 부속재의 부착이 완료된 부재는 조립용 공구로 1, 2차 조임을 한다.
2) 가조립된 Unit를 Screw로 완전조립 후 Seal재로 마감하여 누수방지

(9) 포장 및 운반

1) 제품 검사 후 비닐 보호막으로 개별 포장하여 출하
2) 운송도중에 변형, 파손이 없도록 목재 또는 스펀지 등으로 보호처리

4. PC C/W 공장제작시 품질관리

(1) 형틀의 제작 및 조립

1) 반복사용에 형태, 치수가 정확히 유지되고 조립 및 탈형이 용이할 것
2) 형틀은 녹물에 의해 콘크리트나 마감재가 변색되지 않도록 유지관리

(2) 철근의 가공 및 조립

1) 가공장에서 보관하고 지상에 직접 닿지 않도록 할 것
2) 철근의 가공조립은 배근도에 의하여 배근의 정확성을 기할 것
3) 간격재를 소정의 피복두께가 정확히 유지되도록 설치

(3) 매입 철물 설치

1) 각종 매입철물은 소정의 위치에 볼트로 형틀과 긴결시키고 타설시 이동하지 않도록 고정
2) 매입철물 설치시 철물주변을 보강하여 구조를 보강

(4) 마감재

1) 마감재의 반입, 보관 및 장내 소운반
2) 작업물량이 대규모일 때는 마감재 작업장을 2개소 이상 설치

3) 마감재의 배면처리
   ① 매스킹 테이프 접착
   ② 앵커홀 청소 및 그라우팅
   ③ 배면처리제 400g/m² 이상 도포
   ④ 전단 철물 설치
   ⑤ 규사 700g/m² 이상 도포

4) 마감재 줄눈 부분의 처리

5) 마감재 배열 후의 검사

(5) 콘크리트 타설

1) 타설순서에 입각하여 작업을 하고 형틀 내부 구석까지 밀실하게 타설

2) 바이브레이터 진동으로 인하여 마감재의 이동 및 백업재 이탈 주의

(6) 양 생

1) 콘크리트 타설 완료 후 증기양생 시작 전에 여름에는 2시간, 겨울에는 3시간 정도 자연양생을 실시한다.

2) 증기양생시 최고온도는 70℃ 이하로 하고 온도상승 및 하강구배는 15℃/hr 이하로 한다.

3) 야적된 제품은 자연양생을 하여 소정의 설계강도 이상이 되도록 관리한다.

(7) 탈 형

1) 탈형시 제품온도와 외기온도의 차이는 20℃ 이하를 유지

2) 탈형 후 제품의 일정한 위치에 제품번호를 표시

(8) 마감 및 보수

제작 정밀도 및 구조적 성능 여부 확인 후 훼손 부분에 대한 보수 시행

(9) 저 장

저장시에 파손, 변형이 생기지 않게 주의하고 종류별, 규격별로 분류하여 저장

(10) 운 반

부재 운반중 부재 사이에 쿠션재 등을 끼우고 보호조치

5. 제품의 치수 허용 오차(단위 : mm)

항 목	금속제 C/W	PC C/W
1. 변길이	±3	±5
2. 대각선 길이	5	7
3. 판두께	2	±2
4. 개구부 내측지수	±3	±2
5. 비틀림	4	5
6. 휨	3	3
7. 평활도	2/1,000	3

6. 맺음말

(1) 콘크리트계의 PC C/W는 제조과정의 복잡, 자중의 증가로 현장시공에 어려움이 있어 최근에는 경량이며 제작이 간편한 금속 C/W로 많이 활용되고 있다.

(2) 현장에서의 조립, 접합시 신뢰성 증가 및 C/W의 요구성능을 만족시키기 위해서는 공장 제작 과정에서의 입회검사를 통한 품질확보가 되어야 하며 공장과 현장 간에는 상호작업 관련성을 검토하여 긴밀한 협조체계를 구축하여야 한다.

number 26 커튼 월(Curtain Wall)공법의 종류 및 시공시 고려사항

※'88, '92, '95, '96, '98, '00, '01, '07, '09

1. 개 요

(1) Curtain Wall 공사의 공법에는 구조공법으로 Mullion System과 Panel System이 있으며, 조립공법으로는 Unit Wall System과 Knock Down System, Panel System이 있다.

(2) Curtain Wall 시공시 고려사항으로는 기준 먹매김, Fastener 설치, C/W 접합, Joint 빗물처리방식, Sealant 처리, 보양 및 청소, 자재운반 및 양중시 안전대책 등을 들 수 있다.

2. Curtain Wall 공법의 특징 및 요구 성능

(1) C/W 특징

1) 외주벽의 경량화
2) 건식화, 기계화
3) 공기단축 효과
4) 가설공사의 간략화

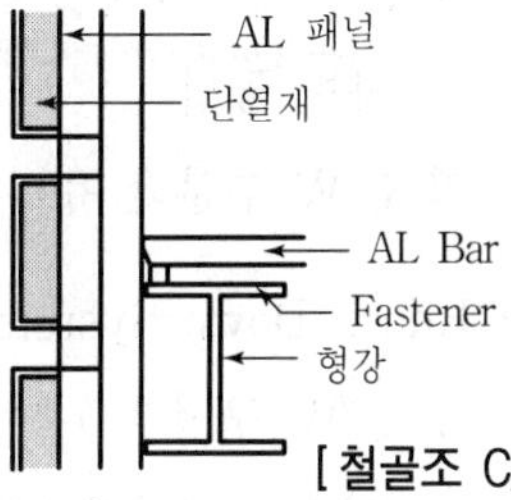

[철골조 C/W]

(2) C/W의 요구 성능

1) 내풍압성
2) 수밀성
3) 기밀성
4) 차음성능
5) 단열성능, 결로방지 성능
6) 내구성, 내부식성
7) 내화성능
8) 내진성능
9) 배연성능
10) 층간 변위 추종(대응)성

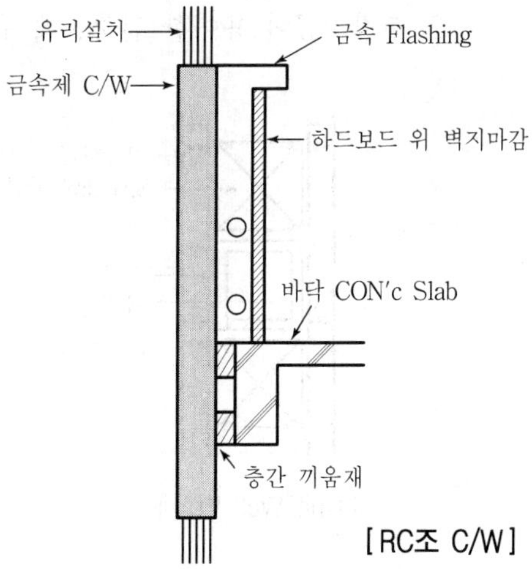

[RC조 C/W]

3. Curtain Wall 공법의 종류

(1) 외관에 의한 분류

1) Mullion System

① Mullion(수직부재)을 Slab와 보에 고정하고 그 사이에 Sash나 Spandrel Panel C/W을 취부하는 공법

② 수직선을 강조하는 건물에 주로 사용

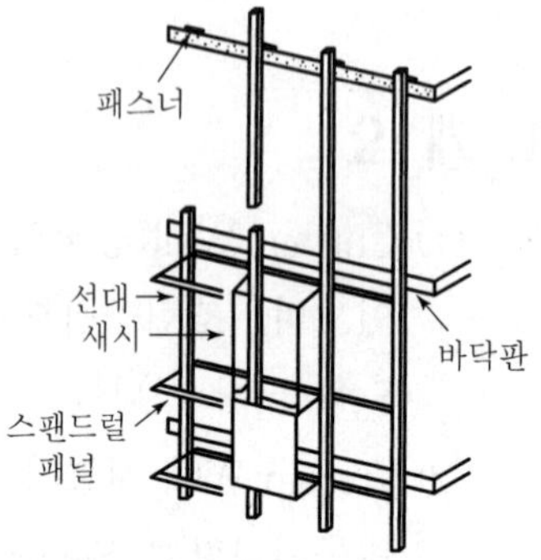

[Mullion System 방식]

2) Spandrel Type

3) Grid Type

4) Sheath Type

(2) 조립방식에 의한 공법

1) Unit Wall System

① C/W 구성부재를 공장에서 완전히 조립하고 Unit화하여 현장에 반입하여 조립하는 공법

② C/W 취부와 유리 끼우기를 병행 작업한다.

2) Knock Down System

① C/W 구성부재를 현장에서 조립하여 창틀을 형성하는 공법으로 일명 Stick Wall 공법이라고도 한다.

② 현장시공이 용이한 건축물에 유리하다.

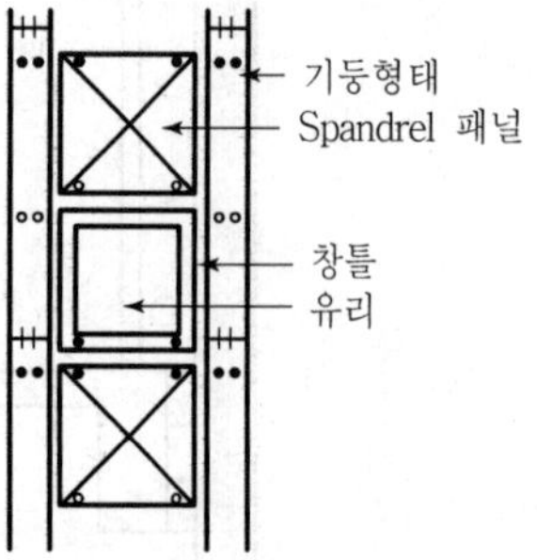

[Unit Wall 방식]

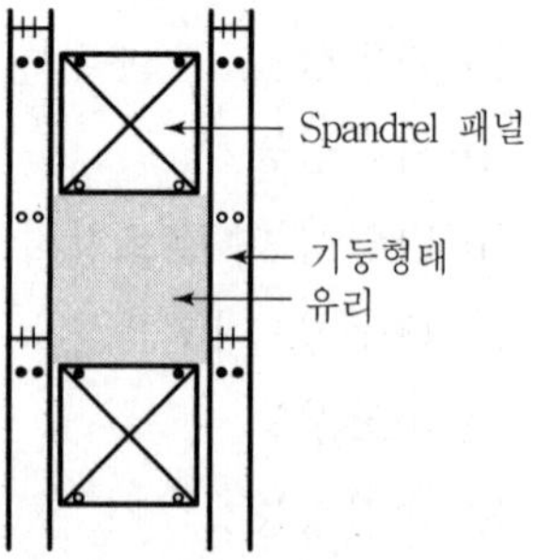

[Knock Down System]

3) Panel System

① Sash와 Spandrel을 하나의 C/W Panel로 제작하여 슬래브 사이에 취부하는 공법

② 현재 초고층 외주벽 C/W에 많이 사용하는 방식

③ Panel System의 종류

㉠ 층간 패널 방식

㉡ 기둥, 보 패널 방식

㉢ 징두리벽 패널 방식

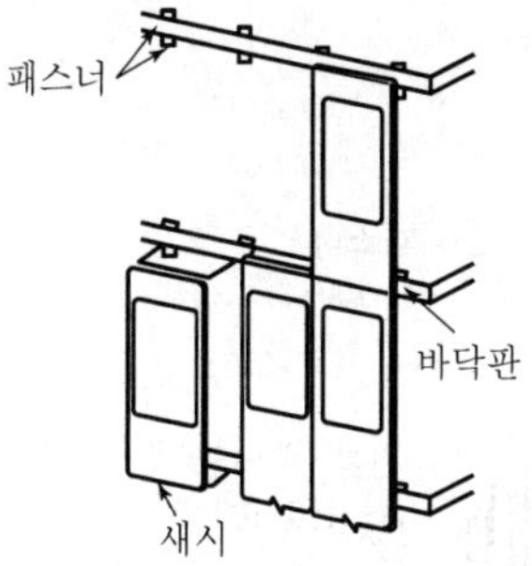

[층간 패널 방식]

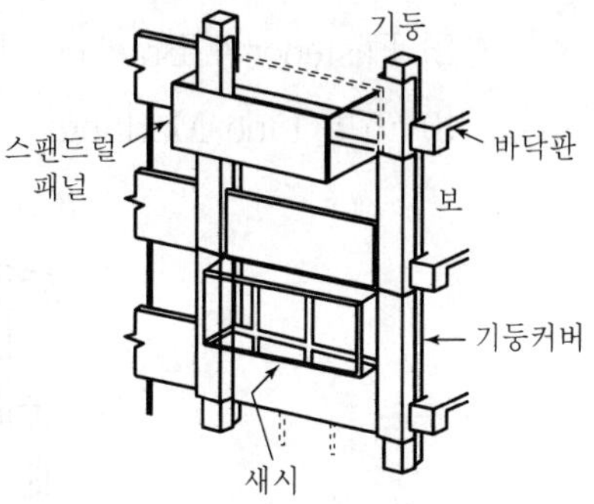

[징두리벽 패널 방식]

(3) 재료에 의한 구분

1) 금속 C/W

2) PC C/W

3) Glass C/W

4) 석재 C/W

4. Curtain Wall 시공시 고려사항

(1) C/W 재료 제품검사

C/W의 재료별로 요구되는 성능검사 및 규격검사 실시

(2) 시공준비

1) 공정계획

공장제작과 현장 조립공정을 검토하여 작업계획을 수립한다.

2) 부재의 반입도로 및 소운반 검토

3) 양중기 선정 및 배치 검토

4) 가설계획

① C/W 설치 작업발판 실시

② 가설전기 및 용수

(3) 기준 먹매김 확인

1) 건물 외곽모서리에 수직, 수평 기준선 설치

2) Fastener와 Bracket 기준 먹매김 위치

3) 층별 Line Marking

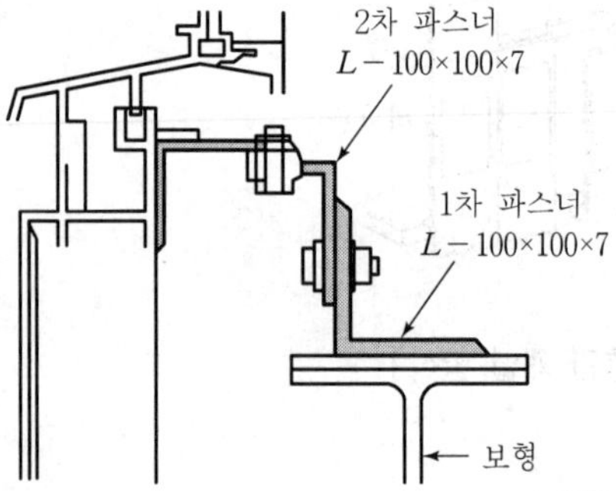

[Fastener의 부착]

(4) 현장조립 및 설치

1) Fastener의 설치

① 1차, 2차 Fastener를 구조체에 설치

② 층간변위 추종성, 강도, 내화성, 방청성 부족

③ 설치방법 : Slide, Locking, Fix 방식 사용

2) C/W의 설치

① 동시 설치방법 : PC재 C/W 설치

② 분리 설치방법 : 금속재 C/W 설치

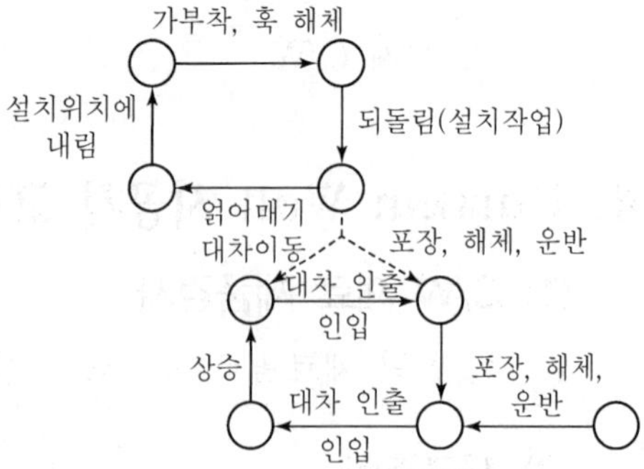

[분리부착 설치방법]

(5) Joint 비(雨) 처리방식 결정 및 누수방지

1) Closed Joint Sealing 작업

2) Open Joint 작업

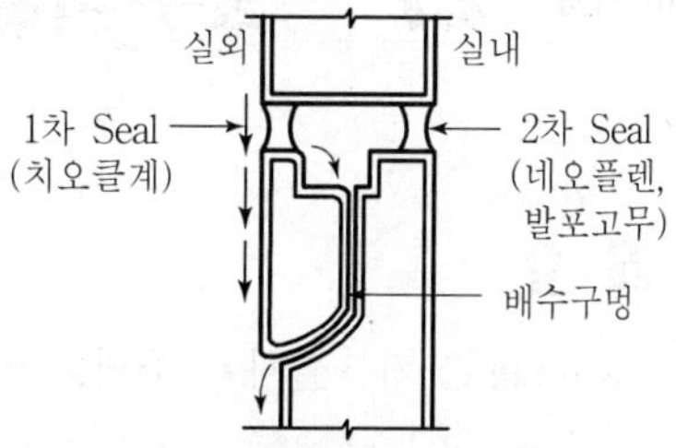

[Closed Joint]

(6) Sealing재의 하자방지

1) 접착성, 내구성, 열변형성

2) 접착 및 용접 파괴방지

① 줄눈설계시 줄눈폭, 깊이 부실

② 충진 시공불량 방지

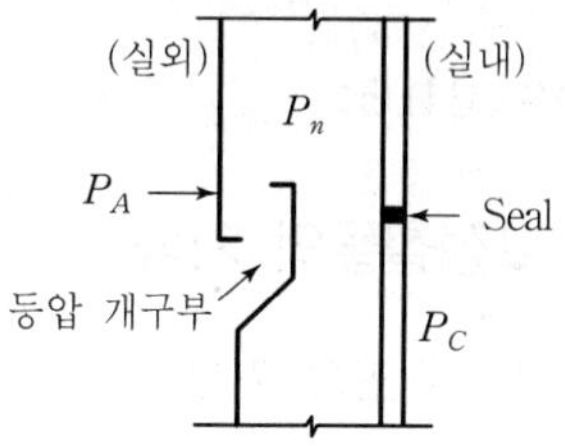

[Open Joint]

(7) 단열 및 결로 하자방지

1) 여름철 외부열기 방지 단열

2) 실내 습한 공기에 따른 표면결로

(8) C/W 성능시험 실시

1) Mock up Test

2) Wind Tunnel Test

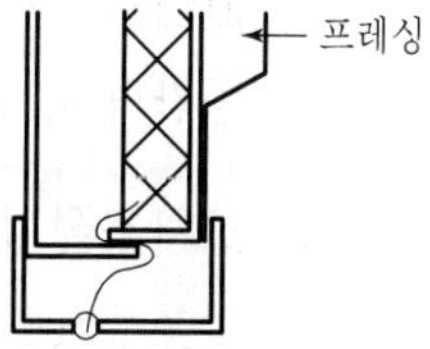

[Panel 결로]

5. 맺음말

(1) C/W의 형태와 규격이 다양화됨에 따라 외벽구조에 대한 특수설계와 자재개발에 의한 C/W의 안전성과 성능확보가 중요하게 대두되고 있다.

(2) C/W 시험을 통해 안정되고 경제적인 C/W를 시공, 설계함으로써 도시의 외관을 다양화하면서도 안전한 구조물이 완성될 수 있을 것이다.

number 27 알루미늄 커튼 월의 Fastener Anchor

※'12, '21

1. 개 요

Fastener는 커튼월과 구조체를 연결하는 고정철물로 구조적 기능뿐 아니라 변형흡수, 오차 조절 기능이 있으므로 커튼월의 종류에 따라 적합한 방식을 사용하여 접합하여야한다.

2. Fastener

(1) 고정철물의 기능

1) 구조적 기능

커튼월 부재의 자중 지지, 지진력 및 풍압력 지지

2) 변형흡수기능

층간변위, 온도변화에 따른 부재의 신축력 흡수, 수직 방향 변위 흡수

3) 오차조절기능

골조부재오차, 커튼월 제품 오차, 시공 오차 조절

(2) 파스너의 종류(지지 방식)

1) 회전방식–Pin Fastener

① 상부 : 핀지지단/하부 : 자유단(하부패널의 상부에 체결)

② 볼트로 레벨을 조정하고 자중을 지지하며 층간변위를 흡수

③ 층간변위에 대한 추종성이 좋아 층간일체형패널에 적합

2) 회전방식–Bracket Fastener

① 상부 : 브래킷/하부 : 자유단(하부패널의 상부에 체결)

② 브래킷이 열팽창, 층간변위를 흡수

③ 기둥, 보, 커버패널타입에 사용하며 시공이 간단

3) Slide방식

① 상부 : 1단 고정(용접), 1단 자유/하부 : 슬라이드

② 횡방향 열신축 흡수가 용이하고, 기둥, 보 커버패널타입에 사용

4) 고정(Fix)방식

① 상부 : 고정(용접)/하부 : 고정(용접)

② 고정철물의 형식이 단순하고 시공은 용이

③ 철근콘크리트구조 등의 면내변형이 적은 건물에 사용 가능

3. 커튼월의 고정철물

(1) 고정철물 분류

1) Anchor Bolt System

2) Embed System

① Plate System

② Channel System

(2) Anchor

1) Expansion Set Anchor

2) Basc Plate

3) 고강도 매립앵커(Cast-In Channel)

(3) Anchor Clip

1) Expansion Set Anchor+현장용접

2) Base Plate+현장용접

3) Cast-In Channel+Non Weld

4. 고정철물 시스템 비교

구 분	Anchor Bolt System	Embed System	
		Embed Plate System	Channel System
표면처리	• 광명단 • 융융아연도금	• 광명단 • 융융아연도금	• 융융 • 아연도금
용접관련	앵커설치에 따른 용접없으나, 앵커클립에 와셔 고정시 용접발생	• 슬래브 타설 전 앵커설치 시 용접 • 플레이트와 앵커클립고정 시 용접 • 앵커클립에 와셔고정시 용접	• 슬래브 타설 전 앵커설치 시 용접 • 앵커클립에 와셔고정시 용접 • 무용접시스템 사용시 용접 없음

시공성	앵커볼트 시공을 위한 드릴링시 철근의 간섭으로 작업성 저하 및 드릴 파손 우려	• 용접 및 용접 후 방청도장이 반드시 필요 • 앵커클립용접을 위한 공기 소요	시스템화된 규격품 설치로 운반 및 양중, 시공성 양호
구조적 특징	• 앵커볼트의 인발지지력 및 전단내력에 의해 하중지지 • 드릴작업부위 콘크리트 강도저하 우려 • 규격상이로 별도 구조계산 필요	• 철근의 부착능력에 의해 하중지지 • 규격상이로 별도 구조계산 필요	• 앵커부분 콘크리트의 Cone형 전단력에 의해 하중지지 • 제조사별, 설치유형별구조검증, 표준화규격으로 별도의 구조계산 필요 없음

5. 시공시 유의사항

(1) 파스너 방식 결정

1) 파스너 종류와 변위 추종 부분 확인

2) 지지 하중과 안정성 검토

3) 시공성 검토

(2) 상세도 작성 후 검토

(3) 시공 정밀도 확보(앵커 시공 허용오차)

수평 방향± 25mm, 수직 방향 ±10mm

(4) 변위 추종 없는 부위

Loose Hole 시공한 곳은 앵커 클립과 와셔를 용접

(5) 용접부 방청 도장

(6) 너트 풀림 방지

number 28 초고층 C/W 공사에서 하자원인과 방지 대책

※'98, '04, '08

1. 개 요

(1) C/W은 공장생산 마감재를 구조체의 외벽에 Fastener를 사용하여 부착하는 공법으로 경량화와 성력화에 잇점을 가지고 있다.

(2) C/W에 발생하는 하자의 원인에는 제품결함, Fastener 성능 부족, 접합부의 누수, 기밀성 부족, 층간변위 대응력 부족, 단열 및 결로하자와 Seal재의 Joint 부실을 들 수 있다.

(3) 하자에 대한 방지대책으로는 제품검사, Fastener 성능 확보, 기밀 시공, 접합방식 선정의 최적화, 단열성능 확보가 있다.

2. C/W의 요구 성능

(1) 층간변위 추종성

1) 층간변위

서로 인접한 상·하 두 개 층의 상대변위이다.

2) 층간변위 허용치

① 고층 철골조(유연구조) : 20mm

② 중·고층 건물(강구조) : 10mm

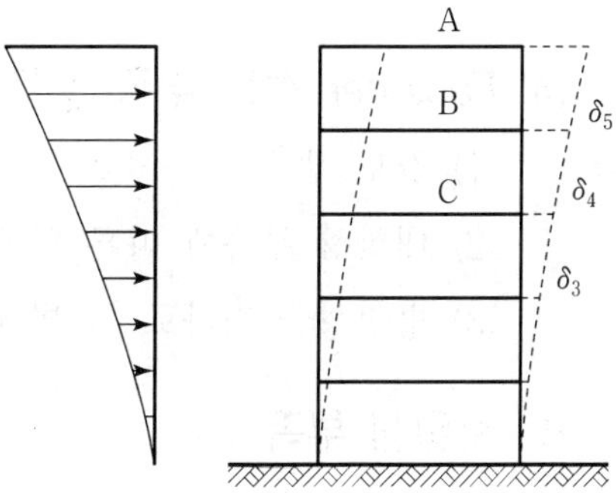

3) 흡수방식

① Slip 흡수형

② 자체 흡수형

(2) Fastener 구조성능

(3) 단열성 및 차음성, 강도, 내열성

(4) 내풍압성, 수밀성

1) 풍압시험

건물의 위치, 기후, 풍압 등에 대한 안전

2) 수밀시험

① 정압 수밀시험

② 동압 수밀시험

3. C/W의 하자 원인

(1) 제품결함

1) 재료 부식, 표면 균열 및 파손

2) 두께 부족, 내화성 부족

(2) 층간변위 부족

1) 온도변화에 대한 신축 대응력 부족

2) 풍압 및 지진이나 진동에 대한 대응력 부족

(3) Seal 재의 부실

1) 접착성 부족, 강도 부족

2) 내구성 부족

(4) Fastener 성능 부족

1) 강도 부족

2) 내화성 부족에 따른 열팽창, 수축

3) 방청성능 저하로 녹 발생

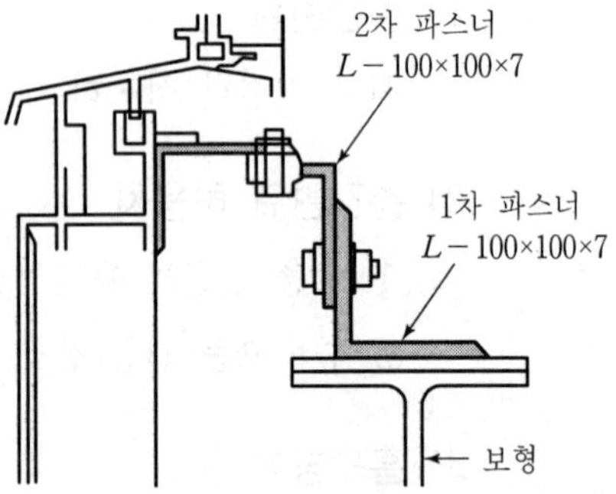

[c/w Fastener 부착]

(5) 수밀성 부족

단열성능 부족에 의한 습기결로로 부식 촉진과 강도 저하

(6) 기밀성 부족

1) 차음성능 부족으로 소음 발생

2) 이음부 부실시공

4. C/W의 하자방지대책

(1) 제품 반입검사

1) 재료의 화학적, 물리적 성분검사
2) 재료두께와 규격, 피막두께

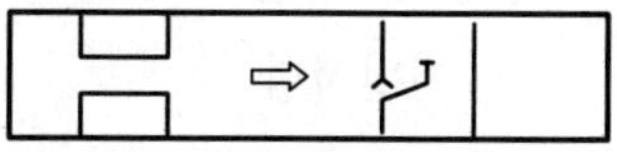

[기압차]

(2) 누수방지

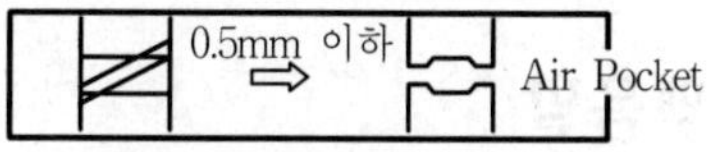

[모세관 현상]

1) Sealing재의 시공두께 확보
2) 수밀성 있는 재료 선택
3) 외부 누수에 대한 배수구 설치
4) 기압, 중력, 모세관현상에 의한 물의 침입 방지

(3) Fastener 성능 확보

1) Sliding 성능 확보
2) 50년 이상 성능 유지(내구성)
3) 열변화에 신축적으로 적용

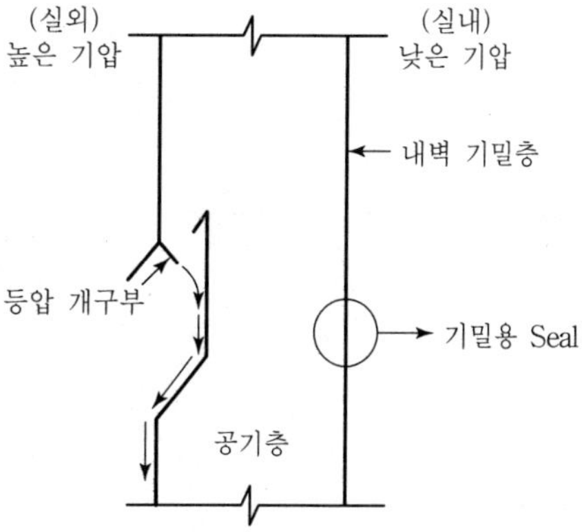

[Open Joint System]

(4) 층간변위대책

1) 재질에 따른 신축량을 고려
2) 풍압과 지진에 대한 검토
3) Seal재의 신축력 동시 고려

(5) 열팽창으로 인한 변형 금지

단열성능 검사

(6) 차음성 확보

(7) 검사 및 시험

1) 먹매김과 설치위치 검사
2) 부품과 유리설치 상태 검사
3) 풍동시험 실시
① 외벽 풍압시험
② 빌딩풍 시험

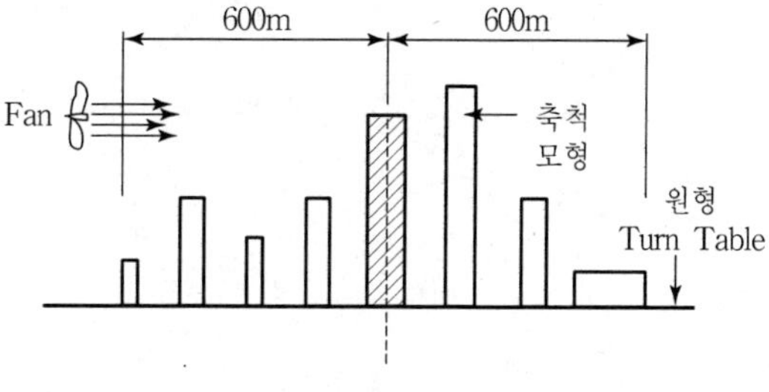

[풍동시험]

③ 고주파 응력시험

4) 실물대 시험

① 기밀시험

② 정수압, 동수압시험

③ 층간변위 시험

5. 맺음말

(1) 도심 대규모 구조물을 중심으로 C/W의 사용이 급속히 증가하였으나 층간변위의 추종성과 빗물처리의 문제점은 개선되어야 할 과제로 남아 있다.

(2) 구조적 안정성 확보를 위한 Fastener의 성능을 확보하고, Seal재의 내구성을 확보하면서 공기를 절감할 수 있는 시공 설치방법의 개선도 필요하다.

number 29 C/W의 결로 원인과 대책

※'96, '02, '07, '10

1. 개 요

(1) 결로는 내 · 외부의 온도차 발생시 공기 중의 포화수증기가 응결하여 표면에 맺히는 현상을 말한다.

(2) C/W 벽체에 발생하는 결로는 단열성능 저하에서 오는 지속적 결로가 많으며, 이러한 지속적 결로는 금속 C/W의 부식을 촉진시켜 건축물의 수명을 감소시키는 결과를 가져오게 된다.

2. 결로의 발생이론과 형태

(1) 발생이론

1) 온도가 높으면 포화수증기량도 증가, 온도가 낮아지면 포화수증기량도 감소

2) 온도에 비해 공기가 수증기를 많이 포함하게 되면 과포화수증기가 응결하여 결로

3) 공기온도 < 노점온도

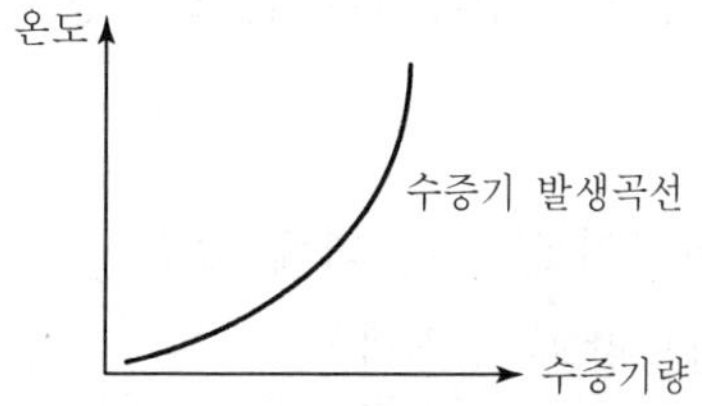

(2) 표면결로

1) 급격한 온도 차이에 의해 구조물 표면에 발생

2) 단열재를 미설치하거나 성능이 저하된 경우 발생

(3) 내부 결로

1) 구조체 내부의 수증기가 온도 저하에 따라 내부에 응결

2) 건구온도 < 노점온도

3) 내단열 시공시 발생

3. 결로의 발생원인

(1) 내·외부의 온도 차이

1) 겨울철 난방에 의한 실내·외의 온도 차이

2) 장마철 높은 습도와 냉방에 의한 온도 차이

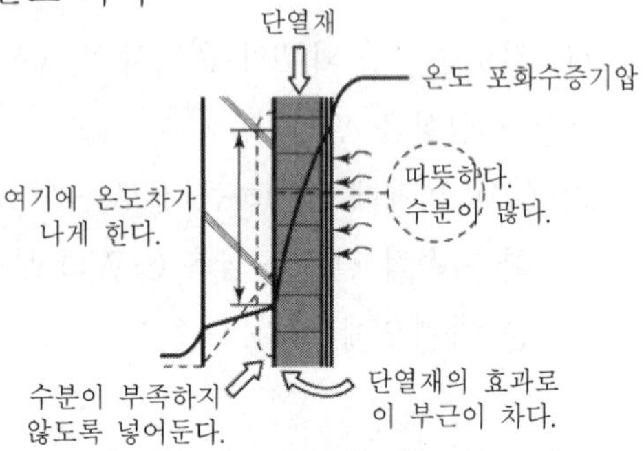

(2) 환기 부족

1) 대형 빌딩의 밀폐된 창문

2) 내부 공기의 순환 부족

(3) 건물 조건

1) 건물이 밀집되어 통풍 불량

2) 건물 뒷편 음지

3) 대형 건물에 가려 일조량이 부족한 건물

4) 흡수력이 적은 자재를 사용한 건물

(4) 단열성능 부족

1) 단열재의 두께와 규격 미비

2) 단열재의 밀실시공이 이루어지지 않아 열교, 냉교현상 발생

3) 외장재의 방습성능 부족이나 건조 불량

(5) 우수처리 불량

1) 물끊기 홈 미설치로 인한 벽체 습윤

2) Sealing 처리불량과 노후화

3) 처마홈 미설치

(6) 구조체 불량

1) 벽체의 균열부 수분침투

2) 양생과 건조불량(조적벽체)으로 인한 결로

(7) 기상과 기후조건

1) 습한 날씨와 일조량 부족

2) 바람이 없는 흐린 날씨

4. 결로의 방지대책

(1) 단열성능 향상

1) 내단열공법에서 외단열공법으로 변경한다.
2) 열교, 냉교현상 방지
3) 성능이 높은 단열재를 사용한다.
4) 통기구 설치
5) 단열재 보강 및 시공법 개선

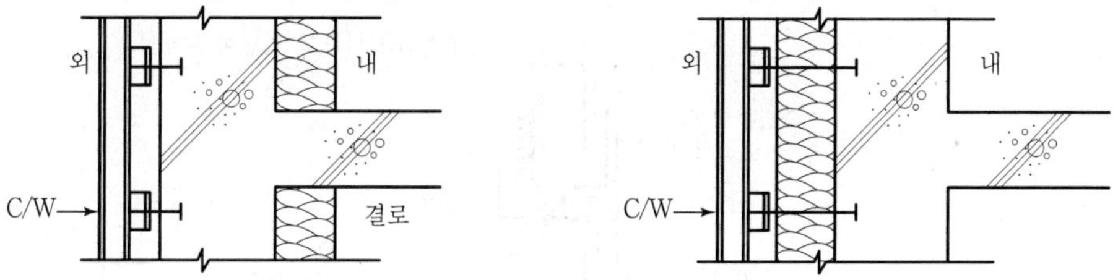

[외단열 시공]

(2) 단열바 시공

1) 아미드바(Amid Bar)
2) 아존바(Azon Bar)

(3) 시공상 개선

1) 물끊기 홈과 처마홈 설치
2) Sealing재와 균열부위 보수
3) 방습층 설치
4) 타일이나 조적외벽면 발수제 시공

(4) 창호 및 개구부 보강

1) 2중창 설치
2) 창호 및 개구부 주변 단열보강

(5) 생활환경 개선

1) 과도한 냉난방 자재
2) 겨울철도 규칙적으로 환기 실시

(6) 환기 시스템 개선

1) 환기 덕트의 설치, 공조 시스템 가동
2) 제습장치 설치
3) 실내 습기가 많이 발생하는 경우 배출 시스템 별도 설치

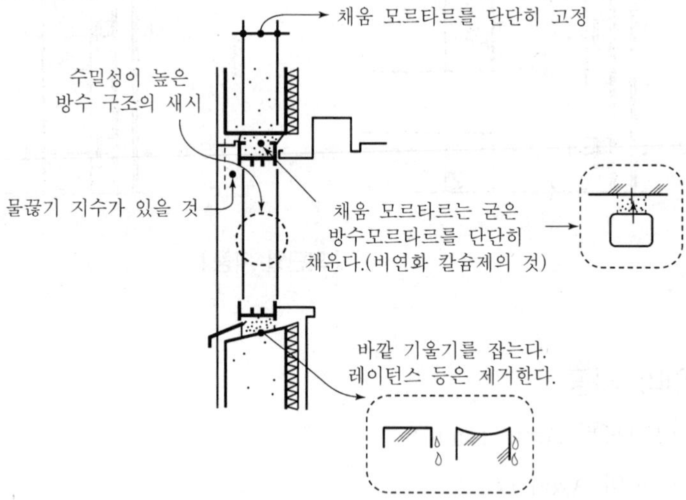

[비처리 방식 개선]

(7) Open Joint System 적용

5. 맺음말

(1) 금속 C/W에 누수로 인해 빗물이 고여 있거나 지속적 결로발생으로 습기가 차게 되면 C/W에 부식이 일어나 구조적 안정성을 해치기 쉽다.

(2) 따라서, C/W 계획시 부식에 대한 대책과 함께 결로발생을 근본적으로 차단할 수 있는 시공법을 선정하여야 한다.

number 30 C/W의 요구성능시험(풍동시험과 Mock Up Test)

※'20

1. 개 요

(1) C/W 공사완료 후 발생될 수 있는 문제점을 사전에 예방하고 최적의 설계와 시공법을 찾아내기 위하여 C/W에 대한 시험을 실시한다.

(2) C/W의 요구성능시험에는 풍동시험과 Mock up Test가 있고 기타 재료에 대한 시험으로 내구성, 내풍성, 단열, 차음, 층간변위, Fastener에 대한 시험이 있다.

2. C/W의 요구 성능

(1) 층간변위 추종성

1) 층간변위

서로 인접한 상하 두 개 층의 상대변위이다.

2) 층간변위 허용치

① 고층 철골조(유연구조) : 20mm

② 중·고층 건물(강구조) : 10mm

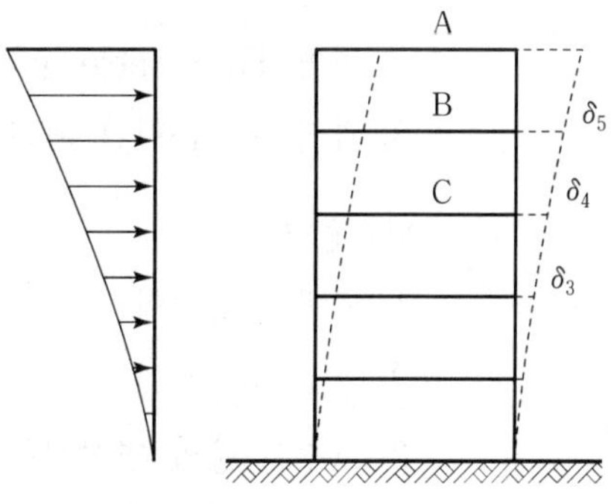

3) 흡수방식

① Slip 흡수형

② 자체 흡수형

(2) 강도 내열성

(3) 단열성 및 차음성

(4) 내풍압성, 수밀성

1) 풍압시험

건물의 위치, 기후, 풍압 등에 대한 안전

2) 수밀시험

① 접합부의 틈새의 수밀시공

② 누수를 외부에서 차단

③ Closed Joint와 Open Joint가 있다.

④ 시험방법에 정압수밀시험, 동압수밀시험이 있다.

3. C/W의 요구성능시험

(1) 풍동시험(Wind Tunnel Test)

1) 개 요

예정 건물 주위의 공기흐름을 미리 파악하여 바람으로 인한 피해 예측과 대책을 수립하는 시험

2) 시험목적

① 하자발생을 최소화한 설계

② 예상 문제점 사전 파악

③ 풍해대책 수립과 건물 안정성 확보

3) 시험방법

① 신축 예정 건물 주변 반경 600m의 건물 모형제작

② 원형 Turn Table 풍동 설치

③ 과거 10~15년간 최대풍속을 가하여 시험한다.

4) 시험항목

① 외벽 풍압시험

② 구조 하중시험

③ 고주파 풍압 영향시험

④ 보행자 풍압 영향시험

⑤ 빌딩풍 영향시험

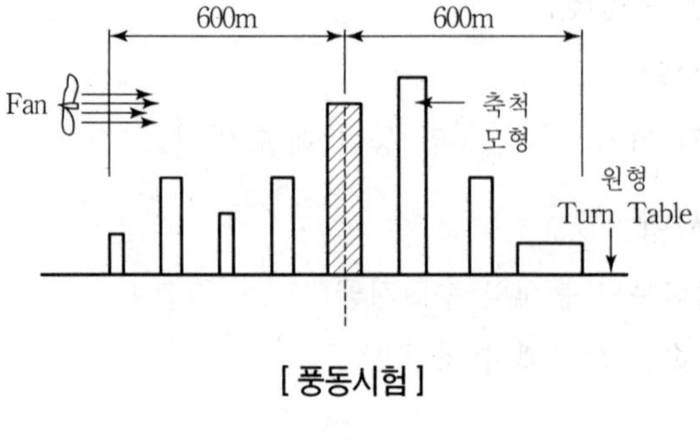

[풍동시험]

(2) Mock up Test

1) 개 요

풍동시험 결과를 바탕으로 실제 모형을 만들어 건물 예정지에서 최악의 외기조건을 설정하고 변형, 누수, 열손실 등을 시험

2) 시험목적

① 구조적 안정성 확보

② C/W의 누수예방

③ 내구성과 기밀성 확보

④ 열손실 측정과 방지로 효율적 냉·난방 시스템 선정

3) 시험장비

① 기밀시험, 수밀시험, 구조성능 시험 : 소형 풍동압시험 장치

② 층간변위 장치 : 층간변위 시험장치

③ 대형 동풍압장치

4) 시험 종류와 방법

① 예비시험

설계풍압의 50%를 가압하여 시험 가능 여부를 판단하는 시험

② 기밀시험

지정압력차 아래에서 유속을 측정하고 발생하는 공기의 누출량을 측정하여 설계기준에 적합해야 한다.

③ 정압수밀시험

설계풍압력의 20% 압력하에서 3.4l/min·m^2의 유량을 15분 살수

④ 동압수밀시험

규정된 압력의 상한치까지 1분 동안 정압으로 예비가압한 뒤에 누수시험 실시

⑤ 구조시험

설계풍압력의 100%를 단계별로 증감하여 변위가 없어야 한다.

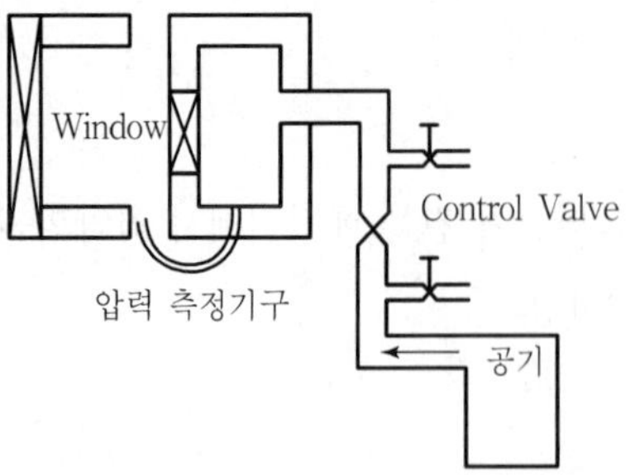

[공기 유출시험]

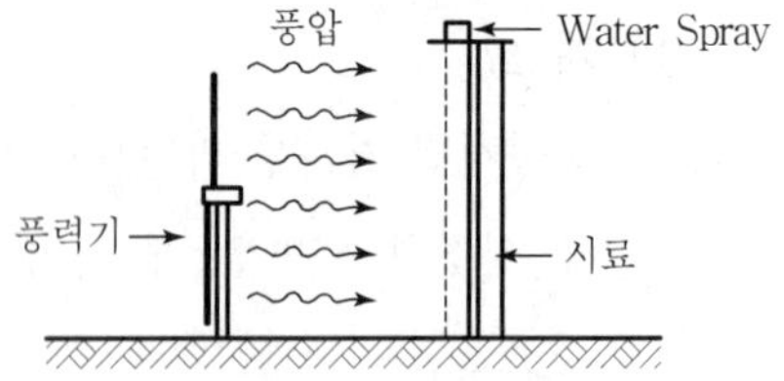

[동압수밀시험]

(3) 기타 시험

1) 층간변위 시험
2) 단열 및 차음성능시험
3) Fastener 성능시험
4) 내수성 시험

4. 맺음말

(1) C/W는 시공이 완료된 후 발생하는 구조적 문제점에 대해서는 부분적 보수가 어렵기 때문에 시공 전부터 예상되는 문제점을 파악하고 대처하는 것이 바람직하다.

(2) Mock up Test와 풍동시험, 수밀시험 등은 대표적으로 실시되는 C/W 성능시험으로 Simulation 기법에 대한 기술개발이 더욱 요구된다.

PART 5

마감공사

Contents

Professional Engineer Architectural Execution

number 1 조적벽체의 균열원인과 방지 대책

※'81, '89, '96, '97, '03, '11

1. 개 요

(1) 조적벽체의 균열 및 누수발생은 조적조 자체의 구조상 결함뿐 아니라 마감재까지 영향을 미쳐 하자비용을 증가시키고 보수를 어렵게 하며, 백화현상으로 건축물의 미관을 손상시키기도 한다.

(2) 조적벽체의 균열원인으로는 설계불량에서부터 재료의 불량, 시공상의 불량이 있으며, 최근에는 건식화된 자재를 사용하여 구조물의 경량화와 함께 시공을 간편하게 하며, 비용을 절감할 수 있는 건식공법(ALC)에 대한 연구와 적용이 활발히 이루어지고 있다.

2. 조적조 하자발생 유형과 피해

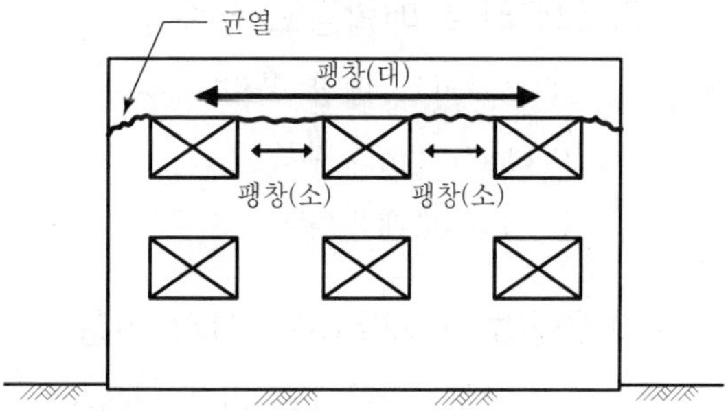

(1) 하자발생 유형

1) 균열발생
2) 누수발생
3) 백화현상

(2) 피해상황

1) 조적벽체의 강도와 내구성 저하
2) 동해, 중성화 현상 가속화
3) 백화발생에 따른 얼룩과 미관 저해
4) 단열성능 저하에 따른 구조물의 에너지 소비 증가
5) 마감재의 손상

3. 균열 및 누수발생 원인

(1) 기초의 부동침하

1) 연약지반의 침하에 의한 기초침하
2) 지하수의 변동에 의한 기초침하

(2) Control Joint 설치의 미흡

벽두께, 벽높이, 벽길이가 변하는 곳에 Joint 미설치

(3) 평면 벽배치의 불균형

1) 벽체 상·하의 개구부 배치의 불균형

2) 평면배치의 불균형

(4) 벽량의 부족

1) 건축면적에 비해 벽 길이의 부족

2) 내력벽으로 둘러싸인 면적이 규정 초과시

(5) 벽길이와 높이의 과다

1) 벽길이와 높이에 비해 벽두께의 부족

2) 벽길이가 너무 길 때(부축벽 미설치)

(6) 모르타르 배합강도 부족

1) 모르타르 배합 불량

2) Open Time 부족

3) 저급 모래 사용

(7) 인방보와 테두리보 설치 미흡

1) 조적조 상부 테두리보 미설치

2) 개구부 인방보 미설치 또는 설치 불량

(8) 시공 품질 불량

1) 1일 쌓기 높이 과다

2) 양생시 충격이나 진동 등

3) 조적상부 바닥 사이의 모르타르 부족

4) 개구부 보강 불량

(9) 집중하중 및 충격하중

1) 개구부 문의 개폐 충격

2) 상부하중의 과다 적재

(10) 열팽창과 습윤팽창

1) 열팽창=온도차이×열팽창계수×벽체길이
2) 습윤팽창 : 시공초기발생

(11) 건조수축현상

(12) Creep 현상

(13) 철물의 부식 팽창

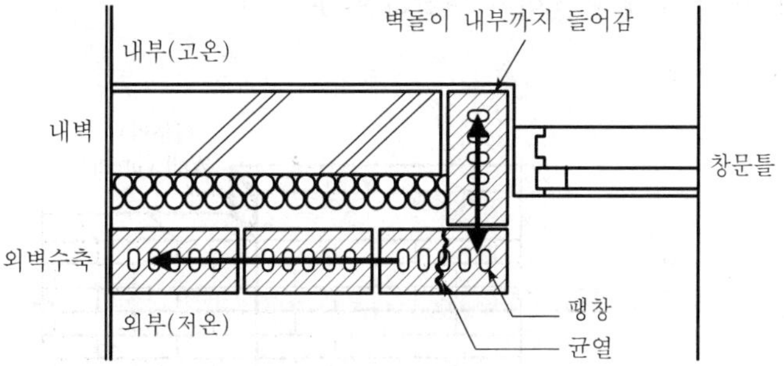

4. 균열 및 누수 방지 대책

(1) 설계 구조적 대책

1) 기초의 보강과 경사지반, 이질지반에 맞는 기초형태 계획
2) 신축줄눈의 설치와 Joint 부위 보강
3) 보강 블럭조의 경우 충분한 철근량 확보
4) 합리적인 평면 구성과 벽의 배치
5) 충분한 벽량이 확보되도록 설계

(2) 재료적 대책

1) 사용 전 반드시 품질확인(KS 여부 등)
2) 압축강도가 크고 흡수율이 적은 벽돌 선택
3) 건조수축이 적고 염분함유량이 기준치를 초과하지 않을 것

등 급	압축강도	흡수율
1급	15 MPa	20% 이하
2급	10 MPa	23% 이하

(3) 시공적 대책

1) Joint 설치

① 벽의 교차부, 이질재 접합부 Control Joint 설치

② 벽의 길이와 높이에 따라 일정 간격마다 설치

③ 개구부, 창틀 주위 설치

④ 벽의 두께와 높이가 변화하는 곳

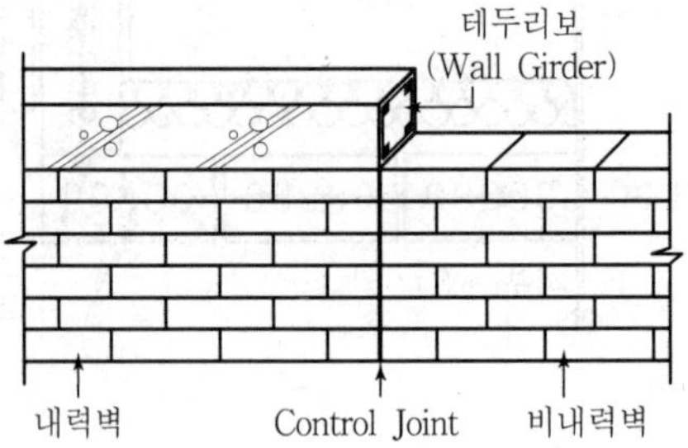

[Control Joint]

[신축줄눈 설치간격]

신축줄눈의 폭	W_x	$T_c = 26.7℃$	$T_c = 37.8℃$
10mm	5.0mm	11m	9m
15mm	7.5mm	15m	12m
20mm	10.0mm	22m	19m
25mm	12.5mm	30m	25m

(주) W_x : 신축줄눈 설치간의 벽체의 신축길이

T_c : 최대온도 증가

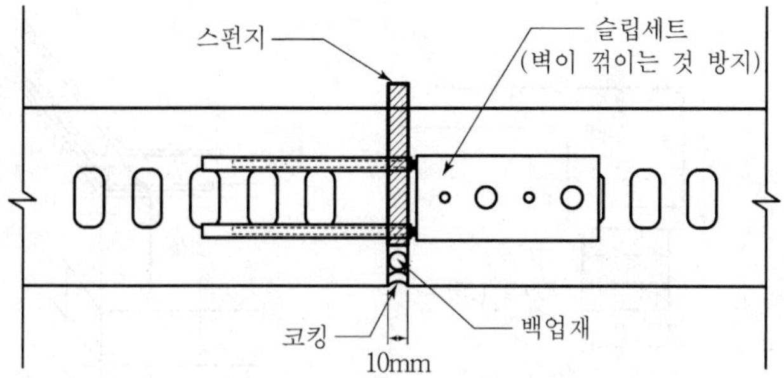

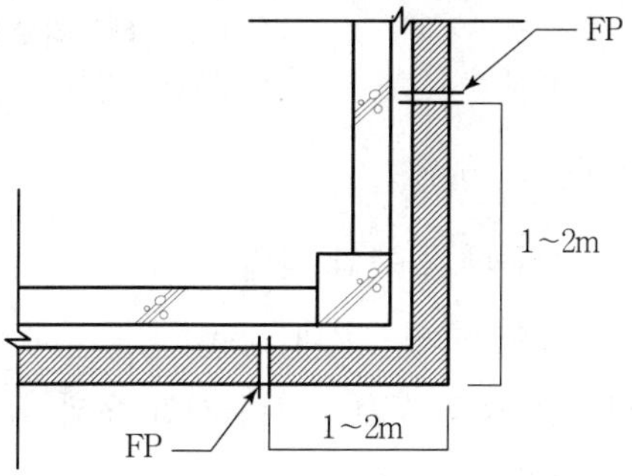

2) 철근 보강

① 집중하중이 발생하는 곳

② 개구부 주위, 교차 부위, 모서리 부분

③ 하중이 분산되는 곳은 3단마다, 벽길이 3/4마다 보강 설치

3) 테두리보와 인방보 설치

① 벽두께와 같은 폭으로 설치

② 높이는 벽두께의 1.5배

③ 인방보는 양끝에서 20cm 이상 물리도록 설치

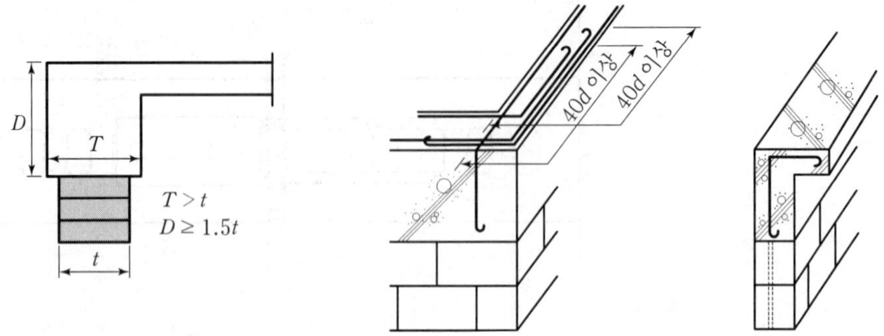

[테두리보]

4) 쌓기방법 준수

① 작업 전 벽돌에 물축임 작업 실시

② 1일 쌓기높이 준수 : 최대 1.5m

③ 모르타르의 강도 확보와 사용시간 초과 금지

④ 줄눈의 밀실 시공

⑤ 통줄눈 시공은 피하고 시공시에는 점검 필요

⑥ 물끊기 홈 시공

5) 양생과 보양

① 초기 진동과 충격 금지

② 급격 건조현상 방지

(4) 유지관리

1) 백화현상 방지

① 발수제 시공 등으로 습기침투에 의한 동해방지

② 방수막 도포 및 방수처리, 모르타르 배합비 조정

2) 동해방지

3) 외벽체의 주기적 점검 보수

4) 집중하중 금지

5. 맺음말

조적조의 균열에 대해서는 조적재료, 배합 모르타르, 설계시의 조인트 처리, 시공시 철저한 품질관리를 통한 모든 작업에서 정밀 시공이 이루어져야 한다.

number 2 ALC 조적벽체의 균열원인과 대책

1. 개 요

(1) ALC란 석회질, 규산질 원료와 기포제 및 혼화제를 주원료로 물과 혼합하여 슬러리로 만든 후 고온 고압(180℃, 10kgf/cm²)의 증기양생과정을 거친 경량 기포콘크리트의 일종이다.

(2) ALC 제품은 경량성, 단열성, 내화성이 우수하여 시멘트 벽돌 대신 벽체에 많이 사용하고 있으나 흡수성이 높고 강도가 약한 단점이 있어 균열 등 하자가 예상되므로 적용부위에 대한 시공방법의 사전검토가 이루어져야 한다.

2. ALC 블럭의 특성

(1) 단열성 우수

(2) 차음 및 흡음성 우수

(3) 시공경량으로 시공이 간단하다.

(4) 노무비 절감

(5) 품질 기준에 의한 품질관리가 용이하다.

(6) 강도가 약하고 흡수성이 높다.

3. ALC 조적 벽체의 균열원인

(1) ALC 벽체 상부 구조체의 처짐

1) 상부 구조체와 하부 ALC 벽체 사이에 모르타르를 채운 경우

2) 상부 구조물의 하중이 ALC 벽체로 전달되어 균열 발생

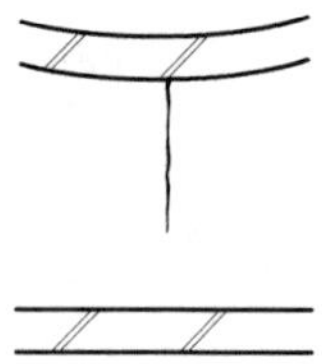

(2) ALC 블럭의 건조수축

1) ALC 증기 양생 후 함수율은 80% 정도

2) 충분한 건조가 되지 않으면 건조수축에 의한 균열 발생

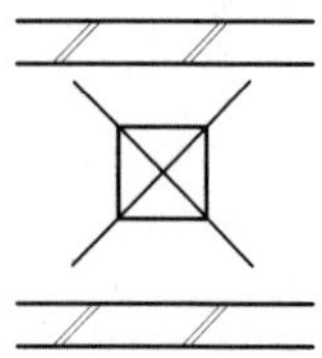

(3) 수지 미장의 건조 수축

1) 수지 미장의 성능이 ALC Block과 다르거나 건조수축량이 다를 때 발생
2) ALC Block에 홈파기를 하여 미장면에 조절줄눈을 두는 것은 수지미장의 인장강도, 두께가 낮아 효과가 없음

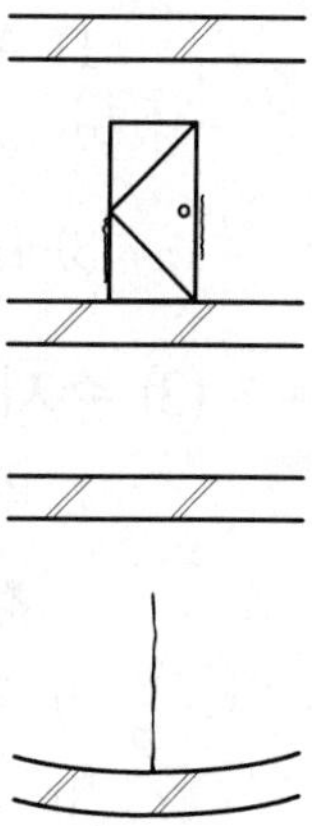

(4) ALC 벽체 하부(바닥구조)의 변형(처짐)

ALC 벽체에서 변형을 흡수하지 못하여 균열 발생

(5) 조절 부위가 좁은 벽면의 균열

ALC 조적이 통줄눈으로 시공되어 집중하중에 취약

(6) ALC 벽과 CON'c 구조체와의 접합부위

ALC Block과 CON'c 구조체의 신축성 차이

(7) 창틀, 문틀 주위의 균열

1) ALC Block과 창문틀 사이에 고정철물이 견고하게 설치되지 않음
2) 고정되지 않는 상태에서 문의 개폐로 인한 균열 발생

4. 균열방지대책

(1) 벽체 상단부

1) 구조체와 접하는 Block 상단부는 2cm 이상 분리
2) 우레탄 폼으로 충진

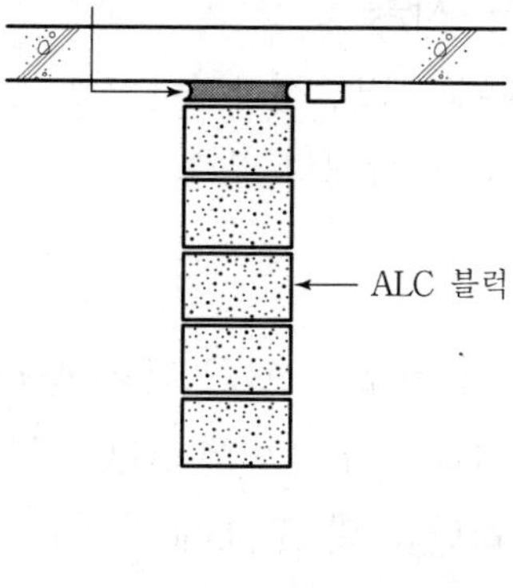

(2) 건조수축방지(함수율 유지)

1) ALC 제품은 투수성이 낮은 재료로 포장하지 않는다.

2) 반입시 빗물, 습기에 주의

3) Block의 경우 함수율은 15% 정도에서 시공(20일 이상 보관)

(3) 수지 미장재

1) 수지 미장재는 압축강도 50kgf/cm^2, 부착강도 4kgf/cm^2 이하 사용(Block에 비해 강도가 크면 박리, 균열이 발생됨)

2) 열팽창계수가 ALC Block과 같은 것 사용

3) 수지 미장재에 공기 연행제 사용

(4) 구조체와의 접합부

1) ALC 벽의 길이가 10m 이상이 되면 8m마다 신축줄눈 설치

2) 신축 줄눈의 구조

① ALC 벽과 구조체를 완전히 분리

② ALC Block 2단마다 연결철물 사용

③ Joint Filler와 Joint Bead로 연결 후 백업제 시공

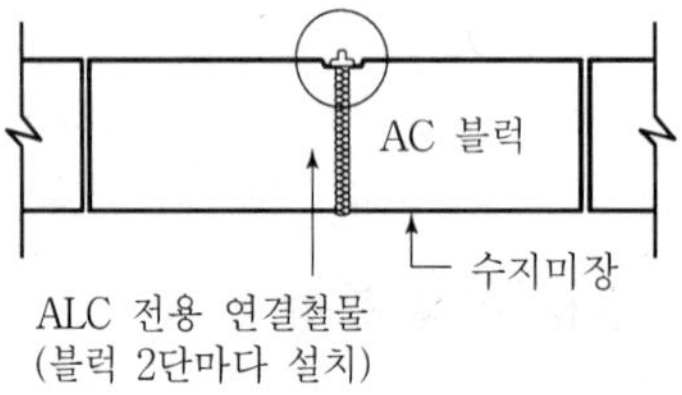

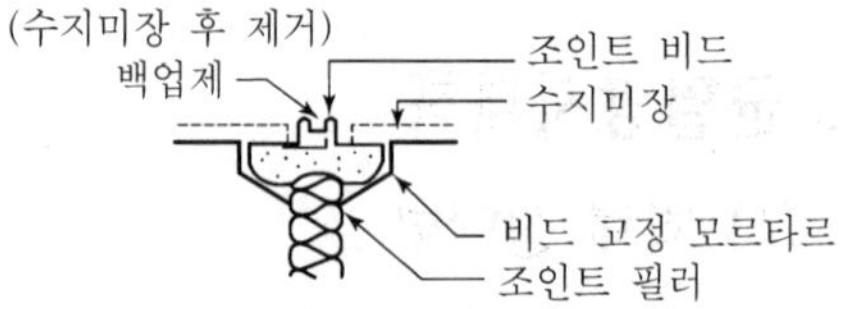

(5) 고강도 ALC Block 사용

1) 고강도 ALC Block 개발, 생산되어 강도 보강 가능

2) 기존 ALC보다 균열 제어력 우수

(6) 창호 부위 시공

1) AL/Plastic 부위의 창호는 ALC 전용 Anchor로 긴결

2) 목 문틀은 ALC Block의 측면에 ALC 전용 모르타르를 붙여서 시공

3) 섀시 부분은 우레탄폼 및 Sealant로 처리

(7) ALC Block 쌓기시 방지 대책

1) 하중이 분산되는 막힌 줄눈으로 시공
2) ALC 제품에 사용되는 부자재(긴결철물, Nail, Anchor)는 ALC 전용부자재를 사용할 것
3) 조적용 모르타르를 배합한 후 10여분이 지난 다음 1~2시간 내에 사용

5. 맺음말

(1) ALC 벽체의 균열 발생시에는 단열 및 차음성능, 내구성이 저하되고 습기 발생 및 누수로 도배지에 곰팡이가 발생되어 하자보수 및 재시공으로 경제적 손실이 초래된다.

(2) 균열 발생을 방지하기 위해서는 하자가 예상되는 부위에 대하여 설계시에 충분한 사전 검토를 하고 시공시에는 성능이 안정된 재료를 사용하여 시방서 및 도면, 시공절차서에 의거 정밀시공으로 양호한 건축물을 구축하여야 한다.

number 3 철근 CON'c 보강블럭 쌓기

※'03

1. 개 요

일반 블럭 쌓기의 경우 횡력에 약해 쌓기 높이에 제한(2층 이하 구조물)을 받고 속이 비어 구조상 불리하므로 블럭의 빈 속에 철근을 넣고 CON'c를 부어넣어 보강한 블럭 쌓기 방식이다.

2. 보강블럭의 특징

(1) 구조·강도 면에서 일반 블럭보다 우수

(2) 횡력(수평력)에 대한 대응력 향상

(3) 4층 구조물까지도 시공 가능

(4) 철근 배근, 조립이 용이한 편이다.(RC구조에 비해)

(5) 노출면 마감 가능

3. 시공 및 주요사항

(1) 시공순서

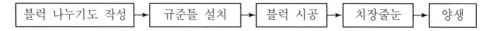

블럭 나누기도 작성 → 규준틀 설치 → 블럭 시공 → 치장줄눈 → 양생

(2) 블럭 쌓기

1) 쌓기 순서

모서리, 중간부, 기타 기준 부위를 쌓은 후 수평실에 맞춰 모서리부터 차례로 쌓는다.

2) 쌓기 방법

① 블럭은 살두께가 두꺼운 편이 위로 가도록 쌓는다.

② 쌓기 전 충분히 살수·습윤한다.

③ 모르타르는 1 : 3 배합으로 한다.

3) 쌓기 높이

1일 쌓기는 1.5m(7켜) 이하로 한다.

(3) 철근시공

1) 일반사항

① 철근은 굵은 것보다 가는 것을 많이 넣는 것이 좋다.

② 철근의 정착은 기초보나 테두리보에 둔다.

③ 철근 배근이 된 곳은 피복이 충분히 되도록 한다.

④ 모서리부, T형 접합부, 개구부에는 보강근을 둔다.

2) 세로근

① 세로근 시공 위치

㉠ 벽 끝, 교차부

㉡ 모서리부, 개구부

② 시공 방법

㉠ 철근은 D10, D13을 사용하며 간격은 40~80cm이다.

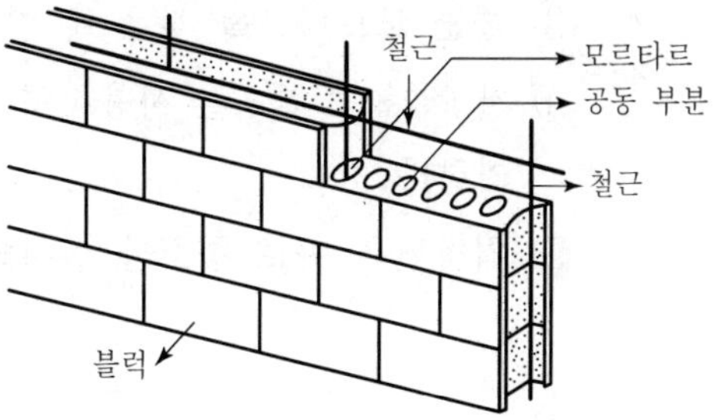

㉡ 기초보, 테두리보 정착길이는 $40d$ 이상으로 한다.

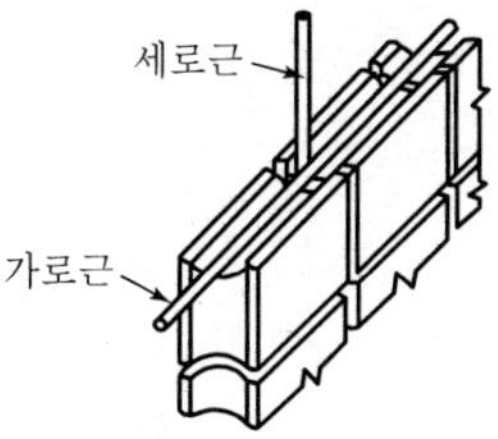

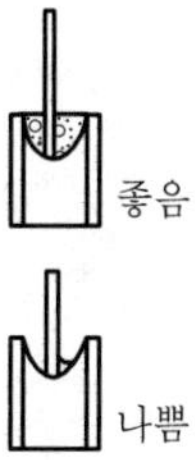

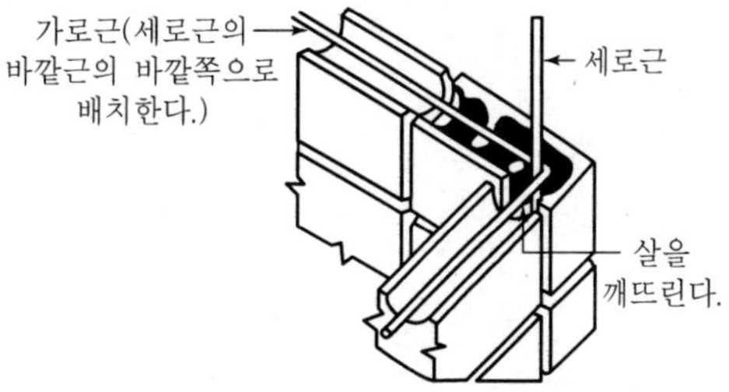

3) 가로근

① 이음 길이는 $25d$ 이상으로 한다.

② 간격은 60~80cm(3~4켜)마다 넣는다.

③ 모서리는 서로 물려 $40d$ 이상 정착한다.

(4) 사 춤

1) 사춤은 2켜 이내마다 실시한다.

2) 사춤 높이는 블럭보다(윗면) 5cm 아래에 두고 줄눈과 일치시키지 않는다.

(5) Joint 설치

1) 이질재와의 접합부
2) 쌓기 길이가 긴 경우
3) 교차부

(6) 줄 눈

1) 원칙적으로 통줄눈으로 한다.
2) 줄눈용 모르타르는 1 : 1 배합을 사용한다.
3) 줄눈 모르타르를 쌓은 후 줄눈 누르기 및 줄눈 파기를 실시한다.
4) 치장줄눈은 흙손을 사용하여 빈틈없이 눌러주고 쌤이 일매지고 미끈하게 마무리한다.
5) 치장면은 바로 청소를 실시하여 오염이 없도록 한다.

number 4 테두리보와 인방보

※'93, '98, '05

1. 테두리보(Girder Wall)

(1) 정 의

1) 조적벽체에서 벽체를 일체화하고 하중을 균등히 분포시키기 위해 조적벽의 상부에 설치하는 철근콘크리트보이다.
2) 테두리보는 연직하중 및 집중하중을 수평력으로 전달하여 하부조적 벽체를 보호하는 역할을 한다.

(2) 테두리보의 역할

1) 벽을 일체화하여 벽체의 강성 증대
2) 벽의 집중하중을 횡력으로 등분포시켜 벽체에 전달
3) 벽체의 보강은 배근시 정착부를 이용
4) 벽체의 용적변화 흡수
5) 개구부 주위 균열 방지

(3) 설치 위치

1) 기초벽의 상단부
2) 내력벽의 상단부
3) 블럭벽의 상단부
4) 3.6m 이내마다 설치

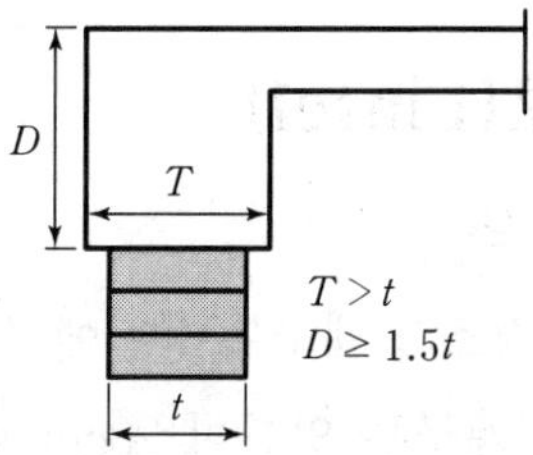

(4) 설치 방법

1) 모서리 철근은 직각으로 구부려 겹치거나 $40d$ 이상 정착
2) 보춤은 벽두께의 1.5배 이상($D \geq 1.5b$)

(5) 구조, 시공시의 주의점

1) 보의 너비는 내력벽의 두께보다 커야 한다.($T > t$)
2) 보의 춤은 내력벽두께의 1.5배 이상 또는 30cm(단층 건물에서는 25cm) 이상으로 한다.($D \geq 1.5t$ 또는 30cm)

3) 철근의 배근

① 주근 D13 이상, 수직으로 40d 이상 정착

② 늑근은 ϕ6 이상, 간격은 30cm 이하

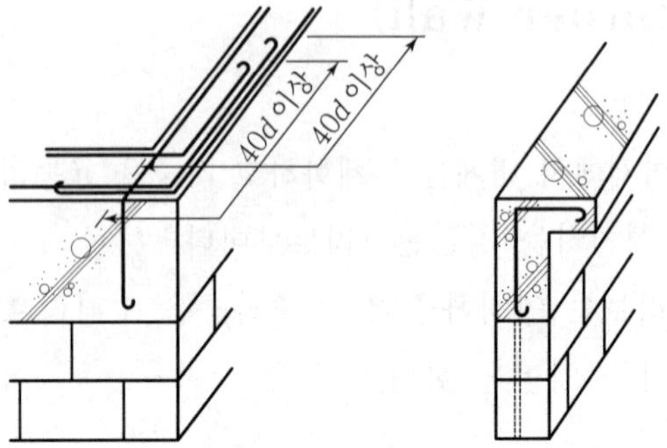

(a) 철근 정착 (b) 테두리보

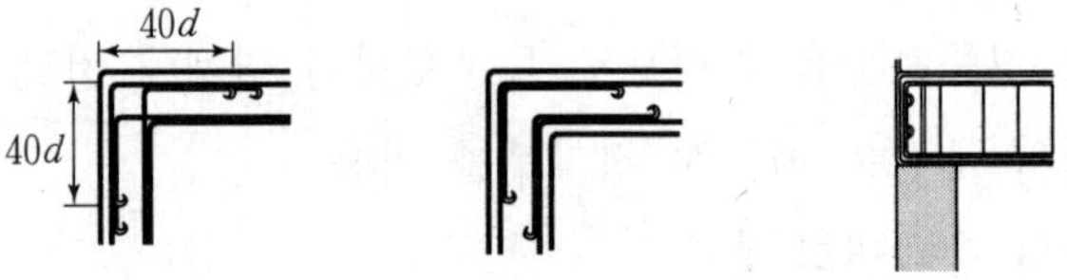

(c) 좋은 배근평면 (d) 나쁜 배근평면 (e) 단면

[철근배근]

2. 인방보(Lintel)

(1) 정 의

조적조의 개구부 상단에 설치하여 상부하중을 벽체에 전달하는 역할을 하는 보로서 개구부 양단이 20cm 이상 물리도록 시공하여야 한다.

(2) 설치방식

1) L형 Block 속에 철근콘크리트를 타설하여 설치

2) PC(기성제품) 설치

3) 현장 타설 콘크리트 설치

(3) 시공시 주의점

1) 조적벽체와의 일체성 확보

2) 개구부의 처짐 등 방지

3) 개구부 주위 균열방지
4) 개구부 양단에 일정길이(20cm) 이상 물려서 시공

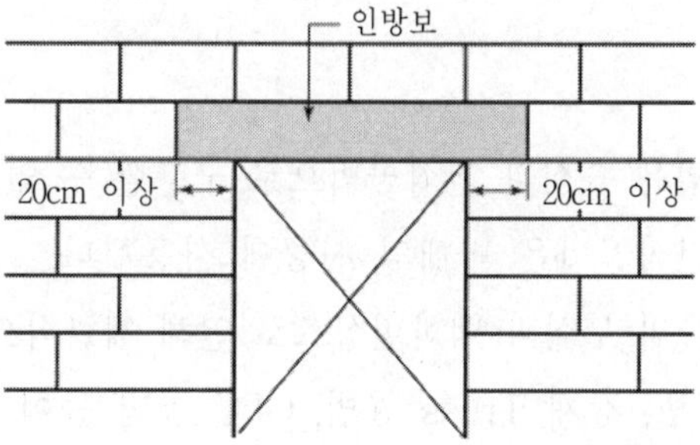

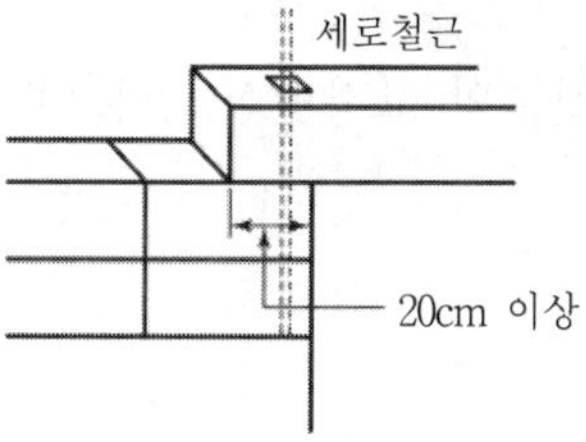

(a) 기성 콘크리트

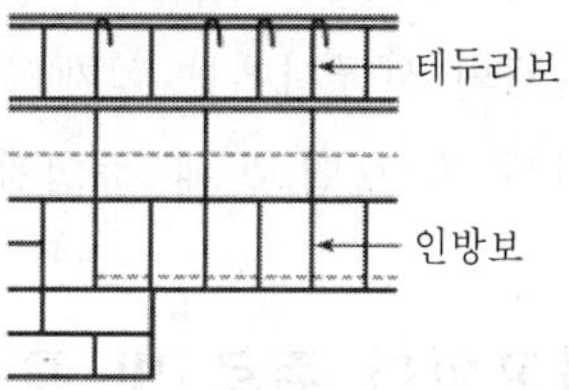

(b) 인방보

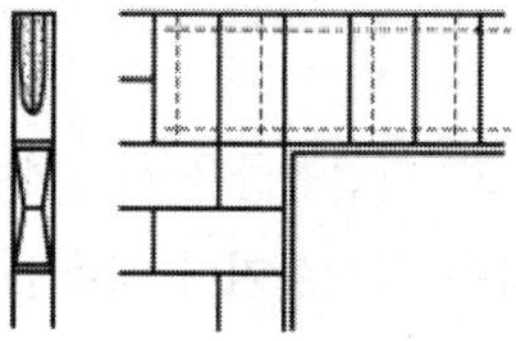

(c) 제자리 인방보

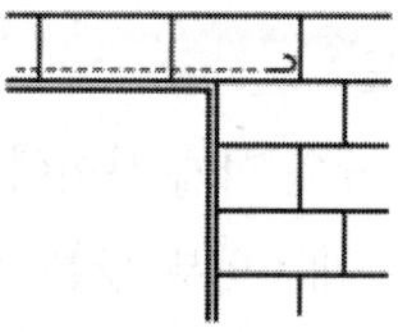

(d) 철근정착

[인방보]

number 5 석재 시공법의 종류와 특성 및 시공시 유의사항

※'82, '83, '87, '90, '92, '95, '97, '98, '99, '10

1. 개 요

(1) 석재의 설치공법은 습식과 건식공법으로 구분할 수 있으며, 습식공법은 주로 바닥에 사용하고, 건식공법은 벽체의 시공에 사용한다.

(2) 습식공법은 철물의 부식과 백화현상으로 인해 제한적으로 사용되며, 건식공법에는 Anchor 긴결공법, 강재 Truss 공법, GPC 공법 등이 있으며 Anchor 긴결공법이 많이 사용되고 있다.

(3) 석재의 시공시에는 석재의 품질, 부착철물의 고정방식, 철물의 강도, Joint 처리와 변색 및 오염 등에 주의하여야 한다.

2. 설치공법의 종류 및 특성

(1) 습식공법

1) 개 요

구조체와 석재 사이에 모르타르를 채우고, 연결철물을 사용하여 일체화시킨 공법으로 내·외부 낮은 벽체나 화단, 바닥용 석재깔기에 사용한다.

2) 모르타르 주입방법

① 전체 주입공법

② 부분 주입공법

③ 절충공법

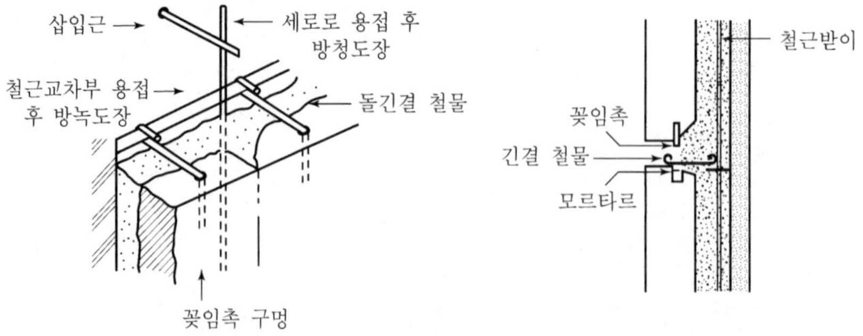

[습식공법]

3) 특 성

① 공사 실적이 많아 신뢰도가 높다.

② 긴결철물 부식 문제 발생

③ 빗물 투입에 의한 백화현상 발생

④ 모르타르 경화시간이 길다.

⑤ 동절기 시공이 어렵다.

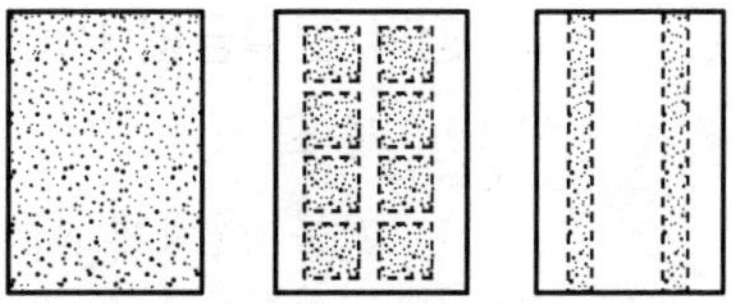

[전체주입] [부분주입] [절충주입]

(2) 건식공법

1) GPC 공법

① 개 요

거푸집에 화강석 판재를 배열하고 석재 뒷면에 긴결철물을 묻어둔 후 그 위에 CON'c를 타설하여 석재와 CON'c를 일체화시켜 제작된 PC부재를 설치하는 공법

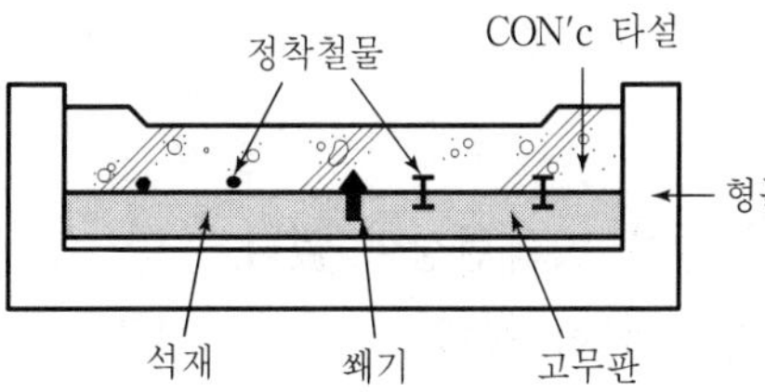

[GPC 제작]

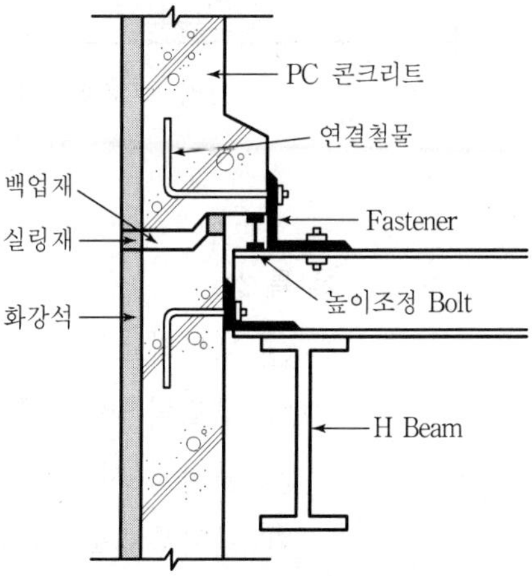

[GPC 공법]

② 특 성

㉠ 원가 절감 : 공기단축, 석재두께를 얇게 할 수 있다.

㉡ PC CON'c의 내구성 향상－숙련공 불필요, 비계 불필요, PC 석재 품질 관리가 용이하다.

㉢ 중량이 무겁다.

㉣ 대형 양중장비가 필요하다.

ⓜ 백화현상 발생 우려가 있다.

2) 앵커 긴결공법(Pin hole 공법)

① 개 요

건물 벽체에 석재를 앵커로 긴결하여 붙여나가는 공법

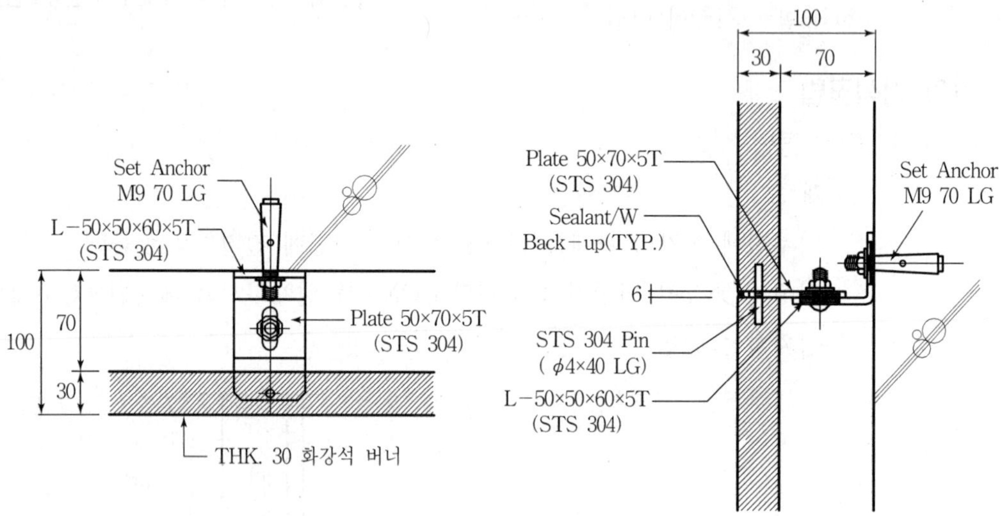

② 특 성

㉠ 모르타르를 사용하지 않아 백화현상이 없다.

㉡ 구조체 바탕 마무리가 좋아야 한다.

㉢ 동절기 시공이 가능하여 공기단축에 유리하다.

㉣ 단위부재로 지지하면 상부하중이 하부로 전달되지 않는다.

㉤ 석재 뒷면 공간이 형성되어 단열 및 결로 방지 효과가 있다.

㉥ 판재의 두께 제한(보통 30m/m 이상)

㉦ 긴결철물 녹발생 우려

3) 강재 트러스 공법

① 개 요

미리 조립된 강재트러스에 여러 대의 석재를 지상에 짜맞춘 후 이를 현장에서 조립식으로 설치해 나가는 공법

② 특 성

㉠ 조립화 시공에 알맞은 공법-지상에서 작업

㉡ 공기단축-기계화 설치작업

㉢ 동절기 시공 가능

㉣ 품질관리 용이

㉤ Panel이 크므로 시공속도가 빠르다.

㉥ 설치용 중장비 필요

㉦ 하중검토 필요-강재트러스 사이에 창문틀 설치

㉧ 화강석과 화강석 사이에 줄눈 설계 미흡

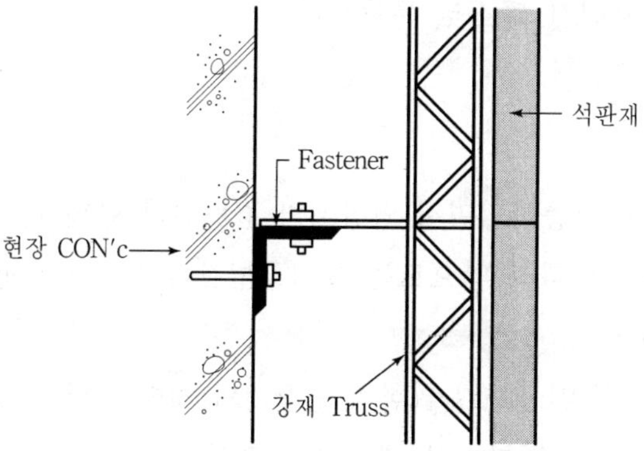

[강재 Truss 지지공법]

3. 시공시 유의사항

(1) 시공도와 실제 설치된 치수 확인

(2) 줄눈의 각도, 수직, 수평상태

(3) 하부와 상부 석재의 공간 확보 유무

(4) 석재의 형상, 모서리 상태, 연결철물 주위 상태

(5) 설치 후 판재의 완전 고정 여부

(6) 하부, 상부 석재의 시공변형 여부

(7) 기둥, 벽의 층간 수직 변위 : 3~6mm 이내

(8) 기둥, 벽의 수직선 변위 : 6~9mm 이내

(9) 바탕면과 석재와의 거리 : 30mm

(10) Anchor 철물의 지지하중 검토
(11) 고소 작업시 자재 및 작업자에 대한 안전조치

4. 양 생

(1) 설치 완료 후 판재에 묻은 이물질, 모르타르 제거
(2) 맞댄면, 모서리 부분은 파손방지용 판재나 거적으로 보양
(3) 돌붙임 공정이 끝나면 호분이나 벽지 등으로 보양
(4) 석재면에는 산류(염산)를 사용하지 않는다.
(5) 부착물은 부식방지 조치 후 보양
(6) 양생시에는 물대신 왁스로 문지른다.

5. 맺음말

(1) 최근 건축물이 고층화되면서 외장재의 경량화와 함께 건식공법에 의한 조립식 공법으로 변화됨에 따라 앞으로는 습식공법보다는 건식공법에 의한 시공이 확대되리라고 본다.
(2) 중량물인 석재를 시공하기 위한 양중장비의 개발과 함께 철물의 부식 방지, 구조적 안정성 확보에 대한 지속적 개발이 필요하다.

number 6 석재외장 건식공법의 종류와 특징 및 시공시 유의사항

※'83, '87, '92, '95, '98, '99, '11

1. 개 요

(1) 석재외장 건식공법은 석재판을 Anchor나 강재트러스, PC에 부착하여 모르타르를 사용하지 않고 건식으로 취부하는 공법으로 Anchor 긴결법, 강재트러스법, GPC 공법이 있다.

(2) 건식공법은 동절기 시공이 가능하고 공기단축과 함께 백화현상이 없으나 중량이 무거워 양중장비의 사용이 요구되며, 습식공법에 비해 비교적 고가이다.

(3) 석재시공시 품질관리사항으로는 석재의 품질, 부착철물 고정방식, Joint 줄눈처리, 변색, 오염에 대한 보양 등이 필요하다.

2. 건식공법의 종류 및 특징

(1) Anchor 긴결공법(Pin Hole 공법)

1) 건물 벽체에 단위 석재를 1개씩 Anchor 철물로 부착하는 공법

2) 특 징

① 판두께가 30mm로 제한되어 충격에 의한 파손 우려가 크다.

② 석재판의 상부하중이 하부로 전달되지 않는다.

③ Anchor 철물에 대한 방청이 요구된다.

(2) 강재 Truss 지지공법

1) 미리 조립된 Truss에 여러 장의 석재를 지상에서 부착하고, 현장에서 양중기를 사용하여 Panel을 조립하는 방식

2) 특 징

① 석재 Joint 줄눈 시공이 용이

② 기계화 시공으로 공기 단축

③ 대형 양중장비 필요

④ 강재트러스의 강성 검토가 요구됨

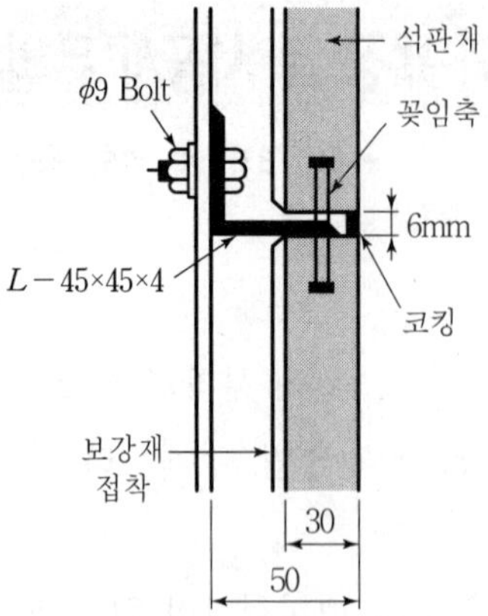

[Anchor 긴결공법]

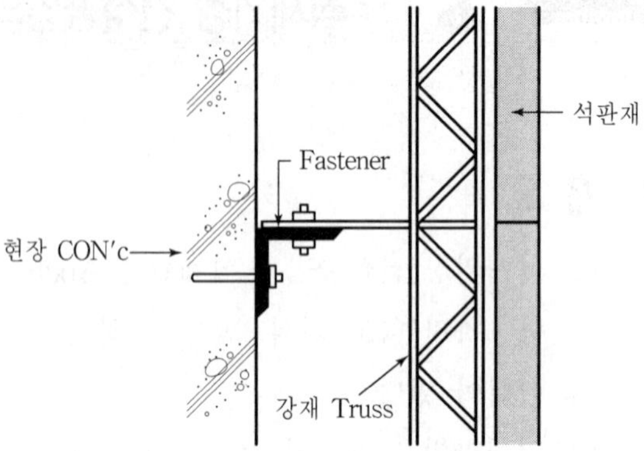

[강재 Truss 지지공법]

(3) GPC 공법

1) PC 뒷면에 석판재를 일체화시켜 PC로 조립하는 공법

2) 특 징

① 공장생산으로 공기 단축

② 석재의 두께를 얇게 할 수 있어 경제적이다.

③ 백화현상이 발생될 우려가 있다.

④ 대형 양중장비가 필요하다.

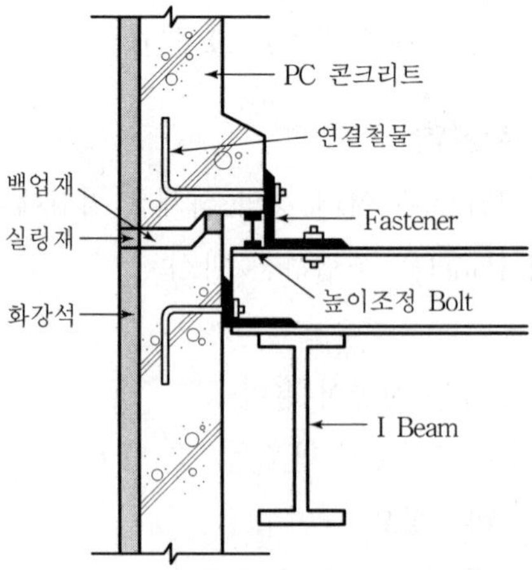

[GPC 공법]

3. 건식공법의 장단점

(1) 장 점

1) 동절기 시공이 가능하여 공기단축
2) 기계화 시공 가능
3) 석재 숙련공 불필요
4) 백화현상 방지

(2) 단 점

1) 습식에 비해 원가가 높다.
2) 부분적 보수가 어렵다.
3) 대형 양중장비가 필요하다.
4) 긴결철물의 부식발생 문제가 있다.
5) 개구부 주위 처리가 어렵다.

4. 건식공법 시공시 품질확보방안

(1) 건식공법의 시공계획

1) Anchor 긴결공법의 순서

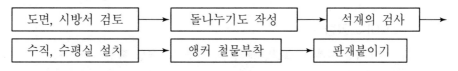

도면, 시방서 검토 → 돌나누기도 작성 → 석재의 검사 →
수직, 수평실 설치 → 앵커 철물부착 → 판재붙이기

2) 강재트러스 및 GPC 시공순서

강재 트러스 및 PC 제작 → 석재판 일체화 → 양 생 →
현장세우기 → 조 립

(2) 공법별 시공시 품질관리사항

1) Anchor 긴결 공법

① 석판재의 재질 및 규격, 두께 확인
② 바탕 구조체의 평활도 점검
③ 상·하단에 수평, 수직실 설치

④ 앵커 부착철물은 상부는 고정용, 하부는 지지용으로 설치

⑤ 앵커 매입고정 정도, 조임, 부식에 유의

⑥ Open 줄눈시 상·하부 공기구멍 설치

⑦ Panel 사이 Sealing 처리

2) 강재 트러스 공법

① 구조체에 강재트러스 고정응력 전달 검토

② 트러스와 트러스 사이 창호 하중에 의한 처짐 검토

③ 풍하중에 대한 안전성, 수밀성, 하중에 의한 처짐 검토

④ 양중시 트러스 부재 변형 방지

⑤ Panel 사이 Joint 줄눈 밀실 시공

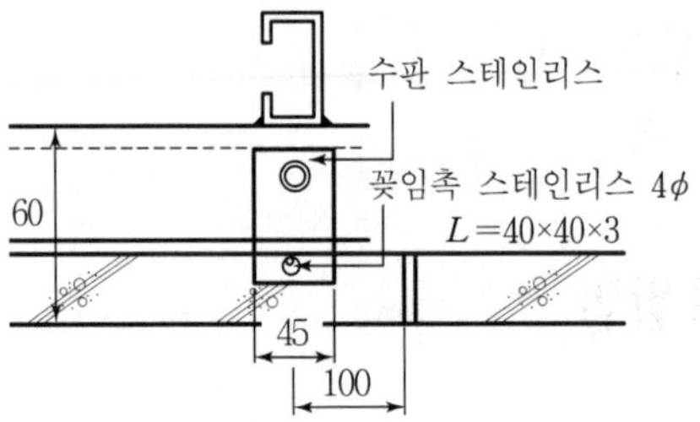

[평면도]

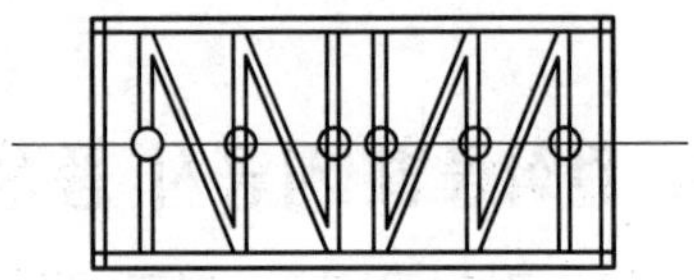

[Truss 입면]

3) GPC 공법

① PC 석재판 고정연결 철물, 긴결 및 수량 확인

② GPC 배면도포 : 석재의 이면은 에폭시계 합성수지로 도막처리하고 규사를 도포한다.

③ 석재 사이의 줄눈부는 경질 고무 등으로 줄눈폭 확보

④ PC 판재 부착시 석재 이동방지

⑤ 백화현상 방지

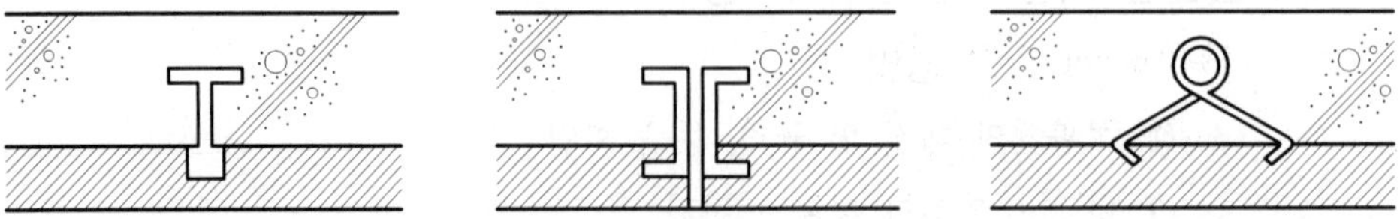

(a) 매입앵커 (b) 꺾쇠 (c) 연결철물

[정착철물]

(3) 양생 품질관리

1) 석재 운반시 충격대비 양생

① 석재면은 벽지, 하드롱지 등으로 보강

② 모서리는 판재, 포장지, 거적 등으로 보양, 돌출부는 널판지로 특수 보양

2) 시공시 양생

① 충격 및 보행 금지

② 판재, 종이 등으로 맞댄면 모서리 보호 조치

③ 바닥은 톱밥 등으로 보양한다.

3) 청 소

① 물씻기의 경우 물이 벽면에 흘러내리지 않도록 한다.

② 염산은 사용을 금지하고 부득이한 경우는 희석하여 사용한다.

[석재 보양]

number 7 석공사 강재 Truss(Metal Truss) 공법

※'02

1. 개 요

(1) 지상에서 사전에 조립된 철제 Truss 위에 석재판을 부착한 다음 양중기를 이용해 벽체에 조립해 나가는 방식이다.

(2) 시공속도가 빠르며 기계화가 가능한 장점을 지니고 있어 넓은 면의 시공에 유리하다.

2. Truss 공법의 특징

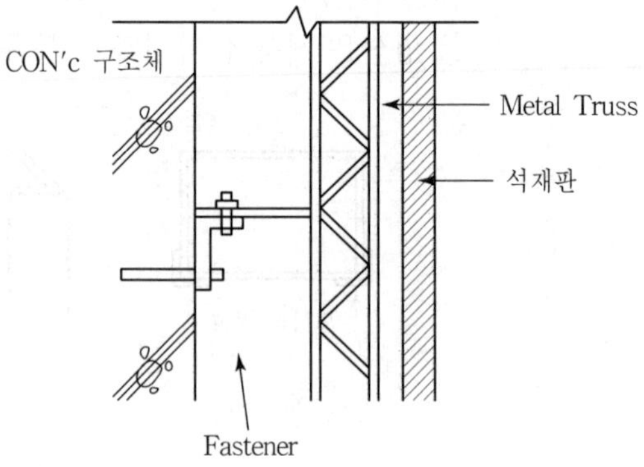

(1) 기계화
   1) 양중기 사용
   2) 현장 작업 감소
   3) 설치 안전성

(2) 공기 단축

(3) 동절기 시공 용이

(4) 적용 부위 제한
   ① 넓은 벽체면에 한해서 시공 가능
   ② 양중기 설치에 제한이 없는 곳에 적용

(5) 줄눈부위 설계와 시공에 주의 요구

(6) 양중기 사용에 대한 부담 증가

(7) 시공 품질 우수

3. 시공순서 및 주의사항

(1) 시공 Flow

줄눈 나누기도 작성 → Truss 제작 → 개구부 설치 → 석재 부착 → 줄눈 마감 → 청소 보양 → 양중 설치

(2) 시공시 주의사항

1) 나누기도 작성

① Truss 제작 및 설치 치수 확인

② Opening 부위 치수 점검

2) Truss 제작

① Truss와 구조체 사이의 응력 검토

② Fastener의 지지 하중 검토

3) 줄눈 설치

① 줄눈의 각도 수직 수평 상태

② Seal재에 의한 오염 방지

4) 변위 발생

① 기둥 벽의 수직 변위 : 3~6mm 이내

② 수직선 위의 : 6~9mm 이내

5) 양생 및 청소

① Fastener 녹발생 방지 조치

② 석재 표면의 오염, 청소실시

③ 석재면 보양

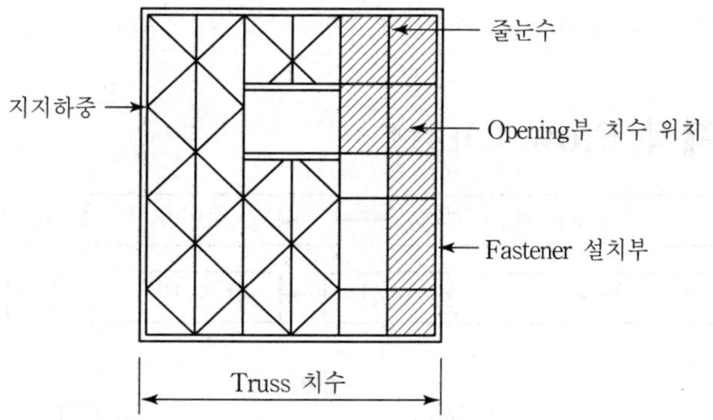

number 8 석재 GPC 공법의 제작순서와 품질관리사항

1. 개 요

(1) 강재 거푸집에 석재를 얇게 켜서 배열한 후 전단철물을 매입하고 CON'c를 타설하여 석재와 CON'c를 일체화시킨 PC 부재를 만드는 공법이다.

(2) GPC공법은 석공사와 골조공사의 동시 시공에 따른 공기단축의 효과와 원가절감, 외부 고소작업의 기계화 시공으로 작업의 안전성 확보 및 기타 작업공종의 단순화를 유도할 수 있어 성력화가 가능한 공법이다.

2. 특 징

(1) 장 점

1) 공기 단축 및 석재두께를 얇게 할 수 있어 원가 절감
2) 석재 붙임에 대한 숙련공 불필요
3) 비계 불필요

(2) 단 점

1) 대형 중량으로 양중 장비 필요
2) 석재와 CON'c 사이 백화발생 우려
3) 거푸집 변형 불량시 석재 마무리면에 영향

3. GPC 제작 Flow Chart

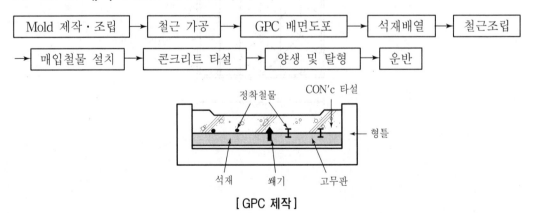

Mold 제작 · 조립 → 철근 가공 → GPC 배면도포 → 석재배열 → 철근조립 → 매입철물 설치 → 콘크리트 타설 → 양생 및 탈형 → 운반

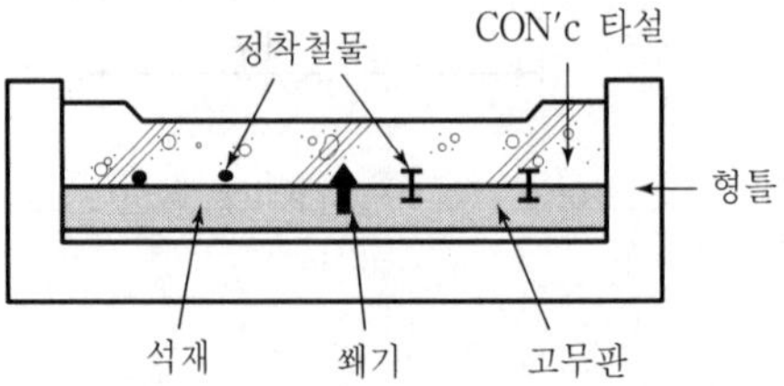

[GPC 제작]

4. 품질관리사항

(1) 석재 나누기도 작성

1) Shop-DWG 승인과 검토
2) PC 제작 크기별로 Mold 제작

(2) GPC 배면 도포

1) 배면 도포 전 석재 오염 상태를 확인
2) 배면 처리제 400g/m^2 이상 도포
3) 규사 700g/m^2 이상 도포
4) 도포시 기온은 5℃ 이상으로 유지한다.

(3) 석재 배열

1) 형틀 바닥에는 고무판을 깔아 직접 닿아 생기는 석재면의 오염이나 손상을 방지
2) 타설시 화강 석판이 움직여 변형이 일어나지 않도록 줄눈폭에 알맞은 납으로 된 쐐기 등을 끼워 고정시킨다.
3) 석재의 배치는 구석 부분에서부터 밀어 붙인 것같이 깔아 GPC 단위재의 외주 치수를 확보한다.

(4) Shear Connector 설치

1) 매입 앵커, 꺾쇠, 집게형 철물의 설치간격 고려
2) 석재의 가장자리 부분은 꺾쇠, 그 외의 부분에는 매입 앵커나 집게형 철물을 사용
3) 집게형 철물은 15~20mm 정도를 45° 방향으로 빗겨서 드릴로 뚫고 설치한다.

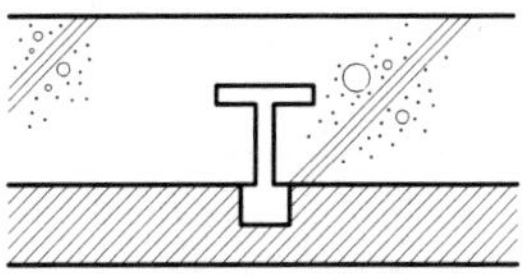
[매입 Anchor]

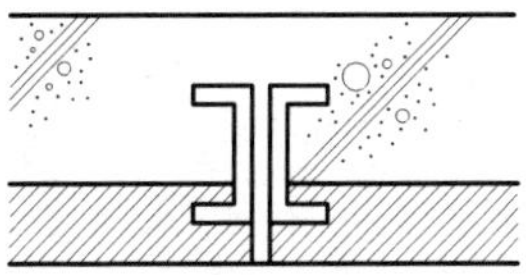
[꺾쇠]

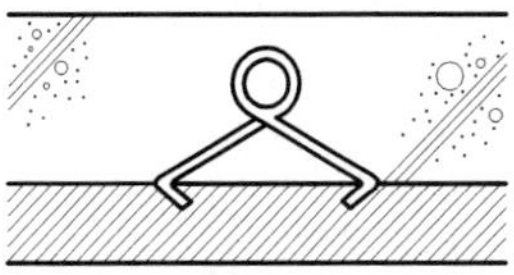
[연결철물]

(5) 줄눈 처리

1) 석재판 사이의 줄눈부에는 3면 접착이 방지되도록 스티로폼을 채운다.
2) 기밀성과 수밀성을 부여할 수 있도록 실링재를 채운다.

(6) 철근배근 및 매입철물 설치

1) 줄눈 처리가 끝난 석재판 위에는 미리 조립한 철근을 설치
2) 각종 매입 철물은 소정의 위치에 볼트 조임하거나 용접으로 긴결하여 콘크리트 타설시 이동하지 않도록 한다.

(7) 양생 및 탈형

1) 증기 양생의 양생온도 Cycle : 예비양생 → 승온 → 정온 → 온도하강 → 탈형
2) 소정의 압축강도에 도달한 시점에서 탈형 실시

(8) 저장 및 출하

1) 탈형된 부재는 비닐시트를 씌워 충분한 강도와 외관을 유지
2) 출하시에는 GPC 단위재의 중량, 형태 등을 고려하여 차종을 선택하여 적재한다.

5. 맺음말

(1) GPC 공법은 공장제작 과정에서의 품질관리시 GPC 부재의 강도 및 내구성 확보 및 현장 설치시 정밀시공으로 유도할 수 있으므로
(2) 공장제작시 석재 분할도, PC제작도, 정착철물의 배치와 수량, CON'c 타설시 이동방지, 탈형시 강도 확보 등 각 제작과정에서의 품질관리사항을 철저히 준수하여야 한다.

number 9 석재 오염 형태와 오염 방지 대책

※'98, '11

1. 개 요

석재 표면에 발생하는 변색이나 오염은 석재를 교체하지 않는 한 완전 복구가 어렵기 때문에 석재의 운반, 시공, 양생, 유지관리 전반에 걸쳐 세심한 주의가 요구된다.

2. 석재 오염 원인

(1) 불순물(톱밥, 철가루, 목재조각, 담배꽁초 등)

(2) 시멘트물 등

(3) 습기의 침투

(4) 들뜸(모르타르의 배합불량, 불량모래)

(5) 화학적 변화

1) 탄산칼슘으로 에폭시가 녹아 석재 오염

2) 대기오염 물질 흡착

(6) 결로/누수

3. 오염 종류와 유형 및 대책

(1) 대리석의 황변 및 오염

1) (비)산화철에 의한 황변

① 대리석에 함유된 산화철과 비산화철이 시멘트물 등으로 표면이 누렇게 변색

② 보호재 시공

2) 불순물에 의한 오염

① 톱밥, 철가루, 목재조각, 담배꽁초 등의 불순물 혼합

② 청소, 석재 위에서 철/목재 가공 작업 금지

(2) 습기에 의한 변색 및 백화

1) 화단벽체의 얼룩 및 오염

① 습식공법

㉠ 석재와 모르타르의 젖음, 얼룩, 녹발생

㉡ 발수제 도포로 방지

② 건식공법

㉠ 화단 안쪽 벽체의 미시공에 의한 습기 침투

㉡ 걸레받이+벽체 시공

2) 바닥의 오염

① 들뜸에 의한 오염

㉠ 모르타르의 배합불량, 불량 모래 등

㉡ 동절기 시공시 몰탈이 침하되어 빗물침투로 백화 유발

㉢ 몰탈 배합(1 : 3), 동절기 시공 시 몰탈 및 석재 온도 유지

② 방수턱 미설치에 의한 오염

㉠ 외부 바닥에서 빗물이 침투하여 내부 바닥으로 흡수

㉡ 방수턱 설치 및 바닥의 연속 시공

3) 외부 계단의 오염

① 시멘트 몰탈이 밀실하지 않은 경우

계단 골조 경사 불량- 몰탈 부실로 공동발생 : 백화

② 트렌치 미설치 경우

③ 화단 두겁석 안쪽 마감 불량의 경우

(3) 결로/누수에 의한 오염(변색, 녹, 백화)

1) 창문 주위 단열 시공 불량

열교 방지 및 환기 조치

2) 외단열재의 건조 불량 상태

외단열 시공으로 비에 노출 석재 오염

(4) 에폭시에 의한 오염

1) 배합불량에 의한 오염－미경화로 Poly Amide의 석재 오염

충분한 혼합과 배합

2) 에폭시 시공 후 시멘트 몰탈 채움한 경우

탄산칼슘으로 에폭시가 녹아 석재 오염

(5) 실재에 의한 오염

1) 1성분－습기 경화형으로 미반응 폴리머와 가소재가 대기 오염 물질 흡착

2) 2성분－배합 불량

number 10 타일붙임공법의 종류와 타일 탈락 방지 대책

※'91, '82, '94, '95, '99, '00, '05, '09, '10, '13

1. 개 요

(1) 타일은 외관 내구성, 구체 보호, 기능면에서 우수한 성능을 가지고 있으면서 가격은 저렴하나 모체의 신축균열, 접착강도 부족 등으로 박리, 들뜸 결합이 발생된다.

(2) 타일 붙임공법에는 떠붙임공법, 압착공법, 동시줄눈공법, 타일선부착공법 등이 있으며, 외장타일의 실용화를 위하여 타일 유닛의 대형화와 건식화 추세에 있다.

(3) 타일박락은 대부분 타일재료의 문제와 바탕 모르타르의 강도 부족에서 비롯되므로 이에 대한 대책을 강구해야 한다.

2. 타일붙임공법의 종류와 특징

(1) 떠붙임(적재)공법과 개량 적재공법

1) 타일 이면에 붙임 모르타르를 발라 하부에서 상부로 시공해 나가는 방법

2) 특징

① 접착성이 커서 박리현상이 적다.

② 시공이 간단하며 관리가 용이하다.

③ 작업속도가 느리고 숙련공이 필요하다.

④ 1일 시공한계 높이는 1.2~1.5m이다.

3) 떠붙임공법을 개선한 개량적재공법도 있다.

(2) 압착공법

1) 바탕면에 바탕 모르타르를 바르고 타일을 시공해 나가는 방식

2) 특징

① 작업속도가 빠르고, 박리현상이 적다.

② 뒷발형태에 따라 접착강도가 차이가 난다.

③ Open Time에 의해 접착력이 영향을 받는다.

3) 압착공법을 개선한 개량압착공법도 있다.

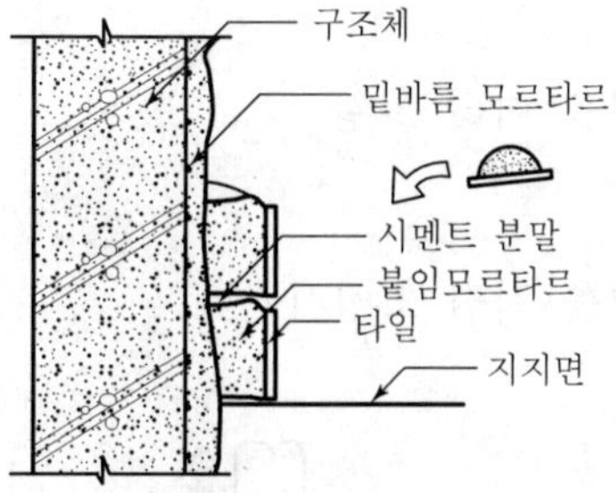

[적재공법]

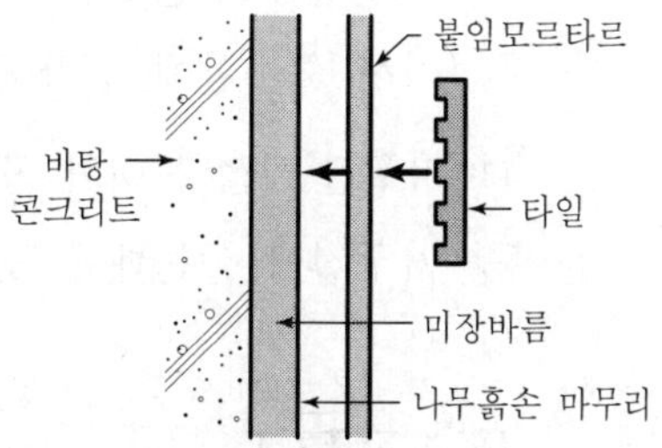

[압착공법]

(3) 접착제 바름공법

1) 주로 실내 공사에 사용되며, 바탕면에 접착제를 균일하게 도포하고, 타일을 붙여나가는 방법
2) 특 징
   ① 작업속도가 빠르고 다양한 바탕에 적용이 가능하다.
   ② 내수성과 내산성이 약하다.

(4) 동시줄눈공법

1) 압착공법 시공시 바탕 모르타르를 진동기로 진동시켜 흘러나오는 모르타르를 이용하여 타일시공과 동시에 줄눈 마무리하는 방법
2) 특 징
   ① 공기 단축　　② 공사비 절감

(5) 타일선부착공법(TPC 공법)

1) 거푸집에 미리 타일을 고정하여 놓고 CON'c를 타설하여 타설과 동시에 타일이 부착되도록 한다.
2) 특 징
   ① 접착성이 우수하고, 타일이 벽체와 일체
   ② 공기단축 효과가 크다.
   ③ 정밀한 시공이 요구되며, 진동기 사용시 타일 박락에 주의하여야 한다.
3) 선부착공법의 종류
   ① Unit Tile 공법
   유닛화된 타일을 거푸집에 고정시킨다.

② 기성 줄눈판 공법

기성 줄눈판에 접착제로 타일을 미리 고정

③ 거푸집 직접 붙이기 공법

거푸집에 줄눈대를 맞춰 타일을 직접 고정시킨다.

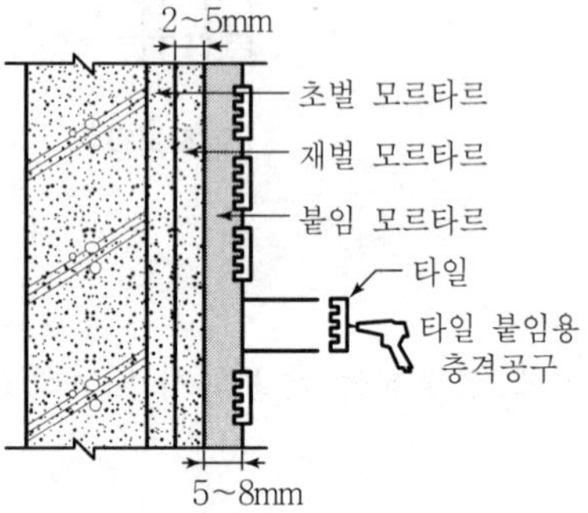

[동시줄눈공법]

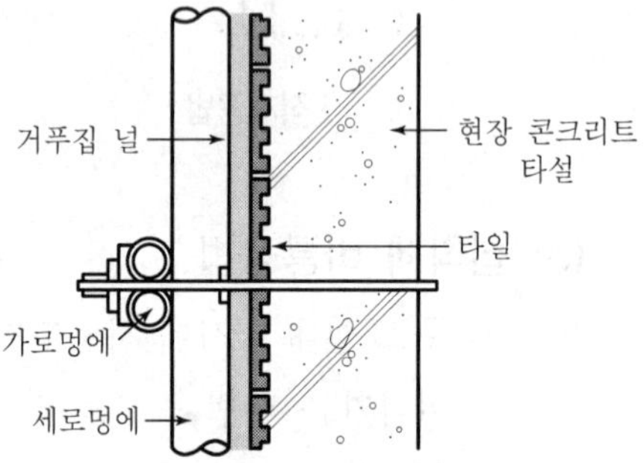

[타일 거푸집 선부착 공법]

(6) 건식타일공법(DAFT, Dry Assemble Floor Tile Unit Method)

1) 유니트화된 조립식 건식 자재를 이용하여 조립에 의해 바닥 타일을 시공하는 공법

2) 특 징

① 시공이 용이하며 기능공이 불필요하다.

② 작업속도가 빠르며 친환경적이다.

③ 규격화, 표준화 및 관리가 용이하다.

3. 타일의 박락원인 및 대책

(1) 타일의 박락원인

1) 설계 미비

① 기초 지내력 부족에 의한 건축물의 부동침하 균열

② Joint 미설치

2) 타일재료 불량

① 타일 뒷발형태에 의한 접착력 저하

② 타일의 강도 부족, 흡수력 과다

3) 모르타르 불량

① 모르타르 배합 불량

② 염분 과다 골재, 접착강도 부족

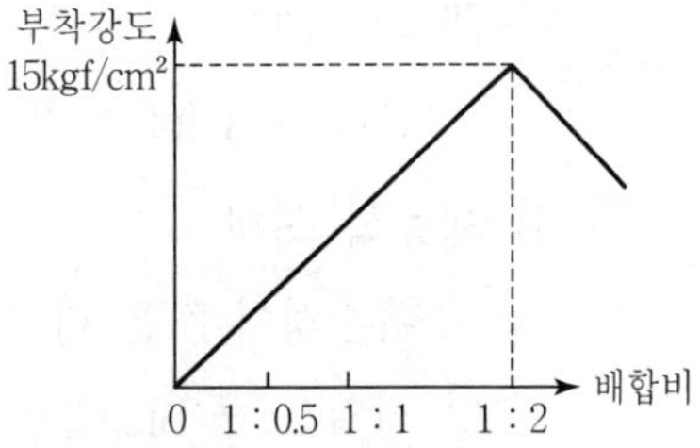

[배합비와 부착강도]

4) 시공 불량

① 양생불량, 급격 건조 현상

② 모르타르 충진 부족

③ 줄눈 부실시공

5) Open Time 미준수

6) 바탕면 불량

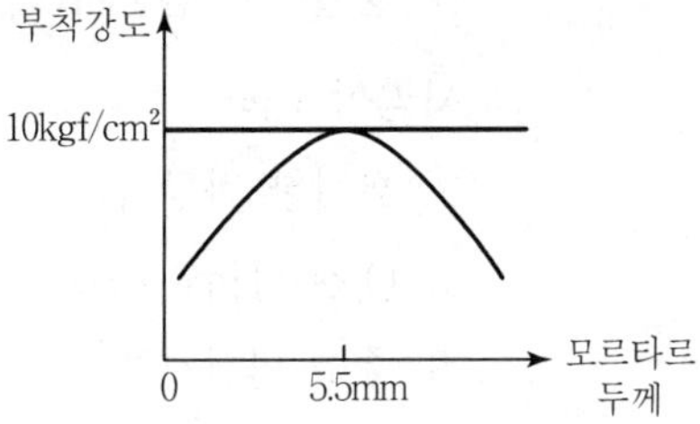

[모르타르 두께와 접착강도]

(2) 타일의 박락방지 대책

1) 타일 나누기도 작성

① 도면과 실제 건물 치수확인 후 작성(Shop DWG 작성)

㉠ 바닥 : 가장자리와 중간부에 실을 치고, 구석에서 출입문 쪽으로 작성

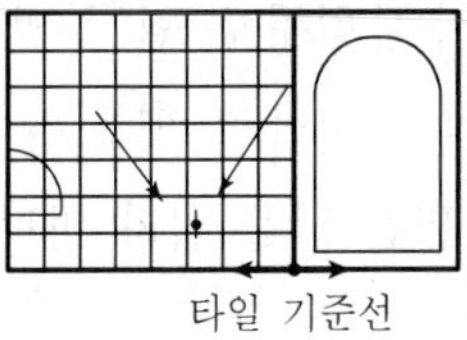

[욕실바닥 시공도]

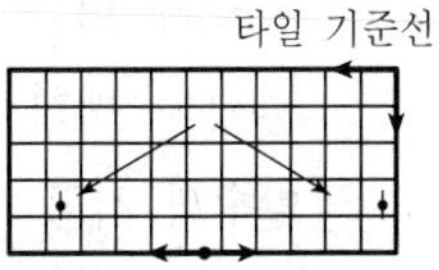

[베란다 바닥 시공도]

㉡ 벽체 : 수평실 치고 모서리부터 작성

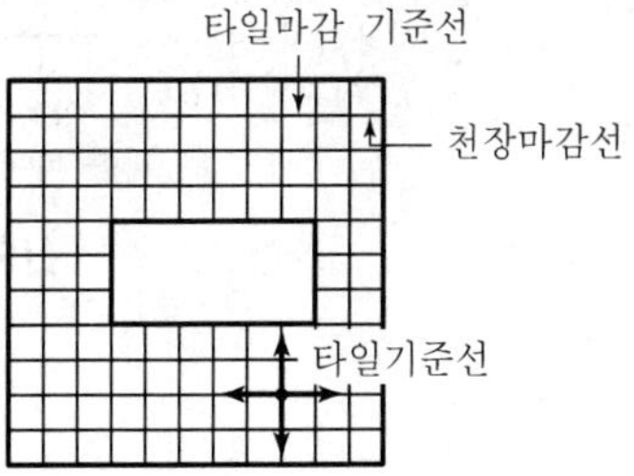

[욕실 벽체 시공도]

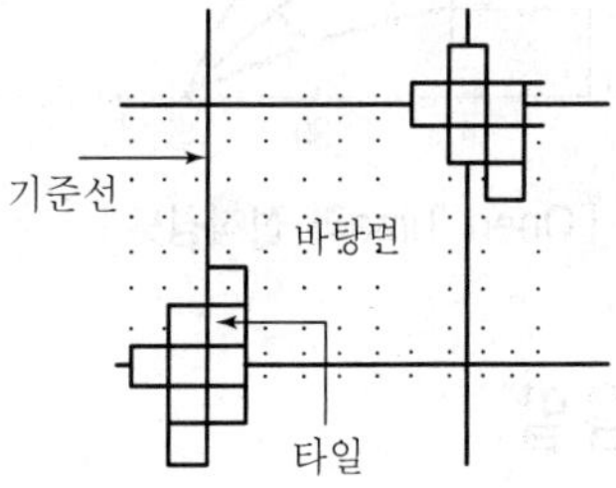

[시공 순서도]

② 타일의 기준치수와 줄눈치수

③ 개구부, 구석, 모서리 : 전용 타일

2) 계획시 대책

① Control Joint 설치　　② Expansion Joint 설치

3) 재료적 대책

① 흡수성이 적은 타일 선택

② 타일은 큰 Size를 선택한다.

③ 뒷발모양이 거칠수록 접착력 우수(압출형)

④ 균일하고 염분이 적은 골재 사용

4) 시공상 대책

① 확실한 바탕처리　　② 붙임 모르타르 5.5mm를 유지

③ Open Time 준수　　④ 타일 동해방지 : 수분침투 억제

⑤ 줄눈 밀실시공

5) 유지관리

① 백화현상 방지

㉠ $Ca(OH)_2 + CO_2 \rightarrow CaCO_3 + H_2O$

㉡ 2차 백화 : 균열로 인한 수분침투로 흰 분말 형성

㉢ 1차 백화 : 모르타르 자체의 이물질 백화

② 발수제 시공 : 2~3년 주기로 맑은 날을 골라 바탕면을 건조시킨 후 시공

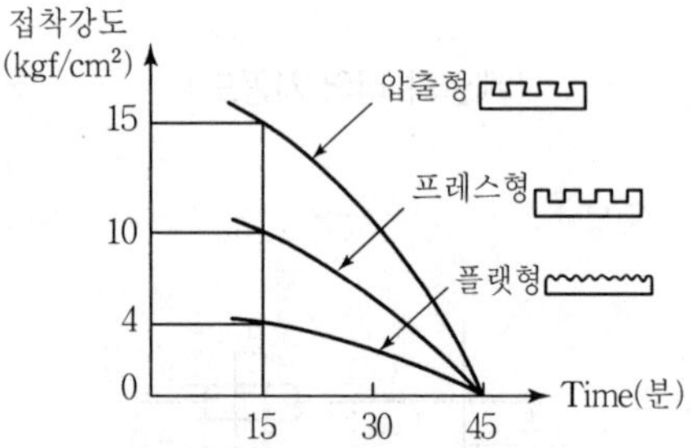

[Open Time과 접착강도]

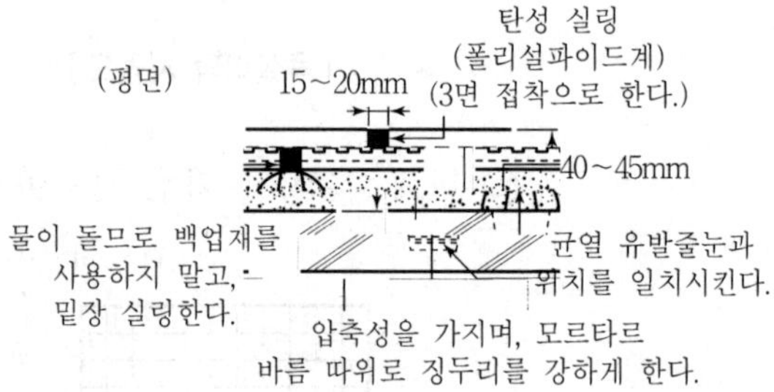

[신축줄눈]

4. 맺음말

(1) 외벽 마감재가 다양화되면서 타일의 시공이 감소하는 추세에 있으나 아직은 타일 시공이 많이 이루어지고 있는 현실이다.

(2) 외벽면의 Tile은 온도변화와 같은 환경적 요인과 재료적 요인에 의해 박락이 일어나므로 이에 대한 보완 개선책을 마련하면 타일시공의 단점을 극복할 수 있을 것이다.

number 11 외장 타일의 박락원인과 대책

※'99, '00, '07

1. 개 요

(1) 타일은 건축물의 내·외장 마감재로서 외관이 미려하고 내구적이며, 구체 보호기능에 우수한 재료이지만 박락현상이 많이 일어나는 단점이 있다.

(2) 외장 타일의 박리원인은 주로 구체의 거동, 접착력 약화, 줄눈요인 등을 들 수 있으며, 타일 붙임시 접착력 향상과 건식공법 사용 등을 통해 박락을 방지해야 한다.

2. 외장 타일의 박리원인

(1) 설계 미비

1) 건축물의 균열
2) 신축 Joint 미설치

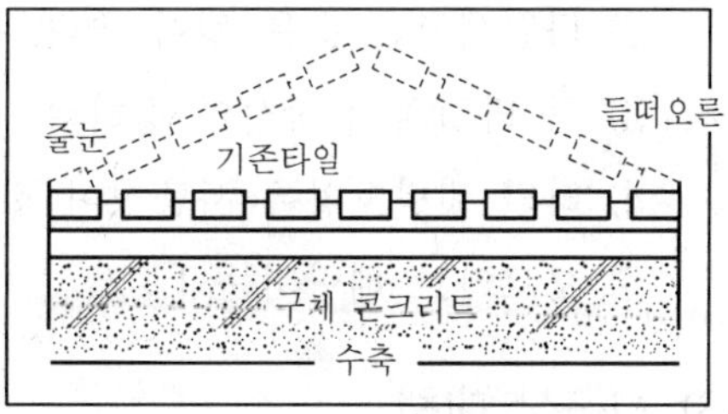

[타일의 들뜸 상태]

(2) 타일재료의 불량

1) 타일 뒷발형태 부족
2) 타일의 강도, 입도, 높은 흡수율

(3) 모르타르 배합불량 – 접착강도 부족

(4) 바탕구조체의 신축

1) 바탕면의 건조, 수축, 팽창
2) 바탕구조체의 균열

(5) 붙이기 시간 부족 – Open Time

(6) 시공불량

1) 경화불량
2) 모르타르 충진 불충분
3) 줄눈시공 분실
4) 모르타르 배합비 불량

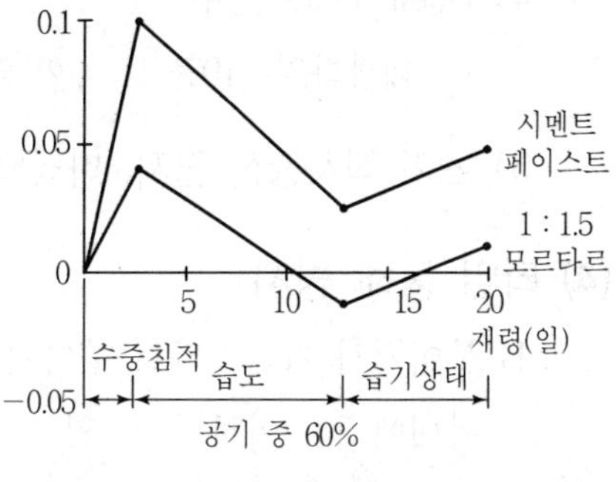

[습윤율에 따른 모르타르의 크기 변화율]

3. 외장 타일 박리 방지 대책

(1) 설계상 대책

1) Control Joint 설치

① 이질재와 접속부위(CON'c벽과 조적벽 사이)

② 벽두께, 길이, 높이가 변하는 곳

2) 신축줄눈 설치

① 균열 유발 줄눈설치

② 이질기초, 균열이 예상되는 곳

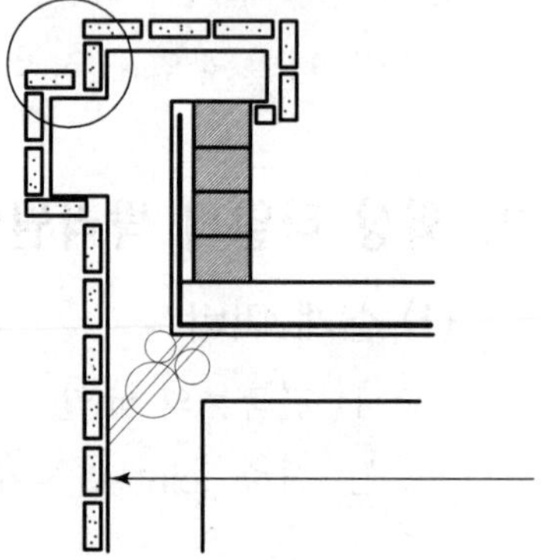
우수 침투가 장시간 정체될 때
소백화 발생 및 탈락의
원인이 됨

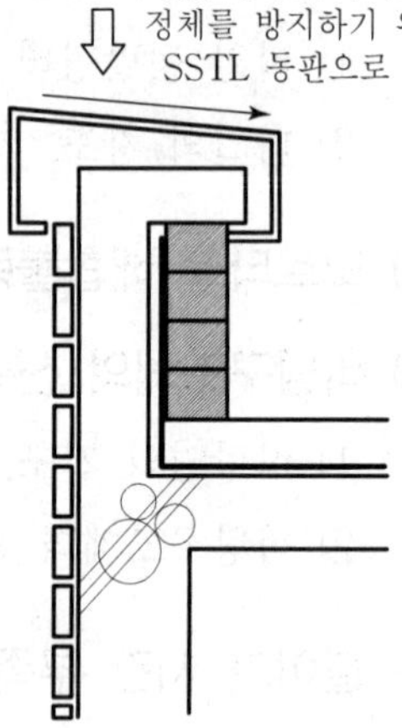
건물 상부의 우수 침투
정체를 방지하기 위하여
SSTL 동판으로 시공

(2) 재료상 대책

1) 흡수율이 큰 타일은 피한다.

2) 타일색깔은 밝은 것이 좋다.

3) 큰 타일의 접착성이 강하다.

4) 타일 뒷발모양은 사출형이 접착성이 우수

5) 모르타르 배합비는 1 : 2

(3) 시공상 대책

1) 바탕면은 충분히 양생하고, 평활하게 한다.

2) 접착 모르타르

① 비빔 모르타르는 1시간 이내 사용

② 두께 5.5mm시 강도가 가장 좋다.

3) 접착붙임은 완전 건조 후 바름

4) Open Time 준수

① 내장타일 : 10분 ② 외장타일 : 20분

5) 초기 직사광선 금지, 바닥타일 3일 양생

(4) 타일 동해 방지

1) 붙이기시 기온 : 타일 붙이기시 기온이 5℃ 이하가 되는 경우와 시공 후 3시간 이내에 5℃ 이하가 될 염려가 있을 때는 작업을 중단하거나 철저한 보양작업 후 시공

2) 급결제, 방동제를 사용하는 경우 조립과 성능에 대해서 충분히 조사한 후 사용한다.
3) 모르타르 배합시 혼합수량을 가능한 줄일 수 있도록 연구하고, 보온기구 등을 통해 보온해야 한다.
4) 타일, 시멘트, 모래를 실내에서 온수를 배합하여 쓰는 방법이 있으나, 너무 건조되지 않도록 해야 된다.
5) 붙인 후 24시간 이내에는 보행이나 기타 충격음, 진동을 주어서는 안 된다.

(5) 붙임 공법 개선

1) 바탕 모르타르 생략
① 공사비 감소
② 공기단축, 신축변형률 감소

2) 우수한 접착력과 긴 Open Time을 갖는 붙임 모르타르 사용
① Flow치 변동률이 적고
② 보수성이 높아야 하며
③ 단위시멘트량이 적어야 한다.

3) 동시 줄눈공법 시공
① 타일붙임과 동시에 줄눈을 시공하는 방법(횟수, 접착강도)
② 접착력이 우수하고, 공기단축 가능
③ 백화현상 방지 효과

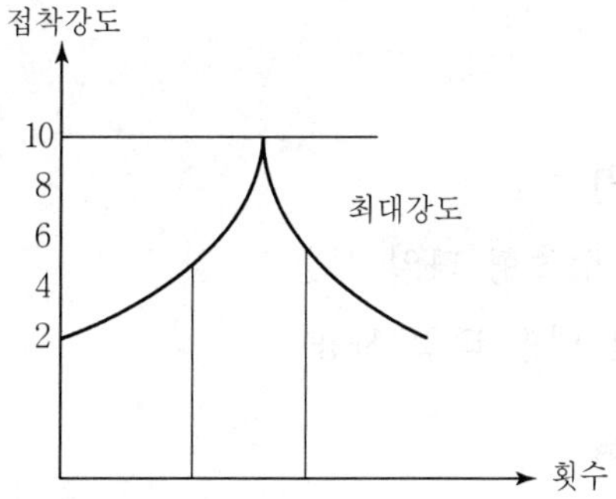

number 12 타일의 동해방지 대책

1. 개 요

(1) Tile은 외관이 화려하고 내구성이 있으며, 구체보호 기능면에서 매우 우수한 성능을 갖고 있는 재료이지만 박리, 백화 등이 발생할 우려가 높다.

(2) 미경화 Mortar의 온도가 0℃ 이하일 때 Mortar 중의 물이 얼어 있다가 외기 온도가 따뜻해지면 얼었던 물이 녹으면서 타일의 탈락이 발생된다.

2. 동해의 원인

(1) 모르타르의 배합수량이 많은 경우

(2) 타일 줄눈 충진상태 불량

(3) 모르타르의 물・시멘트비가 큰 경우

(4) 부적당한 혼화제 사용

(5) 모르타르 Open Time 초과

(6) 타일 이면의 공극이 클 경우 물의 침투가 크다.

(7) 보양상 요인

1) 시공 전 보양방법 미비

2) 갑작스런 온도 저하

(8) 줄눈 파손에 의한 빗물의 침투

3. 동해방지대책

(1) 재료적인 측면

1) 타일 선정-압출형 타일 사용

2) 가급적이면 대형 타일 사용

(2) 시공적인 측면

1) 타일압착의 밀실화

2) 타일 뒷면의 공극 최소화

3) Open Time 준수 및 물・시멘트비를 적게 한다.

(3) 유지관리적인 측면

1) 근원적인 빗물 침투의 방지
2) 균열보수 및 발수공법 적용
3) 줄눈 보수

(4) 보양상 대책

1) 작업장 부위 공기차단막 설치
2) 양생방법 결정 : 난로, 온풍기 등

(5) 동해방지 시공시 유의사항

1) 붙이기시 온도 저하

기온 5℃ 이하, 시공 후 3시간 이내에 5℃ 이하가 되지 않도록 한다.

2) 급결제, 방동제 사용

조합과 성능조사 후 사용

3) 배합시 혼합수량을 가능한 줄인다.

4) 붙인 후 24시간 이내에는 보행 및 진동, 충격 금지

4. 맺음말

(1) 타일공사는 마감공사이므로 한번 잘못 시공하면 동해 등으로 인하여 들뜸, 박리 등이 발생하여 많은 피해와 손실을 주고, 제3자에 대한 신뢰감도 잃게 된다.
(2) 그러므로 시공 전 사전 검토사항을 꼭 지켜서 타일박리 등이 일어나지 않도록 하는 것이 중요하다.

number 13 미장 결함의 종류별 원인과 시공시 주의사항

※'95, '00, '06

1. 개 요

(1) 미장공사 결함의 원인은 미장공사 이전의 결함인 구체의 부동침하, 외력에 의한 변형과 함께 바탕불량과 미장재료 및 시공 부주의 등이 있다.

(2) 이러한 결함은 여러 요소가 복합적으로 작용하여 발생하므로 정확한 판단이 어려운 경우가 많고 구조적인 면보다는 외관상 문제점을 일으켜 내장재를 손상시키고 건물의 가치를 하락시키게 되므로 원인파악과 대처가 중요하다.

2. 미장공사 결함원인

(1) 구체공사 변형에 의한 원인

1) 구조체의 부동침하

2) 바탕의 불량

3) 외력에 의한 변형

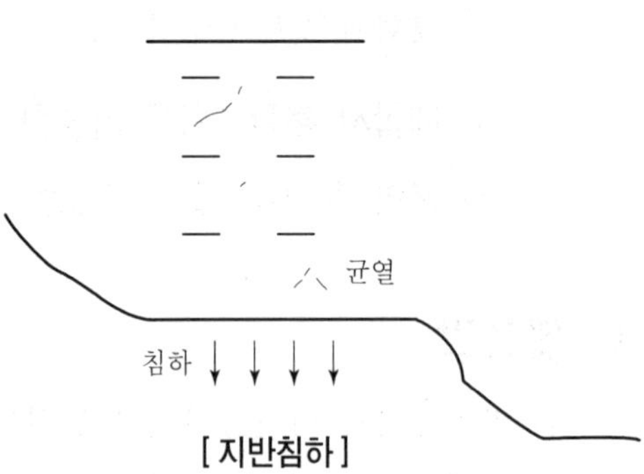

[지반침하]

(2) 바름바탕에 의한 원인

1) 바탕재의 건조수축

2) Lath의 이음불량

(3) 바름면에 의한 원인

1) 재료의 건조수축

2) 바름두께의 불균일

3) 여물의 불균형

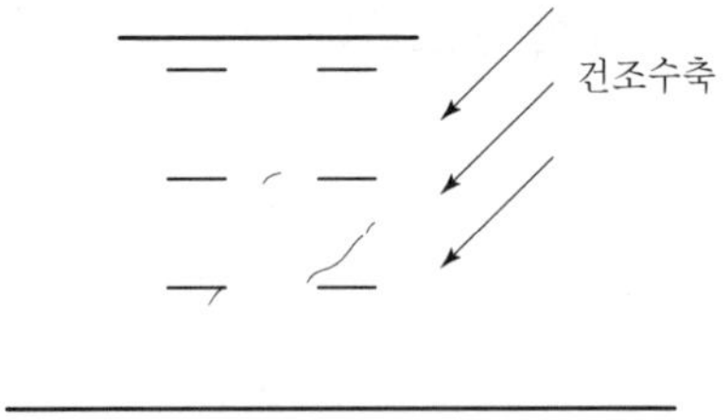

[건조수축]

3. 결함의 형태별 종류

(1) 재료의 배합시 결함

1) 백화현상 $Ca(OH)_2 + CO_2 \xrightarrow[\text{백 화}]{\text{중성화}} CaCO_3 + H_2O$

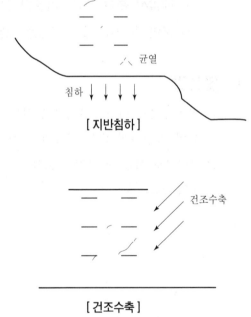

① 미장표면에 흰가루가 생기는 현상

② 균열방지, 수분 침투방지

③ 해수, 해사 사용금지, 기후 불순할 시 작업중지

2) 불경화

① 시간이 지나도 경화되지 않음

② 시멘트 풍화, 배합 불량, 혼화제 이상

3) 곰팡이 반점

① 미장면에 곰팡이 발생, 유기질 풀 재료 사용시

② 급속 건조, 곰팡이 방지제 사용

4) 변 화

① 마무리면 점과 같은 팽창돌기 부분 발생

② 석회분은 양질의 석회 사용

(2) 시공시 결함

1) 균 열

① 지도상 균열 : 바름두께, 흙손누름, 수량 등의 불량

② 망상 균열 : 망상의 작은 무늬

③ 모상 균열 : 불규칙적인 작은 균열, 수축성이 큰 재료

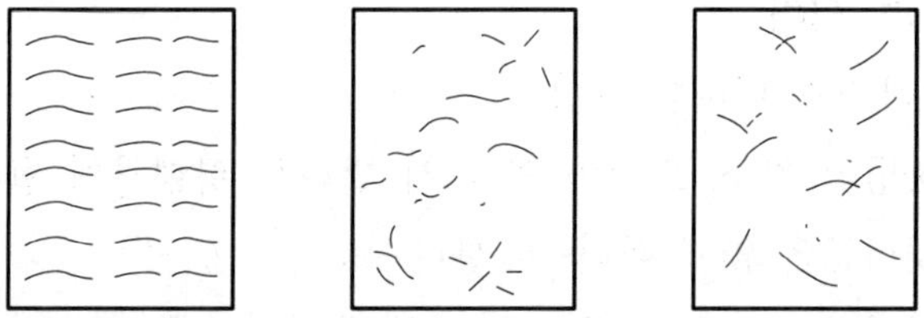

[지도상 균열]　[망상 균열]　[모상 균열]

2) 박 락

① 미장면이 박리되어 탈락

② 낙하할 경우 안전문제 발생

③ 부분적 박리와 구조적 박리가 있다.

3) 흙손반점

① 기능자 숙련도 저하　② 표면 마무리가 평활할수록 심함

(3) 양생시 결함

동결, 동해, 강도저하, 박리현상

4. 시공시 주의사항

(1) 재료의 배합

1) 시멘트

① 풍화되지 않은 시멘트 사용

② 보통 포틀랜드 시멘트나 백색 시멘트 사용

2) 모 래

① 유기물질이 포함되지 않은 골재

② 체로 쳐서 사용, 해사 사용 금지

3) 혼화제

안료, 소석회 색모래, AE제

4) 배 합

① 재료 배합은 충분히, 혼합시간에 주의

② 초벌 1 : 2, 정벌 1 : 3

(2) 바탕면 처리

메탈라스의 덧바름 보강

1) 바탕면 청소, 요철이 있을 시 발라서 평행하게 한다.

2) 덧바름은 엷게 여러 번 한다.

3) 바탕면은 부착이 좋도록 거칠게 처리한다.

4) 바탕면의 흡수성과 접착력을 좋게 한다.

5) 이질재와 접합부는 충분히 충전한다.

(3) 바르기

1) 바르기 순서

① 밑에서 위로 바른다.

② 실내는 천장 → 벽 → 바닥 순서

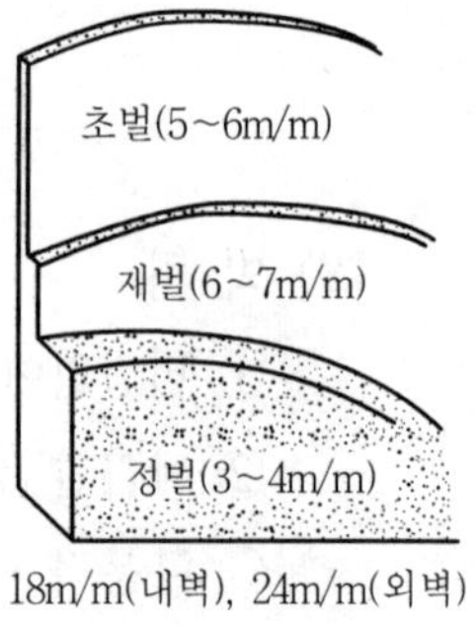

[바르기 작업]

③ 외벽미장은 옥상난간→지하층 순서

④ 1회 바름 흙손질 붙임 높이는 90cm

2) 재벌바름

① 초벌바름 두께 차가 있을 시 평평하게 고름

② 충분히 건조시켜 균열 진행 후 실시

③ 모서리, 구석 등은 규준대를 대고 바른다.

④ 두께는 6~7mm 정도

3) 정벌바름

① 얼룩면이 없도록 평활하게 한다.

② 바름두께는 3~4mm 정도

4) 바닥 바르기

① 바닥면 청소, 물매 고려

② 물축이기 한 후 시멘트 페이스트를 바른다.

(4) 보양 및 양생

1) 미장면은 통풍을 피하고 백화방지

2) 진동, 충격금지, 동절기 보온 양생한다.

5. 맺음말

(1) 미장공사의 결함을 방지하기 위해서는 합리적인 설계와 적절한 재료의 사용, 양질의 시공이 반드시 필요하고

(2) 건설환경에 대응할 수 있도록 기존의 습식공법에서 건식공법 위주로의 변화와 기술개발이 이루어져야 할 것이다.

number 14 시멘트 모르타르 미장공사 품질관리

1. 개 요

모체에 접착이 불량한 상태로 시공된 시멘트 모르타르층은 들뜸 현상이 발생하게 되고 균열과 탈락이 진행되어 하자를 유발하는 요인이 된다.

2. 들뜸 방지를 위한 품질관리 방안

(1) 양질의 재료

1) 시멘트, 레미탈

장기간 보관을 피하고 품질 변화가 없도록 방습 조치를 하여 건조상태로 보관

2) 모래

① 유기불순물, 염화물, 흙, 미세먼지 등의 미세불순물이 포함되지 않아야 한다.

② 지나치게 미세한 모래 입자는 좋지 않으며 적당한 입도를 가져야 한다.

③ 모래 입도의 최대 크기는 바름두께의 1/2 이하 범위 내에서 바름에 지장이 없는 한 큰 것으로 한다.

[모래의 표준 입도 및 용도]

체의 공칭치수 / 입도 종별	체를 통과한 모래의 중량(%)						시멘트 모르타르 바름 시 용도
	0.15mm	0.3mm	0.6mm	1.2mm	2.5mm	5mm	
A종	2~10	10~35	25~65	50~90	80~100	100	바닥용, 일반 바름용
B종	2~10	15~45	35~80	70~100	100	-	정벌용
C종	5~15	20~60	45~90	100	-	-	정벌용, 얇은 바름용
D종	5~15	15~35	40~70	65~90	80~100	100	압송·뿜칠용

3) 혼화재료

혼화제는 제조자별 특기 시방을 준수하고 필요시 현장 시험을 실시해본다.

(2) 재료의 혼합

1) 배합비

초벌은 부배합으로 하고 재벌 및 정벌은 빈배합으로 하는 것이 부착력이 높다.

[시멘트 모래의 배합비]

바탕면	부위	배합비(시멘트 : 모래)
콘크리트면, 블록면, 시멘트벽돌면	내벽, 천장	1 : 3
	외벽	1 : 2
라스바탕면	내벽, 천장	1 : 3
	외벽	초벌은 1 : 2, 재벌 및 정벌은 1 : 3

2) 접착증강제

과다 사용시 작업성 저하되므로 제조사의 시방에 따른다(일반적으로 모르타르에 혼합시 시멘트 중량의 7.5%).

(3) 시공 및 양생

1) 바탕면 처리

① 먼지, 이물질 등은 고압수나 중성세제로 제거

② 레이턴스, 백화 등은 브러시 등으로 갈아낸다.

③ 지나치게 매끈하고 평활한 면은 거친 마감을 하거나 빗살흙손으로 얇게 접착모르타르를 바른다.

2) 물축임 작업(Dry Out 방지)

① 건조한 콘크리트 표면에 시멘트 모르타르 미장 시 콘크리트면으로 수분이 흡수되어 계면 부근의 수분이 부족해지고 Dry Out 발생, 부착력 저하

② 물축임 후 바로 작업하지 말고 1일간 건조 양생

③ 접착증강제 사용시

㉠ 혼합공법(모르타르+접착증강제)은 물축임 실시

㉡ 도포공법(접착증강제+물)은 물축임 금지

3) 접착증강제 사용

접착증강제는 불연속피막을 형성하여 수분의 이탈을 막아 Dry Out 방지

4) 모르타르 배합과 바름 시간 간격

초벌이나 라스먹임 후 2주 이상 방치하여 충분히 건조, 균열을 발생시킨 후 다음 작업을 실시한다.

[모르타르 배합과 바름시간 간격]

공정	재료 배합(중량비, %)				소요량 (kg/m²)	바름 횟수	바름 시간 간격	
	시멘트	모래	혼화제	수용성 수지			공정 간	최종 양생
초벌	100	250	15~20	0~0.2	8~18	1	2주 이상	-
고름질	100	300	10~30	0~0.2	4~6	0~1	1~10일	-
재벌	100	300	10~30	0~0.2	6~18	1	1~10일	-
정벌	100	300	10~30	0~0.2	6~18	1	-	2주 이상

5) Open Time 준수

모르타르는 배합 후 곧바로 사용하는 것이 좋으며 접착증강제 혼합 시에는 30분 이내 사용

6) 줄눈 설치

① 바탕의 경계, 큰 벽(외벽 5m, 내벽 10m)에는 줄눈 설치

② 라스부가 견고하게 고정된 부위는 6~8m마다 신축줄눈 설치

③ 모서리, 개구부 주변에 신축줄눈 설치

7) Lath 설치

매끈한 면, 미장 탈락, 들뜸이 발생할 수 있는 곳, 기구함 뒷면, 바름두께가 두꺼운 곳 등은 라스 설치

8) 바름 두께 유지

최종 바름 두께가 얇거나 지나치게 두껍지 않도록 관리

[모르타르 바름 두께]

바탕면	부위	바름 두께
콘크리트면, 블록면, 시멘트벽돌면	천장	15mm
	내벽	18mm
	외벽, 바닥	24mm

라스바탕면	천장	15mm
	내벽	18mm
	외벽 및 기타	24mm

9) 작업 후 들뜸 확인

작업 완료 후 뾰족한 망치 등으로 미장면을 긁어보아 들뜸이 있으면 재작업

10) 양생

정벌 완료 후 급격 양생, 진동, 저온 상태를 방지하면서 2주 이상 충분히 양생

number 15 시멘트 모르타르 미장면의 균열원인과 방지 대책

※'00

1. 개 요

(1) 미장공사는 공사의 마무리 단계로 건축물의 외부 노출과 직접적으로 관련되어 있으므로 균열이나 박락 등이 발생하면 미관저해와 불안감을 유발하기 쉽다.

(2) 이러한 균열은 재료적 요인과 함께 바탕면의 처리, 시공방법의 불량에 의해 발생하므로 이에 대한 적절한 품질관리가 요구된다.

2. 균열의 형태

(1) 지도상 균열

1) 가장 많은 균열형태

2) 중앙에서 단부로 발생

3) 누름질과 바름두께 불량으로 발생

(2) 망상균열

1) 그물형태의 작은 무늬 발생

2) 표면을 도료로 마감시 발생

(3) 모상균열

1) 불규칙한 형태의 작은 균열

2) 급격 건조에 의한 수분증발이 원인

3) 수축성이 큰 재료에서 발생

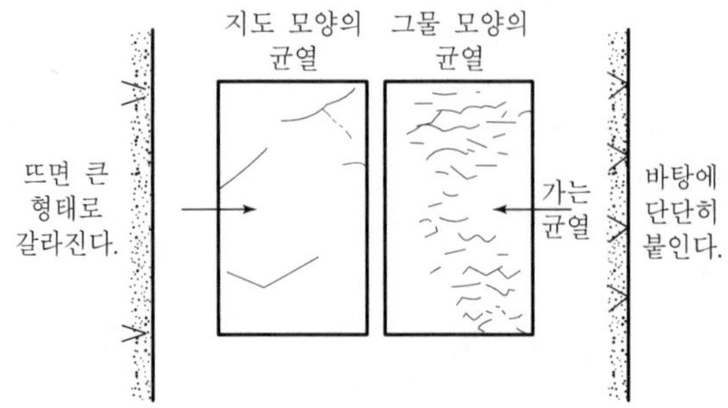

3. 균열의 원인

(1) 구조적 요인

1) 기초의 부동침하에 의한 균열
2) 집중하중 및 충격에 대한 벽체응력 부족
3) 바탕구조 벽체의 균열
4) Joint의 미설치
5) 바탕면과 미장면의 이질 경향

(2) 재료상의 결함

1) 골재의 입도 부적합 : 지나친 세사는 적합하지 않다.
2) 접착 모르타르의 강도 부족
3) 골재의 염분 과다 함유, 불순물 포함

(3) 시공하자

1) 바탕면 처리 불량
2) 미장 마감면의 급격 건조
3) 바탕면과의 부착강도 부족
4) 바름두께의 불균일과 줄눈시공 불량
5) 양생시 충격이나 진동
6) 누르기 작업 불량시 기포발생

띠장 위 라스의 이음매 부근에
균열이 선 모양으로 발생한다.

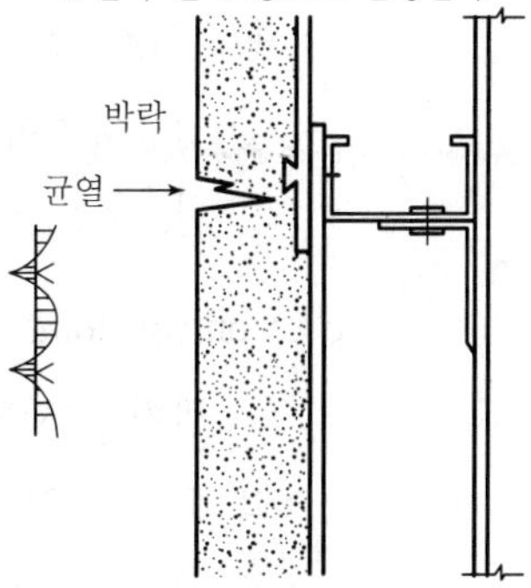

(4) 사용상의 원인

1) 출입문 사용으로 인한 지속적 충격
2) 못질 등에 의한 벽체 손상
3) 상층부의 장기 적재하중
4) 과다 건습상태의 반복

4. 균열 방지 대책

(1) 설계시 고려사항

1) 지반의 형태에 맞는 기초설계
2) 신축줄눈의 설치와 Joint 부위 보강

3) 합리적인 평면구성과 벽의 배치

(2) 재료의 선정

1) 골재의 입도가 적절한 것

2) 염분 함유량이 기준치를 초과하지 않을 것

3) 분말도가 높고, 풍화되지 않은 시멘트 사용

4) 혼화제, 부착력 증진제 사용

(3) 시공시 대책

1) 바탕면 처리

① 부착력을 저하시키는 오염물질 제거

② 요철이 심한 곳은 미리 덧발라 평활도 유지

③ 바탕면은 평활하고 거칠게 한다.

④ 건조면은 작업 전 충분한 물축임을 실시

균열(금)을 충분히 발생 시키고 나서 계속 바른다.

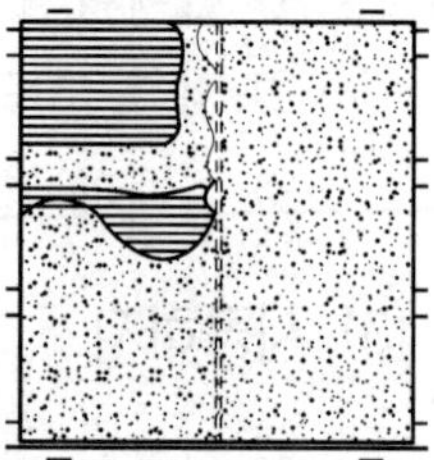

신축줄눈을 만든다.

재벌바름 라스 문지르기 ⇨ 정벌마름 마무리

2) 메탈라스 보강

① 집중하중이 발생하는 곳

② 창, 출입구 주위, 교차 부위, 모서리 부분

3) Control Joint 설치

① 벽의 교차부, 이질재 접합부 Control Joint 설치

② 벽의 길이와 높이에 따라 일정 간격마다 설치

③ 개구부, 창틀 주위 설치

4) 바르기 방법

① 바르기 작업은 천장, 벽, 바닥 순으로 실시

② 한 번에 바름 두께를 두껍게 하지 않는다.

③ 초벌바름 : 굵은모래를 사용하여 거친 마감

재벌바름 : 6~7mm 두께로 발라 미리 균열 유도

정벌바름 : 바름두께는 3~4mm를 유지한다.

④ 기포나 부풀음이 없도록 여러 번 누름작업을 한다.

⑤ 부착 강화제를 사용하고, 흙손질은 2회로 나누어 실시한다.

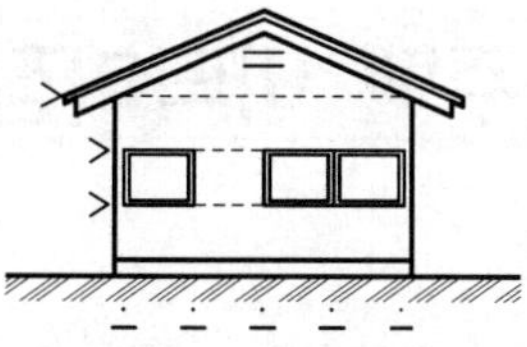

개구 주위, 구석에 신축줄눈을
중점적으로 설치하여 균열을 막는다.

5) 양생과 보양

① 초기 진동과 충격금지

② 급격 건조현상 방지

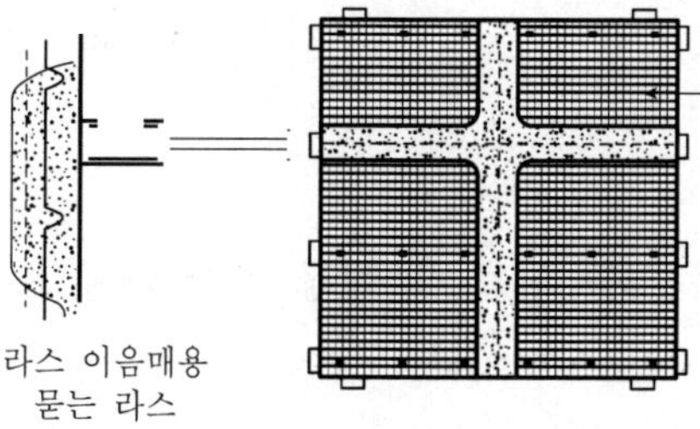
라스 이음매를 한번에
모르타르로 문지르면 좋다.
라스 이음매용
묻는 라스

(4) 유지관리

1) 발수제, 방수제 등으로 백화현상 방지

2) 벽면에 과다 시설물 설치 자제

number 16 공동주택 바닥미장 균열 원인과 대책

※'09, '12

1. 개 요

(1) 공동주택의 바닥 미장의 균열은 기계화 시공을 위한 높은 물시멘트비와 급격한 건조 환경에 의해 대부분 발생된다.

(2) 이러한 균열은 구조적 측면을 떠나서 공동주택 마감 공정 하자 중에서 가장 많은 비중을 차지하고 있으므로 이를 줄이기 위한 노력이 필요하다.

2. 바닥 미장 공법 종류

(1) 레미콘 모르타르

1) 레미콘 제조사에서 배합 완료 후 현장 운반 타설 방식

2) 재료의 품질이 높고 경제적이다.

(2) 건조 모르타르

1) 시멘트, 모래, 혼화제를 공장 배합하고 현장에서 물을 섞어 타설

2) 품질이 우수하고 사후 균열 보수에 유리

(3) 현장 배합 모르타르

1) 현장에서 재료를 배합하여 타설

2) 재료의 배합이 불균일하고 품질 편차 발생

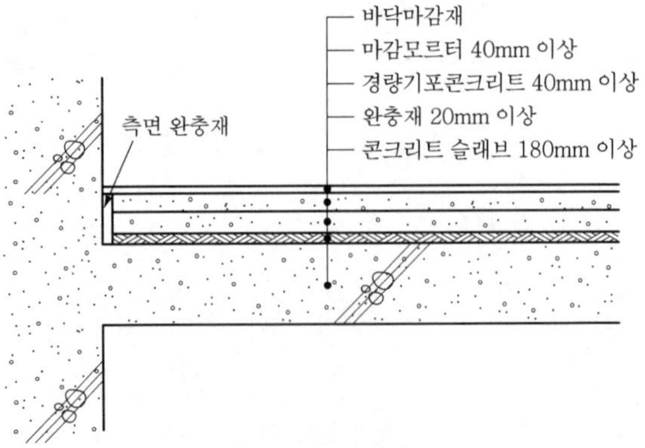

[공동주택 바닥(온돌) 미장 예]

3. 균열 발생 요인

(1) 건조수축 현상(건조수축 균열)

1) 바닥 균열 중 가장 많이 발생되는 형태

2) 발생 시기

① 모르타르 타설 후 약 1개월 이후부터 발생

② 바닥 마감재 시공 후에도 장시간에 걸쳐 진행

3) 원인

과다한 물－결합재비(레미콘 모르타르의 경우 배합비 : 시멘트 400~440kg, 모래 1,400~1,560kg, 물－결합재비 65~72%/m^3)

(2) 소성수축 현상(소성수축 균열)

1) 타설 초기의 양생 환경에 따라 발생

2) 발생 시기

① 모르타르 타설 후 약 2~48시간

② 타설 초기에만 발생하고 이후 진행되지 않음

3) 원인

① 낮은 습도와 높은 온도 환경에 의한 급격 건조

② 바람의 영향에 의한 빠른 수분 증발

(3) 침하 현상(침하 균열)

1) 난방 배관 위와 주변에서 발생되는 균열

2) 발생 시기

① 모르타르 타설 후 약 7일 이후부터 발생

② 배관 파이프를 따라서 장시간에 걸쳐 발생

3) 원인

배관 파이프에 의한 재료의 부동 침하

(4) 기타

1) 동해에 의한 균열(동절기)

2) 충격에 의한 균열

4. 균열 방지 대책

(1) 재료의 선정

1) 혼화재료

① 균열 방지제 사용

㉠ 석고계($CaSO_4$)

㉡ 석회/석고계($CaO-CaSO_4$)

㉢ 아윈계(CSA ; Calsume Sulfo Aluminate)

② 건조시(4~6월) AE제 첨가

2) 모래

① 미분 또는 토분이 많은 모래 사용 금지

② 가는 모래의 비율이 너무 높지 않게 한다(모래의 조립률은 2.7~3.2).

3) 모르타르

① 압축강도 210kgf/cm^2

② 가능한 물-결합재비 60% 이내 관리

(2) 시공 대책

1) 바탕 정리 및 물축임

① 바닥면의 이물질(먼지 등) 제거

② 바닥 미장 하루 전 살수 조치(충분한 습윤)

2) 와이어 메쉬나 라스 보강/섬유 보강재 시공

① 평면이 변하는 위치(거실과 주방 사이 목 부위)

② 단면상 두께가 변하는 곳

③ 돌출부, 출입구 주변 시공

3) 바름

균일한 미장 두께 유지

4) 균열 유발 줄눈 설치

5) 바닥강화제 시공

표면 건조 후 경화되기 전 도포

(3) 양생

1) 건조기, 하절기

① 피막 양생제 사용

② 급격 건조 방지 및 필요시 살수

2) 동절기

① 동해 방지

② 외기와의 온도차가 20℃ 이하가 되도록 한다.

3) 바람막이 설치

4) 최소 3일간 보행 억제

number 17 백화발생의 원인과 방지 대책

※'08, '09, '13

1. 개 요

(1) 백화현상은 벽돌면, 타일면, 미장면, 석재면 등에 흰가루가 발생하는 현상을 말하며, Con'c 중의 수산화칼슘이 대기 중의 탄산가스와 결합하여 탄산칼슘의 흰가루가 맺히는 현상이다.

$$Ca(OH)_2 + CO_2 \rightarrow CaCO + H_2O$$

(2) 백화현상 방지를 위해서는 설계, 재료, 배합, 시공 등의 전 작업과정에서 철저한 품질관리가 이루어져야 한다.

2. 백화의 종류

(1) 2차 백화

균열로 인한 수분침투로 흰가루 분말이 생성되는 현상으로 환경적 요인에 기인한다.

(2) 1차 백화

모르타르 자체의 이물질 백화

3. 백화 발생요인

(1) 재 료

1) 벽돌의 소성 부족, 흡수성 과다
2) 풍화된 시멘트
3) 염기성 모래, 반응성 사용수, 이상혼화제

(2) 시 공

1) 모르타르 배합 1시간 이상 경과시 사용
2) 바탕면의 충분한 물축임
3) 급격한 건조

(3) 기상 및 환경

1) 저온, 다습시 2) 그늘진 부분, 통풍 불량시

4. 백화 방지 대책

(1) 재 료

1) 벽돌 흡수율이 적은 것 사용
2) 물-결합재비 적게, Open Time 준수
3) 풍화되지 않은 시멘트, 세척사, 연질용수 사용

(2) 설계상

1) 균열방지용 Expansion Joint 설치
2) 빗물 침입방지 : 물끊기 홈, 차양 Flashing 처리

(3) 시공시

1) 조적벽 : 모르타르 Open Time 준수, 줄눈 밀실시공
2) 타일면 : 흡수율을 적게 하는 재료, 박리제 도포
3) 미장면 : 모르타르 가수금지, 해사 사용 금지
4) 석재면 : 건식공법 사용, 줄눈 Sealing
5) CON'c : 물-결합재비 적게, 밀실 CON'c 타설

(4) 유지관리

타일, 벽돌면 등에 2~3년마다 주기적으로 표면에 발수제 시공

5. 백화발생시 보수대책

(1) 브러시, 마른 솔로 1차 제거
(2) 깨끗한 물로 세척
(3) 묽은 염산용액을 사용해 세척
1) 세척된 국부시험 시행
2) 바탕면 충분히 살수 : 화학물질 흡수 최소화
3) 세척 후 물로 청소
4) 타 자재접촉 주의

number 18 Self Leveling 공법과 수지 미장공법

※'95, '00, '03

1. Self Leveling 공법

(1) 정 의

1) Self Leveling이란 석고를 주성분으로 하고, 바닥면에 흘리면 자체(Self) 유동성에 의해 수평 바닥마감 Level을 형성하는 공법이다.

2) 자기 유도성에 의해 수평 바닥면을 형성하므로 기능인력 부족과 숙련도 저하에 대응한 손쉬운 바닥 미장공법이다.

(2) 공법의 특징

1) 미숙련공 가능 : 기능공 부족에 대처

2) 공기단축

3) 성력화 : 노무절감

4) 균열발생이 없고 대규모 시공가능, 시공관리 용이

5) 고가이며 내수성이 약함

6) 현장 비빔타설

(3) 재료의 분류 및 특성

1) 시멘트계 Self Leveling

① 강도 발현과 변화시간이 느리다.

② 수축균열 발생

③ 표면강도 및 접착강도가 크나 Crack이 많다.

2) 석고계 Self Leveling

① 재료 : α번 수석고, β번 수석고, 무수석고

② 내구성 결점, 내마모성, 내수성이 약함

③ 이상팽창 발생

3) 우레탄계

(4) Self Leveling의 품질기준

1) Flow 값 : 19cm 이상

2) 압축강도 : 12Mpa 이상

3) 바탕 접착강도 : 0.5MPa 이상

(5) 시공순서

1) 검사 → 바탕처리 → 비빔 → 타설 → 수정 → 양생

2) 바탕처리 : 청소 후 합성수지 1회 바르기를 작업하여 건조시킨다.

3) 시공법

① 공정 : 실러바름 1회 → 실러바름 2회 → SL재 바름 → 이어치기 부분처리

② 요철부위 된비빔 Self Leveling재 보수

③ 5℃ 이하 작업중지

2. 수지 미장공법

(1) 정 의

1) 수지 미장은 합성수지(에멀젼) 플라스터를 내벽 및 천장에 3~5mm 두께로 바르는 미장공법을 말한다.

2) 재료는 시멘트 중량의 5~15% 합성수지나 고무 라텍스류를 시멘트 모르타르에 혼입하여 사용한다.

(2) 재료 및 배합

1) 재 료

① 합성수지 미장재(에틸렌 초산계, 아크릴계)와 고무 라텍스류가 있다.

② 합성고분자 바닥수지 미장재에는 폴리우레탄 바닥바름재, 에폭시수지 바닥바름재가 있다.

2) 재료의 특성

신장성이 높고, 재료의 부착성, 보수성, 작업성, 방진성, 내수성이 크다.

3) 배 합

합성수지 에멀젼과 물을 배합하고 초벌바름하며 연마지 깔고, 정벌바름한다.

(3) 시공법

1) 시공순서

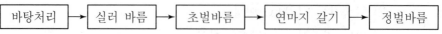

바탕처리 → 실러 바름 → 초벌바름 → 연마지 갈기 → 정벌바름

① 바탕처리

㉠ 바탕면은 초벌, 재벌, 정벌바름면으로 하고, 충분히 경화 건조시켜야 한다.

㉡ 콘크리트면, 조적면, ALC면, 시멘트 모르타르면 등이 있다.

② 실러 바름

㉠ 합성수지 에멀젼 실러와 물을 배합하여 시방에 따른다.

㉡ 실러 바름 횟수는 1~2회로 하고, 0.1~0.2kg/m^2 정도로 바른다.

③ 초벌바름

㉠ 수지 플라스터를 두껍게 바른다.

㉡ 바름량은 0.5~5kg/m^2 정도로 한다.

④ 연마지 갈기

⑤ 정벌바름 : 수지 플라스터를 얇게 바른다.

(4) 수지 미장시공 부위

1) 벽체 수지마감

① 콘크리트 벽면에 수지 모르타르 미장

② 공동주택 측벽 노출면에 미장 대신으로 면처리

③ ALC 벽체면

2) 바닥수지 미장

① 공장바닥이나 지하주차장 바닥 등에 표면 코팅재로 바른다.

② 수지 미장방법

㉠ 솔질 또는 뿜기 공법

- 폴리우레탄 또는 에폭시수지마감으로 한다.
- 두께는 1.5~2mm 정도

㉡ 흙손바름 공법

- 에폭시수지 모르타르 바름법과 불포화 폴리에스텔 수지 모르타르 바름이 있다.
- 바름두께는 4~6mm 정도로 한다.

number 19 방수공법의 종류별 특성과 위치별 시공시 주의점

※'97

1. 개 요

(1) 건축물의 완공 후 사용 중 가장 많이 발생하는 하자가 방수공사에서 발생하고 있는데 보수비용도 많이 들고 근본적 해결이 어려운 경우가 많다.

(2) 방수재료들은 각각 다른 특성을 가지고 있고, 요구되는 성능 또한 각각 다르므로 방수부위와 건물의 용도, 수압의 크기, 유지보수까지를 고려하여 가장 적합한 방수재와 방수공법을 선정하는 것이 바람직하다.

2. 공법의 종류별 특성

(1) 시멘트 액체방수

1) 정 의

액체로 된 방수액을 시멘트 모르타르와 혼합하여 CON'c나 조적면에 2~3회 발라 방수층을 형성하는 공법

2) 특 징

① 지하실, 화장실 등 사용범위가 넓다.

② 시공이 간단하고 보수도 용이하다.

③ 신축력이 적어 온도차가 크면 방수층이 갈라진다.

④ 보호층이 필요하며 시공비가 저렴하다.

3) 요구 성능

① 신축성 : 온도변화에 대응할 수 있는 신축성

② 내구성 : 노출시공시 파손이 쉽다.

③ 시공성 : 하절기 직사광선이나 동절기 저온시공에 약점

(2) Asphalt 방수

1) 정 의

석유아스팔트 제품으로 아스팔트 펠트와 루핑을 만들어 이를 바탕면에 붙여 방수층을 형성하는 방법

2) 특 징

① 내산, 내식성이 높다.

② 방수 신축성이 크고 신뢰도가 높다.

③ 외기 영향이 적다.

④ 비용이 높고 시공이 복잡하다.

3) 요구성능

① 보수성 : 결함 발견이 어려워 하자보수 곤란

② 안전성 : 화기를 사용하므로 시공시 안전사고 위험

(3) 도막방수

1) 정 의

합성고무나 합성수지용액을 여러 번 도포하여 소요두께의 방수막을 형성하는 방법

2) 특 징

① 시공이 간단하고 보수 용이

② 노출시공이 가능하고 경량이다.

③ 신장능력과 내후, 내약품성이 우수

3) 요구성능

① 시공성 : 바탕면의 평활도가 필요하고, 균일한 두께시공이 곤란

② 내구성 : 모체의 바탕 균열시 파단 위험

③ 적용성 : 시공 부위 제한, 간단한 곳에만 시공 가능

(4) Sheet 방수

1) 정 의

합성수지나 합성고무로 된 0.8~2.0mm 두께의 고분자 루핑을 접착제로 붙여서 시공하는 방법

2) 특 징

① 내화학성과 신축력이 우수

② 복잡한 장소 시공이 용이

③ 환경오염이 적다.

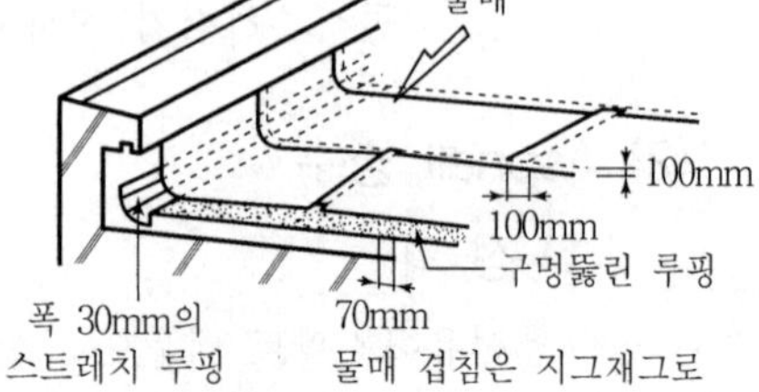

3) 요구성능

① 보수성 : 결함 발견이 어려워 하자보수 곤란

② 경제성 : 비교적 시공비가 비싸다.

(5) 기 타

1) Sealing 방수

부재 간 접합부의 수밀, 기밀유지를 위해 틈새에 Sealing재 충진

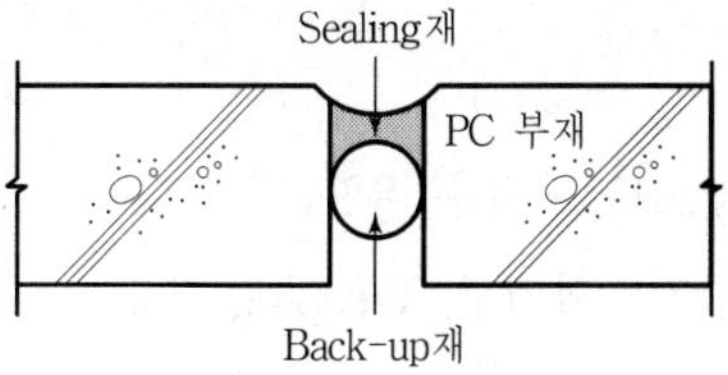

[Sealing 방수]

2) 벤토나이트 방수

벤토나이트 광물질의 물을 흡수하면 팽창하는 성질을 이용한 방수법

3) 침투성 방수

바탕면에 방수제를 침투시켜 구체 내에 방수층을 형성하는 방법

4) C.P.L 방수 및 복합 방수

5) 요구성능

① 수밀성 : Seal재 및 구체방수

② 내산, 내식성 : LCC 차원에서의 내구성

③ 부착성능 : 구조체와의 일체화

3. 위치별 시공시 주의점

(1) 지하실 방수

1) 안 방수

① 구체의 수밀성 확보 : 재료분리 방지

② 외벽체의 균열방지 : 수화열에 의한 Crack

③ 연결철물부 방수 보강

④ 지하수 처리 : 지하수의 집수성 유도

2) 바깥 방수

① 버림 CON'c면 방수보강

② 치켜올림부, 모서리부 방수층 보강

③ 매립시 방수층이 손상되지 않도록 주의, 보호층 시공

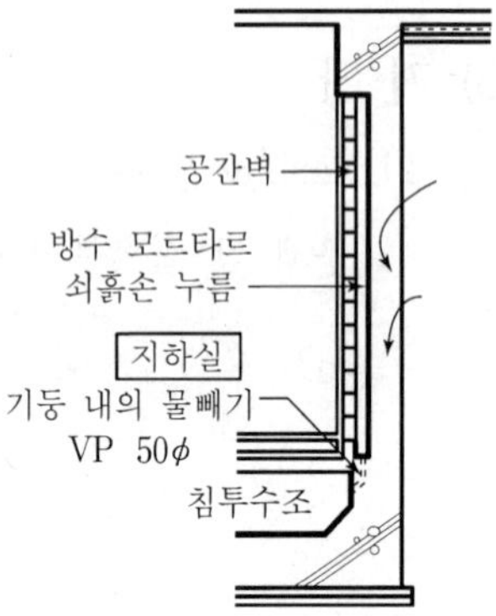

[방수 모르타르에 의한 내부방수]

3) 이중벽 방수

① 보호벽 시공으로 지하수 유도

② 습기, 결로방지 : 환기구, Weeping Hole 설치

4) 집수정, 트렌치 보호

(2) 지붕방수

1) 단열방수

단열시공으로 방수층이 손상되지 않도록 보호

2) 보호층

① 온도변화와 충격에 대응

② 보호 모르타르나 누름 CON'c 타설

3) 패러핏

① 치켜올림부 방수이음 시공주의

② 물끊기 홈 설치

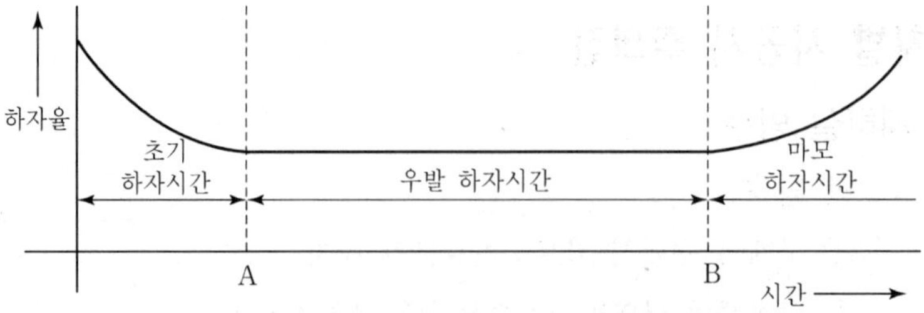

[누수하자의 세 가지 유형]

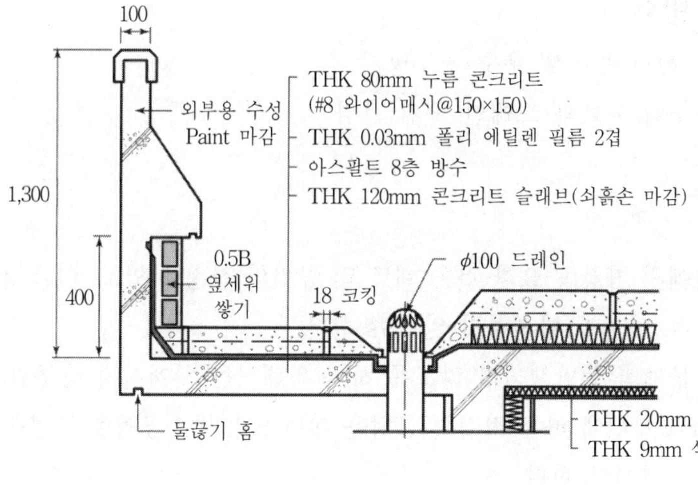

[지붕 Parapet 방수 마감도]

4) Roof Drain과 옥상 화단

① 경사구배 확보, 드레인 주위 방수보강

② 옥상 화단으로 모체하중에 의한 균열이 없도록 검토

5) 신축줄눈

① 가로, 세로 3~5m 간격으로 설치

② 줄눈너비는 15mm 정도

③ 줄눈 Cutting 작업시에는 방수층이 손상되지 않도록 주의, 보호층 시공

(3) 화장실 방수

1) 보호층

타일 시공시 방수층이 파괴되지 않도록 충분한 두께 유지

2) 배관연결부 보강

급·배수관 연결부, 오수관 연결부

3) 기구설치

세면기, 양변기 설치시 방수층 보호

(4) 발코니 방수

1) 창호 새시 주변부 우수 침투방지

2) 경사구배 확보와 드레인 주위 보강

4. 맺음말

(1) 방수공사에서 가장 중요한 것은 재료 및 공법의 선정에 있고, 이를 통한 품질관리로 시공 후 하자가 발생하지 않아야 한다.

(2) 시공 후 문제점이 발생되지 않도록 하기 위해서는 설계시에 충분한 검토를 하여 방수위치와 부위에 따른 적절한 공법을 채택하고, 방수공법별 특성을 반영한 시공이 되도록 하여야 한다.

number 20 방수공사 전 사전 검토 사항

※'12, '21

1. 개 요

방수공사는 하자가 발생하면 확실한 보수가 어렵고 추가적인 비용 발생이 큰 특성이 있다. 따라서 시공과정에서뿐만 아니라 시공 전에도 철저한 사전 조사를 바탕으로 방수부위에 적합한 공법을 선정하고 작업계획을 수립하여 충분한 사전 조치를 해두는 것이 필요하다.

2. 방수재의 요구 성능

(1) 누수 저항성

1) 물의 침투에 대한 저항력이 커서 누수를 효과적으로 차단할 것
2) 수밀하고 밀실한 구조를 가지고 있을 것

(2) 신축성

모체의 거동이나 수축, 팽창 등의 변화 요인에 따라 적절히 대응할 수 있는 신축성이 있을 것

(3) 모체 접합성

모체 바탕면과 접합력이 커서 모체와 일체화가 용이할 것

(4) 내후성

햇볕, 바람 등에 대한 열화와 변형이 적고 저항력이 클 것

(5) 내구성

(6) 시공성

(7) 유지관리 및 보수성

유지관리 필요성이 적고 보수가 용이할 것

3. 방수 공사전 사전 검토 사항

(1) 방수 대상체의 특성 파악

1) 방수 바탕면의 종류와 상태

① 콘크리트면, 조적면, 석재나 유리의 접합부 등 방수바탕면의 종류

② 바탕면의 시공 상태

본 방수층 시공 전 추가적인 조치가 필요한지 파악

2) 외부 노출, 비노출 정도

① 외부 노출환경(햇볕, 바람 등에 노출되는 지붕이나 옥상)

② 비노출 환경(지하실이나 화장실 등)

3) 방수층의 거동 상태

건물의 거동(충격, 진동, 열변화 등) 파악

4) 보행, 비보행 여부

방수층 위로 사람의 보행이나 차량의 통행이 있는지 파악

5) 누수 특성

① 물흘림 구배 정도

경사도에 따라 신속한 배수나 물의 정체 여부

② 누수 지속 시간

단시간 누수 부위(옥상처럼 비가 올 때만)인지 지속누수 부위(지하실 등) 인지 파악

③ 수압과 수량 정도

6) 단열층 유무

7) 마감 정도

(2) 방수재, 방수 공법의 특성 파악

방수재나 방수공법의 특성을 파악하여 방수 대상체에 가장 적합한 방수재와 방수 공법 선정

(3) 설계도서(설계 도면과 시방서) 확인

1) 공사내용과 시공성 확인

시공 범위, 바탕 상태, 관련공사와의 적합성

2) 지시사항과 요구 품질 확인

설계도서에서 요구하는 품질수준과 지시사항 확인

(4) 방수재, 방수 공법 선정 시험

방수재나 방수 공법 선정시 사전에 시험을 거쳐 적합성 및 이상 유무를 확인한 후 최적의 공법을 선정

(5) 우수 시공업체 선정

시공능력, 시공 실적, 품질관리 능력 등을 고려하여 우수한 업체 선정

(6) 작업 계획 수립

1) 작업 공정

① 무리한 작업이 없도록 공정상 충분한 시간을 배정

② 작업 순서와 방법에 대한 세부 계획 작성

2) 자재의 반입, 보관

방수재의 손상, 변질, 변형이 없는 장소 확보

3) 품질 기준과 품질 확인 사항 작성

품질확보를 위한 기준을 작성하고 이를 토대로 품질확인 방법과 절차를 준비

4) 기능공 투입 및 교육 계획

숙련공 확보와 품질에 대한 기능 교육 준비

number 21 방수공사의 설계·시공시의 품질관리사항

* '07, '10, '12

1. 개 요

방수공사는 결함발생시 사후 처리가 어렵고 완벽한 보수를 기대하기 어려운 경우가 많기 때문에 설계 단계에서부터 현장에 맞는 공법을 선정, 계획하고 시공 시에도 각 단계별로 확인과 점검을 거치며 주의 깊게 작업을 하여야 양질의 결과를 이끌어낼 수 있다.

2. 설계와 시공 시 품질관리요령

(1) 설계 시 검토사항

1) 방수대상 파악

① 방수를 해야 할 위치의 특성

② 옥외, 옥내, 지하실, 노출 정도, 지역 특성(강수, 강설)

③ 온도 변화, 충격이나 진동 여부에 따른 모체의 변형 여부

④ 모체의 거동

⑤ 단열층의 유무

2) 수압 및 수량 파악

① 지하수의 유출 정도와 유출량, 유출 압력

② 실의 용도에 따른 방수성능 요구정도

3) 유지 보수 성능

하자 보수의 난이도 고려

4) 재료 선택

① 시공 장소에 적합할 것

② 내구성(내수, 투수, 접착, 신축, 마모, 변형, 내후성, 내약품성 등) 정도를 고려하여 선택

5) 공법의 선정

① 외방수, 내방수 시공 여부 고려

② Joint를 줄이는 시공방법 선택

③ 노출, 비노출 공법 결정

(2) 시공시 관리사항

1) 시공계획서의 작성

작업 전 시공계획서를 작성하여 계획적인 시공이 될 수 있도록 관리

2) 시공 환경 관리

기온이 5℃ 이하인 경우는 시공을 하지 않는다.

3) 재료검사 및 반입

반입 시에는 종류, 규격, 반입량, 제조자, 제조일자, 유효기간, 시험성적표 등을 확인한다.

4) 바탕면 처리

① 이물질(먼지, 기름기 등) 제거

② 바탕면 파취 정리(목재, 철근, 철선 등)

③ 건조나 습윤 상태 유지(방수 공법에 따라)

④ 모르타르를 이용하여 균열이나 홀 보수

⑤ 모접기 처리

5) 공법별 관리사항

① 시멘트 액체 방수

㉠ 방수액의 종류에 따라 시방에서 정한 배합기준 준수

㉡ 충분한 교반 실시

㉢ 1차 방수 후 완전 건조 후 2차 방수 진행

㉣ 진동이나 충격 금지

㉤ 양생 온도 유지와 보온 조치 등

② 아스팔트 방수

㉠ 다층 방수일 경우 겹침부 시공 철저

㉡ 모체와의 확실한 접착(용착 공법)

㉢ 들뜸 방지

㉣ 공기 유입 방지(핀홀 현상)

㉤ 보호층 시공

③ 도막 방수

㉠ 시공 위치에 적합한 도막 방수재의 선정과 배합

㉡ 방수 바탕면의 균일한 시공

㉢ 균일한 도막 두께 확보

㉣ 들뜸, 핀홀 방지

④ 침투성 방수

㉠ 침투 방수제의 침투성능 확인

㉡ 균일한 침투 두께 확보

㉢ 모체 균열이 없도록 관리

⑤ 기타

6) 위치별 관리사항

① 지하실 방수

㉠ 안방수, 바깥방수별로 하자요인 관리

㉡ 이어치기 부분 누수 관리

㉢ 폼 타이, 가설 빔 자리 등에 대한 방수 보강

㉣ 유출량이 많은 경우 집수정 유도 처리

㉤ 보호벽 시공시 환기 처리

② 지붕, 옥상 방수

㉠ 신축 줄눈 설치 및 관리

㉡ 드레인 주변 보강

㉢ 파라펫과의 연결부 처리 철저

③ 화장실, 발코니 방수

㉠ 드레인, 변기 주변 보강

㉡ 온수 배관 신축에 대한 주변 보강

④ 옥외 주차장

㉠ 콘크리트 슬래브 이어치기부 누수에 대한 방수 보강

㉡ 진동, 충격에 대한 모체 균열에 대응

㉢ 열 변화에 대한 신축과 팽창 고려

⑤ 기타

3. 맺음말

방수 설계시에는 방수대상의 특성과 위치를 정확히 파악하고 적합한 공법을 선정하여 계획하며, 시공시에도 적용공법 및 부위별 주의 사항을 지키며 작업하는 것이 중요하다.

number 22 개량형 아스팔트 방수공법

※ '95, '00, '08

1. 개 요

(1) 개량 Asphalt Sheet 공법은 고무합성 또는 수지계의 Polymer 재질의 Asphalt Sheet 재를 Sheet재의 접착재 또는 겹침 부위만을 Torch로 가열, 용융하여 접착하는 공법이다.

(2) 기존의 Asphalt 공법의 단점을 개선하고, Sheet 방수공법의 장점을 살려 방수기능공 부족에 대응하고 환경공해를 최소화할 수 있도록 한 공법이다.

(3) Asphalt 냄새가 없고, 공기단축에 유리하나 복잡한 바탕의 시공과 하자 발견이 어렵고, 방수층의 보호누름이 반드시 필요하다.

2. 공법의 특징

(1) 장 점

1) 공정수가 적어 대형의 장치와 장비가 필요 없다.
2) 접합부의 수밀성에 대한 신뢰성이 높다.
3) 아스팔트의 냉각이 빨라서 다음 공정을 빨리 진행시킬 수 있다.
4) 환경오염이 적다.

(2) 단 점

1) 복잡한 바탕에는 마무리가 어렵다.
2) 결함부위의 발견이 어렵다.
3) 화기 사용에 따른 화재의 위험이 있다.
4) 방수층의 보호 누름층이 필요하다.

3. 종류별 시공방법

(1) 바탕의 접착법

1) 전면 밀착공법

루핑 바른 면의 피복층을 전면바탕에 밀착시키는 공법

2) 부분 밀착공법

최하층의 루핑에 구멍이 뚫린 루핑과 바탕을 부분적으로 밀착시키는 공법

3) 부분 절연공법

ALC 핀 등을 바탕에 부착하고, Movement가 집중하는 접착부에 절연테이프를 붙여서 그 부분만 바탕에 밀착되지 않도록 하는 공법

(2) 시트 용착법

1) 전진 용착법

시트를 앞으로 밀면서 용착시키는 방법

2) 후퇴 용착법

시트를 뒤로 끌면서 용착시키는 방법

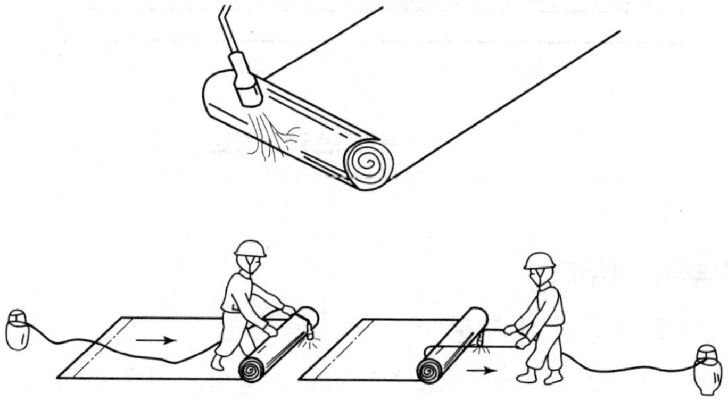

(a) 전진 용착법　　　　(b) 후퇴 용착법

[개량질 아스팔트 시트공법의 시공]

4. 시공 순서 및 방법

바탕처리 → Primer 도포 → Sheet 붙이기 → 단열재 붙이기 → 담수시험 → 보호층 시공

(1) 바탕처리

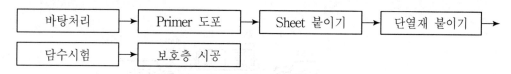

1) 균열, Honey Comb 등의 절취부위를 보수하고 청소한 뒤 충분히 건조

2) Laitance, 녹, 오염 등의 이물질을 제거하고 모서리는 면접기를 실시

(2) Primer 도포

바탕을 충분히 청소한 후 Primer를 솔, 고무주걱으로 균일하게 도포해서 얼룩이 없게 침투시킬 것

(3) Sheet 붙이기

1) 토치로 시트의 뒷면 및 바탕을 균일하게 구어서 개량아스팔트를 용융시켜 밀착
2) 시트가 서로 겹치는 폭은 길이방향, 폭방향으로 각각 10mm 이상 접합
3) ALC 패널의 단면 접합부는 미리 폭 300mm 정도의 보강 깔기용 시트로 처리
4) 치켜올림 시트의 발단부는 누름쇠를 이용하여 고정

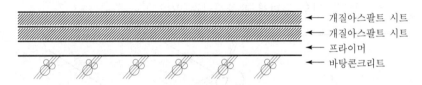

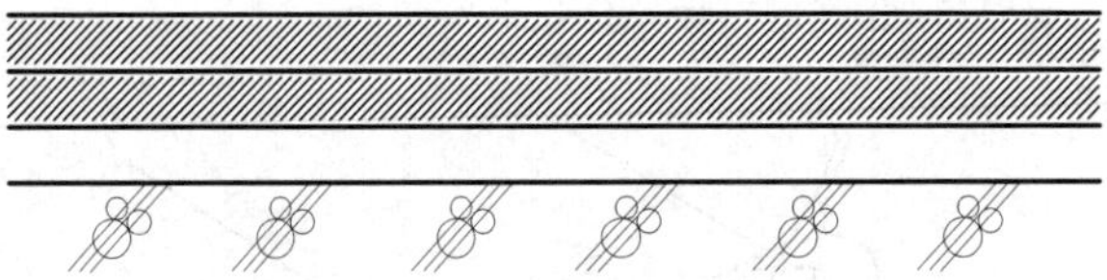

[개량아스팔트 시트방수]

(4) 특수부위 마무리

1) 모서리부의 요철 부분

일반 바닥면에서 개량아스팔트 Sheet를 붙이기 전에 폭 20mm 정도의 보강깔기용 시트로 처리

2) 드레인 주변

드레인 내지름 정도 크기의 구멍을 뚫은 50mm 정도의 보강깔기용 시트를 드레인의 날개와 바닥면에 깔고 개량아스팔트 시트를 붙인다.

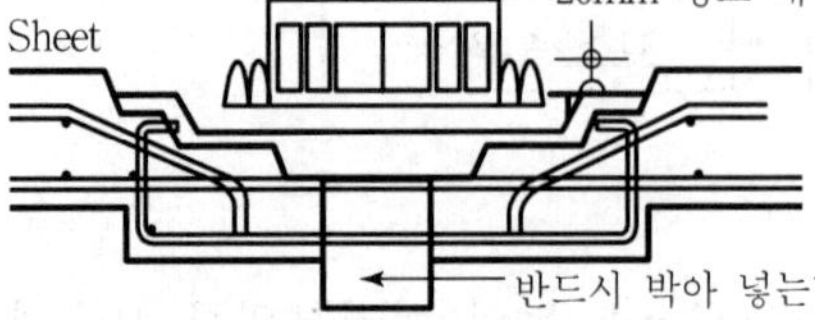

[Roof Drain 시공]

3) Pipe 주변

① 보강깔기용 시트를 파이프면에 100mm 정도, 바닥면에 50mm 정도 깐다.

② Pipe의 외경지름보다 400mm 정도 큰 장방향 보강깔기용 시트를 붙인 후 개량형 아스팔트 시트를 깐다.

(5) 단열재 붙이기

1) 단열재는 단열재용 접착제를 균일하게 바르면서 순서대로 빈틈없이 붙인다.

2) 다시 단열재 위에 접착층 부착시트를 붙인다.

(6) 담수시험

1) 완성된 방수층의 보호층이나 기타 공사로 덮기 전에 5cm 깊이의 물을 24시간 동안 채워서 누수시험을 실시한다.

2) 시험에 의해 하부구조에 누수가 발견되면 보수공사를 하고, 누수가 없을 때까지 반복해서 시행한다.

(7) 방수층의 보호마감

1) 바 닥

시트 방수층 위에 두께 15mm 정도 이상의 보호모르타르로 시공한 후 마감층(누름콘크리트, 타일)을 시공한다.

2) 벽 및 치켜올림부

방수층에서 20mm 이상 떨어지게 조적벽돌 등으로 쌓아 공간을 모르타르 등으로 잘 채워주고, 조적벽에 마감하여 시공한다.

5. 맺음말

(1) 개량형 Asphalt Sheet 방수공법은 기존 Asphalt 공법의 문제점을 개선하여 시공성을 향상시키고, 환경공해를 감소할 수 있는 이점으로 인해 사용이 확대되고 있다.

(2) 시공 후에는 하자의 발견과 보수가 어려우므로 시공시 철저한 관리로 하자가 발생되지 않도록 하는 것이 중요하다.

number 23 도막방수공법

※'93, '98, '01, '04

1. 개 요

(1) 도막방수는 도료상의 방수재를, 방수를 요하는 바탕면에 여러 번 도포해서 소요두께의 방수층을 형성하는 공법으로 용제형과 유제형의 고분자계 방수재료가 주로 사용된다.

(2) 균일한 방수층 확보가 어려운 점이 있지만 작업이 용이하고, 연속 방수가 가능하며 공기가 짧아 많이 적용되고 있다.

2. 특 징

(1) 장 점

1) 냉공법으로 시공이 간단하고, 보수가 용이하다.
2) 이음매가 없는 연속방수가 가능하다.
3) 신장성, 접착성이 좋다.
4) 복잡한 형상에서 시공이 용이하고, 노출공법이 가능하다.
5) 내구성, 내후성, 내약품성이 우수하다.

(2) 단 점

1) 바탕균열에 대한 추종성이 적다.
2) 균일한 두께의 시공이 곤란하고, 외상이 손상될 우려가 있다.
3) 부분 보수가 어렵다.
4) 단열을 요하는 방수부위에는 불리하다.

3. 재료의 종류별 특징

(1) 유제형(Emulsion)

1) 아크릴 수지계, 초산 비닐계
2) 수중에서 확산되어 수분증발에 의해 피막을 형성한다.

(2) 용제형(Solvent)

1) 우레탄 수지계, 아크릴 고무계, 클로로플렌 고무계

2) 용제의 증발에 의해 피막을 형성한다.

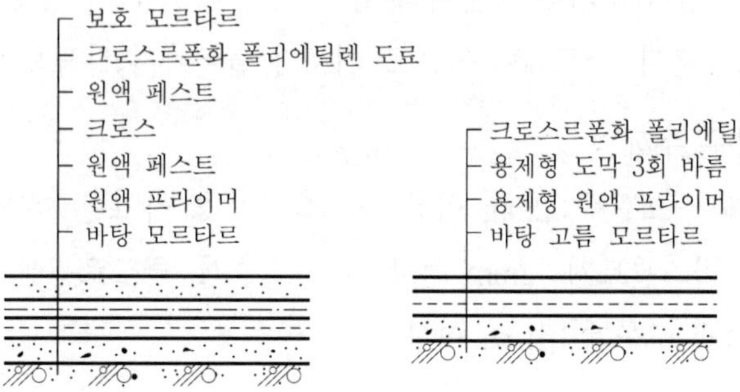

[유제형]　　[용제형]

(3) 도막방수재료

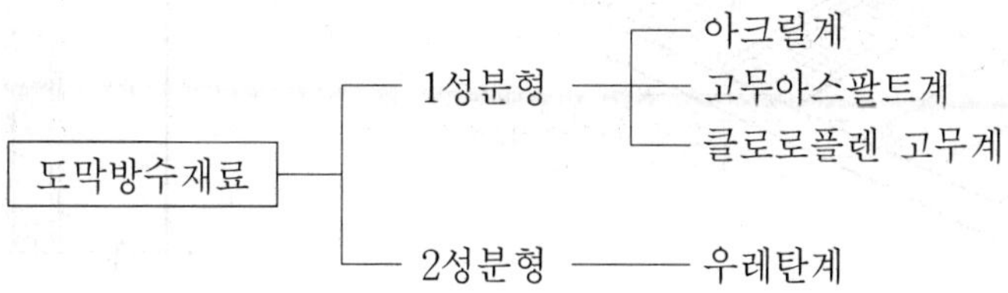

4. 시공방법

(1) 바탕처리

1) 바탕면의 돌출부 및 공사 진행에 방해가 되는 이물질은 깨끗이 청소

2) 빈공간은 메우고, 이음부분은 충진

3) Bond Breaker를 사용하는 데는 특히 구조이음 부분에 주의

4) 도막방수를 하지 않는 부분은 주변의 표면을 완전히 덮어 보호

(2) Primer 코팅

1) 붓으로 칠하거나 기계로 분사

2) 담당원이 붓으로 칠할 것을 지시하는 경우를 제외하고는 기계분사로만 코팅

(3) 방수층

1) 방수층 코팅

① Primer 처리가 끝난 바탕면에 주제와 경화제 및 기타 재료를 제조업자가 제시한 배합비에 따라 충분히 혼합

② 붓칠, 롤러, 스프레이 등으로 기포가 들어가지 않도록 균일하게 사용

2) 도막방수 두께

① 우레탄 고무계 : 2mm 이상

② 아크릴 고무계 : 2mm 이상

③ 고무아스팔트계 : 2mm 이상

④ 클로로플렌 고무계 : 1mm 이상

⑤ 아크릴 고무계 : 1mm 이상

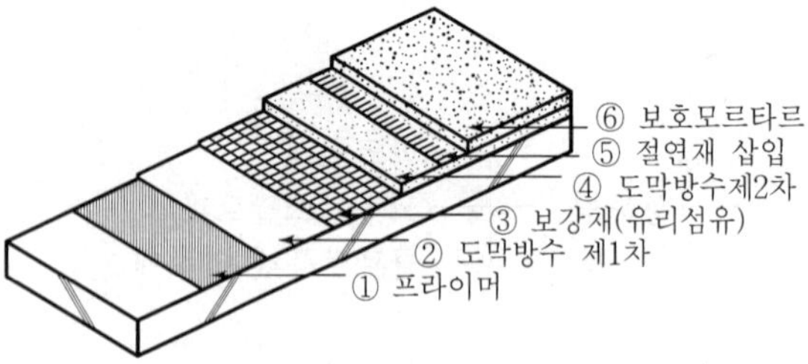

[도막방수 시공방법]

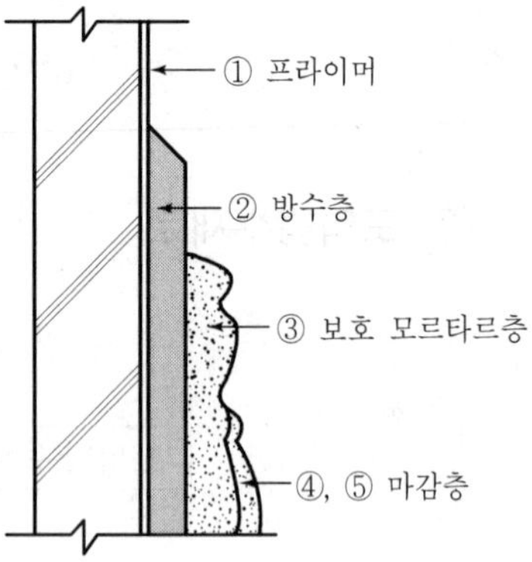

[벽체]

3) 멤브레인의 건조

① 오염되지 제품의 사용

② 통행을 금지하여 멤브레인의 물리적 손상을 방지

4) 비흘림과 접합부

① 비흘림과 접합부에 덮개를 설치

② 비흘림 공사는 방수면에서 최소 10cm 이상 인접한 수직면, 접속면으로 연장

(4) 방수층 보호마감

1) 현장시험

① 완료된 멤브레인을 보호층이나 기타 공사로 덮기 전에 5cm 깊이의 물을 24시간 동안 담수시험하여 누수 여부를 검사

② 바탕면에서 검사한 결과 누수가 발견되면 곧 보수하고, 누수가 발견되지 않을 때까지 계속해서 시험

2) 보호층

① 방수 멤브레인이 완전히 수밀하게 되기 위하여 모든 종류의 도막방수에 보호층을 설치

② 보호층 대신에 최종 도막방수층을 직접 보강하기 위해 멤브레인의 강도와 두께를 약간 증가시킴

③ 멤브레인이 건조되는 즉시 보호층을 설치하여 노출시간을 최소한으로 단축시킴

5. 시공시 유의사항

(1) 유제형 시공시

Pin Hole 발생에 주의하고, 건조 경화에 시간이 걸리므로 강우에 대한 보양과 동절기의 동결에 유의할 것

(2) 용제형 시공시

바탕을 충분히 건조시키고, 작업시 화기와 환기에 주의

(3) 이음부 마무리

타설이음부, Deck Plate, 목모시멘트 판의 이음부에는 완충 테이프로 마무리

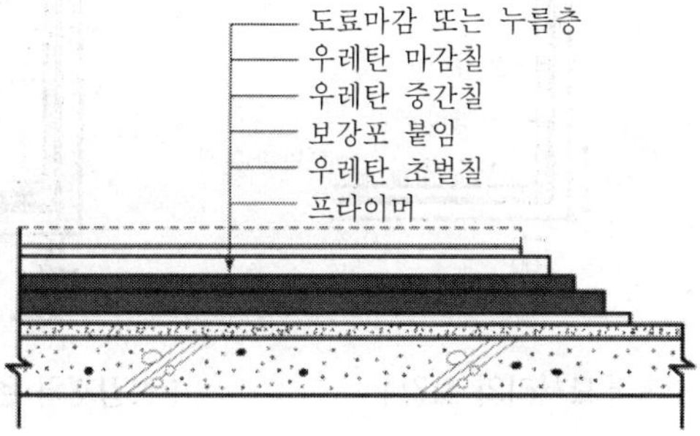

[우레탄 도막방수공법]

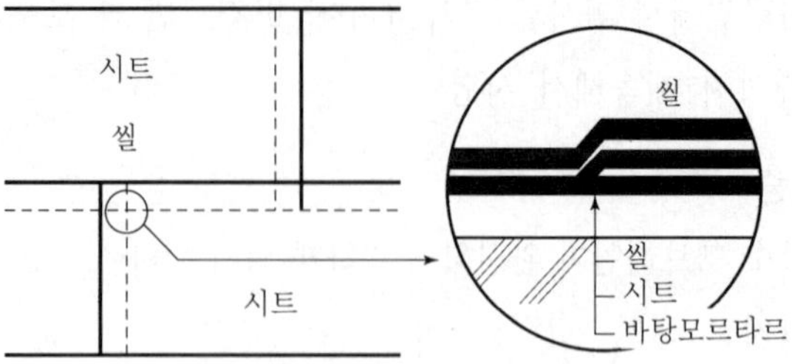

[시트 상호간의 접착(3면 접합)]

(4) 바탕처리

바탕의 상태에 따라 방수효과가 좌우되므로 바탕처리를 철저히 시행

(5) 시방준수

1) 시공은 규정된 온도 내에서 실시

2) 재료의 종류와 형태에 따라 시공법은 제조회사별 시방에 준수

(6) 비흘림 공사

방수면으로부터 최소 10cm 이상을 인접한 수직면 및 접속면으로 연장

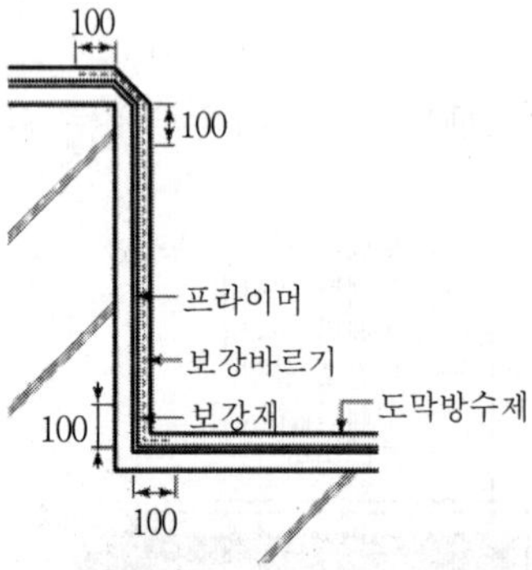

[모서리의 보강]

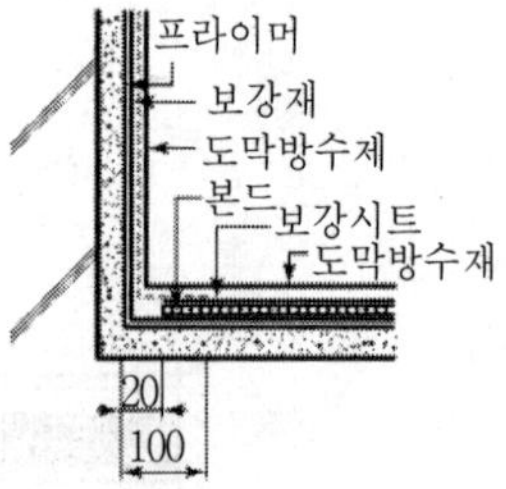

[보강재와 완충재의 조합]

(7) 도막두께 확보와 보호층 시공

1) 도막이 부분적으로 얇아지지 않고 균일하게 시공되도록 관리

2) 멤브레인이 건조된 직후 지체없이 보호층을 시공

6. 맺음말

(1) 도막방수공법은 모체의 균열에 따른 방수층의 파단과 균일 시공이 어려운 만큼 이에 대한 보강이 필요하다.

(2) 합성섬유 부직포를 혼합한 공법의 개발과 신축성 극복의 새로운 재료개발이 이루어지면 앞으로의 사용이 더욱 증가될 것이다.

number 24 FRP(Fiber Reinforced Plastics) 방수

1. 개 요

(1) FRP 방수는 유리섬유의 부직포를 보강재로 하고 주제와 경화제의 2성분으로 구성된 수지계 도막재를 흙손·주걱·스퀴지 및 솔 등을 사용해서 도포하여 방수층을 만드는 공법이다.

(2) 적용 범위는 옥상·주차장·개방복도·베란다 및 발코니 등이다.

2. 방수 공법의 특징

(1) 방수 성능이 우수하다.

(2) 시공이 복잡하며 가격이 높은 편이다.

(3) 내열성이 낮다.(최고 사용온도는 100℃ 정도)

(4) 내후성이 낮다.

① 옥외에 노출된 경우 일광·풍우 등의 영향에 의해서 열화하여 물성이 저하한다.

② 자외선 흡수제를 첨가하여 자외선에 대한 열화를 방지한다.

(5) 탑코팅을 충분히 바르지 않으면 내부에 있는 유리섬유가 물에 녹아나와 인체에 유해한 영향을 끼칠 수 있다.

3. 재 료

(1) 재료 보관

1) 재료의 보관장소는 직사광선과 화기에 접하지 않도록 한다.

2) 프라이머 등 용제계 재료의 보관은 소방법에 규정된 위험물법의 규제에 따라 용제의 종류 및 보관수량을 파악하여 관리한다.

(2) 구성 재료

FRP 복합방수공법의 재료는 방수층의 주체를 이루는 주요재료와 이를 보조하는 보조재료가 있다.

1) 주재료

① 프라이머 : 프라이머는 합성수지, 합성고무 및 고무아스팔트의 용제형 또는 에멀젼형의 액상형 재료이다.

② FRP방수재료 : FRP 방수재료는 주로 불포화 폴리에스테르수지이고, 주제와 경화제로 구성된 액상이다.

③ 보강포 : 보강포는 FRP도막방수층을 강화시키기 위해 일반유리섬유의 직포 또는 부직포를 사용한다.

④ 마감도료 : 마감도료는 방수층의 내구성·내오염성·미관성 및 내마모성 등을 향상시키기 위해 사용한다.

2) 보조재료

① 퍼티재	② 절연도료
③ 절연용 테이프	④ 심재
⑤ 충전재	⑥ 안료

4. 시공방법 및 주의 사항

(1) 기상조건 관리

① 비나 눈이 올 경우 작업을 중단하고 비나 눈이 내린 후에는 바탕의 표면뿐만 아니라 내부까지 건조하도록 충분한 건조기간을 갖는다.

② 저온(5℃ 이하)에서는 시공하지 않는다. 기온이 낮거나 바탕면이 저온일 경우에는 충분한 접착력을 얻을 수 없다.

③ 바람이 강하게 불 때에는 시공을 중단한다.

(2) 작업 환경조건

① 시공 중 유기용제 재료(프라이머, 접착제 등)나 가열용 용기(버너 등)을 사용할 때에는 안전 사고 및 방수층 손상을 방지하기 위하여 관계자 이외의 출입을 금한다.

② 실내에서 작업할 때에는 환기, 채광이 부족하지 않도록 충분한 설비를 미리 갖춘다.

③ 주변 시설 및 건축물 주변으로 방수재 또는 오염물의 비산, 냄새 발생을 방지하기 위한 필요 조치를 취한다.

(3) 시공계획서 작성

방수시공에 앞서 시공상세도를 작성하여 감독원과 협의 후 시공한다.

(4) 바탕의 점검과 조정

① 바탕면은 평탄하고, 휨, 단차, 들뜸, 레이턴스, 균열, 취약부, 요철(굴곡), 돌기물 등의 결함이 없을 것(결함 부분은 반드시 보수할 것)

② 바탕면은 완전히 건조시킨다.

③ 프라이머, 접착제, 방수재 등과의 접착을 방해하는 먼지, 기름, 때, 박리제를 제거할 것

(5) 보강포 붙이기(또는 깔기)

도막방수재를 도포한 후 주름이나 구김살이 생기지 않도록 방수재 또는 접착제로 바탕에 겹침 폭을 50mm 정도로 하여 잘 붙인다.

(6) 프라이머 도포

① 붓 · 로울러 · 고무주걱 또는 뿜칠 기구(스프레이건) 등을 사용하여 균일하게 도포한다.

② 전용프라이머는 콘크리트면 보수용 수지모르타르면에 약 300g/m^2 정도, 바탕 조정층 (혹은 구배모르타르)의 마감면에 약 150g/m^2 정도 도포한다.

(7) FRP 도막방수재의 도포

1) 재료 배합

① 조합 : 주제와 경화제는 규정된 조합으로 하여 비빔을 한다.

② 비빔 : 도막내부에 기포가 유입되지 않도록 비빔속도를 천천히 한다.

2) 보강포의 부착

이음부 폭은 50mm 정도로 접착제를 도포하여 들뜸이 없도록 누름 접착한다.

3) FRP 방수재의 도포

프라이머가 건조되면 핀홀과 얼룩 등이 가능한 생기지 않도록 반복하여 칠을 한다.

4) 방수층의 검사

도막의 두께 · 균일성 · 무리 및 방수층 손상 유무 등을 확인한다.

5) 도장마무리

도장마무리는 방수층의 자외선열화·오존열화 및 열노화 등을 방지하기 위하여 스프레이 · 롤러, 붓 등을 이용하여 규정량을 도포한다.

(8) 양생

(9) 검사 및 시험

① 현장 부착강도 시험

② 담수 시험

③ 도막 두께 검사

④ 외관검사

(10) 보호 마감

필요에 따라 방수층을 보호·마감한다.

(11) 안전관리

① 프라이머 및 접착제 등을 도포하는 경우에는 화기에 주의한다.

② 실내 또는 환기가 나쁜 장소(밀폐 수조, 관로 등)에서 작업시 환기장치를 설치하고 덕트 배기구 부근에는 화기사용 금지 표시판을 설치한다.

③ 용제계 재료의 보관 장소를 명확히 하고 직사일광이 도달하지 않는 장소에 보관한다.

(12) 결함 및 보수

1) 방수층의 핀홀의 발생

① 원인

㉠ 건조가 불충분

㉡ 프라이머 도포량의 과부족

㉢ 재료의 혼합 시에 공기 유입

㉣ 고온시의 시공 및 시공기구의 취급의 부족 등

② 보수

FRP방수재를 고무 헤라 · 퍼티 헤라 및 금속 흙손 등을 이용하여 핀홀을 문질러 도장면을 평활하게 마무리한다.

2) 방수층의 주름

① 원인 : 보강포를 붙일 때 주름 형성

② 보수방법 : 주름이 발생하고 있는 부분을 연마지를 이용하여 제거하고, FRP 방수재를 도포하여 보강포를 붙인 후 FRP 방수재를 도포하여 마무리한다.

3) 도막파손, 외부손상

① 방수층 박리 원인

㉠ 바탕의 건조 불충분

㉡ 프라이머의 도포량의 부족

㉢ 프라이머의 선정과실 및 보강포

㉣ 통기원형시트의 시공과실 등

② 보수방법

주름이 발생하고 있는 부분을 연마지를 이용하여 제거하고, FRP방수재를 도포하여 보강포를 붙인 후 FRP방수재를 도포하여 마무리한다.

number 25 시멘트 액체방수공법

※'99

1. 개 요

(1) 시멘트 액체방수는 시멘트에 방수제를 혼입하여 콘크리트 면에 발라서 방수층을 형성하는 공법이다.

(2) 액체방수공법은 방수층의 신축성이 없어, 균열이 발생하기 쉽고, 기후의 영향을 많이 받으며, 모체의 균열시 바로 하자가 발생할 수 있다.

(3) 시멘트 액체방수를 LCC 관점에서 보면 시공이 간단하고 경제적이나 신축성이 없어 모체의 균열에 따른 하자가 많아 유지관리적인 측면에서는 효과적이라 볼 수 없다.

2. 액체방수의 시공순서

(1) 시공순서

바탕처리 → 방수층 시공 → 양생

(2) 방수층 시공(바닥)

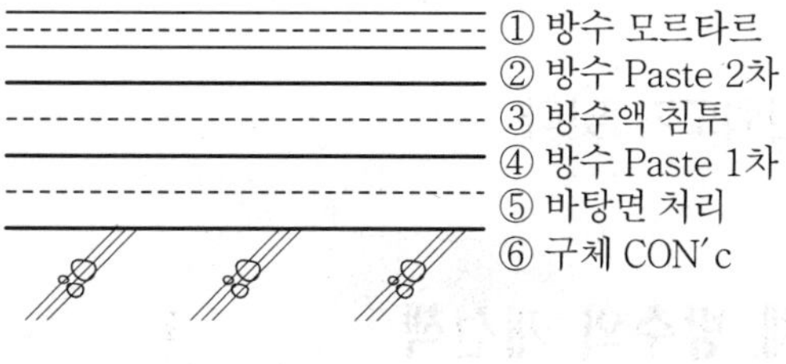

3. 시멘트 액체방수의 문제점

(1) 방수층의 신축성 부족

1) 방수층의 신축성이 부족하여 온도 변화에 따른 균열 발생

2) 구조체의 변형에 따른 신축성 부족으로 하자 발생

3) 신축의 영향이 많은 외부방수 시공에는 곤란

4) 내부도 신축성을 요구하는 부위에는 시공 곤란

(2) 방수층의 균열발생

1) 방수층 자체의 건조수축에 의한 균열 발생
2) 모체의 균열에 따른 방수층 균열 발생
3) 기후의 영향에 따른 건조수축 균열 발생

(3) 하자보수비 증가

1) 모서리나 Joint 부분에 균열 하자 발생
2) 모체 바탕의 변형에 따른 하자 발생
3) 하자 발생 과다에 따른 비용 증대

(4) 시공의 정도 확인 곤란 및 품질문제

1) 모르타르 바름에 의한 균일한 두께 유지의 어려움
2) 두께 차이에 따른 신축정도 차이 발생
3) 코너 또는 모서리 부분의 두께 불규칙
4) 양생불량에 따른 하자

(5) 기상 영향

동절기 시공의 어려움, 하절기는 건조수축발생

(6) 방수의 신뢰도가 낮다.

4. 시멘트 액체 방수의 개선책

(1) 시멘트 액체방수공법 선정 검토

1) 액체방수는 시공이 쉽고, 공사비가 적게 드나 하자 등으로 인한 유지보수비 증가로 LCC 관점에서는 검토가 필요하다.
2) Membrane 방수는 시공이 조금 어렵고, 공사비는 많이 드나 시공 후 유지보수비가 거의 들어가지 않아 LCC 관점에서 유리하다.

(2) 액체방수 개선

1) 설계단계

① 방수턱 시공설계

㉠ 방수턱을 구조체의 일부로 계획

㉡ 바닥과 벽체 하부 Joint 부위에서 물 침투방지

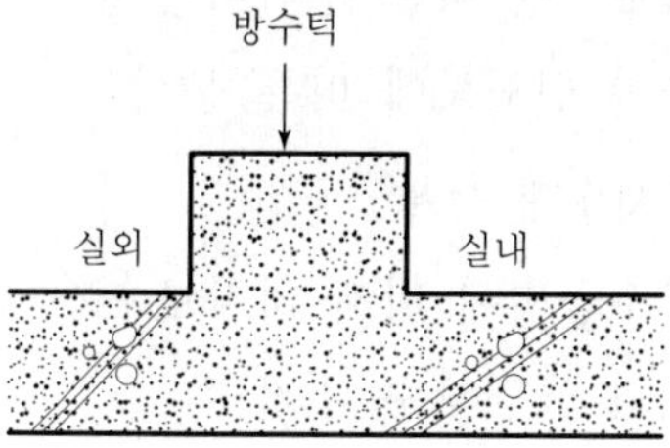

[방수턱 설치]

② 지수판, 지수재 설계

㉠ 바닥과 벽체 이어치기 부분 지수판 및 지수재 설계

㉡ 밀실 콘크리트 타설

③ Expansion Joint 설계

㉠ 구조체의 신축팽창에 의한 균열에 의한 누수방지

㉡ 줄눈의 위치, 간격 조정

④ 개구부 주위 방수 보강설계

Sealing 방수

2) 시공단계

① 구조체별 바탕처리 철저

㉠ 구조체의 균열 부위는 완전보수 후 건조시킨다.

㉡ 바탕면은 청소하고 평평하게 한다.

㉢ 재료분리 부위, 터진 곳은 보수시공한다.

② 방수층 시공

㉠ 방수층 자연구배 잡기

㉡ 조기 건조수축 방지

③ 코너 및 모서리 부분 시공
방수 전 모서리 면접기 후 시공

3) 유지관리 단계

① 하자보수비의 추가비용 분석
㉠ 초기 시공비와 유지관리비를 타공법과 비교분석
㉡ 하자보수에 따른 추가비용 분석
㉢ 방수의 신뢰도에 따른 분석

② 지수판, 지수재 설계
㉠ 타방수공법에 비해 하자보수가 쉽다.
㉡ 모체의 균열보수 추가

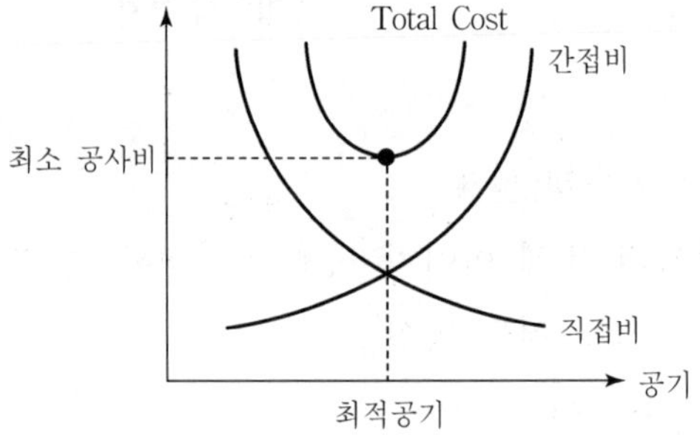

[LCC]

5. 맺음말

시멘트 액체방수는 시공비가 저렴하고 시공이 비교적 쉬운 관계로 많이 사용되고 있으나 하자보수가 잦고 하자보수비에 따른 유지보수비 증대 경향이 있으므로 타공법과 비교 분석하여 LCC 관점에서 경제적으로 유리한 방법을 선택하는 것이 바람직하다.

number 26 벤토나이트 방수공법

※'99

1. 개 요

(1) Bentonite 방수는 Bentonite재가 물과 접촉했을 때 팽창하여 공극을 충진하는 젤라틴 막을 형성하여 방수효과를 얻는 공법이다.

(2) Bentonite는 응회암, 석영암 등의 미세 점토질 광물로 화산폭발시 염수와 작용하여 생성되는 것으로 수분과 접촉하게 되면 체적이 팽창하여 CON'c 구조체 내의 공극을 충진하게 되는데 지하구조물의 방수재로 사용된다.

2. Bentonite 형태

(1) Sheet Type

벤토나이트 압밀층+고밀도 폴리에틸렌 시트를 압착하여 생산

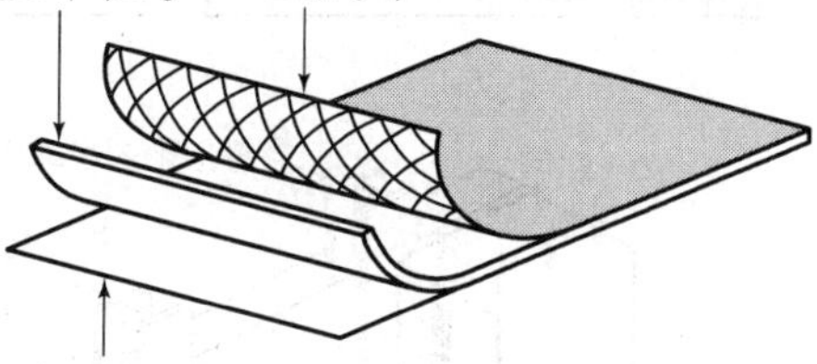

[Sheet Type]

(2) 분말 Type

벤토나이트 90% 이상의 #20 체를 통과하는 분말 형태로 시공

(3) Panel Type

1) 벤토나이트 패널 : 38mm 두께의 Craft 판자

2) 내부확장성 Bentonite Panel : 16mm 두께의 3겹 Craft 판자

(4) Tube Type

벽, 기초이음 Strip : 1m당 2.23kg의 물에 용해

(5) 분사시공(Spray Type)

1) 분사식 벤토나이트 : 빙점보다 높은 온도에서 사용

2) 혼합물 분사 Bentonite : 빙점보다 낮은 온도에서 사용

3. 특 징

(1) 시공의 간편성과 신속성

(2) 자동보수 기능(Self Sealing)

(3) 까다로운 구조물에도 시공 가능(뿜칠)

(4) 외부방수의 가장 이상적인 방법

4. 시공순서 및 시공법

(1) 시공순서

바탕면 처리 → 습기차단벽 처리 → 벤토나이트 방수 → 이음부 처리 → 부위별 보장 → 보호층 설치 → 확인검사

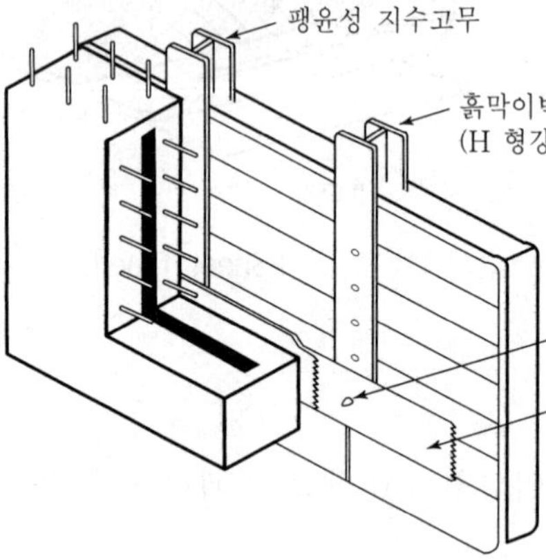

[벤토나이트 방수]

(2) 콘크리트 모체 균열 예방

1) 벽체를 두껍게 하고, 철근비 0.5% 이상 유지

2) 수축률이 적은 CON'c를 사용하고 평면적, 입체적 형태 단순화

(3) 물의 침입방지

1) 처마 물끊기 설치

2) 간극(틈새)은 Sealing Membrane 방수, 주입방수

3) 물의 유동성 : 이중벽 처리

(4) 개구부 주위 처리

1) 창호주위 사춤 철저 Sealing재 충전

2) Roof Drain 주위는 배수를 고려하여 낮게 한다.

5. 시공시 유의사항

(1) 비가 오거나 습기가 심한 곳에서는 시공 주의

(2) 지하수가 유속이 빠른 곳은 분말 시공시 유실될 수 있다.

(3) 되메우기 구간은 별도의 보호층 시공

(4) 구조물 관통부위 정밀시공

(5) 염분이 높은 곳에 사용시에는 주의

number 27 Sealing 방수공법

※'82, '90, '95, '03, '07, '11, '13, '21, '23

1. 개 요

(1) Sealing 방수는 부재 간의 접합부 사이에 Sealing재를 충전하여 기밀성과 방수성을 유지할 수 있도록 한 방수공법이다.

(2) Sealing재는 접착성, 신축성, 방수성, 내구성이 있어야 하며, 시공시에는 바탕청소, Back up재 충진, Sealing재의 줄눈깊이, 폭 등의 고려가 중요하다.

(3) Sealing재의 종류에는 탄성형 Seal재와 비탄성형 Seal재가 있고, 재질은 석고, 석면 등의 광물질 재료, 석유원료 등의 합성수지이다.

2. Sealing재의 요구 성능

(1) 접착성이 있을 것

1) Sealing재는 피착면에 접착이 확실해야 하고, 접착경계면에 틈이 생기지 않도록 해야 한다.

2) 대부분의 Sealing재는 Primer를 써서 접착성을 확보한다.

(2) 수밀성과 기밀성이 있을 것

Sealing재 자체가 방수성이 있어야 하며, 피착재와의 사이에 기밀성이 확보되어야 한다.

(3) 신축성과 내구성이 있을 것

1) 온도변화에 따른 부재의 변형이나 변위에 대응할 수 있는 신축성이 있을 것

2) 강풍, 지진 등의 외력에도 커다란 손상이 없어야 한다.

(4) 오염성과 변색성이 없을 것

1) 미생물, 산·알칼리 등의 환경요인에 의한 오염성이 적고 변색성이 없어야 한다.

2) 장기간 사용하여도 유지, 보존이 되는 재질이어야 한다.

3. Sealing재의 종류 및 특징

(1) 탄성형 Seal재

사용시에는 유동성 상태이나 시간이 지나면서 탄성의 고무상태로 되는 Sealing재로서 재료구성은 폴리설파이드, 실리콘, 폴리우레탄 등의 액상고무에 광물질 충전재를 혼합한 것이다.

1) 용 도

유리주위, 실내 줄눈, 금속제 C/W, PC, Moment가 생기는 Working Joint에 주로 사용

2) 종 류

① 1성분형 Sealing : 제품이 포장되어 있어 그대로 사용할 수 있게 된 Sealing재

② 2성분형 Sealing재 : 시공 직전에 정해진 양을 혼합하여 사용

(2) 비탄성 Seal재

1) 유성코킹재나 Asphalt 코팅재로 Paste 형태로 굳어지고 나면 딱딱한 재질 형태로 된다.

2) 충전부의 단면치수가 고르지 않아도 시공이 가능하며, 방수기능 발휘

3) 재료구성은 광물질 충전재와 수지재를 습속한 것

4) 칼이나 주걱으로 밀어 넣는다.

(3) 정형 Sealing재

1) Gasket이나 Putty와 같이 미리 공장에서 성형제작된 기성 Seal 제품

2) 충전부 단면이 일정한 경우에 사용되며, 피착재를 눌러서 밀착시킨다.

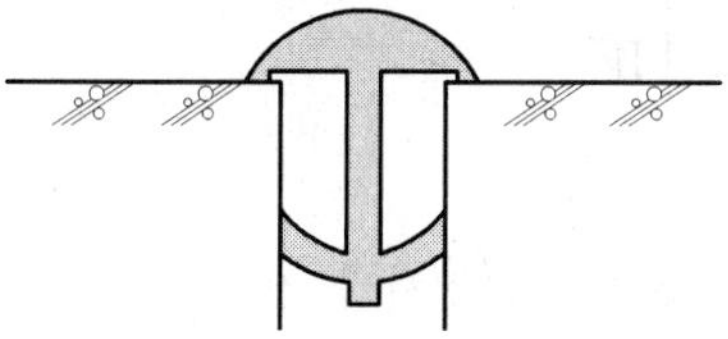

[줄눈 Gasket 시공]

4. Sealing재 시공순서 및 유의 사항

(1) 시공순서

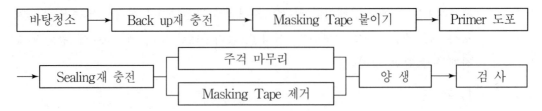

바탕청소 → Back up재 충전 → Masking Tape 붙이기 → Primer 도포

→ Sealing재 충전 → [주걱 마무리 / Masking Tape 제거] → 양 생 → 검 사

(2) 시공시 유의사항

1) Sealing재 선정

① Sealing재 선정시

㉠ 줄눈시공 부위 조건에 맞는 Seal재 선정

㉡ 용도에 맞는 Seal재 사용

㉢ 비탄성형 줄눈재

② 피착재의 재료검토 : 콘크리트재, 금속재, 도장재, 유리 등

③ 접착성 검토 : 피착재 표면, Sealing재 재질

2) Sealing재 모멘트 검사

① 금속재시 : 온도모멘트

$\Delta L_1 = \alpha \cdot L \cdot \Delta T(1-k)$

② PC재 : 층간변위 모멘트

㉠ Slide식 : $\Delta L_2 = R \cdot H(1-k)$

㉡ Locking식 : $\Delta L_3 = R \cdot W(1-k)$

접합재료 모멘트 산출 → Sealing재 선정 → 줄눈폭 산정(W) → 줄눈깊이 산정(D)

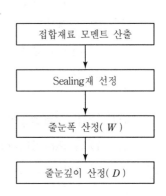

[Sealing재 모멘트 검토]

3) 줄눈 폭 및 깊이 산정(W/D)

$1/2W \leq D \leq 1W$

4) 바탕청소

① 피착표면을 충분히 건조시킬 것

② 충전 전에 먼지나 습기 제거

5) Back up재 충전

① 줄눈이 깊을 때 Back up재 삽입

② 유성 코킹재 사용시는 Back up재 사용

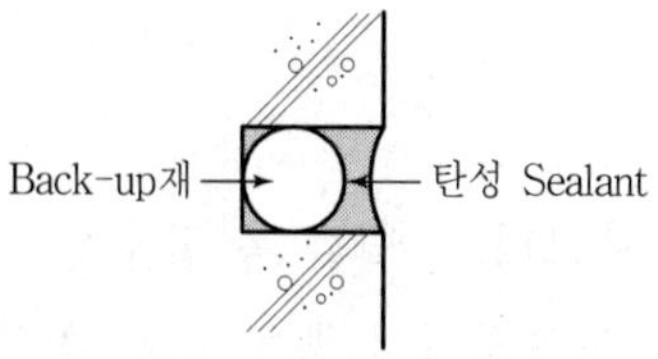

[Back up재 사용시(줄눈이 깊을 때)]

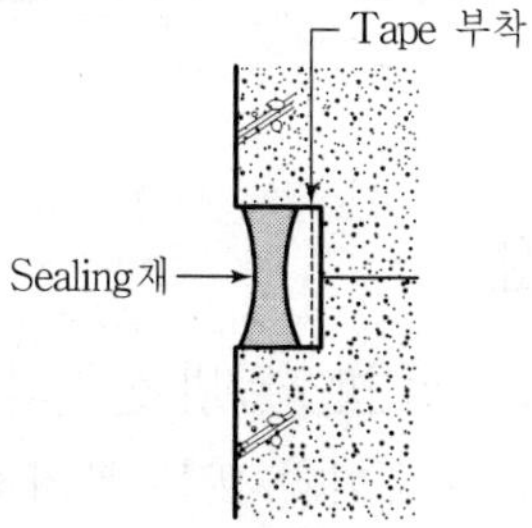

[Bond Tape 사용시(줄눈이 얇을 때)]

6) Masking Tape 붙이기

표면의 보양 또는 줄눈의 선유지

7) Primer 도포

① 피착면에 균등하게 분포

② 접합부 이외의 비산방지

8) Sealing재 충전

① 줄눈 충전의 경우는 완전하게 충선되도록 한다.

② 충전은 Gun을 사용

③ 재료의 접촉부 폭은 최소 10cm, 깊이 15cm

④ 모르타르의 균열부는 폭 10mm, 깊이 10mm

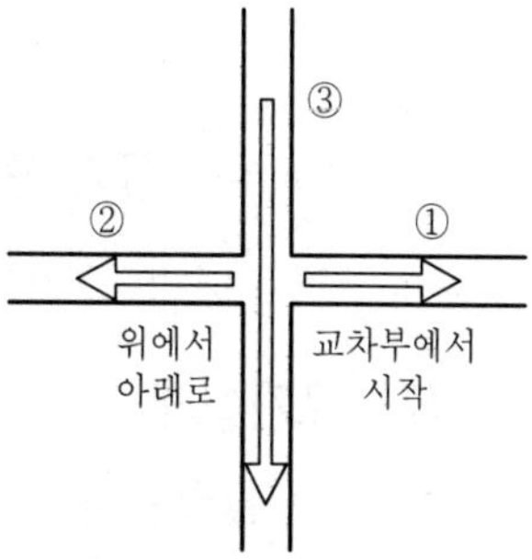

[Corner 시공순서]

9) 주걱 마무리

표면은 주걱으로 평평하게 마무리

① 양생 시간은 충분히 유지할 것

② 태그 프리(Tag Free)시간 유지

5. 맺음말

(1) Sealing 방수는 접합되는 재질과 장소에 따라 적합한 설계가 중요하고 내구성을 확보하기 위한 시공관리가 이루어져야 한다.

(2) Joint 면에서 충분한 신축력과 접착력을 가진 재료의 개발과 함께 주기적인 점검과 보수가 있어야 방수성능의 확보가 가능하다.

number 28 침투성 방수공법

※'05, '10

1. 개 요

(1) 침투성 방수공법은 콘크리트 구체, 모르타르, 벽돌 등 흡수성이 있는 바탕면에 고분자 유기질 또는 무기질 방수재를 도포하거나 뿜칠 또는 침적시켜 방수 효과를 얻는 공법이다.

(2) 침투성 방수재가 모재 내부로 침투하여 강한 흡수 방지층을 형성하기 때문에 수압이 큰 장소에 적용이 가능하다.

2. 침투성 방수 재료

(1) 무기질계

1) 무기질 단체형

시멘트, 규산질계 미분말, 모래를 혼합한 분말형 재료

2) 무기/유기 혼합형

분말형 재료에 물, 폴리머, 디스퍼젼(Dispersion)을 혼합하여 사용

(2) 유기질계

1) 실리콘계

실리콘계, 실란계, 실리콘에이트계

2) 비실리콘계

아크릴수지계, 우레탄 화합물계, 유기중합물계

3. 방수 원리

(1) 폴리머 필름막 형성

1) 유기질계는 콘크리트와 모르타르의 표층부 공극 내에 속한 폴리머 필름막을 형성한다.

2) 폴리머 필름막은 발수성이 있어 충전 및 발수 효과를 발휘하게 된다.

(2) 규산칼슘 수화물의 충전성

1) 규산질 미분말에서 용출된 규산이온은 콘크리트 모세 공극을 통해 침투, 확산된다.
2) 침투된 규산이온은 공극 속의 칼슘이온과 반응하여 불용성의 규산칼슘 수화물을 생성한다.
3) 규산칼슘 수화물은 공극을 충진하여 치밀한 구조로 만들어 물의 침투를 막는다.
4) 이러한 성질은 침투되는 수분과 지속적으로 반응하여 콘크리트 내부로 확산되고 초기의 누수 현상이 점차 감소되어 누수가 멈추게 된다.

4. 시공과정(순서와 방법)

(1) 바탕처리

1) 철근이나 목재의 돌출, 들뜸, 레이턴스, 곰보, 균열 등이 없도록 미리 보수를 실시한다.
2) 접착력을 저하시키는 먼지, 이물질, 기름기 등을 제거한다.

(2) 유기질 방수재 시공

1) 저압 분사기구를 사용하여 표면에 밀실하게 분산한다.
2) 초벌과 재벌 코팅 사이의 건조시에는 습기로부터 보호 조치 실시

(3) 무기질 방수재 시공

1) 물과 방수재는 규정된 양을 균일하게 교반한다.
2) 방수재는 솔, 롤러, 뿜칠 등으로 균일하게 도포한다.
3) 1차 도포 후 손으로 만져 묻어나지 않게 되면 2차 도포를 한다.
4) 1차 도포하고 24시간 이후 2차 도포시에는 도포 전 살수를 한다.
5) 48시간 이상 적절한 양생을 한다.

(4) 시험 및 검사

1) 시험 시공

방수 공사 전 시험 시공하여 방수 효과를 미리 확인한다.

2) 사용 재료 검사, 시험

반입시 종류, 반입량, 제조업체, 저장법, 시험성적서 등에 대한 조사, 확인

3) 성능시험

① 누수 유무 확인

② 균열 유무 확인

③ 들뜸과 박리 현상 확인

5. 주의사항

(1) 바탕면 처리

바탕면은 균열, 박리 등이 없도록 사전에 정리하고 이물질을 제거하여 둔다.

(2) 방수재의 선정

침투성 방수공법은 균열이나 충격, 진동에 의한 모체 손상에 취약하기 때문에 충분한 고려가 되어야 한다.

(3) 열변화 대응

온도 변화가 큰 장소에는 보호 조치를 한다.

(4) 시공환경

온도가 현저히 낮거나 비, 눈이 오는 경우는 작업 금지

(5) 방수재의 배합 및 시공

방수재의 배합 및 시공은 규정된 양과 시공순서를 준수한다.

number 29 지붕 방수층의 신축줄눈

※'01

1. 개 요

(1) 방수층 위의 누름 콘크리트는 방수층을 보호하고 지붕 바닥 마감 즉 물흘림 구배, Joint 부위처리, Roof Drain 처리 등의 마감을 목적으로 사용되며 신축줄눈은 누름 콘크리트의 균열을 방지하기 위해서 설치하는 마감줄눈이다.

(2) 신축줄눈은 콘크리트의 수축에 따른 균열을 대비해 구조체를 미리 끊어 주어 균열을 방지하기 위한 줄눈으로 줄눈 간격은 3m 내외로 하고 Cutting 후 코킹처리로 마무리한다.

2. 신축줄눈의 시공 목적

(1) 방수층 바닥 보호 콘크리트의 수축 · 팽창에 의한 움직임을 흡수하고 균열을 방지하기 위하여 설치한다.

(2) 방수층 보호 콘크리트에 신축줄눈을 두지 않을 경우 보호 콘크리트에 균열이 발생하여 방수층을 손상시키지 않도록 한다.

(3) 신축줄눈 폭은 20mm 이상, 줄눈깊이는 보호모르타르 상부까지 되어야 시공효과가 있으며, 바닥누름 콘크리트 두께는 80~100mm 정도 두께는 되어야 한다.

3. 신축줄눈 설치 방법

(1) 신축줄눈의 재료

1) 목재

2) Plastic 합성 수지

3) Sealant

(2) 신축줄눈의 설치 간격

1) 신축줄눈은 지붕에서는 4m 내외로 설치하나 보통 3m로 하며 방수층의 종류에 따라 조금씩 다를 수가 있다.

2) 설치 간격

구 분	아스팔트 방수	시트 방수
신축줄눈	l=4m 내외, 패러핏, 옥탑 주변에서는 600mm 내외	l=4m 내외 패러핏, 옥탑 주변에서는 600mm 내외
V줄눈	$l/2$	$l/2$

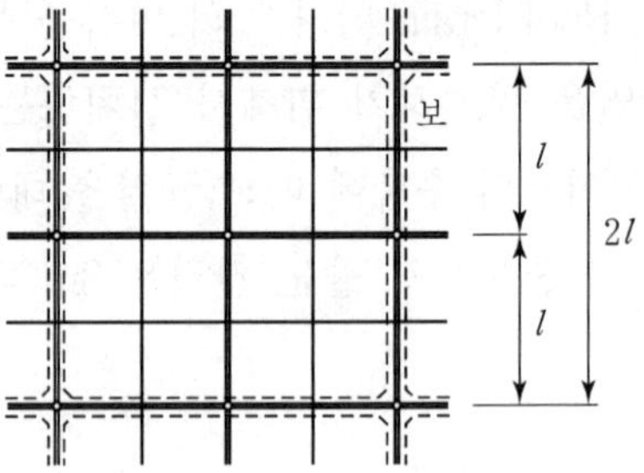

3) 신축 줄 내부에 1.5m 간격 정도로 V Cutting 줄눈을 넣어 마감한다.

(3) 방수 종류별 신축줄눈 설치 방법

1) Asphalt 방수의 신축줄눈

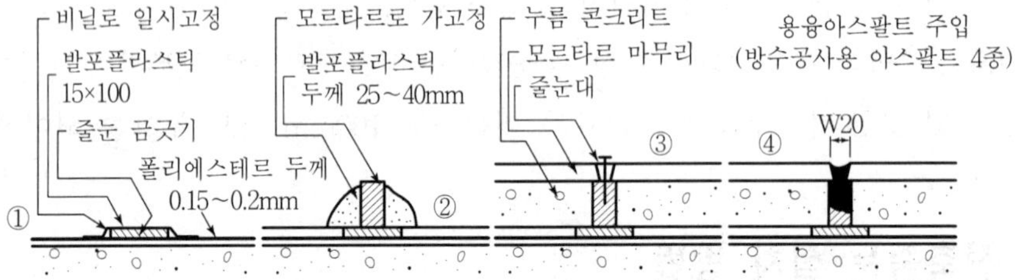

2) Sheet 방수의 신축줄눈

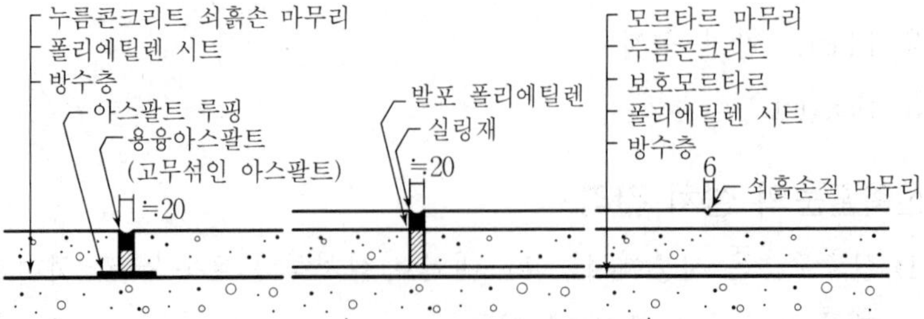

4. 설치시 유의사항

(1) 신축줄눈

1) 3m 이내의 간격으로 만들며 패러핏 치올림 방수면까지 통하게 한다.
2) 일반 줄눈은 폭 20mm, 외주 줄눈은 25mm로 한다.
3) 신축줄눈은 방수층 표면까지 이르도록 하고 약 1.0m 간격에 모르타르로 고정한다.

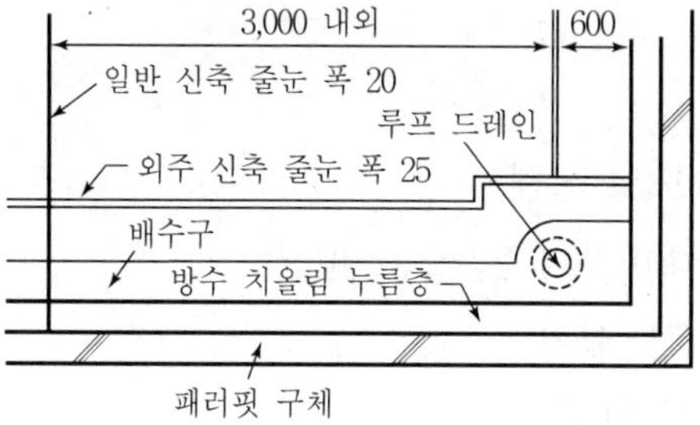

[지붕바닥 평면 줄눈 나누기(코너 부위)]

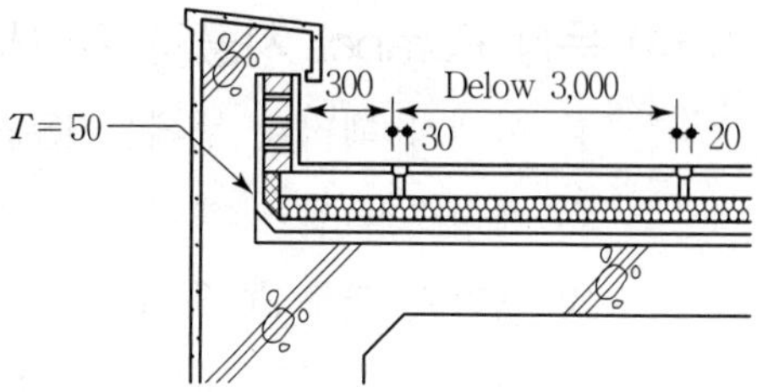

[패러핏 부위 신축줄눈 상세도]

(2) 폴리에틸렌 시트 깔기

신축줄눈 완료 후 아스팔트 방수면에 폴리에틸렌 시트를 깔아 채운다. 시트의 겹침부는 약 100mm로 하고 고무 테이프로 고정하지만 필요에 따라 모르타르 누름으로 한다.

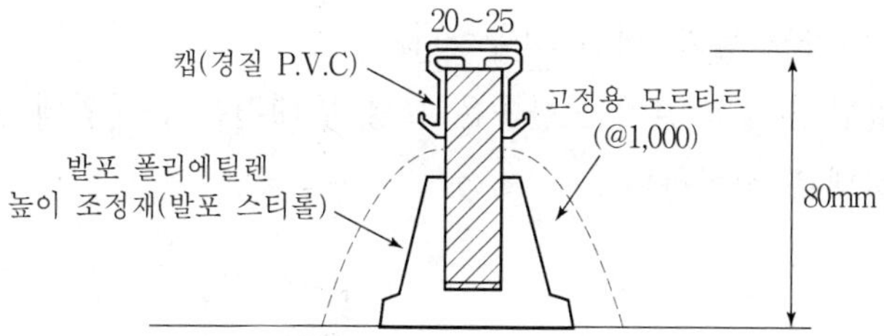

(3) 누름 콘크리트 치기

1) 누름 콘크리트는 용접 철망을 줄눈 사이에 펴 넣은 다음 치기한다.
2) 콘크리트 치기용 압력 송출관이 직접 방수층과 신축 줄눈에 닿지 않도록 각재(角材)와 합판을 깔아 보양한다.

3) 콘크리트 마무리는 표면 마무리로 한다.

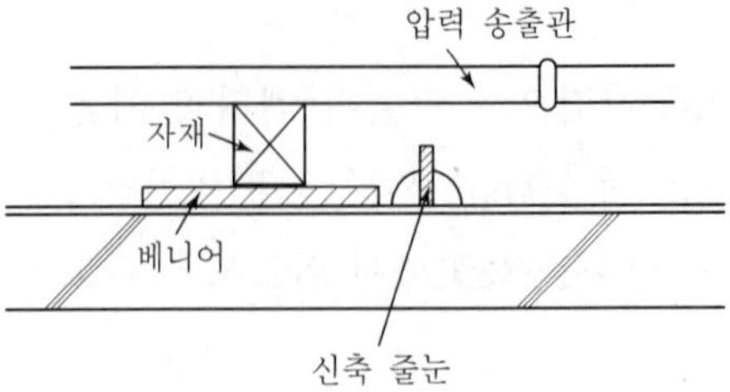

(4) 옥상 Parapet 시공시 주의사항

1) 설계시 패러핏 두께는 150mm 정도로 설계
2) 패러핏의 철근 배근은 수평력에 대비하여 2중으로 배근
3) 패러핏 단부 눈썹 부위에 물끊기 홈 설치
4) 패러핏 설치는 바닥 슬래브와 동시 타설
5) 패러핏 코너 부위, 타설 이음 부위, 균일 부위는 방수 시공 전에 보강 철저
6) 바탕면의 건조 상태(함수율 8~12% 이하) 확인
7) 바탕면의 구배상태(1/50~1/100) 확인
8) 패러핏 단부 측에는 누름 콘크리트의 수평력에 대비하여 연질 스티로폼 50mm 정도를 삽입시켜 수평력을 완화시킨다.
9) 신축줄눈은 방수층 위까지 규정대로(3m×3m,폭 20~25mm) 시공하고, Roof Drain은 바닥면보다 2~3cm 정도 낮게 매설하여 견고히 설치하고, 이물질이 들어가지 않게 정밀 시공한다.
10) 동판 후레싱 설치는 한쪽은 고정, 반대편은 움직임에 유연성이 있도록 비고정 상태로 설치한다.

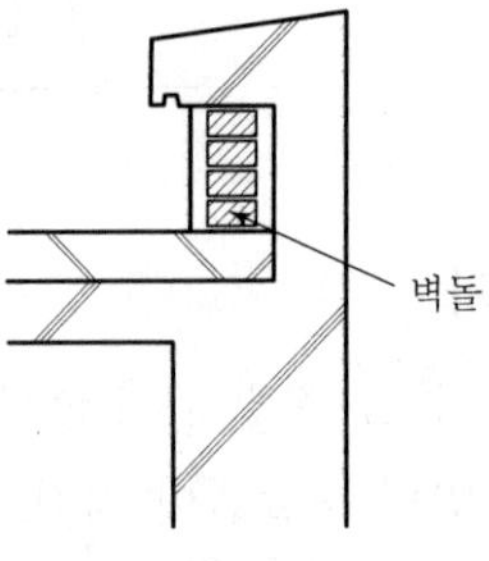

number 30 지붕 방수공사의 하자원인과 대책

※'04

1. 개 요

(1) 지붕 방수 공사의 하자는 설계오류, 공법선정 오류, 시공 부적합, 유지보수 소홀에 의해 발생한다.

(2) 하자방지대책으로는 설계시부터 지붕의 특성을 반영한 공법을 선정하고 물흘림 구배, Roof Drain에 대한 시공철저, 공법별 시공시 주의사항을 지켜야 한다.

2. 방수공사의 요구성능

(1) 내수성 및 수밀성

(2) 내화학성과 신축성

(3) 내후성, 내약품성

(4) 환경오염에 대한 저항성

(5) 시공 및 보수 용이성

(6) 변위에 따른 추종성

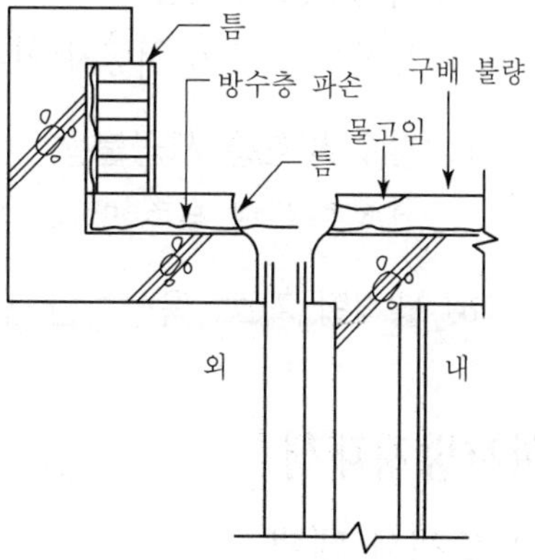

[방수하자 유형]

3. 하자원인

(1) 설계적 원인

1) 방수 공법 설계 오류

부적합한 방수공법 사용으로 인한 하자

2) 기초 부동침하

부동침하로 슬라브 및 패러핏 균열

3) 줄눈미설계 및 구배설계 누락

(2) 재료적 요인

1) 방수재 및 접착제의 요구성능 불량

2) 패러핏 Flashing 재료 불량

(3) 시공적 요인

1) 바탕처리 불량

Laintance 제거 및 균열, 곰보부위 보수 불량

2) 치켜올림 부위, 면접기 시공 부적절

보강깔기 및 망상주핑의 미시공

4) 바탕건조 불량

방수층의 습기로 들뜸 발생

5) 방수층 시공 불량

접착제 Open Time 미준수

6) 시공조건 부적합

동절기, 하절기 시공시 기후의 영향으로 방수성능 저하

7) 방수 보호층 시공불량

보호층 두께 부족 및 부적당한 보호층

8) 냉각탑 기초, 옥상화단, 벤치 주변의 누수

4. 하자방지대책

(1) 설계시 대책

1) 옥상 바닥에 맞는 공법 선정

① 변위에 대한 추종성이 있는 재료

② 신장력이 충분한 재료

③ 내구성과 방수성능이 큰 재료

2) 구조체의 변형 방지

① 구조물에 적합한 기초 공법 적용

② 상부 과하중 및 기계설계시 진동에 의한 균열 방지

3) 줄눈설치 및 물흘림 구배 설계

① 신축에 대응하는 Expansion Joint 설치

② 우수가 고이지 않도록 구배설계 : 보행용 1/50~1/100, 비보행용 1/20~1/50

(2) 재료시 대책

1) 자재 반입시 검수 및 자재 관리 철저

2) 내수성, 접착성, 신축성 있는 재료 선정

(3) 시공상 대책

1) 바탕면 처리

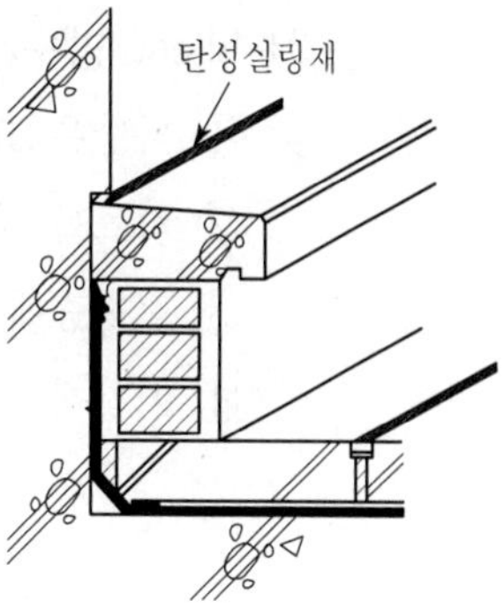

① 모체 균열에 대한 보수 실시

② 건조상태 유지

③ 이물질, 돌출물 제거

2) 치켜올림 및 모서리 시공

① 패러핏 방수 치켜올림 30cm 이상

② 모서리 면접기 3~5cm 정도 둥글게 처리

3) Roof Drain 처리

① 방수층은 Drain 설치보다 먼저 시공

② Roof Drain 쪽으로 구배를 두어 물고임 방지

4) 바탕 건조

① 완전 건조 후 방수공사로 들뜸현상 방지

② 프라이머 접착력 향상

5) 방수층 시공 철저

① 구체와의 접착력을 최대로(Open Time 준수)

② 공극, 기포, 주름이 생기지 않게 시공

6) 적정한 시공조건 유지

① 동절기시 동해방지, 하절기 급격 건조 방지

② 지나친 저온 및 고온시 작업 중단

7) 보호층 시공

① 방수층 시공 후 Cinder Con'c를 타설하고 그 위에 Mortar 마감

② 보호 CON'c 타설시 균열 방지를 위해 Wire Mesh 삽입

(4) 공법적 대책

1) Asphalt 방수시

① 방수재료는 규격에 합격한 것을 사용한다.

② 시공시 Pin Hole 발생 및 화기 주의

③ 치켜올림부, 면접기, Roof Drain 주위 시공 철저

2) Sheet 방수시

① 바탕은 요철이 없도록 평평하게 하고 충분히 건조시킨다.

② 시트를 무리하게 신장시키지 말 것

③ 접착층에 공극, 기포가 생기지 않게 한다.

④ 접착제의 Open Time 준수

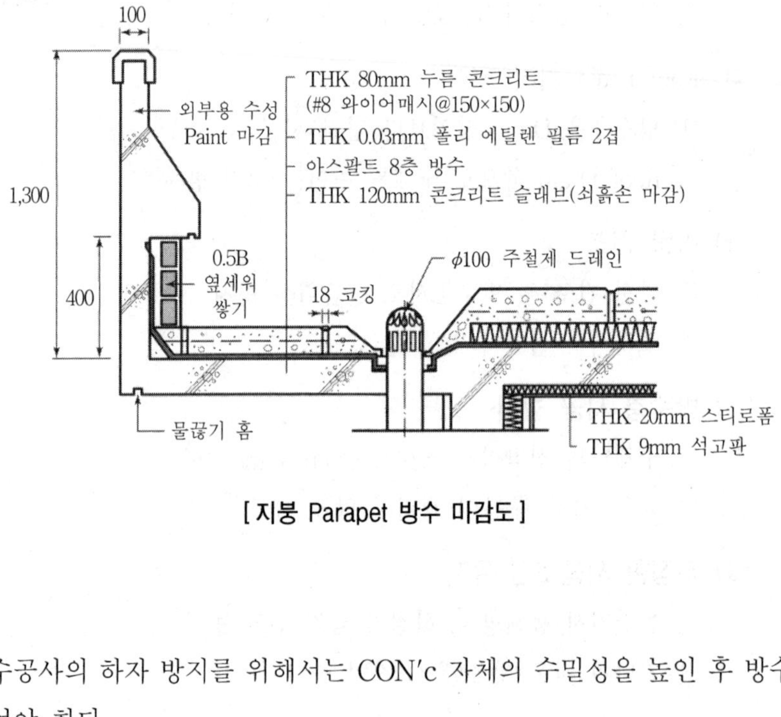

[지붕 Parapet 방수 마감도]

5. 맺음말

(1) 지붕방수공사의 하자 방지를 위해서는 CON'c 자체의 수밀성을 높인 후 방수층을 시공하여야 한다.

(2) 지붕 방수는 설계 및 시공계획서에 의한 재료 선정, 시공품질관리 및 보호양생 등 사후 관리까지 철저하게 이루어져 하자가 발생되지 않도록 해야 한다

number 31 지하실 누수원인과 대책

※'05, '08

1. 개 요

(1) 지하실 방수는 지하외벽의 바깥쪽에 방수층을 만드는 외방수와 안쪽에 방수하는 내방수가 있으며 지하방수의 목적은 지하외벽 및 건물 저반으로부터의 지하수의 침입을 방지하는 일이다.

(2) 지하 외벽으로부터의 누수는 이어치기부, 세퍼레이터 구멍, 균열, 곰보 등 시공에 따른 결함이 대부분으로 지하방수의 기본은 시공상의 결함을 될수록 적게 하고 균열이 적은 수밀한 콘크리트를 타설하여야 한다.

2. 안방수와 바깥방수의 비교

구 분	안 방수(내방수)	바깥 방수(외방수)
적용 대상	수압이 적고 얕은 지하실	수압이 크고 깊은 지하실
시공 시기	구체완료 후 언제나	되메우기 전
공사비	비교적 싸다.	비교적 고가
공사의 용이성	용이	곤란
본공사 진행상태	지장 없다.	지장 있다.
보호누름	필요	무관
하자보수	쉽다.	곤란
수압처리	수압에 견디기 곤란	내수압력

3. 누수원인

(1) 콘크리트 타설시 결함에서의 누수

1) Cold Joint

2) 재료분리 부위

(2) 이어치기면에서의 누수

1) 이어치기면의 Laitance 제거 불량

2) 이어치기부의 목재 등의 잔존

(3) 세퍼레이터(Separater)에서의 누수

세퍼레이터 표면의 폼 타이(Form Tie) 구멍의 처리 불충분

(4) CON'c 속의 매입물에 의한 결함

1) 지하실 각종 인입구 및 매입 박스 주변 미충전

2) CON'c 속의 복잡한 철근, 지수판 설치의 시공 결함

(5) 바탕면 처리 불량

1) 재료 분리 및 이어치기 부위 처리 불량

2) 핀, 철선 등 이물질 미제거

(6) 방수층 들뜸 및 균열

1) 벽면의 이물질 제거 불량

2) 방수재 품질 및 배합비 불량

(7) 익스팬션 조인트 미처리 및 시공불량

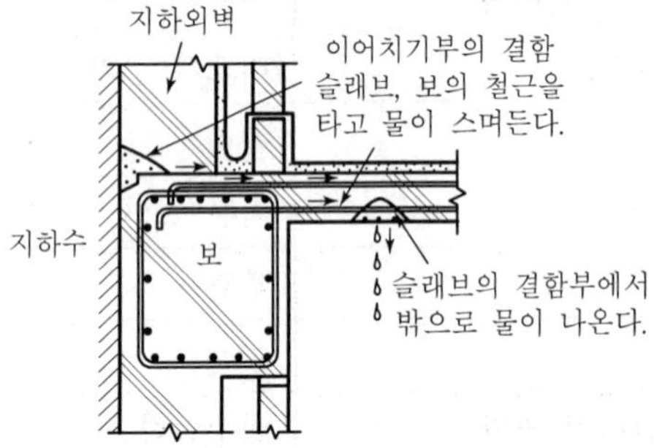

[수평 이어치기로부터의 누수]

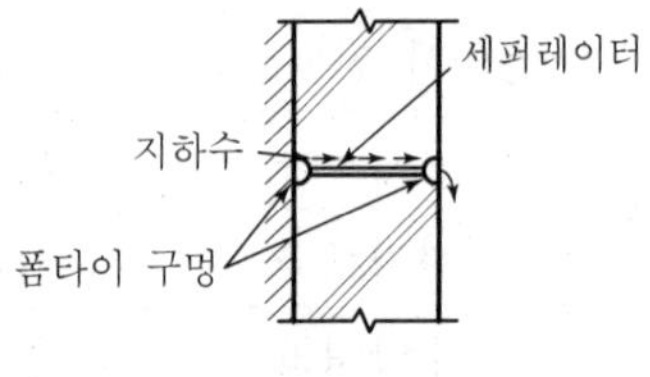

[폼 타이 구멍에서 세퍼레이터를 통한 누수]

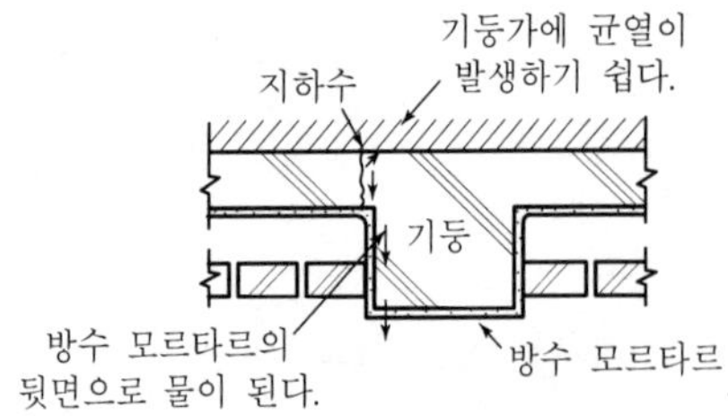

[기둥가에 발생한 균열로부터의 누수]

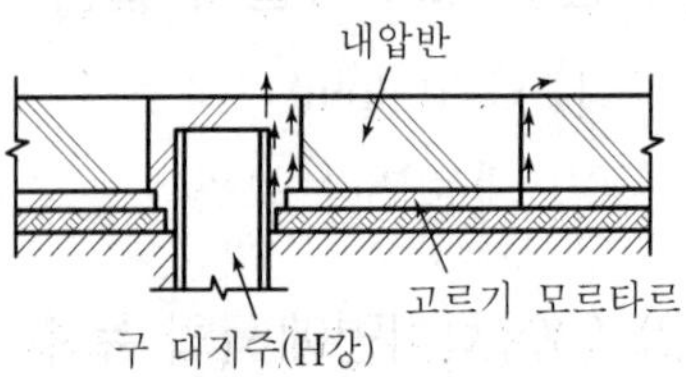

[내압반으로부터의 누수]

4. 방지대책

(1) 수밀 콘크리트 타설

1) 워커빌리티가 양호하고 물시멘트비가 적은 CON′c 타설

2) 충분한 다짐으로 Homey Comb 및 Cold Joint 발생이 없도록 한다.

3) 부어 넣기 방법에 유의하여 재료 분리 방지

(2) 이어치기부의 처리

1) Laitance 등 이물질 제거 및 충분한 깊이까지 V−cutting 실시

2) 방수 모르타르로 충분한 보강 작업

3) 필요한 경우 이어치기 부위에 지수판($W=100$) 또는 수팽창 고무 지수재를 설치 후 콘크리트 타설

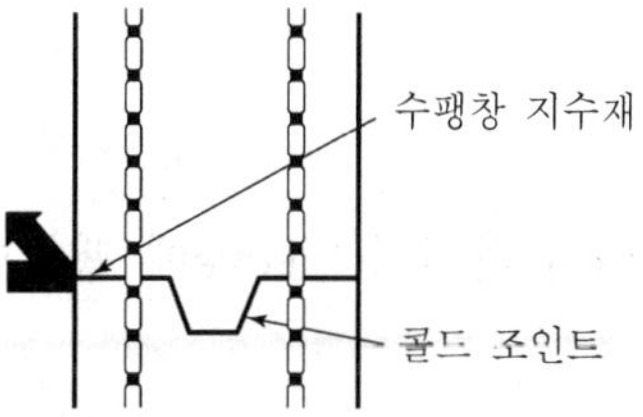

[수팽창 지수재 사용]

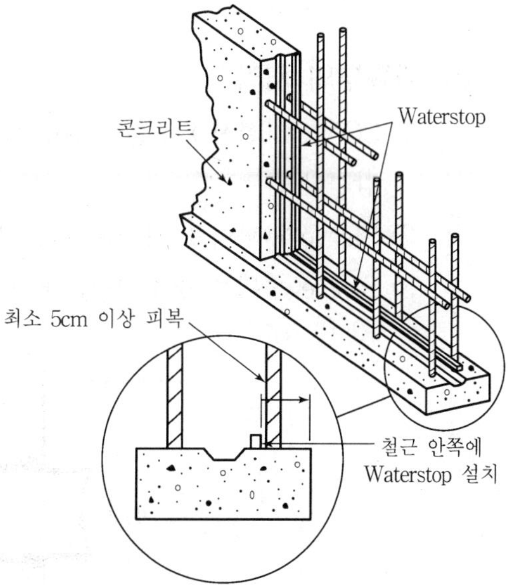

(3) 재료분리 방지

1) 재료분리 현상을 줄이기 위하여 콘크리트의 유연성을 증가

2) 재료분리 발생 부위는 제거 후 충전용 모르타르로 보강

(4) 세퍼레이터(Separater)의 처리

1) 매립형 폼 타이를 사용하여 단열 및 방수효과를 개선

2) 폼 타이 구멍은 무수축 모르타르를 충전하고 코킹처리

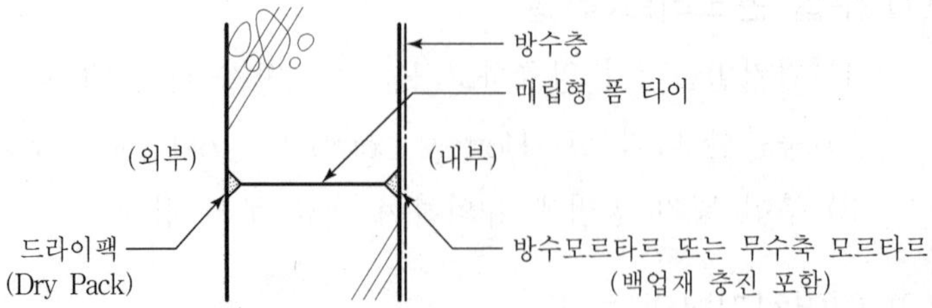

(5) 콘크리트 결함부위 보수

1) 요철 부분은 모르타르 등으로 바탕 처리
2) 균열, 곰보, 이어치기 부위, 코너 부위 등 결함 부분 제거하고 방수모르타르 등으로 보강

(6) 관통부의 처리

1) CON'c 타설시 Flange Sleeve를 직접 매입 하거나 Sleeve에 팽창형 지수판을 감는다.
2) Sleeve와 파이프 사이의 들뜬 부위는 코킹처리
3) Sleeve 주위는 방수 보강 처리

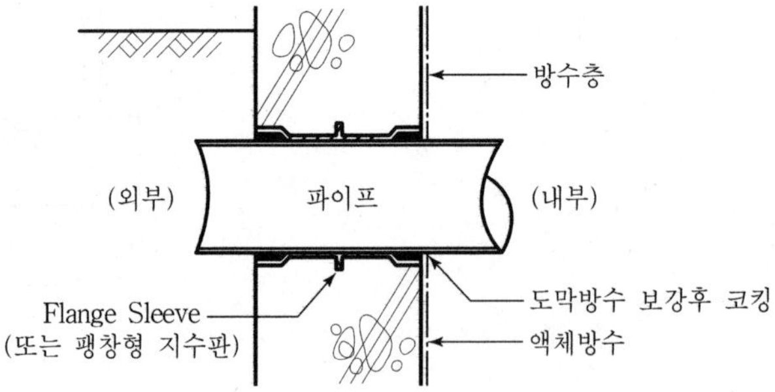

(7) 익스팬션 조인트 설치 부분 방수 처리

1) E/J 설치부분은 위치 및 시공 방법을 설계시에 사전검토
2) 내구성 있는 지수판의 설치 및 누수를 대비한 유도 배수처리

(8) 이중벽 시공

1) 지하벽의 누수 및 결로 대책으로 CON'c Block 등의 이중벽 설치

2) 물빼기 구멍은 ϕ50mm 이상의 파이프를 2m 간격 정도로 설치

5. 맺음말

(1) 지붕방수의 경우와 비교해서 지하방수는 작업조건이 나쁘고 바탕 콘크리트면이 침투수나 결로에 의해 젖어 있는 경우가 많으므로 시공조건을 충분히 고려한 후 적합한 방수재료를 선정하는 것이 중요하다.

(2) 설계시 방수하자를 최소화할 수 있도록 재료 및 시공법, 누수처리 방안에 대해서 충분히 검토한 후 콘크리트 타설부터 방수층 작업 과정에서 결함이 발생되지 않도록 마무리가 확실히 되어야 한다.

number 32 건축물의 부위별 단열공법과 시공시 유의사항

※'80, '82, '84, '90, '94, '98, '08, '13, '22

1. 개 요

(1) 단열공법의 유형에는 내단열, 외단열, 중단열 공법이 있으며, 부위별로는 벽체단열, 바닥, 지붕, 창단열 등이 있다.

(2) 효율적인 단열시공을 위해서는 단열재의 요구성능을 갖춘 단열재 선정 및 공법사용, 단열시공시 결로방지, 열교, 냉교방지, 우각부 보강 등에 주의하여야 한다.

2. 단열공법의 종류

(1) 벽체 단열공법

1) 단열재를 벽체 내·외부에 설치하여 열손실을 방지하는 공법

2) 기초부터 보까지 밀실한 단열시공 필요

3) 내단열이 시공이 쉽고 경제적이나 단열효과가 적다.

4) 외단열은 단열효과는 우수하나 시공이 어렵다.

① 내단열 공법

㉠ 벽체의 내부에 단열재를 설치하는 공법

㉡ 시공이 쉽고 경제적이다.

㉢ 단열 불연속으로 내부 결로발생 우려

㉣ 열용량이 적어 즉각 냉·난방이 가능한 실내에 효과적이다.

② 외단열 공법

㉠ 벽체 외부에 단열재를 설치하는 공법

㉡ 단열 성능이 우수하나 시공이 어렵다.

㉢ 단열효과가 우수하여 열용량을 실내측에 유지 가능

㉣ 내부 결로가 방지된다.

③ 중단열

㉠ 벽체의 중간에 단열재를 설치하는 공법

㉡ 단열효과는 중간이지만 원가가 증가된다.

㉢ 이중벽 쌓기, PC판 내부에 주로 사용된다.

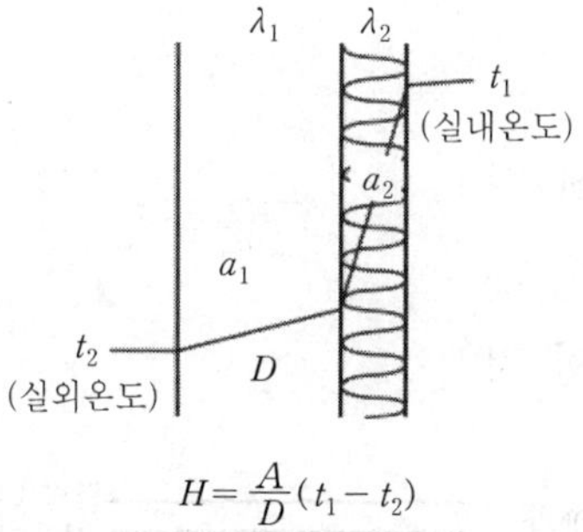

[열손실 경로]

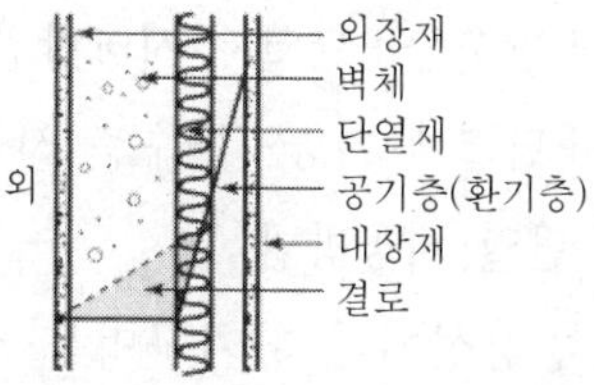

[내단열 공법]

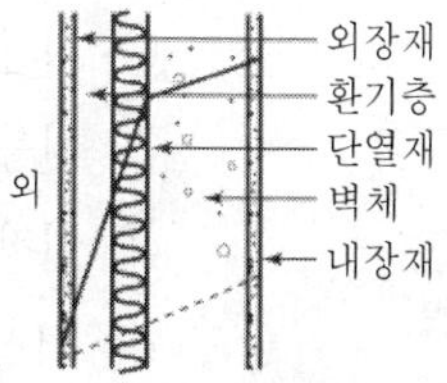

[외단열 공법]

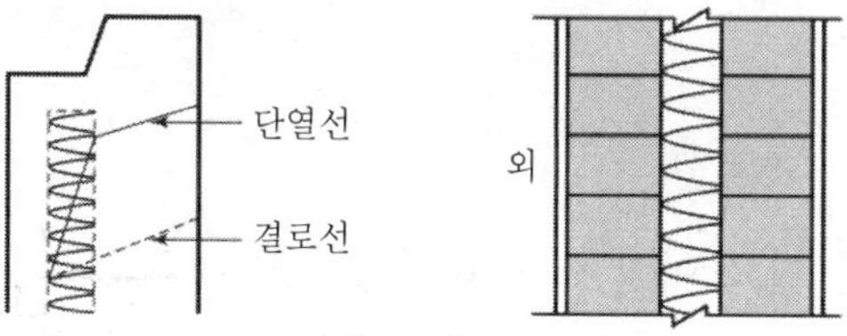

[중단열 공법]

(2) 바닥 단열공법

1) 건물 바닥 내부의 열을 지면으로 빼기지 않기 위한 단열공법

2) 방습층을 단열재 바깥쪽에 설치한다.

3) 냉동고 바닥의 경우는 지중의 동결방지를 위한 바닥 단열시공

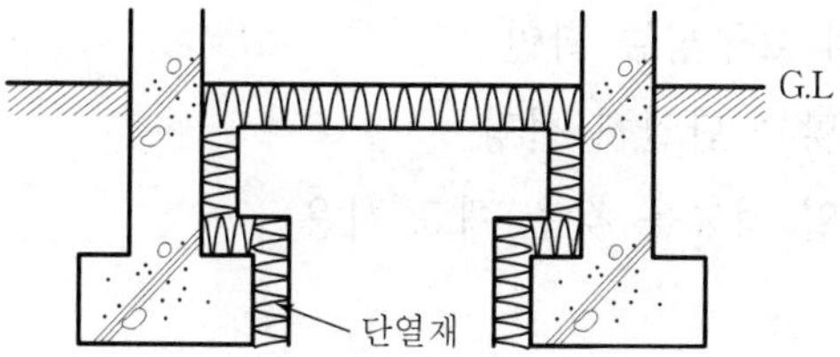

(3) 지붕 단열공법

1) 지붕 Slab 밑면 단열시공과 윗면 단열시공이 있고,

2) 천장 공간에 의한 단열시공이 있다.

① 단열재+지붕 Slab 시공방법

② 지붕 Slab+방수층+단열재 시공방법

③ 지붕 Slab+단열재 시공+방수층 시공방법

④ 천장 공간 단열 시공방법

최상층은 천장설치나 환기구멍을 설치할 것

[① 단열재 + Slab]

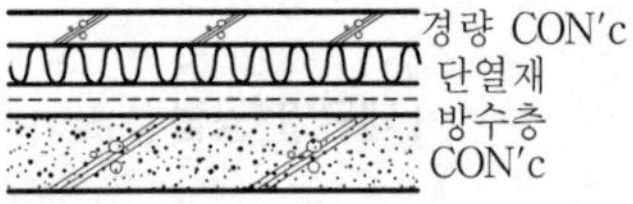

[② Slab + 방수층 + 단열재]

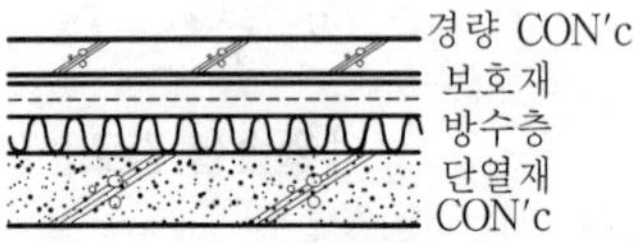

[③ Slab + 단열재 + 방수층]

(4) 창단열 공법

1) 창문면적을 필요 이상 크게 하지 말 것

2) 이중창 또는 복층유리로 사용, 기밀성 유지

3) 커튼 또는 채양시설

4) 단열 유리 사용

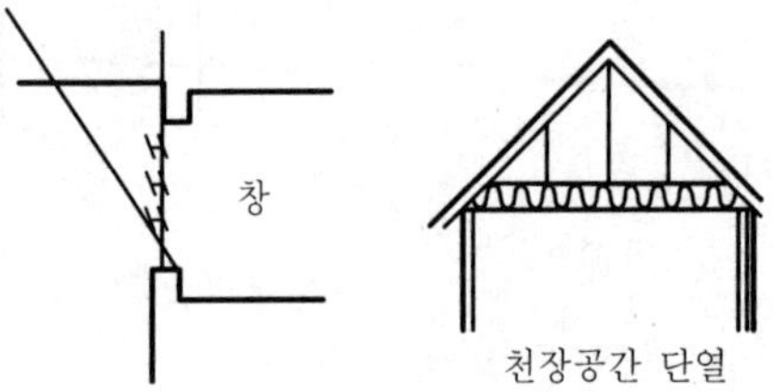

[창단열]

3. 효율적인 단열을 위한 시공

(1) 단열재료 선정

1) 단열재의 요구성능 확인

2) 위치에 맞는 단열재 선정

3) 소요 단열 성능을 갖춘 재료 사용

(2) 시공시

1) 바탕처리는 평평하게 정리, 청소한다.

2) 단열재 이음은 겹치게 하고, 이음새는 어긋나게 잇고, 겹침이음이나 반턱이음을 한다.

3) 이음부는 틈이 생기지 않도록 Tape 등을 바른다.

4) 단열재 부착은 접착제로 완전하게 붙인다.

(3) 에너지 절약을 위한 효율적 시공방법

1) 외단열 시공

① 단열 성능면에서는 외단열이 내단열보다 우수하다.

② 외단열은 결로발생 가능성이 적다.

2) 열교, 냉교방지

① 열교 : 더운 공기가 출입하는 현상

② 냉교 : 찬 공기가 출입하는 현상

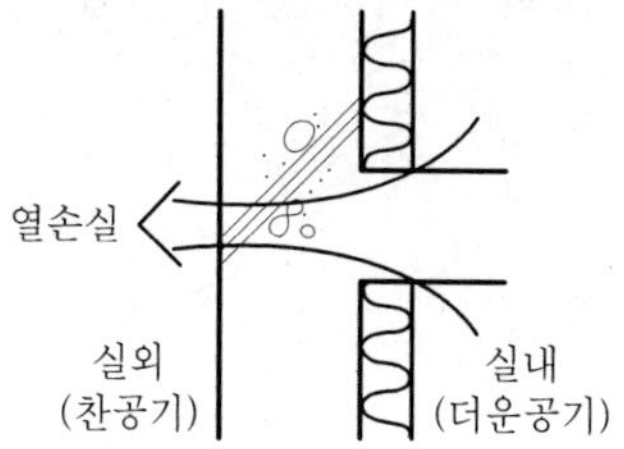

[열교 및 냉교]

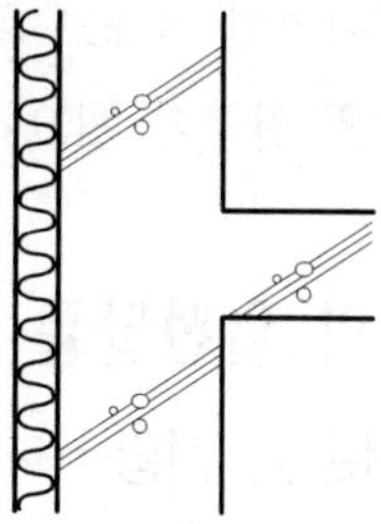

[열교방지 외단열]

3) 우각부 보강

모서리, 구석 부위는 단열재 보강

4) 천장단열시 통기구 설치

5) 배관, 금속류 관통부위 단열

6) 방습층 설치

7) 틈새, 개구부 기밀성 유지

number 33 외벽 단열공법과 시공시 유의사항

※'82, '84, '90, '98, '04

1. 개 요

(1) 외벽에 의한 열손실은 전체 열손실의 35%에 이를 정도로 큰 비중을 차지하고 있으나 이에 대한 인식은 매우 낮은 실정이다.

(2) 외벽체에 대한 단열시공법 중 외단열 시공방법이 단열성능에서 가장 우수하지만 경제적인 이유로 회피되고, 시공법 또한 아직 개발이 미흡한 상태에 있으므로 더 많은 연구가 필요하다.

2. 벽체의 열전달률

(1) 열손실 현황

1) 외벽에 의한 손실 35%
2) 지붕에 의한 손실 25%
3) 외기에 의한 손실 15%
4) 바닥에 의한 손실 10%
5) 개구부에 의한 손실 10%

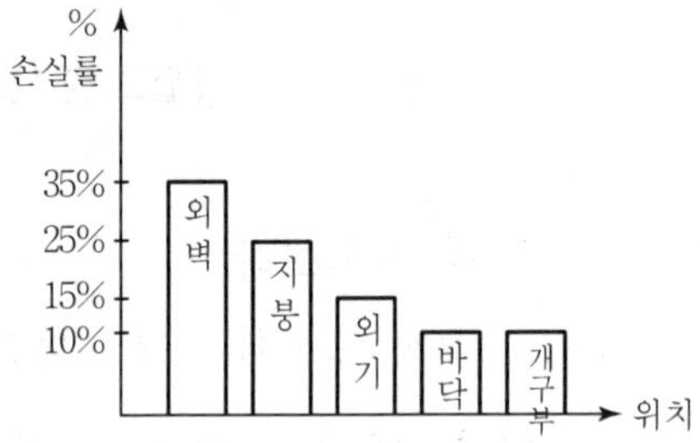

(2) 열전도 양

$$Q = \frac{A\lambda(t_1 - t_2)T}{D}$$

여기서, A : 재료의 표면적 　　D : 두께
t_1 : 건물 내부 온도 　　T : 시간
t_2 : 건물 외부 온도
λ : 열전도율

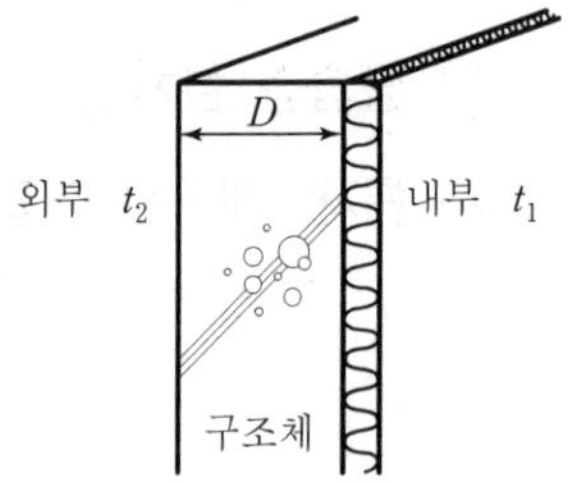

3. 외벽 단열 시공방법

(1) 내단열

1) 개 념

단열재를 구조체의 내부에 설치하는 방법

2) 특 징

① 단열성능이 낮다.

② 구조체 내부에 결로발생

③ 시공이 쉽고 경제적이다.

④ 열용량이 적어 즉각 냉·난방이 가능한 실내에 적합하다.

(2) 중단열

1) 개 념

단열재를 구조체의 중간에 설치하는 방법

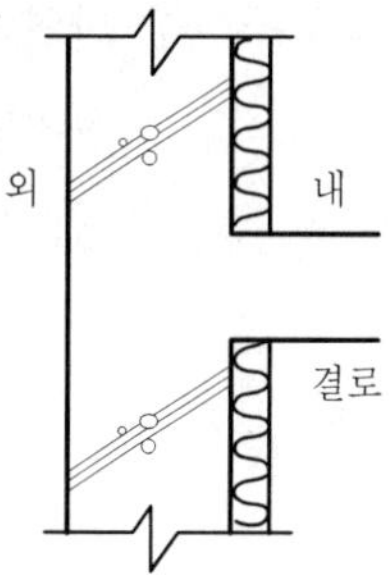

[내단열]

2) 특 징

① 단열성능은 좋은 편이다.

② PC 벽체 내부나 이중벽 사이에 설치

③ 시공이 복잡하고 비용이 높다.

(3) 외단열

1) 개 념

단열재를 구조체 바깥에 설치하는 방법

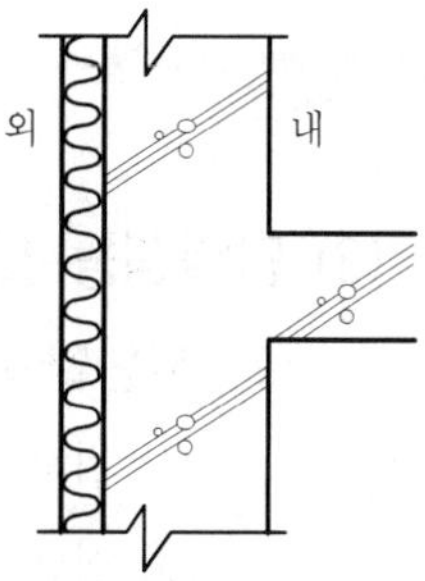

[외단열]

2) 특 징

① 단열성능이 가장 우수하다.

② 내부 결로가 발생하지 않는다.

③ 시공이 어렵고 적용공법에 제한을 받는다.

4. 시공시 유의사항

(1) 재료의 선정

1) 단열재의 조건(요구성능)

① 열전도율이 낮을 것

② 내화성이 뛰어날 것

③ 습기에 강하고, 흡수성이 낮을 것

④ 경량으로 가공이 용이할 것

⑤ 경제적이며 시공성이 좋을 것

⑥ 방부, 방충성이 좋을 것

2) 시공 전에 재료를 건조하여 사용한다.

(2) 단열재 시공

1) 가공과 이음

① 가공은 원치수보다 3~5cm 정도 여유 있게 자른다.(경질 스티로폼)

② 이음부는 반턱이음이나 겹침이음으로 밀실 시공한다.

③ 이음부에 Tape처리를 한다.

2) 설 치

① 단열재는 저온부에 설치

② 설치면과 공간이 발생하지 않도록 완전히 밀착시킨다.

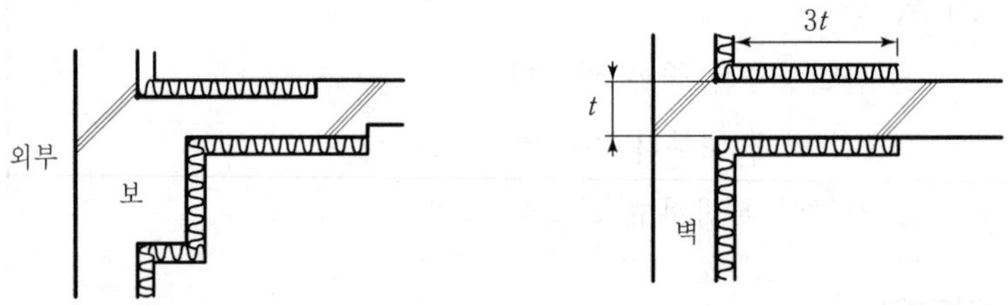

[모서리 시공]

(3) 단열성능 보강시공

1) 외단열 시공

① 결로발생과 에너지 효율면에서 우수하다.

② 실내 공간활용에도 이점이 있다.

③ 외벽에 단열재 시공시 충격에 파손되지 않도록 하부 보강

2) 열교, 냉교현상 방지

① 열관류 저항이 부분적으로 적은 곳에서 발생

② 외단열로 방지 가능

3) 코너 부위와 우각부 보강

① 코너 부위는 2중 단열한다.

② 관통 부위 우레탄 폼으로 기밀화

③ 모서리 보강길이는 $3d$ 이상(d : 단열재의 두께)

4) 방습층 설치

① 지하 외벽은 공간벽쌓기 시공

② 고온부에 방습층을 둔다.

5) 개구부, 창호부 보강

① 개구부 주변은 열관류 현상이 심한 곳이므로 보강

② 창틀 주변은 반드시 우레탄 폼 등으로 충진한다.

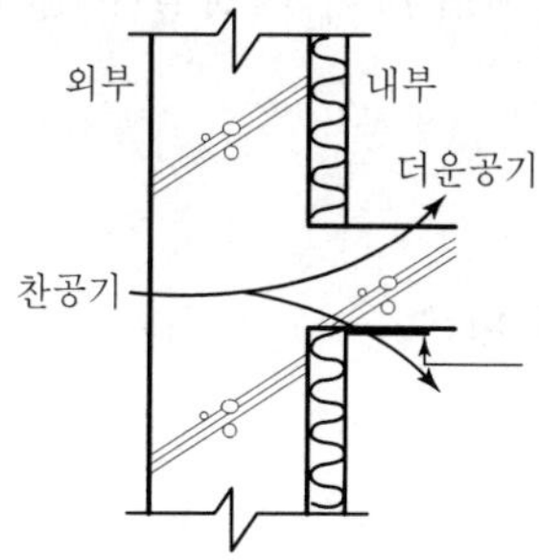

[Cold Bridge]

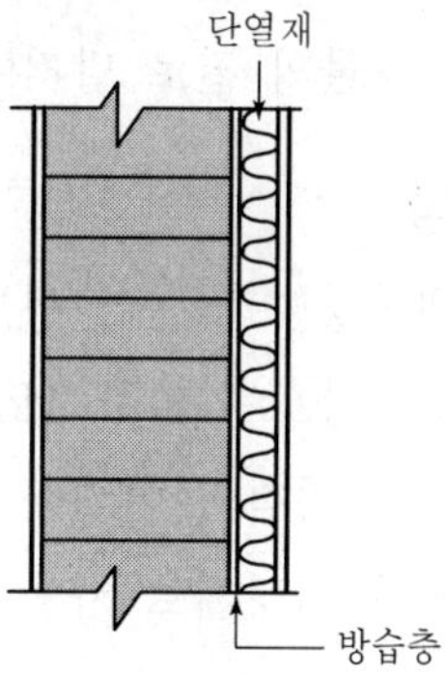

[방습층 설치]

number 34 단열 모르타르와 Vapor Barrier(방습층)

※'95, '00

1. 단열 모르타르

(1) 개 요

1) 건축물의 열손실 방지를 목적으로 경량 단열골재를 주재료로 하여 만든 모르타르를 말하며, 외기와 접하는 구조체에 미장 바름한다.
2) 건축물의 결로 방지에도 효과가 우수하여 지하실에 많이 사용하고 있다.

(2) 특 징

1) 내화성능 및 단열성능 우수
2) 부착강도는 일반 Mortar에 비해 낮다.
3) 표면 마감이 어렵다.
4) 외부 치장재로 사용 불가

(3) 재 료

시멘트 + 골재(펄라이트, 석회석, 화산염 등) + 기타(물, 혼화재료, 착색제 등)

1) Cement는 보통 Portland Cement, 고로 Slag Cement, Fly-ash Cement 등을 사용
2) 경량골재는 펄라이트, 석회석, 화강암 및 인공골재 등을 사용
3) 보강재료는 유리섬유, 부직포 등을 사용
4) Pozzolan, 석회석분, 폴리머 분산제, 감수제 등을 사용
5) 착색제는 합성분말 재료로서 내알칼리성이 퇴색하지 않은 것 사용

(4) 시공순서 Flow Chart

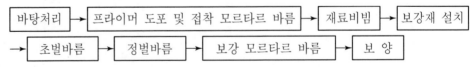

바탕처리 → 프라이머 도포 및 접착 모르타르 바름 → 재료비빔 → 보강재 설치 → 초벌바름 → 정벌바름 → 보강 모르타르 바름 → 보 양

(5) 시공시 유의사항

1) 바름두께는 1회에 25mm 이하를 표준으로 한다.
2) 재료는 비빔 후 1시간이 경과한 후에는 사용할 수가 없다.

3) 초벌 바름의 두께는 10mm 이하를 표준으로 한다.

4) 지붕에 단열층으로 바름할 경우는 신축줄눈을 설치해야 한다.

5) 보양기간은 7일 이상 자연건조하며, 급격한 건조, 진동, 충격, 동결 등을 방지해야 한다.

6) 재료의 저장은 바닥과 벽에서 15cm 이상 띄워 보관한다.

7) 5℃ 이하일 경우는 작업을 중지한다.

8) 보강재 사용시 유리섬유는 내알칼리 처리된 제품으로 하고, 부직포는 단열처리가 된 제품으로 사용한다.

9) 공법으로는 쇠흙손바름법(벽체), 뿜칠법(천장), 펌프 압송시공법 등이 있다.

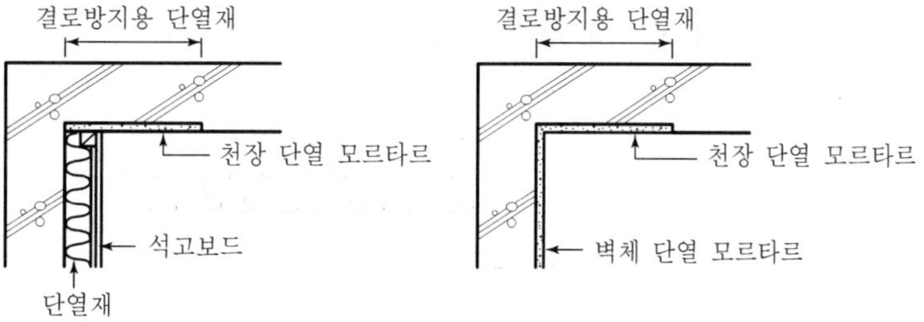

2. Vapor Barrier(방습층)

(1) 개 요

1) Vapor Barrier은 건축물에 습기가 흡수되거나 침투되는 것을 막기 위해 벽이나 바닥에 붙여대는 불투습층이다.

2) Vapor Barrier 재료로는 비닐막, Asphalt Roofing, 알루미늄 박판, 플라스틱판 등이 많이 사용되고 있다.

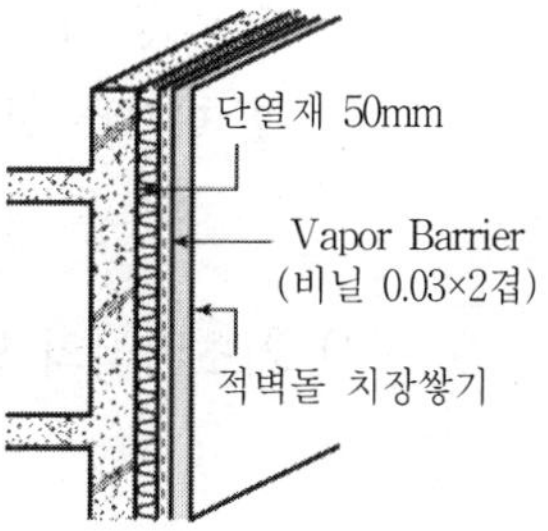

[벽체 방습층]

(2) Vapor Barrier 재료

1) 비닐재

비닐재료는 주로 저층 바닥 습기침투를 방지하기 위한 방습층으로 주로 사용하며, 단열재의 방수 투과방지용으로 주로 쓰인다.

2) 아스팔트(Asphalt Roofing)재

지붕층 방수와 지하실 외벽 방수용으로 주로 사용되며, 아스팔트 루핑재와 Sheet 재질이 방습효과에 중요한 역할을 한다.

3) 알루미늄 박판 또는 기타 금속판재

① 단열재료의 방습을 막기 위해 얇은 박판막으로 붙이며,

② 금속재는 동판 후레싱이나 SST'L 후레싱으로 한다.

(3) Vapor Barrier의 적용

1) 외벽면의 방습층

① 실내측에 방습층을 설치하는 것이 유리

② 공간벽 시공시 방습층 시공

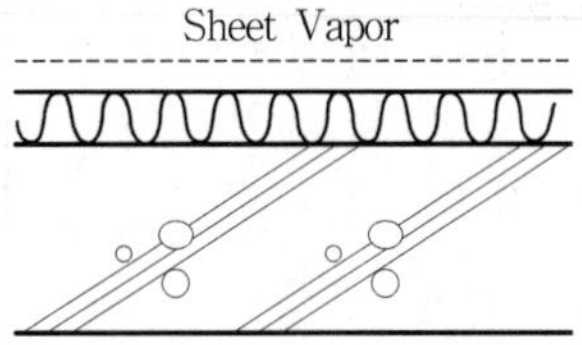

[지붕 CON'c Slab 방습층]

2) 옥상의 Vapor Barrier

① 옥상 방수시 단열층을 중심으로 상·하부에 방수 Vapor Barrier를 사용한다.

② 단열층 선시공 후+방습층 시공방법

③ 방습층 선시공+단열층 시공법

3) 기초바닥의 방습층 시공

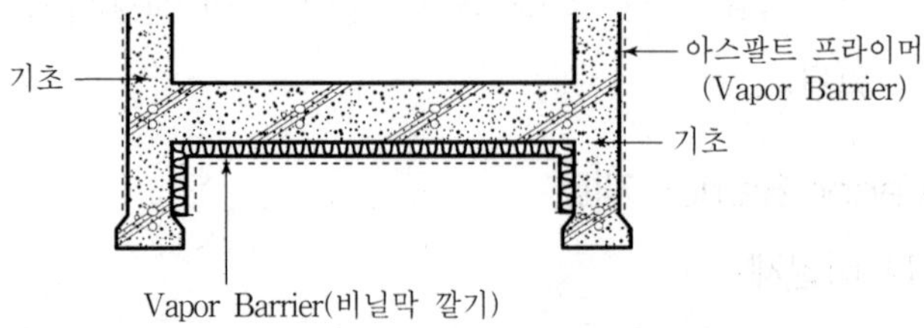

number 35 건축물의 결로 발생 원인과 방지 대책

※'82, '85, '88, '90, '96, '00, '01, '04, '07, '08, '11, '13, '21

1. 개 요

(1) 결로는 실내외의 온도 차이에 의해 온도가 낮은 저온부의 표면에 물방울이 맺히는 현상으로 공기중에 포함된 수증기의 양이 포화수증기압보다 커지게 되면 발생된다.

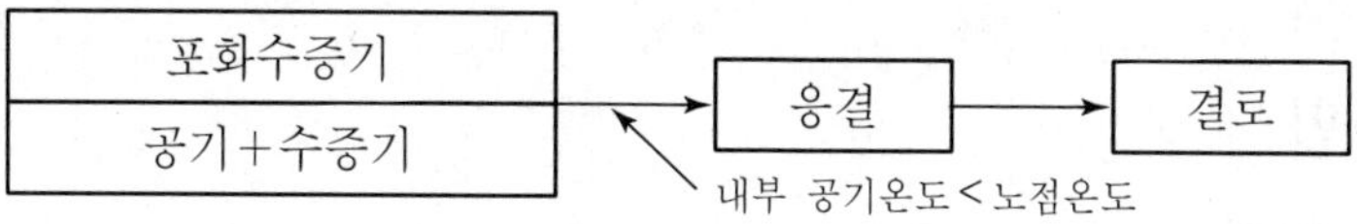

(2) 결로발생 원인은 실내·외 온도차, 건물의 입지조건, 생활습관, 환기부족, 단열시공 불량, 구조체 시공 불량, 열교·냉교방지 등을 들 수 있다.

(3) 결로방지를 위해서는 단열층 및 방습층의 철저 시공, 열교·냉교의 국부 결로방지, 구조체의 밀실 시공, 환기 등이 필요하다.

2. 결로의 발생 형태

(1) 표면 결로

1) 실내 공기 중의 수증기가 벽 등의 온도차가 있는 저온 부분에 접촉하여 물방울이 표면에 발생하는 현상

2) 벽체의 단열성이 실내 환경이나 기밀성에 비해 낮을 경우 발생

(2) 내부 결로

1) 벽체 내부의 수증기가 온도저하에 따라 내부에서 응결하는 결로

2) 벽체 내부의 수증기의 노점온도가 건구온도보다 높게 되면 발생

3) 단열재 고온측에 방습층을 설치하여 차단한다.

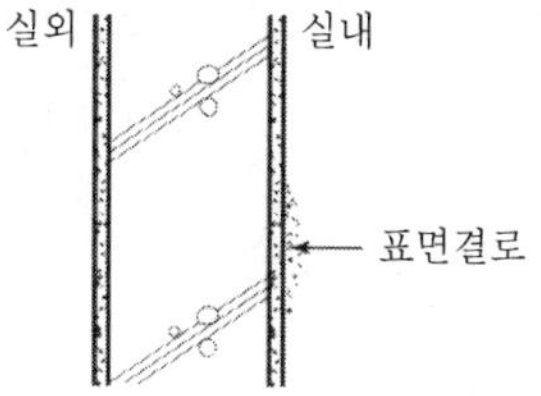

[표면 결로]

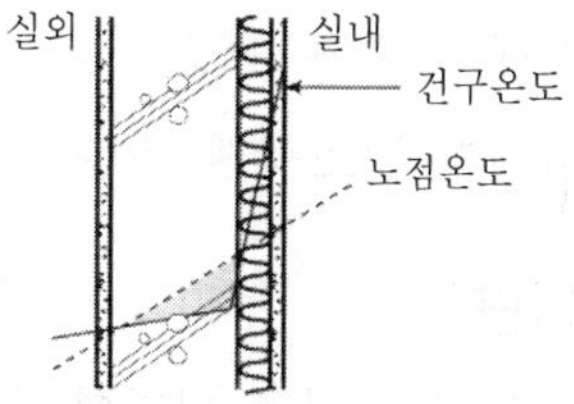

[내부 결로]

(3) 초기 결로

1) 건축 후 2~3년 후에 발생

2) 건축 자재 자체의 수증기가 증발하면서 표면, 내부에 결로 방법

(4) 일반 결로

1) 주로 난방시에 발생되며 표면 결로형태를 띤다.

2) 냉·난방에 의한 온·습도 급변시 발생

3. 결로발생 원인

(1) 실내·외 온도차

1) 실내·외 온도차가 급격히 클 때 발생한다.

2) 실내 난방에 의한 온도 차이 발생

3) 외부에 접하는 벽면에서 많이 발생

(2) 건물의 입지조건

1) 일조, 통풍, 기후, 외기 습도 등의 불량한 입지조건

2) 건물 밀집지, 유지조건

(3) 생활습관 등 과습상태

1) 실내 수증기 과다 배출

2) 기밀화된 건물로 인한 환기 부족

(4) 단열시공 불량

1) 벽체의 우각부, 코너 부분, 단열재 시공 불량

2) 단열재 이음부 처리 불량

(5) 구조체 시공 불량

1) 구조체의 균열 발생

2) 구조체의 건조상태 불량

(6) 환기 불량

수납 부분이나 기구 뒷면의 통기 불량

4. 방지 대책

(1) 결로 방지 설계

1) TDR(온도차이 비율, Temperature Difference Ratio)값 만족
2) 지역별 · 부위별 TDR 성능 기준 설계
3) 결로 방지 성능 평가로 발생 예상부위 보강

(2) 단열보강

1) 냉교를 일으키지 않는 외단열 시공
2) 단열재 이면에 공기층을 만들지 않는다.
3) 단열재, 이중창, 기밀성을 통한 실내온도 보온

(3) 난방기구 사용

1) 수증기가 많이 발생하는 난방장치 사용 억제
2) 낮은 온도의 난방을 길게 하고, 높은 온도난방은 짧게 한다.

(4) 환 기

1) 수증기 발생 억제, 과잉 수분배출 억제
2) 자연환기 및 강제환기 실시(전열 교환기 환기 fan)
3) 북측 거실 및 욕실, 주방 등 환기창 설치
4) 외벽 쪽에 벽장이나 가구설치 자제

(5) 생활습관

1) 실내 · 외 온도변화를 작게 유지
2) 실내 습기발생 억제
3) 겨울철에도 환기 실시(1~2회/hr)

(6) 방습층 설치

1) 고온측 벽체에 방습층 설치
2) 방습층 이음부 시공철저로 내부 결로방지
3) 투습저항이 큰 재료로 시공

(7) 열교 · 냉교 방지

열교 부분의 결로방지를 위해 단열층을 연속으로 실시

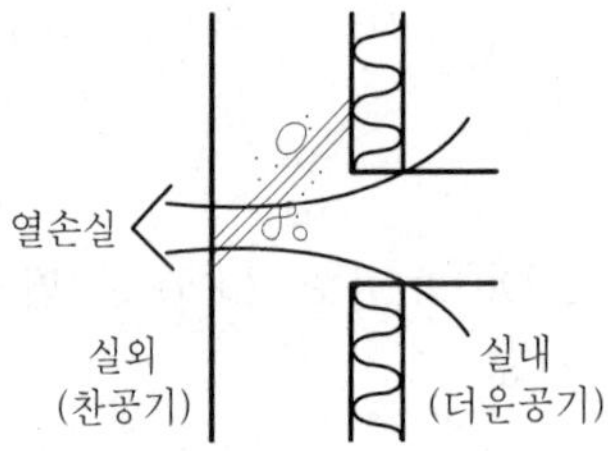

[열교]

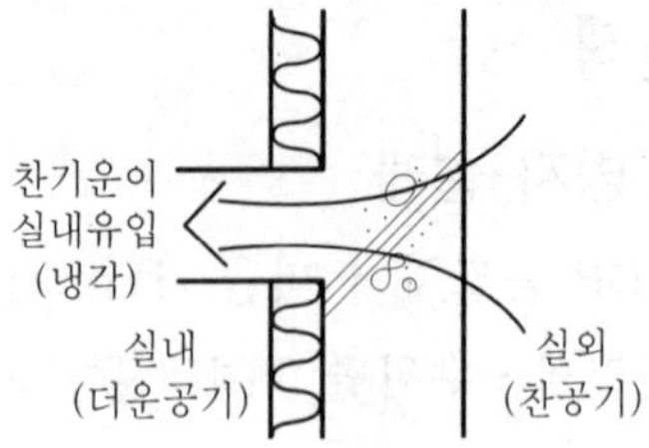

[냉교]

(7) 단열재가 끊어진 부분 보강

단열벽체 두께의 3D 이상 보강

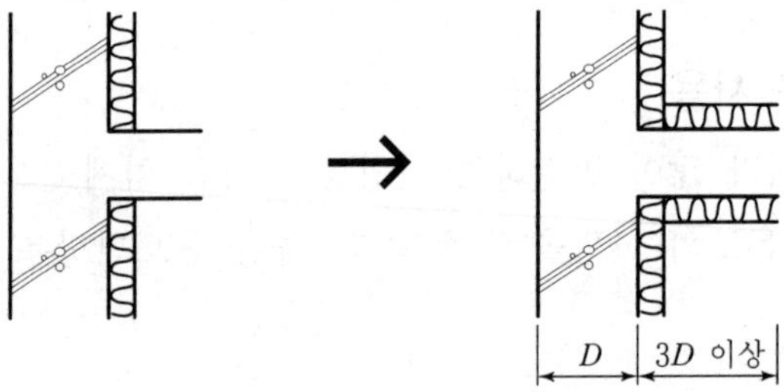

(8) 벽 코너부 보강

단열재가 끊어지지 않도록 보강

(9) 우각부 보강

모서리, 구석 부분은 단열재로 보강

(10) 통기구 설치

천장 단열시 통기구 설치

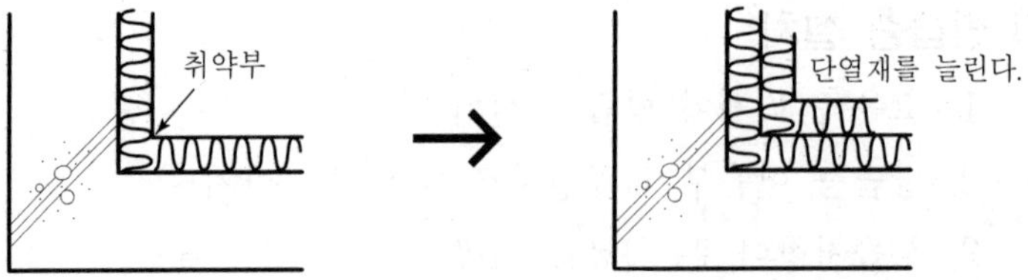

[코너 보강]

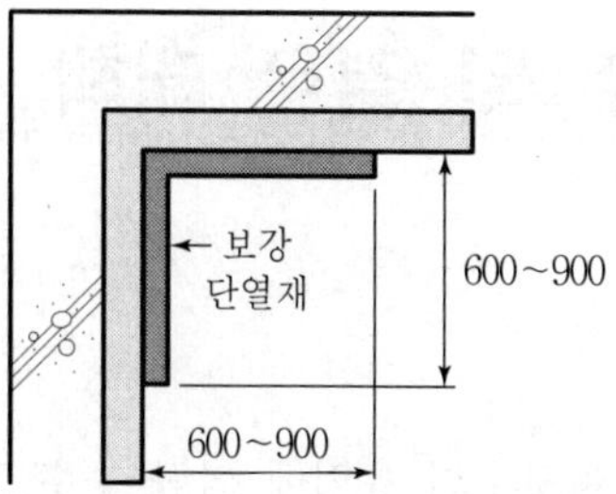

[모서리부 보강]

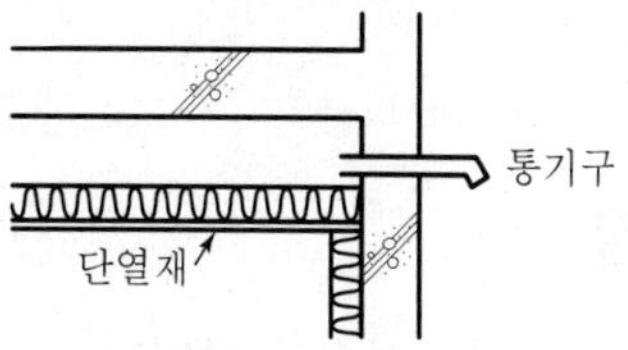

[통기구 설치]

5. 맺음말

건축물의 결로발생은 마감재를 손상시켜 실내를 오염시키고 쾌적한 환경을 저해하고, 건축물의 노후화를 촉진시키게 되므로 설계시부터 충분한 단열성능을 확보하도록 고려하고, 적합한 시공법을 선정하는 것이 바람직하다.

number 36 지하실 누수 및 결로 대책

※'13

1. 개 요

지하층은 구조적으로 환기가 어렵고 지하수의 유입에 의한 누수로 인하여 다습한 환경에 의한 결로 또한 발생되기 쉬운 조건이 된다. 지하실의 결로를 줄이기 위해서는 근본적으로 누수를 차단하고 배수와 환기를 통한 환경적 개선이 요구된다.

2. 누수 및 결로수의 발생 원인

(1) 지하수량과 지하수압의 증가

(2) 구조체의 수밀성 저하

(3) 방수시공 불량 및 방수층 손상

(4) 지하 배수 방식의 부적합

(5) 환기량 부족

(6) 배수 설비의 시공 및 관리 불량

3. 누수 및 결로 대책

(1) 근본적 방안(누수, 결로 방지)

1) 누수 방지

① 외부 지하수위 및 지하수량 저감

벽체 외부 및 기초 바닥 하부의 지하수위와 수량을 낮추어 침투압을 저감

강제배수공법 사용(웰 포인트, 깊은 웰 포인트 등)

② 외방수

터파기시 외방수가 가능한 경우에는 벽체 외부에 방수층을 두어 누수 차단

③ 외벽체의 차수성능 향상(차수벽 기능)

수밀하게 시공된 외벽체는 지하수의 유입을 차단하는 가장 효과적인 차수벽이다(수밀 콘크리트).

누수 요인	처리 방안
이어치기부	지수판이나 지수제 사용, 이어치기면처리 철저 (흙, 이물질, 레이턴스 제거)
콜드 조인트	타설 시간 준수
재료분리	충분한 다짐으로 밀실 충전
합벽부 매립철물, 타이 구멍, 지지용 철물	주변 파취 후 방수 보강
균열	보수 및 보강

④ 외벽체 균열 방지 및 균열 보수

수화균열, 수축 균열 등이 발생한 곳에는 균열 보수를 통해 누수를 차단

⑤ 안방수외벽체 내부에 방수층 시공

2) 결로 방지

① 단열재 설치

지면과 접하는 최하층 바닥은 여름철 지반과 실내 공기의 온도차에 의해 바닥 결로가 발생하므로, 가능하면 방습층(PE Film)과 단열재를 함께 설치하는 것이 결로 방지에 효과적이다.

② 자연 환기

Dry Area, 환기구 등 자연 환기 시설을 일정 구획별로 설치

③ 기계적 환기 시스템 활용

지하층의 면적을 고려해 환기 설비를 충분히 확보하고 가동

(2) 2차 방안(누수, 결로수의 유도 배수)

누수를 완벽히 차단하기 어렵거나 결로수가 발생되면 유도 후 배수 처리한다.

1) 영구 배구

① 외배 배수 시스템

벽체에 드레인 보드를 설치하여 유도

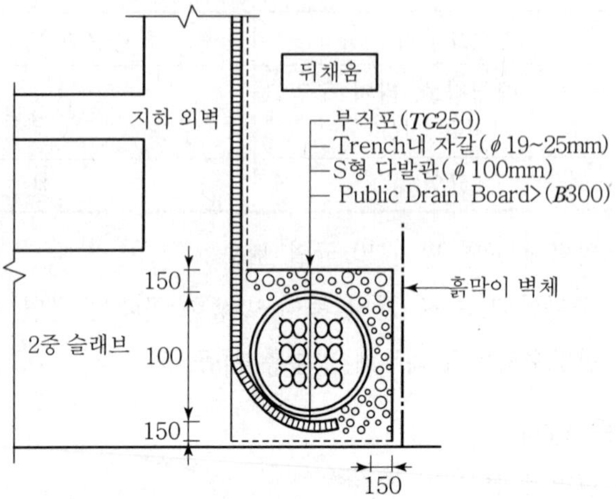

[지하벽체 외부배수(뒤채움구간)]

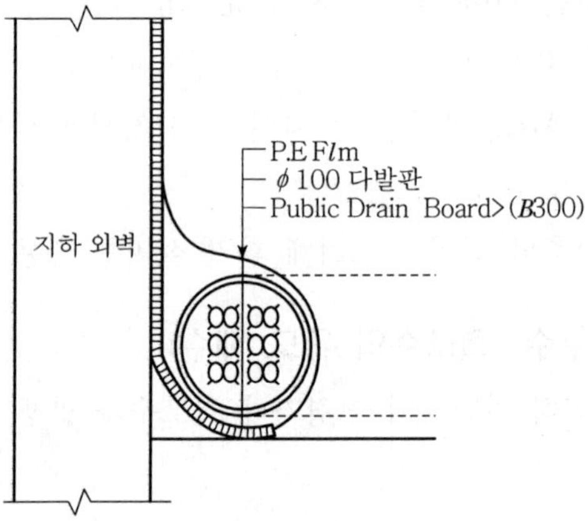

[지하벽체 내부배수(누수유도방안)]

② 기초 바닥 영구배수 시스템

다발관, 유공관, 드레인 매트 설치

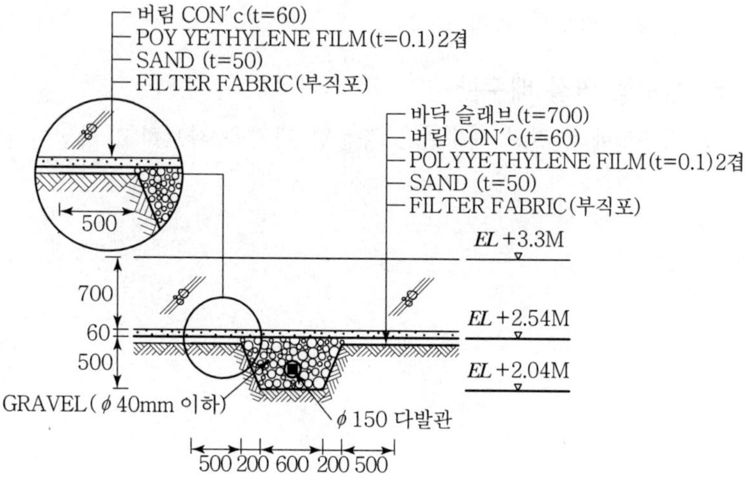

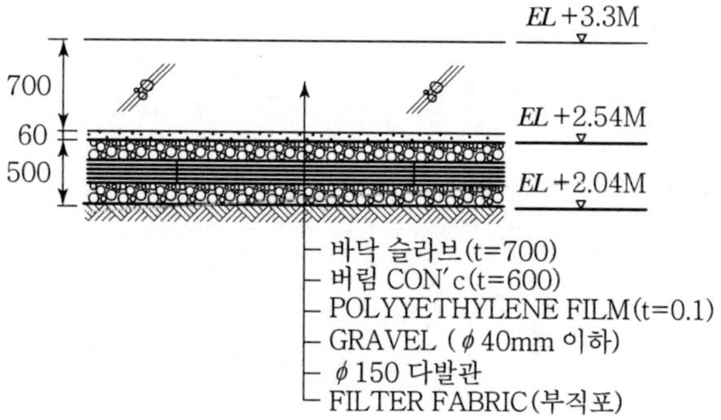

2) 배수판 설치

지면과 접하는 최하층 바닥의 배수판은 여름철 바닥 결로를 방지함과 동시에 결로수, 지하수 누출을 차단하고 유도 배수하기에 가장 효과적인 방법이다.

3) 벽체 누수 유도 및 배수

지하 벽체의 누수가 심한 경우 배수관(호스나 Pipe을) 연결하여 집수정으로 유도 후 배수

4) 이중벽체(보호벽) 시공

시멘트블록이나 플라스틱 배수판으로 보호벽을 시공하고 일정 간격을 두고 상하로 환기구 설치

5) 트렌치

배수를 위한 트렌치는 시공시 구배가 유지되도록 하고 먼지나 이물질로 인한 배수 장애가 없도록 관리

6) 집수정 연결 배수관

집수정에 연결된 배수관은 충분한 관경을 확보하고 막힘이 없도록 관리

number 37 건축물의 소음 종류와 방지 대책

※'86, '87, '90, '91, '96, '98, '00, '10

1. 개 요

(1) 최근 건축물이 고층화되면서 여러 가지 환경공해가 대두되고 있으며, 특히 공동주택의 소음은 이웃 간의 불화까지 초래하는 심각한 사회문제로 대두되고 있다.

(2) 주거용 건물에서의 소음문제는 쾌적한 주거환경 조성을 방해하고, 신경 불안, 불안감 등의 정서적인 생활을 해치므로 소음을 줄이기 위해 양질의 설계 및 시공에 노력해야 한다.

2. 소음의 발생원인

(1) 구조체에 의한 원인

1) 고강도 콘크리트 사용에 의한 Slab 두께 저감

2) 세대 칸막이의 기밀성 부족

3) 보, 기둥 집합부의 시공 불량

(2) 상 · 하 바닥의 충격음

1) 생활도구 및 기타 수단에 의한 충격음 발생

2) 진동, 생활소음이 틈새, 개구부를 통해 전달

(3) 급 · 배수의 설비 소음

1) 세대별 급수압력에 의한 소음발생

2) 수격작용이나 Pump의 진동에 의해 충격음 발생

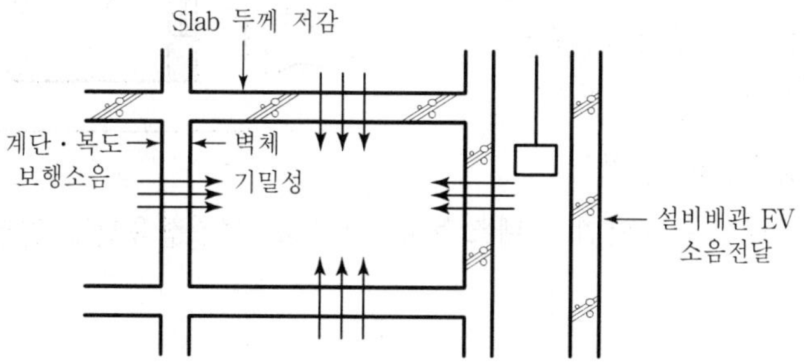

(4) 계단, 복도의 보행소음

1) 상·하 오르내림에 의한 충격음

2) 생활수단인 도구 등의 운반과정에서 충격음 발생

(5) 창호, 개폐음

1) 불량시공 등으로 인한 마찰음 발생

2) 부속철물 등의 노후화에 따른 기밀성 상실

(6) 엘리베이터 소음

1) 엘리베이터 벽체 흡음 미시공

2) 방진고무, 방진 스프링의 방진 구조 미확보

(7) 틈의 영향

1) 보, 기둥 접합부 시공 불량

2) Panel의 접합부 및 문틀 주의, 시공불량에서 소음발생

3. 소음의 방지 대책

(1) 차음공법

1) 개구부 기밀성 향상

2) 벽체 중량을 크게 한다.

3) 방음벽 설치

4) 차음재료 사용

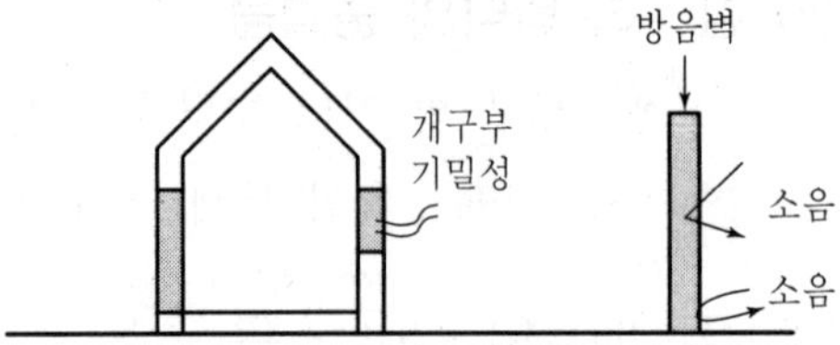

(2) 흡음공법

1) 다공질 흡음재료 사용

2) 공명 흡음재료 사용

3) 판진동 흡음

4) 흡음률의 순서

유리섬유 > 암면 > 텍스 > 유공보드 > 연질섬유판 > 경질섬유판

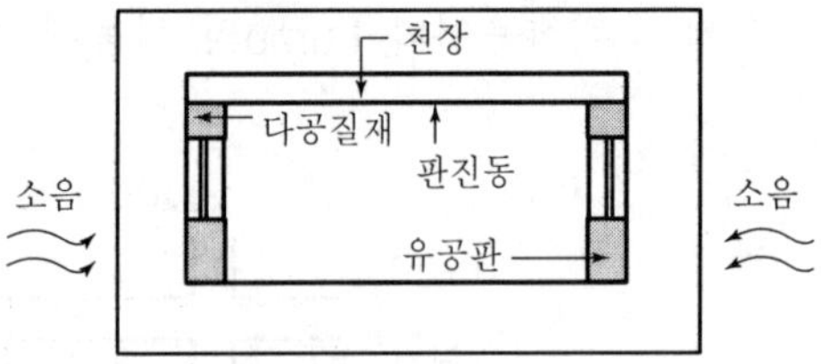

(3) 완충공법

소음원과 중간 지대를 설정하고 완충작용을 하도록 한 공법

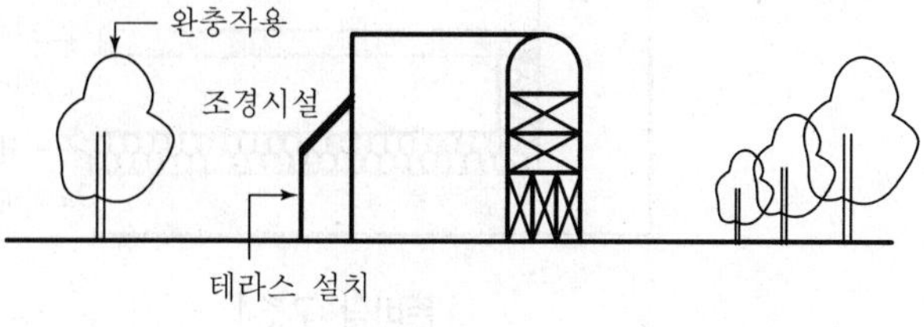

(4) 설계상 대책

1) 일반계획

① 소음원은 멀리 하고, 차폐물 이용

② 급경사의 언덕이나 커브 지점을 피한다.

2) 배치계획

① 소음원으로부터 거리, 고저, 방위에 주의

② 침실과 서재는 반대쪽 배치

③ 소음원보다 높은 택지인 경우 경계선에서 후퇴시킨다.

3) 평면계획

① 각 실 개구부 방향위치 선정 주의

② 동일 주거 내부평면 계획시 소리 성질 고려, 적절한 방 배치

③ APT 경계벽 중심 및 수직으로 같은 방 배치

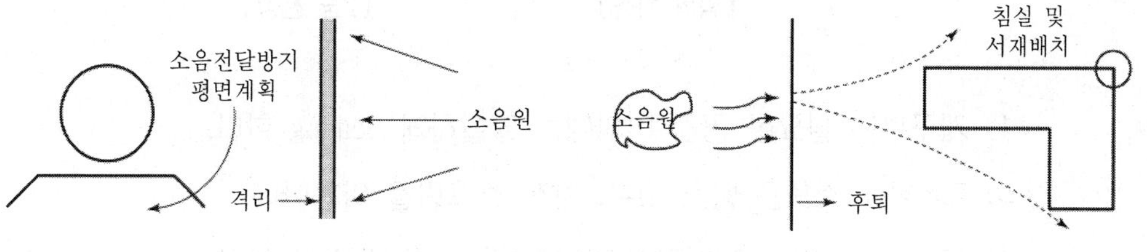

(5) 부위별 대책

1) 바 닥

① 바닥두께를 두껍게 한다.

② 뜬바닥 구조 채택

③ 바닥에 완충재를 삽입한다.(유연한 바닥마감재)

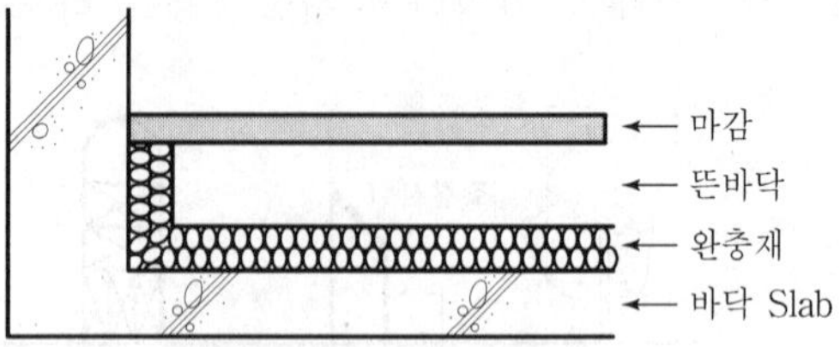

[뜬바닥 구조]

2) 벽의 차음

① 음교(Sound Bridge) 현상이 없도록 차음 시공

② 공명 투과현상을 방지하도록 칸막이 벽의 재료를 고려한다.

③ 벽체 내부에 충진재를 넣어 음투과를 줄인다.

3) 천 장

① 흡음률이 높은 천장재 사용

② 2중 천장구조 사용

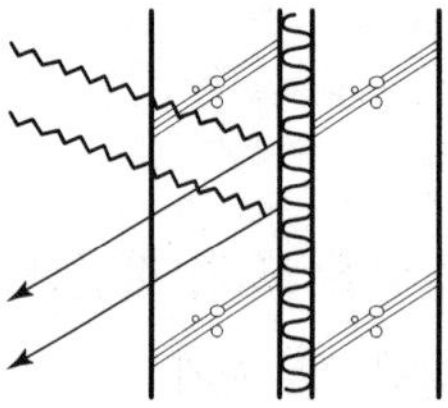

[벽의 차음]

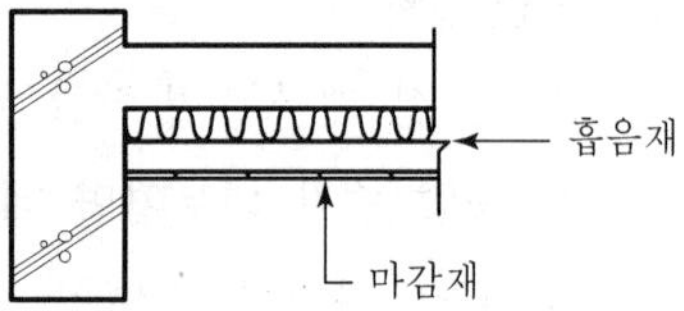

[2중 천장]

4) 개구부는 필요한 공간 이외에는 밀실하게 Sealing 한다.

5) Elevator 소음은 방진 고무, 방진 스프링을 이용한다.

6) 급·배수 설비음은 매립배수관에 Glass Wool 커버 설치

7) 창호 개폐음은 기밀성 있는 건구류 사용

8) Piano 소음

방 전체에 방음시설 설치

9) Roof Drain Pipe
드레인 주위에 흡음재 시공

10) 현관 방화문 밀폐

4. 맺음말

(1) 주거환경의 쾌적성에 대한 요구의 증가로 공동주택에서의 소음문제를 큰 문제점으로 대두되고 있다.

(2) 소음을 방지하기 위해서는 설계시부터 검토가 이루어져야 하며, 아울러 진동과 소음완충대책에 대한 연구가 지속되어야 한다.

number 38 소음 방지 공법

※'96

1. 개 요

(1) 공동주택의 소음은 교통, 작업장 등의 실외소음과 EV, 복도 보행, 피아노 등의 실내 소음이 있으며, 정신건강, 심리적 상태에 영향을 주어 이웃 간의 불화를 일으킴으로써 사회문제가 되고 있다.

(2) 소음발생 유형(원인)으로는 외부 교통, 진동소음, 계단, 복도, 창호, 공기 전파소음, 상·하 또는 세대 벽체 간의 소음, 급·배수 설비소음 등이 있다.

(3) 소음방지를 위해서는 차음재료, 이중벽체 및 바닥, 설계상 평면배치, 개구부 기밀성, 급·배수 소음 등의 전 작업과정에서 이루어져야 한다.

2. 소음 종류 및 전달 경로

(1) 실외 발생음

교통 주행, 작업장 진동

(2) 실내 발생음

1) 계단, 복도 보행소음

2) 피아노, 창호, EV, 급·배수 소음

(3) 소음전달 경로

1) 공기 전파음

벽, 창 등을 통해 실내로 전달

2) 고체 전파음

벽, 바닥(Slab)을 통해 전달

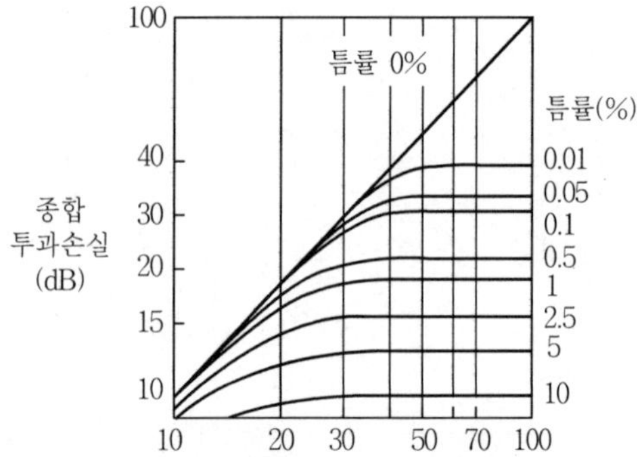

[벽의 틈과 투과손실의 저하]

(4) 세대 벽체 간 소음

(5) 상·하 바닥의 충격소음

3. 소음 방지 공법

(1) 차음

1) 차음 공법

공기음의 입사면에서 음에너지를 정지하거나, 반사시켜 음이 통과되지 않도록 차단하는 공법

2) 차음재

① 차음용(다공질재, 탄성재, 강성재 등) 재료를 총칭

② 차음효과

강성재 < 탄성재 < 다공질재 순으로 증가

③ 차음영향

④ 차음재의 설치

차음재는 외부 측에, 흡음재는 음원 측에 설치

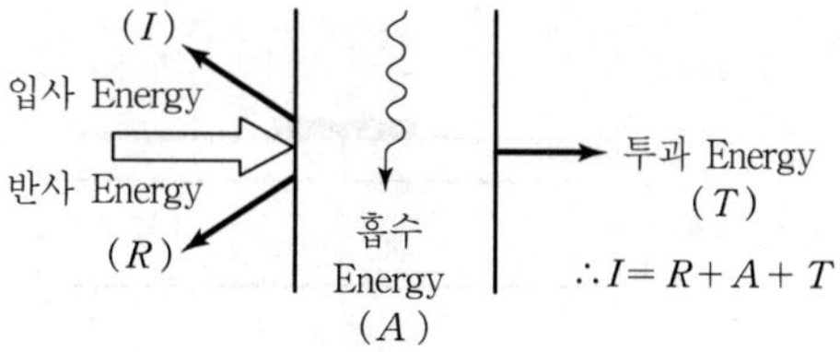

$$I = R + A + T$$

$$\text{투과율} = \frac{\text{투과음 에너지}}{\text{입사음 에너지}} = \frac{T}{I}$$

$$\text{흡음률} = \frac{\text{재료에 흡수된 음에너지}}{\text{재료에 입사한 음에너지}} = \frac{A}{I}$$

[흡음률과 투과율]

3) 벽체 차음

① 단일벽체공법

음의 투과율이 높아 밀실한 마감이 중요

② 중공 이중벽체공법

㉠ 음교(Sound Bridge) 방지 효과

㉡ 공명에 의한 투과현상 방지 필요

③ 충전 이중벽체공법

㉠ 이중 벽체 내부에 유리면, 암면 등을 충전

㉡ 샌드위치 Panel 등 강성재를 접착

④ 절연 벽체 공법

기포 폴리에틸렌폼으로 충전, 차음성 우수

(2) 흡음

1) 흡음공법

음파의 파동에너지를 감소시켜 운동에너지를 열에너지로 전환

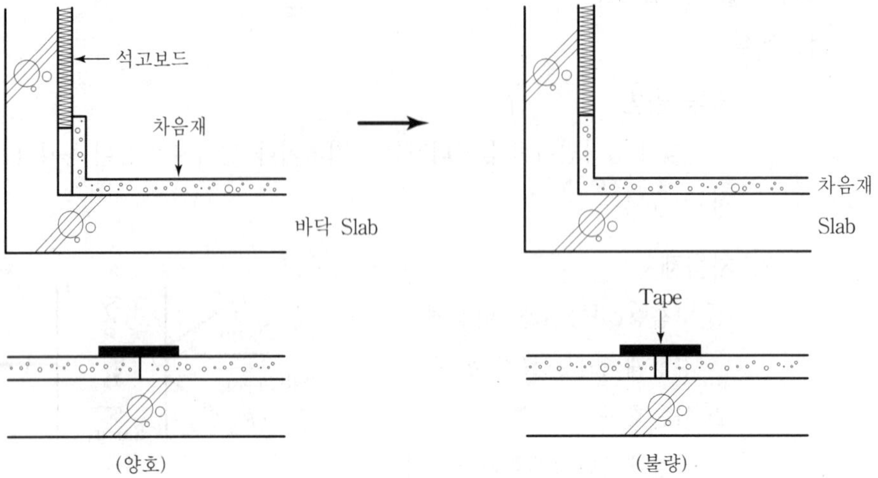

[바닥 차음재 시공]

2) 흡음재

① 다공질 흡음재

유리면, 암면, 발포재, 각종 섬유, Felt 등

② 판 · 막구조 흡음재

㉠ 판 사이의 공기층에 의해 판의 진동에너지가 열에너지로 전환

㉡ 석고보드, 시멘트판, 합판, 하드보드 등

③ 단일 공명기

항아리 모양의 용기를 벽에 설치하여 소음을 공진

④ 유공판 흡음재

판에 구멍을 뚫어 음을 흡수

3) 흡음재의 설치

① 전체에 분산하여 부착하는 것이 효과적임

② 모서리나 가장자리에 흡음재 보강

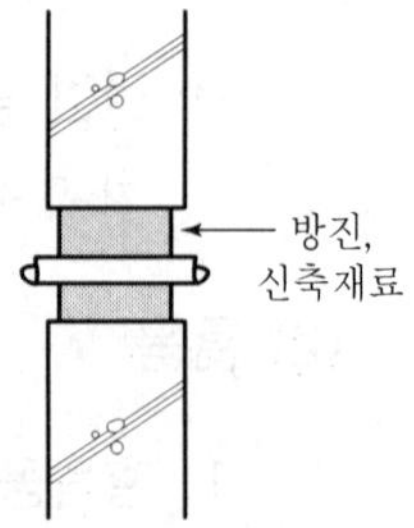

(3) 바닥완충공법

1) 완충공법

진동과 같은 고체 전파음을 차단하는 데 효과적임

2) 바닥완충

① 철근 CON'c 구조+뜬바닥구조

② 경량콘크리트 타설

③ 유리면, 암면, 고무(방진) Mat 사용

4. 맺음말

공동주택의 층간 소음과 진동문제를 해결하기 위해서는 소음공해에 대한 규제를 강화하는 동시에 구조적으로는 방진용 Mat나 2중 천장 등을 채택하여 소음의 전달을 방지하고, 흡음재를 적절히 배치하여 기밀화시키는 노력이 있어야 할 것이다.

number 39 공동주택의 층간 소음(바닥, 벽체) 원인과 방지 대책

※'00, '04, '05, '07, '08, '09, '13, '18

1. 개 요

(1) 공동주택의 층간 소음발생의 유형(원인)으로는 외부 교통, 진동소음, 계단, 복도, 창호, 공기 전파소음, 상하 또는 벽체 간의 소음, PS를 통한 급·배수 설비소음 등이 있다.

(2) 소음발생 방지를 위해서는 차음재료 사용, 이중벽체 및 바닥 방음시설, 설계상 평면의 적정 고려 배치, 개구부 기밀성, 급·배수 소음 등의 전 작업과정에서 이루어져야 한다.

2. 층간 소음 기준

(1) 환경분쟁조정법(중앙환경분쟁조정위원회)

구분		주간	야간(22시~06시)
직접 충격음	1분간 등가소음도(Leq)	39dB	34dB
	최고소음도(Lmax)	57dB	52dB
공기전달 소음	5분간 등가소음도(Leq)	45dB	40dB

(2) 주택건설기준 등에 관한 규정

1) 경량 충격음 49dB 이하

2) 중량 충격음 49dB 이하

3) Slab 두께 21cm 이상

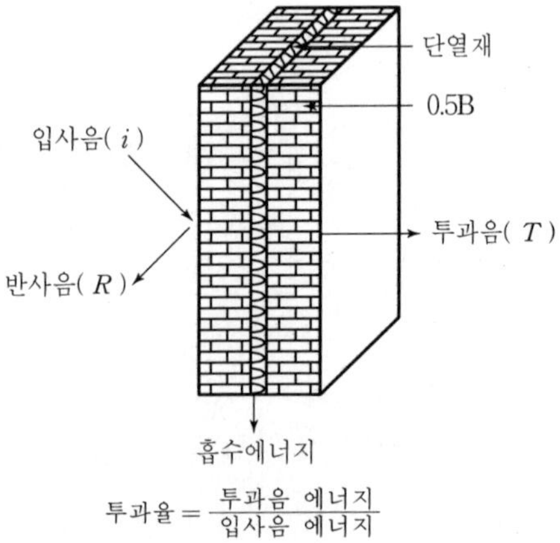

$$투과율 = \frac{투과음\ 에너지}{입사음\ 에너지}$$

$$흡음률 = \frac{재료에\ 흡수된\ 음에너지}{재료에\ 입사한\ 음에너지}$$

[음의 전달경로]

3. 소음 방지 대책(고려사항)

(1) 차음 대책

1) 차음 재료

① 차음재료인 콘크리트 구조체

② 벽체 및 바닥은 석고보드, 스티로폼

2) 개구부의 기밀화

① 개구부 틈새 기밀성

② 2중 창 또는 Pair Glass

3) 차음벽체 설치

외부 교통 소음방지

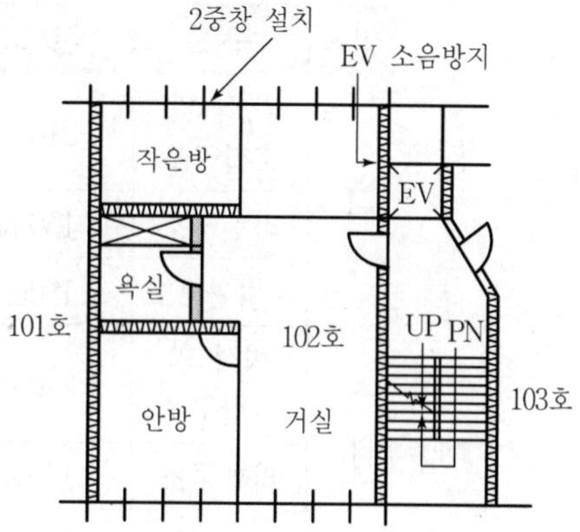

[공동주택 평면상 소음 방지 대책]

(2) 흡음 대책

1) 흡음재료 사용 : 스티로폼, Rock Wool, 뿜칠 흡음재

2) 유공판, 흡음공법 등

(3) 설계상 대책

1) 배치계획

① 소음원으로부터 일정거리 유지

② 차음벽체 계획

2) 평면계획

① 서재와 침실은 소음원 반대쪽 배치

② 개구부위 이격배치

3) PS의 위치는 거실, 침실과의 이격 배치, 급·배수 틈새는 기밀성 재료로 충진

(4) 부위별 소음대책

1) 바닥 충격음 완충 대책

① 뜬바닥 구조 활용

㉠ 바닥 Slab와 온돌 사이에 완충재 설치

㉡ 소음 15~20dB 저감효과

② 표준 바닥 구조 시공

[표준바닥구조 1 단면 상세]

형식	구조	① 콘크리트슬래브	② 완충재	③ 경량기포콘크리트	④ 마감 모르타르
I	벽식 및 혼합구조	210㎜ 이상	20㎜ 이상	40㎜ 이상	40㎜ 이상
	라멘구조	150㎜ 이상			
	무량판구조	180㎜ 이상			
II	벽식 및 혼합구조	210㎜ 이상	20㎜ 이상	-	40㎜ 이상
	라멘구조	150㎜ 이상			
	무량판구조	180㎜ 이상			

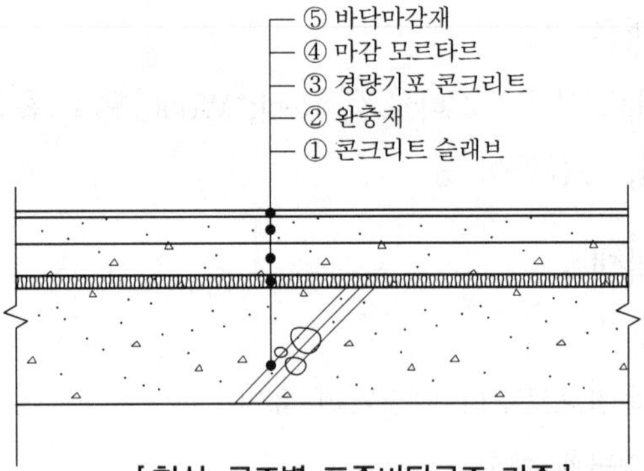

[형식·구조별 표준바닥구조 기준]

③ 바닥 Slab의 중량화 및 고강성화

Slab 두께가 3cm 증가시마다 소음은 3~5dB 감소

④ 유연한 바닥 마감재 사용

카펫 염화수지 시트 등

⑤ 방진 Mat 시공(차음재)

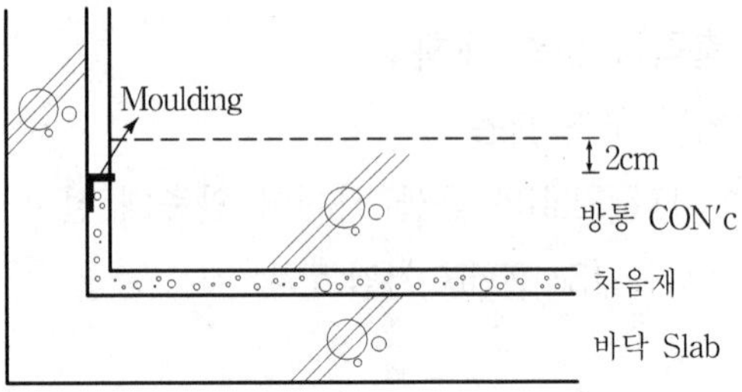

2) 벽체 소음 대책

① 이중 공간벽 구조로 사이에 흡음재 설치

② 흡음성 재료를 선택해 시공 : 우레탄폼, 스티로폼

③ Sound Bridge(음교) 현상 방지

3) 천장소음

① 이중 천장을 설치하여 공기층을 두어 소음 완화

② 실내 칸막이 벽체는 Slab 하단까지 설치

③ 흡음성이 큰 천장재 시공

4) Elevator 소음

① 침실, 거실과 격리

② 기계실 바닥 방진 고무, 방진 스프링 설치

③ Elevator실 벽두께 150mm 이상

5) 급·배수 설비 소음

① 급 · 배수시 공기실을 두어 수격 현상 방지

② 배관 Joint 부분에 신축성 재료를 시공

③ 급 · 배수 배관의 통기관 및 트랩 설치 등

6) 피아노, 복도소음 등

① 실내 밀실화

② 흡음 내장재 시공

(5) 제도적 보완

1) 층간소음 인증제도

① 실효성 있는 제도 운영 및 사전 인증 강화

② 차음

2) 층간소음 사후확인제도

① 보완 시공 강화

② 표준 세대 확대

number 40 도장면 바탕처리(콘크리트 및 강재)

1. 개 요

(1) 도료는 물체의 표면에 도포하여 건조된 피막을 형성하여 물체에 소기의 기능을 부여하는 역할을 하는 물질이다.

(2) 건축용 도료는 단순하게 색상을 입히는 단계에서 벗어나 우수한 외관과 동시에 다양한 기능을 담당하면서 환경 친화적 측면으로 개발이 진행되고 있다.

2. 도료의 구성과 기능

(1) 구성

1) 도료의 조성 : 수지, 안료, 용제, 첨가제

2) 도막 주요소(도막 성능 발휘) : 수지, 안료

3) 도막 부요소(도막 성능 향상) : 분산제, 안정제 등의 첨가제

4) 도막 조요소 : 용제, 시너

(2) 기능

1) 물체의 보호 기능

습기, 햇빛, 화학적 반응, 마찰, 부식, 화재 등으로부터 보호

2) 치장 및 미관 기능

채색, 광택, 문양, 질감의 표현

3) 인지 기능

알림, 표시, 경고, 주의

3. 철재용 도료의 종류와 특징

용도	수지 타입	특징
하도	무기 ZINC	내식성 아주 우수
	에폭시 ZINC	내식성, 작업성 우수
	에폭시 프라이머	범용적으로 사용
	알키드(광명단)	일반 건축물의 하도용
중도	에폭시 중도	하도의 내식성 및 상도의 외관 보완
상도	우레탄 상도	내후성 중방식 마감 사양
	에폭시 상도	가혹한 부식조건, 공장지역 사용
	알키드 상도(조합)	일반 건축물 내외부 사용
	불소 상도	초내후성
	실리콘 상도	우레탄과 불소의 중간 등급

4.강재 표면(바탕)처리

(1) 일반 철재부

1) 1종(인산염 처리)

① 순서

오염물 제거 → 기름기 제거 → 녹 제거 →

화학처리(인산염처리 또는 샌드 블래스팅) → 마무리

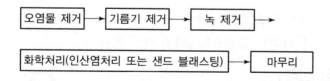

② 인산염 용액에 담그기 처리 후 70~80℃의 물에 세척하여 건조

2) 2종(금속 바탕처리용 프라이머 칠)

① 순서

오염물 제거 → 기름기 제거 → 녹 방지 도장

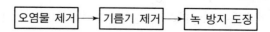

② 붓칠 또는 뿜칠로 금속 바탕 처리용 프라이머 1회 칠

3) 3종(보통)

① 순서 : 오염물 제거 → 기름기 제거 → 녹 제거

② 와이어 브러시, 연마지, 스크레이퍼로 손연마

(2) 아연도금부

1) A종(금속 바탕처리용 프라이머칠)

① 순서 : 오염물 제거 → 녹 방지 도장

② 붓칠 또는 뿜칠로 금속 바탕 처리용 프라이머 1회 칠

2) B종(황산 아연 처리)

① 순서 : 오염물 제거 → 화학 처리 → 물씻기

② 물 씻기 후 2시간 건조

③ 황산아연 5% 용액에 화학처리

3) C종(옥외 노출, 풍화 처리)

방치(1~3개월) → 오염물 제거

5. 콘크리트 표면처리

(1) 양생

1) 충분한 양생 기간을 두어 건조 상태로 유지

2) 도장 가능한 알칼리도 pH 9 이하 유지

(2) 바탕 정리

1) 이물질 제거

① 목재, 철선, 철물 등 파취하여 제거

② 먼지, 모래, 흙, 레이턴스 등 제거

2) 바탕면 보수

균열이나 홈 등은 미리 시멘트 풀이나 모르타르로 보수

number 41 도장공사시 발생하는 결함과 대책

※'02, '04, '12

1. 개 요

(1) 도장결함의 원인은 모재의 바탕에 따라 다르고, 도료에 의한 경우, 도장작업에 의한 경우 도장작업 후의 상태에 의한 경우로 구분할 수 있다.

(2) 따라서, 사전에 도장 시공상 발생하기 쉬운 도막과 도료의 결함을 조사하여 그 원인과 대책을 분석하고, 시공시 철저한 품질관리가 요구된다.

2. 도장결함의 종류

(1) 손자국

1) 원 인

① 기온이 낮을 때, 딱딱한 붓 사용시

② 균일한 두께를 확보하지 못한 경우

2) 대 책

① 작업시 온도는 10℃ 이상 유지

② 도료에 적합한 붓 사용

(2) 흘러내림

1) 원 인

① 도막이 지나치게 두꺼울 경우

② 희석제 과다 사용

2) 대 책

시방에 의한 두께 유지, 적당한 희석제 사용

(3) 박리현상

1) 원 인

① 기존 도장면 재도장

② 피도장면에 기름 등 불순물 부착

③ 초벌, 정벌의 화학적 성질 차이

2) 대 책

① 박리가 우려되는 부분은 제거 후 재도장을 실시한다.

② 바탕처리 철저, 도료 선정, 설계 주의

(4) 건조 불량

1) 원 인

① 기온이 너무 낮거나 높을 때

② 통풍이 안 되어 시너 증발이 늦을 때

2) 대 책

적절 온도 유지, 통풍 환기 철저

(5) 백화현상

1) 원 인

도막 용재가 급격히 증발하여 습도가 높을 때 도장면 기온이 내려가 수증기 응축

2) 대 책

① Retarder 시너 사용

② 습도가 높을 때 작업 중지

(6) 균 열(Crack)

1) 원 인

① 수축, 팽창

② 초벌칠이 충분하게 건조되지 않은 상태에서 재벌 시

2) 대 책

① 도막두께 적절, 바탕재 흡수방지

② 건조재를 적절히 투입하고, 온도차가 10℃ 이상 나지 않도록 한다.

(7) 변색, 퇴색

1) 원 인

안료 종류에 따라 H_2O에 의해 발생

2) 대 책

① 퇴색 경향이 큰 안료와 색상은 사용 금지

② 납(Pb)계 안료 사용 금지

(8) 번짐, 스며나옴

1) 바탕면에 기름이 혼입된 경우, 바탕칠에 염료가 혼입된 경우

2) 역청질계 도료를 사용할 때

(9) 칠이 받지 않음

1) 도장 바탕면에 물, 기름, 먼지 등이 부착된 경우

2) Spray Air 속에 물, 기름이 혼입된 경우

3) 롤러, 붓 등에 물이나 기름이 부착된 경우

(10) Spray Gun으로 인한 결함

1) Gun의 운행속도가 빠를 때

2) 뿜칠 압력이 너무 낮을 때

3) 도료의 점성도가 높을 때

3. 결함의 원인

(1) 재료 불량

1) 배합의 불충분, 용제의 과다 사용

2) 용제, 초벌, 재벌의 도료 성질이 다른 경우

3) 건조제의 과다, 용제의 빠른 증발

(2) 바탕처리 불량

1) 바탕면에 녹, 흠집, 유해불순물이 부착된 경우

2) 바탕면의 건조상태 불량

3) 바탕면의 흡수

(3) 도장작업 부적합

1) 칠두께가 두꺼운 경우

2) 시공속도가 빠르거나 용제의 급격한 증발

3) 고온 다습하고, 환기가 불량한 조건에서 작업하는 경우
4) 초기 단계에서 연마가 불충분한 경우

(4) 양생 불량

1) 다습하고, 환기가 부족한 장소
2) 화학품 및 대기오염이 있는 장소
3) 직사광선이 심한 장소
4) 열 자외선을 받는 장소

4. 방지 대책

(1) 재료관리

1) 도료의 사용목적, 품질, 색조, 성분, 경제성 검토
2) 다른 Maker의 도료와 혼합하여 사용 금지
3) 사용 전에 정확한 배합비와 충분한 배합
4) 희석률, 건조시간, 사용시간을 준수
5) 오래된 도료는 변질 여부를 확인
6) 직사광선을 피한다.
7) 환기가 적은 곳에 보관
8) 창고의 천장은 설치하지 않는다.(지붕은 가벼운 불연재료 시공)

(2) 바탕처리

1) 녹, 먼지, 기름 등 유해한 부착물을 제거
2) 결손된 부분의 충분한 보수
3) 바탕부분은 충분히 건조시킴
4) 다른 부재의 오염을 방지

(3) 시공관리

1) 도료의 종류, 시공부위 등을 고려하여 적정한 공법을 선정
2) 각 층은 충분히 건조시킨 후 다음 층을 시공
3) 도장두께는 얇게 여러 번에 나누어 시공
4) 강풍, 강우, 기온이 2℃ 이하, 습도가 85% 이상일 때는 작업 중단

5) 각 층은 색깔의 식별이 쉽게 구분될 수 있도록 시공

(4) 칠바름시 유의사항

1) 붓칠(솔질)시

① 붓칠은 붓에 칠을 충분히 묻혀서 손이 갈 수 있는 범위 내에서 평활하게 칠하는 것이다.

② 이음새, 틈새를 먼저 눌러서 바르고, 중간은 대강 바른 다음 가로, 세로를 세게 눌러 칠한다.

③ 마무리 붓칠은 긴 방향으로 가볍게 이동하면서 바른다.

④ 붓칠은 위에서 밑으로, 왼편에서 오른편으로 칠한다.

⑤ 페인트용 붓은 길이가 고르게 된 것이 좋다.

2) 스프레이(Spray) 뿜칠

① 압축공기로 칠을 뿜어 도장하는 것으로 작업능률이 좋고, 균일한 도막이 되므로 초기 건조가 빠른 래커뿐 아니라 그 외의 칠에도 널리 이용된다.

② 뿜칠기구는 압축공기, 재료탱크, Spray Gun으로 구성되어 있다.

③ 래커 바름시에는 노즐구경은 1.0~1.5mm, 뿜칠 공기압은 2~4kgf/cm^{2}를 표준으로 한다.

④ 뿜칠은 1/3 정도의 너비로 겹치게 뿜고 평행이동한다.

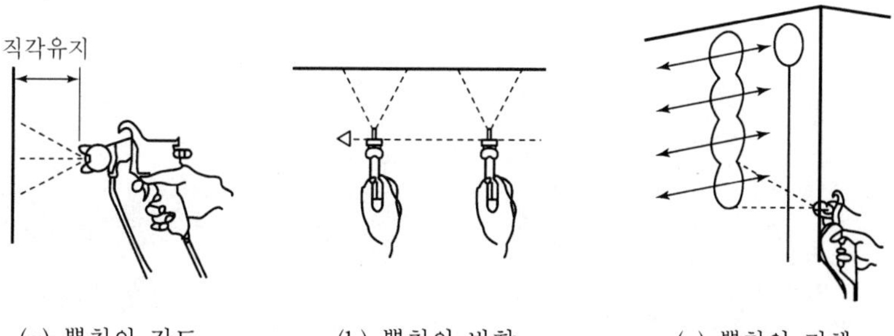

(a) 뿜칠의 각도 (b) 뿜칠의 방향 (c) 뿜칠의 진행

[뿜칠방법]

3) 롤러(Roller) 칠

① 롤러 칠은 복도 난간벽, 모서리벽 등에 주로 칠하는 것으로 Roller에 페인트를 묻혀 칠하는 것을 말한다.

② 시공시에는 칠모임, 거품, 칠두께 등에 주의해야 한다.

(5) 보 양

1) 건조 전에 다른 마감재에 의한 도장면의 오염방지

2) 직사광선, 건조시 온도상승 방지

3) 적당한 환기를 시켜 화재예방 및 중독사고를 방지

5. 맺음말

(1) 도장공사의 결함은 도료, 바탕처리, 시공, 시공 후의 환경 등에 의해 발생되며 도막의 형성이 불완전하여 도막의 기능을 상실하게 된다.

(2) 따라서 도료의 선정, 모재의 바탕처리, 공법의 선정, 시공관리, 양생 등 작업의 전 과정에서 철저한 품질관리를 통하여 결함을 방지해야 할 것이다.

number 42 기능성 도장

※'98

1. 개 요

(1) 도장은 건물의 보호와 미관, 그리고 전기, 절연, 방화, 내열의 특수 목적으로 실시되며, 원료는 안료와 분산제, 희석제를 혼합하여 제조하고 있다.

(2) 현재는 재래식 도장에서 중방식 도장방식으로 전환되고 있는데 중방식 방법은 하도인 Primer 작업 후에 에폭시, 우레탄, 징크로 메이트로 상도는 우레탄 마감하는 방법이다.

2. 기능성 중방식의 특징

(1) 내수성, 내산, 내염성이 양호

(2) 경도, 탄성, 밀착성, 내후성이 좋다.

(3) 두꺼운 도막 형성이 가능

3. 기능성 도장면의 바탕처리

(1) CON'c 면 및 모르타르면

1) 약 30일 동안 건조 : 21℃ 기준

2) 불순물 제거, Crack, 요철 부위 보수

3) 미세하고 얇은 시멘트 층 깨끗이 제거

4) 시험도장 실시 : 부착강도 점검

(2) 철금속의 바탕처리

1) 물과 공기의 접촉을 차단시키는 방법 강구

2) 부식 억제, 도막형성으로 부착력 증대

3) 황산, 염산 수용액이 효과적 : 안전문제 요구

4) 인산(15%) 용액 : 이질재 제거, 미세한 결정체 구성

(3) 비철금속 바탕처리

1) 자연미를 강조

2) 표면을 비누와 물로 씻어낸다.

4. 기능성 도료의 종류

(1) 합성수지 도료

1) 특 성

① 건조가 빠르고 도막도 견고하다.

② 내산성, 내알칼리성 : CON'c면, Plaster면

③ Paint, 바니시보다 방화성 강함

2) 종 류

① 페놀수지, 알키드수지, 비닐계 에폭시

② 아크릴 수지계, 실리콘 수지, 요소수지, 에스테르 수지

(2) 방청 도료

1) 광명단 도료

① 광명단을 보일드유에 녹인 유성 Paint

② 단단한 도막형성 : 수분투과 방지

2) 산화철 도료

① 산화철에 안료를 가하고 스테인 오일, 합성수지 등에 녹임

② 도막의 내구성이 좋다.

3) 알루미늄 도료

① 알루미늄 분말을 안료로 하는 도료

② 방청효과, 광선, 열반사 효과

③ 녹막이 효과는 전색제에 따라 정해짐

4) 징크로 메이트 도료

① 크롬산아연을 안료로, 알키드수지를 전색제로 한 도료

② 녹막이 효과, 알루미늄판 초벌용

5) 워시 프라이머, 역청질 도료, 그라파이트 도료

(3) 방화도료

1) 난연성 도료

① 물유리의 무기질 용제+내화성 안료

② 카세인, 아교+석면, 마그네슘

③ 합성수지 도료, 연소 화합물 함유 도료

2) 발포성 방화도료

① 화열에 접하면 소염성 Gas를 내는 도료

② 아민계 합성수지 주체, 발포제, 소염제 첨가

③ 화열에 접하면 10~50mm 부풀어 차단층 형성

(4) 발광도료

1) 형광도료

① 형광안료 사용, 아연, 카드뮴의 황화물

② 일광, 인공광선을 조사하는 동안만 빛을 발광

③ 광고, 장식, 표시, 그림 등에 사용

2) 인광도료

① 안료 : 칼슘, 바륨, 스트론티윰의 황화물

② 빛을 비춘 후 상당 기간 발광

3) 자발광 도료

① 라늄과 같은 방사선 물질 함유 도료

② 외부에 자극이 없어도 상당 기간 발광

(5) 방부, 방수 도료

1) 옻 칠

① 경화된 칠은 화학적으로 안정

② 내산성, 내구성, 수밀성이 크다.

③ 내열성은 보통 Paint나 바니시보다 크다.

2) 감 즙

① 건조피막은 물이나 알코올에 녹지 않는다.

② 목재, 종이, 섬유 등에 방수성, 내수성을 높인다.

3) 캐 슈(Cashew)

① 밀착성이 좋고, 광택이 있는 도막 형성

② 내수성, 내유성, 내용제성 우수

③ 내산성 및 내알칼리성도 강함

4) 크레소오트, 콜타르

목재의 방부칠 용으로 사용

number 43 지하주차장 에폭시 도장공사

※'21

1. 개 요

에폭시 도료는 탄성은 적으나 내마모성성과 내충격성이 큰 열경화성 수지로서 주차장, 공장 바닥 등에 사용되는 도장재이다.

2. 에폭시 도장재의 특성과 용도

(1) 특성

1) 내마모성과 내충격성 우수
2) 내후성 우수하여 날씨 변화에 잘 견딤
3) 경화속도가 빠르며 경도가 큼
4) 탄성이 없어 온도변화가 큰 실외에 부적합
5) 방수 성능이 있음

(2) 용도

1) 주차장 바닥 마감재
2) 공장, 창고 바닥
3) 실내 바닥 인테리어 마감재

3. 지하주차장 에폭시 도장 하자 종류와 하자 원인

(1) 도장 하자 종류

1) 도장재 들뜸, 벗겨짐
2) 도장면 평활도 불량, 주름 발생
3) 도장재 색상 차이(이색 현상)
4) 도장면 기포(Pin hole) 발생

(2) 하자 발생 원인

1) 바탕면 미건조 및 바탕정리 불량에 의한 부착력 저하

2) 습기 침투 및 습윤 상태(배수구, 트렌치 주변)

3) 희석재 과다 사용

4) 도장 두께 부족

4. 지하주차장 에폭시 도장 시공방법 및 유의 사항

(1) 시공 순서

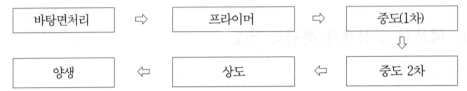

바탕면처리 ⇨ 프라이머 ⇨ 중도(1차) ⇩ 중도 2차 ⇦ 상도 ⇦ 양생

(2) 시공 시 유의사항

1) 바탕정리

① 균열, Hole 등 보수

② 갈아내기 작업 등으로 바탕면의 평활도 확보

③ 먼지, 흙 등 이물질 제거(집진 청소)

④ 충분한 건조 (함수율 8% 이하)

2) 도장 두께 확보(에폭시 코팅 기준)

① 프라이머 0.05mm

② 중도 0.15mm

③ 상도 0.45mm)

④ 충분한 건조 (함수율 8% 이하)

3) 도장 보강

차량 통행이 잦은 출입구 주면과 차량 회전구간은 내구성이 큰 엠보형이나 에폭시 라이닝으로 보강하는 것이 좋음

구분	무용제형 에폭시	엠보형공법	라이닝공법
시공 두께	0.7㎜	1.1㎜	3.0㎜

4) 양생

작업 단계별로 충분히 건조 후 다음 공정으로 진행

5) 작업 환경

우천시, 5℃ 이하 작업 제한

6) 작업 안전

① 지하실 충분한 환기로 질식 및 화재, 폭발 사고 방지

② 작업 기간 내 작업 통제

number 44 천장재의 종류와 요구성능

※'01

1. 개 요

(1) 천장은 상부의 구조재를 감추고 철골조 바닥이나 보의 피복역할을 하는 내화재 및 방진, 차음, 단열을 위해 설치되며 적절한 강도와 내구성을 가져야 한다.

(2) 천장재의 종류로는 석고보드, 합판, 섬유판, 석면슬레이트판, 합성수지판, 금속판 등을 반자틀에 부착하는 붙임천장재와 콘크리트 바닥 및 구조재에 회반죽이나 모르타르 등을 직접 바르는 바름천장재가 있다.

2. 천장재의 종류

(1) 붙임 천장(도배지 붙임)

1) 천장의 합판이나 보드류의 밑바탕에 도배지 등을 접착제로 붙이는 것

2) 도배지 종류

① 벽지 : 종이에 도안을 프린트한 것

② 모직계 크로스 : 직물, 편물의 뒤에 종이를 접착한 것

③ 비닐 크로스 : 보통 비닐, 발포 비닐, 칩비닐 등이 있으며 프린트 모양, 엠보싱 가공 등 표면 마감을 한다.

3) 밑바탕은 석고보드가 주로 사용되며 경제성, 시공성, 내화성 등을 고려

(2) 보드(Board)류 붙임 천장

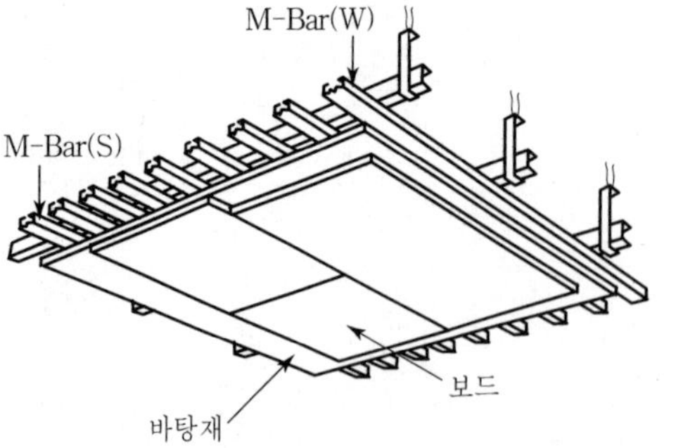

[바탕붙임 공법의 경우(910×1,820)]

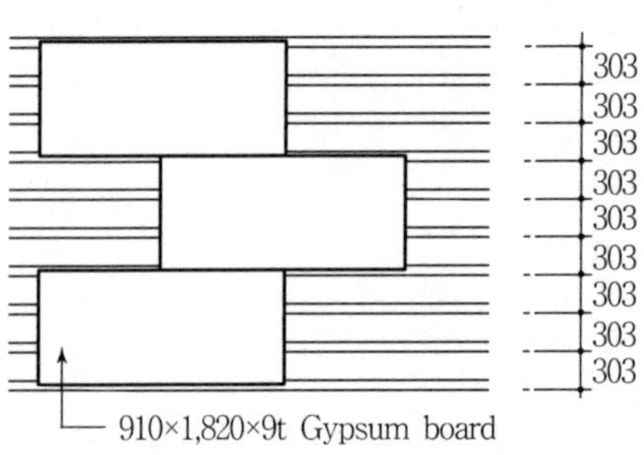

[직접붙임 공법의 경우(910×1,820)]

1) 석고보드 천장재

① 소석고를 심재로 하고 양면 및 길이 방향의 측면을 보드용 원지로 피복하여 성형한 판

② 두께는 9, 12, 15mm가 있으며 바탕용과 치장용이 있다.

2) 석면 슬레이트 천장재

① 종류로는 플렉시블판, 평판, 연질판, 석면 펄라이트판 등이 있다.

② 플렉시블판은 높은 강도와 탄력성이 있고 못 박기 및 절단가공이 쉬움

3) 목모 시멘트판

① 목재를 얇게 절삭한 목모를 시멘트와 혼합하여 두께 15~50mm로 압축성형 한 판

② 표면에 요철이 있고 단열성, 흡음성, 내화성이 좋아 방화구조의 천장재로 사용

4) 석면시멘트 규산칼슘판

① 판상으로 성형해서 오토클레이브 양생한 것

② 불연재이며 경량으로 가공성이 우수하다.

5) 섬유판

① 목재를 20mm 내외로 잘게 썰어 건식 및 습식 방법으로 제조한 것

② 경질, 중질, 연질 섬유판이 있으며 재질이 균질하고 가공성이 우수

6) 합판 천장재

① 경량 철골제, 목제의 틀 바탕으로 비스, 못, 접착제를 이용하여 붙인다.

② 종류로는 보통합판, 내수합판, 특수가공 치장판 등이 있음

7) P.V.C 천장재

① 허니콤(Honey Comb) 공법의 경량, 내구성, 난연성 소재로서 방수 및 결로현상 억제

② 시공이 간편하며 다양한 색상 연출로 외관이 미려함

(3) 금속판 천장

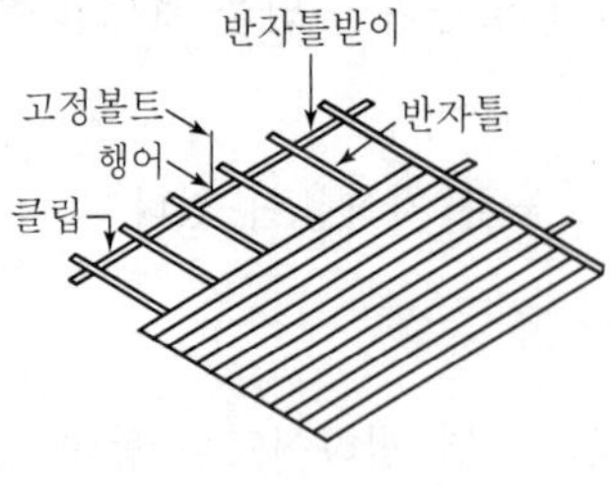

[금속판 천장]

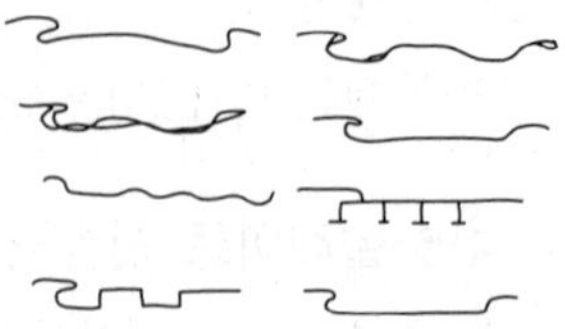

[각종 금속판]

1) 흡음용 유공 알루미늄 패널
   ① 구멍 지름 0.8~6mm의 다공알루미늄판
   ② 뒷면에 압면 흡음재 또는 유리면 흡음재를 충진시킴

2) 스팬드럴
   ① 알루미늄재, 강재, 스테인리스재가 있으며 주로 알루미늄재를 사용
   ② 알루미늄재 사용시 접촉되는 바탕 강재의 접촉부에 절연도료를 칠해서 방청처리를 한다.

(4) 칠 천장

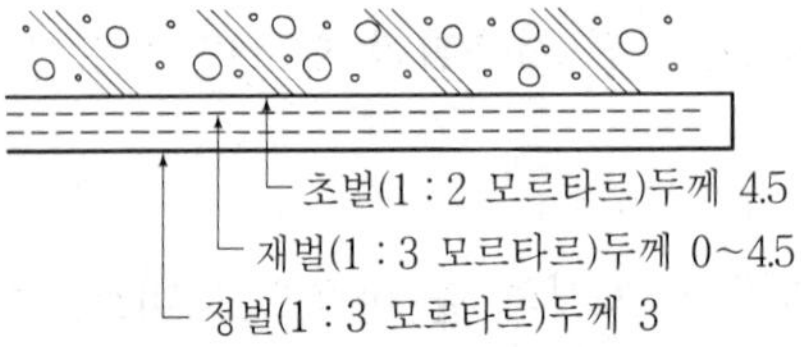

[모르타르바름 마무리(콘크리트 바탕인 경우)]

1) 천장의 최종 마무리를 미장 마무리로 하는 것
2) 모르타르, 플라스터류, 회반죽 등으로 뿜칠 마무리를 한다.
3) 특 징
   ① 이음매가 없는 마무리
   ② 색채가 자유로움
   ③ 광물질의 미장재료는 내화성이 높아 방화 천장이 된다.

3. 요구성능

1) 내흡음성
2) 내화성
3) 단열성
4) 내구성
5) 내부식성
6) 시공성
7) 차음 및 흡음성
8) 기밀성
9) 친환경성
10) 경량성
11) 미관성
12) 내수성
13) 경제성
14) 내진성

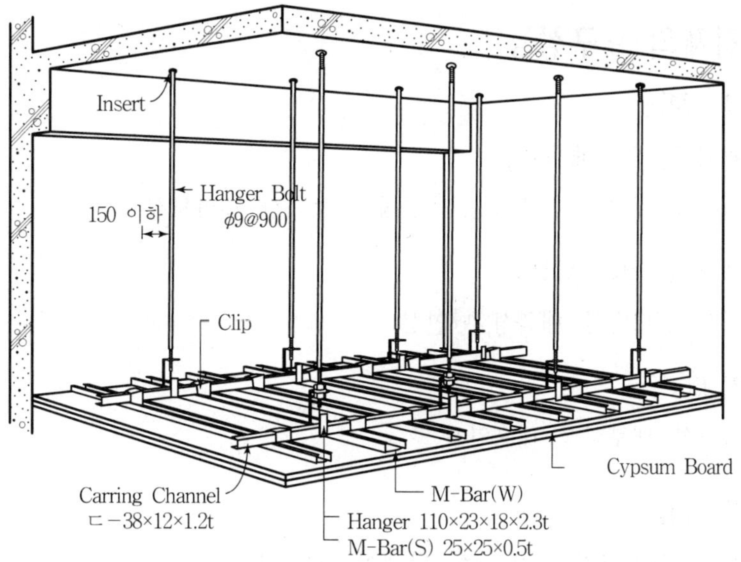

[천장 강제 받침재]

4. 맺음말

(1) 최근 건축물의 내장재에 대한 고급화로 수요자의 요구가 증대되고 있어 천장재에 대한 주거 공간의 장식과 환경 친화적 소재로서의 자재개발을 지속하여야 한다.

(2) 천장재는 내부공간에 요구되는 성능에 맞는 재질을 선정하여야 하므로 다양한 소재의 마감재 개발과 함께 Engineer의 공학적 기술의 보다 적극적인 참여가 바람직하다.

number 45 바닥 마감재의 종류와 요구성능

1. 개 요

(1) 바닥마감재의 선정은 실의 사용 목적, 바탕의 종류, 내구성, 시공성, 경제성, 유지관리, 거주성능과 입주자의 요구에 맞는 질감 및 색상의 선호도에 의해 결정이 된다.

(2) 바닥마감재는 재질에 따라 석재, 목질재, 플라스틱재, 카펫류, 액세스플로어(Accessfloor) 및 전도 바닥재인 특수바닥재로 나눌 수 있다.

2. 바닥마감재의 요구성능

(1) 재질적 성능

1) 외기 및 외력에 저항

내후성, 내약품성, 내열성, 내한성, 내충격성, 내마모성

2) 습기 및 열에 저항

내수성, 내습성, 내화성, 난연성

3) 기 타

탄력성, 내부식성, 내오염성

(2) 기능적 성능

1) 내분진성 : 먼지, 오염물질, 발생이 적은 재료
2) 차음 및 흡음성 : 음을 차단 또는 흡수하는 성능
3) 기밀성 : 공기를 투과하지 않는 밀실한 성능
4) 전도성 : 정전기의 대전에 의한 스파크를 방지하는 성능
5) 촉감성 : 강도, 탄력성, 미끄럼 방지 성능
6) 단열성 : 외부의 열기나 냉기를 차단하는 성능
7) 외장성 : 색채, 형태, 질감, 모양 등 미관적 성능
8) 반사성 : 빛을 반사하는 정도에 따라 적절한 광택을 띠는 성질

(3) 시공적 성능

1) 치수의 정확성 : 두께, 길이, 폭이 정확할 것

2) 경량성 : 경량화로 운반, 취급의 효율화

3) 방재기능성 : 초고층 방재대책에 적합한 성능

4) 외기의 온도 및 흡수에 의한 신축성이 적을 것

5) 내진성 : 층간변위에 대한 추종 및 지진에 의한 변형에 대응

6) 건식화 : Unit화, 표준화, 단순화

3. 바닥마감재의 종류 및 시공법

(1) 비닐 바닥 타일

1) 시공법

① 바탕을 깨끗이 청소하고 가깔기 후 1~3일 정도 방치

② 바탕측에 접착제 도포 후 소정의 Open Time 경과 후 밀실하게 압착

③ 타일 붙이기는 방의 중심에서 바깥쪽으로 진행

2) 특 징

① 내마모성 및 내수성이 크다.

② 내산성이 크고 내알칼리성이 약하다.

(2) 아스팔트 타일

1) 시공법

① 바탕을 청소한 후 아스팔트 프라이머를 도포한다.

② 아스팔트계 접착제 도포 후 20~40분 정도 방치 후 눌러 붙인다.

③ 경과 후 수성왁스 닦기를 실시

2) 특 징

① 내수성은 있으나 내유성은 없는 편이다.

② 내마모성은 비닐타일의 1/5

③ 난연성에 단점이 있다.

(3) 고무 타일

1) 시공법

① 바탕 청소 후 합성 고무계 접착제를 도포

② 20~25분 정도 방치하여 용제가 충분히 휘발된 후 롤러로 압착

2) 특 징

① 내수성에는 강하나 내유성은 약하다.

② 내구성, 내마모성이 크고 탄력성이 좋다.

③ 내알칼리성 및 내산성이 좋다.

(4) 테라조(인조석) 현장 갈기 바닥

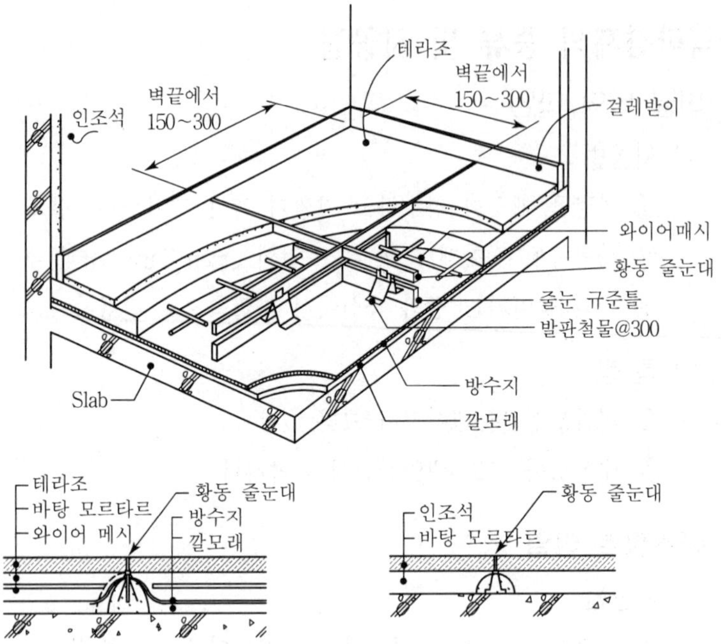

1) 시공법

① 바탕처리 → 바탕바름 → 테라조 바름 → 갈기 및 광내기 순으로 한다.

② 바탕바름시 배합이 1 : 3으로 바름두께 2~3cm 정도로 흙손바름한다.

③ 테라조 바름은 시멘트와 종석의 비를 1 : 2.5로 하여 두께 1~1.5cm 정도로 바른다.

④ 테라조 바름이 완전히 경화된 후 초벌, 재벌, 정벌갈기 후 왁스로 광내기 한다.

2) 특 징

① 내구성, 내마모성이 우수하다.

② 안료와 종석을 사용하여 색감이 좋다.

③ 내수성이 있어 물청소가 용이하다.

(5) 카펫트 바닥

1) 시공법

① 바닥면 전체깔기(Wall to Wall) 및 방의 중앙부에만 놓는 방법이 있다.

② 그리퍼(Gripper) 공법 : 실(室)의 주변에 카펫을 고정할 그리퍼를 설치하고 이것에 카펫을 끌어당겨 고정시키는 공법

③ 접착공법 : 바닥 바탕에 접착제를 도포하여 카펫트를 고정

2) 특 징

① 카펫트는 섬유재로서 색채의 아름다움이 있다.

② 실내의 고급화와 보온, 방음성이 좋다.

(6) 온돌마루 바닥

1) 시공법

① 바닥 청소 및 바닥의 균열을 보수한다.

② 가배열 및 배열상태 확인 후 재단 및 완전히 밀착시켜 깔기를 한다.

2) 특 징

① 온돌 마루는 조직 내의 수분 및 공기를 제거하고 공간 내에 고분자 특수물질을 투입한 재료이다.

② 일반 목재의 단점을 보완한 재료로 강도와 내구성이 우수하다.

(7) 액세스 플로어(이중 바닥 : Access Floor)

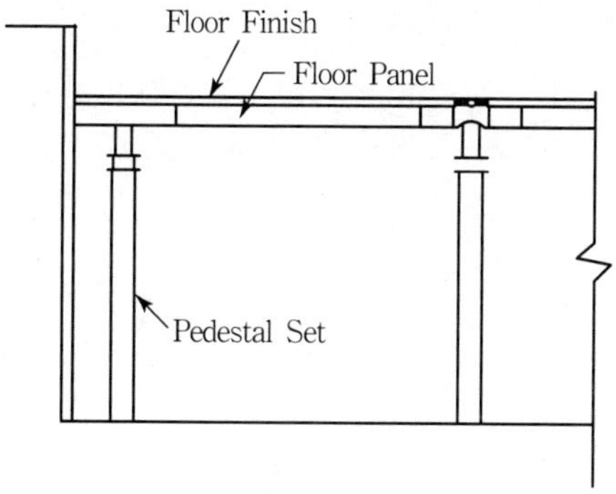

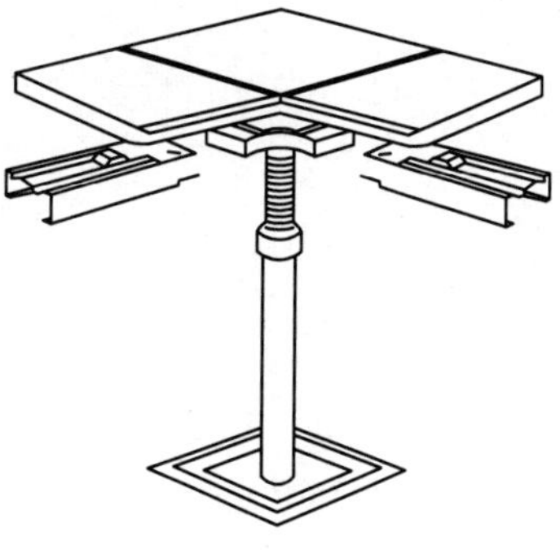

1) 시공법

① 시공도 작성(패널 나누기)→바탕처리 및 청소→서포트 및 레일 설치→패널 조립→ 수평맞추기

② 패널 서포트는 높이 150~600mm의 금속지주로, 바닥의 수평을 확실히 하고 높이 조절이 가능하다.

③ 바닥 패널은 사용목적에 따라 정전기를 방지할 수 있도록 하고 표면은 전도성 타일, 카펫트, 디럭스타일 등으로 마무리한다.

2) 특 징

① 바닥과 바닥 사이의 공간에 각종 배선의 융통성 있는 설치가 가능

② 최근 인텔리전트 빌딩(I, B)의 사무소 바닥에 채용

4. 맺음말

(1) 다양한 건축물의 기능적인 적합성 및 사용자의 요구조건에 따른 바닥마감재는 다종 다양하게 생산되어 경제적이고 내구적인 자재의 개발이 급속히 진행되고 있다.

(2) 특히 초고층 건축물에서는 방재대책에 적합한 성능, 유독가스 최소화, 구조상 고강도화되어야 하고 시공상 작업단순화를 위한 Prefab화로 연구 개발되어야 한다.

number 46 공동주택의 온돌바닥 공사

※ '98

1. 개 요

(1) 공동주택의 온돌바닥 공법은 재래식의 자갈 채우기에서 최근에는 CON'c 공법으로 시공되고 있으나

(2) 상 · 하층의 소음 전달문제로 인하여 공법의 개선이 필요하게 되었으며, 새로운 온돌개선 공법인 조립식에 의한 공법으로 개발되어야 한다고 본다.

2. 온돌공사의 공법 종류의 시공순서, 유의사항, 하자유형

(1) 재래식 자갈 채우기

1) 시공 순서

① 자갈을 채우고

② 배관 Pipe 설치 후

③ 메탈 라스를 깔고

④ 미장 마감

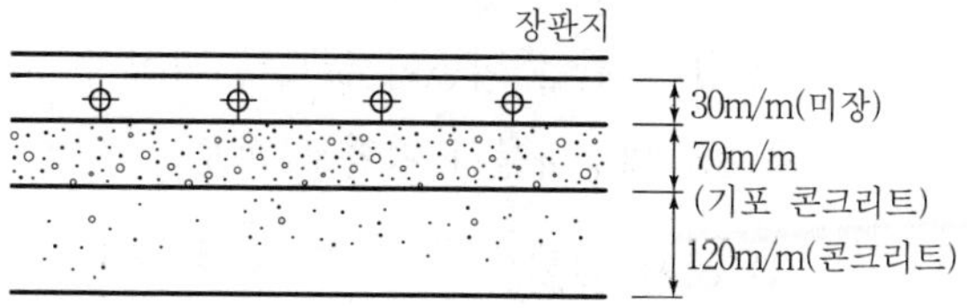

2) 유의사항

① 자갈은 입도, 입형이 좋은 콩자갈 사용

② 적정 배관간격 유지

③ 배관은 이동이 없도록 확실히 고정

④ 미장마감시 수평 정밀도 확보

3) 하자 유형

① 돌 뜸

② 수평도 불량

③ 균 열

④ 건조 불량에 따른 곰팡이 발생

4) 재래식 자갈채우기 공법의 문제점

① 자재 운반이 번거롭고

② 인력수급이 어려움

③ 공정의 복잡 : 공기가 길다.

(2) 기포 CON'c 타설방법

1) 시공순서

① 골조공사 바닥 Slab 완성

② 기포 CON'c 설치

③ 배관 Pipe 설치

④ Metal Lath 깔기

⑤ 바닥마감

2) 유의사항

① 기포 CON'c 두께 확보

② 기포 CON'c 타설 후 보양 철저

③ 파손 유의

④ 배관은 이동이 없도록 확실히 고정하여야 한다.

⑤ 미장바름시 평활도 확보

3) 하자 유형

① 기포 CON'c의 파손, 균열

② 기포 CON'c의 습기 흡수

③ 미장바닥의 균열

④ 건조 불량에 의한 곰팡이 발생

⑤ 배관의 누수

3. 개선사항

온돌바닥을 PC 블럭에 의해 설치하는 건식공법인 조립식 온돌방법의 채택

(1) 시공 순서

1) 골조공사 바닥 Slab 완성

2) 은박지 깔기

3) PC 블럭(440×440)

4) 열유도관 설치

5) 방열배관 Pipe 설치

6) 방열판 깔기

7) 룸 보드 장판깔기

(2) 특 성

1) 공기단축, 인건비 절약

2) 건축물의 경량화

3) 자재운반 용이

4) 단열성능 우수

5) 차음성능 우수

6) 현장관리 용이

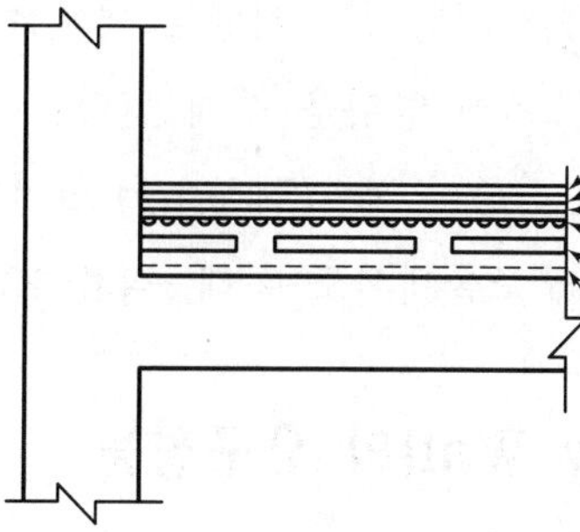

(3) 기존 습식과 건식과의 비용

	습 식	건 식
온돌바닥 높이	120m	25m
중량	650kg 적당	40kg 적당
공기	10일	1일
소요 인원	12인	2인
난방 효과	30분	5분
쾌적성	충격형	충격 흡수형
하자 보수	어렵다.	용 이

4. 맺음말

재래식 습식공법은 상·하층의 소음문제, 공정의 복잡, 하자발생 등으로 인한 많은 문제점이 있으므로 건식 공법인 조립식 온돌방법으로의 전환이 필요하다.

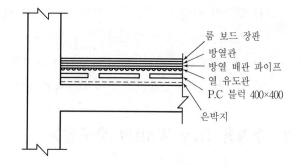

number 47 Dry Wall의 요구성능 및 종류, 시공법

1. 개 요

(1) 칸막이 벽체로 사용되는 시멘트 벽돌은 하중이 커서 (1.0B=420kg/m²) 건축물의 기초, 기둥크기에 영향을 주게 된다.

(2) Dry Wall은 하중이 적고(54kg/m²) 설치와 해체가 자유로워 사용이 증가하고 있으며 주거용 구조물에서도 확대, 적용하고 있다.

2. 주거용 Dry Wall의 요구성능

(1) 경량 구조일 것

(2) 설치와 해체가 용이한 구조일 것

(3) 견고한 느낌을 주며 안정감이 있을 것

(4) 차음성능, 흡음성능이 뛰어날 것

(5) 내화성능이 클 것

(6) 설치 후 마감면이 평활할 것

(7) 전기 및 설비 배관 설치가 간편할 것

(8) 도배 등 마감이 곧바로 가능할 것

(9) 가격이 저렴할 것

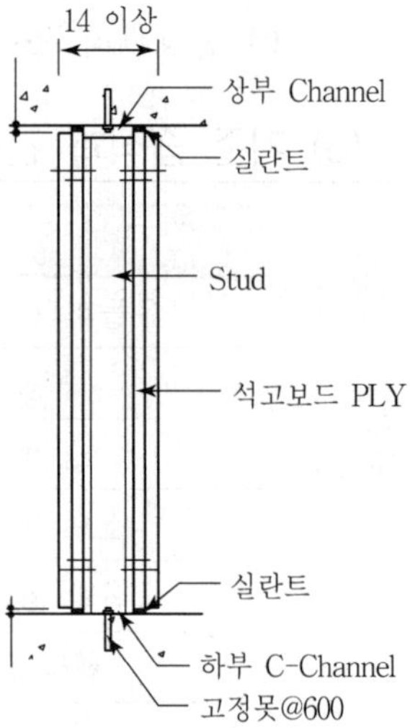

[드라이 월 단면]

3. Dry Wall의 종류

(1) PASTEM 패널

1) 섬유보강 시멘트보드 사이에 발포폴리스틸렌(스티로폼)과 기포 CON'c를 혼합하여 충진한 샌드위치 패널

2) 경량(61kg/m², T 100일 때)

3) STC(Sound Transmission Class) : 차음등급이 50 정도로 우수

4) 2시간 내화 확보, 방음성능 우수

5) 연결부(Joint) 퍼티(Putty) 후 도배 가능

6) 배관설치가 곤란하고 충격에 약하다.

7) 가격이 높다.

(2) TNC Panel

일반 Dry Wall에 섬유보강시멘트 보드(CRC Board)를 추가로 취부한 것

(3) ALC 패널

1) 경량 기포 CON'c의 Panel 형태 제작
2) 경량($65kg/m^2$), 단열성 우수
3) 내화성(2시간), 흡음성 우수
4) 강도 취약(일반 CON'c에 비해)

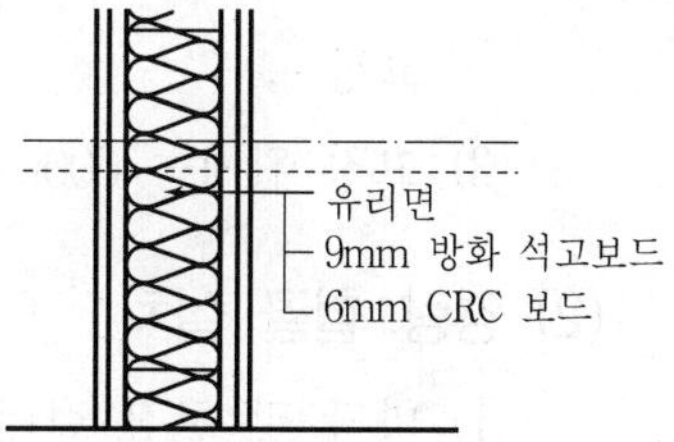

[TNC 패널 단면도]

(4) ACOTEC Panel

1) 인공경량 골재를 사용하여 압출성형한 경량 CON'c 제품
2) 강도($100kgf/cm^2$)가 크고 별도 마감 없이 도장 가능
3) 차음성(STC 33)이 낮아 2중 시공 필요(사이에 별도의 방음재 충진)

(5) 일반 Dry Wall

1) 석고 보드 Panel 설치(1Ply, 2Ply)
2) 차음성, 내충격성이 작다.

4. Dry Wall 시공법

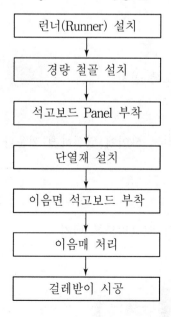

런너(Runner) 설치
↓
경량 철골 설치
↓
석고보드 Panel 부착
↓
단열재 설치
↓
이음면 석고보드 부착
↓
이음매 처리
↓
걸레받이 시공

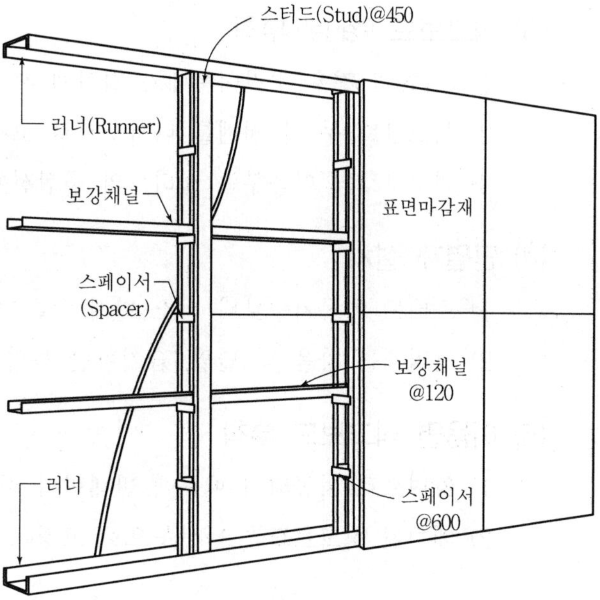

[벽 강제 받침재]

(1) 런너(Runner) 설치

1) 칸막이 설치위치, 개구부 위치, 바닥 및 천장 마감선 기준으로 먹매김 시행
2) 하부 런너를 고정한 후 다림추로 상부의 고정 위치를 먹매김 후 상부 런너를 고정
3) 고정 위치는 600mm 간격 고정, 연결 부위 및 끝부분은 200mm 간격 고정

(2) 경량 철골 설치

1) 바닥 및 천장 런너 사이에 스터드를 @450 간격으로 수직으로 설치
2) 코너부위 및 직교하는 벽체의 경우는 스터드로 보강처리
3) 중요 코너면은 코너비드(Coner Bead)를 사용하여 보강처리

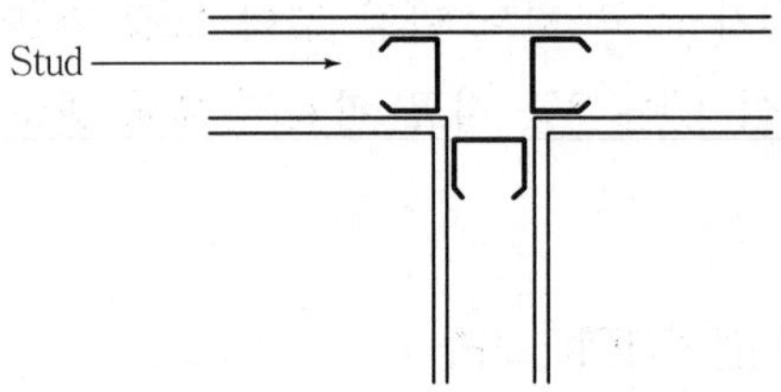

[직교부위]

(3) 석고보드 Panel 부착

1) 2 Ply의 경우 수직이음매가 겹치게 시공
2) 석고보드 두 장 전체를 나사못으로 고정
3) 석고보드의 이음부는 스터드의 중심선에 오도록 설치

(4) 단열재 설치

1) 스터드 안목치수보다 다소 넓게 자른 후 스터드 사이에 밀실하게 끼운다.
2) 단열재는 차음 및 단열, 습기차단 목적

(5) 이음면 석고보드 부착

1) 양면으로 시공되기 때문에 반대면의 이음매와 엇갈리도록 배치
2) 배치된 석고보드는 나사못으로 고정

(6) 이음매 처리

이음매는 컴파운드로 충전하고 이음매용 테이프를 부착한다.

(7) 걸레받이

목재, 철재, 고무, PVC 재질로 나사못 또는 본드로 밀착시켜서 고정한다.

5. 맺음말

(1) Dry Wall은 습식공법에 비하여 경제적이며 시공이 간편하여 거실, 침실, 복도벽 등의 비내력벽에 적합한 공법이지만 과도한 습기나 온도변화가 심한 곳, 충격이 예상되는 곳에서는 내구적이지 못해 사용하기가 곤란하다.

(2) 초고층 건물에는 Dry Wall의 사용이 증가하고 있는 실정이므로 내구성, 시공성, 경제성이 뛰어난 신자재의 개발로 현재보다도 우수하고 개선된 제품이 생산되어야 할 것이다.

number 48 목공사의 마감(수장)공사에서 유의할 점

※'90

1. 개 요

(1) 철근 CON'c 구조의 등장으로 구조용 목재의 수요가 감소하고, 다양한 마감재가 개발되었지만 나무는 구입과 가공이 용이하여 내부 마감재로 널리 쓰이고 있다.

(2) 또한, 환경 친화적 건축재료로서 수요의 증가를 예상할 수 있으므로 내화성, 부식성에 대한 보완이 필요하다.

2. 함수율과 목재의 요구성능

(1) 함수율

1) 전건재 중량에 대한 함수량의 비율

2) 섬유포화점 : 함수율이 30%일 때

3) 섬유포화점 이상에서는 강도가 급속히 감소

4) 전건상태 : 0%, 기건상태 : 15%

5) 구조재 : 24% 이하, 천장 반자특대, 돌림대 : 18% 이하, 수장재 : 18% 이하일 것

(2) 압축강도

1) 구조재로 사용 부위에 필요

2) P/A(kgf/cm²)

여기서, P : 최대 하중　　A : 단면적

3) 인장강도 > 휨강도 > 압축강도 > 전단강도의 순서

(3) 신축성과 흡수율

1) 목재의 비틀림, 휨에 대한 대응력

2) 함수율에 따라 결정

(4) 내마모성

1) 지속적 충격에 대한 저항성

2) 비중이 높은 침엽수가 활엽수보다 크다.

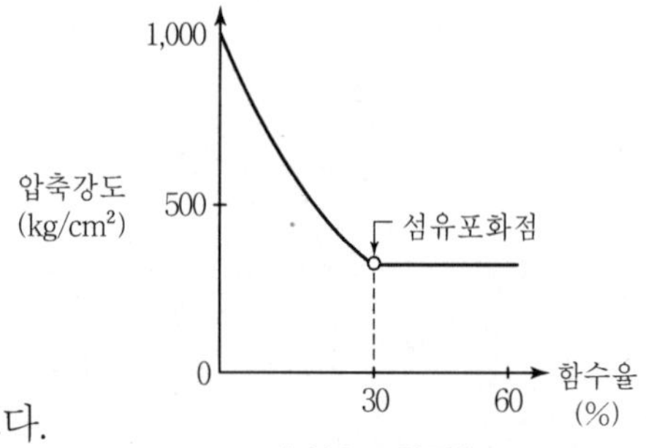

[섬유포화점]

(5) 방충성, 방부성

1) 벌레의 손상에 대한 저항이 클 것
2) 습기에 의한 부식이 적고, 가공이 용이할 것

3. 마감공사시 유의할 점

(1) 일반사항

1) 재료검사
   ① 목재의 결함검사 : 옹이, 갈라짐, 편심의 여부
   ② 목재의 종류와 형상 : 비틀림, 휨상태
   ③ 목재의 함수상태
   ④ 설치 철물의 종류와 형상

2) 가공상태
   ① 부위별 가공도에 의한 형상 확인
   ② 가공상태 : 치수, 구멍위치, 아물림 상태
   ③ 목재의 방부처리, 방충처리, 방염처리, 도장상태

3) 공법 확인
   ① 목재와 바탕 접합면 확인 : 목재+CON'c, 목재+조적, 목재+목재
   ② 접합방법 점검 : 이음, 맞춤, 접착제 사용공법 확인

(2) 반자 설치시

1) 시공순서 : 달대받이, 반자돌림대, 반자틀받이, 반자틀과 달대
2) 달대와 달대받이는 반자의 하중을 충분히 고려한다.
3) 수평선 유지 : 기준 먹을 놓는다.
4) 등기구의 환기구 설치위치를 미리 점검한다.
5) 반자틀의 간격이 1m 이상 초과하지 않도록 한다.
6) Camber 시공 : 반자틀은 중앙부를 간 사이의 1/200 정도를 올려 시공

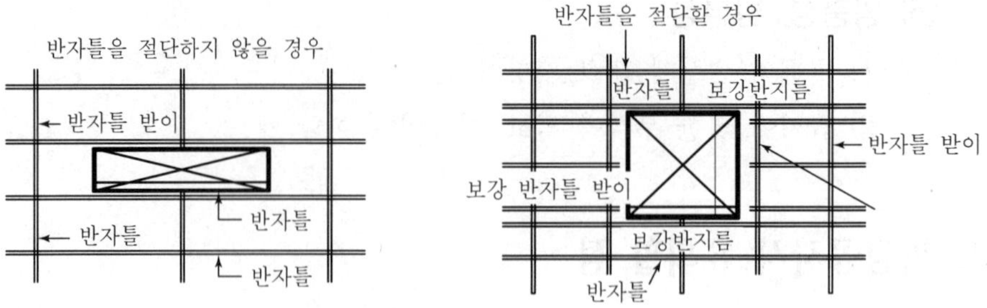

[천장 개구부의 보강]

(3) 마루 시공시

1) 마루널은 손실분이 많으므로 20~40% 여유있게 주문한다.
2) 나누기도 작성하여 수평실을 치고 마루널 수평면을 유지
3) 구석의 걸레받이 홈은 널깔기 전에 미리 파두어야 한다.
4) 장선의 마디와 갈라짐 등 약점 부위는 덧댐판을 댄다.
5) 환기에 필요한 통기구를 둔다.
6) 자연목 무도장 마루는 시공 후 2~3개월간 주 1회씩 왁스 닦기를 한다.

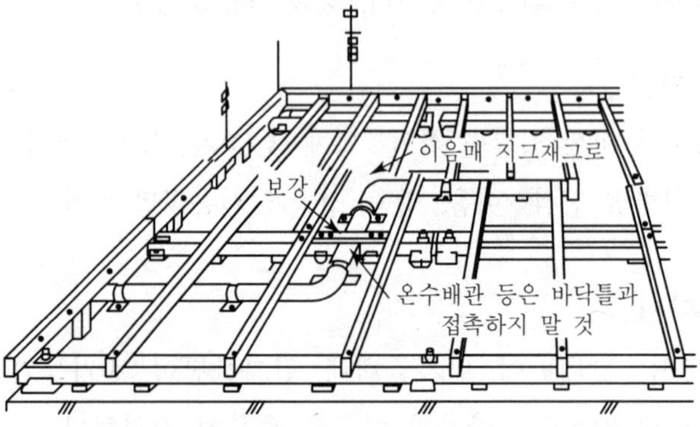

(4) 합판벽 시공시

1) 합판의 난연처리 확인
2) 세로이음, 틈새 붙이기에는 세로돌림띠를 덧붙인다.
3) 모서리귀는 연귀맞댐으로 한다.
4) 합판의 쪽매는 맞댄쪽매로 하고, 길이방향으로는 잇지 않는다.

5) 두꺼운 합판의 경우는 딴혀를 넣어 잇는다.

(5) 홈대 및 창문틀 설치시

1) 윗홈대는 하중을 고려하여 충분한 춤을 확보한다.

2) 홈대의 너비는 기둥보다 작게 가공하여야 한다.

(6) 수장재의 보호, 보양

1) 공사 중 손상이나 오염 우려 부분에 종이바름, 판자붙이기

2) 틀주위, 문소란에는 판자를 대거나 골판지를 댄다.

3) 접착제 시공시 보호 Tape를 시공한다.

4) 공사완료 후 오염물질과 알칼리 성분은 깨끗이 제거한다.

number 49 목재의 품질검사 항목과 방부처리

※'04

1. 개 요

(1) 목재는 재료의 입수가 용이하고 구조공법이 간단하나 변형, 부패 등의 결함이 발생하기 쉬우므로 품질검사 및 저장에 충분한 주의가 필요하다.

(2) 특히 목구조 건축의 내구연한에 크게 영향을 미치는 것은 균이나 박테리아 등에 의한 목재의 부패이므로 이에 대한 충분한 방부대책이 필요하다.

2. 목재의 품질검사 항목

(1) 목재의 규격

1) 주문치수와 동일한지 정척 길이 확인

2) 구조내력상 무방하면 되도록 짧은 정척물 사용

3) 토막나지 않게 긴 정척물을 잘라쓰는 등의 경제성을 고려하여 선정

(2) 목재의 결점 유무

1) 목재의 조직과 결점, 옹이, 썩음, 갈라짐, 불량건조 등

2) 부패, 충해, 풍해 등에 의한 광택, 조직, 강도 변화

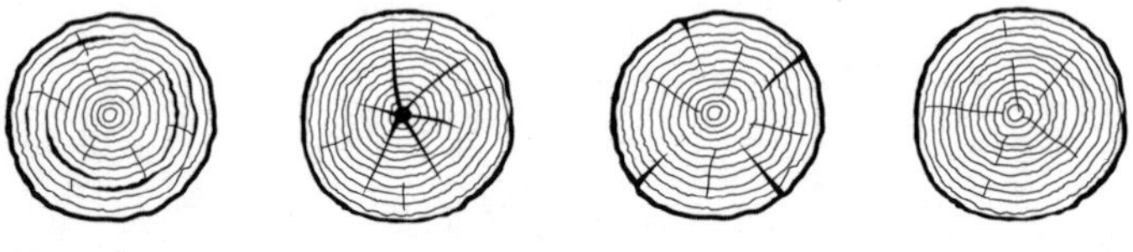

(a) 원형갈림 (b) 심재성형갈림 (c) 변재성형갈림 (d) 입피

[목재의 홈]

(3) 강 도

1) 함수율이 작아질수록 강도는 증가

2) 섬유 포화점 이상에서는 강도 변화가 없음

3) 비중이 클수록 강도는 크다.

4) 섬유 평행강도가 직각 방향보다 크다.

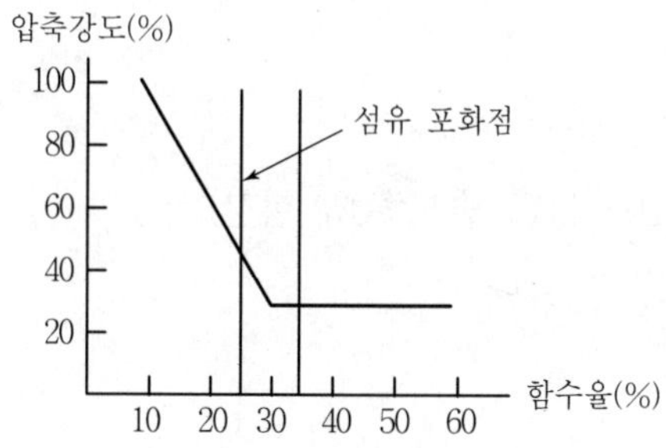

[섬유포화점]

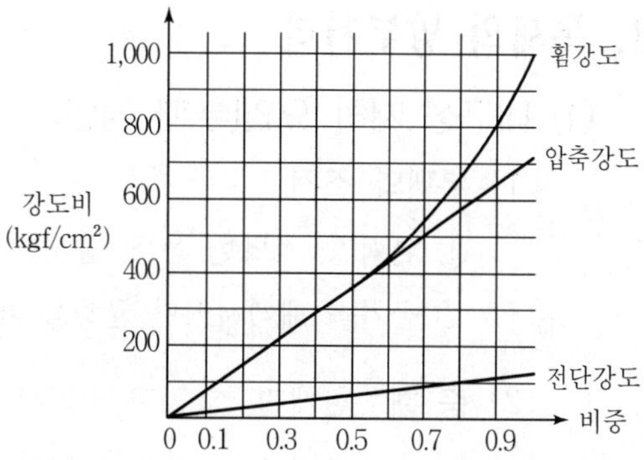

[비중과 강도]

(4) 함수율

1) 함수율은 전건재 중량에 대한 함수량의 백분율이다.

2) 섬유 포화점 이하부터 강도가 증가한다.

3) 목재 함수율이 30%일 때를 섬유 포화점이라 한다.

4) 함수율(%)=(목재의 함수량/전건재 중량)×100%

(5) 비 중

1) 목재의 비중은 함수율의 정도에 따라 차이가 있다.

2) 목재의 비중 시험은 건조상태의 공시체를 사용한다.

3) 비중= W/V

여기서, W: 공시체의 중량(g)
V: 중량 측정시 공시체의 부피(cm^3)

(6) 흡수율

1) 목재는 다공질 재료이므로 흡수량이 크다.

2) 흡수율= $\dfrac{W_2 - W_1}{A}$ (g/cm^2)

여기서, W_1 : 방수후의 공시체 중량
W_2 : 침수 완료 후의 공시체 중량
A : 흡수면의 총 면적

3. 목재의 방부처리

(1) 내구성 저하 요인(부패 원인)

1) 부패의 조건

① 단백질, 적당한 온도, 습도(온도 20~40℃, 습도 90% 이상)

② 공기를 배제시키면 균해를 제거할 수 있다.

2) 충 해 : 흰개미

3) 풍 해 : 장시간 외기에 노출시 조직이 연화되고 풍화가 진행된다.

(2) 방부대책

1) 방부제의 종류

① 유성 방부제 : Creosote, Asphalt, 콜타르, 유성 페인트

② 수용성 방부제 : 황산동 1% 용액, 염화아연 4% 용액, 염화 제2수은 용액(1%), 불화소다 용액(2%)

③ 유용성 방부제 : PCP, 유기계 방충제

2) 방부법

① 도포법 : Creosote 등 방부제 표면 도포, 침투깊이 5~6mm

② 침지법 : 방부제액 속에 7~10일 담근다. 침투깊이 10~15mm

③ 상압 주입법 : 방부제 용액 속에 목재를 침지

④ 가압 주입법 : 압력 용기 속에서 7~12 기압으로 기압하여 방부제를 주입

⑤ 생리적 주입법 : 벌목 전 뿌리에 약액 주입, 지속성이 적다.

⑥ 표면 탄화법 : 목재의 표면을 태워 부식을 방지

4. 맺음말

(1) 목재는 건조수축 변형과 잘 썩고, 벌레에 약하고 불에 잘 타는 것이 최대 약점이므로 이에 대한 대책을 세워 구조재 및 마감재로 사용할 시에는 품질검사 항목에 의한 규격 및 내구성 등에 문제점이 없는지 확인해야 한다.

(2) 특히 목재는 부식균이 살수 없을 정도로 건조되어야 하고, 방부 처리한 목재는 충분히 건조한 후에 사용하며 지면에 가까운 목부 또는 직접 빗물에 젖는 곳에 사용하는 방부처리된 목재는 방수성이 있는 것으로 해야 한다.

number 50 목재의 내구성 보존 방안

※'12

1. 개 요

목재의 내구성은 수종과 조직 상태, 부위 및 건조상태, 환경적 요인 등 다양한 요인에 의해 변화되며, 내구성을 유지하기 위해서는 이러한 모든 요소에 대한 보존 대책이 필요하다.

2. 목재의 내구성 영향 요인

(1) 수종

균류의 침식 가능성에 따라 내구성의 차이가 있다.

[수종별 내후성]

내후성	수종	
	침엽수	활엽수
극대	–	말라스(외), 세랑강바투(외), 카폴(외), 켐파스(외), 타운(외)
대	분비나무, 스트로브잣나무, 일본잎갈나무, 전나무, 편백, 가문비나무, 더글러스퍼(외), 미국솔송나무(외)	느티나무, 박달나무, 밤나무, 신갈나무, 졸참나무
중	독일가문비나무, 삼나무, 낙엽송(외), 백송(외)	물푸레나무, 오동나무, 가래나무, 음나무, 계수나무, 라왕(외), 케루잉(외)
소	소나무, 잣나무, 라디에타소나무(외)	고로쇠나무, 상수리나무, 자작나무, 황철나무, 오리나무(외)
극소	가문비나무(외), 아가티스(외)	가중나무, 거제수나무, 물박달나무

※ 보편적인 내구연한>극대 : 15년 이상, 대 : 10~14년, 중 : 5~9년, 소 : 3~4년, 극소 : 3년 미만

(2) 목재의 조직

1) 변재와 심재

① 변재

흡수성이 큰 연질 조직으로 강도가 낮고 썩기 쉽다.

② 심재

수분이 적고 단단한 조직으로 강도와 내구성이 크다.

(3) 경도

경도가 클수록 내구성이 우수(경도와 내부패성과는 무관)

(4) 함유성분

고무, 탄닌, 수지는 목재의 내구성을 높인다.

(5) 세포충전제

세포충전제가 많을수록 내식성이 높다.

(6) 건조 상태

건조가 부족하고 함수율이 클수록 균의 번식이 용이하여 내구성이 단축된다.

(7) 환경 조건

고온 다습한 환경이 건조환경보다 부식 속도가 빠르다.

3. 목재 내구성 저하 요인과 보존방안

(1) 부패

목재는 주로 부후균의 침식에 의한 부식(부패)에 의해 내구년한이 줄어든다.

1) 부패 원인

목질부에 포함된 전분 등의 양분을 부패균이 섭취하며 번식

① 적부

섬유소(목질부의 60%, 세포막을 구성)를 용해

② 백부

리그닌(목질부의 20~30%를 차지하는 단백질 성분으로 세포 간 접착제 역할)을 용해

2) 부패 조건

① 양분(단백질, 전분)

② 온도(20~40℃)

③ 습도(90% 이상, 함수율 40~50%)

④ 공기(목재부피의 20% 이상)

위의 4가지 조건이 충족하면 부패가 진행

3) 부패 방지 대책

① 표면 탄화법 : 목재의 표면을 태워서 탄소 피막 형성

② 방부제 칠

㉠ 유성 방부제(Creosote, Asphalt, 코르타르, 유성 페인트)

㉡ 수용성 방부제(황산동, 염화아연, 염화제2철, 불화소다용액 등)

㉢ 유용성 방부제(PCP-펜타클로르 페놀, 유기계 방충제)

③ 방부처리

㉠ 도포법(방부제를 표면에 도포)

㉡ 침지법(방부액 속에 침지)

㉢ 가압주입법(7~12기압으로 방부액을 목재 내부에 침투)

㉣ 생리적 주입법

㉤ 분무법

㉥ 온냉욕법

④ 건조 : 함수율이 20% 이하가 되면 곰팡이의 생육이 억제

(2) 충해

1) 흰개미 등에 의해 목재 손상

2) 방충제를 지속적으로 도포

(3) 풍해

1) 장시간 햇볕과 바람에 노출되어 조직이 연화

2) 표면 보호 조치(도장, 니스칠 등)

(4) 환경

고온다습한 환경을 피하고 건조한 상태로 목재를 유지

number 51 강제 창호의 현장설치방법

※'04

1. 개 요

강제 창호는 강판 또는 새시바를 주재료로 하여 용접 또는 장부 조임에 의해 조립되는데 설치는 선시공 방식(먼저 세우기)과 후시공 방식(나중 세우기)이 있다.

2. 강제 창호의 특성

(1) 목재나 알루미늄 창호에 비해 강도가 높고 파손이 적다.

(2) 내화성이 높아 방화용으로도 적합하다.

(3) 품질과 성능이 안정적이다.

(4) 부식이 쉽다.

(5) 중량물로 가공 및 설치가 어려운 편이다.

3. 강제 창호의 설치

(1) 설치 순서

1) 강판 곡면접기 2) 절단 3) 절곡

4) 조립 5) 바탕처리 6) 방청 도장

7) 현장 운반, 설치

(2) 세우기 공법

1) 먼저 세우기 방식

① 벽체 시공 전에 강제 Frame을 먼저 설치하는 방식

② 용접으로 지지하는 방식과 가지지틀을 이용해 고정하는 방식이 있다.

③ 콘크리트 타설시 유동이 크고 거푸집 조립시 제약을 받는다.

2) 나중 세우기 방식

① 콘크리트나 조적 벽체를 시공한 다음 강제 Frame을 설치하는 방식

② 강제 창호와 벽체 사이의 공간 충진이 필요하다.

③ 일반적으로 사용하는 방식이다.

(3) 세우기 방법 및 주의사항

1) 자재의 반입

① 자재는 비나 일사광선에서 안전한 곳에 반입, 적재한다.

② 설치 순서를 고려해 반출 순서대로 적재한다.

2) 먹매김 및 위치 확인

창호 설치의 정확한 위치를 정하고 위치를 확인한다.

3) 창호 설치

① 개구부에 대강의 위치에 고정하고 상부의 앵커에서 결속선으로 달아 내린다.

② 바닥 마감을 고려하여 높이를 정하고 수평을 잡아 힌지를 벽체에 고정한다.

③ 수직과 수평을 확인하고 임시로 쐐기를 설치하여 둔다.

④ 문은 울거미와 틈을 일치시키고 설치시의 변형, 제작 운반시의 미세한 변형을 조정하여 마무리 후의 개폐에 지장이 없도록 한다.

⑤ 앵커 철물은 100mm 이상의 울거미에서는 2군데 이상을 설치하여 충격과 진동에 대응하도록 한다.

4) 설치 정밀도 확인

① 창호틀의 대칭 치수 차이 : 3mm 이내일 것

② 창호틀의 기울기 : 2mm 이내일 것

③ 창호틀, 문짝의 비틀림, 휨 : 2mm 이내일 것

5) Frame 주변 충진

① 문의 개폐 충격에 의해 균열이 발생하지 않도록 모르타르나 우레탄폼 등으로 밀실하게 충진한다.

② 외부에 면하는 창호틀에는 단열을 고려하여 충진한다.

number 52 유리의 종류와 시공법 및 주의사항

※'84, '97, '03, '04, '05, '11

1. 개 요

(1) 유리는 건축물의 외관을 이루는 마감재의 일부로서 그 종류에 따라 장식과 채광, 보온의 용도로 출입구, 창, Show Window 또는 C/W용으로 사용되고 있다.

(2) 유리는 특성에 따라 유리블럭, 프리즘 유리, 포도유리, 기포유리, 유리섬유, 스테인드 유리 등이 있어 벽 칸막이용, 창, 투명 칸막이용으로 사용되고 있으며, 유리 시공방법에는 Suspended Glazing System, Structural Sealant Glazing System, DPG공법 등이 있다.

2. 판유리의 종류 및 특성, 용도

(1) 박판유리

두께 6mm 미만, 비중 2.5, 경도 6, 인장강도 500kg/cm^2, 압축강도 2,000kg/cm^{2}이다.

(2) 후판유리

두께 6mm 이상인 판유리로 채광용보다는 실내 차단용, 칸막이벽, 스크린, 통유리문 가구 등에 쓰인다.

(3) 무늬유리

1) 유리의 한면에 줄, 주름, 눈, 국화모양의 무늬를 낸 유리로 불투명하다.

2) 의장 겸 투사방지용으로 사용

(4) 망입유리

1) 철, 알루미늄의 망을 넣은 유리

2) 유리의 파손방지, 도난, 화재방지로 사용

(5) 접합유리

1) 투명판 유리 사이에 비닐, 아세테이트 등으로 접한 유리

2) 방서, 단열, 방음용으로 사용

(6) 복층유리

1) 두 장 또는 세 장의 유리를 일정한 간격을 두고, 둘레에 틀을 끼워 건조공기를 넣는 유리
2) 방서, 단열, 방음용으로 사용

(7) 착색유리

1) 유리 원료에 산화 금속류의 착색제를 넣어 색채를 강조
2) 교회의 창, 모자이크, 장식용으로 사용

(8) 강화유리

1) 판유리를 600℃ 정도로 가열했다가 급냉시킨 유리이다.
2) 보통 유리의 3~5배 강도로 출입구나 자동차 등에 사용한다.

(9) 배강도유리

판유리를 600~700℃로 가열 후 서서히 냉각시킨 유리

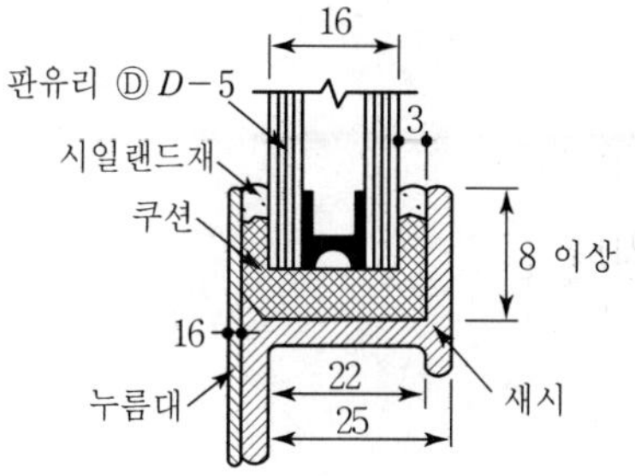

[5mm 판유리 사용의 경우]

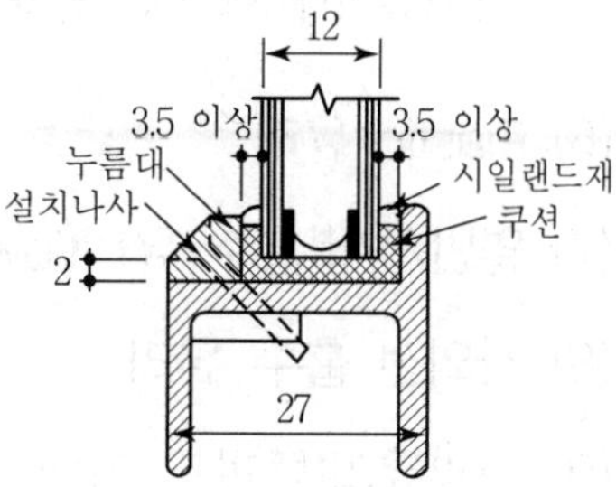

[12mm 페어글래스의 경우]

3. 특수 유리의 특성 및 용도

(1) 유리블럭

1) 벽돌이나 CON'c 블럭모양의 중공유리재, 블럭유리재
2) 벽면의 간접 채광, 의장벽면, 방음, 단열층 등의 용도

(2) 프리즘 유리, 포도 유리

1) 평면은 사각형 또는 원형이고, 단면이 프리즘인 유리블럭으로 빛을 산란시켜 확산시킴
2) 외부에 면한 지하실, 반자 또는 지붕의 채광용으로 사용

(3) 기포유리

1) 투광이 전혀 안 되는 흑갈색의 다포질판으로 비중은 0.16 정도
2) 단열재, 보온재, 방음재로 벽면 및 반자에 사용

(4) 유리섬유

1) 유리원료가 녹은 유리액이 미세한 구멍을 통하여 나온 섬유
2) 단열재, 흡음재로 사용
3) 흡음률은 광물섬유 중에서 가장 우수 (약 85%)

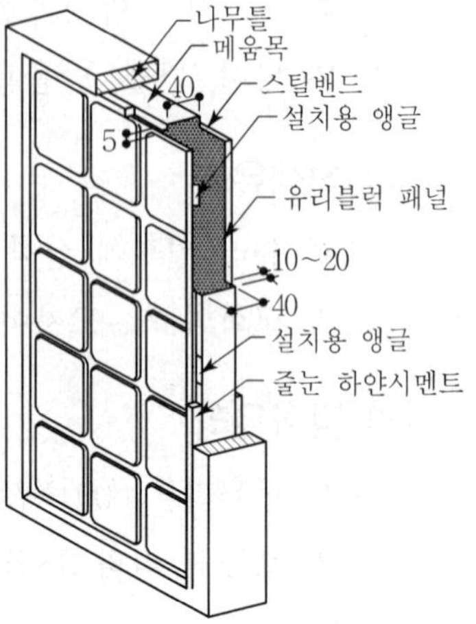

[유리블럭 패널]

(5) 스테인드 유리

착색유리에 납으로 접착한 유리

(6) Plastic 유리

(7) 열반사/열흡수 유리(low-E 유리)

(8) 자외선 흡수 유리

(9) 저광유리(투과도 가변형 유리)

4. 유리 시공방법

(1) Suspended Glazing System

1) 벽 전체를 유리로 하여 개방감을 주고자 할 때 유리를 매달아 설치하는 방법
2) 특 징
   ① 자중에 의해 완전한 평면이 되므로 광학적 성능은 저하하지 않는다.
   ② 유리 내부에 응력이 발생되지 않고 굴곡이 없다.
   ③ 종래보다 두껍고 대형의 유리를 사용할 수 있다.
   ④ 리브 유리를 사용하므로 개구부 형성이 가능하다.

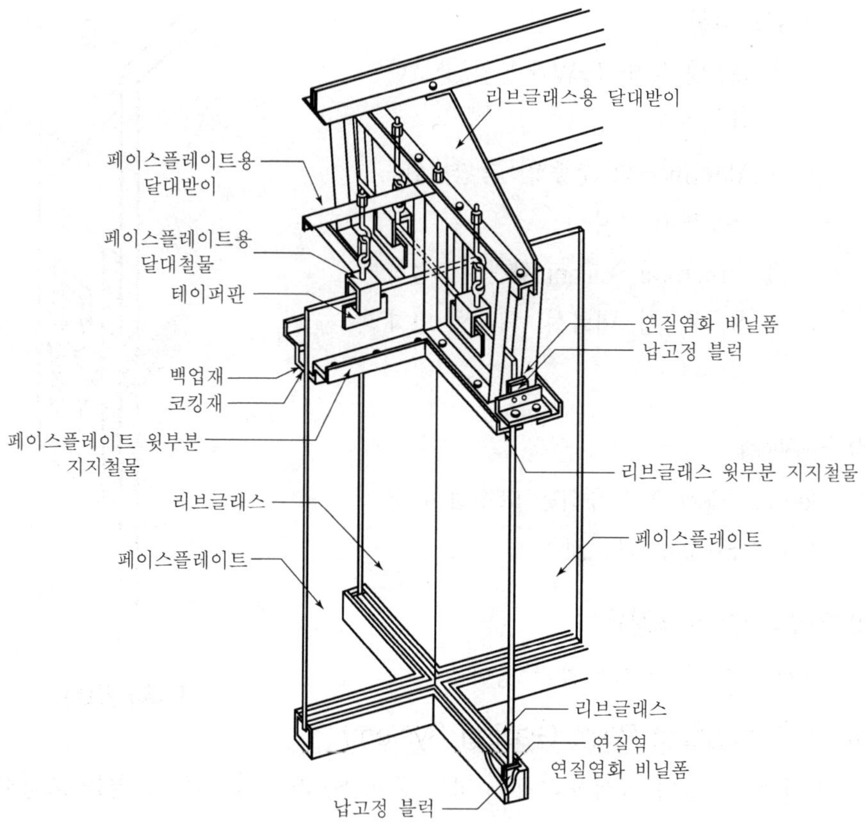

[Suspension 공법]

(2) Structural Sealant Glazing System(SSG 공법)

1) C/W에서 AL 프레임 대신에 Structural Sealant를 사용하여 유리를 고정시키는 방법

2) System의 종류

① Glass Mullion System

② Metal Mullion System

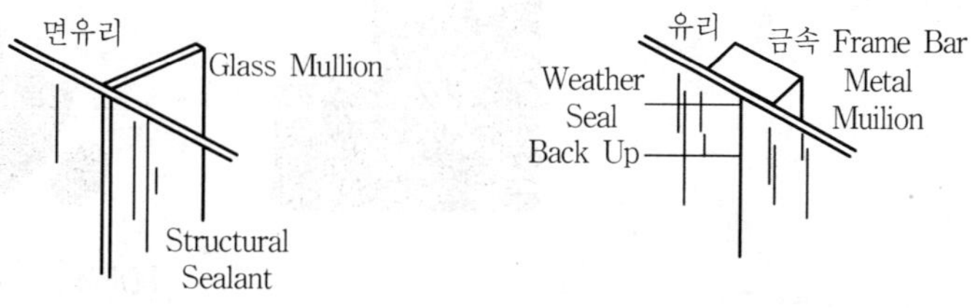

3) 유의사항

① 내중앙 설계 : C/W과 동일, 충분한 접착두께

② Movement의 추종성 : 층간변위, 온도변위 고려

③ Structural Sealant 접착성 : 접착성, 내구성, 내화성, 수밀성, 열화성(자외선)

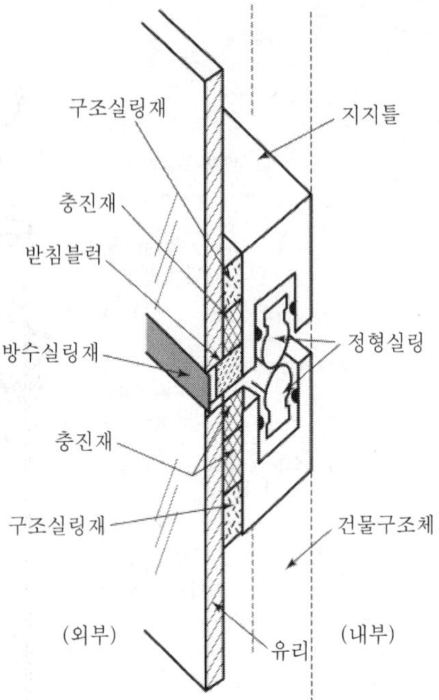

[SSG 공법]

(3) Sealing

Setting Block으로 유리를 고정하여 양쪽에서 Sealing하는 것

(4) Putty, Gasket공법

현재 많이 사용되고 있지 않다.

(5) DPG 공법(Dot Point Glazing System)

1) Frame 없이 강화유리에 구멍을 뚫어 System 볼트로 유리를 고정하는 공법

2) 구조적으로 안전하고 Frame이 없어 시각적으로 개방된 느낌을 준다.

3) 자연채광 효과가 크다.

4) 초고층 및 대형유리에 적당하다.

5. 시공시 주의사항

(1) 유리의 열팽창 주의 : Frame은 유리치수보다 여유있게 가공

(2) Setting Block의 위치와 강도 확보

(3) Sealing재의 충진

(4) Gasket의 강도 확보

(5) 유리면 보양 철저

[DPG]

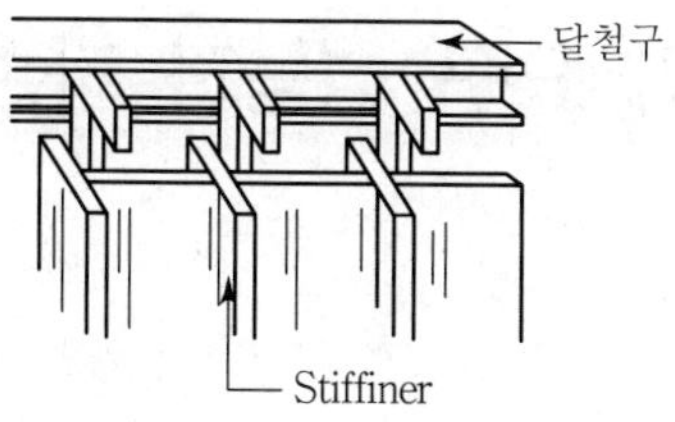

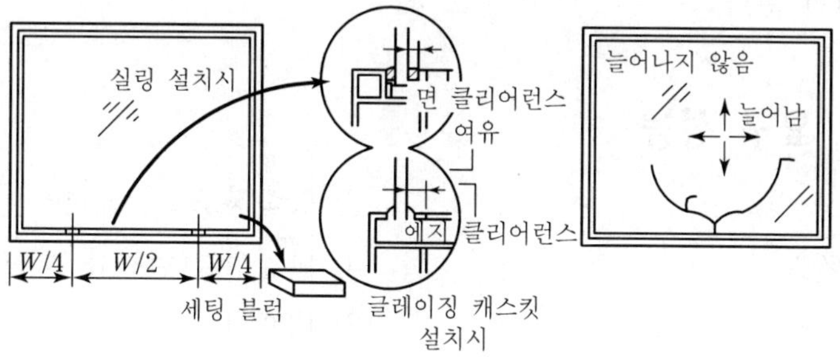

[유리의 열팽창 파손]

6. 맺음말

(1) 유리는 현대에 들어와서 가장 중요한 건축재료의 하나로써 사용이 급속히 확대되고 있다.

(2) 유리는 다양한 특성을 가졌으므로 용도와 사용목적에 맞는 종류를 선택하여 사용하여야 하고, 대형 부재의 경우에는 구조적 안전성을 확보한 설치방법을 고려하여야 한다.

number 53 유리 요구 성능과 파손 원인 및 방지 대책

1. 개 요

유리는 재료의 성질상 충격에 약하고 인장력이 낮은 취성 부재이기 때문에 인장 응력의 변화에 의해 쉽게 파손될 수 있으므로 설계, 시공시 이러한 특성을 반영하여 제작, 설치하여야 한다.

2. 유리의 요구 성능

(1) 휨강도
(2) 압축강도
(3) 인장강도
(4) 단열성능(열관류 성능)
(5) 차음 성능
(6) 내후성
(7) 내마모성, 표면 저항력
(8) 기타 기능성 유리의 성능
자외선, 열선 차단(반사) 또는 흡수 성능

[일반 판유리의 성질]

구분	성질
휨강도	500~1,000kgf/cm^2
압축강도	5,000~12,000kgf/cm^2
비중	2.2~6.3(2.53)
탄성계수	7×10^5kgf/cm^2
인장강도	300~800kgf/cm^2
반사율	8%
연화온도	720~730℃
열전도율	0.65kcal/mhr℃
표면저항력	500kgf/cm^2
열팽창률	8.5×10^{-6}/℃
비열	0.18cal/g℃(10~50℃)

3. 파손 원인 및 방지 대책

(1) 파손 원인

1) 내충격성 부족

외부의 충격에 대응력 부족

2) 인장응력 부족

강한 바람(태풍), 유리 하중에 의한 처짐 등으로 과도한 인장력 작용

3) 열파손 현상

태양 복사열 및 난방 등에 의한 깨짐

4) 유리 단부나 유리면의 클리어런스(Clearance) 부족

5) 세팅 블록의 부적합, 시공 위치 불량

6) 유리 표면의 미세한 상처로 인한 응력 집중

7) 화재로 인한 급격한 팽창

8) 유리 내부의 자파 현상

(2) 방지 대책

1) 설계 시 검토사항

① 내풍압성 검토

유리의 크기와 시공 위치, 건물의 위치와 지역 등을 고려하여 풍압에 충분히견딜 수 있도록 설계시 검토 필요

② 유리 하중 검토

대형 유리에 작용하는 고정 하중에 따른 유리 고정 프레임의 규격과 간격을 구조적으로 검토

2) 시공시 고려 사항

① 유리의 설치 공법 선정

유리의 크기와 설치위치(외벽 C/W) 등을 고려하여 적정한 설치 공법 선정

② 열파손 방지

㉠ 강화 유리 사용 및 충분한 클리어런스 등을 확보

㉡ 온도 차이를 크지 않게 유지

③ 자파 현상 방지

㉠ 안전유리(접합 유리) 사용

㉡ 열간유지시험(Heat Soak Test, 열흡수 성능 테스트)

④ 안전유리 사용

강화유리, 접합유리, 망입유리 등 파손에 강한 유리 사용

⑤ 세팅 블록

세팅 블록의 적정한 위치와 간격을 유지

⑥ 유리 구속력 억제

백업재와 같은 본드 브레이커를 시공하여 유리에 작용하는 구속응력을 최대한 억제

number 54 플라스틱 재료의 특성과 용도

※'04

1. 개 요

(1) 플라스틱 재료는 화열에 약하고 경도 및 내마모성이 작은 단점은 있으나 가공성이 우수하고 색채가 미려하며, 착색이 자유롭고 내식성, 내수성, 내화학성이 우수하여 건축물의 내·외장재의 원료로 많이 사용하고 있다.

(2) 건설분야에서 사용하고 있는 플라스틱은 구조재료, 바닥재, 방수재료, 방식재료, 실링재, 접합재 등의 다양한 용도로 사용하고 있다.

2. 플라스틱 재료의 특성

(1) 장 점

1) 경량 제품이면서 고강도

① AL의 1/3, 철의 1/3~1/8 정도의 경량

② 비강도가 2.0 정도로 CON'c 0.06~0.5, 목재 0.7보다 월등히 높다.

2) 가공 용이

① 원하는 형상, 치수, 색깔 등의 가공이 쉽다.

② 대량생산이 가능하다.

3) 내수성, 내투습성이 우수하다.

4) 내약품성, 내화학 성질이 뛰어나다.

5) 내마모성이 우수하여 바닥재료 등에 사용된다.

6) 착색의 자유성 및 투명성

① 높은 투명도를 이용한 용도로 개발

② 적합한 안료나 염료를 첨가하여 광범위하게 착색이 가능

7) 전기절연성이 양호하다.

(2) 단 점(문제점)

1) 강 도

① 인장강도가 압축강도보다 적다.

② 다른 보강재료를 병용하는 것을 고려해야 한다.

2) 응력, 강도 및 소성변형

① 연화 및 경화에 대한 상태변화가 크다.

② 강도계산시에 온도 환경을 고려해야 한다.

3) 탄 성

① 탄성이 크므로 구조재료로 부적절하다.

② 단면 2차율이 크게 되도록 보완하다.

4) 내열성 및 가열성

① 열에 의한 변형이 크고 가연성이 있다.

② 구조물로서 사용한계 온도가 낮은 점에 유의해야 한다.

5) 팽창 및 수축

① 열에 의한 팽창 및 수축이 크다.

② 플라스틱 재료 사용시 선팽창 및 선수축계수를 확인

6) 내구성 및 노화현상

① 직사일광 및 열적 변화의 영향으로 강도 저하, 노화 발생

② 공기 중의 산소와 물 및 자외선이 노화작용을 촉진

3. Plastic 재료별 용도

(1) 구조재료

1) 레진 콘크리트(Resin CON'c or Polymer CON'c)

① 결합재료 폴리머만을 사용한 콘크리트

② 경화제를 가한 액상 수지를 골재와 배합하여 제조

2) 폴리머 함침 콘크리트(Polymer－Impergnated CON'c)

① 성형 콘크리트에 액상의 폴리머 원료를 침수

② 시멘트와 폴리머를 일체화한 콘크리트

3) 폴리머 시멘트 콘크리트(Polymer Cement CON'c)

① 시멘트와 폴리머를 혼합하여 결합재로 만든 CON'c

② 성질이 다른 2개 이상의 소재결합으로서 장점을 보완하고 단점을 보강하는 복합재료

(2) 바닥재

1) 타일형 바닥재

경질 비닐타일, 리노륨 타일, 아스팔트 타일, 고무타일

2) 시트형 바닥재

비닐시트, 스펀지형 비닐시트, 리노륨 시트

3) 바름 바닥재

(3) 방수 및 방사 재료

1) 차수막 및 방사막

① 필름류 : 폴리에틸렌, 폴리염화비닐, 폴리프로필렌, 염화비닐, 폴리아미드 등

② 천류 : 부직포, 직물류

2) 차수판 또는 지수널판

① 하천제방에서 차수코아를 형성하여 투수계수를 낮출 목적으로 사용

② 연질폴리염화비닐시트, 반경질 폴리염화비닐시트가 사용됨

3) 방수 Sheet

① 터널공사의 용수처리, 지하구조물의 방수, 콘크리트의 양생막에 사용

② 옥상방수층, 벽체 방수 및 습기 방지 등에 사용

(4) 방식 재료

1) 코팅(Coating) 또는 라이닝(Lining) 등으로 이용

2) 코팅 : 에폭시, 알키드, 폴리우레탄 수지 등

3) 라이닝 : FRP 라이닝, Resin Mortar Lining 등

(5) 실링재

1) 지수도막, 신축이음재료, 가스켓(Gasket), 주입줄눈재료 등에 사용

2) 실링재는 내구성, 내후성이 우수하고, 수밀성, 기밀성, 시공성이 용이할 것

4. 맺음말

(1) 플라스틱(합성수지) 제품은 개발속도가 빨라 상품의 다양성으로 인한 소비자 선택의 폭이 넓으며, 이에 따라 사용량이 증가하는 추세이다.

(2) 플라스틱 재료는 각 재료별 특성이 다르므로 요구 성능에 적합한 재료를 선정하여 사용 후 결함이 발생하지 않고 경제성 있는 시공이 될 수 있도록 하는 것이 중요하다.

number 55 열경화성 수지와 열가소성 수지

1. 개 요

(1) 합성수지는 석탄, 석유, 천연가스 등의 원료를 인공적으로 합성시켜 얻어진 고분자 화합물로서 열가소성 수지와 열경화성 수지, 고무수지로 구분된다.

(2) 열가소성 수지는 고형상에 열을 가하면 연화 또는 용융하여 가소성 또는 점성이 생기는 성질의 수지이며, 열경화성 수지는 고형체로 된 후 열을 가하여도 연화되지 않는 수지이다.

2. 종류별 특징

(1) 열가소성 수지

1) 고형상에 열을 가하면 연화 또는 용융하여 가소성 또는 점성이 생기고 냉각하면 다시 고형상으로 되는 성질의 수지

2) 특 징

① 자유로운 형상으로 성형이 가능하다.

② 투과성이 좋다.

③ 강도 및 연화점이 낮다.

④ 구조재료는 부적당하며 마감재로 가격이 싸다.

3) 종 류

① 아크릴 수지

㉠ 투광성이 크고 내후성이 양호, 착색성이 우수

㉡ 유리 대용품, 도료, 채광판, 파이프, 전기 부품

② 염화비닐수지(PVC)

㉠ 전기절연성, 내약품성 우수, 온도에 의한 신축이 크다.

㉡ 필름, 시트판, 바닥용 타일, 접착제, 도료

③ 초산비닐수지

㉠ 무색투명, 접착성이 양호, 내열성이 부족

㉡ 도료, 접착제, 비닐론 원료

④ 폴리에틸렌 수지(PE)

㉠ 내약품성, 전기절연성, 내수성이 양호, 내충격성 우수

㉡ 건축용 성형품, 방수필름, 전선피복, 발포 보온판

⑤ 폴리스틸렌 수지(PS)

㉠ 무색투명, 내수성, 내약품성 우수, 전기 절연성, 충격 약함

㉡ 단열재(스티로폴), 포장재, 천장재, 창유리, 채광용, 벽용타일

⑥ 폴리아미드 수지(나일론)

㉠ 인장강도와 내마모성이 우수, 나일론의 재료

㉡ 내장재, 건축물 장식용품

(2) 열경화성 수지

1) 고형체로 된 후 열을 가하여도 연화되지 않는 수지

2) 특 징

① 강도 및 열 경화점이 높고 건축재에 많이 사용한다.

② 유리섬유 등과 같이 사용하면 구조적 성능이 양호

③ 내후성이 우수하다.

④ 열전도율은 작으나 열팽창계수는 크다.

⑤ 가격이 비싸다.

⑥ 2차 성형이 불가능하다.

3) 종 류

① 페놀수지

㉠ 접착력, 내열성, 내약품성, 내수성 및 강도가 크다.

㉡ 전기절연재, 전기통신 기자재, 접착제 등에 사용

② 실리콘 수지

㉠ 내열성, 내후성, 내약품성, 내수성이 크다.

㉡ 방수재, 접착제, 실리콘 도료 등으로 사용한다.

③ 에폭시수지

㉠ 내약품성이 크고 접착성과 내열성 우수

㉡ 내마모성이 크고 발수성이 뛰어나다.

㉢ 금속용 도료, 접착제, 보온 및 보냉재료, 도료로 사용

④ 멜라민 수지

㉠ 표면경도가 크고 내약품성, 내열성이 좋다.

㉡ 내수성이 적다. 요소 수지의 성능이 향상된 것

㉢ 표면치장재, 마감재, 가구재, 전기부품

⑤ 우레탄 수지

㉠ 발포되면 강도가 커지고 열차단성, 내약품성, 내구성 우수

㉡ 접착제, 바닥재, 단열재, 보온재로 사용

⑥ 요소수지

㉠ 착색이 가능하고 내열, 내용제성이 좋다.

㉡ 내수성이 낮다.

㉢ 마감재, 접착제, 도료에 사용

⑦ 폴리에스테르 수지

㉠ 유리섬유 보강 플라스틱(FRP)과 알키드 수지가 있다.

㉡ 강도가 크고 내구성이 높다.

㉢ 덕트, 물탱크 등에 사용한다.

3. 맺음말

(1) 합성수지는 건축물의 건식화, 경량화에 따라 마감재나 접착제 등 여러 용도로 사용하고 있으며, 부식되지 않아 습기에 강하며 내구성이 큰 장점을 가지고 있으나 내열성, 내후성, 내마모성이 취약하다.

(2) 합성수지재의 개발은 더욱 확대될 것으로 예상되며 내열, 내후성, 내마모성에 대한 결점을 보완할 수 있는 신소재의 개발이 중요하다고 본다.

number 56 주차장 바닥 마감재의 종류와 특징

※'00

1. 개 요

(1) 주차장 바닥은 차량의 운행에 의한 지속적인 반복하중이 발생하므로 이에 대한 충분한 강성을 갖도록 설계하는 것이 필요하다.

(2) 인체에 유해한 분진이나 소음이 적게 발생하면서도 시각적으로 아름다움을 갖춘 재료가 좋은데 우레탄계, 에폭시계, 하드너 제품 등이 많이 사용되고 있다.

2. 주차장 바닥재의 요구 성능

(1) 내마모성

(2) 내충격성

(3) 방진성(防塵性)

(4) 탄력성

(5) 내수성, 내화학성

(6) 미관성

(7) 내분진성

3. 종류와 특징

(1) 바닥강화제 바름(하드너)

1) 정 의

바닥면의 내마모성, 내화학성 증대와 분진방지를 목적으로 광물질 골재, 금강사, 규사와 시멘트를 혼합한 바름재이다.

2) 종류와 시공법

① 분말형(분말 하드너)

CON'c 타설 후 초기 응결시 3mm 이상의 두께로 살포하여 미장 마감한다. 배합비는 1 : 2 이상을 유지하고 7일 이상 습윤양생한다.

② 액체형(액상 하드너)

CON'c 경화 후 바닥을 세척한 다음 물에 희석하여 바닥면에 도포한다. 1차 도포가 완전히 건조한 다음에 2차 도포를 실시한다.

③ 에폭시 하드너

CON'c 경화 후 건조시킨 다음 바닥면에 도포한다.

3) 시공시 유의점

① 바탕면은 이물질 없이 청소하고 평활하게 유지한다.

② 액상형은 3주 이상 충분히 양생시킨다.

③ 기온이 5℃ 이하인 경우 작업을 중단한다.

④ 분말형은 균열방지용 줄눈을 설치한다.

⑤ 액상형은 2회 이상 도포하여 도막두께를 확보한다.

4) 특 징

① 내마모성, 내충격성 향상

② 시공이 쉽고, 간단하다.

③ 풍화현상 방지

④ 부식방지 효과

⑤ 미관이 향상되고, 가격이 저렴하다.

(2) 합성고분자 에폭시 바닥재

1) 정 의

에폭시계 합성고분자에 세사와 안료를 혼합한 바닥마감재

2) 시공법

① 바탕처리

㉠ CON'c 바탕은 흠이나 크랙 등을 미리 보수하여 정밀한 상태 유지

㉡ 바닥면은 습기가 없도록 완전 건조상태를 유지한다.

㉢ 미세한 먼지와 기름기 등을 완전히 제거한다.

② 바름재 시공

㉠ 프라이머는 너무 두껍지 않게 균일 도포한다.

㉡ 정벌바름은 솔이나 롤러 등으로 균일 도포한다.

㉢ T=3mm 시공시 초벌 1회, 재벌 1회, 정벌 1회를 기준으로 한다.

3) 시공시 유의점

① 바탕면의 습윤 상태나 이물질은 들뜸의 원인이므로 완전 건조시키고 깨끗이 청소한다.

② 미끄럼 방지용 모래는 Paste가 경화되기 전에 뿌린다.

4) 특 징

① 내마모성, 내충격성 증대

② 반영구적 사용

③ 유지, 보수비용이 적다.

④ 부분 보수 가능

⑤ 이음새 없는 시공으로 미관이 양호

⑥ 다양한 색상으로 미관 향상

⑦ 비교적 고가이다.

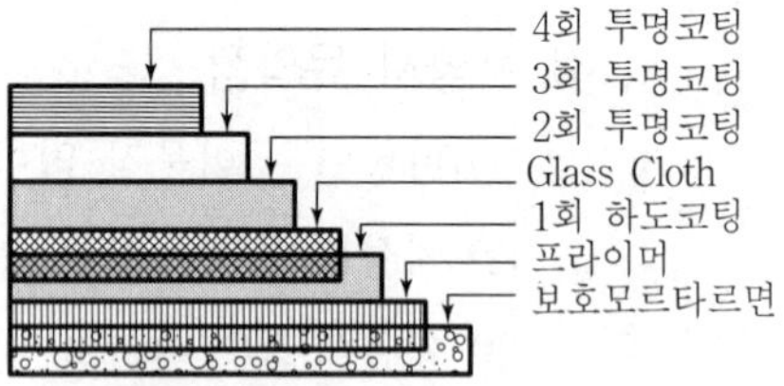

[에폭시 바닥재]

(3) 합성고분자 우레탄 바닥재

1) 정 의

우레탄계 합성고분자에 세사와 안료를 혼합한 바닥 마감재로 내충격성, 내마모성, 탄성이 우수하다.

2) 시공법

① CON'c 바탕은 흠이나 크랙 등을 미리 보수한다.

② 바닥면은 습기가 없도록 완전 건조상태를 유지한다.

③ T=3mm 시공시 초벌 1회, 재벌 1회, 정벌 1회를 기준으로 한다.

④ 정벌바름은 재벌 후 24~72시간 경과 후 실시

3) 시공시 유의점

① 유독성 물질이므로 환기시설을 하고 보호마스크를 착용한다.

② 기온 5℃ 이하, 습도 85% 이하인 경우 작업을 중단한다.

③ 경화재료는 직사광선을 피해 보관한다.

4) 특 징

① 내마모성, 내충격성 증대

② 반영구적 사용

③ 탄성이 좋아 충격흡수에 유리

④ 이음새 없는 시공으로 미관이 양호

⑤ 다양한 색상으로 미관 향상

⑥ 가격이 고가이다.

(4) 제물마감

1) CON'c 타설 후 경화 전 미장마감

2) 시공이 간단하고 경제적이나 내마모성이 저하

3) 균열이나 먼지 등이 발생할 우려가 있다.

(5) 칼라 CON'c

1) CON'c 타설 후 경화되기 전 다양한 색상의 안료를 뿌리고 표면을 코팅하여 마감하는 방법

2) 다양한 색상과 문양이 가능

3) 표면 경도 증대 및 내분진성 향상

4) 미관 우수

(6) 기 타

1) 합성고분자 아크릴 바닥재

① 아크릴계 합성고분자를 바탕면에 도포하는 바닥 도료

② 자연 건조형 아크릴 수지 에나멜 사용

2) 에폭시 라이닝

① 표면을 보호하기 위해 시공하는 0.1mm 이상의 두께를 가진 바름재를 라이닝이라 한다.

② 시공 후 24시간이면 보행 가능

③ 2회 이상 시공

3) 레진 모르타르

① 합성수지류와 모르타르를 혼합한 바닥마감재

② 내마모성과 내충격성이 매우 우수

③ 모래와 1 : 4 비율로 혼합해 5mm 두께로 시공

④ 신축줄눈을 깊이 2cm, 폭 2~3mm로 시공

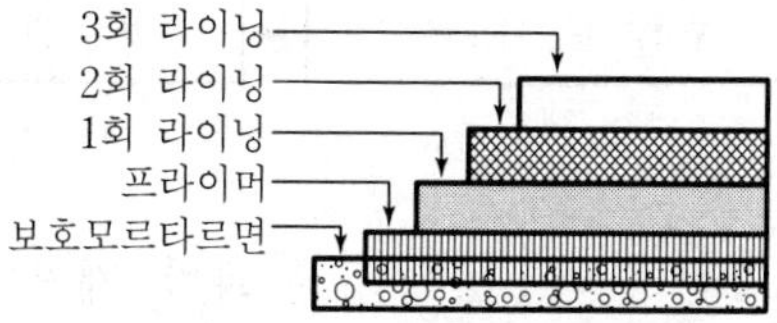

[에폭시 라이닝]

number 57 공동주택공사에서 기준층 화장실 공사의 시공순서와 유의사항

※'00

1. 개 요

(1) 화장실 공사는 구체완료 후 마무리까지 장기간 불연속적으로 이루어지고, 공사 전체의 마무리에 직접 영향을 주지만 특성상 대량 인원을 투입하여 단기간에 마무리 할 수 없다.

(2) 또한, 완공 후에도 하자가 많이 발생하는 부위이고, 하자보수가 어렵기 때문에 시공시부터 철저한 공정관리와 품질관리가 필요하다.

2. 화장실 공사의 특징과 시공순서

(1) 시공순서

방수공사 → 타일공사 → 수장공사 → 기구설치 → 정리정돈

(2) 시공관리 필요성

1) 불연속적 공정 진행
2) 좁은 공간으로 인한 제약
3) 대량 인원 투입 불가
4) 긴 공사기간 소요
5) 하자빈도가 높다.

3. 시공시 유의사항

(1) 방수공사(시멘트 액체방수)

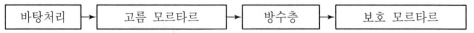

바탕처리 → 고름 모르타르 → 방수층 → 보호 모르타르

1) 바탕처리

① 바탕면의 철물이나 나뭇조각 등을 파취, 제거

② 바탕면 청소와 파취면 평활도 보완

2) 고름 모르타르 시공

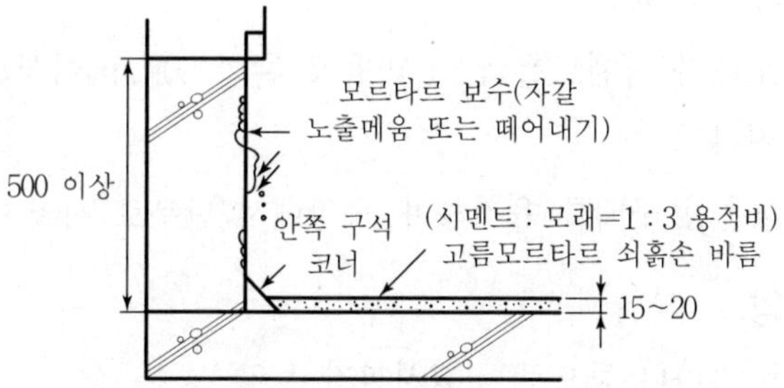

[바탕처리와 고름 모르타르 시공]

3) 방수층 시공

① 시멘트 페이스트액을 바탕에 도포

② 방수액을 침투

③ 모르타르와 혼합한 방수 모르타르를 바른다.

④ 건조 후 위 과정을 2~3회 반복한다.

4) 보호 모르타르 시공

① 방수층이 파괴되지 않도록 보호

② 2~3cm 두께로 물 흐름 경사를 따라 시공한다.

5) 담수시험

6) 시공시 주의사항

① 1차 시공 후 충분히 균열이 진행되도록 건조시킨다.

② 방수액은 종류에 따라 규정된 배합비율을 따른다.

③ 기온이 낮을 때는 보온조치를 하고 0℃ 이하시 작업 중단

④ 급격한 건조로 인해 균열이 발생하지 않도록 보양

(2) 타일공사

1) 나누기 시공도 작성

2) 벽타일 시공

① 바탕 모르타르로 수직면을 잡는다.(압착식)

② 수직실을 사용하여 수직도를 유지

3) 바닥타일 시공

① 바탕 모르타르

모래와 시멘트를 4 : 1 비율로 혼합 30mm 이상의 두께로 1일 이상 경화시킨다.

② 물흘림 구배를 유지하며, 중앙에서 단부로 시공

4) 보 양

톱밥, 가마니 등으로 경화시까지 보양

5) 시공시 주의사항

① 흡수율이 낮고 강도가 큰 타일을 선택한다.

② 물 흘림 경사는 바탕 모르타르로 잡는다.

③ 방수층이 손상될 충격이나 못질을 하지 않는다.

④ 기온이 낮을 때는 보온조치를 하고, 0℃ 이하시 작업 중단

⑤ 경화시까지 보행과 충격금지

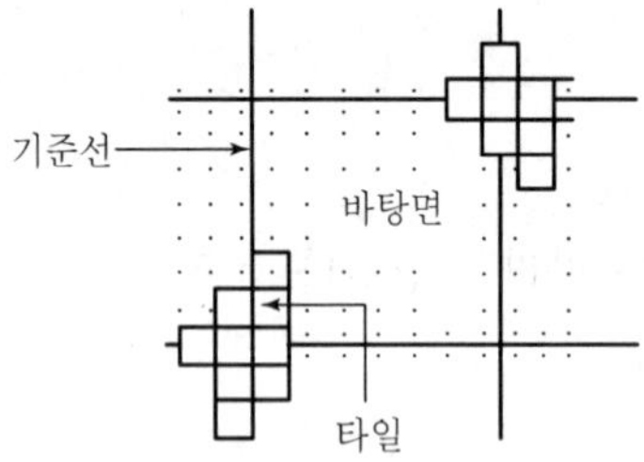

[시공순서도]

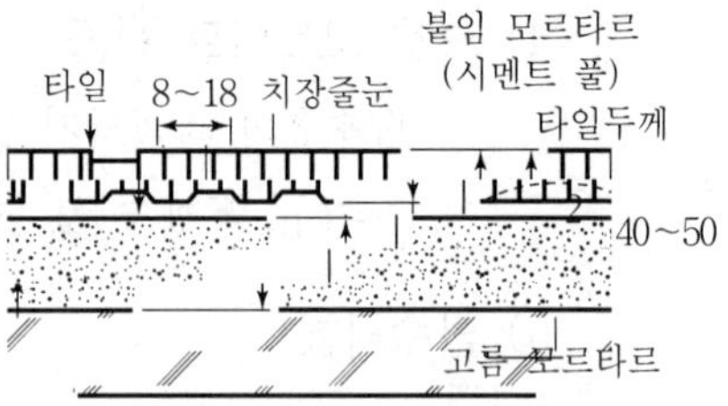

[시공단면]

(3) 수장공사

1) 천장설치

① 수평선 유지 : 기준 먹을 놓는다.

② 등기구와 환기구 설치위치를 미리 점검한다.

③ 시공순서 : 달대받이, 반자돌림대, 반자틀받이, 반자틀과 달대

2) 시공시 주의사항

① 습기에 저항력이 큰 자재로 선택

② 등기구와 환기구 설치위치를 미리 점검한다.

③ 나사못이나 공구로 타일을 파손하지 않도록 주의

(4) 전기 · 설비 공사

1) 기구설치 공사

① 급배수 기구설치 위치 표시

② 타일 천공부위 최소화

③ 연결부는 Seal재를 사용하여 수밀화

④ 환기구 및 점검구 설치

2) 등설치

① 충분한 조도 확보

② 습기에 의한 누전방지시설 마련

3) 시공시 주의사항

① 배관 연결부 유동으로 방수층이 손상되지 않도록 한다.

② 기구설치시 충격으로 타일이 손상되지 않도록 한다.

③ 타일 천공부위는 Seal재 충진

(5) 청소 및 정리정돈

number 58 건축물의 층간 방화구획

※'03, '10, '21

1. 개 요

(1) 건축물에서 화재가 발생하면 각종 가연성 물질의 연소로 유독성 연기와 화염을 발생시키면서 급속히 확산된다.

(2) 이 연소 확대는 건물 내·외부의 온도와 압력 차이로 인한 연돌 효과(Stack Effect) 때문에 수직 개구부인 계단, Elev, 설비 Shaft, 공조 Duct 등을 통해 전층으로 확대되므로 층간 방화 구획을 설치하여 화염의 확산을 방지해야 한다.

2. 방화구획 설치기준

구획종류	구획 단위
면적별	• 10층 이하 : 바닥면적 1,000m² 이내 • 11층 이상 : 바닥면적 200m² 마다(단, 내장재가 불연재인 경우 500m² 마다) ※ 자동소화설비(Sprinkler 등) 설치부는 위 면적의 3배 이내 마다
층 별	• 매층마다 구획
용도별	주차장으로 사용시 건축물의 다른 부분과 구분하여 구획

3. 방화구획 설치방법

(1) 계단에 의한 연소 확대 방지

1) 계단실 출입 방화문

① 갑종 방화문으로서 항상 닫혀 있거나 화재, 연기시 자동 폐쇄될 것

② 자동폐쇄장치 해제나 고정장치를 두지 말 것

(2) 설비 샤프트

1) 샤프트 벽체

내화구조로 상층 바닥 Slab까지 축조할 것

2) 관통부

주위 틈새를 시멘트 모르타르, 내화 충전재 등으로 밀폐해야 한다.

3) 점검문

갑종 방화문 구조일 것

4) 배기 그릴

Shaft 벽체의 배기 그릴도 자동방화 댐퍼를 설치할 것

(3) 설비 덕트

1) 덕트 관통부

① 덕트가 Shaft나 방화구획 벽체 관통시 방화 댐퍼를 설치할 것

② 관통부에는 시멘트 모르타르 내화충전재로 밀폐시킬 것

2) 방화 댐퍼

철판두께 1.5mm 이상으로 연기 및 72℃ 이상 온도에서 자동 차단될 것

(4) 방화문

1) 갑종 방화문

① 1.5mm 이상의 철판 또는 0.5mm 이상의 양면 철판 구조

② 기타 국토교통부장관이나 한국 건설기술연구원장이 실시하는 품질시험에서 성능이 확인된 것

2) 방화문틀

① 불연재일 것

② 문 폐쇄 후 방화에 지장이 있는 틈이 없을 것

③ 창호 철물은 화재에 노출되지 않을 것

(5) 자동 방화 셔터

1) 개폐장치

자동 및 수동으로 작동 가능할 것

2) 감지기

연기 감지기 및 열 감지기(60~70℃) 설치

3) 온도 퓨즈

50℃에서 5분 이내 작동되지 않고 90℃에서 1분 이내 작동할 것

4) 연동제어장치

5) 예비 전원

(6) 외벽과 Slab 틈새

1) Slab+C/W 접합부

Slab와 외벽과의 틈은 충전 재료, 충전 깊이, 시공방법을 고려할 것

2) Fan Coil 후면

Fan Coil Unit 후면의 단열판을 내화 성능이 있는 벽으로 구획할 것

(7) 방화 구획 벽체

1) 내화 구조벽

① RC조, SRC조로써 두께 10cm 이상

② 벽돌조로써 19cm 이상

③ 골구를 철골조로 하고 양면에 4cm 이상 Mortar 바르거나 5cm 이상의 블럭, 벽돌, 석재로 덮을 것

2) 설 치

벽체는 천장 속이 뚫려 있어서 화염이 확산되지 않도록 천장 밑까지 밀폐시킬 것

number 59 Access Floor 공법

※'00

1. 개 요

(1) 전기 또는 기계설비용 공간을 확보하기 위하여 Slab 위에 금속지주로 지지된 사각 Panel로 구성한다.

(2) 전산실, 중앙통제실, 전화교환실, 통신실 등 전선의 양이 많고, 기기의 위치가 자주 변경되거나 기존 공간의 용도를 변경하여 전기설비 등의 새로운 시설을 추가할 때도 사용된다.

(3) 최근 Intelligent B/D의 사무소 바닥에도 채용되고 있으며, 레이즈드 플로어(Raised Floor)라고도 한다.

2. 재료 및 구성

(1) Floor Panel

1) Panel의 크기

① 규격 : 600×600mm Typical

② 두께 : 30~50m/m

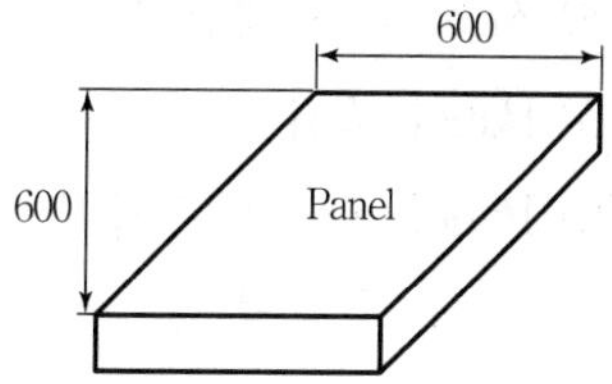

2) Panel의 재질

① 카펫, 칩 보드, 알루미늄 Panel

② 경량 CON'c, 목재 충진 Metal Panel 등

③ 하중의 조건에 따라 선택

3) 마감재료

① 카펫, 비닐타일, 내마모 Plastic 등

② Non-magnetic, Conductive 성질이 요구

③ 정전기 방지를 위해 접지되어야 함

4) Panel의 높이

① 높이는 100mm가 필요하며, 덕트 작업에 125~250mm가 일반적이다.

② 300mm 이상시 은닉장소 가능성 : 안전상 조치

(2) Panel의 서포트

1) 높이 150~600mm의 지주 금속으로서 높이의 조절이 가능하다.

2) 설치는 정착제 양면 Tape 또는 기계식으로 고정

(3) 아웃렛(Outlet)

1) 전기 인입구는 사무기기의 위치를 고려한다.

2) 돌출되지 않게 매끄럽게 하며, 표면부착형 사용 가능

(4) 기타 부속물

1) Panel Lifter, Cut Out

2) Preforated Panel

3. 시 공

(1) 시공도 작성 : Panel 나누기

(2) 바탕처리 및 건조, 청소

(3) Dust Proof, Painting : 분진방지

(4) 서포트 및 레일 설치

(5) Panel 조립

(6) Panel 수평 맞추기

(7) 청소 및 보양

(8) Panel Level 조정

4. 공법 적용시 고려사항

(1) 기존 건물에 설치시 바닥높이차 해결 강구

(2) 칸막이벽은 Panel에 지지해서는 안 된다.

(3) 음향 완충제 작용시

진동에 의한 소음 감소 필요

(4) Panel의 설치시

1) Panel은 정밀하고 치수를 정확히 위치한다.

2) 마감은 Panel을 설치할 때 하고 보양한다.

(5) 등분포 하중과 집중하중 처리

1) 제품의 허용하중 유지

2) 회전, 충격하중에 대해 표면손상 가능성 고려

(6) 내진설계 고려

1) 내진, 횡력에 대해서는 규준과 별도 설계

2) 내진설계에 대한 특별한 고려가 필요하다.

5. 맺음말

(1) 최근 건축물의 대형화, 초고층화에 따른 Intelligent B/D System의 추세와 정보화에 따라 전산망, 통신망 등의 설비 공종이 매우 중요하게 부각되고 있으며,

(2) 정보, 통신 케이블의 보수 및 점검과 사용의 편리성으로 인해 Access Floor 공법은 지속적으로 사용될 것이다.

number 60 옥상녹화 시스템

※'09, 13

1. 개 요

고층화, 고밀도화된 도심구조물에서 지상에 녹지 공간을 확보하기에는 한계가 있으며 삭막해진 도심지의 환경을 개선하고 녹지 비율 증대를 통해 생태적 도시를 만드는데 옥상녹화 시스템이 좋은 대안으로 떠오르고 있다.

2. 옥상녹화 시스템의 필요성

(1) 열섬현상 완화

1) 건물 기온 저감을 통한 열환경 개선

2) 여름철 정오에 옥상표면온도는 약 30℃, 녹화된 아래층 실온은 2℃정도 낮춤

(2) 기상이변의 완화 효과

(3) 공기 정화 효과

1) 미세 먼지 흡수

2) 이산화탄소 흡수, 산소 배출

(4) 홍수 완화

빗물의 흐름을 늦춰 단시간에 빗물의 집중을 완화시킴

(5) 도시 소음 감소

차량, 환기시설, 냉방기 소음 등을 흡수

(6) 쾌적한 도심 환경 조성

삭막한 인공 구조물을 줄이고 녹색 공간 확보

(7) 도시 미관 향상, 건물 가치 증대

깨끗하고 아름다운 옥상 조성

(8) 에너지 절약

여름철 냉방 효과, 겨울철 단열 효과로 열손실 감소

(9) 휴식 공간 제공

도시인의 녹색 쉼터 확보

(10) 생물의 서식처

조류의 이동 휴식처, 도시의 생물 다양성 회복

3. 옥상녹화 시스템의 종류와 시공

(1) 옥상녹화 시스템 선정시 고려사항

1) 녹화 목적
2) 필요한 기능
3) 건물의 구조와 작용하중(안전성)
4) 지속적 관리 유무

(2) 옥상녹화 시스템 방식 선정

1) 관리적 측면의 분류

① 저관리 경량형

㉠ 낮은 토심(20cm 이하)과 흙의 무게가 m^2당 100kg 내외
㉡ 지피식물 위주로 식재(돌나물, 채송화, 애기기린초 등)
㉢ 관수, 시비, 예초 등 지속적인 관리 없이도 식생층이 유지
㉣ 식재종 간 경쟁이 발생하지 않도록 설계

② 관리 중량형

㉠ 토심이 20cm 이상으로 지피식물과 교목, 관목 등을 식재
㉡ 건축물 구조상 토심과 식물종에 구애 없이 자유롭게 식재 가능
㉢ 관리가 전제되고 구조적 안정성이 확보된 신축건물에 적용

③ 혼합형

㉠ 경량형과 중량형을 혼합한 형태
㉡ 전체적으로 10~20cm의 낮은 토심을 유지
㉢ 군데군데 언덕을 두어 키 큰 관목 식재
㉣ 최소화된 관리를 지향

2) 구조적 분류

① 평면적 녹화

㉠ 건조에 강한 세담류, 잔디, 각종 잡초 등의 초본류를 식재

㉡ 건물 적용 하중이 적음(적재 하중이 약 40~100kg/m^2 정도)

㉢ 하중 제한이 있는 기존 건물, 경사지붕, 구상 건물 옥상 등에 적용

② 입체적 녹화

㉠ 초본류에 관목이나 교목을 균형 있게 배치한 방법

㉡ 기능면에서 뛰어남

㉢ 적재 하중은 토양 두께에 따라서 150~350kg/m^2 정도

㉣ 사무소 빌딩이나 집합주택 등에 적용

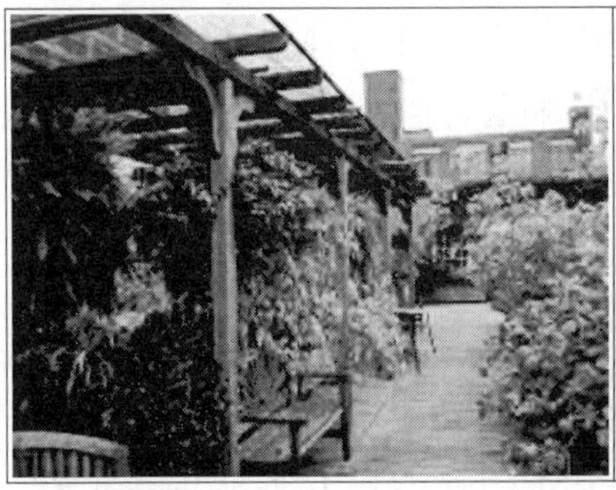

③ 비오톱 녹화

㉠ 입체적 녹화에 실개천, 연못 등이 추가되어 다양한 생물의 생식 공간 확보

㉡ 기능면에서는 가장 뛰어나나 적재 하중이 크고 유지관리가 어려움

㉢ 공공성이 높은 시설이나 상업 시설에 적합

(3) 식재 계획 수립

생태적 지속성과 계절감, 경관가치, 성상 구성 등을 고려한다.

(4) 시공시 주의사항

1) 건물의 구조적인 안전성 검토(하중 계산)

기존 건물에 설치시 예비진단과 구조 안전정밀 진단을 실시

2) 방수층

자외선에 강하고 내후성, 신축성, 방근성, 방부성을 갖춘 방수

3) 배수층

① 배수층은 수직·수평배수, 경사도, 배수구의 규격 및 수량, 배수로 확보 등이 요구됨

② 물이 오래 적체되어 뿌리가 썩지 않도록 신속한 배수가 될 수 있도록 시공

4) 배수구 설치 관리

① 식물의 뿌리가 끼거나 낙엽, 쓰레기로 막히지 않도록 점검구를 설치

② 배수구 개소

집중호우를 고려하여 $100m^2$당 100mm 구경의 배수구 하나를 확보

③ 가장자리 부근에는 반드시 배수구를 설치

5) 방근층

식물의 뿌리에 의해 방수층 손상이 없도록 방근층 설치

6) 토양층

토양층의 최상층이 경량토인 경우 표면에 자연토 시공

7) 관수시설

물을 공급하기에 충분한 개소 설치

8) 시설물 설치

① 시설물 설치시 방수층 파괴 방지

목재 데크, 각종 포장재, 파고라, 벤치, 테이블, 울타리, 기타 조경 시설

② 휴식 공간 배치, 수목 투시등과 조명등 배치 고려

9) 안전 난간 설치

안전사고 예방을 위해 안전 난간 높이를 확보

PART 6

총 론

Contents

Professional Engineer Architectural Execution

number 1 건설환경 변화에 따른 국내 건설산업의 문제점과 대응방안

※'04

1. 개 요

(1) 우리나라의 건설시장은 이미 개방체제로 진입해 있으며, 경제회복 정도에 따라 개방의 영향은 건설산업 전반에 직·간접적으로 파급효과를 가져올 것으로 보인다.

(2) 따라서, 기존의 단순노동 집약적 형태의 건설구조를 과감히 개선하고 새로운 시스템과 정보화, 신기술 개발에 주력하여 날로 치열해지는 경쟁과 변화되는 환경을 극복하도록 해야 할 것이다.

2. 국내 건설산업의 실태와 문제점

(1) 건설경기의 장기 침체

1) APT 시장을 중심으로 한 지역적 가격 폭등

2) 수도권 신규택지 부족 현상

3) 재건축 시장 규제에 따른 사업성 악화

4) 주택 보급률의 상승과 시장의 포화상태

5) 리모델링 분야의 활성화 미흡

(2) 건설산업 기반 취약

1) 단순노동 집약구조의 미탈피

2) 신기술 개발과 적용에 어려움

3) 건설업체의 난립에 따른 과다 경쟁으로 인한 덤핑 수주

4) 전문 건설업체의 생존 위협

5) 금융 조달방식의 한계

6) 3D 업종으로의 분류에 따른 숙련공의 부족과 미숙련 기술자의 양산

7) Engineering 능력 부족

(3) 제도적 문제

1) 입찰제도의 혼란과 잦은 변경
2) 품질보다는 가격 위주의 수주체계
3) 최저가 낙찰제도에 따른 수익성 악화
4) 관과의 유착 고리 미근절
5) 감리제도, CM 제도의 혼선과 CM 미정착

(4) 건설시장의 환경 변화

1) 외국기업의 국내시장 진출
2) 정보화 사회로의 급속 이행
3) 해외의 우수한 자본력과 기술력으로 시장 독점 우려

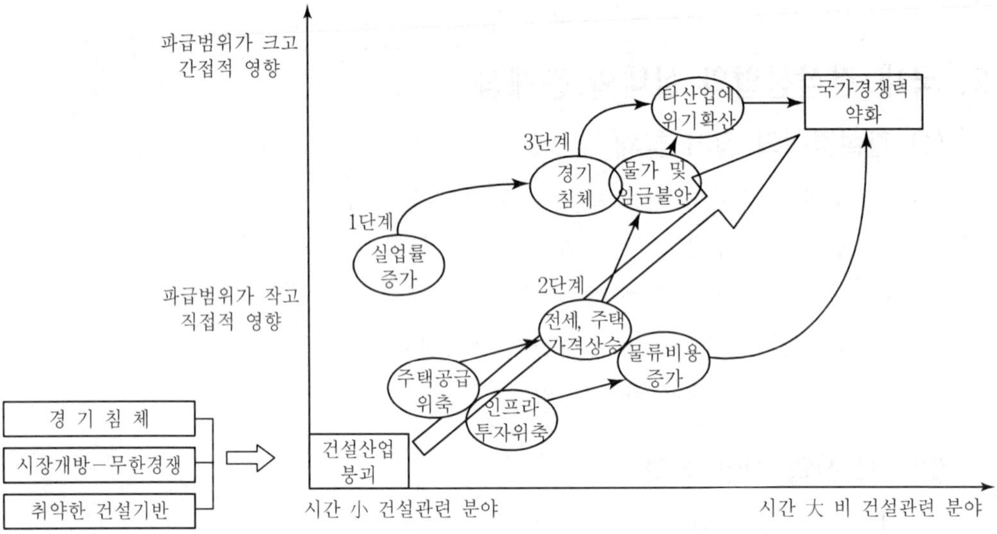

3. 국내 건설산업의 대응방안

(1) 건설업의 경쟁력 향상

1) 자본과 금융의 건실화, 재무구조 개선
2) 능력과 적성에 의한 인원 배치
3) 업무 효율화로 불요불급한 경비지출 억제
4) 경쟁력을 갖춘 업체별 통합

(2) Engineering 능력 향상

1) EC화

① Turn Key 제도의 활성화

② 하도급 계열화 촉진

③ 종합건설업 면허제 실시

④ 신기술 개발과 적용

⑤ Project 개발 능력 향상

⑥ Soft Engineering 능력 향상

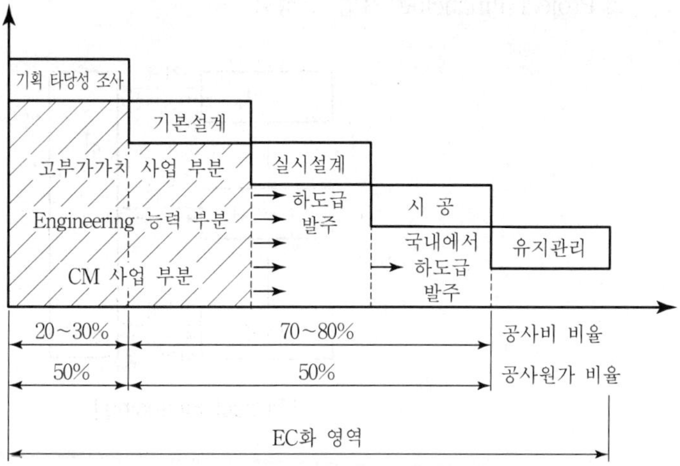

2) CM화

① 자본, 기술, 경영관리시스템 정착

② 기술인력의 양성과 교육

③ 관리체계의 개선

(3) 건설 정보화 촉진

1) 기획, 설계, 시공의 통합화(CALS 구축)

2) 건설정보의 공유를 통한 효율성 극대화

3) U-city, U-home 등 분야 활성화

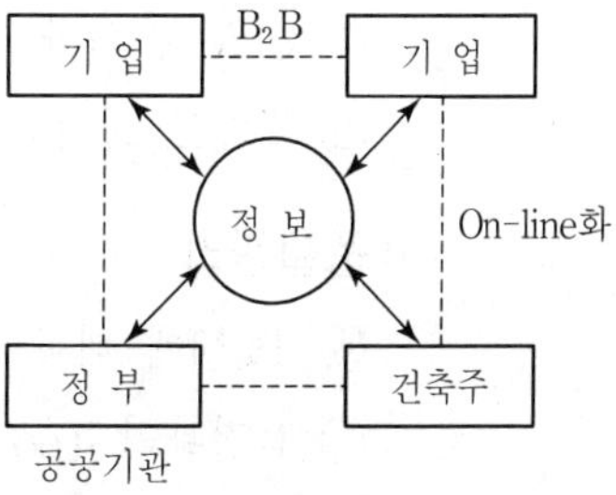

[정보 System 구축]

(4) 제도의 개선

1) 도급제도의 개선

① 가격위주 낙찰방식을 기술과 품질위주의 경쟁으로 유도

② 덤핑과 담합 방지책 마련

③ PQ 제도의 개선 적용

④ Turn Key 제도의 활성화 유도

⑤ TES 제도와 신기술 지정제도 활성화

2) 금융 조달방식 활성화

① Project 금융제도 활용

② Project Financing 기법 활성화

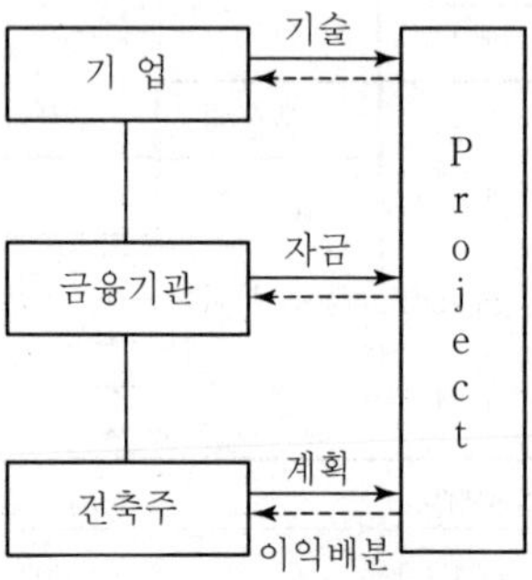

[Project Financing]

(5) 관리기술과 시스템 개선

1) 공정관리

① CPM에 의한 공정관리

② 균배도 작성과 최적 자원배당 체계확립

2) 품질관리

① TQM에 대한 인식변화와 체계화

② 품질관리 Tool의 적극적 활용

3) 원가관리

① VE에 의한 최소 원가 투입기법 적용

② LCC에 의한 설계, 시공, 관리

(6) 생산 시스템 개선

1) 설계의 표준화 : CAD 설계, CAM 생산

2) 자재의 건식화와 규격화 : Pre-fab, MC화

3) 설비의 자동화와 Robot화로 인한 대량생산으로 품질향상
4) 적시 생산 시스템(Just in Time)

(7) 시공의 기계화와 신기술 개발

1) 시공방법의 기계화
2) Robot 시공 확대

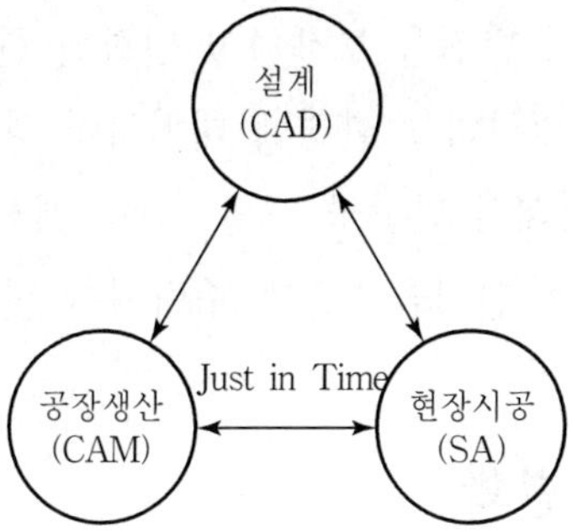

[생산 System 구축]

4. 맺음말

(1) 건설시장의 국제적 흐름은 가격경쟁에서 품질경쟁을 뛰어넘어 기술과 부가가치의 경쟁, 지식과 정보의 경쟁, 그리고 유연성과 서비스 경쟁의 시대로 변화하고 있으며, 이러한 환경에서 건설업이 할 일은 새로운 환경에 맞는 모습으로 변화하는 것이다.

(2) 건설인 각자가 능력을 배양하고, 기술을 축적하여 공정하고, 합리적인 운영을 통해 경쟁력 있는 미래산업으로 발돋움하도록 노력해야 할 것이다.

number 2 국내 건설산업의 현황과 환경변화 대응방안

※'04

1. 개 요

(1) 세계의 모든 건설시장은 단일화, 대형화되고 있으며, 정보화와 맞물려 건설업도 새로운 방향으로의 발전을 모색하고 변화된 환경에 능동적으로 대응하여야 한다.

(2) 우리 건설산업이 변화하는 환경에 대처하여 경쟁력을 갖추기 위해서는 기존의 단순 노동 집약적 형태의 건설구조를 과감히 개선하고, 효율적이고 새로운 시스템을 개발하여 정보화와 신기술개발에 주력해야 할 것이다.

2. 건설시장의 환경변화

(1) 수주 패턴의 변화

1) Turn Key 발주, CM 계약 증가
2) 공사규모의 대형화와 고층화
3) IBS와 기술집약형 Plant 공사
4) 대규모 Project 금융과 BOO, BTO 등으로 형태 변화

(2) 수주경쟁의 가속화

1) 선진국의 막대한 자금력과 기술적 우위를 바탕으로 한 시장 독식
2) 자국업체 보호 위주의 정책으로 인한 해외공사 수주 어려움
3) 후진국업체의 선진국업체 하도급화 현상

(3) 시장의 다변화

1) 70~80년대 중동 산유국 위주의 건설
2) 무역자유화와 시장개방 이후 일본과 미국, 동남아에 대규모 건설시장 형성
3) 유로체제 출범과 동유럽 국가, 남미 등 전 세계적 시장 형성

3. 국내 건설산업의 현황과 문제점

(1) 건설경기의 장기침체

1) 계속되는 경기침체로 인한 주택과 부동산 시장의 위축
2) 수도권 신규택지 부족 현상
3) 주택 부문 이외의 신규 물량 부족
4) 주택보급률의 상승과 시장의 포화상태
5) 부동산 경기 침체
6) 재건축에 대한 규제강화로 인한 시장 위축

(2) 건설산업기반 취약

1) 단순 노동집약구조의 미탈피
2) 기업의 비합리적 경영과 재무구조 취약
3) 업체의 난립 : 과다경쟁으로 인한 덤핑 수주
4) Engineering 능력 부족 : 업체의 영세성과 기술개발 소홀
5) 금융조달방식의 한계
6) 숙련공의 부족과 미숙련 기술자의 양산

(3) 제도적 문제

1) 입찰제도의 혼란과 잦은 변경
2) 가격위주의 수주체계
3) 관과의 유착고리 미근절
4) 감리제도, CM 제도의 혼선

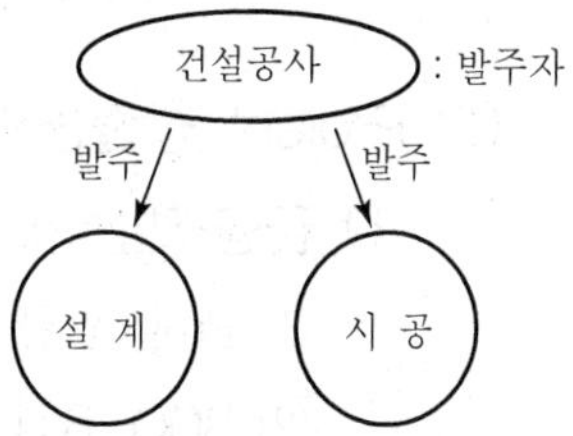

[설계, 시공 분리발주]

(4) 건설시장의 환경변화

1) 외국기업의 국내시장 진출
2) 정보화 시스템의 구축 미비
3) 해외의 우수한 자본력과 기술력이 시장을 독점

(5) 국내 건설시장의 성장한계

선진국형 산업 구조의 변화에 따른 건설업 비중 축소

4. 국내 건설 산업의 대응방안

(1) 건설업의 구조조정과 경쟁력 확보

1) 자본과 금융의 건실화

2) 능력과 적성에 의한 인원 배치

3) 업무 효율화로 불요불급한 경비지출 억제

4) 경쟁력을 갖춘 업체별 통합

(2) Engineering 능력 향상

1) EC화 추진

① Turn Key 제도의 활성화

② 하도급 계열화 촉진

③ 종합건설업 면허제 실시

④ 신기술 개발과 적용

2) CM 정착

① 자본, 기술, 경영관리시스템 정착

② 기술인력의 양성과 교육

③ 관리체계의 개선

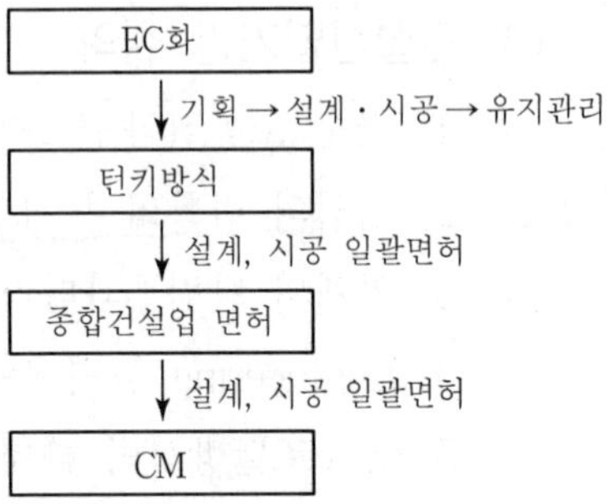

[EC화 정착방안]

(3) Project 창출능력 배양

1) 금융조달방식 확대

① Project 금융제도 활용

② BOO, BTO 방식 적극 유도

2) 해외업체와의 Joint Venture로 시장 확대

(4) 제도의 개선

1) 도급제도 개선

① 가격위주 낙찰방식을 기술과 품질위주의 경쟁으로 유도

② 덤핑과 담합방지책 마련

③ PQ 제도의 활성화와 미비점 보완 개선

④ Turn Key 제도의 활성화 유도

⑤ 신기술에 대한 지원 강화책 마련

2) 감리제도 개선

3) 시방서, 계약서, 도면의 정비와 개선으로 현실화

4) 최저가 낙찰제도 문제 개선

5) 전자입찰제도 확대 시행

6) 실적공사비 실적 단가의 현실화

(5) 정보화 기술 활용

1) PMIS

2) 유비 쿼터스를 활용한 건설

① U-City 건설

② RFID 기술을 이용한 관리체계 수립

3) 스마트건설 기술 확대 적용

① BIM

② Big Data & Cloud

③ AI 및 사물인터넷

④ 드론, 로보틱스, 3D 프린팅기술

⑤ 가상현실, 증가현실 기술

(6) 관리기술과 시스템 개선

1) 공정관리

① CPM에 의한 공정관리

② 균배도 작성과 최적 자원배당 체계 확립

2) 품질관리

① TQM에 대한 인식변화와 체계화

② 품질관리 Tool의 적극적 활용

③ ISO 9000 Series 도입과 지속적 관리

3) 원가관리

① VE에 의한 최소원가 투입기법 적용

② LCC에 의한 설계, 시공, 관리

③ EVMS 현장 적용 확대

(7) 생산시스템 개선

1) 설계의 표준화 : CAD 설계, CAM 생산
2) 자재의 건식화와 규격화 : Prefab, MC화
3) 설비의 자동화와 Robot화로 인한 대량생산으로 품질 향상
4) 적시 생산시스템(Just in Time System)

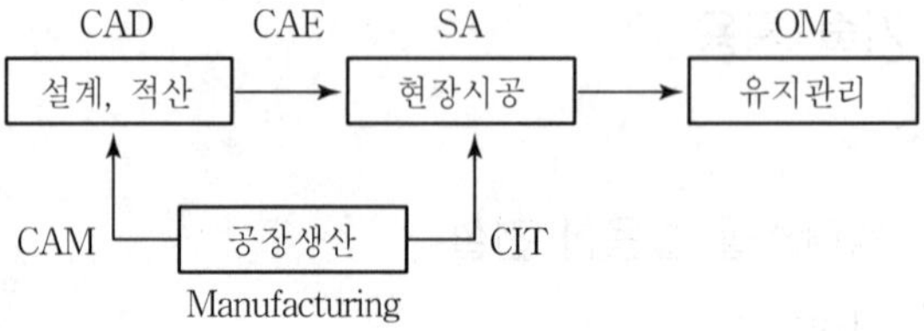

[생산 System 개선]

5) U-표준화 촉진

(8) 시공의 기계화와 신기술개발

(9) 전문인력 배양과 교육

1) 외국기업의 해외 연수 및 교육
2) 기업체의 사업 재교육 프로그램 개발

(10) 환경친화적 건설

1) 친환경 자재의 개발
2) 환경을 고려한 설계, 시공 기술개발

(11) 리모델링 시장 활성화

5. 맺음말

(1) 변화하는 건설시장에 대응하고 경쟁력을 갖추어 적응하기 위해서는 기술능력과 관리능력을 향상시키고, 고부가가치를 창출할 수 있도록 지속적인 기술개발과 기업의 체질을 개선해야 한다.

(2) 또한, 종래의 시공위주의 도급형태에서 벗어나 스스로 사업을 창출할 수 있는 능력을 기르고, 낙후된 System을 개선하려는 변화된 자세가 요구된다.

number 3 건축생산의 생산성 저하 요인(특수성)과 생산성 향상 방안

※'79, '83, '85, '96, '97, '99

1. 개 요

(1) 건축생산은 단순화, 표준화, 규격화가 어려우며, 건설기간이 길고 일회적인 생산에 기반을 둔 노동집약 산업이다.

(2) 이렇듯 많은 제약요건을 가지고 있지만 생산기술을 표준화하고, 기술개발과 시공의 기계화를 추구한다면 고부가 산업으로 변모할 수 있을 것이다.

2. 건축생산의 특수성과 저생산성 요인

(1) 건설산업의 특수성

1) 일회적 생산성

① 단일 제품이며, 일회 생산 품목

② 주문에 의한 생산방식

2) 환경영향 산업

① 지역적, 지리적 영향

② 옥외 생산에 의한 환경과 날씨의 영향

③ 현장이 일정치 않으며, 잦은 이동이 발생

3) 표준화, 규격화 곤란

① 단일 제품

② 대량생산에 제약

4) 노동집약 산업

① 기계화의 한계

② 현장작업과 습식공법

5) 초기투자비 과다

① 자금회전과 회수율이 일정하지 않아 기업의 금융조달계획 수립이 곤란

② 초기에 대규모 자본 필요

6) 장기 생산

규모의 대형화와 고층화 추세

7) 복잡한 하도급 체계

(2) 생산성 저하 요인

1) 건설환경 낙후

① 기업의 재무구조 취약

② 종합적 관리능력 부족

③ 고임금과 숙련공의 부족

④ 낮은 기계화 시공률

⑤ 전문건설업의 취약과 낮은 계열화

⑥ 대규모 Project 개발시 금융조달방법의 비현실화

2) Engineering 능력 미흡

① CM 제도의 미정착

② 전문인력 부족

③ 공사관리 기술개발 미흡

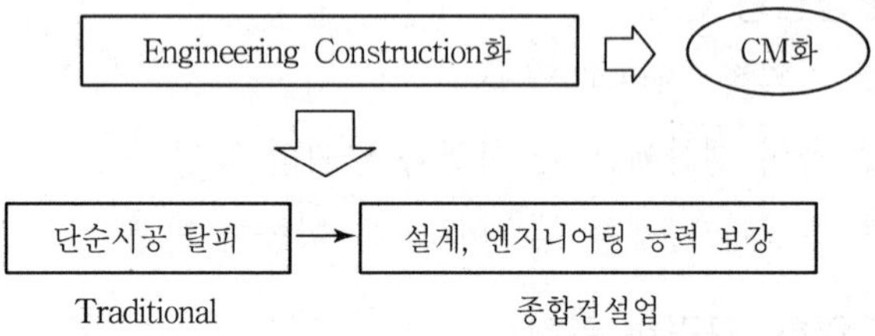

3) 도급제도의 문제

① 시공위주의 도급제도 : Turn Key 능력 저하

② 설계화 시공의 분리발주

③ 담합과 덤핑 관행

4) 정보화 한계

3. 생산성 향상 방안

(1) 건설업체의 추진 방향

1) Soft 기술능력 강화

① CM 능력 향상

② 시공위주에서 설계, 시공 Engineering형으로 : 종합건설업 면허 도입

③ 외국업체와의 Joint Venture 확대

④ 업체 간 협력 강화

⑤ 협력 업체에 대한 기술과 자본의 지원

2) 시공의 기계화

① 기계화를 통한 인력 절감(성력화)

② 장비의 자동화 촉진

③ Robot시공 확대

3) 공법의 근대화

① 복합화 공법 추진

② 건식화 공법 채택

③ 가설 비용의 절감, 가설공사 축소

(2) 제도적 개선

1) 공공 공사의 설계, 시공일괄발주 확대

2) 종합건설업 면허제 도입

3) VE 활성화

4) 전문 건설업체 육성

5) 산학연대와 관, 민 협력체계 구축

(3) 정보화 시스템 구축

1) PMIS : 건설정보의 통합화와 정보활용

2) CALS 구축

① 전산업 정보의 공유

② 정보의 표준화 작업으로 효율성 증대, 원가 절감

③ 초고속 정보통신망 구축

3) BIM 활용의 적극 유도

4) 4차 혁명 정보화 기술의 적용 확대

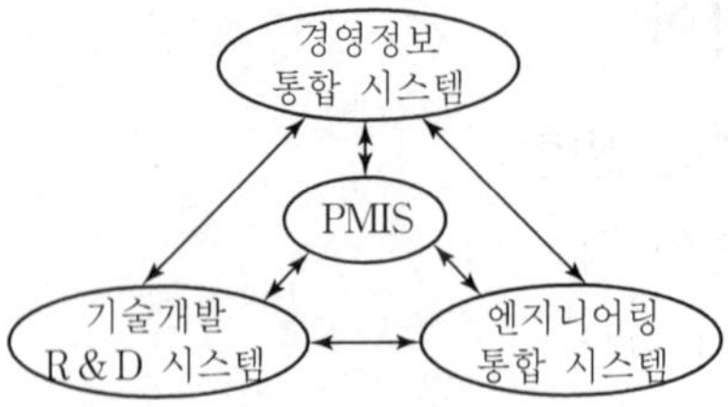

[CIC 시스템과 PMIS 연계도]

(4) 전문인력 배양

1) CM/PM 교육
2) 외국기업에의 해외 연수 및 교육

(5) 신기술개발(R & D) 촉진

1) 기술개발에 대한 투자 확대
2) 신기술 지정제도 활성화
3) 전문 기술업체에 대한 세제와 금융지원

(6) 계획과 설계의 합리화

1) 설계의 CAD화
2) LCC 기법에 의한 종합적 계획

(7) 생산기술의 합리화

1) 부품의 조립화와 규격화
2) 3S화 추진
3) 재료의 경량화, PC화, 고강도화 추구

(8) 관리 기술의 과학화

4. 맺음말

(1) 건설업이 현재의 저생산성을 극복하고, 고부가가치 산업으로 나아가기 위해서는 EC화에 의한 Soft 개발능력을 향상시키고, 수익성 있는 사업 모델 개발이 이루어져야 한다.

(2) 또한, 기술력 향상과 신기술개발에 의한 생산성 향상이 무엇보다도 중요하며, 이를 위해서는 기술혁신, 경영합리화, 도급체계의 확립 등이 필요하다.

number 4 건설공사의 신기술개발(R & D)

※'98, '06

1. 개 요

(1) 건설업은 제조업과 달리 기술 개발 속도가 늦고 적용이 어려운 특성으로 인해 생산성이 타산업에 비해 낮고 기술보다는 가격위주로 시장이 형성되어 왔으나

(2) 대형화되고 고도의 전문 기술력을 요하는 공사로 변화되는 추세와 정보화된 시대적 흐름에 대처하기 위해서는 건설 기술력 향상을 통한 시공성을 높이는 것이 필수 불가결한 선택이라 할 수 있다.

2. 기술 개발 효과(기술력 증대를 통한 생산성 향상)

(1) 건설업의 생산성 증대

(2) 건설업의 고부가가치화와 건설업의 구조 개선

(3) 기술력 증대를 통한 시공합리화

(4) 공사 기간의 절감, 공사비 절감, 품질 향상

(5) 무한 경쟁 체계에서 기업의 경쟁 우위 확보

(6) 정보화 시대에 대응, 타산업과의 연계 확대

(7) 표준화, 기계화, 복합화 촉진

3. 기술개발 저해 요인

(1) 건설업의 특수성

1) 인력 위주의 시공 형태

2) 기계화 제한

3) Life Cycle 장기화

4) 복잡한 하도급 체계

5) 현장 습식 작업

(2) 제도적 지원 미흡

1) 신기술 보호 대책 미흡

2) 대안입찰, 성능 발주 등 미흡

3) T/K 발주 미흡

4) 신기술 검증 체계 미흡 : 실적 위주 검증

(3) 가격 중심의 입찰 체계

1) 가격 경쟁에서 기술, 품질 경쟁으로의 전환이 늦음

2) 경량화, 고성능화, 소형화, 다기능화에 대한 발전이 늦음

(4) 경험적 시공 관행

1) 과학적, 합리적 접근 문화 풍토 미흡

2) 과거 시공 경험 위주의 방식 고수

(5) 단기 이익 추구

1) 자체 기술 개발보다는 손쉬운 기술을 도입하여 단기 이익만 추구하는 경향

2) 초기의 투자비 회수, 이익 실현에 집착

(6) 연구 기반 미흡

1) 기초 연구 실적 미비

2) 학문과 생산 기술의 접목 부족

3) 유능한 인력, 인재 부족

(7) 교육 및 투자 부족

4. 기술개발 촉진 방안

(1) 제도적 개선과 지원

1) 도급 제도

① 기술력에 대한 가중치 부여 강화

② 기술 투자액을 시공 능력 평가시 적극 반영

2) 입찰 및 낙찰

① PQ 심사시 기술 점수 배점 비중 강화

② TES 확대

(2) 기술 보호 강화

1) 기술 개발 대한 보상 제도

신기술에 의한 공사비 절감시 보상액 증대

2) 신기술 지정 제도 확대 시행

(3) VE 및 VECP 확대

1) VE 의무 대상 공사 확대

2) VE에 대한 적극 지원

(4) 발주 방식 개선

1) 기술력을 향상 시킬 수 있는 발주 형식 확대 적용

2) T/K, 대안입찰 등의 확대

(5) 기업의 투자 확대안 마련

1) 기술 개발비에 대한 금융 및 조세 지원

2) 산학 협력 체제 구축

3) 중소업체에 대한 대기업의 지원 체계 마련

(6) EC 능력 확대 및 지속적 교육

1) 건설업체의 특화, 전문화 유도

2) 우수 인재 육성, 지속적 교육실시

(7) 기술 정보 체계(D/B) 구축

1) 건설업의 정보화를 통한 정보의 공유

2) 신기술, 신공법에 대한 소개와 적용 활성화 적극 유도

number 5 건설업의 EC화

1. 개 요

(1) EC(Engineering Construction)화는 종래의 단순시공에서 벗어나 Project의 발굴에서부터 기획, 설계, 시공, 유지관리에 이르기까지 건설산업의 전반을 종합관리하는 업무영역의 확대를 일컫는다.

(2) EC화의 필요성은 더욱 증대되고 있는 실정이나 우리 건설산업은 시공위주의 도급관행과 노동집약적 관리, 설계와 시공의 분리, 전문인력의 부족 등이 EC화의 걸림돌로 작용하고 있다.

2. EC화의 개념과 필요성

(1) EC화의 개념

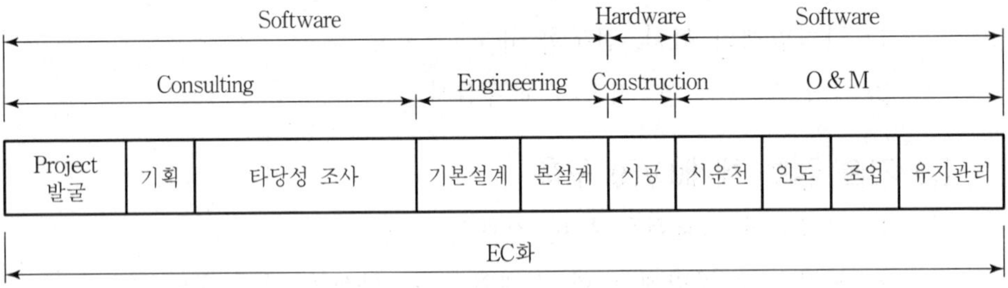

(2) 필요성

1) 건설산업의 대형화, 다양화, 고층화, 전문화
2) Turn Key 발주의 증가에 따른 대응 능력 향상
3) 국제 수준의 경쟁력 확보
4) 건설업 환경 변화에 따른 수주능력 향상
5) 기존 업체의 비효율성 제거
6) 프로젝트의 발굴과 기획 금융 조달능력 확대
7) 건설산업의 통합화 경향
8) 고부가 영역으로의 영역 확충

3. EC화 단계별 업무내용

(1) 기획단계

1) 사업발굴과 타당성 조사
2) 규모계획과 사업성 검토
3) 시행계획의 수립과 예산계획
4) 기본설계 실시와 설계심의

(2) 설계단계

1) 건물기획 입안
2) Cost Planing : 부위별 견적
3) 기술과 공법, 시방서 지침
4) 부지 확보와 인·허가 완료

(3) 발주단계

1) 발주방식 결정
2) 자재와 장비 발주
3) 입찰과 계약 실시

(4) 시공단계

1) CPM에 의한 공정표 작성
2) 예산집행과 기술관리 : 감리제도
3) 하도급관리 및 공사관리

(5) 운용 및 유지관리

1) 시운전, 점검
2) 세금과 등록 등 일반관리

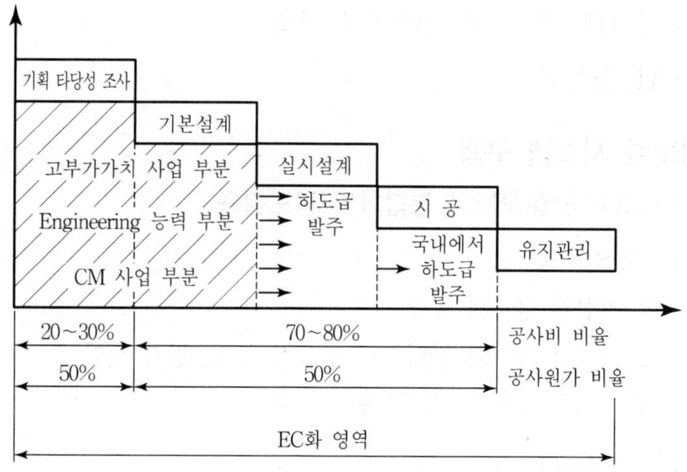

[EC화의 영역]

4. EC화 추진 방향

(1) 건설업체의 추진 방향

1) Soft 기술능력 강화

① CM, PM 능력 향상

② 협력업체에 대한 기술과 자본의 지원

③ 자사에 맞는 단계적 확대

④ 기획 및 관리 능력 확충

2) 체질 개선

① 시공 위주에서 설계, 시공 Engineering형으로－종합건설업 면허

② 외국업체와의 Joint Venture

③ 업체간 협력강화

④ EC화 필요성 공감대 확대

(2) 제도적 개선

1) 공공 공사의 설계, 시공 일괄 발주 확대

2) 업체별 특화

① 대기업체 : 종합건설업 면허제 도입

② 중소기업체 : 일반건설업체로 육성

③ 전문건설업체 : 전문화

3) 산학연대와 관, 민 협력체계 구축

4) VE 활성화

(3) 정보화 시스템 구축

1) PMIS : 건설정보의 통합화와 정보활용

2) CALS 구축

① 전산업 정보의 공유

② 정보의 표준화 작업으로 효율성 증대, 원가 절감

③ 초고속 정보통신망 구축

3) BIM 활용의 적극 유도

4) 스마트 건설 기술 활용

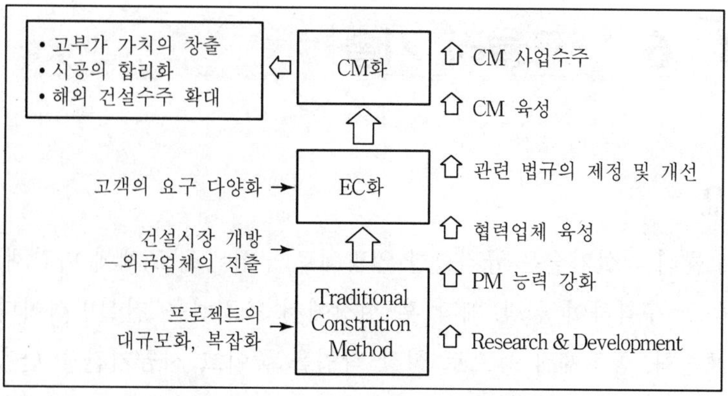

(4) 전문인력 배양 및 교육

1) CM, PM 교육
2) 외국기업으로의 해외 연수 및 교육
3) 기업체의 사원 재교육 프로그램 개발

(5) 신기술개발

1) 기술개발에 대한 투자 확대
2) 신기술 지정제도 활성화
3) 전문 기술업체에 대한 세제와 금융지원

5. 맺음말

(1) 해외 건설시장은 급격히 변화하고 있으나 국내 건설업의 현황은 아직 도급위주의 수주형태에서 벗어나지 못하고 있으며 EC화에 대한 노력도 부족한 현실이다.

(2) 건설업의 규모가 커지고 복잡화될수록 EC화는 더욱 절실히 요구되는 사항이며, 전통적 노동집약산업에서 벗어나 고부가가치산업으로 거듭나기 위해서는 국제 수준의 경쟁력을 갖추고 변화하는 환경에 능동적으로 대응하는 자세가 필요하다.

number 6 모듈러 기술

※'17

1. 개 요

(1) 모듈러 건설기술은 규격화한 입방체로 구성된 구조체에 마감재와 전기, 설비 부품 등을 부착하여 공장 제작 후 현장에서 조립하는 건설방식이다

(2) 표준화, 공장제작 등으로 현장 작업을 줄이고 시공기간을 단축하는 효과가 크며 소비자 요구에 따라 맞춤형 설계 및 제작을 확대하는 등 시장성을 높이고 있다.

2. 모듈러 기술의 특징

(1) 장점

1) 3S(규격화, 표준화, 부품화)

건축 구성 요소를 규격화하여 부품 단위로 조립 가능

2) 공장 생산(공업화 건축)

① 자동화 설계 및 생산 시스템

② 현장 작업 감소(건식 생산과 시공)

3) 공기 절감

① 공장생산과 현장작업의 병행(동시 시공)

② 현장 작업량 감소(현장 작업비율 약 20%)

③ 표준화에 의한 도면 작성 시간 등 감소

④ 기후 및 현장 여건의 영향 감소

4) 원가 절감

① 기존 습식 공법에 비해 인건비 절감 효과

② 대량 생산가능

③ 가설비용 절감

5) 품질 확보

① 공장생산에 따른 균일 품질 및 정밀시공

② 하자 발생 감소

6) 친환경적

철거시 철재 유닛모듈 90%이상 재활용

7) 다양한 제품 생산

소비자의 요구에 맞는 다양한 제품 생산 가능

(2) 단점

1) 접합부 기밀성 저하

2) 층간 소음 발생

3) 구조 안정성

일체식 구조에 비해 낮은 구조 안전성

4) 내화성능 문제

3. 모듈러 기술의 종류

(1) 적층공법

1) 라멘구조

라멘 구조로 제작된 부재를 쌓아 올려(적층)하여 조립

2) 벽식 구조

내력벽 구조체를 쌓아 올려 조립

(2) 인필 공법

철골조 기둥, 보를 조립 후 구조체 내부에 공장제작 BOX 모듈을 끼워 넣는 방식

4. OSC(Off-Site Construction) 기술

(1) 개념

공장에서 구조체와 부품을 사전제작하고 현장으로 운반하여 조립 생산하는 방식

(2) 종류

구분	축조식	패널식	BOX 식
콘크리트(PC)	PC 제작 건축물	PC 아파트	PC 모듈러 주택
강재	스틸 하우스	–	모듈러 공동주택
목조	한옥	CLT 목조패널 주택	한옥 모듈 주택

5. 모듈러 기술의 발전 방향

(1) 기술성

1) 구조적 안전성

접합부의 구조내력 확보 등을 통한 대형화, 고층화

2) 기밀성능과 차음성능, 단열성능 개선

① 접합부의 기밀성, 차음성, 단열성능 확보를 통한 실내 환경 개선

② 성능 평가 및 인증으로 신뢰성 확보

3) 시공기술

① 부재의 이동, 운반의 제한

② 해체, 조립 등의 기술 개발

(2) 시공성

① 공기 절감의 효과 증대

② PC 제작 및 시공의 한계점 극복 필요

(3) 경제성

① 시장 활성화로 대량생산의 이점 확보

② 공장제작 비율을 높여 가격 경쟁력 확보

③ 낮은 인식과 높은 비용의 한계 극복 필요

number 7 시방서 기재사항과 작성절차

※'17

1. 개 요

(1) 도면이나 내역서에 나타낼 수 없는 자재규격이나 등급, 시공정밀도 등 발주자의 의도를 시공자에게 명확히 전달할 목적으로, 공사 대상물의 품질에 대한 사항을 규정하는 공사계약서의 일부가 시방서이다.

(2) 시방서 작성시에는 공사의 시행목적과 건축물의 용도, 공법적 특징 등에 대한 철저한 사전조사를 바탕으로 도면과 일치하도록 세세히 작성해야 한다.

2. 시방서의 분류

(1) 내용에 따른 구분 : 일반시방서, 기술시방서

(2) 적용범위에 따른 구분 : 일반(표준)시방서, 특기시방서

(3) 작성방법에 의한 구분 : 표준시방서, 전문시방서, 공사시방서

(4) 용도에 의한 구분 : 표준규격시방서, 공사시방서, 약술시방서, 자료시방서

(5) 기술방법에 의한 구분 : 서술시방서, 성능시방서

3. 시방서 기재사항

(1) 시방서의 적용범위

표준시방을 기준으로 해당공사의 기재사항을 적용한다.

(2) 사전 준비사항

측량 및 원척도 작성 사항, 제반 수속

(3) 사용 재료

재료의 품질, 규격, 견본품의 제출

(4) 시공 방법

작업순서, 사용 장비와 기계, 사용공법, 시공 정밀도, 시공 후 검사

(5) 시험 관련

시험검사방법, 품질시험내용과 횟수, 합격기준

(6) 안전사항

작업환경, 보양 및 정리, 안전대책

(7) 공사목적물

공사목적물의 명칭, 구조, 수량 등의 표시

(8) 작업 관련 사항

후속공사와의 처리, 특기사항, 별도공사

(9) 도면에 표현하기 어려운 사항

(10) 기타 도면의 보충사항

4. 작성절차

(1) 사전조사와 자료검토

1) 입찰 요구조건, 계약조건 검토

① 건물의 구조, 용도, 규모

② 공사범위, 공사기간, 공사내용

2) 시공조건 검토

① 부지와 부지 주변 상황

② 부지내 지반조건과 인근 지반침하나 건물 균열 가능성

③ 기후와 지리적 여건

3) 관계법령과 조례

(2) 설계도서 확인

1) 설계도면과 특기사항 검토

2) 구조계산서 검토

(3) 총칙 작성

1) 공사 전반에 관한 일반사항, 공사 전 준비사항, 일반관리사항
2) 시방서 적용범위와 사전 준비사항
3) 공사담당자 자격, 감리원 자격
4) 제출용 공작도면과 제출방법
5) 자재 관련 일반사항 및 견본품
6) 자재검사 및 시험 일반사항
7) 안전 및 공정 진행 관련 사항

(4) 공종별 시공사항 작성

1) 표준시방서 기준에 의거 작성

2) 공법 관련 사항
   ① 공종별 작업내용과 작업범위
   ② 시공순서와 시공방법, 양생에 관한 사항, 시공시 주의해야 할 사항
   ③ 작업자의 자격, 감독 기준
   ④ 공법의 안전수칙

3) 자재 및 장비 관련 사항
   ① 자재의 검수와 요구 성능
   ② 자재의 보관과 사용법
   ③ 자재의 시험방법
   ④ 장비의 선정과 사용법, 요구성능 장비의 사용시 주의점
   ⑤ 대체 자재와 장비에 관한 사항

4) 품질 관련 사항
   ① 요구 품질 확보시의 유의점
   ② 하자발생시 대책과 재시공 방법

(5) 기타 공사 관련 사항

(6) 기술시방서 작성

특수공종, 공법은 필요시 기술시방서 작성 첨부

5. 시방서 작성시 주의사항

(1) 도면과 상충되는 내용이 없도록 작성한다.

(2) 공사의 내용이 누락되지 않도록 세심하게 기록한다.

(3) 복잡함을 피하고, 단순하고 이해가 쉽도록 작성한다.

(4) 마무리 정도와 요구성능을 명확하게 규정한다.

(5) 도면을 충분히 보완할 수 있도록 작성한다.

(6) 표준양식을 사용하여 일관성 있도록 한다.(전산화 추구)

6. 맺음말

(1) 시방서는 설계도면과 함께 발주자의 의도를 표현하여 목적하는 의도에 맞는 품질과 성능을 갖춘 구조물을 완성하는 데 있으나, 현재 국내의 시방체계로는 형식적 수준에 머물러 있다.

(2) 시방서의 기준을 국제적 기준에 맞도록 공종별로 체계를 재정비하고, 실질적 기능을 갖도록 보완해야 할 것이다.

number 8 계약 종류와 형태

1. 개 요

프로젝트가 대형화 복잡화, 전문화됨에 따라 이러한 사업을 중심으로 공사의 규모나 특성을 반영한 다양한 계약 형태와 방식들이 사용되고 있으며, 발주형태와 공사비 지급을 위주로 새로운 방식들의 적용이 확대되고 있다.

2. 사업주의 발주방식에 따른 분류

(1) 일괄발주계약(General Contract)

1) 프로젝트의 전부를 단일회사가 발주받는 계약으로 "Turn-key Job"이라고 한다.

2) 기본설계, 상세설계, 기자재 조달, 시공관리 및 시운전까지의 모든 업무를 수행한다.

(2) 분할발주계약(Split Contract Contract)

하나의 거대한 프로젝트를 복수의 엔지니어링 회사와 계약하는 방식

1) 프로젝트 유니트로 분할 발주
2) 프로젝트 시공 구역별로 분할 발주
3) 프로젝트 시공 기간별로 분할
4) 프로젝트 직종별로 분할

3. 계약자의 수주 형태에 따른 분류

(1) 원청계약(Prime Contract/Main Contract)

주문자와 원청 계약자인 엔지니어링 회사와의 직접 계약을 말한다.

(2) 하청계약(Sub-Contract)

주문자로부터 프로젝트를 수주받은 원청 계약자인 엔지니어링 회사가 계약업무 범위의 전부 또는 일부분을 제3자에게 위임시키는 경우에 원청 계약자와 하청계약자 사이의 계약을 말한다.

(3) 단독도급계약(Individual Contract)

한 엔지니어링 회사가 주문자로부터 단독으로 프로젝트를 수주할 경우의 계약을 말한다.

(4) 공동도급계약

프로젝트의 규모가 큰 경우에 단독으로 수행하기가 어려운 기술, 또는 자금력 측면에서 어렵거나, 단독으로 수행시 위험부담이 큰 프로젝트, 또는 동업 타사의 고유한 기술력을 필요로 하는 프로젝트에 대하여, 상호 신뢰할 수 있는 동업자와 공동 수주하여 사업을 수행하기 위해 만든 방식

1) 조인트 벤처(Joint Venture)

① 2개사 이상의 엔지니어링 회사가 공동으로 발주자와 계약하며, 프로젝트 전체의 수행에 대하여 연대책임을 진다.

② 프로젝트 구성원의 인원은 각 회사의 인원을 혼합적으로 구성하여 공동작업을 한다. 프로젝트 수행시 발생하는 일체의 자금은 공동으로 계산하고, 이익과 손실은 프로젝트 완료 후 양사 합의 사항대로 배분하게 된다.

2) 컨소시엄(Consortium)

① 2개사 이상의 회사가 공동으로 특정 프로젝트를 수주하여, 주문자에게 연대책임을 지며 사업을 수행하는 점은 조인트 벤처와 같으나, 컨소시엄 구성회사는 각기 업무 분담 범위 내의 사업수행은 사의 책임이며, 이에 대한 이익, 손실 등의 분배는 실시하지 않는다.

② 공동사업에 참가하는 각 회사는 기본 방침을 사전에 정하고, 조인트 벤처 협정서(Joint Venture Agreement), 또는 컨소시엄 협정서(Consortium Agreement)를 체결한 뒤 여기에서 정해진 방침에 따라 프로젝트를 수행한다.

4. 계약자 선정방법에 따른 분류

(1) 경쟁 입찰 계약(Competition Bid Contract)

계약자를 선택할 때 공개입찰을 통하여 사업주에게 기술 금액 등 가장 유리한 조건을 제시한 입찰자와 계약하는 방식

1) 자격이 있는 응찰자는 누구나 입찰에 참가할 수 있기 때문에, 자유경쟁에 의하여 비교적 싼 가격으로 계약할 수 있으며, 공사기간에 여유가 있을 때 이용되고 있다.

2) 제시금액도 중요하지만, 공정의 우수성, 기술에 대한 신뢰성, 공기, 유사 프로젝트의 경험, 자금력, 인력활용 등을 평가한 후에 가장 적절한 입찰자에게 낙찰이 된다.

3) 예비자격심사(Pre Qualification)나 사업주가 지명하여 입찰을 실시하는 지명입찰(Nominated Bidding)도 적용된다.

(2) 수의계약(Negotiated Contract)

사업주의 자유의사에 따라 적당한 계약자를 선정하여 계약조건을 협상하여 계약을 체결하는 방식

5. 업무 범위에 따른 분류

(1) 기기 공급 계약(FOB 계약)

1) 계약자가 도면, 설치, 건설, 운전에 필요한 매뉴얼 및 관련 기자재를 수출국 지정 항구에서 본선 인도 조건으로 매도하는 계약이며, 본선에 선적시까지의 비용만을 계약자가 책임지며, 해상운임 이후부터는 사업주가 책임진다.

2) 기기공급에 추가하여 선설 및 운전을 위한 기술지도자(Supervisor)를 파견하게 되면 FOB Plus Supervision 계약이 된다.

(2) 턴키계약(Turn-Key 계약)

1) 계약자가 플랜트의 설계, 기자재 조달, 건설 및 시운전까지의 모든 업무를 단일 책임하에 일괄로 계약을 체결하는 것이다.

2) 프로덕트 인 핸드계약(Product in Hand Contract)은 시운전 완료 후 사업주의 조업에 필요한 종업원의 교육훈련과 제조된 생산물의 검수 완료 및 인도까지를 계약 내용으로 한다.(완전한 기술 이전 가능)

(3) 설계계약

1) 프로젝트의 계획, 기획을 포함한 기본설계, 상세설계 및 구매조달 서비스 업무를 계약자에게 위탁하는 계약 형태를 말한다.

2) 모든 업무를 일괄 계약하거나, Licence 계약, Management 계약, Consulting 계약, Engineering 계약, 구매조달 계약 등으로 분할하여 계약하기도 한다.

(4) 감리계약

1) 사업주가 엔지니어링 회사의 조직, 인원 및 경험 등을 믿고 기기조달, 협력업체의 자재, 인원, 장비 및 시공업무 등의 감리능력에 대하여 계약을 하는 방식이다.
2) 엔지니어링 회사가 독립된 계약자로서 계약을 체결한 경우 감리 업무를 완성하여, 사업주에게 인도할 때까지는 자기 책임으로 업무를 수행하게 되고 대리인으로서 계약 체결시에는 사업주를 위하여 대리권 책임 범위 내에서 감리 업무를 실시하게 되며, 이때 감리업무에 대한 법적 책임은 사업주에게 주어진다.

6. 대금지불방식에 따른 분류

(1) 정액도급계약(Lump-Sum Contract)

프로젝트에 포함된 설계, 기자재비, 공사비 및 경비에 대한 모든 비용을 정액금액으로 정하여 놓고 프로젝트를 완성하는 계약 방법이다.

1) 고정정액 도급계약(Lump-Sum Contract With Contract)
   사업주가 인정하는 업무범위 변경 이외에는 계약에서 규정된 모든 업무를 계약자의 일체 경비 부담으로 수행하여야 하며, 물가상승으로 인한 경비 증가 요인도 인정이 되지 않는 일괄도급계약을 말한다.

2) 에스컬레이션 인정정액 도급계약(Lump-Sum Contract With Escalation)
   건설 기간이 긴 공사에서 물가상승으로 인한 계약자의 경비 부담을 고려하여 계약금액 산정시 물가 상승분을 반영시키는 방식이다.

3) 단가계약(Unit Price Contract)
   공사의 단위마다 소요재료의 수량이나 직종별 공수 등의 가격산출시 각기 단가를 먼저 정하고, 공사완료 단계에서 집계된 실제공사 물량에 계약된 단가를 곱하여 공사대금을 결정하는 계약방식이다.

(2) Cost Type 계약

프로젝트 완성시까지 계약자가 제공하는 서비스에 한해서 일정한 경비(Fee)를 지불하고, 기자재 및 공사비와 같이 계약 이행에 소요된 코스트에 대해서는 실비로 정산하는 계약방식이다.

1) 적용 대상

① 업무의 내용을 프로젝트 초기에 상세하고 명확하게 규정하는 것이 불가능할 때

② 기간이 한정되어, 기본설계, 시방서 및 업무범위 등이 확립되지 않은 상태에서 시작하여야 하는 프로젝트

③ 계약기간 중 업무범위, 시방, 공사 등의 계약조건의 변경이 예상되는 프로젝트

④ 사업주가 프로젝트를 총괄 관리하나 계약자의 서비스는 필요에 따라서 이용되는 프로젝트

⑤ 계약규모가 대규모이거나, 프로젝트 완성시까지 장기간을 요하여, 물가 상승 등의 위험부담이 높을 때

⑥ 사업주가 프로젝트에 광범위한 참여를 희망할 때

2) 방 식

① Cost Plus Fixed Fee 계약(실비 정액 보수 가산제)
투입된 실비에 관계없이 계약자의 경비(Fee)는 계약시에 고정된 형태로서 가장 많이 사용된다.

② Cost Plus Percentage Fee 계약(실비 비율 보수 가산제)
경비를 실제 투입된 비용에 대한 일정비율로 지불하는 계약방법이다.

③ Cost Plus Sliding Fee 계약(실비 준동률 보수 가산제)
경비는 계약시에 고정되어 있지만 실비 총액에 따라 지급 비율을 정하는 방법

④ Bonus & Penalty 조건부 Cost Plus Fee 계약
코스트 플러스 형태의 계약은 계약 공기가 길어지며 전체 비용이 증가하는 단점이 있으므로 이를 보완하기 위해 보너스와 벌책 조항을 코스트 플러스 형태의 계약에 반영한 것이다.(비용, 공기 감소시 보너스 지급/증가시 벌책 부여)

⑤ 최고액 보증부 Cost Plus Fee 계약(Cost Plus Contract with Guatanteed Maximum)
Sliding Scale Fee 계약에서는 경비가 프로젝트 비용의 실비에 따라 증감하지만, 이 계약에 있어서는 계약자의 경비는 고정된 채 사업 비용이 합의된 금액을 초과할 경우 초과분의 비용은 계약자가 부담하며, 합의된 금액

이하로 비용 집행시에는 차액이 모두 사업주에게 귀속되거나 사업주와 계약자가 분할하여 갖는 방식

⑥ 이익분배제 Cost-Plus Fixed Fee Contract

Cost-Plus Fixed Fee 계약 방식에 이익분배 규정을 가미한 계약방법이다. 계약자의 노력으로 사업에 소요된 실비를 계약 가격 이하로 집행하였을 때, 절감된 금액을 상호 분배하여 계약자에게 가산하여 지불한다.

number 9 공사 계약 일반조건에 의한 설계 변경 사유와 계약금액의 조정방법

※'20, '22

1. 개 요

(1) 설계 변경이란 계약 후 사업을 진행하는 과정에서 예상치 못하던 상황의 발생이나 공사물량의 증감, 계획의 변경 등으로 당초 설계, 계약된 사항을 변경시키는 작업을 말한다.

(2) 설계 변경은 당초 계약의 목적이나 본질을 바꿀 만큼의 성격이나 범위를 초과해서는 안 된다.

2. 설계 변경 사유

(1) 사업 계획의 변경

1) 발주자의 사정이나 조건에 따라 사업계획, 공사 목적물을 변경

2) 규모, 물량의 증감시

3) 사용 재료, 공법의 변경

4) 구조물의 구조적 변경을 수반하는 경우

(2) 설계도서와 현장의 불일치

1) 설계도서와 현장 상황의 불일치

① 설계도서의 결함이 아니라 현장 여건 반영의 미비로 인해

② 지반 조건 : 암출현, 지하수위, 매설물 등 돌발적 상황

(3) 설계도서의 불확실

1) 설계도서의 오류나 시방서 내역서 간의 불일치

2) 총액 입찰시

추정가격이 1억 원 이상인 공사는 내역서가 설계도면과 상이하거나 모순이 있을 때 설계 변경 가능

(4) 기술 개발비 보상

1) 기술 개발 보상 제도

동등 이상의 기능, 효과를 가진 신공법, 신기술 적용

3. 계약금액의 조정 방법

(1) 계약금액 조정 요건

1) 계약 변경시 공사량의 증감이 발생될 때

2) 일정 기준 이상은 소속 중앙관서 장의 승인이 필요

예정 가격의 86/100 미만으로 낙찰된 공사로서 증액 조정 금액이 당초 계약 금액의 10/100 이상인 경우

(2) 계약금액 조정 기준

1) 계약된 공사물량이 증감되는 경우

① 계약단가 기준

㉠ 증감된 공사물량의 단가는 계약단가를 기준으로 한다.

㉡ 설계 변경 전 물가 변동으로 인해 계약 금액을 조정한 경우에는 변경된 계약단가를 적용한다.

② 예정 계약 단가 적용

계약단가가 예정가격 단가보다 높은 경우로서 공사물량이 증가하는 때에는 예정가격 단가를 적용한다.

③ 발주처의 설계 변경 요구

증감된 공사물량의 단가는 설계 변경 당시를 기준으로 하여 산정한 단가와 동단가에 낙찰률을 곱한 금액 범위 내에서 계약 당사자 간에 협의 결정한다.

2) 신규 비목의 경우

① 신규 비목

㉠ 계약시 반영되지 않은 추가 항목으로 산출 내역서 상의 품목, 성능, 규격 등이 다른 것

㉡ 설계 변경 당시를 기준으로 산정한 단가에 낙찰률을 곱한다.

② 발주처에서 설계 변경 요구시

신규 비목의 단가는 설계 변경 당시를 기준으로 하여 산정한 단가에 낙찰률을 곱하여 산정한 단가의 범위 내에서 계약 당사자가 협의하여 결정

(3) 설계 변경 절차

1) 계약자의 요청

계약 상대자의 통지 및 요청은 반드시 당해 부분에 대한 계약이행 전에 공사감독관(책임 감리자)을 경유하여 통지

2) 승인 및 심의

① 설계 변경의 승인

예정가격의 86/100 미만 낙찰계약공사 : 계약자문위원회의 심의를 거쳐 소속중앙관서장의 승인을 일어야 함.

② 심의

기술 개발 보상 제도로 인한 변경시 : 기술자를 위원회에 청구하여 심의를 얻는다.

3) 설계 변경 시기

① 설계도면 확정시

② 설계도면이 필요하지 않는 경우 : 당사자간 문서에 합의한 때

4) 조정 절차

① 감리원/감리회사

㉠ 계약금액 조정을 위한 각종 서류를 제출받아 검토·확인 후 발주자의 장에게 제출

㉡ 예비 준공 검사기간을 고려해 준공 예정일 45일 전까지 제출

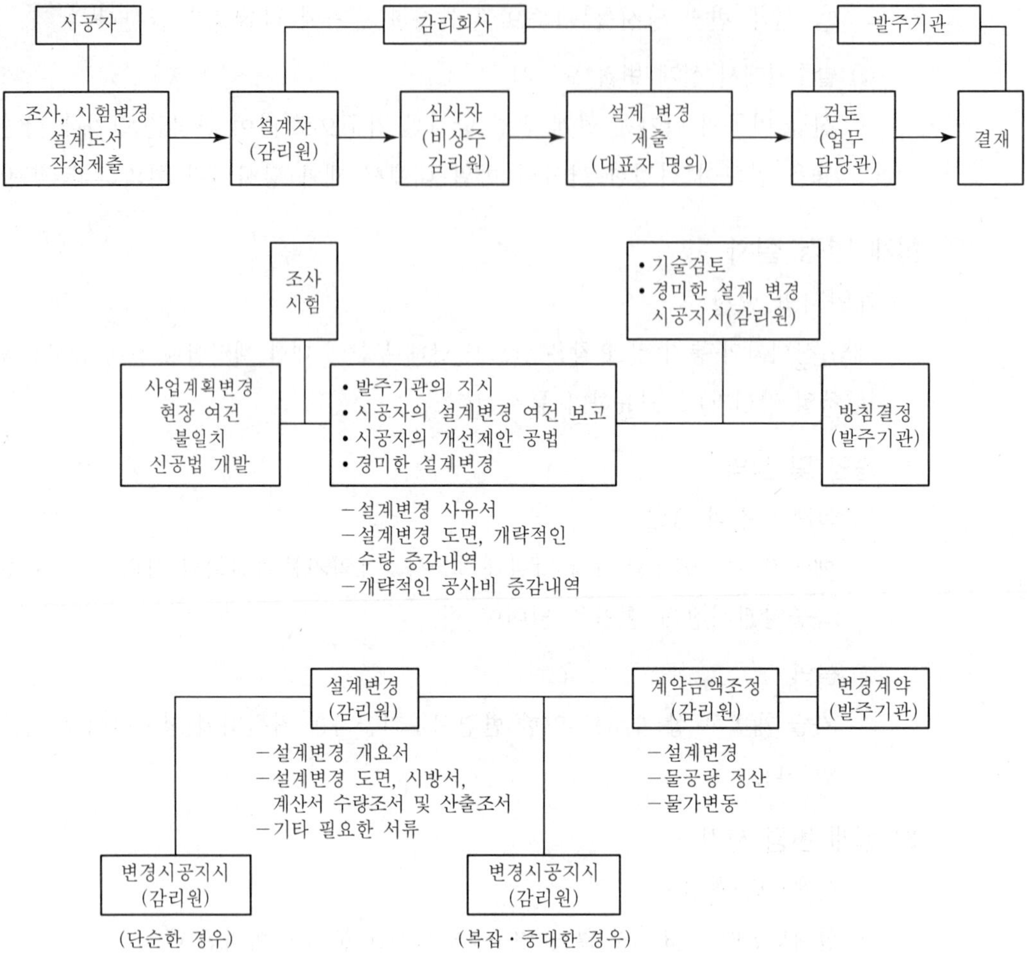
시공자
감리회사
발주기관
조사, 시험변경 설계도서 작성제출
설계자 (감리원)
심사자 (비상주 감리원)
설계 변경 제출 (대표자 명의)
검토 (업무 담당관)
결재
조사 시험
• 기술검토
• 경미한 설계 변경 시공지시(감리원)
사업계획변경 현장 여건 불일치 신공법 개발
• 발주기관의 지시
• 시공자의 설계변경 여건 보고
• 시공자의 개선제안 공법
• 경미한 설계변경
방침결정 (발주기관)
–설계변경 사유서
–설계변경 도면, 개략적인 수량 증감내역
–개략적인 공사비 증감내역
설계변경 (감리원)
계약금액조정 (감리원)
변경계약 (발주기관)
–설계변경 개요서
–설계변경 도면, 시방서, 계산서 수량조서 및 산출조서
–기타 필요한 서류
–설계변경
–물공량 정산
–물가변동
변경시공지시 (감리원)
(단순한 경우)
변경시공지시 (감리원)
(복잡·중대한 경우)

[설계변경 Flow]

number 10 물가 변동에 의한 공사비 조정방법

※'01, '08

1. 개 요

(1) 국가나 지방자치단체 또는 정부투자기관에서 시행하는 공사를 시공하는 시공자는 계약 당시와는 현저히 다른 물가 변동이 발생하거나 천재지변에 따른 공사의 지연으로 인한 물가 변동, 설계 변경 등의 사유로 공사비 조정이 필요한 경우 당해 공사의 발주처에 계약 금액 조정을 요구할 수 있다.

(2) 물가 변동에 따른 계약금의 조정은 품목 조정률이나 지수 조정률에 따라 계약체결 후 90일 이상이 경과되어야 가능하며, 해당공사의 담당 공무원은 중앙관서 장의 위임에 따라 이를 집행한다.

2. 공사비 조정 대상

(1) 물가 변동에 의한 계약금 조정 요건

1) 기간 요건

계약체결일로부터 90일 이상 경과

2) 등락 요건

품목조정률 또는 지수조정률이 3% 이상 증감시

3) 청구 요건

계약금액이 증액될 경우에는 계약당사자의 청구에 의하여 조정

(2) 설계 변경시

1) 설계 변경으로 인한 공사 내용이 변경된 경우
2) 공사 물량의 증감이 발생한 경우

(3) 기타 계약내용의 변동 사유 발생시

3. 물가 변동에 의한 공사비 조정 기준 및 유의사항

(1) 조정 기준

1) 지수조정률

① 한국은행에서 공표한 생산물가 지수나 수입물가 지수

② 국가, 지자체, 정부투자기관이 기준으로 하는 임금, 가격, 요금지수
③ 기타 재무부장관이 인정하는 물가 지수

2) 품목 조정률
조정사유 발생일 기준으로 미실행된 계약 내용에 대해 재무부장관이 정하는 기준

(2) 조정 대상

1) 입찰일을 기준으로 하여 지수조정률이 3% 이상 변동이 발생하거나
2) 입찰일을 기준으로 하여 품목조정률이 3% 이상 변동이 있고
3) 계약체결일로부터 90일 이상 경과된 공사

(3) 조정 방법

계약금액 조정사유 발생 → 계약금액 조정 신청 → 조정심사 → 계약금 조정 → 변경 계약

1) 계약금 조정 사유가 발생하고 조정 대상이 되어야만 공사비 조정 신청을 할 수 있다.
2) 동일 계약에 대해서는 지수조정률이나 품목조정률 중 하나만 적용한다.
3) 조정 사유 발생 이전에 시행된 항목은 조정 적용을 받지 않는다.
4) 계약상대자가 지수조정률을 원하지 않는 경우외에는 품목조정율에 따라 조정한다.
5) 계약금액 조정이 완료된 후 재조정 사유가 발생해도 90일 이전에는 재조정을 하지 못한다(원자재가격 급등으로 계약 이행이 불가능할경우에는 조정가능).
6) 선급금에 대한 공제는 다음 식에 따른다.
① 공제금액=물가 변동 적용대가×(기준 조정률)×선급금률
② 장기 계속 계약은 당해 연도의 계약 체결분만 기준
7) 시공자의 잘못이나 과실로 인한 지연시에는 적용을 받을 수 없다.
8) 설계 변경으로 인한 증액이나 감액 사유 발생시 낙찰가가 85% 미만인 공사는 조정금액 이전 공사비의 10%를 초과할 경우 담당관청장의 승인을 받아야 한다.
9) 신기술, 신공법 적용으로 인한 공사비 절감의 경우는 조정하지 않음
10) 순공사비 외의 항목 조정
① 이윤이나 일반 관리비는 산출 내역과 동일한 것으로 한다.
② 총공사비에 대한 이윤이나 일반관리비 비율은 재무부장관이 정한 비율을 초과해서 조정할 수 없다.

number 11 물가 변동 조정금액 산출방법

1. 개 요

국가나 지자체, 공공기관이 발주하는 공사의 계약에서 물가 변동으로 인한 계약금액 조정을 시공자가 발주기관에 요청하게 되면, 계약금액 조정여건의 성립 여부를 검토 후 조정금액을 산출하여 계약금을 조정하여야 한다.

2. 물가 변동에 의한 계약금액 조정요건

(1) 기간 요건

계약체결일로부터 90일 이상 경과

(2) 등락 요건

입찰일 기준으로 품목조정률 또는 지수조정률이 3/100 이상 증감 시

(3) 청구 요건

계약금액이 증액될 경우에는 계약 상대자의 청구에 의거하여 조정

3. 물가 변동 조정금액 산출 기준

(1) 물가 변동 적용대가 산출

1) 계약금액 중 조정 기준일 이후에 이행되어야 하는 부분의 대가를 산출
2) 승인된 예정공정표 기준

(2) 조정금액 공제 등

1) 조정 기준일 이전에 선금을 지급한 경우

공제금액=(물가 변동 적용대가)×(조정률)×(선금지급률)

2) 조정 기준일 이후에 기성대가를 지급한 경우

기성대가는 원칙적으로 공제

3) 준공대가 지급 신청 전에 조정 신청을 한 경우
준공대가 지급 여부 및 준공 여부에 관계없이 조정 대상임

4. 물가 변동 조정금액 산출방법

(1) 지수조정률에 의한 조정

1) 적용 대상 공사
품목조정률에 의하되, 계약상대자가 원하면 지수조정율을 적용한다.

2) 적용 지수
① 한국은행이 공표하는 생산자물가 기본분류지수 또는 수입물가지수
② 국가, 지자체, 정부투자기관이 결정·허가·인가하는 노임 가격 요금의 평균 지수
③ 통계작성 승인 기관이 조사·공표한 해당 직종의 평균치(시중노임) 지수

3) 지수조정률(k) 산출
① 지수조정률(k)
지수 등의 변동으로 인해 기획재정부 장관이 정하는 바에 따라 산출한 계약금액의 조정률

K={계수(a, b, c, …)×해당 비목지수율}의 합계 −1

② 비목 분류
A : 노무비, B : 기계경비, C : 광산품, D : 공산품, E : 전력, 수도 및 도시가스, F : 농림수산품, G : 산재보험료, H : 안전관리비, Z : 기타 비목군
③ 계수의 산정
A, B, C, D, E, …, Z 등으로 분류한 비목군에 해당하는 산출내역서상의 금액이 순공사금액에서 차지하는 비율로 산정한 것으로 각 비목군의 가중치를 계수라 하며 a, b, c, d, …, z로 표시
④ 지수의 산정
㉠ 각 비목군의 가격 변동 수준을 수치화한 것
㉡ 기준시점(입찰시점) 지수 표시 : A_0, B_0, C_0, D_0, …, Z_0
㉢ 비교시점(조정기준일) 지수 표시 : A_1, B_1, C_1, D_1, …, Z_1

4) 조정금액의 산정

① 조정금액=물가변동 조정 대가×지수조정률

② 공제 금액=조정금액×선금급률

③ 조정대상금액=조정금액−공제금액

④ 변경 후 계약금액=당초 계약금액+조정대상금액

(2) 품목조정률에 의한 조정

1) 적용 대상 공사

품목조정률에 의한 조정이 원칙.

2) 품목조정률의 산정

① 잔여 공사량에 대한 내역서 작성(물가 변동 적용 대가)

② 자재 및 일위대가 작성(등락단가 산정)

③ 물가변동 당시 가격의 산정

④ 등락률의 산정

등락률=[(물가변동 당시 가격)−(입찰 당시 가격)]/입찰 당시 가격

⑤ 등락폭의 산정

등락폭=계약단가×등락률

⑥ 품목조정률 산정

{(등락폭×수량)의 합계액 +(동합계에 대한 일반관리비, 이윤, 부가세 등)}/입찰금액

3) 조정금액 산정

① 조정금액=물가 변동 적용대가×품목조정률

② 공제 금액=조정증감액×선금급률

③ 조정대상금액=조정증감액−공제금액

④ 변경 후 계약금액=당초 계약금액+조정대상금액

number 12 최고가치(Best Value) 낙찰제도

* '06, '09, '12

1. 개 요

(1) 최고가치 시스템은 LCC의 산정, 조달조직, 낙찰자의 선정, 성과에 대한 모니터링, 감사 등 조달 전반에 걸쳐 최고의 투자효율을 얻기 위한 시스템을 종합적으로 지칭하는 것으로,

(2) 최고가치 낙찰제도는 총생애비용(LCC) 측면에서 발주자가 최고의 가치를 획득하도록 입찰자 중 가장 유리한 업체를 낙찰자로 선정하는 조달 프로세스 및 시스템을 의미한다.

2. 최고가치 낙찰제도의 개념과 방식

생애비용의 최소화를 통해 투자 효율성을 높이기 위하여 입찰가격과 기술능력을 종합적으로 평가하며, 발주자에게 최고의 가치를 부여해 줄 수 있는 업체를 낙찰자로 결정하는 낙찰 방식

(1) 최고 가치 추구

입찰가격 외 비가격 요소에 대한 종합적 평가

(2) 비용 개념의 전환

최고 가치에서의 비용은 생산비뿐만 아니라 유지비를 포함한 총생애비용이다.

(3) 낙찰자 선정기준

최고 가치는 최저가와 더불어 조달에 있어 낙찰자를 선정하는 기본방식

(4) 외국의 최고가치 낙찰방식

1) 미국 : 협상에 의한 계약

2) 영국 : 최고가치 및 Achieving Excellence

3) 유럽 : 경쟁적 대화 방식

4) 일본 : 종합평가 낙찰 방식

3. 도입 필요성

(1) 입찰과 낙찰 제도의 국제 기준화, 표준화

1) 현행 최저 가격 위주의 입찰제도의 개선

2) 선진국형 낙찰제도의 정착과 국제 표준화

(2) 건설업계의 수익성 개선

1) 발주자 : 품질향상과 장기적으로 총투입 비용의 감소로 이익 증가

2) 시공자 : 기술개발과 적정 이익 확보로 최저가로 인한 저가 수주 개선

(3) 건설업의 경쟁력 제고

1) 덤핑, 저가 수주 감소

2) 입찰 가격외 비기술적 요소 심사에 따른 비기술적 부문 경쟁력 제고

(4) 발주자의 선택폭 확대

발주자는 다양한 낙찰방식을 통해 가장 유리한 업체를 결정

4. 도입 효과

(1) 공사비의 최소화가 아니라 총비용의 최소화가 가능

(2) 가격요소와 비가격 요소를 종합적으로 평가하여 최적 업체 선정

(3) 최저가에 의한 저가수주 문제점 개선

최저가격 중심의 낮은 낙찰가는 유지비의 증가, 수명 단축 등의 문제점이 발생하여 투자효율이 감소하는 점을 개선

(4) 발주자의 기술능력 향상

5. 향후 과제와 방향

(1) 조달 시스템 전반에 대한 혁신

(2) 발주자의 전문성 역량 강화

1) 비가격요소(기술심사)를 위한 전문능력 배양

2) 비가격요소 심사의 공정성 확보 및 기준 마련

(3) 데이터 구축

총생애 비용 산출과 평가를 위한 데이터 구축

(4) 업체의 견적 및 엔지니어링 능력 강화

(5) 단계별로 선별 적용

1) 최저가와 병행하여 실시
2) 가격이 중요한 공사는 최저가 낙찰제 적용
3) 비가격 요소(기술, 품질, 안전 등)를 종합적으로 판단해야 하는 공사는 최고가치 낙찰제 적용

(6) 충분한 연구와 준비

1) 도입형태와 적용방식
2) 적용 대상
3) 발주자 준비 사항
4) 평가항목 및 기준, 평가방식
5) LCC 산정을 위한 데이터 구축 방법

6. 맺음말

(1) 미국, 영국 등 선진국을 중심으로 최저가 낙찰제도의 폐해를 개선하고, 발주자의 권익을 증진시킬 목적으로 최고 가치 낙찰제를 통한 조달체계의 변화가 일어나고 있다.

(2) 이러한 세계 시장의 제도 변화에 발맞추고 낙후된 국내 입찰제도를 개선하여 국제적 기준에 맞는 낙찰제도를 갖추기 위해 최고가치제에 대한 충분한 검토를 통한 적용이 이루어져야 한다.

number 13 적격심사(낙찰)제도의 문제점과 개선방안

※'99

1. 개 요

(1) 적격 낙찰제도는 최저 가격 낙찰제가 가지고 있는 덤핑과 부실공사 등의 문제를 보완하기 위해 입찰시 가격 외에 기술능력, 시공경험, 공법, 품질관리, 재정상태, 보유인력 등을 종합평가하여 적격업체에 낙찰시키는 제도이다.

(2) 현재 300억 미만 공공공사에 대해 적용하고 있다.(95년도임)

2. 심사기준과 선정방법

(1) 심사항목 및 배점 기준

<table>
<tr><th colspan="2">구 분</th><th>고시금액 미만</th><th>고시금액 이상
10억원 미만</th><th>10억원 이상
30억원 미만</th><th>30억원 이상</th><th>비고</th></tr>
<tr><td colspan="2">계</td><td>100</td><td>100</td><td>100</td><td>100</td><td></td></tr>
<tr><td rowspan="3">당해
용역
수행
능력</td><td>배점
범위</td><td>30</td><td>70</td><td>80</td><td>80</td><td></td></tr>
<tr><td rowspan="2">심사
항목</td><td colspan="2">부표적용</td><td colspan="2">건설기술진흥법 시행규칙
별표2 내지 별표3에 따른
발주청 평가기준 적용</td><td></td></tr>
<tr><td>평점=30/100×
평가점수</td><td>평점=70/100×
평가점수</td><td>평점=80/100×
평가점수</td><td>평점=80/100×
평가점수</td><td>소수점
3째
자리에서
반올림</td></tr>
<tr><td>입찰
가격</td><td>배점
범위</td><td>70</td><td>30</td><td>20</td><td>20</td><td></td></tr>
<tr><td rowspan="2">기타
당해
용역
수행
관련
결격
사유</td><td>△
20점</td><td colspan="4">1. 당해 업체가 수행중이거나 수행한 용역과 관련하여 최근 1년이내 공사 시공 중 또는 완공 후 계약목적물의 현저한 손괴를 가져왔거나 사상자를 발생시켜 사회적 물의를 일으킨 경우(천재지변 등 불가항력적인 사유 제외)
2. 부도 또는 파산의 우려가 있어 당해 계약이행이 어렵다고 판단되는 경우</td><td></td></tr>
<tr><td>△
20점</td><td colspan="4">법정관리 또는 화의결정 후 당좌거래가 재개되어도 동 재개일로부터 1년간 보증서발급가능확인서를 제출하지 못하는 경우</td><td></td></tr>
</table>

(2) 낙찰자 선정방법

구분	고시금액 미만	고시금액 이상 10억원 미만	10억원 이상 30억원 미만	30억원 이상
종합평점	95점 이상	90점 이상 (감리, 건설사업관리용역은 95점 이상)	90점 이상	85점 이상
선정	1. 예정가격 이하로서 최저가로 입찰한 순으로 심사하여 종합평점이 기준 이상인자 2. 동일가격인 경우 종합평점이 높은 순(종합평점도 동일하면 추점)			

(3) 심사대상

1) 일반공사 : 58억 3천 만원 이상인 공사

2) 용역입찰 : 1억 5천 만원 이상

3. 필요성

(1) 부실공사 예방 : Dumping 방지

(2) 건설업의 Turn Key화 유도

(3) 적격업체의 선정

(4) Engineering 능력 향상

(5) 국제화에 따른 대응능력 향상

4. 문제점

(1) 신규 중소업체에 불리

(2) 객관적 심사기준 미정립

1) 심사항목은 정해져 있으나 각 항목별 세부적 심사기준이 미흡함

2) 공종별, 전문업별 일관된 심사기준 부족

(3) 심사결과 투명성 부족

(4) 심사자의 전문성 부족

1) 최적격 낙찰제도의 전문심사기준이 부재한 현실 상황

2) 전문심사위원 부족

(5) 입찰업무 복잡

1) 제출서류의 복잡, 업무의 중복
2) 입찰기간의 지연

(6) 적격업체 탈락 우려

(7) 예정가격 탐지를 위한 부조리 발생

(8) 과당 경쟁

업체 간의 담합과 덤핑에 대한 대비책 미비

5. 개선방안

(1) 심사기준 정립

1) 공정한 전문심사기관 양성
2) 세부내역 심사기준 마련
3) 업체의 시공능력 평가기준 개발

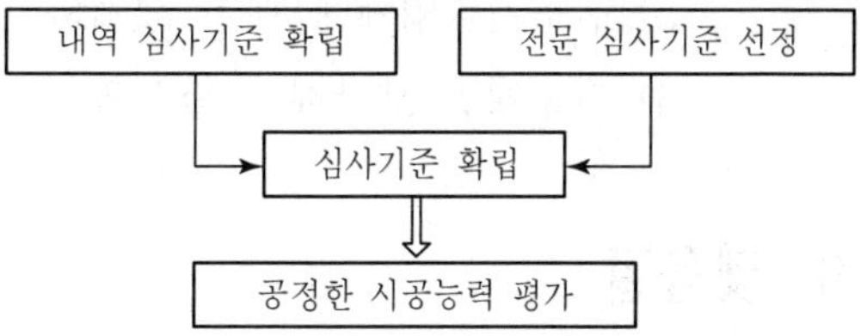

[심사기준 정립]

(2) 입찰서류 간소화

1) On-line상의 발주
2) 정보통신망에서의 현장 설명
3) e-mail 입찰과 계약
4) 발주문서와 정보의 표준화

(3) 적정 공사비 책정

1) 실적공사비 제도 도입
2) 부위별 견적
3) 예정가격 산정의 현실화

(4) EC화

1) 시공위주에서 설계, 시공 Engineering형으로－종합건설업 면허
2) 외국업체와의 Joint Venture
3) 부위별 적산제도
4) 전문인력 양성

(5) 제도적 개선

1) 공공 공사의 설계, 시공 일괄 발주
2) 종합건설업 면허제 도입
3) 정보화 시스템 구축
4) 전문 건설업체 육성 : 하도급 계열화 촉진
5) 중소업체 보호책 마련

(6) 신기술 개발

1) 기술개발에 대한 투자 확대
2) 신기술 지정제도 활성화
3) 전문기술업체에 대한 세제와 금융지원
4) 기술개발 보상제도 활성화

6. 맺음말

(1) 건설규모의 대형화, 세계화 추세와 시장개방에 능동적으로 대처하고 흐름에 발맞춰 나가기 위해서는 건설업의 Engineering 능력 향상이 필수적이고 낙후된 입찰방식에서 벗어나 선진화된 낙찰제도로의 변화가 요구된다.

(2) 기존의 낙찰제도가 안고 있는 불합리성을 극복하고 부조리 발생을 억제하기 위해서 적격 낙찰제도의 문제점을 보완하고 개선한다면 보다 투명하고 현실적인 입찰제도로 정착되리라 본다.

number 14 종합심사낙찰제

※'13, '20

1. 개 요

종합심사낙찰제도는 최저가 낙찰 제도의 폐해를 개선하기 위해 공사수행능력점수, 가격점수, 사회적 책임 점수 등에 가중치를 부여하여 가장 점수가 높은 업체를 낙찰예정자로 결정하는 제도이다.

2. 심사항목 및 배점기준

(1) 일반공사(300억 이상이면서 고난이도가 아닌 공사)

심사 분야	심사 항목		가중치	비고
공사수행 능력 (40~50점)	전문성	시공실적(시공인력)	20~30%	
		매출액 비중	0~20%	
		배치 기술자	20~30%	
	역량	공공공사 시공평가 점수	30~50%	
		규모별 시공역량	0~20%	
		공동수급체 구성	1~5%	
	일자리	건설인력 고용	2~3%	
	소계		100%	
입찰금액 (50~60점)	금액		100%	
	가격 산출의 적정성	단가	감점	
		하도급계획		
사회적 책임 (가점 2점)	건설안전		40~60%	※ 공사수행 능력에 가산
	공정거래		20~40%	
	지역경제 기여도		20~40%	
	소계		100%	
계약신뢰도 (감점)	배치기술자 투입계획 위반		감점	
	하도급관리계획 위반		감점	
	하도급금액 변경 초과비율 위반		감점	
	고난이도공사의 시공계획 위반		감점	

(2) 간이형공사(300억 미만이면서 고난이도가 아닌 공사)

심사 분야	심사 항목		가중치	비고
공사수행 능력 (40점)	경영상태	경영상태	20~30%	
	전문성	시공실적	20~30%	
		배치 기술자	20~30%	
	역량	규모별 시공역량	0~20%	
		공동수급체 구성	10~20%	
	소계		100%	
입찰금액 (60점)	입찰금액		100%	
	가격 산출의 적정성(감점)	단가	감점	
		하도급계획		
	소계		100%	
사회적책임 (가점: 2점)	건설안전		30~60%	※ 공사수행 능력에 가산
	공정거래		10~40%	
	건설인력고용		10~40%	
	지역경제 기여도		10~40%	
	소계		100%	
계약신뢰도 (감점)	배치기술자 투입계획 위반		감점	
	하도급관리계획 위반		감점	
	하도급금액 변경 초과비율 위반		감점	
	시공계획 위반		감점	

* 공사수행능력 점수와 입찰금액 점수를 합한 총점은 100점으로 한다.

3. 균형가격 산정

균형가격이란 입찰금액을 평가하기 위한 기준으로 산정한 금액이다

(1) 산정방법

1) 입찰금액의 상위 100분의 20이상과 하위 100분의 20이하에 해당하는 입찰금액을 제외한 입찰금액을 산술평균하여 균형가격을 산정.

2) 입찰금액이 10개 미만인 경우

상위 100분의 50이상과 최하위 1개의 입찰서를 제외

3) 입찰금액이 10개 이상 20개 이내인 경우

상위 100분의 40이상과 하위 100분의 10이하를 제외

(2) 입찰금액에서 제외하는 사항

1) 입찰서상의 금액과 산출내역서상의 금액이 일치하지 아니한 입찰인 경우
2) 입찰금액이 예정가격보다 높거나 예정가격의 100분의 70 미만인 경우
3) 이윤 또는 세부공종에 음(−)의 입찰금액이 있는 경우(다만 발주기관의 금액이 음(−)의 금액인 경우에는 제외)
4) 항목별 입찰금액의 합계가 발주기관이 정하거나하여 해당법령에 의해 산출한 금액의 합계의 1000분의 997 미만인 경우
5) 발주기관이 작성한 내역서상 세부공종에 표준시장단가가 적용된 경우로 세부공종별 입찰금액이 발주기관 내역서상 세부공종별 금액의 1000분의 997미만인 경우
6) 입찰자의 산출내역서상 직섭노무비가 발주기관이 작성한 내역서상 직접노무비의 100분의 80 미만인 경우
7) 기타 발주기관의 세부 심사기준에서 제외토록 명시한 경우

4. 낙찰자 선정

1) 종합심사 점수가 최고점인 자를 낙찰자로 결정
2) 최고점인 자가 둘 이상인 경우 다음 순으로 결정
   ① 공사수행능력점수와 사회적 책임점수의 합산점수 높은 자
   ② 입찰금액이 균형가격에 근접한 자
   (단, 일반공사와 고난이도공사 및 균형가격이 예정가격이 88/100 이상인 간이형 공사는 입찰금액이 낮은 자)
   ③ 최근 1년간 종합심사낙찰제로 낙찰받은 계약금액이 적은 자

5. 문제점

(1) 저가 낙찰 우려

1) 가격 경쟁 심화
2) 최저 가격 낙찰제와 가격 차이 없음

(2) 균형 가격의 적정 수준 책정의 문제

입찰 반복시 균형 가격의 지속적 하락 가능

(3) 대형업체 유리

배치기술자 등 공사수행 능력과 사회적 책임 점수에서 중소업체 불리

(4) 발주자 권한 확대

발주처가 배점 비중을 사업특성에 맞게 조정할 수 있음

(5) 특정 분야의 독점 우려

동일공종 그룹 매출 비중 고려하면 특정 분야의 기술력과 경쟁력만 심화

6. 맺음말

1) 종합심사(낙찰)제는 최저가 낙찰에 의한 의문점을 개선하는 동시에, 공사수행능력과 가격 이외에도 사회적 책임을 반영하여 건설산업 발전과 사회적 기여도가 높은 업체에게 우선적으로 시공권을 주자는 취지로 도입된 제도이다.
2) 이러한 도입 취지를 잘 살리기 위해서는 명확한 평가기준과 공정한 심사를 통한 투명성을 확보하고 제도운영의 신뢰성을 확보하여야 한다.

number 15 PQ(Pre-Qualification) 제도

※'94, '95, '96

1. 개 요

(1) PQ 제도는 공사의 품질을 높이고, 부실공사를 방지하기 위해 공사입찰자의 사전자격을 심사하는 제도로서 시공경험, 기술능력, 경영상태, 신인도를 종합 평가하여 입찰자격을 부여한다.

(2) 최저 가격 낙찰에 의한 공사부실의 문제를 해결하기 위해 도입했으며, 현재 200억원 이상, 대규모 주요공사에 적용하고 있다.

2. 심사기준

경영상태부문의 적격요건을 충족한 경우에 기술적 공사이행능력부문을 심사

(1) 경영상태부문 적격 요건

구분	적 격 요 건
500억원 이상인 공사	회사채에 대한 신용평가등급의 경우 BB+ 기업어음에 대한 신용평가등급의 경우 B+ 이상 기업신용평가등급의 경우 회사채에 대한 신용평가등급 BB+
500억원 미만인 공사	회사채에 대한 신용평가등급의 경우 BB- 기업어음에 대한 신용평가등급의 경우 B0 기업신용평가등급의 경우 회사채에 대한 신용평가등급 BB-

(2) 기술적 공사이행능력 적격 요건(일반건설공사 기준)

심사분야		심 사 항 목	적격 요건
분야별	배점 한도	항 목 별	
계	100		90점이상
시공경험	40 (45)	가. 최근10년간 해당공사와 동일한 종류의 공사실적 나. 최근5년간 토목·건축·산업설비·전기·정보통신·문화재공사 등의 업종별 실적합계	
기술능력	45	가. 해당공사의 시공에 필요한 기술자 보유현황(해당공종 경험기술자 우대) 나. 최근년도 건설부문 매출액에 대한 건설부문 기술개발 투자비율	
시공평가결과	10	가. 시공평가결과	
지역업체참여도	5		
신인도	+3 -7	가. 시공업체로서의 성실성 나. 하도급관련사항 다. 건설재해 및 제재처분사항 라. 녹색기술 관련사항 마. 일자리창출 관련사항 <신설 2018.12.31.>	

시공경험, 기술능력, 시공평가결과, 지역업체참여도, 신인도를 종합적으로 심사

3. PQ 제도의 필요성

(1) 부실공사 예방

(2) 건설업의 Turn Key화 유도

(3) 적격 업체의 선정

(4) Engineering 능력 향상

(5) 국제화에 따른 대응능력 향상

4. PQ 진행 절차

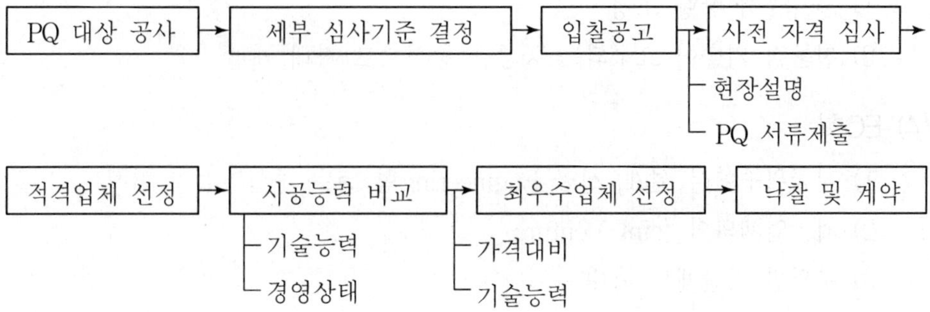

5. 문제점

(1) 실적위주 참가문제 : 중소업체 불리

(2) 심사기준 미정립

(3) 적용대상 제한 : 기술력이 요구되지 않는 일반화된 공사에도 적용

(4) 입찰제한 요소 : 300억 이상 공사, 신규업체 진출의 어려움

(5) 입찰서류 과다, 절차 복잡

(6) 적격업체 탈락 우려

(7) 비기술대상공사적용(PQ 의미 감소)

6. 개선방안

(1) 심사기준 정립

1) 공정한 전문심사 기관

2) 세부내역 심사기준 마련

3) 업체의 시공능력 평가기준 개발

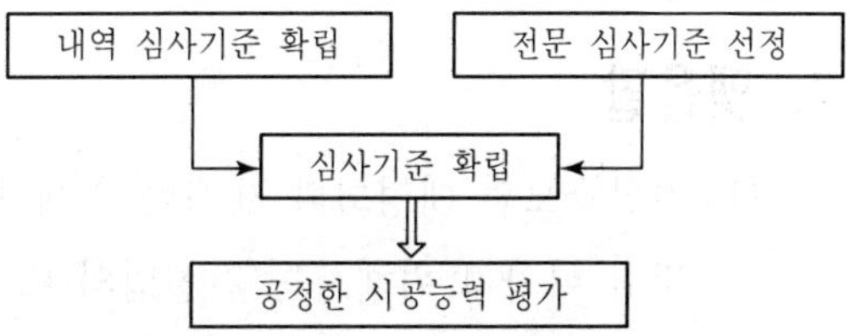

[PQ 심사기준 정립]

(2) 입찰서류 간소화

1) On-line상의 발주

2) 정보통신망에서의 현장 설명

3) 전자입찰과 계약

4) 발주문서와 정보의 표준화

(3) 적용공사 조정

1) 공사금액 상향 조정
2) 전문적 기술이 요구되는 공종을 중심으로 확대 개편

(4) EC화

1) 시공위주에서 설계, 시공 Engineering형으로－종합건설업 면허
2) 외국업체와의 Joint Venture
3) 부위별 적산제도 확대
4) 전문인력양성

(5) 제도적 개선

1) 공공공사의 설계, 시공 일괄 발주
2) 종합건설업 면허제 도입
3) 정보화 시스템 구축
4) 전문 건설업체 육성

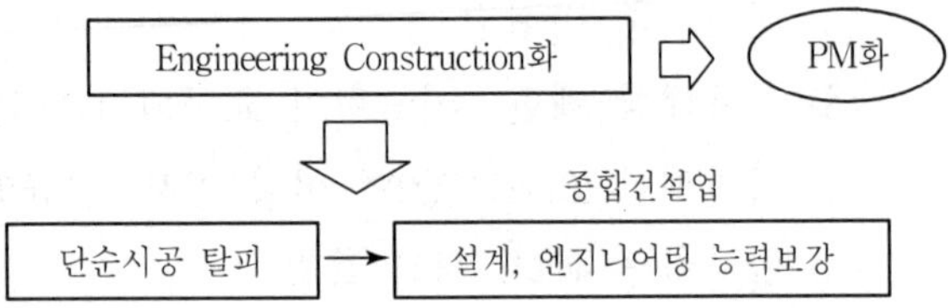

[기술능력 강화]

(6) 신기술 개발

1) 기술개발에 대한 투자 확대
2) 신기술 지정제도 활성화
3) 전문 기술업체에 대한 세제와 금융지원

7. 맺음말

(1) 건설규모의 대형화와 세계화 추세와 시장개방에 능동적으로 대처하고, 흐름에 발맞춰 나가기 위해서는 건설업의 Engineering 능력 향상이 필수적이고, 낙후된 입찰방식에서 벗어나 선진화된 제도로의 변화가 요구된다.

(2) PQ 제도는 이러한 점에서 부실공사를 막고, 기술개발을 통한 건설품질 향상과 건설업체의 체질 개선을 유도할 수 있는 기회를 제공하고 있으며, 몇몇 문제점을 보완한다면 PQ 제도가 제자리에 정착할 수 있을 것이다.

number 16 설계·시공 일괄발주(Turn Key Base)

※'88, '92, '95, '97, '99

1. 개 요

(1) 설계 · 시공 일괄발주방식(Turn Key 발주)은 Project의 모든 요소를 전부 포함하여 발주하는 방식 즉, 기획, 조사, 설계, 시공, 인도, 유지관리에 이르기까지 발주자가 요구하는 모든 것을 도급하는 방식을 말한다.

(2) 설계 · 시공 일괄발주 적용시 문제점으로는 도급공사 위주의 발주관행, 설계 · 시공 분리발주, 국내 건설회사의 Engineering 능력 부족, 실적위주의 덤핑입찰, 설계심사평가 문제점 등을 들 수 있다.

(3) 설계 · 시공 일괄발주의 개선방안으로는 Turn Key 발주의 확대, 설계심사기준 세분화, 건설업체의 종합 능력 향상, 기술경쟁 위주의 입찰제도 개선 등을 들 수 있다.

2. 설계·시공 일괄발주의 영역

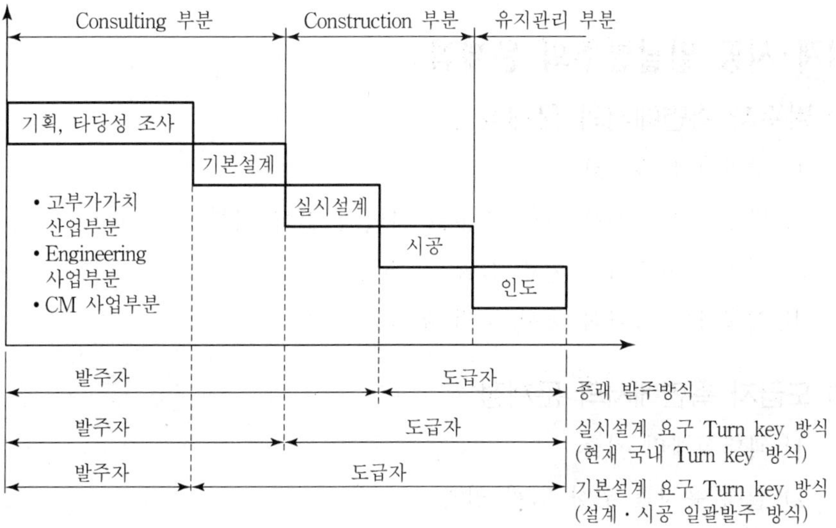

3. 설계·시공 일괄발주방식의 종류(형태)별 특징

(1) 설계·시공 일괄발주(Turn Key)방식

1) 기본설계 제출방식

① 도급자가 Project의 기획과 기본설계 도서를 제출하는 방식(설계, 시공 일괄발주가 여기에 속한다.)

② 도급자의 창의적 기술력과 Idea 기대

2) 실시설계 제출방식

① 발주자가 Project 발굴과 기획(기본설계)은 하고 도급자에게는 실시설계와 시공을 요구하는 방식

② 현재 우리나라에서 일반적으로 적용하고 있는 방식

(2) 성능발주방식

1) 건축물의 발주시 설계도서를 쓰지 않고, 건축물의 성능만을 실현하는 것을 계약내용으로 하는 방식

2) 발주방식에는 전체 성능발주와 부분 성능발주가 있다.

(3) 대안발주방식

당초 설계의 기본방침의 변경 없이 동등 이상의 기능과 효과를 가진 방안의 대안을 요구받는 방식

4. 설계·시공 일괄발주의 문제점

(1) 발주자 측면에서의 문제점

1) 사업기간 장기화

2) 발주자가 설계시 참여 소홀로 사업성 결여 위험

3) 최종 공사비의 정확한 산출 곤란

4) 시공사의 독단적 공사 추진 우려

(2) 도급자 측면에서의 문제점

1) 과다설계비 지출

2) 실적 유지를 위한 덤핑 입찰

3) 설계, 시공의 Engineering 능력 부족

① 단순 도급공사의 발주 관행

② 설계, 시공 분리 발주

③ 기술개발투자 미흡

4) 중소업체에 불리

(3) 입찰제도상의 문제

1) 설계 · 시공 분리발주 관행
2) 설계 견적기간 불충분
3) 덤핑에 의한 부실공사 우려
4) 입찰설계비 보상 미흡
5) 가격위주 입찰

(4) 설계평가 심사상의 문제

1) 설계심사 평가기준의 획일화
2) 설계심사기관의 전문성 부족
3) 건축주 의도 반영 미흡

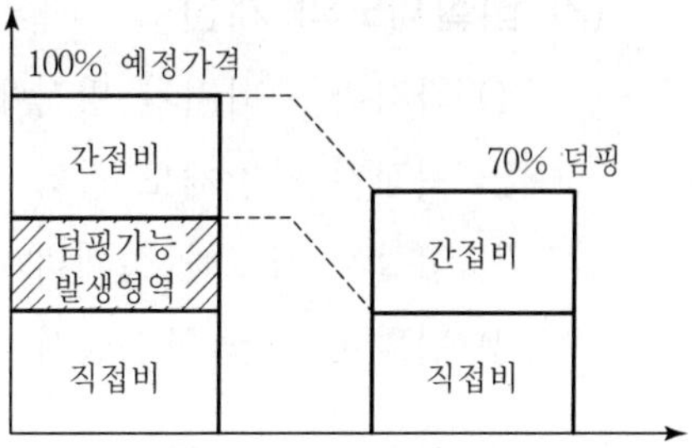

[덤핑문제]

(5) 건설업체의 문제

1) 단순시공 위주의 공사 수행
2) 설계 · 시공의 Engineering 능력 부족
3) 중소업체 불리

(6) 사회제도적 문제

1) 공공공사의 Turn Key 발주 미흡
2) 종합건설업 면허제 도입 지연
3) CM 제도의 정착 미비

5. 설계·시공 일괄발주의 개선 방안

(1) Turn Key 발주방식 개선

1) 기본설계 요구 Turn Key 방식 확대
   ① 도급자가 Project의 기획, 설계, 시공, 인도까지를 종합 계획할 수 있는 설계 · 시공 일괄발주의 확대
   ② SOC, 대규모 공사 등의 적용 확대
2) 현재 시행되고 있는 실시 설계, 시공 발주방식의 문제점 개선
3) Fast Track Turn Key 수행방식 확대

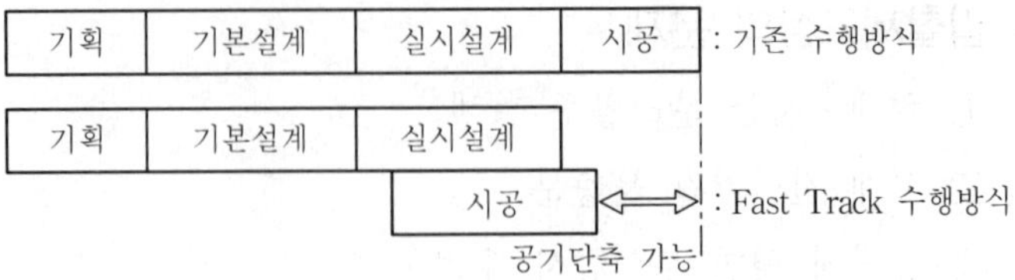

[Fast Track Method]

(2) 입찰제도의 개선

1) 가격위주 최저가 방식에서 기술위주방식으로 전환
2) 최적격 낙찰제도 강화
3) 입찰시 과도한 설계비 지출 보상
4) 덤핑에 의한 부실공사 보완대책

(3) 설계평가심사기준 개선

1) 설계심사기준 항목의 계분화
2) 세부 항목별 평가
3) 분야별 및 총점 공개
4) 평가사유서 제출 의무
5) 신기술, 신공법 배점 부여
6) 실시설계 제출 심사에서 기본설계 심사로 변경

(4) 설계평가 전문심사위원회 구성

1) 전문심사위원의 Pool제 이용
2) 후보위원의 2~5배수 선정
3) 당해 심의위원 전일 비공개
4) 심의위원 무작위 선출

(5) 건설업체의 종합 Engineering 능력 향상

1) 단순도급공사 위주 탈피
2) 설계, 시공 종합능력향상
3) 기술개발 투자 확대
4) 전문기술자 양성

(6) EC 능력 배양

1) 자체 기술개발 Project 발굴
2) 기획, 설계, 시공, 인도, 유지관리까지 전 Project 수행과정의 관리능력 배양
3) 고부가가치 Project 개발

(7) CM 제도의 정착

1) 공공공사 Project 발굴시 CM 적극 도입
2) CM 관리제도 활성화

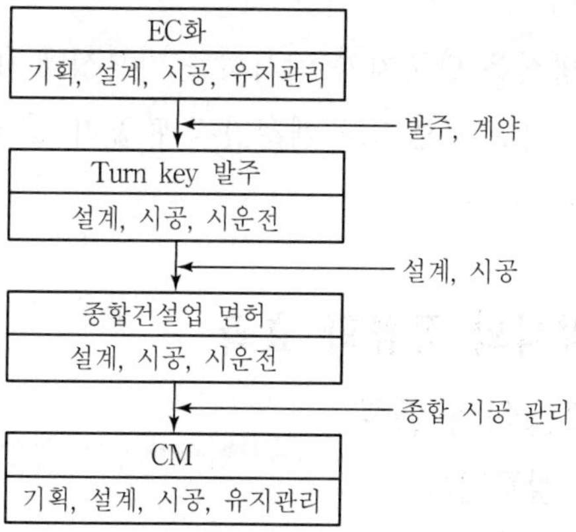

[EC 능력배양]

6. 맺음말

(1) 대규모 자본투자와 고도의 기술력을 필요로 하는 대형 Project의 발주가 늘어나면서 Turn Key의 중요성은 날로 중요시되고 있다.

(2) 아직까지 활성화되지 못한 국내 Turn Key 제도를 활성화시키기 위해서는 제도적 개선은 물론, Project의 계획과 관리에 대한 종합적인 EC 능력을 배양하는 것이 중요하다.

number 17 성능발주와 대안발주

※'98, '01

1. 개 요

(1) 성능발주방식은 공사발주시 설계도서에 의존하지 않고 구조물의 요구 성능만을 표기하여 요구된 성능만을 실현하는 계약방식이다.

(2) 시공자에 따라 신기술과 신공법의 적용이 용이하고 공기단축과 경비절감에 유리한 계약방식이다.

(3) 대안발주방식은 발주자가 제시하는 기본설계 내용의 변경 없이 동등 이상의 기능과 효과를 가진 공법으로 예정가격과 공기 등을 초과하지 않는 새로운 대안을 제시하는 제도이다.

2. 성능발주방식의 종류와 효과

(1) 성능발주방식의 종류

1) 전체 발주방식

설계와 시공 등 공사의 전반에 걸쳐 시공자의 제시안을 수용하는 방식으로 Turn Key의 대표적 형태이다.

2) 부분 발주방식

전체 공사의 진행은 발주자의 설계도서에 따르고 특정부위의 구조나 설비의 성능만을 표시하여 발주하는 방식으로 중소규모 공사에서 적용이 용이하다.

3) 형식발주방식

주로 전기나 설비공사에서 사용되며, 특정 제품을 명시하지 않고 Catalog나 Open 부품을 완비한 형식만을 갖추도록 요구하는 방식

(2) 성능발주의 효과

1) 업체 간의 사전담합과 부실거래 차단
2) 신기술 우선 적용 및 기술개발에 대한 투자 확대
3) 신기술을 보유한 전문업체에 유리
4) 시공자가 자재, 재료, 시공법을 선택하므로 창의적 활동 기대

5) 공사비와 공사기간의 단축이 가능하다.

6) 설계상의 미비점을 보완 가능

7) 건설 관련분야의 국제적 경쟁력 제고

(3) 적용 대상 공사

1) 대형 토목 공사(부두, 항만, 발전소 등)

2) Plant 공사(정유, 화학, 에너지 관련 시설)

3) 설비 부품

3. 성능발주방식의 적용상 문제점과 개선 방안

(1) 문제점

1) 발주자 측면

① 건축물의 요구 성능에 대한 명확한 표기가 불가능하여 완공 후 분쟁의 소지

② 발주자의 의견 반영 미흡

③ 발주자가 성능을 확인하기 어려움

④ 입찰기간의 장기화로 인한 손실

2) 시공자 측면

① 시공자의 기술 축적과 풍부한 경험이 요구됨

② 대안제시에 필요한 설계비 등의 부담이 증가하고, 입찰기간이 장기화될 우려

③ 요구 성능에 미달할 경우 경제적 손실과 책임 발생

④ 신기술 적용으로 인한 위험 부담

⑤ 국내 업체들의 대안 기술능력 부족

3) 제도적 측면

① Turn Key 발주 및 성능발주제도의 미정착

② 감리, 감독 능력 부족

③ 대안입찰에 대한 명확한 규정 미비와 객관적 평가, 심사기준이 미흡

④ 기술능력보다 총액 위주의 낙찰제도

(2) 개선방안

1) 제도적 개선

① 신기술 지정제도의 활용과 기술개발보상제도 확대

② 건설업의 EC화, 체질개선

③ 입찰심의제도의 개선

④ 감리제도의 개선과 능력 향상

2) 발주자 측면

① 성능발주에 대한 인식전환 및 적용 확대

② 발주자와 시공자 간의 Partnership 발휘

③ 발주자의 감독과 평가 능력 향상, 비교 기준 마련

3) 시공자 측면

① 기술개발에 대한 투자 확대

② 기업의 Engineering 능력 확대

③ 기업의 전문화와 인재 육성

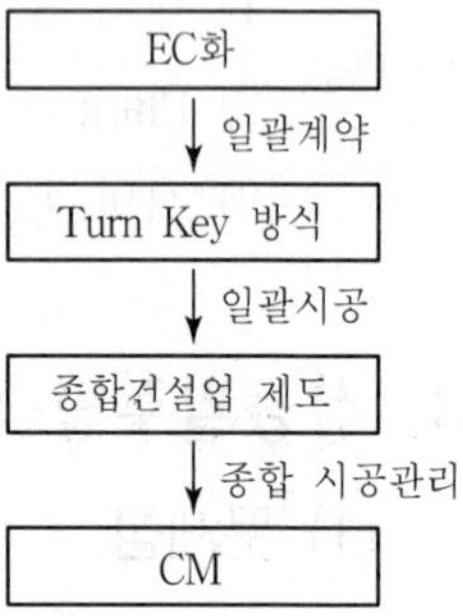

[EC화 정착]

4. 대안발주방식과 특징

(1) 발주방식

1) 대안발주에 제시된 대안 내용은 중앙설계 심사위원회에서 결정

2) 대안설계설명서, 내역서, 설계도서 등을 제출

3) 낙찰은 입찰자의 최저 제시 가격보다 낮아야 가능

4) 제시된 대안으로 시공 후 문제발생시 책임 부여

(2) 대안발주 효과

1) 공사비와 공사기간 단축에 유리

2) 신기술 우선 적용 및 기술개발 의욕 확대

3) 건설업의 EC 능력 향상

4) 시공자가 자재, 재료, 시공법을 선택하므로 창의적 활동을 기대

5) 보다 양질의 시공과 예상되는 하자 예방

6) 업체 간 기술경쟁 유도

7) 건설 관련 분야의 국제적 경쟁력 제고

(3) 문제점

1) 발주자 측의 전문인력 부족으로 대안평가 미흡
2) 입찰기간의 장기화
3) 설계비 이중 부담 등의 경제적 낭비
4) 발주자의 의사가 왜곡될 우려가 있고 시공자 편의에 의한 시공이 이루어질 소지가 있음
5) 과다한 대안 조건을 제시할 경우 실효성 감소

5. 대안발주의 적용 조건과 개선책

(1) 대안발주 적용 조건

1) 공사비

대안으로 제시된 공법, 재료 적용시 기존 공법으로 시공시보다 가격이 높지 않을 것

2) 공사기간

변경 대안 적용시 공사기간이 증가되지 않을 것

3) 동등 성능

기존 공법과 동등 성능 이상을 유지할 것

(2) 개선방안

1) 제도적 측면

① 신기술 지정제도의 활용과 세제 및 금융지원 확대
② 심의기준 및 시방서 보완
③ 입찰심의제도의 개선과 보완

2) 발주자 측면

① 심의 전문인력 양성과 평가능력 향상
② 발주자와 시공자 간의 Partnership 발휘

3) 시공자 측면

① 기술개발에 대한 투자 확대 ② 종합면허제의 정착
③ 기업의 전문화와 인재 육성

6. 맺음말

성능발주와 대안발주가 제대로 시행되기 위해서는 건설업체들의 Engineering 능력의 확보가 선행되어야만 한다. 앞선 기술력 없이는 원가절감과 품질향상을 이룰 대안을 제시하기 어려우므로 업체 스스로가 인재를 육성하고, 신기술개발에 적극적인 투자를 아끼지 말아야 한다.

number 18 순수내역입찰제

※'08, '10

1. 개 요

순수내역입찰제도란 발주자가 제시한 설계도서를 기준으로 입찰자가 공사에 투입될 공종별 물량을 산출하고 단가와 금액을 기입한 입찰산출 내역서를 입찰서와 함께 제출하는 입찰방식이다.

2. 특 징

(1) 장점

1) 사전 검토

① 현장 실무자 입장에서 도면에 대한 검토가 이루어져 문제점 사전도출

② 설계변경 및 부실화 감소

2) 적정 공사비의 산정

실제 적용될 수 있는 비용에 근접

3) 대안입찰 활성화

시공자의 기술개발 촉진과 대안 제시에 유리

4) 과당 경쟁 감소

내역서 산출에 따른 부담

5) 업체 견적 능력 향상

(2) 단점

1) 입찰 비용 증가

① 입찰시마다 견적서 작성 부담

② 입찰 인력의 중복 투입

2) 입찰 기간 증가

3) 업체 간 내역 차이에 대한 검토가 복잡

① 입찰자 간 내역(물량, 단가)에 대한 차이를 비교 분석이 복잡

② 누락, 과소내역, 과다내역에 대한 비교 검토가 어려움

4) 절차의 복잡성

발주자가 현장설명서 외에 설계도서에 대한 질의에 대해 수시로 답신을 해야 함

5) 업체의 대행 견적 우려

견적 전문업체에 대행하여 내역을 작성할 경우 본래의 취지 퇴색

3. 순수내역입찰 유형

(1) 기술제안형 내역입찰방식

1) 설계도서와 다른 동등 이상의 공법과 기술, 자재를 제안

2) 제안 내용에 대한 물량과 단가를 기입한 내역서와 산출 기초 자료를 입찰시 제출

(2) 설계일치형

발주자 제시 설계도서에 의해 물량을 산출하여 내역서를 작성, 제출

(3) 물공량명세서(B/Q) 참조형

발주자가 제시한 물량 내역서를 참조하여 스스로 내역서를 작성, 제출

(4) 절충형

1) 시설물에 투입될 물량은 발주자의 물공량명세서에 의함

2) 본 시설에 직접 영향이 없는 가설 장비 사용 부분 등에 한해 입찰자가 물량을 산출하여 제출

4. 도입 목적

(1) 업체의 견적 능력 향상

입찰자 스스로 설계도면과 시방서, 현장 설명서를 바탕으로 내역서 작성

(2) 기술능력 향상

(3) 공사비 절감

입찰자 간 기술, 가격 경쟁 촉진

(4) 건설업체의 경쟁력 제고

5. 효과와 문제점

(1) 효과

1) 입찰제도의 효율성 제고

구분	내용
기존제도의 문제점 보완	• 최저가 낙찰에서의 과도한 저가 낙찰 방지 • 적격낙찰제도의 입찰자 난립현상 개선
공사비 절감	• 불필요한 설계 변경을 사전에 방지 • 선정업체의 책임 시공 기대
자료 축적	실적 공사비의 기초 자료 축적

2) 기술 중심의 낙찰 정착

① 설계도서 검토 능력

② 견적 능력

③ 신기술, 신공법 개발 활성화

④ 공사 중 발생 문제에 대한 대응성 향상

(2) 문제점

1) 입찰 참여 제한에 대한 불공정과 특혜 시비

2) 기술력의 전문적 평가의 어려움

3) 낙찰자의 공정한 선정 시비

4) 최저가와 병행하여 운영시 무분별한 수주 경쟁 가속화

5) 부실 내역서 작성

6) 입찰 질서 혼란 가중

6. 적용 방안

(1) 선결 과제

1) 가격보다 기술 중심 입찰제도 확립

2) 공사이행보증제도 강화 등 최저가 문제점 해결

3) CM제도 활성화

4) 발주기관 능력 확보
① 심의 조직확충 및 인력 확보
② 입찰서에 대한 심사 변별력 확보
③ 명확한 심사기준 확립
5) 대안입찰 활성화

(2) 전제 조건

1) 평가 기준의 설정 및 운용방법의 투명성 확보된 평가모델 개발
2) 발주처의 가격 적정성 평가에 대한 신뢰 확보
3) 특혜 의혹이 없도록 공정한 평가 체계 구축
4) 업체의 견적 능력 향상
5) 내역서 및 입찰서의 표준화
6) 설계도서의 정밀성과 명확성 확보

(3) 적용 방안

구분	내용
설계도서상의 책임 한계 명확화	• 발주처의 책임 회피 방지 • 모호한 표현에 따른 클레임 방지
입찰자의 리스크 부담 영향 고려	• 입찰자수의 급감 현상 경계 • 올바른 가격 경쟁의 변질 방지 • 특정 소수업체의 독점 현상 방지
예정 가격의 역할 한계 정립	• 현행 예정 가격에 의한 낙찰 방식 검토 • 공사 가능 금액의 참고자료만 활용
단계적 실시 후 확대 적용	• 일부 공사부터 적용 후 단계적 확대

number 19 건설 CM 제도

※'88, '92, '95, '96, '97, '98, '99, '00, '09, '10, '11, '22, '23

1. 개 요

(1) CM(Construction Management)이란 전문성을 요구하는 대규모 공사를 수행할 때 기획, 설계에서 시공에 이르기까지 전문가 집단에 의해 Project를 효율적으로 관리하는 사업관리기법이다.

(2) CM은 공기단축, 원가절감, 품질 향상을 통한 부실시공 방지와 Engineering 향상을 위해 필요하나 시공 위주의 국내 현황에서는 발주상의 문제, CM 기준 미흡, 전문인력 부족 등으로 적용이 활발히 이루어지지 않는 실정이다.

(3) CM의 활성화를 위해서는 설계, 시공 일괄발주의 확대와 전문인력 육성, CM 기준의 보완, 절차개발, 현행 감리제도와의 관계 정립이 필요하다고 본다.

2. CM의 필요성

(1) Engineering 능력 향상

1) CM의 기술적인 조언과 설계 및 시공성 검토

2) Project의 전단계에 걸쳐 신기술 적용

(2) 품질 향상

1) 설계와 시공단계에서 CM이 전문적 검토

2) 설계자와 시공자 간의 원활한 기술 조정

(3) 공기 단축

1) 설계와 시공의 원활한 커뮤니케이션으로 공기단축 가능

2) 설계와 시공이 동시에 가능하여 Fast Track Method 가능

(4) 원가 절감

1) 단계별 분할발주로 원가절감 가능

2) 공사비에 대한 단계별 분석평가 가능

3) 설계단계 : 6~8%, 시공단계 : 5%

(5) 신기술(VE)기법 활용 가능

1) 설계, 입찰, 계약단계에서 VE기법 적용 가능
2) 복잡하고 전문성이 강조되는 공사에 유리

(6) 부실시공 방지

1) 전문 CM에 의한 감리로 품질 확보
2) 설계, 시공 일괄발주로 책임한계 명확

(7) 발주자의 이익 증대

3. CM의 유형

(1) ACM(Agency CM)

1) CM의 기본형태로서 발주자의 대리인으로 계약을 맺고, 계약단계에서 고용되어 설계자와 도급자를 조정·협의하여 종합관리하는 방식
2) 발주자의 대리인으로 전문적 관리업무 수행
3) 설계자 및 시공자와 직접적인 관계가 없어 Claim 책임 없음
4) 공사기간, 공사비, 품질 등에 대한 책임은 없음

(2) XCM(Extend CM, RCM/Risk CM)

1) CM사가 발주자와 Project에 대한 전체적인 책임을 지고 총괄 계약을 맺고 설계자 및 시공자를 직접 선정하여 관리하는 방식이다.
2) CM사가 직접 시공에 참여하고 모든 책임을 진다.
3) CM사가 공사결과와 이윤도 가져간다.

(3) OCM(Owner CM)

1) 발주자가 CM 또는 CM과 설계업무를 동시에 수행하여 관리하는 방식
2) 발주자가 CM 능력이 있어야 한다.

(4) GMP CM(Guaranted Max Price CM)

계약시 공사금액을 산정해 놓고 최종 공사비가 예상 공사비보다 적거나 초과시에는 발주자와 CM이 일정비율로 부담하는 방식

(5) 시공형 CM

시공분야에 한정해서 CM관리를 수행하는 방식으로 국내에서 적용시 공사 감독과 같은 역할을 수행한다.

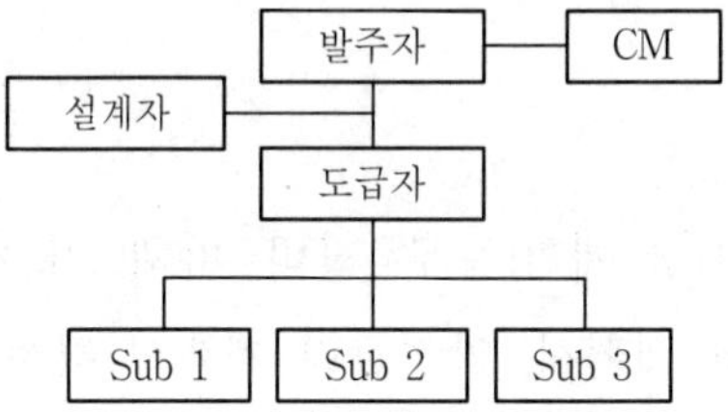

[ACM]

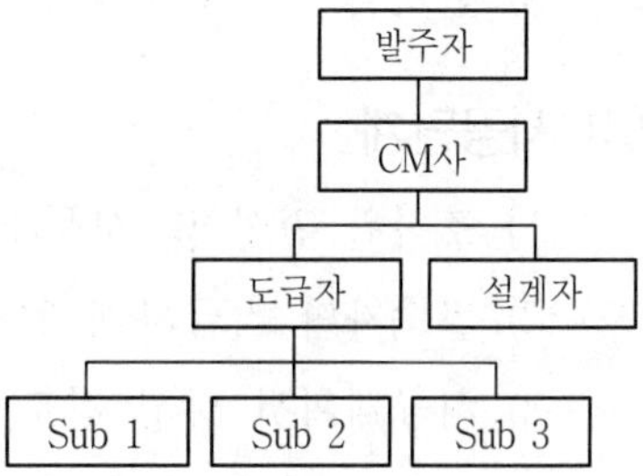

[XCM]

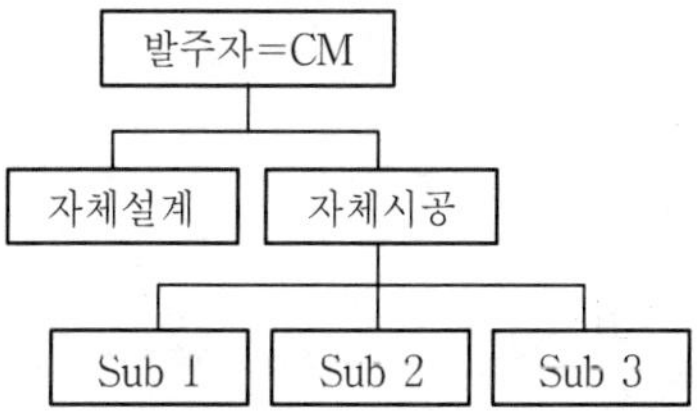

[Owener CM]

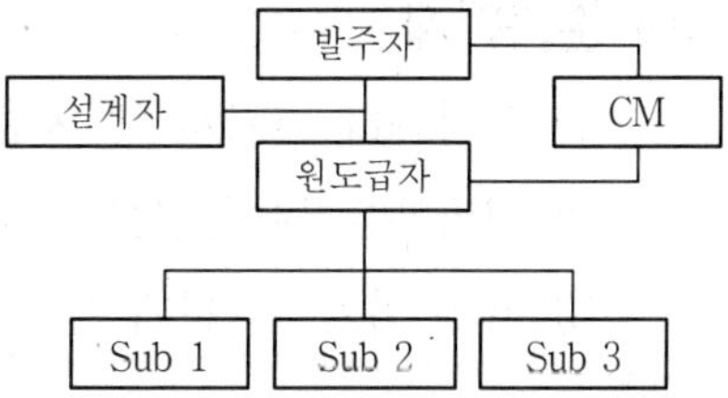

[시공형 CM]

4. 단계별 주요업무

(1) 기획단계

1) Project의 총괄계획 및 일정계획
2) 초기 견적 및 공사예산 분석
3) 발주자의 공사지침서 검토 분석
4) 자재조달, 시공자, 관련법규 등의 현지상황 검토

(2) 설계단계

1) 기본도면 및 실시도면 검토
2) Consulting 및 VE 적용
3) 초기 발주 구매활동 : 자재, 장비

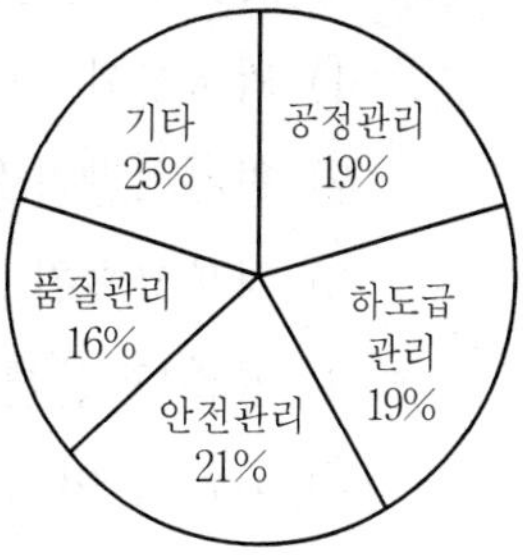

[사업관리자의 역할 및 책임]

(3) 입찰 및 발주계약 단계

1) 입찰자의 사전 자격심사
2) 입찰서의 검토 및 분석
3) 단계별 계약 : 계약서 검토, 계약조건 검토, 하도급업체 자격 검토

(4) 시공단계

1) 조직원 편성 및 사무소 설립
2) 발주자의 지급자재 일정 : 자원배당 계획(노무, 장비, 자재, 자금)
3) 시공계획서 작성 검토, 공정관리 계획서, 안전관리 계획서 작성 검토
4) 기성고 작성 및 승인
5) 공사감리 및 Claim 조정

(5) 준공단계

1) 유지관리 지침서 및 시운전 절차
2) 예비부품 및 품질보증 점검
3) 최종 허가 및 하자보증 및 보수관리

5. 국내 CM 현황

(1) CM 제도의 도입현황

1) 1996년 12월 건설업법 CM 제도 실시
2) CM 면허제도는 없으나 적용 권장사항
3) CM 관리위탁자는 발주자를 대신해 업무를 수행한다.

(2) 국내공사 적용현황

1) 외국사와 콘소시움 형태 또는 컨설팅 형태 계약(CM for Fee 방식)
2) 원자력발전소 공사, 서울 제3기 지하철 공사
3) 경부고속철도 공사
4) 영종도 신공항 공사 : 외국사가 주체로 콘소시움 형태로 운영됨
5) 최근 들어 공공 공사를 중심으로 CM 적용이 확대되고 있다.

6. CM의 적용상 문제점

(1) CM 기준 미정립

1) 계약서, 설계도면, 시방서 및 감리업무 수행지침서
2) 국내 건설업에 맞는 표준모델 미개발

(2) CM 전문기관 및 인력 부족

1) 전문성 있는 CM 기관 부재
2) CM 교육 미비로 전문인력 부족, 교육체계의 미완성

(3) 책임감리제도와 관계 미정립

1) 현행 감리제도 간의 업무 중복
2) 국내 감리업체의 반발

(4) CM 도입의 공감대 부족

1) CM에 대한 위화감, 보수과다 등
2) 발주자, 설계자, 시공자 이해부족, CM의 필요성에 대한 낮은 인식

(5) 국내 건설업체의 Engineering 능력 한계

1) 설계, 시공 분리발주로 시공 위주 도급
2) 국내 하도급 업체의 영세성 등

(6) 전문교육의 부재

대학에서 CM 과정 교육 부재 등

(7) 높은 비용

감리제에 비하여 높은 비용으로 적용 기피

7. CM의 발전 방안

(1) 관리방식 개선

1) CM 전문인력 육성 및 교육
   ① 전문기술자의 CM 재교육, 전문인력 확보
   ② 대학 내 CM 전문교육 과정 확대
2) CM 전문기관 육성
   ① CM 분야의 고급 연구인력 육성

② CM 표준계약서 연구개발

③ 국내 협력업체의 적용방법 연구

3) PQ 심사시 주요 평가항목 삽입

공공 공사에서 CM의 능력 인정

(2) 발주방식 개선

1) 감리제도와의 관계 정립

① 건설기술관리법 재정비

② 감리와 CM의 한계 명확 설정

2) CM 표준모델 개발

① 국내 건설업에 맞는 표준모델을 개발하여 대규모 공공 공사에서 우선 적용

② 실무 중심의 CM 교육 확대

3) 발주방식의 다양화

① ACM과 XCM 발주 적용

② 시공형 CM의 보완

4) 민간공사의 CM 활성화

① Turn Key 발주의 확대와 CM의 적용 의무화

② 국내 업체의 Engineering 능력 향상

③ 기술개발투자 확대

5) 공공 공사 CM 확대

8. 맺음말

(1) CM이 제대로 정착하기 위해서는 사회 기반요소를 조사하여 상품의 수익성을 판단하고, 시공사의 수익성과 재무구조의 건실성을 검증하여야 하며, 회계 분석능력과 함께 계약부터 Claim까지 전반적 공사관리와 절차를 관리할 수 있는 종합 관리능력을 갖추어야 한다.

(2) 이러한 능력의 배양은 기업 스스로의 노력은 물론 정부의 정책적 지원과 제도적 뒷받침이 있을 때 가능한 것이며, 국내 실정에 맞는 표준 모델의 개발과 인력양성이 시급하다.

number 20 공동도급(Joint Venture) 방식

※'78, '81, '95, '99, '01, '10, '19

1. 개 요

(1) 공동도급은 Project의 규모가 크거나 특수공사로 인해 하나의 회사가 공사를 수행하기 어려운 경우 2개 이상의 업체가 공동으로 수주하는 방식이다.

(2) 공동도급자는 임시로 조직을 결합하고, 자본과 기술을 출자하여 공사를 수행하고 공사완료 후 해산하게 된다.

(3) 공사 규모의 대형화 추세와 해외시장 진출로 인해 국내업체끼리의 공동도급은 물론 해외업체와의 공동도급 사례도 증가하고 있다.

2. 공동도급의 종류

(1) 공동 이행 방식

1) 개 념

2개 이상의 건설회사가 임시로 결합, 공동자본을 출지히여 법인을 설립한 후 조직, 기술, 자본을 제휴하여 공동으로 수행하는 방식

2) 운영형태 및 자본금

① 유한, 주식회사의 형태

② 투자 비율에 따라 자본출자

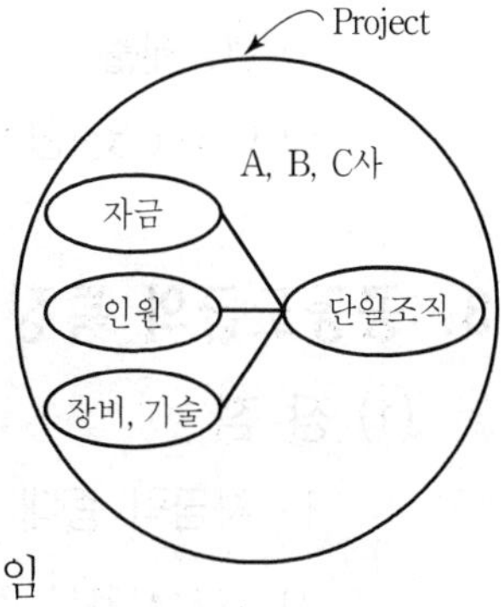

3) 배당금 : 출자비율에 따라 이익분배

4) 공사대상 : 대형 Project

5) PQ 제출 : Joint Venture 명의

6) Claim 및 공사책임 : 투자비율에 따라 공동부담 책임

(2) Consortium(컨소시엄)

1) 개 념

공동도급사가 목적물을 분담하고 각기 독립된 회사가 하나의 연합체를 형성하여 공사를 수행하며, 별도 법인을 설립하지는 않는다.

2) 운영형태 및 자본금

① 독립된 회사의 연합

② 공동비용을 제외한 제비용은 각자가 부담

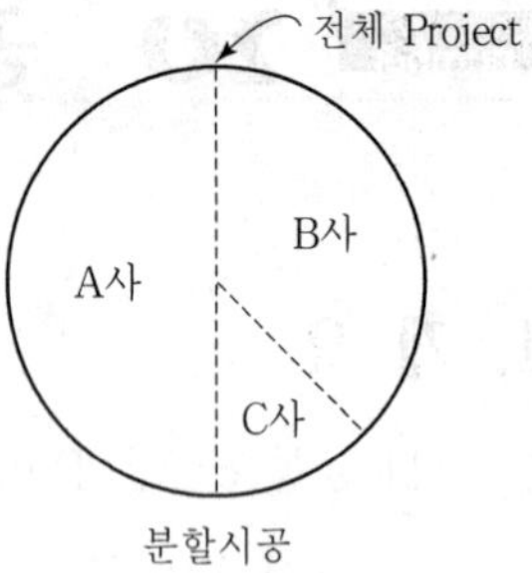

3) 배당금 : 각 회사의 공사 수행능력에 따라 결정

4) 공사대상 : 특수시설 공사나 대형 공사

5) PQ 제출 : 각 회사별로 제출

6) Claim 및 공사책임 : 각 회사별로 자기 공사는 자기 책임

(3) 주계약형 공동도급

1) 개 념

공동사업자 중에서 공사비율이 가장 큰 업체가 대표로 주계약자가 되어 공사의 전 과정을 관리하고 책임지는 방식

2) 운영형태 및 자본금

① 독립회사의 연합형태

② 주계약자가 관리와 조정

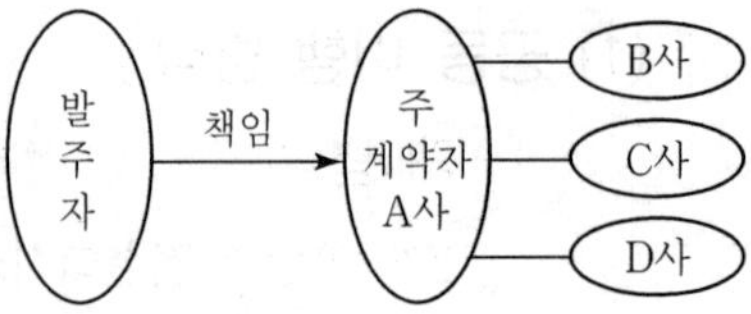

3) 배당금 : 출자비율에 따라 이익분배

4) 공사대상 : Turn Key 공사

5) PQ 제출 : 주계약자는 다른 공동도급자의 실적을 50% 인정받음

6) Claim 및 공사책임 : 주계약자가 연대책임

3. 공동도급의 특징

(1) 장 점

1) 자금력 증대

2) 공사신용도 증가와 위험분산

① 1개 회사가 도산했을 시에도 연속적인 공사수행이 가능하여 발주자의 부담이 감소됨

② 자본의 부담감소로 위험도 저하

3) 기술력 향상

① 선진업체의 기술 이전 ② 경쟁을 통한 기술개발 촉진

(2) 단 점

1) 업무처리 방식의 상이로 인한 혼선, 불필요한 경비의 이중 지출
2) 조직 상호간의 이해 충돌
3) 책임소재와 업무한계의 불분명
4) 과다 경쟁
5) 사업추진 시간 장기화

4. 시행시 문제점

(1) 계약제도상 문제

1) 지역업체와의 공동도급 의무화
2) 시공능력 한도액 적용
3) Paper Joint 발생

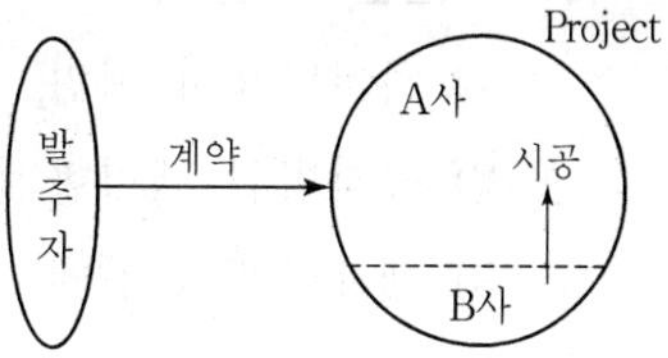

[Paper Joint]

(2) 운영상 문제

1) 시공능력 차이로 인한 장애
2) 구성원, 조직 간의 상호 능력 차이

(3) 발주상 문제

1) Joint Venture 대상 자격 범위
2) 시공능력한도 실적 적용

(4) 준공 후 하자보수 책임성

(5) 안전사고 발생시 책임 한계

5. 개선방안

(1) 제도상 개선

1) 도급한도액에 따른 지분율 배정
2) 지역 중소업체와의 공동도급 의무화
3) Paper Joint 발생 억제와 실질적 공사참여 유도
4) 하도급 형태 엄격 규제

(2) 구체화된 표준계약서 및 지침서 작성

1) 수급업체 구성원과 권한
2) 조직의 체계와 운영, 책임한계 명확히 표기

(3) 공동수급체의 대표자격 강화

1) 시공경험, 기술능력, 경영상태 등 평가
2) 기술개발과 신기술 보유력

(4) 외국 선진업체와의 공동도급 활성화와 기술 이전

(5) 책임한계 명기

1) 하자발생시 책임
2) 공사범위 책임한계
3) 재해발생시 한계

(6) 업무와 사무의 표준화

1) 정보 공유 시스템 구축
2) CALS 활용
3) ISO 9000 Series 적용

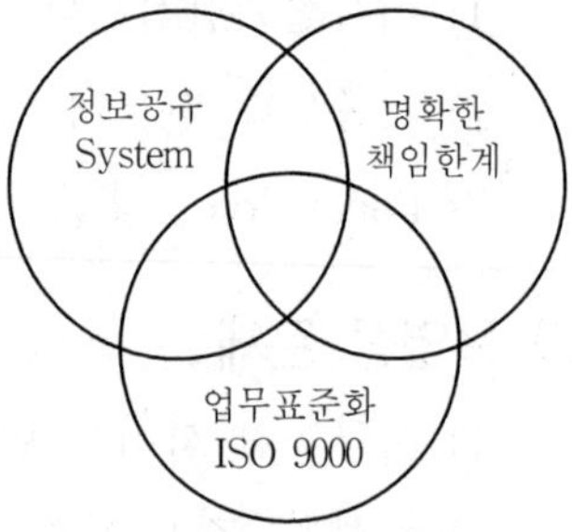

[공동도급 활성화]

6. 맺음말

(1) 건설 규모의 대형화 추세에 따라 국내업체 간의 Joint Venture는 물론, 해외업체와의 공동도급도 증가하고 있으며, 자본력이 취약한 국내업체에게는 경쟁력을 기를 수 있는 좋은 방법이다.

(2) 서로 능력과 기술력이 다른 업체 간의 결합인 만큼 국제적 기준의 표준규격에 맞추어 공사를 진행하고, 정보를 공유하는 System을 구축하여 상호 신뢰와 협력이 전제되어야 한다.

number 21 공동도급계약 방식 및 Joint Venture와 Consortium 비교

※'10

1. 개 요

(1) 공동도급계약이란 일반적으로 2인 이상의 사업자가 공동으로 프로젝트를 도급받아 공동으로 계약을 이행하는 특수한 도급 형태이다.

(2) 건설공사와 같이 일정기간 동안 사업이 계속된 후 완성되고 분야별로 정산이 가능한 사업 분야에서 활용될 수 있는 계약방식으로 대규모 사업과 전문 기술력이 요구되는 공사에 적용이 유리하다.

2. 특 성

(1) 공동 목적성

공동수급체의 구성원은 이윤의 극대화라는 공동의 목적을 가진다.

(2) 손익분담성

공동도급에서 중요한 것은 각 구성원의 지분이며, 이 비율에 따라 필요자금의 분담액 결정, 계약 이행 후의 손익배분을 결정한다.

(3) 구체성

특정사업의 공동수행을 위하여 2인 이상의 독립화된 사업주체가 잠정적으로 결성하여 이루어진다.

(4) 일시성

계약이행의 완수와 함께 종료, 다만 발주자 또는 제3자에 대하여 공사와 관련한 권리, 의무관계가 남아 있는 한 이 계약의 효력은 존속된다.

(5) 임의성

공동도급에 참여하는 것은 완전히 자유의사에 따라 이루어지며 강제성은 없다.

(6) 위험의 분산

예측할 수 없는 위험 요소를 공동수급체 구성원에 분산시켜 단독 수주시 초래될

수 있는 큰손실의 부담이 경감된다.

(7) 자격 또는 능력의 상호 보완

건설업자 상호 간, 수급자격 또는 시공능력을 보완하는 수단으로 활용되며, 각구성원의 자금 부담을 덜어주고 책임의 공유를 통한 대외적 신뢰도를 제고시키는 부수적 효과도 기대된다.

(8) 공사관리의 합리화

단독 수주시 문제점에 대한 음성적 관리방식의 개선으로 합리적이며 과학적 공사관리 체제 유도

(9) 중소건설업체의 육성 및 기술이전 촉진

중소건설업의 수주기회를 증대시켜 중소기업을 육성하고 대기업과의 공동도급을 통하여 시공기술이 중소 건설업체에 이전 가능

3. 공동도급의 형태

(1) 결합방식에 의한 구분

1) 공동경영형태

구성원 전원이 공동으로 경영에 참가하는 형태로 업무수행상의 비능률 등 문제점이 노출되어 점차 대표자를 선정하는 방식으로 전환되고 있음

2) 대표자를 선정하는 형태

공동경영형태의 단점을 보완하기 위하여 대표자를 선정하여 운영하는 방식으로 세가지 형태가 있다.

① 공동수급체 대표자의 권한을 자기의 명의로 도급대금의 청구 및 수령과공동수급체에 속하는 재산을 관리하는 권한으로 국한하여 단순히 공동 수급체 운영상 간사의 역할을 담당하도록 하는 형태

② 위의 권한 외에 발주자 및 기타 관서와 절충하는 권한까지를 부여한 형태

③ 위의 권한 외에 도급계약의 체결, 계약의 이행, 기타 계약에 관한 일체의 사항을 처리할 권한까지를 갖는 형태

3) 별도의 법인을 설립하는 형태

① 구성원과는 전혀 별개의 조직으로서 독립된 회사를 설립하는 형태(국내의 경우는 없음)

② 향후 건설시장이 개방되면 외국기업 등과 공동도급계약이 늘어날 것으로 예상됨

(2) 계약이행방식에 의한 구분

1) 공동이행방식

공동수급체의 각 구성원이 자금을 각출하고 인원, 기재 등을 공여하여 공동계산으로 계약을 이행하는 방식으로, 각 구성원의 출자비율과 이익배분 및 손실부담에 관한 사항이 구체적으로 명시되어야 함

2) 분담이행방식

공동수급체의 각 구성원이 계약의 목적물을 분할하여 그 분담부분에 대해서만 자기의 책임으로 이행하고 손익을 계산하되 공동경비만을 각출하여 계약을 이행하는 방식으로 공동수급협정서에 각 구성원의 분담내용과 공통경비의분담에 관한 사항만 명시됨

※ 공동계약의 이행방식에 따라 공동수급협정서를 작성하여야 함

(3) 구성원의 현명성 여부에 의한 구분

1) 현명공동도급

공동수급체의 각 구성원이 계약당사자로서 계약서에 연명 날인하는 경우(통상적인 경우임)

2) 익명공동도급

공동도급에 참여하는 다수의 구성원 중 1인의 대표자가 외견상 단독으로 수급하고, 계약의 이행은 공동으로 추구하는 형태로, 대표자를 제외한 다른 구성원은 발주자에 대해 아무런 권리의무가 없음

※ 우리나라는 현명공동도급만을 인정하고 공동이행방식과 분담이행방식을 선택적으로 활용할 수 있도록 하고 있음

4. 공동이행방식과 분담이행방식(Consortium)의 비교

내용	공동이행방식	분담이행방식
공동수급체의 구성	출자비율에 의한 구성	공사를 분담하여 구성
계약이행 책임	구성원 전체가 연대책임	분담내용에 따라 구성원별 각자 책임
하도급	다른 구성원의 동의 없이 공사 일부의 하도급 불가	분담내용에 따라 각 구성원별 각자 책임
하자담보책임	공동수급체 해산 후 당해 공사에 하자 발생시 연대 책임	분담내용에 따라 각 구성원별 각자 책임
손익의 배분	출자비율에 의한 배분	분담 공사별로 배분
중도탈퇴에 대한 조치	구성원 중 일부가 파산 또는 해산하는 경우 잔존 구성원이 연대하여 계약이행 책임을 진다.	일차적으로 당해 구성원의 연대보증인이 책임을 지고 잔존구성원은 2차적인 책임이 있다.
도급한도액의 적용	각 구성원의 도급한도액을 합산하여 적용(출자비율은 도급한도액에 맞추는 것이 타당)	분담공사별로 당해 구성원의 도급 한도액을 각각 적용
시공실적의 인정	공동수급체의 구성원별 출자비율에 해당되는 금액	규모 또는 양이 • 구분 가능시 실제 시공한 부분 • 불가능시 각자 전체시공실적을 인정 구성원별 분담부분
효력기간	서명과 동시에 발효 당해 계약의 이행으로 종결(발주자 또는 제3자에 대하여 공사와 관련한 권리, 의무관계가 남아 있는 한 협정서의 효력은 잔존)	좌 동

number 22 실비정산 도급제도방식

※'87, '97

1. 개 요

(1) 실비정산제도는 공사의 실비를 발주자와 시공자가 정산하고, 미리 계약한 보수만을 지급하는 방식이다.

(2) 직영제도와 도급제도의 장점만을 취한 이상적인 제도로 주로 Turn Key 발주시 도면이 완성되지 않아 금액산정이 불가능하게 되므로 실공사 물량에 의해 공사비를 정산하여 지급하는 제도이다.

2. 적용 공사의 특징

(1) 적용 대상 공사

1) Turn Key 공사
2) 도면이 완성되지 않아 공사금액 산정이 불가능한 경우
3) 총공사비의 산출과 예상이 어려울 때
4) 잦은 설계변경이 예상되는 공사
5) 건축주가 직영방식처럼 의사를 반영하여 공사를 진행하고 싶은 경우

(2) 장 점

1) 양심적인 시공 가능
2) 공사의 질 향상 가능
3) 도급자의 적정한 이윤 보장
4) 건축주의 의사 반영 가능
5) 현장 관리업무 감소
6) 투입 공사비가 많아져도 일정 부분 보전이 가능하여 시공자 측의 불의의 손해 가능성 감소

(3) 단 점

1) 공사기일의 지연 우려
2) 불명확한 계약시 분쟁발생 우려

3) 공사비 증대 우려

4) 발주자와 시공자의 신뢰 구축이 필요하고 공사비 절감노력 요구

3. 종류와 특징

(1) 실비비율 보수가산식

1) 개 념

공사의 진척 정도에 따라 정해진 실비와 미리 계약된 비율을 곱한 금액을 시공자에게 지급하는 방법

2) 공사비

총공사비=실비+(실비×비율보수)

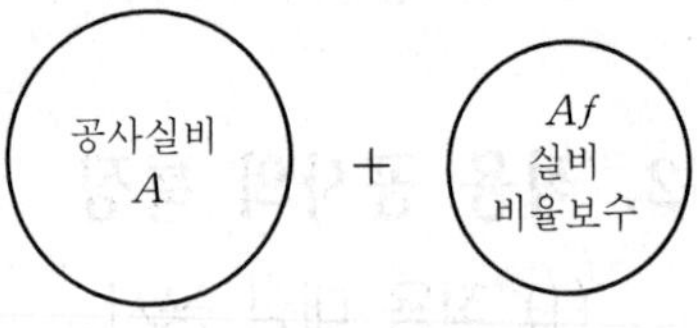

3) 특 징

① 시공자는 공사비에 구속받지 않음

② 상호간의 신뢰가 중요

(2) 실비한정비율 보수가산식

1) 개 념

공사의 실비에 제한을 두고 시공자에게 제한된 금액 내에서 공사를 완성하도록 책임지우는 방식

2) 공사비

총 공사비=한정실비+(한정실비×비율보수)

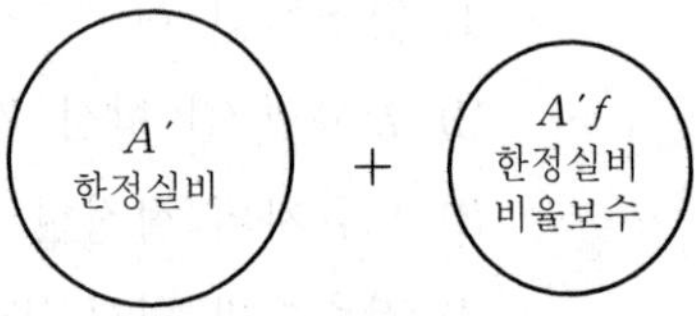

3) 특 징

① 시공자에게 불리한 측면이 있다.

② 실비가 적으면 보수도 적어진다.

(3) 실비준동률 보수가산식

1) 개 념

실비를 미리 여러 단계로 분할하여 공사비가 분할금액보다 증가나 감소함에 따라 비율보수를 체감하거나 증가시켜 적용하는 방식

2) 공사비

총공사비=공사실비+(공사실비×변화비율보수)

3) 특 징

① 시공자의 공사비 절감노력 유도

② 발주자는 총공사 금액 변화 없음

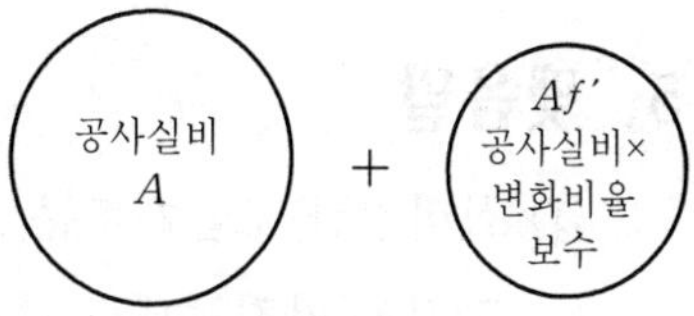

(4) 실비정액 보수가산식

1) 개 념

공사실비의 많고 적음에 관계없이 미리 정한 일정액의 보수만 지급하는 방식

2) 공사비

총공사비=공사실비+정액보수

3) 특 징

① 사전에 공사범위 확정이 필요

② 설계변경이 많을 경우 문제 발생

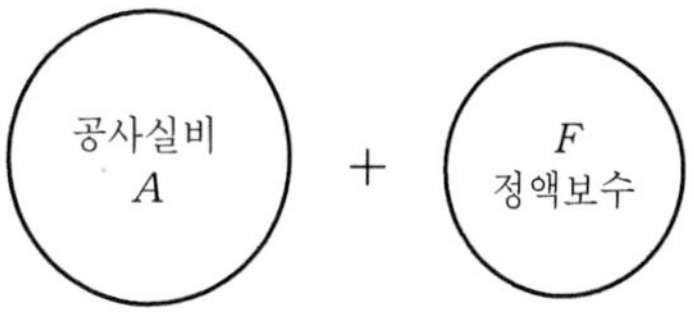

4. 문제점과 개선방안

(1) 문제점

1) 공사기일의 지연 우려

2) 공사비 상승 우려

3) 계약조건과 공사범위, 책임한계 등을 두고 분쟁이 발생할 소지가 크다.

4) 품질이 조잡해질 우려

(2) 개선방안

1) 발주자와 도급자 간의 상호 신뢰가 전제

2) 명확한 계약조건 명시

3) 시공자의 적정보수 보장

4) 신기술과 신공법의 개발로 공사비 절감 노력

5) 고품질 시공과 원가절감을 위한 시공자의 자세 필요

6) 발주자와 시공자 간의 Communication 체계 확립

7) 시공평가 모형개발

8) 신기술개발로 공사비 절감시 시공자에게 보상

5. 맺음말

(1) 실비정산 도급제도는 공사비를 적게 투입하면서도 양질의 완성물을 얻을 수 있는 장점을 가졌는데도 불구하고 대규모 현장에서는 크게 활성화되지 못하고 있는 실정이다.

(2) 발주자와 시공자 간의 신뢰를 바탕으로 명확한 원가산출 기준을 마련하고, 시공자는 품질향상과 아울러 공사비 절감에 노력한다면 발주자와 시공자 양측 모두에게 유익한 제도로 자리잡을 수 있을 것이다.

number 23 Partnering 공사 수행방식

※'98, '02

1. 개 요

(1) Partnering 공사 수행방식이란 발주자, 설계자, 시공자가 서로 신뢰를 갖고 단일 팀을 구성하여 공동으로 공사를 수행하는 방식을 말한다.

(2) Partnering 수행방식에는 발주자와 시공자가 일시적으로 Joint Venture하는 단기 수행방식과 장기공사를 목적으로 하는 장기 수행방식이 있다.

(3) 최근 건축물이 대규모화, Turn Key화됨에 따라 계약 이행 여부를 둘러싼 대립이나 분쟁을 피하고 상호 이익 달성을 위해 수행되는 방식이다.

2. Partnering 수행방식의 필요성

(1) 대립, 분쟁(Claim) 없는 Project의 원활한 목표달성

1) 발주자, 설계자, 시공자 사이의 충분한 사전 협의와 의견 개진

2) 각자의 입장과 의견차 해소

(2) 발주자, 설계자, 시공자 간의 상호 이익 추구

(3) Claim 발생 방지

1) 협의와 협력을 바탕으로 한 공동 책임의식, 연대감 형성

2) 공사 진행에 상호 관여와 참여

(4) 원활한 Communication 가능

(5) 공기단축, 원가절감, 품질향상

3. Partnering 공사 수행방식

(1) 단기 Partnering 수행방식

1) 단기발주자와 시공자가 일시적으로 JV하여 공사를 수행하는 형태

2) 단기적이고 일시적인 수행방식

(2) 장기 Partnering 수행방식

1) 장기 Project 공사를 목적으로 상호 신뢰와 상호 이익증대를 위해 발주자, 설계자, 시공자가 장기적으로 JV하여 공사를 수행하는 방식

2) 대규모 Project인 SOC 사업, Turn key 사업 등에 주로 사용된다.

4. Partnering 수행 및 방법

(1) 수행 대상 공사

1) SOC 사업(민자유치 기간사업)

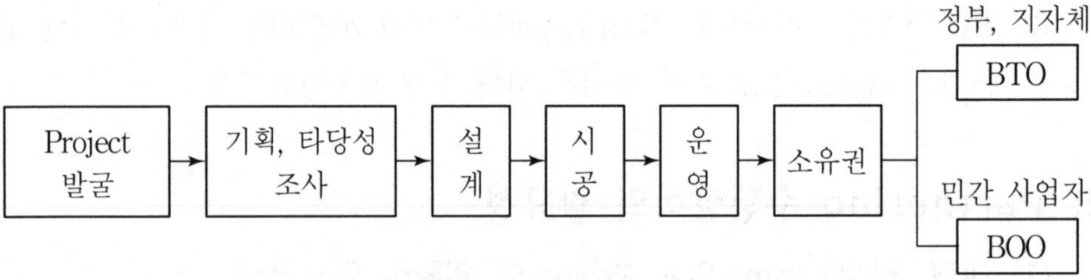

① BOO

㉠ 민간사업자가 Project를 기획, 설계, 시공 후 소유권도 가지는 사업

㉡ 가스공급시설, 전원시설, 전산망, 유통단지

② BTO

㉠ 민간사업자가 Project를 기획, 설계 시공 후 소유권을 먼저 이전하고 운영

㉡ 철도, 도로, 항만, 공항, 터널, 댐

2) Turn Key Project 대상

3) 원자력, 댐, 항만공사 등

(2) Project 수행계획 및 방법

1) 사업기획, 조사, 설계의 사업 초기부터 계획 수립

2) Project 발주, 설계시 시공자 참여

3) 발주자, 설계자, 시공자 상호 JV 이행 계획

4) 상호신뢰를 바탕으로 한 계획, 관리, 기술 등 협의조약

5. Partnering 적용시 문제점

(1) JV 구성원 간의 공사 수행 능력차

(2) 사무관리방식의 불일치에서 오는 혼란

1) 설계자, 시공자, 발주자의 업무방식의 차이

2) 문서작성, 서식사용 등의 불일치

(3) 공사관리의 복잡성

(4) 구성원 상호간의 이해 충돌

1) 원가관리 : 투입원가 비율에 대한 상호 의견차와 불만

2) 품질관리 : 공사 품질에 대한 발주자의 이의 제기

3) 공정관리 : 공정의 지연, 마찰시 의견조정과 해결책이 다를 수 있음

(5) 상호 이익배분 공유 계약 문제

6. 기대 효과

(1) Project의 원활한 수행

1) 상호신뢰에 의한 공동목표를 가지고 Project 수행

2) 상호 동맹관계로 원활한 Project 수행

(2) 발주자, 설계자, 시공자 간의 Claim 발생 방지

1) 상호 협력체계로 분쟁 최소화

2) 분쟁사항의 사전 협의 및 조정 가능

3) 공동이윤 및 손실이므로 분쟁 해결 가능

(3) 원가절감 : Partnering과 VE 관계 향상

1) Partnering 수행의 경우 Project 주체들의 VE에 대한 태도가 크게 향상

2) Project 주체들의 VE의 공동제안 창출 가능

3) VE 부분의 문제해결 과정의 접목 수행 가능

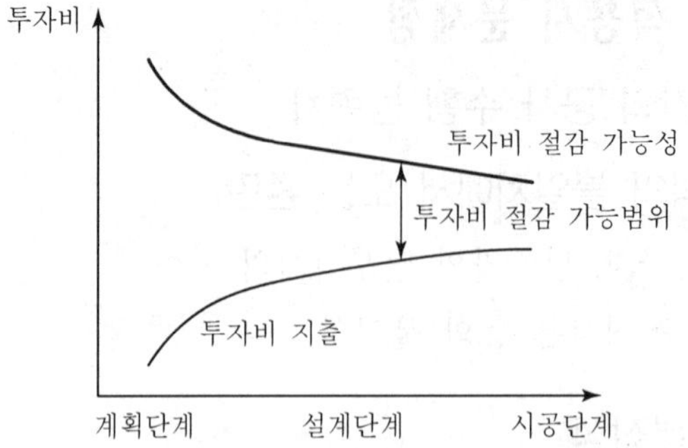

[건설사업 단계와 VE기법 도입시기]

(4) 품질향상 : Partnering과 TQM 관계 향상

1) 발주자, 설계자, 시공자의 공동운영과 관리로 품질 향상에 기여

2) 기획, 설계관계부터 품질관리 Program 시행 가능

3) 품질효과 기대

7. 맺음말

(1) Partnering 수행방식은 발주자, 설계자, 시공자 사이에 발생하는 마찰을 예방하기 위해 Project의 진행에 서로 협력하여 참여하는 제도이다.

(2) 공사 주체들 간의 상호 신뢰를 전제로 하지만 신뢰만 구축되면 VE 향상으로 인한 원가절감, TQM에 의한 품질향상의 효과가 매우 크고, 상호간의 이익을 극대화할 수 있다.

number 24 건설 프로젝트 금융조달방식(BOO, BTO, BOT, BTL)

※'97, '05, '07

1. 개 요

(1) 사회간접시설(SOC) 사업에는 대규모 금융자본이 소요되므로 민간자본을 유치하여 건설하고, 시공사는 유지관리와 운영으로 투자자금을 회수하는 Project 금융조달방식이 점차 활성화되고 있다.

(2) 국가에서는 적은 자본으로 기간 산업망을 구축할 수 있고, 건설시에는 대규모 사업수주와 기술개발, 경쟁력 확보 등 많은 장점을 가진 방식이다.

2. 금융조달 Flow와 필요성

(1) Flow

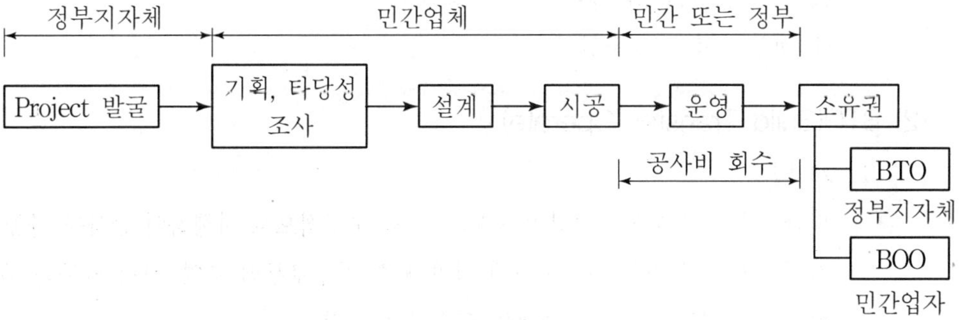

(2) 필요성

1) 정부의 부족한 재원 충당
2) 사회간접시설 확충
3) 건설업체의 Engineering 능력 향상
4) 대규모 공사 수주기회와 건설업 활성화
5) 신기술개발과 시공경험 축적
6) 침체된 경기 부양

3. 금융조달방식의 구분

(1) BOO(Build Own Operate)

1) 개 념

민간업체가 SOC사업을 시행하여 공사를 완공한 후 시설물에 대한 소유권을 가지고 운영하는 방식

2) 적용 분야

① 제2종에 해당하는 기간시설

② 전원시설, 가스공급시설

③ 대규모 유통시설과 전산망 구축시설

3) 특 징

① 기업체에게는 장기적이고 지속적인 수익보장

② 기업의 재정적 안정 도모

③ 수익성보다는 공익적 측면이 강하다.

④ 정부 부족 재원조달

(2) BTO(Build Transfer Operate)

1) 개 념

민간업체가 자본을 투자하여 SOC 사업을 주도적으로 시행하여 공사를 완공하고, 시설물에 대한 소유권을 국가에 이양한 후 정부로부터 운영, 관리 권한을 부여받아 운영수익금으로 투자금액을 회수하는 방식

2) 적용분야

① 제1종에 해당하는 기간시설

② 도로와 철도시설

③ 공항시설, 항만시설 등 기본시설

3) 특 징

① 정부 재원 부담 없이 장기사업 지속 수행 가능

② 기업의 Engineering 능력 향상

③ 사회간접시설 확충

④ 정부 부족재원 조달

(3) BOT(Build Operate Transfer)

1) 개 념

민간업체가 자본을 투자하여 사업을 시행, 공사를 완공하고 시설물에 대한 소유권을 가지고 시설물을 운영하면서 투자금을 회수한 후 소유권을 이전하는 방식

2) 적용분야

① 도심 재개발사업이나 재건축사업

② 대규모 택지개발사업

3) 특 징

① 기업의 Engineering 능력 향상

② 정부 부족재원 조달

③ 기업의 수주기회 제공

(4) BTL(Build Transfer Lease)

1) 개 념

민간업체가 자본을 투자하여 목적물을 완성한 후 이를 임대하여 임대수익을 통해 투자금을 회수하는 방식

2) 적용분야

① 주민 복지시설

② 학교, 기숙사 등의 신축

3) 특 징

① 재원이 부족한 지자체의 시설 확충

② 지방경제 활성화

③ 노후시설 개선

(5) ROT, RTO(Rehabilitate Operate Transfer)

1) 개 념

노후화된 국가기간 시설물을 민간자본을 투자하여 개선하고 이를 운영하여 투자금을 회수하는 방식

2) 적용분야

① 철도개선사업, 지하철개선사업

② 고속도로 개선사업

③ 학교 시설물 개선사업, 정보화 사업 등

3) 특 징

① 노후화된 시설물 개선

② 재원 부족 문제 해결

4. Project 금융의 문제점과 발전방향

(1) 문제점

1) 대기업체에 유리하고 중소기업체에 불리하다.

2) 공공성의 유지가 어렵다.

3) 대규모 특혜시비 발생

4) 공사에 대한 정부의 지나친 간섭과 규제로 업계 자율성 저해

5) 사업 부풀리기

시공사는 사업권을 획득하기 위해 타당성 조사시 사업성 평가를 부풀려 작성

6) 기업의 투자금 회수

사업성 조사와 실제 완성 후 차이가 커서 기업의 투자금 회수가 곤란

7) 정부의 보조금 지급

사업 투자비 회수가 미비한 경우 정부 재원으로 보조

8) 타당성 조사 미흡

(2) 발전방향

1) 제도적 개선

① 종합건설업 면허제 도입

② 공공 공사의 설계, 시공일괄발주

③ 민자유치법 확대

2) 기업 구조 개선

① 기업의 재무구조 개선 : 부채비율 감소

② 공공 공사의 설계, 시공일괄발주

3) 기술개발과 경쟁력 제고

① 시공위주에서 설계, 시공 Engineering형으로－종합건설업 면허

② 외국업체와의 Joint Venture

③ 신기술 개발과 건설업의 국제화

④ Soft 기술능력 강화와 인력 양성

4) 사업성 검토 능력 향상

① 시민단체 등이 참여하는 합리적 타당성 평가

② 공정하고 객관적인 기준 마련

5. 맺음말

(1) 국가가 시행하는 국가기간시설 건설사업은 대규모 재원을 필요로 하는 장기사업이 많은데, 국가는 필요로 하는 재원을 무리없이 조달할 수 있고, 기업은 장기적이고 안정된 사업을 지속적으로 추진할 수 있다는 점에서 Project 금융방식은 매우 효율적이다.

(2) Project 금융방식이 보다 보편화되기 위해서는 기업의 금융조달능력과 함께 Project 개발능력도 함께 향상되어야 한다.

number 25 위험분담형(BTO-rs) 사업과 손익공유형(BTO-a) 사업

1. 개요

BTO-a와 BTO-rs는 현행 민자사업 방식인 임대형(BTL)과 수익형(BTO) 중에서 상대적으로 위험부담이 큰 BTO를 개량한 민간투자방식이다.

2. 위험분담형 BTO-rs

(1) 개념

위험분담형 민자사업(BTO-rs ; Build Transfer Operate-risk sharing)은 정부와 민간이 시설 투자비와 운영 비용을 일정 비율로 나눔으로써 해당 사업에 내재되어 있는 투자위험을 서로 분담하며, 초과수익이 발생할 경우에도 이를 공유하는 투자방식

(2) 도입 배경

민간이 사업 위험을 대부분 부담하는 BTO와 정부가 부담하는 BTL로 단순화되어 있는 기존 방식을 보완

(3) 적용 효과

1) 철도나 경전철 등 대규모 자본이 투자되는 고수익·고위험 사업을 중수익·중위험 사업으로 변경
2) 공공부분에 대한 민간 투자의 활성화 기대

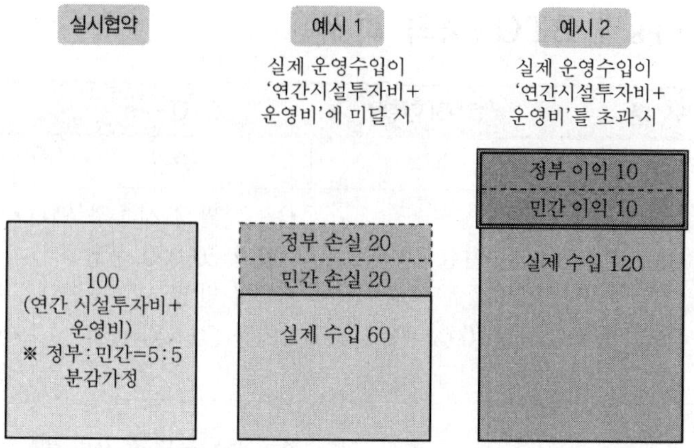

[실제 운영수입에 따른 정부-민간 부담액 사례(BTO-rs)]

3. 손익공유형 BTO-a

(1) 개념

1) 손익공유형 민자사업(BTO-a : Build Transfer Operate-adjusted)은 정부가 최소 사업운영비(민간투자비의 70%와 민간투자비 30%의 이자 및 운영비용) 만큼 위험을 분담하고 초과 이익이 발생하면 공유하는 방식
2) 손실이 발생하면 민간이 30%를 먼저 부담하고 30%가 넘으면 재정을 지원하되, 이익이 발생하면 정부와 민간이 7 : 3의 비율로 나누게 된다.

(2) 적용 효과

민간의 사업 위험을 줄이는 동시에 시설 이용요금을 인하

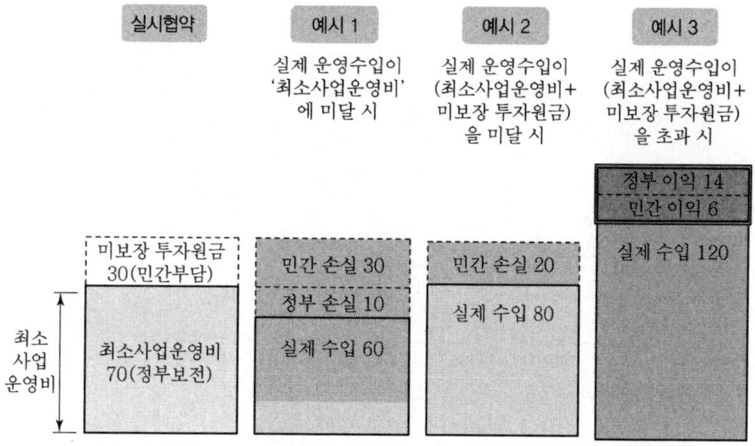

[실제 운영수입에 따른 정부-민간 부담액 사례(BTO-a)]

4. BTO-rs과 BTO-a의 비교

구 분	BTO(현행)	BTO-rs	BTO-a
민간 리스크	높음	중간	낮음
손익부담 주체(비율)	손실 · 이익 모두 민간이 100% 책임	• 손실 발생 시 : 정부와 민간 50 : 50 분담 • 이익 발생 시 : 정부와 민간 50 : 50 공유	• 손실 발생 시 : 민간이 먼저 30% 손실, 30%를 넘을 경우 재정 지원 • 이익 발생 시 : 정부와 민간이 공유(약 7 : 3)
정부 보전내용	없음	정부 부담분의 투자비 및 운영 비용	민간투자비 70% 원리금, 30% 이자비용, 운영비용 (30% 원금은 미보전)
2014년 기준 수익률 수준(경상)	7~8% 대	5~6% 대	4~5% 대
적용 가능 사업	도로, 항만 등	철도, 경전철	환경사업
사용료 수준	협약요금 + 물가	협약요금 + 물가	공기업과 비슷한 수준

number 26 BTL(Build Transfer Lease) 방식

※'05, '07

1. 개 요

(1) BTL사업은 새로운 유형의 민간투자방식으로 민간이 자금을 투자해 공공시설을 건설(Build)하고 정부가 이를 임대해서 쓰는 민간투자방식이다.

(2) 민간 건설사업자는 시설 완공시점에서 소유권을 정부에 이전(Transfer)하고 일정 기간동안 시설의 사용·수익권한을 얻어 시설을 정부에 임대(Lease)하고 임대료를 받아 시설투자비를 회수하게 된다.

2. 기존 민자 방식과의 차이

(1) 민간이 건설한 시설은 정부소유로 이전(기부채납)된다.
민간이 시설소유권을 갖는 BOO(Build Own Operate)방식과 구별

(2) 정부가 직접 시설임대료를 지급해 민간이 투자자금을 회수한다.
사용자에게 시실 이용료를 부과하여 투자금을 회수하는 BTO(Build Transfer Operate)방식과 구별

(3) 정부가 적정수익률을 반영하여 임대료를 산정·지급(적정이윤 보장)
사용자로부터의 이용 수입이 부족할 경우 정부재정에서 보조금을 지급 (운영수익 보장)해 사후적으로 적정 수익률 실현을 보장하는 BTO방식과 구별

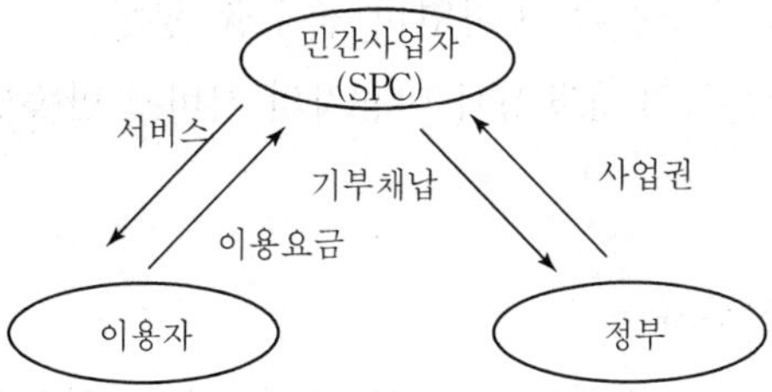

[BTO]

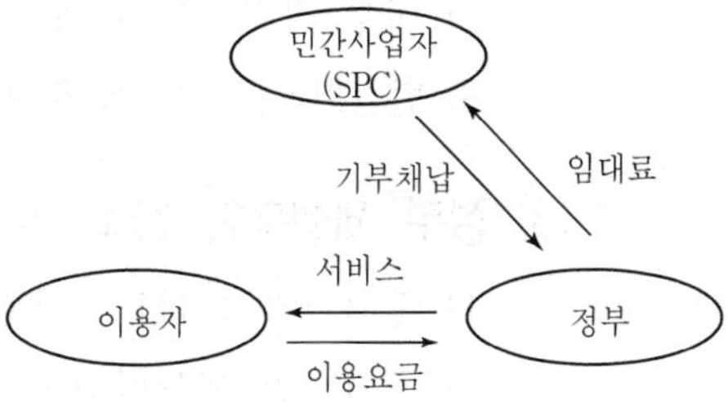

[BTL]

[BTO / BTL 방식 비교]

추 진 방 식	Build-Transfer-Operate	Build-Transfer-Lease
대상 시설 성격	최종수용자에게 사용료 부과로 투자비 회수가 가능한 시설	최종수요자에게 사용료 부가로 투자비 회수가 어려운 시설
투자비 회수	최종사용자의 사용료	정부의 시설임대료
사업 리스크	민간이 수요위험 부담	민간의 수요위험 배제

3. BTL 추진 목적 및 효과

(1) 국민 편의 시설 증대

1) 매년 예산을 확보해 시설투자하는 현행 방식으로는 국민이 원하는 시설을 적기에 제공하기 어려움

2) 필요한 양질의 공공시설을 조기 제공

영유아기	청소년기	청장년기	노년기
보육정보센터	초중등학교	임대주택	노인의료시설
아동보육시설	대학기숙사	박물관	노인복지시설
	공공도서관	문화회관	

(2) 민간의 창의성을 활용해 투자효율 향상

1) 창의적인 사업 발굴·설계로 국민의 요구수준에 부합하게 사업내용을 다양화

2) 정부 직접 건설보다 목표공기 준수율과 총사업비 준수율 향상

3) 민간의 경영기법을 활용해 시설운영의 효율성과 이용자의 서비스 만족도를 향상

(3) 정부 재정부담 감소

1) 중장기관점에서 규모있게 시설투자

2) 경직적인 예산편성·집행절차에서 벗어나 필요시 탄력적으로 시설을 공급

(4) 민간 유휴자금을 장기 공공투자로 전환

1) 민간 자본의 투자기회 제공

2) 안정적 수익 보장

3) 부동 자금을 실물 공공투자로 유치함으로써 국민경제의 선순환을 유도

(5) 수주 기회 확대와 건설경기 활성화

1) 경제활성화와 일자리 창출
2) BTL사업을 통해 생산적인 공공투자 확대
3) 건설업의 수주 물량 증가

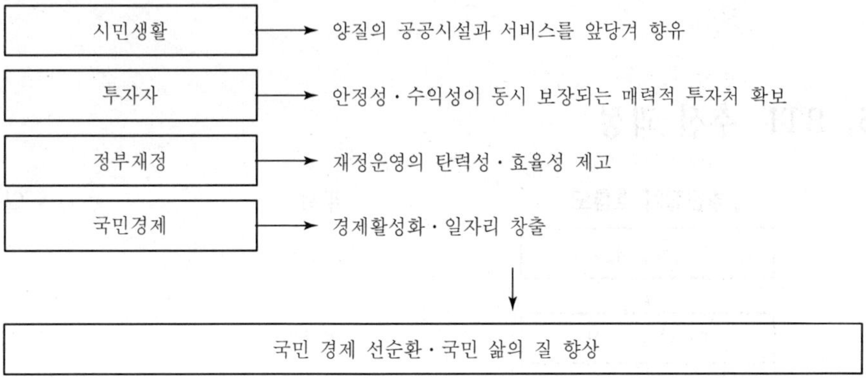

[BTL사업의 기대 효과]

4. BTL 투자 대상 시설

(1) 대상 시설 선정

1) 정부가 국민에게 기초적 서비스제공을 위해 의무적으로 건설·운영해야하는 국·공립시설이 우선 대상
2) 일반시민에 대해 시설이용료 부과가 어렵거나, 시설이용료 수입으로는 민간투자비 회수가 어려운 시설
3) 시설이용료 수입으로 투자비 회수가 가능한 시설은 BTO 사업 방식으로 추진
4) 사업 편익이 크고 시설의 조기 확충이 시급하나 재정여건상 투자가 늦게 이뤄지고 있는 시설
5) 민간의 창의·효율을 활용함으로써 사업편익증진과 비용절감이 기대되는 시설
6) 금년에 투자 대상은 사업준비가 완료되어 년내공사가 이뤄질 수 있는 시설
   ① 사업부지 확보, 설계준비, 행정 인·허가 마무리 사업
   ② 기존시설이용자 이주대책 마련 등 사업집행이 원활히 이뤄질 수 있는 사업

(2) 대상 시설(사회기반 시설에 대한 민간투자법의 사회기반 시설)

1) 경제활동의 기반이 되는 시설
2) 사회서비스 제공을 위해 필요한 시설
3) 국가·지자체의 업무를 위한 공용시설 또는 이반 공중의 이용을 위해 제공되는 시설

5. BTL 추진 과정

추진절차 흐름도	주체	일정
단위사업 선정	주무관청	2월중
↓ 예비타당성조사	주무관청	2월중
↓ 타당성조사	주무관청(주무부처)	3월중
↓ 시설사업기본계획 수립/사업자 모집공고	주무관청	4월중
↓ 민간 사업제안	민간사업자	5~6월
↓ 평가/우선협상자 선정	주무관청	7월초
↓ 실시협약 체결	주무관청	7월중
↓ 실시설계/실시계획 승인	주무관청	7~9월중
↓ 착공	민간사업자	9월중

(1) 예비타당성조사

1) 총사업비 500억원, 국고보조 300억원 이상 사업을 대상으로 실시
2) 사업효과가 국지적이고 정형화된 건축사업, 법정시설, 필수 설치시설은 제외

(2) 타당성조사는 시설유형별로 일괄방식으로 시행

1) BTL 사업 중 사업내용이 표준화되어 있는 시설은 주무부처에서 일괄하여 타당성조사를 시행

2) 조사내용은 재정사업으로 추진시와의 편익· 비용 비교에 중점을 둠

(3) 기본계획서 수립 및 사업자 모집 공고

1) 계획서 내용

정부가 요구하는 시설물 종류, 규모, 기능, 유지보수서비스 수준, 산출물 요구서(Output Specification)가 포함

2) 수용 가능한 총사업비 · 임대료 등의 상한선 제시

3) 시설복합화 및 부대수익사업의 허용범위, 창의적 제안에 대한 인센티브가 포함

4) 사업자 선정을 위한 평가항목 · 배점기준 등 제시

(4) 사업제안서 평가

1) 다수 제안이 예상되는 사업은 사전적격성 심사(PQ)를 적용 가능

2) 기술(품질)과 가격요소에 초점을 두어 최대한 객관적이고 투명하게 평가

3) 사업제안서는 가능한 범위 내에서 수정을 반복적으로 허용하여 정부에 가장 유리한 조건을 제시하는 사업자를 선정

number 27 BTL 사업의 문제점 및 대책

1. 개 요

(1) 민자사업방식에 BTL 방식이 도입되면서 무분별한 추진과 치열한 수주경쟁으로수익성 악화 뿐 아니라 자금력이 약한 중소업체의 배제, 정부나 지자체의 재정부담증가 등의 부작용이 나타나고 있다.

(2) 이러한 폐해를 개선하고 사업 추진의 건전성을 확보하기 위해서는 제반 문제점을 분석하고 이에 대처할 수 있는 방안을 찾아 개선하여야 할 것이다.

2. 문제점

(1) BTL 사업의 위험과 낮은 수익성

1) 위험성

사전에 정부에 의해 수익률이 보장되는 측면에서 BTO보다는 우월하지만 위험성은 여전히 높음

2) 수익성

BTL사업의 수익성은 BTO보다 낮음

*(5년 만기 국고채 수익률 +1% 내외의 위험 프리미엄으로 정해지는 수익률은 현저히 낮은 수준)

(2) 저가 낙찰

1) 현행 BTL 방식은 사업제안서 평가시 정부 지급금이 사업자선정의 중요한 요소로 실질적 최저가 낙찰제 적용

2) 시설별 창의성과 다양성보다는 규격과 획일화된 설계와 최저가로 부실공사 우려

(3) 정부 부담 가중 우려

1) 사업규모를 적정수준으로 조절 못할 경우 정부부담 가중 우려

2) 정부 부처 간 경쟁에 의한 불요불급한 사업들이 추진돼 시설의 초과 공급 우려

(4) 통합 발주(Bundling)

1) 대부분 소규모인 BTL 사업을 묶어 한꺼번에 발주해도 그 규모가 500억원 내외에 불과
2) 대형 재무적 투자자나 대형 건설업체는 참여에 장애, 지방중소업체 수주 감소

(5) 중소업체의 수주 제한 및 수주 감소

현행 BTL 제도의 특성상 대형 건설업체들이 중소지방 건설업체가 전담했던 사업의 상당 물량을 가져가고 중소지방 업체들은 하도급 업체로 전락

(6) 초기 투자비 부담

1) BTL 참여를 희망하는 재무적 투자자가 사업개발비 및 초기 사업비를 부담하기 어려운 실정
2) 따라서 초기 사업비를 부담할 건설업체와 컨소시엄을 구성하거나 부담 가능한 개발업체와 컨소시엄을 구성해 대처하고 있음
3) 소규모 중소건설업체들의 참여가 사실상 불가능

3. 개선 방안

(1) 민자적격성조사 선행

주무관청 및 시설물 이용자를 대상으로 한 서비스 요구사항을 정확히 측정

(2) 정부 역할 증대

1) 사업자로 선정된 SPC가 자금과 운영을 담당하고 주무관청에서 단위사업별로 건설사(설계, 시공, 감리)를 선정한 후 SPC와 계약을 체결하게 해야 한다
2) 단위사업별로 건설부문 사업자(설계, 시공, 감리)를 국가계약법에 의거 합리적 선정

(3) BTL 사업 대상 제한

1) BTL민자사업은 새로운 대단위 사업에 적용(신도시개발, 군부대 이전, 종합교육시설 단지조성 등)
2) 학교, 집회장, 체육관 등 단순건축물을 BTL로 추진하는 것은 장래에 지방재정 악화와 지방 중소업체의 수주 파행 유발

(4) 사업 규모별 참여 제한

공사 규모에 따른 대형업체와 지방 중소 업체의 참여 보장

(5) 중소 업체 참여 확대 방안

지방건설업체가 적극 참여할 수 있도록 기본계획관련 규정의 개정

(6) 전문 운영사 공제조합 설립

(7) VE 평가 시스템 도입

(8) 건설사업관리(CM) 용역 확대

number 28 공정관리 개요

1. 개 요

(1) 공정관리란 주어진 공기 내에 건축생산에 필요한 자원 5M을 경제적으로 운영하여 싸고 빠르며, 안전하게 건축물을 완성하는 관리기법을 말하며, 시공계획을 바탕으로 한 가장 합리적이고 경제적인 최적 공기를 결정하여 각 단계별로 효율적 관리가 되도록 한다.

(2) 작업순서와 시간이 표시되고, 공사 전체가 일목요연하게 나타나 있는 공정표를 작성하여 운영하는 것이 바람직하다.

2. 공정관리의 필요성

(1) 공기 내에 건축물 완성

(2) 양질의 시공

(3) 최소의 비용 투입으로 경제적 시공

(4) 안전한 시공

3. 공정관리 단계

(1) 계획단계(Plan)

1) 공정관리 : 공기 내 각 공사가 무리없이 진행되도록 일정계획에 의한 공정표 작성

2) 사용계획 : 5M(Man, Material, Money, Method, Machine)에 의한 자원배당 계획

3) MCX 기법에 의한 공기 단축

(2) 실시, 검토, 시정단계(Do, Check, Action)

1) 진도관리 : 실적자료 준비, 계획과 실적 비교

2) 자원분배 : 5M을 공사에 지장이 없도록 배당

3) 시정조치 : 실시 공정표와 계획 공정표를 비교, 검토하여 차이점 발견－원인규명－수정공정표 작성

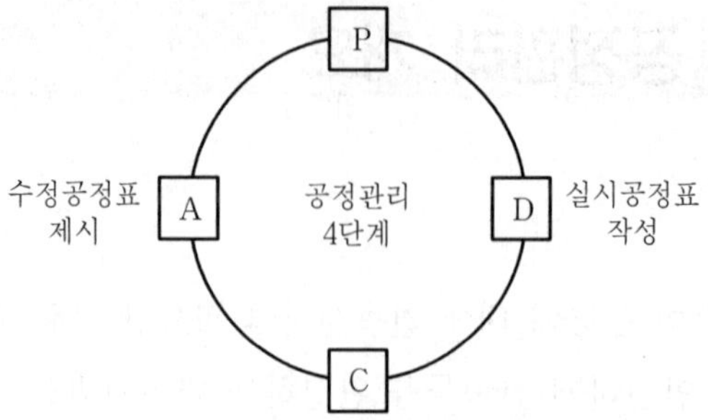

[공정관리 4단계]

4. 공정표 작성

(1) 공정표의 정의

공정계획에 따라 예정된 공종별 작업 활동을 도표화한 것으로서 각 시점에 있어 공사 진척도를 검토하는 기준이 된다.

(2) 작성 목적

1) 계획된 공사기간, 예산범위 내에서 최적의 시공을 위해 작성
2) 건설 투입요인 : 자재, 장비, 인력, 설비 등의 관리와 공정마찰을 최소화

(3) 종 류

1) Gantt식
① 횡선식 : Bar Chart
② 사선식 : 바나나 곡선(기성고 파악)

2) Network식
① PERT : 신규 사업　　② CPM : 경험 사업
③ PDM 방식과 Overlapping 방식

5. 공정마찰 원인과 해소방안

(1) 공정마찰 원인

1) 설계적 원인
① 설계도서 미비　　② 잦은 설계 변경

③ 불합리한 설계 ④ 설계도면상의 오류

2) 시공적 원인

① 공정계획의 미비와 오류

② 무리한 공기단축 : 작업의 중복

③ 인원부족, 장비고장, 기계의 오작동에 의한 지연

④ 안전사고 발생

⑤ 돌관작업 발생

⑥ 자재조달 지연

3) 관리적 원인

① 공정마찰 조정역할 부족

② 현장의 관리능력 부재

4) 환경적 요인

① 기상여건 변화

② 열악한 환경 : 폭염, 폭설, 온도 저하, 강우 등

③ 작업환경 불량 : 가스배출 시설, 소음, 환기시설 부족으로 인한 작업 중단

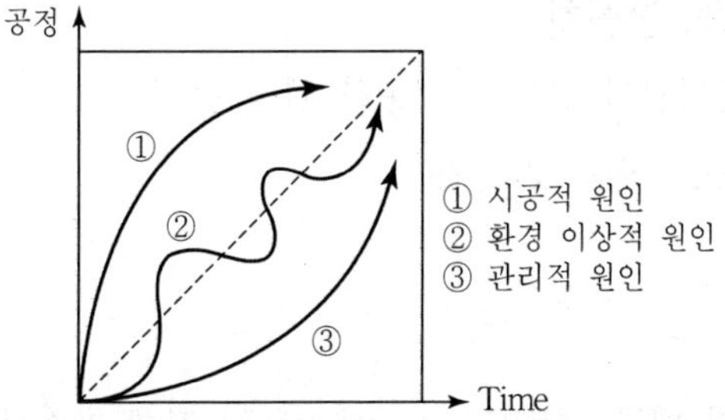

[공정 마찰 현상]

(2) 해소방안

1) 정확한 공정계획 작성

① 현장여건을 고려한 공정표 작성

② 기상조건을 감안해 여유있는 일정계획 수립

③ Mile Stone 표기와 점검

④ 공기영향 요소파악 : 민원, 시상, 설계변경, 공해, 안전 등

2) 효율적 자원투입과 배당

① 5M의 투입시기를 놓치지 않도록 한다.

② 균배도 작성에 의한 효율적 자원배당

③ 진도지연시 가장 효과적인 부분에 자원배당을 실시한다.

3) 진도관리

① 주기적 진도관리 : 한 달을 넘기지 않도록 한다.

② 진도지연시 초기에 원인을 분석하고 대책을 마련한다.

③ 공기단축 기법 활용 : 지정공기에 의한 공기단축(MCX)

4) 돌발작업 배제

① 설계변경은 필요한 경우에만 실시하고 공기단축이 가능한 방향으로 한다.

② 돌발작업에 대한 사전예측과 대비책 강구

5) 관리능력 향상

① 하도급자 능력향상과 관리능력 개발, 상호 협의 유도

② 신기술 개발로 신공법 적용

6) 정보화, 전산화

① 공정관리 전산화를 통한 일정 통제

② Data 구축 및 활용

6. 맺음말

(1) 건축공사가 대규모화되고 복잡해지면서 전체 공정관리에 대한 중요성도 더욱 커지고 있으며, 새로운 공정관리 기법의 개발도 활발히 진행되고 있다.

(2) 현장여건과 공사의 특성에 맞는 공정계획을 세우고 계획과 실시를 대비시켜 효율적 공정 관리를 하는 것이 필요하다.

number 29 Network 공정 작성의 구성요소와 공정(일정) 관리방법

1. 개 요

(1) 네트워크 공정표는 작업 상호관계를 Event와 Activity에 의해 망상형으로 표기하고, 그 작업의 명칭, 작업량, 소요시간 등 공정상 계획 및 관리에 필요한 정보를 기입한다.

(2) Project 수행시 발생하는 공정상의 문제를 도해를 통해 해명하고 진척을 관리하는 방식으로 현재 가장 많이 사용되고 있는 공정관리기법이다.

2. Network 공정표의 특징

(1) 장 점

1) 상세한 계획수립이 쉽고, 변화나 변경에 바로 대응이 가능하다.
2) 주공정과 여유 공정이 구별되어 총 소요기간 산출이 쉽다.
3) 각 단계의 순위와 조립관계를 유기적으로 파악, 정확한 분석이 가능하다.
4) 공사 전체의 파악이 용이하다.

(2) 단 점

1) 공정표 작성에 특별한 기능이 요구된다.
2) 작성시간이 많이 필요하다.
3) 작업 세분화에 한계가 있다.
4) 수정이 곤란하며 더미가 발생한다.
5) 표현 정보량에 제한을 받는다.

3. 구성요소

(1) Event(단계, 결합점), Node(PERT)

1) 작업의 개시점, 종료점
2) ○으로 표시
3) 번호 부여(좌우상하)

(2) Activity(작업활동), Job(PERT)

1) 작 업

2) ⟶로 표시

3) 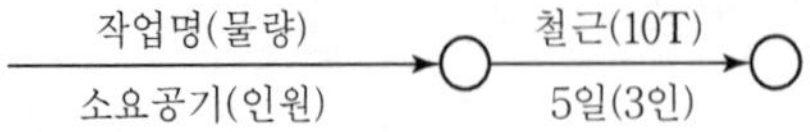

(3) Dummy(명목상 작업)

1) 작업의 상호관계만 표시

2) ┈┈┈▸로 표시

3) 작업명, 소요공기 없음

4) CP가 될 수도 있다.

(4) Path

2개 이상의 작업으로 이루어진 작업 경로

(5) LP(Longest Path)

임의의 두 결합점에 이르는 가장 긴 Path

(6) CP(Critical Path)

1) 최초의 결합점에서 마지막 종료 결합점에 이르는 가장 긴 Path

2) 굵은 선이나 두 줄로 표시

3) 총 소요공기로 하나 이상인 경우도 생긴다.

4) 여유시간이 없으므로 집중관리

4. 일정관리 방법

(1) EST(Earliest Starting Time : 최초 개시시각)

1) 작업을 개시할 수 있는 가장 빠른 시각

2) 전진계산, 최대값을 구한다.

(2) EFT(Earliest Finishing Time : 최초 종료시각)

1) 작업을 종료할 수 있는 가장 빠른 시각

2) EST+D(작업일수)로 구한다.

(3) LST(Latest Starting Time : 최지 개시시각)

1) 공기에 영향이 없는 범위 안에서 작업을 가장 늦게 시작하여도 좋은 시각
2) LFT－D로 구한다.

(4) LFT(Latest Finishing Time : 최지 종료시각)

1) 공기에 영향이 없는 범위 안에서 작업을 가장 늦게 종료하여도 좋은 시각
2) 후진 최소값을 취한다.

(5) TF(Total Float)

1) EST로 시작하고 LFT로 완료할 때 생기는 여유시간
2) LFT－EFT로 구한다.

(6) FF(Free Float)

1) EST로 시작하고 후속작업도 EST로 시작해도 생기는 여유시간
2) 후속작업 EST－EFT로 구한다.

(7) 표기법

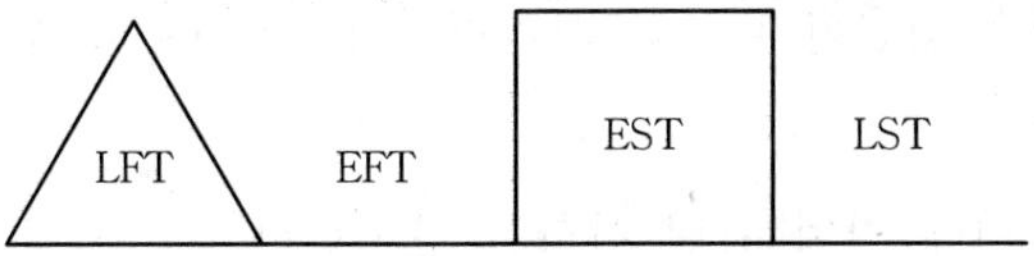

number 30 ADM(AOA)과 PDM(AON) 기법

※'00, '05, '09, '11

1. 개 요

(1) ADM(Arrow Diagramming Method) 기법은 작업의 연결관계를 화살표를 사용하여 표기하는 방식으로 공정표의 작성이 다소 어렵고, 많은 정보를 표기하는 데 한계점이 있다.

(2) 프리시던스(Precedence Diagramming Method)식 Network은 1964년 미국 스탠포드 대학에서 개발한 Event 타입의 네트워크로 반복적이고, 많은 작업이 일어날 때 ADM보다 효율적이며, 노드 안에 작업번호, 작업명, 작업기간, 비용 등 많은 정보를 표시할 수 있다.

2. 표기방법

(1) 단위 작업 표기

1) ADM은 Event와 Activity로 표기한다.

2) PDM은 서클형 노드와 사각형 노드가 있으나 사각형 노드가 많이 사용되고 있다.

3) 노드 안에 작업 관련 사항을 표시한다.

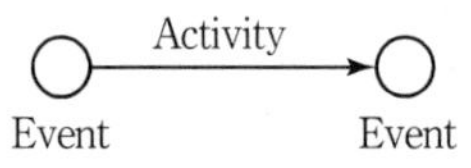

[ADM식 표기]

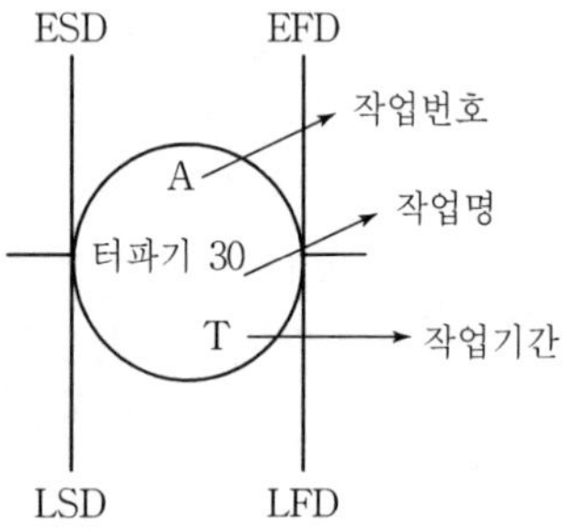

[서클형 PDM 표기]

[사각형 PDM 표기]

(2) 네트워크 표기

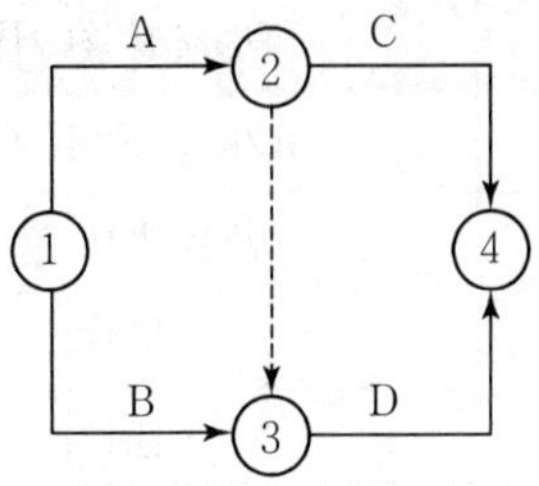

[ADM식 표기]

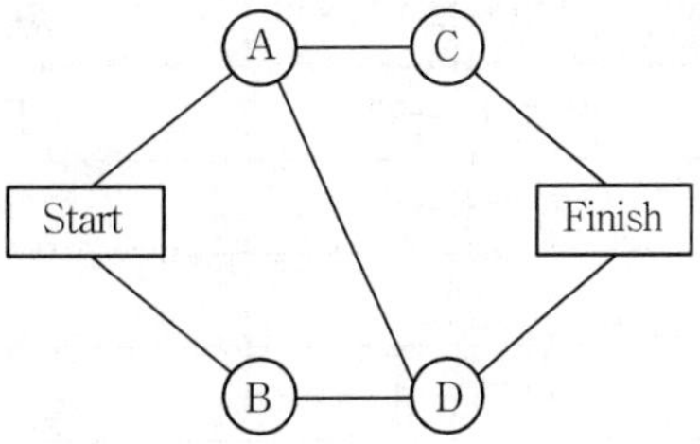

[PDM식 표기]

3. PDM의 특징

(1) 더미가 발생하지 않는다.

(2) 컴퓨터 적용이 ADM보다 유리하다.

(3) 네트워크 독해, 수정이 아주 쉽다.

(4) 다양한 연결 관계를 표현할 수 있다.

(5) 많은 정보를 표기할 수 있다.

4. 선·후 작업의 연결 관계

(1) ADM

선행작업이 끝나고 후속작업을 시작하는 Finish to Start 관계만이 가능

(2) PDM

PDM에서는 4가지 방식이 가능하다.

1) STS : 개시와 개시 관계　　2) FTS : 종료와 개시 관계

3) FTF : 종료와 종료 관계　　4) STF : 개시와 종료 관계

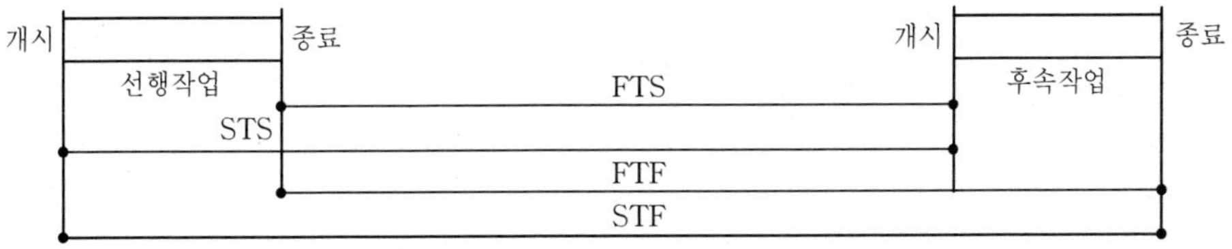

5. ADM과 PDM

구 분	ADM식 표기법	PDM식 표기법
작업간 관계	FTS만 가능	4가지 표기 가능
가상활동	발생	발생하지 않음
독해	쉽다.	어렵다.
그림 수정	어렵다.	어렵다.
대표 장점	시간적 적합성	단순 표현, 관리 용이
수정	어렵다.	쉽다.

number 31 공정관리에서 최적 공기와 최적 시공속도 (경제적 시공속도)

※'89, '96, '07

1. 개 요

(1) 시공속도는 총공사비와 건물의 품질에 직접적인 영향을 주는 요소로서 품질을 향상시키면서 총공사비는 절감하는 것이 가장 이상적이다.

(2) 일반적으로 시공속도를 빠르게 하면 직접비는 상승하고, 간접비는 감소하게 되며, 속도가 느리면 반대현상이 나타나므로 적절한 시공속도를 유지하는 것이 바람직하다.

(3) 시공속도는 기성고를 의미하는데 공사량의 진도에 따라 진도관리 곡선은 변하게 된다.

2. 최적 공기와 기성고

(1) 간접비와 직접비의 합인 총공사비가 최소가 되는 공기

(2) 공기와 매일 기성고

1) 단일 공사를 매일 같은 양으로 완수할 경우

2) 초기에는 느리고 중간에는 일정하고, 후기에 서서히 감소하는 형태

3) 실제현상에서는 초기에 느리고 중간에 가장 빠르며, 후기에 감소한다.

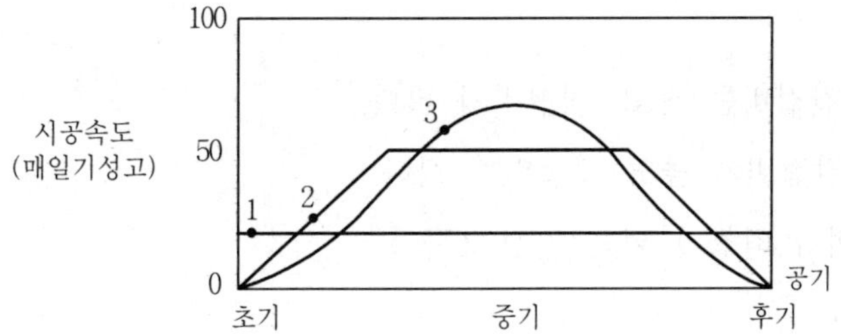

(3) 공기와 누계 기성고

1) 공기와 매일 기성고로부터 누계 기성고를 나타내면 아래와 같다.

2) 매일 공사량이 일정하면 누계 기성고와 공기관계는 직선으로 연결된다. [1]

3) 대개 공사 초기와 후기 공사량이 적고 중기에 많으며 [2], [3]과 같이 S자 곡선이 된다.

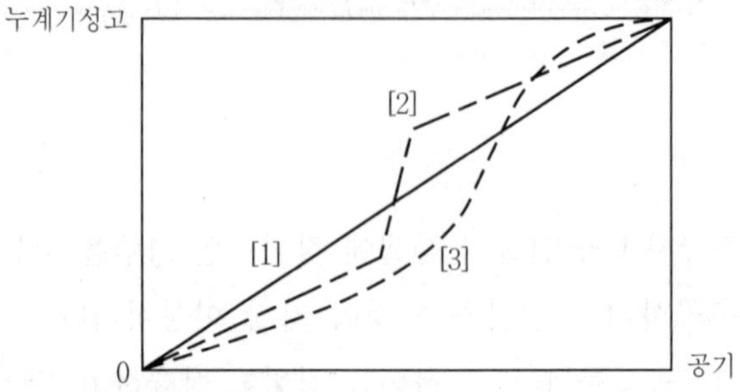

3. 최적 시공속도(경제적 시공속도)

(1) 총공사비는 간접비와 직접비의 합으로 구성된다.

(2) 시공속도를 빠르게 하면 간접비는 감소하지만 직접비는 증가한다.

(3) 총공사비가 최소가 되는 때의 시공속도를 최적 시공속도라 한다.

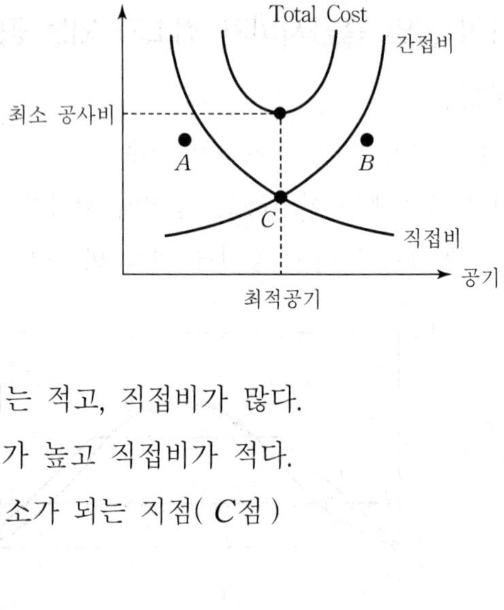

(4) A점은 간접비는 적고, 직접비가 많다.

(5) B점은 간접비가 높고 직접비가 적다.

(6) 총공사비가 최소가 되는 지점(C점)

4. 채산 시공속도

(1) 손익분기점(Break Even Point)이란 수입과 지출이 같아지는 점이다.

(2) 매일 기성고가 손익분기점 이상이 되는 시공량을 채산 시공속도라 한다.

(3) 시공속도를 너무 크게 하여도 이익은 비례해서 증가하지 않는다.(돌발공사)

(4) 경제적 시공이란 돌발공사를 배제하면서 경제적 속도 범위 내에서 최대한 시공속도를 증가시키는 것이다.

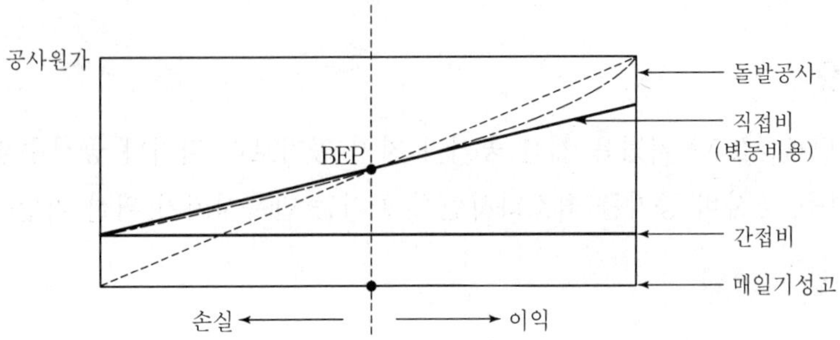

5. 비용과 공기단축의 관계

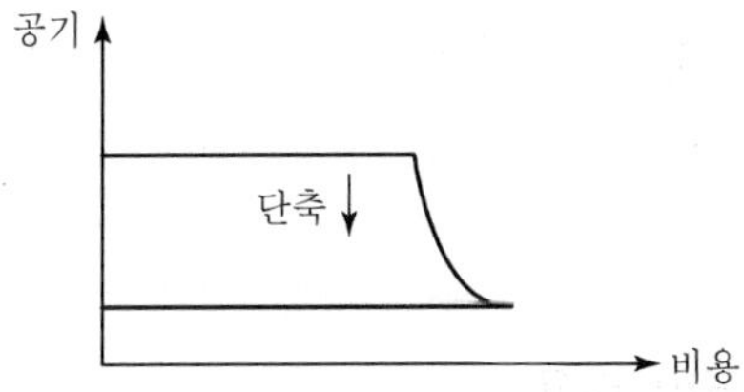

[이론상]

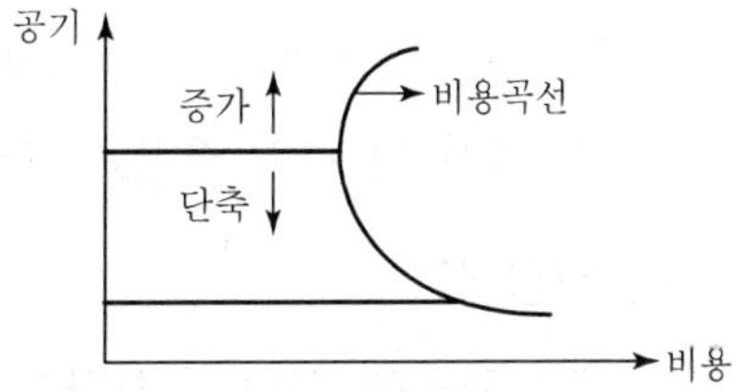

[실제]

number 32 공기단축(MCX) 기법

※'90, '91, '94, '00, '05, '09, '13

1. 개 요

공기단축(MCX) 기법은 계산 공기가 지정 공기보다 길거나 공사수행 중 작업이 지연된 경우, 공사비 증가를 최소화하면서 공기는 단축시키기 위한 기법(최소 비용계획법)이다.

2. 공기단축 기법의 종류와 목적

(1) 종 류

1) MCX(Minimum Cost Expenditing : 최소비용 계획법)
   ① 계산 공기가 지정 공기보다 길 때
   ② 공사 전 단축 공정표 작성

2) 지정공기

3) 진도관리에 의한 공기단축 조기달성 비용
   공기지연시 : Follow Up

(2) 공기단축의 목적

1) 공기 만회
2) 공사비 증가 최소화
3) 지정공기 내 공사 완료
4) 최적 공기에 따른 작업 효율화

(3) 공기에 영향을 주는 요소

1) 현장요인 : 6M
2) 민원 : 소음, 진동, 분진, 교통장애, 불안감
3) 기상 조건
4) 설계 변경

3. 비용을 고려한 공기단축

• 각 활동의 소요 시간대 비용의 관계를 조사하여 최소의 비용으로 일정 단축

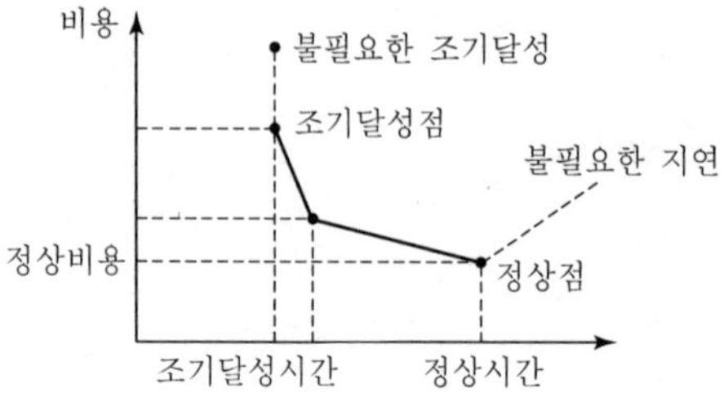

4. MCX에 의한 공기단축

(1) 개 요

1) 계산 공기가 지정 공기보다 길 때 최소비용으로 공기를 단축하기 위한 기법
2) 각 작업의 공기와 비용의 상관관계를 조사, 비용 발생이 적은 순으로 단축한다.
3) 공정표 작성 → CP 표시 → 비용구배 계산 → 공기단축 → 추가공사비 산출

(2) 비용구배(Cost Slope)

1) 1일당 비용 증가액(원/일)
2) 급속점과 정상점을 연결한 직선(기울기)
3) $\text{Cost Slope} = \dfrac{\text{급속비용} - \text{정상비용}}{\text{정상공기} - \text{급속공기}} = \dfrac{\Delta C}{\Delta T}$

(공기를 하루 단축시키는 데 증가되는 비용)

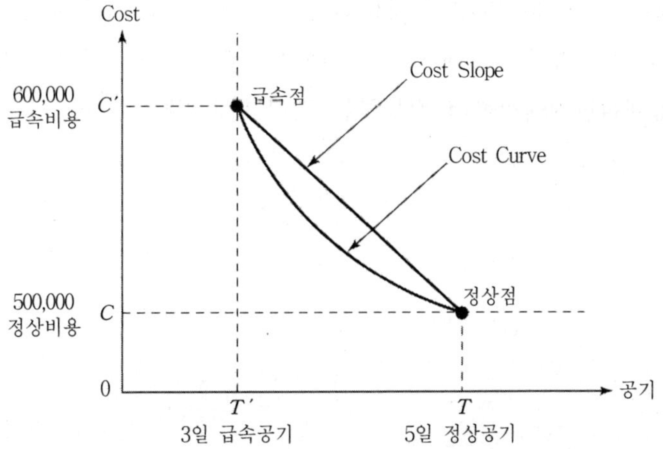

① Crash Point(급속점) : 아무리 비용을 투입해도 공기단축이 되지 않는 한계점
② Extra Cost(추가 공사비) : 각 작업의 단축일수×Cost Slope
③ 총공사비(Total Cost) : 정상 공기시 공사비+추가 공사비

5. 실 례

Project	공 기	비 용	비 고
Normal Plan	5일	5일×100,000원	500,000원
Crash Plan	3일	3일－주간 100,000원 2일－야간 150,000원	600,000원

(1) Cost Slope= $\dfrac{600,000-500,000}{5-3}=50,000$ 원/일

(2) Extra Cost(추가 공사비)=50,000×2일=100,000원

(3) 총공사비(Total Cost)=정상 공기시 공사비+추가공사비

=500,000+100,000=600,000원

6. 맺음말

MCX(최소비용 계획법)은 공사비의 증가를 최소화하면서 예정공기를 준수할 수 있는 합리적인 계획법이므로 대규모 공사에서 효율적 공정관리에 유리한 방법으로 공사 초기 공정계획단계에서부터 검토하는 것이 바람직하다.

number 33 진도관리 방법

※'95, '00, '04

1. 개 요

(1) 진도관리는 계획공정과 실시공정을 비교하여 계획대비 실시공정률을 분석하여 계획된 공기를 준수할 수 있도록 조정하고 공사 지연에 대한 방지대책을 세우며, 지연시 수정 조치하는 작업이다.

(2) 공사의 진행상황을 Check하여 예상치 못한 상황발생으로 공기지연이 예상될 경우나 공기가 지연된 경우에 전체 공기를 지킬 수 있도록 공기조정을 실시하고 수정된 공정표에 의해 공사를 진행시킨다.

2. 진도관리 순서와 방법

(1) 진도관리 순서

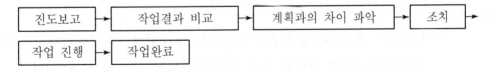

진도보고 → 작업결과 비교 → 계획과의 차이 파악 → 조치 →
작업 진행 → 작업완료

(2) 진도관리 방법의 종류

1) 횡선식 공정표 : 작업 지연에 대한 탄력성이 없어 거의 사용되지 않음
2) 사선식 공정표 : 전체 진도 경향 파악 용이
3) 네트워크 공정표 : 세부작업 진척도 파악에 용이

(3) 진도관리 방법

1) 모든 작업에 대해 현재의 시점에서 진도 점검
2) 이미 완료된 작업은 굵은 선으로 표시
3) 과속작업은 내용을 점검하여 적합한지 판단하고 비경제적 시공일 경우 작업을 지연시킨다.
4) 지연작업은 원인을 파악하고 공기를 조정하며 촉진대책을 강구한다.

3. 바나나 곡선(S-Curve)을 이용한 진도관리

(1) 계획선을 기준으로 상하 허용한계선을 설정해 놓고 공정실시선이 한계선 내에서 유지되도록 관리하는 방법

(2) 작업 관련성을 나타낼 수 없는 단점이 있으나 공사의 지연에 대하여 신속한 대처와 조정이 가능한 이점이 있다.

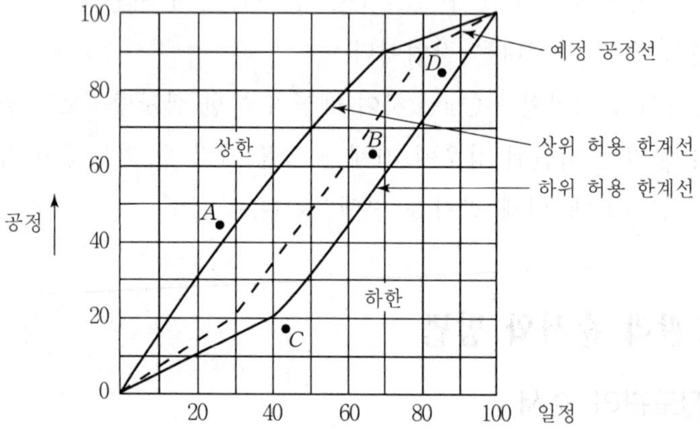

1) A점은 예정보다 많이 진행되어 허용한계선 외에 있으므로 비경제적 시공이다.

2) B점은 예정에 가까운 진척도를 보이므로 이 속도로 진행시킨다.

3) C점은 허용한계선을 벗어나 있으므로 공기단축을 위한 대책이 필요하다.

4. 진도관리 주기

(1) 균등주기 : 정해진 날에 점검, 수정 조치

(2) 변동주기 : 현장 여건에 따라 변화를 주어 진도를 Check하는 방식

(3) 무작위 주기 : 수시로 진도 체크

(4) 공사 종류, 난이도, 공기의 장단에 따라 다르나, 통상 2주, 4주 단위로 실시한다.

(5) 최대주기는 30일을 넘기지 않도록 한다.

5. 공기지연 형태

(1) 열림형

1) 공사가 진행됨에 다라 점차 공정이 지연되는 형태
2) 진도관리 능력 부족
3) 원인 파악의 오류
4) 시정조치 미흡

(2) 닫힘형

1) 공사 초기 공정이 지연되나 점차 계획공정과 일치
2) 적절한 시정 조치

(3) 평행형

1) 공사 초기 공정이 지연되어 공사완료 후까지 계획 공정선을 회복하지 못하는 경우
2) 적절한 시정 조치 미흡

(4) 후열림형

1) 공사후기에 와서 공정이 지연된 형태
2) 마감공사에 대한 공기 부족

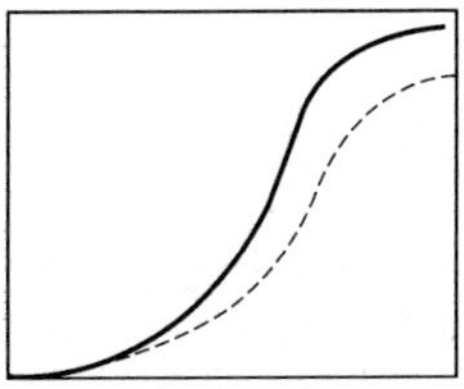

[열림형]

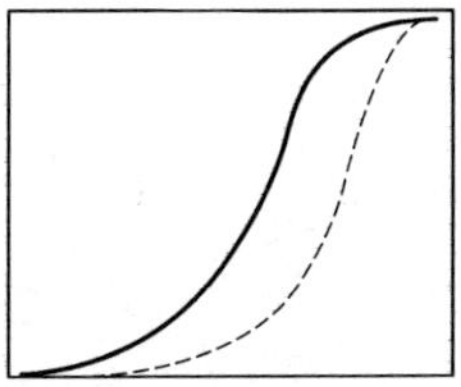

[닫힘형]

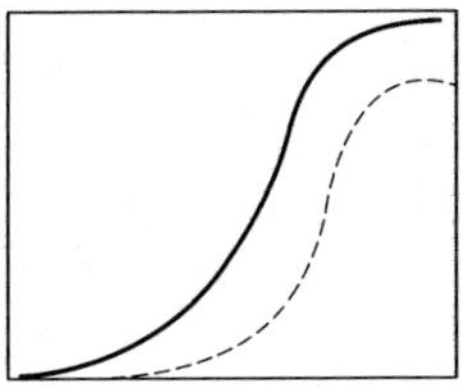

[평행형]

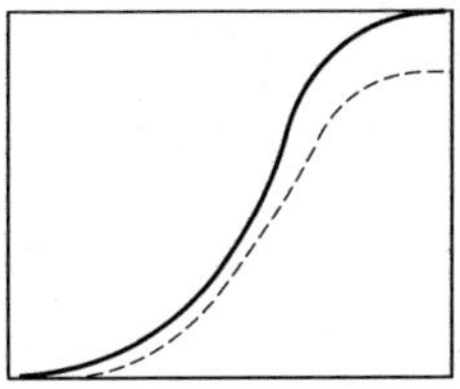

[후열림형]

6. 진도관리시 유의점

(1) 세부 공정마다 상세한 공정표 작성

(2) 정기적인 진도관리와 점검

(3) 공정지연과 초과 원인에 대한 적절한 대책 수립

(4) 자연배당의 효율성 고려

(5) 계획과 실시의 차이를 명확히 규명

7. 맺음말

현장에서 공사를 진행하는 도중, 작성된 예정공정표와 비교하여 공사의 진도가 늦어지거나 빨라졌을 때 공사가 계획대로 진행되도록 관리하는 방법이 진도관리이며, 이에 따라 자원의 재배치와 함께 수정공정표를 작성하여 원진도 대로 진행되도록 한다.

number 34 자원배당과 균배도

※'91, '94, '99, '04, '21

1. 개 요

(1) 자원 5M의 효율적 이용을 위해 자원의 소요량과 투입 가능량을 상호 조정하여 비용증가를 최소화할 목적으로 자원배당에 대한 계획이 필요하다.

(2) 작업의 여유시간을 이용하여 작업량을 합리적이고 논리적으로 조정해서 자원을 배당한 전체 공기에 자원을 골고루 배분하는 작업이 자원의 평준화이다.

2. 자원배당의 목적과 대상

(1) 자원배당의 목적

1) 자원변동의 최소화
2) 공사비 증가를 최소화
3) 자원의 효율적 활용
4) 시간과 자원의 낭비를 억제

(2) 자원배당의 대상

1) 노무(Man)
2) 자재(Material)
3) 장비(Machine)
4) 자금(Money)
5) 공간(Space)
6) 기술방법(Method)

3. 자원배당의 순서와 개념

(1) 자원배당 순서

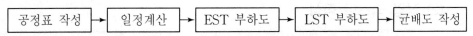

공정표 작성 → 일정계산 → EST 부하도 → LST 부하도 → 균배도 작성

(2) 자원배당의 개념

1) EST에 의한 자원배당

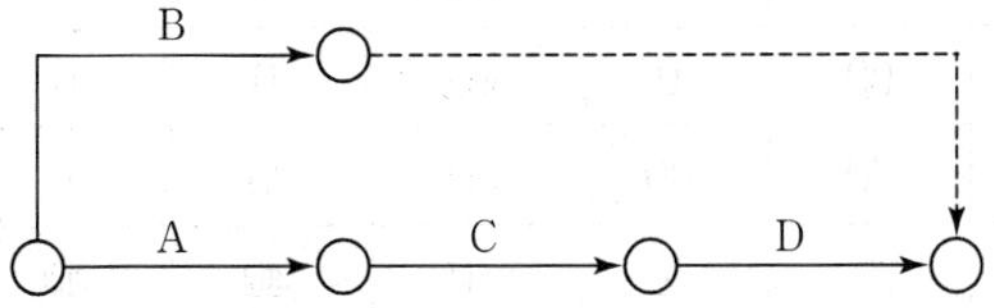

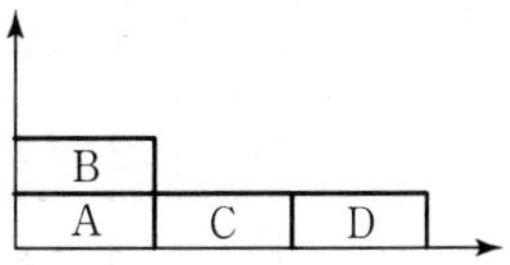

2) LST에 의한 자원배당

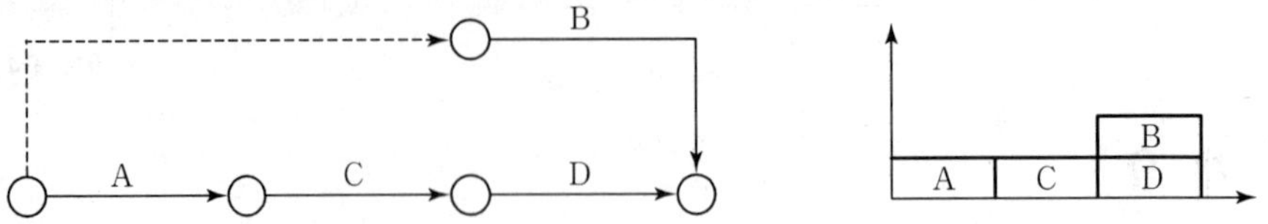

3) 균배도에 의한 자원배당

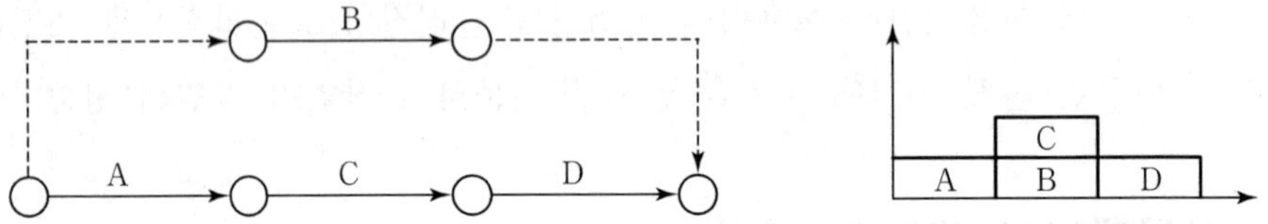

4. 실 례

(1) 다음 Network에서 부하도, 동원 인력수, 노동력 효율을 구하시오.

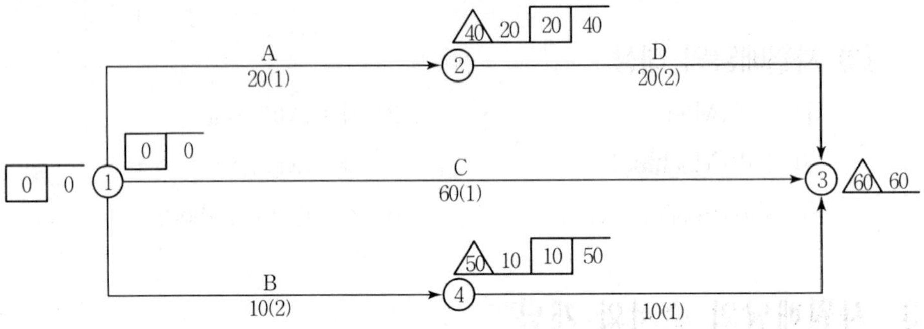

(2) 작업 리스트 작성

작 업	No.	EF		LT		FLOAT		
		EST	EFT	LST	LFT	TF	FF	소요일수
A	1→2	0	20	20	40	20	0	20
B	1→3	0	10	40	50	40	0	10
C	1→4	0	60	0	60	0	0	60
D	2→4	20	40	40	60	30	20	20
E	3→4	10	20	50	60	40	40	10

(3) 부하도

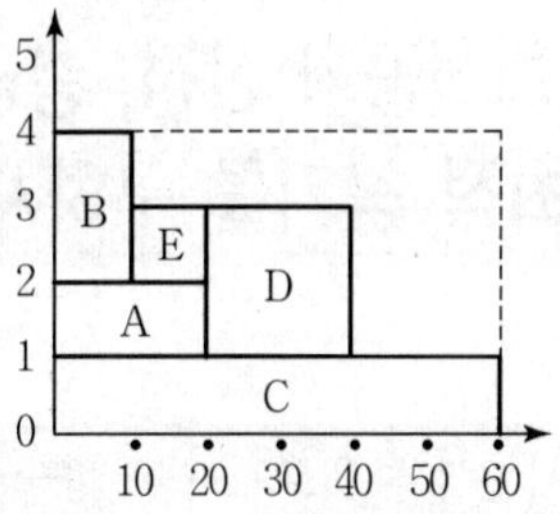

[EST에 의한 부하도]

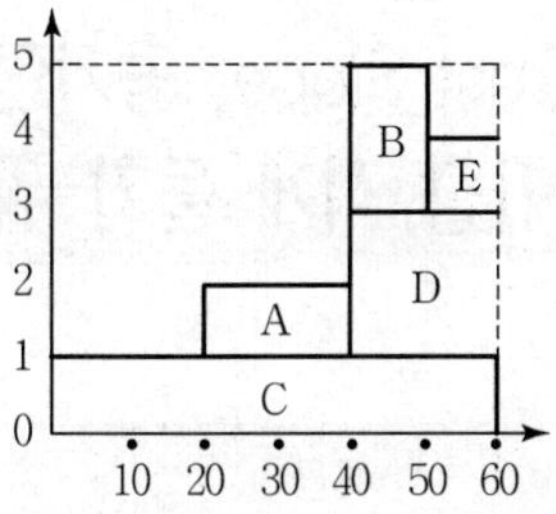

[LST에 의한 부하도]

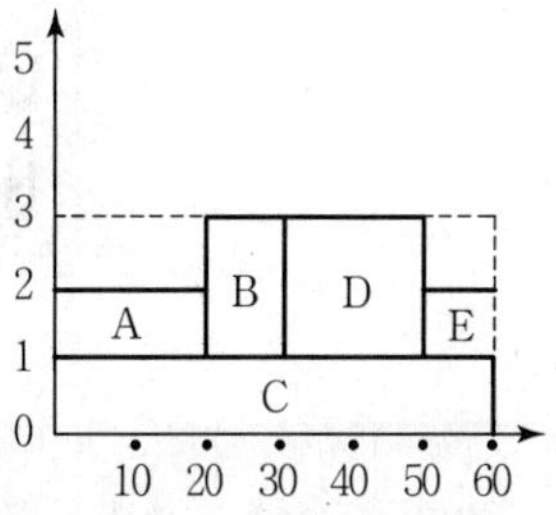

[균배도(Leveling)]

1) CP 작업부터 우선 배당하고, 공기가 긴 작업부터 누적시킨다.
2) 작업순서에 따라 배열한다.
3) 최대동원 인원수 : EST－4인, LST 5인, 균배도 3인
4) 최소동원 인원수 : EST－1인, LST 1인, 균배도 2인
5) 총동원 인원수 : $20\times1+10\times2+60\times1+20\times2+10\times1=150$명

(4) 노동력 이용 효율(사각형 면적)

1) $\text{EST}=\dfrac{\text{총동원 인원수}}{\text{CP 일수}\times\text{EST 최대 동원 인원수}}=\dfrac{150}{60\times4}\times100=63\%$

2) $\text{LST}=\dfrac{\text{총동원 인원수}}{\text{CP 일수}\times\text{LST 최대 동원 인원수}}=\dfrac{150}{60\times5}\times100=50\%$

3) $\text{균배도}=\dfrac{\text{총동원 인원수}}{\text{CP 일수}\times\text{균배도 최대 동원 인원수}}=\dfrac{150}{60\times3}\times100=83\%$

number 35

아래 작업 리스트를 가지고 Network 공정표 및 CP, Cost Slope, 공기단축, 최적공기 산정, 총공사비가 가장 적게 들기 위한 최적 공기를 구하시오.

작업명	선행작업	후속작업	표준		특급		공비증가율	개시		완료		Float		
			일수	직접비	일수	간접비		EST	LST	EFT	LFT	TF	FF	DF
A	−	C, D	4	210	3	280								
B	−	E, F	8	400	6	560								
C	A	E, F	6	500	4	600								
D	A	H	9	540	7	600								
E	B, C	G	4	500	1	1100								
F	B, C	H	5	150	4	240								
G	E		3	150	3	150								
H	D, F		7	600	6	750								

단, 간접비는 1일 60만원

1. 네트워크 공정표 및 CP

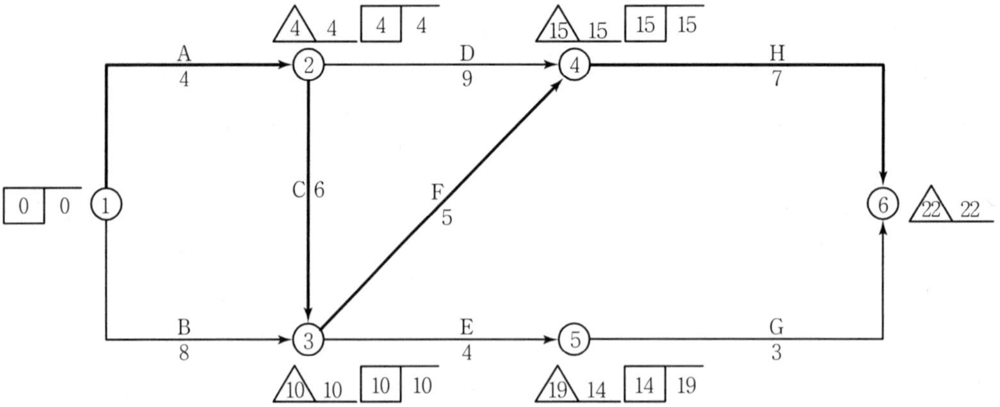

2. 일정표 작성

작 업	선행 작업	Earliest		Latest		Float		
		EST	EFT	LST	LFT	TF	FF	DF
A	4	0	4	0	4	0	4−4 0	0
B	8	0	8	2	10	2	10−8 2	0
C	6	4	10	4	10	0	10−10 0	0
D	9	4	13	6	15	2	15−13 2	0
E	4	10	14	15	19	5	14−14 0	5
F	5	10	15	10	15	0	15−15 0	0
G	3	14	17	19	22	5	22−17 0	0
H	7	15	22	15	22	0	22−22 0	0

3. Cost Slope

작업일	단축가능 일수	비용구배	비 고	CP
A	1	280−210=70	2차	*
B	2	$\frac{560-400}{2}=80$		
C	2	$\frac{600-500}{2}=50$	1차	*
D	2	$\frac{600-540}{2}=30$		
E	3	$\frac{1,100-500}{3}=200$		
F	1	240−150=90	3차	*
G	0	150−150=0	단축 불가	
H	1	$\frac{750-600}{1}=150$	4차	*

4. 공기단축

단축 단계	작업	단축 일수	단축으로 인하여 발생한		직접비 증감	간접비 증감	총공사비 증감	소요 공기일
			CP	단축 불가능한 패스				
1차	C	2	BD	C	+100	−120	−20	20
2차	D, F	1		D, F	+120	−60	+60	19
3차	A, B	1		A, B	+150	−60	+90	18
4차	H	1		H	+150	−60	+90	17

5. 최적 공기 산정

1차 공기단축까지는 총공사비가 감소되지만 2차 공기단축부터는 총공사비가 증가하므로 1차까지만 공기를 단축해야 한다. 상기 공기단축에서 보는 바와 같이 최적공기는 20일이다.

6. 공기 5일 단축시

(1) Extra Cost

=2C+1A+1B+1D+1F+1H

=2×50+70+80+30+90+150

=520만원

(2) Total Cost

=Normal Cost+Extra Cost

=3,050+520

=3,570만원

number 36 공정간섭(마찰)의 원인과 그 해결 방법

※'01, '02, '07, '10

1. 개 요

(1) 공정간섭이란 각각의 공정들이 작업의 순차성과 연계성에 따라 유기적으로 이루어지지 못하고, 상호 마찰과 충돌을 일으켜 작업지연이나 품질 저하를 초래하는 현상을 일컫는다.

(2) 공사의 진행이 계획대로 진행되지 못하는 요인은 아주 다양한데 설계적 요인, 현장에서의 시공적 요인, 기상과 환경적 요인, 관리적 요인 등으로 나누어 볼 수 있다.

2. 공정 간섭의 원인

(1) 설계적 요인

1) 설계도서 부실

2) 상세도 미비

3) 설계도, 시방서, 관련 법규간의 차이

4) 잦은 설계변경과 도면수정 지연

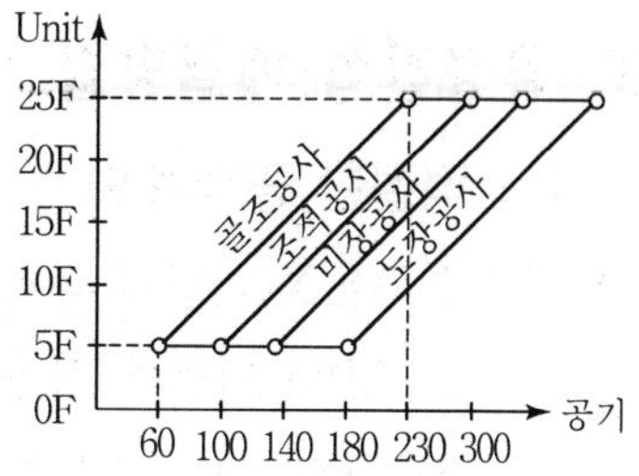

(2) 시공적 요인

1) 작업환경

① 고소작업

㉮ 양중부담 증가

㉯ 작업능률 저하

㉰ 추락, 낙하, 비래 등의 위험요인 증가

② 안전문제

③ 돌발공사 발생

④ 부실로 인한 재시공

⑤ 장비나 기계의 고장으로 인한 작업 지연

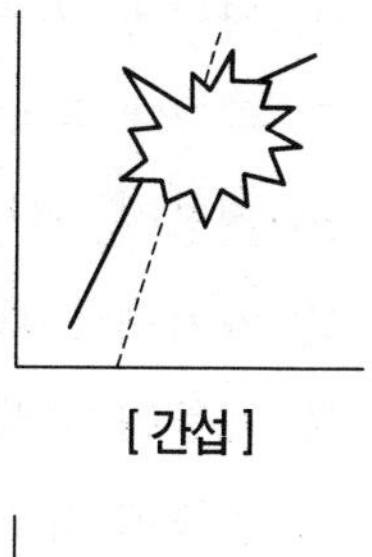
[간섭]

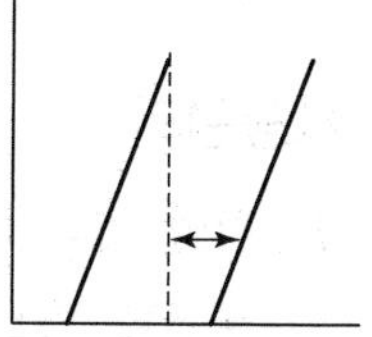
[Buffer]

2) 공법적 특징

① 작업의 난이도

② 신기술, 신공법, 적용시 오류

③ 기능공의 미숙련

3) 기상, 기후 요인

① 갑작스런 폭우나 폭설, 강풍

② 동절기, 하절기 작업 지연

4) 관리적 요인

① 부적절한 공정계획(작업 여유시간의 부족)

② 잘못된 자원배당

③ 직원 간, 업체 간의 불확실한 의사소통

5) 기타 사회적 요인

① 자재의 품귀 및 자격 급등

② 업체의 부도나 청산

③ 민원발생에 의한 작업 중단

④ 교통체증으로 인한 자재, 장비, 인력수급 차질

3. 공정간섭 해결방법

(1) 적절한 공정계획

1) MCX 기법에 의한 공정계획 수립

2) CPM 기법의 적용

3) CP에 대한 충분한 검토

4) 작업의 종류와 난이도, 작업방법에 대한 고려를 한 후 공정계획을 수립

5) 현장별 특수성을 감안한다.

6) 계절적, 기상적 요인을 고려하여 여유 공기를 확보

7) 자재수급 대책 수립

8) 마무리 공사는 복잡하고 중복이 많으므로 충분한 여유시간 확보

9) 양중에 대한 계획수립

(2) 시공관리

1) 작업 간의 유기적 연결과 상호의사 반영

2) 작업자 간의 일정 조정

3) 돌발공사의 예방

4) 주간, 월간 단위로 공정 작성

5) 재해나 안전사고가 발생하여 공기가 지연되지 않도록 예방

6) 공사별 신공정 관리기법을 개발

(3) 진도관리

1) 주기적으로 진도를 Check

2) 현장 여건에 따라 융통성 있게 운영한다.

3) 진도관리 주기는 30일 이상을 초과하지 않도록 한다.

4) 공기지연시 만회대책을 강구하여 수정 조치한다.

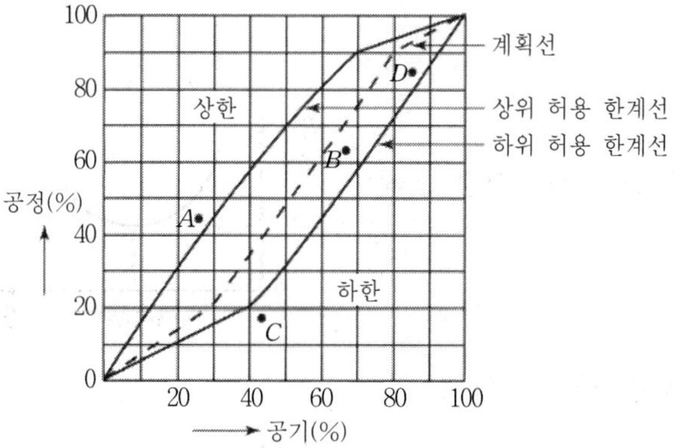

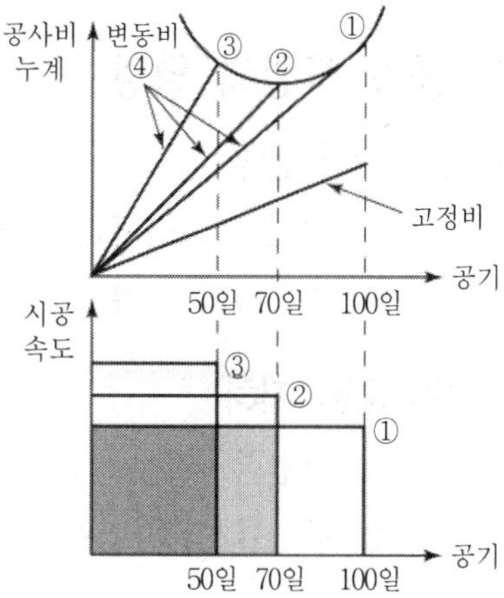

[최적 시공속도 유지]

(4) 최적 시공속도 유지

1) 총공사비가 최소가 되도록 시공속도를 조절

2) 공정지연을 대비해 공기단축 가능 부분에서 공기를 절감해 놓는다.

(5) 자원배당

1) 자원투입이 최소화되도록 공정 작성한다.

2) 자원수요가 평준화(Leveling)되도록 한다.

3) 5M에 대한 조달일정과 최적 투입시기를 계획하고 결정한다.

4) 자재나 장비는 손상이나 고장에 대비해 여유분을 계획한다.

number 37 사업 단계별 공기 지연의 원인

※'03

1. 개 요

(1) 공기 지연이란 본래의 계획된 목표에서 벗어나 작업이 늦어지게 되는 현상으로 각 작업이 순차적이며 연계적으로 이루어지지 못하고 타 작업에 영향을 주게 되며 품질저하와 원가 상승의 원인이 된다.

(2) 건설 공사는 장기적인 특성과 함께 작업 관계자들이 다양하고 복잡한 형태로 진행되므로 공기 자연의 요소가 타산업에 비해 많이 존재하게 된다.

2. 공기 지연의 영향

(1) 원가 상승

1) 공기가 늦어지게 되면 간접비의 상승 초래

2) 총공사비 증가

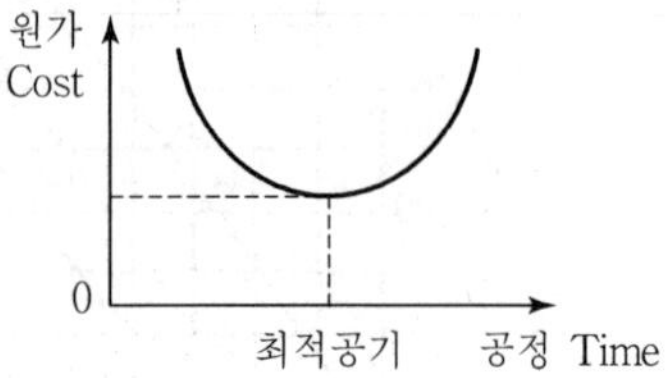

(2) 품질 저하

1) 작업이 지연될 경우 후속 공정에 영향

2) 품질의 저하(급속공사 진행)

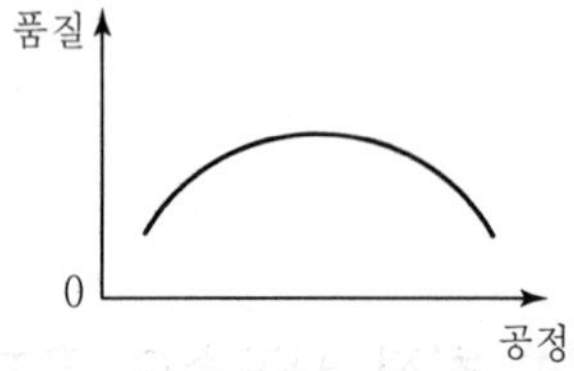

(3) 안전 저해

3. 공기 지연 발생 원인

(1) 발주시

1) 공사 발주의 지연

① 토지 보상비 지급 지연, 이주비 등의 마찰 요인

② 각종 영향 평가 제도, 심의 절차 지연

③ 사업성, 타당성 검토시 지연

2) 사업 변경

기초 조사 미흡으로 인한 잦은 사업규모 변경, 수정

3) 동절기 발주

정부 발주공사는 연내 발주 목표로 동절기 발주 : 작업 중단

4) 분할 발주

공종별, 공정별 분할 도급시 발주 기간 장기화

5) 입찰 지연

① 입찰 서류의 과다, 복잡

② 내역 입찰에 의한 내역서(견적서) 작성

(2) 설계시

1) 설계도서 미비 보완

시방서, 설계도면의 미비된 사항의 보완 기간

2) 잦은 설계 변경

① 사업규모, 용도 등의 축소, 확대

② 사회적 요구, 특성 반영으로 인한 변경

3) 설계 오류

시공법, 자재 등의 선정 오류 : 시공시 지연 요인으로 작용

4) 예비설계와 본설계와의 의사 진행 불일치

(3) 시공시

1) 시공적 요인

① 무리한 공기 단축으로 인한 하자, 재시공

② 돌발공사 발생

③ 신기술, 신공법 오류

④ 장비, 기계의 고장

⑤ 의사 진행(소통) 장애

⑥ Claim 발생

⑦ 계약 조건 변경

2) 기상 · 환경 요인

① 폭우, 폭설 등 기상 여건 악화

② 동절기, 하절기 작업 중단

3) 관리적 요인

① 부적합한 공정 계획

② 안전사고 발생

③ 자원 배당 오류(인력, 장비, 자금, 재료 투입 오류)

4) 사회적 요인

① 교통 체증으로 인한 자재, 장비 수급

② 자재 파동, 품귀, 가격 변동

③ 민원 발생으로 인한 작업 중단

④ 업체의 부도, 파업

number 38 건설공사에서 원가 구성 요소와 원가관리의 문제점 및 대책

※'85, '86, '88, '91, '97, '09, '12

1. 개 요

(1) 원가관리는 공사를 완성하기 위해 소요되는 자원의 투입비용 즉 원가를 실행예산 내에서 집행, 관리하는 일련의 활동을 말한다.

(2) 공사비 계정의 항목은 해당 건설공사에 소요되는 총공사비를 시설 또는 공종별, 공사관리 항목별, 작업 특성 등에 따른 관리 목적을 달성할 수 있도록 작성해야 한다.

(3) 일반적으로 시설 또는 공종별 공사비 계정은 작업분류체계의 상위 단계 분류항목을 활용할 수 있고 조달관리 항목별 계정은 직영공사비, 외주비, 물품구매비 등의 계정이 있으며 각 계정들은 노무비, 재료비, 경비, 일반관리비 등의 하위 계정을 갖는다.

2. 건설 원가 구성 요소

(1) 구성 요소 체계(CBS)

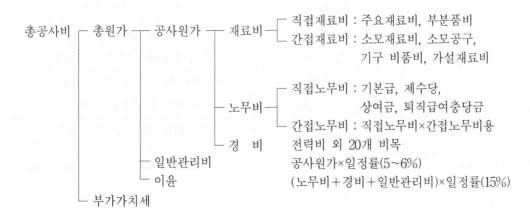

- 총공사비
  - 총원가
    - 공사원가
      - 재료비
        - 직접재료비 : 주요재료비, 부분품비
        - 간접재료비 : 소모재료비, 소모공구, 기구 비품비, 가설재료비
      - 노무비
        - 직접노무비 : 기본급, 제수당, 상여금, 퇴직급여충당금
        - 간접노무비 : 직접노무비×간접노무비율
      - 경 비 : 전력비 외 20개 비목
    - 일반관리비 : 공사원가×일정률(5~6%)
    - 이윤 : (노무비+경비+일반관리비)×일정률(15%)
  - 부가가치세

(2) 세부 구성 항목

회계 비목	세부 비목	내용
재료비	직접 재료비	철근, 레미콘 등 공사 자재
	간접 재료비	경유, 못, 철선, 그리스 등 소모재료
노무비	직접 노무비	작업인력
	간접 노무비	기술인력 및 지원인력
기계경비	장비 사용료	건설 임차료
	가시설재 사용료	비계, 동바리 등
	운송비	장비 운송비
	전력비	장비 가동 전력비
제경비	수도광열비	현장 주재경비
	여비, 교통비, 통신비	기술인력 업무경비
	복리후생비	현장 주재경비
	사무, 비품비	기술인력 업무경비
	지급임차료	부지, 사무실, 창고 등
	보상비	공사관련 보상
	제세공과금	주민세, 하수도세, 환경세 등
	도서인쇄비	설계도서 작성비용
	연구개발비	연구자료 수집비용
	폐기물처리비	법정 폐기물 등 위탁 처리비
	지급수수료	공증, 증빙서류 발급 등 수수료
	제보험료	공사, 산재, 고용, 퇴직, 손보
일반관리비	본・지사관리비	본지사 임직원 급여
	금융비용	공사비용 차입 등 금융 비용
이윤		

3. 원가관리의 문제점

(1) 건설업의 특수성으로 인한 문제점

1) 정확한 원가(총사업비) 산출 곤란

① 현장의 특수성

현장의 조건, 지역적 차이가 있어 원가의 표준 적용이 곤란

② 수주에 의한 주문 생산

현장마다 수주 금액이 다름

③ 추가공사, 공법 변경 등 잦은 설계 변경으로 인한 공사비 변화

2) 종합 산업으로 일원화가 어려움

① 복잡한 수주 체계

원도급자 - 하도급자 - 기능공으로 이어지는 여러 단계 수주로 정확한 원가 투입 현황 파악 곤란

② 외주 비중이 높아 세부적 원가 파악이 어려움

3) 원가의 편차 발생

① 공사 종류, 규모에 따른 편차

공사 종류에 따라, 공사 규모에 따라 가격 차이가 큼

② 지역적 단가 차이로 인한 편차

③ 원가 부문에 대한 데이터 구축 및 활용 곤란

4) 높은 노무비 비율

변동성이 큰 노무비의 비중이 커서 편차 발생

5) 불확실성이 높은 사업 구조

① 기상 조건이나 민원 등 외부 환경의 영향이 크고 공기 지연, 추가 비용 발 생 등이 많음

② 임대율, 분양률과 같은 불확실한 변수에 의해 추가 금융 비용 발생

③ 돌발 변수로 인한 비용 증가(예, 토공사시 암(巖)의 출현 등)

6) 공사 기간의 장기화

공사 기간 중 가격 변동 등 불확실한 요인 내재

7) 투입원가 선결정

투입 원가에 의해 전체 공사비가 결정되기보다는 이미 가격이 정해져 있음

8) 비교적 큰 투자비

사업 단위가 비교적 커서 금융 조달의 어려움, 리스크(금융 이자 등)가 높다.

(2) 시공 및 관리상의 문제점

1) 작업의 비효율성이 높다.
2) 하자(재시공 및 보수) 발생률이 높다.
3) 관리 효율이 낮다. 자재, 인력의 낭비가 크다.

4. 원가관리 대책

(1) 사업초기부터 정확한 원가 산출

1) 표준원가의 작성

완성공사의 정보를 바탕으로 사전 원가 추정에 필요한 표준 원가 자료를 작성하여 활용

2) 실적 공사비 데이터 구축과 활용

타당성 조사(Feasibility Study)시 예산 한계를 초과하지 않도록 한다.

(2) 원가 절감 기법 적용과 절감 활동

1) VE 활동

① 설계 VE : 사업의 초기 단계(기획, 설계) 시 적극적 활동
② 시공 VE : 현장에서 원가 절감 활동 실시

2) LCC

총 생애주기의 관점에서 생애비용이 최소가 되는 최적안을 모색

3) MBO

구성원 스스로가 원가 목표를 정하고 달성하도록 유도

(3) 사전 조사와 계획

1) 계약조건, 도면과 시방서 검토를 통해 원가 변동 요인 파악
2) 원가 영향요인(설계 변경, 물가 상승, 추가공사 등)에 대한 계약 조건 명확화

(4) 시공 기술 계획

1) 공사 순서와 공법의 경제성 검토
2) 공기와 작업량을 고려한 최적 공정 계획 작성 (공정)
3) 기술적 측면의 하자 발생 요인 제거 (품질)

(5) 정보화에 의한 원가 분석 및 관리

1) BIM, VC를 통한 사전 시뮬레이션
2) 원가 관리의 전산화

(6) 실행 예산의 집행과 통제

1) EVMS
실적 진도와 투입원가를 실시간으로 관리

2) 공사비 보고서 작성과 활용
공사비 경향보고서, 계획대비 실적 보고서, 현금 흐름 보고서, 총공사비 예측보고서

3) 공사비 대장 작성 관리 및 데이터 구축

(7) 관리 계획

1) 예산 관리 조직 구성
2) 비용 전문가(Cost Engineer) 적극 활용
3) 관리 효율화/낭비의 최소화
린건설 시스템의 활용

(8) 공업화, 표준화 생산

직접 자재의 사전 제작 및 조립, 공장 제작비율 증대로 현장작업 최소화

(9) 기계화 시공 확대

노무량 감소를 통한 고정 비용 증대 및 노무비 감소

number 39 실행예산의 구성과 편성방법

※'85, '86, '90, '01, '13

1. 개 요

(1) 실행예산은 발주자와의 계약이 완료된 후 계약조건과 설계도서, 내역서 등과 공사 대상지역의 여건 등을 상세히 조사 분석한 후 계약내역과는 다르게 실제 소요예산을 재작성하는 것이다.

(2) 실행예산은 공사시행의 기본이며, 공사관리의 기준이므로 공사착수 전 소정의 기일 내에 현장실정을 감안, 집행 가능하도록 편성하여야 한다.

2. 실행예산의 구분과 구성

(1) 실행예산의 구분

1) 본예산

계약체결 후 현장여건과 사전조사 결과를 바탕으로 공사수행에 필요한 예상 소요 공사비를 별도로 작성한 예산

2) 가예산

① 본예산 편성 전 작성하는 예산

② 계약 이전 사전공사 집행이 불가피할 경우의 예산

③ 공법이나 신규항목의 추가 또는 변경시 본예산 작성 전까지 임시로 작성하는 예산

3) 변경예산

설계변경이나 기타의 이유로 본예산을 변경, 수정한 예산

(2) 실행예산의 구성

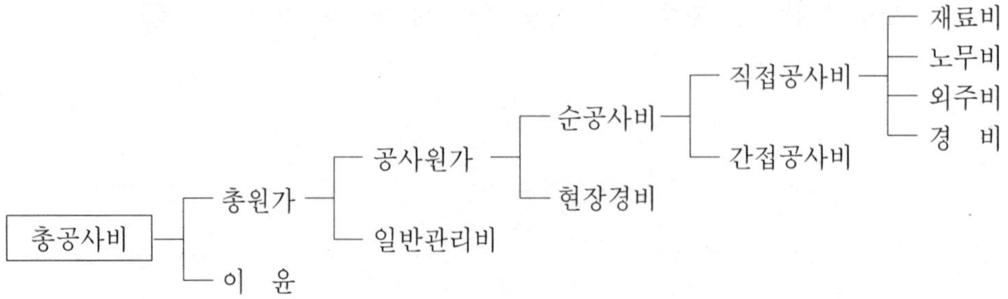

3. 실행예산의 작성

(1) 실행예산의 편성원칙

1) 편성기준

공사구분, 공종, 비목별로 편성

2) 편성시한

공사계약일로부터 30일 이내 편성

3) 편성책임

① 본공사 및 사전공사 : 해당 기술담당 부서

② 계속 공사에 대한 실행예산 : 해당 기술담당 부서

③ 설계변경으로 인한 실행예산 : 해당 현장작성, 기술부서 검토

④ 추가 공사에 대한 실행예산 : 해당 현장에서 작성, 기술부서 검토

4) 진행 중인 공사의 손익파악

① 공사원가 발생상황의 타당성 여부

② 잔여 공사의 추정 손익분석

③ 예성과의 차이

④ 이익확보를 위한 합리적 대책 수립 여부

5) 현장 제반여건을 고려하여 편성한다.

6) 대비 및 Feed Back이 가능하도록 편성한다.

7) 현실적으로 집행 가능한 예산으로 편성한다.

(2) 실행예산 작성순서

1) 업무담당 부서로부터 계약서 사본, 설계도서, 견적서, 내역서, 시방서 인수

2) 일위대가표와 현시가를 참조하여 내역을 작성

3) 공정계획표, 주요자재 및 장비 투입계획서를 작성

4) 실행예산 품의서, 내역총괄표, 내역서 및 공정표, 자재 및 장비투입계획서 등에 대한 승인

5) 현장에 내역 배부

(3) 실행예산 작성내용

1) 재료비의 차이 분석

① 예산 작성시와 재료구입시의 가격 변동

② 납품일정과 품귀현상 파악

2) 노무비의 차이 분석

① 노임변동 : 노임의 상승과 기술임금 변동

② 품셈의 차이 : 일위대가와 실 시장임금의 차이

3) 장비비의 차이 분석

① 시간 사용료의 변동 : 장비임대료, 유지비, 유류대 등의 변동 사항

② 기계효율과 능력의 차이 고려

4) 외주비의 차이 분석

① 하도업체의 기술력과 신뢰도 평가

② 기성 지급방식과 지급시기 분석

5) 현장경비의 차이 분석

① 현장 소요 인원수, 직급 변동 등의 인건비 감안

② 제세공과금과 보험료와 기성취하 등으로 인한 자금이자

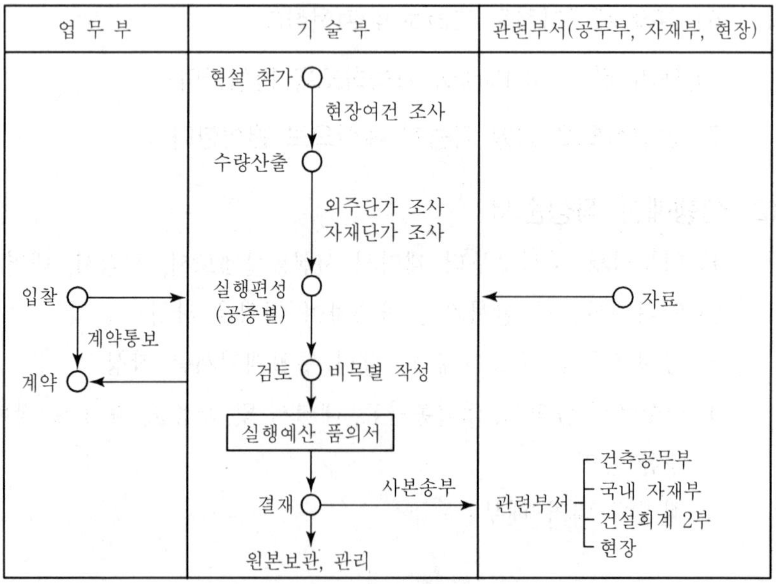

[실행예산 편성시 업무 Flow]

4. 실행예산의 현장관리

(1) 사전 운영계획서 작성

1) 항목별, 월별로 지출 예상 금액을 산정
2) 예정공정표 활용
3) 유사한 현장의 데이터 활용

(2) 계획 대 실적대비

1) 주별, 월별, 분기별, 연별로 작성 대비
2) 초과 원인분석과 대비책 수립

(3) 자료의 확보

1) 물가와 노임 등의 변동자료 확보
2) 자료확보가 어려운 현장경비 등에 대한 관리 강화

(4) 원가관리 기법 활용

1) VE와 LCC 개념 도입
2) 과학적 공정관리로 공기단축 : MCX 기법, CPM 등

(5) 돌발비용 발생 억제

1) 민원발생이나 안전사고 보상비 같은 돌발비용 발생 억제
2) 공정마찰과 돌발공사 등의 배제
3) 불요불급 경비의 억제

(6) 직원의 원가의식 전환

1) 주인의식 고취 : MBO 기법
2) 규정의 준수와 합리적 운용

5. 맺음말

(1) 실행예산은 계약서와 계약내역을 기초로 하여 현장조건과 공사의 특수성을 충분히 반영하여 실제로 집행 가능하도록 작성하는 것이 무엇보다 중요하다.

(2) 현장 조직원들은 실행예산에 대한 충분한 숙지를 통하여 원가절감에 대한 인식을 제고하고, 작업진행시 이를 고려한 집행을 하여야 한다.

number 40 건설 VE 기법

※'88, '94, '96, '98, '00, '04, '09, '13

1. 개 요

(1) VE는 최소의 비용으로 발주자가 요구하는 성능을 유지할 수 있도록 건설생산 체계의 기능을 분석하고, Process를 개선하는 조직적 관리기법이다.

(2) 설계단계와 시공단계에서 VE를 적용하고 있으며, 건설현장에서는 각 공사에 요구되는 품질, 안전, 공기 등을 분석해 원가절감 요소를 찾아내는 중요한 방법으로 활용될 수 있다.

(3) VE기법은 일회적 생산인 건축산업의 특수성과 이해부족, 설계와 시공의 불일치 등으로 적용상의 문제점을 안고 있으나 경영자를 비롯한 설계자, 시공자의 인식 제고, 기법개발 등을 통해 널리 활성화될 수 있을 것이다.

2. VE의 원리와 필요성

(1) 기본원리

구 분		1	2	3	4
$V=\frac{F}{C}$	F	→	↗	↗	↗
	C	↘	→	↘	↗

※ 1 : 기능은 유지하고, 비용은 하락
2 : 비용은 유지하고, 기능은 향상
3 : 기능은 향상되고, 비용은 하락
4 : 기능은 많이 향상되고, 비용은 조금 상승

F : 기능(Function)
C : Cost
V : 가치(Value)

(2) 필요성

1) 고정관념 탈피를 통한 자기혁신(기업의 체질 개선)
2) 아이디어 창출을 통한 기술혁신(Engineering 능력 향상)
3) 이윤의 극대화를 통한 대외 경쟁력 향상(수주 경쟁력 향상)
4) 조직의 활성화
5) 투입비용의 최소화(원가절감)

3. VE 적용 대상

(1) 물 건

1) 제품 : 자재, 재료, 건축물

2) 제품 외 : 가설물, 시공기계, 장비 등 생산설비

(2) 물건 이외 품목

1) 제품과 관련된 사항 : 시공방법, 공정, 수송, 시방서 등의 생산수단

2) 제품과 관련 없는 사항 : 관리체계, 사무절차 등의 일반 관리사항

(3) 적용대상 선정원칙

1) 원가절감액이 큰 사항 : 토공사, 기초공사, 구체공사

2) 공사기간이 긴 것 : 토공사 및 기초공사, 구조체 공사

3) 반복 효과가 큰 것 : 골조공사

4) 공정이 복잡하고 수량이 많은 것 : 거푸집, 철근공사

5) 하자가 많이 발생하는 사항 : 방수공사, 설비공사

6) 개선효과가 큰 것 : 가설공사, 거푸집공사

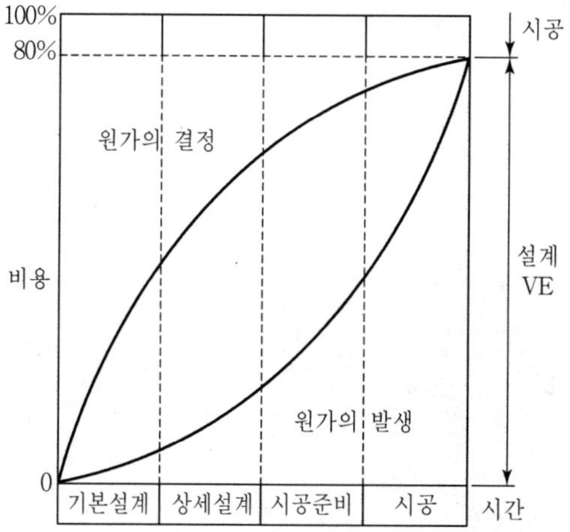

[건설공사 비용의 발생과 VE]

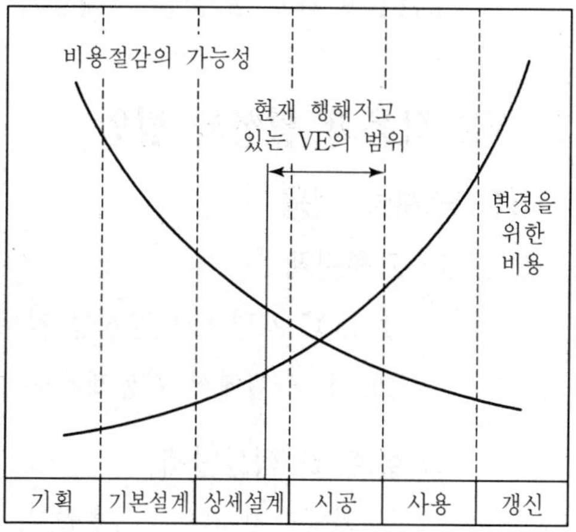

[건설 프로젝트의 라이프 사이클과 VE 효과]

4. VE 적용시 문제점

(1) 기획, 설계단계

1) 기획단계에서 LCC 개념에 대한 경제성 평가 미흡

2) 설계와 시공의 분리로 시공경험 반영 미숙

3) 설계단계에서의 VE 반영 미흡

(2) 시공단계(건설업의 특수성)

1) 반복효과가 적음 : 개별 수주에 의한 주문 생산

2) 복잡한 하도급 체계로 VE 적용이 어려움

3) 현장 직원간 각기 다른 업무분담으로 시간조절이 어려움

(3) 제도상의 문제

1) 기술개발 보상제도 미정착

2) 발주자가 차후 위험부담을 우려해 변경제안을 꺼림

(4) VE에 대한 인식부족

1) 최고경영자를 비롯한 직원 및 협력업체의 인식 부족

2) VE가 공사를 지연시킨다는 사고

3) VE에 대한 조급한 기대효과 요구

5. VE 적용과 활성화 방안

(1) 단계별 적용

1) 기획단계

① LCC 개념에서 경제성 검토

② VE 관점에서 기본계획 수립과 타당성 조사

2) 설계 및 적산단계

① 과잉설계 검토 : 기초공사, 재료, 시공법 등

② Cost Planning에 의한 적산 : 실적공사비 적용

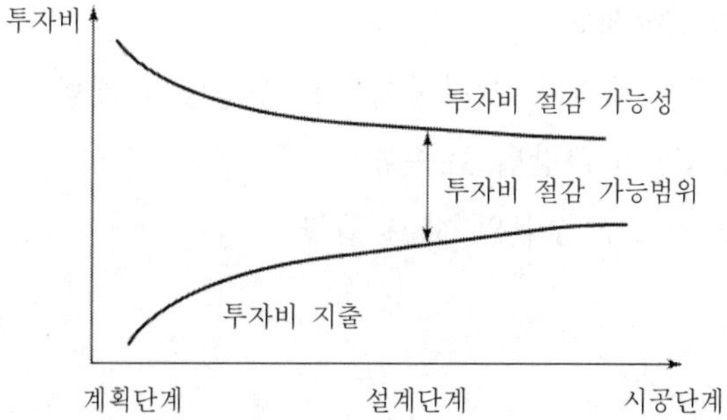

[건설사업 단계와 VE 도입시기]

3) 시공단계

① 작업공법의 변경 : 건식화, 복합화, 표준화

② 과잉설계 및 시방서 검토 변경

③ 합리적 공정관리 : CPM 기법

④ TQM 적용에 의한 VE

⑤ 생산설비 자체가 VE의 대상으로 인식

(2) 제도적 개선

1) 기술개발 보상제도 활성화

2) 공공발주공사의 VE 적용 필수화

3) 공사계약 사항에 미국의 VECP(Value Engineering Change Proposal)와 같은 보상장치 마련

(3) 인식 전환

1) 최고경영층의 VE에 대한 이해와 시행 의지

2) 전 직원의 원가관리에 대한 인식 전환

3) VEJP(Value Engineering Joint Proposal)의 활성화

(4) 교육실시

1) VE는 전 사원과 전 조직이 참여

2) 전문 협력업체의 참여와 교육

(5) 수행방법의 체계화

1) 건설업의 특수성을 고려하여 VE 수행방법 개발

2) 단계별 VE 수행방법 표준화

3) 사용자와 기능 중심의 사고 접근

6. 맺음말

(1) 변화된 건설환경에서 경쟁력을 제고하기 위해서는 최소의 비용으로 고품질의 건축물을 생산해야 하는데 원가절감을 위해 VE 기법에 대한 연구와 적용이 더욱 중요해지리라 본다.

(2) VE 기법은 계획단계에서부터 고려하는 것이 더 효율적이며, 설계와 시공, 유지관리의 비용에도 적용할 수 있는데 VE 기법에 대한 경영자의 의지와 전 직원의 원가관리 의식이 VE 정착에 가장 중요한 요인이다.

number 41 VE 추진 절차

※'06

1. 개 요

(1) VE 효과를 높이기 위해서는 어떠한 절차가 필요하고 각 절차마다 어떤 작업을 할 것인가에 대한 검토가 요구되는데 이러한 VE 검토 패턴을 VE Jop Plan이라 한다.

(2) VE 검토를 효과적으로 수행하려면 VE 검토에 앞서 사전 조사와 VE 제안을 효과적으로 활용할 수 있는 사후 조사가 필요하기 때문에 VE 검토 계획은 사전조사, VE 검토, 사후 조사 단계로 진행된다.

2. VE 추진 기본 원칙

(1) 고정 관념의 제거

정형화된 사고와 생활 방식을 벗어나 문제의식과 목적의식, 지속력을 갖춘 왕성한 창조력이 기존의 문제점을 개선하는 데 도움이 된다.

(2) 사용자 중심의 사고

가치는 생산자(시공자)에 의해 결정되는 것이 아니라 사용자(발주자)의 판단에 의해 크기가 결정된다. 따라서 사용자 중심으로 품질이나 서비스의 필요한 기능을 제공하여야 한다.

(3) 기능 중심의 해결 방법

가치공학에서는 원가와 기능의 관계를 적절히 조절하여야 하며, 기능을 유지 또는 향상시키면서(기능 저하 없이) 원가를 감소시키는 것이 중요하다.

(4) 조직적이고 순서화된 활동

문제 해결을 위해 개인에게만 의존하는 것이 아니라, 각 구성원으로부터 조직적이고 적극적인 방법으로 전문지식과 정보를 모아 집단적이고 체계적으로 실시한다. 이러한 조직적 활동을 팀 디자인(Team Design) 추진 방식이라 한다.

3. 설계 VE 추진 절차

(1) 사전 조사(Pre-Study)

1) VE 대상 프로젝트의 선정

2) 프로젝트의 관련 자료 수집

3) VE 팀의 구성

(2) VE 검토(VE Study)

1) 기초조사

① 프로젝트의 내용 파악

㉠ 프로젝트의 관련 자료 정리, 분석

㉡ 프로젝트 구성 요소 확인

㉢ 프로젝트 목적, 설계, 코스트, 공정 등의 분석

② 기능 분석

㉠ 기능분류(기본기능, 2차 기능)

㉡ 기능분석

2) 대체안(Idia)의 모색

① 자유로운 발상에 의한 아이디어의 제안(브레인스토밍)

② 대체안의 작성

3) 대체안의 평가

① 제안된 대체안의 비교

② 최선의 대체안 선정

4) VE 제안서의 작성

① 추가자료 선정

② 최선의 대체안에 대한 상세한 검토

③ 개략설계, 공사비 계산

5) 대체안의 제출, 설명

의사결정권자에게 VE 제안 내용을 설명

(3) 사후조사(Post-Study)

1) VE 제안의 활용

VE 제안을 활용한 원 설계의 수정 상황을 모니터

2) 감 사

VE 제안 활용 상황의 확인, VE 효과 확인

4. 시공 VE 추진 절차

(1) 1단계 : VE 활동 준비

1) VE 팀의 편성

리더를 포함하여 4~6명 정도로 추진반을 구성

2) 활동 계획 수립

담당자와 일정 계획을 수립하고 활동목표(절감목표)를 정한다.

(2) 2단계 : VE 테마 선정

1) VE 테마 선정

각 구성원으로부터 도출

2) VE 대상의 정보 수집

정보 수집 대상 : 도면, 시방서, 공정표, 내역서, 계약서, 발주자 요구서 등으로부터 필요 정보를 수집

3) 선정된 테마에 대한 기존 방법을 분석

(3) 3단계 : 기능 정의, 기능 정리

1) 기능 정의

구성부재별 그 자체에 대한 기능 정의를 한다.

2) 기능 정리

기능 계통도(FAST Diagram : Function Analysis Systems Technique Diagram)를 작성

(4) 4단계 : 기능 평가

1) 기능별 코스트 분석

개선하고자 하는 테마를 구성하는 각 기능을 코스트화하여 현재의 코스트와 비교한다.

2) 기능의 평가

각 기능분야별로 F/C 값과 C-F 값을 비교하여 개선할 기능분야를 찾아낸다.

(5) 5단계 : 대체안의 구체화

1) 창 조

개선할 기능에 대하여 같은 기능을 만족시키며 원가를 줄일 수 있는 아이디어를 낸다.

2) 개략 평가

가장 가치가 높은 아이디어를 3~4개로 압축하여 비교, 평가한다.

3) 상세 평가

관련 도면, 코스트 등을 비교하여 평점을 매겨 우선순위를 정한다.

(6) 6단계 : 대안 작성

1) 위에서 분석된 내용을 종합적으로 정리한다.

2) 제안서에 포함될 사항

① 기존 공법과의 차이점

② 원가절감목표 달성 여부

③ 원가명세(재료비, 노무비, 장비비, 외주비 등)

④ 부수 기대 효과(공기절감, 품질 향상, 안전성 증대 등)

⑤ 효과 금액

number 42 건설 VE(Value Engineering)의 적용시기 및 효과

※'01, '07

1. 개 요

(1) VE는 최소의 비용으로 발주자가 요구하는 성능을 유지할 수 있도록 건설 생산 체계의 기능을 분석하고 Process를 개선하는 조직적 관리 기법이다.

(2) 설계단계와 시공 단계에서 VE를 적용하고 있으며, 건설현장에서는 각 공사에 요구되는 품질, 안전, 공기 등을 분석해 원가 절감 요소를 찾아내는 중요한 방법으로 활용될 수 있다.

(3) VE 기법은 일회적 생산인 건축 산업의 특수성과 이해부족, 설계와 시공의 불일치 등으로 적용상의 문제점을 안고 있으나, 경영자를 비롯한 설계자, 시공자의 인식제고, 기법 개발 등을 통해 널리 활성화될 수 있을 것이다.

2. VE의 개념과 원리

(1) 개 념

기능(F)을 유지시키면서 비용(C)을 최소화하여 가치(V)를 극대화시키는 기법, 즉 원가절감을 위한 관리기법이다.

(2) 기본 원리

구 분		1	2	3	4
$V=\frac{F}{C}$	F	→	↗	↗	↗
	C	↘	→	↘	↗

※ 1 : 기능은 유지하고, 비용은 하락
2 : 비용은 유지하고, 기능은 향상
3 : 기능은 향상되고, 비용은 하락
4 : 기능은 많이 향상되고, 비용은 조금 상승

3. VE 적용 대상

(1) 물 건

1) 제품 : 자재, 재료, 건축물,

2) 제품 외 : 가설물, 시공 기계, 장비 등 생산 설비

(2) 물건 이외 품목

1) 제품과의 관련 사항 : 시공방법, 공정, 수송, 시방서 등의 생산 수단

2) 제품과 관련 없는 사항 : 관리체계, 사무절차 등의 일반 관리사항

(3) 적용대상 선정원칙

1) 원가 절감액이 큰 사항 : 토공사, 기초공사, 구체공사

2) 공사 기간이 긴 것 : 토공사, 기초공사, 구조체공사

3) 반복효과가 큰 것 : 골조공사

4) 공정이 복잡하고 수량이 많은 것 : 거푸집, 철근공사

5) 하자가 많이 발생하는 사항 : 방수공사, 설비공사

6) 개선 효과가 큰 것 : 가설공사, 거푸집공사

4. VE 적용 시기

(1) 현재의 VE 적용

1) 본설계와 시공 단계에 제한적으로 적용하고 있다.

2) 적용이 확대되지 못한 이유

① 건설 산업의 특수성 : 옥외 이동 생산으로 공정이 복잡

② 공기가 짧아 VE 활동기간이 적다.

③ 예측 불가능한 상황이 많이 발생하는 건설업의 특성

④ VE에 대한 인식이 부족한 실정

⑤ VE 적용에 대한 보상 장치 미흡

(2) VE 적용 시기 확대

1) 기획 단계

① LCC 개념에서 경제성 검토

② VE 관점에서 기본 계획 수립과 타당성 조사

2) 설계 및 적산 단계

① 과잉 설계 검토 : 기초공법, 재료, 시공법 등

② Cost Planning에 의한 적산 : 실적 공사비 적용

3) 시공 단계

① 작업 공법의 변경 : 건식화, 복합화, 표준화

② 과잉설계 및 시방서 검토 변경

③ 합리적 공정 관리 : CPM 기법

④ T.Q.M 적용에 의한 VE

⑤ 생산 설비 자체가 VE의 대상으로 인식

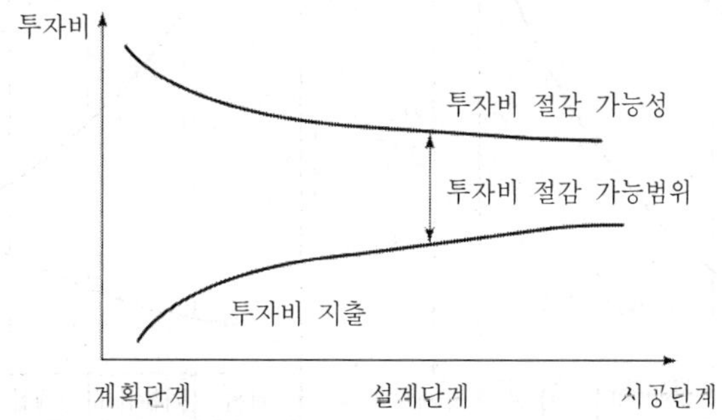

[건설사업 단계와 VE기법 도입시기]

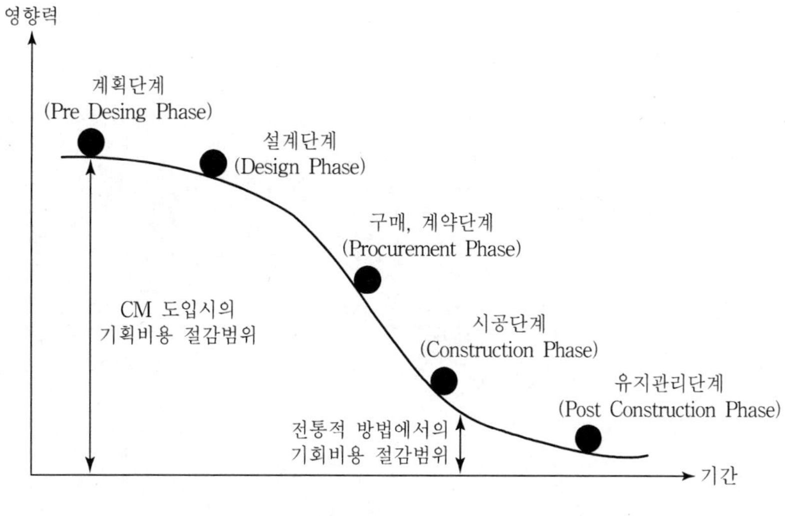

[건설프로젝트 진행단계별 공사비에 대한 영향]

5. VE의 효과

(1) 고정관념 탈피를 통한 자기 혁신(기업의 체질 개선)

(2) 아이디어 창출을 통한 기술 혁신(Engineering 능력 향상)

(3) 이윤의 극대화를 통한 대외 경쟁력 향상(수주 경쟁력 향상)

(4) 조직의 활성화

(5) 투입 비용의 최소화(원가 절감)

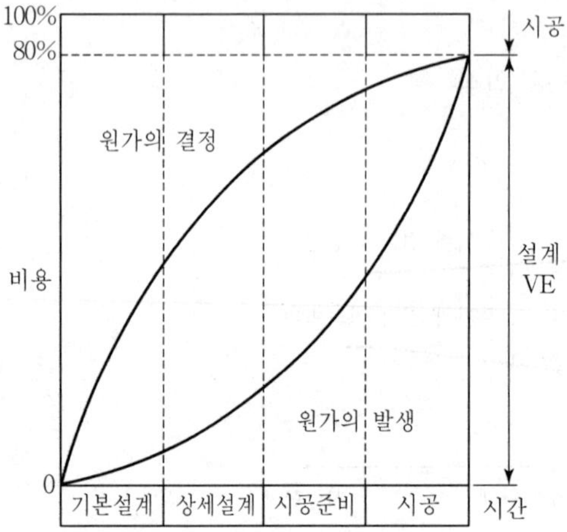

[건설공사 비용의 발생과 결정]

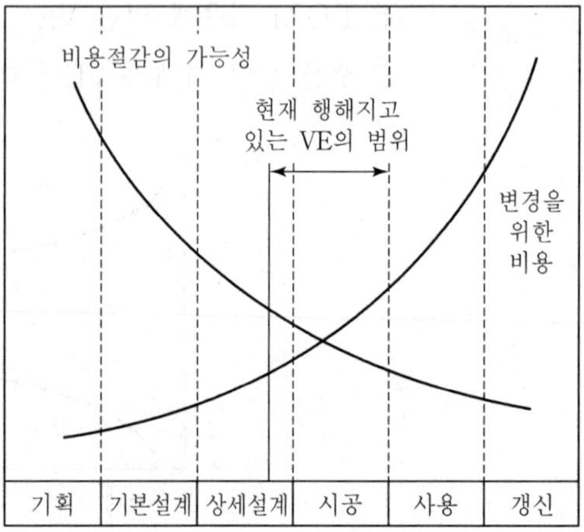

[건설 프로젝트의 라이프 사이클과 VE 효과]

number 43 현장 건축 활동에 있어서 VE 적용대상

※'98

1. 개 요

(1) VE 기법이란 건축물의 기능(F)을 유지하면서 비용(C)을 최소화하여 가치를 극대화시키는 것이다.

구 분		1	2	3	4
$V=\frac{F}{C}$	F	→	↗	↗	↗
	C	↘	→	↘	↗

(2) VE는 각 공종의 기능을 철저히 분석하여 전 작업과정에서 원가절감 요소를 찾아내는 데 있다.

(3) 현장에서 VE 적용을 위해서는 적용대상 공종을 원가절감이 큰 공정으로 선정하는 것이 중요하다.

2. VE의 필요성

(1) 수주 경쟁력 향상

(2) 원가절감

(3) 조직의 활성화

(4) 기업의 체질개선

(5) Engineering 능력 향상

3. 현장 VE 적용대상 공종

(1) 공사기간이 긴 공종(특수공사 포함)

1) 가설공사

① 적용효과

㉠ 도면이나 시방서에 약간의 기준만 요하므로 건설업체가 자유재량이 큰 공종이다.

㉡ 현장기술자가 충분히 능력을 발휘할 수 있다.

㉢ 업체 간의 능력차가 큰 공종이다.

㉣ VE에 의한 절감액은 전부 현장이익이 될 수 있다.

② 대상 종류

㉠ 현장 가설건물(현장사무소, 창고, 현장숙소, 화장실 등)

㉡ 가설시설(가설울타리, 가설도로, 수도, 전기 등)

㉢ 비계(비계, 비계다리 등)

㉣ 가설설비(양생설비, 안전설비)

㉤ 기계(운반용 기계, 양중기, 굴착기)

㉥ 작업(흙막이, 굴착, 되메우기, 장애물 제거)

2) 철골공사

3) 철골·철근콘크리트공사

(2) 공사 수량이 많은 공종 : 동일한 형태의 반복 공사

1) 적용 공종

① 거푸집공사

② 철근 공사

③ 외주벽, C/W 공사 : 금속제, PC재, 석재, 단열 등

④ 창호 공사

⑤ 유리 공사

⑥ 동일 설비 공사

⑦ Deck Plate 공사

2) 적용 건물

병원, 호텔, 공동주택, 학교 등

(3) 공사금액이 큰 공종 : 원가절감 금액이 상대적으로 큰 공종

1) 적용 공종

① 토공사

㉠ 대규모 지하 굴착 공사

㉡ 흙막이공법 등

② 철골공사
㉠ 철골 접합공사
㉡ 내화피복

③ 초고층 건축공사의 양중

④ 대규모 콘크리트 타설공사

(4) 하자가 많은 공종

1) 방수공사
2) 미장공사
3) 타일부착공사

(5) 공사관리 분야

1) 현장 내 소운반 System
2) 안전관리 System
3) 현장 공사관리 System

4. 현장 VE 적용상의 문제점

(1) 건설산업의 특수성

1) 옥외 이동산업
2) 공정이 복잡하고 공사기간이 길다.
3) 복잡한 하도급 공종
4) 노동 집약적
5) 습식작업

(2) VE 활동에 대한 인식 부족

(3) VE 활동의 시간 부족

1) 절대 공기가 짧다.
2) 돌발공사가 많아 VE 활동시간 부족

(4) 기술보상대책 미흡

number 44 VECP(Value Engineering Change Proposal) 제도와 VE 단계

※'01, '19

1. 정 의

(1) VECP란 시공단계에서 VE를 통한 공사비 절감에 대한 혜택이 시공자에게 부여될 수 있도록 공사계약사항을 제도적으로 의무화하여 VE 제도의 활성화를 촉진하고자 인센티브를 주는 제도를 말한다.

(2) 미국 등의 선진국에서 공공 공사 발주시 Value Engineering Change Proposal 제도를 의무화하여 민간 발주공사에서도 VE가 적용될 수 있도록 활성화하고 있다.

2. VE의 수행단계

(1) VE 수행의 4단계

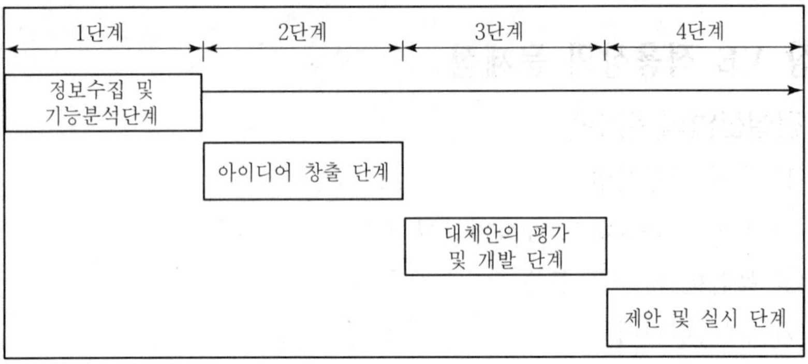

(2) 대체안 평가 및 개발 단계

1) 평가기준의 선정 및 가중

① 대안들에 대한 평가기준은 경제적 측면과 비경제적 측면을 고려하여 산정

② 분석 중인 프로젝트의 상황에 적절하게 각 평가기준의 상대적 중요도 설정

㉠ 미적 요소, 성능, 신뢰도 충족 여부

㉡ 과도한 설계 및 공기지연 여부

㉢ 유지보수 측면에서 향상 정도

㉣ 수명주기 여부의 절감 여부

2) 대안 평가 및 개발

① 각 대안의 성능 및 적절한 평가 방식

② 대안 평가 매트릭스를 활용

3) 제안시기－설계시

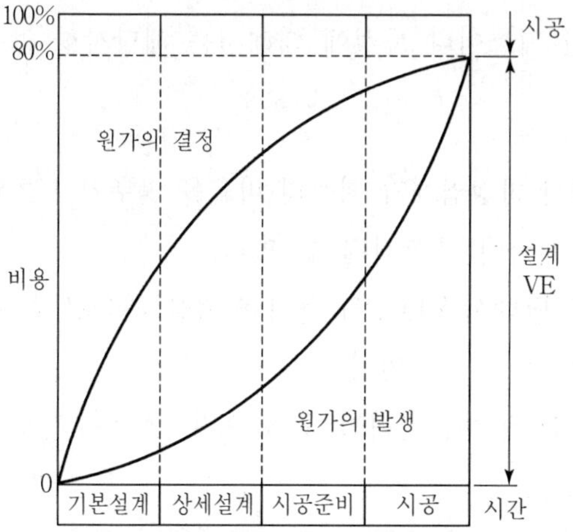

[VE 적용시기와 비용절감 관계]

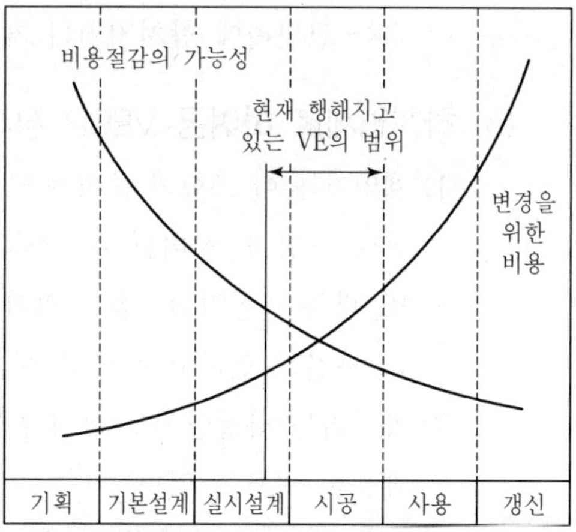

[건설 프로젝트의 라이프 사이클과 VE 효과]

(3) 제안 및 실시 단계

1) 원안과 대안에 대한 기능 분석

2) 원안과 대안의 소요비용 분석결과

3) 대안 시행시 문제점과 조치사항

4) 예상된 순비용 절감액

5) 대안 수락 이유 및 근거 제시

3. VE 장려를 위한 VECP 제도

(1) VECP의 목적

1) VECP는 계약의 요구사항을 변경할 목적으로 계약자에 의해 제기되고, 개발되었던 비용절감 제안서(VECP)는 모두 이 조항에 해당됨

2) 단, 이 조항은 정부에 제안된 시점에 이 조항을 수행함이 동의되었다고 계약자로부터 확인되지 않은 제안서에는 해당되지 않음

(2) VECP의 적용 조건

1) VECP 계약 중에 발생한 비용 절감
2) 취득비용과 상관없이 이 계약에 의해 제공된 일의 소유권을 가진 쪽의 비용절감
3) VECP는 서비스 기간, 신뢰성, 운영상의 절약, 유지의 용이, 표준화된 자질, 미학, 화재방지 기능, 그리고 안전 관련 자질과 같은 요구기능이나 특성에 해를 주지 않는 범위에서 비용이 절감을 이루어야 적용 가능함
4) 단, 계약자에 의해 필요없거나 일과 관련되어 만족하는 수준을 넘어선 기능이라는 판단하에 합쳐지거나 제거된 기능이나 특성에 대해서는 해당사항 없음

(3) 하청업체로 하여금 VECP 장려

1) 계약자는 이 조항의 준비를 모든 1차 하청업체가 최소의 비율을 맞추거나 초과한다면 장치, 설비를 나눔으로써 계약에 포함시킬 수 있다.
2) 또, 다른 하청업체들은 계약자가 판단해서 VECP와 유사한 것을 제공할 수 있는 자질이 있다고 생각될 때는 포함시킬 수 있다.
3) 계약자는 하청업체로 하여금 VECP 제출을 장려할 수 있으며, 그것을 정부로 제출할 의무는 없다.

(4) VECP 요구 Data

1) 기존계약과 변경된 제안서와의 차이에 대한 기술서
2) 제안된 각각의 장점과 단점의 비교(즉, 제안항목 중 어떤 기능이나 특성에서 비용이 줄어들었는가에 대한 정확성 여부)
3) 기존 계약서와 변경된 제안서 각각의 구체적인 비용 예측치, 또한 VECP의 개발과 구축 및 장치, 설비의 배분비용을 고려한 총액의 변화 예측치
4) VECP가 받아들여졌을 경우 각각의 계약상의 요구사항에서 달라지는 부분에 대한 충분한 구체적인 건축상, 공학상의 분석
5) VECP가 승인된 경우 최대한 비용절감을 누리되, 완성기간이나 납기기간이 잔존기간에 맞추는 데 아무런 문제가 없다는 것에 대한 기술서
6) 이전에 정부계약 관련, 대행업체에 관련하여 VECP를 제출한 경험과 정부에 의한 반응 및 평가에 대한 기술서 등
7) 계약금의 조정
8) 적절한 제한조치 Data

number 45 LCC 기법

※'93, '94. '95, '01, '09

1. 개 요

(1) 건축물은 기획, 설계, 시공의 초기 투자단계를 거쳐 유지관리와 철거로 이어지는데 이러한 과정을 건축물의 Life Cycle이라 하고, 이에 필요한 모든 비용을 Life Cycle Cost라 한다.

(2) LCC 기법은 건설시점의 저가격보다는 완성 후 유지관리와 운영비용까지를 고려한 Total Cost를 분석해서 최소비용을 추구하는 것으로 설계안 선택, 설계자의 노동력 절감, 건축주의 비용절감, 입주자의 유지관리비 절감 등의 효과를 기대할 수 있는 기법이다.

2. LCC의 필요성

(1) 발주자 측면

1) 사용목적에 맞는 최적의 건축물 완성이 가능
2) 건축주의 과다투자 방지로 비용 절감
3) 양질의 건축물 완성

(2) 설계적 측면

1) 합리적이고 효율적인 설계안 선택
2) 설계자의 노동력 절감

(3) 시공적 측면

1) 시공자의 시공편의 도모
2) 시공 후 하자비용 절감－하자요인을 미리 분석하여 대체공법 선택 가능

(4) 유지관리 측면

1) 입주자의 유지관리비 절감
2) 건물의 효율적 관리 가능
3) 최적의 건물 관리 System의 구축으로 완공 후 비용 최소화

3. LCC의 구성과 계획

(1) LCC 구성

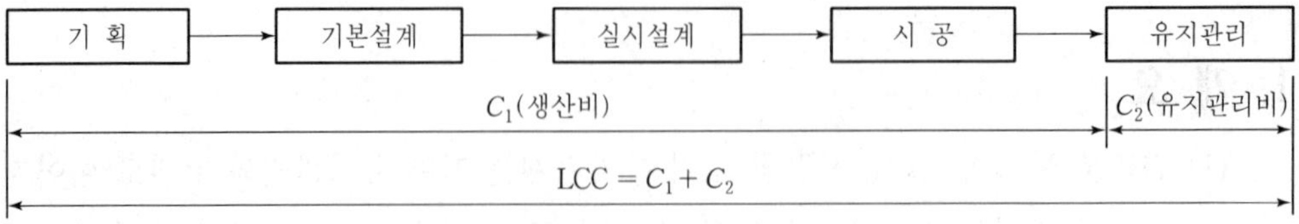

(2) LCC의 곡선

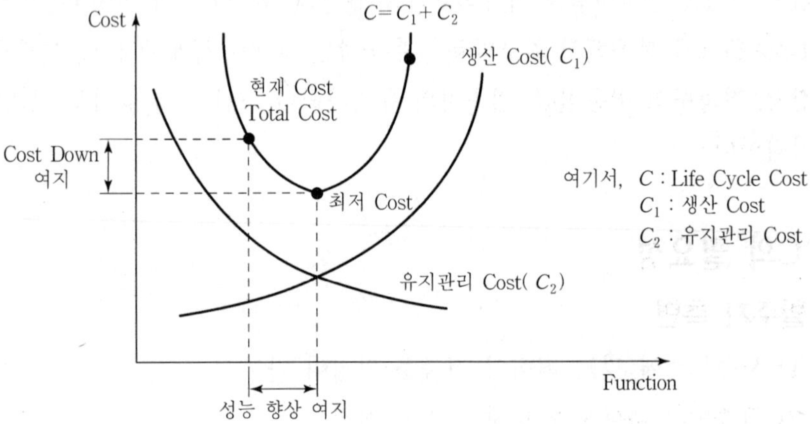

(3) LCC 계획

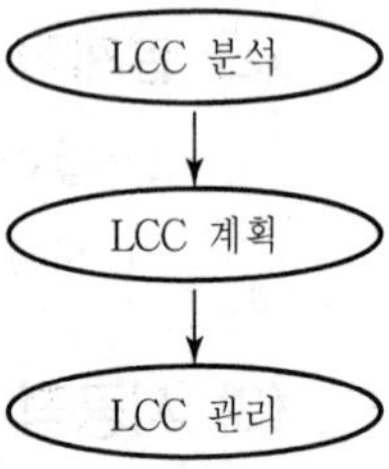

1) LCC 분석

① 건물 건축과 사용에 발생하는 실제비용 계산

② 유지관리비와 성능 Data 규명

2) LCC 계획

① 유지관리 측면에서 경제성 고려

② 구조물뿐만 아니라 시스템, 제품, 설비, 부품 종합적 측면에서 고려

③ 건물부위 시공시 Total Cost 계산

④ 초기공사비와 유지관리비를 계산하여 비교 후 최소 비용안 선택

3) LCC 관리

① 유지관리비 절감액 데이터화

② 차기 프로젝트에 반영

4. LCC의 적용 방안

(1) 기획단계

1) 기존 건물 데이터를 근거로 초기투자비와 유지관리비 분석
2) 건물 완성 후의 가치를 산정해 투입자본 산정
3) 건축주의 LCC 개념에 대한 이해와 설명

(2) 설계단계

1) 시공에 맞는 최적 설계안 선택
2) 기능 향상과 비용 최소화 공법 설계
3) 향후 10년 이상의 추세를 고려한 장비와 제품 선택

(3) 시공단계

1) 최소비용 공법 적용
2) 하자를 최소화하는 공법으로 품질 확보
3) 시공단계에서 기계화, 복합화를 통한 비용 절감
4) 교체와 재활용이 용이한 제품 시공

(4) 유지관리단계

1) 유지관리비 절감법 모색
2) 제품의 재활용 방안 모색

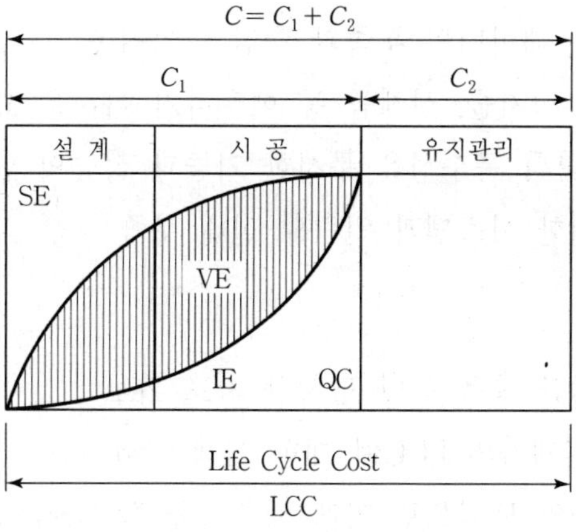

[단계별 LCC의 적용]

5. LCC의 분석법

(1) 현가분석법

현재와 미래의 모든 발생비용을 현재의 가치로 환산하는 방식

$$P = F\frac{1}{(1+i)^n}, \text{(비반복비용)}$$

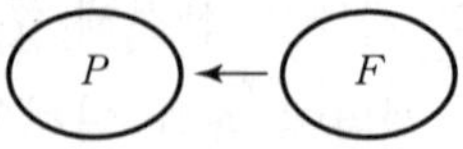

(2) 연가분석법

총비용을 매년 균일 비용으로 환산하여 분석하는 방식

$$P = A \cdot \frac{(1+i)^{n-1}}{i(1+i)^n}$$

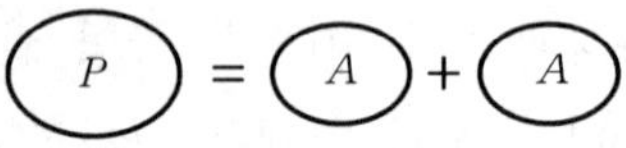

(3) 종가분석법

현재와 미래의 총비용을 미래가치로 환산하는 방식

여기서, P : 현재가치　　F : n년 후 발생비용
I : 연이율　　A : 연가비용
n : 연수　　$(1+i)$: 현가지수

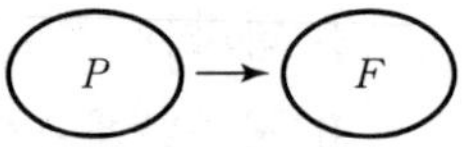

6. 문제점과 개선방안

(1) 문제점

1) 초기 투자비용을 최소화하려는 건축주의 경향
2) 설계자, 발주자의 LCC에 대한 이해 부족
3) LCC 비용 데이터의 부족과 수집의 어려움
4) 물가변동, 신기술, 신제품 등 예측하기 어려운 요인이 산재
5) 건축물마다의 특수성을 무시한 기능과 성능의 단순비교로 비용산출 곤란
6) LCC에 대한 시스템과 인력의 절대 부족

(2) 개선방안

1) 부위별 적산 등을 통한 명확한 자료 확보
2) 발주자, 설계자의 LCC에 대한 이해 강화
3) 미래학 등의 도입으로 미래 예측기술 적용(Simulation)
4) 시공의 기계화 등을 통한 초기 투자비 절감 노력

5) 장기적이고, 체계적인 건설 데이터 구축
6) 장비와 자재, 재료, 공법 등에 대한 표준화작업 진행

7. 맺음말

LCC는 초기 투자비용이 다소 더 들더라도 유지관리비가 감소함으로써 장기적으로는 총비용이 줄어드는 경제성이 있는 기법임에도 불구하고 국내에서는 아직 이에 대한 적용이 활성화되지 못하고 있는 실정이다. 국내 여건에 맞는 LCC 기법을 개발하고, 지속적 적용노력을 기울여야 할 것이다.

number 46 EVMS(Earned Value Management System)기법

※'00, '02, '04

1. 개 요

(1) EVMS란 Project의 사업비용(원가)과 일정(공기)을 동시에 예측할 수 있도록 한 사업수행 성과 측정관리기법이다.

(2) 즉, Project의 사업비용과 일정계획 대비성과를 미리 예측하여 현재 사업수행의 문제분석과 대책을 수립할 수 있는 예측시스템을 말한다.

2. EVMS의 특징

(1) 단일화된 관리기법의 활용을 통한 정확성, 일관성, 적시성 유지

(2) 일정, 비용, 그리고 업무범위의 통합된 성과 측정

(3) 축적된 실적자료의 활용을 통한 프로젝트 성과 예측

(4) 사업비 효율의 지속적 관리

(5) 예정공정과 실제 작업공정의 비교 관리

(6) 비용지수를 활용한 프로젝트 총 사업비의 예측 관리

(7) 비용지수와 일정비수를 함께 고려한 총사업비의 예측과 총계적 관리

(8) 잔여 사업관리의 체계적 목표 설정

(9) 계획된 사업비 목표달성을 위한 주간 또는 정기적 비용 관리

(10) 중점관리 항목의 설정과 조치

3. 효 과

(1) EVMS 절차서의 장점 및 활동

(2) WBS 활용

(3) 현장관리의 전산화

(4) 표준 분류체계의 활용

(5) CPM 사용

(6) 성과측정과 보상체계 전환

(7) 정확한 비용 투입과 예측

4. EVMS의 세부 추진

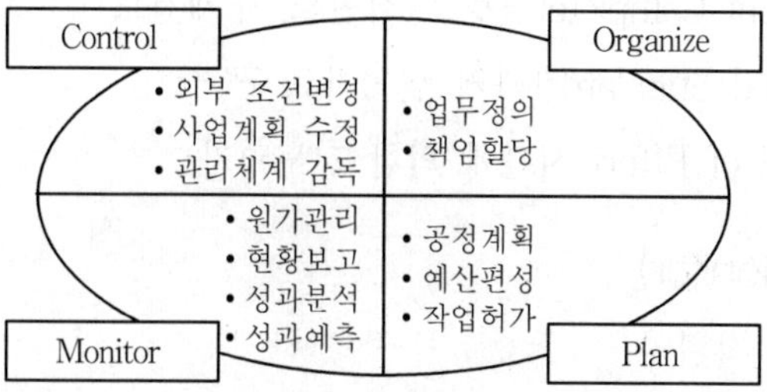

[EVMS의 Flow]

(1) Project 업무정의(Scope)

1) WBS(Work Breakdown Structure) 구성
2) 최소 관리단위 산출(Control Account)
   ① 비용 및 일정의 성과측정 기준단위
   ② 관리목표에 따라 관리단위 Level 정의

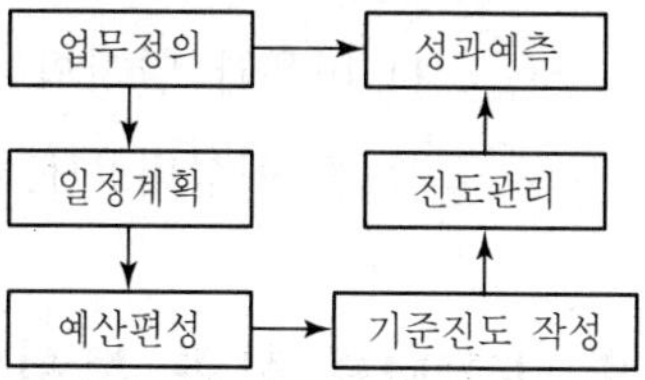

[EVMS 관리방법]

(2) Project 일정계획(Plan & Schedule)

1) Activity정의, 조정, 기간 산정
2) 공정표 작성 : 관리단계별－CPM
   기본, 총괄, 분야별, 관리기준, 상세 공정표

(3) Project 예산편성(Budget)

1) 실행예산 : 원가관리의 목표이면서 기준
2) CBS(Cost Breakdown Structure) 체계에 따라 작성하고, WBS와의 상관관계 유지
3) 견적
   ① 설계단계 견적 : 부위별 견적　　② 입찰단계 견적
   ③ 시공단계 견적

(4) 기준진도 작성(Base Line)

1) 통합된 일정과 비용계획 수립
2) 실적진도 산정방법 : 월단위로 집계
   ① Weighted Milestones(마일스톤에 가중치 부여)

② Fixed Formula by Task(일정비율, 0/100, 50/50)
③ Percent Complete(월별 실적진도, 누계진도)
④ Earned Standards(과거 실적자료 근거)
⑤ Level of Effort(시간에 의한 진도평가)

(5) 진행관리(Monitor)

계획대비 실적평가

1) 비용 차이(CV) : 실적진도와 투입비용 차이
2) 일정 차이(SV) : 계획진도와 실적진도 차이

(6) Project의 성과예측(Forecast)

1) 비용과 일정의 차이와 지수를 지속적으로 분석함으로써 성과 추이를 예측
2) 총 예상비용(EAC)=총 사업예산(BAC)/비용지수(CPI)

5. EVMS 성과 분석방법

(1) 총사업예산(BAC : Budgeted At Completion)
(2) 계획진도(BCWS : Budgeted Cost for Work Scheduled)
(3) 실적진도(BCWP : Budgeted Cost for Work Performed)
(4) 투입비용(ACWP : Actual Cost for Work Performed)

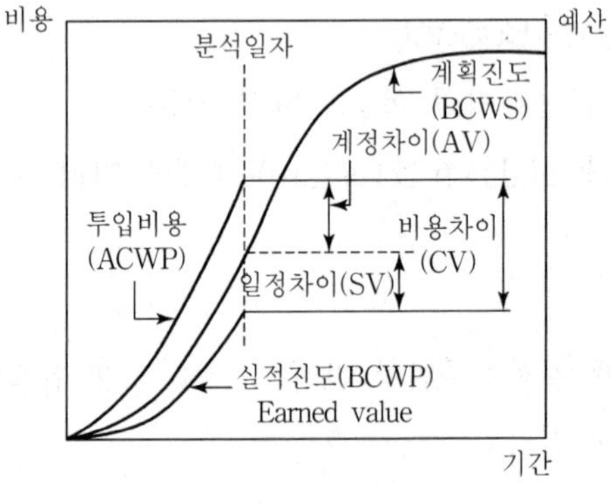

- 비용차이(CV)=투입비용(ACWP)−실적진도(BCWP)
- 일정차이(SV)=계획진도(BCWS)−실적진도(BCWP)
- 비용지수(CPI ; Cost Performance Index)=실적진도(BCWP)/투입비용(ACWP)
- 일정지수(SPI ; Schedule Performance Index)=실적진도(BCWP)/계획진도(BCWS)
- 총 예상비용(EAC ; Estimated Cost At Completion)=ACWP+(BAC−BCWP)/CPI
  =총 사업예산(BAC)/비용지수(CPI)

6. EVMS 적용 주체별 역할

(1) 발주기관

1) 공정 : 공사비 통합관리를 위한 계획수립과 시행지침 작성
2) 예정공정표 및 시행관리를 위한 작업분류 체계를 구축하여 시공자에게 제공
3) 발주공사의 예산 및 공기를 총괄 관리할 수 있는 체계 구축

(2) 시공자

1) 공정 : 공사비 통합관리를 위해 발주자가 제공하는 작업분류 체계와 상세 공정 계획 수립
2) 정기적으로 책임감리자 등에게 성과측정의 기초자료로 제공
3) 공정 : 공사비 통합상의 문제점과 대책을 사전에 파악하여 보고

(3) 책임감리자 및 건설사업관리자

1) 공정 : 공사비 통합관리 계획수립과 시행에 관한 검토 및 지원자로서 시공자가 제공하는 성과 측정자료의 정확성과 신뢰성 검토
2) 각종 대책의 타당성을 검토해 발주기관의 의사결정 지원

7. 시공단계 적용방법

(1) 발주기관

시공자가 작업분류체계와 관리계정을 근거로 관리기준 공정표, 공사예정 공정표 등을 작성할 수 있도록 현장설명시 작업분류체계와 관리계정을 제시

(2) 시공자

1) 각 관리계정과 관리계정을 구성하는 세부 작업간의 선·후행 관계, 착수일 및 종료일, 소요기간 등에 관한 상세한 계획수립
2) 착공시까지 공정계획에 입각해 관리기준 공정표와 공사예정 공정표를 작성해 발주기관에 제출
3) 상세 공정계획을 고려해 각 관리계정 및 관리계정을 구성하는 세부작업에 소요되는 공사비 배분
4) 각 관리계정에 배분된 공사비의 합계금액은 공사비 총액과 동일해야 하며, 각 관리계정을 구성하는 세부작업에 배분된 공사비의 합계금액은 관리계정에 배

분된 공사비와 동일해야 한다.

5) 관리계정과 세부작업에 공사비를 배분한 후 관리기준 공정표와 공사예정 공정표의 단위공정에 공사비 배분결과를 표시하고, 시공자가 표시하는 공정표와 공사비 배분결과는 책임감리원 또는 건설사업관리자의 검토를 거쳐 발주기관이 최종 승인한다.
6) 공사비가 배분된 관리기준 공정표와 공사예정 공정표의 승인을 얻은 후 1개월 단위로 공정－공사비의 성과를 측정하고, 이의 결과로 나타난 수치를 근거로 경영분석을 실시해, 예상되는 문제점에 대한 원인과 대책을 수립 보고한다.
7) 시공자는 공사의 진행사항과 변경사항 등을 반영해 공정표를 지속적으로 유지관리하고, 설계변경 등으로 인해 수정이 필요한 경우에는 책임감리원을 경유해 발주기관에 보고해야 한다.

8. 활성화 방안

(1) EVMS의 명확한 절차와 방법지침서 개발
(2) 지침서는 계약조건 및 조직 내에서 강제성
(3) 정확한 기준진도의 작성
(4) 조직별 계획과 실적의 명확한 구분
(5) Project 관리의 체계화
(6) 공정, 공사비 통합관리 시스템(EVMS) 단계별 현장 적용 확대
(7) 전기기술직원 공정관리능력 함양 : 체계적인 교육 프로그램 연계
(8) 프로젝트 관리체계 구축 : 정보화, 과학화, 시스템화

9. 맺음말

건설공사에서 비용과 공정의 통합관리는 현행 원가관리체계가 단지 투입원가를 집계하여 실행대비 실적을 비교하는 소극적인 원가관리라는 문제점을 개선하고, 건설공사를 종합적으로 관리하고자 하는 측면에서 출발한 적극적인 원가관리체계라 할 것이다.

number 47 공정-원가 통합관리(EVMS)의 저해요인과 해결방안

※'02, '13

1. 개 요

(1) 시공성을 향상시키고 공기단축, 원가 절감을 통해 효율을 향상시키기 위해서는 공정과 원가를 통합관리하여 차후 진행되는 공정에 대한 비용을 예측하는 것이 필요하다.

(2) 현재의 공사관리 System은 시간과 공사원가가 분리되어 관리되고 있으므로 향후 공사진행에 대한 예측이 불가능하여 시공 효율을 기대하기 어려운 실정이다.

2. 통합관리 저해 요인

(1) 공정과 원가의 분리 운영

1) 공정 진행별 투입 원가 대비 기법 부족

2) 현장 조건에 맞지 않는 보할 집행

(2) 정보 System 적용 어려움

1) 전산화 부족

2) Data 구축 미비

3) CALS, CIC 체계 구축 미흡

(3) 표준화 미비

1) 내역서, 시방서, 계약서 양식 등의 불일치

2) 견적, 비용산출 방식의 통일 미비

(4) 성과분석(대비) 방법 적용 미흡

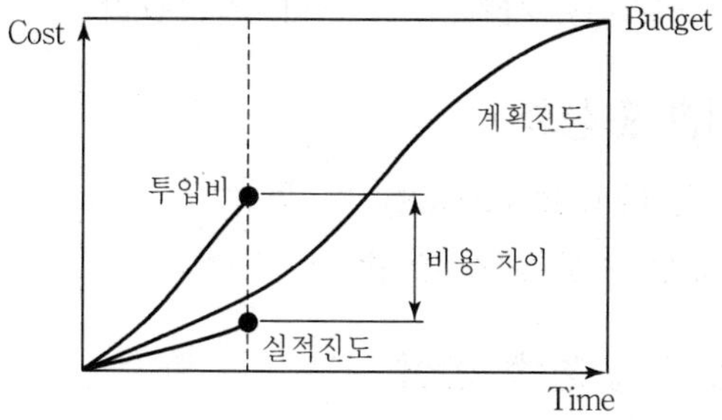

(5) 작업 진도율 파악 곤란

1) 진도관리가 계획대로 진행이 되지 않는 현실
2) 돌발공사, 돌발비용의 발생

(6) 원가의식 부족

3. 해결방안

(1) EVMS의 명확한 지침서 개발

(2) 적용 계획의 적정 수립

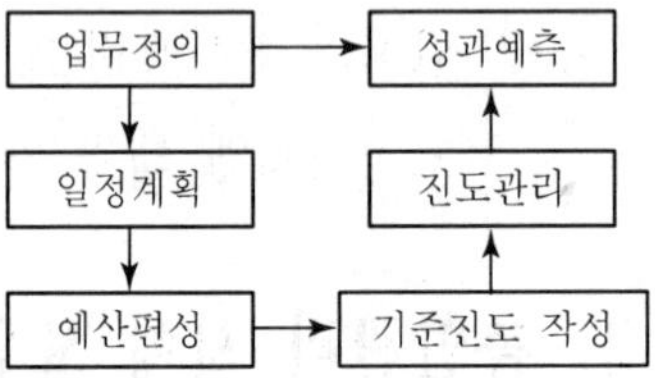

1) 실행 예산 편성 명확화
2) 실투입 비용 산정
3) 실제 공정표대로 작업 진행 Check

(3) 명확한 진도 관리

(4) MCX 기법 적용

(5) Project 관리의 체계화

1) WBS, CBS, OBS
2) CM관리 도입

(6) 표준화

1) 예산안 편성 : 내역서, 실행 예산 편성
2) 작업별 표준화
3) 공정 관리 : CAM

(7) 정보화 체계

1) CALS, CIC 체계
2) PMIS 활용 : 안전, 자재, 노무관리, 일정관리

(8) 원가관리 기법 활성화

1) VE+시공성(Constructability)의 통합
2) MBO 기법에 의한 의식 함양

(9) Soft Engineering 능력 향상

number 48 공사 원가관리에서 MBO 기법

※'97, '00, '05

1. 개 요

(1) MBO(Management By Objective : 목표에 의한 관리방법) 기법은 조직원 스스로가 자기의 목표를 설립하고, 스스로 원가 목표를 달성도록 하는 원가관리 방법이다.

(2) 공사원가 관리에 MBO 기법을 도입하여 본사와 현장의 사원들이 스스로 실행예산과 공정계획 작성시 원가절감 효과를 기대하고 노력하도록 유도하며 동시에 공사원가 외의 공정관리, 품질관리, 안전관리, 노무관리, 자재관리, 장비관리 등에도 포괄적으로 사용할 수 있는 기법이다.

2. MBO 기법의 특징

(1) 구성원 스스로 목표를 설정

(2) 목표달성 방법도 구성원의 재량에 일임

(3) 구성원 스스로 회사목표나 작업목표에 직접 참여

(4) 스스로 자기 통제에 의한 평가로 개인 능력개발

(5) 전체 회사 경영능력 향상

(6) 아래로부터 위로의 관리

3. MBO 기법의 유의점

(1) 목표의 본질

1) 기업의 목표 결정

2) 관리자 공헌 명확

(2) 관리자 목표설정 방법과 주체

1) 기업에 공헌책

2) 부서의 목표설정

(3) 측정을 통한 자기통제

1) 측정은 단순하고 합리적이어야 한다.

2) 자기통제에는 강한 동기 부여

3) MBO 기법은 자신이 목표를 설정하고 통제할 수 있게 한다.

(4) 보고서와 절차의 적절한 이용

4. MBO 기법의 실행단계

(1) 제1단계=목표의 발견

MBO 시작→조직의 관점에서 점검→활동지원과 업무성과→타회사와 비교검사

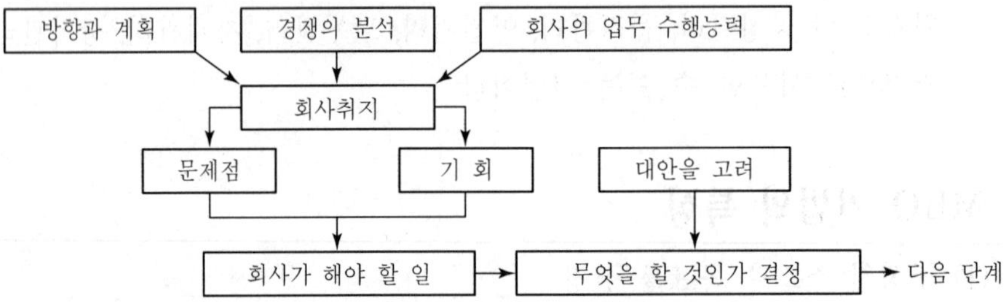

(2) 제2단계=목표의 설정

1) 구체적 목표 설정시까지 전 사원이 목표정립

2) 최고경영자 또는 상부지시를 받으며, 상호간 협력과 조치

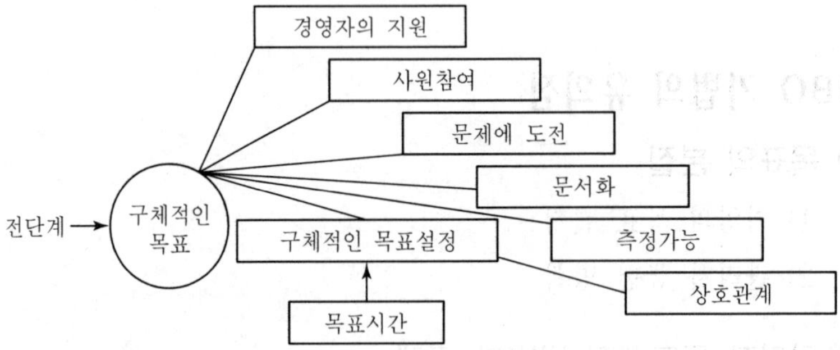

(3) 제3단계=목표의 정당화

1) 수정 필요성 Check, 실패할 가능성 분석

2) 구체적인 목표에 참여할 계획안 결정

3) 목표달성에 참여할 구체적인 내용 확정

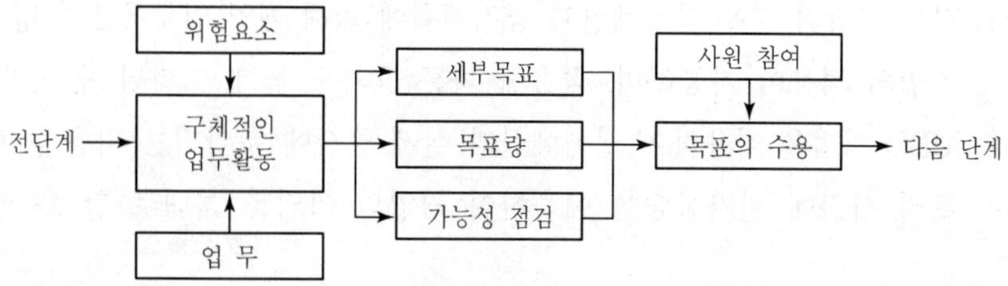

(4) 제4단계 = 목표의 실천

1) 목표 수행단계
2) 동기유발 요소가치 → 적극적인 실천을 유발케 하기 위한 필요한 조치
3) 목표달성을 위한 행동과 실천

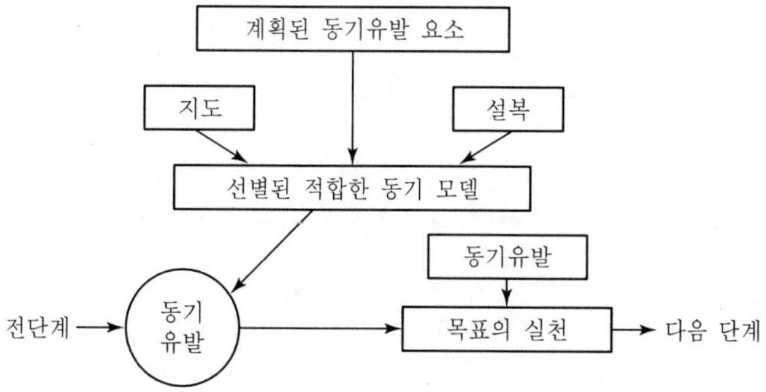

(5) 제5단계 = 목표의 통제와 실천상황의 평가

1) 수행업무 측정평가
2) 목표달성 측정보고서 체계화
3) 업무상 목표와 실제 결과의 차이를 비교, 분석하여 업무오차 축소
4) 나아갈 방향 제시

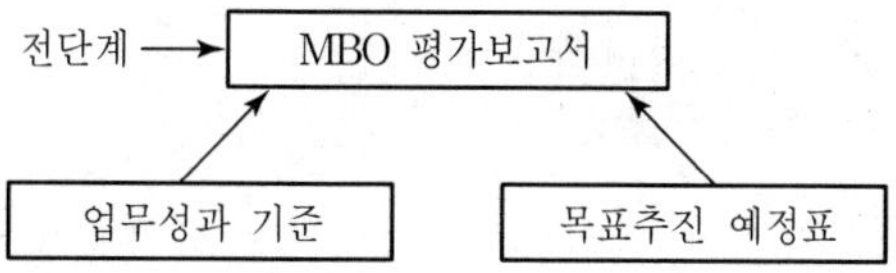

5. 맺음말

(1) 건설 현장의 경우 실행예산과 공정계획에 의해 매일 업무목표가 명확하므로 MBO 기법의 적용이 가능하며, 적용에 따른 효과도 높게 나타날 수 있다.

(2) MBO 기법을 적용하여 실행예산과 실제 공사에 투입되는 비용을 비교·분석함으로써 사전에 원가상승을 예측하여 기업의 이익을 최대로 할 수 있다.

number 49 공사 원가 관리의 필요성과 원가 절감 방안

※'06

1. 개 요

(1) 원가관리는 공사를 완성하기 위해 소요되는 자원의 투입비용 즉 원가를 실행예산 내에서 집행, 관리하는 일련의 활동을 말한다.

(2) 원가를 구성하는 재료비, 노무비, 경비, 외주비 등의 투입비를 낮추어 기업이 보다 많은 부가가치를 얻도록 원가 절감이 이루어져야 한다.

2. 공사비 관리 절차

(1) 자원소요계획(Resource Planning)수립

1) 시공계획의 수립과 WBS/CBS의 설정

2) 비용단위(Code of Account)에 대한 계획 수립

(2) 공사비 산정(Cost Estimation)

(3) 실행예산편성(Budgeting)

(4) 원가 통제(Cost Control)

1) 예산집행현황파악 및 예측(Monitering & Forecasting)

2) 실행예산의 변경관리

3) 공사비 대장 관리

3. 원가관리 필요성

(1) 사업성 확보

(2) 기업의 적정 이윤 확보

(3) 기업의 경쟁력 강화

(4) 고객만족 및 신규 고객 창출

(5) 기업의 발전

(6) 개인의 능력 발휘 및 기회 보장

4. 원가 절감 방법

(1) 건설업의 비용과 원가 절감 비율

비용 요소	소요 비율	절감 비율
직접비	60%	5~7%
간접비	20%	3~5%
설계비	10%	7~9%
공정관리비	1%	1~2%
기타	9%	2~3%

(2) 공기관리에서의 원가 절감

공사 구성 요소인 단위 공정의 소요 비용은 그 수행 시간과 관계없는 고정비와 이에 따라 변하는 변동비로 구분되며, 변동비를 최소화할 수 있도록 당초 공기 내에 완성될 수 있도록 공기 지연 예방 등이 강구되어야 한다.

1) 입찰단계에서의 원가절감

낙찰가와 예산을 고려한 입찰금액을 산정하며 수주 시점을 예측한다

2) 계약단계

계약조건 및 공기, 설계 변경 조건, 지급자재 조건, 자재 과부족 사항점검

3) 시공 계획 수립

① 현장 가시설의 배치 효율화
② 상하차 및 양중 효율 향상
③ 기시공 시설물의 활용
④ 자재, 장비의 소운반 최소화

4) 시공 방법의 개선

① 업무 및 작업 방법의 개선-연속적이며 반복적인 작업
② 작업 동작의 개선
③ 시공 단위의 모듈화
④ 품질 개선
⑤ 정리정돈
⑥ 안전 환경 개선
⑦ 용량 기준 장비의 조합과 장비 효율 향상

5) 작업 공정 개선과 표준화(BPR)

① 불필요한 작업의 감소

② 작업 순서 개선 및 변경

③ 작업공정 축소, 이동거리 감소

④ 공구 개선, 작업 환경 개선

6) 공정 관리 철저

① 작업기간의 조정 및 공기 단축

② 최적 시공 순서 결정 및 시공 속도 유지

③ 자원 배당 효율화와 철저한 진도 관리

7) 자재비 절감

① 자재 수급계획을 수립하고 적기에 적량을 공급

② Just In Time을 통해 운반비, 이동비, 보관 및 적재 비용 감소

③ 자원 낭비를 최소화

8) 실행 예산 관리

① 실행 예산 초과 방지

② 실행 예산 변경 관리

③ WBS와 CBS의 통합 연계

④ EVMS를 통한 투입 원가 관리

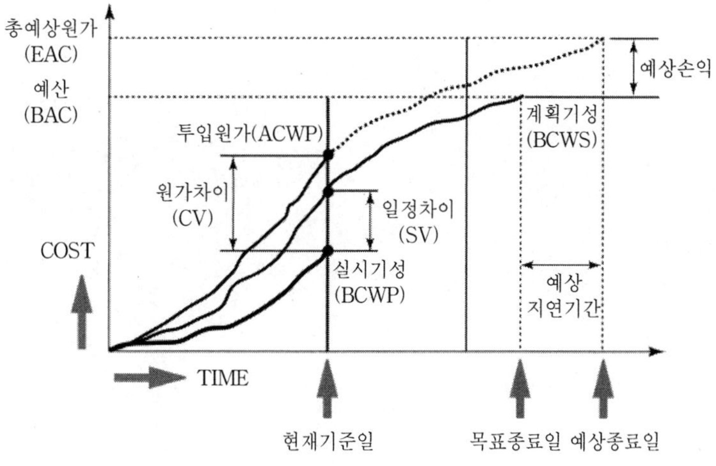

[기성관리 공정곡선]

9) 노무비 절감

기계화, 기능공의 숙련도 향상, 다기능공화

10) 경비 절감

현장에서 불요불급한 비용 발생 억제

11) 원가 절감 활동

① VE 활동 : 고정 관념 탈피를 통해 원가를 줄일 수 있는 대안을 모색

② LCC : 총 생애주기의 관점에서 생애비용이 최소가 되는 최적안을 모색

③ MBO : 구성원 스스로가 원가 목표를 정하고 달성하도록 유도

④ 5S : 정리, 정돈, 청소, 청결, 질서유지를 통해 비용의 최소화

12) 신기술 개발

기술개발 투자 촉진을 통한 신기술, 신공법 개발과 적용 확대

13) 정보화 및 표준화

① 직접 자재의 사전 제작 및 조립, 공장 제작비율 증대

② 적정 규격의 건설 기계

③ 가시설재의 규격화

④ 원가 관리의 전산화

14) 기계화 촉진

number 50 품질관리 단계와 문제점 및 대책

1. 개 요

(1) 건축물의 품질에 대한 인식이 중요하게 대두되면서 오늘날의 품질관리는 모든 구성원이 참여하는 조직적 기법으로 변화하고 있다.

(2) 품질관리 활동은 시공능률의 향상, 품질과 신뢰성의 향상, 설계의 합리화, 작업의 표준화, 공기절감 등과 밀접한 관련이 있지만 국내 현장에서는 형식적인 측면에 치우쳐 실제적 품질관리가 이루어지도록 지속적인 노력이 필요하다.

2. 품질관리의 단계

(1) 품질관리 항목의 선정

1) 품질에 영향을 미치는 중요 공정을 선정

2) 품질 특성 중 측정이 용이한 항목 선정

3) 신속한 조치 가능한 항목

(2) 품질 및 작업기준 설정

1) 품질기준 설정 : 시방서 기준

2) 작업기준 설정 : 시방서, 참고도서, 시공경험을 활용

(3) 작업실시

1) 작업기준에 대한 교육 실시

2) 시공 Check List 작성하여 작업 실시

(4) 시험, 조사

1) 측정값의 여유치 확인

2) 품질관리 7가지 도구 활용

(5) 확인, 점검

1) 관리한계선 설정

2) 한계선 이탈 경우의 수 점검

3) Data 신뢰도 향상을 위해 중복 확인

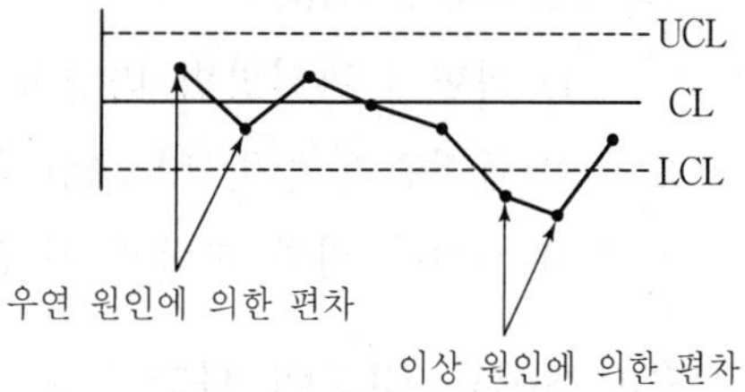

[관리도]

4) 이상 발생시 원인파악

(6) 수정, 조치

1) 이상 발견시 수정, 조치
2) 관리한계선 재설정
3) 일정기간 지속적 관리, 이상 유무 파악

3. 품질관리 문제점

(1) 품질관리 시스템 미정립

1) 품질관리 인원과 조직 부족
2) 품질담당자의 실무능력 미흡
3) 품질담당자의 권한 부족
4) 품질시험을 위탁할 전문기관 부족

(2) 품질에 대한 인식 부족

1) 공기, 비용 위주의 사고
2) 품질에 대한 단편적 인식 : 품질검사가 곧 품질관리
3) 품질관리는 담당자만의 문제라는 인식
4) 경영층의 품질관리에 대한 지원과 의지 부족

(3) 책임 불명확

1) 문제발생시 책임 회피
2) 부서 간의 협조체제 부족

(4) 관리체계 미흡

1) 과학적 관리방법 미정착
2) 품질관리 장비 및 예산 부족
3) 경험에 의한 판단과 시공

(5) 저비용 위주의 사고

1) 형식적 품질시험과 관리
2) 품질관리 비용의 미반영

(6) 현장 인원의 능력과 품질 교육 부족

(7) 공기 위주의 현장관리

(8) 경험적 시공 관행

4. 품질관리대책

(1) 선진관리체계 도입

1) ISO 9000 System 도입과 올바른 활용
2) 시공자의 VE 기법
3) TQC, TQM 제도의 건설업에 맞도록 개발
4) 품질관리 7가지 활용법 개발

(2) 품질시험계획서 작성과 실행

1) 공사규모에 따라 품질시험계획서나 품질 보증계획서를 수립하고 이에 따라 활동을 실시
2) 시공자, 감리자, 감독관과의 연계를 통한 점검과 문제 해결
3) 시험인력과 시험장비의 확보

(3) 시공도 작성

1) Shop Drawing 활용 시공정밀도 확보
2) 시공 허용오차에 대한 기준 마련

(4) 전문업체 선정

1) 기술능력 위주의 업체 선정
2) 작업자에 대한 기술지원 강화

(5) 품질교육과 전문가 육성 및 권한 강화

1) 품질위주의 사고 전환
2) 현장직원과 작업자에 대한 정기적 교육
3) 품질관리자의 권한 강화

(6) 품질관리비의 책정 의무화

5. 맺음말

(1) 미래의 건설산업은 품질향상과 기술혁신 없이는 대외 경쟁력을 상실하게 되며, 관리기술이 병행되지 않고서는 적정 품질을 확보할 수 없을 것이다.

(2) 따라서, 경영자로부터 현장 담당직원까지 품질에 대한 인식을 새롭게 하고, 직접공사를 담당하는 하도급업체에 대한 기술 지원과 관리기술을 배양하여야 한다.

number 51 건설공사 품질관리계획 수립

※'21

1. 개 요

건설공사를 수행하고자 하는 시공자는 건설기술진흥법에서 정한 건설규모에 따라 품질관리를 위한 계획을 수립하여 발주자나 인허가 행정기관에 제출하고 승인을 받아야 한다.

2. 품질관리계획의 수립 및 확인

(1) 계획 수립

1) 대상

① 감독 권한대행 등 건설공사관리 대상공사로서 총공사비가 500억 이상인 공사

② 다중이용 건축물 공사로서 공사연면적이 3만 제곱미터 이상인 공사

③ 건설공사 계약에 품질관리계획 수립이 명시되어 있는 공사

2) 작성자

시공자 (건설업자 또는 주택건설 등록업자)

3) 내용

① 경영 책임

② 품질시스템

③ 계약 검토

④ 설계 관리

⑤ 기타 품질관리에 관한 사항으로서 건설교통부령이 정하는 사항

(2) 확인

1) 제출 시기

① 건설공사 착공 전 감리자, 감독자의 확인 후 발주자에게 제출하여 승인을 받아야 함(변경 시에도 동일)

② 발주자 중 발주청이 아닌 자는 인허가 행정기관의 장에게 제출

2) 확인자

발주 또는 인가, 허가, 승인한 행정기관의 장

3) 확인 내용

품질보증계획 및 관련절차서 수립 여부 및 이행실태 점검 등을 확인하고 필요시 보완조치를 요구

3. 품질시험계획의 수립 및 확인

(1) 계획 수립

1) 대상

① 총공사비 5억원 이상인 토목공사

② 연면적 660m^2 이상인 건축공사

③ 총공사비 2억원 이상인 전문공사

2) 작성자

시공자 (건설업자 또는 주택건설 등록업자)

3) 내용

① 시험종목과 빈도

② 시험시설 규모 및 장비명, 단위, 수량, 인력 배치계획

(2) 확인

1) 제출 시기

① 건설공사 착공전 감리자, 감독자의 확인 후 발주자에게 제출하여 승인을 받아야 함(변경 시에도 동일)

② 발주자 중 발주청이 아닌 자는 인허가 행정기관의 장에게 제출

2) 확인자 : 인허가 행정기관의 장

3) 확인내용

① 품질시험계획 수립 및 이행실태

② 시험실 규모와 인력배치 등을 확인하고 필요시 보완 조치를 요구

4. 시험 · 검사장비 및 인력기준

대상공사 / 구분	공사규모	시험 · 검사장비	시험실 규모	품질관리자
특급 품질관리 대상공사	영 제89조제1항제1호 및 제2호에 따라 품질관리계획을 수립해야 하는 건설공사로서 총공사비가 1,000억원 이상인 건설공사 또는 연면적 5만m² 이상인 다중이용 건축물의 건설공사	영 제91조제1항에 따른 품질검사를 실시하는 데에 필요한 시험 · 검사장비	50m² 이상	가. 품질관리 경력 3년 이상인 특급기술인 1명 이상 나. 중급기술인 이상인 사람 1명 이상 다. 초급기술인 이상인 사람 1명 이상
고급 품질관리 대상공사	영 제89조제1항제1호 및 제2호에 따라 품질관리계획을 수립해야 하는 건설공사로서 특급품질관리 대상 공사가 아닌 건설공사	영 제91조제1항에 따른 품질검사를 실시하는 데에 필요한 시험 · 검사장비	50m² 이상	가. 품질관리 경력 2년 이상인 고급기술인 이상인 사람 1명 이상 나. 중급기술인 이상인 사람 1명 이상 다. 초급기술인 이상인 사람 1명 이상
중급 품질관리 대상공사	총공사비가 100억원 이상인 건설공사 또는 연면적 5,000m² 이상인 다중이용 건축물의 건설공사로서 특급 및 고급품질관리 대상 공사가 아닌 건설공사	영 제91조제1항에 따른 품질검사를 실시하는 데에 필요한 시험 · 검사장비	20m² 이상	가. 품질관리 경력 1년 이상인 중급기술인 이상인 사람 1명 이상 나. 초급기술인 이상인 사람 1명 이상
초급 품질관리 대상공사	영 제89조제2항에 따라 품질시험계획을 수립해야 하는 건설공사로서 중급품질관리 대상 공사가 아닌 건설공사	영 제91조제1항에 따른 품질검사를 실시하는 데에 필요한 시험 · 검사장비	20m² 이상	초급기술인 이상인 사람 1명 이상

비고

1. 건설공사 품질관리를 위해 배치할 수 있는 건설기술인은 법 제21제1항에 따른 신고를 마치고 품질관리 업무를 수행하는 사람으로 한정하며, 해당 건설기술인의 등급은 영 별표 1에 따라 산정된 등급에 따른다.
2. 발주청 또는 인 · 허가기관의 장이 특히 필요하다고 인정하는 경우에는 공사의 종류 · 규모 및 현지 실정과 법 제60조제1항에 따른 국립 · 공립 시험기관 또는 건설엔지니어링사업자의 시험 · 검사대행의 정도 등을 고려하여 시험실 규모 또는 품질관리 인력을 조정할 수 있다.

number 52 품질경영 TQM(Total Quality Management)

※'98, '99, '01, '13

1. 개 요

(1) 품질경영이란 경영자를 포함한 모든 구성원이 참여하여 경영의 모든 단계에서 실시하는 지속적인 품질개선을 말한다.

(2) 품질경영을 구성하는 3단계 요소로는 품질관리, 품질보증, 품질인증을 들 수 있다.

(3) 품질경영은 모든 단계의 지속적인 개선과정에 중점을 둔다면, 품질관리는 자체의 품질에 공사 목적의 중점을 둔다는 차이가 있다.

2. 품질경영의 필요성

(1) 품질을 통한 경쟁력 확보

(2) 새로운 경영 풍토 조성

(3) 생산성 향상

(4) 제품, 고객서비스 향상

(5) 품질비용 절감

(6) 재시공 방지

3. 품질경영의 순서

QM = QP + QI + QC + QA

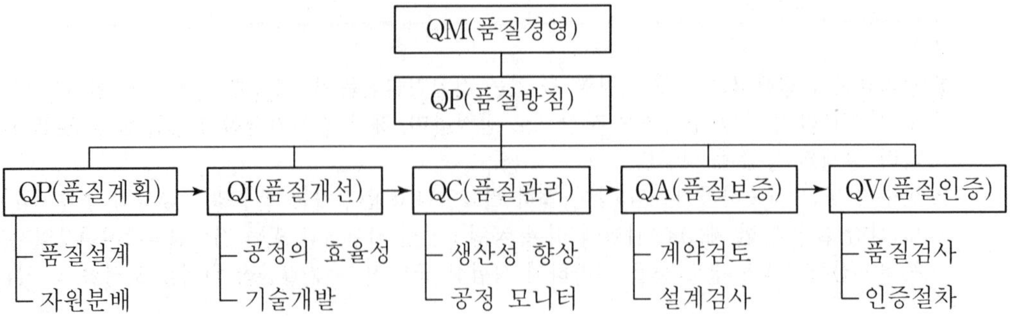

4. 품질경영의 3단계 활동

(1) 품질관리(Quality Control)

1) 목 적

품질관리의 목적은 설계도, 시방서 등에 표시되어 있는 품질을 확보하면서도 경제적이며, 고객이 만족할 수 있는 제품을 만들기 위한 것이다.

2) 특 징

① 현장 특성에 맞는 품질기법 선택

② 고객이 만족할 수 있는 품질 확보

③ 기법(Tool)의 효율적 활용

④ 하자 방지와 하자비용 절감이 중요

⑤ 시공자에 의한 사내 활동

3) 품질관리 방법

① 설계도, 시방서, 계약서 작성

㉠ 설계도, 시방서, 계약서의 효율적 관리만이 품질달성

㉡ 설계도서에 명확한 품질기준 제시

② 품질관리 업무

㉠ 계약서상 책임한계를 명확히 하여 구분

㉡ 설계품질과 시공품질이 계약조건에 충족될 수 있는지 충분히 검토한 후 체계 확립

③ 품질관리 조직운영

㉠ 도면, 시방서 검토 등의 시공품질 확인방법 개발

㉡ 시험부서 운영

㉢ 시험성적표, Sampling 채취 등 품질검사 수행

(2) 품질보증(Quality Assurance) = 품질감리

1) 목 적

품질관리 결과가 관리계약 규정 또는 법규에 맞게 행해지고 있는가를 확인하기 위해 감리자, 감독자가 행하는 활동이다.

2) 품질보증 관리방법

① 고객 또는 건축주를 위한 견본채취, 실험, 시험성적표 작성 등의 품질검사 수행

② 공사도급자는 외주업체나 하도급자의 품질관리 감독, 확인

③ 공사감리자는 설계품질, 시공품질 승인, 또는 재시공 여부 결정

④ 품질검사 및 결과에 대한 Feed Back

⑤ 품질개선을 위한 제반 문제점, 차후 공정에 대한 제반계획 수립

(3) 품질인증(Quality Verification)

1) 목 적

품질인증의 목적은 품질보증(감리) 결과에 대한 수행 여부가 제대로 이루어지고 있는지를 객관적인 기준에 의해 검사하고 실험하기 위한 것이다.

2) 품질인증 활동

① 작업과정이 제반품질, 절차에 맞게 시행되고 있는지 확인 검증

② 조직원의 구성, System의 구성활동 상태

③ 사용재료, 품질, 공법, 장비사용 등의 제반 행위 점검, 확인

④ 품질결과에 따른 수정 여부 확인

3) 객관적 증명

① 작업과정에서의 품질을 객관적으로 인증할 수 있는 심사기관에서 확인 인증

② 국제 인증(ISO 9000)과 국내 인증이 있다.

5. TQM의 적용시 문제점(미활성화 이유)

(1) 현장 품질관리 미흡

1) 인력 및 장비 부족

2) 과학적 접근 미흡

3) 교육 및 실험, 관리능력 부족

4) 경험적 관리에 의존

5) 공기 및 원가 위주의 현장 관리

(2) 감리, 감독 미흡

1) 현장 품질 감리 활동 제한
2) 감리자의 권한 부족 및 영세성
3) 감리 업무의 편중

(3) 인증 제도의 비현실성

1) 서류 위주의 심사
2) 복잡한 인증 절차
3) 형식적 인증
4) 객관성 부족

(4) 제도적 미비

6. 품질경영(QM) 추진방향

(1) 경영주의 품질경영에 대한 확고한 인식

1) 기업의 전략적 문제 인식 전환
2) 경영자 스스로 직접 참여

(2) 전 구성의 전략적 인식 중시

1) 내부 구성자원의 최대 활용
2) 조직 System의 개선
3) 품질, 생산성, 원가의 상호 인식

(3) 품질 시스템의 활용

1) 스스로 제품 자체의 설계 및 개발
2) 생산 System의 합리적 운영
3) 과학적 관리
4) 구성원의 창의적 개발 유도

(4) 구성원의 교육 및 전문가 육성

1) 구성원의 품질교육
2) 전문관리자 육성
3) TQC 활동 활성화

number 53 품질관리의 7가지 도구

※'85, '92, '97, '00, '03

1. 개 요

(1) 품질관리란 수요자의 요구에 알맞은 품질의 제품을 경제적으로만 들어내기 위한 수단의 체계를 말하며

(2) 그 방법으로는

1) 통계적 품질관리(SQC)와

2) 전사적 품질관리(TQC)가 있다.

① SQC : 유용하고, 경제적인 제품을 생산하기 위하여 모든 단계에 통계적 수법을 사용한 품질관리를 말한다.

② TQC : 보다 좋은 품질을 경제적으로 생산할 수 있도록 회사 내의 모든 조직에서 체계적으로 품질을 관리하는 기법을 말한다.

2. TQC의 7가지 도구

(1) Histogram(히스토그램)

1) 정 의

① 공사 또는 제품의 품질이 만족한 상태에 있는가의 여부를 판단하는 데 사용되는 막대 그래프이다.

② 가로축에 특성값을, 세로축에 도수를 잡고 구간의 폭으로 주상의 그림을 그린 도수도를 말한다.

2) 작성법

① 데이터 수를 가능한 많이 수집(N값)

② 범위 R을 구한다.(최대값－최소값=R)

③ 급의 폭을 구한다.

④ 경제값을 구한다.

⑤ 도수 분포도를 구한다.

⑥ 히스토그램을 작성한다.

⑦ 안정, 불안정 검토

3) 형 태

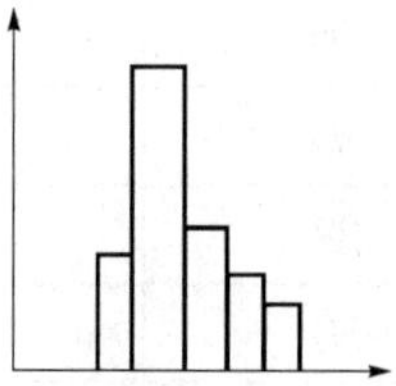

[치우친 형]

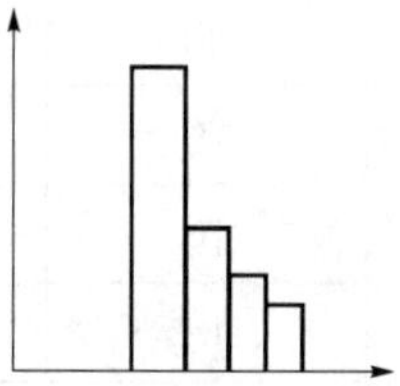

[절벽 형]

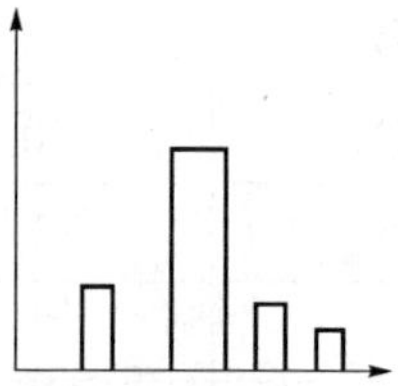

[이 빠진 형]

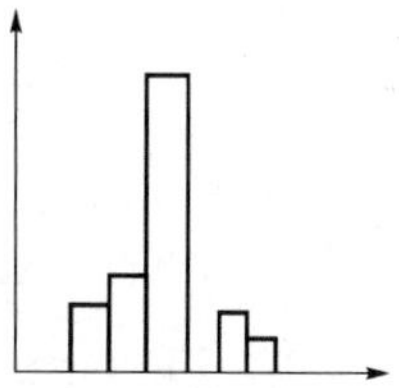

[낙도 형]

(2) 파레토그램(하자발생 관리도 → 로렌츠 곡선)

1) 정 의

① 파레토란 여러 가지 데이터를 항목별로 분류해서 문제의 크기 순서대로 나열한 꺾은 선 그래프이다.

② 현장관리자가 담당하고 있는 업무 중에서 하자발생 또는 결함 등을 개선하기 위해 문제점을 확실히 판단하기 위한 목적으로 하는 품질관리 방법이다.

2) 작성방법

가로축에 시공불량의 원인을 세로축에 그 영향도(불량수)를 표시하여 막대그래프를 그리고, 그 누적계수를 꺾임선으로 표시한 그래프를 그린다.

3) 예 : 콘크리트 타설 후 충진불량 파레토도

불량항목	불량수
A. 콜드 조인트	8
B. 기둥 충전 불량	20
C. 개구부 주위 충전 불량	7
D. 벽 충전 불량	10
E. 기 타	5

[불량 데이터도]

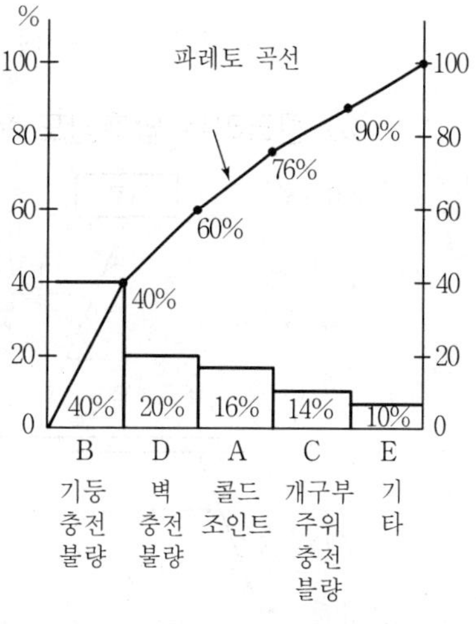

[콘크리트 충전 불량 파레토도]

불량항목	불량수	%	누적불량수	누적(%)
B	20	40	20	40
D	10	20	30	50
A	8	16	38	76
C	7	14	50	90
E	5	10	43	100
계	50	100	50	100

[파레토도 작성도]

(3) 특성 요인도(Fish Bond Diagram, 생선뼈 가시도)

1) 정 의

① 특성 요인도란 품질의 특성(결과)과 요인(원인)이 어떻게 관계하고 있는가를 알기 쉽게 수형상으로 표시한 그림이다.

② 건축공사의 공정 중에 발생한 문제점을 분석할 때 사용된다.

2) 작성방법

① 품질의 특성을 정하고

② 요인을 큰 가지에 쓰고 공정순으로 쓰든지, 아니면 4M(재료, 노무, 기계, 자금)으로 쓴다.(대요인)

③ 요인의 그룹에 더 적은 요인을 써 넣는다.(소요인)

3) 콘크리트 압축강도 특성 요인도

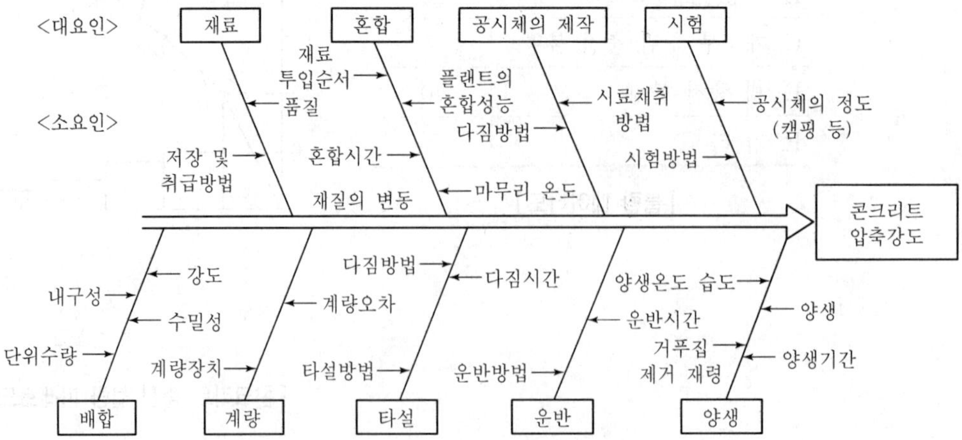

(4) 관리도

1) 정 의

① 관리도는 가로축에 날짜 혹은 로트 순 등을, 세로축에 품질특성으로서 치수, 강도, 불량률 등의 관리나 해석이 되는 항목을 적고, 중심선과 상 · 하 2개의 공정에 이상 유무를 편성하기 위한 관리한계선을 설치하여 그린 그림을 말한다.

② 공사 또는 제품의 풀질관리 개선에 효과적인 방법이다.

③ 불량품질의 직접적 해결보다는 공정의 안정적 운영에 목적이 있다.

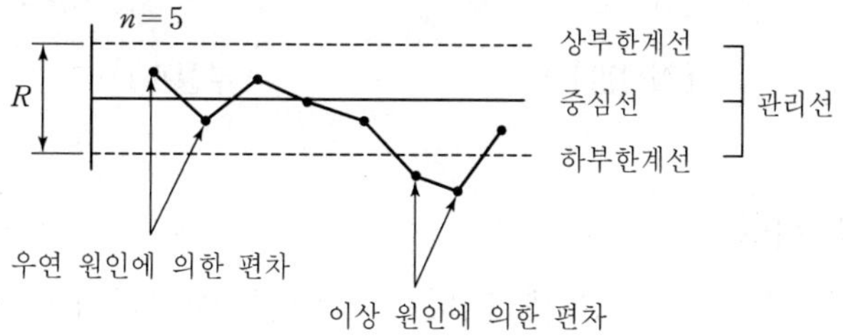

2) 관리도의 종류

① 계량값 관리도

㉠ 평균값과 범위의 관리도($X-R$) : 분포의 편차

㉡ 개개 측정값 관리도 X : 분모의 평균변화

㉢ 메디안과 범위의 관리도

② 계수값과 관리도

㉠ 불량개수의 관리도　　　　㉡ 불량률의 관리도

㉢ 결점수의 관리도　　　　㉣ 단위당 결점수의 관리도

(5) 산포도(산점도)

1) 정 의

히스토그램은 치수라든가 강도 등 어느 하나의 품질특성에 대해서 그 분포상태를 잡는 도구인데 비해 산포도는 이와 같은 품질의 특성과 이것에 영향을 미치는 두 종류의 데이터의 상호관계를 말한다.

2) 특 성

① 품질특성과 이것에 영향을 미치는 두 종류의 데이터의 상호관계를 나타내는 것

② 검토 대상의 특성과 깊은 관계가 있는 다른 특성을 선정해야 두 특성 사이의 관계가 확인되고 이를 개선할 수 있다.

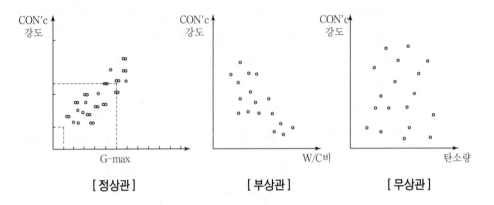

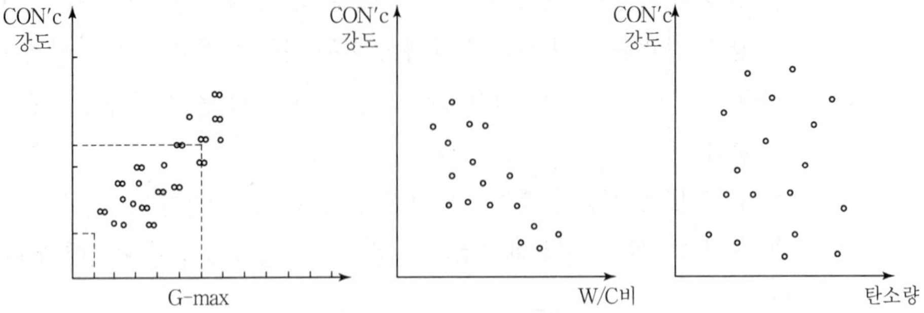

[정상관] [부상관] [무상관]

(6) 체크 시트

1) 불량수, 결점수 등 셀 수 있는 데이터를 분류하여 항목별로 나누었을 때 어디에 집중되어 있는가를 알기 쉽도록 한 그림 또는 표이다.
2) 이 방법을 적용할 때에는 목적을 정확히 하여 데이터의 분류항목을 요령있게 결정하는 것이 중요하다.

(7) 층 별

1) 얻어진 데이터를 적당한 요인별 그룹으로 분류한 것을 말한다.
2) 전체 데이터에서는 분명치 않은 것이 명확하게 되거나 층별 그룹 사이의 상이점을 알 수 있다.
3) 어떤 요인에 주목하여 층별할 것인가가 중요하다.
4) 대개 시간별, 재료별, 작업조건별, 작업자별, 기계별로 분류한다.

3. 맺음말

품질관리 도구를 이용한 관리방법은 제조업과 같은 단일 제품의 대량생산에 많이 이용되며, 현장작업이 많은 건설업에서는 적용이 곤란한 경우도 있다. 그러나 건설업 또한 기계화되고, 공장제작품의 증가 등으로 품질도구를 활용한 품질관리의 중요성이 증가되고 있으므로 건설업의 특성에 맞는 개선이 필요하다.

number 54 건축현장의 품질시험과 시험관리 업무

※'97, '99, '12

1. 개 요

(1) 건설현장에서 품질시험은 건축물에 소요되는 모든 재료, 기술, 공법 등이 설계서, 시방서 대로 요구 성능에 맞게 시공되는지를 확인하는 시험을 말하며, 선정시험, 관리시험, 검사시험 등이 있다.

(2) 현장에서 수행하는 품질시험의 종류에는 콘크리트 Slump Test, 압축공시체, 파괴시험, 공기량시험, 염화물시험과 각종 마감자재 시험인 스티로폼의 비중시험, 벽돌의 강도시험 등이 있다.

(3) 현장시험관리 업무에는 시험기기의 종류 및 Test, 각종 재료의 선정시험, 시험횟수 및 성과표 등의 시험실시상태, 불량에 대한 조치 등이 있다.

2. 품질시험대상 공사범위

(1) 총공사비가 5억 원 이상인 토목공사

(2) 연면적이 660m^2 이상인 건축공사

(3) 총공사비가 2억 원 이상인 전문공사

3. 현장에서 수행하는 품질시험

(1) 콘크리트 공사

1) 시멘트－KSL 5201

① 제조일부터 3월 경과시 또는 재료의 변화가 있다고 인정될 때

② 300t마다 실시

2) 골 재

① 비중 및 흡수율 ┐
② 잔골재 ├ 최대 치수별 1,000m^{3}마다
③ 마모성, 안전성 ┘

④ 염화율 함유량 : 바다모래 50m^{3}마다

3) Slump Test

① 콘크리트의 시공연도 측정시험

② 기구 크기 : $\phi 100 \times \phi 200 \times 300(H)$

③ 레미콘은 10cm 높이로 부어넣고, 다짐막대로 25회 다진 후 반복한다.

④ 시험통에 밀실하게 다진 후 시험통을 제거한 후 무너져 내린 높이로 측정한다.

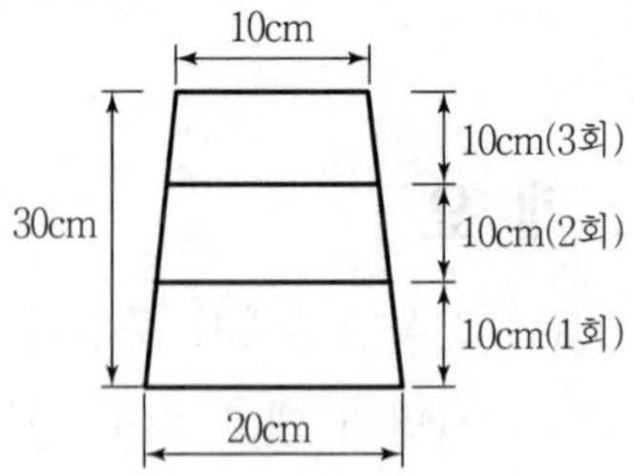

[Slump Test]

4) 압축공시체 제작 및 시험

① 공시체는 콘크리트 150m^3마다 3EA 이상 제작

② 공시체 크기 : $\phi 10 \times H20$, $\phi 15 \times H30$

③ 7일, 28일 압축강도 파괴시험으로 강도측정

④ 거푸집 해체시기 결정 및 소요강도 측정

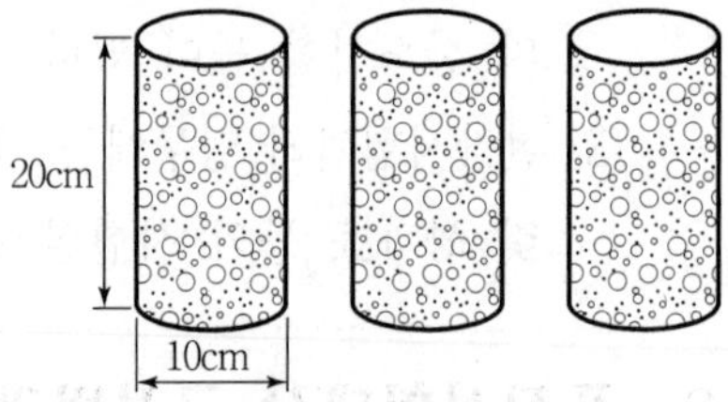

[공시체 시작]

5) 공기량 시험

① 콘크리트 속의 공기량 시험

② 공기량의 범위 4~7% 정도

6) Bleeding 시험

① 콘크리트 배합불량 시험 : 콘크리트 내의 물만 떠오르는 현상 시험

② 철근 부착강도 저하, 수밀성 저하

7) 철근 및 철골재료시험

① 제조회사별, 제품규격별 100t 마다

② 용접이음부는 500개소마다

(2) 마감재료 검사

1) 시멘트 벽돌

① 치수(규격), 압축강도, 흡수율

② 제품 10,000장마다 시험

2) 타 일

① 치수, 강도, 흡수율

② 제품 1,000 상자마다 실시

③ 접착력 시험 : 시공면적 600m²마다

3) Sheet 방수재

제조회사별, 제품규격마다

4) 단열재 시험－스티로폼

① 비중 및 열전도율 시험

② 100m³마다 시험

5) 창호, 알루미늄, 석고판 등의 시험이 있다.

4. 현장시험 관리업무

(1) 시험기기 종류 및 수량 적정성 여부 관리

1) 종류별 시험기기의 배치상태

2) 시험기기의 성능상태

(2) 현장 반입자재의 선정시험

1) 반입자재의 품질시험 실시 여부

2) 공급원의 승인 여부

(3) 현장관리시험의 실시

1) 시험횟수의 적정성

① 공시체의 수량(150m³ 마다 3EA씩)

② 철근시험편은 100t마다 1EA씩

③ 벽돌은 10,000매마다 시험

2) 시험성과표 및 시험대장 비치

① 시험검사 종류 표시

② 검사시 합격, 불합격 표시

③ 재시험 관계

④ 시험대상은 검사항목, 검사일, 시험성과, 검사자, 감독자 등 표시

3) 시험결과에 대한 조치 및 개선

① 재료의 불합격 원인분석 및 재시험 조치 절차

② 공법개선 및 절차조치에 대한 노력도

4) ISO 9000 실시 활용도

① 시공과정에 대한 품질 정도

② 제작과정에 대한 품질 정도 등

5) 품질담당자의 개선 의지

① 시험에 대한 지식 및 시방기술 숙지 여부

② 품질의식에 대한 실질적 인식

5. 맺음말

(1) 건설현장에서 실시하여야 할 시험의 종류와 항목은 다양하나 전문적 기술의 부족과 장비의 미비 등으로 현장에서의 적용이 어려운 경우가 많다.

(2) 이러한 문제점들을 해결하기 위해서는 시험을 의뢰할 수 있는 전문기관의 확대와 현장 시험인력에 대한 기술교육이 필요하다.

number 55 ISO 9000(품질), 14000(환경), 18000(안전) System

※'94, '00, '02

1. 개 요

(1) ISO(국제표준화기구)는 각국의 표준을 조정, 통일하고 국제표준의 제정과 보급, 국제표준에 관한 협력 등을 통해 전 세계적으로 통용되는 표준화 규정을 만들어 보급하는 것을 목적으로 하는 기구이다.

(2) ISO는 품질에 관한 제 3자 인증(ISO 9000), 환경경영에 관한 국제규격(ISO 14000), 산업안전 및 보건에 관한 규정(ISO 18000)으로 구분할 수 있다.

2. ISO 9000

(1) 개 념

ISO 9000은 제3자가 제품 및 서비스 공급자의 품질경영시스템을 평가하여 품질 능력을 인증하여 주는 제도이다.

(2) 효 과

1) 고객에 대한 품질 신뢰성 증대
2) 기업의 경쟁력 확보
3) 기업의 이미지 쇄신
4) 개별 고객에 대해 중복평가를 감소시킴
5) 하자 예방효과

(3) 개정 사유(2000년)

1) 고객 만족 실현
2) 고객 요구 사항에 부응
3) 변화하는 산업구조에 대응
4) 과도한 문서관리보다 성과 개선에 집중
5) 성과 중심으로 지속적 개선 도모
6) 타 경영 시스템(ISO 14000, ISMS 등)과의 병용 필요
7) 성과 달성과 지속적 개선 기회 제공

(4) 주요 변경 사항

1) ISO 9001(1994년) : 제조 중심, '품질 보증' 체제
   ISO 9000(2000년) : 다양한 업종(건설업, 서비스업, 판매업, 운송업 등) 중심, '품질 경영 시스템'
2) ISO 9001과 ISO 9004의 관계를 명확성, 적합성을 갖고 사용
3) ISO 9001로 통합(ISO 9001~9003 3가지 규격의 단일화)
4) ISO 14000과의 양립성 고려
5) 다양한 규모와 형태에 적용성 확대
6) 지속적 개선을 전면적으로 도입
7) 최고경영자의 책임, 역할의 확대

3. ISO 14000

(1) 개 념

ISO 14000은 환경경영에 관한 국제규격으로 기업이 환경보호와 환경개선을 위한 환경경영 System을 갖추고 관리하고 있음을 제3자가 평가하여 인증하는 제도이다.

(2) 도입효과

1) 환경 친화적 건축 가능
2) 환경에 관한 분쟁 해소와 방지
3) 환경영향을 체계적으로 감시
4) 환경경영을 통한 대외 경쟁력 확보
5) 환경 친화기업으로의 이미지 쇄신

(3) 주요 내용

1) 환경경영 : 생산활동과 환경과의 관련 운영시스템
2) 환경감사 : 환경감사의 원칙과 절차를 규정
3) 환경 Labelling : 환경 마크제로 상품의 환경 적합성을 평가
4) 환경성과 평가 : 현재와 기대 수준의 환경성과를 평가
5) 전 과정 분석 : 전 과정에 있어 환경에 끼치는 영향과 개선사항을 평가

6) 용어 및 정의 : 환경분야 용어의 통일과 표준화 추진

7) 환경적 측면 : 제품 표준의 환경적 적합성 확인절차 및 요건에 관한 규정

4. ISO 18000

(1) 개 념

ISO 18000은 근로자의 생명보호와 작업환경을 개선하려는 산업안전 및 보건에 관한 국제규격으로, 기업의 노동환경을 평가하여 보다 쾌적한 작업환경을 이룩하는 것이 목적이다.

(2) 도입효과

1) 근로자의 생명보호와 작업환경 개선

2) 근로조건의 향상과 근로의욕 고취

3) 작업환경에 대한 국제 노동기구의 분쟁해소

4) 노동환경 개선으로 생산성 향상과 대외 경쟁력 확보

5) 기업 이미지 쇄신과 신뢰도 증가

(3) 내 용

1) 근로조건 개선에 대한 기술지도와 감독

2) 생산설비의 안정성에 대한 기준 제정

3) 산업안전 및 보건에 대한 집행, 조정, 통제

4) 유해 위험요소에 대한 안정성 확보

5) 안전보건을 위한 연구개발

6) 열악한 작업환경에 대한 제재와 통제

7) 생산설비의 안전관리에 대한 사항 종합평가

5. 건설업 적용시 문제점과 개선책

(1) 문제점

1) 건설업의 특성

① 제조 설비를 갖춘 제조업에 적용이 상대적으로 용이

② 건설업의 생산방식에 적용이 어려움

③ 건설업의 성격상 표준화가 곤란한 부분이 많음

2) 인증서류 복잡

① 인증서류의 과다

② 인증절차가 복잡하여 장시간 소요

3) 형식적 서류검사

① 실질 시행 여부보다는 서류심사에 그침

② 지속적 관리가 이루어지지 않고 있음

(2) 개선책

1) 건설업 적용성 확대

① 현장단위 위주의 건설업 특성에 적합한 규정

② 각 공종별 표준화 작업

2) 건설 표준화 작업

① 정보의 표준화 : CALS 추진

② 발주, 입찰, 계약양식의 표준화

③ 설계단계의 표준화 : CAD, MIC화, 시방서 기준

④ 시공단계의 표준화 : CPM, SE

⑤ 서비스 System, 사무처리기술, 각종 서식의 표준화

3) 인증절차의 간소화

① 자격에 해당하는 업체는 쉽게 신청이 가능하도록 조정

② 심사기준 간소화로 시간절약

4) 지속적 유지관리

① 현장방문으로 실질 시행 여부 점검

② 지속적 관리 필요

5) 품질경영인증제도 활성화

① 인증의 객관성 확보

② 인증시 인센티브 부여

6) 경영자의 의식변화와 경영 시스템 구축

number 56 건설 정보 시스템

※'02, '03

1. 개 요

(1) 정보 시스템이란 어떤 조직의 정보 요구에 부합하도록 자료를 수집하고 처리하는 사람, 기계, 개념 및 활동의 총체적 의미로 정보 시스템 구축은 일상 업무에서 발생하는 정보를 효율적으로 관리, 이용하는 체계를 구성하는 것을 의미한다.

(2) 건설업에서도 정보의 효율적 관리가 사업의 성공과 생산성 향상에 큰 영향을 주게 되므로 정보 시스템 구축은 단순히 전산 기기의 활용만이 아니라 업무 프로세스의 정립을 의미한다.

2. 건설 분야의 정보화

(1) 건설 정보화 구축의 어려움

1) 건설업의 특수성에 따른 특성

① 복잡한 조직 체계(설계자, 시공자, 하도급자, 노무자)

② 일괄 수주 형태

③ 비교적 짧은 공기

④ 외부에서의 작업 환경

⑤ 노동력 의존 산업 구조

2) 생산물(건축물)의 특성

부동성, 복잡성, 고가성, 내구성, 높은 사회적 책임성

3) 이러한 특성들은 새로운 변화에 대한 제한적 요소로 작용하여 건설 정보화 구축에 장애가 되고 있다.

(2) 건설 정보의 종류

1) 단계(과정)별 정보(Project Life Cycle)

기획, 설계, 견적, 시공, 유지관리, 철거에 이르는 진행 과정별로 발생되는 정보

2) 기능(Function)별 정보

영업, 기획, 설계, 견적, 공정관리, 계약관리, 원가관리, 품질관리, 노무관리, 자재관

리, 회계, 기타 행정에 따른 정보

3) 단계별 정보와 기능별 정보의 연관성

단계별 정보와 기능별 정보는 서로 연관성이 있으며 동시에 독립적이기도 하다. 따라서 두 정보를 동시에 관리하기 위한 통합(Integration) 정보 시스템 구축이 요구된다.

(3) 건설 정보 통합 시스템(CIC)

1) CIC(Computer Integrated Construction)

① 건설 프로젝트 전과정, 관련 조직 각 업무 기능들을 총괄하여 전산 시스템 이용의 최적화와 자동화를 이룩하고자 하는 체계

② 경영전략, 업무 프로세스, 프로젝트 관리 기술, 분류 체계와 같은 관리적 요소와 시공기술, 전산기술, 자동화기기 등의 기술적 요소를 포함한, 관리 및 시공의 자동화와 통합화를 의미한다.

2) CIC의 구성

① 시스템과 분리된 데이터 구조
(an Application-Independant Data Organization)

② 일관된 업무 프로세스(Consistent Process Chains)

③ 인위적 관리가 최소화된 업무 체계(Small Feedback Lopops)

(4) 건설 정보 통합 시스템의 활용(PMIS)

1) 통합 저장 관리된 데이터를 차기 프로젝트 수행시 적용시킴으로써 정보를 효율적으로 사용하고 정보를 경영자에게 제공하기 위한 프로젝트별 활용 체계

2) 정보의 활용

① 단계별 활용(기획, 설계, 견적, 시공, 유지관리, 철거)

② 분야별 활용(공정관리, 계약관리, 원가관리, 품질관리, 노무관리, 자재관리 등)

(5) 건설 CALS

(6) 인공지능 전문가 시스템

(7) KISCON

(8) 기 타

3. 정보 기술 요소

(1) 전산기기(하드웨어)

1) 입력장치

2) 중앙처리장치 및 주기억장치

3) 보조기억장치

(2) 데이터베이스 시스템(DBMS : Database Management System)

1) 데이터 모델에 의해 결정된 데이터베이스를 생성하고 유지하며, 이를 이용할 수 있게 하는 소프트웨어

2) DBMS의 요구 기능

① 데이터 저장, 검색, 수정 기능

② 자료 처리 기능

③ 동시 처리 기능

④ 복구 기능

⑤ 보안 기능

⑥ 통신 기능

⑦ 자료 통제 기능

(3) 통신시스템

1) 정보 통신의 형태

음성통신, 데이터 통신, 이미지 통신, 화상 통신

2) 정보 통신 시스템

① WAN(국가 간, 도시 간을 연결하는 광역 네트워크)

② LAN(건물 내, 인접 건물 간을 연결하는 네트워크)

3) 정보통신 시스템의 중요성

① 컴퓨터의 보급 확대

② 분산 처리 방식의 발전

③ 정보 통신의 세계적인 표준화(CALS 체제로의 발전과 확대 구축)

(4) 정보 기술과 조직(Software)

1) BR(Business Process Reengineering)

급격하고 과감하게 기존의 업무 프로세스를 바꿈으로써 업무절차를 개선하고 생산성을 최적화하는 것

2) CE(Concurrent Engineering)

① 여러 단계의 업무를 동시에 진행하는 것(업무의 동시 진행)

② CE는 설계과정, 시공, 유지 관리 등 어느 단계에서나 적용할 수 있다.

③ CE의 예 : 고속궤도 방식

4. 정보 시스템 계획과 관리

(1) 전략 정보 계획(Strategic Information System Planning)

1) 정보 시스템만이 아니라 기업의 경영 전략을 위한 정보 계획을 구축

2) 전산기술보다는 경영적 측면에서 접근

3) 경영전략, 프로젝트 관리 기술, 건설 기술, 전산 기술의 종합

(2) 시스템 분석 및 설계

(3) 정보시스템의 관리

5. 건설정보 시스템의 활성화 방향

(1) 정보 시스템에 대한 인식 전환 필요

1) 정보 시스템의 개발에 대한 참여 확대

2) 업무에 활용하기 위한 노력과 교육실시

(2) 체계적인 프로젝트 관리 기술 정착

1) 분야별, 단계별 관리 기술의 개발과 도입

2) 현장 실무, 정보기술과의 연계 확대

(3) 연구 및 투자 활성화

number 57 정보 통합 건설(CIC)

※'96, '98

1. 개 요

(1) CIC(Computer Intergrated Construction)은 기획, 설계, 시공, 유지관리에 이르는 건설활동 전반에 걸친 정보의 통합 System이다.

(2) 공장, 설계, 현장이 연계하여 건설활동에 필요한 정보를 공유하여 최적의 생산 체계로 정보화에 대응하는 동시에 기업의 최적화를 지향하는 것이다.

2. CIC의 필요성

(1) 건설정보의 공유 : 기획설계－시공－유지관리 각 단계별

(2) 정보의 수직, 수평 통합화

(3) 기존의 관행적, 반복적 단순시공 탈피

(4) Simulation을 통한 설계와 시공의 최적화

(5) 원가질감과 품질향상

(6) 건설산업의 합리화와 과학화

(7) 국제 경쟁력 강화와 정보화 대응

(8) 공기단축

(9) 기계화와 자동화로 효율성 증대

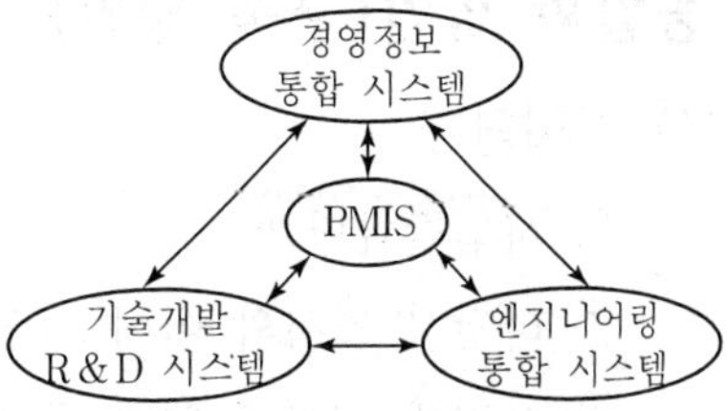

[CIC 시스템과 PMIS 연계도]

3. CIC의 실행방법

(1) CAD(Computer Aided Design)

1) 설계자료의 DB화

2) 설계작업의 표준화 유도

3) 현장여건과 발주자 요구의 대응력

4) 설계변경사항 수정 용이

(2) CAM(Computer Aided Manufacturing)

1) 작업품목의 표준화, 규격화

2) 대량 생산과 균일 품질유지

3) 현장 여건 변동에 대한 대응 신속

4) 자동제어와 로봇 생산

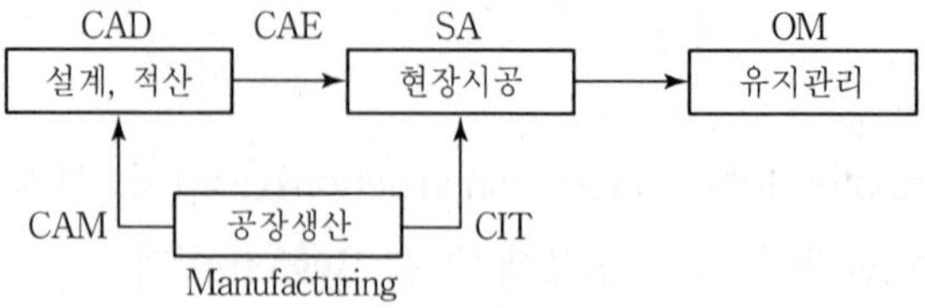

[생산 System 개선]

(3) SA(Site Automation)

1) 현장작업의 기계화

2) 공장 제작제품에 대한 설계작업 간편

3) 품질향상과 공기단축 유리

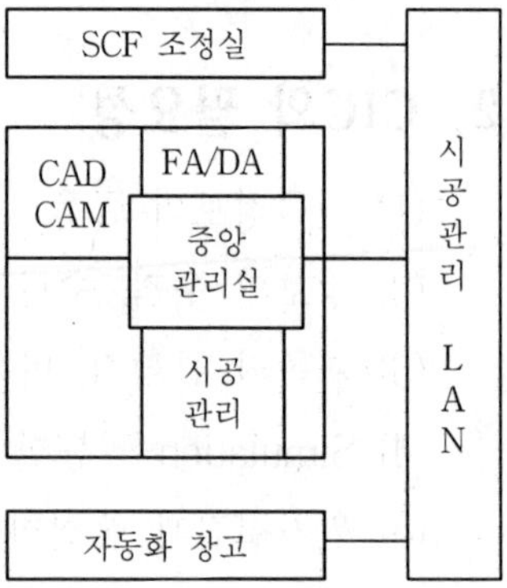

[SA System]

4. 통합화 방안(구축 방안)

(1) 기획단계

1) 사업발굴단계

2) 타당성 조사와 이에 따른 사업범위 결정

3) 사업에 대한 조언과 목표 설정

(2) 설계 및 적산단계

1) 발주자의 의도를 반영한 건물 기획 입안

2) Cost Planning 실시

3) 작업 표준화와 자료 축적

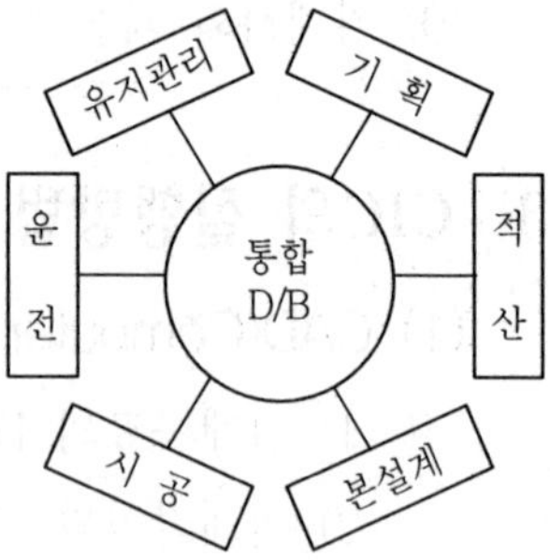

[CIC 기본도]

(3) 발주단계

1) Risk를 고려하여 분할 발주

2) Turn Key 발주와 자금조달 BOO, BOT 방식

(4) 시공단계

1) CPM에 의한 공정관리 및 계획

2) TQC 적용

3) 공정별 작업진행상황 점검

4) 하도급업체 관리 및 조직관리

5) 예산집행과 기술관리-감리제도

(5) 유지관리

1) 시운전, 점검

2) 제세금과 공과금 등록관계

5. 추진방향

(1) 경영자의 의지

1) CIC에 대한 인식 제고

2) 전산화 시스템 구축에 대한 투자

3) CIC 이점 활용 인식

(2) 기본계획 3단계

1) CIC 기본방향 설정

2) 기능별 요소 설정

3) 기능별 요소 구현 방안

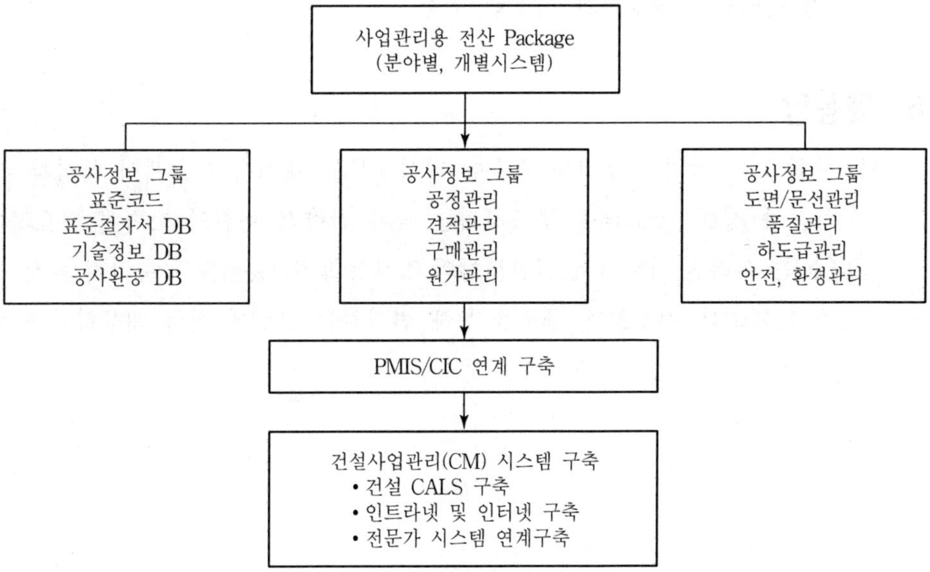

[CIC 추진]

(3) 단계별 추진

1) 단위 System 전산화

2) 요소기술의 System화

① CAD, CAE

② 인공지능 System

③ 전문가 System

④ Simulation의 활용

3) 정보 모델 구축

CITIS(Computer Intergrated Technical Information System)

4) CALS화

① 전자 상거래 B2B System

② 정보의 표준화와 정보 인프라 구축

③ Internet의 활용

(4) 협력업체의 전산화

1) 단위요소 기술개발

2) 정보화, 통합화

3) 협력업체 상호교환 시스템 구축

6. 맺음말

(1) 사회 각 분야의 정보화에 맞추어 건설부문도 재래식 시공에서 탈피하여 사회 전부문과 정보 System을 구축하려는 국가 전략적 차원의 노력이 필요하다.

(2) CIC는 이러한 의미에서 건설분야의 정보통합 System을 구축하려는 시도이며, 정보의 표준화, 정보모델 구축을 통해 변화하는 환경에 적극 대응하려는 노력이다.

number 58 건설 CALS의 내용과 구축방안

※'97, '00

1. 개 요

(1) CALS(Continuous Acquisition and Life Cycle Support)는 전산업에 걸친 정보의 통합 System 구축으로 건설분야에 있어서의 CALS는 기획, 설계, 유지관리, 폐기에 이르는 건설활동에 대한 정보를 컴퓨터를 통해 통합하는 것이다.

(2) 통합된 정보망은 여러 관련 단체 및 업체들이 정보를 공유하여 건설생산을 지원하는 역할을 하며, 생산성 향상 및 시공의 합리화, 국제 경쟁력 제고 등 정보화 시대에 대처할 수 있는 대안이라 할 것이다.

2. CALS의 필요성

(1) 전산업 정보의 동시 공유

1) 기획－생산－조달－폐기 정보 공유

2) 발주자－정보 이용자－건설관련업체 정보 공유

3) Data의 구축

(2) 정보의 이용

1) B2B 기업 간의 전자 상거래
2) 종이 없는 업무처리－전자입찰과 계약
3) 전자업무처리－CITIS 등
4) 전자 조달

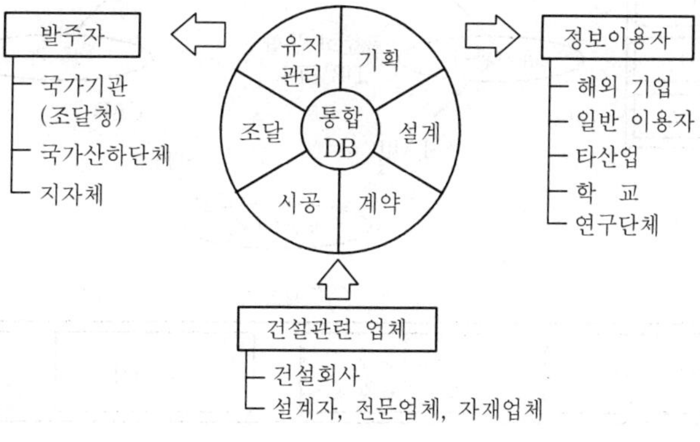

[CALS 통합방안]

(3) 대외 경쟁력 확보

1) 원가절감과 품질향상
2) 건설산업의 합리화와 과학화
3) 공기단축
4) 입찰과정의 투명성과 공정성 확보

3. CALS의 실행

(1) 발주자

1) On-line상의 발주
2) 발주문서와 정보의 표준화
3) 정보통신망에서의 현장설명
4) 전자화폐를 이용한 결재

(2) 설계 및 적산

1) 설계자료의 DB화
2) 설계작업의 표준화 유도
3) 설계변경사항 On-line상 수정
4) 부위별 적산제도

(3) 건설업체

1) 정보통신망에서의 입찰정보 입수
2) e-mail 입찰과 계약
3) 정보인력 양성

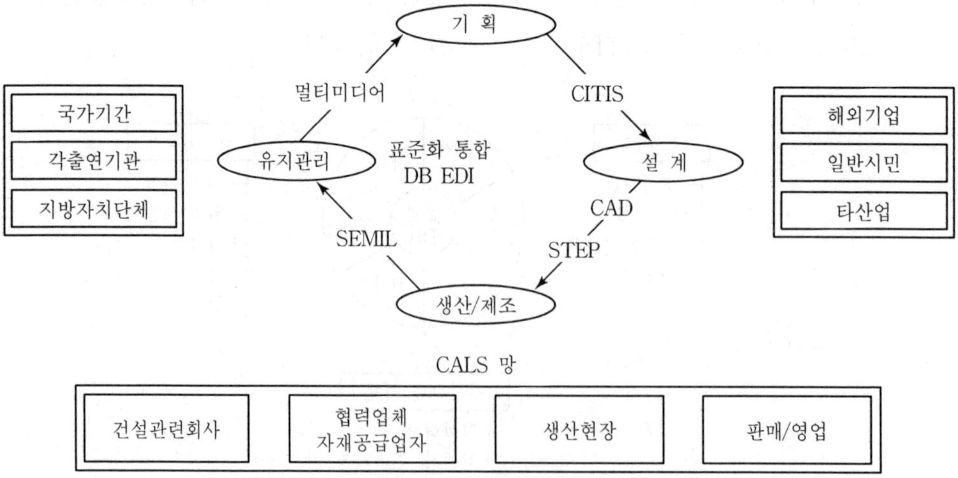

[CALS 통합방안]

4. 통합화 방안

(1) 기획단계

1) 사업 발굴단계
2) 타당성 조사와 이에 따른 사업범위 결정
3) 사업에 대한 조언과 목표 설정

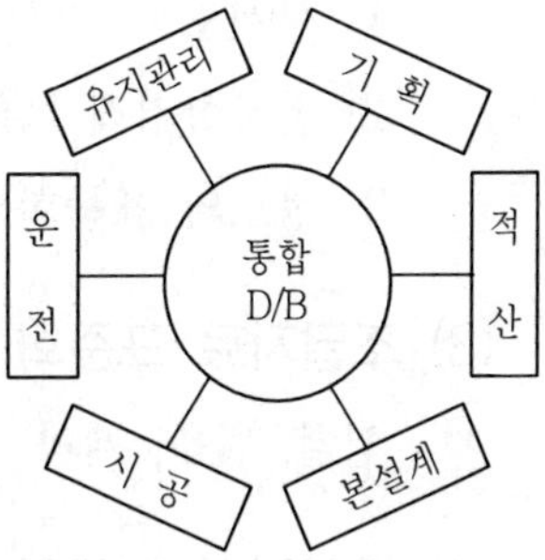

[통합화]

(2) 설계 및 적산단계

1) 발주자의 의도를 반영한 건물 기획 입안
2) Cost Planning 실시
3) 작업 표준화와 자료축적

(3) 발주단계

1) Risk를 고려하여 분할 발주
2) Turn Key 발주와 자금조달 BOO, BOT 방식

(4) 시공단계

1) CPM에 의한 공정관리 및 계획
2) TQC 적용
3) 공정별 작업진행상황 점검
4) 하도급업체 관리 및 조직관리
5) 예산집행과 기술관리-감리제도

(5) 유지관리

1) 시운전, 점검
2) 제세금과 공과금 등록관계

5. 구축방안

(1) 표준화된 전자교환 체제

1) 인·허가 업무 전산화
2) 관급자재 조달과 관리
3) 발주, 입찰, 계약업무

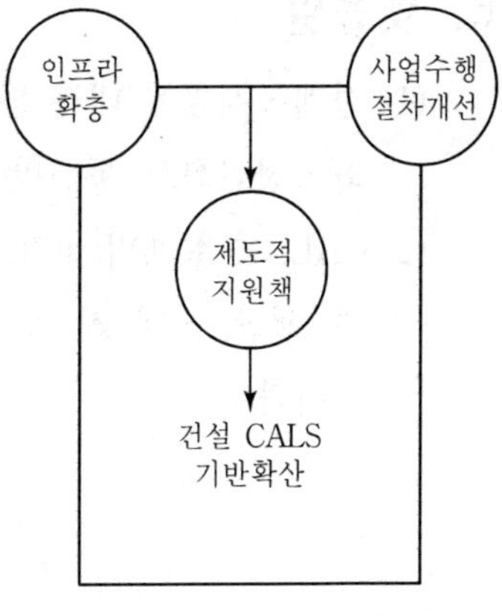

[건설 CALS 체계 운영]

(2) 정보의 전산화

1) 설계도서, 적산자료, 관련문서(도면, 시방서, 내역서, 계약서)
2) 전자상거래 B2B System
3) 정보의 표준화와 정보 인프라 구축

(3) 조달자료 표준화

입찰, 발주, 계약 자료

(4) 공사관리 표준화

국가 주요시설물 관리체계 구축

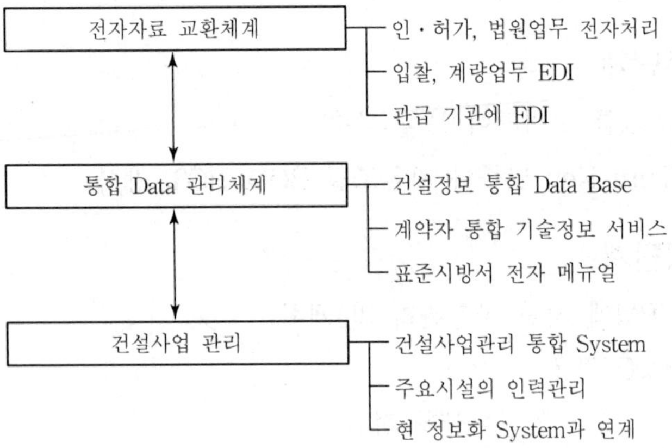

[건설 CALS 구축 System]

6. 맺음말

(1) 설계·시공에 대한 통합 정보구축은 서류 및 자료를 CD로 작성하고 업무의 표준화·전산화로 통신망을 통한 업무가 활성화되며,

(2) CALS는 설계비 절감, 품질향상, 조달기간 단축 면에서 건설업을 변화시켜 갈 것이며, 생산, 설계, 시공기술, 조달업무, Project 관리 등 전 분야에서 효율화가 가능할 것이다.

number 59 건설업의 ESG 경영

※'23

1. 개 요

ESG는 환경(Environment), 사회(Social), 지배구조(Governance)의 약자로, 기업 경영 활동을 환경 경영, 사회적 책임, 건전하고 투명한 지배구조에 초점을 둔 지속가능성(Sustainability)을 달성하기 위한 기업 경영의 3가지 핵심요소를 의미한다.

2. ESG 등장 배경과 핵심 내용

(1) 등장 배경

ESG의 개념을 포함하는 지속가능성에 대한 논의는 1987년 UNEP(유엔환경계획)와 WCED(세계환경개발위원회)가 공동으로 채택한 '우리 공동의 미래(Our Common Future)'(일명 브룬트란트 보고서)에서 제시됨

(2) 핵심 내용

1) 환경

기업의 경영활동 과정에서 발생하는 환경 영향 전반을 포괄하는 요소들이 포함되며, 최근 기후변화와 관련된 탄소중립, 재생에너지 사용 등이 중요한 요소로 부각

2) 사회

임직원, 고객, 협력회사, 지역사회 등 다양한 이해관계자에 대한 기업의 권리와 의무, 책임 등의 요소가 포함되고, 최근 인권, 안전·보건 등에 대한 중요성이 대두

3) 지배구조

회사의 경영진과 이사회, 주주 및 회사의 다양한 이해관계자의 권리와 책임에 대한 영역으로 이사회의 다양성, 임원 급여, 윤리경영 및 감사기구 등이 강조

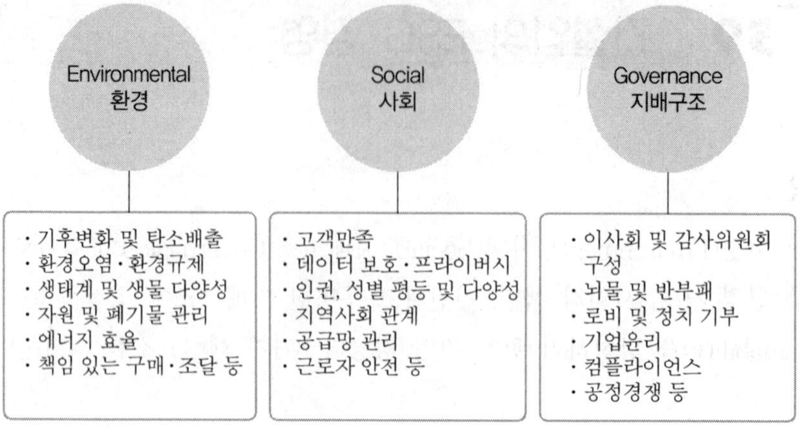

3. ESG 경영

(1) ESG 경영전략

ESG 관점에서 기업의 비전과 목표를 설정하고 목표를 달성하기 위한 전략이나 과제, 실행 체계를 구축하여 일관되게 추진하는 경영 전략

(2) ESG 정보공개

투자자관점에서 기업의 ESG 정보를 '지속가능경영보고서'에 효과적으로 반영하여 자본시장에 공시하는 것

	항목	지표	세부 내용
조직	ESG 대응	경영진의 역할	ESG 이슈의 파악/관리와 경영진의 역할
	ESG 평가	ESG 위험 및 기회	ESG 관련 위험 및 기회에 대한 평가
	이해관계자	이해관계자 참여	이해관계자의 ESG 프로세스 참여 방식
환경	온실가스 배출	직접 배출량	회사가 소유하고 관리하는 물리적 장치나 공장에서 대기 중으로 방출하는 온실가스 배출량
		간접 배출량	회사 소비용으로 매입 또는 획득한 전기, 냉난방 및 증기배출에 기인한 온실가스 배출량
		배출 집약도	활동, 생산 기타 조작별 미터법의 단위당 배출된 온실가스 배출량
	에너지 사용	직접 에너지 사용량	조직이 소유하거나 관리하는 주체의 에너지 소비량
		간접 에너지 사용량	판매제품의 사용 및 폐기처리 등 조직 밖에서 소비된 에너지 소비량
		에너지 사용 집약도	활동, 생산 기타 조직별 미터법의 단위당 필요한 에너지 소비량
	물 사용	물 사용 총량	조직의 물 사용 총량
	폐기물 배출	폐기물 배출 총량	매립, 재활용 등 처리 방법별로 폐기물의 총 중량
	법규위반 · 사고	환경 법규 위반·사고	환경 법규 위반·환경 관련 사고 건수 및 조지 내용
사회	임직원 현황	평등 및 다양성	성별·고용형태별 임직원 현황, 차별 관련 제재 건수 및 조치 내용
		신규 고용 및 이직	신규 고용 근로자 및 이직 근로자 현황
		청년인턴 채용	청년인턴 채용 현황 및 정규직 전환 비율
		육아휴직	육아휴직 사용 임직원 현황
	안전 · 본인	산업재해	업무상 사망, 부상 및 질병 건수 및 조치 내용
		제품안전	제품 리콜(수거, 파기, 횟, 시정조치 등) 건수 및 조치 내용
		표시·광고	표시·광고 규제 위한 건수 및 조치 내용
	정보보안	개인정보 보호	개인정보 보호 위한 건수 및 조치 내용
	공정경쟁	공정경쟁·시장지배적 지위 남용	내부거래·하도급거래·가맹사업·대리점거래 관련법규 위한 건수 및 조치 내용

[지속가능경영보고서 작성 공통지표]

4. 건설업에서의 ESG 대응 방안

(1) ESG 주요 내용 별 실행 방안 마련

1) 환경
   ① 에너지 절감, 재생에너지 사용
   ② 폐기물 처리 방안 마련
   ③ 환경관련 규제 대응

2) 사회
   ① 근로자 안전 시스템 구축
   ② 협력사 ESG 운영 지원(ESG 파트너십 및 관리 체계 구축)
   ③ 개인정보 보호 시스템 구축

3) 지배구조
   ① 중대 재해 관리
   ② 윤리경영 이행
   ③ 이사회 운영 합리화
   ④ 감사기구 전문성 확보

(2) 규제 대응

1) 조직 내 교육 및 관리시스템 구축
2) 노동, 인권 관리 개선 및 국내외 규제 대응 방안 마련

number 60 BPR, 경영혁신(Business Process Reengineering, BR/Business Reengineering)

※'02

1. 개 요

(1) BPR(Business Process Reengineering)은 치열해져가는 경영환경에서 경쟁우위를 확보하기 위해 업무처리방식의 재설계(Business Process Redesign)와 정보기술(Information Technology)을 결합해 획기적인 경영성과 지표상의 상승효과를 이룩하기 위한 경영혁신기법을 의미한다.

(2) 즉, '비용, 품질, 서비스, 속도와 같은 핵심적인 경영성과 지표들의 비약적인 향상을 이룩하기 위해 사업활동(Business Process)을 근본적으로 재고하고 급진적으로 재설계하는 것'(Michle Hammer)이며, 상황 및 추진배경에 따라 과정에 다소 차이가 있을 수 있다.

2. BPR의 목표와 효과

(1) 목 표

1) 프로세스 파악

BPR은 기업활동을 부가가치의 창조를 위한 프로세스로 파악하는 것이며 이 프로세스란 고객의 주문부터 인도까지 이익을 실현하는 데 핵심이 되는 활동들의 연결고리를 말한다.

2) 비효율성 제거

모든 조직 및 활동을 프로세스에 집중시키기 위해 불필요한 부분을 모두 제거, 기업의 효율을 극대화

3) 고객에 대한 서비스 지원 강화

고객들이 원하는 제품을 원하는 가격과 시간, 품질, 서비스로 제공

4) 프로세스 혁신

내부 또는 외부의 고객요구 사항을 접수하여 최종적으로 전달되는 일련의 과정을 하나의 프로세스로 설정하여, 경쟁사보다 월등한 성과를 내기 위해 프로세스를 획기적으로 혁신

5) 시간과 비용의 절감

(2) 효 과

1) 업무 효율성 향상을 통한 간접 비용 절감
2) 전략구매 활동을 통한 직접 조달 비용의 감축
3) E-Business 구축을 위한 전사적 정보 인프라 구축
4) 경영자의 신속한 의사결정 체계 구축에 따른 시장 대응력 향상

3. BPR 3대 요소

(1) 프로세스 관련 요소

1) 업무절차 간소화
2) 프로세스 표준화
3) Work Flow

(2) 기술 관련 요소

1) 정보기술
2) 업무기술
3) 프로젝트 관리기술

(3) 사람 관련 요소

1) 조직구성
2) 역할 분담
3) 규정과 습관
4) 인센티브
5) 교육/훈련

4. BPR의 8대 원칙

(1) 사업 목적의 이해

장기적인 전략에 집중, 고객 서비스를 강조, 시간에 기초한 관리를 활용

(2) 다른 산업으로부터의 교훈

Bench Marking 기법의 적극 활용과 다른 산업과의 유사성 파악

(3) 불필요한 업무 제거

1) 전체 프로세스 중 가치를 부가하는 활동 이외의 모든 활동은 제거하여야 한다.

2) Touch Time/Cycle Time 분석

(4) 낭비 제거, 품질 최우선

최초에 일을 제대로 처리하여 검사, 확인 활동의 비용을 제거

(5) 패러다임 제거

사고를 제약하는 것들로부터의 해방과 자유로운 사고

(6) 공격적 개선과 영역 확보

성숙화되는 활동들은 부가가치가 적으며 외부하청이 경제적이다.

(7) 작업자에게 권한 부여

산출을 기준으로 한 조직, 권한과 책임의 대응, 권한과 책임의 하부 이양

(8) 변화 관리

BPR의 가장 큰 적은 변화에 대한 조직의 저항

5. BPR에 대한 인식 전환

(1) 프로세스 중심 업무 파악

현업 업무를 부서중심에서 프로세스 중심으로 업무파악이 되어야 한다.

(2) 데이터 중심 개발

업무분석, 설계는 절차중심에서 데이터 중심으로 개발하여야 한다.

(3) 계획, 개발 시간 투자

개발시간의 구현보다는 업무분석, 설계에 더 많은 시간을 할애해야 한다.

(4) 거시적 관점에서 추진

미시적 변화보다는 거시적 변화에 더 관심을 가져야 한다.

(5) 신기술 개발, 도입, 습득

새로운 기술, 신기술 등을 최대한 이용하여 현업의 업무효율화와 개발의 생산성 향상을 위해 참여자 각자가 새로운 지식을 습득하여야 한다.

(6) 팀웍 중시

개인의 능력보다는 팀웍이 중요

(7) 정보화

BPR은 업무를 단순히 신속하게 하려는 것이 아니라 업무방법을 근본적으로 변화시키기 위해 정보기술을 사용한다.

6. 건설분야의 BPR

(1) 건설정보화 추진

BPR의 기본은 기존의 업무 방식을 정보화 환경에 맞도록 개선하는 활동이며, 건설 CALS 추진의 기본이다.

(2) 신기술, 신공법의 적극적 도입

(3) 정보의 호환 촉진

(4) 건설 생산 과정의 업무 체계 표준화

1) 공사관리 분야의 표준화
   품질관리(ISO), 원가관리(EVMS, VE), 안전관리(SE, SA) 등
2) 사업관리(CM화)
3) 자재, 공법의 표준화
4) 견적 기술의 표준화, 설계 표준화 등

(5) 입찰과 계약 관련 분야 개선

CALS에 의한 전자입찰, CITIS 체계와 연계

(6) 데이터 구축과 활용

7. BPR와 ERP, ISP, ITPR/E-Business

(1) ERP, 전사적 자원관리(全社的資源管理 ; Enterprise Resource Planning)

1) 기업활동을 위해 사용되는 기업 내의 모든 인적, 물적 자원을 효율적으로 관리하여 궁극적으로 기업의 경쟁력을 강화시켜 주는 역할을 하는 통합정보 시스템
2) 기업목적과 목표, 시장의 흐름과 영향요소, 경쟁성 분석 등 여러 가지의 분석 자료와 ERP 자료를 바탕으로 BPR이 이루어져야 한다.

(2) ISP(Information Strategy Planning)

조직/기관의 장래 상(像)을 달성하기 위하여 어떻게 효과적으로 정보기술을 연계하고 적용할 것인가에 대하여 전략 및 해결책을 찾고 실행계획을 수립해 나가는 일련의 과정

(3) ITPR(IT 업무 재설계)

BPR시 고려사항	e-비지니스
고객 중심	e-비즈니스에 대한 정확한 이해
유연한 프로세스	① 전략을 e-비즈니스 목적에 맞게 수정 ② 비전 수립시 12~18개월 앞을 보고 준비
중복된 업무제거	핵심 업무 프로세스를 인터넷 기술을 활용할 수 있도록 급진적 변화
역할과 책임을 명확히	BPR 프로젝트는 가급적 3개월 안에 종료
정확한 업무 정의	① BPR 프로젝트 추진시 문제가 발생하면 즉시 중단하고 다른 프로젝트를 실행 ② 고객, 공동체(Community)를 중심으로 업무를 재설계 ③ 무형의 제품, 서비스를 업무에 포함

number 61 스마트 건설과 스마트 건설기술

※'20, '22

1. 개 요

(1) 스마트 건설은 건설분야에 디지털 기술을 결합하여 생산성, 안전성을 꾀하는 건설 방식이다.

(2) 스마트 건설기술이 중심에 있으며, 스마트 건설기술은 단독적으로 활용 가능하지만, 서로 연계한 프로세스를 구축하고 정보를 공유함으로써 효율성을 극대화시킬 수 있다.

2. 디지털 4차 혁명 기술과 건설산업의 변화

(1) Value Chain의 디지털화와 통합

1) 건설사업 수행 주체 간의 협업 체계 강화

2) 동시적, 다각적 검증으로 최적 의사결정

3) 공사기간의 단축

(2) 상품과 서비스 제공의 디지털화

1) 정확한 수요 파악 및 예측에 의한 투자 효율성 제고

2) 건설 전과정에서 위험도 감소 및 안전 확보

3) 사용자의 만족도 증가

(3) 디지털 비즈니스 모델과 고객 연결성 강화

1) 수요자 요구를 반영한 건설상품 생산

2) 수요자 맞춤 서비스 제공

3) 생산 프로세스 투명화

3. 스마트 건설기술

(1) 개념

전통적인 건설기술에 4차 산업혁명 첨단기술을 융합한 건설기술

(2) 건설 패러다임의 변화

·2D설계 ·단계별 분절	⇨ ·3D설계 ·전단계 융합	·현장 생산 ·인력 의존	⇨ ·모듈화, 제조업화 ·자동화, 현장관제	·정보 단절 ·현장 방문 ·주관적	⇨ ·정보 피드백 ·원격제어 ·과학적

(3) 주요 스마트 건설기술

1) BIM(Building Information Modeling)

통합된 2D-3D 모델을 기반으로 생애주기별 모든 정보를 활용가능하도록 시설물의 형상, 속성 등을 정보로 표현한 디지털 모델링

2) 확장 현실(Extended Reality)

① 가상의 공간에서 정보를 교환하고 기능 활용(가상현실, Virtual Reality)

② 현실을 기반으로 가상이미지를 겹쳐 보여주는 기술(증강현실, Augmented Reality)

③ 현실공간에 가상데이터와 가상의 공간을 구성(복합현실, Mixed Reality)

3) 사물인터넷(IoT)

인터넷을 기반으로 모든 사물을 연결하여 상호 소통하는 지능형 기술과 서비스

4) 인공지능(AI)

컴퓨터 스스로 학습을 통해 추론, 지각, 자연언어의 이해 등을 프로그램으로 실현

5) 로보틱스(Robotics)

인간을 대신하여 다양한 업무수행이 가능한 기계(로봇)을 활용한 기술

6) 드론(Dron)

무선전파에 의해 비행 및 조종이 가능한 무인기를 활용한 기술

7) Mobile Interface

모바일 기기를 활용하여 on-site 인력을 대체하는 기술

8) Big data & analytics / Cloud

새로운 패턴분석, 발견을 위한 대량의 정보를 즉각적으로 분석하여 활용하는 기술

9) Mobile Interface

모바일 기기를 활용하여 on-site 인력을 대체하는 기술

10) 3D Laser scanning / 3D Printing

실제 사물을 스캔하여 물리적 관찰 결과를 정보로 변환, 처리하는 기술과 다양한 재료를 활용해 원하는 형태의 제품을 제작하는 기술

4. 스마트 건설기술의 필요성과 효과

(1) 필요성

1) 건설산업의 낮은 생산성 개선

① 건설은 디지털화와 생산성 증가율이 가장 낮은 산업

② 디지털화가 높은 산업이생산성 증가율도 높음

2) 고령화와 안전사고에 대응

① 현장 작업 인력의 고령화와 숙련 인력 감소

② 타 산업보다 높은 재해율

3) 환경문제

① 온실가스 저감 등 기후 변화 규제에 선제적 대응

② 건설 폐기물 저감 및 재활용 확대

4) 노후 시설물 증가에 따른 유지관리 및 안전관리 중요성 대두

① 30년 이상 노후 시설물 증가

② 재해 방지 및 수명 증가를 위한 체계적 관리 필요

(2) 효과

1) 원가절감

인건비, 자재비, 소요 경비 등 총 사업비 절감

2) 공기 절감

3) 품질향상 및 안전성 향상

BIM 설계, 공장 제작 및 로봇시공 등으로 현장 작업 감소

4) 리스크 감소

사업 안정성 증대, 투명성 강화

5) 정보 통합 구축 및 행정 업무 감소

5. 건설 단계별 적용 기술

	기획 · 설계		시공		유지관리	
적용 기술	Drone을 활용한 예정지 정보 수집	Big Data 활용 시설물 계획	Drone을 활용한 현장 모니터링	IoT 기반 현장안전관리	센서활용 예방적 유지관리	Drone을 활용한 시설물 모니터링
	VR 기반 대안검토	BIM 기반 설계자동화	장비 자동화& 로봇 시공	3D 프린터를 활용한 급속시공	AI 기반 시설물 운영	

출처 : 국토교통부, 스마트 건설기술 로드맵, 2018.10

(1) 기획, 설계단계

1) 정보 수집

빅데이터를 활용한 시장 수요, 소비자 요구 사항 조사

드론을 이용한 현장 정비 수집

2) 사업성 분석

인공지능에 의한 사업성, 리스크 분석

3) 최적 설계안 마련

BIM에 의한 설계 및 가상현실 기반 대안 검토

4) 실시간 견적

① 빅데이터를 이용한 최적 단가산정

② 가상현실 기반 사용자 요구 조건 반영

③ 인공지능 활용한 공정계획 수립

(2) 시공단계

1) 프리콘(Preconstruction)

시공 전 사전 시뮬레이션을 통해 문제점 확인 및 관리요소 예측

2) AWP(Advanced Work Packaging)

설계, 구매, 시공 및 시운전 등 전체 공정을 세분화하여 하나의 플랫폼으로 통합 관리

3) 드론 활용

실시간 공사진행 현황 파악 및 공사물량 집계, 현장 모니터링

4) 클라우드 활용

실시간 3D 정보 공유

5) 인공지능 로봇

실시간 공정관리 및 현장 자동화 시공

6) 사물인터넷(IoT)

스마트 안전관리를 통한 재해 예방

7) 3D 프린팅 시공

(3) 유지관리단계

1) Embed Sensor

① 저출력 센서를 활용한 공간, 환경정보 수집

② 시설물 실시간 이상 유무 파악

2) 드론 활용 모니터링

3) 인공지능 활용한 최적 유지관리

4) 하자분석시스템(ARDA)

6. 스마트 건설의 미래 방향

(1) 사람, 제품, 서비스 및 프로세스의 초연결

1) Digital Twin 및 Intelligently Connecting

2) 생산 주체를 잇는 협업과 통합의 도구이며 플랫폼

(2) 건설산업 혁신

1) 디지털화, 건설 자동화, 모듈화로 건설산업 생산성 향상

2) 설계, 시공관리, 유지관리 등의 정보화

(3) 시설물 안전관리 및 재난 예방 시스템

교량, 도로, 건축물 등에 대한 체계적이며 통합된 시설물 관리 시스템

(4) 스마트 빌딩, 스마트 시티 건설

1) 정보, 기술이 통합된 스마트 & 제로 에너지 빌딩

2) 스마트 건설기술이 접목된 지속가능한 신개념 도시 구현

number 62 U 건설(Ubiquitous 건설)

1. 개 요

(1) '유비쿼터스'란 '언제 어디에나 존재한다'는 라틴어에서 유래되어 공간과 시간적 제한 없이 자유롭게 컴퓨터나 네트워크를 사용할 수 있는 환경을 의미한다.

(2) 유비쿼터스 환경은 컴퓨터, 네트워크, 인간의 3요소가 조화되어 인간과 인간, 인간과 사물, 사물과 사물이 연결되며 사물이 자동으로 작동하는 환경이라 할 수 있다.

2. U 건설(Ubiquitous 건설)

(1) 유비쿼터스 건설은 유비쿼터스 기술과 건설산업이 접목되어 새로이 등장한 건설 유형, 서비스, 기술 등을 의미한다.

(2) 유비쿼터스 건설의 구분

1) 건설생산관리로서의 u-건설

건설산업의 생산과정 및 기술에 적용되어 건설 생산성을 향상시키는 분야

2) Hardware(제품)으로서의 u-건설

기존의 건설 상품에 유비쿼터스 기술이 적용되어 새로운 부가가치가 창출된 분야

건설생산관리로서의 u-건설	Hardware(제품)으로서의 u-건설
생산과정의 효율을 향상시키기 위해 유비쿼터스 기술을 접목시킨 건설 기술 및 프로세스	유비쿼터스 기술이 건설분야에 적용되어 새로운 유형의 제품 등장
RFID, 모바일 기기 등을 이용한 건설 현장의 관리 도구들	u-Home, 스마트빌딩, u-City 등
건설회사, 건설 전문가, 연구인력	개인, 기업, 공공기관
생산과정 개선을 통한 건설산업 경쟁력 제고	제품 개발을 통한 수익 창출

3. U 건설 활용 분야

(1) 생산관리자로서의 u-건설

1) 인력 및 자재 관리(ERP 구축)

① 근로자 이력 관리

② 공정별 투입 인력 D/B 구축

③ 주요 자재 출입고관리, 재고관리, 물류관리

④ 적시 조달 지원(Just in Time)

2) 현장 공사관리 분야

① 공정관리 : 진도관리

② 품질관리 : 불량 파악 및 제거

③ 유지관리

④ 문서관리 : 서류, 도면, 설계 변경 등

구분	활용 업무
물류 분야	물류관리, 운송관리, 수화물 관리, 전자적 자원관리(ERP), Just in Time
산업 분야	공정관리, 재고관리, SCM 등
공공 분야	도서관리, 주차관리, 시설물관리, 교통요금 결제, 유통관리 등
금융 분야	전자화폐, 전자티켓, 전자결제 System 등
의료 분야	환자관리, 병원물품관리, 약재관리, 신생아관리, 의료폐기물관리 등
농수산물유통	농축산물 이력추적관리 등
기타 분야	도난방지, 애완견이나 가축관리, 출입통제 등

[RFID 활용 분야]

* RFID(Radio Frequency Identification)
  사물에 부착된 전자 태그의 주파수를 통해 사물 및 환경의 정보를 실시간으로 수집 처리하는 기술
* USN(Ubiquitous Sensor Network)은 RFID와 같은 태그 및 센서를 통해 수집된 정보를 무선으로 수집하고 활용할 수 있도록 구성된 네트워크

3) BIM과 가상건설

① 건설전과정의 모델링 가능

② 3D, 4D, 5D에 의한 분석 및 예측

(2) Hardware로서의 u-건설

1) Home Network

LAN 기반 초고속 인터넷과 무선 네트워크를 사용하는 환경에서 원격으로 집안 내의 전자기기 및 환경을 제어(조명, 난방, TV, 원격 검침, 무선 홈네트워크)

2) Ubiquitous Home(U-Home)

유비쿼터스 환경이 구현된 유비쿼터스 네트워킹 기술을 이용하여 홈네크워크 시스템 등 첨단 기술이 연계된 인간 중심적 미래 지향형 주택

3) U-B/D(지능형 빌딩)

초기 단계의 인테리전트 빌딩을 넘어 중앙컴퓨터 시스템에 의해 통제되는 건물자동화, 사무자동화, 정보통신 기능이 완벽하게 조화된 지능형 빌딩으로 변화

4) U-Eco City

도시의 경쟁력과 삶의 질 향상을 위하여 유비쿼터스 도시기술을 활용하여 건설된 도시기반시설 등을 통하여 언제 어디서나 유비쿼터스 도시서비스를 제공하는 친환경 정보도시

number 63 BIM(B/D Information Modeling)

※'08, '11

1. 개 요

BIM은 건물의 전 생애주기에 있어 모든 정보를 생산, 관리, 반영하여 신속하고 경제적이며 고품질을 가능케 하는 통합도구이다.

(1) 정의

1) BIM이란 시설의 물리적이고 기능적인 특성의 계산 가능한 재현방식이며, 사업적 부가가치 창출을 위한 산업계 표준적인 프로젝트 및 생애주기 정보이다.(미국 Facility Information Council)

2) 통합된 2D-3D 모델 기반의 기술을 사용한 정보의 사용, 재사용 및 교환으로서, 하나로 구성된 전자 문서이다.(AIA)

2. 적용기술과 개선 효과

(1) 적용기술

1) 3차원 기반의 공간 표현 기술

2) Object 기반의 재사용 기술

3) Parametric 기반의 정보처리 기술

(2) 개선 효과

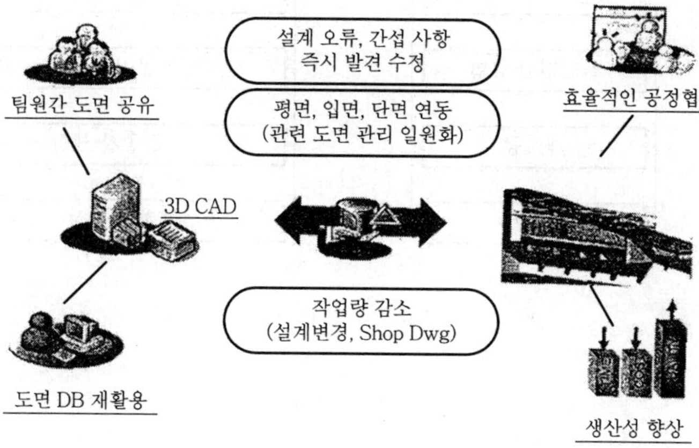

3. BIM의 적용 효과와 활용방안

(1) 적용 효과

1) 적용성

① 건축설계 및 시공의 정밀도 향상

② 3차원설계를 활용한 업무협의 진행으로 시공자와 협력업체간 의사소통개선 및 업무 협력 향상

③ 공정 간섭 최소화, 최적 시공순서, 작업대기 및 지연 최소화

④ 정확한 의사 결정 지원

2) 비용 및 공기의 절감

① 시설관리비 절감

② 정보 재사용으로 인한 비용 절감

③ 대안설계와 분석에 많은 시간 투자 가능

3) 리스크 관리

자금관리의 효율성으로 위험 감소

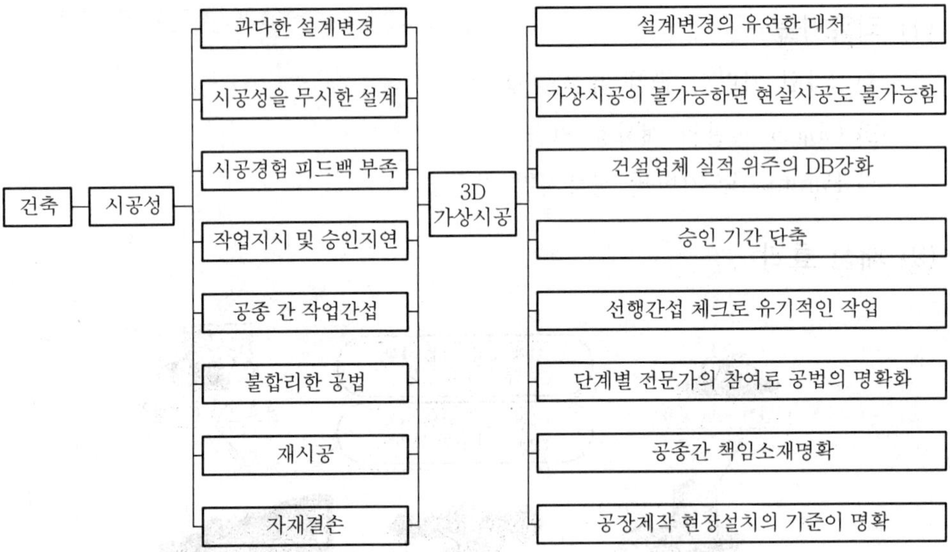

(2) 활용방안

구분	활용방안
기획단계	임대/분양 표준 평면(Unit)을 3차원으로 설계하여 다양한 계획안 도출
설계단계	• 복잡한 2D 도면보다 이해하기 쉽고 비주얼한 3D 도면을 활용함으로써 업무의 편의성 증대 • 2D 도면의 설계오류를 3D 도면을 활용하여 시공 전에 수정·보완 → 최적의 시공 준비
시공단계	• BIM을 활용하여 업무협의를 함으로써 현장의 시공 담당자와 협력 업체 기술자 간 원활한 의사소통 및 협업 능력 배가 • BIM을 활용하여 시공상 문제점을 사전에 체크하고, 공정간 간섭사항을 체크함으로써 재시공 방지 및 작업대기 및 지연시간 최소화 • BIM을 활용함으로써 모형제작에 들어가는 시간과 비용을 크게 절감할 수 있음
모델하우스	3차원 사이버 모델하우스(애니메이션)을 구축하여 직접 모델하우스를 방문하지 않고 웹상에서도 모델하우스의 평형별 구조, 인테리어 및 마감재 등을 보여줄 수 있어 다수 고객의 홍보 가능

number 64 건설분야 BIM(Building Information Modeling)의 적용

※'16

1. 개 요

BIM(Building Information Modeling, 가상현실 시뮬레이션 기법) 공법은 실제 공사 전 계획, 설계, 시공, 유지관리까지 전 공정에 걸쳐 사전 시뮬레이션을 실행하여 변수들을 사전예측하고 잠재적 위험요소를 제거하여 작업의 효율성 및 안전성을 향상시키는 기술이다.

2. 적용 분야

(1) 설계 단계(BIM 3D)

3D를 이용한 BIM으로 구조물에 관련된 모든 정보를 통합적으로 담고 있는 3차원의 도면을 이용해 작업과정에서 생길 수 있는 오류를 최소화하고 설계 변경에 따른 시간을 줄일 수 있다.

1) BIM 코디네이션

BIM 설계를 실시하기 이전에 조직 구성 및 업무환경을 우선으로 구축하여 협업분야간 업무 범위를 조율하고 BIM 작업방법 및 기준 제시

2) 시공성의 향상을 위한 최적화 설계

3) 설계과정에서의 오류 및 간섭 사전 확인

건축/전기/기계/통신분야의 구조 및 설비 등의 간섭을 사전 확인

4) 정확한 VE(Value Engineering)의 기초 자료 제공

5) SHOP 도면 지원

SHOP 도면 작성 지원을 위한 BIM 모델을 활용하여 평면, 입면, 단면 등 상세 도면을 2D(.DWG)로 추출

6) 디지털 Mock-Up

세부사항들에 대한 부분의 시공 이해도를 높이기 위한 디지털 Mock-Up

7) 모델링 작성에 대한 자동화

다양한 설계상황에 적용할 수 있는 Knowledge Template을 통하여 모델링 작성에 대한 자동화 제공

8) 수량과 공사비를 자동으로 산출

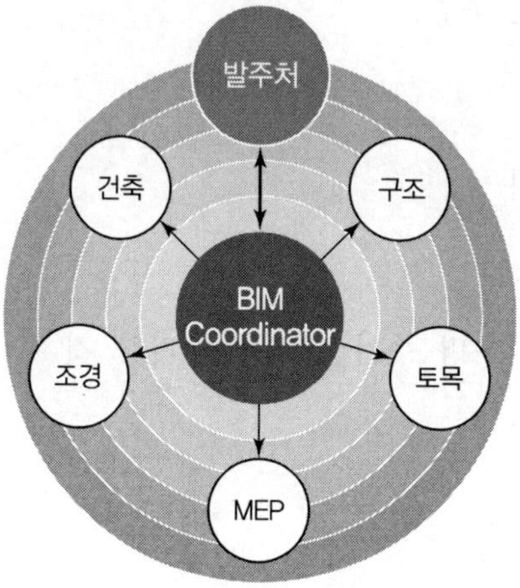

[BIM 코디네이션]

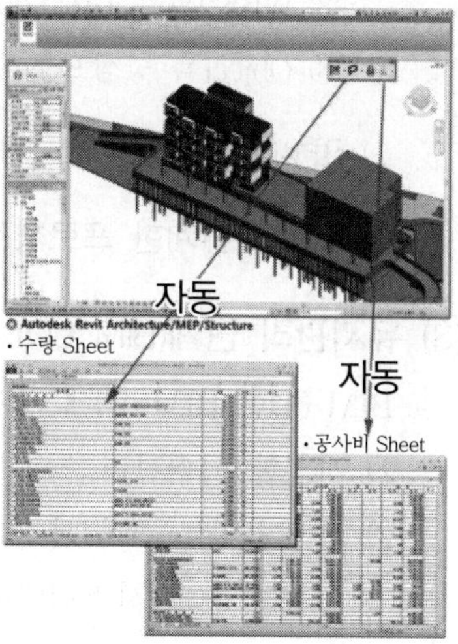

[자동 적산 및 견적]

9) 시공지원 및 제작연계

BIM 모델을 통한 시공좌표 추출, 가공도 제작을 하여 현장 작업자들이 원활한 시공과 제작을 할 수 있도록 지원

10) 설계 데이터 구축

(2) 시공 단계(BIM 5D)

CAD를 기반으로 한 3D Modeling BIM에 Time(공정)이 결합되면 4D BIM이 되고, 4D BIM에 Cost(비용)까지 추가되면 5D BIM이 구축되어 공정이 진행됨과 함께 건설활동 및 관련된 비용의 진행 상황을 실시간으로 확인할 수 있다.

1) 공정 관리

① 설계 도서의 오류와 공정 마찰 요인을 사전 분석

② 공사 구간별로 필요한 자재와 인력투입현황, 공정률 등이 시각화되어 영상으로 표현되며, 공기 지연 정도와 원인 등을 분석

2) 비용 관리

공정률에 따른 투입 비용을 실시간으로 분석하여 비용의 효율적 집행 가능

3) 공정과 비용의 통합관리(EVM)

① BIM 기반의 공정과 비용의 정보관리 시스템

② WBS(Work Breakdown Structure)와 CBS(Cost Breakdown Structure) 통합

③ Object를 중심으로 한 정보 구조

4) BPR(업무 프로세스 재설계)

5) ERP와 연계한 프로젝트 관리

(3) 유지관리 단계(BIM 6D)

BIM 6D는 BIM 5D에 구조물의 수명 주기 관리를 추가한 것

1) 시설물 이력관리

2) 보수·보강 주기 관리

3) 시설물 관리 시스템(FMS) 구축

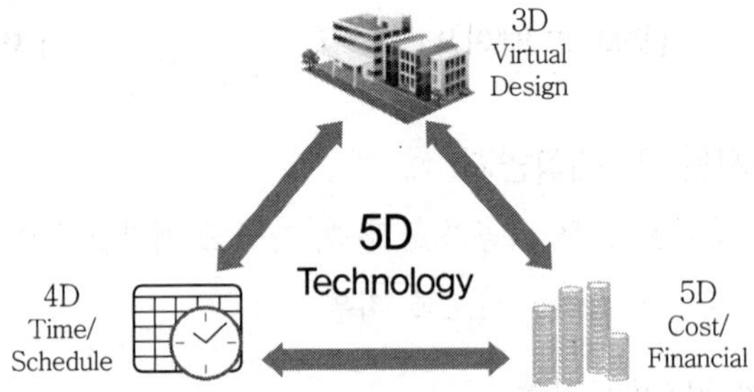

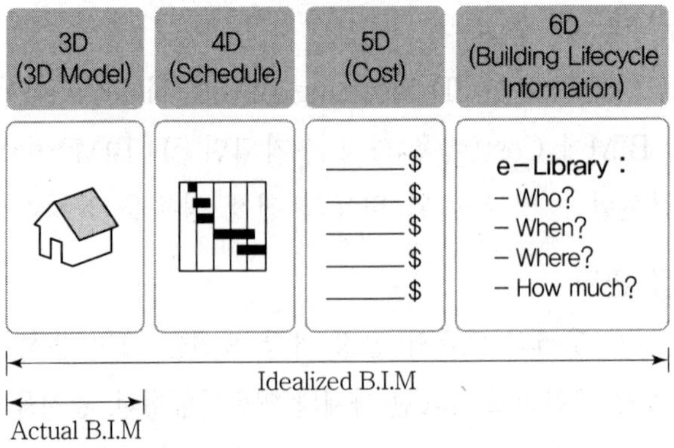

number 65 3D 프린팅 건축

※'15

1. 개 요

(1) 3D 프린터는 설계 데이터에 따라 액체·파우더 형태의 폴리머(수지), 콘크리트, 금속 등의 재료를 가공·적층 방식(Laye-by-layer)으로 쌓아올려 입체물을 제조하는 장비이다.

(2) 3D 프린팅 건축은 건축물을 구성하는 기본 재료인 콘크리트를 압출, 적층하여 구조체를 완성하는 건축기술로 공사기간 및 비용을 절감할 수 있는 획기적 신기술로 주목받고 있다.

2. 특징

(1) 인건비, 자재비용, 공사기간을 감축

(2) 거푸집 등 불필요

(3) 폐기물 저감, 운송 작업 감소

(4) 시공이 어려운 돔이나 아치형 예술 건축이 용이

(5) 새롭고, 복잡한 입체적 형태도 가능

(6) 공업화 건축 촉진

3. 3D 건축 현황

(1) 네덜란드

두스 아키텍츠는 Kamer Maker라는 3D 프린터를 개발, 건축부재를 출력하여 조립

(2) 중국

1) 원선

① 프린팅 업체인 원선은 장쑤성에서 6일만에 5층 아파트 출력 완성

② 1만 m^2의 본사 건물을 30일만에 출력 완성

2) 잉추앙 신소재주식회사

4대의 3D 프린터로 제작된 구조물을 조립해 하루만에 300m^{3}의 집 10채를 건설

3) 미국 캘리포니아 대학 베록코쉬네비스 교수

컨투어크래프팅이라는 3D 프린터 개발

4. 한계점과 발전 방향

(1) 한계점

1) 강도 및 내구성 저하

① 내부에 철근 배근이 어렵고 콘크리트 주입만으로 구조물이 완성됨

② 철근 없이 재료를 쌓으면서 생긴 층층 간의 미세틈이 내구성을 약화시킴

2) 고층화 제약 요소

① 주입하여 적층 구조물을 만들기 위해 거대한 크기의 3D 프린터가 필요함

② 고층화를 위해서는 부재를 각각 출력하여 조립하는 방식을 사용함

③ 부재 간의 일체성이 떨어지고 고층화가 어려움

3) 외관 저하

거푸집 없이 출력된 건축물이 형상을 유지하려면 레미콘이 흘러내림 없이 곧바로 안정적인 형태를 갖춰야 하므로 외관이 울퉁불퉁해짐

(2) 발전 방향

1) 맞춤형 건축

자신이 원하는 건물을 설계도대로 주문·제작하는 DIY(DO it Yourself) 건축의 시대

2) 합리적인 가격으로 살다가 버리는 집, 즉 처분할 수 있는 주택(Disposable Housing) 시장이 예견(이케아의 비즈니스 모델같은 주택유통업체의 탄생 가능)

3) 기존 건설에 대한 패러다임의 혁신적 변화(건설산업 혁명 촉진), 새로운 건설 기술과 방법, 시장 변화에 대한 선제적 대처 필요(집은 짓는 것이 아니라 출력하는 것이 될 수 있음)

number 66 건설공해의 종류와 대책

※'91, '94, '95, '97, '98, '99, '00, '06

1. 개 요

(1) 건설공해란 건설공사로 인해 주변 생활환경에 피해를 주는 것으로 주변지반침하 및 구조물 피해, 소음, 진동, 분진, 일조건 침해 등이 있다.

(2) 건설공해의 종류별 형태로는 지하굴착 공사시 주변 지반침하, 소음, 진동과 지상공사시 철골세우기시 소음, 진동, 구조체 공사시 소음, 비산, 분진, 전파방해 등을 들 수 있다.

(3) 건설 공해를 줄이기 위해서는 현장의 충분한 사전조사와 안전한 굴착공법 선정, 주변소음, 진동 Cover 설치, 비산·분진대칙을 세워야 하며, 민원발생시에 주민과 충분한 협의를 통해 해결해야 한다.

2. 건설공해의 종류별 발생원인

(1) 건축물 시공시 발생되는 공해

1) 지하굴착시

① 주변지반 및 구조물 피해

② 지하수 고갈

③ 잔토처리시 비산분진

2) 기초공사시 : 소음, 진동

3) 구조체 공사시 : 소음, 비산, 분진

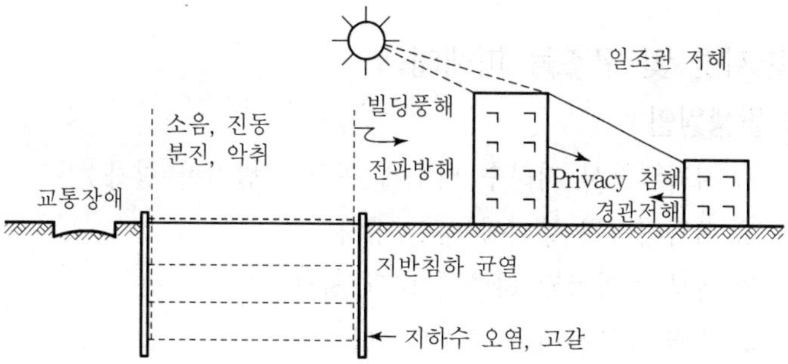

(2) 시설물 설치로 발생되는 공해

1) 일조권 침해, 안면방해

2) 전파방해

3) 건물풍해, 불안감
4) c/w의 반사로 인한 눈부심
5) 조명으로 인한 빛 공해(야간)

(3) 주변 이용상 발생되는 공해

1) 교통장애
2) 대기오염
3) 수질오염

(4) 폐기물 발생으로 인한 공해

1) 일반 폐기물 발생
2) 지정 폐기물 발생
3) 사업상 폐기물 발생

3. 건설공해의 종류별 원인과 방지대책

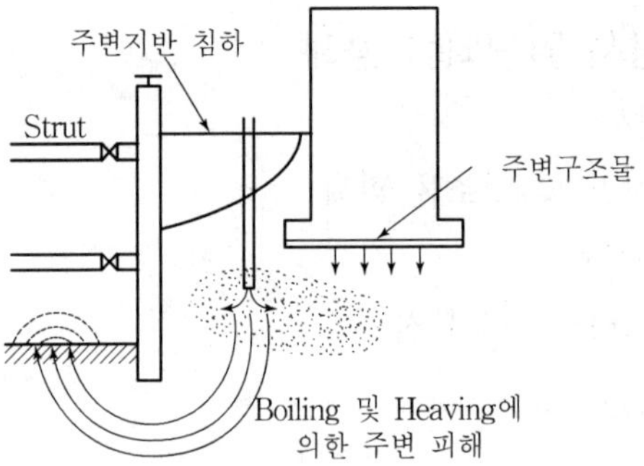

[굴착시 피해]

(1) 주변지반 및 구조물 피해대책

1) 발생원인
① 지하굴착시 지하수 배수에 의한 주변지반 침하
② 흙막이벽체 붕괴에 의한 침하
③ 상부 작업차량 하중에 의한 침하
④ 주변 구조물의 침하 및 균열

2) 방지대책
① 주변지반 및 구조물의 충분한 조사
② 강성이 있고, 차수성이 있는 흙막이벽 설치

③ 인접 구조물 침하방지를 위한 Under Pinning 공법
④ 계측관리 실시

(2) 소음, 진동 방지대책

1) 발생원인

① 지하굴착시 : 굴삭기 소음, 잔토운반 트럭 소음
② 기초지정 공사시 : 기초 Pile 항타시 소음
③ 콘크리트 타설공사시 : 펌프카 소음과 레미콘 트럭 소음
④ 철골세우기 및 조립시 : 이동식 크레인 소음, 부재 접합시 소음
⑤ 기타 공사용 차량소음 : 자재운반 차량, 철근 운반차량

[생활 소음 규제 기준]

[단위 : dB(A)]

대상지역	소음원	아침, 저녁 (05:00~07:00, 18:00~22:00)	주간 (07:00~18:00)	야간 (22:00~05:00)
주거지역, 녹지지역, 취락지구, 자연환경보전지역, 그 밖의 지역에 있는 학교·병원·공공도서관	공사장	60 이하	65 이하	50 이하
그 밖의 지역	공사장	65 이하	70 이하	50 이하

[생활 진동 규제 기준]

[단위 : dB(V)]

대상지역	주간 (06 : 00~22 : 00)	야간 (22 : 00~06 : 00)
주거지역, 녹지지역 취락지구, 자연환경보전지역, 그 밖의 지역에 있는 학교·병원·공공기관	65 이하	60 이하
그 밖의 지역	70 이하	65 이하

2) 방지대책

① 소음시간대에 따른 작업시간 조정

② 소음방지시설

③ 무소음, 무진동 공법채택

(3) 비산, 분진, 폐기물, 공해대책

1) 발생원인

① 건축물 해체공사시

㉠ 비산, 분진, 먼지, 해체파편에 의한 피해

㉡ 해체물 운반처리시

② 굴착공사시

㉠ 잔토 운반시 비산

㉡ 주변도로 피해

③ 구조체 공사시

㉠ 거푸집 설치 및 해체시 분진, 먼지

㉡ 해체시 폐기물

㉢ 콘크리트 비산, 덩어리

㉣ 용접불꽃, 비산

④ 마감공사시 : 폐목, Asphalt 찌꺼기, Paint 비산

2) 방지대책

① 구조물 해체공사시 : 방진커버, 비산먼지 Cover 설치

② 굴착공사시 : 세륜장 설치, 잔토운반 트럭덮개 설치

③ 구조체 공사시 : 건식공법, PC화

④ 주변도로 : 살수설비

(4) 주변 교통장애 대책

1) 공사용 차량의 일시 집중 방지

2) 도시 대형차량 진입금지

3) 구조체 공사시 : 건식공법, PC화

4) 주변도로 파손, 매연가스

(5) 일조권, 시야 및 전파방해

1) 발생원인

① 주변건물보다 더 높은 건물 축조 때

② 주변 건물과의 인동거리 미확보

③ 조망방해

2) 방지대책

① 고층건물 축조 전 주민과의 협조

② 충분한 대지면적 확보

③ 전파 수신안테나 설치

4. 건설공해의 문제점과 대책방안

(1) 문제점

1) 주변 여건 조사 미흡

2) 주변 주민과의 사전협조 미흡

3) 재래 건설공법의 문제

4) 안전성 확보 미흡

(2) 대책방안

1) 충분한 사전조사

2) 건식공법 개발

3) 정보화 시공을 통한 사전 예측과 대응책 마련

4) 무소음, 무진동 공법 적용

5. 맺음말

(1) 건설현장의 공해는 주위에 미치는 피해가 막대하므로 세심한 주의가 요구되나 소음이나 진동을 완전히 근절시키는 것은 어렵다.

(2) 이러한 문제점들을 해결하기 위해서는 상대방과의 충분한 협의와 이해를 구하고, 사전조사를 통하여 적절한 계획을 수립하고 관리하며 가장 적합한 공법을 채택해야 한다.

number 67 도심지 공사에서의 환경공해 대책

※'00, '07, '09

1. 개 요

(1) 도심 내에서의 건축은 대형화, 고층화되고 건물들이 밀집되어 근접 시공되기에 공사가 복잡하고, 주변환경에 끼치는 영향도 많아지게 된다.

(2) 쾌적한 도시환경에 대한 관심이 높아지면서 공해발생 방지가 중요한 문제로 대두되고 있으며, 건설공사에서 환경 친화적 건축물을 완성하려면 설계단계부터 충분한 사전조사와 공법선정, 공해대책을 마련하고 시공을 하여야 할 것이다.

2. 환경공해의 종류

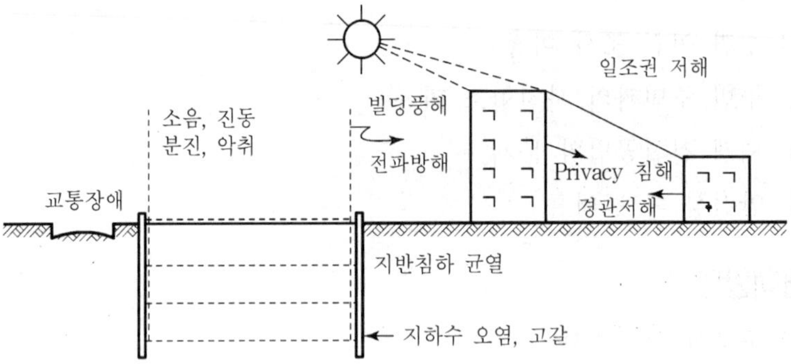

3. 환경공해 대책

(1) 사전 검토사항

1) 환경영향 평가

① 도심에서 일정 규모 이상의 건축물을 건축할 경우

② 도심 환경과 교통에 미치는 영향을 미리 평가

③ 건축물의 타당성 조사

2) 사전 환경성 평가

3) 환경관리 계획서의 작성과 시행

(2) 설계시 대책

1) 환경 친화적 건축 추구

① 자원 재활용이 가능하고, 폐기물 발생이 적은 재료 선정

② 주변 환경과의 조화 고려

2) 저소음, 저진동 공법 채택

3) 구조검토

구조계산서를 검토하여 공해발생이 적은 공법 선정

4) 법규 검토

일조권, 조망권에 대한 해석과 보호

(3) 시공 전 대책

1) 유해 위험방지 계획수립과 시행

2) 공사개시 전 주민에게 공사내용 공고

3) 협력업체 선정 : 전문 기술력과 시공경험이 풍부한 업체를 선정한다.

4) 환경관리비의 집행

(4) 공종별 시공시 대책

1) 해체공사

① 해체소음과 진동 : 소음 차단벽 설치

② 비산먼지의 해체 파편 : 방진막 설치

2) 토공사

① 충분한 구조검토와 정보화 시공

② 인근 구조물에 대한 Under Pinning 실시

③ 지하수압 및 부력에 대한 사전검토

④ 굴착시 비산먼지 대책 : 세륜시설과 방진막 설치

⑤ 암파쇄나 장비소음 : 공법의 변경, 저소음장비

3) 구체공사

① 거푸집 제작 설치, 해체시 분진과 소음 : System Form 활용

② Pump Car의 소음과 교통장애 – 교통 정리원 배치, 혼잡시간과 야간에는 타설 자제, 건식공법 추구

③ 용접불꽃 비산 : 차단막 설치

4) 마감공사

① Spray 도장작업시 비산 : 방진차단막 설치

② 자재의 낙하와 비래 : 낙하물 방지망 설치

③ 주간작업과 야간작업 등 작업시간대를 적정 배분하여 소음, 분진, 교통장애를 최소화한다.

(5) 교통대책

1) 도로변 자재적재 행위 등을 금지

2) 적시 생산 시스템 활용 : 운반차량은 여유시간대 이용

3) 이동식 크레인에 의한 도로 점유 : 혼잡시간을 피하고, 신속히 작업 완료

4) 보도블럭 등 도로의 파손으로 인한 통행불편 : 신속히 복구

5) 레미콘 차량이나 펌프카 : 교통정리원을 배치하고, 최대한 지장이 없도록 한다.

(6) 폐기물 처리

1) 폐기물 반출차량은 반드시 덮개를 덮고 운행

2) 폐기 처분할 것과 재활용할 것을 구분하여 수집

① 토공사 잔토처리 : 사토장으로 반출

② 안정액, 폐유 등 발생 : 수집하여 산업폐기물로 처리

③ 폐목재 : 톱밥, 합판재 등으로 재사용

④ 폐 CON'c, 폐벽돌, 폐아스콘 등 : 수집하여 재활용 및 폐기처리

⑤ 폐비밀이나 내장재의 잔재, 자재포장재 : 수집하여 폐기처리

⑥ 음식물 등의 쓰레기 : 악취가 발생하지 않도록 처리

(7) 간접공해 대책

1) 전파장해

소형 수신안테나 설치, 증폭기 설치

2) 안면방해

차단막 설치

3) 불안의식

신뢰있는 시공, 안전시공에 대해 주민에게 설명

(8) 주민과의 협의체 구성

1) 주민과의 지속적인 대화와 공사사항 안내

2) 신뢰감 형성으로 협조 유도

3) 주민의견 적극 수렴

4. 맺음말

(1) 도심공사에서는 대규모 고층의 구조물을 근접 시공하기 때문에 주민들의 민원발생은 물론 재산상의 피해를 끼쳐 사회문제로 비화되기가 쉽다.

(2) 공사계획시부터 환경과 교통에 대한 영향평가를 실시하고, 공해의 발생을 억제하는 공법의 선정과 함께 공사진행시 환경관리 상태를 수시로 점검하여 쾌적한 주변환경유지를 위해 힘써야 할 것이다.

number 68 건설 폐기물과 재활용

※'95, '96, '98, '99, '00, '04, '07, '09, '10, '12

1. 개 요

(1) 건설 폐기물이란 건축, 토목 및 해체공사시에 배출되는 불요물로서 재개발, 재건축 등의 활성화로 폐기물처리가 사회문제화되고 있는 실정이다.

(2) 건설 폐기물의 종류에는 건설 폐기물인 폐콘크리트, 폐목재, 거푸집 조각, 철근 조각, 마감재 조각, 토사, 자재 포장재와 지정폐기물인 폐유, 암면, 석면, 페인트, 일반 폐기물인 음식물 쓰레기, 폐가구 및 폐가전제품 등이 있다.

(3) 건설 폐기물 중 완전 폐기물은 처리업자에게 위탁처리하고 재활용 폐기물은 직접 이용하거나 파쇄하여 재생 이용해야 한다.

2. 건설 폐기물 종류

(1) 건설 폐기물

1) 건설 폐재류

토사, 폐콘크리트, 폐아스팔트, 폐벽돌, 타일, 목재, 거푸집, 합성수지, 스티로폼 등

2) 철재 및 종이류

철근, 전선, 포장재, 벽지, 폐유리 등

(2) 지정 폐기물

폐유, 암면, 석면, 페인트류

(3) 일반 폐기물

음식물 쓰레기, TV, 냉장고 등

3. 건설현장의 폐기물 발생 요인

(1) 해체공사시 : 폐콘크리트, 벽돌, 철근, 목재, 유리, 창호

(2) 토공사시 : 잔토, 폐안정액, 파쇄암, 파일 두부정리재

(3) 구체공사시 : 목재, 합판, 철근토막, 콘크리트 찌꺼기

(4) 마감공사 : 자재포장재, 벽돌, 금속류, 플라스틱재, 유리

(5) 설비 및 전기공사 : 전선, 배관류, 암면

(6) 가설사무실 및 식당 : 음식물, 종이류

4. 폐기물 재활용 방안

(1) 폐기물 처리 Flow

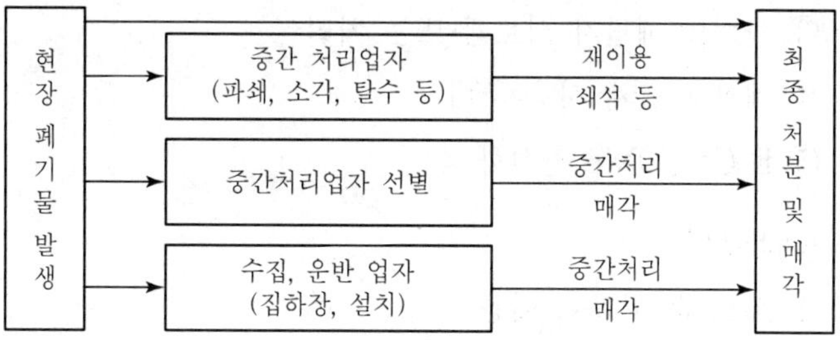

(2) 폐기물 처리방법

1) 정리, 수집

① 폐기물과 재사용재 구분 정리

② 압축, 파쇄, 소각으로 분리

2) 처리방법

① 재활용재 : 보관 및 매각

② 완전 폐기물 : 자체 및 위탁처리

③ 적재방법 : 장내 및 장외 반출

3) 위탁처리시 유의사항

① 폐기처리업 허가 유무 확인

② 처리장 확보 유무 확인

4) 재이용 방법

① 부재해체물

㉠ 직접 이용형 : 폐콘크리트, 벽돌, 토사, 파쇄암 조각

㉡ 가공 이용형 : 철재, 유리

② 파쇄해체물

㉠ 재생이용형 : 플라스틱

㉡ 환원형 : 종이, 목재

(3) 폐기물 종류별 재활용방안

1) 폐콘크리트류

① 콘크리트 쇄석 : 노반재로 이용

② 철 근 : 고철로 재사용

③ 잔 사 : 매립지 성토재 또는 처리

④ 재활용 골재 사용 확대

⑤ E-Co CON'c 활성화

2) Asphalt류

① Asphalt 원료로 이용

② 잔 사 : 매립처분

(4) 중간 처리단계

1) 골재의 반출이 적기에 이루어지지 않음

2) 폐기물 업체의 영세성

(5) 재생골재의 수요단계

1) 재생골재의 수요처 정보 부족

2) 재생골재의 처리기술 미흡

5. 맺음말

건설공사에서 배출되는 폐기물의 원활한 처리를 위해서는 폐기물처리장 확보와 처리방법 개선, 폐기물 운반경로 보완, 폐기물 처리업체에 대한 감독강화 등 전반적인 문제를 검토하고, 환경적, 경제적으로 유익한 방향으로 재활용되도록 제도적 개선을 해야 할 것이다.

number 69 환경친화적 건축

※'00, '02, '10, '11

1. 개 요

(1) 환경파괴가 인류의 생존을 위협하는 문제로 인식되면서 국제 간 환경보호에 대한 규제의 강화와 아울러 국내에서도 환경 친화적 건축물의 선호도가 높아지면서 건축물 환경인증이 활발히 진행되고 있다.

(2) 환경 친화의 핵심내용은 지구환경보존, 자연환경과의 조화, 쾌적하고 지속적인 개발이며, 건축분야에서는 자연친화적 주거형태 개발, 무공해 자재, 에너지 효율의 극대화 시스템 구축 등을 중심으로 개발이 이루어지고 있다.

(3) 국내·외 여건 변화

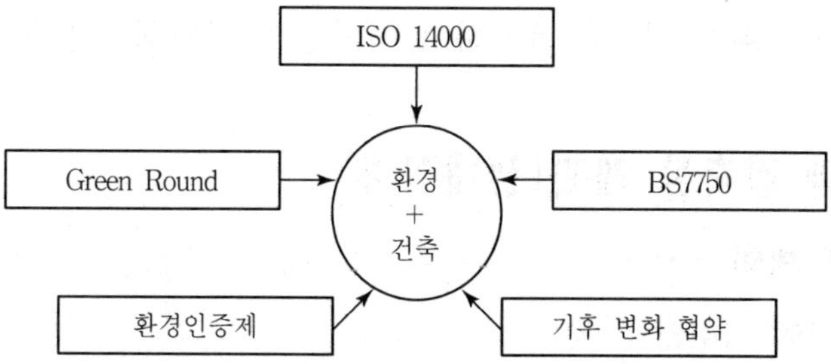

2. 환경 친화 건축물의 개념과 특징

(1) 개 념

에너지절약, 자원절약 및 재활용, 자연환경의 보존, 쾌적한 주거환경을 목적으로 설계, 시공, 운영 및 유지관리, 폐기까지의 Life Cycle에서 환경에 대한 피해가 최소화되도록 계획된 건축물

(2) 특 징

1) 유지비용의 절감

① 에너지 절약형 난방 및 급수 시스템

② 절수기기

③ 절전 조명기기

2) 쾌적한 환경

① 무공해 건축자재 사용

② 자동환기 시스템, 중앙집진식 청소 시스템

③ 실내온도, 습도 자동제어 시스템

3) 자연 친화적 생활

① 풍부한 녹지공간　　② 생태계 보전개발

4) 선진국형 쓰레기처리 시스템

5) 자산가치 증대

(3) 친환경건축물 인증제도

1) 건축물의 환경성능 강화 : 미국(LEED), 일본(환경공생 주택인증제도)

2) 건축물의 환경 친화 정도를 등급으로 표시

3) 환경 친화적 시공을 유도하고, 건축물의 가치제고를 통한 경쟁력 강화

3. 환경 친화 건축물 계획(생태건축)

(1) 단계별 계획

1) 환경을 고려한 기획

① 환경 영향평가 시행

② 잠재적 환경변화요인 파악

③ 도시계획, 국토개발계획과 합치되도록 한다.

2) 환경을 고려한 설계

① 자연과 환경성을 고려한 위치 선정

② 자연과 건축물의 조화를 고려

③ 환경 친화적 디자인

④ 환경 친화적 자재와 장비 사용

⑤ 에너지, 폐기물, 오염방지 등을 고려

⑥ 환경경영 수행 비용의 고려

3) 환경을 고려한 시공

① 현장 환경경영 추진전략 수립

② 환경경영 현장조직과 인력 배치

③ 현장 환경문제 파악과 지속적 감시 체제

④ 환경 현장조사 실시

⑤ 대기오염, 수질오염, 폐기물 관리 등에 대한 확인

(2) 분야별 계획

1) 자연친화 주거환경

① 지형에 순응하는 건물 배치

② 기후조건을 반영한 건물 형태

③ 고밀도, 기능성 위주의 건축 탈피

④ 녹지공간의 확대와 보호

⑤ 옥상녹화 및 생태면적 확보

2) 환경 친화적 재료

① 재료의 특징

㉠ 재활용 자재사용 : 목재, 철재

㉡ 유해 성분포함 자재사용 억제 : 석면, 납, 콜타르 등

㉢ 제조와 사용, 성능에서 에너지 절감 재료

㉣ 폐기물 양이 감소되고, 생물학적 분해가 가능한 재료

㉤ 고내구성 건설자재로 자원 사용 절감

㉥ 천연 및 재생소재 이용(새집 증후군 예방)

② 건설자재의 환경 친화성 평가(LCA : Life Cycle Assessment)

목표와 범위설정 → 목록분석 → 영향평가 → 해 석

③ 건설재료의 환경가치

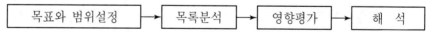

환경가치 $EV = \dfrac{EP}{C}$

구 분		1	2	3	4
$EV = \dfrac{EP}{C}$	EP	→	↗	↗	↗
	C	↘	→	↘	↗

1 : 기능은 유지하고, 비용은 하락　2 : 비용은 유지하고, 기능은 향상
3 : 기능은 향상되고, 비용은 하락　4 : 기능은 많이 향상되고, 비용은 조금 상승

여기서, *EV*(Environmental Value : 환경가치)
EP(Environmental Performance : 환경성능)
C : cost

3) 에너지절약 시스템

① 자연에너지 활용

㉠ 태양열 이용과 자연 채광

㉡ 통풍의 유도

㉢ 청정연료 사용

② 고효율 설비

㉠ 절전 조명기기와 냉·난방 시스템

㉡ 빙축열이나 심야전력 활용

③ 절수 시스템

④ 건축물 구조변경

㉠ 연면적 대 외벽 면적비 최소화

㉡ 단열방법의 개선과 성능향상

4. 맺음말

(1) 미래의 주거형태는 더욱 환경친화적인 모습으로 발전할 것이며, 현재 환경친화와 관련된 연구의 대부분은 에너지 효율을 높이는 건축설비 시스템의 적용과 개발에 집중되어 있다.

(2) 그러나 장기적으로는 건축물 Life Cycle 전반에 걸쳐 환경오염과 생태계 문제에 대한 고찰 등을 설계단계에서부터 미리 평가하여 바람직한 건축물의 적용지침을 제공하고 운영 및 유지의 효율성을 향상시켜 쾌적하고 인간적인 삶을 보장하는 방향으로 개발되어야 할 것이다.

number 70 환경친화적 주거환경

※'02

1. 개 요

(1) 쾌적한 생활공간에 대한 관심이 높아지면서 자연친화적 주거 환경을 갖춘 건축물의 개발 필요성이 어느 때보다 절실히 요구되고 있는 현실이다.

(2) 건축 부문에서는 자연친화적 주거 형태 개발, 에너지 효율 증대, 환경 친화적 자재 개발 등이 중요한 과제로 대두되고 있다.

2. 쾌적한 환경을 위한 대책

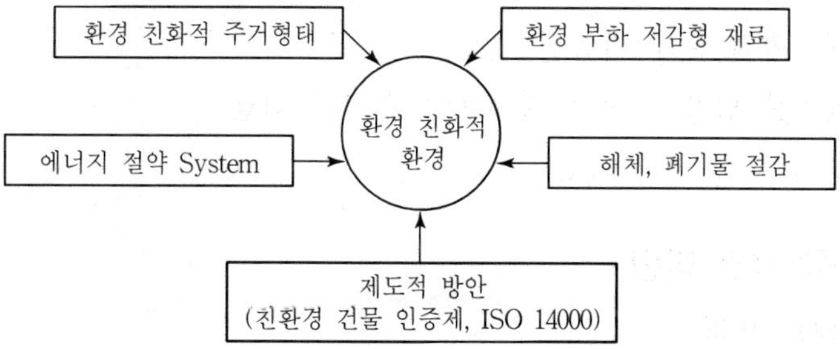

(1) 환경 친화적 주거 형태 개발

1) 자연에 순응하는 건물 배치
2) 자연으로부터 이미지를 얻는 것
3) 자연적인 과정으로부터 이미지를 얻는 것
4) 땅이 자연적 윤곽과 조화를 이루는 것
5) 하나의 본체를 형성하는 조경과 합쳐지는 것
6) 부분적으로 혹은 완전히 땅으로 덮여 있는 것

(2) 에너지 절약 System 구축

1) 에너지 절약 난방 · 냉방 System
2) 절전 · 절수 System
3) 자연 채광, 환기 활용

4) 풍력 이용, 태양열 이용 System

5) 고효율 장비 활용

(3) 환경 친화적(부하 저감형) 재료

요소기술	내 용	기대 효과
원에너지 저소비 소재 개발	생산에 소비되는 에너지 절감	에너지 사용량 절감
고내구성 자재	장수명, 고성능 건설재료	자원 사용량 절감
천연 및 재생 소재	자연소재, 재활용 소개 이용	자원/에너지 절감
건설재료 유효 이용기술	자재절감을 위한 관리 시공	자원 사용량 절감
환경 악화 재료 억제	목재(열대림), 석면, 프레온 가스, 납 등	환경 보호

(4) 폐자재, 해체물 절감

1) 생물학적 분해 가능한 재료

2) 폐기물 발생이 적고 재사용이 용이한 재료

3) 분해 시간 단축 재료

(5) 제도적 방안 마련

1) ISO 14000

① 환경 보호에 대한 국제 규격

② 환경 Labeling

③ 환경 Mark 제도

2) Green B/D

① 풍부한 녹지 조성

② 선진국형 쓰레기 처리 System

③ LCC 관점에서의 설계와 시공

3) 정부의 지속적인 관심과 지원대책 마련

4) 환경 인증 제도

5) 기후 변화 협약 대비

① Agenda 21 사항

② 온실가스(CO_2) 감축 협약

number 71 건축물에서 신재생에너지 적용

※'10, '13

1. 개 요

(1) 우리나라는 「신에너지 및 재생에너지 개발 · 이용 · 보급 촉진법」에 "기존의 화석 연료를 변환시켜 이용하거나 햇빛, 물, 지열, 강수, 생물유기체 등을 포함하여 재생 가능한 에너지를 변환시켜 이용하는 에너지"로 신재생에너지를 정의하고 11개 분야로 구분하고 있다.

(2) 이러한 신재생에너지를 에너지 소비가 많은 주택 분야에 적용시켜 기후변화에 대응하고 환경에 대한 부하를 최소화하여 지속 가능성을 유도하기 위해 친환경공동주택(Green Home) 활성화에 노력하고 있다.

2. 신재생에너지의 종류와 특성

(1) 신재생에너지의 종류

신재생 에너지는 신에너지와 재생에너지를 통틀어 부르는 말로, 화석 연료나 핵분열을 이용한 에너지가 아닌 대체 에너지를 말한다.

1) 신에너지

새로운 물리력, 새로운 물질을 기반으로 하는 핵융합, 자기유체발전, 연료전지, 수소에너지 등

2) 재생에너지

재생가능한 에너지, 즉 동식물에서 추출 가능한 유지, 에탄올을 이용한 바이오 연료, 태양열, 태양광, 풍력, 조력, 수력 발전, 지열 발전 등

※ 「신에너지 및 재생에너지 개발 · 이용 · 보급 촉진법」상의 11개 분야

- 재생에너지 : 태양광, 태양열, 바이오, 풍력, 수력, 해양, 폐기물, 지열(8개 분야)
- 신에너지 : 연료전지, 석탄액화가스화 및 중질잔사유가스화, 수소에너지(3개 분야)

(2) 신재생에너지의 특성

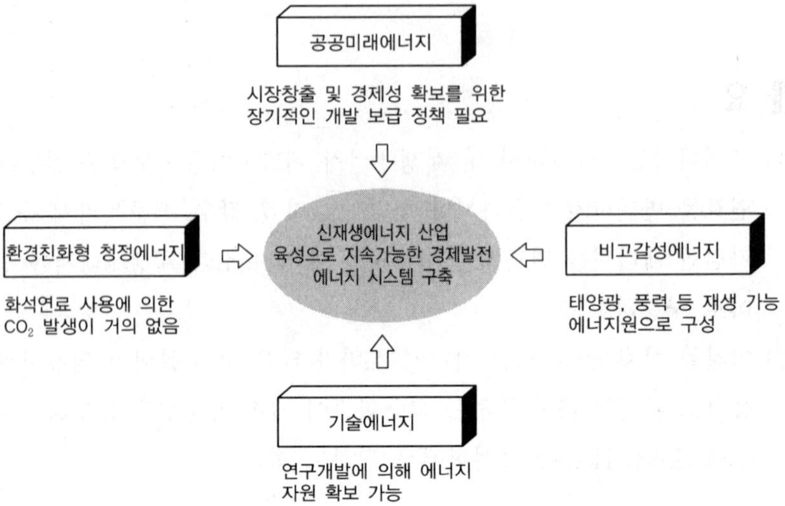

3. 건축물 적용

(1) 태양광 활용(BIPV)

1) 태양의 빛에너지를 변환시켜 전기를 생산하는 태양광 발전설비를 옥상이나 지붕 등에 설치

2) 단지 내 가로등, 보안등의 전원

(2) 태양열 활용

태양으로부터 오는 복사광선을 흡수해서 열에너지로 변환시켜 온수를 생산하여 주택의 온수와 난방의 일부분에 이용

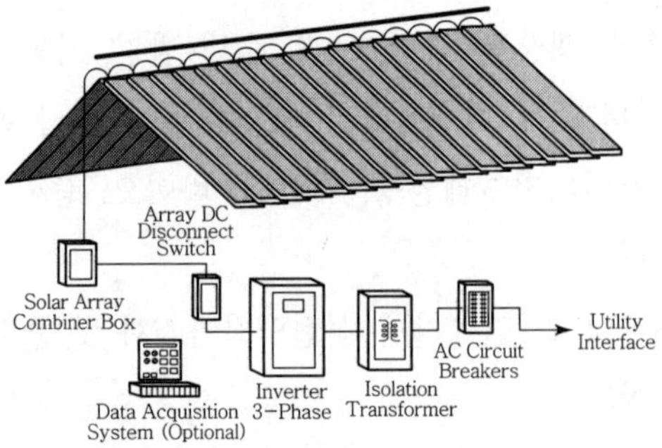

[BIPV]

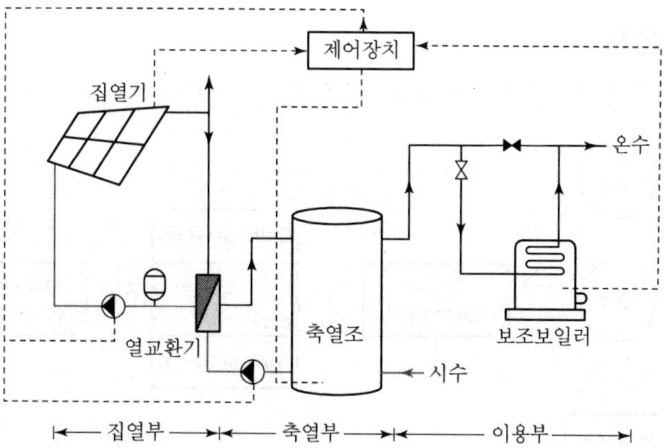

[태양열 시스템]

(3) (소형) 풍력활용

풍력을 이용하여 전기를 생산하는 풍력발전시스템을 가정에 적합하게 설계한 소형의 풍력발전 시스템을 적용

(4) 지열에너지시스템

물, 지하수 및 지하의 열 등의 온도차를 이용하여 냉난방에 활용하는 기술

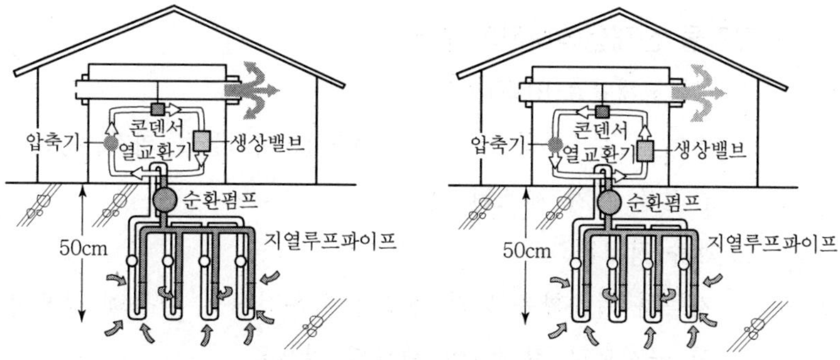

(5) 연료전지

수소와 산소의 전기화학적 반응으로 전기와 열을 생산하는 시스템

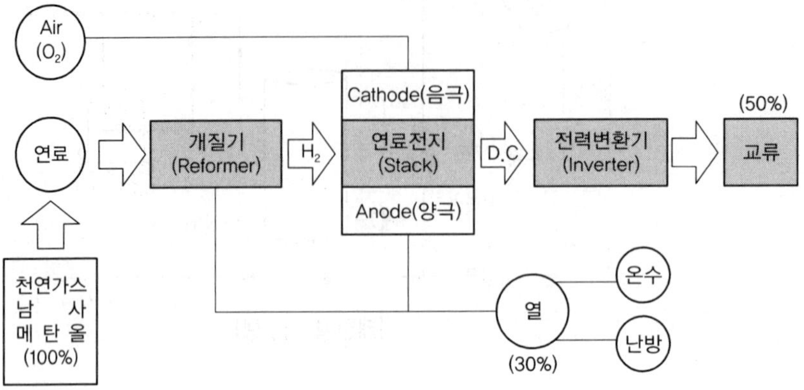

(6) 바이오에너지 이용

바이오매스(Biomass, 유기성 생물체를 총칭)를 직접 또는 생·화학적, 물리적 변환과정을 통해 액체, 가스, 고체연료나 전기·열에너지 형태로 이용

(7) 폐기물에너지 이용

1) 가정에서 발생되는 가연성 폐기물을 변환시켜 연료 및 에너지를 생산하는 기술

2) 폐기물 신재생에너지의 종류

① 성형고체연료(RDF)

종이, 나무, 플라스틱 등의 가연성 폐기물을 파쇄, 분리, 건조, 성형 등의 공정을 거쳐 제조된 연료

② 폐유 정제유

자동차 폐윤활유 등의 폐유를 이온정제법, 열분해 정제법, 감압증류법 등의 공정으로 정제하여 생산된 재생유

③ 플라스틱 열분해 연료유

플라스틱, 합성수지, 고무, 타이어 등의 고분자 폐기물이 열분해하여 생산되는 청정 연료유

④ 폐기물 소각열

가연성 폐기물 소각열 회수에 의한 스팀생산 및 발전, 시멘트킬른 및 철광석 소성로 등의 열원으로의 이용

4. 맺음말

화석 연료를 대체하여 온실가스를 감축시킬 수 있는 친환경 미래 청정에너지로 부각되고 있는 신재생에너지 분야는 건축생산의 새로운 수익 창출의 기회가 될 것이다. 따라서 변화되는 환경에 적극적으로 대응하며 지속적 친환경 성장을 위한 기술력을 확보하여 선제적으로 시장을 주도해나갈 역량을 배양해나가야 한다.

number 72 실내 공기 오염물질과 대책

※'04, '06, '08

1. 개 요

밀폐된 실내에서의 활동 시간이 늘어나면서 쾌적한 생활환경에 대한 욕구 또한 증대되고 있다. 따라서 쾌적한 실내 조건을 만들기 위해서는 건축적으로도 많은 고려가 필요하다.

2. 실내 공기질 관리

(1) 실내공기질 유지 기준(실내공기질관리법)

<table>
<tr><th>오염물질 항목
다중이용시설</th><th>미세먼지
(PM-10)
(㎍/㎥)</th><th>미세먼지
(PM-2.5)
(㎍/㎥)</th><th>이산화
탄소
(ppm)</th><th>폼알데
하이드
(㎍/㎥)</th><th>총부유
세균
(CFU/㎥)</th><th>일산화
탄소
(ppm)</th></tr>
<tr><td>지하역사, 지하도상가, 철도역사의 대합실, 여객자동차터미널의 대합실, 항만시설 중 대합실, 공항시설 중 여객터미널, 도서관·박물관 및 미술관, 대규모 점포, 장례식장, 영화상영관, 학원, 전시시설, 인터넷컴퓨터게임시설제공업의 영업시설, 목욕장업의 영업시설</td><td>100
이하</td><td>50
이하</td><td rowspan="3">1,000
이하</td><td>100
이하</td><td>-</td><td rowspan="2">10
이하</td></tr>
<tr><td>의료기관, 산후조리원, 노인요양시설, 어린이집, 실내 어린이놀이시설</td><td>75
이하</td><td>35
이하</td><td>80
이하</td><td>800
이하</td></tr>
<tr><td>실내주차장</td><td>200
이하</td><td>-</td><td>100
이하</td><td>-</td><td>25
이하</td></tr>
<tr><td>실내 체육시설, 실내 공연장, 업무시설, 둘 이상의 용도에 사용되는 건축물</td><td>200
이하</td><td>-</td><td>-</td><td>-</td><td>-</td><td>-</td></tr>
</table>

(2) 공기 조화의 요소

1) 온도(가습, 냉각)

2) 습도(감습, 가습)

3) 기류의 균일도

4) 공기의 청결도

(3) 쾌적 영역

1) 인간이 느끼는 쾌적함의 영역

2) 쾌적 환경 4대 요소 : 온도, 습도, 기류, 복사열

3. 실내 공기오염 물질

(1) 미세 분진

1) 공기 중에 포함된 미세 먼지

2) 호흡기 질환을 유발하는 건축 자재 : 석면, 유리면, 암면 등

(2) 휘발성 유해물질(V.O.C)

1) 건축 자재에서 발생되는 유해 성분으로 건축 마감재(바닥, 벽) 시공시 사용되는 접착제, 휘발성 도료 등으로 인해 발생된다.

2) 벤젠, 톨루엔 등 휘발 물질은 인간의 호흡기로 침투해 신경계통에 이상 현상을 유발시킨다.

(3) CO_2 가스

환기 불량으로 인한 탄산가스의 농도 증가

(4) CO 가스

연소(불완전)에 의한 실내 적체

(5) 집먼지 진드기

1) 고온, 다습한 환경에서 알레르기 및 아토피 질환을 유발(500마리/g 이상시 문제 유발)

2) 호흡기 질환(천식) 유발 물질

4. 저감 대책

(1) 환 기

1) 자연 환기

대기에 의한 환기(겨울철에도 1~2회/hr)실시

2) Bake out

① 31~38℃의 온도로 6~8시간 환기 실시

② 휘발성 화합물을 고온에서 배출시키는 작업

(2) 공기 정화

1) 공기 여과기(Filter)를 이용

2) 접착식, 건식, 습식(에어 커튼), 활성탄식, 전기집진식

(3) 건축자재의 개선

1) 환경지수 고려(EV)

2) 벽지, 천장지, 접착제 등(천연자재)

3) 유해 성분 포함 자재(석면, 납, 콜르타르, 페놀, 암모니아) 제한

(4) 건축 시공 개선(친환경적 시공)

1) 건식 시공법 확대

2) 친환경적 도료(Paint) : 천연도료 사용

3) 유기 화합물 사용 억제

4) 석유제 휘발성 화합물 사용 억제

5) 환경 B/D(Green B/D) 확대

6) CON'c에 사용되는 혼화재료 개선(크롬의 양규제)

7) 광촉매 시공

8) 바이오 코팅

(5) 오염원 제거

주기적 청소 및 유지관리

(6) 제도적 장치

1) 실내 공기질 인증제도 활성화

2) 유해물질의 총량 규제

number 73 실내공기질 관리 및 개선방안[시공시, 마감공사 후, 입주 전, 입주 후]

* '07

1. 개 요

도시화된 건축물의 밀폐된 환경과 휘발성 유기화합물을 포함한 건축재의 사용으로 인해 실내 공기의 질은 악화되어지는 반면 쾌적한 생활환경에 대한 욕구는 증가되고 있으므로 건축물의 설계와 시공 단계부터 실내환경에 대한 고려를 하고 사용 시에도 지속적이고 체계적인 관리를 해나가야 한다.

2. 실내 공기질 악화 요인

(1) 실내공기 오염물질 증가

1) 휘발성 유기화합물 : 페인트 및 합성수지, 인쇄물, 프린터 및 복사기 배출 물질
2) 먼지, 섬유 : 파손된 단열재, 종이먼지, 유리섬유
3) 일반 오염물질 : 담배연기, 살충제
4) 생물학적 부유물 : 세균, 진균류, 먼지진드기
5) 외부오염물질 유입 : 자동차 배기가스, 산업배기 가스 등
6) 물리적 요인 : 온도, 습도, 조명, 소음

(2) 환기시스템 문제

1) 빌딩에 중앙집중식 난방 및 환기, 공기정화시스템 (HVAC 시스템) 도입
2) 창문 밀폐 등으로 자연환기 불량

(3) 유해전자파

(4) 고온 다습한 환경

1) 겨울철 지나친 난방과 가습, 장마철 등의 고온 다습한 환경으로 곰팡이와 세균의 증식(온도 20~30℃, 습도 60% 이상 조건)
2) 누수나 결로에 의한 젖은 벽지의 곰팡이 증식
3) 집먼지 진드기류(침대나 의류, 이불 등에 서식)
4) 곰팡이 등의 포자류는 기관지염, 알레르기, 아토피성 피부염, 천식 유발

(5) 부패 가스

오래된 배수관, 싱크대, 등에서 발생되는 메탄가스, 암모니아 가스

(6) 가스레인지 연료의 연소

요리 시 발생되는 일산화탄소, 이산화탄소, 이산화황 등

3. 실내공기 개선을 위한 단계별 조치사항

(1) 시공시

1) 재료의 선정 및 사용시 오염물질을 다량 배출하는 건축자재 사용 제한

2) 친환경적 건축자재의 사용 유도

① 천연자재의 사용 확대-목재, 천연 도료, 동식물성 접착제, 벽지 등

② 미장과 외벽에 사용되는 재료를 식물성으로 사용, 화학수지 페인트 대신 오동나무와 오렌지기름 사용, 천연소재 접착제 사용 등

3) 오염물질 사용 제한

방부, 방식 물질 제한

(2) 마감공사 후

1) 공동주택에 대해 실내공기 오염물질의 종류와 양을 입주 전에 측정하여 공고

2) 오염물질 배출량에 따른 등급 인증

3) 친환경 건축물 인증

(3) 입주 전

강제 환기(Bake Out)

① 집수리, 가구 교체 시에도 새집 증후군과 같은 현상이 발생되므로 강제 환기

② 31~37℃로 실내온도를 높여 휘발성 유기화합물을 제거

(4) 입주 후

1) 환기 및 통풍

현대 건축물은 열손실을 줄이기 위해 건물의 밀폐도가 높아 실내 오염 물질이 외부로 빠져나가지 못하므로 지속적인 환기 실시가 중요

2) 실내공기정화(실내공기질 인증제)

실내에 공기정화기를 설치하고 유지관리를 철저히 하여야 하며 숯을 이용해 먼지나 악취를 흡수시키는 것도 좋다.

3) 청결 유지

미세 먼지 제거 및 곰팡이류, 세균류 서식 방지

4) 쾌적한 온도와 습도 유지

① 냉, 난방시에는 실외와 적정한 온도차(5도 정도)로 유지한다.

② 여름철 냉방기구 사용시 실내수분이 응결되는 겨울철뿐만 아니라 여름철에도 적절한 습도 유지에 신경을 써야 한다.(실내습도를 60~70% 로 유지)

③ 환기, 냉난방 관련 기구의 정기적인 관리

㉠ 에어컨 필터는 2주에 한번 이상 청소, 가습기 역시 주기적인 청소와 일광소독을 시행

㉡ 덕트, 환기구 등은 전문업체를 통해 1년에 1회는 점검을 받아야 함

4. 맺음말

새집 증후군에 대한 피해는 최근 들어 널리 알려지고 있는데 이러한 피해를 줄이기 위해서는 설계, 재료의 사용, 시공 과정에서의 친환경적인 건설뿐 아니라, 건강한 주거생활이 될 수 있도록 입주 후에도 실내공기에 대하여 관심을 갖고 지속적으로 관리하여야 한다.

number 74 Zero Energy B/D의 요소 기술

※'16

1. 개 요

(1) Zero Energy B/D은 건물에너지 소요량을 최소화하고 화석연료를 사용하지 않고 운영되는 건물을 말한다.

(2) Net Zero Energy B/D은 화석연료를 사용할 수 있으나, 연간 또는 생애주기 관점에서 신재생에너지원으로부터 생산된 잉여 에너지와 +, - 관점에서 제로가 되는 건물이다.

(3) Plus Energy House는 신재생에너지원으로부터 건물이 필요한 에너지보다 많이 생산하여 자동차 에너지 및 기타 에너지로 제공할 수 있는 주택이다.

2. 국내 Zero Energy B/D의 추진 계획

(1) 2020년 공공부문 Net Zero Energy B/D 의무화

2009년	2012년	2017년	2025년
에너지 소비형 주택, 20L	에너지 저소비형 주택, 14L	패시브 빌딩	제로에너지 빌딩

(2) 2025년 민간부문 Net Zero Energy B/D 의무화

3. Zero Energy B/D의 요소 기술

(1) 패시브(Passive) 기술

1) 건축물 배치

① 남향으로 길게 배치

② 남향 > 남동향 > 남서향 > 동향 > 서향 순으로 에너지 측면에서 유리

2) 건축물 평면 및 입면

① 외피 면적 최소화

패시브하우스 권장 기준(체적 대비 입면적의 값 AV=0.8 이하)

② 평면의 단순화

③ 창 면적비 제한

3) 고단열 시스템 적용

① 지역별 열관류율 이상 단열 성능 강화 및 열교 현상 방지

② 로이유리, 3중 유리 등 사용

4) 고기밀화

① 기밀성능 1등급 이상의 창호 사용 및 기밀 테스트 실시

② 기밀 테이프 사용

5) 외부 차양 설치

직사광선 차단을 위한 수직, 수평 차양을 외부 또는 내부에 설치

6) 열교환기 설치

7) 자연 환기 및 자연 채광

① 바람길, 벤투리 효과, 맞통풍, 나이트 퍼지 효과 등 활용

② 아트리움 계획

8) 벽면 녹화 및 지중 주택

(2) 액티브(Active) 기술

1) 태양열 이용 시스템

태양열을 흡수, 저장하여 건물의 급탕이나 난방으로 사용

2) 태양광 시스템

태양광을 직접 전기에너지로 변환하는 태양전지 이용

3) 풍력 시스템

바람의 동적 에너지를 기계적 에너지로 변환하여 전기를 얻는 시스템

4) 소수력 발전물의 자연낙차를 이용한 발전

5) 지열시스템

지중열을 이용하여 건물의 온수와 냉난방을 공급하는 시스템

6) 바이오에너지

바이오매스를 직접 또는 생화학적·물리적 변환과정을 거쳐 액체, 기체, 고체연료나 전기/열 형태로 이용하는 에너지

[재생에너지 활용 기술의 적용 범위 및 경제성]

항목	적용 범위			경제성
	도시	단지	건물	
태양광	좋음	좋음	좋음	나쁨
태양열	좋음	좋음	좋음	좋음
풍력	좋음	좋음	좋음	좋음
소수력	나쁨	나쁨	나쁨	나쁨
지열	나쁨	나쁨	좋음	좋음
바이오	좋음	좋음	좋음	좋음

number 75 건설공사 안전관리계획서

※'21

1. 개 요

일정규모 이상의 건설공사를 수행하고자 하는 건설업자나 주택건설등록업자는 건설기술진흥법에 따라 재해예방을 위한 안전관리계획서를 작성하여 착공 전에 발주자나 인허가 행정기관에 제출하고 승인을 받아야 한다.

2. 안전관리계획의 수립 및 제출

(1) 계획서 수립

1) 대상

① 1종 시설물 및 2종 시설물의 건설공사

② 지하 10M 이상을 굴착하는 건설공사

③ 폭발물 사용으로 주변에 영향이 예상되는 건설공사

④ 10층 이상 16층 미만인 건축물의 건설공사

⑤ 10층 이상인 건축물의 리모델링 또는 해체공사

⑥ 「주택법」 제2조제25호다목에 따른 수직증축형 리모델링

⑦ 「건설기계 관리법」 제3조에 따라 등록된 건설기계가 사용되는 건설공사

⑧ 「건설기술 진흥법」 제101조2제1항의 가설구조물을 사용하는 건설공사(표 참고)

구분 (가설구조물)	상 세
비계	- 높이 31m 이상 - 브라켓(bracket) 비계
거푸집 및 동바리	- 작업발판 일체형 거푸집(갱폼 등) - 높이가 5미터 이상인 거푸집 - 높이가 5미터 이상인 동바리
지보공	- 터널 지보공 - 높이 2m 이상 흙막이 지보공
가설구조물	- 높이 10미터 이상에서 외부작업을 하기 위하여 작업발판 및 안전시설물을 일체화하여 설치하는 가설구조물(SWC, RCS, ACS, WORKFLAT FORM 등) - 공사현장에서 제작하여 조립, 설치하는 복합형 가설구조물(가설벤트, 작업대차, 라이닝폼, 합벽지지대 등) - 동력을 이용하여 움직이는 가설구조물(FCM, ILM, MSS 등) - 발주자 또는 인,허가기관의 장이 필요하다고 인정하는 가설 구조물

⑨ 기타 건설공사
- 발주자가 안전관리가 특히 필요하다고 인정하는 건설공사
- 해당 지방자치단체의 조례로 정하는 건설공사 중에서 인, 허가기관의 장이 안전관리가 특히 필요하다고 인정하는 건설공사

2) 작성자

시공자(건설업자 또는 주택건설 등록업자)

3) 포함 내용

① 건설공사의 개요 및 안전관리조직

② 공정별 안전점검계획(계측장비 및 폐쇄회로 텔레비전 등 안전 모니터링 장비의 설치 및 운용계획 포함)

③ 공사장 주변의 안전관리대책(건설공사 중 발파, 진동, 소음이나 지하수 차단 등으로 인한 주변지역의 피해방지대책과 굴착공사로 인한 위험징후 감지를 위한 계측계획을 포함)

④ 통행안전시설의 설치 및 교통 소통에 관한 계획

⑤ 안전관리비 집행계획

⑥ 안전교육 및 비상시 긴급조치계획

⑦ 공종별 안전관리계획(대상 시설물별 건설공법 및 시공절차를 포함)

(2) 제출

발주청 및 인허가기관의 장은 건설사업자 등에게 통보한 날부터 7일 이내에 건설공사 안전관리 종합정보망에 제출

3. 미 이행 시 조치

구분	대 상	내 용
벌칙 (법 제88조)	안전관리계획을 수립, 제출, 이행하지 아니하거나 거짓으로 제출한 건설사업자 또는 주택건설등록업자	2년 이상의 징역 또는 2천만원 이하 벌금
과태료 (법 제91조)	안전관리계획의 승인 없이 건설사업자 및 주택건설등록업자가 착공했음을 알고도 묵인한 발주자	1차 150만원, 2차 225만원, 3차 300만원

number 76 도심지 초고층 공사의 안전계획 수립

※'91, '96

1. 개 요

(1) 초고층공사에서는 부재가 중량, 장척물이고 근접 시공으로 인한 대형 사고가 발생할 우려가 높기 때문에 사전에 충분한 검토가 이루어져야 한다.

(2) 안전계획 수립시에는 적절한 공정계획 수립과 안전관리 조직, 양중장비에 대한 계획, 추락방지시설, 가설 시설물 계획 등을 고려해야 한다.

2. 안전계획 수립

(1) 공정계획

1) 상·하층 작업 간의 영향이 최소화되도록 작업배치

2) 고소작업이 최소화되도록 작업계획

3) 작업 상호간 공정마찰 억제

(2) 안전관리 조직

1) 전임 안전관리자 배치

2) 하도업체 안전담당자 선정

3) 양중기 전임 안전담당자 선임

4) 안전담당자에 대한 지속적 교육

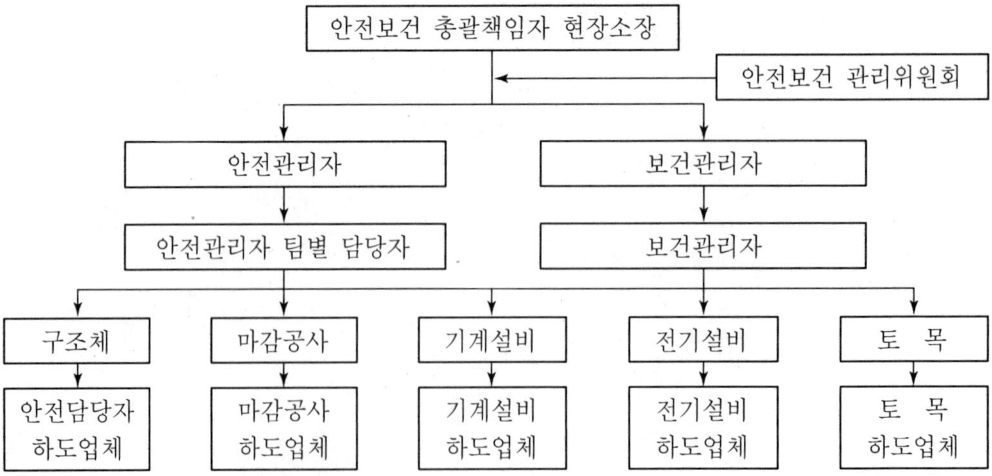

(3) 유해 위험방지계획서 및 안전관리 계획서 작성

1) 공사 착공 전 유해 위험방지 계획서를 작성, 노동부 심사를 받는다.

2) 안전관리 계획서는 건설교통부 기준에 따라 작성하고 시행한다.

3. 장비 안전 및 안전시설물

(1) 가시설물 안전

1) 가설비계

① 가능한 무비계 공법을 적용하고 강구조 가설재를 사용한다.

② 작업통로용 비계

㉠ 수직이동 : 트랩, 사다리, 철골계단 사용

㉡ 수평이동 : 철골보에 잔교설치

2) 작업용 발판

① 용접접합부, 볼트접합을 위한 달비계 사용

② 안전발판이나 작업발판은 내구성이 있는 강재로 한다.

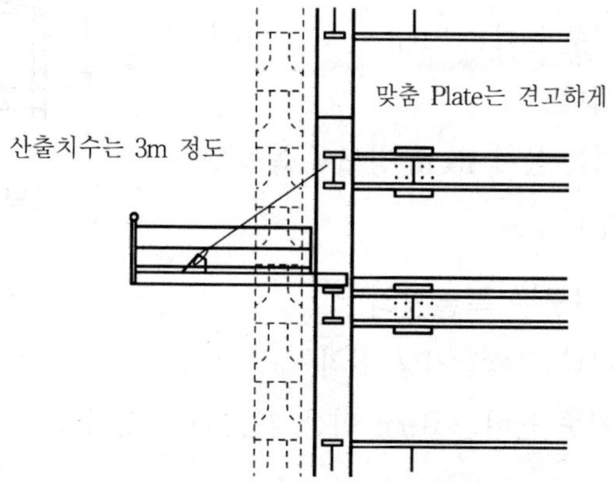

[작업용 발판]

3) 작업통로 설치

① 자재를 가지고 운반 가능하도록 충분한 공간 확보

② 통로엔 난간지주를 0.9m 높이 이상 설치

(2) 굴착 안전

1) 토질, 지하수위, 지하수량 조사
2) Boiling, Heaving 안전대책 수립
3) 흙막이의 구조적 안정성 검토
4) 인접 지반 침하대책 수립

(3) 추락 및 비래 안전

1) 추락방지망
   ① 매단마다 설치가 원칙이다.
   ② 충분한 강도가 확보되도록 설치

2) 낙하물 방지망
   ① 10m 이내마다 설치
   ② 낙하물에 견딜 수 있도록 강도 확보 (30° 이내)

3) 안전난간
   ① 난간지주 높이는 0.9m 이상, 1.2m가 적당하다.
   ② 하부에는 높이 10cm 정도의 폭목을 설치한다.

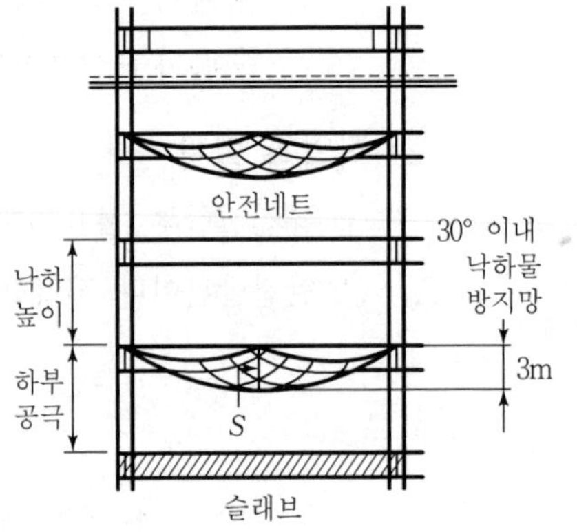

[낙하물 추락방지망]

4) E/V Pit 개구부 특별관리
   ① 매층마다 추락방지망 설치
   ② 난간지주 높이는 0.9m 이상, 1.2m가 적당하다.

5) 안전보호구
   ① 안전모와 안전벨트 착용
   ② 안전표시물 및 위험표시 테이프 등의 활용

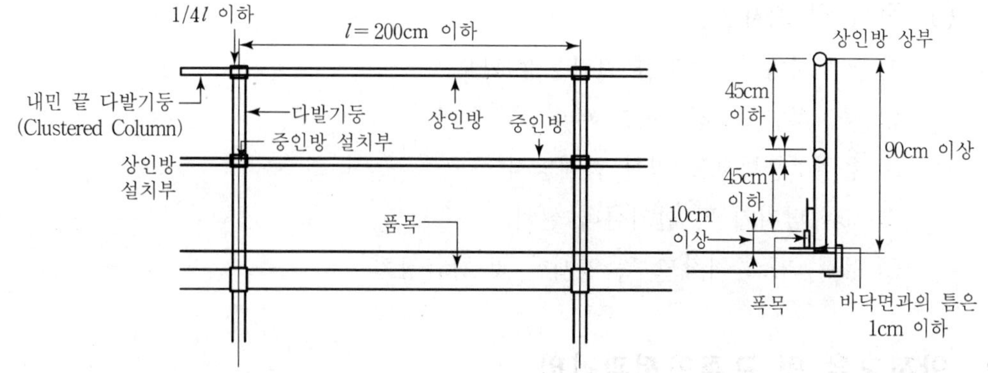

[안전난간 구조도]

(4) 양중장비 안전

1) T/C

① 기초시공은 구조검토 후에 한다.

② 매월 안전점검 실시

③ 전담 안전담당자를 배치

④ 규정 이상 양중하지 않도록 한다.

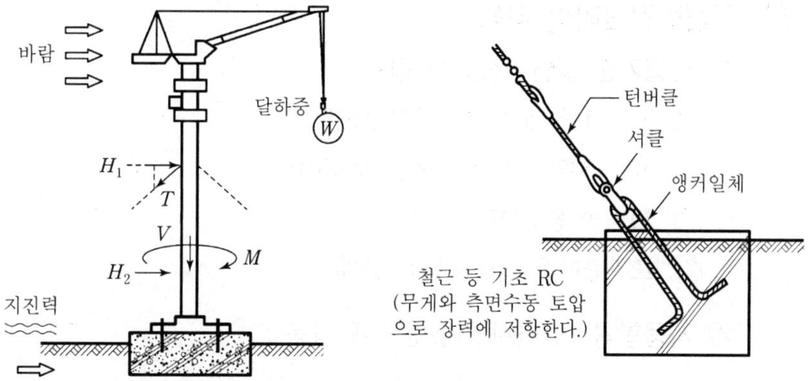

[T/C 설치]

2) Lift

① 리프트 과부하 방지장치 부착한다.

② 화물용에는 사람이 탑승하지 않도록 한다.

③ 전담 안전담당자를 배치한다.

(5) 전기 및 화재안전

1) 과부하방지 : 충분한 전력용량 확보
2) 누전차단기 : 감전사고 예방
3) 용접 : 불똥으로 인한 화재방지
4) Gas 탐지기 및 환기설비 설치
5) 유류, 가스 저장고 : 출입제한 및 잠금장치

4. 안전교육 및 표준안전관리비

(1) 안전교육

1) Tool Box Meeting
   ① 작업시간 전후 5분간
   ② 각 작업분임조 별도 실시

2) 정기교육, 특별교육, 수시교육
   ① 작업변경이나 인원변경시 충분한 사전 교육 실시
   ② 장비사용 교육, 현장 및 작업특성 교육

(2) 안전보건관리비 사용

1) 산정기준(일반건설공사 갑)
   ① 5억 미만 대상 공사액의 2.93%
   ② 5억~50억 미만 : 1.86%+5,349,000원
   ③ 50억 이상 : 1.97%
   ④ 보건관리자 선임대상 : 2.15%

2) 사용항목 : 안전시설비 등 8개 항목

5. 맺음말

(1) 철골공사는 고소작업과 근접시공이 많으므로 근접시공에 따른 인접 구조물의 안전대책과 함께 고소작업에 따른 안전대책도 수립해야 한다.

(2) 또한, 양중기에 의한 재해의 발생에 대비한 계획을 수립하고 작업자에 안전의식 고취를 위한 안전교육을 병행해야 한다.

number 77 유해·위험방지계획서 작성

※'00, '01, '13

1. 개 요

(1) 유해 · 위험방지 계획서는 노동부령이 정하는 규모의(지상높이 31m 이상 건축물 등) 사업을 하기 위해서 착공 전까지 공사개요서, 표준안전관리비 사용계획서, 안전보건관리 계획 내용이 포함되도록 작성하여 노동부의 심의를 받아야 한다.

(2) 유해 · 위험방지계획서는 근로자의 안전과 보건확보를 위해 필요하다고 인정할 때는 공사의 안전상 계획변경을 할 수 있으며, 공사를 중지할 수도 있다.

2. 유해위험방지계획서 제출 대상

(1) 건설, 개조 또는 해체공사

1) 지상높이가 31m 이상인 건축물 또는 인공구조물

2) 연면적 3만m^2 이상인 건축물

3) 연면적 5천m^2 이상인 다중이용시설공사

(2) 연면적 5천m^2 이상인 냉동, 냉장 창고시설의 설비공사 및 단열공사

(3) 최대 지간길이 50m이상인 다리 건설공사

(4) 터널의 건설공사

(5) 다목적댐, 발전용댐, 저수용량 2천만톤 이상 용수전용댐, 지방상수도 전용댐 건설공사

(6) 깊이 10m 이상 굴착공사

3. 유해·위험방지계획서의 수립과 심사

(1) 계획서 작성자

사업주(시공자)

(2) 확인 및 검사자

1) 한국산업안전보건공단

2) 지방노동관서 수시 점검

(3) 제출시기 및 제출처

1) 제출시기 : 공사착공 전
2) 제출처 : 한국산업안전보건공단 또는 지부

(4) 주요확인 및 심사내용

1) 작업공정 및 사용재료의 안전성
2) 현장 작업조건 및 방법
3) 표준안전 관리비 사용계획
4) 작업자의 보호장비 및 장구

4. 유해·위험방지 계획서 작성내용(공통 제출서류)

(1) 공사개요서 작성

1) 공사현장 배치도 및 주변 현황 표시
2) 공사규모, 구조물의 개요 표시
3) 건축도면 및 서류
4) 가설물 설치계획도
5) 전체 공정계획표

(2) 안전보건관리비 사용 계획서

1) 안전관리자 및 보조원의 인건비
급료 및 제수당

2) 안전시설비 계획
① 추락방지, 낙하・비래 보호설비
② 안전모 등 개인보호구 보관시설비

3) 개인보호구 및 장구 구입비
① 안전모, 안전띠, 보안경, 안전장갑, 보안면, 분진마스크, 귀마개 등
② 무전기, 카메라 등

4) 근로자 건강진단비
① 정기 건강진단 비용
② 신규 채용자 건강진단비

5) 안전교육비

① 자체 교육

② 외부 초청 교육

(3) 안전보건 관리계획서

1) 안전관리 조직계획표

2) 안전보건 교육계획서

3) 개인보호구 지급계획서

4) 재해발생시 대피방법

(4) 항타·항발작업 안전계획서

1) 장비의 진입로 계획

2) 장비의 전도, 추락방지 계획

(5) 감전 재해예방 계획서

1) 임시 전력 인입 및 사용계획서

2) 접지계획도

3) 현장 주변 고압전선 배치도

(6) 화재폭발 및 산소결핍을 위한 안전시설 계획서

1) 화재, 폭발, 가스누출에 대한 위험방지 계획서

2) 지하실 작업시 산소 결핍 방지를 위한 안전시설 계획서

5. 공사 규모별 제출서류

(1) 높이 31m 이상인 건설공사시

1) 건설공사 계획서

① 거푸집 및 동바리 작업계획서

㉠ 구조물 주요부분 거푸집 및 동바리 조립도

㉡ 거푸집 및 동바리 조립, 해체계획서

㉢ 콘크리트 타설시 안전시설 계획서

② 양중계획서

㉠ Tower Crane 설치위치 및 작업반경

㉡ Tower Crane 장비 허용하중표

㉢ Lift Car, Crane의 설치, 해체계획서

③ 비계, 가설통로 설치계획서

㉠ 비계 및 낙하안전망 설치계획도

㉡ EV Pit 등의 개구부 안전설치도

㉢ 추락방지 시설계획도

㉣ 안전난간대 설치계획도

④ 철골공사시 안전계획도

㉠ 추락방지 그물망

㉡ 잔교, 트랩 설치도

⑤ Pre-cast 작업시 안전계획서

㉠ 자재 반입 및 적치계획서

㉡ 운반양중시 안전

2) 해체공사시 안전계획서

① 안전보호망 설치계획서

② 주변 건물 및 인명피해 방지시설

(2) 굴착깊이 10m 이상인 굴착공사시

1) 굴착공사 개요서

2) 굴착계획서

① 굴착평면도, 단면도

② 굴착 주변 안전시설 계획

③ 배수계획

④ 계측관리 : 주변 구조물 피해방지

6. 심사

(1) 적정

(2) 부적정

심사 기준에 위배되거나 계획에 근본적 결함이 있는 경우

(3) 조건부 적정

일부 개선이 필요한 경우

7. 맺음말

(1) 유해 · 위험방지 계획서의 작성에는 전문가가 참여하여 안전시공이 가능하도록 세부적으로 이루어져야 하며, 건설안전기술사 등의 기술적인 자문을 받아 안전시공이 이루어지도록 협력해야 한다.

(2) 사업 중 발생 가능한 재해를 분석하여 개선계획을 철저히 수립함으로써 유사, 동종 재해가 재발되지 않도록 체계적으로 대응하는 것이 필요하다.

number 78 안전관리비 사용 기준 및 문제점과 개선방안

※'01, '06, '08

1. 개 요

(1) 산업안전보건법 제 30조에 따라 사업주는 산업재해 예방을 위하여 일정 금액이상을 안전관리비로 책정하여 도급금액에 계상하여야 한다.

(2) 계상된 안전관리비는 법에 의한 항목을 준수하여 사용하여야 하며, 건설현장의 안전시설과 재해예방을 위한 용도로 적합하게 집행하여야 한다.

2. 안전관리비 계상 방법과 기준

(1) 계상 방법

1) 안전관리비 대상액

공사원가 계산서에서 정하는 재료비와 직접 노무비의 금액

2) 대상액이 5억원 미만 : 대상액×정한 비율

3) 대상액이 5억원 이상 50억원 미만 : 대상액×정한 비율+기초 금액

4) 대상액이 50억원 이상 : 대상액×정한 비율

(2) 계상 기준

구분 / 공사종류	대상액 5억원 미만인 경우 적용 비율(%)	대상액 5억원 이상 50억원 미만인 경우		대상액 50억원 이상인 경우 적용 비율(%)	보건관리자 선임대상 건설공사의 적용 비율(%)
		적용비율(%)	기초액		
일반건설공사(갑)	2.93%	1.86%	5,349,000원	1.97%	2.15%
일반건설공사(을)	3.09%	1.99%	5,499,000원	2.10%	2.29%
중 건 설 공 사	3.43%	2.35%	5,400,000원	2.44%	2.66%
철도・궤도신설공사	2.45%	1.57%	4,411,000원	1.66%	1.81%
특수및기타건설공사	1.85%	1.20%	3,250,000원	1.27%	1.38%

3. 사용 기준

(1) 항목별 사용기준

항 목
1. 안전관리자 인건비 및 업무수당
2. 안전시설물 등
3. 개인보호구 및 안전 장구 구입비
4. 안전진단비 등
5. 안전보건 교육비 및 행사비 등
6. 근로자 건강 진단비 등
7. 건설 재해 예방 기술지도비
8. 본사 사용비

(2) 공정률에 따른 사용 기준

공정율	50%~70% 미만	70%~90% 미만	90% 이상
사용기준	50% 이상	70% 이상	90% 이상

4. 문제점

(1) 안전관리비의 편법 운영

공사비 성격으로 전환하여 사용

(2) 실무자의 안전관리비 내역 분류 미흡

1) 안전관리비 사용 항목에 대해 항목별로 정확한 분류가 되지 않음

2) 사용 불가 항목의 안전관리비로 편입

(3) 안전관리비 사용내역서 및 증빙 서류 미흡

(4) 점검자의 안전관리비 사용 및 내역에 대한 전문 지식 부족

(5) 안전관리비가 원가라는 개념에서 사용 기피

(6) 안전 전담자 형식적 배치

1) 영세 업체에서는 전담 안전관리자 배치에 한계

2) 체계적인 안전 관리 및 비용 집행에 어려움

(7) 위험 공종에 대한 안전관리비 과소 책정

(8) 하도업체의 안전관리비 집행 미비

1) 하도업체에 대한 일괄적 안전관리비 지급
2) 하도업체의 안전관리비 집행 여부에 대한 지도와 감독 미흡

5. 개선 방안

(1) 제도적 개선

1) 안전관리비 집행 분류 세분화 매뉴얼 제작 배포
2) 공사 특성과 여건에 따라 사용 항목 자율성 증대

(2) 협력업체 지원 강화

1) 하도업체에 대한 안전관리비 집행 교육 실시
2) 영세업체에 대한 안전관리 담당자 지원 교육

(3) 협력업체와의 공조체제 구축

(4) 재해 예방 기관의 지도 강화

(5) 자료 축적(D/B)과 활용

공사 종류와 특성, 규모에 따라 기집행된 안전관리비 항목을 데이터화하여 유사 공사에 적용, 활용

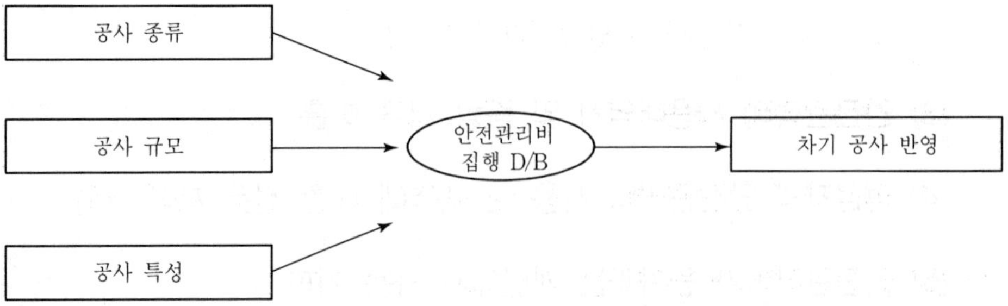

number 79 건축공사 시공계획과 시공계획서

※'99, '04, '07, '09

1. 개 요

(1) 프로젝트의 원활한 수행을 위해서는 설계도서, 시방서, 계약서 등에 대한 숙지를 바탕으로 능률적이고, 합리적인 시공계획을 수립하여야 한다.

(2) 또한, 현장여건에 대한 조사를 통해 대지 주변상황, 공사의 특성과 지반특성, 관련 법령 등을 파악하기 위한 작업이 이루어져야 하는데, 이러한 사전조사와 시공계획 사항이 공사에 미치는 영향은 막대하다.

2. 사전조사사항

(1) 계약 관련 사항

1) 설계도서 및 시방서

① 건물의 구조, 용도, 규모, 구조계산 검토

② 시공법과 요구 성능, 품질 기준사항

③ 현장 설명 내용, 질의응답 내용

2) 계약조건 검토

① 공사범위, 공사기간 공사 내용

② 도급금액과 기성 지불방식, 지불시기

③ 설계변경시 사항과 이에 따른 계약조건의 변동사항

④ 계약 보증 및 하자보증 관계

⑤ 공사중단 및 지연시 손해보상 내용

⑥ 계약에 관한 분쟁과 해결방안

(2) 현장조사

1) 부지와 부지주변 상황

① 경계선과 경계측량, 대지의 고저

② 부지 내 구조물 및 장애 상황

③ 인접 건물, 인접 도로, 교통상황

④ 상 · 하수도, 가스, 전기, 전화 공동구 매설 상황

2) 부지 내 지반조사
① 보링 테스트 : 지층구조, 지하수위 및 수량
② 흙의 물리적, 화학적 성질

3) 건설공해
① 소음, 진동, 분진, 악취 등의 발생 여건
② 지반 침하, 건물 균열이나 붕괴 가능성
③ 민원 발생 가능 부분 조사

4) 기상여건
① 지역적 특성 : 강우량, 적설량, 풍속 및 계절적 기온변화
② 동절기 기간, 장마기간 등

(3) 관계법령

1) 건설관련법령 : 소방법, 소음 및 진동규제법, 상·하수도법, 도로교통법 등
2) 지역조례 등 법적규제

(4) 공법조사

시공성, 경제성, 안전성, 무공해성

(5) 시공조건 검토

1) 자재 사전조사 : 자재수급시기, 필요량 수급로
2) 노무 사전조사 : 지역 노동력 분포와 노동연령층

3. 시공계획서 작성내용

(1) 사전조사

1) 계약관련 사항 검토
① 설계도서 및 시방서
② 계약조건 검토

2) 현장조사
① 부지와 부지 주변 상황　② 부지 내 지반 조건
③ 건설공해　④ 기상 여건

3) 관계법령

4) 공법조사

5) 시공조건 검토

(2) 공법선정 계획

공법선정시 고려할 사항

1) 시공성 : 작업성이 뛰어나고 품질이 우수한 공법
2) 경제성 : 계약 공기를 준수할 수 있는 공법
3) 안전성 : 건설재해를 예방할 수 있는 안전한 공법
4) 무공해성 : 환경 친화적이고, 폐기물 발생이 적은 공법

(3) 공사관리 계획

1) 공정계획

지정된 공기 내에 공사를 완료할 수 있는 공정표 작성 : CPM

2) 품질계획

품질관리 7가지 도구 활용, TQC 적용

3) 원가계획

실행예산 작성, VE와 최소비용 기법

4) 안전계획

유해 위험방지계획서, 안전조직도, 안전관리계획서 작성

5) 환경관리계획

폐기물처리, 건설공해 감소 대책

(4) 조달계획(5M)

1) 노무계획 : 일일 동원인력을 평균화하여 상시 인원 보충
2) 자재계획 : 자재를 적기 적소에 배치
3) 장비계획 : 기종, 수량, 장비 효율, 안전성을 고려
4) 자금계획 : 장・단기, 월별 자금계획서 작성
5) 공법계획 : 경제적, 안전성, 무공해성

(5) 가설계획

1) 동력, 용수계획 : 임시전력, 상수도 및 지하수 확보 계획
2) 수송, 양중계획 : 양중기 대수, 용량, 교통로 확보

(6) 업무관리계획

1) 하도업체 선정 : 공사실적, 시공능력, 기술력 등으로 평가
2) 실행 예산편성 : 공사 소요원가를 분석하여 달성 가능한 목표치 설정
3) 현장원의 편성 : 적정 인원편성, 조직원 간 업무 분담
4) 현장 사무관리 : 본사와 유기적 협력체제 구축
5) 대외 업무관리 : 대관업무, 대민업무, 민원처리 계획

(7) 공종별 공사계획

1) 가설공사

① 본공사에 지장을 주지 않고 본공사를 지원하도록 계획
② 가설건물, 가설울타리, 비계, 각종 양생 계획

2) 기초 및 토공사

기초 지내력검사, 잔토처리 계획, 지반붕괴 대비

3) 구조체 공사

거푸집 전용계획, 기상변화 등을 고려, 여유 있게 작성

4) 마감공사

공종 간의 마찰이 발생하지 않도록 조정

5) 부대설비공사

4. 맺음말

(1) 건설공사는 공정이 많고 복잡하므로 치밀한 사전계획과 체계적인 관리가 선행되지 않고서는 적정한 이윤추구와 성공적인 공사를 완성할 수 없다.

(2) 이론과 경험 및 Data를 바탕으로 집행과정에 착오가 없도록 하고, 경험의 Data → Feedback → Action → Simulation 과정이 되도록 해야 한다.

number 80 공사관리(품질·공정·원가·안전)의 상호 연관관계

* '05

1. 개 요

(1) 건설관리기술은 더욱 경제적이고 신속하면서 품질이 우수한 건물을 창출하기 위해 5M을 이용하여 5R을 합리적으로 수행하고자 하는 데 목적이 있다.

(2) 공사관리의 각 분야들은 서로 밀접한 상호 연관성이 있으며, 현대에 와서는 각 분야들을 통합하여 관리함으로써 시너지 효과를 창출하려는 움직임이 활발하고 통합체계 구축에 많은 노력을 기울이고 있다.

2. 건축생산관리 기술과 5M, 5R

(1) 5M과 5R

5M	5R
Men(노무관리)	Right product(적정생신관리)
Money(자금관리)	Right price(적정가격관리)
Machine(장비관리)	Right quality(적정품질관리)
Method(공법)	Right quantity(적정생산량관리)
Material(자재관리)	Right time(적정시간관리)

(2) 생산과정

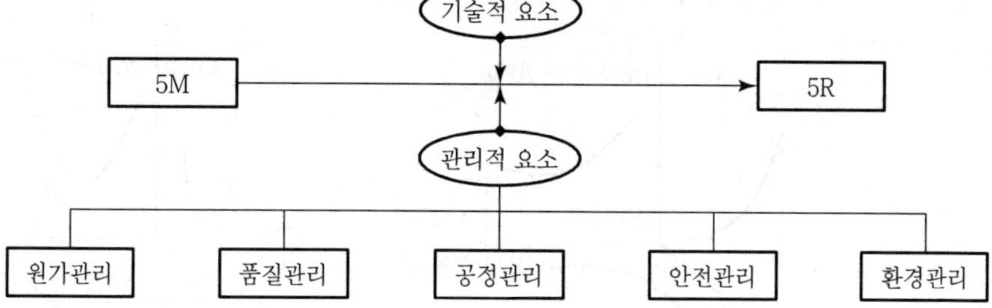

(3) 공사관리 4단계(PDCA Cycle)

공사관리는 Plan, Do, Check, Action 단계로 이루어진다.

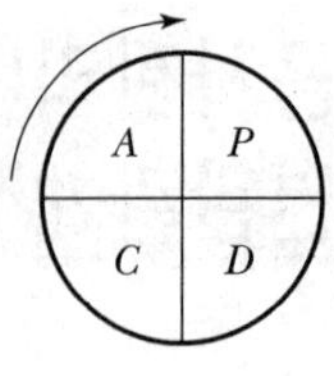

3. 공사관리 상호관계

(1) 전통적 개념

1) x 곡선

① 작업의 속도가 증가하면 비용은 감소

② 작업의 속도가 지나치게 증가하면 비용은 증가

2) y 곡선

품질이 향상되면 가격은 증가

3) z 곡선

작업속도가 증가하면 품질은 저하

(2) 현대적 개념

1) x' 곡선

경제적 속도를 표시

2) y' 곡선

적합 품질을 표시

3) z' 곡선

작업속도를 느리게 할수록 품질이 좋아지는 것이 아니라 경제속도의 존재와 같이 적합 품질에 알맞은 품질속도를 고려한 것

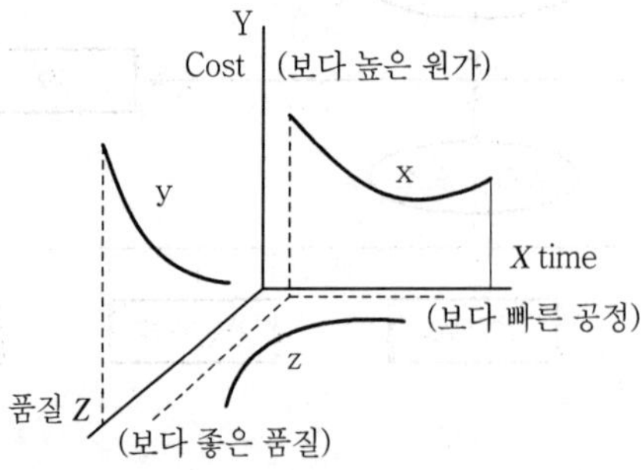

[전통적 관점에서의 상호관계]

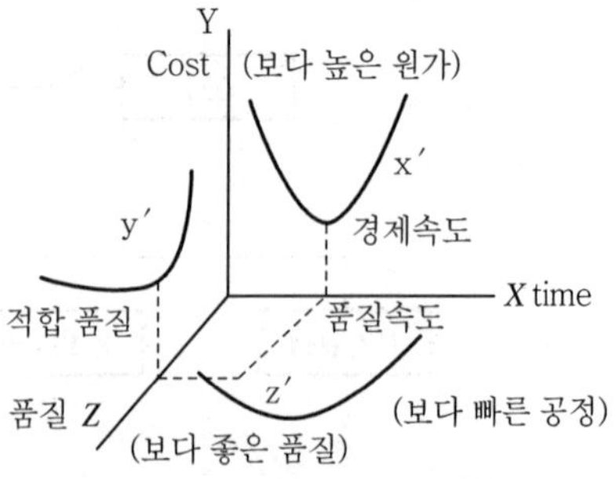

[현대적 관점에서의 상호관계]

	원가	품질	안전
공 정	공정 지연시 원가 상승 무리한 공기 단축시 원가 상승	무리한 공기 단축시 품질 저하	무리한 공기 단축시 안전성 저하
원 가	–	품질향상 시 원가 상승	안전성이 높아지면 원가 상승
품 질	–	–	안전성을 높이면 품질은 향상

4. 맺음말

공사관리의 상호 연관관계도 전통적 개념에서 벗어나 현대적 관점에서 재해석하고 있으며, 이를 통해 공사수행의 합리성을 높이고자 관리기술들을 개발 적용하려는 노력들이 끊임없이 이어져야 한다.

number 81 시공계획서 작성시 기본 방향과 포함 내용

※'04, '09

1. 개 요

건설 시공관리는 공사의 진행에 따른 환경의 변화, 참여자의 가변성에 대해 건설공사 수행을 위한 착수단계에서 시설물 인수 및 유지관리 단계까지의 업무를 정의하고 적용하는 것으로, 업무 체계 확립을 통한 효율적인 현장 운영과 공사 수행을 위해서는 체계적이고 합리적인 시공계획서를 작성하고 이에 따라 업무를 진행하는 것이 주요 사안이다.

2. 시공계획서 작성 기본 방향

(1) 공사완성을 위한 계획 중심

① 공사 관계자(발주자, 감리자, 시공자, 사업관리자)의 공동 참여 유도

② 발주자의 요구에 부응하는 것을 목표로 작성한다.

(2) 공사관리 분야 중심

공정, 공사비, 품질, 안전을 기반으로 작성한다.

(3) 시공계획 수립 단계별 고려

사전조사, 기본 계획, 상세 계획, 관리계획의 단계로 분류한다.

1) 사전조사

공사개요, 현장 조건, 계약조건 등을 조사한다.

2) 기본계획

① 사전조사를 바탕으로 주공정표 및 개략공정표를 작성한다.

② 공법 검토, 안전관리대책, 품질관리대책, 환경평가 등을 실시한다.

3) 상세계획

주공정표, 기본공정표에 따른 전문 업체의 투입계획, 조달계획, 가설계획 등을 수립한다.

4) 관리계획

위 계획 수행에 필요한 주요 기능별 관리 분야 계획을 수립하고 상세절차를 마련한다.

(4) 공사관리 계획서와 공사관리 절차서로 구분 작성

1) 공사관리 계획서 : 시공을 위해 요구되는 관리 기능에 대한 업무 계획서

2) 공사관리 절차서 : 시공관리 업무 기능에 대한 업무 절차서

3. 시공계획서 포함내용

(1) 공사 개요

1) 공사 개요

① 공사명과 현장위치

② 공사 시행방법(공법)과 공사 기간

③ 공사범위 및 수량

④ 공사참여자(설계자, 감리자, 관련 관청)

2) 조직구성

3) 업무와 책임

① 현장 대리인

② 공무 담당자, 공사 담당자, 품질관리자, 안전관리자

③ 구매 및 경리 담당자, 공정 담당자

(2) 공정계획

1) 현장 조직

2) 예정 공정표 : 예비 공정표, 주공정 계획, 기본 공정표, 시공 공정표

(3) 자원 투입계획

1) 인력 투입계획 : 기구 조직, 인력 투입 예정계획

2) 장비 투입계획 : 장비 기구 조직, 장비 조달, 투입계획

3) 자재 투입계획 : 기구 조직, 자재 소요 및 조달계획

(4) 가설계획

1) 공통 가설계획

2) 직접 가설계획

(5) 구조물(본공사) 시공계획

1) 저층부, 고층부 시공계획
2) 공종별 시공계획(토공사, 골조공사, 마감공사)

(6) 양중계획

양중기의 설치, 운영, 해체 계획

(7) 품질관리계획

1) 품질관리 조직도 작성
2) 품질 시험 및 검사계획

(8) 안전관리계획

1) 안전관리 조직 및 임무
2) 안전관리비 집행 및 안전교육실시 계획
3) 재해 방지계획

(9) 민원처리계획

1) 교통처리계획
2) 클레임 대응책 마련

(10) 문서 및 정보 관리

1) 현장관리시스템 운영계획
2) 문서 관리체계, 분류체계

(11) 공사비 관리 계획

1) 원가관리와 손익관리 계획
2) 실행 예산관리

(12) 구매 및 조달계획

1) 구매 공정표 작성, 구매 시방서 작성
2) 청구시기, 납기, 검수 등 전반적 사항에 대한 검토

(13) 건설 환경 관리계획

1) 환경 관리 조직 구성

2) 공해 및 폐기물 처리 계획

3) 환경관리 대장의 작성

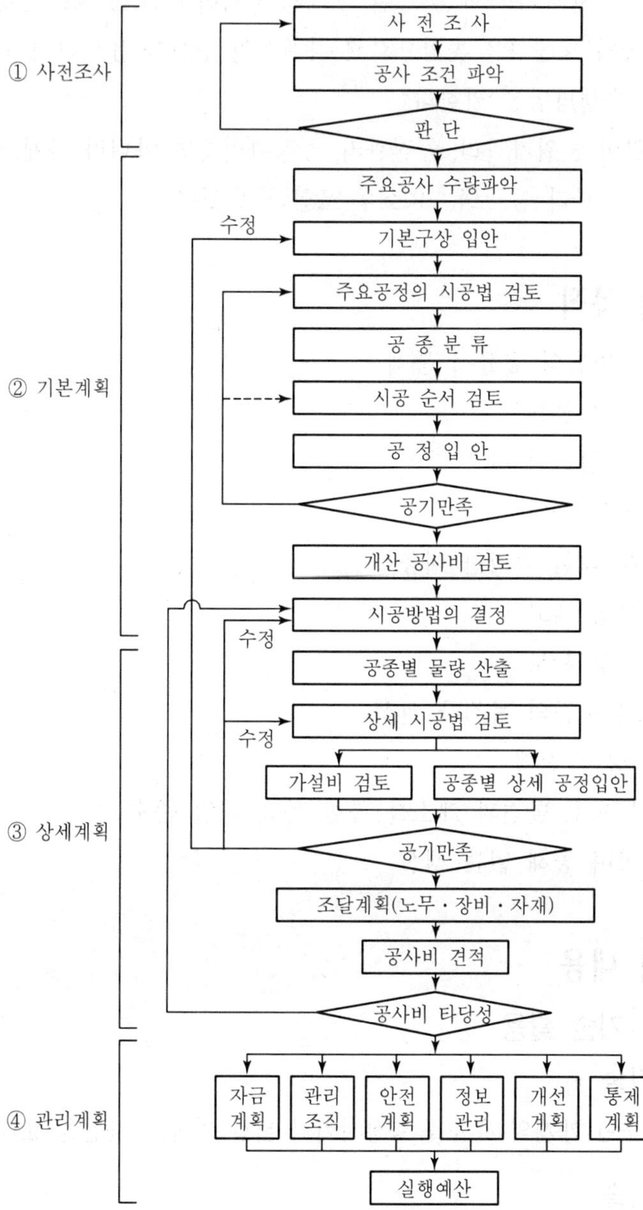

[시공계획의 흐름도]

number 82 시공관리의 목적과 관리내용

1. 개 요

(1) 시공관리란 공사의 수행에 필요한 계획을 수립하고 모든 요소들을 종합적으로 운영하여 시공의 효율성을 높임으로써 경제적인 생산을 유도하기 위한 관리적인 체계와 이의 수행방법을 말한다.

(2) 시공관리 분야는 원가관리, 품질관리, 공정관리뿐만 아니라 자재, 공법, 하자, 하도급, 위험 요소관리 등 모든 요소를 포함하고 있다.

2. 시공관리의 목적

(1) 공기, 품질, 비용의 효율적 통제

(2) 자원의 효율적 활용

(3) 자본 비용의 합리적 사용

(4) 기업의 생산성 증대

(5) 환경 영향에 대한 적정한 대응

(6) 조직의 능률성 제고

(7) 공사의 연속성 확보

(8) 목표한 품질 수준의 목적물 완성

(9) 재해 없는 공사 진행

(10) 공기 지연 요소 발견과 해소를 통한 목표 기일 준수

(11) 친환경적이며 공해 없는 생산

3. 시공관리의 내용

(1) 공사관리 기술 활용

1) 고유기술

생산 수단 개개의 효율을 향상시키기 위한 기술로 자원을 효과적으로 사용

2) 관리기술

보다 좋고, 싸고, 빠르고, 안전하게 목적물을 완성하도록 체계적으로 관리

(2) 일정관리

1) 목표한 시간 내에 공사를 완료하기 위한 일정관리
2) 최적 시공속도와 공기 단축기법을 활용
3) 합리적 공정 계획의 수립과 진도 관리

(3) 비용관리

1) 프로젝트 기획 단계부터 VE, LCC 계획 수립
2) 실행 예산의 적절한 사용
3) 원가에 대한 인식 제고와 절감기법 활용

(4) 품질관리

1) 품질보증 계획 수립과 시행
2) 현장에서 필요한 시험, 검사 실시
3) 하자의 예방과 감소로 비용 절감

(5) 재해관리

1) 지속적 안전교육 실시와 안전 시설물 관리
2) 재해 예방 기법 도입과 활용

(6) 하도급 관리

1) 협력업체의 계열화
2) 기술적 지원을 통한 전문화, 특화 추진

(7) 자재 조달 및 구매 관리

(8) 정보 지식관리

1) 건설공사의 정보화된 데이터 관리
2) MIS, PMIS 체계 활용

(9) 환경관리

1) 폐기물 처리
2) 건설공해 저감 및 발생방지방안 수립과 시행

(10) 조직 통제

(11) 위험도 관리

number 83 우기 시 건설현장 점검사항

* '07

1. 개 요

(1) 우리나라는 여름철 우기 기간이 늘어나면서 갑작스런 집중 호우로, 커다란 피해가 발생하여 많은 인명과 재산의 손실을 가져오고 있다.

(2) 이러한 피해를 방지하기 위해서는 현장에서 사전에 철저한 계획을 수립하고 유사 상황 시 즉각 대응할 수 있는 태세를 갖추어야 한다.

2. 집중호우로 인한 피해

(1) 범람/침수 피해

1) 제방이 붕괴되지 않은 상태에서 물이 넘쳐 발생한 피해

2) 도로, 가옥, 시설물, 농경지 등의 침수 유발

3) 굴토현장에서의 침수 피해

(2) 내수(內水) 피해

1) 하천수위 상승으로 배수가 불가능해 발생한 피해

2) 역류현상에 의해 지천, 배수로 주변의 침수 피해

(3) 토사(土砂) 피해

산사태로 인한 가옥 도로의 파손과 인명 피해

(4) 해일

만조 시 해면의 상승으로 인한 연안 저지대로 해수 유입과 침수

(5) 흙막이 붕괴 피해

(6) 지반 연약화로 인한 침하 피해

(7) 전기에 의한 감전 재해

(8) 작업 중단에 의한 손실 등

3. 수해방지대책 수립 목적

1) 재해 예방을 위한 사전대책 마련
2) 피해를 최소화하기 위한 방재활동체계 마련
3) 방재 업무 숙달
4) 위험 요소의 주기적 점검과 관리
5) 각종 수해 방지 장비의 사용 가능 상태 유지
6) 유관기관의 상호유기적 협조와 복구활동 지원
7) 지휘보고체계 확립 및 신속한 대처능력 배양
8) 재해 기록 유지 및 예방 활용

4. 우기 시 현장점검사항

(1) 배수 설비

1) 양수기 등 배수장비의 설치 및 작동 상태
2) 예비 양수기 등의 준비 여부
3) 시간당 배수 능력
4) 배수처리시설의 배수능력
5) 집수정 정비 상태

(2) 배수로

1) 하수도 내의 토사 퇴적에 의한 유속 저해 여부
2) 유수단면 감소 여부
3) 역류 방지 장치

(3) 굴토사면 안정조치 상태

1) 경사면 보호 대책(비닐, 천막 등 보호 조치 여부)
2) 사면의 높이 제한

(4) 흙막이 벽체

1) 흙막이 벽의 누수 상태
2) 흙막이 벽의 변형 발생 여부 및 배면토 상태

(5) 지반 상태 및 주변 침하 여부

1) 우수에 의한 지반의 연약화 정도, 지반 유실 여부
2) 인접 시설물, 도로 등의 침하 발생 여부

(6) 계측 시설

수위계 및 수압계를 통해 이상 유무 확인

(7) 지수 시설

1) 상부층으로부터 유입되는 빗물을 유도하여 처리하는 설비 설치 상태
2) 하부층 마감재 보호 대책

(8) 자재, 장비의 보양 조치

철근이나 마감재와 같이 손상될 수 있는 자재나 장비의 보양 상태

(9) 바람에 의한 피해방지책

1) 현장 가설 울타리, 낙하물 방지망, 추락 방지망 등 가시설의 설치 상태
2) 고소 위치의 위험 적재물 제거로 낙하, 비래 방지
3) T/C 등의 전도에 대비책
4) 고층부의 갱폼과 같은 거푸집 고정 상태

(10) 전기안전시설

1) 임시 분전반 및 전원 시설의 안전성
2) 누전 차단기 등의 작동 여부

(11) 예비 전원 및 비상 조명

1) 지하층 비상 조명 시설
2) 정전을 대비한 예비 전원 시설

(12) 구조 구난 체계

1) 수방대책 수립 점검 및 지휘
2) 경보 및 지휘 체계
3) 비상 연락망 구성
4) 행동요령 매뉴얼 숙지－재해대책반 임무 숙지

5) 위기 상황 시 대처방법

6) 응급 복구 계획

7) 작업자 안전교육 상태

(13) 재해 보험 등 피해 구제 대책 마련 여부

number 84 건설현장 화재사고 방지대책

※'14

1. 개 요

현장 작업이 많은 건설공사는 작업 중 화재가 발생하기 쉬운 조건을 가지고 있으며, 특히 용접 작업에 따른 화재가 빈번히 일어나고 있다. 도심의 대형화재는 막대한 인명과 재산 피해를 가져오게 되고 다른 재해와 달리 피해 규모도 상대적으로 커질 수 있으므로 사전에 충분한 주의를 기울여야 한다.

2. 화재의 형태와 화재의 3요소

(1) 화재의 3요소

1) 가연물

2) 산소 공급

3) 점화 에너지

(2) 화재의 형태

1) A형(일반화재)

목재, 종이, 천 등의 연소

2) B형(유류화재)

기름, 가연성 가스의 연소

3) C형(전기화재)

전기 기기류, 정전기 등의 화재

4) D형(금속화재)

금속류의 화학적 반응 화재

3. 화재의 원인

(1) 용접에 의한 화재

1) 용접 작업 시 발생한 비산물이 연소 물질과 결합하여 화재 유발
2) 용접 시 가연성 가스와 결합하여 폭발

(2) 과전류에 의한 발화

현장에서 기기 장비의 과다 사용으로 전선, 기기에서 발화

(3) 인화성 가스에 의한 화재

1) 밀폐 공간에서 인화성 물질 취급 시 발화(흡연 등)
2) 전기정전기(스파크) 발생

(4) 분진에 의한 폭발 화재

미세 분진의 농도가 높을 때 불꽃에 의한 폭발

(5) 과열에 의한 발화

기기(모터 등)의 과작동, 지속적 마찰열에 의한 발화

(6) 동절기 보양 시의 화재

콘크리트, 미장면, 조적, 타일면 등의 보양을 위한 난로, 열풍기 등의 화재

(7) 장비·기기 취급상의 부주의

사무실, 숙소 등에서 난방기기(석유난로) 취급 부주의로 발생

(8) 관리상 부주의

1) 화재 예방 조치 미흡
2) 가연물의 방치
3) 과부하장치, 누전차단기 등의 미설치
4) 용접과 인화성 물질 취급 작업의 병행

4. 화재 방지 대책

(1) 작업자 화재 예방 교육

인화성 물질 취급, 용접 작업 시 사전 안전 교육

(2) 유류 화재 방지 대책

1) 방폭형 랜턴 사용
2) 인화물질 및 가연성 가스 이용 시 화기 사용 금지(휘발성 도장재)
3) 지속적 환기

(3) 전기 안전 조치

1) 배전용 차단기 설치(과용량 금지)
2) 누전차단기 설치(과용량 금지)
3) 가연성 가스 적체 공간에서 정전기 방지 장치 부착

(4) 용접 안전 조치

1) 작업 전 주변 인화물질 제거
2) 밀폐 공간 용접 시 환기 조치

(5) 소화장비 비치 및 경보 체계 구축

1) 자동 화재 경보기, 비상벨 등의 설치와 작동 점검
2) 작업장 곳곳에 소화기 비치
3) 방화사(모래), 물 등 준비

(6) 피난 대책 강구

1) 비상시 대피를 위한 비상구 확보
2) 대피 요령 숙지

(7) 위험 작업 시 안전담당자 지정 및 철저한 관리 감독 실시

1) 용접, 가연성 가스 취급, 밀폐 공간 작업 시 안전담당자 지정・관리
2) 안전순찰 실시 및 화기 취급 감독
3) 숙소, 창고 등에서 휴대용 버너 등 취급 제한

5. 맺음말

건설현장의 화재 피해를 줄이기 위해서는 현장별로 현장 특성과 작업 여건에 맞는 매뉴얼을 작성하고 작업 전부터 철저한 예방교육을 실시해야 하며, 작업환경 조성 및 관리감독을 철저히 한다. 또한 화재 시 피해를 최소화하도록 평소에 대피 및 진압 등에 대한 대응요령과 훈련을 실시하는 것도 중요하다.

number 85 WBS(Work Breakdown Structure)

※'00, '02

1. 개 요

(1) WBS란 Project를 효율적으로 수행하기 위하여 계약조건과 시공여건을 고려하여 현장단위별 또는 공사유형별로 상위요소와 하위요소의 연관성을 고려해 작업을 분류한 체계에 의한 Project 관리시스템을 말한다.

(2) 기존의 공사관리 내역서는 공종단위를 기준으로 한 공사금액을 알기 위한 것이었고, 그에 따른 공정관리는 기성금액에 의한 일정관리에 불과한 것이다.

(3) WBS는 공사내용을 작업의 공종별로 분류하여 관리를 효율적으로 하기 위한 합리적인 작업분류체계로 공사내용의 분류방법에는 목적에 따라 WBS, OBS, CBS 등이 있다.

2. 공사분류 체계(Project Breakdown Structure)

(1) 공사분류 구성요소

1) 작업항목(Work Item)

Project를 구성하는 각 차원의 항목

2) 차 원(Level)

Project를 구성하는 요소를 분할하는 관리 범위

3) 복합작업(Work Package)

공정, 원가, 진척 등을 기준으로 각 조직 단위에 의해 작업수행

(2) 공사분류 방법

1) WBS(Work Breakdown Structure : 작업 분류 체계)

① 작업에 주안점을 두고 공사내용을 분류한다.

② 작업내용 파악, 작업 상호관계에 따라 분류한 것

③ 작업량과 투입된 인력분배 용이

④ 작업별 예산 파악이 용이

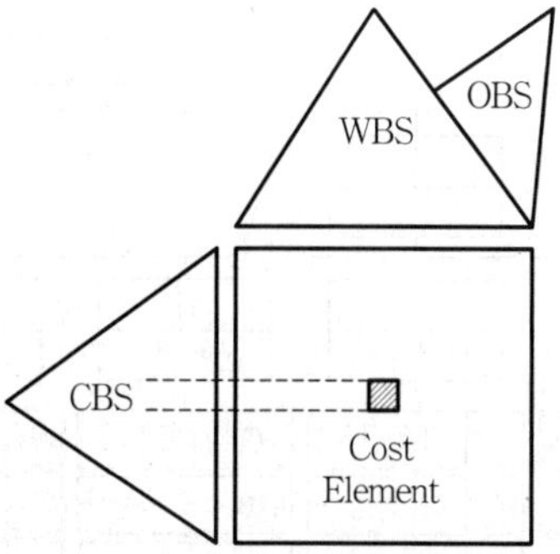

[공사분류 체계]

2) OBS(Organization Breakdown Structure : 조직 분류 체계)

① 공사내용을 관리하는 사람으로 구성된 조직에 따라 분류

② 공사의 권한과 책임의 범위를 설정하기 위한 분류체계

3) CBS(Cost Breakdown Structure : 원가 분류 체계)

① 공사내용을 원가발생 요소의 관점에서 분류한 것

② 공사 차원의 성격에 따라 재료비, 노무비, 외주비, 경비 등으로 나누어 투입된 원가를 대비, 분석하는 방법에 용이하다.

(3) WBS, OBS, CBS의 상호관계

1) WBS는 작업에 따라, OBS는 조직에 따라, CBS는 원가에 따라 분류하고 WBS의 각 level은 OBS와 연계시켜 어떤 작업을 누구에 의해 관리할 것인가를 분류한다.

2) CBS는 WBS의 각 하부 Level 단위작업별 Coat 관리를 위한 표준 Code로서 관리되어 정보를 집약시키게 된다.

3. WBS의 분류기준 및 방법

(1) 작업분류 기분

1) 기술분야별로 분류

2) 책임 또는 관리분야별로 분류

3) 구조물별로 분류

4) 장소별, 위치별로 분류

5) 기타

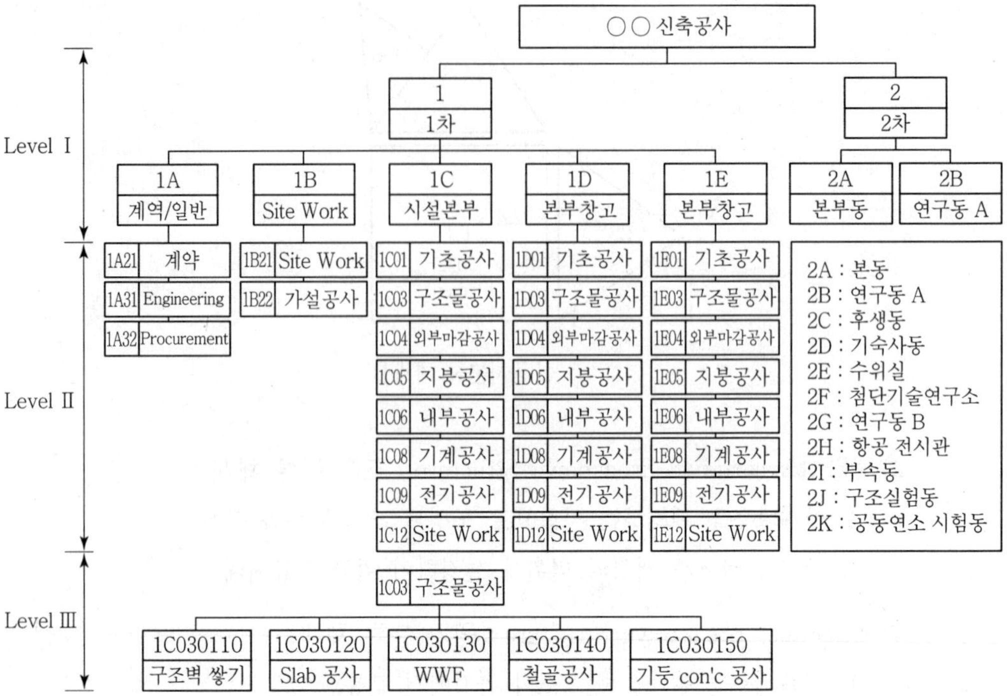

[WBS 작성 실례]

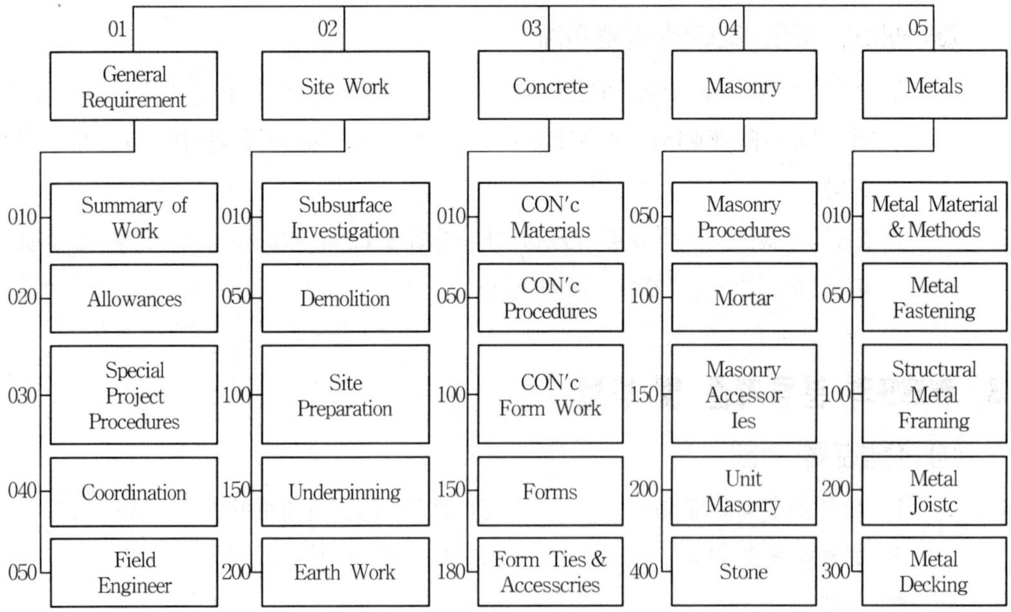

[CBS 작성 실례]

(2) 작업분류 방법

1) 최종 작업단위 Level에 작업범위의 설정을 분명히 한다.

2) 최종 단위작업과 전체 공사와의 관계를 명확히 하고, 요소작업의 중복, 누락이 없게 한다.

3) 작업일정 및 비용계획과 실적을 체계화시키는 체계가 되도록 한다.

4) 작업관리를 용이하게 하기 위해 공사의 하위 Level부터 상위 Level까지 Bottom up 방식으로 일정 및 비용을 집계할 수 있는 관계를 명시한다.

4. WBS의 적용분야

(1) 사업계획 수립 및 예산 배정 분야

(2) 자금계획수립 분야

(3) 공사비 견적 분야

(4) 공정계획 분야

(5) 성과측정 분야

5. WBS 적용시 유의사항

(1) 작업분류체계는 관리가 용이할 것

(2) 작업내용의 중복이나 누락이 없을 것

(3) 작업분류체계가 합리적일 것

(4) 실작업 물량과 투입인력을 관리할 수 있을 것

6. 맺음말

(1) WBS의 작성은 각 요소별 내용에 대하여 Project 참여자들이 공통적으로 인식할 수 있도록 해야 한다.

(2) 또한, WBS는 Project 수행작업내역, 작업수행 방법, 담당회사 또는 담당자, 타 분야와의 관계 등을 명시한 WBS Dictionary를 작성해야 하고, OBS, CBS의 분류체계와 상호 유기적인 상관관계가 되도록 구성한다.

number 86 WBS(작업분류체계)와 CBS(원가분류체계)의 연계 방안

※'06

1. 개 요

(1) 건설공사에 투입되는 원가는 직접비와 간접비로 구성되어 있으며 이러한 비용은 공사 방법에 의해 그 규모가 결정되고 건설공정 즉, 작업의 진도에 따라 투입된다.

(2) 따라서 건설공사비 관리의 주안점은 공사방법과 작업대상(WBS)에 대한 투입원가(CBS)의 관리와 진도율에 대한 투입비용 관리(EVMS)이며 이를 통합하여 관리함으로써 원가관리의 효율성을 높일 수 있으며 합리적 공사비 집행이 가능하다.

2. WBS와 CBS

(1) WBS(Work Breakdown Structure)

1) 작업분류 체계는 건설공사의 범위를 체계적으로 조직, 정의하기 위해 작업 내용(구성요소)를 시설물 또는 업무량으로 분류하여 표기한 계보(Family Tree)이다.

2) WBS의 주요 구성

① 공사 추진 계획 수립을 위한 시설 또는 구간별 분류

② 공사관리를 위한 실행예산 편성

③ 예산관리를 위한 공사관리 기구조직별 분류

④ 진도파악을 위한 작업단위별 분류

⑤ 소요자원파악을 위한 공사 설계서 분류

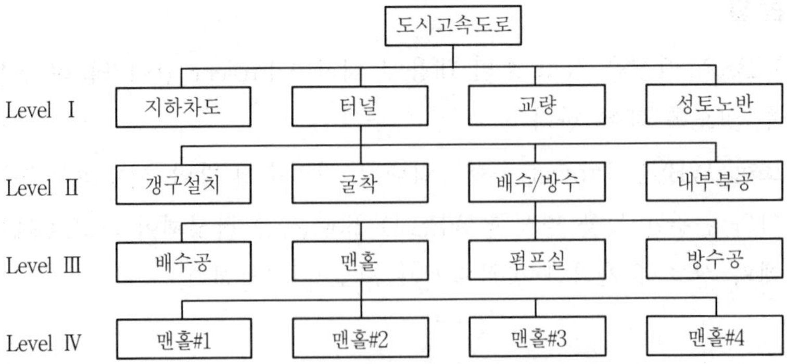

[작업분류 체계]

(2) CBS(Cost Breakdown Structure)

건설공사 내용을 원가 발생 요소에 따라 체계적으로 분류한 것

- 도급액
  - 총원가
    - 공사원가
      - 재료비
        - 직접재료비: 주요재료비, 부분품비
        - 간접재료비: 소모재료비, 소모공구, 기구 비품화, 가설재료비
      - 노무비
        - 직접노무비: 기본급, 제수당, 상여금, 퇴직 급여충당금
        - 간접노무비: 직접노무빝간접노무비용
      - 경비 — 전력비외 20개 비목
    - 일반관리비 — 공사원가×일정률(5~6%)
    - 이윤 — (노무비+경비+일반관리비)×일정률(15%)
  - 부가가치세

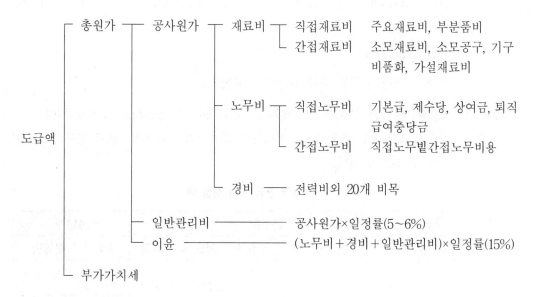

[원가분류 체계]

3. WBS와 CBS의 연계 방안

(1) 원가관리 절차

1) 자원소요계획(Resource Planning)수립
   ① 시공계획의 수립과 WBS/CBS의 설정
   ② 비용단위(Code of Account)에 대한 계획 수립

2) 공사비 산정(Cost Estimation)

3) 실행예산편성(Budgeting)

4) 원가 통제(Cost Control)
   ① 예산집행현황파악 및 예측(Monitering & Forecasting)
   ② 실행예산의 변경관리
   ③ 공사비 대장 관리

(2) WBS와 CBS의 연계 방안

1) WBS와 CBS의 연관성

CBS는 WBS의 각 하부 Level 단위 작업별 Cost관리를 위한 표준 코드로서 관리된다.

2) WBS 분류 단계

WBS는 적정 수준의 분류 단계로 구성한다.

3) 공종별, 작업별 부호나 번호체계(PNS, Project Numbering System)부여

공종별, 작업별로 번호체계를 부여하여 공사관리 정보화시스템과 효율적으로 연계될 수 있도록 한다.

[내역 분류 체계 작성 예]

사업명		1단계		2단계		3단계		4단계	
기호	분류명	기호	분류명	기호	분류명	기호	분류명	기호	분류명
Q1	○○ APT 신축 공사	A	관리동 시설 공사	1	토목 공사	02201	토공사	01011	토사 굴착
								01111	풍화암 굴착
						02352	기초공사	01110	지반개량공
								01300	매트콘크리트
						03205	배수공	00325	주차장A
								00128	구내도로
				2	건축 공사	03011	콘크리트 골조	23987	지하구조
								83423	지상구조
						07111	방수공	64899	내부방수

4) 공사비 코드(Cost Code) 작성

공사비 산정은 각 관리단위작업의 소요비용을 구성하는 공사비 코드 체계(CNS, Cost Numbering System)의 설정으로 가능하다.

5) 작업별 부호 체계(PNS)와 공사비 코드 체계(CNS)의 연계

① 공사비 코드는 작업분류 체계의 관리단위작업에 적정기준을 가진 단위공사비 항목을 연계시킨다.

② WBS의 번호체계(PNS)와 연계하여 공사비 및 자원관리의 효율을 높이고 D/B 구축이 가능하다.

[공사비 코드 번호체계의 예]

02201	01011	0101
작업분류 번호체계	단위작업 번호체계	공사비코드 번호체계

6) 공사비관리 기구 조직 운영

① 조직 구성

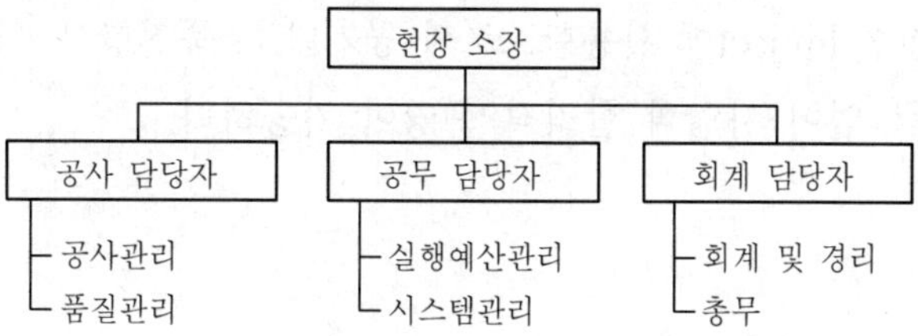

② 조직 역할

㉠ 작업분류체계 작성

㉡ 물량산출 및 비용 배정

㉢ 실행예산 편성 및 공사 데이터 작성

㉣ 시스템 운영 관리

㉤ 진도관리 및 기록유지

number 87 시공성(Constructability)

※'98, '01, '02

1. 정 의

(1) 시공성이란 Project의 전체목표를 달성하기 위하여 계획, 설계, 구매, 현장(시공)운영에까지 시공지식과 축적된 경험을 최적으로 활용하기 위한 System을 말한다.

(2) 시공성을 건설 Project에 활용함으로써 공기단축, 품질향상, 원가절감, 안정성 확보 등의 효과를 얻어 사업의 합리적 운영이 가능하다.

2. 필요성

(1) 기존의 시공 경험을 후속 Project에 효과적으로 활용할 수 있다.

(2) 초기 단계 투입자원의 효과적인 성능분석과 적용이 가능하다.

(3) 계획·설계 단계에 있어서 시공경험 지식을 활용할 수 있다.

(4) 발주자, 설계자 시공자 사이의 조화로 성능 향상을 할 수 있다.

(5) 최적의 LCC를 적용할 수 있어 생산성 효율을 꾀할 수 있다.

3. 시공성 분석

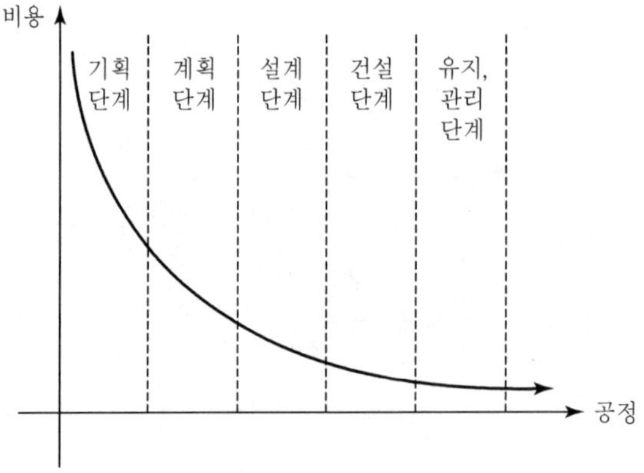

[시공성 분석의 효과]

(1) 시공성은 기획·설계 단계의 적정성 평가
(2) 시공 단계 이전에 기획, 설계, 공법 등의 적절성 평가
(3) 경제성을 위한 비용 요소 분석
(4) 효용성 향상을 위한 설계조건, 자원 제약, 과거 경험, 외부영향 등을 분석

4. 시공성 분석을 위한 단계적 방안

(1) 계획 검토

1) 초기 계획성의 타당성 여부
2) 경제적 효용성 재검토 분석

(2) 설계도서 파악

1) 설계도면과 시방서 파악
2) 구조 설계의 적정성 검토

(3) 현장 조사

1) 현장의 부지조건, 계약조건의 검토
2) 현장 여건 즉 대지, 인접건물에 대한 조사
3) 지중 장애물, 지하 매설물 검토

(4) 공정관리계획

1) 적정 공기 내에 가능한 시공계획 일정
2) 작업시간 순서, 자재·노무 및 기계설비의 적정 및 경제성 검토

(5) 원가관리계획

1) 실행 예산의 손익 분기점 분석
2) VE, LCC 개념 도입

(6) 품질관리계획

1) 설계 및 시공에서의 품질 적정성
2) 시공 과정의 최적화
3) 하자예방

5. Constructability와 VE의 비교

구 분	Constructability	VE(Value Engineering)
목표	비용, 공기, 안전, 품질의 측면에서 건설과정의 최적화	LCC의 전체적인 절감
수행	시공지식과 경험이 프로젝트 계획과 설계단계에서 반영되면서 종합적으로 프로젝트관리가 이루어지는 것	설계기능을 유지하면서 LCC 대안을 검토
시기	개념 계획에서부터 시공단계까지 계속됨	통상 설계단계에서 시행

6. Constructability와 TQM의 비교

구 분	Constructability	품질향상(TQM)
목표대상	설계 및 시공	고객
원칙	• 문제의 예방 • 시공과정의 최적화	바르게 시행할 것
성장	프로그램 과정의 측정 · 시정을 통한 문서상 교훈 습득	측정 · 시정을 통한 계속적인 향상

number 88 Risk Management(위험도 관리)

※'01, '02, '03, '06, '09

1. 정 의

(1) RM이란 건설사업 시행 중에 발생할 수 있는 손해 또는 손실의 가능성이 예상되거나 또는 재정적 손실과 인명피해와 같은 불이익을 예방하기 위한 관리를 말한다.

(2) 건설 Project는 항상 위험성을 내포하고 있으므로 위험성이 예상되는 요인, 요소 등을 발견하여 사전에 대비하고 체계적으로 관리하기 위한 기법이다.

2. Risk의 종류와 관리 방안

(1) Risk 관리 순서

위험도 인식 → Risk 영향 분석 → Risk 완화 → Risk 대응 관리

(2) Risk 인식(파악)

1) 외적 Risk

① 예측 불가능 Risk

㉠ 예측 불가능한 관련법규 개정
㉡ 자연재해(천재지변 등)
㉢ 폭동, 태업
㉣ 민원
㉤ 공기지연

② 예측 가능 Risk

㉠ 시장구조 변화
㉡ 구매조달
㉢ 사회, 환경영향
㉣ 환율, 물가상승, 세제

2) 내적 Risk

① 비기술적 Risk

㉠ 공기지연
㉡ 공사비 초과
㉢ 자금수급 중단

② 기술적 Risk

㉠ 설계오차, 누락, 시방서 미흡
㉡ 설계와 상이한 현장조건
㉢ 작업성, 생산성
㉣ 특수 Project 기술 및 경험

③ 법규관련 Risk

㉠ 인 · 허가
㉡ 특허권
㉢ 계약해지, Claim
㉣ 소송
㉤ 불가항력

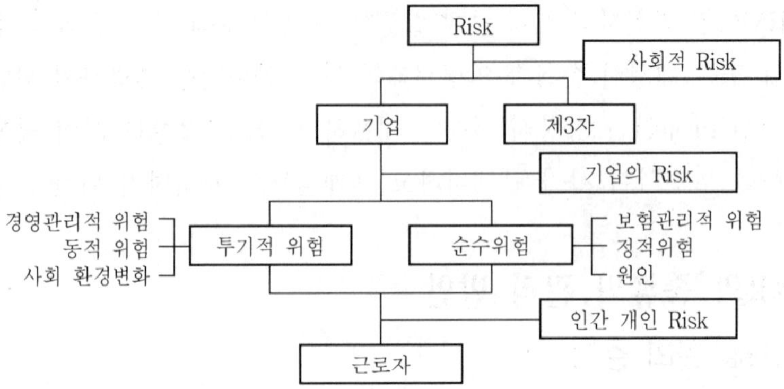

[Risk Flow]

(3) Risk 영향분석

1) Risk 특성
2) 발생할 가능성
3) Project에 미치는 영향도 : 발생가능성, 손해, 손실 · 상해 정도
   ① 기술적 영향도
   ② 비용에 미치는 영향도
   ③ 공정에 미치는 영향도
4) 작업분류 체계분석
5) Network 분석
6) LCC 분석

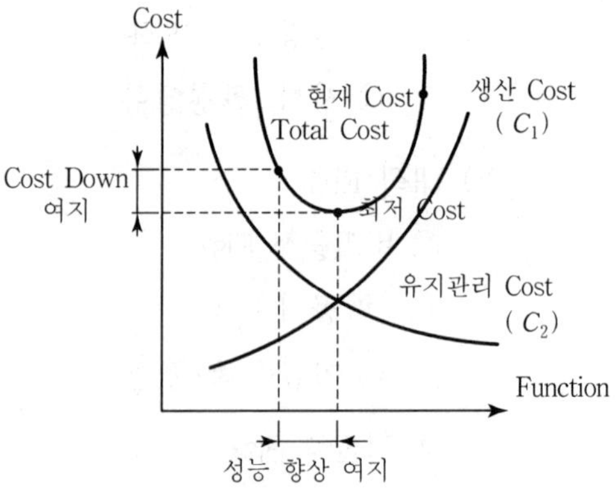

(4) Risk 완화

1) 보험가능 Risk
   ① 직접 재산손해
   ② 간접 연계재산손해
   ③ 법적 책임

④ 피해범위 및 금액 사정

2) 영향분석

① 당초계획 변경

② 계약범위

③ 불확실도

④ 긴급대책 수립

⑤ Project, LCC 변경

(5) 대응관리

1) 위험도 배분

① 발주자, 설계자, 시공자에게 할당 부담

② 국제 표준약관 및 보험 등을 고려, 공평한 배분

2) 위험도 보증 및 보험

① 입찰보증, 계약이행보증

② 위험도 보험 등

(5) Risk 제어 및 조직관리

1) 위험도 관리의 자료 문서화

2) 위험도 소요재원의 재검토

3) 추후 확장, 검색, 수정이 쉽도록 관리

3. 맺음말

(1) Risk Management는 기업의 현재 사업과 미래의 투자에 따른 위험요인을 포함한 사회적 부분부터 하부 개개 근로자의 위험까지를 포함하는 광범위한 개념이다.

(2) 기업을 둘러싸고 있는 환경이 날로 급변하면서 Risk 요인도 다양화되고 복잡해지는 현실에서 이에 대한 관리기술과 대응방법을 강구하는 것이 필요하다.

number 89 건설공사 단계별 Risk와 대응 방안

※'03, '09, '12, '13

1. 개 요

건설규모가 커지고 개발형 사업의 추진이 늘어나면서 Risk의 가능성과 피해 규모도 증가하는 추세이며, 이러한 위험에 대응하기 위해서는 보다 체계적이고 과학적인 접근 방법을 마련하고 대응해 나가야 한다.

2. Risk의 발생영역과 관리순서

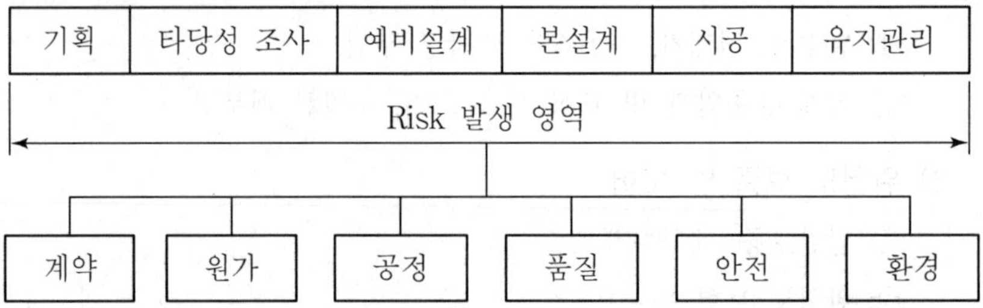

3. 관리순서

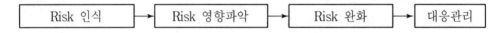

Risk 인식 → Risk 영향파악 → Risk 완화 → 대응관리

4. Risk 단계별 요인과 대응 방안

(1) 기획단계

1) 발생요인

① 미분양, 미임대 발생 가능성

② 투자금 유치 불가능 : 투자 손실 발생

③ 초기 투자비 과다 투입 : 고이율 자본 유치

2) 대응방안

① 사업성 검토

㉠ 분양, 임대 시장 특성 파악

㉡ 건물의 규모와 용도의 합리적 조정 : 부지 구입비, 홍보비, 설계비, 시공비

㉢ 지역적, 사회적 특성과 인구 구성 등을 감안

② 자금 조달 계획

㉠ 투자금 유치 방식 및 자금 조달 계획 수립

㉡ 투자비 회수 계획 판단

③ VE, LCC 기법

VE, LCC 기법에 의한 계획

④ 전문가 활용 : 전문가 System

⑤ Data 활용 : PMIS 체계

(2) 설계단계

1) 발생요인

① 부적합한 설계, 과도한 설계, 도면 상이, 시방서 누락

② 법규 해석 오류(지역별 조례)

③ 비용산출 : 견적 오류

2) 대응 방안

① 예산 계획

㉠ Cost Plan에 의한 예산 수립 : Cost Engineer

㉡ VE/LCC 기법에 의한 설계

② 지역적/용도별 특성 고려

③ 법규 관련 사항 검토

④ Simulation 기법 활용으로 위험 요소 제거

⑤ CAD 활용/PMIS 활용

⑥ 시공성(Constructability) 확보

(3) 시공단계

1) 발생원인

① 품질 저하, 부실공사

② 인허가 사항, 특허권

③ 자재 조달 지연

④ 안전사고 발생

⑤ 계약조건 상이, 계약 해지, 계약 불이행

⑥ Claim, 공사비 초과

⑦ 기성금 지급 지연 등

2) 대응 방안

① 품질 관련

ISO 표준화, TQC에 의한 품질 관리

② 원가 관련

㉠ VE 기법, EVMS에 의한 공사비 관리

㉡ 실행 예산 작성, 신기술 도입으로 원가 절감

③ 계약 관련

시공자와 발주자의 동등 지위, Partnering 계약

④ 환경 관련

㉠ 환경 영향 평가

㉡ 공해/폐기물 대책 수립

⑤ 공사(사업)관리

전문가에 의한 관리(CM)

⑥ 전문가 활용

Claim 전문가, 정보 전문가 육성

⑦ 보증제도 활용

㉠ 계약 이행 보증

㉡ 하자 이행 보증

number 90 건설 Claim과 건설 분쟁

※'98, '01, '04, '05, '19

1. 개 요

(1) 건설 Claim이란 계약시 혹은 계약 이행 중에 발생한 계약 당사자 간의 의견 차이로 인한 어느 일방의 요구나 주장, 청구 또는 이의신청이라 할 수 있다.

(2) Claim은 협상 자료로서 상대방에게 제기되는 '실정보고' 형태의 분쟁 이전 단계로 Claim이 제기되어도 협상에 의한 타결시 분쟁이라 하지 않는다.

2. 건설 분쟁의 원인(종류)

(1) 공사 지연에 의한 클레임(Delay Claim)

1) 설계 관련 공기 지연

설계서의 오류, 누락, 불명확한 기재 사항

2) 지급 자재에 의한 공기 지연

지급 자재 공급 지연, 제품의 품질 관련 손실

3) 불가항력 사유에 의한 공기 지연

공사 종류, 현장 조건에 따라 기상 조건의 일부를 시공자가 감수하도록 하는 경우의 손실

4) 타공사와의 간섭에 의한 공기 지연

5) 시행자, 감리자의 지시에 의한 공기 지연

① 공사중지, 추가 공사에 대한 지시
② 시험 검사의 승인 지연, 설계 변경 승인 지연
③ 설계도서나 성과도의 인도 지연
④ 시공 전 사전 사용

(2) 공사 범위 클레임

1) 계약 이외의 업무 범위 요구
2) 불명확한 사안에 의한 비용 변경
3) 구두 지시에 의한 시공

(3) 현장 조건 변경 클레임

1) 예상치 못한 지하 구조물이나 지반 상황
2) 설계도서와 불일치하는 현장 조건

(4) 공기 단축 클레임

1) 공사 기간의 일방적 단축 요구시 발생 비용
2) 발주자의 지시, 증액조건, 기능에 해당하는 작업 촉진시 발생된 공사비 증가

(5) 시공 순서 및 공법 변경

제출, 승인된 공사 계획서와 다른 순서, 공법으로 변경시 준비된 장비, 자재의 손실

(6) 계약 관련 클레임

1) 계약 문서 불확실
2) 문서 간의 불일치
3) 설계도서 검토 미흡
4) 현장 조사 부족
5) 부정확한 입찰 정보 및 기간 제공
6) 불합리한 계약

(7) 설계 변경 클레임

1) 누락, 오류, 불명확한 사항, 불일치 사항
2) 구두에 의한 설계 변경 지시

3. 클레임 제기

(1) 클레임 타당성 검토

1) 계약 문서를 검토하여 보상, 설계 변경 가능 여부 파악
2) 제기할 클레임 종류 파악
3) 추진중인 업무 진행 과정, 당사자의 관계 등 타당성 검토
4) 클레임 제기 절차 및 입증 과정, 추진 여부 결정
5) 클레임 청구 금액 산출

(2) 클레임 근거 문서 준비

1) 현장 설명서, 설계도면, 시방서, 물량 내역서
2) 공사도급 표준계약서, 설계서, 공사 입찰 유의서, 공사계약 일반 및 특수 조건
3) 단가 산출서, 수량 산출서, 구조계산서, 일위대가, 공사비 지수, 각종 보고서

(3) 클레임 제기

1) 클레임 전문가 참여
2) 후속적으로 진행될 중재/소송을 염두에 두고 작성
3) 클레임 문서에 포함할 내용
   ① 공사 개요, 클레임 경위, 공사비 산출 기준, 항목별 계약 당사자 책임 분석
   ② 공정 분석, 손해 분석, 입증 자료
4) 비용 산정
   ① 설계변경 : 거래 실례 가격
   ② 공기연장 : 회계예규인 실비 산정 기준
   ③ 물가변동 : 지수 조정률이나 품목 조정률 중 계약한 사항

4. 손실 분석

(1) 추가 투입 비용에 대한 금융비용(Financing Cost)

1) 공사 지연, 기성 지급 지연, 작업 범위 변경에 의한 추가 비용에 대한 금융비
2) 사업자의 건설 사업비에 대한 차입 금융 비용
3) 시공 계약자의 현장 투입비에 대한 금융 비용

(2) 초과 투입 직접 공사비

1) 설계 변경, 추가 공사, 공법 변경, 공기 단축 등에 의한 발생 비용
2) 계약서 이외의 추가 작업
3) 해당 작업을 위한 부지, 설비, 시설의 임차 비용

(3) 손실 기회에 대한 비용

1) 공기 지연으로 인해 예상되는 소득 손실
2) 공법 변경에 의한 이윤 감소

3) 계약 해지에 의한 이윤 감소 등

(4) 추가 투입된 현장 관리비

(5) 본, 지사 관리비

(6) 물가 상승에 의한 비용 증가분

5. 분쟁 해결

(1) 분쟁 해결 절차

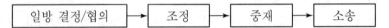

일방 결정/협의 → 조정 → 중재 → 소송

(2) 일방 결정

클레임 철회나 다른 조건에 의한 보상으로 청구권을 포기하는 경우

(3) 협 의(Direct Negotiation)

1) 분쟁 당사자 간에 '실정보고'를 바탕으로 확인, 검토, 협상을 통해 이견을 조정, 합의하는 과정
2) 가장 합리적인 방법으로 시간과 비용 절감

(4) 조 정(Mediation)

1) 독립적이고 중립적인 제3자에 의한 조정으로 법적 구속력은 없다.
2) 건설산업 기본법 상의 건설분쟁 조정위원회(중앙, 지방위원회)의 조정
3) 조정위원회는 조정신청 후 60일 이내 조정안 제시
4) 당사자는 조정안을 제시받은 후 15일 이내에 수락 여부를 통보
5) 정부계약은 재정경제부의 국제계약분쟁조정위원회에서, 지방자치단체는 행정자치부의 '지방자치단체국가계약분쟁조정위원회'에서 담당한다.

(5) 중 재

1) 중립적인 제3자에게 이견을 제출한 것에 대한 법률적 구속 절차
2) 국내에서는 대한상사중재원의 중재에 의하며, 중재 판정은 국제적인 효력도 있다.

3) 직소금지 조항

중재계약이 무효이거나 효력상실, 이행 불가능한 경우에만 소송을 제기할 수 있다.

4) 최종 해결

중재 판정이 내려지면 소송과 같이 항소, 상고가 허용되지 않는다.

5) 표준중재 조항

표준중재 조항이 적용되는 모든 분쟁은 대한상사중재원의 중재에 의하여 최종적으로 해결한다.

6) 소 송

① 최종결정을 법원에 요청하는 방법

② 중재계약의 무효, 효력상실, 이행 불가능한 경우에 한하여 정식 소송을 제기

6. 분쟁의 방지

(1) 시공관리 철저

1) 계약서 작성 및 검토

① 공사 계약 문서의 검토

② 명확하고 표준화된 계약 서류 작성, 검토

③ 클레임 대비 자료 준비

④ 클레임 기록 관리 기준 명시

⑤ 클레임 제기시 준수 사항을 명시

2) 공사 수행

① 착공 단계

㉠ 착공자 공사 회의 운영

㉡ 착공 전 시공계획서 작성, 승인 의무화

㉢ 공사 관계자의 책임과 권한 명확화

② 시공계획서 작성

㉠ 현장과 공종에 맞는 현실적인 시공계획서의 작성과 승인 시공

㉡ 설계도서의 검토(오류 보고 및 수정)

③ 기성 검사 승인

④ 공기 조정

㉠ 지연 사유 입증

㉡ 공기 연장 신청

㉢ 공기 단축시 문서화

⑤ 감리원의 역할과 책임 명확화

⑥ 사업시행자의 의무 규정 작성 및 준수

⑦ 하자 보수 기간 및 보증 명시

(2) 조정 능력 강화

1) 공사계약 일반 조건(회계예규) 개선

2) 변호사 외의 건설공사 계약전문가에게도 중재대리권 부여

3) 중재 판정의 신뢰도, 공정성 제고

4) 중재위원에 건설 전문가 참여

5) 공공 공사에서 조정 활성화

(3) 의식 변화

1) 사업시행자, 시공자 모두 계약에 대한 의식 제고

2) 발주자 우위 의식 탈피

(4) 제도적 개선

1) 불평등한 계약 관행 개선

2) CM 활성화를 통해 사업관리 표준화

3) 파트너십 강화(파트너링 계약 활성화)

(5) 기술력 향상(Engineering 능력)

1) 충분한 사전 검토 : 사업성 검토 단계에서부터 철저한 조사와 검토

2) 공사 관리 기술 향상(공정, 품질, 원가, 계약 등)

3) 국제적 클레임 전문가 육성

4) 국제적 표준화(계약, 관리 기술)

number 91 건설공사 Claim의 유형과 방지 대책

※'98, '05, '06, '09, '12

1. 개 요

(1) 건설공사에서 Claim이란 발주자와 도급자가 계약완료 후 공사진행 과정에서 변경된 사항에 대한 상호권리를 주장하는 행위로서 의견의 불일치 상태를 말하는 것이다.

(2) Claim의 발생유형으로는 공기지연, 작업범위, 공기촉진, 현장조건 상이, 공사비 지불지연, 계약 파기, 자재 공급 지연 등을 들 수 있다.

(3) Claim 예방대책으로는 발주자 위주의 계약내용 개선, 국제수준에 맞는 계약제도 장비, Turn Key 발주 확대, 종합 건설업 면허제도에 의한 EC 능력 배양, CM 제도의 도입 등을 들 수 있으며, Claim이 발생할 시에는 협상, 조정, 중재로 해결해야 한다.

2. Claim의 발생유형

(1) 공기 지연에 의한 Claim

1) 계약기간 내에 공사를 완료할 수 없을 때 발생
2) 도급자의 자재조달 지연, 작업지시의 지연으로 발생
3) 도급자의 착공지연, 작업지연
4) 기타 주변 민원에 의한 지연
5) 전체 Claim의 대부분이 이에 의해 발생됨

(2) 공사범위(한계)에 의한 Claim

1) 계약서상 범위 이외의 작업수행 요구시 발생
2) 공사 전반에 걸쳐서 발생되며, 작업 한계의 모호성 때문에 발생
3) 도급자의 설계변경 요구에 의해 주로 발생
4) 발주자의 무리한 작업 요구시에 발생

(3) 공기 촉진에 의한 Claim

1) 발주자에 의한 계획공기보다 단축할 것을 요구할 시 발생
2) 발주자의 사업성 요구에 의해 주로 발생
3) 공기단축을 위해 투입된 인력, 장비, 자재에 대한 도급자의 요구시 발생

(4) 현장조건 상이에 의한 Claim

1) 설계도서상 내용과 실제 현장조건 차이에서 발생하는 Claim

2) 지하굴착 공사시 암 발생 및 폐기물 매립시 등

3) 주변공사 민원에 의한 공사 지연시

(5) 발주자의 공사비 지불 지연에 의한 Claim

1) 발주자의 공사비 지불능력 상실시

2) 어음 지불기간이 길고, 현금 미지급시

(6) 계약파기에 의한 Claim

1) 발주자의 일반적인 계약 파괴시

2) 도급자의 공사수행 불가능 상황 발생시

(7) 주변 민원에 의한 착공 지연시

(8) 감리범위에 의한 Claim

1) 발주기관(감독)과 감리와의 업무범위 마찰

2) CM과 책임감리와의 업무

(9) 설계·시공 분리 발주에 따른 책임한계 Claim

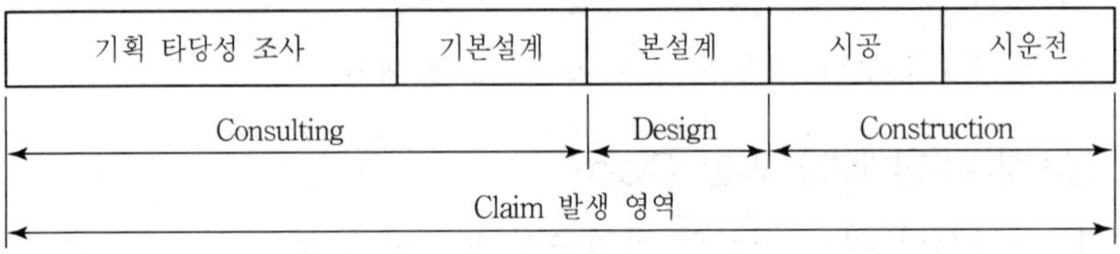

[Claim 발생영역]

3. Claim의 문제점

(1) 국내현황 및 문제점

1) 사회 인식적 문제

① Claim에 대한 잘못된 인식(불평으로 인식)

② 과거의 관행적 습관으로 치부

2) 계약제도적 문제

① 발주자 위주의 불평등 계약 관행

② 국제 표준계약과 비교시 불평등

3) 관리, 기술적 문제

① 시공 위주의 도급관행

② 계획성 없는 공사관행 및 절차

③ Claim 발생시 해결기구 부재

(2) 국제적 문제

1) 계약서류의 비국제화 문제

2) 관행에 의한 도급자 불평등 문제

3) 시공 위주로 인한 Engineering 능력 부족

4) Claim 경험 부족과 분쟁해결 기구 부적절

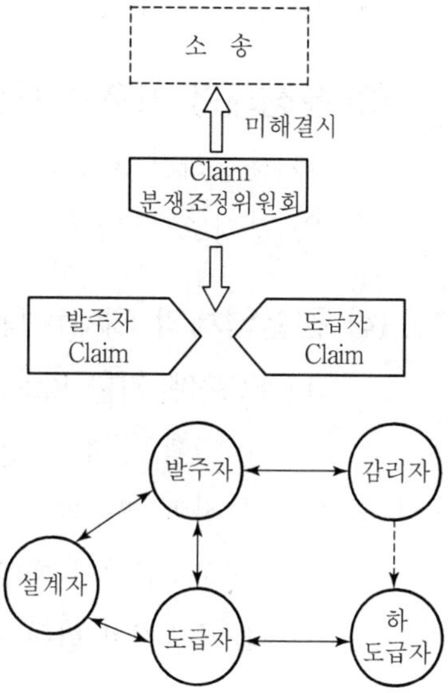

[Claim 발생의 상호관계]

4. Claim 방지 대책

(1) 국내 Claim 방안

1) 공사착수 전 대책

① 합리적인 계약서 작성(발주자, 도급자, 상호 평등)

② 자재공급, 노무 등의 수급을 포함한 공사계획 및 관리 철저

③ 계약서, 설계도, 시방서 등에 대한 충분한 사전 검토 보완

2) 공사진행시 대책

① 공사진행 과정의 작업일지, 사진, 문서발송, 회의록 등의 문서화 유지

② 설계, 시공관리에 따른 책임한계 명확

③ 실비정산도급제도로 공사비 지불시 Claim 해소방안 마련

(2) 국제 Claim 대책

1) 공사계약 관련 서류의 국제화

2) 각종 인·허가에 대한 법령검토 및 단순화

3) 지자체별 발주기관의 능력 배양

4) 장기적 사업 Master Plan에 의한 체계적 발주 계획

5) 설계 및 Engineering 능력 배양

(3) 분쟁해결 기구의 활성화

1) 분쟁해결 기구의 전문화

2) 분쟁조정위원회의 조정능력 강화

(4) 건설업체의 Claim 대응 방안

1) EC화에 의한 Engineering 능력 배양

① 기획, 설계, 시공의 종합 수행능력 배양

② 시공 위주의 도급관행 지양

③ 하도급업체 계열화방안 추진

④ 종합건설 면허 제도화

2) CM화에 의한 시공관리

① 기획, 설계, 시공, 유지관리의 종합적 시공관리

② CM 전문가 교육 및 육성

③ 외국 업체와의 CM, 공동도급 시행

5. 맺음말

Claim에 소극적인 국내풍토에서 국제화 시대로 이행되면서 Claim에 대한 대처능력이 중요한 사항이 되었다. 계약제도와 계약내용의 보완과 국제적 기준 마련, 투명한 공사를 통해 Claim에 대한 대응능력을 갖춰나가야 할 것이다.

number 92 하도급업체의 선정 및 관리

※'00, '05, '10

1. 개 요

(1) 건축 생산조직은 발주자, 설계감리자, 시공자로 구성되며 시공자는 원도급자와 하도급자로 분류할 수 있다.

(2) 건축공사는 다양한 노동력과 기술력이 필요하므로 단일조직으로 공사를 수행하는 데는 한계가 있으므로 전문공사별로 하도급업체를 선정할 필요가 있다.

(3) 원도급업체는 하도급 공종의 공사품질을 확보하기 위해 협력업체의 등록평가에 관한 합리적인 기준에 근거하여 하도급업체를 선정, 관리하는 것이 중요하다.

2. 하도급업체의 필요성

(1) 수주에 의한 주문생산

공사량이 불안정하여 공사량에 따라 적정 규모의 하도급업체가 필요하다.

(2) 옥외 이동생산 구조

공사별로 건축생산현장이 산재되어 있으므로 공장생산과는 달리 상시 고용이 곤란하다.

(3) 동·하절기의 건축 비수기가 존재

건축수요에 따라 임금이 불안정하고, 계절적 노동자에 대한 의존도가 크다.

(4) 공사의 복잡화, 대형화, 전문화

3. 하도급업체의 선정

전문공종의 하도급업체를 선정하기 위해서는 전문공사별로 적정수의 협력업체를 등록하고, 공사발주시 해당공사에 적합한 협력업체에게 입찰토록 하여 하도급업체를 선정한다.

(1) 협력업체의 등록

1) 정기, 수시로 적격 협력업체를 공종별로 등록

2) 모집방법

공개, 사내 추천방식

3) 등록신청 업체의 평가내용

① 시공능력 : 조직, 인원현황, 기술자, 면허소지현황, 자재, 장비보유현황

② 시공실적 : 유사 공사의 실적

③ 재무상태 : 재무제표 분석－부채비율, 유동성, 공사이익률, 금융거래현황, 납세(시, 국세) 상태

④ 기타 : 우수업체 지정 여부, 관련 특허, ISO 인증, 대표자 이력 등

4) 등록업체의 선정

① 사내 기준에 의거, 조항 항목을 종합

② 공종별 적정수 이내에서 일정 배점 이상인 업체를 적격자로 선정

(2) 하도급업체의 선정

원도급업체는 발주자로부터 공사를 도급받으면 해당 공종별 등록된 협력업체를 하도급 입찰에 참여시켜 낙찰자를 선정한다.

1) 입찰참여업체 지명

① 협력업체 등록자 중 지명 또는 자유경쟁 입찰방식으로 입찰 지명

② 미등록업체는 등록절차 선행 후 참여토록 유도

2) 입찰 통보

① 현장 설명 장소, 일시

② 입찰, 개찰장소 및 일시

③ 개찰방식 : 공개, 비공개 등을 통보

3) 현장설명

① 입찰금의 산출 및 공사 시공에 필요한 설계도서를 열람하게 한다.

② 견적기간과 입찰일을 고려하여 실시

4) 입 찰

공사규모, 견적기간을 고려하여 현장 설명 후 실시

5) 낙찰자 선정(하도급업체 선정)

입찰 참가업체가 제시한 가격 중 최저 입찰가격과 원도급업체의 공사실행예산을 비교하여 선정

① 최저입찰가격보다 공사실행예산이 같거나 더 클 때

㉠ 최저입찰자를 낙찰자로 선정

㉡ 저가기준액 이하시 낙찰자 대상에서 제외

㉢ 동가격 입찰자가 다수일 때 : 추첨하여 선정

② 최저입찰가격이 공사실행예산보다 클 때

모든 입찰자와 가격을 협의하여 공사예산금액 이내에서 낙찰자 선정

4. 하도업체 관리방법

도급자는 하도업체의 원활한 공사수행과 부실시공을 방지하기 위해 등록된 협력업체를 연중 지속적으로 실사, 지원하여 등록기간의 연장, 최소 및 우수협력업체의 지원, 불성실업체에 대한 제재 등이 가능하도록 관리하여야 한다.

(1) 협력업체의 평가주체

현장소장, 사업본부, 본사 자재팀이 각자의 배정범위 내에서 등록 하도업체를 평가

(2) 등록기간의 연장, 최소

1) 협력업체의 평가등급을 특정 구간별로 구분

우수, 양호, 미흡 등

2) 우수, 양호 판정시 자동연장(등록기간)

3) 미흡판정 및 일정기간 실적이 없는 업체는 등록취소

(3) 우수업체 및 불성실 업체의 관리

1) 우수업체에 대한 지원

① 선급금 지급범위 확대

② 각종 보증서의 제출의무 면제 : 계약이행 보증서 등

③ 신기술, 신공법개발 지원

④ 협력업체 계열화 대상으로 격상 도모

2) 불성실업체에 대한 제재

① 대상요건 : 불공정 거래업체, 도산업체, 안전관리 불량, 노임체불

② 일정기간 입찰참가 제한

③ 등록취소 등

5. 하도급업체 관리시 유의사항

(1) 하도급 발주시

일괄하도급 금지 : 도급공사의 대부분을 1인의 제3자에게 하도급시

(2) 하도급 계약시

1) 우발적인 위험의 축소 또는 회피

2) 계약이행보증서 및 선급금 지급보증서 등의 확보

(3) 공사 진행시

1) 법정기한 내 기성금의 확정 및 지급

2) 하도업체의 부도 예방 및 손실 최소화

(4) 준공시

1) 시공물량 정산 및 하자보수 이행보증서 확보

2) 이상의 공사수행 내용 Database화하여 Feedback

number 93 건설 표준화의 대상과 표준화 방안

※'97, '98, '01, '04

1. 개 요

(1) 표준화란 일정제품의 치수, 규격, 형상, 성능, 절차, 방법 등의 통일화, 즉 생산 공정상의 일정한 통일을 말하는 것이다.

(2) 건설업은 옥외 이동생산, 주문생산으로 시공여건과 규모, 특성이 모두 다르며, 습식공법의 한계 등으로 표준화에 어려움이 있다.

(3) 그러므로 건설 표준화를 위해서는 설계단계에서부터 부품생산, 시공조립, 제도 등의 건설 Project의 전 작업과정에서 노력이 필요하다고 본다.

2. 건설표준화의 필요성

(1) 품질향상

(2) 원가절감

(3) 공기단축

(4) 공업화 건축의 실현 : 기계화, Robot화

(5) 건설정보통합의 전산화 구축 마련 : CIC, CALS

(6) 건설 Claim 방지

(7) 국제경쟁력 향상

3. 표준화 대상

(1) 설계기술 : CAD

(2) 공장 생산기술

(3) 부품의 치수, 규격, 성능

(4) 조립부품

(5) 설비 System, 사무처리기술, 각종 서식

(6) 시공관리 System : CPM, SE, VE, IE, LCC 등

(7) 유지관리 System : LCC

(8) 정보의 표준화 : u-표준화

4. 건설기술의 단계별 표준화 방법

(1) 설계단계에서의 표준화

1) CAD(Computer Aided Design)

계획 및 설계의 System화, 부품화 설계

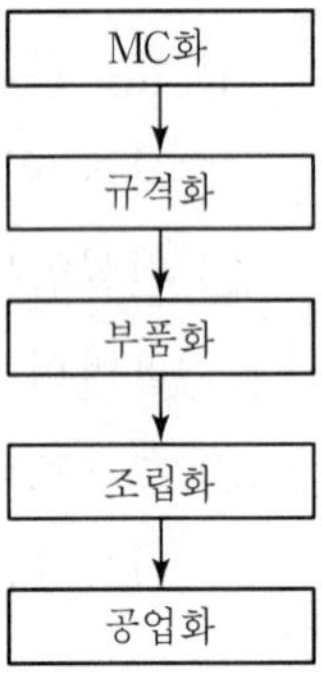

2) 치수의 표준화 : MC화(척도 조정)

3) 적산방식의 표준화

① 부위별 적산방식

대상건축물을 기초, 구체, 외벽, 내벽, 바닥, 설비 등으로 나누어 적산

② 실적공사비 적산 방식

(2) 공장생산의 표준화

1) CAM(Computer Aided Manufacturing) 도입

2) 공업화 생산

① 규격화 : 단순화, 전문화

② 전문화 : PC화

③ 조립화 : 철골공업화

3) 자재조달의 표준화

① 적시생산(Just in Time) System

㉠ 현장 조립공정에 맞추어 공장생산품을 Stock 없이 즉시 조립

㉡ 공장제작 System 파악

(3) 시공기술의 표준화

1) 자재의 표준화

① 자재의 규격, 치수, 성능, 절차, 방법

② 표준화 인증기구 : KS, ASTM, JIS, ISO

③ 재료의 건식화, 조립화

㉠ 철근 : Prefab화

㉡ 거푸집 : 대형 거푸집화, System화

㉢ 콘크리트 : PC화

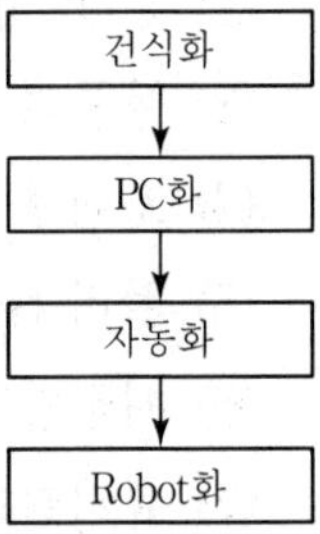

[공법의 표준화]

2) 공법의 표준화

① 복합화 공법(System화)

㉠ 철근 Prefab화, System 거푸집화, 고강도 CON'c화

㉡ H-PC 공법, PRC 공법, 적층공법

② 시공기술의 자동화(Site Automation)

㉠ 기계화 시공

㉡ Robot화 시공

- 마감공사용 Robot : c/w, 외벽 Tile
- 골조공사용 Robot
- 시험검사용 Robot

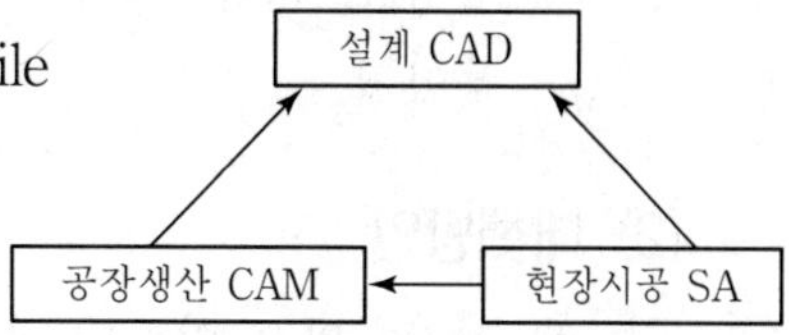

[설계, 생산, 시공의 표준화]

3) 시공관리의 표준화

① 공정의 표준화

㉠ CPM ㉡ 최적공기법

② 원가관리의 표준화

㉠ VE : 최소 원가절감기법

$$V=\frac{F(\text{성능})}{C(\text{비용})}$$

㉡ EVMS 적용 : 시간과 비용의 통합관리 방안

③ 품질관리의 표준화

㉠ QM, TQM, TQC ㉡ ISO 9000 Series

④ 안전관리의 표준화

4) 유지관리의 표준화

① 유지관리의 System화

② Computer에 의한 통합관리 System

(4) 사업관리(CM)를 통한 표준화 방안

1) 기획, 설계단계에서부터 표준화 후 시공의 표준화

2) CM 전문가 육성과 제도적 추진

3) EC화와 연계적 추진

4) CM화를 통한 Project의 표준화

5. 건설기술 표준화의 문제점과 대책방안

(1) 표준화의 제약요인

1) 건설업의 특수성 : 주문생산, 옥외 이동생산
2) 설계자의 표준화 인식 부족
3) 습식공법에 의한 건식화의 한계
4) 수요자의 인식 부족
5) 공정표, 내역서, 시방서, 적산서의 내역체계의 불일치

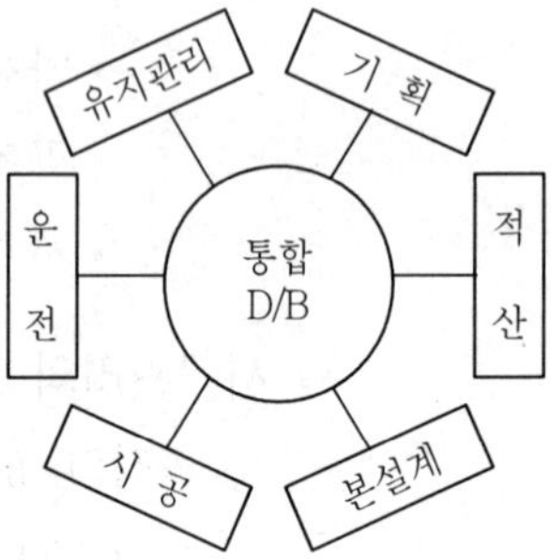

[CIC 기본도]

(2) 대책방안

1) 신기술의 도입 : EC화, CM화
2) 통합전산화 System 구축 : CIC, CALS화
3) EC화의 추진 : Project, 공법, 관리의 체계화

6. 맺음말

건설산업의 특수성에 비추어 표준화가 어려운 점들이 있으나 설계, 생산, 관리 측면에서 국제적 기준과 규격에 맞는 System을 갖춘다면 생산성 향상에도 크게 기여하게 될 것이다.

number 94 건설표준화의 분야와 영향

※'01, '04

1. 개 요

(1) 국내외의 건설 시장이 급변하는 현 상황에서 낙후된 건설업체의 경쟁력을 확보하기 위해서는 표준화된 설계와 시공이 절실히 필요한 실정이다.

(2) 건축 산업의 합리화와 원가 절감에 있어 치수 표준을 조정함으로써 구성재의 호환성과 안정된 수요와 생산의 연속성을 확보하여 공기 단축 및 품질 향상, 대외 경쟁력의 확보가 요구된다.

2. 표준화의 개념과 표준화 분야

(1) 개 념

제품의 품질, 치수, 모양 등 규격의 통일과 생산 과정의 System화를 일컫는 것으로 완성물의 품질과 원가 절감, 공기 단축은 물론 공업화 건축을 위해 절대적으로 필요하다.

(2) 표준화 방법

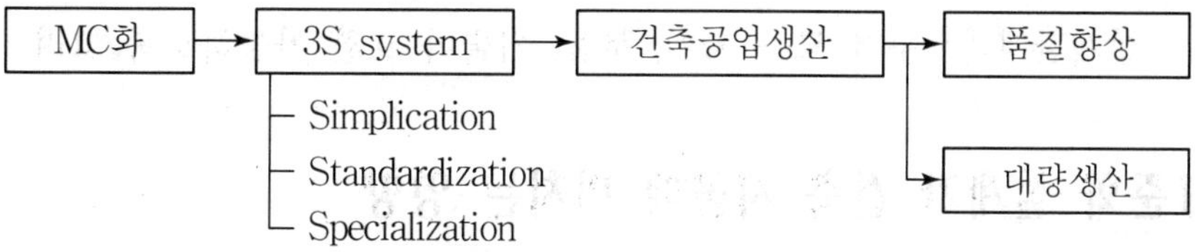

(3) 표준화 분야

1) 설계 기술 : CAD
2) 생산 기술
3) 부품 및 원자재, 조립, 각종 설비
4) 서비스 System, 사무 처리 기술, 각종 서식
5) 시공관리 System : CPM, SE, VE, IE, LCC 등
6) 유지관리 System : LCC
7) 정보표준화 : u-표준화

3. 표준화 설계

(1) M.C(Modular Coordination)화

M.C는 재료와 자재의 치수에 기준 치수를 선정하고, 설계시에도 기준 치수를 적용하여 치수 상호간의 조정을 하는 과정을 말한다.

1) 기본 치수는 10cm, 또는 1m의 배수
2) 건물높이는 20cm, 또는 2m의 배수로 설계
3) 건축물의 평면 치수는 30cm, 또는 3m의 배수로 설계
4) Module 상의 치수는 공칭 치수를 적용
5) 라멘 건물은 건물의 높이와 기둥 중심 거리는 Module 치수 적용

(2) ISO 9000

ISO 9000 설계・개발 부분의 표준화는 국제 표준의 보급과 각국 표준의 조정과 통일을 목적으로 한다.

(3) CAD(Computer Aided Design)

컴퓨터를 활용한 표준화 데이터를 바탕으로 설계 제도, 구조 해석, 적산 및 견적 분야에 이용되는 설계 System이다.

(4) Open System화

설계단계에서부터 모든 자재, 부품, 기술이 호환 가능하도록 고려

4. 표준화 설계가 건축 시공에 미치는 영향

(1) 원가관리적 측면

1) 자재의 호환성 증가와 손실 감소 : 가설 자재의 전용성 증가
2) 시공 작업의 단순화로 인한 노무비 감소
3) 대량 생산에 의한 생산 Cost 저하
4) 규격화로 자원의 낭비 요소 제거
5) 자재 검수, 시험 인원 감소

(2) 품질관리적 측면

1) 공장 제작에 의한 규격화와 균일 품질 확보

2) 현장에서의 작업 감소로 시공 정밀성 증가
3) 품질 시험 및 검사가 용이하며 품질에 대한 신뢰도 향상

(3) 안전관리적 측면

1) 기계화 시공에 의한 산업재해 발생 감소
2) 현장에서의 작업 감소로 안전사고 발생 감소
3) 위험 부분에 대한 공장 제작 가능
4) 위험 작업을 Robot이 대체

(4) 공사관리 용이

1) 현장에서의 자재, 노무 관리 업무가 용이
2) 작업 공간 축소로 도심 공사에 적합

(5) 공기 단축과 공정관리 용이

1) 복잡한 공정의 감소로 공종 마찰 감소
2) 공정별 일정 조정 용이
3) 일정 단축 효과 기대
4) 기계화 시공으로 인한 작업 속도 증가
5) 일정에 맞는 자재 투입 가능

(6) 신기술 개발과 공업화 건축 지향

1) 새로운 자재와 공법의 개발
2) 공업화 건축의 지향으로 경쟁력 제고
3) 다양한 제품과 가격으로 건축의 다변화 기대

(7) 공해 및 폐기물 감소

1) 현장에서의 먼지, 소음 등 건설 공해 감소
2) 건축 폐기물이 감소하고 처리가 용이
3) 폐자재 재활용 증가

(8) 건설업의 국제화와 경쟁력 향상

(9) 기계화 촉진

5. 맺음말

건축 생산에서 우수한 품질을 확보하기 위해서는 설계, 시공 과정에서 표준화가 선행되어야 하며, 이를 통해 생산성을 향상시키고 과학적이고 체계적인 관리기법의 도입과 아울러 신기술 개발에도 힘을 쏟는다면, 건설업은 국제 시장에서 경쟁력을 갖출 수 있는 고부가가치 산업으로 발돋음할 수 있을 것이다.

number 95 건설기계화(Robot화)

※'96, '97, '98, '00, '05

1. 개 요

(1) 최근 건설산업이 노동력 부족 해결 및 생산성 향상을 목적으로 노동 집약 산업에서 고도기술 집약 산업으로 바뀜에 따라 시공의 기계화 및 자동화에 의한 Robot화의 필요성이 증가되고 있다.

(2) 그러나 건설업에서 Robot화는 건설업의 특수성 즉, 설계의 표준화와 규격화 미흡, 작업공종의 복잡성 등으로 인하여 많은 제약을 받고 있으므로 이를 극복할 수 있는 신기술, 신공법의 개발과 System 적용을 고려해야 한다.

2. Robot화의 효과

(1) 노동력 절감(성력화)

1) 기능인력의 부족사태 해결

2) 작업 능률 향상

(2) 생산성 향상

(3) 안전시공 확보

(4) 유해작업 지역의 작업수행 가능

1) 고소작업시 안전

2) 가스, 소음, 분진 등에 안전

(5) 시공의 자동화

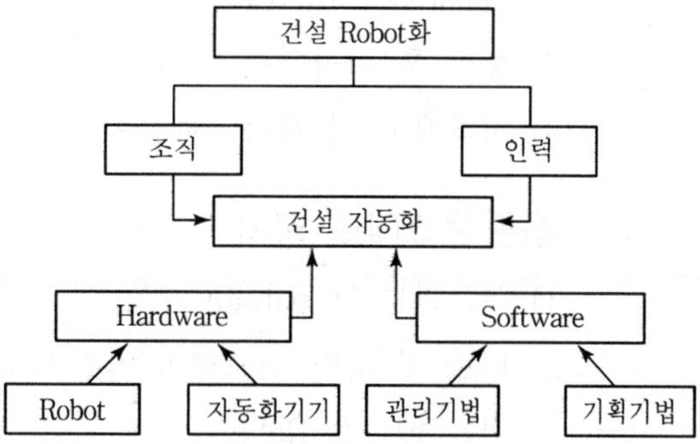

[건설 Robot화]

3. Robot화의 문제점

(1) 건설업의 특수성

1) 설계의 표준화, 규격화 미흡

2) 옥외 이동생산이며, 작업환경이 각기 다르다.

(2) 작업공종이 많고, 수작업이 수반되는 문제

(3) 취급자재의 중량과 부피가 크다.

(4) 협소한 작업공간으로 Robot의 기동성, 경량화가 어렵다.

1) 지하 작업공간 확보가 어려움

2) 고소작업에 따른 시공능률 저하

(5) 투자비에 비해 부가가치가 낮다.

(6) 전문기술자 부족

4. Robot시공 적용 기술분야

(1) 토공사

1) NATM Tunnel 굴착

2) Pneumatic Cassion 굴착

3) 토공 후 바닥정지 작업

4) 지하배수 및 계측 : 토압계, 하중계, 수위계, 변위계 등

(2) 철근 콘크리트 공사

1) 콘크리트 Distribute

2) 터널 및 사면 스프레이 작업(Shotcrete)

3) 철근 배근용 Robot, 철근 용접

4) 바닥마감용 Robot : 피니셔

5) 거푸집 인양용 장비

6) CON'c 압송 타설 장비(CPB)

7) 가설 양중기

(3) 철골공사

1) 철골세우기용 : 사람과 병행작업 System

2) 기둥, 보 등의 철골용접용

3) 내화피복용 뿜칠

4) 용접부 비파괴(NDT)검사 : 방사선 탐지기, 음파탐지기

5) 철골 조립, 양중기

(4) 기타 마감공사

1) 시멘트 블록, 벽돌쌓기
2) Curtain Wall 설치
3) 외부 도장작업
4) 타일붙이기 작업
5) 타일 들뜸 검진 Robot
6) 보도바닥 Tile 깔기 작업
7) 상 · 하수도 파이프 배관검사
8) Clean Room 검진 Robot

5. 향후 개발방향

(1) 건축생산 Robot화를 위해서는 설계, 구법, 공법 등의 설계단계에서부터 종합적으로 연구 개발해야 한다.

(2) 재래공법의 특성을 살린 Robot의 개발

(3) 대량 생산 및 반복작업에 주안점

(4) Robot Oriented Design

1) 작업하기 쉬운 구법으로 건축시공 Robot의 공법개발 및 설계완성
2) 건설 Process의 공업화, 대량생산에 의한 품질의 균일화

(5) CAD의 활용 : 자동설계 System

(6) 무선인터넷(RFID)을 활용한 원격 조정 System

(7) 전문적이며 소형 장비화

(8) 무소음, 무진동 장비화

6. 맺음말

(1) 건설업의 노동력 부족과 고임금화에 능동적인 대처를 위해서는 건설공사의 특성에 맞는 Robot의 개발이 중요하다.

(2) 또한, 시공자도 기계화 시공에 따른 관리기술의 습득과 새로운 기계에 대한 기술개발에도 노력을 기울여야 한다.

number 96 건설 자동화(Construction Automation)와 로봇 기술(Robotics)의 활용

1. 개 요

건설 자동화와 로봇 기술은 ICT 기술을 활용한 제4차 산업혁명시대를 맞아 전통적인 건설업이 가지고 있는 다양한 문제들을 해결하고 건축물의 품질과 안전성, 생산성을 높일 수 있는 주요한 방법으로 인식되고 있다.

2. 건설 자동화의 필요성

(1) 낮은 생산성 극복

건설업은 다른 산업에 비해 생산성과 수익성이 낮은 저부가가치 산업임

(2) 생산 품질 향상

숙련공 부족에 의한 품질 저하 문제 해결

(3) 건설 재해 예방

높은 재해율과 중대재해 처벌법 등 안전 규제 강화에 대응

(4) 경쟁력 제고

공기단축 및 원가절감을 통한 채산성 향상

(5) 인력 부족 문제 해결

노령화, 외국인 노동자 유입 한계 등

(6) 정보화 기술 활용 필요

3. 건설 자동화

(1) 건설 자동화 개념

1) 컴퓨터의 제어에 의해 자동적으로 건설작업을 수행하는 물리적인 시스템

건설기계화 (건설기계, 장비 개발) ⇨ 로봇화(반자동화, Man-Machine Valanced) ⇨ 로봇화(완전 자동화, 전자동 건설 로봇)

노동력 대체 수단 개발 / 인간+기계 병행 / 완전한 자동화

2) 로봇을 포함한 시공의 기계화와 같은 하드웨어의 변화와 ICT 기술을 활용한 정보화, 시스템화와 같은 소프트웨어적 변화를 모두 포함

(2) 건설 자동화 주요 기술

1) 건설기계 자동화 기술

① 센서, 제어기 , GPS 등으로 장비 위치, 작업 범위, 작업 자세 등의 정보를 운전자에게 제공

② 작업계획에 맞춰 자율이동, 작업 실시, 작업현황 실시간 모니터링

2) 건설기계 통합운영 및 관제 기술

① 건설기계들을 실시간 통합관리하며 IoT와 센서로 실시간 공사정보를 관제에 반영

② 인공지능(AI)으로 최적 공사계획 수립

3) 운반, 조립의 정밀제어

부재 위치를 정밀하게 제어하여 조립·설치의 자동화

4. 건설 로봇

(1) 건설 로봇의 개념

컴퓨터의 제어에 의해 자동으로 판단하여 작동하는 건설기계나 장비로 작업자의 조작에 의해 작동되는 건설기계와 구별됨

(2) 건설 로봇의 종류

1) 협업 로봇(Cobot)

안전보호망이나 장치없이 사람과 함께 생산현장에서 사람과 협업하며 일하는 로봇

2) 인공지능 로봇

외부환경을 스스로 인식하고 상황을 파악해 자율적으로 작동하는 로봇

3) 커넥티드 로봇

IoT, 클라우드, 모바일 디바이스 간 상호연결 및 융합되어 활용되는 로봇

(3) 활용 분야

1) 현장생산 로봇(On-site production robots)

2) 조립 로봇(Pre-fab construction robots)

3) 자율주행차량(Autonomous vehicles)

4) 검사 로봇(Inspection robots)

5) 외골격(Exoskeleton)

5. 적용 사례

(1) 제작, 시공 단계 적용 기술

새로운 제작방식의 적용	시공 자동화	시공 모니터링
· BIM · 클라우드 · 모듈러 · 3D 프린팅	· BIM · 클라우드 · 로보틱스 · 지능형 건설장비 · 무인항공기 · 데이터 고급분석	· 증강현실 · 무인항공기 · 지능형 건설 장비 · 사물인터넷

(2) 3D 프린팅 기술

3D 프린팅을 이용한 주택, 건축물 시공으로 공기와 비용 절감

(3) 보행 로봇

4족 보행로봇을 골조공사, 마감공사에 투입하여 품질 검사 및 공정현황 파악

(4) 산업용 로봇

1) 인공지능을 갖춘 다관절 로봇으로 드릴링, 도장 등 작업

2) 열화상, 안면인식 출입관리시스템으로 작업자 건강상태, 출입이력 관리

(5) 블록쌓기 로봇

간단한 구조의 블록 쌓기 작업 수행

(6) 자율주행 건설기계

1) 원격 관제 및 제어로 무인 지게차 자재 운반
2) 무인 운반 트럭 + 적재차량을 이용한 골재 채취, 운반
3) 무인 굴착 및 절토 작업 장비

6. 건설 자동화의 방향

작업자가 현장에 직접 참여하지 않고 BIM, 클라우드 정보, 영상 및 센서정보를 인공지능에 의해 분석하고 자동화된 로봇이 조립 생산

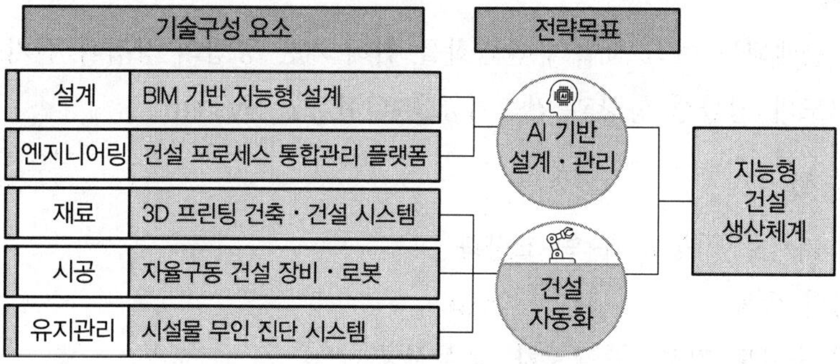

number 97 복합화 공법의 특성과 Hardware 내용

※'98

1. 개 요

최근 국내 건설시장의 숙련기능 인력 부족 및 고령화, 기능수준의 질적 저하현상, 3D 업종에 의한 기피현상 등으로 건설환경 개선과 건설생산성 향상 및 시공 합리화를 이룩한 새로운 System으로 복합화 공법이 주목받고 있다.

2. 복합화 공법의 개념 및 필요성

(1) 공법의 의미

건설공사에 관계되는 여러 작업의 간략화를 위해 기존 공법의 장점과 신기술을 접합시켜 고도의 생산성 향상과 건축기능을 실현하는 System

(2) 공법의 필요성

1) 3D 직종 기피로 기능공 부족, 고령화
2) 저생산성의 극복
3) 기능공의 숙련도 저하 : 품질저하, 부실시공
4) 노무비 상승으로 인한 공사비 상승
5) 신공법, 신기술의 등장
6) 건설안전규제 강화, 공기단축 요구 증대
7) 공사의 복잡화

3. 복합화 공법의 특성

(1) 특 징

1) 설계적 측면
① 작은보가 생략되어 평면계획이 자유롭다.
② 평판인 경우 천장마감 생략, 차음성

2) 구조적 측면
① 장기 처짐이 적고, 균열발생에 대처
② 작은보가 없는 긴 Span 바닥판 구성 가능

3) 시공적 측면

① 거푸집, 동바리를 거의 없앨 수 있다.

② 작업바닥이 확보되어 안전성 향상

③ 설비배관 개구부 성형 가능

④ 생산성 향상과 고품질 바닥판

(2) 공법의 장점

1) 거푸집 해체 불필요, 건설 폐자재 발생 감소, 폐기물처리 비용 절감

2) 연속적인 다음 공종 투입 : 공기단축

3) 설비업자의 작업공정 축소

4) 품질우수, 조기에 견고한 작업바닥 확보

(3) 공법 적용시 고려사항

1) 리드 타임(Lead Time) 확보

2) 정밀도 확보 : Half PC판 치수, 세우기, 조립

3) 균열발생 방지 : 양중, 타설시

4) 동바리 존치기간의 준수

5) 합성 구조체의 확보

4. 복합화 공법(Hardware)의 분류

(1) 공법 형식에 따른 분류

1) System 거푸집+철근 Prefab

① Deck Plate+철근 Prefab 병용

② Auto Climbing Form+외부 마감

2) 부분 PC공법

① 수평부재 PC사용, 기둥은 현장 CON'c로 타설

② 공기단축, 수평부재 철근감소, 동바리 감소

3) RC기둥+철골보, 철골기둥+RC 보

① RC 기둥, 철골기둥+철골보, RC 보 집합

② 장 Span 가능, 낮은 단일 층고 가능

③ 품질향상 및 설계의 유연성

④ LC Frame 공법, Hi-Beam 공법

4) PC구조 또는 부분 PC

① 보, 기둥을 PC 부재로 사용

② 노무절감, 기둥연결부 정밀시공

5) 구체 복합화 공법

① 시공요소 기술의 복잡화

② 설계부터 마감, 설비공사를 포함한 복합화

③ 성력화, 전천후 시공, 자동화

(2) 구조형식에 따른 분류

1) 단일구조

① 주요부재가 단일구조 부재로 구성

② RC 구조, S 구조, SRC 구조, PC 구조

2) 혼합구조

① 동일 건물에 여러 단일구조형식을 분리 사용하는 구조

② RC조 상층부 S 구조, S 구조 코어에 RC 구조

3) 복합구조

① 수직, 수평부재가 서로 다른 단일부재

② SRC 기둥+S 구조, S 기둥+PC 보

4) 합성구조

① 동일구조 부재에 단일구조 두 가지 이상 병행

② Half PC Slab, Half PC 보

5. 복합화 공법의 국내 현황

(1) 기술공법별 현황

1) Half PC Slab, 보, 기둥

① 접합부의 설계 및 상세의 중요 역할

② 접합부의 내력 및 강성평가 연구

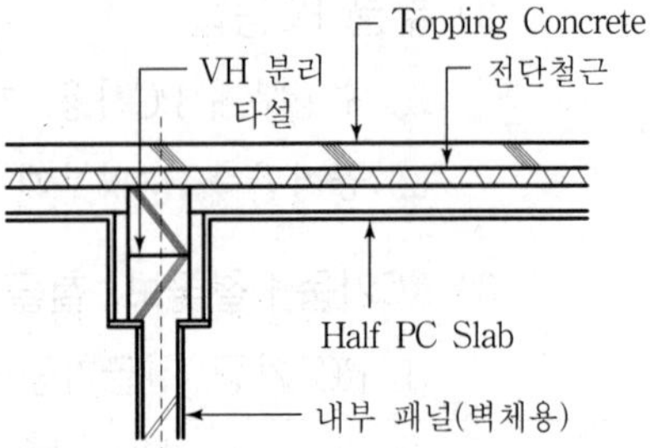

[Half Slab]

2) RC 기둥+철골보, SRC 기둥+철골보

① 설계의 유연성 제공 가능 System

② 많은 접합부 상세 제안

(2) 사회적 현황

1) 시공을 고려한 공법의 설계인식 및 경험 부족

2) 요소기술 조합기법 선정, 체계 미흡

3) 단기 실적위주의 경영형태

6. 향후 과제

(1) 인력절감 및 공기단축, 고품질 확보

(2) 기술발전과 신규 기반산업의 육성

(3) 향후 지속적 기술개발투자

(4) 설계단계 검토 : 다양한 요소 기술개발

(5) 자재개발, 표준화

(6) 다기능공의 육성, 전문 협력업체 육성

(7) 정부의 지원체제 구축 : 허가, 금융, 세제

7. 맺음말

(1) 건설업의 기능인력 부족 문제를 해결하고, 공기단축을 통한 원가절감을 이룩하기 위해서는 신소재, 신공법의 개발과 적용이 필요하다.

(2) 복합화공법은 재래식 공법의 문제점을 극복하고, 성력화와 품질향상을 동시에 꾀할 수 있는 효율적인 공법으로 지속적인 기술개발과 표준화를 통해 더욱 활성화시켜야 할 것이다.

number 98 복합화 공법의 관리 시스템(Software)

※'00, '03

1. 개 요

(1) 복합화 공법이란 각 부위에서 다양한 공법, 재료가 채택될 수 있도록 Open System화하여 작업의 간략화에 중점을 두고 노무절감, 공기단축을 통해 건설공사비를 절감하고자 하는 것이다.

(2) 따라서 공업화에서처럼 대량 생산에 의한 Prefab화가 목표가 아니라 반제품 부재를 시공 계획에 따라 투입하여 공사 전체의 유기적인 효과를 도모하고자 하는 것이다.

2. 복합화의 특징

분 류	대 상	합리화의 목적		특 징
복합화 공법	구 공법 계획	공정의 최적화	최적공법 선택, 조합	Open System, 반공장 제품
재래 공법	작업자	노무량 삭감	생산설비경량화, 소형화, 작업성 향상	제약없음, 완전 Open System
공업화 공법	생산설비, 대형공사	원가 절감, 노무 감소	기계화, 표준화, 성력화	Close System, 단순화, 완전 공장제품, 규격화

3. 복합화 공법의 시스템

(1) 시스템 구성

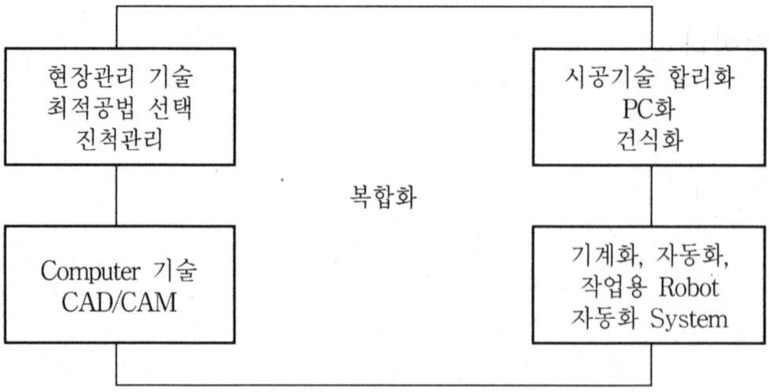

(2) 시스템 선정시 고려사항

1) Hard 요소

① 철근공사, 거푸집 공사, CON'c 공사

② 철근공사

③ 구체 공사와 마감공사

2) Soft 요소

① 공사관리 관련 기술

② 공정관리, 양중관리

③ 시공 계획, 자재 조달 계획

(3) 시스템 선정

1) 설계단계에서의 검토

① 설계단계에서부터 System에 적합한 공법, 구법에 대한 검토

② 각 요소기술, 장비계획, 공정계획을 종합적으로 검토

2) 요소기술 적용

① Hard적 요소 검토 : 부분 PC, 철근 Prefab화, System Form

② Soft적 요소 검토 : 공정계획, 양중, 자재, 노무 등 각부분 계획

③ 제도적 요소 검토 : 대안입찰, 기술개발 유도

3) 자재, 부품 요소 검토

① 규격화된 부품, 마감자재의 기성제품화 정도

② 설비의 Unit화

4) 표준화 정도

① 건축물의 표준척도 조정 정도(MC화)

② 규격 설계, 모듈 설계

5) 시공성

① 현장의 특수성을 반영

② 구조물의 규모, 위치, 공법적 특성을 고려

③ 다기능공의 필요성 검토, 노동력 절감 효과

④ 작업 안정성 향상

⑤ 장비의 효율적 사용 정도

⑥ 공기단축, 원가절감, 공정 간의 유기적 결합 가능 정도

6) 기계화 정도

① 복합화 공법을 현장에 적용하기 위해서는 장비계획이 필수

② 사전에 양중 계획을 철저히 수립, 장비 가동률 향상

③ 도산지에 적합한 고성능 장비

④ 자동화와 Robot화 추구

7) 신기술 적용 조합

① 신기술 인증 여부

② 신기술, 신공법, 신자재의 효과

③ 생산방법, 규격, 성능에 대한 기준

④ 신기술에 대한 지원

8) System의 종류

① MAC(Multi Activity Chart)

㉠ 복수의 작업팀이 다(多) 공구에 걸쳐 동시 각기 다른 작업 반복

- 일정 패턴에 따라 공사가 이루어지는 경우
- 1Cycle에 반복작업을 세분화 분석
- 각 작업팀이 어떤 시간에 어떤 공구에서 작업할 것인가를 분단위까지 나타낸 시간표

㉡ MAC는 공정표의 일종

- 사람의 흐름에 중점
- 각 작업원이 어떤 공구에서 어떤 시간순서로 진행

㉢ Network는 개략적인데 비해 MAC는 부분적, 세부적 공정 파악

② 4D-Cycle 공법

㉠ 중·고층 집합주택을 대상으로 하여 공기단축, 원가절감 목표

- 1개 층당 4개 공구로 분할
- 1개 공구시공 Cycle 일수는 4일로 됨

일	1	2	3	4
1공구	PC	거푸집	철근	CON'c
2공구	CON'c	PC	거푸집	철근
3공구	철근	CON'c	PC	거푸집
4공구	거푸집	철근	CON'c	PC

㉡ Crane 작업이 전체 공사에 영향을 주므로 합리적인 양중계획이 필요

③ DOC(one day-one cycle)

㉠ 하루에 하나의 Cycle을 완성하는 System 공법

- 구체시공에 요하는 각 작업의 항목수와 공구수를 동일하게 분할
- 각 공구의 해당작업을 1일에 완료-작업 인원수
- 작업팀은 매일 1개 공수씩 이동-동일 작업 계속

㉡ DOC 시공법의 장점

- 현장 노무인력의 평준화
- 각 작업의 대기시간 최소화
- 동일 작업의 반복에 의해 숙련 효과

㉢ 6일 Cycle DOC 공법의 예

	1일	2일	3일	4일	5일	6일
1공구	①	②	③	④	⑤	⑥
2공구	⑥	①	②	③	④	⑤
3공구	⑤	⑥	①	②	③	④
4공구	④	⑤	⑥	①	②	③
5공구	③	④	⑤	⑥	①	②
6공구	②	③	④	⑤	⑥	①

④ TACT 시스템의 개념과 적용 대상

㉠ 日本의 竹中(Takenaka)工務店이 개발한 HI－TACT(Horizontally Integrated TACT : 多工區, 分割, 水平 닥트)는 종래의 건축공사의 공정계획에 있어서 작업의 고밀도화와 인원, 기계, 자재의 효율화를 추구함으로써 공기단축과 원가 절감을 목표로 한 시스템이다.

㉡ 종래의 수직방향에 1층(Floor) 며칠이라는 싸이클 일수를 TACT 공정을 수평방향에도 전개하여 나선식(Spiral)으로 공정을 추진하는 것으로 하드 측면, 소프트 측면 모두 밀도가 높은 시공이 가능하다.

㉢ 1개 층을 多工區로 분할한 각 공구에 1직종 1작업(Job)
"예를 들면 목공=수직 부재 거푸집 세우기"를 할당하고 작업 흐름을 유기적으로 구성하여 공사를 진행하는 공법이다.

number 99 린 건설(Lean Construction)

※'04, '11

1. 개 요

린 건설은 '기름기 또는 군살이 없는'이라는 뜻의 린(Lean)과 건설(Construction)의 합성어로서 「낭비를 최소화하는 가장 효율적인 건설 생산 시스템」을 의미한다.

2. 린 제조 시스템(LPS ; Lean Production System) 등장 배경

(1) LPS의 개념

LPS란 "대량생산에 비하여 무엇이든지 조금 사용하는 생산이다."라는 의미로 자동차산업분야에서 가장 혁신적인 생산성 향상을 보여준 일본의 도요타 생산 시스템(TPS : Toyota Production System)을 성공 모델로 수공생산(Craft Production)과 대량생산(Mass Production)의 장점만을 발췌하여 포드 자동차의 생산 개념인 흐름생산(Flow Production) 모델을 모체로 한 새로운 개념의 시스템을 의미한다.

(2) 등장 배경

1) 환경 변화

① 세계화(Globalization)와 자율화(Deregulation)로 인한 생산자의 불안정성(Instability)과 불확실성(Uncertainty)

② 통신의 발전으로 인한 정보비용 감소, 운반비용의 감소로 인한 국제교역의 증대, 선진국에서 자유교역주의 노선 채택

2) 시장변화

① 선진국 소비시장 포화상태

② 해외시장 진출 국제 경쟁 심화

③ 제품의 다양화와 소비시장 분절화(Fragmented)

3) 생산성 정체

① 생산라인의 과학적인 분석에 의한 생산성 증대의 한계

② 생산성 정체 현상은 인건비 상승과 맞물려 투자 위축을 초래하였으며, 투자 위축은 고용 위축을 초래하며 다시 생산성 퇴조로 이어지는 악순환 반복

③ 대량 생산의 한계 극복을 위한 대안으로 린 제조시스템 도입

3. 린 건설의 개념과 목표

(1) LPS 개념의 도입

Koskela(핀란드)는 LPS 개념을 건설산업에 도입하여 건설 생산시스템의 효율성을 제고하기 위해서 종래의 변환생산(Conversion Production System) 대신 새로운 개념의 흐름 생산(Flow Production System)을 적용하였다.

(2) 린 건설의 목표

「최소비용」, 「최소기간」, 「무결점(Zero Defect)」, 「무재고(Zero Inventory)」 등을 목표로 가장 효율적이고 합리적인 생산을 추구한다.

(3) 생산 과정

1) 생산 과정에서의 작업(Activity)은 이동(Moving), 대기(Waiting), 처리(Processing), 검사(Spection) 등 4가지 형태로 구분된다.

이동 → 대기 → 처리 → 검사 → 이동 → 대기 → 처리

[생산 과정]

2) 건설생산과정은 이 4가지 형태 작업의 연속적인 조합으로 구현된다.

(4) 생산 과정별 가치 창출

1) 4가지 형태의 작업은 가치 창출(Value Adding) 여부로 다음과 같이 구분된다.

[가치 창출 개념]

작업 구분		가치 창출	부가가치 : 낭비
처리	→	가치 창출 작업	부가가치
이동	→	비가치 창출 작업	낭비
대기			
검사			

2) 건설생산에서 부가가치를 창출하는 유일한 작업은 '처리' 과정이다.(Koskela)

[처리/전환/변환 개념]

I N P U T	콘크리트 펌프카 목수 시공도면 스케줄 …	→	처리(Process) 전환(Conversion) 변환(Transformation)	→	지하 1층 기둥 보 슬래브 …	O U T P U T

[참고] Koskela(1992, 1999)는 처리를 변환(Conversion)과 상호보완적인 의미로 사용하고 있다. 「입력 자원을 처리(Processing)하여 소정의 출력으로 변화시킨다.」는 개념을 강조하여 이러한 프로세스를 일컬어 전환(Conversion) 또는 변환(Transformation)이라는 용어를 사용한 것으로 보인다.

3) 건설생산을 최적화하기 위해서는 비가치창출(非價値創出 : Non-Value Adding) 작업인 운반, 대기, 검사 등의 작업을 최소화하며 가치창출(價値創出 : Valueadding) 작업인 처리 작업은 그 효율성을 극대화해야 한다.

(5) 생산 과정의 가치 창출을 위한 기법(Ballard)

1) 결함이 발견될 때는 즉시 작업을 중단한다.(불합리한 작업은 즉시 중단한다.)
2) 끌어당기기식 생산 방식에 의해서 자재를 주문한다.
3) 제작, 조달, 설치에 필요한 준비시간(Lead Time)을 줄여 변화에 대한 탄력성을 증진한다.
4) 지연과 버퍼(Buffer)를 배제할 수 있도록 철저한 작업계획을 한다.
5) 생산시스템 작업과정을 투명하게 하여 의사결정을 작업 팀이 개별적으로 하게 한다.

4. 린 건설의 배치(Lay Out) / Space Scheduling

(1) 건설업 배치의 특성

1) 건설 현장에서는 장비, 자재 하치장, 임시 창고, 작업장 등의 위치가 시간이 흐름에 따라 변하기 때문에 배치(Layout)는 제조업과 달리 동적(Dynamic)이다.
2) 린 건설은 자재 · 장비 · 정보 등 흐름(Flow)을 중시한 새로운 모델로 시간에 대응하는 배치의 중요성이 더욱 커진다.

3) 건설현장에서 배치계획이 잘못됨에 따라 인적사고, 작업 효율 저하, 공종간 작업 불능, 완성 제품의 손상, 비용 증가 등 심각한 문제가 초래된다.

(2) 배치 모델

1) 현장 배치 모델(Site Layout Model)

① 현장 배치 모델은 실제 작업 부지에 작업장, 장비, 야적장, 건조물 등 목적물(Object)을 배치하는 모델이다.

② 물리적 흐름 모델과 작업흐름모델의 기본틀(Platform)이 된다.

2) 물리적 흐름 모델(Physical Flow Model)

자재, 장비, 인력 등 자원의 물리적인 이동을 다루며 이동하는 궤적을 보여준다.

3) 작업 흐름 모델(Process Flow Model)

① 실제 작업을 수행하기 위해서 이루어지는 세부 작업(Operation)과 그에 관련되는 자원의 흐름을 묘사한다.

② 자재 흐름과 정보의 흐름을 구분하여 자재 · 장비 · 인력 등 물리적 흐름을 결정하는 결정 요소를 파악할 수 있다.

5. 린 건설의 변이

(1) 상호 의존성

상호 의존성은 작업과 작업 상호간의 의존도를 의미하는데, 실제적으로는 후행작업의 선행작업에서 발생한 변이에 대한 영향정도를 또는 선행작업의 후행작업에 미치는 영향 정도를 의미한다.

(2) 변 이

1) 변이란 시스템에 내재(Implicit), 또는 외재(Explicit)되어 있는 불확실성으로 인하여 목적물의 성과치가 일정한 값으로 나타나지 않고 변하는 현상을 의미한다. 즉, 변이는 불확실성이라는 상태(State)로 인하여 초래되는 현상(Outcome)이다.

2) 변이의 정도를 분포(Distribution)로 표현하여 나타내는 척도가 분산(分散)이다.

3) 변이가 클수록 생산 시스템의 효율은 현저히 저하하게 된다.

(3) 변이 관리

1) 변이 원칙(Oiner and Gaudard 1990)

① 모든 변이에는 원인이 있다.

② 모든 변이는 그 원인에 따라 4가지 유형으로 나누어진다.

③ 모든 변이는 유형별로 관리되어야 한다.

④ 일반원인에 의한 변이만으로 구성된 생산시스템을 안정 시스템(Stable System)이라 한다.

2) 변이의 4가지 유형

① 일반원인(Common Cause) 변이

시스템 입력자원 · 생산조건 · 생산환경 등에 공동 또는 복합적으로 내재하고 있어 어느 특정 원인을 찾아내기가 어려운 변이를 의미한다.

② 특별원인(Special Cause) 변이

일부 특정 원인에 의해서 초래되는 변이를 의미하며 일반적으로 변이에 대한 원인을 구체적으로 지적해 낼 수 있다.

③ 조작(Tampering)

조작(Tampering)은 일반원인에 의한 변이가 발생했음에도 불구하고 어느 특정원인에 대한 불필요하고 부적절한 조작에 의해서 발생하는 변이를 의미하는데 생산시스템에 필연적으로 존재할 수밖에 없는 변이에 대한 이해가 없는 경우 일반적으로 발견되는 변이이다.

④ 구조원인(Structural Cause) 변이

생산 출력에 정기적이고 구조적인 변이를 발생하는 경우로서 일반적으로 계절적이거나 외부환경에 의해 경향(Trend)으로 나타나는 경우이다.

3) 변이 관리 기법

① 변이관리에서 가장 중요한 것은 충분한 사전계획 및 자료수집을 통해서 생산시스템에 존재하는 변이를 유형에 따라 구분하고 이에 따라 지속적인 관찰을 통해 발생한 변이를 분석하고 이에 대한 적절한 대책을 수립하는 것이다.

② 제조업에서는 데밍(Edwards Deming)의 14Points를 응용하여 변이 관리를 한다.(Oiner and Gaudard 1990)

③ 프로세스 내부 변이관리 : 프로세스 내부 변이관리란 프로세스 생산에 영향을 미치는 프로세스 내부 요인에 대해서 관리하는 것

④ 프로세스 간 변이관리란 해당 프로세스에 영향을 미치는 다른 프로세스와의 관계, 즉 의존도를 관리하는 것이다.

6. 국내 린 건설 적용 개선 분야

(1) 재고의 최소화

1) 재고 유지 최소화

재고를 줄이면 재고 사전 구입 금융비용, 저장용 창고 건설비 · 운영관리비, 이와 관련된 각종 세금, 창고 및 재고에 대한 화재 및 도난 보험료, 그리고 유실품 · 파손품 등의 발생으로 인한 파손 등 막대한 재고비용(Inventory Cost)이 절감된다.

2) 적시 생산(Just In Time) 시스템 활용

초고속 통신망을 바탕으로 한 전자거래(E-commerce)와 선물거래(Futuretrad-ing) 등 새로운 매매 기법의 개발, 그리고 유통구조 개선과 신속한 물류체계 구축으로 수요왜곡(Demand Distortion)을 줄이고 제품 공급 능력 향상이 필요하다.

(2) 낭비(Waste)의 최소화

1) 린 건설에서의 낭비(Waste)의 개념

비가치 창출(Non Value-adding) 작업을 지칭하는 것으로서 수행과정 중 목적물의 가치를 창출하지 않는 것은 모두 낭비로 분류하고 있다. 그러나 이동/운반 · 대기 · 검사 등을 배제한 건설생산은 현실적으로 불가능하므로 엄격한 의미에서의 낭비란 불필요한 이동, 대기, 검사를 뜻한다.

2) 린 건설에서의 목표는 무낭비(Zero Waste)로서 비가치 창출 프로세스의 최소화, 궁극적으로는 완전한 제거이다.

(3) 효용성과 끌어당기기식(Pull Type) 생산

1) 린 건설에서는 기존 건설 생산 방식의 효율성(생산성으로 측정)보다는 효용성(Effectiveness)이 강조되며 생산의 효용성은 제품의 성능을 성취하기 위한(즉 고객 만족) 해당 프로세스에서의 합목적성을 의미한다.

2) 린 건설에서 프로세스 개선 목표 또는 해당 프로세스의 소 목표는 효용성의

제고이다.

3) 끌어당기기식 생산에서는 모든 프로세스의 생산은 후행 프로세스의 요구에 의해 시작되며 후행 프로세스 생산에 의해 평가된다.

(4) 신뢰도 제고

1) 생산 프로세스의 변이를 관리해서 생산 신뢰도를 높이는 것은 린 건설의 핵심 개념 중 하나이다.

2) 프로세스의 생산 신뢰도를 제고함으로써 계획에 의한 생산이 가능하도록 하고 건설 생산 비용을 절감하여 국제 경쟁력을 높일 수 있다.

number 100 표준품셈 적산방식

※'93, '94, '95

1. 개 요

(1) 표준품셈 적산방식은 정부에서 매년 제공하는 품셈에 의해 각종 관공사와 민간 건설공사의 공사비를 산정하는 기준으로 이용되고 있는 방식이다.

(2) 그러나 표준품셈제도는 각 공사의 특수성을 감안하지 않으므로 실제 시장의 거래 가격을 반영하기에 미흡한 실정이다.

(3) 실적공사비 적산방식은 기 수행공사의 데이터를 바탕으로 공사금액을 산출하므로, 표준품셈 적산방식의 문제점을 해소하고 적산제도의 합리화를 도모할 수 있는 새로운 적산방식이다.

2. 표준품셈 적산방식

(1) 개 념

현재 널리 활용되고 있는 방식으로 공공 공사 발주에 있어서 공사비의 산정을 정부에서 매년 제정한 표준품셈과 자재단가, 노임 단가를 근거로 공사원가를 산출하는 방식

(2) 적용대상

1) 국가, 지자체, 정부투자기관 및 공공수탁자가 발주하는 건설공사
2) 발주자 측에서 별도로 기준을 제시하지 않은 공공 공사
3) 별도기준이 없는 민간공사

(3) 특 징

1) 대표적이고, 보편화된 공법이나 공종에 적용
2) 국제 입찰시에는 적용 곤란
3) 특별한 적용기준이 마련되지 않은 경우 적용이 용이
4) 주요자재는 국산 KS 기준 적용
5) 특수공법이나 신기술 적용이 어려움

6) 각 현장별 특수성을 고려하지 못함

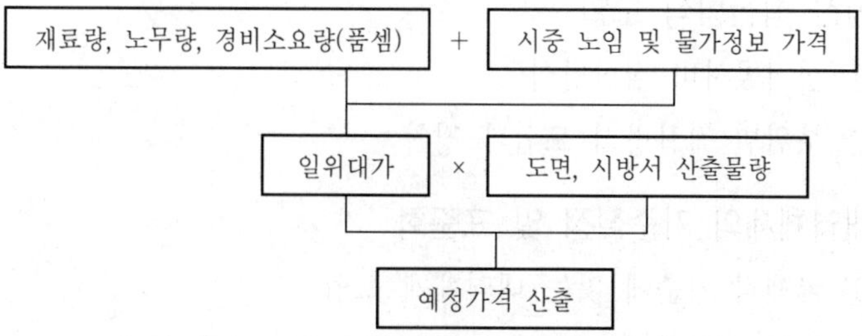

[표준품셈 적산방식]

3. 현행제도의 문제점과 개선방안

(1) 표준품셈의 문제점

1) 내역 분류체계의 복잡성

① 발주기관별로 양식이 다름

② 표준화가 이루어지지 않아 실무 적용이 어려움

2) 표준품셈의 경직성

① 각 공사의 특수성 반영 미흡

② 신공법, 신기술 적용이 어려움

③ 시장 현 거래가격을 반영하지 못함

3) 정보화에 대응 미흡

① 지나친 상세한 항목분류로 전산화 곤란

② Database화가 어려움

4) 국제 경쟁력 취약

① 선진화된 적산방식과는 거리가 먼 방식

② 외국업체의 국내 진출의 걸림돌로 분쟁의 소지

5) 적산기술의 낙후와 인력 부족

① 복잡한 적산방식으로 표준화 어려움

② 적산인력의 교육기관 부족

(2) 개선방안

1) 선진 적산방식 도입

① 실적공사비 적산방식

② 부위별 적산방식 도입과 정착

2) 내역체제의 기준설정 및 표준화

① 국제적 기준에 맞는 내역체계 도입

② 모든 내역체계를 일원화하여 정보 시스템과 연계

③ 복잡한 내역체계를 단순화

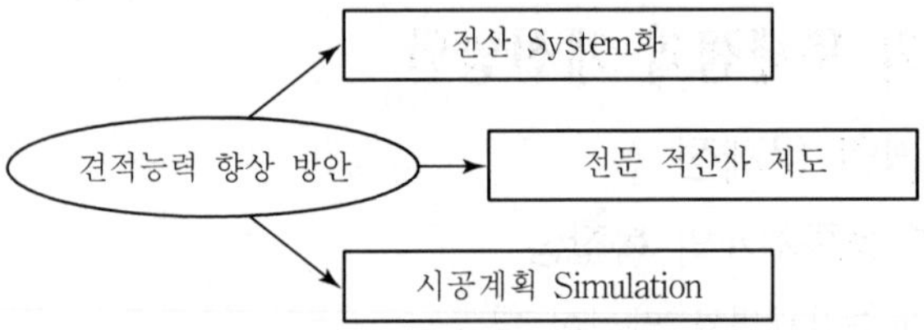

[견적능력 향상방안]

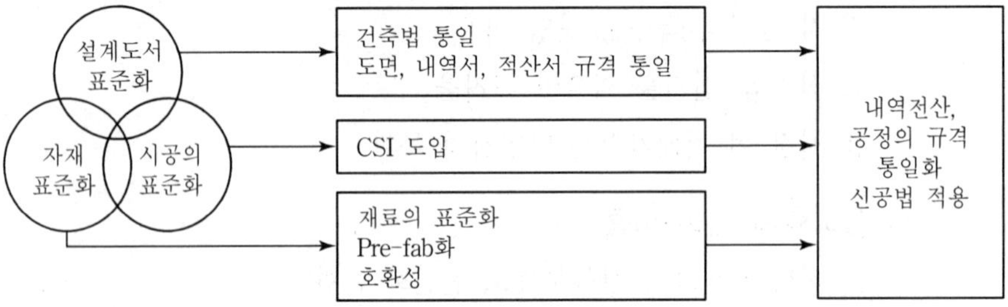

3) 전산화와 정보의 Database화

① 전산화에 알맞도록 공종분류를 간소화하고 표준화

② EDPS를 통한 적산업무 처리

4) 정부 노임단가의 현실적 반영

① 직능별, 직종별, 실시장 노임단가 적용

② 시장가격의 차이를 보전하는 제도적 장치 마련

5) 적산사 제도 도입

① 적산 전문가 교육 및 양성

② 적산 기술자격 부여

6) 표준품셈 제도의 보완

① 누락된 품셈의 보완

② 다양한 시공조건에 따른 품셈 세분화

③ 신기술, 신공법 적용가능 방안모색

4. 맺음말

(1) 표준품셈을 기초로 하여 획일적으로 적용되고 있는 현행 적산제도는 신기술 개발에 장해가 되고, 급속하게 변화하는 국제 건설 질서에 대응할 수 없다.

(2) 따라서, 실제 시장가격을 적절히 반영하면서 적산능력과 시공기술 등을 개선하기 위해서는 실적공사비 적산제도의 단계적 확대 시행이 필요하다.

number 101 실적공사비 적산제도

※'01, '03, '04

1. 개 요

실적공사비 적산방식은 과거 시행된 건설공사로부터 산출된 공종(콘크리트, 철근 등)별 계약단가를 기초로 시간, 규모, 지역차 등에 대한 보정을 실시하여 유사한 차기 건설공사의 예정가격을 산출하는 방식이다.

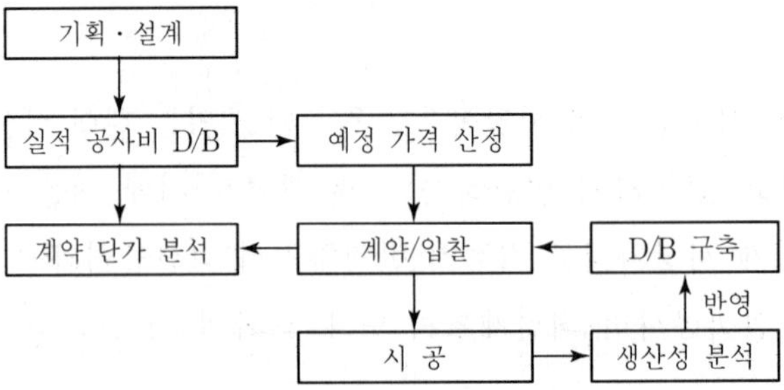

2. 적산 방식의 분류

(1) 실측 견적 방식

기능공들이 수행한 작업량을 현장에서 실측하여 단위 공종별 투입 인력의 양을 산출한 후 단가를 산출하여 견적을 하는 방식

(2) 품셈 견적 방식

전문 조사기관에서 작성한 품셈, 즉 공정별로 표준적인 공법과 공정을 기준으로 하여 평균 수준의 시공 능력을 보유한 시공자가 수행할 때 시공 단위당 소요되는 재료 수량, 노무량, 기계 운전시간 등을 수치로 표시한 적산 기준을 이용하여 단가를 산출 · 견적하는 방법

(3) 단가 견적 방식

기 수행한 건설공사의 집행 단가를 기준으로 견적을 하는 방법

(4) 총액 견적 방식

품셈이나 단가의 이용 없이 완성품인 시설물(예를 들면 도로공사, 아파트 33평형

등) 중심으로 개략적인 공사비를 추정해내는 방식

〈예 시〉

견적방법	실 측	품 셈	단 가	금 액
실측견적	형틀목공 3인/30m², 일	0.1인/m², 일	@100,000원, 일/인×0.1인/m², 일=10,000원/m²	10,000원/m²×1,000m² =10,000,000원
품셈견적		형틀목공 0.1인/m²	@100,000원, 일/인×0.1인/m², 일=10,000원/m²	10,000원/m²×1,000m² =10,000,000원
단가견적			거푸집 단업단가 10,000원/m²	10,000원/m²×1,000m² =10,000,000원
총액견적				거푸집 작업 총액 10,000,000원

※ 현재 시행 중인 실적공사비 적산 제도에서는 단가 견적 방식을 사용하고 있음

3. 실적공사비 적산 방식의 효과

(1) 기술력 향상과 가격 경쟁 유도

(2) 계약 내용의 명확성 확보

(3) 원도급과 하도급간 거래 가격 투명성 확보

(4) 현장 및 시장 여건 반영

(5) 정보화와 표준화 촉진

(6) 정확한 예정 가격 산출 가능

4. 공사비 구성 체계와 산정

(1) 본체 공사비

1) 계약 목적물을 시공하는 과정에서 수량산출기준에 의해 명확한 수량이 산출되는 공종에 적용

2) 산정방법

공사수량×시공단가

(2) 공통공사비

1) 공사목적물의 시공을 위해 필요한 가시설과 운영을 위한 소요 비용

2) 항 목

① 가설공사 : 공사수량×시공단가로 산정

② 공통장비 : 공사수량×시공단가로 산정

③ 공통가설 : 총공사비에서 차지하는 비중이 작으므로 공사종류별, 공사규모별 비율을 설정하여 예정가격 산정시 반영

④ 현장관리비 : 실적공사비 방식에서는 파악이 불가능하므로 현행 원가계산방식의 비율을 적용

⑤ 일반관리비 : 현행 원가 계산 방식의 비율 적용

5. 실적공사비 보정

실적단가들은 각 공사의 특성과 시기를 고려하여 공사발주시기, 지역, 공사규모, 조건 등에 따라 보정을 실시한다.

(1) 발주시기에 의한 보정(시간 보정치)

공사 발주시기가 각각 다른 과거의 계약 단가를 활용하기 위해 현재가치로 환산

(2) 지역, 공사규모에 따른 보정

동일 공사 내용도 지역과 공사 규모에 따라 운송비, 장비비, 노임, 운영비, 자재 구입비 등이 다르므로 이에 대한 보정(할증)

(3) 낙찰률에 따른 보정

동일 공사도 낙찰 비율에 따라 실적 공사비의 차이가 발생하므로 이에 대한 보정

6. 문제점

(1) 재료비, 노무비, 경비 등 산정

실적공사제도에 의한 단가 산정 방식에서는 재료비, 노무비, 경비 산정이 정확하지 않음

* 표준품셈 방식과 같은 순공사원가 산정 방식에서는 순공사원가에 일정한 요율을 적용하여 산정되는 간접노무비, 산재보험료, 안전관리비, 환경관리비, 제경비 및 이윤 등 9개 부문이 따로 계산하여 합산

(2) 실적공사비 단가 부적성

1) 실적단가가 계약단가기준인지 실제 집행단가인지에 따라, 그리고 가격 결정 시점이 계약시점인지 준공시점인지에 따라 현실과 차이가 발생
2) 대상공사의 낙찰률이 적용된 품목별 계약단가는 발주방식(기타공사, 대안/턴키 등) 및 입찰방식(적격심의 최저가 등)에 따라 큰 차이를 보이는 현실 반영 미흡
3) 다양한 분포를 가지고 있는 실적단가 가운데 결정되는 대표 값의 적정성 여부

(3) 실적단가 데이터 미흡

실적공사비 단가의 기준이 되는 실적 단가의 추적 기간이 적어 정확도 미흡

(4) 현실 반영 미흡

신공법, 신재료, 신기술 등에 대한 산정 기준 미흡

(5) 설계 변경시 적용 논란

설계 변경에 따른 금액 조정시 순공사비를 제외한 요소에 대한 정확한 반영 미흡

7. 개선 방안

(1) 실적자료의 신뢰성 확보

1) 건설공사로부터 실 투입원가, 설계 변경 후 완성가격 및 현장 상황 등이 반영된 실적 단가 구축
2) 단가 수집에 있어 정확성과 객관성 확보
3) 정부의 일방적인 단가 산정이 아닌 객관적 기관에 의해 중복 평가 필요

(2) 실적 데이터 구축

1) 장기간에 걸쳐 실제 집행 공사비를 수집하고 평균단가 산정
2) 단가 변동 요소(공사의 종류별, 공사 물량별, 자재 구매 방법과 구입 물량, 공법별, 기계화 비율 등)를 고려하여 세부적인 단가 체계 구축
3) 단일품목 내에서도 수많은 종류를 데이터화와 지속적 수정, 반영

(3) 시장 현실 반영 방안 마련

1) 신기술, 신공법, 신재료에 대한 단가 기준 마련

2) 재료비 지수, 노무비 지수 등 건설공사비 지수의 현실적 반영

(4) 표준분류 체계 확립

내역서 작성 방법과 계약 내역서 변경 등에 있어 공통적으로 적용될 수 있는 표준화체계 구축

(5) 계약 변경 등에 대한 적용성 강화

1) 직접공사비를 제외한 제경비 산정 기준 명확화 및 세분화
2) 계속 공사나 계약 변경시 사유별로(발주자 귀책 사유로 인해 공사가 지연되는 경우 등)에 대한 적용 기준 등 명확한 마련

(6) 현 계약방식 개정

최저가 낙찰방식에서는 실적 공사비 적산방식 적용이 어려운 측면이 많으므로 실시 과정에서 나타난 문제점을 지속적으로 수렴하고 제도 개정시 반영

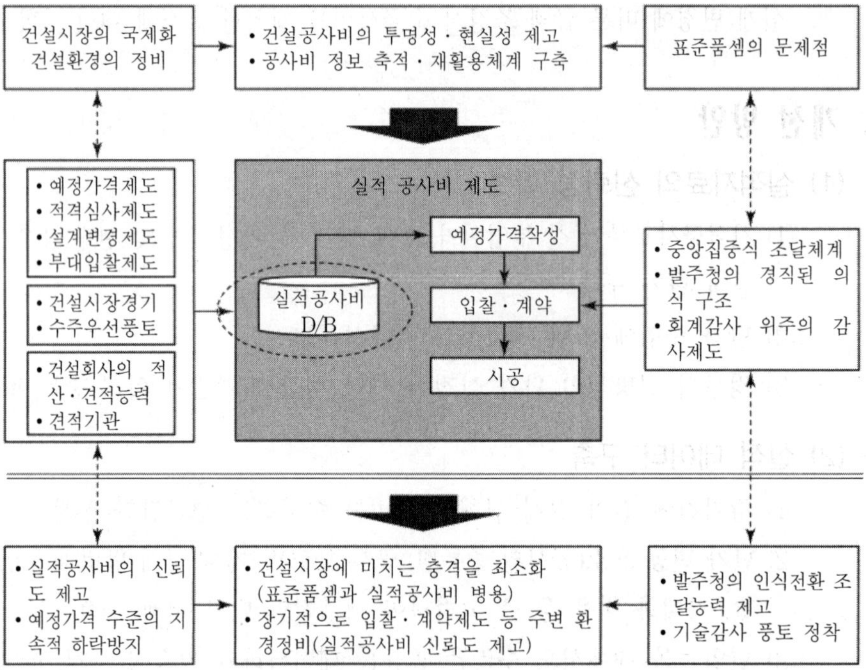

[실적공사비 적산제도 운영방향]

number 102 부위별 적산방법

※'93

1. 개 요

(1) 부위별 적산방법은 건축물을 이루고 있는 벽, 기둥, 슬래브, 천장, 외벽 등의 부위별로 수량을 산출하여 공사금액을 산정하는 방법으로 선진국에서는 일반화되었으나 우리나라의 경우 정착이 되지 못하고 있다.

(2) 부위별 적산방식을 사용하면 발주자나 설계자도 Cost Check가 간편하고, 전산화에도 유리하여 중요한 적산방식으로 이용될 수 있을 것이다.

2. 부위별 적산방식의 개념과 특징

(1) 개 념

건축물의 요소와 부분을 기능별로 분류하여 수량을 산출하고, 부위별 금액을 합하여 총공사비를 산정하는 방식

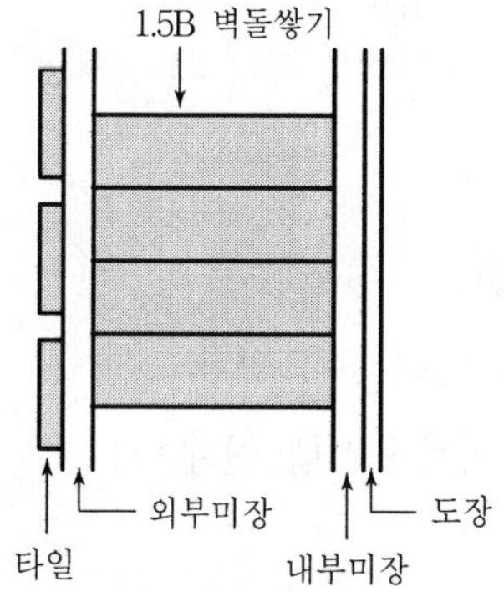

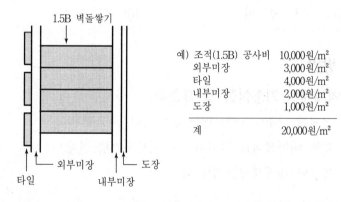

예) 조적(1.5B) 공사비	10,000원/m^2
외부미장	3,000원/m^2
타일	4,000원/m^2
내부미장	2,000원/m^2
도장	1,000원/m^2
계	20,000원/m^2

(2) 특 징

1) 설계변경 용이

① 설계변경시 변경부위의 금액만 재산출하므로 대응력이 좋다.

② 적산작업이 간단하고, 시간이 절감된다.

2) 수량산출 용이

① 동일한 부분 반복 산출

② 능률적이고 착오가 적다.

3) 내역과 Cost 파악 용이

① 건축주나 설계자도 쉽게 파악 가능

② 내역체계가 비교적 간단

4) Cost Planning 가능

① 설계자도 Cost 파악이 쉽다.

② 설계단계부터 비용계획 수립이 가능하다.

5) 전산 System 가능

3. 내역분류 방법

(1) 가설공사 부분

(2) 기초공사 부분 : 토공, 지정, 기초, 구체

(3) 구조체공사 부분 : 기둥, 보

(4) 외벽공사 부분 : 외주벽

(5) 내부 마감공사 부분 : 칸막이벽

(6) 바닥공사 : 최하층, 기준층, 최상층 바닥

(7) 전기공사 부분

(8) 설비공사 부분

(9) 간접공사비 : 제경비

(10) 기타

4. 적용 방안

(1) 내역체계의 기준설정 및 표준화

1) 국제적 기준에 맞는 내역체계 도입

2) 모든 내역체계를 일원화하여 정보시스템 연계

3) 복잡한 내역체계를 단순화

(2) 전산화와 정보의 Database화

1) 전산화에 알맞도록 공종분류를 간소화하고 표준화

2) EDPS를 통한 적산업무 처리

(3) 실적공사비 적산방식 도입

(4) BIM의 활용

(5) WBS의 활용

number 103 완성 시설물의 인도와 인수

※'96

1. 개 요

(1) 시공자는 건물의 준공시기에 맞춰 건물 인도에 필요한 시험과 검사를 실시하고 관계서류를 준비하여 적기에 인수업무가 신속·정확하게 이루어지도록 하여야 한다.

(2) 시공자와 발주자 양측은 인수에 필요한 모든 사항을 확인 점검하고, 건물의 유지관리와 운용에 필요한 방법을 협의·숙지하며, 필요한 자료들은 보존의무기간 동안 보관하여야 한다.

2. 인도 전 준비사항

(1) 시공자

1) 준공검사 : 준공서류에 필요한 각종 인·허가 서류준비
2) 계약서 검토 : 인도시기, 하자관련내용 숙지
3) 미비사항 점검과 보완
4) 각종 장비, 기기의 작동상태 확인
5) 인도 인원배치와 교육
6) 인도시점 조정
7) 인근 파손 시설물 복구와 현장 정리정돈

(2) 감리자

1) 설계도서, 건축주 요구사항 반영 여부 점검
2) 준공도서 작성
3) 건물 유지와 운용요령 작성

(3) 발주자

1) 건물 인수 및 관리인원 확보
2) 건물 사용계획 수립
3) 사무실 이전 등 건물 입주에 필요한 준비
4) 요구사항 이행 여부 확인

3. 인도시 유의사항

(1) 일반사항

1) 준공도서

① 준공도서는 설계도서 원본으로 Micro Film과 CD 제작

② 설계자와 시공자는 준공 후 3개월 이내 사본을 시설안전기술공단에 제출

③ 준공도서는 건물의 존속기간 동안 보존

2) 인도 인원 배치

① 시공자는 인도 인원과 하자 전담요원을 배치

② 건축, 전기, 기계설비 운용 요원 배치

3) 인수 인원 확보

① 위험물 안전관리자, 방화관리자

② 전기안전관리자

③ 검사 대상기기 자격증 소지자

건물 규모	운용요원 확보	인수시험기간	하자요원 상주기간
30,000m^2 미만	준공 3개월 전	준공 1개월 전	1개월/1명
30,000m^2~50,000m^2 또는 16~20층 이하	준공 1년 전	준공 2개월 전	2개월/2명
50,000m^2 이상 21층 이상	준공 1년전	준공 3개월 전	3개월/3명

4) 시설물 동작상태 확인

모든 장비, 기기가 정상 작동됨을 확인시킴

(2) 인도 내용 확인

1) 완성보고서와 시설물 인도서

① 감리자, 시공자, 발주자 공동으로 현장 확인

② 감리 완료보고서 첨부

③ 공사계약서에 따른 인도서 작성 서명

④ 준공허가서와 각종 인허가 서류제출

2) 설계도서

① 시공도면과 최종 준공도면 ② 설계변경 도면와 상세도, 보수도면

③ 준공내역서와 시방서 ④ 구조계산서

3) 공사진행 기록

① 공사기록사진

② 민원 등 공사관련 특이사항

4) 시험, 검사사항

① 재료의 사용 종류와 등급

② 시험과 검사기록, 성적증명서

5) 사용설명서

① 각 공사별 작성된 사용 설명서

② 전기설비의 자재와 장비 사용 설명서와 카달로그

③ 승강기, 주차설비, 냉난방설비 등의 사용 설명서

6) 유지보수용 자재 확보

7) 보증서류

① 하자 이행에 관한 사항

② 공인기관의 하자이행증권 또는 보증금 예치

8) 기 타

① 열쇠 인도서 작성, 열쇠함 인도

② 공구 인도와 사용법

③ 각 시공사와 제품제조사의 전화번호와 연락처

4. 맺음말

(1) 시공자는 건축물의 완성과 함께 발주자가 완성물을 인수할 수 있도록 필요한 제반 서류와 함께 발주자 측에서 유지관리에 요구되는 내용들을 사전에 인도하여야 한다.

(2) 발주자는 유지관리에 필요한 인원을 확보하고 장비와 설비의 작동에 대한 사항을 점검하고, 관리방법을 습득하여 원활한 인도가 이루어지도록 상호 협력하여야 한다.

number 104 건축물의 유지관리

※'02

1. 개 요

(1) 건축물의 유지관리는 Life Cycle의 최종단계로 완성된 구조물과 부속설비를 원상태에 가깝도록 기능을 유지시켜 경제성과 생산성을 보존하고, 이를 운용하는 일련의 활동을 일컫는다.

(2) 최근 대형화된 다기능 복합건물의 건축이 활발해지면서 유지관리의 중요성도 커지고, 관리 여하에 따라 건축물의 전체 수명과 경제성이 좌우되기 때문에 이에 대한 투자도 증가하고 있다.

2. 유지관리의 중요성

(1) 기능의 유지와 내구성 향상

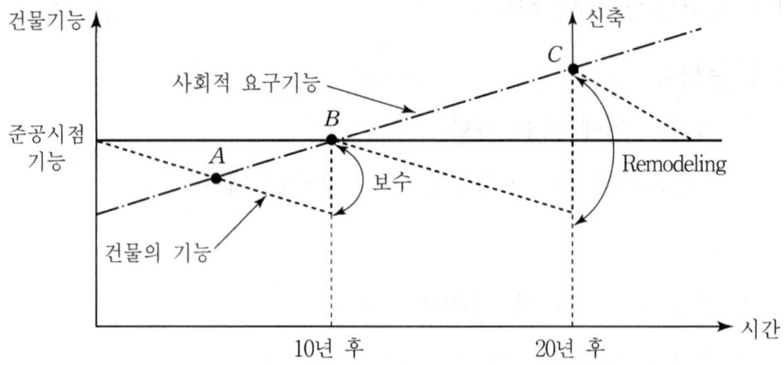

1) 건축물은 준공시점부터 기능저하가 시작된다.

2) 효율적인 유지관리를 통해 건물의 기능저하를 최소화한다.

3) B점이 되면 유지비용도 과다 발생하므로 개보수를 통해 기능을 요구수준으로 끌어올린다.

(2) 쾌적환경 유지

1) 입주자에게 쾌적한 공간 제공

2) 건축물의 환경 보존

(3) 재해의 사전예방과 피해의 최소화

(4) 비용의 최소화

1) 일상적 점검을 통해 개선점 발견
2) 대수선과 수리를 미리 방지
3) 보수비용 절감과 유지비 감소
4) 지속적 개선으로 에너지 절감

3. 유지관리 내용

(1) 작업관리

1) 기능관리
① 전기 및 기계설비의 기능유지와 개선 : 승강기, 주차설비, 냉 난방설비, 급배수 설비 등
② 건축시설의 기능유지 : 창호, 유리, 방수, 도장면 등의 기능 유지

2) 위생관리
① 청소와 쓰레기 처리
② 방제와 방역

3) 보전, 보완관리
① 파손시설물 복구
② 녹지공간 보존

4) 보안관리

(2) 경영관리

1) 계약관리　2) 실체관리　3) 수리관리

4. 유지관리 계획수립

(1) 건축물 계획시(LCC)

1) 건축주의 LCC 개념에 대한 이해와 실행
2) 기존 건물 데이터를 근거로 초기투자비와 유지관리비 분석

3) 건물 완성 후의 가치를 산정해 투입자본 예측

4) 향후 10년 이상의 추세를 고려한 장비와 제품 선택

5) 하자를 최소화하는 공법으로 품질 확보

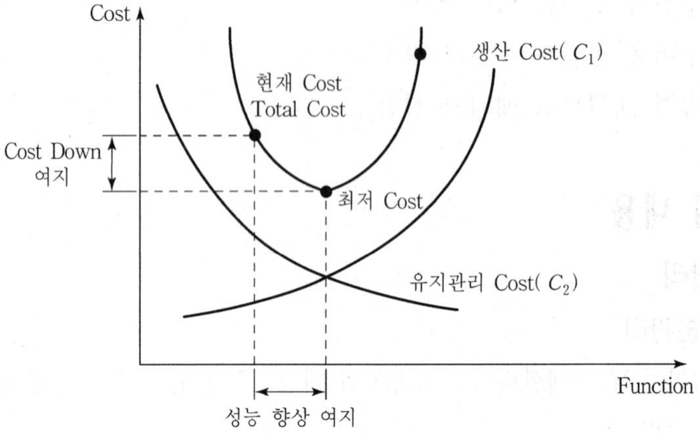

[LCC 곡선]

(2) 장기계획 수립

1) 5~6년 이후의 보수를 전제로 한 장기적 유지관리 계획

2) 보수할 내용을 예상하고 이에 따른 총보수비용 계산

3) 총보수비용 산출을 근거로 매월 수선 충당금 산정

(3) 중기계획 수립

1) 연도별 보수 부분과 비용 지출계획을 작성

2) 수선비용을 토대로 수선방법 결정

3) 5년을 기본단위로 수립

(4) 실시계획

1) 현장조사 실시, 자금지급계획 작성

2) 개보수 시기와 범위, 공법을 결정

3) 시공자와 공사감리자 선정

5. 건축물 점검주기와 점검내용

부 위	점검주기	점검사항
바닥	1년 이내	마감재 균열, 손상, 들뜸, 녹, 부식, 마모, 도장상태, 방수층의 방수성능, 배수상태
계단	1년 이내	마감재 균열, 손상, 들뜸, 녹, 부식, 마모, 도장상태, 논슬립 변형이나 이탈, 마모 상태
벽	내부 3년 이내 외부 1년 이내	마감재 균열, 손상, 들뜸, 녹, 부식, 마모, 도장상태, 방수층의 방수성능
난간	1년 이내	설치상태, 녹, 부식, 변형 여부
창호	1년 이내	설치상태, 녹, 부식, 변형 여부, 작동상태, Sealing 재의 변형, 마모
천장	내부 3년 이내 외부 1년 이내	마감재 균열, 손상, 들뜸, 녹, 부식, 마모, 도장상태, 커튼박스 및 점검구 이상 유무

6. 맺음말

건축물은 유지관리의 정도에 따라 수명이 크게 달라지므로 일상점검, 정기점검, 점검내용 등에 대한 철저한 계획을 세우고 효과적인 유지관리가 되도록 해야 한다.

number 105 건축물 유지관리의 사후 보전과 예방 보전

※'02, '06

1. 개 요

(1) 건축물의 유지관리란 Life Cycle의 최종단계로, 완성된 구조물과 부속 설비를 원상태에 가깝도록 기능을 유지시켜 경제성과 생산성을 보존하고 이를 운용하는 일련의 활동을 말한다.

(2) 유지관리(시설물)에 있어서는 주기적으로 점검을 실시하고 예상되는 문제점을 사전에 찾아내어 해결하는 것(예방보전)이 무엇보다 중요하다.

2. 유지관리의 개념과 내용

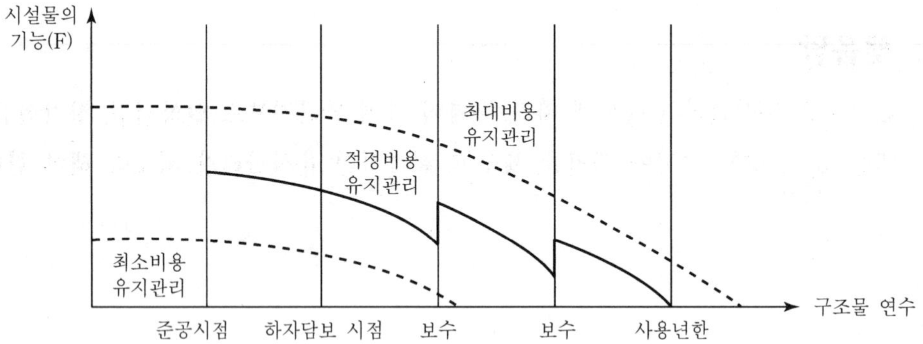

(1) 작업관리

1) 기능관리 : 전기, 기계설비 기능 유지, 건축부재관리
2) 위생관리 : 청소, 방역
3) 보전 보완 관리 : 시설물 파손 복구
4) 보완관리

(2) 경영관리

1) 계약관리 : 임대차 계약, 보수 계약
2) 실체관리
3) 수리관리

3. 사후 보전과 예방 보전

(1) 예방 보전

1) 유지관리 계획 수립, 시행

① 장기계획, 단기계획 , 중기계획

② 실시계획 수립

③ 포함사항

㉠ 시설물별 유지관리 체계

㉡ 유지관리 조직, 인원 및 장비 확보사항

㉢ 유지관리 비용 및 예산 확보

㉣ 긴급사항시 조치 체계

2) 안전점검 실시

① 정기점검 : 6개월에 1회 이상 실시

② 정밀점검 : 3년에 1회 이상 실시(건축물)

③ 긴급점검 : 천재지변(폭우, 폭설, 폭풍, 지진)시

3) LCC 활용

① 하자가 적은 재료 사용

② 설계 시공 단계에서부터 문제요인 제거

(2) 사후 보전

1) 정밀 안전 진단

① 현격한 하자나 위험 요인이 발생한 경우

② 전문가에 의한 판단을 한다.

2) 중대 결함

① 조립식 구조체의 연결 부실로 인한 내력 상실

② 주요 구조부의 과다 변경 및 균열 심화

③ 지반 침하로 인한 활동 균열

④ 누수 부식에 의한 구조물, 기계설비 기능 상실

[CON'c 구조물 노화상태의 예]

등 급	상 태
A	문제점이 없는 최상 상태
B	경미한 손상으로 양호한 상태
C	보조 부재의 손상 : 보통 상태
D	주요 부재 진전된 노화
E	부식상태 심각한 노화 : 사용중지, 개축

3) 보수보강

① 구조상 안전에 위험이 있을 경우 : 사용제한, 금지, 위험제거

② CON'c : 지속적 균열, 주요 구조부 균열, 손상

③ 창호 : 부식, 변형, 마모 상태 심각

④ 난간 : 부식, 변형 심각

⑤ 기계 설비 : 기능 상실, 기능 저하 심각

⑥ 전기 시설물 : 용량 과다, 위험 확인시

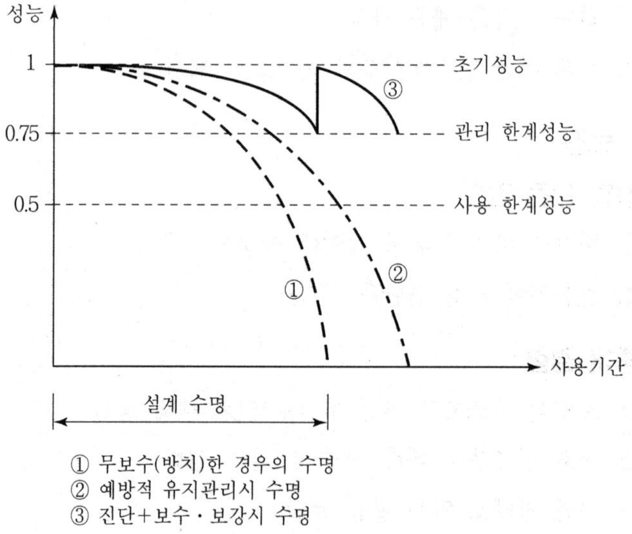

[구조물의 수명과 보전 조치]

number 106 건축물의 리모델링(Remodeling) 사업

※'00, '02, '04, '09, '13

1. 개 요

(1) 리모델링이란 노후화되거나 불합리한 기존의 건축물을 사용용도에 적합하도록 기본 골조는 유지하면서 시설물의 보수와 교체 등을 통해 기능을 향상시키고 사회적, 물리적 수명을 연장하는 활동이다.

(2) 현재의 신개발과 신축 위주의 건축 활동이 토지 부족과 경제적 부담 증가 등의 이유로 한계점에 이르게 되면서 리모델링은 단순한 보수나 수리의 차원을 넘어 건축의 새로운 영역으로 중요성이 증대되고 있다.

2. Remodeling의 개념과 필요성

(1) 개 념

노후화되거나 사회적 요구기능에 미치지 못하는 건축물을 보수하고, 시설물을 교체하여 건물의 기능을 향상시키고, 사용목적에 적합하도록 개선시키는 활동

1) Reform : 기존 건물 골조의 면적을 증가시키거나 층수를 높이는 개선작업
2) Repair : 노후화된 부분의 수리와 보수로 기능을 향상시키는 것
3) Renovation : 노후된 건물의 본래 기능을 회복하기 위한 개선작업
4) Re-use/Re-cycling

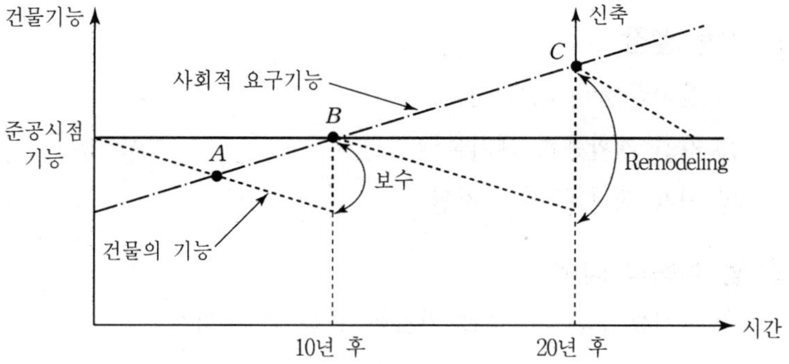

① 건물의 기능이 사회적 요구 기능보다 저하된 A점부터 개보수가 필요

② B점이 되면 건물기능이 저하되고, 유지비용도 많이 발생하므로 개보수를 통

해 기능을 향상시킨다.

③ C점에서는 건물기능과 사회적 요구와의 격차가 심해져 신축이나 리모델링을 검토

(2) 필요성

1) 신축비용의 증가에 따른 부담
2) 노후된 시설물의 교체나 보수를 통한 기능 향상
3) 증·개축을 통해 건물 유효공간 확보
4) 정보화시대에 맞는 기능 확보
5) 소자본 투입으로도 높은 건물가치 증대
6) 건물의 미관 향상
7) 임대 및 매각 용이

구 분	신축비용비중(%)			전 생애비용비중(%)		
	골 조	마 감	전기/설비	골 조	마 감	전기/설비
업무용	30	40	30	13	35	52
공동주택	30	50	20	14	48	38

※ 수명에 따른 건물 전 생애 공사비 비중

3. Remodeling의 장점과 효과

(1) 장 점

1) 비용 절감
   ① 신축공사비의 30~40%
   ② 자원 재활용과 폐기물 감소
   ③ 세제 혜택과 자금 지원

2) 법 적용의 혜택
   ① 용적률이나 주차장법 강화에 의한 기준 미적용
   ② 용도변경 용이, 법적절차 간소화

3) 신축보다 유리

① 입주자 수용상태로 공사 가능 : 입주자 이주 비용 절감

② 공사완료 후 재임대에 대한 부담 감소

③ 신축공사 1/2의 공사기간

④ 민원발생 감소

(2) 효 과

1) 건축물 이미지 상승

2) 빌딩의 유지관리 비용 감소

3) 쾌적하고 적합한 공간 확보

4) 정보화 시대에 맞는 건물

5) 건물의 안전성과 가치 증대

6) 주거 환경 개선

4. Remodeling의 내용

(1) 절 차

검토, 분석단계 → 계획, 설계단계 → 계약, 시공단계 → AS 단계

- 검토, 분석단계
  - 목표설정
  - 정밀진단
- 계획, 설계단계
  - 시설 배치계획
  - 경제성 검토
- 계약, 시공단계
  - 공사와 인수
- AS 단계
  - 평가
  - 유지관리

(2) 보수공사

1) 전기, 설비, 창호, 방수 등 부분 보수

2) 전기, 설비의 교체와 내 외부 천장, 바닥, 벽체의 보수

3) 건물의 외벽 및 외관 보수

(3) 추가 가치부여 공사

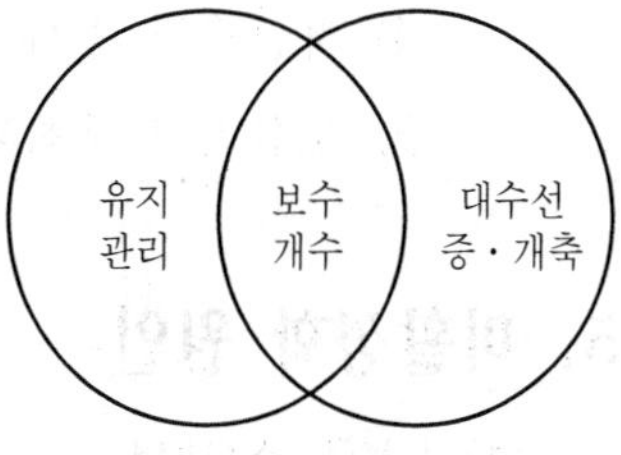

[요구성능] [건축법]

1) 정보기술 관련 공사

① 정보화 빌딩 추진공사

② LAN 설치

③ Access Floor 설치

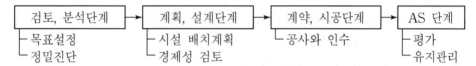

2) 환경 친화적 건축물

① 정수시설, 물 절약 시설, 중수도 시설 설치공사

② 방진, 차음 공사

③ 환기시설, 정화시설 개선공사

3) 에너지 절약시설

① 절전형 설비, 전등설치

② 창호, 천장 등 열손실 방지 공사

③ 심야 전력 이용과 같은 에너지 절약 시스템

4) 공간 확보 공사

① 층수 증가로 연면적 증가

② 구조보강, 내진공사

5) 건물주위 개선공사

① 조경공사

② 건물 외벽 장식, 장식물 설치 등 이미지 제고 공사

(4) 용도변경 공사

1) IDC 빌딩

2) Serviced Apartment

3) 복합 Clinic 공사

4) 건강관련, 스포츠관련 Fitness Center

(5) 건물단지 및 복합시설 개발공사

1) 대학 캠퍼스와 연구단지 시설

2) 금융기관 건물과 전산 센터

3) 정부 및 지방자치단체 건물

4) 자산관리 공사 매각건물

5) 도심의 노후화된 주거단지나 상업 건물

5. 미활성화 원인

(1) 낮은 수익성

공동주택의 경우 Remodeling보다 재건축, 재개발이 수익성이 높다.

(2) 복잡한 동의 절차

동의 비율이 높고 절차가 복잡해 많은 시간이 필요하다.

(3) 각종 규제

1) 부동산의 투기대상으로 인식

2) Remodeling 관련 각종규제(면적, 구조 등)

(4) 자금, 세제 지원 미흡

(5) 기술력 부족

(6) 표준화 미흡

(7) 업체의 영세성

(8) 관련제도와 규정 미흡

6. 활성화 방안

(1) 제도 정비(법규)

1) 개축/증축 : 건축법 규제함 ─┐
2) 대 수 선 : 건축법 규제 없음 ─┘── Remodeling 분야

3) Remodeling 관련 규정 정비(관련법 제정)

(2) 지원 확대

1) 세제 및 금융 지원 확대

① 국민주택 기금을 Remodeling 공사에 지원

② 공적 자금 융자

③ 세제 감면

④ 특별수선 충당금 실질적 운영 및 장기 수선계획 마련

(3) 규제 완화

1) 부동산 관련 규제 완화

① 허용 면적 증대

② 구조적 완화(확장 발코니 등)

2) 동의 비율 완화

(4) 보증 제도 실시

1) 계약 이행, 하자 이행 보증 강화 적용
2) 보증기간 연장

(5) 기술력 향상

1) 타당성 분석 기술
2) 구조 검토 및 보강, 안전진단 기술
3) 시공 기술력 향상
4) Remodeling 자재, 공법 개발

(6) 표준화 체계 확립

1) 설계 기술, 자재 표준화
2) 관리 지침서, System 확립

7. 맺음말

(1) 우리 사회도 신축 건물에 대한 수요가 감소하면서 공동주택과 오피스 건물을 중심으로 리모델링에 대한 수요가 증가하고 있으나 대부분은 낡은 건물의 보수와 개조 수준에 머물러 있는 실정이다.

(2) 국가에서도 리모델링에 대한 중요성을 인식하고 있으면서도 제도적, 금융적 지원은 미흡한 것이 사실인 만큼 더 많은 지원과 활성화 대책을 마련해야 할 것이고, 건설 관련자들도 Remodeling에 대한 인식전환과 함께 기술력 향상에 힘써야 할 것이다.

number 107 High Tech 건축

※'89

1. 개 요

(1) 컴퓨터와 정보통신 분야의 발달과 함께 이러한 기술들을 건설분야에 활용하여 경제적이면서도 고도의 조합적 기능을 갖춘 건축물을 건설하려는 움직임이 활발하다.

(2) High Tech 건축은 기획단계에서 유지관리에 이르는 건축 활동 전반에 걸쳐 컴퓨터 기술을 활용해 신기술, 신공법을 적용하고 복합적 기능을 가진 구조물을 생산하는 활동을 말한다.

2. High Tech 건축의 특성과 효과

(1) 특 성

1) 건축 생산성 향상

2) 건축 생산기술의 혁신적 변화

3) 고도의 기술 이미지 강조

4) 합리적이고 효율적인 디자인

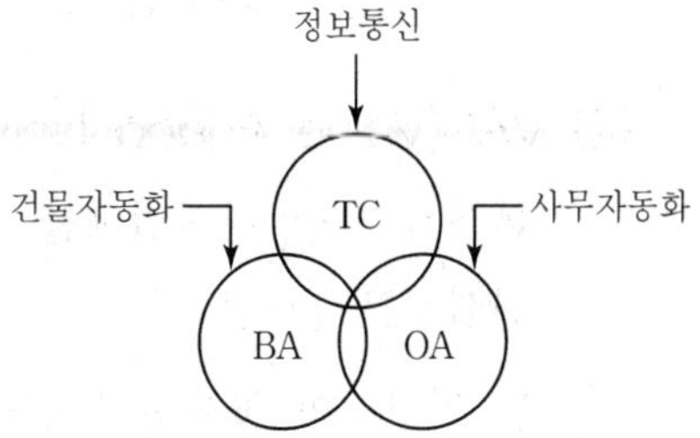

[정보화 빌딩의 개념]

(2) High Tech 효과

1) 경제적인 건축과 생산성 향상

2) 건축 생산기간의 단축

3) 고품질의 건축물 완성

4) 유지관리비용 절감

5) 부가가치 증가

3. High Tech 건축의 종류

(1) IBS

인간중심의 쾌적한 환경과 정보통신을 활용한 사무능률 향상을 목적으로 첨단기술을 통해 다양한 서비스를 제공하는 종합 건축물을 말한다.

1) BA(Building Automation) : 건물관리, 사무관리, 정보관리 System

2) OA(Office Automation) : 사무지원, 사무관리, 정보관리 System

3) TC(Tele-communication) : 음성 System, 화상 System, 검색 서비스
4) 쾌적환경 : 소음, 조명, 휴식공간 등 사무환경

(2) Simulation

설계시 그동안 축적된 데이터를 바탕으로 신규 공사의 예측, 미경험공사의 계획 등에 활용하여 최적의 설계방법을 찾아내는 것

1) 건축구조 설계분야 활용하여 구조안정성 확인
2) 풍동시험, Mock up Test
3) PERT, CPM 등에 이용

(3) CIC(Computer Intergrated Construction)

컴퓨터를 활용하여 설계, 공장생산, 현장시공을 유기적으로 연계시켜 구축한 건설정보통합시스템이다.

1) CAD(Computer Aided Design)
2) CAM(Computer Aided Manufacturing)
3) SA(Site Automation)

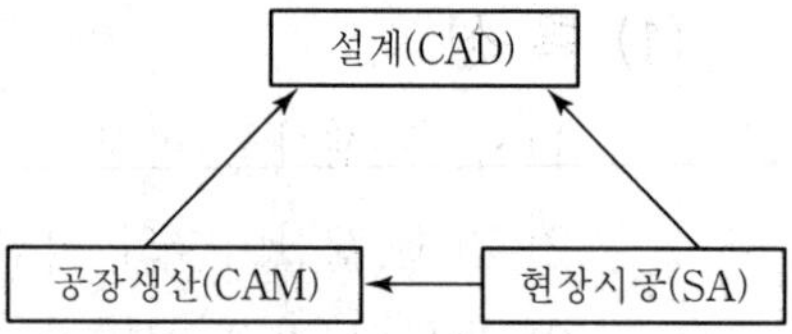

[CIC 개념도]

(4) VAN(Value Added Network, 부가가치 통신망)

본사와 현장, 협력업체를 초고속 On-line으로 연결하여 업무 효율화를 이룩하는 건설정보시스템

1) 원격지의 공사현장 접속 가능
2) 신속한 업무처리와 의사결정 가능
3) 생산성 증대와 기술력, 경쟁력 증가

(5) MIS(Management Information System, 정보관리 시스템)

필요한 정보를 수집하고, 분석하여 데이터베이스화하였다가 주어진 목표를 달성하기 위해 정보를 활용하는 정보관리 시스템

1) 계약관리정보 : 도급금액, 시공업체, 공기, 계약내용
2) 지역, 환경정보 : 토지, 지반여건, 지형조건, 기상상태 등
3) 실적정보 : 공사 시공경험, 공사관리, 시공 결과
4) 사회환경정보 : 건설법규, 조례, 건설공해, 분양정보, 거래가격

(6) CALS(Continuous Acquisition and Life Cycle Support)

전산업에 걸친 정보의 통합 System 구축으로 건설분야에 있어서의 CALS는 기획에서 폐기에 이르는 건설 활동에 대한 정보를 컴퓨터를 통해 통합하는 것이다.

1) 전산업 정보의 동시 공유
2) 정보의 대응
3) 대외 경쟁력 확보

(7) Ubiquitous와 Home Network

무선 인터넷을 기반으로 한 원격 제어 기술로 건축공사뿐만 아니라 가전제품, 서비스 활동 등을 인간의 의지대로 조정하고 생활의 편의를 추구하는 체제

4. 문제점과 대책

(1) 문제점

1) 초기 투자비 과다
2) 시험시공시 공사비 증대
3) 대형 프로젝트에 한정된 적용
4) 정보화에 대한 투자와 표준화 체계 미흡

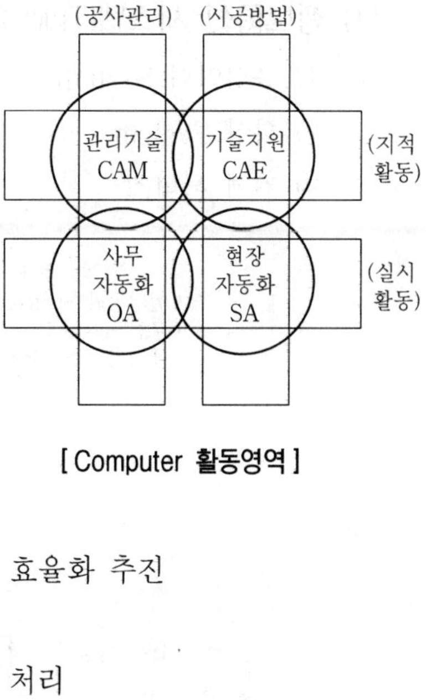

[Computer 활동영역]

(2) 대 책

1) 기술개발 및 자동화 공법 개발
2) 정부의 세제와 금융지원
3) 소프트웨어의 개발
4) 업무의 표준화, 정보 시스템 구축
5) 정보의 표준화, OA화로 적산, 공사관리의 효율화 추진
6) Robot 시공 확대
7) 각종 민원 사무를 전산화하여 온라인으로 처리

5. 맺음말

인터넷의 보급과 급격한 정보통신 혁명의 흐름 속에서 건설 분야도 새로운 기술을 적극 도입하여 이를 생산 활동에 활용함으로써 고품질의 경제성 있는 고품질의 목적물을 생산할 수 있으며, 정보화 시대에 적절히 대응해 나갈 수 있을 것이다.

number 108 IBS 빌딩의 계획과 전망

※'88, '96

1. 개 요

(1) 현대는 고도의 정보사회로서 Micro－Electronics, 통신기술, 정보처리기술 등의 발달로 산업구조가 급변하게 변하고 있다.

(2) 즉, 사회의 정보화, 산업의 정보화가 빠른 속도로 진행되며, 이러한 변화에 따라 공장의 자동화, 사무자동화로 시작되어 고도의 통신기능(Tele-communication)이 요구되는 공간과 환경을 구비하는 Building이 요구되고 있다.

2. 정보화 빌딩(Intelligent Building)

(1) 정보통신 시스템(Tele Communication System)

1) 음성인식 System

2) 화상 System

3) 검색 서비스

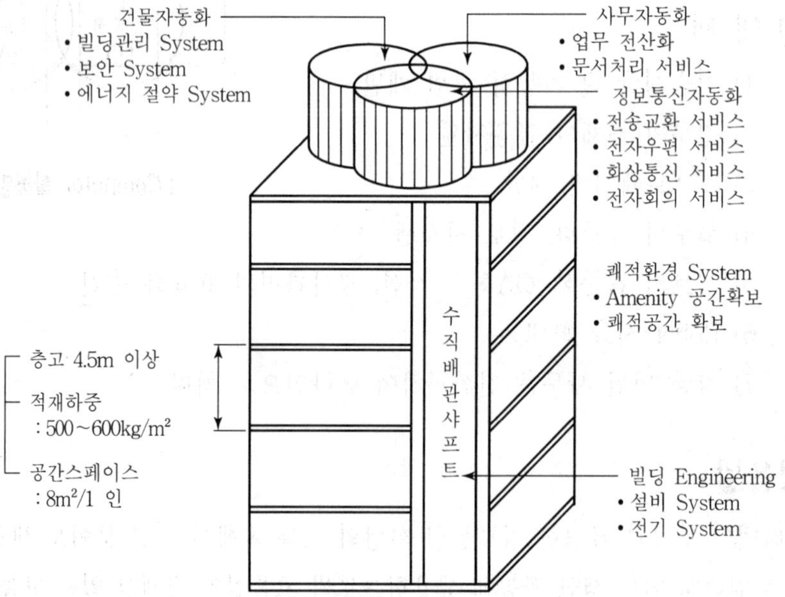

[IBS의 구성 개념]

(2) 사무자동화 시스템(Office Automation System)

1) 사무지원, 사무관리

2) 정보관리 System

(3) 빌딩자동화 시스템(Building Automation System)

1) 건물관리, 사무관리

2) 정보관리 System

(4) 고도의 기술 시스템(High Technology System)

(5) 쾌적환경 시스템(Amenity System)

(6) 자동방재 시스템

3. 정보화 빌딩의 특징

(1) Office의 생산성 향상

(2) Energy 절감효과(약 20%)

1) 자동 냉·난방 system

2) 에너지 절약 system

(3) Building Automation에 의한 무인관리 기능

(4) 건물의 Life Cycle Cost 절감

1) Computer에 의한 유지관리

2) 초기에 문제점 발견과 해결

(5) 공간구성의 변화에 융통성 있게 대응

(6) 정보화(Intelligent)에 의해 기대되는 효과

1) 정보, 통신, 원가의 절감

2) 사무실 업무의 효율화

3) 에너지 절감, 관리 인력 절감

4) 쾌적환경에 의한 지적 생산성의 향상

4. 정보화 빌딩 계획 및 구성

(1) Flexibility Maintainability

공간구성의 변경이 융통성 있고 경제적일 것

(2) Office Space

$8m^2$/1인으로 Office 면적이 증대된다.

1인당 Office 면적은 증대되며, 1인당 $8m^2$ 이상이 바람직하다.

(3) 층고 천장높이

4m 이내

(4) 적재하중 및 바닥구조

1) 일반사무실 : $300kg/m^2$
2) Intelligent Building $500\sim600kg/m^2$이 요구된다.
3) Access Floor 시공

(5) 옥상은 위성통신 안테나 설치장소로 사용

(6) 수직 Shaft

단말기기에 따른 평면계획, 배선거리, 방화, 방연 등

1) 각종 단말기와 전력선, 전화선, 통신선, 제어선 등의 배선이 증가하며, 종 Shaft가 중요한 시설로 된다.
2) 평면계획에서 배치방법 검토
3) 배선의 복잡성을 회피하여 분산시킨다.
4) 상·하층을 관통하므로 방화, 방염에도 주의해야 한다.

(7) 전원설비, 제작구법

DIB, TLD, Dreamy

5. 정보화 빌딩의 문제점과 추진방향

(1) 문제점

1) Intelligent Building의 기술 부족 : 엔지니어 기술기반의 취약
2) 관계법령의 제약
3) 적극적인 추진정책의 미비 : 세제 및 금융상 우대 필요
4) 역기능적인 요소의 상존
   ① 전자파로 인한 건강상의 피해
   ② 정보의 신뢰성 여부
   ③ 인간성 상실
   ④ 빌딩증후군 등

(2) 추진방향

1) Intelligent Building기술의 극대화
2) 정보 관련 부처 간의 협력
3) 시범 건축물로 홍보
4) 기술개발과 적용 확대

6. 맺음말

세계는 지금 지식 정보화 사회로 진입하고 있으며, 건설 산업도 이러한 추세에 부응하지 않으면 안 된다. 정보화 시대에 대응할 수 있는 기능과 설비를 갖춘 IB 건물에 대한 관심이 고조되면서 이를 개발하려는 노력과 함께 건설업 자체의 정보화 수준을 높여야 할 필요성이 강조되고 있다.

number 109 부실시공의 원인과 방지 대책

※'05

1. 개 요

(1) 부실시공이란 계약서, 설계도서 등과 위배되어 상이하고 불성실하게 시공, 관리되는 것으로서 기업뿐 아니라 건설업 전체의 이미지 추락 및 경쟁력 저하의 근본원인이다.

(2) 건설 시장에서의 경쟁력 향상과 변화되는 환경에 대응하기 위해서는 부실시공을 방지하기 위한 근원적 대책 마련과 기술자 개개인의 인식 전환이 요구된다.

2. 부실시공의 원인

(1) 사업계획 미비

1) 불합리(무리)한 사업계획

① 중복 투자, 예산의 비효율성

② 관련기관과의 협조 미비

③ 사업 계획의 즉흥성, 조급성, 정치적 접근

2) 사전조사 불충분

① 조사 분석 기초 자료 부실

② 사업 시행의 타당성을 합리화, 인위적 조작이나 개입

③ 정보의 오류, 불충분, 부정확성

(2) 설계단계

1) 설계 내용의 부실 및 오류

① 현장과의 상이성

② 현장 여건 반영 미비

③ 도면, 시방서 등 설계도서 간의 불일치

④ 설계 조건, 기준의 적용 오류

2) 충분한 검토 미비

① 설계 심사 기간 부족

② 신공법, 신재료에 대한 검토 방법 부족

(3) 입찰, 계약 단계

1) 입찰 참가 자격 제한
2) 저가 입찰(덤핑 수주)
3) 특정 업체에 대한 특혜
4) 입찰 방식의 허점

(4) 시공단계

1) 불법 하도급 및 저가 하도급
   ① 무허가 업체에 도급
   ② 지나치게 낮은 금액으로 저가 하도급
2) 현장 관리 부실
   ① 설계와 상이한 시공(재료, 자재, 시공 순서 등)
   ② 공기 위주의 현장 관리(무리한 공기단축)
   ③ 원가 절감 위주의 시공 관행
   ④ 부당 설계 변경, 신공법과 신기술 적용 오류와 경험 부족
3) 감리 감독의 부실

(5) 건설업의 현실적 문제

1) 미숙련공, 외국인 근로자의 현장 투입, 기능공의 고령화
2) 근로자의 사명 의식 결여
3) 교육 부족

3. 부실시공 방지 대책

(1) Engineering 능력 향상

1) 건설업의 체질 개선
2) 건설업의 EC화 추진, 기술 능력 향상
3) 기계화, 표준화, 정보화 촉진

(2) 입찰, 계약 제도 개선

1) 투명한 입찰제도 정착, 전자입찰 제도 활성화

2) 신기술에 대한 우선권 강화로 기술력 위주 낙찰 정착
3) 공사 가격 현실화를 위한 실적 공사비 적산 확대 실시
4) T/K의 발주 확대
5) 불법 하도급 및 재하도급 금지와 이에 대한 제재 강화

(3) 설계 및 기획 능력 향상

1) 설계자의 대형화, 전문화 촉진
2) 설계 기준의 표준화
3) 설계 오류에 대한 보상제도 마련 : 보험, 보증제도 도입

(4) 관리 기술 선진화

1) 사업관리 기술(CM) 확대 및 정착 활성화
2) 신 관리기술의 도입 적용 확대
   SE, VE, IE, QC 등

(5) 정보화 촉진

1) 건설정보화를 위한 D/B 구축, 정보를 이용한 시공 확대
2) CALS, CIC, PMIS 등 구축

(6) 감리, 감독 강화

1) 감리자의 능력 향상
2) 우수 감리원의 육성과 전문 감리회사의 지원을 통한 전문성 강화
3) 감리자의 책임과 권한 강화

(7) 현장 관리 강화

1) 하도급 업체 관리
   ① 협력업체에 대한 지원과 교육을 통한 능력 향상
   ② 유기적인 협조 체제 유지

2) 품질 관리 강화
   ① 사용 자재에 대한 시험 강화
   ② 사전, 사후 품질 관리 절차와 방법 표준화

3) 노무 관리

① 기능공의 숙련도 향상을 위한 기술교육과 지원

② 근로자의 복지 향상을 통한 근로의식 고취

4) 업무 절차 개선

(8) 기술 개발 촉진과 기술능력 향상

1) 신공법, 신기술에 대한 충분한 검토를 위한 사전 예측 프로그램(Simulation) 활성화

2) VE 촉진

3) 기술 인력에 대한 지속적인 교육 실시

(9) 표준화 촉진

1) 건설 관련 서류의 표준화

2) 관리 기술 표준화

3) 설계, 시공 업무절차 표준화

(10) 사후관리 철저

하자 담보 책임 및 기간 강화

(11) 기술인력의 책임감과 사명감 고취

기술인력에 대한 처우 개선을 통한 사명감, 책임 의식 고취

number 110 노후화된 건축물에 대한 안전진단

※'05

1. 개 요

안전진단은 건축물에 내재되어 있는 위험요인이나 구조물의 기능 및 사용재료의 성능/상태/안전성 등에 대해 미리 검사, 평가하고 그 결과에 따라 적절한 조치를 취함으로써 사고를 예방하는 동시에 합리적인 보수와 보강 방법을 제시하여 안전성과 사용성을 확보하고 유지관리 기능을 향상시키는 작업이다.

2. 안전진단의 정의와 목적

(1) 안전 진단의 정의

실존하고 있는 건물의 상태에 대하여 목적하는 바에 따라 자료를 체계적으로 수집하고 분석/평가는 하는 일 즉, 건물이나 부재의 구조적 타당성을 결정하는 과정(Structural Condition Assessment for Building)

(2) 안전진단의 목적

1) 안전성 확보로 인명과 재산 보호

2) 사용성(Serviceability)의 확보

균열, 처짐, 손상, 누수, 부식, 박락, 층분리, 일체성 결여, 기울어짐, 백화 등으로부터 보호

3) 보수 보강방법의 제시

보수 보강 비용의 최소화

4) 유지관리(Maintainability) 향상 및 내구 연한 연장

3. 안전진단의 종류

(1) 건설 안전 점검

(2) 건축물 안전 점검

(3) 건축물 정밀 안전 진단

(4) 재해 건축물 정밀 안전진단
(5) 건설 진동 피해 건축물 정밀 안전진단
(6) 재건축을 위한 정밀 안전진단
(7) 보수보강을 위한 정밀 안전진단
(8) 특수 구조물을 위한 정밀 안전진단
(9) 재하시험

4. 안전진단의 필요성

(1) 구조물의 노후화가 현저하여 사용상 불안한 경우
(2) 구조물에 심한 변형/균열/파손 등이 발생하여 원인 규명과 보완대책이 필요한 경우
(3) 화재, 폭발사고, 지진의 피해를 입은 구조물에 대하여 손상 정도 규명
(4) 건축물의 용도 변경이나 증개축을 목적으로 구조내력을 조사하여 안전도 여부를 확인할 필요가 있을 때
(5) 부실시공에 의한 피해와 사고의 진단
(6) 설계상의 오류진단

5. 안전진단 절차

(1) 건축물의 외관조사(Visual Inspection / Weak–Through Inspection)

1) 예비조사
① 예비조사는 정밀 조사를 위하여 실시되는 정밀 안전점검 수준으로 한다.
② 외관조사와 간단한 계측 및 시험조사를 중심으로 실시
③ 예비조사 결과를 바탕으로 정밀조사의 범위와 방법을 결정하고 진단 전체 상세 계획을 수립

2) 외관조사 내용
① 건축물의 평면, 입면, 단면, 용도 변경 사항
② 구조부재의 변경 사항
③ 적용 하중 조건/지반 조건, 주변 환경 조건 등의 변경 사항
④ 균열 발생 상태

⑤ 구조물 또는 부재의 전반적인 상태
⑥ 구조물의 변위, 변형, 균열 등의 발생 및 발견시기 혹은 추정시기
⑦ 보수보강의 실태조사 및 기록

(2) 구조재료의 성능조사 및 평가(Material Assessment)

1) 부동침하나 외력에 의한 구조물 및 부재의 수평, 수직 변위
2) 구조물에 전달되는 진동에 대한 평가
3) 균열에 대한 평가
4) 중성화에 대한 평가
5) 철근의 부식도 평가
6) 염화물 함유량 평가

(3) 구조해석 및 구조부재의 강도 평가(Structural Analysis and Evaluation)

(4) 재하시험(Load Test)

(5) 건축물의 상태 및 안전성 평가 등급

등급	노후화 상태	안전성	조치
A	문제점이 없는 최상의 상태	최상의 상태	정상유지관리
B	경미한 문제점이 있으나 양호	균열 변형이 있으나 허용범위인 상태	지속적인 주의 관찰
C	문제점이 있으나 간단한 보수보강으로 원상회복 가능한 보통의 상태	균열, 변형이 있으나 구조물의 내하력이 설계의 목표치를 초과한 상태	지속적인 감시와 보수 보강이 필요
D	주요부재에 발생한 노후화 정도가 고도의 기술적 판단이 요구되는 상태로 사용제한 여부 판단이 필요	균열 변형이 허용범위 초과 또는 구조물 내하력이 설계의 목표에 미달되어 사용제한 판단 필요	보수보강 및 사용제한 여부 판단 필요
E	주요부재 노후화 정도가 심각해 원상회복이 불가능하거나 안전성에 위험이 있어 즉각 사용금지 및 긴급 보강이 필요한 상태	균열, 변형이 허용범위 초과하고, 구조물 내하력이 미달되어 붕괴 우려가 높고 안전성에 위험이 있어 사용금지 및 긴급 보수 필요	보강 및 교체, 개축이 필요 긴급 보강과 사용금지 조치

number 111 건축물 해체공사의 작업계획

※'02, '05, '09, '21

1. 개 요

(1) 대형화, 고층화된 구조물에 대한 해체공사가 늘어나면서 보다 안전하고 체계적인 해체 방법이 필요하게 되었고, 특히 도심에서의 공사시에는 소음, 진동, 교통 등 공해에 대한 대책을 철저히 수립하는 것이 중요하다.

(2) 일반적으로 현장 상황에 따라 작업 조건, 공기, 시공성, 안전성 등을 고려하여 가장 효율적인 방법을 선택하는 것이 좋다.

2. 해체공사 전 확인사항

(1) 해체 대상 구조물

1) 구조물의 층수, 건물 높이, 연면적, 구조형태(RC, 조적, SRE)
2) 구조물의 노후 정도
3) 폭, 층고, 벽 배치 상태
4) 부재 치수, 배근 상태
5) 낙하 우려가 있는 내외장재 점검
6) 재이용, 이설이 필요한 부재

(2) 부지 상황 조사

1) 부지 내 공지 상태
2) 해체용 기계 설치 위치
3) 폐자재 처리 장소
4) 철거, 이설, 공사 장애물 여부
5) 접근 도로, 폭, 출입구 개소, 매설물

(3) 인근주변 조사

1) 인근 건물과의 거리, 구조물 상태(균열, 침하)
2) 고압선, 가로수, 가로등 등의 유무
3) 교통량, 보행자, 인접 구조물의 활용 용도

3. 해체공사 작업 계획

(1) 계획의 수립

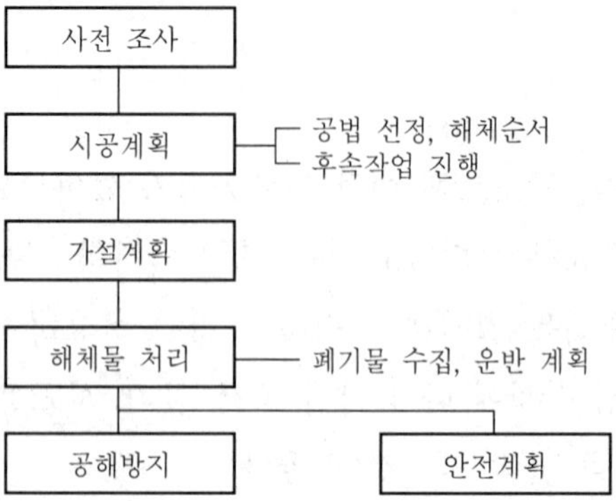

(2) 공법별 작업 계획

1) 파쇄 공법+Breaker(대형)

① Breaker 작업 범위 설정 : 기둥

② 파쇄기 : Slab, 벽, 보 등 해체

③ 파쇄순서 지정

④ 순차적으로 해체 작업 실시

2) 대형 Breaker+전도공법

① 전도작업은 반드시 작업 순서를 정하고 이를 준수한다.

② 파쇄 부분과 그렇지 않은 부분을 결정하여 안전하게 지탱이 되어 반대로 전도되는 것을 막는다.

③ 당김줄(Wire Rope)은 2줄 이상으로 계획한다.

④ 기둥 철근 절단은 전도 방향의 전면, 양측면을 먼저 실시하고 마지막에 후면을 실시한다. 이때 역방향 전도를 막기 위해 전도방향 철근은 최소 2본 이상 남겨놓는다.

⑤ 예정 하중에 전도되지 않으면 무리한 반동으로 당기지 않는다.

⑥ 전도 작업은 당일 내로 종료시키고 방치해선 안 된다.

3) 발파해체 공법

① 화약천공 구멍은 내부로 향하도록 한다.

② 사전 구조 검토 실시

③ 적정량 화약 투입 계산

④ 보, 기둥의 폭파 순서 계획

⑤ 화약 폭발 시간차 계획 수립

⑥ 점화 전 대피 확인

(3) 공해 및 안전 계획

1) 소음, 진동

① 방음벽, 차단벽 설치

② 무소음(저소음) 파쇄기 사용

③ 방음 Cover 장착 후 작업을 실시한다.

2) 분 진

① 파쇄 작업 중 살수를 지속적으로 실시한다.

② 방진막을 여러 겹 시공하는 것도 좋다.

3) 지반 침하

① 지하 구조물 철거 작업시 발생

② 계측 장비를 투입

③ 지반 보강 : Under Pinning

4) 폐기물

① 전문 처리 업자에게 위탁 처리

② 재활용 가능한 것 선별 분류

5) 안전 시설물

① 철거용 가설 비계, 발판 설치

② 보호구 : 귀마개, 마스크(방진), 안전벨트 착용

③ 장비로 인한 사고 방지

6) 교통 통제

number 112 해체공사 공해대책

※'05, '09

1. 개 요

도심지의 낡고 노후화된 구조물의 철거 현장에서 날로 증가하는 환경 분쟁과 안전 사고를 방지하기 위해서 기존 건축물에 대한 해체 방법뿐 아니라 각종 사고에 대한 안전 대책과 주변에 미치는 공해 대책을 수립하고 시행하는 것이 중요하다.

2. 사전 계획 수립

(1) 현장 조사

1) 부지 및 인접 현황 조사
2) 해체 대상물 파악
3) 해체 순서
4) 공정 계획

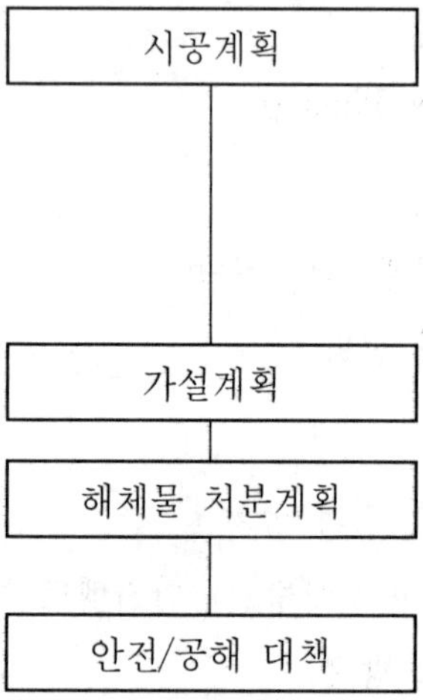

(2) 안전 대책

(3) 공해 방지 대책

3. 공해 종류와 방지 대책

(1) 소음 공해와 대책

1) 소음 기준

[생활소음 규제 기준]

[단위 : dB(A)]

대상지역	소음원	아침, 저녁 (05:00~07:00, 18:00~22:00)	주간 (07:00~18:00)	야간 (22:00~05:00)
주거지역, 녹지지역, 취락지구, 자연환경보전지역, 그 밖의 지역에 있는 학교·병원·공공도서관	공사장	60 이하	65 이하	50 이하
그 밖의 지역	공사장	65 이하	70 이하	50 이하

[비고]

1. 공사장의 소음 규제 기준은 주간의 경우 특정공사 사전신고 대상 기계·장비를 사용하는 작업시간이 1일 3시간 이하일 때는 +10dB을, 3시간 초과 6시간 이하일 때에는 +5dB을 보정한다.
2. 발파 소음의 경우 주간에만 규제기준치에 +10dB을 보정한다.

2) 공법 선정

① 소음이 적은 저소음, 무소음 공법 선정

② 소음원 제거

3) 기기 및 장비

① 저소음 장비 사용

② 소음기, 방음기, 방음 커버 설치

4) 소음원 대책

① 소음 전파경로 차단

② 방음하우스, 방음벽, 방음 패널 설치

③ 야간 작업 금지 및 작업 시간 조정

(2) 진동 공해와 대책

1) 진동 기준

[생활 진동 규제 기준]

[단위 : dB/(V)]

대상지역	주간(06 : 00~22 : 00)	야간(22 : 00~06 : 00)
주거지역, 녹지지역 취락지구, 자연환경보전지역, 그 밖의 지역에 있는 학교 · 병원 · 공공기관	65 이하	60 이하
그 밖의 지역	70 이하	65 이하

2) 공법 선정

① 저진동 공법 선정

② 완충 스프링

3) 기기 및 장비

① 회전 기계 : 회전수에 의한 고유진동수와 회전축의 휨에 의한 고유 진동수가 일치되지 않도록 한다.

② 왕복운동 기기 : 다단계 실린더 장비 사용

③ 기전력 기기 : 지반과의 공진 방지

4) 진동 저감 처리

① 지반에 완충재(폐타이어 등) 설치

② 모래층을 두어 감쇄

(3) 분진 공해와 대책

1) 비산먼지 대책 수립

2) 방진 시설 설치

방진벽, 방진시트, 차단막 설치

3) 살수 설비

피라미드 식, 수평살수식 물뿌리기

(4) 폐기물 처리 대책

1) 처리업체의 선정
2) 일반 폐기물과 특정 폐기물을 분리하여 처리
3) 폐기물에 따라 소각, 매립, 재활용 등으로 구분

(5) 침하 대책

1) 인접 구조물 기초, 지하 매설물 현황, 도로 등의 포장면 상태 사전 조사
2) 언더피닝 대책 수립

(6) 교통 처리 대책

1) 신호수와 차량 유도원을 배치
2) 차량 통제 시설 설치

(7) 주민과의 협의

1) 인접 주민과의 협의체 구성
2) 공사 내용과 대비책에 대한 사전 설명

김 진 하

약 력

- 공학박사
- 건축시공기술사
- 건축품질시험기술사
- 건설VE 전문가(CVP)
- 녹색건축인증전문가(G-seed ID)

저 서

- 도서출판 예문사
  「신경향 핵심용어정리」
- 청운문화사
  「핵심요해 건축시공기술사」

문의사항 nexleader@naver.com
카페 Daum 카페 "김진하의 건축시공기술사"

포인트

건축시공기술사

발행일 | 2005. 9. 20 초판 발행
2006. 8. 25 개정 1판1쇄
2008. 3. 10 개정 2판1쇄
2010. 3. 10 개정 3판1쇄
2014. 3. 5 개정 4판1쇄
2018. 1. 5 개정 5판1쇄
2019. 2. 10 개정 6판1쇄
2023. 6. 30 개정 7판1쇄

저 자 | 김진하
발행인 | 정용수
발행처 | 예문사

주 소 | 경기도 파주시 직지길 460(출판도시) 도서출판 예문사
TEL | 031) 955-0550
FAX | 031) 955-0660
등록번호 | 11-76호

정가 : 75,000원

ISBN 978-89-274-5046-7 13540